A BRIEF VERSION

Elementary Statistics

Eighth Edition

A STEP BY STEP APPROACH

Allan G. Bluman

기초통계학

제8판

Excel 실습

강근석 · 김대경 · 변종석 · 유희경 · 이승수 · 이영섭 · 이은지 · 홍기학 옮김

Mc Graw Hill

자유아카데미

Elementary Statistics: Brief Version, 8th Edition

1 2 3 4 5 6 7 8 9 10 FA20 20

Original: Elementary Statistics: Brief Version, 8th Edition© 2019
ByAllan G. Bluman
ISBN 978-1-259-96943-0

This authorized Korean translationedition is published by Freedom Academyin arrangement with McGraw-Hill Education Korea, Ltd. This edition is authorized for sale in the Republic of Korea.

This book is exclusively distributed by Freedom Academy.

When ordering this title, please use ISBN 979-11-5808-278-9

Printed in Korea

저자서문

길잡이

『Elementary Statistics: A Step by Step Approach』는 수학적 예비지식이 기초 대수에 한정된 학생들이 통계학에 입문할 수 있도록 도움을 주기 위해 집필되었다. 이 책은 형식적인 증명 없이 개념을 직관적으로 설명하고 풍부한 예제로 뒷받침하면서 이론에 의존하지 않는 접근방식을 따른다. 다양한 배경을 가진 학생들의 흥미를 끌 수 있도록 개념의 응용 과정에는 경영, 스포츠, 건강, 건축, 교육, 오락, 정치과학, 심리학, 역사, 범죄, 환경, 교통, 물리, 인구통계, 식습관, 여행, 레저 등의 광범위한 주제를 다루었다.

책에 관하여

8판에서 여러 가지 중요한 변화가 있었지만 학습방식은 그대로 유지되며, 학생들이 개념을 배우고 응용하는 데 유용한 틀을 제공한다. 유지된 특징의 몇 가지는 다음과 같다.

- **1,200개 이상의 연습문제**를 각 장의 주요 절 끝에 두었다.
- **가설검정 요약(Hypothesis-testing Summaries)**은 제9장(평균, 비율, 분산 검정을 위한 z, t, χ^2, F 검정)과 제11장(상관, 카이제곱, ANOVA) 마지막에 나오며, 다양한 유형의 가설과 검정 유형을 보여준다.
- 100명에 대한 여러 가지 속성(교육수준, 콜레스테롤 수준, 성별 등)을 다룬 **데이터 뱅크(Data Bank)**와 실제 자료를 사용한 추가 데이터셋(Data Set)이 부록에 제공되며 여러 연습문제와 프로젝트에서 이를 참고한다.
- 각 장의 끝에 **복습연습문제(Review Exercises)**가 있다.
- **데이터 분석(Data Analysis)**이란 특별한 절은 학생들이 자료를 가지고 여러 가지 통계적 검정 혹은 절차를 수행하여 결과를 요약하도록 한다. 자료는 부록 B에 나와 있다.
- 각 장 끝의 **퀴즈(Chapter Quizzes)**는 해당 장 내용에 대한 학생들의 지식과 이해를 알아보기 위한 연습문제로, 객관식, 참/거짓, 문장 완성하기 등의 문제를 제공한다.
- **부록(Appendices)**은 기본적인 참고 표와 모든 퀴즈, 연습문제의 해답을 제공한다.
- **개념의 적용(Applying the Concepts)**은 모든 절에 포함되어 있으며, 학생들에게 새로운 개념에 대해 생각하고, 이 개념을 신문, 잡지, 라디오, TV 뉴스에서 볼 수 있는 유사한 예와 시나리오에 적용할 수 있는 기회를 제공한다.

8판에서 달라진 점

전반적인 변화

- 실제 자료를 이용하여 70개 이상의 예제와 약 400개의 연습문제를 수정하여 교체하였다.
- 실습 분야인 Technology 부분도 갱신하였다.

제1장 통계학이 실생활에서 어떻게 사용되는지를 소개하기 위하여 통계적 예제 갱신.
랜덤표본을 생성하기 위한 4자리 난수(표 D) 사용.
층화와 집락 표집의 차이에 대한 설명 확충.

제3장 자료의 선형 변환에 관한 절 추가.

제5장 확률분포를 만들고 그래프를 작성하는 새로운 절차 표 제공.

제7~10장 7, 8, 9장은 비율을 먼저 가르치고자 하는 교수를 위하여 수정하였다. 그러기 위해서는 1절을 다룬 후 비율에 관한 절로 건너뛰고, 평균에 관한 절을 다룬다. 비율보다 먼저 평균을 가르치기를 원하는 사람들은 책의 순서를 따른다.

8, 9, 10, 11장은 *P*-값을 이용하여 가설검정을 가르칠 수 있도록 보완하였다. 모든 해답은 *P*-값을 포함한다. EXCEL로 얻은 *P*-값은 소수점 자릿수에 의존하므로 교재의 값과 다를 수 있다.

제11장 새로운 예제 도입.

감사의 글

이번 제8판이 나올 수 있도록 도움을 준 많은 분께 감사의 말을 전한다. 본문의 교정, 내용의 정확성 확인, 추가 검토, 모든 통계적 자료에 대한 이용 가능성 확인 및 조언을 해준 University of Michigan의 Jackie Miller에게 특별히 감사드린다. Technology Step by Step 부분은 Metropolitan Community College의 Tim Chappell과 Moraine Valley Community college의 Jerimi Walker가 제공해주었다.

새로운 연습문제와 부록 작업을 해준 Rita Sowell, 보조자료를 만드는 데 노력한 Luis Beltran, Jeff Moore, Nancy Johnson에게 감사를 표한다.

마지막으로 McGraw-Hill Education 사의 Portfolio Manager, Chrissy Skogen; Product Developers, Christina Sanders와 Nora Devlin; Marketing Manager, Alison Frederick; Director of Digital Content, Cynthia Northrup; Content Project Manager, Jane Mohr에게 감사의 말을 전한다.

—Allan G. Bluman

조언과 충고를 통해 도와주신 분들:

Luis Beltran, *Miami Dade College, Kendall Campus*
Solomon Willis, *Cleveland Community College*
Nicholas Bianco, *Florida Gulf Coast University*
Larry L. Southard, *Florida Gulf Coast University*
Simon Aman, *Truman College*
Brenda Reed, *Navarro College*

저자소개

Courtesy Allan G. Bluman

Allan G. Bluman

Allan G. Bluman은 Pennsylvania 주 Pittsburgh 근처 South Campus의 Allegheny County Community College의 명예교수이며, 35년 이상 수학과 통계학을 강의하였다. 그는 South Campus의 학습 환경을 발전시킨 우수성을 인정받아 Teacher Award로 Apple 상을 받았으며, University of Greater Allegheny(McKeesport) Campus의 Penn State University와 Monroeville Center에서 통계학을 강의해왔고, Pittsburgh 대학에서 석사 및 박사 학위를 받았다.

그의 저서로는 『Elementary Statistics』, 『Math in Our World』, McGraw-Hill DeMystified Series의 4가지 수학 서적인 『Pre-Algebra』, 『Math Word Problems』, 『Business Math』, 『Probability』가 있다.

그는 결혼하였으며 두 아들과 손녀, 손자가 있다.

"Betty Bluman, Earl McPeek, Dr. G. Bradley Seager, Jr.에게 이 책을 헌정한다."

역자서문

요즈음 뉴스를 포함한 여러 매체를 통해 대단위의 정형 또는 비정형 자료를 의미하는 "빅데이터"나 "빅데이터 분석"이라는 단어를 접하는 경우가 많다. 이 빅데이터를 다루는 데 있어서 필수적이고 핵심적인 역할을 하는 학문이 바로 통계학이다.

통계학이란 불확실한 사실이나 상황에 대한 자료를 수집, 정리, 요약, 분석하고 결론을 이끌어내는 방법을 다루는 학문으로, 시간이 지날수록 통계학에 대한 수요는 점점 많아지고 있다. 대학의 교양과정과 대부분의 전공과정, 대학원에서의 실험자료의 해석, 더 넓게는 자신의 업무에서 수집된 자료의 분석과 해석 및 의사결정 등에도 통계학이 요구되고 있다.

통계학은 수학과 같이 엄밀한 학문은 아니다. 만약 그 정도로 현실세계가 엄밀하다면 통계학은 필요 없게 될 것이다. 현실세계는 더 불확실하고 애매하며 딱 나누어지지도 않고 의사결정도 내리기 어렵다. 그래서 통계학이 힘을 발휘하고 도움이 되는 것이다.

통계학에 관한 기초적인 개념과 통계적 방법에 대한 지식이 있다면 자신의 분야에서 수행된 여러 가지 통계적 연구결과를 읽고 이해할 수 있을 것이다. 자신의 분야에서 연구를 수행하려면 기본적으로 통계적 절차가 요구되며, 이를 위해서는 실험계획을 할 수 있어야 하고, 자료를 수집 · 정리 · 분석하고 요약할 수 있어야 한다. 또한 신뢰할 수 있는 예측이나 예상을 할 수 있어야 하고, 연구결과를 자신의 말로 전달할 수 있어야 한다. 이러한 필요성을 만족시켜줄 수 있는 책이 Allan G. Bluman의 『Elementary Statistics: A Step by Step Approach, Eighth Edition』이다.

기초적인 수학 지식만 있다면 이 책을 통해 통계학에 입문하는 데 큰 무리가 없을 것이다. 이 책은 형식적이거나 이론적인 증명 없이 개념을 직관적으로 설명하며, 다양한 분야에서 기초적인 통계 지식이 필요한 사람들의 흥미를 끌 수 있도록 넓은 범위의 주제를 다루고, 풍부한 예제로 이를 뒷받침하며, Excel 프로그램을 통해 기본적인 통계분석을 실습할 수 있도록 구성되어 있다.

참고로 번역서에서는 상황에 맞추어 연습문제와 소프트웨어 일부분을 생략하였다.

출간 후 나올 수 있는 수정사항 등은 자유아카데미 홈페이지(www.freeaca.com) 자료실에 제공할 예정이니 참조하기를 바란다.

빅데이터 시대에 올바른 통계적 정보를 근거로 합리적이고 현명한 판단이나 결정이 필요한 모든 분야에서 통계학이 필요한 분들께 이 책을 추천한다.

끝으로 이 책이 번역되어 출판되기까지 적극적으로 도움을 주신 자유아카데미 여러분께 깊은 감사의 말씀을 드린다.

2020년 8월
역자 일동

차례

1장

©Monkey Business Images/Shutterstock

확률과 통계학의 특성 1

2장

©fotografos/Shutterstock

도수분포와 그래프 33

3장

©Keep Smiling Photography/Shutterstock

자료 설명 91

4장

©Frank Fiedler/Shutterstock

확률과 계수공식 153

5장

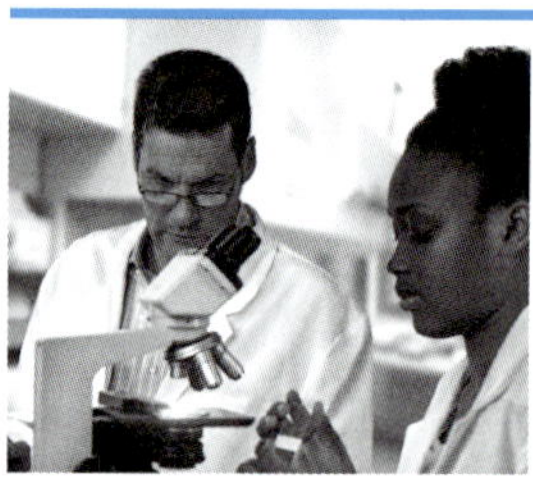

©anyaivanova/Shutterstock

이산확률분포 211

6장

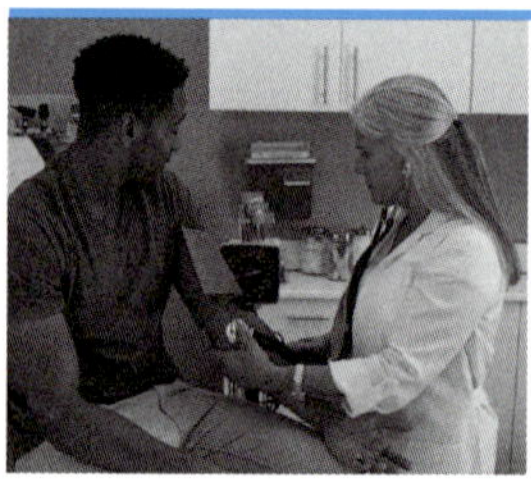

©Rocketclips, Inc/Shutterstock

정규분포 241

7장

©Trendsetter Images/Shutterstock

신뢰구간과 표본크기 289

8장

©LStockStudio/Shutterstock

가설검정 325

9장

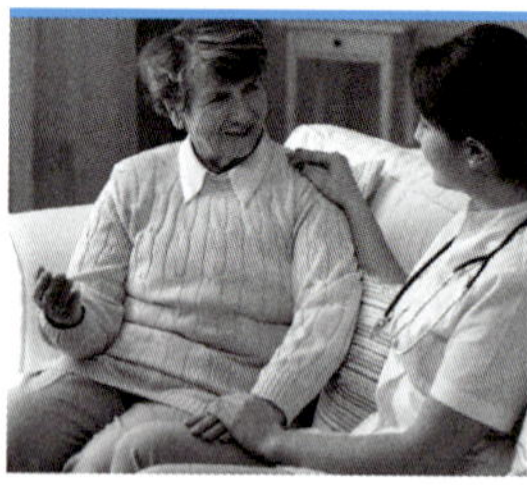

©Photographee.eu/Shutterstock

두 평균, 두 비율, 두 분산의 차이에 대한 검정 385

10장

© Leonid Ikan/Shutterstock

상관과 회귀 435

11장

© Gelladilemma/Shutterstock

카이제곱과 분산분석(ANOVA) 473

부록

1

확률과 통계학의 특성

© Monkey Business Images/Shutterstock

STATISTICS TODAY

고등교육은 '디지털화'되고 있는가?

요즘은 많은 학생들이 온라인으로 대학과정을 듣고 전자책으로 공부하며, 수업시간에 노트북, 스마트폰, 태블릿을 사용한다. 이렇게 과학기술의 사용이 증가함에 따라 그 효과에 대한 궁금증도 생긴다. 예를 들면,

온라인 강좌를 제공하는 대학이나 대학교는 얼마나 되는가?
학생들이 온라인 강좌가 전통적인 강의실 수업과 대등하다고 느끼는가?
요즘 온라인 강좌를 듣는 학생들은 얼마나 되는가?
온라인 강좌를 듣는 학생들의 수가 증가할 것인가?
컴퓨터와 인터넷 출현 이후 표절이 증가하고 있는가?
노트북, 스마트폰과 태블릿이 강의실에 있는가?
대학에서 노트북, 스마트폰, 태블릿 사용에 관한 안내를 하고 있는가?

이 질문들의 답을 얻기 위하여 Pew Research Center는 2011년에 대학 졸업생과 총장들에 대하여 연구를 수행하였다. 사용한 절차와 연구결과는 이 장 뒷부분의 Statistics Today에서 설명한다.

개요

학습목표

1. 통계용어 이해하기
2. 통계학의 두 분야 구분하기
3. 자료의 형태 식별하기
4. 변수의 측정수준 식별하기
5. 4가지 기본적인 표집방법 식별하기
6. 관측연구와 실험연구의 차이 설명하기
7. 통계학이 어떻게 이용될 수 있고, 오용될 수 있는지 설명하기
8. 통계학에서 컴퓨터나 계산기의 중요성 설명하기

서론

여러분은 라디오, TV, 신문, 잡지를 통하여 확률과 통계학에 익숙할 수도 있다. 예를 들어, 신문에서 다음과 같은 기사를 볼 수 있다.

- 최근 여론조사에서 응답자의 76%가 친구들에게 종종 거짓말을 한다고 응답하였다.
- The Tribune Review는 순환계 질환에 대한 평균 입원일수는 4.7일이고 입원당 평균 비용은 52,574달러였다고 발표하였다.
- Equifax는 금년도 신용카드 부채의 전체 금액이 6,420억 달러라고 발표하였다.
- SAS Holiday Shopping Styles에서 발표한 보고서에 의하면 휴일 소핑객은 대개 평균 13명 분의 선물을 구매한다고 한다.
- 미국 농무부는 체중이 70 kg이고 키가 178 cm인 사람이 1시간 춤을 추면 330칼로리를 소모한다고 발표하였다.
- 미국 국방부는 최근 복무 중인 사병의 평균 나이가 27.4세라고 발표하였다.

이색 통계

미국인의 14%는 6월에 가장 행복하다고 하고, 14%는 12월에 가장 행복하다고 한다.

통계학은 인간이 관여하는 거의 모든 분야에서 사용된다. 예를 들어 스포츠에서 통계학자는 미식축구경기에서 러닝백이 획득한 거리 혹은 야구 선수의 한 시즌 안타수를 기록한다. 공중보건 분야에서 관리자는 어느 한 해 동안 감기바이러스의 새 변종에 감염된 사람의 수에 관심이 있을 것이다. 교육 분야에서 한 연구자는 새로운 교수법이 기존 방법보다 더 좋은지를 알고 싶을 것이다. 이렇게 통계학은 여러 직업에서 다양하게 사용되고 있다.

또한 통계학은 조사결과의 분석이나 통제된 실험에 기초하여 의사결정을 하는 과학적 연구의 도구로도 사용되며, OR(operational research), 품질관리, 추정과 예측에도 사용되고 있다.

흥미 있는 사실

미국에서는 매일 약 120명의 골퍼가 홀인원을 했다고 주장한다.

통계학(statistics)은 자료를 수집, 정리, 요약, 분석하고 결론을 이끌어내기 위한 연구를 하는 학문이다.

통계학을 배워야만 하는 몇 가지 이유가 있다.

1. 전문가처럼 자신의 분야에서 수행된 여러 가지 통계적 연구를 읽고 이해할 수 있어야만 한다. 이해를 하려면 연구에서 사용된 어휘, 기호, 개념과 통계적 절차에 관한 지식이 있어야만 한다.
2. 자신의 분야에서 연구를 수행하려면 통계적 절차가 기본적으로 요구된다. 이를 위해서는 실험계획을 할 수 있어야 하며, 자료를 수집, 정리, 분석하고 요약할 수 있어야 하고, 향후 사용을 위해 믿을 만한 예측이나 예상을 할 수 있어야만 한다. 또한 연구결과를 자신의 말로 전달할 수 있어야 한다.
3. 통계학 공부를 통해 얻은 지식을 적용하여 더 나은 소비자와 시민이 될 수 있다. 예를 들면, 소비자 연구나 활용방안 연구를 적용하여 구매 품목이나 정부 세출 등에 관하여 현명한 결정을 할 수 있다.

역사적 기록

스코틀랜드 지주이며 농업위원회 의장이었던 John Sinclair 경은 스코틀랜드의 통계적 보고에 관하여 1798년 출판된 자신의 저서에서 'statistics'라는 단어를 영어로 소개하였다. 단어 'statistics'는 '정치가'라는 뜻을 지닌 라틴어 'status'에서 유래되었다.

이 장의 목적은 다음 질문들에 답을 함으로써 통계학을 배우는 목표를 소개하는 것이다.

통계학에는 어떤 분야가 있는가?
자료란 무엇인가?
표본은 어떻게 뽑는가?

1–1 기술통계학과 추측통계학

학습목표 1
통계용어 이해하기

우연히 일어날 수 있는 상황에 관한 지식을 얻기 위하여 통계학자는 상황을 설명하는 **변수**에 대한 정보를 수집한다.

변수(variable)는 다른 값을 가정할 수 있는 특성이나 속성이다.

역사적 기록

1880년 미국 전수조사는 문항이 너무 많아 결과를 공표하는 데 10년이 걸렸다.

자료(data)는 변수들이 가질 수 있는 값(측정 또는 관측)이다. 값이 우연에 의하여 결정되는 변수를 **확률변수**(random variable)라고 한다.

한 보험회사가 과거 수년간의 기록을 연구하여 일 년 주기 보험에 가입한 자동차 100대 중 3대가 사고에 관여되었다고 가정한다. 비록 특정 자동차가 사고(랜덤 발생)에 관여될지를 예측할 수는 없지만 회사는 장기간에 걸쳐 일반적 패턴을 알기 때문에 적절히 보험료를 조정할 수 있다(즉, 보험에 가입한 자동차의 평균 3%가 매년 사고에 관련될 것이다).

자료값의 모임은 **자료집합**(data set)을 만든다. 자료집합의 각 값을 **자료값**(data value) 또는 **자료**(datum)라고 한다.

통계학에서는 표본과 모집단을 구분하는 것이 중요하다.

역사적 기록

기술통계학의 기원은 기원전 4500～3000년에 바빌로니아인과 이집트인들에 의한 인구조사에서 사용된 자료수집 방법으로 거슬러 올라갈 수 있다. 로마 황제 Augustus(BC27～AD17)는 시민들의 출생과 사망뿐만 아니라 소유한 가축수와 연간 수확한 농작물까지도 조사하였다.

모집단(population)은 연구 대상의 모든 개체로 구성된다.

모집단에 속한 모든 개체로부터 자료가 수집되었을 때 **전수조사**(census)라고 한다.

예를 들면, 10년 주기로 미국은 전수조사를 한다. 이 조사의 주요목적은 하원 의석수를 배분하기 위한 것이다.

첫 번째 전수조사는 1790년에 실시되었으며 헌법 제1조 2항에 명시되어 있다. 미국의 규모가 커짐에 따라 전수조사의 범위도 커졌다. 요즈음 전수조사는 문항을 인구, 주택, 제조업, 농업과 사망자수로 제한한다. 미국 전수조사는 상무부에 속한 인구조사국이 수행한다.

대부분의 경우 비용, 시간, 모집단 크기, 의학적 문제 등으로 인해 통계적 연구에 전체 모집단을 사용하는 것은 불가능하다. 따라서 연구자들은 표본을 사용한다.

그림 1–1
모집단과 표본

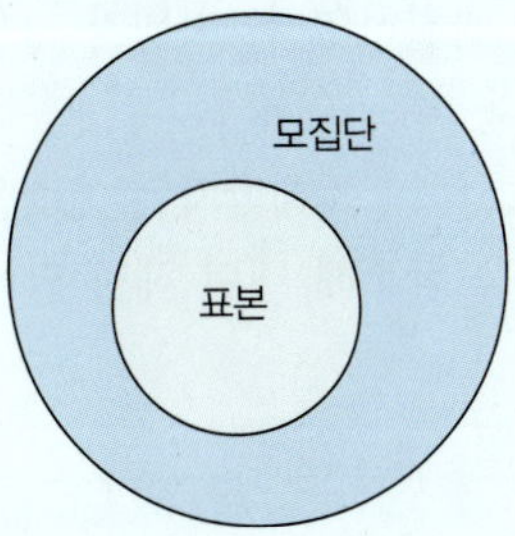

표본(sample)은 모집단에서 추출된 개체들의 그룹이다.

표본 개체가 올바르게 추출되었다면 대부분 모집단 개체와 같거나 유사한 특성이 있을 것이다. [그림 1–1]을 보자.

그러나 어떤 모집단의 표본으로부터의 결과가 근본적으로 모집단의 전수조사 결과와 다르다면, 통계적 표본에서 얻은 정보는 **편향**(bias)되었다고 한다. 또한 추출된 모집단을 표본이 대표하지 못하는 경우에도 편향되었다고 한다. 표본을 올바르게 선택하는 방법을 1–3절에서 설명한다.

학습목표 2
통계학의 두 분야 구분하기

통계학은 자료를 어떻게 사용하는지에 따라 두 가지 주요 영역으로 나눌 수 있다. 두 영역은 다음과 같다.

1. 기술통계학
2. 추측통계학

기술통계학(descriptive statistics)은 자료의 수집, 정리, 요약, 표현으로 구성된다.

기술통계학을 이용하는 예로, 10년 주기로 미국 정부에 의하여 실시되는 국가 전수조사를 고려하자. 조사결과는 미국 국민의 평균 나이, 평균 소득, 기타 특성값을 알려 준다. 이 정보를 얻기 위하여 인구조사국은 적절한 자료를 수집하기 위한 여러 방법을 가지고 있어야만 한다. 자료가 수집되면 조사국은 자료를 정리하고 요약하여야 한다. 마지막으로 조사국은 도표, 그래프, 표와 같은 의미 있는 형태로 자료를 표현해야 한다.

통계학의 두 번째 영역을 **추측통계학**이라고 한다.

추측통계학(inferential statistics)은 표본에서 모집단으로 일반화하고, 추정과 가설검정을 수행하고, 변수 사이의 관계를 결정하고, 예측을 하는 것으로 구성된다.

역사적 기록

추측통계학의 기원은 John Graunt가 인구성장에 관한 책, *Natural and Political Observations Made upon the Bills of Mortality*을 출판한 1600년대이다. 비슷한 시기에 수학자이며 천문학자인 Edmond Halley는 첫 번째로 완전한 사망률표를 출판하였다(보험회사는 보험료를 결정하기 위하여 사망률표를 사용한다).

통계학자는 **표본**으로부터 **모집단**에 대해 추측하려고 한다. 추측통계학은 **확률**(**probability**), 즉 어떤 사건이 일어날 가능성을 사용한다. 다양한 종류의 도박에 확률의 개념이 이용되는데, 카드게임, 주사위, 빙고, 복권 등은 확률의 법칙에 따라 승패가 좌우된다. 확률 이론은 보험회사와 다른 영역에서도 사용된다.

가설검정(**hypothesis testing**)이라고 하는 추측통계학의 한 분야는 표본에서 얻은 정보에 기초하여 모집단에 관한 주장을 평가하는 의사결정과정이다. 예를 들어, 한 연구자가 새로운 약이 70세 이상 남자의 심장마비 수를 감소시킬 수 있는지 알고 싶다면 연구를 위하여 70세 이상 남자 두 그룹을 뽑을 것이다. 한 그룹에는 약을 투여하고 다른 그룹에는 위약(placebo)을 투여한다. 그런 다음 각 그룹에서 심장마비 수를 세어 통계적 검정을 하고, 약의 효과에 관하여 결정을 할 것이다.

통계학자는 변수 사이의 **관계**(relationship)를 결정하기 위해서도 통계학을 사용한다. 예를 들어, 20세기 가장 주목받은 연구로 1964년 미국의 Surgeon General에 의하여 출판된 「Smoking and Health」는 관계에 초점을 두고 있다. 자료를 검토하고 평가한 후 연구진은 흡연과 폐암 사이의 확실한 관계를 발견하였다. 흡연이 실제 폐암을 일으킨다고 하지는 않았지만 흡연과 폐암은 관계가 있다고 하였다. Hammond와 Horn이 1958년에 연구한 내용을 근거로 내린 결론이었다. 이 연구에서는 187,783명의 남자를 45개월간 관찰하였다. 지원자 그룹 중 폐암으로 인한 사망률이 비흡연자에 비하여 흡연자가 10배 높았다.

이색 통계

미국인의 29%가 자신 회사의 사장 자리를 원한다.

마지막으로, 과거와 현재의 자료와 조건을 연구해 얻은 정보에 기초하여 통계학자는 예측을 시도한다. 예를 들면, 자동차 영업사원은 특정 달의 과거 판매기록을 참조해 내년 해당 달에 주문할 자동차의 종류와 수량을 결정할 수 있다.

예제 1–1 기술통계학 혹은 추측통계학

기술통계학이 사용되었는지, 추측통계학이 사용되었는지를 결정하시오.

a. 최근 아카데미상 수상식에서 30초 광고의 평균가격은 190만 달러였다.

b. 경제사회국은 2030년에 Mexico City의 인구가 238,647,000명이 될 것이라고 예측한다.

c. 한 의학 보고서에 따르면 스타틴 복용은 심장마비를 낮추게 하지만 일부 사람들은 복용 시 당뇨병으로 발전할 위험이 조금 더 높다고 발표하였다.

d. Harris Poll이 2,234명을 대상으로 실시한 설문조사에 따르면 응답자의 55%는 성인들의 지나친

불평이 잘못된 소셜 미디어 습관이라고 응답하였다.

해답

a. 최근 얻은 자료에 기초한 설명이므로 기술통계학이 사용되었다.
b. 미래에 대한 예측이므로 추측통계학이 사용되었다.
c. 결론이 표본에서 얻은 자료에서 유도되어 모집단에 적용되었으므로 추측통계학이 사용되었다.
d. 2,234명의 설문조사 응답자 표본에서 얻은 것이므로 기술통계학이 사용되었다.

개념의 적용 1-1

출석과 성적

출석과 성적에 관한 다음 사항을 읽고 질문에 답하시오.

Manatee Community 대학에서 실시한 연구에 의하면 일반적으로 수업에 95~100% 출석한 학생들은 A를 받았으며, 80~90% 출석한 학생들은 B나 C를 받았다. 80% 미만 출석한 학생들은 D 혹은 F를 받거나 혹은 결국 수강을 포기하였다.

이 정보에 의하면 출석과 성적은 관계가 있다. 출석을 많이 할수록 더 높은 성적을 받을 가능성이 높아진다. 출석을 많이 하면 아마 성적도 좋아질 것이다. 수업에서 성적에 영향을 끼치는 요인이 많이 있는데, 어느 정도 관리할 수 있는 요소가 출석이다. 더 많이 출석하면 배울 기회가 증가할 것이다.

1. 연구 중인 변수는 무엇인가?
2. 연구에서 자료는 무엇인가?
3. 사용된 통계학은 기술통계학인가, 추측통계학인가, 둘 다인가?
4. 연구 중인 모집단은 무엇인가?
5. 표본은 수집되었는가? 만약 그렇다면 어디서 수집된 것인가?
6. 주어진 정보로부터 변수 사이의 관계에 대하여 설명하시오.

정답 31쪽 참조

이색 통계

발생한 범죄의 1/3만이 경찰에 신고된다.

연습문제 1-1

1. 통계학을 정의하시오.

2. 전수조사는 무엇을 의미하는가?

3. 기술통계학과 추측통계학의 차이를 설명하시오.

4. 표본에서 얻은 정보가 모집단에서 얻은 정보보다 많이 사용되는 이유는 무엇인가?

5~9번 문제에 기술통계학이 사용되었는지, 추측통계학이 사용되었는지를 결정하시오.

5. 경제 위기로 인해 20~34세의 48%가 생활비를 마련하기 위해 직장을 얻는다.

6. Boston 대학의 10대들을 대상으로 한 체중감량 연구에서 참가자의 52%가 칼로리 계산에 의하여 체중을 줄이고 유지하였다고 응답하였다.

7. 최신 기사에 의하면 3천8백만 명 이상의 미국 성인이 폭음을 한다고 한다.

8. 한 연구에서 교육기간이 12년 미만인 사람들의 기대수명이 교육기간이 12년 이상인 사람들의 기대수명보다 더 낮다는 것을 밝혀내었다.

9. 세계 인구의 40%가 O형이다.

개념의 확장

10. 3개의 통계적 연구를 찾아 기술통계학을 사용했는지, 추측통계학을 사용했는지를 설명하시오.

1-2 변수와 자료의 형태

학습목표 3
자료의 형태 식별하기

1-1절에서 설명한 것과 같이 통계학자는 특정 상황에 대한 정보를 얻기 위하여 확률변수에 대한 자료를 수집한다. 이 절에서는 변수의 특성과 자료의 형태를 자세히 알아볼 것이다.

변수는 질적 혹은 양적으로 나눌 수 있다.

질적 변수(qualitative variable)는 몇 가지 특성이나 속성에 따라 뚜렷한 범주를 갖는 변수이다.

예를 들어 개체를 성별(남, 여)에 따라 분류한다면 변수 '성별'은 질적이다. 질적 변수의 다른 예로는 종교적 선호도나 지리적 위치를 들 수 있다.

양적 변수(quantitative variable)는 셀 수 있거나 측정할 수 있는 변수이다.

예를 들어 변수 '나이'는 수치적이므로 값에 따라 사람들을 정렬할 수 있다. 양적 변수의 다른 예로는 키, 체중, 체온을 들 수 있다.

양적 변수는 다시 이산과 연속으로 나눌 수 있다. **이산변수**는 0, 1, 3과 같은 값을 할당할 수 있어 **가산**(countable)이라고 한다. 이산변수의 예는 한 가구의 자녀수, 한 반의 학생수, 하루 동안 콜 센터에 걸려온 통화수이다.

이산변수(discrete variable)는 셀 수 있는 값을 갖는다.

연속변수는 주어진 구간에 속하는 무한개의 값을 가정할 수 있다. 예를 들어 온도는 연속변수이다. 왜냐하면 정해진 두 온도 사이의 무한개의 값을 가정할 수 있기 때문이다.

연속변수(continuous variable)는 두 개의 정해진 구간에 속하는 무한개의 값을 가정할 수 있다. 연속변수는 측정에 의하여 얻어지며 흔히 분수나 소수점을 포함한다.

변수의 분류를 다음과 같이 요약할 수 있다.

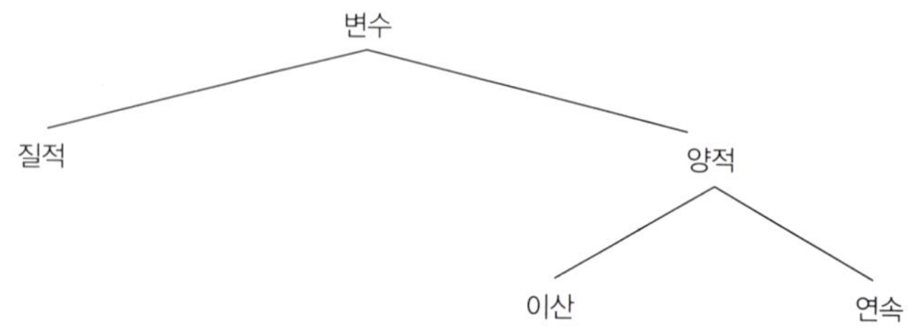

예제 1-2 이산 혹은 연속 자료

각 변수를 이산 혹은 연속으로 분류하시오.

a. 12~15살 아이들의 일주일 동안의 TV 시청시간
b. 대학 축구경기에서 한 쿼터백이 매년 기록한 터치다운 수
c. 어떤 사람이 식당에서 아르바이트로 번 주당 수입금액
d. 금년도 NFL에 속한 팀의 축구선수의 체중

해답

a. 시간이 측정되므로 연속
b. 터치다운 수를 셀 수 있으므로 이산
c. 가장 작은 값이 센트이므로 이산
d. 체중이 측정되므로 연속

이색 통계

미국인의 52%가 해안선에서 50마일 안에 거주한다.

연속자료는 측정되어야 하므로 결과는 측정도구의 한계 때문에 반올림하여야 한다. 일반적으로 결과는 가장 가까운 주어진 단위로 반올림된다. 예를 들면, 키는 가장 근접한 인치로, 체중은 가장 근접한 온스로 반올림된다. 따라서 73인치라 기록된 키는 72.5인치 이상 73.5인치 미만의 측정값을 의미한다. 이처럼 이 측정값의 경계는 72.5~73.5인치로 주어진다. 값의 **경계(boundary)**는 자료값이 반올림되기 전에 속한 계급으로 정의된다. **경계를 편리하게 72.5~73.5로 표현하지만 72.5 이상 73.5 미만으로 이해해야 한다.** 실제 값 73.5는 74로 반올림되고 계급 73.5~74.5에 포함된다. 또 다른 예로, 기록된 무게가 86파운드인 경우에 정확한 경계는 85.5 이상 86.5 미만이며, 85.5~86.5파운드로 표현한다. [표 1-1]에 이 개념이 정리되어 있다. 연속변수의 경계는 기록된 값에서 소수점 한자리만 추가되어 주어지며 항상 숫자 5로 끝난다.

표 1–1 기록된 값과 경계

변수	기록된 값	경계
길이	15 cm	14.5~15.5 cm
온도	86 °F	85.5~86.5 °F
시간	0.43초	0.425~0.435초
질량	1.6 g	1.55~1.65 g

예제 1-3 계급경계

각 측정값에 대하여 경계를 구하시오.

a. 17.6인치 *b*. 23 °F *c*. 154.62 mg/dl

해답

a. 17.55~17.65인치 *b*. 22.5~23.5 °F *c*. 154.615~154.625 mg/dl

질적 혹은 양적 분류 외에도 변수는 범주화하고, 순서화하고, 측정하는 방법에 따라 분류할 수 있다. 예를 들면, 자료를 거주 지역(시골, 교외, 도시)과 같이 특정 범주로 정리할 수 있는

가? 자료값을 첫째, 둘째와 같이 순서화할 수 있는가? 값이 키, IQ, 온도처럼 측정으로 얻어지는가? 이와 같은 분류의 형태(즉, 변수가 어떻게 범주화되는지, 순서화되는지 혹은 측정되는지)는 **측정척도(measurement scales)**를 사용하며, 명목, 순서, 구간, 비율의 4가지 공통 척도가 있다.

학습목표 4
변수의 측정수준 식별하기

측정의 첫 번째 수준을 측정의 **명목수준**(nominal level)이라고 한다. 가르치는 과목에 따라 분류한 대학 강사의 표본은 명목수준 측정의 한 예이다. 조사 개체를 남자 혹은 여자로 분류하는 것도 명목수준 측정의 다른 예이다. 이 자료에 대하여 서열화나 순서를 부여할 수 없다. 거주자를 우편번호에 의하여 분류하는 것도 측정의 명목수준의 예이다. 비록 숫자가 우편번호로 사용되지만 순서나 서열의 의미가 없다. 명목수준 자료의 다른 예는 정당(민주당, 공화당, 독립당 등), 종교(기독교, 유대교, 이슬람교 등)와 결혼상태(독신, 기혼, 이혼, 별거 등)를 들 수 있다.

이색 통계

63%의 사람은 나쁜 소식을 먼저 듣기를 바란다고 한다.

측정의 명목수준(nominal level of measurement)은 자료에 서열이나 순서를 부과할 수 없는 서로 배반인 범주로 분류한다.

역사적 기록

Karl Pearson과 Francis Galton에 의하여 자료가 처음 통계적으로 분석되었을 때 대부분은 연속자료였다. 1899년 Pearson은 이산 자료를 분석하기 시작하였으며, 눈의 색 같은 것은 측정될 수 없다는 것을 알고 그와 같은 자료를 명목자료(nominal data)라 불렀다. 순서자료(order data)는 1822년 광물에 대한 경도계를 소개한 독일 수점술사인 Frederich Mohs에 의하여 도입되었다. 예를 들면, 가장 단단한 돌은 다이아몬드로 경도값 1,500을 할당하였고, 석영은 경도 100을 할당하였다. 이 수치는 다이아몬드가 석영보다 15배 단단하다는 것을 의미하지는 않으며, 단지 단단하다는 것을 의미한다. 1947년에 Stainly Smith Stevens라는 심리학자가 연속자료를 두 범주 구간과 비율로 나누었다.

측정의 다음 수준은 **순서수준**(ordinal level)이다. 이 수준에서 측정된 자료는 범주로 나눌 수 있고 이 범주는 서열화하거나 순서를 부여할 수 있다. 예를 들면, 초청 연사를 학생들이 우수, 보통, 미달과 같이 순서화하여 평가할 수 있다. 축제 차량 퍼레이드에서 장식된 차량은 첫째, 둘째 등으로 순서를 매길 수 있을 것이다. **측정의 순서수준에서 차이의 정확한 측정은 존재하지 않는다는 점에 주목한다.** 예를 들어, 사람들을 체격(S, M, L)에 따라 분류할 때 각 계급에 속한 개체들 사이에는 큰 변동이 존재한다.

순서자료의 다른 예로는 학점(A, B, C, D, F)을 들 수 있다.

측정의 순서수준(ordinal level of measurement)은 자료를 순서화할 수 있는 범주로 분류한다. 그러나 순서 사이의 정확한 차이는 존재하지 않는다.

측정의 세 번째 수준을 **구간수준**(interval level)이라고 한다. 이 수준은 정확한 차이가 단위 사이에 존재한다는 점에서 순서수준과 다르다. 예를 들면, 많은 표준화된 심리검사는 구간척도로 측정된 값을 제시한다. IQ가 그런 변수의 하나이다. IQ 109와 IQ 110 사이의 1점은 의미있는 차이이다. 다른 예로는 온도를 들 수 있다. 72°F와 73°F 사이에 1°F의 의미 있는 차이가 있기 때문이다. **구간척도에서는 한 가지 성질이 부족하다. 즉, 절대 원점이 없다.** 예를 들어, IQ 검사는 지능이 없는 사람을 측정하는 것이 아니다. 온도에서 0°F는 전혀 열이 없다는 것을 의미하지 않는다.

측정의 구간수준(interval level of measurement)은 자료를 순서화하고, 측정 단위 사이의 정확한 차이가 존재한다. 그러나 의미 있는 0이 존재하지 않는다.

측정의 마지막 수준은 **비율수준**(ratio level)이다. 비율척도의 예는 키, 체중, 면적, 전화통화 수를 측정하는 것들이다. 비율척도는 단위 사이의 차이를 갖고 있고, 절대 원점을 갖고 있다. 또한 값 사이의 비를 포함한다. 예를 들어, 한 사람이 200파운드를 들어 올릴 수 있고 다른 사람이 100파운드를 들어 올릴 수 있다면 비는 2대 1이다. 다르게 말하면 첫 번째 사람이 두 번째 사람보다 두 배를 들 수 있다.

측정의 비율수준(ratio level of measurement)은 구간측정의 모든 특성을 가지고 있고, 절대 원점이 존재한다. 또한 같은 변수가 모집단의 서로 다른 두 개체에 대하여 측정될 때 참의 비율이 존재한다.

4개의 범주 중 하나로 자료를 분류하는 데 대하여 통계학자들 사이에 완전한 일치가 있는 것은 아니다. 예를 들면, 몇 명의 연구자는 IQ 자료를 구간보다는 비율자료로 분류한다. 또한 자료를 다른 범주에 적합하도록 변환할 수 있다. 예를 들어, 어떤 대학의 모든 교수의 수입을 상, 중, 하의 세 범주로 분류하면 비율변수가 순서변수가 된다. [표 1–2]는 자료의 형태의 예이다. [그림 1–2]를 보자.

표 1–2 측정척도의 예

명목수준자료	순서수준자료	구간수준자료	비율수준자료
우편번호 성별(남, 여) 눈의 색(흑색, 갈색 등) 가입 정당 가입 종교 전공분야(수학, 컴퓨터 등) 국적	성적(A, B, C, D, F) 심사순위(1등, 2등 등) 평점척도(보통, 양호, 우수) 테니스 선수의 순위	SAT 성적 IQ 온도	키 체중 시간 급여 나이

그림 1–2
측정척도

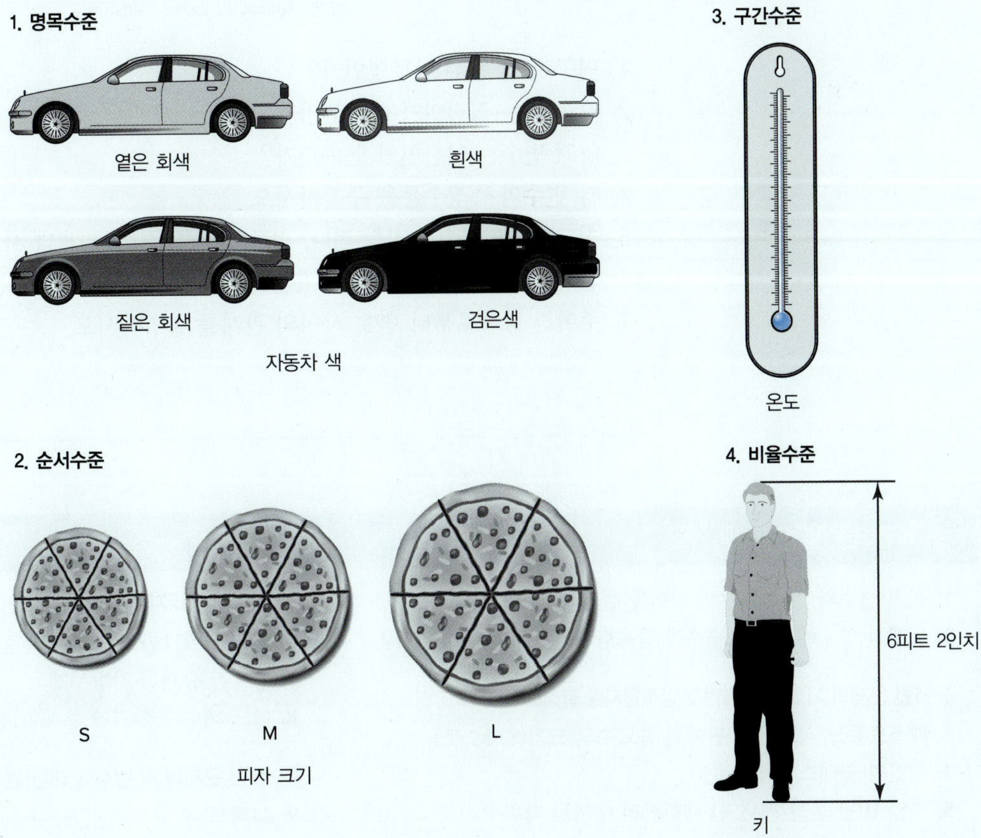

예제 1-4 측정수준

각 변수를 측정하기 위하여 사용된 측정수준은 무엇인가?

a. 한 주 동안 판매된 상위 25개 소설을 쓴 작가의 나이
b. 어느 해 한 상점에서 판매된 야구 모자의 색
c. 특정 달의 일일 최고 기온
d. 대학 축제에서 공연한 밴드의 평가순위

해답

a. 비율 *b*. 명목 *c*. 구간 *d*. 순서

개념의 적용 1-2

교통사망사고

운송수단에 따른 사망자수에 대한 다음 정보를 읽고 질문에 답하시오.

운송수단	사망자수
고속도로 사고	968
철도 사고	44
선박 사고	52
항공 사고	151

출처: Bureau of Labor Statistics.

1. 연구 중인 변수는 무엇인가?
2. 각 변수는 질적인가 양적인가?
3. 양적 변수는 이산인가 연속인가?
4. 각 변수의 측정수준을 구분하시오.
5. 철도가 사망자수가 가장 적다. 철도가 다른 운송수단보다 사고수가 적다는 것을 나타내는가?
6. 안전성 이외의 어떤 요인이 운송수단의 선택에 영향을 주는가?
7. 주어진 정보로부터 변수 사이의 관계를 설명하시오.

정답 31쪽 참조

연습문제 1-2

1. 질적 변수와 양적 변수의 차이를 설명하시오.
2. 통계적 연구에서 연속변수가 반올림되는 이유는 무엇인가?

3~5번 문제의 자료가 질적인지 양적인지를 결정하시오.

3. 패스트푸드 식당에서 판매된 음료수의 크기(S, M, L)
4. 개인의 콜레스테롤 수준
5. 지난 10년 동안 매년 한 대학에서 수여된 학위수

6~8번 문제의 자료가 이산인지 연속인지를 결정하시오.

6. 어느 날 911콜센터에서 받은 전화통화수
7. 항공기 승객의 가방무게
8. 어느 해 겨울학기에 통계학 강좌를 등록한 학생수

9~11번 문제의 각 변수에 대한 경계를 구하시오.

9. 24피트

10. 143마일

11. 200.7마일

12~15번 문제의 측정수준은 무엇인가?

12. 전화번호

13. 지구에서 궤도에 있는 통신위성까지의 거리

14. 갈비요리 콘테스트에서 조리된 갈비의 등급

15. 온라인 지출금액

1–3 자료수집과 표집방법

학습목표 5
4가지 기본적인 표집방법 식별하기

연구에서 통계학자는 여러 가지 방법으로 자료를 이용한다. 앞서 이야기했듯이 자료는 상황이나 사건을 설명하기 위하여 사용될 수 있다. 예를 들어, 제조업자는 효과적인 판매 전략을 세우기 위해 제품을 구매할 소비자에 관한 정보를 알고 싶을 것이다. 노동조합과 새로운 계약 협상을 앞둔 회사 경영진은 그들의 요구사항을 예측하기 위하여 직원들을 대상으로 여론조사를 할 수 있다. 자료는 각 교육청의 교육 목표가 달성되었는지를 결정하기 위하여 사용될 수도 있다. 주식시장 같은 분야에서는 경향을 분석하여 잠재 구매자들이 어떤 주식을 구매할지에 대해 더욱 현명한 결정을 하도록 도와준다. 자료수집을 통해 사람들이 더 나은 결정을 하게 해주는 몇 가지 예를 들어 보았다.

자료는 다양한 방법으로 수집될 수 있다. 가장 일반적인 방법 중의 하나가 조사이다. 조사는 여러 가지 방법으로 수행된다. 가장 보편적인 세 가지 방법은 전화조사, 우편설문조사, 개인면접조사이다.

역사적 기록

인구조사의 개척자는 Pierre-Simon deLaplace로, 그는 1780년에 한 나라의 인구를 추정하는 라플라스 방법을 개발하였다. 이 방법의 원리는 지자체 몇 곳을 선택하여 인구조사를 한 후, 조사한 인구수와 해당 지역 출생아수와의 비율을 이용하는 것이다(정확한 출생아수 기록이 있어야 함). 이 비율과 전국 출생아수를 곱하면 전체 인구수를 추정할 수 있다.

전화조사(telephone surveys)는 비용이 적게 든다는 면에서 개인면접조사보다 이점이 있다. 또한 면대면 접촉이 없으므로 의사표현을 더 솔직하게 할 수도 있다. 전화조사의 중요한 단점은 모집단에 포함된 사람들이 전화를 갖고 있지 않거나 전화에 응답을 하지 않아 조사 기회를 갖지 못하는 사람들이 있다는 점이다. 또한 지금은 많은 사람들이 전화번호부에 등재하지 않으며 휴대전화를 가지고 있어서 조사 방법에 등재하지 않은 번호나 휴대전화를 포함하는 방법을 사용하지 않는 한 조사를 할 수 없다. 마지막으로 면접자의 어조가 응답자의 반응에 영향을 줄 수 있다.

우편설문조사(mailed questionnaire surveys)는 비용이 적게 들어 전화조사나 개인면접조사보다 더 넓은 지역에서 시행할 수 있다. 또한 응답자가 원하면 익명으로 할 수 있다. 단점은 응답수가 적거나 부적절한 응답을 한다는 점이다. 다른 단점은 문항을 읽는 데 어려움이 있거나 이해하지 못하는 사람들이 있을 수 있다는 점이다.

개인면접조사(personal interview surveys)는 조사대상자로부터 문항에 대한 상세한 반응을 얻을 수 있다는 장점이 있다. 단점은 면접자가 질문을 하거나 반응을 기록하는 훈련을 받아야 하므로 다른 두 조사보다 비용이 많이 든다. 다른 단점은 면접자가 응답자의 선택에 편견을 가질 수도 있다는 점이다.

©Bojan Milinkov/Shutterstock

자료는 **조사기록** 혹은 상황의 **직접 관찰** 같은 방법으로 수집될 수도 있다.

1-1절에서 이야기했듯이 연구자는 큰 모집단으로부터 특별한 변수에 관한 자료와 정보를 수집하기 위하여 표본을 사용한다. 표본을 사용하면 시간과 돈을 절약하고 어떤 경우에는 특별한 주제에 관하여 좀 더 자세한 정보를 얻을 수 있다. 얻은 정보가 편향될 수 있기 때문에 표본은 아무렇게나 수집될 수 없다. 예를 들어, 장소를 길거리로 한정해서 조사한다면 그 시간대에 사무실에서 근무하는 사람들이나 학교에 간 사람들로부터의 반응은 포함하지 못한다. 즉, 모집단에 속하는 모든 대상이 선택될 기회를 갖고 있는 것은 아니다.

편향이 없는 표본을 얻기 위하여, 즉 모집단에 속하는 각 대상에게 선택될 같은 기회를 주기 위해 통계학자는 4가지 기본적인 표집방법인 랜덤, 계통, 층화, 집락 표집을 사용한다.

역사적 기록

미국에서 첫 번째 전수조사는 1790년에 이루어졌다. 목적은 적절한 의석수를 정하는 것이었다.

랜덤표집(Random Sampling)

랜덤표본(random samples)은 모집단의 모든 개체가 동일한 선택 기회를 갖는 표본이다.

랜덤표본은 우연이나 난수를 사용하여 뽑힌다. 방법 중 하나로, 모집단에 속하는 각 개체에 번호를 부여한다. 그런 다음 번호가 써진 카드를 상자에 넣고 잘 섞은 다음 필요한 만큼 카드를 뽑는다. 뽑힌 숫자의 개체를 표본으로 구성한다. 카드를 골고루 섞기가 어려우므로 편향된 표본을 얻을 가능성이 있다. 이런 이유로 통계학자는 숫자를 얻는 다른 방법을 사용한다. 컴퓨터나 계산기로 난수를 생성한다. 컴퓨터 발명 이전에는 난수표를 사용하였다.

일부 다섯 자리 난수가 부록 A의 표 D에 나와 있다. 표 D의 한 부분이 다음 표이다. 85개의 개체에서 15개의 랜덤표본을 뽑으려면 각 대상에 01부터 85까지 번호를 부여해야 한다. 그런 다음 눈을 감고 손가락을 표에 있는 숫자 위에 놓아 시작번호를 선택한다. 손가락이 넷째 열의 위에서 다섯 번째인 88948에 놓였다고 가정한다. 두 자릿수가 필요하므로 각 수의 마지막 두 자리를 사용한다. 첫 번째 수가 48이다. 01부터 85 사이에서 15개의 다른 숫자가 선택될 때까지 아래로 내려간다. 열의 마지막에 다다르면 다음 열의 맨 위로 간다. 만약 85보다 더 크거나 00 혹은 같은 숫자가 선택되면 바로 제외한다.

통계 이야기 다이어트에 가장 좋지 않은 요일

과체중인 사람들이 체중을 줄이는 일은 쉽지 않다. Washington 의과대학 연구진이 48명의 체중감소 참가자의 식단을 연구하였다고 잡지 Prevention이 발표하였다. 연구진은 음식일지, 운동 모니터, 계체량을 사용하였다. 연구진은 참가자들이 평일보다 토요일에 평균 236칼로리나 더 많이 먹는다는 것을 알아내었다. 이것은 연간 9파운드나 체중이 더 나가게 하는 양이다. 다이어트를 하고 있다면 토요일에 조심하라.

이 연구에서 보고된 통계학은 기술통계학인가 추측통계학인가? 사용된 변수의 형태는 무엇인가?

© bbernard/Shutterstock

예에서는 48, 43, 44, 19, 07, 27, 57, 24, 68 등을 사용한다. 모든 난수를 얻으려면 부록의 표 D를 활용하면 된다.

표 D 난수

51455	02154	06955	88858	02158	76904	28864	95504	68047	41196	88582	99062	21984	67932
06512	07836	88456	36313	30879	51323	76451	25578	15986	50845	57015	53684	57054	93261
71308	35028	28065	74995	03251	27050	31692	12910	14886	85820	42664	68830	57939	34421
60035	97320	62543	61404	94367	07080	66112	56180	15813	15978	63578	13365	60115	99411
64072	76075	91393	88948	99244	60809	10784	36380	5721	24481	86978	74102	49979	28572
14914	85608	96871	74743	73692	53664	67727	21440	13326	98590	93405	63839	65974	05294
93723	60571	17559	96844	88678	89256	75120	62384	77414	24023	82121	01796	03907	35061
86656	43736	62752	53819	81674	43490	07850	61439	52300	55063	50728	54652	63307	83597
31286	27544	44129	51107	53727	65479	09688	57355	20426	44527	36896	09654	63066	92393
95519	78485	20269	64027	53229	59060	99269	12140	97864	31064	73933	37369	94656	57645
78019	75498	79017	22157	22893	88109	57998	02582	34259	11405	97788	37718	64071	66345
45487	22433	62809	98924	96769	24955	60283	16837	02070	22051	91191	40000	36480	07822
64769	25684	33490	25168	34405	58272	90124	92954	43663	39556	40269	69189	68272	60753
00464	62924	83514	97860	98982	84484	18856	35260	22370	22751	89716	33377	97720	78982
73714	36622	04866	00885	34845	26118	47003	28924	98813	45981	82469	84867	50443	00641
84032	71228	72682	40618	69303	58466	03438	67873	87487	33285	19463	02872	36786	28418
70609	51795	47988	49658	29651	93852	27921	16258	28666	41922	33353	38131	64115	39541
37209	94421	49043	11876	43528	93624	55263	29863	67709	39952	50512	93074	66938	09515
80632	65999	34771	06797	02318	74725	10841	96571	12052	41478	50020	59066	30860	96357

계통표집(Systematic Sampling)

계통표본(systematic samples)은 k가 양의 정수일 때 모집단의 매 k번째 개체를 뽑아서 얻은 표본이다.

연구자들은 모집단의 각 개체에 번호를 부여하고 매 k번째 개체를 선택하여 계통표본을 얻는다. 예를 들어, 모집단에 2000개 개체가 있고 50개의 표본이 필요하다고 하자. $2000 \div 50 = 40$이고 $k=40$이므로 모든 40번째 개체를 표본으로 선택한다. 그러나 첫 번째 개체는 1에서 40 사이에서 랜덤으로 선택하여야 한다. 12번 개체가 첫 번째로 선택되었다면 표본은 50개 대상이 얻어질 때까지 번호가 12, 52, 92인 대상으로 구성될 것이다. 계통표집을 사용할 때 모집단에 속하는 개체에 어떻게 번호를 부여하였는지 주의를 기울여야만 한다. 만약 대상이 부인, 남편, 부인, 남편과 같은 순서로 정렬되었다면 매 40번째 대상은 남편들로만 구성될 것이다. 번호부여가 반드시 필요한 것은 아니다. 예를 들어, 연구자는 결함 검사를 위하여 조립라인에서 매 10번째 품목을 뽑을 수도 있다.

계통표집은 순서화된 모집단 전체에서 개체를 추출하는 이점이 있으며, 모집단에 쉽게 번호를 부여할 수 있다면 빠르고 편리한 표집 방법이다.

층화표집(Stratified Sampling)

층화표본(stratified samples)은 연구에 연관된 몇 가지 특성에 따라 모집단을 부분군이나 층으로 나누어 얻은 표본이다(여러 부분군이 있을 수 있다). 그런 다음 각 부분군으로부터 랜덤으로 개체를 선택한다.

층 안에서 표본은 랜덤으로 선택되어야 한다. 예를 들어, 어떤 전문대학교의 학장이 어떤 논점에 관하여 학생들이 어떻게 느끼는지를 알고 싶다고 가정하자. 또한 학장은 1학년생들의 의견이 2학년생들의 의견과 다른지 알고 싶다. 학장은 표본으로 이용하기 위하여 각 부분군에서 학생들을 랜덤으로 선택할 것이다.

집락표집(Cluster Sampling)

역사적 기록

1936년 Literary Digest는 편향된 구독자 표본에 근거해 다가오는 대통령 선거에서 Alf Landon이 Franklin D. Roosevelt를 이길 것이라고 예측하였다. Roosevelt는 압도적인 승리를 하였다. 다음 해 그 잡지는 폐간되었다.

집락표본(cluster samples)은 모집단을 구역 혹은 집락으로 나누고, 랜덤으로 하나 이상의 집락을 선택하여 속하는 모든 개체를 표본으로 사용해 얻는다.

먼저, 지리적 위치나 대단위 학군에 있는 학교 등과 같이 모집단을 집락이나 그룹으로 나눈다. 그런 다음 연구자는 집락들 중 몇 개를 랜덤으로 추출하여 선택된 집락의 모든 개체를 표본으로 사용한다. 한 연구자가 대도시의 아파트 거주자들을 조사한다고 하자. 만약 그 도시에 열 동의 아파트 건물이 있다면 열 동에서 랜덤으로 두 동을 선택하여 그 동의 모든 거주자들을 조사할 수 있다. 집락표집은 모집단이 크거나 넓은 지리적 위치에 거주하는 개체를 포함할 때 사용한다. 예를 들어, 만약 New York 시에 있는 병원의 환자들을 대상으로 한 연구를 위해 환자의 랜덤표본을 얻으려면 비용이 많이 들고 기간도 많이 걸릴 것이다. 왜냐하면 병원들이 넓은 지역으로 흩어져 있기 때문이다. 대신에 몇 개의 병원을 랜덤으로 추출하여 그 병원에 있는 환자들을 하나의 집락으로 조사할 것이다. [그림 1-3]을 보자.

층화표집과 집락표집의 주요 차이는 두 표집방식 모두 모집단을 그룹으로 나누지만, 층화표집에서는 그룹에 속한 개체들은 거의 동질적이다. 즉 유사한 특성을 갖는다. 반면에 집락표집에 속한 개체들은 '모집단 축소판'을 형성한다. 즉 모집단이 커지면 특성도 다양해진다. 예를 들면, 연구자가 대학교 신입생을 모집단으로 이용하려면 신입생 오리엔테이션에서의 한 반을 사용할 수 있다. 연구자가 층화표본을 사용한다면 신입생들을 전공분야, 성별, 나이 등으로 나누고 각 그룹에서 표본을 뽑는다.

집락표본은 연구자가 시간과 비용을 절약하지만 집락이 모집단을 꼭 대표하지 않는다는 점도 주의하여야 한다.

[표 1-3]에 네 가지 기본적인 표집방법이 요약되어 있다.

기타 표집방법

흥미 있는 사실

고령의 미국인들은 고임금직업을 위하여 행복을 희생하지는 않는 것 같다. 한 조사에 따르면 18~29세의 38%는 행복보다는 돈을 선택한다고 답한 반면 65세 이상은 3%만이 그럴 것이라고 대답하였다.

네 가지 기본적인 표집방법에 외에도 표본을 얻기 위하여 사용되는 다른 방법이 있다. 그중 하나가 **편의표본**(**convenience sample**)이라는 것이다. 연구자는 편리한 개체를 사용한다. 예를 들면, 방문의 성격이나 어떤 가게를 자주 방문하는지 알기 위해 지방 쇼핑몰에 들어오는 개체(고객)를 조사할지 모른다. 하지만 이 표본은 몇 가지 이유로 일반적인 고객을 대표한다고 할 수 없다. 한 가지 이유는 특정 시간에 조사가 이루어졌기 때문이다. 조사가 행해진 때 그 자리에 없었으므로 쇼핑센터에 오는 모든 고객은 표본으로 추출될 기회가 같을 수 없다.

그림 1–3 표집방법

1. 랜덤

모집단

표 D 난수

10480	15011	01536	02011	81647
22368	46573	25595	85393	30995
24130	48360	22527	97265	76393
42167	93093	06243	61680	07856
37570	39975	81837	16656	06121
77921	06907	11008	42751	27750
99562	72905	56420	69994	98872
96301	91977	05463	07972	18876
89579	14342	63661	10281	17453
85475	36857	43342	53988	
28918	69578	88321		
63553	40961			

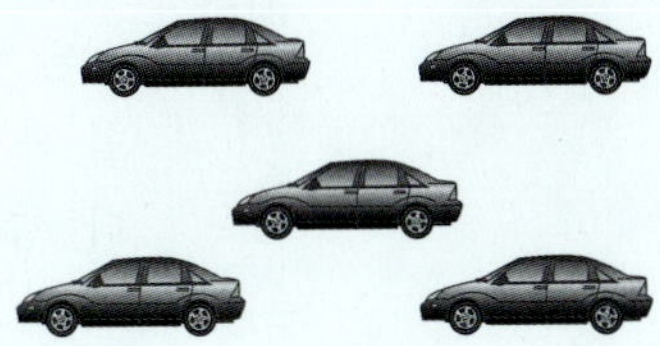

표본

2. 계통

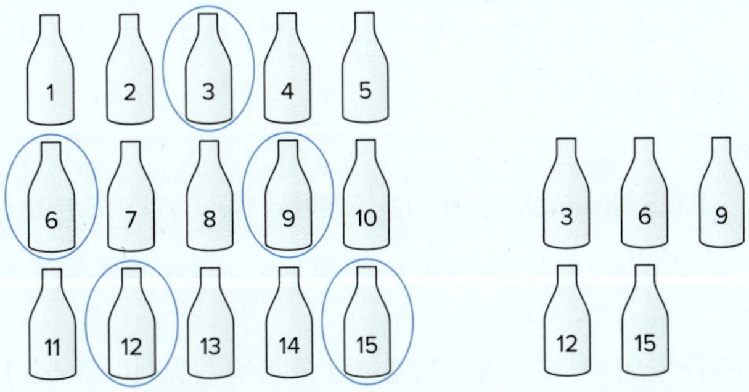

모집단 표본

3. 층화

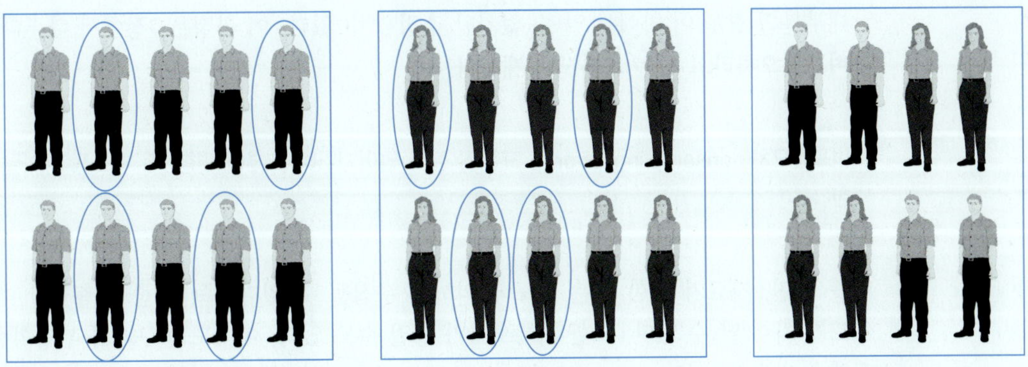

남자 여자 표본

모집단

4. 집락

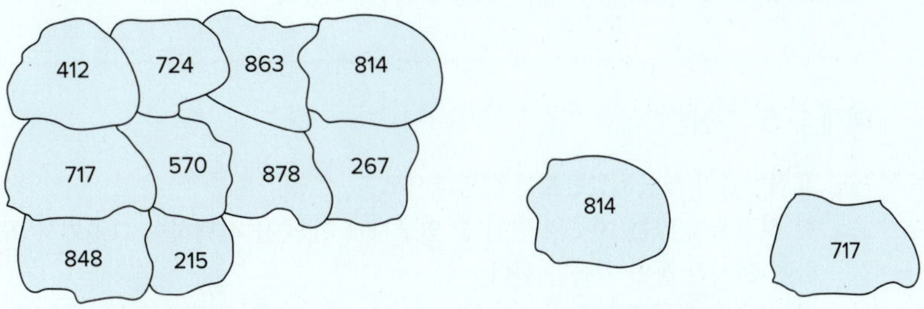

지역코드 표본

모집단

그러나 편의표본이 모집단을 대표할 수도 있다. 만약 연구자가 모집단의 특성을 조사하여 표본이 대표적이라고 판단한다면 표본으로 사용될 수 있다.

통계학에서 사용되는 다른 표본은 **자발적 표본**(self-selected sample)이다. 응답자가 스스로 결정하여 표본에 포함된다. 예를 들면, 라디오 방송국에서 어떤 상황에 관한 질문을 하고 결정된 행동에 동의하면 정해진 번호로 전화를 하게 하고 동의하지 않는다면 다른 번호로 전화를 하게 한다. 그리고 마지막에 결과를 발표한다. 대부분 의견이 강한 사람들만이 전화를 한다. 방송국은 '과학적 여론조사'는 아니라고 설명한다.

표 1-3 표집방법의 요약

랜덤	개체가 난수에 의하여 선택된다.
계통	1부터 k 사이에서 첫째 개체를 랜덤으로 추출한 후 매 k번째 개체를 선택한다.
층화	모집단을 부분군(층)으로 나누고 부분군 안에서 랜덤으로 개체가 선택된다.
집락	모집단을 대표하는 완전한 부분군을 이용하여 개체가 선택된다.

표본은 모집단을 완벽하게 대표하지 않으므로 결과에는 오차가 항상 있다. 이 오차를 **표집오차**라고 한다.

표집오차(sampling error)는 표본에서 얻은 결과와 표본이 선택된 모집단에서 얻은 결과와의 차이이다.

예를 들어 한 대학에서 학생들의 표본을 뽑았더니 56%가 여성이었다고 한다. 그런 다음 행정본부에 가서 그 학기 학생들의 성별을 조사하였더니 54%가 여성이라는 것을 알았다. 이 2%의 차이를 표집오차에 기인한 것이라고 한다.

대부분의 경우 이 차이는 알 수 없지만 추정할 수 있다. 이 과정은 7장에서 다룬다.

비표집오차라고 하는 오차도 존재한다.

비표집오차(nonsampling error)는 표본이 잘못 얻어지거나 표본이 편향, 즉 대표적이 아닐 때 발생한다.

예를 들면, 자료가 결함 있는 척도에 의하여 수집될 수 있다. 즉, 체중을 측정할 때 2파운드 정도가 차이 날 수 있다. 또한 기록오차가 생길 수도 있다. 아마도 연구자가 부정확한 값을 기록했을 것이다.

이렇듯 자료를 수집할 때는 신중하고 조심하여야 한다.

이외에도 **순차표집**(sequential sampling), **이중표집**(double sampling), **다단계표집**(multistage sampling)과 같은 표집방법들이 있다.

예제 1-5 표집방법

어떤 표집방법이 사용되었는지를 설명하시오.

a. 한 지자체에 있는 10곳의 병원 중 연구자가 한 곳을 선택하여 그곳에서 치료되는 응급의 형태에 관하여 24시간 동안 기록을 한다.

b. 한 연구자가 학생들의 집단을 성별, 전공, 성적등급에 따라 나눈다. 그런 다음 질문에 답하도록 각

그룹에서 6명의 학생을 선택한다.

c. 한 잡지 구독자에게 번호를 부여한다. 그런 다음 구독자의 표본을 난수를 사용하여 선택한다.

d. 매 10번째 에너지 음료가 선택되고 병에 담긴 양이 측정된다. 목적은 병을 채우는 기계가 적절하게 작동하는지를 확인하는 것이다.

해답

a. 집락 *b*. 층화 *c*. 랜덤 *d*. 계통

개념의 적용 1–3

미국 문화와 약 남용

여러분이 연구팀의 일원이고 일반적으로 약물사용에 대한 사람들의 의식에 영향을 주는 여러 요인의 하나로 직업운동선수들에 의한 약물사용에 관하여 관심이 많다고 가정하자. 이제, 사람들이 미국문화(TV, 영화, 잡지, 대중음악)가 불법약물사용에 영향을 준다고 어떻게 생각하는지에 대해 계획을 세워 조사를 실시한다. 대상은 전국 2,250명의 성인과 청소년이다. 소비자 그룹은 여러분들의 조사에 관하여 많은 정보를 요구한다. 조사에 관한 다음 질문에 답하시오.

1. 어떤 조사방법(전화, 우편, 면접)을 사용하였는가?
2. 여러분이 사용하지 않은 조사방법의 장점과 단점은 무엇인가?
3. 어떤 형태의 점수를 사용하였는가? 이유는?
4. 표본에 포함될 사람을 결정하기 위하여 랜덤방법을 사용하였는가?
5. 어떤 방법(층화, 계통, 집락, 자발, 편의)을 사용하였는가?
6. 이 형태의 자료수집에 그 방법이 더 적절한 이유는 무엇인가?
7. 만약 청소년들로만 구성된 편의표본을 얻었다면 연구결과는 어떻게 영향을 받을 것인가?

정답 31쪽 참조

연습문제 1–3

1. 자료를 수집할 수 있는 5가지 방법을 열거하시오.

2. 난수는 표집방법에서 왜 사용되며 어떻게 생성되는가?

3~5번 문제에서 사용된 모집단을 정의하고 표본을 선택하는 방법을 설명하시오.

3. Time 지는 연소득이 200,000달러 이상인 사람들의 83%가 학사학위를 갖고 있다고 보도하였다.

4. 한 연구자는 미국에서 한 가구의 평균 크기는 2.54명이라는 것을 알았다.

5. 스타틴 복용은 고지혈증 환자의 콜레스테롤 수치를 감소시킨다.

6~8번 문제에 사용된 표집방법을 확인하시오.

6. 커피자판기의 정확도를 확인하기 위하여 매 다섯 번째 컵을 선택하여 담긴 양을 측정한다.

7. 대규모 교육지구에서 한 연구자가 모든 전임교사에게 번호를 부여하고 랜덤으로 면접을 할 30명의 교사를 선택한다.

8. 어느 날 15분 동안, 월마트에 들어오는 모든 고객 중 선택된 이들에게 마트에서 집까지 얼마나 멀리 떨어져 있는지 질문한다.

1-4 실험계획

학습목표 6
관측연구와 실험연구의 차이 설명하기

관측연구와 실험연구

통계적 연구를 분류하는 여러 방법이 있다. 이 절은 두 가지 형태의 연구, **관측연구**와 **실험연구**를 설명한다.

> **관측연구**(observational study)에서 연구자는 무엇이 일어나는지, 과거에 무엇이 일어났는지를 관측하고, 이 관측에 기초하여 결론을 도출하려고 노력한다.

예를 들면, 2015년 8월에 *The Verge*는 "수많은 사람이 핏비트(Fitbit)를 구입하고 있지만 실제 사용하고 있는가?"라고 물었다. 핏비트는 걸음수 측정장치 제조업체이자 기기이다. 1,900만 명의 등록된 사용자 중 950만 명(50%)만이 사용하고 있다. 과거 자료는 60%(1,090만 명 중 650만 명)의 사용 비율을 나타내고 있다. Endeavour Partners는 장치 구입자의 33%가 6개월 이상 사용하고 있다고 한다. 이 연구에서 연구자는 일정기간 동안 핏비트 소유자에게 무슨 일이 일어났는지만을 관측한다. 어떤 형태의 연구 간섭도 없었다.

관측연구에는 세 가지 주요 형태가 있다. 모든 자료가 일시에 수집되었을 때 **횡단면연구**(cross-sectional study)라고 한다. 자료가 과거로부터 얻어진 기록을 사용하여 수집되었을 때 **후향연구**(retrospective study)라고 한다. 마지막으로 자료가 일정기간, 즉 과거와 현재에 걸쳐 수집되었다면 **경시적 연구**(longitudinal study)라고 한다.

관측연구에는 장점과 단점이 있다. 장점은 언제나 자연스러운 설정에서 일어난다는 것이다. 예를 들면, 연구자들은 대도시의 거리나 고속도로에서 사람들의 운전패턴을 관찰할 수 있다. 또 다른 장점은 실험하기에는 비윤리적이거나 매우 위험한 상황에서 수행할 수 있다. 관측연구를 이용하여 연구자들은 자살, 강도, 살인 등등을 연구할 수 있다. 또한 관측연구는 약물 사용자 대 약물 비사용자, 오른손잡이 대 왼손잡이 같은 연구자에 의하여 조정될 수 없는 변수를 이용할 수 있다.

관측연구에는 단점도 있다. 변수가 연구자에 의해 제어되지 않아 다른 변수가 결과에 영향을 줄 수 있으므로 명확한 원인과 결과 상황을 보일 수 없다. 관측연구는 비용이 많이 들고 시간이 걸릴 수 있다. 그 예로, 아프리카에서 사자 서식지를 연구하려면 많은 시간과 돈이 필요할 것이고, 관련된 위험도 있을 것이다. 마지막으로 연구자 자신의 측정값을 사용하지 않을 수 있으므로 결과는 자료를 수집한 사람의 부정확성에 영향을 받을 수 있다. 예를 들어 연구자가 1800년대에 발생한 사건연구를 한다면 전 시대로부터 다른 사람이 얻은 정보나 기록에 의존해야만 할 것이다.

연구의 다른 형태는 **실험연구**이다.

> **실험연구**(experimental study)에서 연구자는 변수 중 하나를 조작하여 이 조작이 다른 변수들에 어떻게 영향을 주는지를 결정하려고 한다.

흥미 있는 사실
운전하기 가장 안전한 요일은 화요일이다.

예를 들어 Virginia 공대에서 수행하고 *Psychology Today*에 발표된 한 연구에서는 여자 대학생을 두 그룹으로 나누고 학생들로 하여금 90초 동안 가능한 많이 윗몸일으키기를 하게 하였다. 첫 번째 그룹에는 "최선을 다하시오"라는 말만 하였고, 두 번째 그룹에는 매일 10%씩 윗몸일으키기 실제 횟수가 증가하도록 노력하라고 하였다. 4일 후, "최선을 다하시오"라는 모호한 지시를 받은 그룹의 개체들은 평균 43회를 하였고, 반면 10%씩 횟수가 증가하도록 노력하라는 특별한 지시를 받은 그룹은 평균 56회를 하였다. 결론은 특별한 목표가 주어진 운동선수들이 특별한 목표가 주어지지 않은 운동선수보다 더 잘 한다는 것이다.

이 연구는 연구자가 변수들 중의 하나를 조작, 즉 각 그룹에 주어진 지시의 형태를 가지고 연구에 간섭한 통계적 실험의 사례이다.

실제 실험연구에서 개체들은 각 그룹에 랜덤으로 할당되어야만 한다. 또한 처리도 각 그룹에 랜덤으로 할당되어야만 한다. 윗몸일으키기 연구에서 논문은 개체들이 각 그룹에 랜덤으로 할당되었는지에 관하여는 언급하지 않았다.

랜덤할당이 가능하지 않은 경우 연구자들은 온전한 그룹(intact group)을 사용한다. 이런 종류의 연구는 반(classroom)이라는 형태로 온전한 그룹이 존재하는 교육학에서 자주 사용된다. 이러한 그룹이 사용될 때의 연구를 **준-실험연구(quasi-experimental study)**라고 한다. 그렇지만 처리는 랜덤으로 할당되어야 한다. 많은 논문들은 개체들이 랜덤으로 할당되었는지는 언급하지 않는다.

통계적 연구는 일반적으로 하나 이상의 **독립변수**와 하나의 **종속변수**를 포함한다.

> 실험연구에서 **독립변수**(independent variable)는 연구자에 의하여 조작되는 변수이다. 독립변수는 **설명변수**(explanatory variable)라고도 한다. 결과적인 변수를 **종속변수**(dependent variable) 혹은 **결과변수**(outcome variable)라고 한다.

결과변수는 독립변수의 조작 때문에 유의하게 변하였는지를 보기 위하여 연구되는 변수이다. 예를 들면, 윗몸일으키기 연구에서 연구자는 그룹에 두 가지 다른 지시를 한다. 따라서 독립변수는 지시의 형태이다. 종속변수는 결과적인 변수, 즉 4일 후에 수행된 각 그룹의 윗몸일으키기 횟수이다. 만약 종속변수나 결과변수의 차이가 크고 다른 요인이 동일하다면 이 차이는 독립변수의 조작 탓일 수 있다. 이 경우, 특별한 지시가 운동 수행을 증가시킨 것으로 보여진다.

윗몸일으키기 연구에서 두 그룹이 있었다. 특별한 지시를 받은 그룹을 **처리그룹(treatment group)**, 다른 그룹을 **대조그룹(control group)**이라고 한다. 처리그룹은 특별한 처리를 받고 대조그룹은 받지 않는다.

실험연구에도 장점과 단점이 있다. 먼저 연구자가 개체의 선택방법과 특정그룹에 할당하는 방법을 결정할 수 있는 장점을 갖고 있다. 또한 연구자는 독립변수를 제어하거나 조작할 수도 있다. 예를 들면, 개체가 매일 어느 정도의 약을 먹도록 하는 연구에서 연구자는 정확한 복용량을 결정하고 필요하다면 그룹별로 복용량에 변화를 줄 수도 있다.

흥미 있는 사실

미국에 있는 동굴의 수는 약 5600만 개이다.

실험연구에는 여러 가지 단점도 있는데, 첫째, 실험실이나 특별한 교실 같은 자연스럽지 않은 설정이 발생한다. 이것은 여러 가지 문제를 일으킬 수 있다. 그중 하나는 결과가 현실적 설정에 적용되지 않을 수 있다는 것이다. "이 구강 세정제가 시험관 속에서는 10,000마리의 세균을 죽일 수 있겠지만 내 입안에서는 얼마의 세균을 죽일 수 있겠는가?" 라는 오래된 의문이 있다.

실험연구의 다른 단점은 **호손 효과(Hawthorne effect)**이다. 이 효과는 1924년 Western Electric Company의 Hawthorne 발전소 근로자 연구에서 발견되었다. 이 연구에서 연구자들은 실험에 참여하고 있다는 것을 안 개체들이 실제로 행동을 바꾸어 연구결과에 영향을 끼친다는 것을 알았다.

통계적 연구를 수행할 때 다른 문제는 **변수의 중첩**(confounding of variables) 혹은 **잠복변**

수(lurking variable)이다.

중첩변수(confounding variable)는 종속변수 혹은 결과변수에 영향을 미치지만 독립변수에서 분리할 수 없는 변수이다.

연구자들은 연구에서 대부분의 변수를 제어하려고 노력하지만 일부 연구에서는 불가능하다. 예를 들면, 운동 프로그램에 참여 중인 개체가 연구자에게는 알려지지 않게 식이요법을 개선하여 운동만이 아닌 다른 방법으로 건강을 개선할지도 모른다. 그러면 식이요법이 중첩변수가 된다.

통계적 연구결과를 읽을 때 연구가 관측이었는지 실험이었는지를 판단한다. 그런 다음 연구의 본질에 의거해 결론이 논리적인지를 본다.

통계적 실험에 영향을 줄 수 있는 다른 요인은 **위약효과**(placebo effect)이다. 연구에 포함된 개체는 연구에 선택되었다는 사실에 기인하여 긍정적으로 반응하거나 개선을 보인다. 또한 연구자들이 의도하지 않은 단서에 반응할 수 있다. 예를 들면, Houston VA Medical Center에서 수행된 무릎통증연구에서 연구자들은 180명의 환자를 세 그룹으로 나누었다. 두 그룹은 손상된 연골조직을 제거하는 수술을 하고, 세 번째 그룹은 수술하는 척 시뮬레이션만 하였다. 2년 후에 각 그룹에서 같은 수의 환자가 수술 후 좋아졌다고 보고하였다. 거짓수술을 받은 환자들이 위약효과에 반응한 것이다.

위약효과를 최소화하기 위하여 연구자들은 **눈가림**(blinding)을 이용한다. 눈가림에서 개체는 실제 치료를 받는지 위약을 받는지 모른다. 연구자들은 실제 치료알약과 같게 보이는 설탕알약을 사용하는 경우가 많다. **이중 눈가림**(double blinding)이 사용되는 경우도 있다. 여기서는 개체와 연구자가 어느 그룹에게 위약을 주었는지 알지 못한다.

이색 통계

어느 해 누군가 당신의 집을 털려고 할 가능성은 1/20이다.

연구자들은 두 개 이상의 블록 사이에 차이가 있을 것이라고 의심될 때 변동을 최소화하기 위하여 **블록화**(blocking)를 한다. 예를 들면, 앞서 이야기한 윗몸일으키기 연구에서 "최선을 다하시오" 대 "매일 10%씩 늘리시오" 라는 지시에 남자와 여자가 다르게 반응할 것이라고 생각한다면 개체를 두 블록(남자, 여자)으로 나누고 각 블록에서 개체가 어느 처리를 받을지를 랜덤화한다.

개체가 랜덤으로 그룹에 할당되고 처리가 랜덤으로 할당되었을 때 그 실험을 **완전확률화설계**(completely randomized design)라고 한다.

어떤 실험은 **대응짝설계(matched-pair design)**라고 하는 것을 사용한다. 여기서는 한 개체가 처리그룹에 할당되고 다른 개체가 대조그룹에 할당된다. 그러나 할당 전에 개체들은 어떤 특성에 따라 짝지어진다. 초기의 연구에서는 일란성 쌍둥이를 이용하여 한 명씩 각 그룹에 할당하였다. 개체들은 나이, 키, 체중 같은 특성으로 짝지어질 수 있다.

연구를 유효하게 하는 다른 방법은 **반복**(replication)을 사용하는 것이다. 여기서는 같은 실험이 다른 장소나 다른 실험실에서 수행된다. 또한 같은 연구를 대학생 대신에 대학에 가지 않은 성인을 대상으로 수행할 수도 있다. 그런 다음 두 번째 연구결과를 첫 번째 결과와 비교하여 결과가 같은지를 확인한다.

어떤 형태의 연구를 하든지 같은 주제에 대한 두 연구는 간혹 모순되는 결론을 낸다. 왜 이런 일이 일어날까? "Bottom Line: Is It Good for You?"(USA Today)라는 기사는 1960년대 많은 연구들이 마가린은 포화지방이 적고 콜레스테롤 수치가 낮기 때문에 버터보다 심장에 더 좋다고 제안하였다고 한다. 1980년대의 어떤 연구에서 연구자들은 마가린이 버터의 포화

지방보다 심장에 더 나쁜 트랜스지방산을 포함하므로 버터가 마가린보다 더 좋다고 발표하였다. 1998년의 어떤 연구에서는 마가린이 사람의 건강에 더 좋다고 밝혔다. 무엇을 믿어야 하는가? 버터인가, 마가린인가?

이에 대한 답은 이러한 연구들을 자세히 살펴보아야 한다는 것이다. 실제로 중요한 것은 버터 혹은 마가린의 선택이 아니라 사용된 마가린의 형태이다. 1980년대의 연구에서는 고체 마가린이 트랜스지방산을 포함하고 있는 것을 증명하였고, 과학자들은 트랜스지방산이 버터의 포화지방보다 심장에 더 나쁘다고 생각하였다. 1998년의 연구에서는 액체 마가린이 사용되었다. 트랜스 지방산이 매우 낮았으므로 버터보다 더 건강에 좋다는 것이었다. 그 이유는 트랜스 지방산이 콜레스테롤을 올리기 때문이었다. 따라서 결론은 고체 마가린이나 버터 대신에 액체 마가린을 사용하는 것이 더 좋다는 것이다.

조사연구에 기초한 결정을 하기 전에 모든 상황을 파악하고 특정 상황의 관점에서 검토하는 것이 중요하다.

통계적 연구의 목적은 조사될 개체에 관한 특정 질문에 답하기 위하여 연구에서 정보를 얻고 처리하는 것이다. 통계적 연구자들은 타당한 결과를 얻기 위하여 통계적 연구를 할 때 특정 절차를 사용한다.

이 절차의 일반적인 지침은 다음과 같다.

1. 연구의 목적을 정한다.
2. 연구에 대한 변수를 식별한다.
3. 모집단을 정의한다.
4. 자료를 수집할 표집방법을 결정한다.
5. 자료를 수집한다.
6. 자료를 요약하고 필요한 통계적 계산을 한다.
7. 결과를 해석한다.

예제 1–6 실험계획

연구자들이 세 개의 다른 그룹 각각에 10명씩 랜덤으로 할당하였다. 그룹 1은 그들의 삶에서 다툼에 관한 에세이를 쓰도록 하였다. 그룹 2는 고마움을 느끼게 해줬던 상황에 대해 에세이를 쓰도록 하였다. 그룹 3은 중립을 지키게 한 사건에 관한 에세이를 쓰도록 하였다. 습작 후에 삶에 대한 그들의 전망에 대하여 설문조사를 하였다. 연구자들은 고마움을 느끼게 해준 상황에 대해 에세이를 쓴 사람들이 삶에 대하여 더 낙천적인 전망을 한다는 것을 알았다. 결론은 긍정적인 부분에 집중하면 삶에 대해 일반적으로 더 낙천적이 된다는 것이다. 이 연구에 기초하여 다음 질문에 답하시오.

a. 관측연구인가 실험연구인가?
b. 독립변수는 무엇인가?
c. 종속변수는 무엇인가?
d. 연구에서 무엇이 중첩변수일 수 있는가?
e. 표본크기는 어떠한가?
f. 결론에 동의하는가? 설명하시오.

해답

a. 변수가 조작되었으므로 이것은 실험연구이다.
b. 독립변수는 참가자들이 쓴 에세이의 형태이다.
c. 종속변수는 삶의 전망 설문지 점수이다.

d. 나이, 가정교육, 소득과 같은 다른 요인이 결과에 영향을 줄 수 있다. 그러나 개체의 랜덤 할당은 이 요인을 제거하는 데 도움이 된다.
e. 연구에서 표본은 전체 30명을 이용한다.
f. 답은 다양할 것이다.

학습목표 7
통계학이 어떻게 이용될 수 있고, 오용될 수 있는지 설명하기

통계학의 이용과 오용

앞서 설명하였듯이 통계적 기법은 자료를 설명하고, 두 개 이상의 자료집합을 비교하고, 변수 간에 관계가 존재하는지를 결정하고, 가설을 검정하고, 모집단의 특성에 관한 추정값을 구하기 위하여 이용될 수 있다. 그러나 통계학에는 또 다른 측면이 있다. 즉, 올바르게 작동하지 않는 제품을 판매하고, 참이 아닌 것을 참이라고 입증하며, 통계를 통해 공포, 충격, 격노를 일으키도록 통계적 기법을 오용할 수 있다.

연구조사 결과 혹은 언론매체의 여론조사 결과를 읽거나 들었다고 해서 이것이 결과를 믿을 수 있다거나 혹은 모든 상황에 적용할 수 있다는 것을 의미하지는 않는다. 예를 들면, 기자들은 사용된 표본의 크기 혹은 연구개체 선택방법과 같은 중요한 세부사항을 생략하는 경우가 많다. 이러한 정보가 없다면 연구를 올바르게 평가할 수 없고, 연구나 조사의 결론을 적절하게 해석할 수 없다.

이 절의 목적은 통계학이 오용될 수 있는 몇 가지 점을 보여주는 것이다. 모든 연구조사와 표본조사가 의심스럽다고 추론할 필요는 없지만 연구조사와 표본조사 결과에 근거하여 의사결정을 할 때에는 많은 요인을 고려하여야 한다. 다음은 통계학이 잘못 전해질 수 있는 몇 가지 요인들을 정리한 것이다.

의심스러운 표본 첫 번째 고려 사항은 연구조사에 사용된 표본이다. 연구자들은 정보를 얻기 위하여 매우 적은 수의 표본을 사용하는 경우가 있다. 몇 년 전, "조사된 4명의 의사 중 3명이 이 브랜드를 추천한다"라는 문구를 포함한 광고가 있었다. 만약 4명의 의사만 조사하였다면 결과는 우연에 의한 것일 수 있다. 그러나 100명의 의사를 조사하였다면 결과는 우연이 아닌 확률이 높을 것이다.

표본크기가 충분히 커야 하는 점도 중요하지만 표본의 개체 표집방법도 알아야 한다. 지원자를 통한 연구는 붙박이 편향을 갖는다. 지원자는 일반적으로 모집단을 충분히 대표하지 않는다. 때로는 표본이 특별한 사회경제적 배경으로부터 모집된다. 때로는 실업자들이 급여를 받으려고 연구조사에 지원한다. 개체들이 집이나 직장 이외의 다른 환경에서 며칠 혹은 몇 주를 보내야 하는 연구는 시간을 낼 수 없는 직장인들을 배제한다. 대학생 혹은 퇴직자들만 연구에 이용되는 경우가 많다. 과거의 많은 연구에서는 개체 대상을 남성으로 제한하면서 연구에 따른 결과는 남성과 여성 모두에게 일반화하려는 경우가 많았다. 전화나 우편으로 응답을 요구하는 여론조사는 일반적으로 모집단을 대표하지 않는다. 강한 감정을 가지고 있거나 주제에 반대하는 사람들만이 전화나 우편으로 반응하기 때문이다.

대표적이지 못한 표본의 다른 형태는 편의표본이다. 교육적 연구에서는 편의성으로 인해 특정한 한 학급의 학생들을 표본으로 사용하는 경우가 많다. 하지만 이러한 학급의 학생들이 전체 학군의 학생 모집단을 대표한다고 할 수는 없다.

적은 표본, 편의표본 혹은 지원자 표본을 사용하는 연구로부터 결과를 해석할 때는 전체 모집단에 결과를 일반화하는 데 주의해야 한다.

모호한 평균 3장에서는 간단히 **평균**(average)이라 부르는 4가지 주로 사용되는 측도에 대해 배울 것이다. 그것은 **평균**(mean), **중앙값**(median), **최빈값**(mode), **범위의 중앙**(midrange)이다. 같은 자료에 대하여 이 평균들은 크게 다를 수 있다. 이것을 아는 사람은 거짓말을 하지 않고 자신의 입장을 뒷받침할 수 있는 가장 좋은 증거가 되는 평균의 측도를 선택할 수 있다.

대상 바꾸기 통계적 왜곡의 다른 형태는 같은 자료를 표현하는 데 있어 다른 값을 사용할 때 발생한다. 예를 들면, 재선에 출마한 한 정치 후보가 "내 임기 동안 지출은 단지 3% 증가하였다." 라고 할 수 있다. 여기서 그의 경쟁 후보는 "그의 임기 동안 지출은 무려 6백만 달러 증가하였다."라고 할 수 있다. 여기서 두 수치는 모두 정확하다. 그러나 3%를 6백만 달러로 표현하면 매우 많이 증가한 것처럼 보인다. 여기서, 스스로 다시 질문해 보자. 어느 측도가 자료를 표현하는 데 더 좋은가?

단독 통계 단독 통계를 사용하는 주장은 어떤 비교도 하지 않은 주장이다. 예를 들면, "우리 상표 크래커는 1/3의 적은 칼로리를 가지고 있습니다." 같은 주장을 들을 수 있다. 비교 대상이 없는 것이다. 무엇과 비교해 1/3이 적다는 것인가? 다른 예로는 "상표 A 아스피린이 4배 더 빠르게 작용한다."와 같은 단독 통계를 사용하는 주장이다. 무엇과 비교해 4배 더 빠르다는 것인가? 이와 같은 문구를 보면, 비교대상이 무엇인지를 항상 생각해보는 것이 좋다.

암시적 관계 많은 주장들이 실제로는 존재하지 않을 수 있는 변수 간의 관계를 암시하려고 한다. 예를 들면, "생선을 먹는 것이 콜레스테롤을 감소시키는 데 도움이 될 수 있다"라는 문장에서 **"도움이 될 수 있다"**라는 말에 주목한다. 생선을 먹는 것이 확실하게 콜레스테롤을 감소시키는 데 도움이 될 것이라는 어떤 보장도 없다.

"우리 운동기구를 사용하면 여러분의 체중을 감소시킬 것이라고 추천한다."라는 문장이 있는데 여기서 **"추천한다"**라는 말이 사용되었다. 하지만 광고된 운동기구를 사용하면 체중이 감소될 것이라는 보장은 없다.

"칼슘을 섭취하면 일부 사람들의 혈압이 낮아질 것이다"라는 주장이 있다. 여기서 "일부" 라는 용어가 사용된 점을 주목한다. 여러분은 "일부" 사람 그룹에 포함되지 않을지도 모른다. **"~일지도 모른다, 일부, ~될 수도 있다"**와 같은 용어를 사용하는 주장으로부터 결론을 이끌어낼 때는 주의해야 한다.

오해하게 하는 그래프 통계적 그래프는 독자가 단순하게 숫자를 보는 것보다 더 쉽게 자료를 분석하고 해석할 수 있게 하는 자료의 시각적 표현이다. 2장에서 자료를 표현하기 위하여 어떤 그래프가 사용되는지를 다룰 것이다. 그러나 그래프를 잘못 그리면 자료를 잘못 표시하여 독자들이 잘못된 결론을 내게 할 수도 있다. 그래프의 오용도 2장에서 설명된다.

불완전한 조사문항 설문지를 사용한 조사결과를 분석할 때는 질문표현방식이 사람들의 대답 방식에 영향을 줄 수 있으므로 질문이 알맞게 표현되었는지를 확인해야만 한다. 예를 들면, "North Huntingdon 교육청이 새로운 축구장을 건립하는 것에 대해 어떻게 생각합니까?"와 같은 문항에 대한 반응은 "North Huntingdon 교육청이 새로운 축구장을 설립할 수 있도록 교육세를 올리는 데 찬성합니까?"와 같은 문항에 대한 반응과는 다를 것이다. 질문 문항이 조금 다르면, 그 반응은 매우 다를 수 있다. 설문조사에서 얻은 결과를 읽고 해석할 때, 설문문항작성에서 나올 수 있는 작은 실수에 주의해야 한다.

요약하면, 통계가 올바르게 사용된다면 많은 정보를 얻는 데 도움이 되지만, 적절하지 않게 사용된다면 잘못된 정보를 얻게 될 것이다. 여러분의 자동차와 같다고 생각하자. 만약 자동차를 학교나 직장 혹은 휴가 가는 데 사용한다면 매우 좋은 일이지만, 이웃집 개가 밤새도록 짖는다고 자동차를 개를 치는 데 사용한다면 그것은 매우 좋지 않은 일일 것이다.

개념의 적용 1-4

요즘 담배

전자담배는 과거 5년에 걸쳐 급격히 증가해왔다. 기존 일반 담배와 비교했을 때 판매량이 두 배, 세 배가 되어도 대체 흡연장치에 대한 연구는 많이 수행되지 않았다. Virginia Commonwealth University에서 수행된 한 연구는 일산화탄소 농도, 심장박동, 사용자의 주관적 효과, 혈장 니코틴 농도를 요인으로 고려하였다. 연구는 32명의 개체로 구성되었다. 개체들은 기존 일반 담배, 18mg 니코틴 카트리지 베이퍼 브랜드, 16mg 니코틴 카트리지 베이퍼 브랜드, 베이퍼가 담겨있지 않은 장치를 사용하는 브랜드의 네 개 그룹으로 구성되었다.

5분간의 흡연 후 기존 일반 담배 흡연자들은 일산화탄소, 심장박동, 혈장 니코틴 수준의 증가를 보였다. 전자 베이퍼 흡연자들은 심장박동 혹은 사용자의 주관적 효과에서 유의한 증가를 보이지 않았다. 다음 질문에 답하시오.

1. 어떤 형태의 연구인가? (관측, 준-실험, 실험)
2. 독립변수와 종속변수는 무엇인가?
3. 어느 것이 처리그룹인가?
4. 자신이 연구에 참여한다는 것을 안다는 사실이 개체들의 혈압에 영향을 줄 수 있는가?
5. 가능한 중첩변수를 열거하시오.
6. 이것이 무연담배의 효과를 연구하기 위하여 좋은 방법이라고 생각하는가?

정답 31쪽 참조

연습문제 1-4

1. 관측연구와 실험연구의 차이를 설명하시오.
2. 관측연구의 장점과 단점을 열거하시오.
3. 실험연구와 준-실험연구의 차이를 설명하시오.
4. 통계적 연구에서 처리그룹과 대조그룹을 사용하는 이유는?
5. 중첩변수란 무엇인가?
6. 눈가림과 이중 눈가림은 무엇을 의미하는가?
7. 완전확률화설계와 대응짝설계 사이의 차이는 무엇인가?

8~9번 문제에서 관측연구가 사용되었는지 실험연구가 사용되었는지를 결정하시오.

8. 어떤 사람이 거리에서 한 달에 몇 번이나 거지를 만났는지 알아보는 조사를 하였다.
9. 과체중인 개인 두 그룹에 대한 연구를 하였다. 그룹 1은 건강에 좋은 식이요법을 알려주었다. 그룹 2는 식이요법을 알려주지 않았다. 1개월 후 폭식을 몇 번 하였는지를 개체들에게 질문하였다. 두 그룹의 결과가 비교되었다.

10~11번 문제에서 독립변수와 종속변수를 식별하시오.

10. British Journal of Sports Medicine에 따르면 규칙적인 30분 운동은 감기에 걸릴 위험을 43% 감소시킨다고 한다.
11. 식당 직원이 계산서에 행복한 얼굴을 그렸을 때 팁이 증가하는지를 결정하는 연구가 수행되었다.

12~13번 문제에서 연구를 하는 동안 고려해야 할 중첩변수를 제안하시오.

12. Psychology Today는 IQ가 높은 사람일수록 이기적인 선택보다는 협동적인 선택을 한다고 보도하였다.
13. 한 대표적인 저널은 더 유연한 근무 일정을 갖는 사람이 직업에 더 만족한다고 발표하였다.

14~16번 문제에서 언급된 문장이 혼동을 줄 수 있는 이유를 설명하시오.

14. 우리 제품은 당신에게 완벽한 몸을 줄 것이다.
15. 우리 진통제는 24시간 통증을 완화시킬 것이다.
16. 21그램의 섬유질 섭취는 체중을 감소시켜 줄 것이다.
17. **유익한 박테리아** Minnesota 대학에서 수행된 20명의 시험 연구에 따르면 6개월 동안 아라비노갈락탄이라고 하는 복합물을 매일 섭취하면 유익한 유산균이 유의하게 증가한다고 한다. 이 복합물이 대부분의 사람들에게 유익하다고 할 수 없는 이유는 무엇인가?
18. 여성을 위한 광고에 다음과 같은 문장이 있다. "여성 100명당 91명이 아직 가지 않은 길을 택하였다." 이 문장을 설명하시오.
19. 보습로션 광고에서 다음과 같이 주장하였다. "... 그것은 피부과 전문의 추천 1위 상표다." 이 주장에서 잘못된 점은 무엇인가?
20. "비타민 E는 입증된 항산화제로 암과 심장병 퇴치에 도움이 될 수 있다." 이 주장에 모호한 점이 있는가? 설명하시오.
21. "... 임신 중 흡연을 한 여성에게서 태어난 남자아이는 성인이 되어도 폭력적이고 범죄적인 행동을 할 위험이 있다." 임신 중 흡연이 사람들의 범죄행위의 원인이라고 추측할 수 있는가?

개념의 확장

22. 통계적 연구를 설명하는 논문을 찾아 관측연구인지, 실험연구인지 식별하시오.
23. 22번 문제에서 선택한 논문에 대하여 연구결과에 영향을 줄 수 있는 몇 가지 중첩변수를 제안하시오.

1–5 컴퓨터와 계산기

학습목표 8
통계학에서 컴퓨터나 계산기의 중요성 설명하기

과거에는 통계적 계산을 연필과 종이로 하였다. 그러나 계산기가 등장하면서 수치 계산이 훨씬 쉬워졌다. 이제 컴퓨터가 모든 수치계산을 수행한다. 우리가 하는 일은 자료를 컴퓨터에 입력하고 적절한 명령을 사용하는 것이다. 컴퓨터는 결과를 출력하거나 화면에 보여줄 것이다.

많은 통계 패키지를 이용할 수 있지만 이 책에서는 Excel을 사용한다.

컴퓨터와 계산기는 단지 수치적인 답을 주고, 손으로 계산하는 데 드는 시간과 노력을 절약해 준다는 것을 이해하여야만 한다. 각 통계적 개념을 이해하고 해석하는 것은 여러분 몫이다. 또한 결과는 자료로부터 오는 것이지 컴퓨터에서 마술처럼 나타나지 않는다는 것을 이해하여야 한다.

EXCEL Step by Step

일반 정보

Microsoft Excel에는 통계적 문제를 푸는 두 가지 방법이 있다. 첫 번째는 STDEV나 CHITEST 같은 내장함수로, 표준 툴바에서 아이콘 f_x (함수 삽입)를 선택하여 이용한다. 두 번째는 자료에 대한 여러 가지 측도나 통계적 검정을 하는 데 유용한 '추가 기능'의 '분석 도구'에 있는 데이터 분석 명령을 이용하는 것이다.

'분석 도구' 설치 방법:

Excel 워크북의 왼편 위쪽에서 '파일' 탭을 클릭하여 선택상자의 왼편 메뉴에 있는 '옵션'을 선택한다.

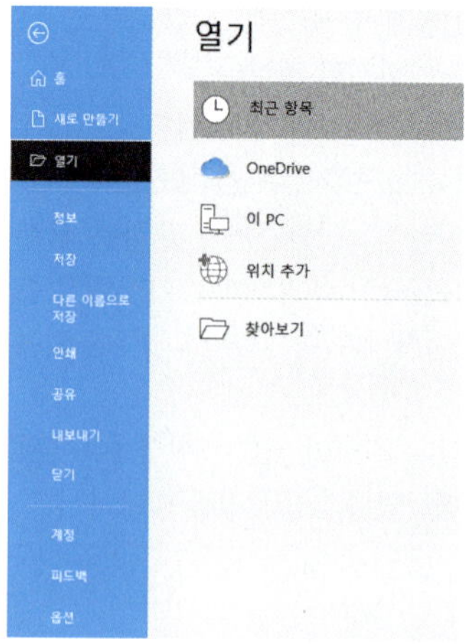

1. '추가 기능'을 클릭하고 오른쪽 관리 도구 아래에 있는 '이동(G)' 버튼을 클릭한다.

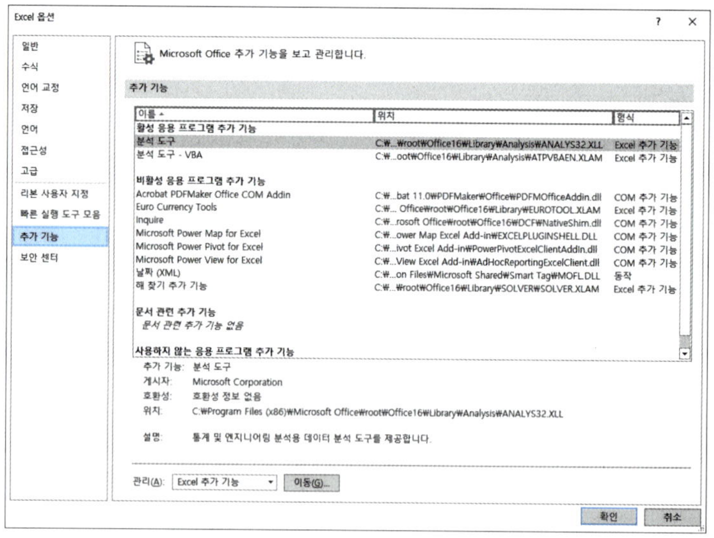

2. '추가 기능'에서 '분석 도구'와 '분석 도구−VBA'를 선택하고 '확인' 버튼을 클릭한다.

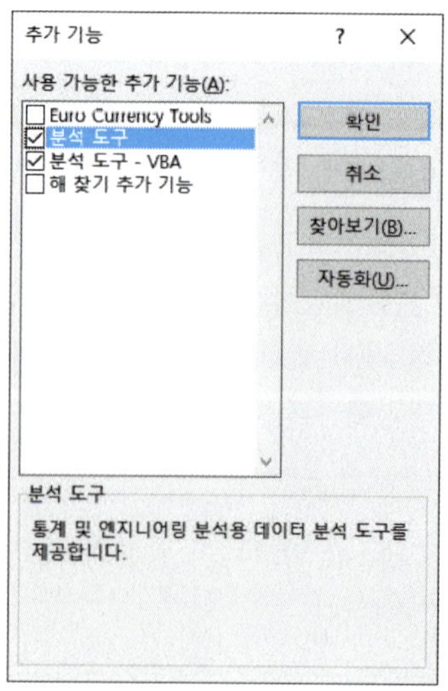

3. '데이터' 탭을 클릭하면, 오른쪽에 '데이터 분석' 메뉴가 나타날 것이다.

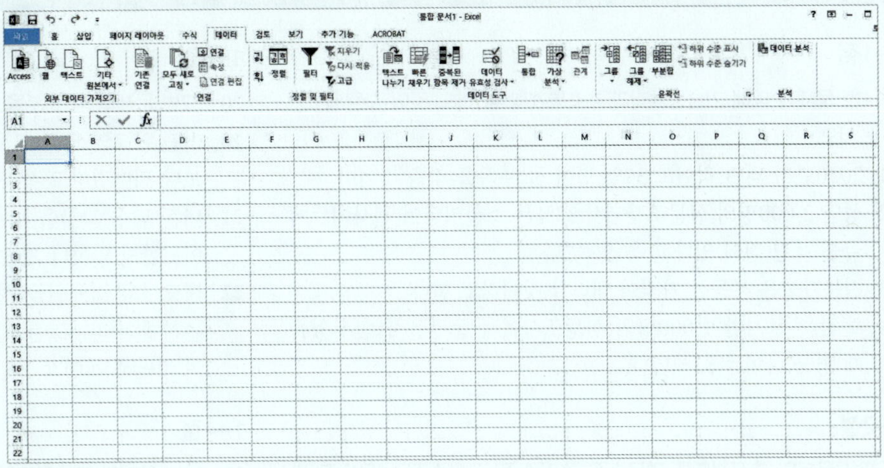

자료입력

1. 자료입력을 원하는 워크시트 한 열의 맨 위를 선택한다.
2. 한 변수에 대한 자료값을 다룰 때, 일반적으로 하나의 열에 값을 입력한다.

열려있는 워크북의 맨 아래에 있는 워크시트 삽입 아이콘 ⊕ 을 클릭하여 워크시트를 추가할 수 있다.

예제 XL1–1 저장되어 있는 Excel 워크북/워크시트 열기

1. Microsoft Office Excel 프로그램을 연다.
2. '파일' 탭을 클릭하고 '열기'를 클릭한다.
3. 파일이 담겨있는 라이브러리 이름을 클릭하고 '열기'를 클릭한다.
4. 열고자 하는 Excel 파일 이름을 클릭하고 '열기'를 클릭한다.

복습연습문제

1–1절

1~4번 문제에 대해 기술통계학과 추측통계학 중 어느 것이 사용되었는지 쓰시오.

1. 2050년이 되면 적어도 39억 명이 물 부족을 겪을 것이다.
2. 성인 2,000명의 설문조사에서 33%는 소셜미디어 웹사이트에 글을 올린 적이 있다고 응답하였다.
3. 전문가들은 부동산 가격이 내려갈 것이라고 한다.
4. 운전을 포기한 1,000명의 설문조사에서 운전을 그만두었을 때 평균 나이는 83세였다.

1–2절

5~9번 문제의 측정척도를 명목수준, 순서수준, 구간수준, 비율수준 중 하나로 분류하시오.

5. 25권의 베스트셀러 추리소설의 쪽수
6. 토스터 10개의 온도
7. NFL에 속한 코치의 급여
8. 교과서의 등급(나쁨, 보통, 우수, 탁월)
9. 프로 축구팀 선수의 나이

10~13번 문제의 각 변수를 질적 혹은 양적으로 분류하시오.

10. 병원에 근무하는 간호사의 결혼상태
11. 식당 어항에 있는 바다가재의 무게
12. 고층 아파트 단지 거주자에 의하여 버려지는 쓰레기양
13. 요양원에 거주하는 사람들의 나이

14~17번 문제의 각 변수를 이산 혹은 연속으로 분류하시오.

14. Philadelphia에 있는 우체통의 수
15. 여러 지역 슈퍼마켓에 있는 바나나 송이 수
16. 스쿨버스에 타고 있는 1학년생들의 배낭무게
17. 미국에서 혼인기간(단위: 년)

18~19번 문제의 각 값에 대한 경계를 구하시오.

18. 56야드
19. 72.6톤

1–3절

20~22번 문제의 각 표본을 랜덤, 계통, 층화, 집락, 기타로 분류하시오.

20. 어떤 학교의 모든 교사들을 대상으로 학생들의 숙제가 전년도보다 적어졌다고 생각하는지를 조사한다.
21. 미혼 남성 그룹을 난수를 사용하여 선택하고, 마지막으로 데이트한지 얼마나 지났는지를 질문한다.
22. 대도시의 집배원을 성별과 정해진 지역에 도보 또는 차로 가는지에 따라 4그룹으로 나눈다. 각 그룹에서 10명을 추출하여 지난해 개에게 물린 적이 있는지를 조사한다.

1–4절

23~24번 문제가 관측연구인지, 실험연구인지를 식별하시오.

23. 개체를 랜덤으로 두 그룹에 할당하고, 한 그룹에는 허브를 주고 다른 그룹은 위약을 주었다. 6개월 후 각 그룹의 호흡기 감염자 수를 비교하였다.
24. 여성 표본에게 직장에서 상사가 껴안았을 때 성추행으로 고려할 것인지를 물었다.

25~26번 문제에서 독립변수와 종속변수를 식별하시오.

25. 동물원에서 사육한 악어가 야생에서 사는 악어보다 더 빠르게 성장하는지를 결정하는 연구가 수행되었다.
26. British Journal of Nutrition에 실린 한 논문에서 두 종류의 쥐가 랜덤으로 선택되었다. 한 그룹에는 특정시간 동안 백리향 보충제를 주었고, 다른 그룹은 대조그룹으로 사용되어 어떤 보충제도 주지 않았다. 쥐의 뇌를 검사하여 백리향 보충제를 받은 쥐 그룹의 뇌가 젊은 쥐와 비슷한 항산화 수준이라는 것을 알았다. 백리향 보충제가 쥐의 뇌에서 항산화를 증가시켰다고 결론지었다.

27~29번 문제의 주장이 의심받을 수 있는 이유를 설명하시오.

27. 최근의 전화조사에 따르면 조사자의 72%가 온라인 쇼핑을 한 적이 있다고 한다.
28. 어떤 그룹의 사람들에게 조사한 결과 겨울에 가장 싫어하는 것은 눈이라고 한다.
29. 최근의 한 연구에 따르면 고등학교 중퇴자는 졸업자보다 인터넷에서 시간을 적게 보낸다. 따라서 인터넷은 IQ를 높인다.

STATISTICS TODAY

고등교육은 '디지털화' 되고 있는가?

Pew Research Center 연구원들은 결과를 확인하기 위하여 2,142명의 졸업생 전화조사와 2년제와 4년제 공립 및 사립대학의 총장 1,055명의 온라인 조사를 실시하였다.

연구원들은 공립대학과 대학교의 약 89%가 온라인 강의를 제공하는 반면, 4년제 사립대학에서는 60%가 온라인 강의를 제공한다는 것을 알았다. 졸업생의 약 23%가 온라인 과정을 수강했다고 응답하였다. 대학 총장들은 10년 안에 대부분의 학생들이 온라인 과정을 수강할 것이라고 예측한다.

온라인 과정의 가치에 관해서, 대학 총장의 51%가 온라인 과정이 강의실 과정과 대등한 가치가 있다고 말하지만, 졸업생은 29%만이 대등한 가치가 있다고 한다.

대학 총장의 55%가 지난 10년 동안 표절이 증가했다고 답했으며, 89%는 컴퓨터와 인터넷 사용이 증가에 기여했다고 응답하였다.

최근 대학 졸업생의 57%가 강의실에서 노트북, 스마트폰, 컴퓨터 태블릿을 사용했다고 응답하였다. 대부분의 대학에는 사용에 대한 규정은 없지만 사용 제한의 결정은 개별 강사에게 위임한다.

퀴즈

각 문장이 참인지 거짓인지를 결정하시오. 거짓이면 이유를 설명하시오.

1. 확률은 추측통계학의 기초로 사용된다.

2. 표본이 모집단을 대표하지 않으면 편향된 표본이라고 한다.

3. 표집 측도와 모집단 측도와의 차이를 비표집오차라고 한다.

4. 대학교수 모집단을 직급(강사, 조교수 등)에 따라 그룹으로 나누고, 표본을 구성하기 위하여 각 그룹에서 여러 명을 선택할 때 그 표본을 집락표본이라고 한다.

5. 변수 '온도'는 양적변수의 예이다.

6. 농구선수들의 키는 연속변수로 고려된다.

7. 6인치 같은 값의 경계는 5.9~6.1인치이다.

가장 적합한 답을 선택하시오.

8. 1시간짜리 TV 프로그램에 나오는 광고 수는 어떤 형태의 자료인가?
a. 명목 *b.* 양적 *c.* 이산 *d.* 연속

9. 25.6온스의 경계는 무엇인가?
a. 25~26온스 *b.* 25.55~26.65온스
c. 25.5~25.7온스 *d.* 20~39온스

10. 한 연구자가 개체를 성별에 따라 두 그룹으로 나누고, 각 그룹에서 표본을 선택하였다. 연구자는 무슨 표집방법을 사용하였는가?
a. 집락 *b.* 랜덤 *c.* 계통 *d.* 층화

11. 색에 따라 분류될 수 있는 자료는 무슨 척도로 측정되었는가?
a. 명목 *b.* 비율 *c.* 순서 *d.* 구간

12. 연구자의 어떤 간섭도 포함하지 않는 연구를 무엇이라 하는가?
a. 실험연구 *b.* 비참여연구
c. 관측연구 *d.* 준-실험연구

13. 연구에서 다른 변수를 방해하는 변수를 무엇이라고 하는가?
a. 중첩변수 *b.* 설명변수 *c.* 결과변수 *d.* 방해변수

가장 적합한 답을 사용하여 다음 문장을 완성하시오.

14. 통계학의 두 중요 분야는 _____과 _____이다.

15. 확률의 두 가지 용도는 _____과 _____이다.

16. 연구 중의 모든 개체의 그룹을 _____라고 한다.

17. 연구 중인 모든 개체의 그룹으로부터 추출된 개체의 그룹을 _____이라고 한다.

18. 통계학에서 표본이 사용되는 3가지 이유:
a. _____ *b.* _____ *c.* _____

19. 4가지 기본적인 표집방법:
a. _____ *b.* _____ *c.* _____ *d.* _____

20. 그룹에 참가자를 랜덤으로 할당하기 불가능할 때 온전한 그룹을 사용하는 연구를 _____연구라고 한다.

21. 조사연구에서 참가자는 가능하면 _____방법을 사용하여 그룹에 할당되어야만 한다.

22. 다음 각 문장들은 기술통계학과 추측통계학 중 어느 것이 사용되었는가?
a. 대한민국의 평균 기대수명은 82.7년이다.
b. 칼륨이 함유된 식단은 혈압을 낮출 것이다.
c. 태풍 '루사'의 피해액은 5조 1,479억 원이었다.
d. 연구자들은 사람의 얼굴형이 그 사람의 성격과 관계가 있다고 말하였다.

e. 2050년에 65세 이상의 고령인구가 전체의 37.4%에 이를 것이라고 추정되었다.

23. 명목수준, 순서수준, 구간수준, 비율수준으로 분류하시오.

a. G, PG, R의 영화등급

b. 모금활동에서 판매된 막대 사탕 수

c. 초소형, 소형, 표준, 고급형으로 자동차를 분류

d. 헤어드라이어의 온도

e. 상업용 항공사의 여행가방의 무게

24. 이산변수 혹은 연속변수로 분류하시오.

a. 공장에서 일하는 사람들의 나이

b. 식당에서 제공된 커피 잔의 수

c. 모르모트 한 마리에 주사된 약의 양

d. 한 학생이 학교까지 가는 데 걸리는 시간

e. 식료품점에서 하루에 팔린 우유의 양(갤런)

25. 각각의 경계를 구하시오.

a. 32분

b. 0.48 mm

c. 6.2인치

d. 19파운드

e. 12.1쿼트

비판적 사고

1. 세계에서 가장 바쁜 공항 세계적으로 가장 바쁜 공항에 대한 연구가 *Airport Council International*에 의하여 수행되었다. 공항이 가장 바쁘다고 결정하는 데 사용될 수 있는 변수 3가지를 설명하시오. 이 변수들을 측정하기 위하여 어떤 단위를 사용하는가? 이 변수들은 범주형, 이산, 연속 중 어떤 것인가?

2. 흡연과 범죄적인 행동 *Archives of General Psychiatry*에 발표된 한 연구결과에 따르면 임신 중 흡연을 한 여성에게서 태어난 남자 아이는 성인이 되어도 폭력적이고 범죄적인 행동을 할 위험이 있다고 한다. 이 연구결과는 방송에서 몇 사람에 의하여 이의 제기를 받았다. 이 연구결과가 이의제기를 받는 이유 몇 가지를 쓰시오.

3. 피아노 레슨은 수학능력을 향상시킨다. *Neurological Research*에 발표된 한 연구결과에 따르면 피아노 레슨과 컴퓨터 수학게임을 하는 2학년생들이 영어수업과 컴퓨터 수학게임을 하는 유사한 그룹보다 분수와 비율로 된 수학문제를 더 빠르게 파악하였다고 한다. 이것은 어떤 형태의 추측연구인가? 피아노 레슨이 학생들의 수학능력을 개선할 수 있는 이유 몇 가지를 쓰시오.

4. 대학 축구선수들에 있어서 ACL 2,958명의 대학 축구선수들에 대한 연구에 따르면 46명의 전방십자인대(ACL) 파열자 중에 36명이 여성이었다. 성별당 파열비율을 계산하시오.

a. 여성 운동선수가 남성 운동선수보다 무릎이 더 자주 파열된다고 결론지을 수 있는가?

b. 이 연구의 결론에 도달할 수 있는 방법을 설명하시오.

데이터 프로젝트

1. 기업과 금융 주식과 채권에 관한 자료, 예를 들면 가격, 수익률이나 채권등급 같은 수집된 자료의 형태를 조사하시오. 가능한 한 많은 자료의 형태를 찾으시오. 각각에 대해 측정수준을 명목, 순서, 구간, 비율로 식별하시오. 모든 양적 자료에 대하여 이산 혹은 연속인지 기록하시오.

2. 스포츠와 레저 프로 스포츠를 선택하시오. 야구의 타율, 홈런, 리그 등급과 같은, 선택된 스포츠에 관하여 수집된 자료의 형태를 조사하시오. 각각에 대해 측정수준을 명목, 순서, 구간, 비율로 식별하시오. 모든 양적 자료에 대하여 이산 혹은 연속인지 기록하시오.

3. 기술 컴퓨터 및 음악 플레이어의 음악 구성 프로그램은 작곡가, 노래 길이, 장르와 같은 노래에 대한 정보를 관리한다. 어떤 노래에 대해 수집된 자료의 형태를 조사하시오. 각각에 대해 측정수준을 명목, 순서, 구간, 비율로 식별하시오. 모든 양적 자료에 대하여 이산 혹은 연속인지 기록하시오.

4. 건강과 건강관리 혈액형, 콜레스테롤 수준, 흡연여부와 체질량지수 같은 건강에 관하여 수집될 수 있는 자료의 형태에 관하여 생각하시오. 가능한 한 많은 자료 항목을 찾으시오. 각각에 대해 측정수준을 명목, 순서, 구간, 비율로 식별하시오. 모든 양적 자료에 대하여 이산 혹은 연속인지 기록하시오.

5. 정치와 경제 1925년 이후로 5년마다 우리나라는 인구주택총조사를 실시해오고 있다. 2015년에 수집된 자료의 형태를 조사하시오. 각각에 대해 측정수준을 명목, 순서, 구간, 비율로 식별하시오. 모든 양적 자료에 대하여 이산 혹은 연속인지 기록하시오.

6. 교육 학교에는 나이, 거주지, 취득학점 등 각 학생에 대한 정보가 들어있는 데이터베이스가 있을 것이다. 대학에서 수집하고 보고하는 학생 자료 형태를 조사하시오. 각각에 대해 측정수준을 명목, 순서, 구간, 비율로 식별하시오. 모든 양적 자료에 대하여 이산 혹은 연속인지 기록하시오.

개념의 적용 해답

1-1절 출석과 성적

1. 변수는 성적과 출석이다.
2. 자료는 성적과 출석횟수로 구성되어 있다.
3. 기술통계학이다. 그러나 모든 학생들에 대하여 추측을 한다면 추측통계학일 수 있다.
4. 연구 중인 모집단은 Manatee Community 대학의 모든 학생들이다.
5. 명시되어 있지는 않지만 Manatee Community 대학 학생들의 표본자료일 것이다.
6. 자료에 의하면 일반적으로 출석을 잘하면 성적도 좋아지는 것이다.

1-2절 교통사망사고

1. 변수는 운송수단과 사망자수이다.
2. 운송수단의 형태는 질적 변수, 사망자수는 양적 변수이다.
3. 사망자수는 이산이다.
4. 운송수단은 명목, 사망자수는 비율수준이다.
5. 철도가 사망자수가 가장 적지만 다른 운송수단보다 철도를 이용하는 사람들이 적다는 사실을 고려해야만 한다.
6. 사람들의 운송수단의 선택은 편이성, 비용, 서비스, 이용도 등에 영향을 받는다.
7. 답은 여러 가지일 수 있다. 철도가 사망자수가 가장 적고 그다음이 선박 사망자수이다. 반면에 항공사고는 선박사고의 약 세 배이다. 물론 고속도로 사고에서 가장 많은 사망자가 발생한다.

1-3절 미국 문화와 약 남용

답은 여러 가지이므로 하나를 예로 든다.

1. 전화조사를 하였다. 이 조사방법의 장점은 비교적 저렴한 조사방법(우편조사보다 비싸지만)으로 상당히 큰 응답을 얻을 수 있다는 것이며, 단점은 전화가 없는 사람은 포함시키지 않았다는 것이다. (**참고**: 조사는 랜덤전화걸기를 사용하여 목록에 없는 번호와 바뀐 휴대폰 번호를 포함시켰다.)
2. 우편조사도 비교적 비용이 적게 들지만 응답률이 전화조사보다 낮다. 면접조사는 응답자로부터 면밀한 반응을 얻는 이점이 있다. 그러나 면접조사는 힘이 들고 비용이 많이 든다.
3. 5점 척도의 순서척도를 사용하였다. 각 값은 “1”은 매우 동의하지 않는다, “2”는 동의하지 않는다. “3” 은 중립, “4”는 동의한다, “5”는 매우 동의한다 이다.
4. 랜덤전화걸기였으므로 랜덤방법이다.
5. 각 주에서 표본을 추출하기 위하여 지역번호를 이용한 층화표집법을 사용하였다.
6. 이 방법이 미국 각 주로부터의 대표라고 확신할 수 있기 때문이다.
7. 편의표본은 모집단을 대표하지 않을 수 있다. 청소년들의 편의표본은 약 남용에 대한 미국문화의 영향에 관하여 일반적인 모집단으로부터 얻은 결과와 다를 수 있다.

1-4절 요즘 담배

1. 연구자가 연구에 포함된 4그룹에 각각 처리를 부과하였기 때문에 실험연구이다.
2. 독립변수는 흡연장치이다. 종속변수는 일산화탄소 농도, 심장박동, 혈장 니코틴 농도이다.
3. 처리그룹은 베이퍼가 담겨있지 않은 장치를 사용하는 그룹이다.
4. 개체들의 혈압은 참여사실을 알아도 영향을 받지 않을 것이다. 그러나 만약 개체의 혈압이 영향을 받는다면 모든 개체들이 유사하게 영향을 받을 것이다. 이것은 호손 효과의 한 예가 된다.
5. 답은 여러 가지이다. 개체의 나이, 성별, 과거 흡연습관, 체력이 중첩변수일 수 있다.
6. 답은 여러 가지이다. 한 가지 답은 연구계획은 좋지만 연구에 포함된 개체의 배경 이상으로 일반화할 수 없다는 것이다.

2

도수분포와 그래프

ⓒfotografos/Shutterstock

STATISTICS TODAY

명의도용 사기에는 어떤 종류가 있을까?

최근 명의도용 사기가 큰 문제로 대두되고 있다. 2014년 피해자 숫자는 1,270만 명 이상, 사기의 총액은 160억 달러, 피해자 1인당 평균 사기액수는 1,260달러였다. 명의도용 사기의 종류는 다음과 같다.

정부 문서 또는 급여 사기	38.7%
신용카드 사기	17.4
휴대폰 사기	12.5
은행 사기	8.2
신원 도용 시도	4.8
고용 관련 사기	4.8
대출 사기	4.4
기타 도용사례	9.2

출처: Javelin Strategy & Research; Council of Better Business Bureau, Inc.

자료를 표로 표현하는 것보다는 그래프나 그림으로 표현하는 것이 훨씬 효과적이다. 이 기사에는 그래프가 포함되어 있지 않다. 이 장에서는 알맞은 그래프로 자료를 표현하여 효과적으로 요점을 전달하는 방법을 설명한다.

자료를 그래프로 표현하는 방법을 이 장 뒷부분의 Statistics Today에서 설명한다.

개요

학습목표

1. 도수분포로 자료 구조화하기
2. 도수분포 자료를 히스토그램, 도수다각형, 누적도수그래프 등의 그래프로 표현하기
3. 자료를 막대그래프, 파레토 도표, 시계열그래프, 파이그래프, 점도표로 표현하기
4. 줄기-잎 그림 작성하고 해석하기
5. 짝자료를 산점도로 작성하고 해석하기

서론

통계분석을 하려면, 연구대상 변수와 관련된 자료를 수집해야 한다. 예를 들어, 특정 지역에서 지난 몇 년 동안 독사에게 물린 사람의 수를 조사하려면 의사, 병원, 보건소 등에서 자료를 수집해야 한다.

상황을 설명하고 결론을 도출하거나 사건을 추리하려면, 수집한 자료를 의미 있게 구조화해야 한다. 자료를 구조화하는 가장 일반적인 방법은 **도수분포**(frequency distribution) 작성이다.

구조화된 자료는 사용할 사람이 이해하기 쉽게 제시되어야 한다. 자료를 가장 유용하게 제시하는 방법이 **통계 도표**(statistical chart)나 **그래프**(graph)이다. 이런 도표와 그래프에는 여러 가지가 있으며 각각의 특성을 가지고 있다.

이 장에서는 자료를 도수분포표로 구조화하거나 도표나 그래프로 표현하는 방법을 설명한다. 이곳에서 설명하는 도표와 그래프에는 **히스토그램**(histogram), **도수다각형**(frequency polygon), **누적도수그래프**(ogive), **파이그래프**(pie graph), **파레토 도표**(Parato chart), **시계열 그래프**(time series graph)가 있다. 히스토그램과 도수분포표의 특성을 결합한 **줄기-잎 그림**(stem and leaf plot)과 **산점도**(scatter diagram)도 설명한다.

2-1 자료 구조화

학습목표 1
도수분포로 자료 구조화하기

세계 최고 부자 50명의 나이를 조사하려면 먼저 이 부자들의 나이 자료부터 구해야 한다. 이 자료는 포브스지(Forbes Magazine)에 실린 적이 있다. 다음과 같은 원형 그대로의 자료를 **원자료**(**raw data**)라고 한다.

45	46	64	57	85
92	51	71	54	48
27	66	76	55	69
54	44	54	75	46
61	68	78	61	83
88	45	89	67	56
81	58	55	62	38
55	56	64	81	38
49	68	91	56	68
46	47	83	71	62

원자료로부터는 거의 정보를 얻을 수 없으므로 연구자는 **도수분포**로 자료를 구조화한다.

이색 통계
50세 이상 미국인의 23%는 여전히 그들이 가장 큰 성과를 달성했다고 생각한다.

도수분포(frequency distribution)는 원자료를 계급과 도수로 구성된 표로 구조화한 것이다.

원자료의 개별 자료값은 **계급**(**class**)이라고 부르는 양적(혹은 질적) 범주에 속한다. **도수**(**frequency**)는 각 계급에 속하는 자료값의 개수를 말한다. 위 자료의 도수분포는 다음과 같다.

계급한계	계수	도수
27–35	/	1
36–44	///	3
45–53	𝍸 ////	9
54–62	𝍸 𝍸 𝍸	15
63–71	𝍸 𝍸	10
72–80	///	3
81–89	𝍸 //	7
90–98	//	2
		50

위 도수분포를 통해 몇 가지 사실을 알 수 있다. 예를 들면, 조사대상의 부유층은 대부분 45세 이상임을 알 수 있다.

이 분포의 계급에는 27−35, 36−44 등이 있다. 이 값을 **계급한계**(class limits)라고 한다. 자료값 중 27, 28, 29, 30, 31, 32, 33, 34, 35는 첫 번째 계급에 속하고, 36, 37, 38, 39, 40, 41, 42, 43, 44는 두 번째 계급에 속한다.

흔히 사용하는 도수분포 두 가지는 **범주형 도수분포**와 **집단화 도수분포**이다. 여기에서는 이들 분포표를 작성하는 과정을 설명한다.

범주형 도수분포

범주형 도수분포(categorical frequency distribution)는 명목수준이나 순서수준으로 된 자료를 구조화할 때 사용한다. 예를 들면, 정치적 선호, 종교적 선호, 주요 연구분야 등의 자료에 범주형 도수분포를 적용하게 된다.

예제 2-1 혈액형 분포

육군 신병 25명의 혈액형을 조사한 결과가 다음과 같다.

A	B	B	AB	O
O	O	B	AB	B
B	B	O	A	O
A	O	O	O	AB
AB	A	O	B	A

이 자료의 도수분포를 작성하시오.

해답

이 자료는 범주형이므로 이산형 계급을 사용한다. 혈액형에는 A, B, O, AB형이 있으므로 이를 계급으로 사용한다.

범주형 자료의 도수분포를 작성하는 과정은 다음과 같다.

단계 1 다음의 표를 작성한다.

A 계급	B 계수	C 도수	D 백분율
A B O AB			

단계 2 자료의 계수를 B열에 표시한다.

단계 3 B열을 세어서 C열에 기록한다.

단계 4 다음 공식을 사용하여 각 계급의 백분율을 계산한다.

$$\% = \frac{f}{n} \cdot 100$$

f = 도수분포, n = 자료의 전체 개수이다. A형의 백분율을 공식에 대입하면 다음과 같다.

$$\% = \frac{5}{25} \cdot 100 = 20\%$$

백분율을 항상 도수분포에 표시하지는 않지만, 계산해 두었다가 파이그래프 등을 작성하는데 활용할 수도 있다. 이 백분율을 소수로 변환한 것이 **상대도수**(relative frequency)이다.

단계 5 C열(도수)과 D열(백분율) 각각의 합을 구한다. 완성된 도수분포는 아래와 같다. 백분율 옆에는 합계란을 두어 합이 100%인지 확인하는 것이 좋으며, 반올림으로 인해 꼭 100%가 아닐 수도 있음을 알아두자.

A 계급	B 계수	C 도수	D 백분율
A	𝍸	5	20
B	𝍸 //	7	28
O	𝍸 ////	9	36
AB	////	4	16
		합계 25	100%

이 예제에서는 O형이 가장 많다.

집단화 도수분포

자료값의 범위가 넓으면, 전체 변위를 일정한 폭의 계급 몇 개로 나누고 이 계급별로 자료를 집단화하는데, 이를 **집단화 도수분포**(**grouped frequency distribution**)라고 한다.

랜덤으로 선택된 대학생 50명의 혈당 수준 분포(단위: 데시리터당 밀리그램(mg/dL)를 예로 들어보자.

이색 통계

미국인의 6%가 삶이 지루하다고 말한다.

계급한계	계급경계	계수	도수
58–64	57.5–64.5	/	1
65–71	64.5–71.5	𝍸 /	6
72–78	71.5–78.5	𝍸 𝍸	10
79–85	78.5–85.5	𝍸 𝍸 ////	14
86–92	85.5–92.5	𝍸 𝍸 //	12
93–99	92.5–99.5	𝍸	5
100–106	99.5–106.5	//	2
			합계 50

도수분포를 만드는 과정은 [예제 2-2]에 나와 있으며, 여기에서는 주의사항 몇 가지를 설명한다. 위 분포에서 58-64를 첫 계급의 **계급한계**(class limit)라고 하는데, **계급하한(lower class limit)**인 58은 이 계급에 속하는 자료값 중에서 최솟값을 말한다. **계급상한(upper class limit)**인 64는 이 계급에 속하는 자료값 중에서 최댓값을 말한다. 두 번째 열의 수치를 **계급경계(class boundary)**라고 하는데, 이는 계급 사이에 빈틈이 없도록 계급을 나누어준다. 빈틈은 계급한계의 특성 때문에 발생하는데, 예를 들면 64와 65 사이가 빈틈이다.

정해진 계급한계에서 계급경계를 산출하는 것을 어렵게 느끼는 학생이 있을 수 있다. 이를 쉽게 해결하는 방법은 **계급한계의 소수점 자릿수는 자료값의 소수점 자리와 같게 하고, 계급경계의 소수점 자릿수는 한 자리 더 내려서 마지막 자리에 5를 넣는 것이다.** 예를 들어 자료값이 모두 59, 68, 82 같은 정수라면, 계급한계는 58-64로 하고 계급경계는 57.5-64.5로 한다. 58(계급하한)에서 0.5를 빼고, 64(계급상한)에 0.5를 더하여 결정한다.

$$\text{하한} - 0.5 = 58 - 0.5 = 57.5 = \text{하경계}$$

$$\text{상한} + 0.5 = 64 + 0.5 = 64.5 = \text{상경계}$$

이색 통계

미국인 100명 중 1명은 색맹이다.

만약 자료값이 6.2, 7.8, 12.6처럼 소수점 한 자리 값이라면, 계급한계의 값은 7.8-8.8처럼 설정하고, 계급경계는 7.75-8.85로 설정한다. 7.8에서 0.05를 빼고, 8.8에서 0.05를 더하여 구한 값이다.

계급경계가 도수분포에 꼭 포함되는 것은 아니지만, 자료가 반올림되었다는 사실을 포함하여 자료를 구조화하는 절차에 있어 더 공식적으로 접근할 수 있도록 도와준다. 통계적 연구에서 계급경계에 직면할 수 있으므로 익숙해져야 한다.

마지막으로 도수분포에서 **계급폭(class width)**은 다음 계급 하한(상한)에서 한 계급의 하한(상한)을 빼서 구한다. 예를 들어 앞의 혈당 수준 분포 예에서 계급폭은 7(65-58)이다.

계급폭은 한 계급의 상경계에서 하경계를 빼서 구할 수도 있다. 앞 예에서 64.5 - 57.5 = 7이 된다.

참고: 한 계급의 한계를 빼면 틀린 결과가 나온다.

도수분포를 작성하려면 계급의 개수와 폭을 결정하여야 하는데, 다음의 규칙을 적용하면 편리하다.

1. **계급의 개수는 5~20개면 적절하다.** 도수분포에서 계급의 개수에 대한 확실한 규칙은 없지만, 자료를 설명하기에 충분할 만큼 계급 개수를 설정해야 한다.
2. **절대적인 규칙은 아니지만 계급폭이 홀수면 좋다.** 이렇게 하면 각 계급의 중간점이 자료와 자릿수가 같다. **계급 중간점(class midpoint)** X_m은 하경계와 상경계를 더한 후 2로 나누거나, 상한과 하한을 더하여 2로 나누어 구한다.

$$X_m = \frac{\text{하경계}+\text{상경계}}{2}$$

또는

$$X_m = \frac{\text{하한}+\text{상한}}{2}$$

예를 들어, 앞의 혈당 수준 예에서 첫 계급의 중간점은 다음과 같다.

$$\frac{57.5+64.5}{2} = 61 \quad \text{또는} \quad \frac{58+64}{2} = 61$$

중간점은 계급의 중심위치를 표현하는 수치이다. 중간점은 그래프를 그리는 데 필요하다(2-2절 참조). 계급폭이 짝수이면 중간점은 소수점 자릿수가 내려간다. 예를 들어 계급폭이 6이고 계급경계가 5.5-11.5라면 중간점은 다음과 같다.

$$\frac{5.5 + 11.5}{2} = \frac{17}{2} = 8.5$$

이 규칙은 꼭 지켜야 하는 것은 아니고 권장사항일 뿐이다. 특히 컴퓨터를 사용할 때에는 지킬 필요 없다.

3. **계급은 서로 겹치지 않아야 한다.** 계급한계가 겹치지 않아야 자료가 양쪽 계급에 동시에 속하는 일이 생기지 않는다. 아래와 같은 도수분포를 흔히 볼 수 있는데,

나이
10-20
20-30
30-40
40-50

나이가 40세인 사람은 어느 계급에 속해야 하는지 정할 수 없다. 따라서 다음과 같이 수정해야 한다.

나이
10-20
21-31
32-42
43-53

경계는 상호 배타적임을 기억하라. 예를 들어, 계급경계가 5.5에서 10.5인 경우, 해당 계급에 포함된 자료값은 6에서 10까지이다. 5의 자료값은 앞의 계급, 11의 자료값은 다음 상위 계급이다.

4. **계급은 연속적이어야 한다.** 도수가 0인 계급도 빼지 말고 설정해야 한다. 도수분포에는 빈틈이 없어야 한다. 예외는 첫 계급이나 마지막 계급의 도수가 0일 때이다. 도수가 0인 계급이 양쪽 끝에 있으면 생략해도 문제가 없다.
5. **계급은 포괄적(exhaustive)이어야 한다.** 모든 자료를 수용할 수 있어야 한다.
6. **모든 계급의 폭은 같아야 한다.** 그래야 자료의 왜곡을 막을 수 있다.

단, **개방형(open-ended)** 계급이 있을 때에는 예외가 된다. 개방형 계급이란 첫 계급의 하한이나 마지막 계급의 상한이 없는 계급을 말한다. 개방형 계급을 포함한 도수분포를 **개방형 분포(open-ended distribution)**라고 한다. 다음은 개방형 계급의 예이다.

나이	도수
10–20	3
21–31	6
32–42	4
43–53	10
54 이상	8

시간(분)	도수
110 미만	16
110–114	24
115–119	38
120–124	14
125–129	5

연령 분포에서는 마지막 계급이 개방형으로, 이 계급에는 54세 이상인 사람이 모두 속한

다. 시간 분포에서는 첫 계급이 개방형으로, 110분 미만의 자료는 모두 여기에 속한다.

집단화 도수분포를 작성하는 과정이 다음 절차 표에 요약되어 있다.

절차 표

집단화 도수분포 작성

단계 1 계급을 결정한다.

최댓값과 최솟값을 찾는다.
범위를 구한다.
바람직한 계급의 개수를 정한다.
범위를 계급수로 나누고 올림하여 계급폭을 구한다.
맨 아래 계급의 하한값을 결정한다. (자료값 중 최솟값 또는 이보다 작은 값 중에서 적당한 값으로 정한다.) 계급폭을 더해가며 모든 계급의 하한을 구한다.
계급상한을 구한다.
계급의 경계를 구한다.

단계 2 자료를 센다.

단계 3 센 결과에서 도수를 구하고, 누적도수를 구한다.

[예제 2-2]는 집단화 도수분포를 작성하는 과정을 보여준다. 이 예를 집단화 도수분포라 부르는 이유는 한 계급에 여러 개 자료값이 속해 있기 때문이다.

예제 2-2 최고기온 기록

다음 자료는 50개 주의 최고기온을 화씨(°F)로 표현한 것이다. 계급이 7개인 집단화 도수분포를 작성하시오.

112	100	127	120	134	118	105	110	109	112
110	118	117	116	118	122	114	114	105	109
107	112	114	115	118	117	118	122	106	110
116	108	110	121	113	120	119	111	104	111
120	113	120	117	105	110	118	112	114	114

출처: The World Almanac and Book of Facts.

해답

수치 자료의 집단화 도수분포를 작성하는 과정은 다음과 같다.

단계 1 계급을 결정한다.

최댓값과 최솟값을 찾는다: $H = 134$, $L = 100$

범위를 구한다: $R =$ 최댓값 $-$ 최솟값 $= H - L$, 즉

$$R = 134 - 100 = 34$$

바람직한 계급의 개수(5~20개)를 정한다. 이 예제에서는 임의로 7로 정한다.

$$\text{폭} = \frac{R}{\text{계급수}} = \frac{34}{7} = 4.9$$

이색 통계

미국에서 가장 인기 있는 음료는 청량음료이다. 평균적으로 한 사람이 맥주 22갤런을 마시는 데 비해 청량음료는 52갤런을 마시는 것으로 추정된다.

범위를 계급수로 나누어 계급폭을 구한다.

소수점 이하를 올림하여 정수값으로 바꾼다: $4.9 \approx 5$.(올림은 버림과 다른데, 나눗셈을 한 이후 소수점 이하가 있으면 값을 올려주는 것인데, 예를 들면 $85 \div 6 = 14.167$을 올림하면 15가 되며, $53 \div 4 = 13.25$를 올림하면 14가 된다.) (단, 나눗셈 결과가 정수이면 계급 수를 하나 추가하여야 모든 자료가 포함되게 된다.)

맨 아래 계급의 하한값을 결정한다. 이 값은 자료값 중 최솟값 또는 이보다 작은 값 중에서 적당한 값으로 정한다. 이 예제에서는 100으로 결정하였다. 선택된 하한값에 계급폭을 더하면 다음 계급의 하한값이 된다. 계속해서 7개 구간의 하한을 산정하면 100, 105, 110 등으로 된다.

둘째 계급의 하한에서 1을 빼면 첫째 계급의 상한이 된다. 그리고 여기에 계급폭을 계속 더해 가면 모든 계급의 상한을 구할 수 있다.

$$105-1=104$$

첫 계급은 100−104, 둘째 계급은 105−109가 된다.
계급경계는 계급하한에서 0.5를 빼고, 계급상한에서 0.5를 더해서 구한다.

99.5−104.5, 104.5−109.5, 등등.

단계 2 자료를 센다.

단계 3 센 결과에서 도수를 구한다.
완성된 도수분포는 다음과 같다.

계급한계	계급경계	계수	도수
100–104	99.5–104.5	//	2
105–109	104.5–109.5	卌 ///	8
110–114	109.5–114.5	卌 卌 卌 ///	18
115–119	114.5–119.5	卌 卌 ///	13
120–124	119.5–124.5	卌 //	7
125–129	124.5–129.5	/	1
130–134	129.5–134.5	/	1
			합계 50

도수분포를 보면 109.5−114.5 계급의 도수가 18로 가장 높고, 그다음이 114.5−119.5 계급으로 도수가 13이다. 즉, 31개 자료가 110°F와 119°F 사이에 속한다.

역사적 기록

1854년 크림 전쟁에서 간호사 Florence Nightingale은 병사들을 돌보는 군병원의 비위생적 상태로 인한 사망률을 줄이고자 병원 환경의 개선을 위해 정부 관리들을 설득하였으며, 이때 통계를 사용하였다.

누적도수분포를 사용해야 하는 경우도 있다. **누적도수분포(cumulative frequency distribution)**는 일정한 값(보통 상경계) 이하인 자료의 개수를 표시하는 분포이다. 각 계급의 상경계보다 아래에 있는 계급 모두의 도수를 합하면 그 계급의 누적도수가 된다. 이렇게 구한 것을 오름(ascending)누적도수라고 한다. [예제 2−2]에서 첫 계급의 누적도수는 $0+2=2$이고, 둘째 계급은 $0+2+8=10$이고, 셋째 계급은 $0+2+8+18=28$이 된다. 당연히 누적도수를 쉽게 구하려면 한 계급의 도수에 바로 아래 계급의 누적도수를 더하면 된다. 예를 들어, 114.5보다 작은 자료의 누적도수는 $10+18=28$이 된다. [예제 2−2]의 누적도수분포는 다음과 같다.

	누적도수
99.5 미만	0
104.5 미만	2
109.5 미만	10
114.5 미만	28
119.5 미만	41
124.5 미만	48
129.5 미만	49
134.5 미만	50

누적도수를 사용하면 관심 대상 계급 아래에 있는 자료 수의 누적값을 알 수 있다. [예제 2-2]에서 최고 기온이 114℉ 이하인 자료는 28개이고, 124℉ 이하인 자료는 48개이다.

원자료로 도수분포를 작성한 다음에는 피크(peak)와 극단값(extreme value)을 찾아 의미를 해석해보아야 한다. 피크는 자료의 개수가 가장 많은 계급을 표현한다. 그리고 이상점(outlier)이라고도 부르는 극단값은 다른 자료값과 동떨어지게 크거나 작은 값을 말한다.

상대적으로 자료값의 범위가 좁으면, 개별 자료값 하나를 하나의 계급으로 하는 도수분포를 작성할 수도 있다. 이런 분포를 **비집단화 도수분포(ungrouped frequency distribution)**라고 하며, 그 예는 다음과 같다.

예제 2-3 수면 시간

다음 자료는 대학생 30명의 하루 수면 시간을 기록한 것이다. 도수분포를 작성하고 해석하시오.

8	6	6	8	5	7
7	8	7	6	6	7
9	7	7	6	8	10
6	7	6	7	8	7
7	8	7	8	9	8

해답

단계 1 계급을 결정한다. 자료의 범위(10−5 = 5)가 좁기 때문에 개별 자료값 모두를 계급으로 설정한다. 즉, 5, 6, 7, 8, 9, 10이다.

참고: 자료값이 연속적일 때에는 계급경계를 사용해야 한다. 즉, 계급값의 위와 아래 0.5의 범위에 속하는 자료의 개수를 도수로 한다.

단계 2 자료를 센다.

단계 3 센 결과에서 도수를 구하고, 누적도수를 계산한다. 다음은 완성된 비집단화 도수분포이다.

계급한계	계급경계	계수	도수
5	4.5–5.5	/	1
6	5.5–6.5	𝍸 //	7
7	6.5–7.5	𝍸 𝍸 /	11
8	7.5–8.5	𝍸 ///	8
9	8.5–9.5	//	2
10	9.5–10.5	/	1

이 예제에서는 11명의 학생들이 7시간을 자며, 대부분의 학생들은 5.5~8.5시간을 잔다. 누적도수는 다음과 같다.

	누적도수
4.5 미만	0
5.5 미만	1
6.5 미만	8
7.5 미만	19
8.5 미만	27
9.5 미만	29
10.5 미만	30

흥미 있는 사실

개는 수컷이 암컷보다 아이들을 자주 문다. 반면, 고양이는 암컷이 수컷보다 아이들을 자주 문다.

도수분포를 작성할 때는 이 절에서 배운 지침을 따르면 된다. 같은 자료를 사용하여도 계급폭이나 계급수나 최하점을 얼마로 정하는지에 따라 여러 가지 도수분포가 만들어지지만, 어느 것이 옳거나 틀린 것이라 할 수는 없다.

또, 앞에서 언급한 도수분포 작성법이 유일한 방법은 아니다. 이 방법 외에 다른 방법들이 사용되기도 하며, 특히 컴퓨터 패키지에서는 이 방법을 변형하여 사용하는 경우가 많다. 어떤 방식을 사용하든 상관없이 계급은 겹치지 않아야 하고, 연속적이어야 하고, 빈틈이 없어야 하고, 폭이 일정해야 한다.

요약하면, 이 절에서는 몇 가지 도수분포를 설명하였다. 첫째 유형은 [예제 2-1]처럼 자료값이 혈액형이나 정치적 선호도처럼 범주형(명목형)일 때 사용한다. 이런 유형을 범주형 도수분포라고 한다. 둘째 유형은 자료의 범위가 넓어서 일정한 폭을 가진 계급으로 나눌 필요가 있을 때 사용한다. 이런 유형을 집단화 도수분포라고 하며, [예제 2-2]가 여기에 해당한다. 셋째 유형의 분포는 자료의 범위가 매우 좁은 수치 자료에 사용하며 [예제 2-3]이 여기에 해당한다. 한 계급에는 자료값이 하나밖에 없기 때문에 비집단화 도수분포라고 한다.

위 분포들은 모두 통계처리에 사용하고 있으며, 모두 자료를 구조화하고 설명하는 데 도움이 된다.

도수분포를 작성하는 이유는 다음과 같다.

1. 의미있고 명료하게 자료를 구조화한다.
2. 분포의 모양과 특성을 판별할 수 있게 한다.
3. 평균과 산점도를 산출하는 과정(3-1절, 3-2절 참조)을 쉽게 해준다.
4. 자료를 표현할 수 있는 그림과 그래프를 그릴 수 있게 한다(2-2절 참조).
5. 서로 다른 자료를 비교할 수 있게 한다.

도수분포를 해석하기 위한 요인들은 2-2절에 설명할 히스토그램, 도수다각형을 해석하는 요인들과 같다.

개념의 적용 2-1

대통령 취임 시 연령

다음 자료는 역대 미국 대통령의 취임 당시 나이이다(Obama 대통령까지의 자료).

57	61	57	57	58	57	61	54	68
51	49	64	50	48	65	52	56	46
54	49	51	47	55	55	54	42	51
56	55	51	54	51	60	62	43	55
56	61	52	69	64	46	54	47	

1. 이 자료는 모집단인가? 표본인가? 설명하시오.
2. 가장 나이가 많은 대통령의 나이는 몇 살인가?
3. 가장 나이가 적은 대통령의 나이는 몇 살인가?
4. 이 자료로 도수분포를 작성하시오. (계급수와 계급폭은 각자 결정하시오.)
5. 이 분포에 피크값이 있는가?
6. 이상점이 있을 가능성이 있는가?
7. 도수분포에 나타난 자료의 특성을 간략하게 요약하시오.

정답 90쪽 참조

연습문제 2-1

1. 자료를 도수분포로 작성하는 이유 5가지를 나열하시오.

2. 도수분포의 계급수는 몇 개가 적당한가? 계급의 폭이 홀수라야 하는 이유는 무엇인가?

3~4번 문제에서 계급경계, 중간점, 폭을 찾으시오.

3. 58−62

4. 16.35−18.46

5~6번 문제는 잘못된 도수분포이다. 잘못된 이유는 무엇인가?

5.

계급	도수
10–19	1
20–29	2
30–34	0
35–45	5
46–51	8

6.

계급	도수
162–164	3
165–167	7
168–170	18
174–176	0
177–179	5

7. 선호하는 커피 맛 다음은 선호하는 커피 맛 종류를 묻는 설문조사 결과로, V = 바닐라, C = 카라멜, M = 모카, H = 헤이즐넛, P = 플레인이다. 자료에 대한 범주형 도수분포를 작성하시오. 자료값이 가장 많은 계급과 자료값이 가장 적은 계급을 쓰시오.

V	C	P	P	M	M	P	P	M	C
M	M	V	M	M	M	V	M	M	M
P	V	C	M	V	M	C	P	M	P
M	M	M	P	M	M	C	V	M	C
C	P	M	P	M	H	H	P	H	P

8. 패스트푸드 식당 방문 일주일에 몇 번이나 패스트푸드 식당에 가는지 50명에게 설문조사한 결과이다. 8개의 계급(0~7)을 사용하여 도수분포를 작성하시오. 분포에 따르면, 대부분의 사람들은 패스트푸드 식당에 얼마나 자주 가는가?

1	3	4	0	4
5	2	2	3	1
2	2	2	2	2
2	2	2	2	3
2	2	5	2	4
2	4	5	2	1
4	1	3	2	2
2	0	7	2	3
2	2	2	5	2
3	3	4	1	3

9. 최대 풍속 이 자료는 40개 주에 대해 기록된 최대 풍속을 시간당 마일로 표시한 것이다. 계급수가 7인 도수분포를 작성하시오.

59	78	62	72	67
76	92	77	64	83
64	70	67	75	75
78	75	71	72	93
68	69	76	72	85
64	70	77	74	72
53	67	48	76	59
87	53	77	70	63

출처: NOAA.

10. 독립선언서 서명자 나이 다음은 미국 독립선언서 서명자들의 서명 당시 나이이다. 계급수가 7인 집단화 도수분포를 작성하고 누적도수분포를 구하시오.

41	54	47	40	39	35	50	37	49	42	70	32
44	52	39	50	40	30	34	69	39	45	33	42
44	63	60	27	42	34	50	42	52	38	36	45
35	43	48	46	31	27	55	63	46	33	60	62
35	46	45	34	53	50	50					

출처: *The Universal Almanac.*

11. 자선 기부금 미국 30대 대기업의 특정 연도 동안 자선단체에 기부한 금액을 수백만 달러로 나타낸 자료이다. 계급수가 9인 도수분포를 작성하시오.

26	25	19	31	14
48	35	43	25	46
17	21	57	58	34
41	12	27	15	53
16	63	82	23	52
56	75	19	26	88

12. 로즈 볼의 점수 로즈 볼(대학 미식축구 대회)에서 승리한 팀의 점수를 나타낸 자료이다. 계급폭이 7인 도수분포를 작성하시오.

24	20	45	21	26	38	49	32	41	38
28	34	37	34	17	38	21	20	41	38
21	38	34	46	17	22	20	22	45	20
45	24	28	23	17	17	27	14	23	18

출처: *The World Almanac.*

13. 평균 풍속 40개의 대도시에서 1년에 거쳐 조사한 평균 풍속 자료이다. 계급수가 7인 도수분포를 작성하시오.

12.2	9.1	11.2	9.0
10.5	8.2	8.9	12.2
9.5	10.2	7.1	11.0
6.2	7.9	8.7	8.4
8.9	8.8	7.1	10.1
8.7	10.5	10.2	10.7
7.9	8.3	8.7	8.7
10.4	7.7	12.3	10.7
7.7	7.8	11.8	10.5
9.6	9.6	8.6	10.3

출처: *World Almanac and Book of Facts.*

개념의 확장

14. JFK 암살 John F. Kennedy 대통령 암살에 여러 명이 관여하였다고 생각하는지를 설문조사하였다. 그 결과, 73%는 "예", 19%는 "아니오", 9%는 "모름"이라고 하였다. 이 결과에 대하여 의심스러운 점은 없는가?

EXCEL
Step by Step

범주형 도수분포표(질적 자료 또는 이산 자료)

1. 워크시트를 열어서, [예제 2-1]의 혈액형을 A열에 A1셀부터 아래 방향으로 입력한다.
2. B1셀에 변수 이름 '혈액형'을 입력한다.
3. B2셀을 선택한 다음, 아래 방향으로 네 가지 혈액형을 입력한다.
4. C1셀에 '도수'라는 이름을 입력한다.
5. C2셀을 선택하고, 메뉴에서 '수식'을 선택한다.
6. '함수삽입' 아이콘 *fx* 함수 삽입 을 누르고, '함수 마법사' 대화상자의 '범주 선택'에서 '통계'를 선택한다.
7. '함수 선택' 리스트에서 Countif 함수를 선택한다.
8. 대화상자의 'Range에 'A1:A25를 입력하고 'Criteria에 'A'를 입력하면, 이 혈액형에 해당하는 자료의 개수가 나타난다. 다른 혈액형에 대하여서도 반복 작업을 한다.
9. 자료를 모두 세고 나면, C6를 선택한다.
10. 수식 메뉴의 툴바에서 '자동 합계'를 누르고, C2:C5를 선택하면 C6에 도수합계가 나타난다.

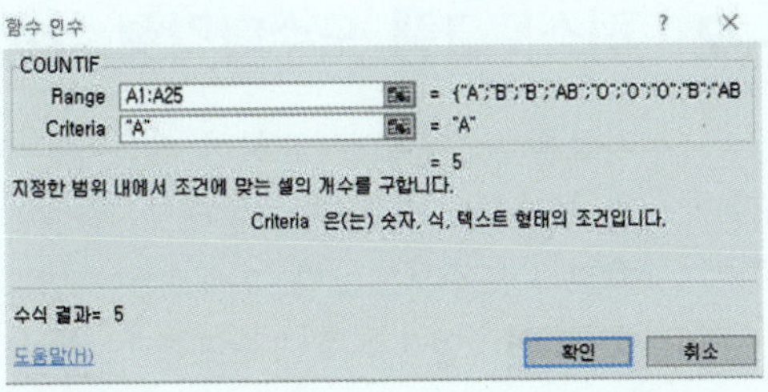

워크시트에 자료를 입력한 후에는 자료의 모양에 맞게 열의 넓이를 조절한다. 자료에 맞게 열의 넓이를 자동조절하려면 다음과 같이 한다.

1. 변경하고 싶은 열을 선택한다.
2. '홈' 탭의 '셀' 그룹에서 '서식'을 선택한다.
3. '열 너비' 아래의 '열 너비 자동 맞춤'을 누른다.

집단화 도수분포표 작성(양적 자료)

1. [Ctrl]-N을 눌러 새 워크시트를 만든다.
2. [예제 2–2]의 자료를 A열의 한 셀에 하나씩 입력한다.
3. B열에 상경계를 입력한다.
4. 메뉴에서 '데이터'를 선택하고 '데이터 분석'을 누른다.
5. '분석 도구'에서 '히스토그램'을 클릭한다.
6. '히스토그램' 대화상자의 '입력 범위'에 'A1:A50'을 입력하고 '계급 구간'에 'B1:B7'을 입력한다.
7. 계급경계의 상한값 위에 써 놓은 열의 명칭을 변경하거나, 열의 넓이를 자동으로 조정할 수 있다.
   - 변경하고 싶은 열을 선택한다.
   - 메뉴에서 '홈'을 누른다.
   - 셀 그룹에서 '서식'을 선택하고, '열 너비 자동 맞춤'을 누른다.

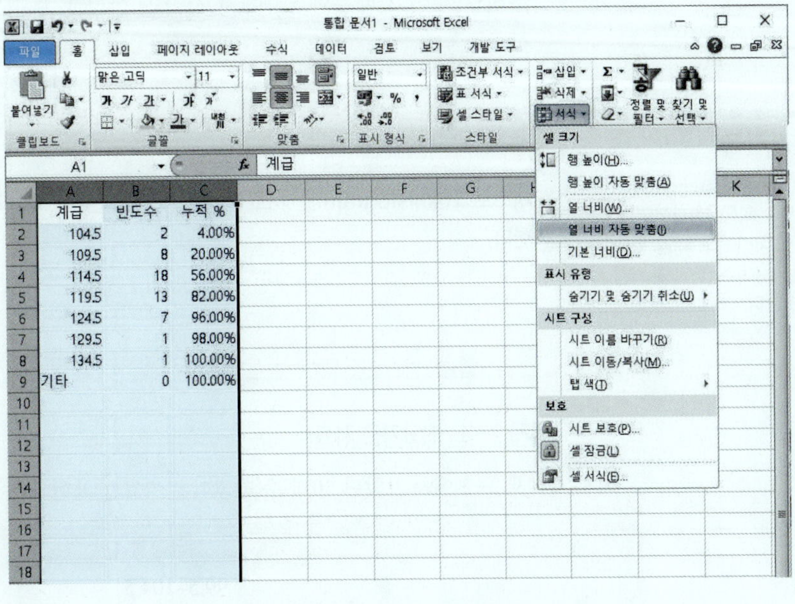

참고: '히스토그램' 대화상자에서 '차트 출력'에 체크해야 히스토그램이 나타난다.

2–2 히스토그램, 도수다각형, 누적도수그래프

학습목표 2
도수분포 자료를 히스토그램, 도수다각형, 누적도수그래프 등의 그래프로 표현하기

자료를 도수분포로 표현한 다음에는 이를 그래프로 표현할 수 있다. 통계에서 그래프의 목적은 자료를 그림이라는 형태로 독자에게 전달하는 것이다. 대부분의 사람은 테이블에 나열된 자료나 도수분포보다 그래프를 보았을 때 자료의 의미를 쉽게 이해한다. 특히 사용자가 통계적 지식이 없을수록 그래프를 더 쉽게 느낀다.

통계 그래프는 자료를 해석하고 설명하는 데 사용할 수 있다. 또, 그래프는 자료를 출판하거나 자료를 설명할 때 청중의 관심을 끌기에도 좋다. 그래프는 자료를 요약하거나, 논점을 강조하거나, 이슈를 논의하는 데도 사용할 수 있다. 또, 일정기간에 걸친 추세나 패턴을 이해하는 데도 사용할 수 있다.

가장 많이 사용하는 그래프 세 가지는 다음과 같다.

1. 히스토그램
2. 도수다각형
3. 누적도수그래프(ogive, '오자이브'로 부르기도 함)

이 세 가지 그래프를 그리는 단계는 다음과 같다.

절차 표

히스토그램, 도수다각형, 누적도수그래프 그리기

단계 1 x축과 y축을 그리고 축 이름을 입력한다.

단계 2 히스토그램이나 누적도수그래프에는 계급경계, 도수다각형에는 중간점을 수식의 x축에 표시한다.

단계 3 각 계급의 분포에 따라, 히스토그램의 수직막대와 도수다각형 및 누적도수그래프의 선을 그린다.

(**참고**: 도수다각형의 선은 x축에서 시작해 x축에서 끝나는 반면, 누적도수그래프의 선은 누적 자료이기 때문에 x축에서 시작만 한다.)

역사적 기록
1891년에 Karl Pearson이 히스토그램을 처음 소개하였다. 그는 당시 총리에게 재임 동안의 기록을 보여주기 위해 사용하였다고 한다.

히스토그램

히스토그램(histogram)은 자료를 서로 붙어있는 수직막대로 표현하는데, 계급의 도수를 막대높이로 한다.

예제 2–4 최고기온 자료

[예제 2–2]에서 보았던 50개 주 최고기온 자료를 표현하는 히스토그램을 작성하시오.

계급경계	도수
99.5–104.5	2
104.5–109.5	8

109.5–114.5	18
114.5–119.5	13
119.5–124.5	7
124.5–129.5	1
129.5–134.5	1

해답

단계 1 x축과 y축을 그리고 이름을 붙인다. x축은 항상 수평축이고, y축은 항상 수직축이다.

단계 2 계급경계는 x축에 표시하고, 도수는 y축에 표현한다.

단계 3 [그림 2-1]처럼 각 계급의 도수를 높이로 하여 수직막대를 그린다.

그림 2-1

[예제 2-4]의 히스토그램

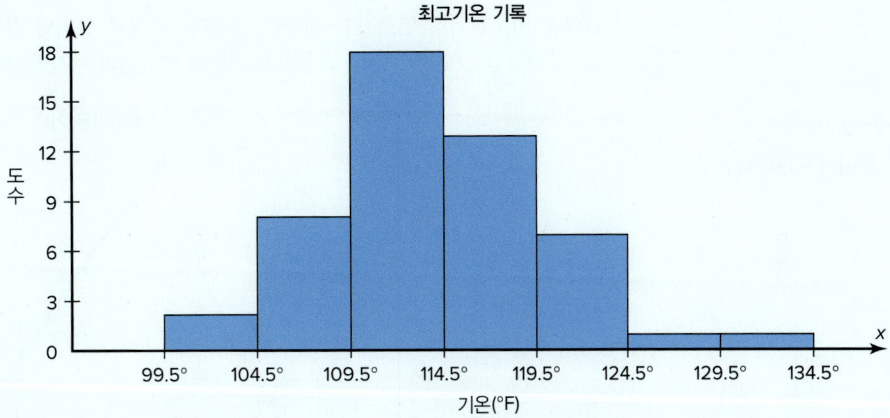

역사적 기록

그래프는 고대 천문학자들이 하늘에서 별의 위치를 그릴 때 사용한 것에서 유래되었다고 한다. 또한 고대 로마의 측량사들은 좌표를 사용하여 지도에서 목적지를 찾았다고 한다. 통계 그래프는 경제 데이터를 그림으로 제시하기 위해 그래프를 사용한 설계사이자 엔지니어인 William Playfair (1759~1823)가 개발하였다.

이 히스토그램에서 자료 개수가 18개로 가장 많은 계급은 109.5–114.5이고, 그다음이 13개인 114.5–119.5이다. 이 피크를 중심으로 자료가 모여 있다.

도수다각형

도수다각형을 이용하여 앞의 자료를 표현해보자.

도수다각형(frequency polygon)은 각 계급의 중간점 위에 도수를 표시하는 점을 찍고, 이 점들을 연결하는 선을 그린 것이다. 도수를 점의 높이로 표현한다.

[예제 2-5]는 도수다각형을 그리는 과정을 보여준다.

예제 2-5 최고기온 자료

[예제 2-4]의 도수분포를 이용하여 도수다각형을 그리시오.

해답

단계 1 각 계급의 중간점을 구한다. 중간점은 계급경계의 상한과 하한을 더한 다음 2로 나눈 것이다.

$$\frac{99.5 + 104.5}{2} = 102 \qquad \frac{104.5 + 109.5}{2} = 107$$

계급마다 위와 같이 하면 중간점은 다음과 같다.

계급경계	중간점	도수
99.5–104.5	102	2
104.5–109.5	107	8
109.5–114.5	112	18
114.5–119.5	117	13
119.5–124.5	122	7
124.5–129.5	127	1
129.5–134.5	132	1

단계 2 x축과 y축을 그린다. x축에는 각 계급의 중간점을 표시하고, y축의 눈금을 적절히 결정한다.

단계 3 중간점을 x 좌표로 하고 도수를 y 좌표로 하는 점을 찍는다.

단계 4 이웃점끼리 연결하는 선분을 긋는다. 시작과 마지막 부분이 축에 닫도록 하는데, 닫는 위치는 [그림 2-2]에서처럼 첫 중간점 직전의 중간점과 마지막 중간점 직후의 중간점이 있을 위치로 한다.

그림 2-2
[예제 2-5]의 도수다각형

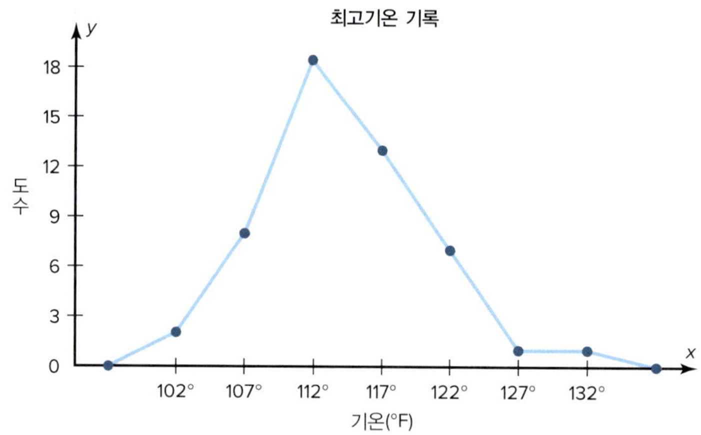

같은 자료를 도수다각형과 히스토그램 어느 것으로나 표현할 수 있다. 어느 것을 사용할 것인지는 사용자의 판단에 달려있다.

누적도수그래프

세 번째 그래프는 누적도수를 표현하는 것이다. 이를 **누적도수그래프**(cumulative frequency graph) 또는 **오자이브**(ogive)라고 한다. **누적도수**(**cumulative frequency**)는 각 계급의 상경계의 아래쪽 도수를 모두 더한 것이다.

누적도수그래프는 도수분포의 각 계급에 누적도수를 표현한 것이다.

[예제 2-6]은 누적도수그래프를 작성하는 과정을 보여준다.

예제 2-6 최고기온 자료

[예제 2-4]를 누적도수그래프로 그리시오.

해답

단계 1 계급마다 누적도수를 구한다.

	누적도수
99.5 미만	0
104.5 미만	2
109.5 미만	10
114.5 미만	28
119.5 미만	41
124.5 미만	48
129.5 미만	49
134.5 미만	50

단계 2 x축과 y축을 그린다. 계급경계의 값을 x축에 표시한다. 누적도수를 표현하기 적당하도록 y축의 눈금을 결정한다. (누적도수열에 나타나는 숫자의 크기에 따라 눈금을 0, 1, 2, 3, …, 또는 5, 10, 15, 20, …, 또는 1000, 2000, 3000, … 등으로 결정한다.) 이 예제에서는 0, 5, 10, 15, …을 사용한다.

단계 3 [그림 2–3]처럼 각 계급의 상경계에 누적도수를 표시한다. 상한을 사용하는 이유는 누적도수 값이 상한점까지의 자료 개수를 누적한 것이기 때문이다.

단계 4 [그림 2–4]처럼 첫 번째 계급 상경계인 104.5에서 출발하여 이웃 점끼리 연결하는 선분을 긋는다. 마지막으로 첫 번째 계급 하경계인 99.5와 x축이 만나는 점으로 연결한다.

그림 2–3

[예제 2–6]의 누적도수 그리기

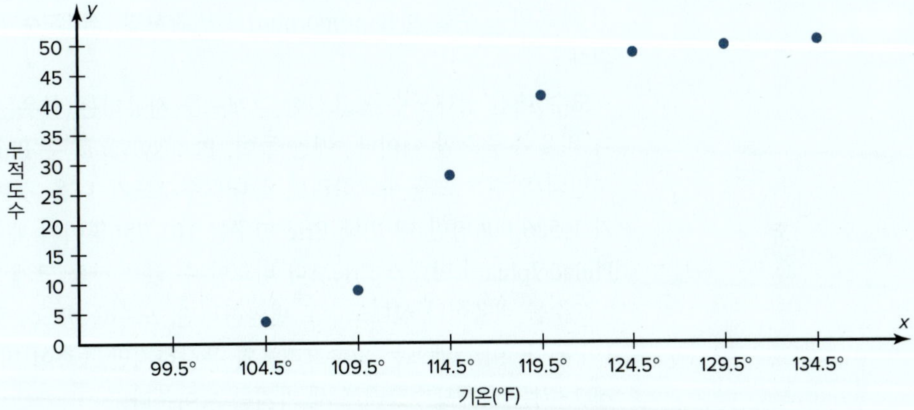

그림 2–4

[예제 2–6]의 누적도수그래프

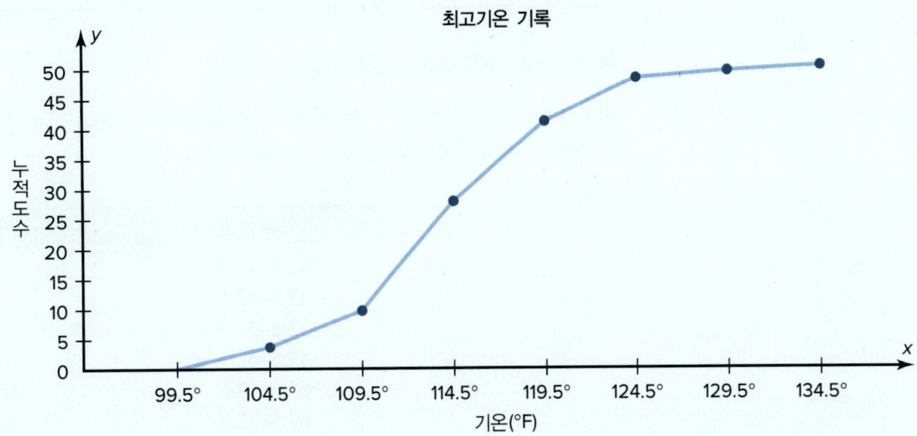

그림 2-5
특정한 누적도수 찾기

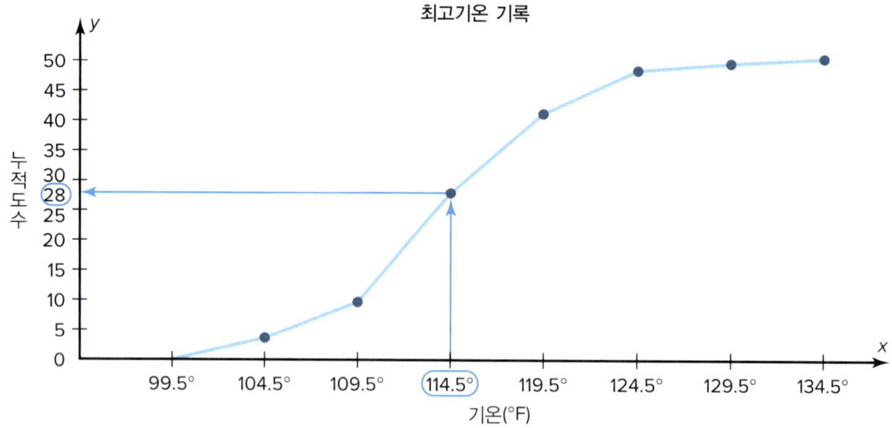

이색 통계

미국인의 22%는 하루에 자는 시간이 6시간 이하이다.

누적도수그래프는 상경계보다 작은 자료의 개수를 시각적으로 표시한다. 예를 들어, 최고기온이 114.5°F보다 낮은 주의 개수를 알려면, [그림 2-5]처럼 x축의 114.5°F에서 수직선을 올려 그어 그래프와 만나는 곳에서 다시 수평선을 y축 쪽으로 긋는다. 이때 y축의 값이 28이다.

상대도수그래프

히스토그램, 도수다각형, 누적도수그래프는 원자료의 도수를 이용하여 작성한다. 이 분포에서 자료의 도수를 **비율**(proportion)로 변환하면, **상대도수그래프**(**relative frequency graph**)가 된다.

도수 대신 상대도수를 표시한 그래프를 사용하는 경우는 어떤 계급에 속한 자료의 개수보다 비율이 중요할 때이다. 예를 들어, Pennsylvania 주 Philadelphia 시민의 연령분포와 Erie 시민의 연령분포를 비교하려면 상대도수분포가 나을 것이다. 이유는 Philadelphia의 인구가 1,526,006명인 데 비해 Erie 인구는 101,786명이기 때문에 실제 도수를 그래프로 그리면 Philadelphia의 막대가 Erie보다 비교할 수 없을 만큼 크게 나타나기 때문이다.

도수를 비율이나 상대도수로 변환하려면, 도수를 총도수로 나누면 된다. 상대도수의 합계는 1이 된다. 이 그래프는 도수그래프와 유사하지만, y축이 비율로 표시된다는 점만 다르다. [예제 2-7]은 상대도수그래프 세 가지를 보여준다.

예제 2-7 주지사의 연령대

미국 50개 주 주지사의 연령대를 나타낸 집단화 도수분포이다. 분포에 대한 상대도수를 사용하여 히스토그램, 도수다각형, 누적도수그래프를 작성하시오.

계급경계	도수
42.5–47.5	4
47.5–52.5	4
52.5–57.5	11
57.5–62.5	14
62.5–67.5	9
67.5–72.5	5
72.5–77.5	3
	합계 50

해답

단계 1 각 계급도수를 총 관측수로 나누어 비율이나 상대도수로 변환한다.

계급 42.5−47.5의 상대도수는 $\frac{4}{50} = 0.08$이고, 계급 47.5−52.5의 상대도수는 $\frac{4}{50} = 0.08$이며, 계급 52.5−57.5의 상대도수는 $\frac{11}{50} = 0.22$이다.

이 값을 상대도수 열에 기입한다. 또한 [예제 2-5]에서처럼 중간점을 찾고, 해당하는 중간점 열에 기입한다.

계급경계	중간점	상대도수
42.5–47.5	45	0.08
47.5–52.5	50	0.08
52.5–57.5	55	0.22
57.5–62.5	60	0.28
62.5–67.5	65	0.18
67.5–72.5	70	0.10
72.5–77.5	75	0.06

단계 2 누적상대도수를 구한다. 각 계급의 상대도수와 앞 계급의 누적상대도수를 더하면 누적상대도수를 구할 수 있다. 즉, $0.00+0.08=0.08$, $0.08+0.08=0.16$, $0.16+0.22=0.38$, $0.28+0.38=0.66$ 등이다. 이 값을 누적상대도수 열에 기입한다.

또는 누적도수를 먼저 구한 다음, 이를 상대도수로 변환하여도 된다.

	누적도수	누적상대도수
42.5 미만	0	0.00
47.5 미만	4	0.08
52.5 미만	8	0.16
57.5 미만	19	0.38
62.5 미만	33	0.66
67.5 미만	42	0.84
72.5 미만	47	0.94
77.5 미만	50	1.00

단계 3 [그림 2-6]처럼 그래프를 그린다. 히스토그램과 누적도수그래프에는 x축에 계급경계를 사용하고, 도수에 대하여는 x축에 중간점을 사용한다. y축의 눈금은 비율을 사용한다.

그림 2-6
[예제 2-7]의 그래프

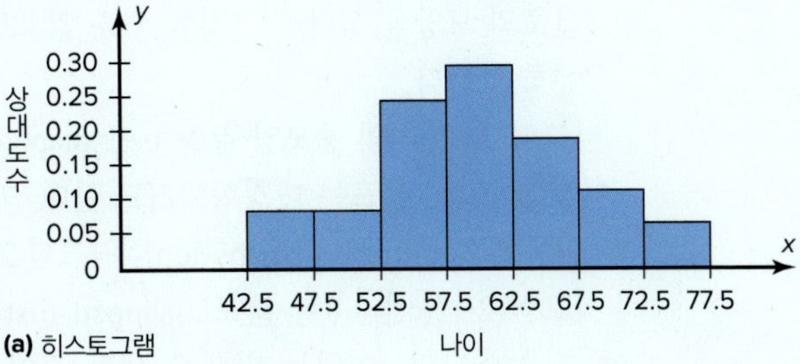

(a) 히스토그램

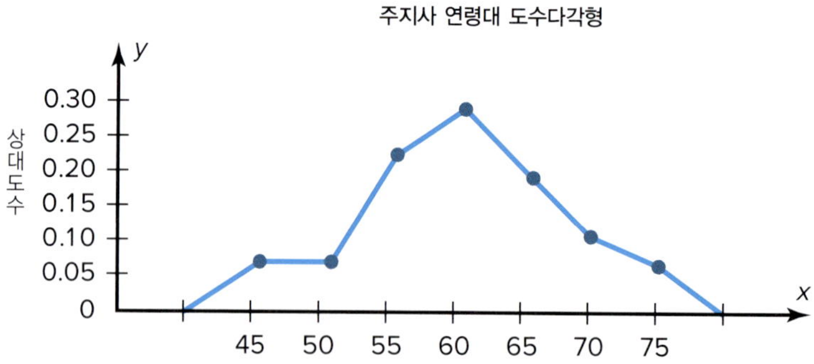

(b) 도수다각형

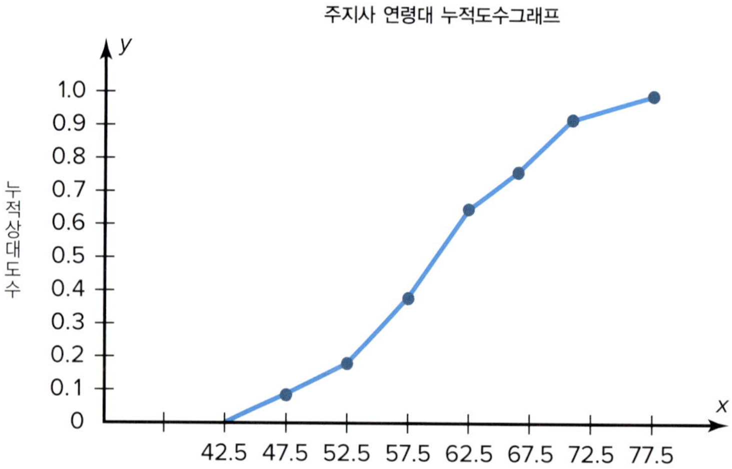

(c) 누적도수그래프

분포의 모양

자료를 설명하려면 분포의 모양을 인식하는 것이 매우 중요하다. 자료 해석에 사용할 통계기법을 선택하는 데에도 분포의 모양이 필요함을 뒤에서 논의할 것이다.

분포는 다양한 모양을 나타내는데, 분포의 히스토그램이나 도수다각형을 그려보아도 분포의 모양을 해석할 수 있다. 전형적인 분포 모양 몇 개가 [그림 2-7]에 나타나 있다. **종모양** 또는 **봉우리형**(mound shaped), **균등형**(uniform), **J형**(J shaped), **역 J형**(reverse J shaped), **양**(positively) 또는 **오른쪽으로 기운 형**(right skewed), **음**(negatively) 또는 **왼쪽으로 기운 형**(left skewed), **이봉형**(bimodal), **U형**(U shaped).

분포의 모양을 정확히 규정할 수는 없으므로 모양을 엄격히 구분하기보다 대체적인 형태만 구분하면 된다.

[그림 2-7(a)]의 **종모양 분포**(bell-shaped distribution)는 피크가 하나 있고 양쪽 끝이 가늘어진다. 또 이 분포는 대칭형이기도 한데, 가운데 선을 중심으로 양쪽 모양이 같다.

균등분포(uniform distribution)는 [그림 2-7(b)]처럼 평평한 사각 모양이다.

[그림 2-7(c)]의 **J형 분포**(J-shaped distribution)는 왼쪽에는 자료가 적고 오른쪽으로 갈수록 늘어난다. 이와는 반대로 생긴 것이 [그림 2-7(d)]의 **역 J형 분포**(reverse J-shaped distribution)이다.

[그림 2-7(e)]처럼 피크가 좌측에 있고 우측으로 갈수록 자료가 줄어드는 분포를 **양의 분**

그림 2-7

분포의 모양

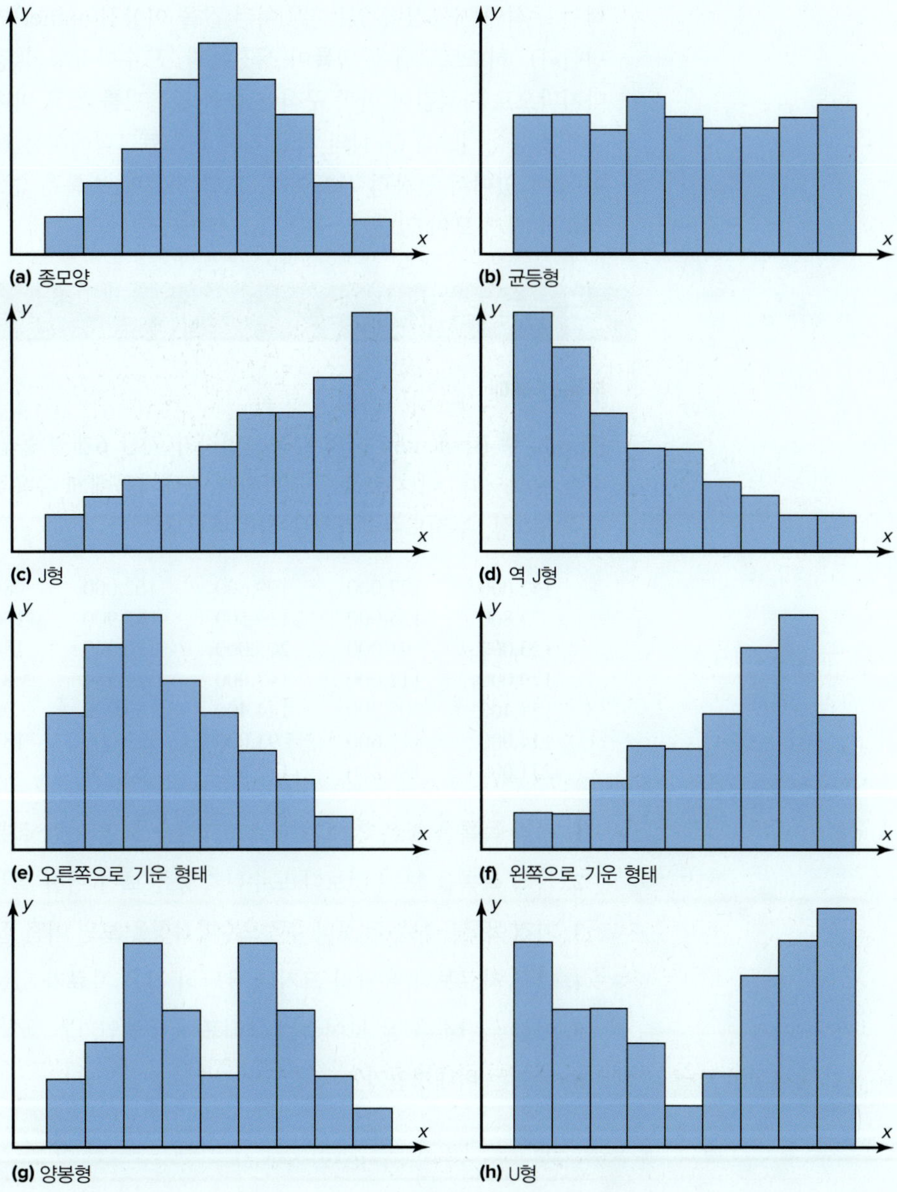

포(positively distribution) 또는 **오른쪽으로 기운 분포**(right-skewed distribution)라고 한다. [그림 2-7(f)]처럼 자료가 오른쪽에 모여 있고 왼쪽이 좁은 분포를 **음의 분포**(negatively distribution) 또는 **왼쪽으로 기운 분포**(left-skewed distribution)라고 한다. 비대칭에 대하여서는 3장에서 상세히 논의한다. [그림 2-7(a)], [그림 2-7(e)], [그림 2-7(f)]처럼 피크가 하나인 분포를 **단봉형 분포**(unimodal distribution)라고 한다. (분포의 피크는 자료의 최빈값을 말하며, 최빈값은 자료가 가장 많이 모여 있는 곳이다. 최빈값은 3장에서 설명한다.) [그림 2-7(g)]처럼 높이가 같은 피크가 두 개 있으면 **이봉형 분포**(bimodal distribution)라고 한다. 마지막으로 [그림 2-7(h)] 같은 것을 **U형 분포**(U-shaped distribution)라고 한다.

여기에 설명한 것 이외의 분포 모양도 있을 수 있으나, 여기 제시한 것들이 자료해석에서 많이 볼 수 있는 것들이다.

히스토그램이나 도수다각형을 해석하려면 선의 모양을 살펴보아야 한다. 예를 들어, 피크가 하나인지 둘인지? 평평한지 U형인지? 자료가 넓게 퍼져있는지 가운데 모여 있는지? 극단적인 구석에 자료값이 있는지? 이런 값을 **이상점**(outlier)이라고 한다(3-3절에서 이상점을 설명한다). 히스토그램에 빈틈이 생겼는지, 도수다각형의 양 끝 말고 축에 닿은 곳이 있는지? 마지막으로 자료값이 한쪽 구석에 몰려 있는지를 보고 **비대칭** 여부를 판별한다.

예를 들어, [그림 2-1]의 최고 기온 히스토그램에서는 109.5-114.5 계급에 자료가 가장 많이 모여 있어서 단봉형 분포이다. 또한 자료에 빈틈은 없고, 최하위 구간보다 최상위 구간에 자료가 적게 모여 있다.

개념의 적용 2-2

부동산 매매

Florida 주 Bradenton 시의 부동산업자가 지난 6개월 동안 이 지역에서 팔린 주택 가격의 목록을 구하였다. 이 자료를 구조화하여 구매자들에게 유용한 정보를 줄 수 있도록 히스토그램, 도수다각형, 누적도수다각형을 작성하시오.

142,000	127,000	99,600	162,000	89,000	93,000	99,500
73,800	135,000	119,500	67,900	156,300	104,500	108,650
123,000	91,000	205,000	110,000	156,300	104,000	133,900
179,000	112,000	147,000	321,550	87,900	88,400	180,000
159,400	205,300	144,400	163,000	96,000	81,000	131,000
114,000	119,600	93,000	123,000	187,000	96,000	80,000
231,000	189,500	177,600	83,400	77,000	132,300	166,000

1. 가격 목록을 보는 것보다 히스토그램을 보면 어떤 질문에 응답하기가 쉬울 것인가?
2. 가격 목록을 보는 것보다 도수다각형을 보면 어떤 질문에 응답하기가 쉬울 것인가?
3. 가격 목록을 보는 것보다 누적도수다각형을 보면 어떤 질문에 응답하기가 쉬울 것인가?
4. 다른 자료보다 유난히 크거나 유난히 작은 자료가 있는가?
5. 이런 극단값을 잘 보여주는 그래프는 무엇인가?
6. 분포는 비대칭인가?

정답 90쪽 참조

연습문제 2-2

1. **학생들에게 예비대학이 필요한가?** 어떤 대학에 지원한 입시생 108명의 입시성적 도수분포가 아래와 같다. 히스토그램, 도수다각형, 누적도수그래프를 그리시오. (이 자료는 7번 문제에도 사용될 것이다.)

계급한계	도수
90–98	6
99–107	22
108–116	43
117–125	28
126–134	9
합계	108

107점 이상인 학생은 예비대학에 등록할 필요가 없다. 예비대학에 다닐 필요가 없는 학생은 몇 명이나 되는가?

2. **교사당 학생수** 각 주의 교사당 학생수가 다음과 같다. 계급수가 6인 집단화 도수분포를 작성하시오. 히스토그램, 도수다각형, 누적도수그래프를 그리고, 결과를 해석하시오.

16	16	15	12	14
13	16	14	15	14
18	18	18	12	15
15	16	16	15	15
25	19	15	12	22
18	14	13	17	9
13	14	13	16	12
14	16	10	22	20
12	14	18	15	14
16	12	12	13	15

출처: U.S. Department of Education

3. **철도 건널목 사고** 다음은 미국 50개 주에서 특정 연도에 발생한 건널목 사고건수 자료이다. 히스토그램, 도수다각형, 누적도수그래프를 그리시오. 분포의 비대칭도에 대해 논의하시오.(이 자료는 8번 문제에서도 사용될 것이다.)

계급한계	도수
1–43	24
44–86	17
87–129	3
130–172	4
173–215	1
216–258	0
259–301	0
302–344	1
	합계 50

출처: Federal Railroad Administration.

4. **현수교 길이** 다음 도수분포는 미국에서 가장 긴 현수교의 길이(단위: 피트)이다. 분포에 대한 히스토그램, 도수다각형, 누적도수그래프를 그리고, 분포의 모양을 설명하시오.

계급한계	도수
1260–1734	12
1735–2209	6
2210–2684	3
2685–3159	1
3160–3634	1
3635–4109	1
4110–4584	2

출처: U.S. Department of Transportation.

5. **대기오염** 대기오염 물질 중 하나인 이산화황은 화석연료가 연소될 때 발생한다. 24개 도시에서 이산화황을 검출(단위: μg/m^3)하여 다음과 같이 도수분포로 나타내었다. 최근 검출 자료와 5년 전 자료이다. 히스토그램을 그리고, 두 분포를 비교하시오.

계급한계	도수(현재)	도수(5년 전)
10–14	6	5
15–19	4	4
20–24	3	2
25–29	2	3
30–34	5	6
35–39	1	2
40–44	2	1
45–49	1	1
	합계 24	합계 24

6. **혈당 수준** 다음 도수분포는 환자 50명의 혈당 수준(데시리터당 밀리그램)을 나타낸 것이다. 히스토그램, 도수다각형, 누적도수그래프를 그리고, 분포의 모양에 대한 의견을 제시하시오. 대부분의 환자는 어떤 범위의 혈당 수준에 해당하는가?

계급한계	도수
60–64	2
65–69	1
70–74	5
75–79	12
80–84	18
85–89	6
90–94	5
95–99	1
	합계 50

7. 연습문제 1번의 자료의 상대도수를 이용해 히스토그램, 도수다각형, 누적도수그래프를 그리시오.

8. 연습문제 3번의 자료의 상대도수를 이용해 히스토그램, 도수다각형, 누적도수그래프를 그리시오.

9. **홈런수** 다음 자료는 메이저리그(아메리칸리그)에서 지난 30시즌 동안 홈런왕의 홈런 숫자를 나타낸 것이다. 계급수가 5인 도수분포를 작성하시오. 또한 상대도수를 이용하여 히스토그램, 도수다각형, 홈런 친 날짜별로 정리된 누적도수그래프를 그리고, 히스토그램의 모양을 설명하시오.

40	43	40
53	47	46
44	57	43
43	52	44
54	47	51
39	48	36
37	56	42
54	56	49
54	52	40
48	50	40

출처: *World Almanac and Book of Facts.*

개념의 확장

10. 다음 히스토그램을 참조하여 문제를 푸시오.

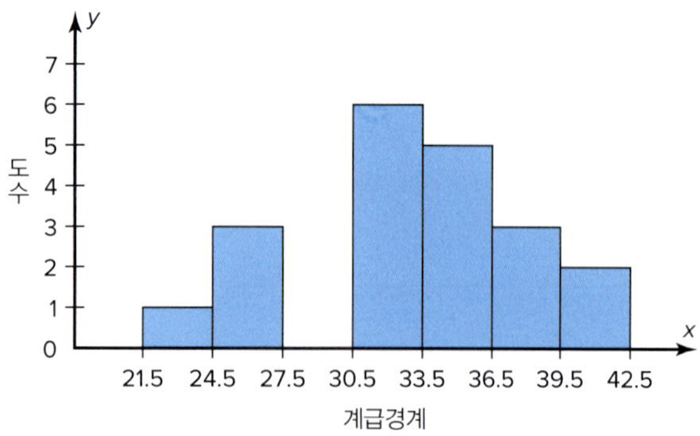

a. 계급한계, 계급도수, 중간점, 누적도수가 들어간 도수분포를 작성하시오.

b. 도수다각형을 그리시오.

c. 누적도수그래프를 그리시오.

11. **수학 SAT 점수** 주별로 평균 수학 SAT 점수를 나타낸 누적도수그래프이다. 이를 참조해 히스토그램과 도수다각형을 그리시오.

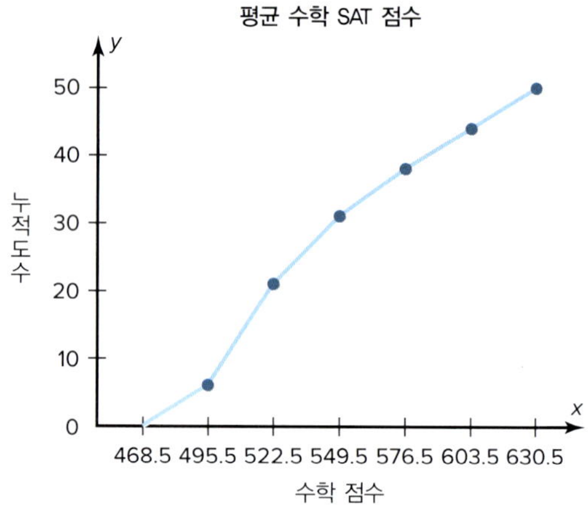

EXCEL

Step by Step

히스토그램 그리기

1. [Ctrl]-N을 눌러서 새 워크북을 연다.
2. [예제 2-2]의 자료를 A열에 입력하되, 한 셀에 하나씩 입력한다.
3. B열에 상경계를 입력한다.
4. 툴바에서 '데이터' 탭을 누른 후에 '데이터 분석'을 누른다.
5. '데이터 분석'에서 '히스토그램'과 '확인'을 클릭한다.
6. 히스토그램 대화상자의 '입력 범위'에 'A1:A50'을 입력하고 '계급 구간'에 'B1:B7'을 입력한다.

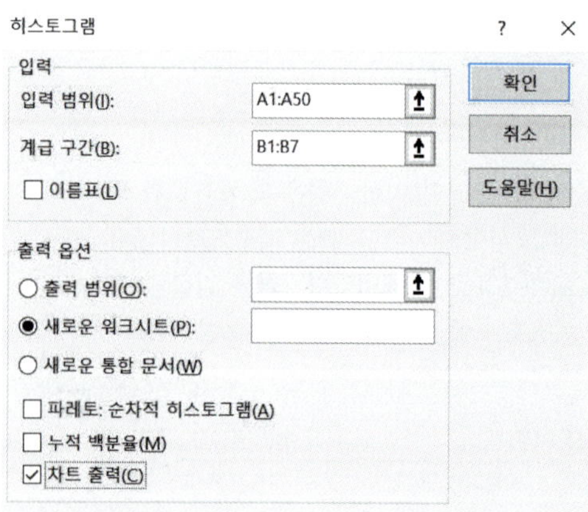

7. '새로운 워크시트'와 '차트 출력'을 선택하고 '확인'을 클릭한다.

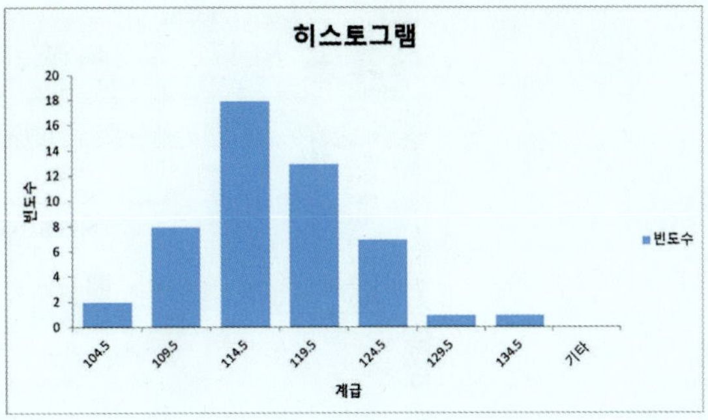

히스토그램 편집하기

히스토그램의 수직막대 사이 간격을 줄이려면,

1. 히스토그램의 막대 위에서 우클릭을 하고, '데이터 계열 서식'을 누른다.

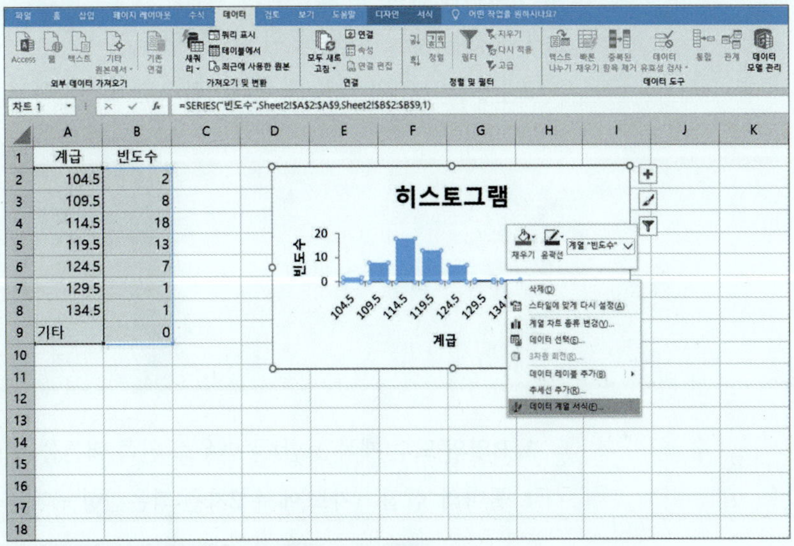

2. 간격 너비 바를 왼쪽으로 옮기면 수직막대 사이의 간격이 좁아진다.

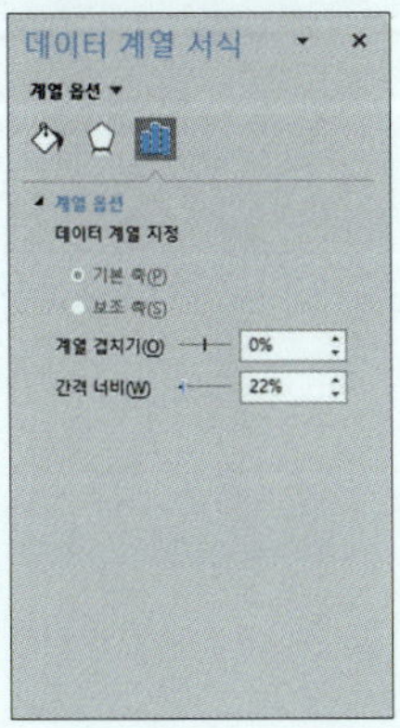

x축의 이름을 바꾸려면

1. 히스토그램을 더블 클릭하면 '차트 영역 서식'이 나온다.

2. 여기서 '차트 옵션'을 누르고 '가로 (항목) 축 제목'을 선택한 후 제목을 바꾸면 된다.

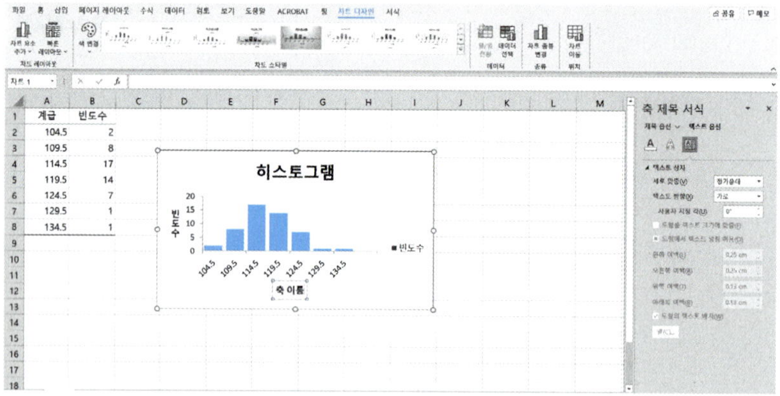

축 제목 텍스트 박스를 바로 선택한 후, 이름을 입력해도 된다.

도수다각형 그리기

1. [Ctrl]-N을 눌러서 새 워크북을 연다.

2. [예제 2-2]의 자료 중 중간점을 A열에 입력하고, B열에는 도수를 입력한다.

	A	B
1	중간점	도수
2	97	0
3	102	2
4	107	8
5	112	18
6	117	13
7	122	7
8	127	1
9	132	1
10	137	0

3. B열의 도수(제목 포함)를 마우스 왼쪽 버튼을 누르며 드래그 한다.

4. 툴바의 '삽입'–'차트'에서 '2차원 꺾은선형'–'꺾은선형'을 선택한다.

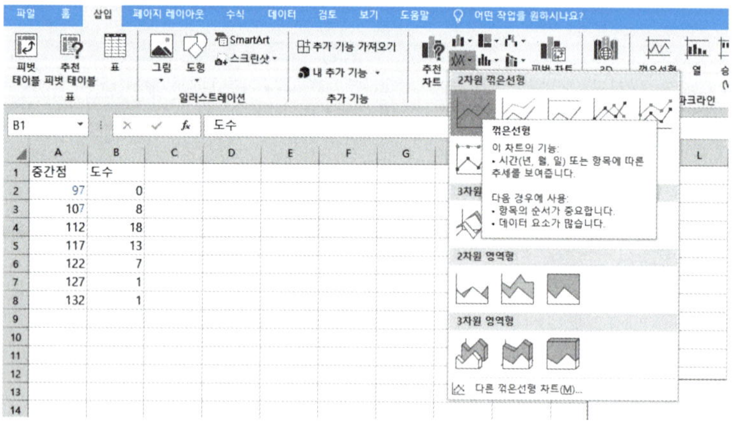

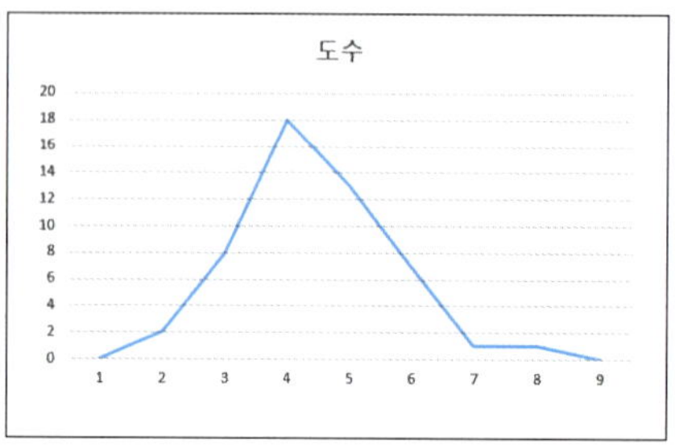

중간점이 수평축에, 도수가 수직축에 나타나게 그래프를 편집해야 한다.

1. 차트 영역에서 우클릭을 한다.
2. '데이터 선택'을 누른다.
3. '가로 축 레이블'에서 '편집'을 누르고, A열의 중간점을 드래그한 후, '확인'을 클릭한다.
4. '데이터 원본 선택' 박스의 '확인'을 클릭한다.

축 제목과 범례 붙이기

1. 차트를 클릭하고 오른쪽 위에 나오는 '차트 요소' 마크 [+]를 선택한다.
2. '축 제목'과 '범례'에 체크한다.
3. 차트 위의 축 제목과 범례를 클릭하여 제목 부분이 활성화되면 제목을 입력하거나 바꾼다.

차트 제목 바꾸기

1. 차트 위 차트 제목을 더블 클릭한다.
2. 제목을 입력한다.

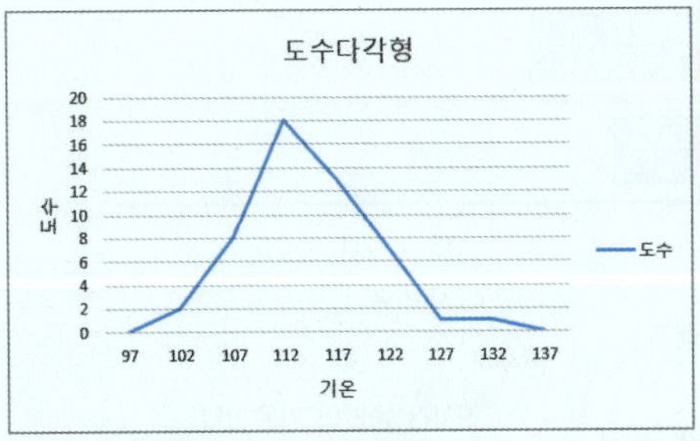

누적도수그래프 그리기

누적도수그래프를 그리려면, 도수분포의 상경계(수평축)와 누적도수(수직축)를 사용한다.

1. 상경계와 누적도수를 Excel 워크시트의 이웃 열에 나란히 입력한다.
2. 누적도수(제목 포함)를 드래그한 다음, '삽입'을 누른다.
3. '차트'에서 '2차원 꺾은선형'–'꺾은선형'을 선택한다.

도수다각형에서와 마찬가지로 축 제목과 차트 제목을 넣을 수도 있다.

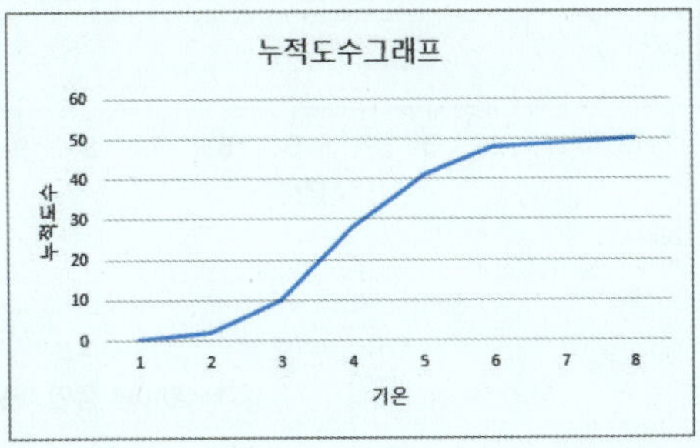

2–3 기타 유형 그래프

히스토그램, 도수다각형, 누적도수그래프 이외에도 통계에 사용하는 그래프에는 여러 가지가 있다. 막대그래프, 파레토 도표, 시계열그래프, 파이그래프, 점도표를 들 수 있는데, [그림 2–8]에 나와 있다.

그림 2–8 통계에 사용되는 기타 유형 그래프

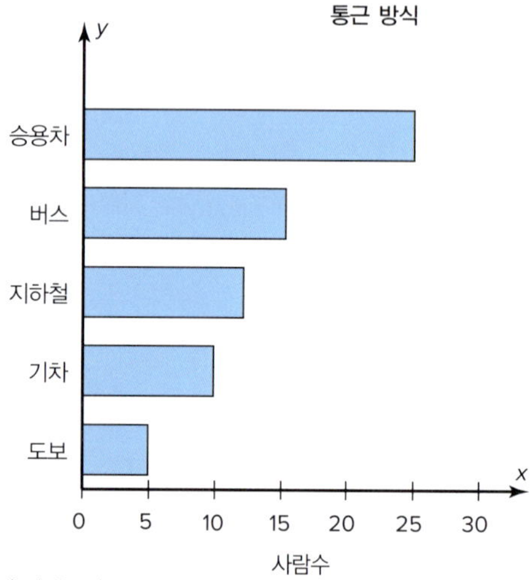

(a) 막대그래프

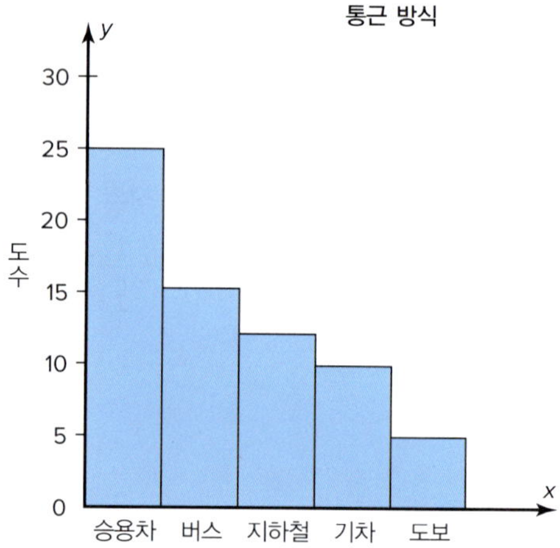

(b) 파레토 도표

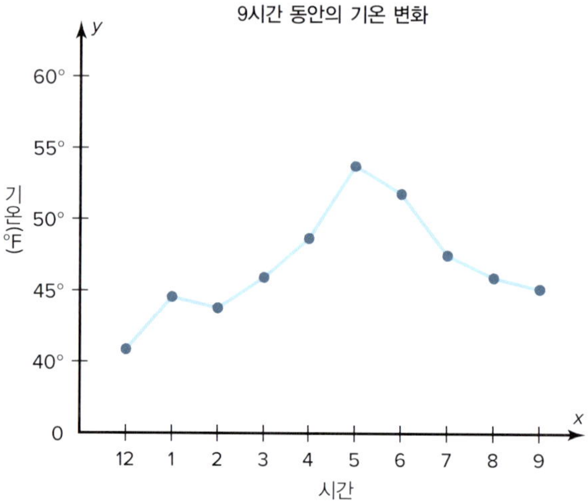

(c) 시계열그래프

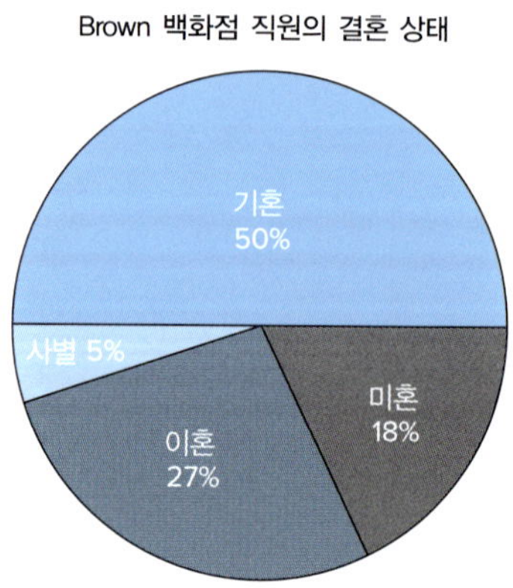

(d) 파이그래프

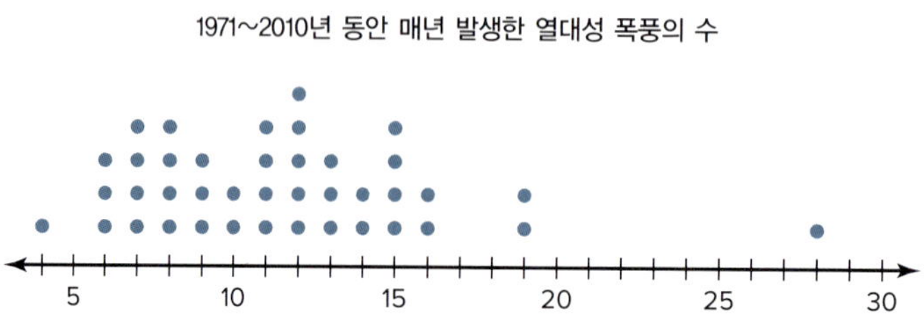

(e) 점도표

학습목표 3
자료를 막대그래프, 파레토 도표, 시계열그래프, 파이그래프, 점도표로 표현하기

막대그래프

질적 자료나 범주형 자료는 막대그래프로 표현하기도 한다. 막대그래프는 수평으로 그리기도 하고 수직으로 그리기도 한다.

막대그래프(bar graph)는 도수를 길이로 하는 수직막대나 수평막대로 자료를 표현한 것이다.

예제 2-8 대학 1학년의 지출

다음 표는 대학 1학년의 평균 지출액을 표현한 것이다. 이 자료를 수평막대그래프와 수직막대그래프로 그리시오.

가전제품	$728
기숙사 장식	344
의류	141
신발	72

출처: The National Retail Federation.

해답

1. x축과 y축을 그린다. 수평막대그래프에는 도수를 x축에 표시하고, 수직막대그래프에는 도수를 y축에 표시한다.
2. 도수에 해당하는 막대를 [그림 2-9]처럼 그린다.

그림 2-9 [예제 2-8]의 막대그래프

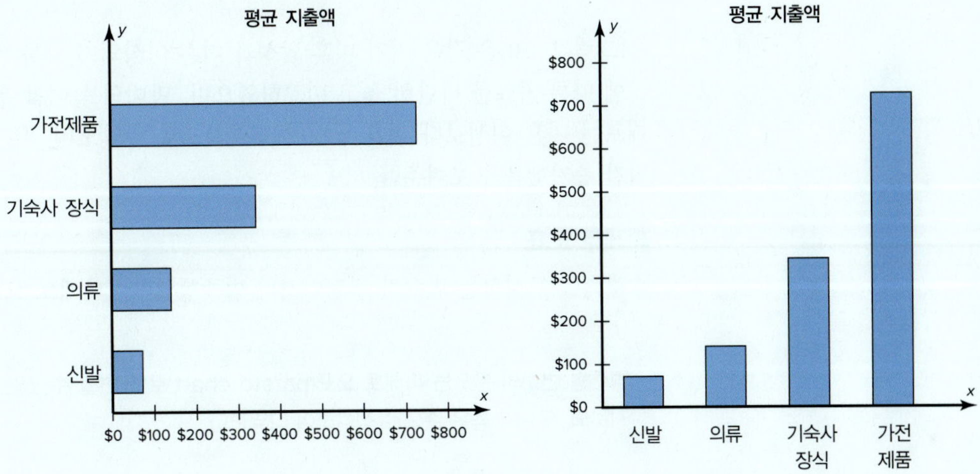

그래프를 보면 1학년 학생들은 컴퓨터 등 가전제품에 돈을 가장 많이 쓰는 것을 알 수 있다.

막대그래프를 둘 이상의 그룹에 대한 자료를 비교하는 데 사용할 수도 있다. 이러한 막대그래프를 **복합막대그래프**(compound bar graph)라고 한다. 다음은 미국의 미혼 성인 숫자(단위: 백만) 자료이다.

그림 2-10

복합막대그래프의 예제

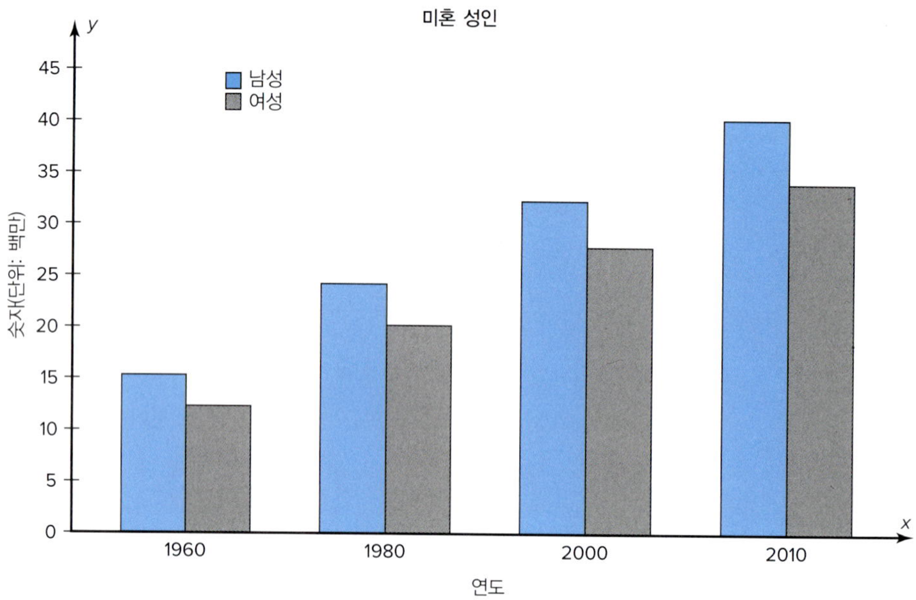

연도	남성	여성
1960	15.3	12.3
1980	24.2	20.2
2000	32.3	27.8
2010	40.2	34.0

출처: U.S. Census Bureau.

[그림 2-10]은 같은 시기 미혼 남성과 미혼 여성의 숫자를 비교한 막대그래프이다. 특정 연도에 따른 자료를 나란히 놓고 비교하였으며, 막대의 높이를 통해 쉽게 비교할 수 있다. 이 그래프는 미혼 여성보다 미혼 남성이 지속적으로 많았으며, 두 그룹의 차이가 지난 50년 동안 약간 증가했음을 보여준다.

파레토 도표

수평축에 표시하는 변수가 질적이거나 범주형일 때, **파레토 도표**로도 자료를 표현할 수 있다.

범주형 변수의 분포는 **파레토 도표**(pareto chart)로 표현할 수 있는데, 도수를 수직막대의 높이로 표시하되, 도수가 높은 순으로 정렬하여 나열한다.

예제 2-9 교통 정체

다음 자료는 각 도시에서 통근자들이 매년 교통 정체에 소비하는 평균 시간이다. 이 자료로 파레토 도표를 그리고 해석하시오.

도시	시간
Atlanta	52
Boston	64
Chicago	61
New York	74
Washington, D. C.	82

출처: 2015 Urban Mobility Scorecard.

해답

단계 1 시간의 크기 순으로 정렬한다.

도시	시간
Washington, D.C.	82
New York	74
Boston	64
Chicago	61
Atlanta	52

단계 2 x축과 y축을 그린다.

단계 3 [그림 2-11]의 그래프를 보면 워싱턴 D.C.의 교통정체시간이 가장 길고, 애틀랜타가 가장 짧음을 알 수 있다.

역사적 기록

Vilfredo Pareto(1848~1923)는 경제학, 통계학, 사회과학 이론을 개발한 이탈리아 학자이다. 그는 경제학에 사용되는 수리적 함수를 개발하여 통계학에 공헌하였다. 이 함수를 파레토 분포라고 하고 통계적으로 많이 응용된다. 그는 소득분포도 연구하였는데 그 결과가 파레토의 법칙이다.

그림 2-11 [예제 2-9]의 파레토 도표

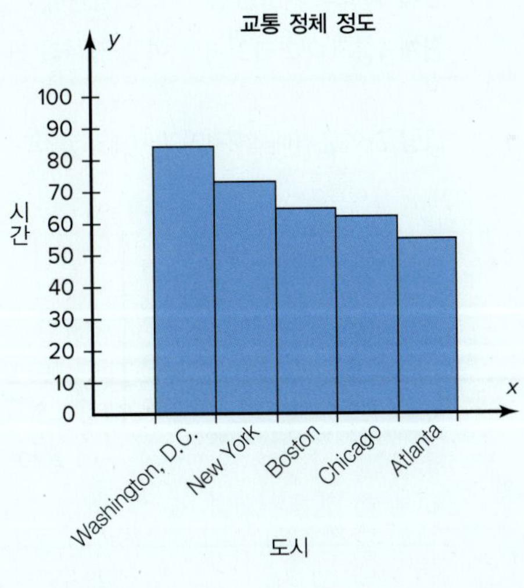

파레토 도표 그리기 요령

1. 막대의 폭을 같게 한다.
2. 도수가 높은 것부터 낮은 것으로 정렬한다.
3. 도수로 사용하는 단위를 모두 같은 것으로 한다.

파레토 도표를 해석할 때에는 막대의 높이를 비교하면 된다.

시계열그래프

일정 기간에 걸쳐 조사한 자료를 표현하려면 시계열그래프를 사용한다.

시계열그래프(time series graph)는 일정 기간에 걸친 자료를 표현한다.

[예제 2-10]은 시계열그래프를 그리는 과정을 보여준다.

예제 2-10 아카데미 시상식 광고비

다음 자료는 아카데미 시상식의 30초 TV 광고의 평균 비용이다. 이 자료를 시계열그래프로 그리고 해석하시오.

연도	2010	2011	2012	2013	2014	2015
비용	1.40	1.55	1.61	1.65	1.78	1.90

출처: Kantar Media, *USA TODAY* RESEARCH.

> **역사적 기록**
>
> 시계열그래프는 사용된 지 1,000년이 넘었다. 그 첫 번째는 행성과 태양의 움직임을 도표로 그린 것이었다.

해답

단계 1 x축과 y축을 그리고, 이름을 붙인다.

단계 2 x축의 이름은 연도이고, y축은 비용이다.

단계 3 표의 자료값을 점으로 찍는다.

단계 4 [그림 2-12]처럼 이웃 점끼리 연결하는 선분을 긋되, 곡선으로 이을 필요는 없다.

그림 2-12 [예제 2-10]의 시계열그래프

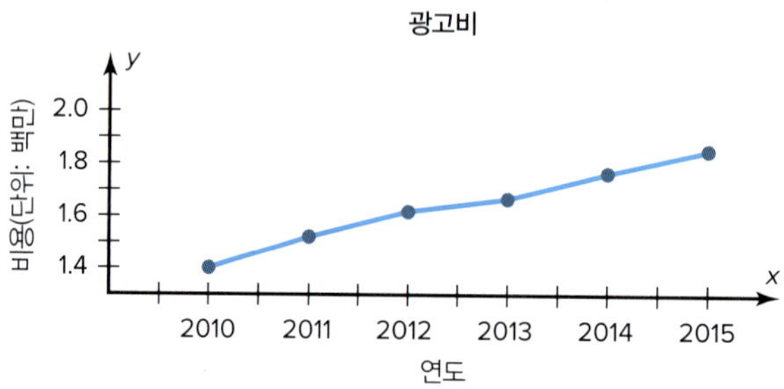

시계열 자료를 해석할 때에는 시간의 흐름에 따르는 추세나 패턴을 찾아야 한다. 예를 들어, 선이 상승하는지(시간에 따라 증가) 또는 하강하는지(시간에 따라 감소)를 확인해야 하며, 기울기나 경사도도 살펴보아야 한다. 선의 경사도가 심하면 시간에 따라 급격히 증가하거나 감소함을 의미한다.

[그림 2-13]처럼 선 두 개를 사용하면, 시계열 자료 두 개를 한 그래프에 그려놓고 비교할 수도 있다. 이런 그래프를 **복합시계열그래프**(compound time series graph)라고 한다. 이 그래프는 1960~2010년의 미국 노동층에서 노인 남녀의 비율을 보여준다. 노인 남성의 비율은 1960~1990년에 크게 감소한 후 약간 증가한 것으로 나타났다. 노인 여성의 비율은 1960~1980년에 약간 감소한 다음, 1980~2010년에 증가하였다.

그림 2-13
두 시계열그래프 비교

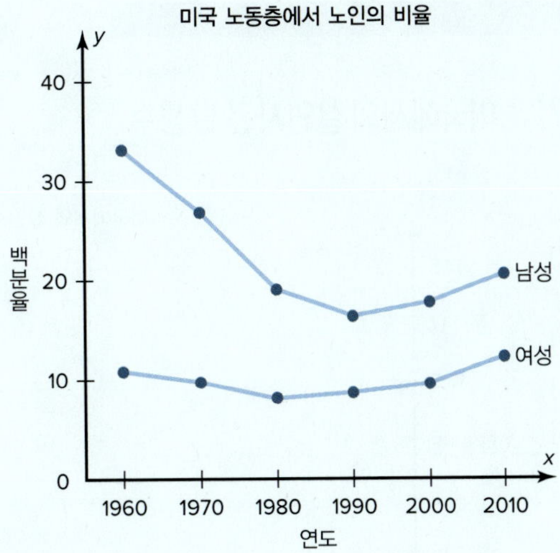

출처: Bureau of Census, U.S. Department of Commerce.

파이그래프

파이그래프도 통계학에서 자주 사용한다. 파이그래프의 목적은 부분과 전체의 관계를 시각적 크기 비교로 보여주는 것이다. 비율이나 백분율을 사용할 수 있고, 변수는 명목형이거나 범주형이다.

> **파이그래프**(pie graph, 원형그래프)는 각 범주의 상대도수 백분율에 따라 원을 파이(pie) 조각 모양으로 나눈 것이다.

[예제 2-11]은 파이그래프 작성과정을 보여준다.

예제 2-11 슈퍼볼 스낵 판매량

다음 도수분포는 슈퍼볼 기간 동안 팔린 스낵의 종류별 판매량이다. 파이그래프를 그리시오.

스낵	파운드(도수)
감자칩	11.2 백만
토르띠야칩	8.2 백만
프레첼	4.3 백만
팝콘	3.8 백만
스낵너츠	2.5 백만
	합계 $n = 30.0$ 백만

출처: USA TODAY Weekend.

해답

단계 1 원은 360°이므로 각 계급의 도수를 원의 크기로 변환해야 한다. 이를 변환하는 공식은 다음과 같다.

$$\text{각도} = \frac{f}{n} \cdot 360°$$

단, f는 각 계급의 도수이고, n은 도수의 합계이다. 즉, 다음과 같이 계산할 수 있다. 각도의 합

통계 이야기 미국에서의 살인사건 발생수

이 그래프는 미국의 2001년 이후 살인사건의 발생수를 보여준다. 그래프로 봤을 때 살인사건의 숫자는 증가하는가, 감소하는가, 유지되고 있는가?

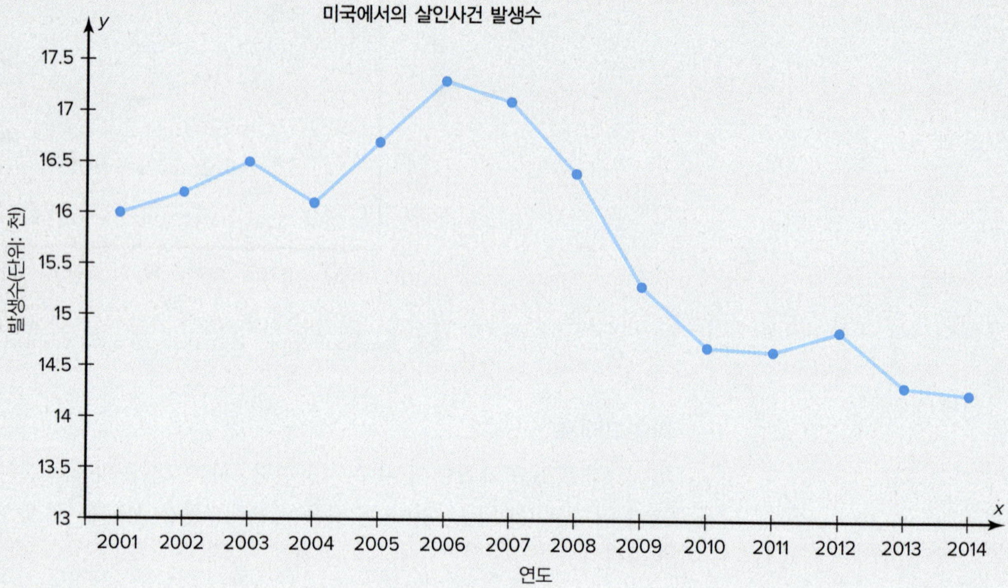

출처: Crime in the United States 2015, FBI, Department of Justice.

계는 360°이다.[1]

감자칩	$\frac{11.2}{30} \cdot 360° = 134°$
토르띠야칩	$\frac{8.2}{30} \cdot 360° = 98°$
프레첼	$\frac{4.3}{30} \cdot 360° = 52°$
팝콘	$\frac{3.8}{30} \cdot 360° = 46°$
스낵너츠	$\frac{2.5}{30} \cdot 360° = 30°$
합계	360°

단계 2 도수도 백분율로 변환한다. 변환공식은 다음과 같으며 [예제 2-1]에서 학습하였다.

$$\% = \frac{f}{n} \cdot 100$$

백분율을 계산하면 다음과 같아지며, 백분율 합계는 100%이다.[2]

감자칩	$\frac{11.2}{30} \cdot 100 = 37.3\%$
토르띠야칩	$\frac{8.2}{30} \cdot 100 = 27.3\%$

[1]참고: 반올림으로 인해 도수는 꼭 360°가 아닐 수도 있다.

[2]참고: 반올림으로 인해 합계의 백분율은 꼭 100%가 아닐 수도 있다.

프레첼 $\frac{4.3}{30} \cdot 100 = 14.3\%$

팝콘 $\frac{3.8}{30} \cdot 100 = 12.7\%$

스낵너츠 $\frac{2.5}{30} \cdot 100 = 8.3\%$

합계 99.9%

단계 3 각도기와 컴퍼스를 사용하여 단계 1에서 계산한 각도로 [그림 2-14]처럼 그래프를 그리고, 각 부분에 이름과 백분율을 기록한다.

그림 2-14 [예제 2-11]의 파이그래프

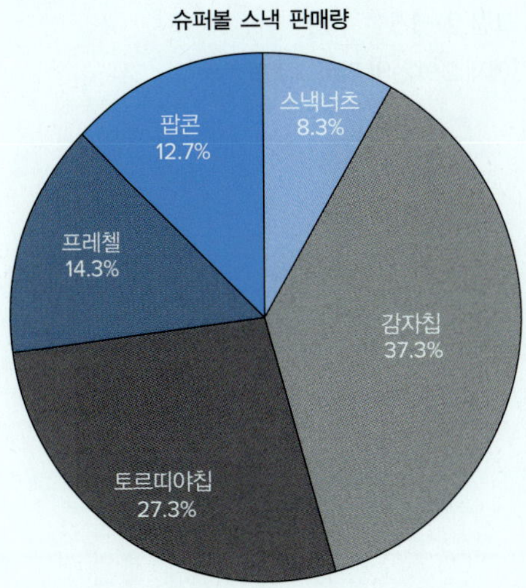

예제 2-12 경찰 신고건수

다음 자료는 최근 한 해 동안 3개의 교대조에 따른 경찰 신고건수이다. 파이그래프를 그리고 해석하시오.

교대	도수
1. 낮	2594
2. 저녁	2800
3. 밤	2436
	7830

해답

단계 1 다음 공식으로 각 계급의 각도를 구한다.

$$각도 = \frac{f}{n} \cdot 360°$$

각 계급의 계산 결과는 다음과 같다.

낮: $\frac{2594}{7830} \cdot 360° = 119°$

저녁: $\frac{2800}{7830} \cdot 360° = 129°$

밤: $\frac{2436}{7830} \cdot 360° = 112°$

단계 2 백분율을 계산한다.

낮: $\frac{2594}{7830} \cdot 100 = 33\%$

저녁: $\frac{2800}{7830} \cdot 100 = 36\%$

밤: $\frac{2436}{7830} \cdot 100 = 31\%$

단계 3 [그림 2-15]처럼 각도기로 그래프를 그리고, 각 부분에 이름과 백분율을 기록한다.

그림 2-15
[예제 2-12]의 파이그래프

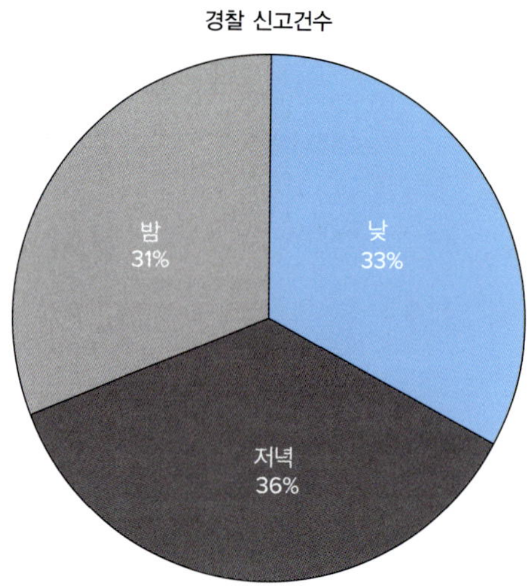

파이그래프에서는 해당 자료의 구역 크기와 다른 자료의 구역 크기를 상대적으로 비교하여 특성을 분석할 수 있다. [그림 2-15]는 저녁 교대조에 더 많은 신고가 들어왔지만, 대체적으로 세 교대조의 건수가 비슷하다는 것을 보여준다.

주의: 파이그래프는 Excel과 같은 컴퓨터 프로그램을 통해 쉽게 그릴 수 있다. 여기에 나오는 수학적 내용은 컴퓨터를 사용할 수 없는 경우에 활용하면 된다.

점도표

점도표는 자료값을 점으로 나타낸다. 자료값이 두 개 이상일 경우, 해당 점들은 같은 축에 위, 아래로 표시된다.

점도표(dotplot)는 자료값들이 가로축 위에 점으로 표시되는 통계 그래프이다.

점도표는 자료값들이 어떻게 분포되어 있는지, 그리고 매우 높거나 낮은 자료값이 있는지 확인하는 데 사용된다.

예제 2-13 태풍 숫자

다음 자료는 매년 발생하는 태풍 숫자를 40년간 정리한 것이다. 점도표를 그리고 해석하시오.

19	15	14	7	6	11	11
9	16	8	8	11	9	8
16	12	13	14	13	12	7
15	15	19	11	4	6	13
10	15	7	12	6	10	
28	12	8	7	12	9	

출처: NOAA.

단계 1 자료값 중에서 가장 낮은 값과 높은 값을 찾아 가로축의 눈금을 결정한다. 가장 낮은 값은 4이고 높은 값은 28이므로 4~28의 범위가 필요하다.

단계 2 가로 선을 그린 다음, 선에 눈금을 그린다.

단계 3 선 위에 각 자료값을 점으로 표시한다. 값이 두 개 이상일 경우, 첫 번째 점 위에 다른 점을 그린다. [그림 2-16]을 보자.

그림 2-16 [예제 2-13]의 점도표

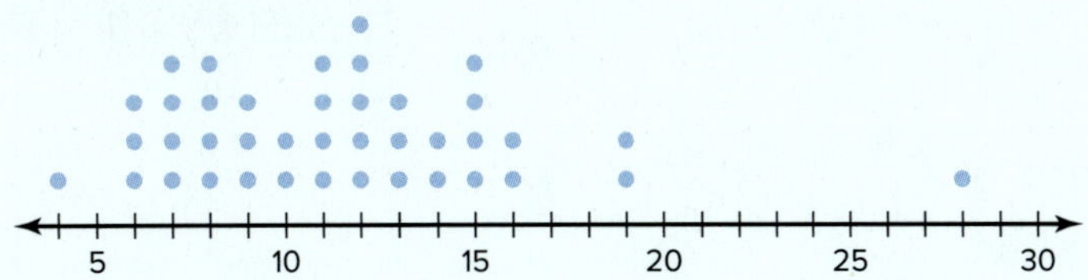

점도표를 통해 태풍이 대부분 한 해 6~16회의 빈도로 발생함을 알 수 있다. 한 해 19회 이상 발생한 경우는 3년밖에 되지 않는다.

줄기-잎 그림

줄기-잎 그림은 자료를 구조화하는 방법이며, 분류와 그래프를 결합한 것이다. 그래프로 표현하면서도 실제 자료를 유지해서 보여주는 것이 장점이다.

학습목표 4
줄기-잎 그림 작성하고 해석하기

줄기-잎 그림(stem and leaf plot)은 그룹이나 계급으로 묶기 위해 일부의 자료는 줄기로, 일부의 자료는 잎으로 사용하는 자료 구성도이다.

[예제 2-14]는 줄기-잎 그림을 그리는 과정을 보여준다.

예제 2-14 외래환자 검사

외래환자 검사 센터에서 20일 동안 매일 기록된 심전도의 수는 다음과 같다. 자료에 대한 줄기-잎 그림을 구하시오.

25	31	20	32	13
14	43	02	57	23
36	32	33	32	44
32	52	44	51	45

해답

단계 1 자료를 작은 수부터 순서대로 정렬한다.

02, 13, 14, 20, 23, 25, 31, 32, 32, 32
32, 33, 36, 43, 44, 44, 45, 51, 52, 57

참고: 자료를 순서대로 정렬하는 것이 꼭 필요한 일은 아니며, 자료집합이 큰 경우 매우 번거로울 수도 있다. 하지만 줄기-잎 그림을 구성하는 데 도움이 된다. 마지막 줄기-잎 그림에서 잎들은 순서대로 정렬되어야 한다.

단계 2 자료를 다음과 같이 첫 자리 수에 따라 분리한다.

02 13, 14 20, 23, 25 31, 32, 32, 32, 32, 33, 36
43, 44, 44, 45 51, 52, 57

단계 3 선행 숫자를 **줄기**, 후행 숫자를 **잎**으로 표시할 수 있다. 예를 들면 32라는 숫자에서 선행 숫자 3은 줄기, 후행 숫자 2는 잎이 된다. 14라는 숫자에서 1은 줄기, 4는 잎이 된다. 이제 [그림 2-17]과 같이 그릴 수 있다.

선행 숫자(줄기)	후행 숫자(잎)
0	2
1	3 4
2	0 3 5
3	1 2 2 2 2 3 6
4	3 4 4 5
5	1 2 7

그림 2-17
[예제 2-14]의 줄기-잎 그림

0	2
1	3 4
2	0 3 5
3	1 2 2 2 2 3 6
4	3 4 4 5
5	1 2 7

[그림 2-17]은 분포의 피크가 중앙에 있으며, 자료에 빈틈이 없음을 보여준다. 20일 중 7일은 심전도 검사를 받은 환자수가 31~36명이다. 또한 하루에 검사를 받은 사람은 최소 2명, 최대 57명임을 보여준다.

만약 계급에 자료값이 없으면 줄기와 잎을 공란으로 둘 수 있다. 그 잎에 0으로 표시하지는 않는다.

통계 이야기 매일 얼마나 많은 지폐가 유통되고 있는가?

미연방준비은행은 최근 한 해 동안 220억 장의 지폐가 유통되고 있다고 추정하였다. 그중 35%는 1달러, 3%는 2달러, 8%는 5달러, 7%는 10달러, 23%는 20달러, 5%는 50달러, 19%는 100달러 지폐였다. 지폐 한장을 인쇄하는 데에는 약 3센트가 든다고 한다.

1달러 지폐의 평균 수명은 22개월, 10달러는 3년, 20달러는 4년, 50달러는 9년, 100달러는 9년이라고 한다. 지폐의 평균 수명을 나타내는 데 어떤 형태의 그래프를 사용해야 하는가?

예제 2-15 대도시에서 도난당한 자동차의 수

어떤 보험회사 연구자가 지난 여름 30일 동안 대도시에서 도난당한 자동차의 수에 관하여 조사를 하였다. 원자료는 다음과 같다. 계급 50-54, 55-59, 60-64, 65-69, 70-74, 75-79의 자료를 이용하여 줄기-잎 그림을 완성하시오.

52	62	51	50	69
58	77	66	53	57
75	56	55	67	73
79	59	68	65	72
57	51	63	69	75
65	53	78	66	55

해답

단계 1 자료를 순서대로 정리한다.

50, 51, 51, 52, 53, 53, 55, 55, 56, 57, 57, 58, 59, 62, 63
65, 65, 66, 66, 67, 68, 69, 69, 72, 73, 75, 75, 77, 78, 79

단계 2 계급에 따라 자료를 분류한다.

50, 51, 51, 52, 53, 53　　55, 55, 56, 57, 57, 58, 59
62, 63　　65, 65, 66, 66, 67, 68, 69, 69　　72, 73
75, 75, 77, 78, 79

단계 3 다음과 같이 자료를 구분한다.

선행 숫자(줄기)	후행 숫자(잎)
5	0 1 1 2 3 3
5	5 5 6 7 7 8 9
6	2 3
6	5 5 6 6 7 8 9 9
7	2 3
7	5 5 7 8 9

[그림 2-18]에 줄기-잎 그림이 나와 있다.

그림 2-18
[예제 2-15]의 줄기-잎 그림

5	0 1 1 2 3 3
5	5 5 6 7 7 8 9
6	2 3
6	5 5 6 6 7 8 9 9
7	2 3
7	5 5 7 8 9

줄기-잎 그림을 분석할 때는 분포의 피크와 빈틈을 찾고, 분포가 대칭이거나 한쪽으로 치우치는가를 확인한다. 또한 자료의 퍼짐 정도를 보고 자료의 변동성을 파악한다.

관련된 분포들은 맞댄 줄기-잎 그림을 사용하여 비교할 수 있다. 맞댄 줄기-잎 그림은 두 분포의 줄기에 같은 숫자를 사용하지만 잎에 쓰이는 숫자는 양쪽의 줄기로부터 순서대로 배열된다. [예제 2-16]은 맞댄 줄기-잎 그림을 보여준다.

예제 2-16 고층 빌딩의 층수

다음 자료는 Atlanta와 Philadelphia에서 선정된 고층 빌딩의 층수이다. 맞댄 줄기-잎 그림을 그리고 분포를 비교하시오.

Atlanta					Philadelphia				
55	70	44	36	40	61	40	38	32	30
63	40	44	34	38	58	40	40	25	30
60	47	52	32	32	54	40	36	30	30
50	53	32	28	31	53	39	36	34	33
52	32	34	32	50	50	38	36	39	32
26	29								

출처: The World Almanac and Book of Facts.

해답

단계 1 양쪽의 자료집합을 순서대로 정렬한다.

단계 2 줄기에 똑같은 숫자를 사용하여 줄기-잎 그림을 그린다. 다음과 같이 줄기의 왼쪽에 Atlanta의 잎의 숫자를 표시하고 오른쪽에 Philadelphia의 잎의 숫자를 표시한다. [그림 2-19]를 보자.

그림 2-19 [예제 2-16]의 맞댄 줄기-잎 그림

Atlanta		Philadelphia
9 8 6	2	5
8 6 4 4 2 2 2 2 2 1	3	0 0 0 0 2 2 3 4 6 6 6 8 8 9 9
7 4 4 0 0	4	0 0 0 0
5 3 2 2 0 0	5	0 3 4 8
3 0	6	1
0	7	

단계 3 두 분포를 비교한다. Atlanta에 있는 건물은 빌딩마다 층수가 많은 변동을 보이고 있다. 양쪽의 분포가 모두 30~39층에서 정점을 이르지만 Philadelphia가 이 계급에서 더 많은 빌딩을 가지고 있다. Atlanta에는 Philadelphia보다 40층 이상 되는 빌딩이 더 많이 있다.

줄기-잎 그림은 **탐색적 자료분석**(exploratory data analysis)이라는 방법의 일부분이다. 이 주제에 관한 내용은 3장에서 다루어진다.

오해하게 하는 그래프

숫자를 보여주는 것보다 그래프를 보여주면 독자들이 자료를 쉽게 해석하고 이해할 수 있게 된다. 그러나 부적절하게 작성한 그래프는 자료를 왜곡하여 독자가 잘못된 결론을 내릴 수 있게 한다. 예를 들어, 어떤 자동차 회사의 광고에서 자사가 지난 10년 동안 판매한 자동차의 98%가 아직도 도로를 주행 중이라고 하면서, [그림 2-20]과 같은 그래프를 보여주었다고 하자. 경쟁회사와 자기회사 자동차 중에서 아직 주행 중인 자동차의 백분율을 표시하였는데 의미 있는 차이가 있을지는 의문이다.

[그림 2-20]에서 y축의 눈금을 보면, 아래쪽을 잘라내고 95%에서 시작하고 있다. 만약 0%에서 100%를 모두 표시하게 다시 그리면 [그림 2-21]처럼 되는데, 백분율의 차이를 거의 느낄 수 없다. 즉, y축의 출발점을 조정하면 시각적으로 큰 차이를 줄 수도 있다.

축의 일부를 잘라내는 것이 꼭 잘못된 것도 아니고, 그렇게 할 필요가 있는 경우도 많다. 그러나 잘라낸 것을 인식하고 올바로 해석할 수 있어야 한다. 오해의 소지가 있어 보이는 그래프를 보고도 속지 않아야 한다.

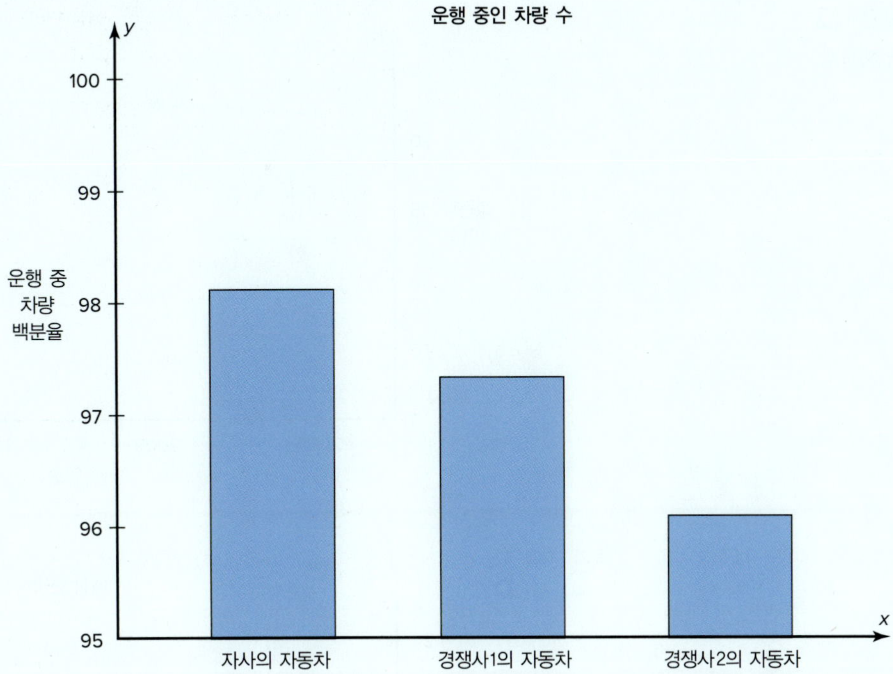

그림 2-20
95~100% 눈금으로 작성한 자동차 정보 그래프

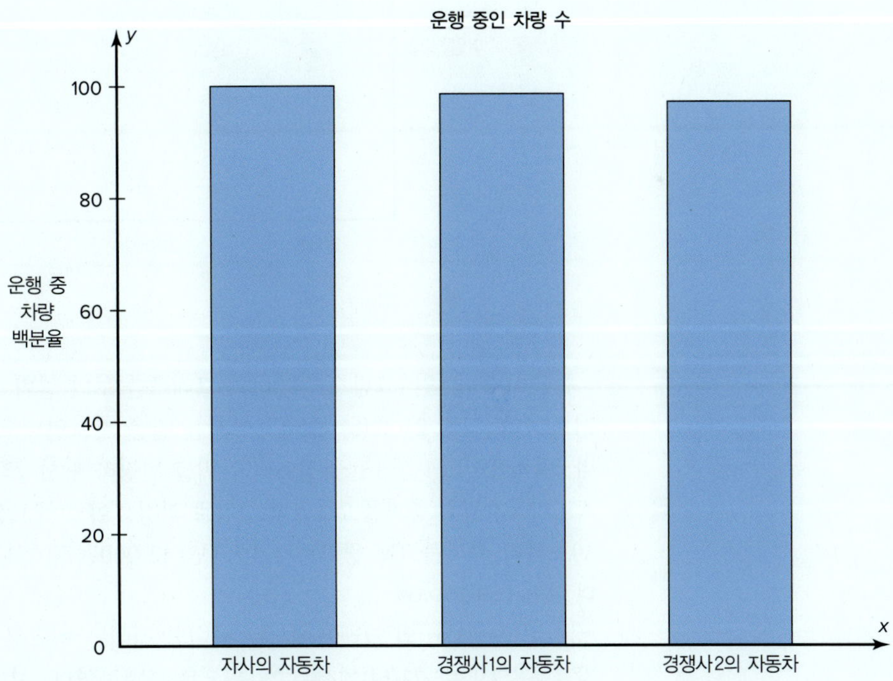

그림 2-21
0~100% 눈금으로 재작성한 [그림 2-20]의 그래프

예를 하나 더 들어보자. GM 승용차의 연비 예상치(갤런당 마일)가 다음과 같다. 연비가 21.9에서 23.2로 상승하는 것으로 예상하고 있다.

연도	2008	2009	2010	2011
연비 예상치(마일/갤런)	21.9	22.6	22.9	23.2

출처: National Hifhway Traffic Safety Administration.

그림 2-22

연비 예상치

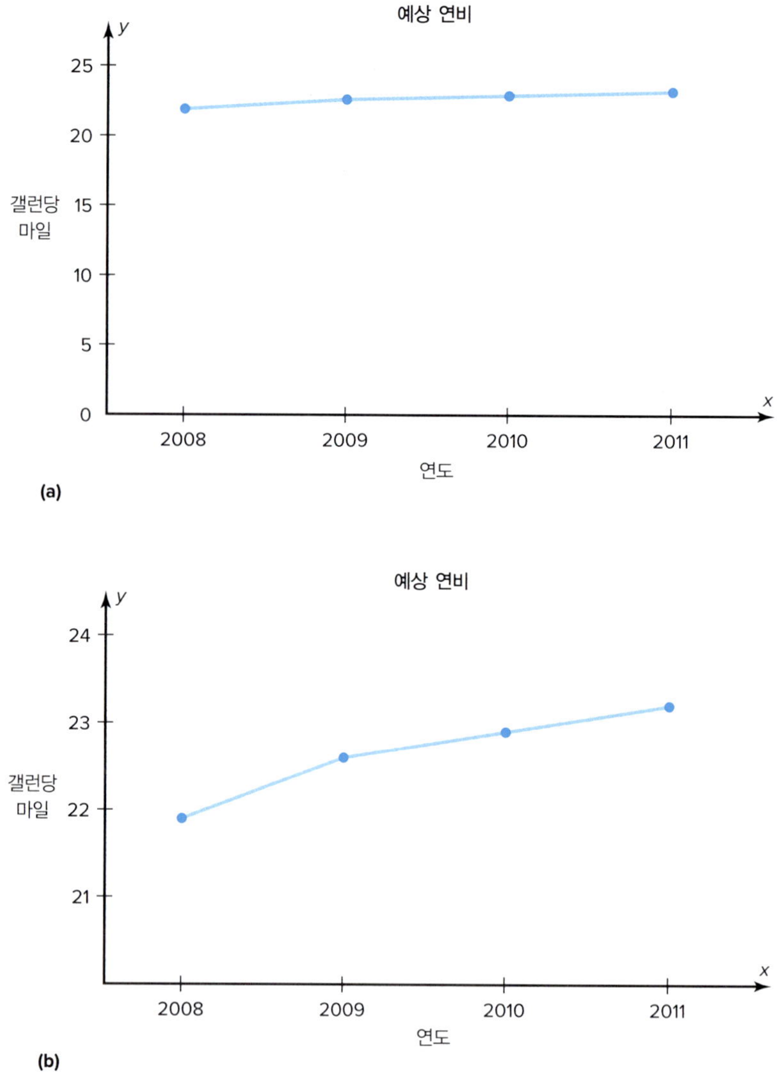

눈금이 0~25인 [그림 2-22(a)]의 그래프를 보면 연비 상승이 완만하게 느껴지지만, 눈금이 21~24인 [그림 2-22(b)] 그래프에서는 같은 자료인데도 훨씬 상승이 급격한 것으로 느껴진다. 여기에서도 y축의 출발점이나 단위를 변경하여 시각적 표현을 바꿀 수 있다.

또한 1차원적 증가를 2차원적 증가로 과장하여 그래프를 왜곡하는 방식도 있다. 예를 들면, 30초짜리 슈퍼볼 TV 광고비가 1967년 42,000달러에서 2015년 4,500,000달러로 증가하였다.(출처: USA TODAY)

[그림 2-23(a)]의 그래프에서는 막대의 길이를 비교하여 1차원적으로 표현하였으나, 같은 자료를 [그림 2-23(b)]에서는 2차원으로 표현하였다. 시각적으로는 원의 지름보다 원의 넓이를 비교하게 되어 차이가 훨씬 커 보이게 된다.

눈금을 잘라내거나 2차원으로 자료를 표현하는 방식이 틀린 것은 아니지만 이런 그래프를 보고 결론을 내릴 때는 신중해야 한다.

축의 단위나 이름을 생략한 그래프도 자료를 잘못 표현한 것이다. [그림 2-24]의 그래프는 미국 내 지역의 생활비, 경제성장, 인구증가 등을 표현한 것이다. 그러나 y축에 수치가 없어서 그래프를 보고 얻을 수 있는 정보라고는 요인별 순위밖에 없다. 실제 차이의 크기를 알 수 있는 방법이 없다.

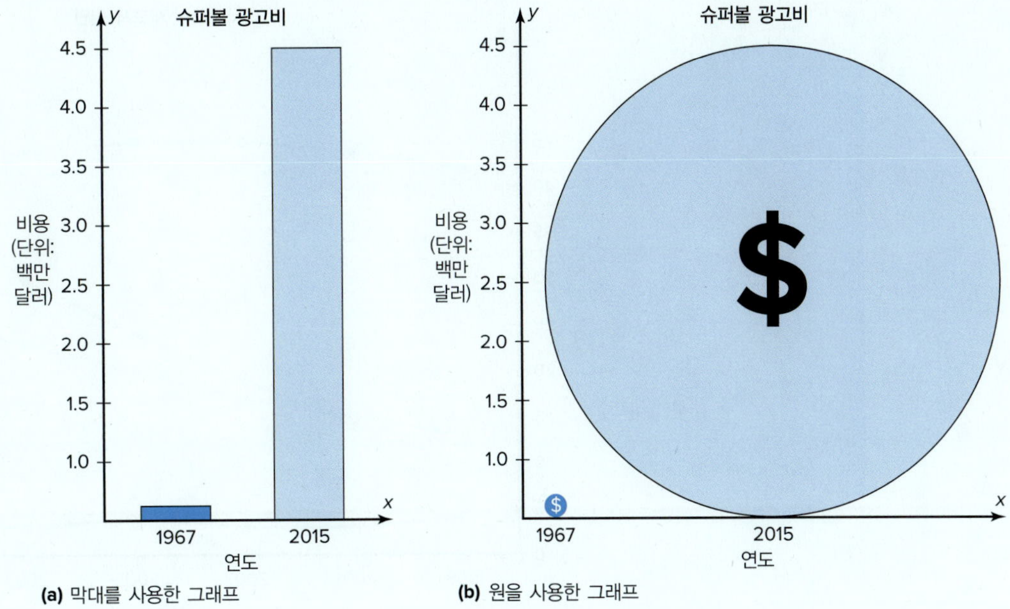

(a) 막대를 사용한 그래프

(b) 원을 사용한 그래프

그림 2-23
슈퍼볼 광고비 비교

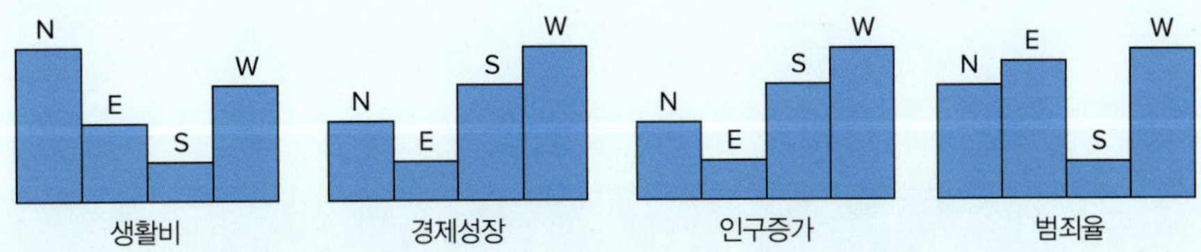

그림 2-24
y축 단위가 없는 그래프

마지막으로 모든 그래프에는 자료의 출처를 표시해야 한다. 출처를 포함해야 자료를 신뢰할 수 있다.

개념의 적용 2-3

1999~2009년 동안 미국에서의 사고사 원인

다음은 미국에서의 사고로 인한 사망자 숫자를 보여준다. 그래프에 관한 다음 물음에 답하시오.

1. 그래프에서 변수는 무엇인가?
2. 변수는 양적변수인가, 혹은 질적변수인가?
3. 자료를 보여주는 데 사용한 그래프의 종류는 무엇인가?
4. 사망자 숫자가 감소한 변수는 무엇인가?
5. 해당 기간 사망자 숫자가 계속 증가한 변수는 무엇인가?
6. 해당 기간 사망자 숫자가 가장 비슷하게 유지되는 변수는 무엇인가?
7. 2001년에 각 범주의 대략적인 사망자 숫자를 나열하시오.
8. 1999년과 2009년에 가장 많이 사망한 변수는 각각 무엇인가?
9. 추락과 중독으로 죽은 사망자 숫자가 가장 비슷했던 연도는 언제인가?

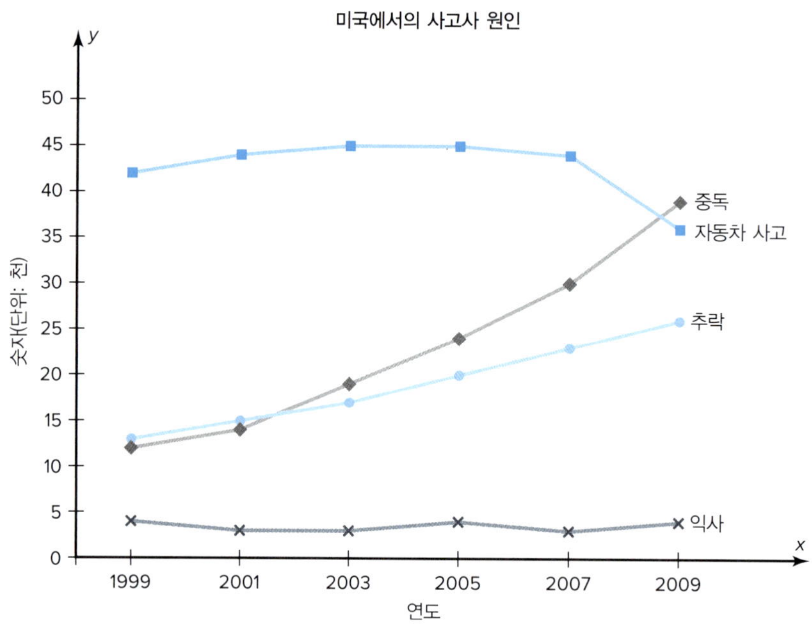

출처: National Safety Council.

정답 90쪽 참조

연습문제 2-3

1. IT 회사 직원수 2014년 기준 대표적인 IT 회사 직원수(단위: 천)에 대한 수직 및 수평 막대그래프를 그리시오.

회사	직원수
IBM	380
Hewlett Packard	302
Xerox	147
Microsoft	128
Intel	107

출처: S & P Capital IQ.

2. Gulf 해안선 미국 Gulf 해안선의 각 주별 소속된 거리를 마일로 나타내었다. 파레토 도표를 그리시오.

주	해안선 거리
Alabama	53
Florida	770
Louisiana	397
Mississippi	44
Texas	367

3. 온라인 광고 비용 온라인 광고에 사용한 금액(단위: 십억 달러)이다. 시계열그래프를 그리고, 결과를 설명하시오.

연도	2014	2015	2016	2017	2018	2019
금액	\$19.72	\$31.53	\$43.83	\$53.29	\$61.14	\$69.04

출처: eMarketer.

4. 미국의 70세 이상 운전면허소지자 미국의 70세 이상 운전면허소지자 숫자(단위: 백만)이다. 시계열그래프를 그리시오.

연도	1982	1992	2002	2012
숫자	10	15	20	23

출처: Federal Highway Administration.

5. 신용카드 수 개인당 가지고 있는 신용카드의 숫자에 대한 자료이다. 파이그래프를 그리고, 해석하시오.

카드 수	0	1	2 또는 3	4 이상
숫자	52	40	68	40

출처: Based on information from AARP Bulletin survey.

6. 아이들의 총 구입루트 아이들이 범죄를 저지르기 위해 총을 구입한 루트이다. 파이그래프를 그리고, 해석하시오.

구입루트	친구	가족	거리	총포사	기타
숫자	24	15	9	9	6

7. 풋볼 선수들의 연령 2016년 슈퍼볼 챔프전 Denver Broncos 팀의 연령을 나타내었다. 점도표를 그리고, 분포에 대해 설명하시오.

24	23	25	25	26	30
30	33	23	32	21	26
24	24	27	26	30	24

26	28	24	23	39	26
34	25	24	26	24	23
24	29	25	26	30	22
23	28	25	24	34	27
29	28	23	25	28	28
29	33	25	27	25	

출처: Fansided.com.

8. **입단연차** 풋볼팀 Pittsburgh Steelers 선수들의 입단연차를 나타내었다. 점도표를 그리고, 해석하시오.

4	4	2	9	7	3	7	12	6
5	1	4	5	2	7	6	12	3
12	4	0	4	0	0	0	2	9
2	6	7	13	4	2	6	9	4
4	0	3	5	4	2	6	9	4
4	0	3	5	3	11	1	4	2
3	15	1	6	0	11	3	10	3

9. **50홈런 클럽** 한 시즌에 50홈런 이상을 기록한 43명의 자료이다. 줄기-잎 그림을 그리고, 자료를 해석하시오.

50	51	52	54	59	51	53
54	50	58	51	54	53	
56	58	56	70	54	52	
58	54	64	52	73	57	
50	60	56	50	66	54	
52	51	58	63	57	52	
51	50	61	52	65	50	

출처: *The World Almanac and Book of Facts*.

10. **주요 강의 길이** 남미와 유럽의 주요 강의 길이에 대한 자료이다. 맞댄 줄기-잎 그림을 그리고, 분포를 비교하시오.

남미				유럽				
39	21	10	10	5	12	7	6	8
11	10	2	10	5	5	4	6	
10	14	10	12	18	5	13	9	
17	15	10		14	6	6	11	
15	25	16		8	6	3	4	

출처: *The World Almanac and Book of Facts*.

11. 다음 보기들에 대해 자료를 가장 적절하게 나타내는 그래프 유형(파레토 도표, 시계열그래프, 파이그래프)을 쓰시오.

a. 자동차 운전자를 산만하게 하는 상황

b. 매일 자동차로 출퇴근하는 사람수

c. 한 학기 동안 교과서 및 학용품에 소비된 금액

d. 지난 10년 동안 미국에서 토네이도로 매년 사망한 사람수

e. 올해 미국 내 애완동물(개, 고양이, 새, 물고기 등) 수

f. 지난 6년간 크리스마스에 중요한 사람을 위해 소비한 금액

12. **미국의 건강 부문별 지출 현황** 미국의 건강 부문별 지출 비율은 다음과 같다. 자료에 대해 두 가지의 다른 그래프를 그리시오.

정부 관리	9.7%
요양원 관리	5.5
처방약	10.1
의사 및 임상 서비스	20.3
병원 치료	30.5
기타	23.9

출처: *Time Almanac*.

13. **우유 가격** 다음 그래프는 우유 1쿼트에 대한 가격 인상을 보여준다. 왜 실제보다 더 크게 인상된 것처럼 보이는가?

14. **Chicago 살인사건** Chicago 지역의 살인사건의 숫자에 대한 두 개의 시계열그래프를 그리고, 비교하시오.

연도	살인사건 총수	6월29일까지의 기록
2005	451	207
2007	448	204
2009	459	204
2011	435	187
2013	414	180

EXCEL

Step by Step

파레토 도표 그리기

파레토 도표를 그리려면

1. 새 워크시트의 A열에 [예제 2-11]의 스낵푸드 종류를 입력한다.
2. B열에 해당 도수를 입력한다. 자료는 크기에 따라 내림차순으로 입력해야 한다.
3. A열와 B열을 드래그하고 툴바의 '삽입' 탭을 클릭한다.
4. '차트' 메뉴에서 '2차원 세로 막대형'–'묶은 세로 막대형'을 선택한다.
5. 도표의 제목을 바꾸려면 도표의 현재 제목을 클릭한다.
6. 제목이 있는 텍스트 박스가 활성화되면 텍스트 박스에 마우스를 클릭하여 제목을 바꾼다.

시계열그래프 그리기

예제

연도	1999	2000	2001	2002	2003
자동차수*	156.2	160.1	162.3	172.8	179.4

*Pennsylvania 톨게이트를 지난 자동차수(단위: 백만).

출처: Tribune Review.

시계열그래프를 그리려면

1. 위 예제에 있는 연도 숫자(1999~2003)를 새 워크시트의 A열에 입력한다.
2. B열의 해당 도수를 기록한다.
3. B열을 드래그한 후 툴바의 '삽입' 탭을 선택한다.
4. '차트' 메뉴에서 '2차원 꺾은선형'–'꺾은선형'을 선택한다.

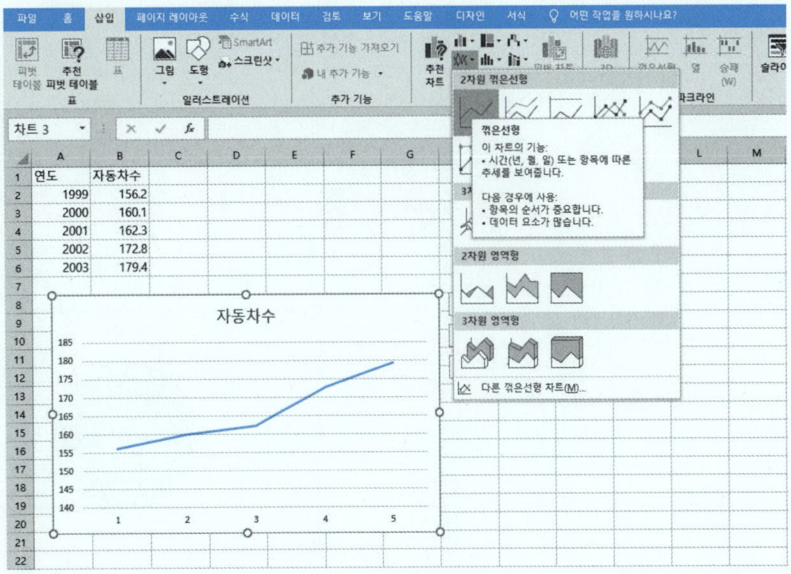

5. 그래프 영역 안에서 마우스의 오른쪽을 클릭한다.
6. '데이터 선택' 옵션을 선택한다.
7. '가로 축 레이블' 아래의 '편집'을 선택하고 A열의 연도 값을 드래그한 후 '확인'을 클릭한다.
8. '데이터 원본 선택' 박스에서 '확인'을 클릭한다.
9. 차트 제목, 축 제목, 범례를 넣는다. 그래프를 클릭하면 나오는 오른쪽의 [+](차트요소 마크)를 클릭 후, '축 제목'과 '범례'를 선택한다. 그래프에 축 제목과 범례 제목 부분이 활성화될 것이다.
10. 그래프에서 차트 제목을 선택한 후에 현재 제목을 활성화하여 제목을 바꾼다.
11. 그래프에서 축 제목과 범례를 선택한 후에 각 제목을 활성화하여 제목을 바꾼다.

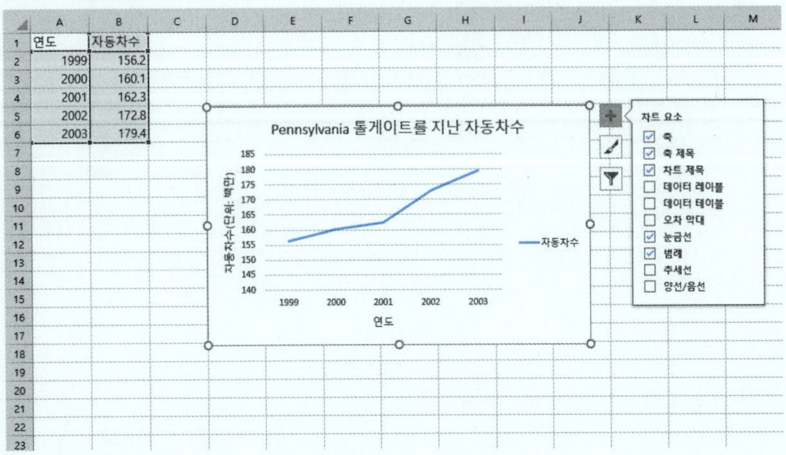

파이그래프 그리기

파이그래프를 그리려면

1. 새 워크시트의 A열에 [예제 2-12]의 교대 시기를 기입한다.
2. B열에 각 시기에 해당하는 도수를 기입한다.
3. A와 B열의 자료를 활성화하고 툴바의 '삽입'-'차트'에서 '2차원 원형'-'원형'을 선택한다.

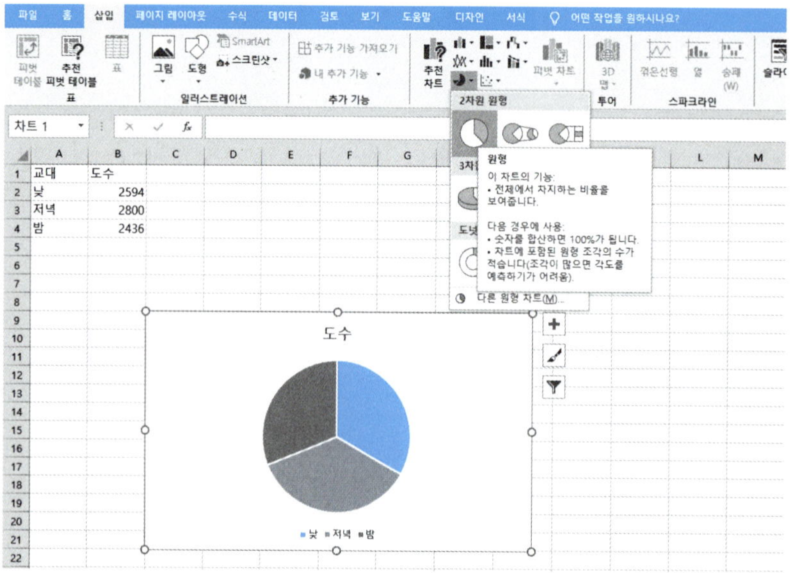

4. 그래프에 도수값을 넣는다. 그래프를 클릭하면 나오는 오른쪽의 [+](차트요소 마크)를 클릭 후, '데이터 레이블'을 선택하면, 도수값이 표현된다.
5. 그래프에서 차트 제목을 선택한 후 제목이 활성화되면 제목을 바꾼다.

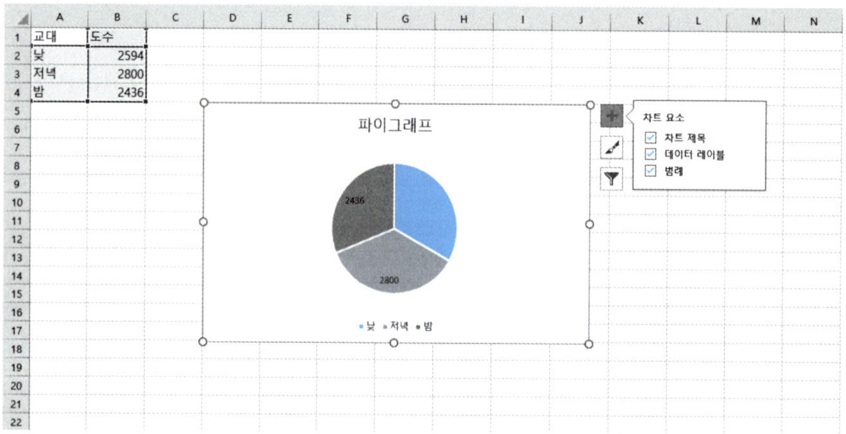

2-4 짝자료와 산점도

학습목표 5
짝자료를 산점도로 작성하고 해석하기

많은 시계열 연구자들은 두 변수 간에 어떤 관계가 존재하는가에 관심이 있다. 이러한 목적을 달성하기 위해 서로 짝을 지은 자료를 수집한다. 한 예로, 온도와 귀뚜라미의 우는 횟수 간에 관계가 있다는 것을 들 수 있다. 온도가 상승함에 따라 귀뚜라미의 울음 횟수도 증가한다.

이러한 연구를 조사하기 위해서는 온도와 귀뚜라미의 우는 횟수와 같은 두 가지 측정값이 필요하다. 이 측정값 중 첫 번째는 온도로, **독립변수**(independent variable, 설명변수)이고 x로 표시되며, 두 번째는 초당 우는 횟수로, **종속변수**(dependent variable, 반응변수)이고 y로 표시된다. 이 두 측정값이 짝을 이루게 된다.

일반 (x, y)로 표시되는 자료집합이 수집되면 이 자료를 표시하기 위해 그래프를 그릴 수 있다. 이 그래프가 산점도이다.

산점도(scatter plot)란 두 변수 간에 어떤 관계가 있는가를 결정하는 데 사용되는 짝자료를 순서대로 나열한 그래프이다.

[예제 2-17]은 산점도를 그리는 방법을 보여준다.

예제 2-17 수상모터사이클 사고

연구자들은 수상모터사이클 사고 횟수와 사상자 수 간의 관계를 알아보고자 한다. 자료는 10년 동안의 기록이다. 자료에 대한 산점도를 그리시오.

사고 횟수, x	376	650	884	1162	1513	1650	2236	3002	4028	4010
사상자 수, y	5	20	20	28	26	34	35	56	68	55

출처: Personal Watercraft Industry Assoc., U.S. Coast Guard.

해답

단계 1 x, y축을 그리고 축 제목을 기입한다.

단계 2 짝자료를 표시한다. [그림 2-25]에 표시되어 있다.

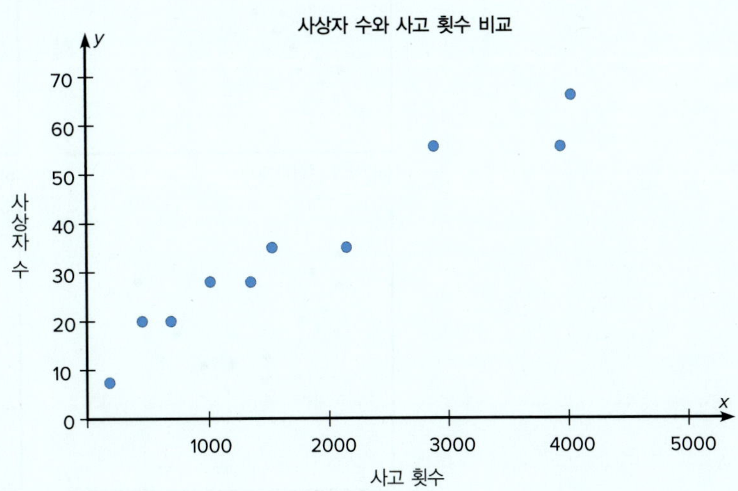

그림 2-25
[예제 2-17]의 산점도

이 절의 뒷부분에서 같은 자료를 가지고 Excel을 활용해 산점도를 그리는 법을 실습해 볼 것이다.

산점도 분석하기

x값과 y값 간에 존재하는 여러 가지 유형이 있다. 이 관계는 그래프에 표시되는 점들의 모양을 보고 식별할 수 있다. 패턴의 유형과 그 관계는 아래와 같다.

1. **양의 선형관계(positive linear relationship)**는 x와 y가 동시에 증가하며 선형관계를 이루는 점들로 표시될 때 존재한다(그림 2-26(a)). 이 관계는 x가 증가할 때 y도 증가한다.
2. **음의 선형관계(negative linear relationship)**는 왼쪽에서 오른쪽으로 하강하는 점들로 표시될 때 존재한다(그림 2-26(b)). 이 관계는 x값이 증가할 때 y값이 감소하거나 그 반대의 경우이다.
3. **비선형관계**는 점들이 곡선으로 표시될 때이다(그림 2-26(c)). 두 변수 간의 관계가 곡선의 성질을 띤다.
4. **관계없음**은 두 변수 간에 어떤 식별할만한 관계가 없을 때 존재한다(그림 2-26(d)).

[예제 2-17]의 변수들 간의 관계는 양의 선형관계로 보인다. 다른 말로 하면 수상모터사이클 사고 횟수가 증가할수록 사상자의 수도 증가함을 알 수 있다.

10장에서 산점도에서 볼 수 있는 더 많은 정보, 즉 상관과 회귀를 다룰 것이다.

개념의 적용 2-4

결석과 최종성적

Bluman 교수는 통계학 수업에서 학생들의 결석횟수와 최종성적 간에 어떤 관계가 있는지를 보고자 한다. 7명 학생의 확률표본은 다음의 정보를 보여준다.

그림 2-26
산점도와 관계 예시

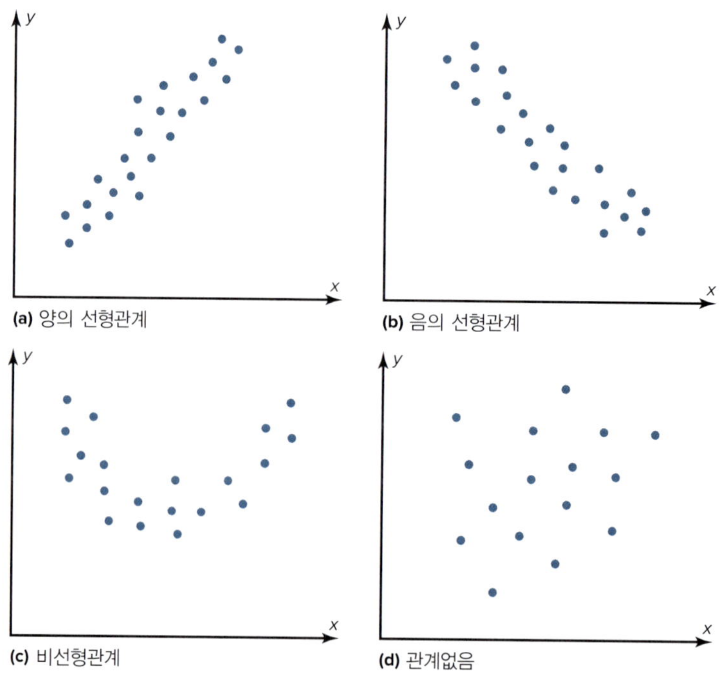

결석횟수	6	2	15	9	12	5	8
최종성적(%)	82	86	43	74	58	90	78

산점도를 그리고, 각 물음에 답하시오.

1. 어느 것이 독립변수인가?
2. 어느 것이 종속변수인가?
3. 만약 관계가 존재한다면 관계의 유형은 어떤 것인가?
4. 산점도로부터 어떤 결론을 내릴 수 있는가?

정답 90쪽 참조

연습문제 2-4

1. 두 변수가 관계가 있는지 없는지를 조사하는 데 사용되는 그래프의 이름은 무엇인가?

2. 두 변수가 양의 선형관계가 있다는 것의 의미를 설명하시오. 산점도는 어떤 모양인가?

3. 고층 빌딩 높이 Pittsburgh에서 가장 높은 빌딩의 높이(단위: 피트)와 층수이다. 자료의 산점도를 그리고, 관계를 설명하시오.

높이, x	485	511	520	535	582	615	616	635	728	841
층수, y	40	37	41	42	38	45	31	40	54	64

출처: *The World Almanac and Book of Facts.*

4. 레크리에이션 지출 한 사람이 한 달에 레크리에이션에 소비하는 금액이 그 사람의 소득과 관련이 있는지를 알아보기 위한 연구가 수행되었다. 산점도를 그리고, 어떤 관계인지 쓰시오.

소득, x	\$800	\$1200	\$1000	\$900	\$850	\$907	\$1100
소비액, y	\$60	\$200	\$160	\$135	\$45	\$90	\$150

5. 통계학 기말성적 통계학 강사가 '통계학 101'의 기말성적과 같은 학생의 '통계학 102'의 기말성적 간의 관계를 보고자 한다. 산점도를 그리고, 어떤 관계인지 쓰시오.

통계학 101, x	87	92	68	72	95	78	83	98
통계학 102, y	83	88	70	74	90	74	83	99

6. LPGA 골프 토너먼트 횟수 이 자료는 랜덤으로 추출된 10명의 LPGA 골퍼들의 토너먼트 횟수와 수입(단위: 천달러)을 나타낸다. 산점도를 그리고, 어떤 관계인지 쓰시오.

토너먼트 횟수, x	27	30	24	21	18	32	25	32	25	27
수입, y	\$956	757	583	517	104	173	252	303	355	405

출처: *USA TODAY.*

7. 결석과 최종 성적 교육자가 어떤 과목에서 학생의 결석횟수와 최종성적 간의 관계를 보고자 한다. 산점도를 그리고 관계의 성질을 쓰시오.

결석횟수, x	10	12	2	0	8	5
최종성적, y	70	65	96	94	75	82

EXCEL Step by Step

산점도 그리기

Excel에는 이변량자료의 산점도를 그리는 데 사용될 수 있는 가능이 있다.

[예제 2-2]

연구자는 수상모터사이클의 사고 횟수와 사상자 수 간에 어떤 관계가 있는지를 파악하는 데 흥미가 있다. 자료는 10년간의 자료이다. 자료에 대한 산점도를 그리시오.

사고 횟수, x	376	650	884	1162	1513	1650	2236	3002	4028	4010
사상자 수, y	5	20	20	28	26	34	35	56	68	55

산점도를 그린다.

1. A열에 x값을, B열에 y값을 입력한다.
2. A열과 B열을 드래그해서 선택한 후, 툴바의 '삽입' 탭을 클릭한다.
3. '차트' 메뉴에서 '분산형'–'분산형'을 선택한다.
4. 산점도가 나오면 차트 제목, 축 제목을 넣는다. 그래프를 클릭하면 나오는 오른쪽의 + (차트요소 마크)를 클릭 후, '축 제목'을 선택한다.
5. 차트 제목과 축 제목을 선택한 후 제목이 활성화되면 제목을 입력한다.

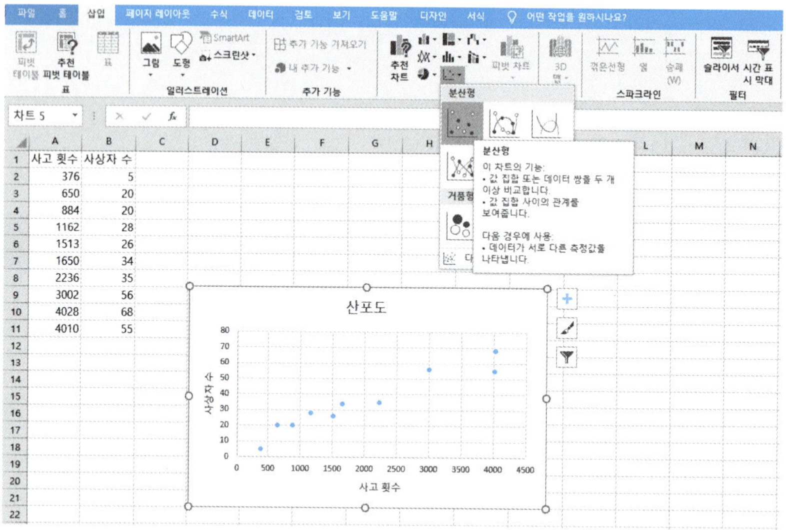

복습연습문제

2–1절

1. 사람들이 뉴스를 접하는 방법 Brunswick 연구기구는 랜덤으로 선출한 50명에게 매일 뉴스를 얻는 주된 방법을 조사하였다. 신문(N), TV(T), 라디오(R), 인터넷(I) 중에서 선택하였다. 자료에 대한 범주형 도수분포를 작성하고 그 결과를 해석하시오.

N	N	T	T	T	I	R	R	I	T
I	N	R	R	I	N	N	I	T	N
I	R	T	T	T	T	N	R	R	I
R	R	I	N	T	R	T	I	I	T
T	I	N	T	T	I	R	N	R	T

2. BUN 수치 20명의 랜덤으로 선출된 환자의 혈중 뇨질소(BUN)이다(단위: 데시리터당 밀리그램(mg/dl)). 자료의 비집단화 도수분포를 작성하시오.

17	18	13	14
12	17	11	20
13	18	19	17
14	16	17	12
16	15	19	22

3. 폭포 높이 북미 지역의 유명한 폭포의 높이(단위: 피트) 자료이다. 계급수가 6인 집단화 도수분포를 작성하시오. 이 자료는 4~6번 문제에서도 이용된다.

90	420	300	194
640	68	268	276
620	76	165	833
370	53	132	600
594	70	308	
574	215	109	
317	850	212	
300	256	187	

출처: National Geographic Society.

2–2절

4. 3번 문제 자료를 이용해 도수분포에 대한 상대도수를 찾으시오.

5. 3번 문제 자료를 이용해 히스토그램, 도수다각형, 누적도수그래프를 그리시오.

6. 3번 문제 자료의 상대도수를 이용해 히스토그램, 도수다각형, 누적도수그래프를 그리시오.

2–3절

7. 무알코올 음료 다음 자료는 인기 있는 무알코올 음료의 연간 소비량(단위: 갤런)이다. 자료에 대한 수직 및 수평 막대그래프를 그리시오.

청량음료	52
물	34
우유	26
커피	21

출처: U.S. Department of Agriculture.

8. 범죄율 다음은 미국의 일반적인 범죄 유형을 백분율로 나타낸 것이다. 파레토 도표를 그리시오.

도난	55%
강도	20%
자동차 도난	11%
폭행	8%
강간 및 살인사건	1%

출처: FBI.

9. **브로드웨이 새 작품 수** 다음 자료는 시즌별 브로드웨이 새 작품 숫자이다. 시계열그래프를 그리고, 해석하시오.

시즌	새 작품 수
2004	39
2005	39
2006	35
2007	39
2008	43
2009	39
2010	42
2011	41
2012	46
2013	44

출처: The Broadway League.

10. 대학 신입생의 지출 다음 자료는 대학 신입생이 소비한 평균 금액(단위: 달러)이다. 파이그래프를 그리시오.

전자기기/컴퓨터	728
기숙사 용품	344
옷	141
신발	72

출처: National Retail Federation.

11. Peyton Manning의 Colts팀 커리어 Peyton Manning은 미식 축구 Indianapolis Colts 팀에서 뛰었으며(2011년은 뛰지 않음), 다음 자료는 1998~2010년 동안 득점한 터치다운 수이다. 점도표를 그리고, 그래프를 설명하시오.

26	33	27	49	31	27	33
26	26	29	28	31	33	

출처: NFL.com.

12. 풋볼 선수 몸무게 어떤 풋볼팀 30명의 몸무게이다. 줄기-잎 그림을 그리시오. 줄기는 20_, 21_, 22_ 등을 사용하시오.

213	202	232	206	219
246	248	239	215	221
223	220	203	233	249
238	254	223	218	224
258	227	230	256	254
219	235	262	233	263

13. 통증 완화 다음 두 그래프는 Quick Pain Relief 제품과 경쟁업체 제품의 진통을 완화하는 데 걸리는 시간을 나타낸 것이다. 이러한 그래프들이 잘못된 것일 수도 있는데, 그 이유는 무엇인가?

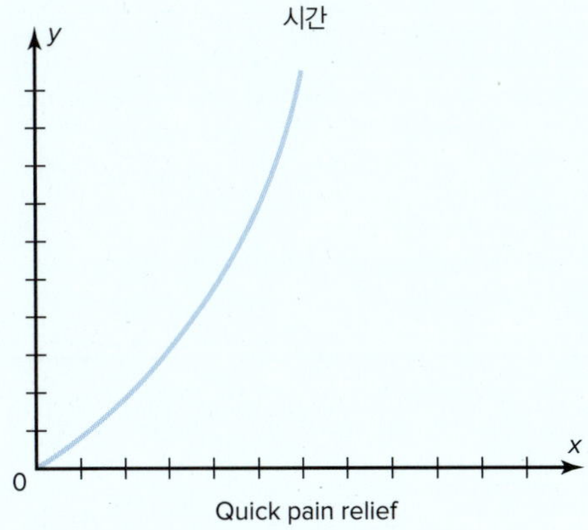

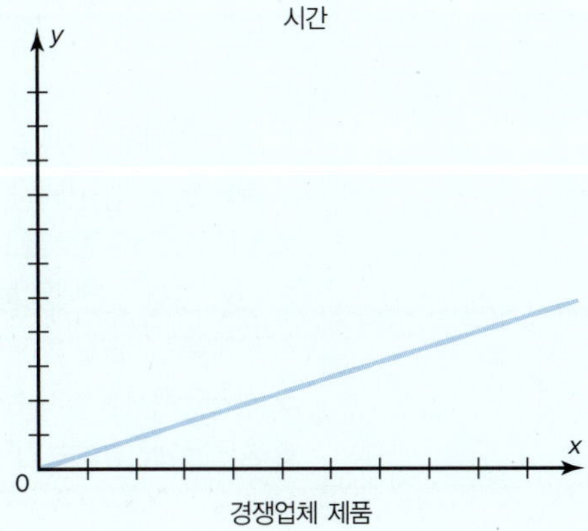

2–4절

14. TV 프로그램 등급 다음 자료는 랜덤으로 추출된 주간 동안 시청자의 수(단위: 백만)와 15개의 프로그램의 등급을 보여준다. 산점도를 그리고, 이 두 가지의 관계의 성질을 설명하시오.

시청자의 수, x	22.5	13.2	12.3	6.9	5.4	3.7	11.4	3.7
등급, y	14.6	9.2	8.1	4.9	4.0	2.4	8.0	2.5

시청자의 수, x	21.2	10.1	13.7	4	3.2	23.1	15
등급, y	14.4	11.3	9.5	3.0	2.2	16.2	10.6

출처: Neilsen Ratings.

STATISTICS TODAY

명의도용 사기에는 어떤 종류가 있을까?

숫자로 나타난 자료는 쉽게 해석하기가 어렵지만, 자료가 그래프로 표현되면 상대적으로 쉽게 해석할 수 있다. 다음 그래프를 통해 명의도용 사기의 경우 대부분이 정부 문서나 신용카드의 분실로 인한 것이며 온라인 구매나 거래로 인한 것은 거의 없음을 알 수 있다.

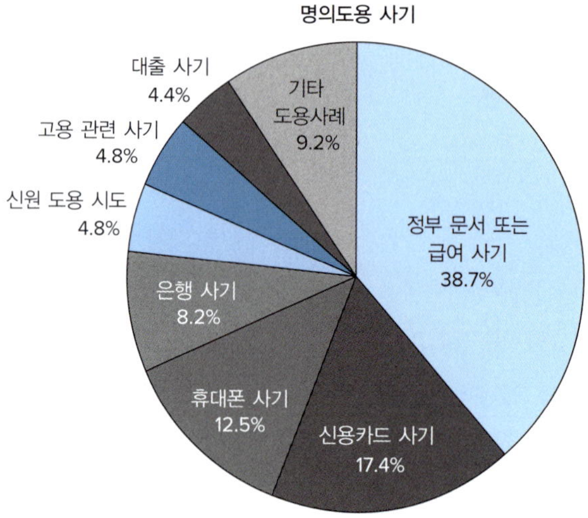

미연방거래위원회에서는 신원을 보호할 수 있는 몇 가지 방법을 제안하였다.

1. 필요 없는 모든 재무 문서를 파쇄하시오.
2. (미국)사회보장번호를 보호하시오.
3. 전화, 우편, 인터넷을 통해 개인정보를 제공하지 마시오.
4. 이메일로 전송된 불분명한 링크를 클릭하지 마시오.
5. 컴퓨터 문서에 알기 쉬운 암호를 사용하지 마시오.
6. 중요한 개인정보는 집의 안전한 장소에 보관하시오.

데이터 분석

데이터 뱅크(Data Bank)는 부록 B에 나와 있다.

1. 부록 B의 데이터 뱅크에서 다음 변수 중 하나를 선택하시오. 나이, 체중, 콜레스테롤 수치, 혈압, IQ, 나트륨 수치 등. 최소 30개의 수치를 선택한 후, 이 값들에 대하여 집단화 도수분포를 작성하시오. 분포에 대한 히스토그램, 도수다각형, 누적도수그래프를 그리시오. 분포의 모양을 대략 기술하시오.

2. 데이터 뱅크로부터 다음 변수 중의 하나를 고르시오. 교육수준, 흡연여부, 운동. 적어도 20개의 자료를 고른 후 비집단화 도수분포를 작성하시오. 이 분포에 대하여 파레토 도표를 그리고, 도표의 특성에 대하여 대략 기술하시오.

3. 데이터 뱅크로부터 최소 30개의 주제를 선택하고 그들의 결혼상태에 관한 범주형 분포를 구하시오. 파이그래프를 그리고, 발견한 사항을 약술하시오.

4. 부록 B의 데이터셋(Data Set) IV의 자료들을 이용하여 도수분포를 작성하고 히스토그램을 그리시오. New York 시의 가장 큰 건물의 분포의 모양을 간략히 기술하시오.

5. 부록 B의 데이터셋 XI의 자료들을 이용하여 도수분포를 구성하고 도수다각형을 그리시오. 통계학 책의 페이지 수의 분포의 모양을 간략히 기술하시오.

6. 부록 B의 데이터셋 IX의 자료들을 이용하여 미국을 다음과 같이 네 개의 지역으로 나누시오.

북동	CT ME MA NH NJ NY PA RI VT
중서	IL IN IA KS MI MN MD MS NE ND OH SD WI
남	AL AR DE DC FL GA KY LA MD NC OK SC TN TX CA WV

서　　AK AZ CA CO HI ID MT NV NM OR UT WA WY

각 지역의 총 인구를 구하고 자료에 대한 파레토 도표와 파이그래프를 그리시오. 결과를 분석하고 어떤 도표가 자료를 나타내는가를 분석하시오.

7. 부록 B의 데이터셋 I의 자료들을 이용하여 미국의 최저 온도의 기록에 관한 줄기-잎 그림을 그리시오. 그림의 특성을 설명하시오.

퀴즈

각 문장이 참인지 거짓인지를 결정하시오. 거짓이면 이유를 설명하시오.

1. 도수분포표를 작성할 때 10-20, 20-30, 30-40 등과 같이 계급한계를 겹치는 것이 좋다.
2. 막대그래프는 수직이나 수평 막대를 이용하여 그릴 수 있다.
3. 도수분포표에서 각 계급의 넓이를 같게 하는 것은 중요하지 않다.
4. 도수분포는 연구자가 도표나 그래프를 그리는 데 도움을 준다.
5. 자료를 나타내는 데 사용된 그래프의 종류는 수집된 자료의 종류와 연구목적에 따라 결정된다.
6. 도수다각형을 그리는 데 계급한계는 x축으로 이용된다.
7. 어떤 기간 동안 걸쳐 수집된 자료는 파이그래프를 이용하여 그릴 수 있다.

가장 적합한 답을 선택하시오.

8. Ogive의 또 다른 이름은 무엇인가?
   a. 히스토그램　*b*. 도수다각형
   c. 누적도수그래프　*d*. 파레토 도표
9. 8.6-8.8의 경계는 무엇인가?
   a. 8-9　*b*. 8.5-8.9
   c. 8.55-8.85　*d*. 8.65-8.75
10. 부분과 전체 사이의 관계를 보여주는 데 사용되는 그래프는 무엇인가?
   a. 히스토그램　*b*. 파이그래프
   c. 파레토 도표　*d*. 누적도수그래프
11. 반올림 오차를 제외하고 상대도수는 더하면 얼마가 되는가?
   a. 0　*b*. 1　*c*. 50　*d*. 100

가장 적합한 답을 사용하여 다음 문장을 완성하시오.

12. 세 가지 종류의 도수분포는 ______, ______, ______이다.
13. 도수분포에서 계급의 수는 ______와 ______ 사이에 있어야 한다.
14. 혈액형 (A, B, AB, O)과 같은 자료는 ______도수분포로 구성할 수 있다.
15. 어떤 기간 동안 수집된 자료는 ______그래프를 이용하여 그릴 수 있다.
16. 도수분포와 히스토그램의 결합이면서 탐색적 자료분석에 사용되는 통계적인 방법을 ______라고 한다.
17. 파레토 도표에서 도수는 ______축에 나타내야 한다.
18. **주택 종류**　거주하는 주택의 종류를 25명을 대상으로 조사하였다. 자료에 대한 도수분포를 작성하시오(H = 단독주택, A = 아파트, M = 이동식 주택, C = 콘도).

H	C	H	M	H	A	C	A	M
C	M	C	A	M	A	C	C	M
C	C	H	A	H	H	M		

19. 18번 문제 자료의 파이그래프를 그리시오.
20. **편의점 구매 품목**　랜덤으로 선정된 30명을 대상으로 각 고객들이 편의점을 나올 때 구매한 품목 수를 조사하였다. 비집단화 도수분포를 작성하시오.

2	9	4	3	6
6	2	8	6	5
7	5	3	8	6
6	2	3	2	4
6	9	9	8	9
4	2	1	7	4

21. 20번 문제 자료의 히스토그램, 도수다각형, 누적도수그래프를 그리시오.
22. **석탄 소비량**　50개 주와 Columbia 특별구역의 석탄 에너지 소비량(단위: 십억 Btu)이다. 계급수가 7인 도수분포와 상대도수분포를 작성하시오.

631	723	267	60	372	15	19	92	306	38
413	8	736	156	478	264	1015	329	679	1498
52	1365	142	423	365	350	445	776	1267	0
26	356	173	373	335	34	937	250	33	84
0	253	84	1224	743	582	2	33	0	426
474									

출처: *Time Almanac*.

23. 22번 문제 자료의 히스토그램, 도수다각형, 누적도수그래프를 그리고, 히스토그램을 해석하시오.
24. **재활용 쓰레기**　연간 재활용 쓰레기의 톤수(단위: 백만)에 대한 파레토 도표와 수평막대그래프를 그리시오.

종류	양
종이	320.0
철	292.0
알루미늄	276.0
낙엽류	242.4
유리	196.0
플라스틱	41.6

출처: *USA TODAY*.

25. 명의도용 피해 다양한 방법으로 명의를 도용당한 84명의 설문조사 결과이다. 파이그래프를 그리시오.

지갑 및 신용카드 분실 또는 도난	38
소매 구매 및 전화 거래	15
메일 해킹	9
컴퓨터 바이러스 및 해킹 공격	8
피싱 피해	4
기타	10
	84

출처: Javelin Strategy and Research.

26. 아동 비만 사망 New England 의학저널은 아동 비만으로 인한 사망자수를 다음과 같이 예측하였다. 시계열그래프를 그리시오.

연도	2020	2025	2030	2035
사망자수	130	550	1500	3700

27. 박물관 방문객 25개의 랜덤으로 추출된 역사 박물관에 대한 방문객의 숫자이다. 줄기-잎 그림을 그리시오.

15	53	48	19	38
86	63	98	79	38
62	89	67	39	26
28	35	54	88	76
31	47	53	41	68

28. 주차요금 수익 작은 도시의 주차요금징수기로부터 수집한 분기별 자료이다. 점도표를 그리시오.

13	12	11	7	16
10	16	15	7	11
3	5	14	3	6
8	3	10	9	3
5	7	8	9	9
9	2	6	4	11
7	4	2	8	10
7	17	4	11	8
2	5	5	14	6
3	9	3	12	3

29. 물의 소비량 다음 그래프는 다양한 방식에 따른 물의 소비량을 나타내고 있다. 그래프가 그려진 방식에 오해의 소지가 있다고 볼 수 있는가?

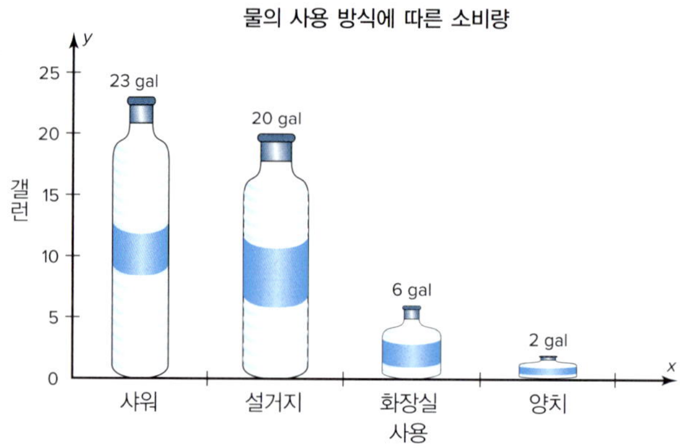

30. 여행과 판매액 영업관리자는 월간 판매액(단위: 백달러)과 여행 간 마일 수와의 관계가 있는지 결정하고자 한다. 자료에 대한 산점도를 그리고, 관계의 종류를 결정하시오.

여행 마일, x	50	250	120	300	200
판매액, y	25	175	100	210	150

비판적 사고

1. 오대호 오대호(미국과 캐나다에 걸친 5개의 대형 호수) 관련 통계이다. 적합한 그래프를 선택하고, 설명하며, 자료를 분석하는 보고서를 작성하시오.

	Superior	Michigan	Huron	Erie	Ontario
길이(마일)	350	307	206	241	193
폭(마일)	160	118	183	57	53
깊이(피트)	1,330	923	750	210	802
양(입방 마일)	2,900	1,180	850	116	393
면적(제곱 마일)	31,700	22,300	23,000	9,910	7,550
둘레(마일)	863	1,400	580	431	300

출처: *The World Almanac and Book of Facts*.

2. **교사 파업** 2004년 Pennsylvania 주에서는 다른 주들에 비해 훨씬 많은 교사들의 파업이 있었다. 주의회에서는 교사 파업을 불법화하고 강제로 조정 법안을 통과시키려고 하였다. 다음 그래프는 1997~2011년의 Pennsylvania 주 교사 파업 횟수를 보여준다. 그래프를 보고 다음 물음에 답하시오.
   a. 파업이 가장 많이 일어난 연도는 언제이며, 몇 건인가?
   b. 파업이 가장 적게 일어난 연도는 언제이며, 몇 건인가?
   c. 파업의 지속 기간이 가장 길었던 연도는 언제이며, 기간은 며칠인가?
   d. 파업의 지속 기간이 가장 짧았던 연도는 언제이며, 기간은 며칠인가?
   e. 파업 횟수와 지속 기간이 같았던 연도는 언제인가?
   f. 1997~1998년과 2010~2011년의 파업 횟수를 비교하고 차이점을 쓰시오.
   g. 교사 파업이 불법이라고 생각하는가? 자신의 생각을 쓰시오.

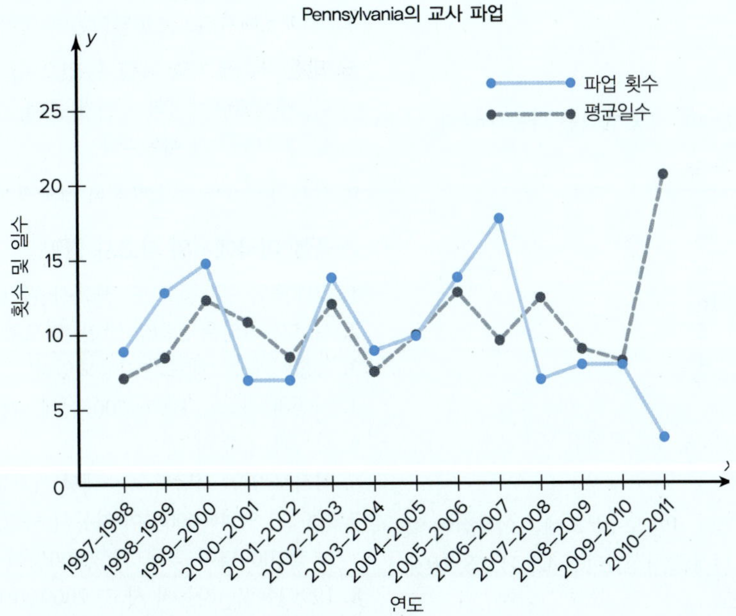

출처: Pennsylvania School Boards Associations.

데이터 프로젝트

1. **기업과 금융** 다우존스 산업지수에 등재된 30개의 주식을 고려하시오. 각각에 대하여 주당 수익을 구하시오. 나스닥에서 거래된 30개의 주식을 랜덤으로 선택하시오. 각각에 대하여 주당 수익을 구하시오. 각 자료에 대하여 5개의 범주로 도수분포를 작성하시오. 각각에 대하여 히스토그램을 그리시오. 이 두 자료를 어떻게 비교할 것인가?

2. **스포츠와 레저** 내셔널리그와 아메리칸리그에서 각각 25명의 야구선수 표본을 추출한 후 각 선수의 작년 홈런수를 구하시오. 각 자료집합에서 5개의 범주로 된 도수분포를 작성하시오. 각각에 대해 히스토그램을 그리시오. 이 두 리그를 어떻게 비교할 것인가?

3. **기술** 뮤직플레이어 프로그램에서 랜덤으로 50곡을 선택하시오. 각 노래의 길이(단위: 초)를 구하시오. 이 자료를 이용해 6개 범주의 도수분포를 작성하시오. 도수분포표에서 도수분포다각형을 그리시오. 시간에 따른 분포의 모양은 균등형, 비대칭형, 종모양 중 어떤 것인가? 이제 각 노래의 장르를 기록하고, 다양한 범주의 도수를 보여주는 파레토 도표를 그리시오. 마지막으로 각 노래가 발표된 연도를 기록하고, 다양한 기간 동안 발표된 노래의 백분율을 볼 수 있도록 10년 단위의 파이차트를 그리시오.

4. **건강과 건강관리** 미국 적십자사의 정보를 이용하여 다양한 혈액형을 가진 미국인의 비율(%)을 보여주는 파이차트를 그리시오. 또한 헌혈에 관한 정보를 구하고 기증된 혈액의 종류에 관한 비율을 구하시오. 이 차트는 어떻게 비교할 수 있는가? 다른 혈액형에 비해 O형 수집이 중요한 이유는 무엇인가?

5. **정치와 경제** 미국선거인단제도를 고려하시오. 50개 주 각각에 대해 대표자 숫자를 결정하시오. 8개 계급의 도수분포를 작성하시오. 이 분포는 균등형, 비대칭형, 종모양 중 어떤 모양인가?

6. **교육** 같은 수업을 듣는 학생들의 맥박수를 측정한 후, 자료에 대해 계급수가 6인 도수분포를 작성하시오. 그리고 학생들 모

두 팔벌려 높이뛰기를 25회 한 후 맥박수를 다시 재고 이 자료들의 도수분포를 작성하시오. 두 결과를 비교하시오. 비슷하게 분포되었는가? 점수의 범위는 어떻게 비교하는가?

개념의 적용 해답

2–1절 대통령 취임 시 연령

1. 자료는 모든 대통령의 모집단으로부터 수집되었다.

2. 가장 많은 나이는 69세이다.

3. 가장 적은 나이는 42세이다.

4. 답은 기준에 따라 다를 수 있으며, 그중 하나는 다음과 같다.

취임 시 나이	도수
42–45	2
46–49	7
50–53	8
54–57	16
58–61	5
62–65	4
66–69	2

5. 답은 기준에 따라 다를 수 있으며, 4번 문제의 도수분포를 기준으로 하면 54~57이 피크이다.

6. 답은 기준에 따라 다를 수 있으며, 4번 도수분포에는 이상점이 없다. 하지만 계급을 7개 대신 14개로 작성한다면 42, 43, 68, 69가 이상점이 된다.

7. 답은 기준에 따라 다를 수 있으며, 대략 단봉형이며 55세를 기준으로 대칭적인 모습을 보인다.

2–2절 부동산 매매

1. 자료의 히스토그램은 가격의 범위와 각 가격 범위에서 주택의 수를 보여준다. 히스토그램을 보면 자료의 분포의 모양을 알 수 있다.

2. 도수다각형은 각 가격에서 주택 수의 증감을 보여준다.

3. 누적도수다각형은 주어진 가격에서 또는 그 아래에서 매매된 주택의 수를 보여준다.

4. 이 자료에서 321,550달러는 주택이 팔린 최고가격이다.

5. 답은 기준에 따라 다를 수 있으며, 그중 히스토그램을 들 수 있다. 주택판매가격의 차이가 큰데 히스토그램은 범위 밖의 수치를 잘 보여주기 때문이다.

6. 자료의 분포는 오른쪽으로 치우쳐져 있다.

2–3절 미국에서의 사고사 원인

1. 그래프의 변수는 연도, 사고사 원인, 사망 숫자(단위: 천)이다.

2. 사고사 원인은 질적인 반면, 연도와 사망자 숫자는 양적이다.

3. 복합시계열그래프가 사용되었다.

4. 자동차 사고는 1999~2007년에 약간 증가한 다음, 감소하였다.

5. 중독과 추락 사고이다.

6. 익사로 인한 사망자수는 해당 기간이 비슷하다.

7. 2001년 약 44,000명이 자동차 사고, 약 14,000명이 추락 사고, 약 15,000명이 중독, 약 3,000명이 익사로 사망하였다.

8. 1999년에는 자동차 사고, 2009년에는 중독으로 인한 사망자수가 가장 많았다.

9. 2002년 무렵, 추락과 중독으로 인한 사망자수는 거의 같다.

2–4절 결석과 최종성적

1. 결석횟수가 독립변수로 고려될 수 있다.

2. 최종성적이 종속변수로 고려될 수 있다.

3. 산점도는 두 변수가 다소 음의 선형관계가 있다는 것을 보여준다.

4. 일반적으로 결석횟수가 많을수록 낮은 성적을, 결석횟수가 적을수록 높은 성적을 낸다고 결론 내릴 수 있다.

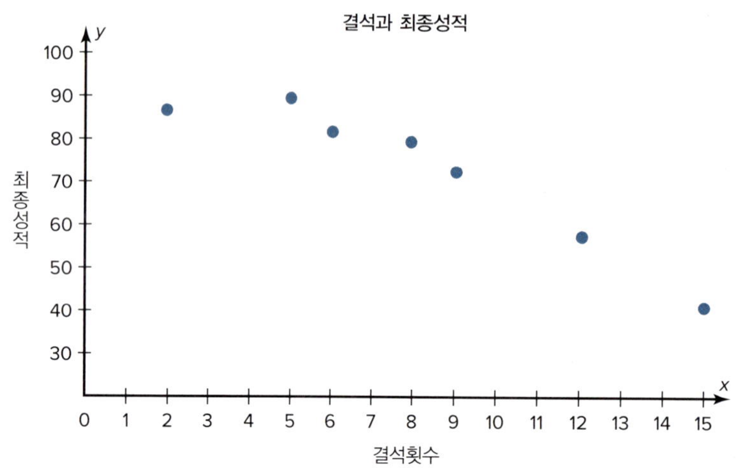

3

자료 설명

STATISTICS TODAY

교통체증으로 얼마나 지체되는가?

어디에 거주하든지 한 번쯤은 교통체증을 경험한 적이 있을 것이다. 다른 도시와 비교해 어떤 도시에서 더 많은 교통체증이 있었는지를 알아볼 때 통계학자는 기술통계학을 활용하여 비교한다. Texas 교통연구소에 따르면, 운전자는 1년에 평균 36시간을 교통체증으로 인해 도로에서 소비한다고 한다. 이 평균 자료와 선택된 도시들의 자료를 어떻게 비교하는지 이 장 뒷부분의 Statistics Today에서 설명한다.

이 장에서는 중심경향의 측도, 변동의 측도, 위치의 측도와 같은 기술통계량을 구하고 해석하는 방법을 보여줄 것이다.

© Keep Smiling Photography/Shutterstock

개요

학습목표

1. 평균, 중앙값, 최빈값, 범위의 중앙과 같은 중심경향의 측도를 사용하여 자료 요약하기
2. 범위, 분산, 표준편차와 같은 변동의 측도를 사용하여 자료 설명하기
3. 백분위수, 십분위수, 사분위수와 같은 다양한 위치의 측도를 사용하여 자료집합에서 자료값의 위치 식별하기
4. 자료의 여러 가지 양상을 찾기 위하여 상자그림과 다섯숫자요약을 포함한 탐색적 자료분석기법 사용하기

서론

2장에서는 원자료를 도수분포로 정리하고 여러 그래프를 통해 자료를 표현하여 유용한 정보를 얻을 수 있는 방법을 보여주었다. 이 장에서는 자료를 요약하기 위해 사용할 수 있는 통계적 방법을 소개한다. 가장 잘 알려진 방법은 평균을 구하는 것이다.

예를 들면, 낮 동안 Manhattan 중심가를 달리는 차의 평균 속도가 시속 5.3마일이라거나, 네 살짜리 아이가 있는 아버지가 혼자서 아이와 보내는 시간이 하루 평균 42분이라는 뉴스를 볼 수 있을 것이다.

평균의 예를 들어 보자.

흥미 있는 사실

사람은 1년에 평균 1,460번의 꿈을 꾼다.

20대 한국남자의 평균키는 174.8 cm이고, 여자의 평균키는 161.4 cm이다.
우리나라 사람은 1년에 평균 5일 아프고, 평균 4일 결근한다.
하루 평균 240만 명이 동물에 물려 상처를 입는다.
60번째 생일까지 평균 소 10마리, 닭 800마리, 돼지 20마리를 먹는다.

위 예들을 보면, 여러 다른 방법을 통해 평균을 얻을 수 있으므로 **평균**(average)이라는 단어는 모호하다. 간단히 말하면 평균은 분포의 중심 또는 가장 대표적인 경우를 의미한다. 평균의 측도를 **중심경향의 측도**(measure of central tendency)라고 하며, **평균**(mean), **중앙값**(median), **최빈값**(mode), **범위의 중앙**(midrange)이 있다.

자료의 평균을 아는 것만으로는 자료를 전체적으로 설명할 수 없다. 신발가게주인이 남자의 신발 평균 크기가 10이라는 것을 안다고 해서 크기 10인 신발만 주문한다면 사업을 지속할 수 없을 것이다.

이 예에서 알 수 있듯이 평균과 더불어 자료값이 어떻게 산포되어 있는지를 알아야만 한다. 즉, 자료값들이 평균 주위에 모여 있는가 혹은 전반적으로 고르게 퍼져 있는가? 자료값

ⓒAskolds Berovskis/Shutterstock

의 산포를 결정하는 측도를 **변동의 측도**(measure of variation) 혹은 **산포의 측도**(measure of dispersion)라고 한다. 이 측도에는 **범위**(range), **분산**(variance), **표준편차**(standard deviation)가 있다.

마지막으로 자료를 설명하기 위한 다른 측도가 필요하다. 이 측도를 **위치의 측도**(measures of position)라고 한다. 이 측도는 특정한 자료값이 자료집합에 놓이는 위치 혹은 다른 자료값과 비교한 상대적 위치를 알려준다. 가장 일반적인 위치측도는 **백분위수**(percentile), **십분위수**(decile), **사분위수**(quartile)이다. 이 측도들은 심리학과 교육학에서 널리 사용된다. 간혹 **노름**(norm)이라고도 언급된다.

이 장에서 설명된 중심경향, 변동과 위치의 측도가 **전통적인 통계학**의 한 부분이다.

3–4절에서는 **탐색적 자료분석**(exploratory data analysis)기법을 보여준다. 이 기법은 **상자그림**(boxplot)과 **다섯숫자요약**(five-number summary)을 포함한다. 이 방법들은 무엇이 보이는지를 알기 위해 자료를 탐색하는 데 사용될 수 있다(자료에 관한 추측을 확인하기 위하여 사용되는 전통적인 기법과 다르게).

3–1 중심경향의 측도

학습목표 1
평균, 중앙값, 최빈값, 범위의 중앙과 같은 중심경향의 측도를 사용하여 자료 요약하기

1장에서 통계학자는 모집단에서 뽑은 표본을 이용한다고 하였다. 그러나 모집단이 작을 때는 전체 모집단을 이용하여 정보를 얻을 수 있으므로 표본을 이용할 필요가 없다. 예를 들면, 보험회사 임원이 회사의 모든 대리점의 주당 평균 실적을 알고 싶다고 가정한다. 만약 회사가 전국에 걸쳐 많은 수의 설계사를 고용하였다면 표본을 사용하여 전체 영업실적을 추정하여야 한다. 그러나 만약 회사가 소수의 설계사, 예를 들어 87명뿐이라면 랜덤으로 선택한 일주일 동안 모든 설계사의 영업실적을 확인하면 된다. 즉, 전체 모집단을 이용하는 것이다.

모집단에 속하는 모든 자료값을 사용하여 구한 측도를 **모수**라고 한다. 표본으로부터의 자료를 사용하여 얻은 측도를 **통계량**이라고 한다. 즉, 대리점의 표본으로부터 얻은 평균 실적은 통계량이고, 전체 모집단으로부터 얻은 평균 실적은 모수이다.

역사적 기록

1796년 Adolphe Quetelet는 '평균 남자'를 결정하기 위하여 프랑스 징집병의 특성(키, 체중 등)을 조사하였다. Florence Nightingale은 Quetelet의 업적의 영향을 받아 크림 전쟁 중 군 병원에서 의료기록의 수집과 분석을 시작하였다. 그녀의 노력을 바탕으로 병원들은 환자에 대한 정확한 기록을 보유하기 시작하였다.

> **통계량**(statistic)은 표본으로부터의 자료를 사용하여 얻은 특성 혹은 측도이다.
> **모수**(parameter)는 특정 모집단의 모든 자료값을 사용하여 얻은 특성 혹은 측도이다.

통계량과 모수를 표현하는 기호와 개념이 이 장에서 자세히 설명될 것이다.

일반적 반올림 규칙 통계학에서 기본적인 반올림 규칙은 최종적인 답이 계산되었을 때 반올림을 해야 한다는 것이다. 반올림을 중간과정에서 하면 계산된 답과 정확한 답과의 차이가 커지는 경향이 있다. 그러나 본문과 해답에서 중간계산에 긴 자리의 소수점으로 나타내는 것은 실용적이지 않다. 따라서 예제에서의 값들은 충분한 자릿수(3자리나 4자리)를 사용하여 마지막에 반올림을 하였다.

평균(mean)

산술평균(arithmetic mean)이라 알려진 **평균**(mean)은 자료값들을 더하여 자료의 수로 나누어 구한다. 예를 들어 3, 2, 6, 5, 4의 평균은 $3 + 2 + 6 + 5 + 4 = 20$을 5로 나눈다. 즉 자료의 평균은 $20 \div 5 = 4$이다. 자료값은 X로 표시한다. 즉, 위 자료는 $X_1 = 3, X_2 = 2, X_3 = 6, X_4 = 5, X_5 = 4$이다. 전체 X의 합을 나타내기 위하여 기호 Σ를 사용한다. 따라서 ΣX는 자료

에 있는 X값의 합을 의미한다.

평균(mean)은 자료값의 합을 자료수로 나눈다.
기호 $\overline{X}$로 표시되는 **표본평균**(sample mean)은 표본자료를 이용하여 계산된다. 표본평균은 통계량이다.

$$\overline{X} = \frac{X_1 + X_2 + X_3 + \cdots + X_n}{n} = \frac{\Sigma X}{n}$$

n은 표본에 속하는 값의 전체수를 나타낸다.
μ로 표시되는 **모평균**(population mean)은 모집단에 속하는 모든 값을 이용하여 계산된다. 모평균은 모수이다.

$$\mu = \frac{X_1 + X_2 + X_3 + \cdots + X_N}{N} = \frac{\Sigma X}{N}$$

N은 모집단에 속하는 전체 자료수를 나타낸다.

통계학에서 그리스 문자는 모수를 나타내는 데 사용하고 로마 문자는 통계량을 나타내는 데 사용한다. 특별한 이야기가 없는 한 자료는 표본에서 얻어진 것이라고 가정한다.

평균의 반올림 평균은 원자료보다 소수점 자릿수가 하나 더 많도록 반올림되어야 한다. 예를 들면, 원자료가 정수로 주어지면 평균은 가장 근사한 10분의 1로 반올림되어야 한다. 자료가 10분의 1로 주어지면 평균은 가장 근사한 100분의 1로 반올림되어야 한다.

예제 3-1 조류독감 사례

9년 동안의 확인된 독감 사례수이다. 평균을 구하시오.

4 46 98 115 88 44 73 48 62

출처: World Health Organization

해답

$$\overline{X} = \frac{\Sigma X}{n} = \frac{4 + 46 + 98 + 115 + 88 + 44 + 73 + 48 + 62}{n}$$
$$= \frac{578}{9} \approx 64.2$$

따라서 9년에 걸친 독감 사례의 평균은 64.2이다.

예제 3-2 매출

한 도넛 브랜드의 5년간 전체 판매량(단위: 백만 달러)을 보여주는 자료이다. 평균을 구하시오.

221 239 262 281 318

출처: Krispy Kreme.

해답

$$\overline{X} = \frac{\Sigma X}{n} = \frac{221 + 239 + 262 + 281 + 318}{5} = \frac{1321}{5} = 264.2$$

5년 동안의 평균 판매량은 264.2(백만 달러)이다.

일반적으로 평균은 실제 자료값이 아니다.

집단화 자료의 평균을 구하는 절차는 각 계급의 모든 원자료 값의 평균이 계급의 중간점과 같다고 가정한다. 실제로는 각 계급에 속하는 원자료의 평균은 정확하게 중간점과 같지는 않다. 그러나 몇 개의 자료값은 중간점보다 위에 놓이고 몇 개는 중간점보다 아래에 놓여 각 계급에 속하는 모든 값의 추정값을 나타내므로 평균에 대한 무난한 근삿값을 제공한다고 볼 수 있다.

다음 절차 표는 집단화 자료의 평균을 구하는 단계이다.

절차 표

집단화 자료의 평균 구하기

단계 1 다음과 같이 표를 만든다.

A 계급	B 도수 f	C 중간점 X_m	D $f \cdot X_m$

단계 2 각 계급의 중간점을 구하여 C열에 넣는다.

단계 3 각 계급에 대하여 중간점에 도수를 곱하여 D열에 넣는다.

단계 4 D열의 합을 구한다.

단계 5 평균을 얻기 위하여 D열의 합을 B열에서 얻어진 도수의 합으로 나눈다.

평균 공식은

$$\overline{X} = \frac{\Sigma f \cdot X_m}{n}$$

이다.

(**참고**: $\Sigma f \cdot X_m$ 기호는 각 계급에 대한 도수(f)와 중간점(X_m)의 곱을 합한 것을 의미한다.)

예제 3–3 CEO의 급여

다음 도수분포는 미국 CEO 상위 25명의 어느 해 급여(단위: 백만 달러)를 나타낸다. 평균을 구하시오.

출처: S & P Capital.

계급경계	도수
15.5–20.5	13
20.5–25.5	6
25.5–30.5	4

30.5–35.5	1
35.5–40.5	1
	합계 25

해답

A 계급	B 도수 f	C 중간점 X_m	D $f \cdot X_m$
15.5–20.5	13		
20.5–25.5	6		
25.5–30.5	4		
30.5–35.5	1		
35.5–40.5	1		
	$n = 25$		

$$X_m = \frac{15.5 + 20.5}{2} = 18, \qquad \frac{20.5 + 25.5}{2} = 23 \quad \text{등.}$$

$$13 \cdot 18 = 234, \qquad 6 \cdot 23 = 138 \quad \text{등.}$$

A 계급	B 도수 f	C 중간점 X_m	D $f \cdot X_m$
15.5–20.5	13	18	234
20.5–25.5	6	23	138
25.5–30.5	4	28	112
30.5–35.5	1	33	38
35.5–40.5	1	38	38
	$n = 25$		$\sum f \cdot X_m = 555$

$$\bar{X} = \frac{\Sigma f \cdot X_m}{n} = \frac{555}{25} = 22.2$$

평균 급여는 22.2(백만 달러)이다.

흥미 있는 사실

새로운 직업을 찾는 데 걸리는 평균시간은 5.9개월이다.

이색 통계

사람은 집을 구입하기 전에 평균 약 14채의 집을 살펴본다.

중앙값

최근 한 뉴스에서는 대학교수들의 소득에 대한 중앙값이 43,250달러라고 보도하였다. 중심경향의 이 측도는 조사된 모든 교수들의 절반은 43,250달러보다 소득이 많고, 절반은 43,250달러보다 소득이 적다는 것을 의미한다.

중앙값은 자료집합에서의 가운데 점이다. 이 점을 구하기 전에 먼저 자료를 내림차순이나 오름차순으로 정렬해야만 한다. 순서화된 자료집합을 **자료배열(data array)**이라고 한다. 중앙값은 다음 예제에서 보이듯이 자료집합에 있는 특정한 값이거나 두 값 사이에 놓일 것이다.

역사적 기록

중앙값의 개념은 19세기 초 Gauss에 의해 처음 사용되었고, 1874년경 Francis Galton이 통계적 개념으로 소개하였다. 최빈값은 1894년에 Karl Pearson에 의하여 처음 사용되었다.

중앙값(median)은 자료배열의 중간점이다. 기호로 MD를 사용한다.

다음은 중앙값을 구하는 절차 표이다.

통계 이야기 부자 상위 50명의 나이

다음 히스토그램은 Forbes Magazine에서 최근 발표한 부자 상위 50명의 나이이다. 평균 나이는 66세이다. 중앙값은 68세이다. 이 두 통계량이 자료를 적절히 설명하는 데 충분하지 않은 이유를 설명하시오.

©Africa Studio/Shutterstock

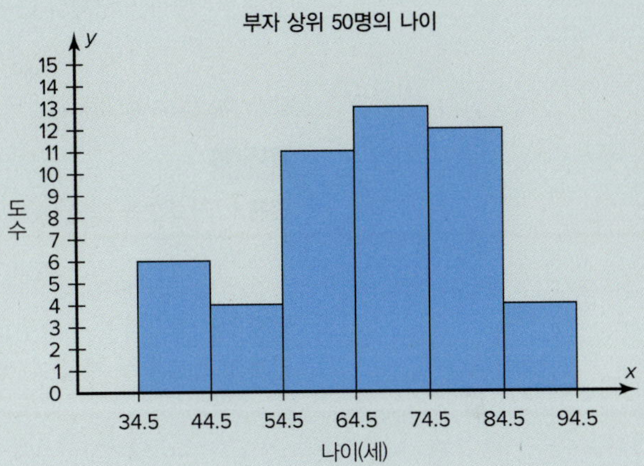

절차 표

중앙값 구하기

단계 1 자료값을 오름차순으로 정렬한다.

단계 2 자료집합에 속하는 값의 수를 결정한다.

단계 3 a. 만약 n이 홀수라면 가운데 자료값을 중앙값으로 선택한다.

b. 만약 n이 짝수라면 가운데 두 개 값의 평균을 구한다. 즉, 더해서 합을 2로 나눈다.

예제 3–4 태블릿 판매

자료는 5년 동안 판매된 태블릿 수(단위: 백만)이다. 자료의 중앙값을 구하시오.

108.2 17.6 159.8 69.8 222.6

출처: Gartner.

해답

단계 1 자료값을 오름차순으로 정렬하시오.

17.6 69.8 108.2 159.8 226.2

단계 2 가운데 자료값을 선택하시오.

17.6 69.8 108.2 159.8 222.6

↑

중앙값

5년 동안 판매된 태블릿 수의 중앙값은 108.2(백만)대이다.

예제 3-5 미국에서의 토네이도

지난 8년 동안 미국에서 발생한 토네이도 수이다. 중앙값을 구하시오.

684, 764, 656, 702, 856, 1133, 1132, 1303

참조: *The Universal Almanac*.

해답

단계 1 자료값을 오름차순으로 정렬하시오.

656, 684, 702, 764, 856, 1132, 1133, 1303

단계 2 자료값의 수가 짝수로 8이다.

단계 3 가운데 두 개 값이 764와 856이다.

656, 684, 702, 764, 856, 1132, 1133, 1303

↑

중앙값

가운데 점이 764와 856 사이에 놓이므로 이 두 값을 더하여 2로 나누어 MD를 구한다.

$$\text{MD} = \frac{764 + 856}{2} = \frac{1620}{2} = 810$$

토네이도 수의 중앙값은 810이다.

최빈값

평균의 세 번째 측도를 **최빈값**이라고 한다. 최빈값은 자료집합에서 가장 많이 발생하는 값이다. 때로는 가장 대표적인 사례라고 한다.

자료집합에서 가장 많이 발생하는 값을 **최빈값**(mode)이라고 한다.

가장 큰 도수를 갖는 값이 하나인 자료집합을 **단봉(unimodal)**이라고 한다.

자료집합이 가장 큰 도수를 갖는 값이 두 개라면 두 값 모두 최빈값이 되며 **이봉(bimodal)**이라고 한다. 가장 큰 도수를 갖는 값이 두 개보다 더 많다면 각 값은 최빈값으로 사용되며 **다봉(multimodal)**이라고 한다. 모든 자료값이 하나씩이라면 최빈값을 갖지 않는다고 말한다(주의: 최빈값은 0이라고 표현하지 않는다. 온도와 같은 자료에서 0은 실제값(0℃)으로 쓰이기 때문에 혼동될 수 있다). 자료집합은 하나 이상의 최빈값을 갖거나 최빈값이 존재하지 않을 수 있다. 다음 예제에서 이러한 상황들을 보여 줄 것이다.

예제 3-6 공공 도서관

다음 자료는 8개 주에 있는 공공 도서관 수를 보여준다. 최빈값을 구하시오.

114 77 21 101 311 77 159 382

출처: *The World Almanac*.

해답

자료를 정렬하면 최빈값을 찾기가 더 쉽다.

21 77 77 101 114 159 311 382

77이 다른 수보다 더 큰 도수인 두 번 발생하므로 최빈값은 77이다.

예제 3-7 인가된 핵 원자로

최근 15년 동안 미국에서 인가된 핵 원자로 수이다. 최빈값을 구하시오.

104	104	104	104	104
107	109	109	109	110
109	111	112	111	109

출처: *The World Almanac and Book of Facts*.

해답

104와 109가 5번씩 발생하므로 최빈값은 104와 109이다. 이러한 자료를 이봉이라고 한다.

예제 3-8 미국 특허 선도자

어느 해 상위 5개 회사에서 확보한 특허수이다. 최빈값을 구하시오.

6180 4894 2821 2559 2483

출처: IFI Claims Patent Services.

해답

각 값이 오직 한 번씩 발생하므로 최빈값이 존재하지 않는다.

집단화 자료의 최빈값은 최빈계급이다. **최빈계급(modal class)**은 가장 많은 도수를 갖는 계급이다.

예제 3-9 CEO의 급여

[예제 3-3]에서 다뤘던 미국 상위 CEO들의 급여 도수분포에 대하여 최빈계급을 구하시오.

해답

계급	도수
15.5–20.5	13 ←최빈계급

20.5–25.5	6
25.5–30.5	4
30.5–35.5	1
35.5–40.5	1

계급 15.5~20.5가 가장 큰 도수 13을 가졌으므로 최빈계급이다. 때로는 계급의 중간점이 사용된다. 이 경우 18이다.

최빈값은 자료가 명목형이거나 범주형으로 가장 대표적인 경우를 찾을 때 사용될 수 있는 유일한 중심경향의 측도이다.

예제 3-10 비알코올성 음료

미국인이 연간 소비하는 여러 가지 비알코올성 음료의 양(단위: 갤런)이다. 최빈값을 구하시오.

음료	갤런
탄산음료	52
물	34
우유	26
커피	21

출처: U.S. Department of Agriculture.

해답

탄산음료 범주가 가장 큰 도수인 52이므로 최빈값이며, 가장 대표적인 음료라고 할 수 있다.

자료집합에서 극단적으로 크거나 작은 값은 평균에 현저한 영향을 준다. 이러한 극단값을 **이상점**(outlier)이라고 한다. 도수분포를 분석할 때 이러한 값에 대하여 주의를 해야 하는 이유 중 하나이다. [예제 3-11]의 자료집합을 보면 극단값 때문에 평균, 중앙값, 최빈값이 많이 차이가 난다. 이상점을 식별하는 방법은 3-3절에서 소개한다.

예제 3-11 직원의 급여

대표이사, 부장, 영업사원과 두 명의 기술자로 이루어진 작은 회사의 직원 급여가 다음과 같다(모집단이라 가정). 평균, 중앙값, 최빈값을 구하시오.

직원	급여(달러)
대표이사	100,000
부장	40,000
영업사원	24,000
기술자	18,000
기술자	18,000

해답

$$\mu = \frac{\Sigma X}{N} = \frac{\$100{,}000 + 40{,}000 + 24{,}000 + 18{,}000 + 18{,}000}{5} = 40{,}000$$

따라서 평균은 40,000달러, 중앙값은 24,000달러, 최빈값은 18,000달러이다.

[예제 3-11]에서 평균은 중앙값과 최빈값보다 크다. 이것은 극단적으로 높은 대표이사의 급여가 평균을 올리는 경향 때문이다. 이와 같거나 유사한 상황에서는 중앙값이 중심경향의 측도로 사용되어야만 한다.

범위의 중앙

범위의 중앙은 중앙의 어림 추정값이다. 자료집합의 최솟값과 최댓값을 더하여 2로 나누어 구한다. 범위의 중앙은 평균의 개략적인 추정값으로 극단적으로 높은 값과 낮은 값에 의하여 영향을 받는다.

범위의 중앙(midrange)은 자료집합의 최솟값과 최댓값을 더하여 2로 나누는 것으로 정의한다. 기호 MR을 사용한다.

$$\text{MR} = \frac{\text{최솟값} + \text{최댓값}}{2}$$

예제 3-12 은행의 도산

다음은 지난 5년 동안 은행의 도산수이다. 범위의 중앙을 구하시오.

3, 30, 148, 157, 71

출처: Federal Deposit Insurance Corporation.

해답

가장 작은 값은 3이고 가장 큰 값은 157이다.

$$\text{MR} = \frac{3 + 157}{2} = \frac{160}{2} = 80$$

은행의 도산수에 대한 범위의 중앙은 80이다.

예제 3-13 NFL 계약수당

NFL 계약수당 자료의 범위의 중앙을 구하시오. 단위는 백만 달러이다.

18, 14, 34.5, 10, 11.3, 10, 12.4, 10

해답

최소수당은 10이고 최대수당은 34.5이다.

$$\text{MR} = \frac{10 + 34.5}{2} = \frac{44.5}{2} = 22.25$$

이 값은 8개 중 7개보다 크므로 계약수당의 전형적인 평균이라고 할 수 없다. 이유는 매우 큰 값인 34.5가 있기 때문이다.

통계학에서는 여러 가지 측도가 평균으로 사용될 수 있다. 가장 일반적인 측도가 평균, 중앙값, 최빈값, 범위의 중앙이다. 각각은 특별한 목적과 용도가 있다. 이 외에도 조화평균(harmonic mean), 기하평균(geometric mean), 이차평균(quadratic mean)과 같은 여러 가지 평균이 있으며, 연습문제 19~21번에서 소개한다.

가중평균

때로는 모든 값이 동등하게 나타나지 않는 자료집합의 평균을 구하는 경우가 있다. 택시 3대에 대하여 휘발유 1갤런당 평균비용을 구해보자. 기사들은 3곳의 다른 주유소에서 갤런당 3.22, 3.53, 3.63(단위: 달러)의 비용으로 휘발유를 구입하였다고 한다. 이제 다음의 공식을 사용하여 평균을 구하려고 할 것이다.

$$\bar{X} = \frac{\sum X}{n}$$

$$= \frac{3.22 + 3.53 + 3.63}{3} = \frac{10.38}{3} = 3.46$$

그러나 기사들이 구입한 휘발유 양(갤런 수)이 다르다. 따라서 갤런당 참의 평균비용을 구하려면 각 기사가 구입한 갤런 수를 고려하여야만 한다.

부수적인 요인을 고려하는 평균의 형태를 **가중평균**이라고 하며, 모든 값들이 동등하게 나타나지 않을 때 사용한다.

각 값에 대응하는 가중값을 곱하고, 곱의 합을 가중값의 합으로 나누어 변수의 **가중평균**(weighted mean)을 구한다. 즉,

$$\bar{X} = \frac{w_1X_1 + w_2X_2 + \cdots + w_nX_n}{w_1 + w_2 + \cdots w_n} = \frac{\Sigma wX}{\Sigma w}$$

$w_1, w_2, \ldots, w_n$은 가중값이고 $X_1, X_2, \ldots, X_n$은 값이다.

[예제 3-14]는 학점 평균을 계산하기 위하여 가중평균을 사용하는 방법을 보여준다. 과목마다 인정단위가 다르므로 단위 수를 가중값으로 사용하여야만 한다.

예제 3-14 학점 평균

한 학생이 영어작문 I(3학점)에서 A, 심리학입문(3학점) C, 생물학 I(4학점) B, 체육(2학점) D를 받았다. 등급점수가 A = 4, B = 3, C = 2, D = 1이고 F = 0점이라 가정하고 학생의 학점 평균을 구하시오.

해답

과목	학점수(w)	등급(X)
영어작문 I	3	A (4점)
심리학입문	3	C (2점)
생물학 I	4	B (3점)
체육	2	D (1점)

$$\bar{X} = \frac{\Sigma wX}{\Sigma w} = \frac{3 \cdot 4 + 3 \cdot 2 + 4 \cdot 3 + 2 \cdot 1}{3 + 3 + 4 + 2} = \frac{32}{12} \approx 2.7$$

학점 평균은 2.7이다.

표 3–1 중심경향의 측도에 대한 요약

측도	정의	기호
평균	자료의 합을 자료수로 나눔	$\mu, \overline{X}$
중앙값	정렬된 자료의 중간점	MD
최빈값	가장 도수가 높은 자료값	없음
범위의 중앙	최솟값과 최댓값을 더하여 2로 나눔	MR

이색 통계

미국인들 중 45%는 자신의 가장 친한 친구와 15분 거리에 살고 있다.

[표 3–1]은 중심경향의 측도에 대한 요약이다.

연구자나 통계학자는 사용할 중심경향의 측도의 종류와 사용시기를 알아야만 한다. 다음은 중심경향의 측도 4가지의 성질과 용도를 요약한 것이다.

중심경향의 성질과 용도

평균

1. 평균은 모든 자료값을 사용하여 구한다.
2. 평균은 같은 모집단에서 표본을 뽑아 값을 계산할 때 중앙값과 최빈값보다 변동이 적다.
3. 평균은 분산과 같은 다른 통계량을 구할 때 이용된다.
4. 자료집합의 평균은 유일하며, 반드시 자료값 중 하나인 것은 아니다.
5. 평균은 개방형 계급을 갖는 도수분포로 주어진 자료에서는 구할 수 없다.
6. 평균은 이상점이라 부르는 극단적으로 높거나 낮은 값의 영향을 받으므로 이 경우에 사용하기에는 적절하지 않을 수 있다.

중앙값

1. 중앙값은 자료집합의 중심이나 중간점을 찾기 위하여 사용된다.
2. 중앙값은 자료값이 분포의 위쪽 절반 혹은 아래쪽 절반에 놓이는지를 알 필요가 있을 때 사용된다.
3. 중앙값은 개방형 분포에 사용된다.
4. 중앙값은 평균보다 이상점의 영향을 적게 받는다.

최빈값

1. 최빈값은 가장 대표적인 사례가 요구될 때 사용된다.
2. 최빈값은 계산하기 가장 쉬운 평균이다.
3. 최빈값은 자료가 종교, 성별, 정치적 소신과 같은 명목형이나 범주형일 때 사용될 수 있다.
4. 최빈값은 꼭 하나의 값만을 갖는 것은 아니다. 자료집합은 하나 이상의 최빈값을 갖거나 존재하지 않을 수 있다.

범위의 중앙

1. 범위의 중앙은 계산이 쉽다.
2. 범위의 중앙은 중간점을 제공한다.
3. 범위의 중앙은 자료집합의 이상점의 영향을 받는다.

분포의 모양

도수분포는 많은 모양을 가정할 수 있다. 그중 가장 중요한 세 가지는 오른쪽으로 기운 모양, 대칭 모양, 왼쪽으로 기운 모양이다. [그림 3-1]에 이 세 가지 모양의 히스토그램을 나타내었다.

오른쪽으로 기운 분포(right-skewed distribution, 양의 왜도 분포(positively skewed distribution))에서는 자료값의 대부분이 평균의 왼쪽에 놓이고 분포의 왼쪽에 집락을 형성하며 꼬리가 오른쪽에 있다. 또한 평균은 중앙값의 오른쪽에 놓이고 최빈값은 중앙값의 왼쪽에 놓인다.

예를 들어 어떤 시험에서 학생들이 문제를 잘 풀지 못하였다면 점수는 분포의 왼쪽에 집락을 이룰 것이다. 몇몇 높은 점수는 분포의 꼬리를 형성하여 오른편에 놓일 것이다. 다른 예는 미국인의 소득이다. 대부분의 소득은 분포의 아래쪽(왼쪽)에 집락을 형성하고, 소수의 고소득자들의 값은 분포의 오른쪽 꼬리에 놓일 것이다.

대칭분포(symmetric distribution)에서 자료값은 평균 좌우에 고르게 분포한다. 분포는 단봉으로 평균, 중앙값, 최빈값이 같고 분포의 중심에 놓인다. 대칭분포의 예로는 IQ 점수와 성인 남자의 키를 들 수 있다.

자료값의 대부분이 평균의 오른쪽에 놓이고 분포의 오른쪽에 집락을 형성하며 꼬리가 왼쪽에 있을 때의 분포를 **왼쪽으로 기운 분포(left-skewed distribution, 음의 왜도 분포(negatively skewed distribution))**라고 하며, 평균은 중앙값의 왼쪽에 놓이고 최빈값은 중앙값의 오른쪽에 놓인다. 시험에서 학생들의 성적이 대부분 높다면 왼쪽으로 기운 분포를 얻는다. 이 점수들은 분포의 오른쪽에 집락을 형성할 것이다.

분포가 극단적으로 기울었을 때 평균값은 꼬리 쪽으로 당겨지지만 자료값의 대부분은 자료의 기울어진 형태에 따라 평균보다 더 크거나 더 작을 것이다. 따라서 평균보다 중앙값이 중심경향의 측도로 더 적절하다. 극단적으로 기울어진 분포는 다른 통계량에도 영향을 미칠 수 있다.

그림 3-1
분포의 형태

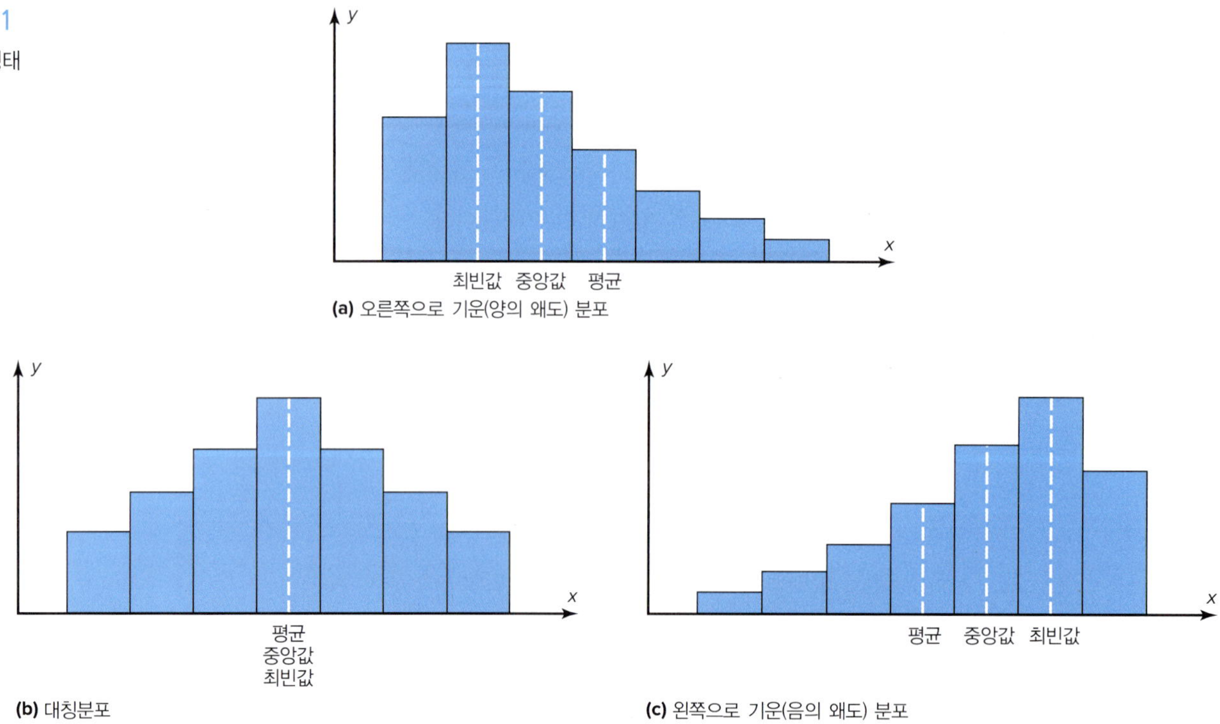

(b) 대칭분포

(c) 왼쪽으로 기운(음의 왜도) 분포

개념의 적용 3–1

교사 급여

다음 자료는 South Carolina 주의 Greenwood 시의 학교들로부터 구한 교사 급여 자료이다(단위: 달러).

10,000	11,000	11,000	12,500	14,300	17,500
18,000	16,600	19,200	21,560	16,400	107,000

1. 먼저, 여러분이 Greenwood 시의 교육청에서 일을 하며 급여 인상을 원하지 않는다고 가정한다. 평균, 중앙값, 최빈값을 계산하고, 급여를 올리지 않으려는 여러분의 입장에 가장 도움이 되는 측도를 결정하시오.
2. 다음으로, 여러분이 교직원 공제회에서 일을 하며 교사들을 위하여 급여 인상을 원한다고 가정한다. 여러분의 입장에 가장 도움이 되는 측도를 결정하시오.
3. 이상점이 서로의 입장을 옹호하기 위하여 어떻게 사용될 수 있는지를 설명하시오.
4. 급여 자료가 Greenwood 시의 모든 교사들 자료라면 평균은 모수인가 통계량인가?
5. 자료집합에 이상점이 있을 때 사용을 피해야 하는 중심경향의 측도는 무엇인가?
6. 중심경향의 측도를 비교할 때 분포는 어떤 왜도를 보이는가?

정답 151쪽 참조

연습문제 3–1

1. 롤러코스트 속도 다음 자료는 14개 롤러코스트 높이이다. 자료의 평균, 중앙값, 범위의 중앙, 최빈값을 구하시오.

95	105	50	125	102	120	160
102	118	91	160	95	50	84

출처: UltimateRollerCoaster.com

2. 수업일수 다음은 세계 여러 나라 표본에서 구한 1년 평균 학교 수업일수이다. 자료의 평균, 중앙값, 범위의 중앙, 최빈값을 구하시오.

251 243 226 216 196 180

출처: *U.S. News and World Report.*

3. 인기 비디오 게임 다음은 XBOX를 대표하는 게임과 판매개수이다. 평균, 중앙값, 최빈값, 범위의 중앙을 구하시오.

Titanfall	2,000,000
Call of Duty: Ghosts	1,790,000
Battlefield 4	1,340,000
Forza Motorsport 5	1,340,000
Tomb Rider: Definitive Edition	1,210,000
Dead Rising 3	1,100,000
Metal Gear Solid 5: Ground Zeroes	980,000
Assassins Creed 4: Black Flag	310,300
Madden NFL 25	303,000
Metro Redux	298,000

출처: Statistic Brain Research Institute.

4. 유급휴가 다음은 여러 나라에서 얻은 근로자의 유급휴가 일수이다. 자료의 평균, 중앙값, 범위의 중앙, 최빈값을 구하시오.

38	29	10	34	28	30
30	26	19	20	25	

출처: Center for Economic and Policy Research.

5. 항공 승객 다음 자료는 주요 항공사가 최근 수송한 승객수(단위:백만 명)를 나타낸다. 자료의 평균, 중앙값, 범위의 중앙, 최빈값을 구하시오.

143.8	17.7	8.5	120.4	33.0	7.1	27.1
10.0	5.0	6.1	4.3	3.1	12.1	

출처: Airlines for America.

6. 별까지의 거리 다음은 25개의 가장 밝은 별 중에서 지구에서의 거리가 100광년 미만인 별들의 거리 자료이다. 자료의 평균, 중앙값, 최빈값, 범위의 중앙을 구하시오.

8.6	36.7	42.2	16.8	33.7	77.5	87.9
4.4	25.3	11.4	65.1	25.1	51.5	

출처: *New York Times Almanac 2010.*

7. 풍속 다음 자료는 40개 주 표본의 최대풍속을 나타낸다. 자료의 평균과 최빈계급을 구하시오.

계급경계	도수
47.5–54.5	3
54.5–61.5	2

61.5–68.5	9
68.5–75.5	13
75.5–82.5	8
82.5–89.5	3
89.5–96.5	2

출처: NOAA.

8. 로즈 볼 경기의 점수 다음 자료는 로즈 볼 경기에서 승리 팀이 득점한 점수이다. 자료의 평균과 최빈계급을 구하시오.

계급	도수
14–20	10
21–27	11
28–34	6
35–41	8
42–48	4
49–55	1

출처: *The World Almanac and Book of Facts.*

9. 25세 이상 대졸 인구비율 다음은 50개 주와 Columbia 시의 25세 이상의 대졸 인구비율을 나타낸다. 평균과 최빈계급을 구하시오.

비율	도수
15.2–19.6	3
19.7–24.1	15
24.2–28.6	19
28.7–33.1	6
33.2–37.6	7
37.7–42.1	0
42.2–46.6	1

출처: *New York Times Almanac.*

10. 커피전문점 다음은 30개 주에 있는 특정 회사의 커피전문점 수를 나타낸다. 평균과 최빈계급을 구하시오.

계급경계	도수
0.5–19.5	12
19.5–38.5	7
38.5–57.5	5
57.5–76.5	3
76.5–95.5	3

11. 미국 대통령의 자녀 랜덤으로 뽑은 미국 대통령 25명의 자녀 수이다. 평균, 중앙값, 최빈값을 구하시오.

5 0 3 1 4
8 6 3 4 7
2 3 2 2 2
2 2 4 2 6
1 2 1 0 4

출처: *World Almanac and Book of Facts.*

12. 자동차 판매가격 판매된 자동차 세 모델 가격의 가중평균을 구하시오. 판매된 각 모델 대수와 가격은 다음과 같다.

모델	대수	가격(달러)
A	8	$10,000
B	10	12,000
C	12	8,000

13. 다이어트 콜라 선호도 새로운 다이어트 콜라에 대한 최근 설문조사에서 맛이 괜찮다고 답한 사람들의 비율이 다음과 같다. 비율의 가중평균을 구하시오.

지역	% 선호비율	표본 수
1	40	1000
2	30	3000
3	50	800

14. 최종 성적 한 강사가 중간시험 20%, 과제 30%, 기말시험 50%로 성적을 낸다. 한 학생이 각각 83, 72, 90점을 받았다. 학생의 평균성적을 구하시오. 가중평균을 사용하시오.

15. 각 상황에 대하여 평균, 중앙값, 최빈값 중에서 어떤 중심경향의 측도가 사용되어야만 하는지를 설명하시오.

a. 가장 대표적인 사례가 요구된다.
b. 분포가 개방형이다.
c. 자료집합에 극단값이 있다.
d. 자료가 범주형이다.
e. 더 많은 통계적 계산이 필요할 것이다.
f. 하나는 더 큰 값, 다른 하나는 더 작은 값을 포함하는 두 개의 근사적으로 같은 그룹으로 나눈다.

16. 표본통계량을 나타내기 위하여 어떤 기호를 사용하는가? 예를 드시오. 모수를 나타내기 위하여 어떤 기호를 사용하는가? 예를 드시오.

개념의 확장

17. 만약 5개 값의 평균이 64라면 값의 합을 구하시오.

18. 10, 20, 30, 40, 50의 평균을 구하시오.

a. 각 값에 10을 더하여 평균을 구하시오.
b. 각 값에서 10을 뺀 다음 평균을 구하시오.
c. 각 값에 10을 곱하여 평균을 구하시오.
d. 각 값을 10으로 나누어 평균을 구하시오.
e. 각 상황을 일반화하여 설명하시오.

19. **조화평균(harmonic mean: HM)**은 자료의 수를 각 값의 역수의 합으로 나눈 값으로 정의한다. 공식은

$$\text{HM} = \frac{n}{\Sigma(1/X)}$$

이다. 예를 들어 1, 4, 5, 2의 조화평균은

$$\text{HM} = \frac{4}{1/1 + 1/4 + 1/5 + 1/2} \approx 2.051$$

이다. 이 평균은 평균 속도를 구할 때 유용하다. 한 사람이 100마일을 시속 40마일로 운전을 하고 갔다가 시속 50마일로 돌아왔다. 평균 시속은 시간당(40+50)/2=45마일이 아니다. 평균은 다음과 같이 구한다.

$$\text{시간}=\text{거리}\div\text{속도}$$

이므로

$$\text{시간 }1 = \frac{100}{40} = 2.5\text{시간},$$

$$\text{시간 }2 = \frac{100}{50} = 2\text{시간}$$

이다. 전체 걸린 시간이 4.5시간이고 전체 거리가 200마일이다. 평균 속도는 다음과 같다.

$$\text{속도} = \frac{\text{거리}}{\text{시간}} = \frac{200}{4.5} \approx 44.444\text{마일/시간}$$

이 값은 조화평균의 공식

$$\text{HM} = \frac{2}{1/40 + 1/50} \approx 44.444$$

으로 구할 수 있다. 조화평균을 사용하여 다음 각각을 구하시오.

a. 한 영업사원이 시카고까지 왕복 300마일을 운전하는데, 갈 때는 시속 30마일, 올 때는 시속 45마일로 왔다. 시간당 평균 마일을 구하시오.

b. 한 버스기사가 웨스트 체스터까지 50마일 운전하는데, 갈 때는 시속 40마일, 올 때는 시속 25마일로 왔다. 시간당 평균 마일을 구하시오.

c. 한 목수가 파운드당 50달러로 못 500달러어치를 샀고, 파운드당 10달러로 500달러어치를 구입하였다. 못 1파운드의 평균 비용을 구하시오.

20. **기하평균(geometric mean: GM)**은 *n*개 값의 곱의 *n*제곱근으로 정의한다. 공식은

$$\text{GM} = \sqrt[n]{(X_1)(X_2)(X_3)\cdots(X_n)}$$

이다. 4와 16의 기하평균은

$$\text{GM} = \sqrt{(4)(16)} = \sqrt{64} = 8$$

이다. 1, 3, 9의 기하평균은

$$\text{GM} = \sqrt[3]{(1)(3)(9)} = \sqrt[3]{27} = 3$$

이다.

기하평균은 백분율, 비율, 지수, 성장률의 평균을 구하는 데 유용하다. 예를 들어 만약 어떤 사람이 급여를 1년 후에 20% 인상하고 그다음 해에 10% 인상한다면 연간 평균 인상률은 15%가 아니라 14.89%이다. 즉,

$$\text{GM} = \sqrt{(1.2)(1.1)} \approx 1.1489,$$

$$\text{또는 GM} = \sqrt{(120)(110)} \approx 114.89\%$$

이다. 그의 급여는 1년 후 120%이고, 2년 후에는 110%이다. 114.89%−100%=14.89%이므로 평균 14.89%와 같다.

초기 급여가 10,000달러로 20%와 10% 두 번 인상되었다고 가정한다.

$$\text{인상 }1 = 10{,}000 \cdot 20\% = 2000\text{달러}$$

$$\text{인상 }2 = 12{,}000 \cdot 10\% = 1200\text{달러}$$

전체 급여는 3,200달러 인상되었다. 이것은

$$10{,}000 \cdot 14.89\% = 1489.00\text{달러}$$

$$11{,}489 \cdot 14.89\% = \underline{1710.71\text{달러}}$$

$$3199.71\text{달러} \approx 3200\text{달러}$$

을 합한 값과 같다.

다음 보기의 기하평균을 구하시오.

a. 과거 3년간 어떤 보험회사의 성장률은 35%, 24%, 18%이었다.

b. 4년에 걸쳐 급여가 8%, 6%, 4%, 5% 인상되었다.

c. 주식이 5년 동안 매해 10%, 8%, 12%, 9%, 3% 올랐다.

d. 과거 3년간 특정지역의 식료품 가격이 1%, 3%, 5.5% 올랐다.

21. **이차평균(quadratic mean)**은 물리학(전압 등)에서 유용한 평균으로, 각 값의 제곱의 평균의 제곱근으로 구한다. 공식은

$$\text{QM} = \sqrt{\frac{\Sigma X^2}{n}}$$

이다. 3, 5, 6, 10의 이차평균은

$$\text{QM} = \sqrt{\frac{3^2 + 5^2 + 6^2 + 10^2}{4}}$$

$$= \sqrt{42.5} \approx 6.519$$

이다. 8, 6, 3, 5, 4의 이차평균을 구하시오.

22. **집단화 자료의 중앙값** 도수분포로 집단화된 자료에 대하여 근사적인 중앙값을 구할 수 있다. 먼저 중앙값 계급을 찾는다. 이것은 중앙값을 포함하는 계급이다. *n*/2번째 자료값이다. 그런 다음 자료값들이 중앙값 계급에 고르게 분포한다고 가정한다. 공식은

$$\text{MD} = \frac{n/2 - \text{cf}}{f}(w) + L_m$$

여기서

n =도수의 합,
cf = 중앙값 계급 직전 계급까지의 누적도수,
w = 중앙값 계급의 폭,
f = 중앙값 계급의 도수,
L_m = 중앙값 계급의 하한

이다. 이 공식을 사용하여 다음 도수분포의 중앙값을 구하시오.

비율	도수
0.8–4.4	26
4.5–8.1	11
8.2–11.8	4
11.9–15.5	5
15.6–19.2	2
19.3–22.9	1
23.0–26.6	1

출처: *World Almanac.*

EXCEL
Step by Step

중심경향의 측도 구하기

예제 XL3–1

[예제 3–7] 자료의 평균, 최빈값, 중앙값을 구하시오. 자료는 최근 15년 동안 미국에서 인가된 핵 원자로 수이다.

104	104	104	104	104
107	109	109	109	110
109	111	112	111	109

1. Excel 워크시트 A2–A16에 자료를 입력하고 A1에 변수이름을 입력한다.
2. 평균을 구하기 위해 비어있는 칸에 '=AVERAGE(A2:A16)'을 입력한다.
3. 최빈값을 구하기 위해 비어있는 칸에 '=MODE(A2:A16)'을 입력한다.
4. 중앙값을 구하기 위해 비어있는 칸에 '=MEDIAN(A2:A16)'을 입력한다.

워크시트에 직접 입력하지 않고 통계함수를 이용할 수도 있다.

1. '수식' 툴바에서 fx 함수 삽입를 선택한다.
2. '범주 선택'에서 '통계'를 선택한다.
3. 각 항목에 맞는 적절한 함수[평균(AVERAGE), 최빈값(MODE), 중앙값(MEDIAN)]를 선택한 후 범위(A2:A16)를 지정하고 [확인]을 누른다.

	A	B	C
1	원자로수		
2	104	107.7333	평균
3	104	104	최빈값
4	104	109	중앙값
5	104		
6	104		
7	107		
8	109		
9	109		
10	109		
11	110		
12	109		
13	111		
14	112		
15	111		
16	109		
17			

3–2 변동의 측도

학습목표 2
범위, 분산, 표준편차와 같은 변동의 측도를 사용하여 자료 설명하기

통계학에서 자료를 정확하게 설명하려면 중심경향의 측도 이외의 것도 알아야만 한다. [예제 3–15]를 보자.

예제 3–15 옥외용 페인트 비교

시험실에서 두 종류의 옥외용 페인트 실험제품이 각각 얼마나 지속되는지를 알아보려고 한다. 검사를 위하여 각 페인트를 6갤런씩 제조한다. 각 그룹에 다른 화학적 작용제가 첨가되었고 오직 6통씩만 있으므로 이 두 그룹은 두 개의 작은 모집단을 구성한다. 결과(단위: 개월)가 다음과 같다. 각 그룹의 평균을 구하시오.

종류 A	종류 B
10	35
60	45
50	30
30	35
40	40
20	25

해답

종류 A의 평균은

$$\mu = \frac{\Sigma X}{N} = \frac{210}{6} = 35(\text{개월})$$

이다. 종류 B의 평균은

$$\mu = \frac{\Sigma X}{N} = \frac{210}{6} = 35(\text{개월})$$

이다.

[예제 3–15]에서 평균이 같으므로 두 종류의 페인트는 지속시간이 같다고 할 수 있다. 그러나 자료를 그림으로 검토해보면 약간 다른 결론이 얻어질 수 있다. [그림 3–2]를 보자.

[그림 3–2]을 보면, 두 종류의 평균은 같지만 산포 혹은 변동은 많이 다르며, 종류 B가 더 일관성이 있다(변화가 적다)는 것을 보여준다. 자료의 산포나 변동에 대해서는 일반적으로

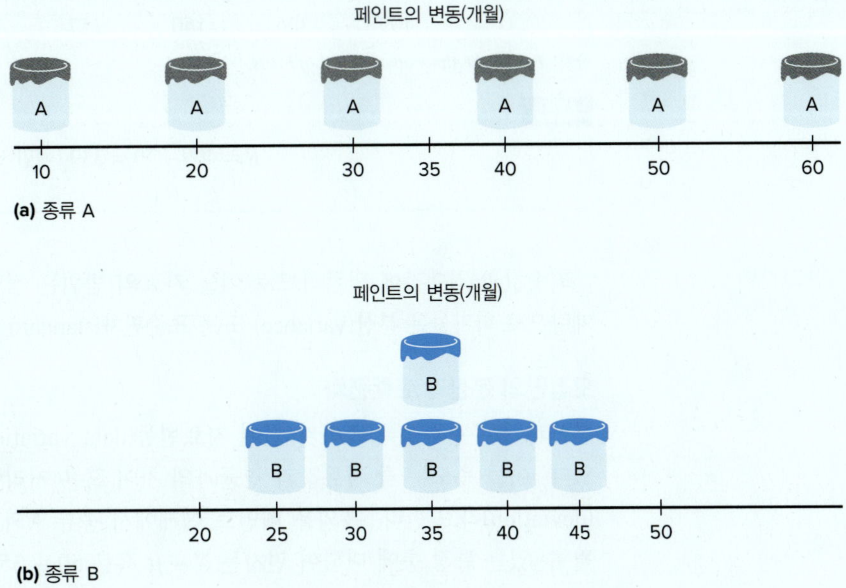

그림 3–2
[예제 3–15]의 그림

3종류의 측도, 즉 **범위**(range), **분산**(variance), **표준편차**(standard deviation)가 사용된다.

범위

범위는 3가지 측도 중 가장 단순하며 다음과 같이 정의한다.

범위(range)는 최댓값에서 최솟값을 뺀다. 기호 R을 사용한다.

$$R = \text{최댓값} - \text{최솟값}$$

예제 3-16 옥외용 페인트 비교

[예제 3-15]의 각 페인트에 대하여 범위를 구하시오.

해답

종류 A의 범위는

$$R = 60 - 10 = 50(\text{개월})$$

이다. 종류 B의 범위는

$$R = 45 - 25 = 20(\text{개월})$$

이다. 종류 A의 범위는 최솟값에서 최댓값까지 50개월 떨어져 있다는 것을 나타낸다. 종류 B의 범위는 최솟값에서 최댓값까지 20개월로 종류 A 범위의 절반보다 적다.

극단적으로 높은 값이나 낮은 값은 [예제 3-17]에서와 같이 현저하게 범위에 영향을 준다.

예제 3-17 영화 흥행수입

최근 인기영화들의 흥행수입(단위: 백만 달러)이다. 범위를 구하시오.

409	386	150	117	73	70

출처: *The World Almanac and Book of Facts.*

해답

$$R = 409 - 70 = 339\ (\text{백만 달러})$$

최솟값과 최댓값에 의존하므로 이들 자료의 범위는 정말 크다. 변동을 측정하는 중요한 통계량으로 학자들은 **분산**(variance) 또는 **표준편차**(standard variance)라고 하는 측도를 사용한다.

모집단의 분산과 표준편차

분산과 표준편차를 정의하기 전에 **자료변동**(data variation)이 무엇을 의미하는지 알 필요가 있다. 이들 측도는 각 자료값과 평균과의 차이 혹은 거리에 기초한다. 차이 혹은 거리를 **편차**(deviation)라고 한다. 옥외용 페인트 예제에서 종류 A의 평균 $\mu = 35$개월이고, 50개월 지속될 수 있는 특정 통에 대하여 편차는 $X - \mu$ 혹은 $50 - 35 = 15$이다. 따라서 자료값의 편차는

15개월이다. 만약 평균에 관한 모든 자료값의 편차의 합을 구하면 0이 될 것이다. 즉, $\Sigma(X-\mu)=0$.

이 문제를 해결하기 위해 제곱의 합, 즉 $\Sigma(X-\mu)^2$을 구하여 N으로 나누어 평균, $\Sigma(X-\mu)^2/N$을 구한다. 이 측도를 **모분산**(population variance)이라고 하고 기호로 σ^2을 사용한다(여기서 σ는 그리스 문자이며, '시그마'라고 읽는다).

이 측도(σ^2)는 제곱 단위이고 자료는 정상 단위이므로 통계학자는 분산의 제곱근을 구하여 **표준편차**(standard deviation)라고 한다.

모분산(population variance)은 실제 각 값과 평균과의 거리의 제곱의 평균이다. 모분산은 기호 σ^2로 나타낸다.

모분산 공식은

$$\sigma^2 = \frac{\Sigma(X-\mu)^2}{N}$$

이다. 여기서 X는 개별 자료값, μ는 모평균, N은 모집단 크기이다.

모표준편차(population standard deviation)는 분산의 양의 제곱근이다. 기호는 σ를 사용한다. 모표준편차의 공식은

$$\sigma = \sqrt{\sigma^2} = \sqrt{\frac{\Sigma(X-\mu)^2}{N}}$$

이다.

자료집합의 분산과 표준편차를 구하기 위해 다음 절차 표를 이용할 수 있다.

절차 표

모분산과 모표준편차 구하기

단계 1 자료의 평균을 구한다.

$$\mu = \frac{\Sigma X}{N}$$

단계 2 각 자료값의 편차를 구한다.

$$X-\mu$$

단계 3 편차를 제곱한다.

$$(X-\mu)^2$$

단계 4 제곱의 합을 구한다.

$$\Sigma(X-\mu)^2$$

단계 5 분산을 구하기 위하여 합을 N으로 나눈다.

$$\sigma^2 = \frac{\Sigma(X-\mu)^2}{N}$$

단계 6 표준편차를 구하기 위하여 분산의 제곱근을 취한다.

$$\sigma = \sqrt{\frac{\Sigma(X-\mu)^2}{N}}$$

흥미 있는 사실

평균 미국인은 1년에 대략 10,000마일을 운전한다.

표준편차의 반올림 규칙 표준편차의 반올림 규칙은 평균과 같다. 마지막 값은 원자료보다 한자리 아래 값에서 반올림해야 한다.

예제 3-18 옥외용 페인트 비교

[예제 3-15]의 종류 A 자료의 분산과 표준편차를 구하시오. 종류 A의 지속시간은

10, 60, 50, 30, 40, 20

이다.

해답

단계 1 자료의 평균을 구하시오.

$$\mu = \frac{\Sigma X}{N} = \frac{10 + 60 + 50 + 30 + 40 + 20}{6} = \frac{210}{6} = 35$$

단계 2 각 자료값에서 평균을 뺀다$(X - \mu)$.

$$10 - 35 = -25 \quad 50 - 35 = +15 \quad 40 - 35 = +5$$
$$60 - 35 = +25 \quad 30 - 35 = -5 \quad 20 - 35 = -15$$

단계 3 각 결과를 제곱$(\overline{X} - \mu)^2$한다.

$$(-25)^2 = 625 \quad (+15)^2 = 225 \quad (+5)^2 = 25$$
$$(+25)^2 = 625 \quad (-5)^2 = 25 \quad (-15)^2 = 225$$

단계 4 제곱의 합 $\Sigma(\overline{X} - \mu)^2$을 구한다.

$$625 + 625 + 225 + 25 + 25 + 225 = 1750$$

단계 5 분산을 구하기 위하여 합을 N으로 나눈다. $\frac{[\Sigma(\overline{X} - \mu)^2]}{N}$

$$\text{분산} = 1750 \div 6 \approx 291.7$$

단계 6 표준편차를 구하기 위하여 분산의 제곱근을 취한다. 즉 표준편차는 $\sqrt{291.7}$ 혹은 17.1이다. 표로 정리하면 도움이 된다.

A 자료값 X	B $X - \mu$	C $(X - \mu)^2$
10	−25	625
60	+25	625
50	+15	225
30	−5	25
40	+5	25
20	−15	225
		1750

A열은 원자료 X이다. B열은 단계 2에서 구한 편차이다. C열은 단계 3에서 구한 차의 제곱이다.

앞의 계산 절차는 여러 가지를 나타낸다. 첫째, 분산의 제곱근은 표준편차가 되고, 표준편차의 제곱은 분산이 된다. 둘째, 분산은 실제 각 값과 평균과의 거리의 제곱의 평균이다. 그러므로 자료값들이 평균 가까이 있다면 분산은 작을 것이다. 반대로 평균에서 멀리 떨어져 있다면 분산은 클 것이다.

실제 거리 대신 제곱거리가 사용된 이유가 궁금할 것이다. 앞서 말했듯이 거리의 합은 언제

역사적 기록

1892년과 1893년 Karl Pearson은 범위와 표준편차의 통계적 개념을 소개하였다.

나 0이라는 것이다. [예제 3–18]의 표의 B열을 더해보자. 각 값을 제곱하면 마이너스 부호가 사라진다.

마지막으로 왜 제곱근을 취할 필요가 있는가? 이유는 거리가 제곱이 되면 단위는 원자료 단위의 제곱이 된다. 분산의 제곱근을 구하는 것은 원자료와 같은 단위의 표준편차로 표현하기 위한 것이다.

자료값의 분산과 표준편차는 음수일 수 없으므로 제곱근을 구할 때 항상 양의 값을 사용한다.

예제 3–19 옥외용 페인트 비교

[예제 3–15]의 종류 B 자료의 분산과 표준편차를 구하시오. 종류 B의 지속시간 자료이다.

35, 45, 30, 35, 40, 25

해답

단계 1 자료의 평균을 구하시오.

$$\mu = \frac{\Sigma X}{N} = \frac{35 + 45 + 30 + 35 + 40 + 25}{6} = \frac{210}{6} = 35$$

단계 2 각 자료값에서 평균을 빼서 표의 B열에 넣는다.

$$35 - 35 = 0 \quad 45 - 35 = 10 \quad 30 - 35 = -5$$
$$35 - 35 = 0 \quad 40 - 35 = 5 \quad 25 - 35 = -10$$

단계 3 각 결과를 제곱하여 표의 C열에 넣는다.

A X	B $X - \mu$	C $(X - \mu)^2$
35	0	0
45	10	100
30	−5	25
35	0	0
40	5	25
25	−10	100

단계 4 C열의 합을 구한다.

$$\Sigma(X - \mu)^2 = 0 + 100 + 25 + 0 + 25 + 100 = 250$$

단계 5 분산을 구하기 위하여 합을 N으로 나눈다.

$$\sigma^2 = \frac{\Sigma(X - \mu)^2}{N} = \frac{250}{6} = 41.7$$

단계 6 표준편차를 구하기 위하여 분산의 제곱근을 취한다.

$$\sigma^2 = \sqrt{\frac{\Sigma(X - \mu)^2}{N}} = \sqrt{41.7} \approx 6.5$$

즉, 표준편차는 6.5이다.

종류 A의 표준편차가 17.1이고([예제 3–18] 참조) B의 표준편차가 6.5이므로 종류 A가 더 변동이 크다. **요약하면 평균이 같을 때, 분산 또는 표준편차가 더 큰 자료가 변동이 더 크다.**

표본분산과 표준편차

표본의 분산을 계산할 때, 다음 식

$$\frac{\Sigma(X-\overline{X})^2}{n}$$

을 생각할 수 있다. $\overline{X}$는 표본평균이고 n은 표본크기이다. 그러나 **많은 경우 통계량을 구하는 목적이 대응하는 모수를 추정하는 데 있기 때문에 이 공식은 일반적으로 사용되지 않는다.** 예를 들어 표본평균 $\overline{X}$는 모평균 μ를 추정하기 위하여 사용된다. 식

$$\frac{\Sigma(X-\overline{X})^2}{n}$$

은 모분산의 가장 좋은 추정값이 되지 못한다. 모집단이 크고 표본이 작을 때(30 미만) 이 공식으로 구한 분산은 일반적으로 모분산을 과소 추정하기 때문이다. 그러므로 n으로 나누는 대신에 $n-1$로 나누어 표본분산을 구한다. 그러면 값이 조금 커지고 모분산의 **비편향추정값**(unbiased estimate)이 얻어진다.

표본분산의 공식

표본분산(sample variance)은 s^2으로 나타내고 공식은

$$s^2=\frac{\Sigma(X-\overline{X})^2}{n-1}$$

이다. 여기서 X는 자료값, $\overline{X}$는 표본평균, n은 표본크기이다.

표본의 표준편차를 구하려면 표본분산의 제곱근을 취해야 한다. 공식은 다음과 같다.

표본표준편차의 공식

표본표준편차(s)의 공식은

$$s=\sqrt{s^2}=\sqrt{\frac{1}{n-1}\Sigma(X-\overline{X})^2}$$

이다. 여기서 X는 자료값, $\overline{X}$는 표본평균, n은 표본크기이다.

표본분산과 표본표준편차를 구하는 절차는 N(모집단 크기) 대신에 $n-1$(표본크기 $-$ 1)을 사용한다는 점만 제외하면 모분산과 모표준편차를 구하는 절차와 같다. 다음 예는 이 절차를 보여준다.

예제 3-20 교사 파업

최근 몇 년간 Pennsylvania 주 공립학교 교사들의 파업 수 표본이다. 표본분산과 표본표준편차를 구하시오.

9 10 14 7 8 3

출처: Pennsylvania School Board Association.

해답

단계 1 자료의 평균을 구한다.

$$\overline{X} = \frac{\Sigma X}{n} = \frac{9 + 10 + 14 + 7 + 8 + 3}{6} = \frac{51}{6} = 8.5$$

단계 2 각 값의 편차$(X - \overline{X})$를 구한다.

$$\begin{array}{lll} 9 - 8.5 = 0.5 & 10 - 8.5 = 1.5 & 14 - 8.5 = 5.5 \\ 7 - 8.5 = -1.5 & 8 - 8.5 = -0.5 & 3 - 8.5 = -5.5 \end{array}$$

단계 3 각 편차$(X - \overline{X})^2$를 제곱한다.

$$\begin{array}{lll} (0.5)^2 = 0.25 & (1.5)^2 = 2.25 & (5.5)^2 = 30.25 \\ (-1.5)^2 = 2.25 & (-0.5)^2 = 0.25 & (-5.5)^2 = 30.25 \end{array}$$

단계 4 제곱의 합을 구한다.

$$\Sigma(X - \overline{X})^2 = 0.25 + 2.25 + 30.25 + 2.25 + 0.25 + 30.25 = 65.5$$

단계 5 분산을 얻기 위하여 $n - 1$로 나눈다.

$$s^2 = \frac{\Sigma(X - \overline{X})^2}{n - 1} = \frac{65.5}{6 - 1} = \frac{65.5}{5} = 13.1$$

단계 6 표준편차를 구하기 위하여 제곱근을 취한다.

$$s = \sqrt{\frac{\Sigma(X - \overline{X})^2}{n - 1}} = \sqrt{13.1} \approx 3.6 \text{ (반올림)}$$

표본분산은 13.1이고 표본표준편차는 3.6이다.

분산과 표준편차의 간편 공식을 소개한다. 평균을 반올림할 때는 이 공식이 더 정확하다.

s^2과 s의 간편 공식

표본의 분산과 표준편차를 구할 때 간편 공식은 다음과 같다.

분산: $s^2 = \dfrac{n(\Sigma X^2) - (\Sigma X)^2}{n(n - 1)}$ 표준편차: $s = \sqrt{\dfrac{n(\Sigma X^2) - (\Sigma X)^2}{n(n - 1)}}$

ΣX^2은 $(\Sigma X)^2$과 같지 않다. ΣX^2은 먼저 제곱한 다음에 합하는 것을 의미하며, $(\Sigma X)^2$은 먼저 합한 다음에 제곱하는 것을 의미한다.

[예제 3-21]에서 간편 공식의 사용법을 설명한다.

예제 3-21 교사 파업

최근 몇 년간 Pennsylvania 주 공립학교 교사들의 파업 수 표본이다. 표본분산과 표본표준편차를 구하시오.

9, 10, 14, 7, 8, 3

해답

단계 1 자료의 합을 구한다.

$$\Sigma X = 9 + 10 + 14 + 7 + 8 + 3 = 51$$

단계 2 각 값을 제곱하여 합을 구한다.

$$\Sigma X^2 = 9^2 + 10^2 + 14^2 + 7^2 + 8^2 + 3^2 = 499$$

단계 3 공식에 대입하고 푼다.

$$s^2 = \frac{n(\Sigma X^2) - (\Sigma X)^2}{n(n-1)} = \frac{6(499) - 51^2}{6(6-1)}$$
$$= \frac{2994 - 2601}{6(5)}$$
$$= \frac{393}{30} = 13.1$$

분산은 13.1이다.

$$s = \sqrt{13.1} \approx 3.6 \text{ (반올림)}$$

표본분산은 13.1이고 표본표준편차는 3.6이다.
[예제 3−20]과 동일한 결과임을 알 수 있다.

집단화 자료의 분산과 표준편차

집단화 자료의 분산과 표준편차를 구하는 절차는 각 계급의 중간점을 사용하는 집단화 자료의 평균을 구하는 절차와 유사하다. 이 절차는 간편 공식을 사용하며, X_m은 계급 중간점을 나타낸다.

집단화 자료의 s^2과 s 간편 공식

표본분산:

$$s^2 = \frac{n(\Sigma f \cdot X_m^2) - (\Sigma f \cdot X_m)^2}{n(n-1)}$$

표본표준편차:

$$s = \sqrt{\frac{n(\Sigma f \cdot X_m^2) - (\Sigma f \cdot X_m)^2}{n(n-1)}}$$

X_m은 각 계급의 중간점이고 f는 각 계급의 도수이다.

집단화 자료의 분산과 표준편차를 구하는 단계를 절차 표로 요약하였다.

절차 표

집단화 자료의 표본분산과 표준편차 구하기

단계 1 다음과 같이 표를 만들고, 중간점을 구한다.

A 계급	B 도수	C 중간점	D $f \cdot X_m$	E $f \cdot X_m^2$

단계 2 각 계급의 중간점에 도수를 곱하여 D열에 넣는다.

단계 3 중간점의 제곱에 도수를 곱하여 E열에 넣는다.

단계 4 B, D, E 열의 합을 구한다.(B열의 합은 n, D열의 합은 $\Sigma f \cdot X_m$, E열의 합은 $\Sigma f \cdot X_m^2$이다.)

단계 5 공식에 대입하여 분산을 구한다.

$$s^2 = \frac{n(\Sigma f \cdot X_m^2) - (\Sigma f \cdot X_m)^2}{n(n-1)}$$

단계 6 표준편차를 구하기 위해 제곱근을 취한다.

예제 3–22 주당 달린 거리

다음 도수분포표에 대하여 분산과 표준편차를 구하시오. 자료는 일주일 동안 20명이 달린 거리를 나타낸다.

계급	도수	중간점
5.5–10.5	1	8
10.5–15.5	2	13
15.5–20.5	3	18
20.5–25.5	5	23
25.5–30.5	4	28
30.5–35.5	3	33
35.5–40.5	2	38

해답

단계 1 다음 표를 만들고 각 계급의 중간점을 구하시오.

A 계급	B 도수 f	C 중간점 X_m	D $f \cdot X_m$	E $f \cdot X_m^2$
5.5–10.5	1	8		
10.5–15.5	2	13		
15.5–20.5	3	18		
20.5–25.5	5	23		
25.5–30.5	4	28		
30.5–35.5	3	33		
35.5–40.5	2	38		

단계 2 각 계급의 중간점에 도수를 곱하여 D열에 넣는다.

$1 \cdot 8 = 8 \quad 2 \cdot 13 = 26 \quad \ldots \quad 2 \cdot 38 = 76$

단계 3 중간점의 제곱에 도수를 곱하여 E열에 넣는다.

$1 \cdot 8^2 = 64 \quad 2 \cdot 13^2 = 338 \quad \ldots \quad 2 \cdot 38^2 = 2888$

단계 4 B, D, E 열의 합을 구한다. 완성된 표이다.

A 계급	B 도수 f	C 중간점 X_m	D $f \cdot X_m$	E $f \cdot X_m^2$
5.5–10.5	1	8	8	64
10.5–15.5	2	13	26	338
15.5–20.5	3	18	54	972
20.5–25.5	5	23	115	2,645
25.5–30.5	4	28	112	3,136
30.5–35.5	3	33	99	3,267
35.5–40.5	2	38	76	2,888
	$n = 20$		$\Sigma f \cdot X_m = 490$	$\Sigma f \cdot X_m^2 = 13{,}310$

이색 통계

출생은 남자가 여자보다 2% 많다. 25세까지 생존하고 있는 남자 수와 여자 수는 같다. 65세에는 여자가 남자보다 14% 더 많이 생존하고 있다.

단계 5 분산을 구하기 위하여 공식에 대입하여 푼다.

$$s^2 = \frac{n(\Sigma f \cdot X_m^2) - (\Sigma f \cdot X_m)^2}{n(n-1)}$$

$$= \frac{20(13,310) - 490^2}{20(20-1)}$$

$$= \frac{266,200 - 240,100}{20(19)} = \frac{26,100}{380} \approx 68.7$$

단계 6 표준편차를 구하기 위해 제곱근을 취한다.

$$s \approx \sqrt{68.7} \approx 8.3$$

B열의 합(도수의 합) n을 사용해야 한다. 계급수를 사용하면 안 된다.

변동의 3가지 측도를 [표 3-2]에 요약하였다.

이색 통계

남자가 우는 횟수는 월평균 1.4회이다.

표 3-2 변동의 측도에 대한 요약

측도	정의	기호
범위	최댓값과 최솟값과의 거리	R
분산	각 값과 평균과의 거리의 제곱의 평균	σ^2, s^2
표준편차	분산의 양의 제곱근	σ, s

분산과 표준편차의 용도

1. 분산과 표준편차는 자료의 산포를 결정하는 데 사용할 수 있다. 만약 분산 혹은 표준편차가 크다면 자료가 더 퍼져있는 것이다. 이 정보는 어느 자료가 더 변동이 큰지를 비교하는 데 유용하다.
2. 분산과 표준편차는 변수의 일치성을 결정하기 위하여 사용된다. 예를 들어, 볼트와 너트 같은 부품 공장에서 지름의 변동은 적어야만 한다. 그렇지 못하면 잘 결합되지 않을 것이다.
3. 분산과 표준편차는 어떤 분포에서 특정 구간 안에 놓이는 자료 수를 결정하기 위하여 사용된다. 예를 들면, 체비셰프의 정리(추후 설명)는 임의의 분포에 대하여 자료값의 75% 이상이 평균에서 2 표준편차 안에 놓인다는 것을 보여준다.
4. 마지막으로 분산과 표준편차는 추측통계학에서 아주 많이 사용된다. 뒷장에서 소개한다.

역사적 기록

Karl Pearson은 남자와 여자의 키와 같은 두 개의 다른 그룹의 편차를 비교하기 위하여 변동계수를 고안하였다.

변동계수

두 표본이 같은 단위라면 각각의 분산과 표준편차를 직접 비교할 수 있다. 예를 들어, 자동차 중개인이 인수한 중고차 주행거리의 표준편차를 비교한다고 하자. 특정 연도에 Buicks의 표준편차는 422마일이고, Cadillacs의 표준편차는 350마일이라는 것을 알았다. 그는 주행거리의 변동은 Buicks이 더 크다고 말할 수 있다. 그러나 관리자가 두 가지 다른 변수, 즉 3개월에 걸친 판매원당 판매건수와 판매원들이 번 수수료의 표준편차를 비교하고 싶다면 어떠할까?

이 예와 같이 단위가 다를 때 표준편차를 비교할 수 있는 통계량을 **변동계수**라고 한다.

변동계수(coefficient of variation, CVar)는 표준편차를 평균으로 나눈다. 결과는 백분율로 표현한다.

표본: $\text{CVar} = \frac{s}{\bar{X}} \cdot 100$ 모집단: $\text{CVar} = \frac{\sigma}{\mu} \cdot 100$

예제 3–23 자동차 판매

3개월 동안 자동차의 판매건수의 평균은 87이고, 표준편차는 5이다. 수수료의 평균은 5,225달러이고 표준편차는 773달러이다. 이 둘의 변동을 비교하시오.

해답

변동계수는 각각

$$\text{CVar} = \frac{s}{\bar{X}} = \frac{5}{87} \cdot 100 = 5.7\% \quad \text{(판매건수)}$$

$$\text{CVar} = \frac{773}{5225} \cdot 100 = 14.8\% \quad \text{(수수료)}$$

이다. 수수료의 변동계수가 더 크므로 수수료가 판매건수보다 변동이 크다.

예제 3–24 롤러코스터

가장 빠른 5개의 롤러코스터의 평균 속도는 시간당 69.16마일이고 분산은 2.76이다. 가장 높은 5개의 롤러코스터의 평균 높이는 177.80피트이고 분산은 157.70이다. 두 자료의 분산을 비교하시오.

해답

$$\text{CVar} = \frac{\sqrt{2.76}}{69.16} = 0.02 \text{ 또는 } 2\%$$

$$\text{CVar} = \frac{\sqrt{157.70}}{177.8} = \frac{12.558}{1.778} \approx 0.07 \text{ 또는 } 7\%$$

높이의 변동이 속도의 변동보다 조금 더 크다.

범위의 경험법칙

범위는 표준편차를 근사하기 위하여 사용될 수 있다. 이 근사를 **범위의 경험법칙(range rule of thumb)**이라고 한다.

범위의 경험법칙

표준편차의 어림 추정값은

$$s \approx \frac{\text{범위}}{4}$$

이다.

다시 말하면 범위를 4로 나누면 표준편차의 근삿값이 얻어진다. 예를 들어, 자료 5, 8, 8, 9, 10, 12, 13의 표준편차는 2.7이고 범위는 13−5=8이다. 범위의 경험법칙은 $s \approx 2$이다. 표준편차를 과소 추정한 값이지만 거의 근접하다고 볼 수 있다.

범위의 경험법칙은 **근사**(approximation, 어림)이며, 자료값의 분포가 단봉이고 개략적으로 대칭일 때 사용하여야만 한다.

범위의 경험법칙은 또한 자료의 최댓값과 최솟값을 추정하는 데 사용될 수 있다. 최솟값은 근사적으로 평균보다 아래쪽으로 2 표준편차이고 최댓값은 평균보다 위쪽으로 2 표준편차이다. 예로 든 자료의 평균이 9.3이므로

$$\text{최솟값} = \overline{X} - 2s = 9.3 - 2(2.7) = 3.9$$

$$\text{최댓값} = \overline{X} + 2s = 9.3 + 2(2.7) = 14.7$$

이다. 자료의 최솟값은 5, 최댓값은 13이었다는 점을 주목한다. 대부분의 자료집합에 있어서 거의 모든 자료가 평균의 2 표준편차 안에 놓인다. 체비셰프의 정리와 경험법칙을 사용하면 더 좋은 근사를 할 수 있다.

체비셰프의 정리

앞서 이야기했듯이 한 변수의 분산과 표준편차는 변수의 퍼짐 혹은 산포를 결정하기 위하여 이용될 수 있다. 즉, 분산 혹은 표준편차가 크면 클수록 자료값은 더 퍼진다. 예를 들면, 같은 단위로 측정된 두 변수가 같은 평균, 즉 70이고, 첫 번째 변수의 표준편차는 1.5, 두 번째 변수의 표준편차는 10이라면 두 번째 변수의 자료가 첫 번째 변수의 자료보다 더 많이 퍼져 있을 것이다. 러시아의 수학자 Chebyshev(1821~1894)에 의하여 만들어진 **체비셰프의 정리**(Chebyshev's theorem)는 표준편차의 관점에서 산포의 비율을 설명한다.

체비셰프의 정리 평균에서 k 표준편차 안에 놓이는 자료값의 비율은 적어도 $1 - 1/k^2$이다. 여기서 k는 1보다 큰 수이다(k가 반드시 정수는 아님).

이 정리는 자료값의 적어도 3/4 혹은 75%가 평균의 2 표준편차 안에 놓인다는 것이다. 결과는 공식에 $k = 2$ 를 대입하면 얻어진다. 즉,

$$1 - \frac{1}{k^2} = 1 - \frac{1}{2^2} = \frac{3}{4} = 75\%.$$

변수 1이 평균 70, 표준편차 1.5라면 자료값의 적어도 75%가 67과 73 사이에 놓인다. 이 값은

$$70 + 2(1.5) = 73, \quad 70 - 2(1.5) = 67$$

으로 구한다. 변수 2는 자료값의 적어도 75%가 50과 90 사이에 놓인다. 이 값은

$$70 + 2(10) = 90, \quad 70 - 2(10) = 50$$

으로 구한다.

또한 정리는 자료값의 적어도 8/9 혹은 88.89%가 평균의 3 표준편차 안에 놓인다고 한다. 공식에 $k = 3$를 대입하면 얻어진다. 즉,

$$1 - \frac{1}{k^2} = 1 - \frac{1}{3^2} = \frac{8}{9} = 88.89\%.$$

변수 1에 대해서는 자료값의 적어도 88.89%가 65.5와 74.5 사이에 놓인다. 이 값은

$$70 + 3(1.5) = 74.5, \quad 70 - 3(1.5) = 65.5$$

으로 구한다. 변수 2에 대해서는 자료값의 적어도 88.89%가 40과 100 사이에 놓인다.

그림 3–3
체비셰프의 정리

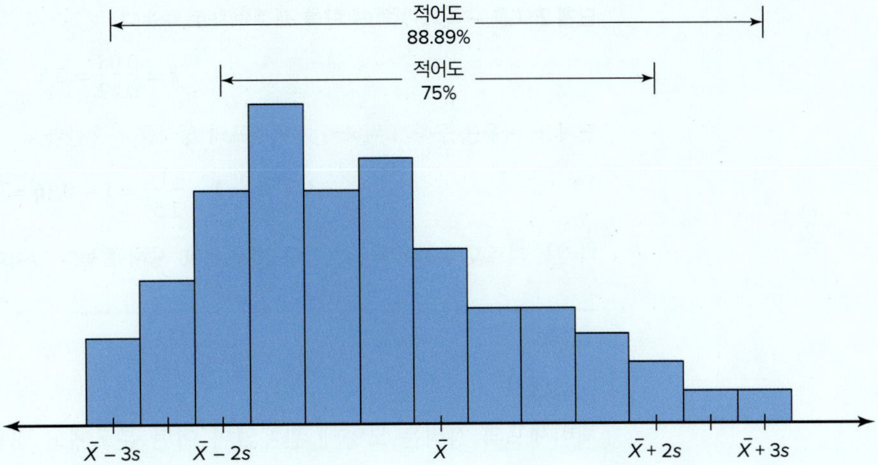

요약하면 체비셰프의 정리는 다음과 같다.

- 자료값의 적어도 3/4 혹은 75%가 평균의 2 표준편차 안에 놓인다.
- 자료값의 적어도 8/9 혹은 89%가 평균의 3 표준편차 안에 놓인다.

이 정리는 모양에 관계없이 모든 분포에 적용할 수 있다([그림 3–3] 참조). [예제 3–25]와 [예제 3–26]은 체비셰프의 정리를 응용한 예이다.

예제 3–25 주택가격

어느 지역의 평균 주택가격이 50,000달러, 표준편차가 10,000달러이다. 주택의 적어도 75%가 팔릴 가격의 범위를 구하시오.

해답

체비셰프의 정리에 따라 자료값의 적어도 3/4 혹은 75%가 평균의 2 표준편차 안에 놓인다. 따라서

$$50{,}000 + 2(10{,}000) = 50{,}000 + 20{,}000 = 70{,}000,$$
$$50{,}000 - 2(10{,}000) = 50{,}000 - 20{,}000 = 30{,}000$$

이다. 따라서 이 지역에서 판매된 주택의 적어도 75%가 30,000달러에서 70,000달러의 가격범위를 가질 것이다.

체비셰프의 정리는 두 값 사이에 놓이는 자료값의 최소비율을 구하는 데 사용될 수 있다.

예제 3–26 운송 비용

어떤 택배 회사의 평균 운송 비용은 마일당 0.25달러이며, 표준편차는 0.02달러이다. 체비셰프의 정리를 통해 0.2달러와 0.3달러 사이에 놓이는 자료값의 최소비율을 구하시오.

해답

단계 1 큰 값에서 평균을 뺀다.

$$0.30 - 0.25 = 0.05$$

단계 2 k를 구하기 위하여 차를 표준편차로 나눈다.

$$k = \frac{0.05}{0.02} = 2.5$$

단계 3 비율을 구하기 위하여 체비셰프의 정리를 사용한다.

$$1 - \frac{1}{k^2} = 1 - \frac{1}{2.5^2} = 1 - 0.16 = 0.84,\ \ 84\%$$

따라서 자료값의 적어도 84%가 0.20과 0.30 사이에 놓일 것이다.

경험법칙

체비셰프의 정리는 모양에 관계없이 어떤 분포에도 적용된다. 하지만 분포가 **종모양**(bell-shaped) 혹은 **정규**(normal)일 때는 **경험법칙**(**empirical rule**)인 다음 문장이 더 맞다고 할 수 있다.

- 자료값의 약 68%가 평균의 1 표준편차 안에 놓인다.
- 자료값의 약 95%가 평균의 2 표준편차 안에 놓인다.
- 자료값의 약 99.7%가 평균의 3 표준편차 안에 놓인다.

예를 들어, 성취도 시험성적이 평균 480이고 표준편차 90이라고 하자. 만약 이 성적이 정규분포를 따른다면 약 68%는 390(480 − 90)과 570(480 + 90) 사이에 놓일 것이다. 성적의 약 95%는 300(480 − 2 · 90)과 660(480 + 2 · 90) 사이에 놓일 것이다. 성적의 약 99.7%는 210(480 − 3 · 90)과 750(480 + 3 · 90) 사이에 놓일 것이다. [그림 3-4]를 보자(6장에서 경험법칙을 더 자세히 설명한다).

경험법칙은 분포가 근사적으로 종모양임을 요구하므로 모든 분포에 적용되는 체비셰프 정리보다 더 정확하다.

자료의 선형변환

통계학에서는 때때로 자료값을 다른 값으로 변환해야 하는 경우가 있다. 예를 들어 캐나다에서 수집된 온도자료를 이용한다면 이 값들은 섭씨온도척도를 사용했을 것이다. 하지만 연구를 미국에서 한다면 화씨온도척도로 이 값들을 바꿀 것이다. 이 변환을 **자료의 선형변환**

그림 3-4
경험법칙

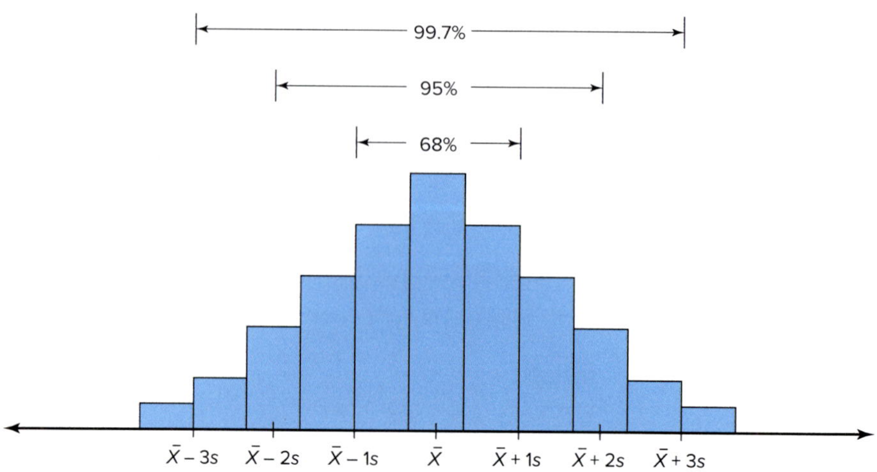

(linear transformation of the data)이라고 한다. 의문이 생긴다. 자료의 선형변환은 자료값의 평균과 표준편차에 어떻게 영향을 주는가?

여러분이 직원이 5명인 가게를 소유하고 있다고 가정한다. 직원들의 시급(달러)은 다음과 같다.

10 13 10 11 16

시급의 평균은 $\overline{X} = 12$달러이고 표준편차는 2.550이다. 수익이 많아 각 직원들에게 시간당 1달러를 올려주기로 결정하였다고 가정한다. 새 시급은 다음이 될 것이다.

11 14 11 12 17

새 시급의 평균은 $\overline{X} = 13$달러이고 표준편차는 2.550이다. 평균값은 더해준 양만큼 증가하지만 표준편차는 변하지 않는다.

직원 5명의 주당 근무 시간은 다음과 같다고 한다.

15 12 18 20 10

원자료의 시간의 평균은 $\overline{X} = 15$이고 표준편차는 4.123이다. 12월에는 직원들의 근무시간을 두 배 늘리기로 결정하였다. 이것은 평균과 표준편차에 어떻게 영향을 끼치는가?

자료값에 2를 곱하면 새 자료집합은 다음과 같다.

30 24 36 40 20

새 자료집합의 평균은 $\overline{X} = 30$이고 표준편차는 8.246이다. 평균과 표준편차의 값은 두 배가 된다.

따라서 각 자료에 상수를 곱한다면 새 자료집합의 평균은 원자료집합 평균의 상수배가 되고, 새 자료집합의 표준편차는 원자료집합 표준편차의 상수배의 절댓값(양수)과 같을 것이다.

개념의 적용 3-2

혈압

다음 표는 평균과 표준편차를 나타낸다. 평균은 (±)의 앞 숫자이고, 표준편차는 (±)의 다음 숫자이다. 노인들의 평균 혈압을 알아보기 위한 연구에서 얻은 결과이다. 결과를 이용하여 질문에 답하시오.

	정상혈압		고혈압	
	남자 (n = 1200)	여자 (n = 1400)	남자 (n = 1100)	여자 (n = 1300)
나이	55 ± 10	55 ± 10	60 ± 10	64 ± 10
혈압(mm Hg)				
수축기	123 ± 9	121 ± 11	153 ± 17	156 ± 20
이완기	78 ± 7	76 ± 7	91 ± 10	88 ± 10

1. 정상혈압 남자의 수축기 혈압에 체비셰프의 정리를 적용하시오. 연구에 포함된 남자 중 적어도 몇 명이 평균의 1 표준편차 안에 놓이는가?
2. 연구에 포함된 남자 중 적어도 몇 명이 평균의 2 표준편차 안에 놓이는가?

노인들의 혈압이 정규분포를 따른다고 가정한다. 경험법칙을 사용하여 다음 질문에 답하시오.

3. 여자들의 이완기 혈압(정상, 고혈압)의 범위를 구하시오.
4. 정상혈압인 남자의 수축기 혈압 범위와 고혈압인 남자의 수축기 혈압의 범위가 겹치는가?

정답 151쪽 참조

연습문제 3-2

1. 분산과 표준편차 사이의 관계를 설명하시오.

2. 모집단의 분산과 표준편차를 나타내는 기호는 무엇인가?

3. 분산의 비편향추정량을 사용하는 이유는 무엇인가?

4. 여행자 지출 다음 자료는 최근 몇 년간 10개 주에서 소비한 여행자 지출액(10억 달러)을 나타낸다. 자료의 범위, 분산, 표준편차를 구하시오.

20.1 33.5 21.7 58.4 23.2 110.8 30.9
24.0 74.8 60.0

출처: U.S. Travel Agency.

5. 은과 주석 가격 다음 자료는 최근 9년 동안 은과 주석의 가격이다. 범위, 분산, 표준편차를 구하시오. 어느 것이 더 변동이 큰가?

은	주석
23.80	13.40
31.21	12.83
35.24	15.75
20.20	12.40
14.69	8.37
15.00	11.29
13.41	8.99
11.57	5.65
7.34	4.83

출처: Department of the Interior.

6. 쌍둥이 과거 10년간 미국에서의 다양한 쌍둥이 수를 열거하였다. 자료의 범위, 분산, 표준편차를 구하시오. 어느 자료가 변동이 가장 심한가?

세쌍둥이			네쌍둥이			다섯 쌍둥이		
5877	7110	5937	345	468	369	46	85	91
6898	6118	6885	434	355	501	69	67	85
6208	6742	6750	418	506	439	68	77	86
	6742			512			67	

출처: *World Almanac 2012*.

7. 미국 우주비행사 후보자의 나이 과거 우주비행사 후보자의 평균 나이는 34세였으며, 후보자들의 나이 범위는 26~46세였다. 범위의 경험법칙을 사용하여 지원자 나이의 표준편차를 추정하시오.

출처: www.nasa.gov

8. 통과된 공법 다음 자료는 최근 몇 년간 미국의회에서 통과된 공법 수이다. 자료의 범위, 분산, 표준편차를 구하시오.

283 394 383 580 498 460 377 482

출처: Congressional Record.

9. 연간 강수량 미국 50대 도시 중 절반의 연간 강수량이 다음과 같다. 자료의 범위, 분산, 표준편차를 구하시오.

135 128 136 78 116 77 111 79 44 97
116 123 88 102 26 82 156 133 107 35
112 98 45 122 125

10. 교사당 학생 미국 50개 주의 교사당 평균 학생수의 도수분포이다. 자료의 분산과 표준편차를 구하시오.

계급한계	도수
9–11	2
12–14	20
15–17	18
18–20	7
21–23	2
24–26	1
	50

출처: U.S. Department of Education.

11. 강력사건 다음은 선택된 25개 도시에서의 강력사건 수를 나타낸다. 자료의 분산과 표준편차를 구하시오.

계급한계	도수
34–96	13
97–159	2
160–222	0
223–285	5
286–348	1
349–411	1
412–474	0
475–537	1
538–600	2

12. FM 라디오 방송국 다음은 30개 주에서 각 주의 저출력 FM 라디오 방송국 수를 나타낸다. 자료의 분산과 표준편차를 구하시오.

계급한계	도수
1–9	5
10–18	7
19–27	10
28–36	3
37–45	3
46–54	2

출처: Federal Communications Commission.

13. 폭포 높이 다음 도수분포는 28개 폭포의 높이를 나타낸다. 자료의 분산과 표준편차를 구하시오.

계급경계	도수
52.5–185.5	8
185.5–318.5	11
318.5–451.5	2
451.5–584.5	1
584.5–717.5	4
717.5–850.5	2

출처: National Geographic Society.

14. 결근 건설 근로자의 연간 평균결근일수는 11일이고 표준편차는 2.3이다. 공장 근로자의 연간 평균결근일수는 8일이고 표준편차는 1.8이다. 어느 그룹의 변동이 더 심한가?

15. 응급실 대기시간 추가 치료가 필요한 사람들의 응급실 대기시간의 평균은 80.2분이고 표준편차는 10.5분이다. 치료를 받고 퇴원한 환자들의 대기시간의 평균은 120.6분이고 표준편차는 18.3분이다. 어느 것이 변동이 더 심한가?

16. 체비셰프 정리를 사용하여 평균 80, 표준편차 10인 분포에 대한 질문에 답하시오.

a. 적어도 몇 %가 60과 100 사이에 놓이는가?

b. 적어도 몇 %가 65와 95 사이에 놓이는가?

17. 평균이 72인 160개 값의 분포에서 적어도 120개가 67~77에 놓인다. 근사적으로 몇 %가 62~82에 놓이는가? 체비셰프 정리를 사용하시오.

18. 온라인 소비시간 미국인들은 하루에 평균 3시간을 온라인에서 보낸다. 만약 표준편차가 32분이라면 적어도 자료의 88.89%가 놓이는 구간을 구하시오. 체비셰프 정리를 사용하시오.

출처: www.cs.cmu.edu

19. 주택판매가격 2016년 1월 미국의 1가구용 주택의 평균가격이 258,100달러였다. 만약 표준편차가 48,500달러라면 적어도 75%가 놓이는 가격 범위를 구하시오.

출처: YCharts.com

20. 농장 크기 2014년도 미국 내 농장의 평균 면적은 504에이커였다. 표준편차는 55.7에이커였다. 체비셰프의 정리를 사용하여 364.75~643.25에 놓이는 자료값의 최소비율을 구하시오.

출처: *World Almanac*.

21. SAT 점수 2014년 수학 SAT 점수의 전국 평균은 538점이었다. 점수의 분포는 근사적으로 종모양이고 표준편차는 약 48점이었다고 한다. 점수의 68%가 놓일 구간을 구하시오. 634점 이상은 몇 %인가?

22. 악기가격 어떤 악기가게에서 악기의 평균가격은 325달러이고 표준편차는 52달러이다. 만약 모든 악기의 가격을 20달러씩 올린다면 가격의 평균과 표준편차는 얼마가 되는가?

23. 애완용 물고기 가격 애완용 물고기 가격의 평균은 2.17달러이고 표준편차는 0.55달러라고 한다. 가격을 3배 올린다면 새 가격의 평균과 표준편차는 얼마인가?

개념의 확장

24. 혈청 콜레스테롤 수준 다음 자료에 대하여 평균과 표준편차를 구하시오. 자료는 30명의 혈청 콜레스테롤 수준을 나타낸다. 평균의 2 표준편차 안에 놓이는 자료의 수를 세시오. 체비셰프의 정리로 얻은 결과와 비교하시오. 결과를 설명하시오.

211	240	255	219	204
200	212	193	187	205
256	203	210	221	249
231	212	236	204	187
201	247	206	187	200
237	227	221	192	196

25. 체비셰프의 정리를 사용하여 평균의 k 표준편차 안에 놓이는 자료값의 최소비율을 구하여 표를 완성하시오.

k	1.5	2	2.5	3	3.5
%					

26. 평균편차 평균편차(mean deviation)는 다음 공식으로 정의한다.

$$\text{평균편차} = \frac{\Sigma|X - \overline{X}|}{n}$$

X: 값, $\overline{X}$: 평균, n: 자료수, $||$ = 절댓값.

다음 자료의 평균편차를 구하시오.

5, 9, 10, 11, 11, 12, 15, 18, 20, 22

27. 피어슨의 왜도계수 분포의 왜도(skewness)를 결정하는 측도를 **피어슨 왜도계수**(PC, Pearson coefficient of skewness)라고 한다. 공식은

$$\text{PC} = \frac{3(\overline{X} - \text{MD})}{s}$$

이다. 계수의 값은 일반적으로 −3에서 +3 사이에 걸쳐있다. 분포가 대칭이면 계수는 0이다. 분포가 오른쪽으로 기울어져 있으면 양수가 되고, 왼쪽으로 기울어져 있으면 음수가 된다.

공식을 사용하여 각 분포의 왜도를 구하고 분포의 모양을 설명하시오.

a. 평균 10, 중앙값 8, 표준편차 3

b. 평균 42, 중앙값 45, 표준편차 4

c. 평균 18.6, 중앙값 18.6, 표준편차 1.5

d. 평균 98, 중앙값 97.6, 표준편차 4

28. 모든 자료값은 평균의 $s\sqrt{n-1}$ 안에 놓여야만 한다. 평균이 50이고 표준편차가 3인 25개의 자료를 수집하였는데 그중에 67이 있다면 어떻게 결론을 내려야 하는가?

EXCEL

Step by Step

변동의 측도 구하기

예제 XL3-2

[예제 3-20] 자료의 분산, 표준편차, 범위를 구하시오.

9 10 14 7 8 3

1. Excel 워크시트 A2-A7에 자료를 입력한다. A1에 변수이름을 입력한다.
2. 분산을 구하기 위해 비어있는 칸에 '= VAR.S(A2:A7)'을 입력한다.
3. 표준편차를 구하기 위해 비어있는 칸에 '= STDEV.S(A2:A7)'을 입력한다.
4. 범위를 구하기 위해 비어있는 칸에 '= MAX(A2:A7)−MIN(A2:A7)'을 입력한다.

워크시트에 직접 입력하지 않고 통계함수를 이용할 수도 있다.

1. '수식' 툴바에서 f_x 함수 삽입를 선택한다.
2. '범주 선택'에서 '통계'를 선택한다.
3. 각 항목에 맞는 적절한 함수[분산(VAR.S), 표준편차(STDEV.S), 범위(MAX−MIN)]를 선택한 후 범위(A2:A7)를 지정하고 [확인]을 누른다.

	A	B	C	D
1	파업수			
2	9		분산	13.1
3	10		표준편차	3.619392
4	14		범위	11
5	7			
6	8			
7	3			
8				
9				

3-3 위치의 측도

학습목표 3
백분위수, 십분위수, 사분위수와 같은 다양한 위치의 측도를 사용하여 자료집합에서 자료값의 위치 식별하기

중심경향의 측도, 변동의 측도와 더불어 위치의 측도가 있다. 이들 측도에는 표준점수, 백분위수, 십분위수, 사분위수가 있다. 이들 측도는 자료집합에서 자료값의 상대적 위치를 나타내는 데 사용된다. 예를 들어, 만약 값이 80백분위수에 위치한다면 자료의 80%가 그 값보다 아래에 놓이고 20%가 그 값보다 위에 있다는 것을 의미한다. **중앙값**(median)은 50백분위수에 대응하는 값이다.

표준점수

"사과와 오렌지를 비교할 수 없다"라는 격언이 있다. 그러나 통계학을 사용하면 어느 정도 가능하다. 한 학생이 음악시험에서 90점, 영어시험에서 45점을 받았다고 가정한다. 시험은 문제 수, 각 문제의 가치 등등에서 동등하지 않기 때문에 원점수의 직접 비교는 불가능하다. 그러나 양쪽에 비슷한 상대적 표준의 비교는 할 수 있다. 이 비교는 평균과 표준편차를 사용하

며, **표준점수** 혹은 z **점수**라고 한다.

표준점수는 특정 분포에서 자료값이 평균으로부터 몇 표준편차 떨어져 있는지를 알려준다. 만약 표준점수가 0이라면 자료값은 평균과 같다.

어떤 값의 **표준점수**(standard score) 혹은 z **점수**(z score)는 그 값에서 평균을 빼고 표준편차로 나누어 구한다. 공식은

$$z = \frac{\text{값} - \text{평균}}{\text{표준편차}}$$

이다.

표본인 경우,

$$z = \frac{X - \overline{X}}{s}$$

모집단인 경우,

$$z = \frac{X - \mu}{\sigma}$$

z 점수는 자료값이 평균에서 위나 아래로 떨어져 있는 표준편차수를 나타낸다.

이 절에서는 z 점수를 구할 때 자료는 표본이라고 가정한다.

흥미 있는 사실

한 사람이 평생 인식하고 기억하는 얼굴 수의 평균은 10,000명이다.

예제 3-27 시험점수

한 학생이 평균이 76점, 표준편차 4점인 영어시험에서 85점을 받았다. 또한 평균이 36점, 표준편차 3점인 프랑스어시험에서 42점을 받았다. 두 시험점수의 상대적 위치를 비교하시오.

해답

먼저 z 점수를 구한다. 영어시험의 z 점수는

$$z = \frac{X - \overline{X}}{s} = \frac{85 - 76}{4} = 2.25$$

이다. 프랑스어시험의 z 점수는

$$z = \frac{X - \overline{X}}{s} = \frac{42 - 36}{3} = 2.00$$

이다. 영어의 z 점수가 프랑스어보다 높으므로 영어 반에서의 상대적 위치가 프랑스어 반에서의 상대적 위치보다 더 위에 있다.

만약 z 점수가 양수라면 점수는 평균보다 위에 있다. 만약 z 점수가 0이라면 점수는 평균과 같다. z 점수가 음수라면 점수는 평균보다 아래에 있다.

예제 3-28 결혼 연령

최근 연구에 의하면 남자들이 결혼하는 평균 연령은 26.4세이고 표준편차는 2라고 한다. 여자들이 결혼하는 평균 연령은 23.5세이고 표준편차는 2.3이라고 한다. 24세에 결혼하는 남자와 22세에 결혼하는 여자의 상대적 위치를 구하시오.

해답

$$\text{남자, } z = \frac{X - \overline{X}}{s} = \frac{24 - 26.4}{2} = -1.2$$

$$\text{여자, } z = \frac{X - \overline{X}}{s} = \frac{22 - 23.5}{2.3} = -0.65$$

이 경우 여자의 결혼 연령이 남자보다 상대적으로 더 높다.

어떤 변수의 모든 값을 z 점수로 변환하면 결과적인 분포는 평균이 0이고 표준편차가 1일 것이다. 실제 점수는 정해진 분포에서 각 값이 평균에서 떨어져 있는 표준편차 수이다. [예제 3.27]에서 영어시험점수는 평균에서 위쪽으로 2.25 표준편차 떨어져 있고 프랑스어시험점수는 평균보다 위쪽으로 2 표준편차 떨어져 있다. 6장에서 자세히 설명한다.

백분위수

백분위수는 그룹 내 한 개인의 위치를 나타내는 데 사용되는 위치측도이다.

백분위수(percentile)는 자료집합을 100개의 동일한 그룹으로 나눈다.

흥미 있는 사실

지구상에서 기록된 가장 높은 기온은 1922년 리비아의 화씨 136도이다. 지구상에서 기록된 가장 낮은 기온은 1983년 남극대륙에서의 화씨 −129도이다.

표 3-3 토플 백분위수 순위와 평가점수

평가점수	Section 1 청취	Section 2 구조와 작문	Section 3 어휘와 독해	전체 평가점수	백분위수 순위
68	99	98			
66	98	96	98	660	99
64	96	94	96	640	97
62	92	90	93	620	94
60	87	84	88	600	89
→58	81	76	81	580	82
56	73	68	72	560	73
54	64	58	61	540	62
52	54	48	50	520	50
50	42	38	40	500	39
48	32	29	30	480	29
46	22	21	23	460	20
44	14	15	16	440	13
42	9	10	11	420	9
40	5	7	8	400	5
38	3	4	5	380	3
36	2	3	3	360	1
34	1	2	2	340	1
32		1	1	320	
30		1	1	300	
평균 표준편차	51.5 7.1	52.2 7.9	51.4 7.5	517 68	평균 표준편차

출처: Educational Testing Service.

백분위수는

$$P_1, P_2, P_3, \ldots, P_{99}$$

로 표시되고 분포를 100개 그룹으로 나눈다.

시험성적, 키 혹은 체중과 같은 여러 가지 측정에 대해 만들어진 그래프나 표를 많이 보았을 것이다. [표 3–3]은 토플 점수의 백분위수 순위와 평가점수를 나타낸다. 한 학생이 청취에서 58점을 받았다면 81백분위수 순위이다. 따라서 그 학생은 청취시험을 본 학생들의 81%보다 잘한 것이다.

[그림 3–5]는 2~18세 소녀의 체중을 백분위수로 표현한 그림이다. 체중 82파운드인 11살 아이의 백분위수 순위를 구하려면 왼쪽 축의 82파운드에서 시작해서 오른쪽으로 옮겨간다. 수평축에서 11살을 찾아 수직으로 옮겨간다. 두 직선이 제50백분위수 곡선에서 만난다. 따라

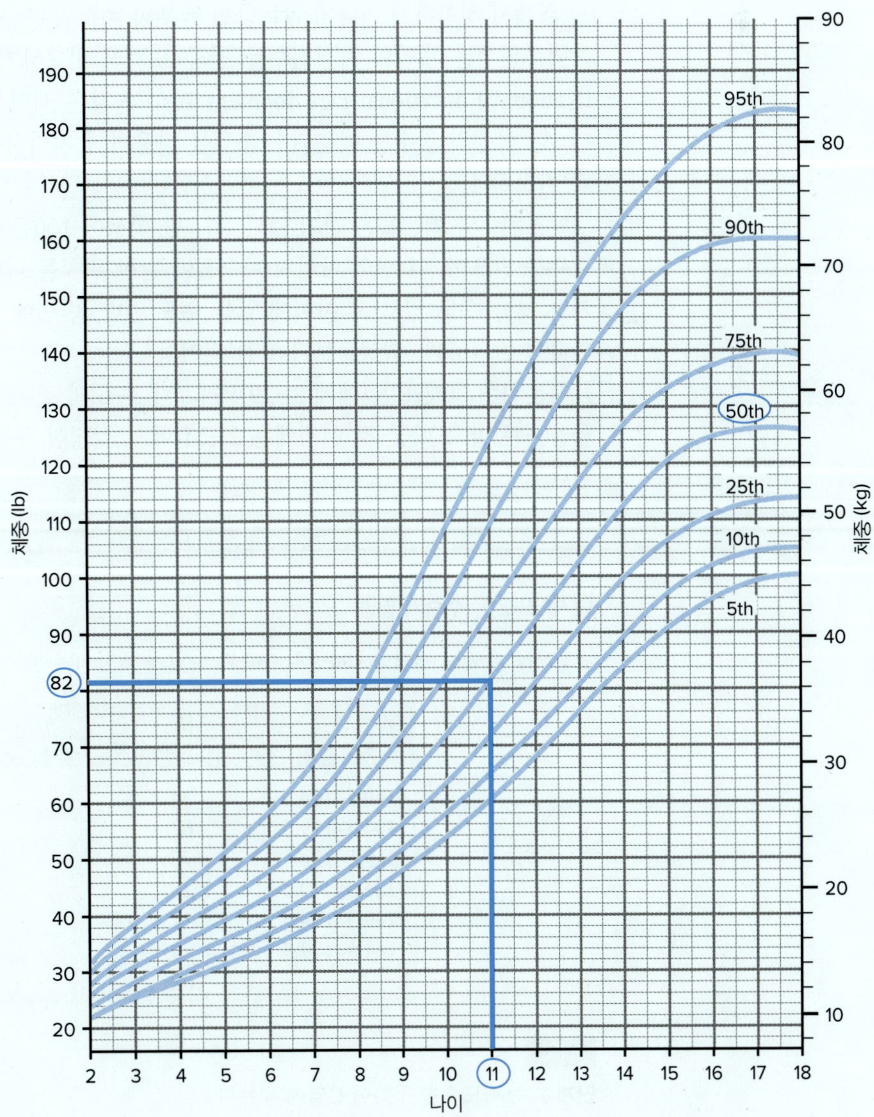

그림 3–5

나이별 여성 체중과 백분위수 순위

그림 3-6
[예제 3-29]의 백분위수 그래프

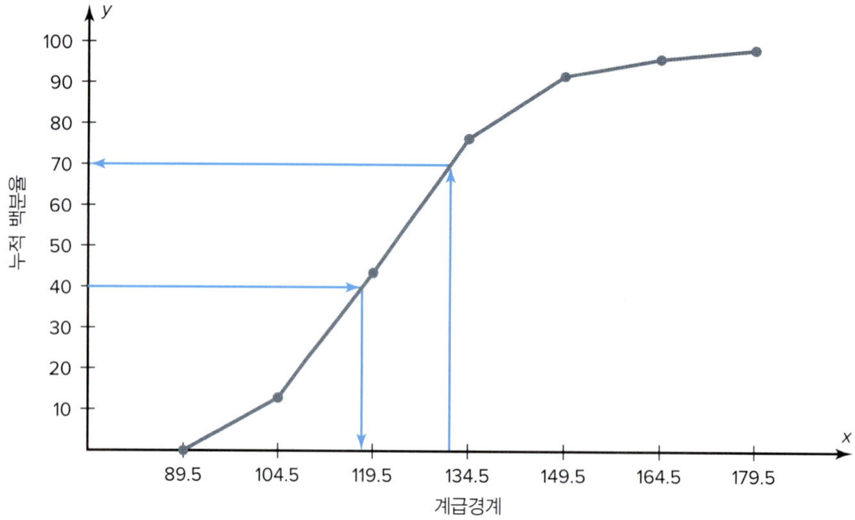

서 체중 82파운드의 11살 아이는 같은 나이 집단에서 제50백분위수에 속한다. 두 직선이 곡선 위에서 정확하게 만나지 않는다면 백분위수 순위는 근사된다.

백분위수는 개인의 시험점수를 전국 표준과 비교하기 위해 사용된다. 예를 들면, NEDT(National Educational Development Test)와 같은 시험은 9학년 또는 10학년 학생들이 치른다. 한 학생의 점수는 백분위수 순위를 사용하여 지역적이나 전국적으로 다른 학생들의 성적과 비교된다.

백분위수와 백분율은 같지 않다. 즉, 한 학생이 100문제 중 72문제를 맞추었다면 72백분율 점수를 받으며, 그 반의 나머지 학생들에 관한 위치를 나타내지 않는다. 가장 높을 수도 있고, 가장 낮을 수도 있고 그 사이에 있을 수도 있다. 반면에 원점수 72점이 제64백분위수에 대응한다면 반의 64% 학생들보다 잘한 것이다.

백분위수 그래프는 [예제 3-29]와 [그림 3-6]과 같이 만들 수 있다. 백분위수 그래프는 비율을 백분율로 바꾼 것 이외에는 2-2절에서 설명한 누적상대도수 그래프와 같은 값을 사용한다.

예제 3-29 수축기 혈압

랜덤으로 추출된 대학생 200명의 수축기 혈압에 대한 도수분포이다. 백분위수 그래프를 작성하시오.

A 계급경계	B 도수	C 누적도수	D 누적 백분율
89.5–104.5	24		
104.5–119.5	62		
119.5–134.5	72		
134.5–149.5	26		
149.5–164.5	12		
164.5–179.5	4		
	200		

해답

단계 1 누적도수를 구하여 C열에 넣는다.

단계 2 누적 백분율을 구하여 D열에 넣는다.

$$누적\ \% = \frac{누적도수}{n} \cdot 100$$

첫 번째 계급은

$$누적\ \% = \frac{24}{200} \cdot 100 = 12\%$$

이다. 다음이 완성된 표이다.

A 계급경계	B 도수	C 누적도수	D 누적 백분율
89.5–104.5	24	24	12
104.5–119.5	62	86	43
119.5–134.5	72	158	79
134.5–149.5	26	184	92
149.5–164.5	12	196	98
164.5–179.5	4	200	100
	200		

단계 3 x축을 계급경계로 잡고, y축을 백분율로 잡아 [그림 3–6]과 같이 그래프를 그린다.

백분위수 그래프를 그렸다면 주어진 혈압에 대한 근사적인 대응 백분위수 순위를 찾을 수 있고, 주어진 백분위수 순위에 대한 근사적인 혈압을 찾을 수 있다.

예를 들어, 혈압 130에 대응하는 백분위수 순위를 구하려면 [그림 3–6]의 x축에서 130을 찾아 수직선을 그린다. 교차점에서 수평으로 y축 값을 읽는다. 혈압 130은 근사적으로 제70 백분위수에 대응한다.

만약 제40백분위수에 대응하는 값을 알고 싶으면 y축 40에서 수평으로 직선을 그린다. 그리고 x축으로 수직선을 그려 값을 읽는다. [그림 3–6]에서 제40백분위수는 근사적으로 118에 대응한다. 따라서 어떤 사람이 혈압이 118이라면 40백분위수이다.

그래프를 사용하여 값과 대응하는 백분위수 순위를 찾는 방법은 근사적인 답을 구하는 방법이며, 이 외에 자료에 대한 백분위수를 구하는 수학적 방법들이 있다. 이 방법들은 자료값의 근사적인 백분위수 순위나 주어진 백분위수에 대응하는 자료값을 찾는 데 사용된다. 자료집합이 크다면(100 이상) 이 방법들은 더 좋은 결과를 가져온다. [예제 3–30]과 [예제 3–31]에서 이 방법을 소개한다.

백분위수 공식

주어진 X값에 대응하는 백분위수는 다음 공식을 사용하여 계산된다.

$$백분위수 = \frac{X보다\ 작은\ 값의\ 수 + 0.5}{전체\ 자료수} \cdot 100$$

예제 3-30 교통위반

다음은 10일 동안 경찰청에 기록된 교통위반 건수를 보여준다. 16의 백분위수 순위를 구하시오.

22 19 25 24 18 15 9 12 16 20

해답

자료를 오름차순으로 정렬한다.

9 12 15 16 18 19 20 22 24 25

공식

$$\text{백분위수} = \frac{X\text{보다 작은 값의 수} + 0.5}{\text{전체 자료수}} \cdot 100$$

에 대입한다. 16보다 작은 값이 3개이므로

$$\text{백분위수} = \frac{3 + 0.5}{10} \cdot 100 = 35\text{백분위수}$$

따라서 16은 자료값들의 35%보다 높다.

참고: 예를 들어 16의 값은 이론적으로 15.5와 16.5 사이의 모든 값을 의미한다고 가정한다.

예제 3-31 교통위반

[예제 3-30] 자료를 이용하여 24의 백분위수 순위를 구하시오.

해답

24보다 작은 값이 8개이므로

$$\text{백분위수} = \frac{8 + 0.5}{10} \cdot 100 = 85\text{백분위수}$$

따라서 자료값 24는 자료집합에 있는 값들의 85%보다 높다.

주어진 백분위수에 대응하는 값을 구하는 단계를 절차 표로 요약한다.

절차 표

주어진 백분위수에 대응하는 자료값 구하기

단계 1 자료를 오름차순으로 정렬한다.

단계 2 공식

$$c = \frac{n \cdot p}{100}$$

에 대입한다. n은 전체 자료수이고, p는 백분위수이다.

단계 3A 만약 c가 정수가 아니라면 다음 정수로 반올림을 한다. 최솟값에서 출발해서 반올림한 값에 대응하는 수까지 센다.

단계 3B 만약 c가 정수라면 c번째와 $c + 1$번째 가운데 값을 사용한다.

[예제 3-32]와 [예제 3-33]은 주어진 백분위수에 대응하는 값을 구하는 절차를 보여준다.

예제 3-32 교통위반

[예제 3-30] 자료를 이용하여 제65백분위수에 대응하는 값을 구하시오.

해답

단계 1 자료를 오름차순으로 정렬한다.

9 12 15 16 18 19 20 22 24 25

단계 2 n은 자료수, p는 백분위수일 때

$$c = \frac{n \cdot p}{100}$$

를 계산한다. 즉,

$$c = \frac{10 \cdot 65}{100} = 6.5$$

단계 3 만약 c가 정수가 아니라면 정수로 반올림한다. 즉, $c = 7$. 최솟값에서 출발해서 7번째 값, 즉 20이다. 따라서 값 20이 제65백분위수에 대응한다.

예제 3-33 교통위반

[예제 3-30] 자료를 이용하여 제30백분위수에 대응하는 자료값을 구하시오.

해답

단계 1 자료를 오름차순으로 정렬한다.

9 12 15 16 18 19 20 22 24 25

단계 2 공식에 대입한다.

$$c = \frac{n \cdot p}{100} \qquad c = \frac{10 \cdot 30}{100} = 3$$

단계 3 만약 c가 정수라면 최솟값에서 출발해서 c와 $c+1$ 사이 값을 사용한다. 이 경우 3번째와 4번째 값을 사용한다.

9 12 15 16 18 19 20 22 24 25

↑ 3번째값 (15) ↑ 4번째값 (16)

가운데 값은 15와 16 사이에 있는 15.5이다. 따라서 15.5가 30백분위수에 대응한다.

사분위수와 십분위수

사분위수(quartile)는 분포를 네 개의 동등한 그룹으로 나눈다. Q_1, Q_2, Q_3로 표기한다.

Q_1은 제25백분위수와 같고, Q_2는 제50백분위수 또는 중앙값과 같고 Q_3는 제75백분위수와 같다.

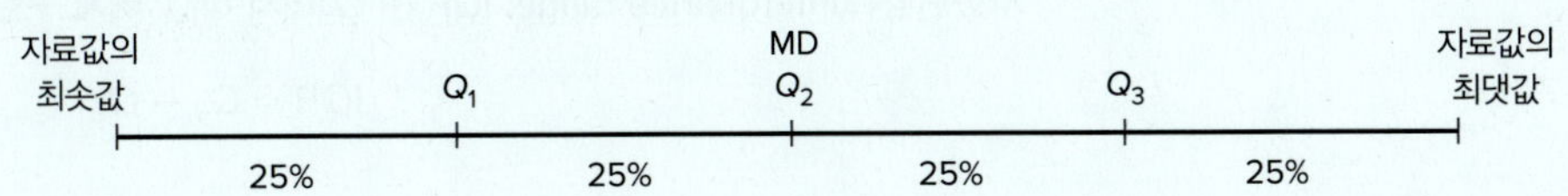

사분위수는 백분위수 공식을 사용하여 계산할 수 있다. Q_1에 대하여 $p = 25$, Q_2에 대하여 $p = 50$, Q_3에 대하여 $p = 75$를 사용한다. 하지만 사분위수를 구하는 더 쉬운 방법이 있으며 다음 절차 표에 설명한다.

절차 표

Q_1, Q_2, Q_3에 대응하는 자료값 구하기

단계 1 자료를 오름차순으로 정렬한다.
단계 2 자료의 중앙값을 구한다. 이 값이 Q_2이다.
단계 3 Q_2보다 작은 값들의 중앙값을 구한다. 이 값이 Q_1이다.
단계 4 Q_2보다 큰 값들의 중앙값을 구한다. 이 값이 Q_3이다.

예제 3-34 교통위반

[예제 3-30] 자료를 이용하여 Q_1, Q_2, Q_3를 구하시오.

해답

단계 1 자료를 오름차순으로 정렬한다.

9 12 15 16 18 19 20 22 24 25

단계 2 중앙값 Q_2를 구한다.

9 12 15 16 18 19 20 22 24 25
↑

$$\text{MD} = \frac{18 + 19}{2} = 18.5$$

단계 3 18.5보다 작은 값들의 중앙값을 구한다.

9 12 15 16 18
↑
$Q_1 = 15$

단계 4 18.5보다 큰 값들의 중앙값을 구한다.

19 20 22 24 25
↑
$Q_3 = 22$

따라서 $Q_1 = 15$, $Q_2 = 18.5$, $Q_3 = 22$이다.

사분위수는 자료집합을 네 그룹으로 나눌 뿐 아니라 변동에 대한 개략적인 측도로 사용될 수 있다. 사분위수를 이용하는 변동의 측도를 **사분위범위**라고 하며 자료의 가운데 50%의 범위이다.

사분위범위(interquartile range: IQR)는 Q_3에서 Q_1을 빼서 구한다.

$$\text{IQR} = Q_3 - Q_1$$

예제 3-35 교통위반

[예제 3-30] 자료집합의 사분위범위를 구하시오.

해답

Q_1과 Q_3를 구한다. [예제 3-34]에서 이미 구하였다. $Q_1 = 15$, $Q_3 = 22$이다. Q_3에서 Q_1을 뺀다.

$$\text{IQR} = Q_3 - Q_1 = 22 - 15 = 7$$

사분위범위는 7이다.

표준편차와 같이, 자료집합의 변동이 크면 사분위범위의 값도 커진다.

십분위수(decile)는 분포를 10개 그룹으로 나눈다. D_1, D_2 등으로 표기한다.

이색 통계

미국에서 소비되는 주류 중 85%가 맥주다.

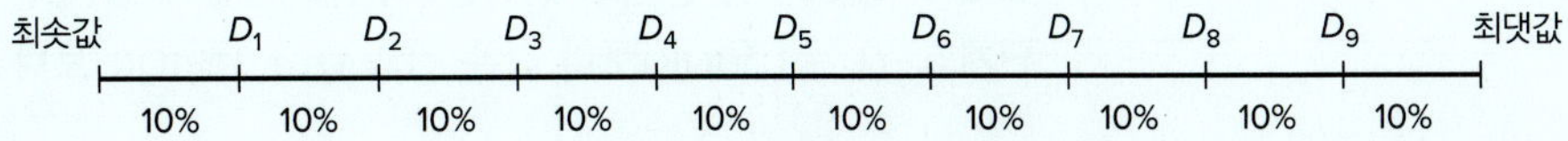

D_1은 P_{10}에 대응하고 D_2은 P_{20}에 대응한다. 십분위수는 백분위수 공식을 사용하여 구할 수 있다. 백분위수, 십분위수, 사분위수 사이에는 다음과 같은 관계가 있다.

십분위수는 $D_1, D_2, D_3, \ldots, D_9$으로 표기되고 $P_{10}, P_{20}, P_{30}, \ldots, P_{90}$에 대응한다.
사분위수는 Q_1, Q_2, Q_3로 표기되고 P_{25}, P_{50}, P_{75}에 대응한다.
중앙값은 P_{50} 혹은 Q_2 혹은 D_5와 같다.

위치측도를 [표 3-4]에 요약하였다.

표 3-4 위치측도의 요약

측도	정의	기호
표준점수 혹은 z 점수	자료값이 평균에서 위 혹은 아래로 떨어져 있는 표준편차 수	z
백분위수	자료값이 분포에서 갖는 백등분의 위치	P_n
십분위수	자료값이 분포에서 갖는 십등분의 위치	D_n
사분위수	자료값이 분포에서 갖는 사등분의 위치	Q_n

이상점

자료집합에 극단적으로 높은 값이나 낮은 값이 있는지를 검토해야 한다. 이런 값들을 **이상점**이라고 한다.

이상점(outlier)은 나머지 자료값과 비교할 때 극단적으로 높은 값이나 낮은 값이다.

이상점은 변수의 평균과 표준편차에 강하게 영향을 줄 수 있다. 예를 들어, 한 연구자가 실수로 값을 극단적으로 높게 기록하였다고 하자. 이 값은 해당 변수의 평균과 표준편차를 실제보다 크게 만들 것이다.

평균과 표준편차는 이상점의 영향을 받으므로 **비저항통계**(nonresistant statistics)라고 한다.

중앙값과 사분위범위는 이상점의 영향을 적게 받으므로 **저항통계**(resistant statistics)라고 한다. 분포가 기울어져 있거나 이상점을 포함하고 있으면 중앙값과 사분위범위가 평균과 표준편차보다 자료를 더 정확하게 설명하기 위해 사용된다. 이상점은 다른 통계량에도 영향을 줄 수 있다.

이상점을 검토하는 여러 방법이 있다. 하나의 방법을 다음 절차 표에서 설명한다.

절차 표

이상점을 식별하는 절차

단계 1 자료를 오름차순으로 정렬하여 Q_1과 Q_3를 구한다.

단계 2 사분위범위를 구한다: $\text{IQR} = Q_3 - Q_1$.

단계 3 IQR에 1.5를 곱한다.

단계 4 Q_1로부터 단계 3에서 얻어진 값을 빼고, Q_3에는 그 값을 더해준다.

단계 5 $Q_1 - 1.5(\text{IQR})$보다 작은 값과 $Q_3 + 1.5(\text{IQR})$보다 큰 값을 찾는다.

예제 3-36 이상점

다음 자료에서 이상점을 찾으시오.

$$5,\ 6,\ 12,\ 13,\ 15,\ 18,\ 22,\ 50$$

해답

자료값 50이 매우 의심스럽다. 다음 절차를 통해 이상점을 찾는다.

단계 1 Q_1과 Q_3를 구한다. $Q_1 = \dfrac{(6+12)}{2} = 9$, $Q_3 = \dfrac{(18+22)}{2} = 20$.

단계 2 사분위범위를 구한다.

$$\text{IQR} = Q_3 - Q_1 = 20 - 9 = 11$$

단계 3 IQR에 1.5를 곱한다.

$$1.5 \times 11 = 16.5$$

단계 4 Q_1로부터 단계 3에서 얻어진 값을 빼고, Q_3에는 그 값을 더해준다.

$$9 - 16.5 = -7.5,\ 20 + 16.5 = 36.5$$

단계 5 −7.5보다 작은 값과 36.5보다 큰 값을 찾는다. 50이 이 구간 밖에 있다. 따라서 이상점이라고 할 수 있다.

이상점이 생기는 여러 가지 이유가 있다. 첫째는 측정이나 관측 오류로 얻어질 수 있다. 연구자가 변수를 부정확하게 측정한 것이다. 둘째는 기록 오류일 수 있다. 즉, 부정확하게 기록하거나 입력할 수 있다. 셋째는 정의된 모집단이 아닌 대상으로부터 얻어진 경우이다. 예를 들면 시험점수를 7학년 반에서 얻은 것이지만 반에 있는 한 학생이 특별히 허락을 받은 6학년일 수가 있다. 이 학생은 그 시험에서 매우 낮은 점수를 받았을 수 있다. 넷째는 확률은 낮지만 우연에 의하여 생긴 정상적인 값일 수 있다.

이상점을 어떻게 해야 한다는 정해진 규칙도 없고, 이상점을 식별하는 방법에 관한 통계학자들의 일치된 의견도 없다. 분명하게 오류에 의한 결과라면 오류를 수정하거나 자료값을 사용하지 않아야 한다. 우연에 의한 결과라면 자료에 그 값을 포함할지를 결정하여야만 한다.

분포가 정규 혹은 종모양이라면 평균에서 3 표준편차 이상에 있는 자료값은 이상점으로 의심할 수 있다.

개념의 적용 3-3

투여량 결정

패혈증 치료를 위한 신약(HDL)의 필요 투여량을 결정하기 위하여 40마리의 쥐에 HDL의 다양한 양을 투여한다고 가정한다. 4개 그룹을 만들어 '적은 용량, 중간 용량, 많은 용량, 매우 많은 용량'으로 지정한다. 투여량은 각 그룹 안에서도 서로 다르다. 쥐에 HDL과 패혈균을 주사하고 패혈증 징후가 나타날 때까지의 시간을 기록한다. 통계학자로서 여러분의 역할은 연구결과를 효과적으로 전달하는 것이다.

1. 결과를 설명하는 데 도움이 되는 위치의 측도는 무엇인가?
2. 상위 사분위수에 속한 쥐의 40%가 주사 후에 살아있다면 몇 마리가 살아있는가?
3. 백분위수를 사용하면 어떤 정보를 얻을 수 있는가?
4. 사분위수를 사용하면 어떤 정보를 얻을 수 있는가?
5. 표준점수를 사용하면 어떤 정보를 얻을 수 있는가?

정답 151쪽 참조

연습문제 3-3

1. z 점수는 무엇인가?

2. 백분율과 백분위수의 차이를 설명하시오.

3. 사분위수와 백분위수의 관계를 설명하시오.

4. 십분위수와 백분위수는 어떻게 연관이 있는가?

5. 휴가일수 몇몇 나라의 휴가일수를 조사하였다. 평균이 29.4일, 표준편차가 8.6일이라면 다음 각 나라의 평균휴가일수에 대한 z 점수를 구하시오.

캐나다	26일
이탈리아	42일
미국	13일

출처: www.infoplease.com

6. 여성의 결혼연령 여성이 결혼하는 평균 나이가 24.6세이다. 표준편차는 3.2세이다. 각각에 대하여 z 점수를 구하시오.

a. 27 *b*. 22 *c*. 31 *d*. 18 *e*. 26

7. 시험점수 평균 72, 표준편차 6인 지질학 시험에서의 83점과, 평균 55, 표준편차 3.5인 회계학 시험에서의 61점 중 어느 과목의 상대적 위치가 더 좋은가?

8. 연간 주행거리 미국에서 운전면허당 연간 평균주행거리는 근사적으로 14,090마일이다. 만약 근사적으로 표준편차 3,500마일인 봉우리형의 분포를 가정한다면 다음을 구하시오.

a. 16,000마일의 z 점수

b. 10,000마일의 z 점수

c. z 점수 1.6, −0.5, 0에 대응하는 마일수

출처: *World Almanac 2012*.

9. 다음 자료는 South Carolina 주에 있는 도시들의 최근 인구(단위: 천 명)를 나타낸다.

29	26	15	13	17	58
14	25	37	19	40	67
23	10	97	12	129	
27	20	18	120	35	
66	21	11	43	22	

출처: U.S. Census Bureau.

각 백분위수에 대응하는 자료값을 구하시오.

a. 40백분위수 *b*. 75백분위수

c. 90백분위수 *d*. 30백분위수

주어진 자료값에 대응하는 백분위수를 구하시오.

e. 27　　*f.* 40

g. 58　　*h.* 67

10. **학업성취도 시험점수** 다음 자료는 고등학교 1학년들의 학업성취도 시험 점수를 나타낸다. 백분위수 그래프를 작성하여 다음 점수의 근사적인 백분위수 순위를 구하시오.

점수	도수
196.5–217.5	5
217.5–238.5	17
238.5–259.5	22
259.5–280.5	48
280.5–301.5	22
301.5–322.5	6

a. 220　*b.* 245　*c.* 276　*d.* 280　*e.* 300

같은 자료를 사용하여 다음 백분위수에 대응하는 근사적인 값을 구하시오.

f. 15백분위수　　*g.* 29백분위수

h. 43백분위수　　*i.* 65백분위수

j. 80백분위수

11. **평균 주당소득** 여러 공장의 주당 소득(단위: 달러)을 열거하였다. 각 값의 백분위수를 구하시오.

804　736　659　489　777　623　597　524　228

같은 자료에 대하여 제40백분위수에 대응하는 값을 구하시오.

출처: *New York Times Almanac*.

12. **허리케인 피해** 다음 자료의 각 값에 대하여 백분위수 순위를 구하시오. 자료는 10개 허리케인의 피해 금액(단위: 10억 달러)을 나타낸다.

1.1, 1.7, 1.9, 2.1, 2.2, 2.5, 3.3, 6.2, 6.8, 20.3

제40백분위수에 대응하는 값을 구하시오.

출처: *Insurance Services Office*.

13. **세금** 다음 자료는 최근 10개 주의 랜덤표본에서 받은 세금(단위: 백만 달러)을 보여준다. 제1사분위수, 제3사분위수, IQR을 구하시오.

13　15　32　36　11　24　6　25　11　71

출처: U.S. Census Bureau.

14. **금 보유량** 다음 자료는 최근 11개 국가의 금 보유량(단위: 백만 트로이온스)을 보여준다. 제1사분위수, 제3사분위수, IQR을 구하시오.

33.9　78.3　108.9　17.9　78.8　24.6　19.7　33.3
33.4　10.0　261.5

출처: International Monetary Fund.

15. 각 자료에 대하여 이상점을 검토하시오.

a. 46, 28, 32, 21, 25, 29, 34, 19

b. 82, 100, 97, 93, 89, 90, 65, 94, 101

c. 527, 1007, 489, 371, 175

개념의 확장

16. 평균의 또 다른 측도에는 **중앙사분위수**(midquartile)가 있다. 공식은

$$중앙사분위수 = \frac{Q_1 + Q_3}{2}$$

이다. 다음 자료에 대하여 Q_1, Q_2, Q_3, 중앙사분위수, 사분위 범위를 구하시오.

a. 5, 12, 16, 25, 32, 38

b. 53, 62, 78, 94, 96, 99, 103

17. 평균이 125이고 표준편차가 18인 봉우리형의 분포를 갖는 시험점수 자료가 있다. Tom은 원점수가 158, Dick은 98백분위수이고 Harry는 z 점수가 2.00이다. 세 명의 학생을 가장 낮은 점수에서 가장 높은 점수순으로 정렬하시오. 이유를 설명하시오.

EXCEL Step by Step

위치의 측도

예제 XL3–3

[예제 3–36] 자료의 각 값에 대하여 z 점수를 구하시오.

5　6　12　13　15　18　22　50

1. Excel 워크시트 A2–A9에 자료를 입력한다. A1에 변수이름을 입력한다.

2. B1에 'z 점수'라고 이름을 입력한다.
3. B2를 선택한다.
4. '수식' 툴바에서 *fx* 를 선택한다.
5. '범주 선택'에서 '통계'를 선택하고 목록에서 'STANDARDIZE'를 찾아 [확인]을 누른다.

STANDARDIZE 대화상자에서

6. 'X'에 'A2'를 입력한다.
7. 'Mean'에 'average(A2:A9)'을 입력한다.
8. 'Standard_dev'에 'stdev.s(A2:A9)'을 입력하고 [확인]을 누른다.
9. A열의 각 자료에 대하여 위 과정을 반복한다.

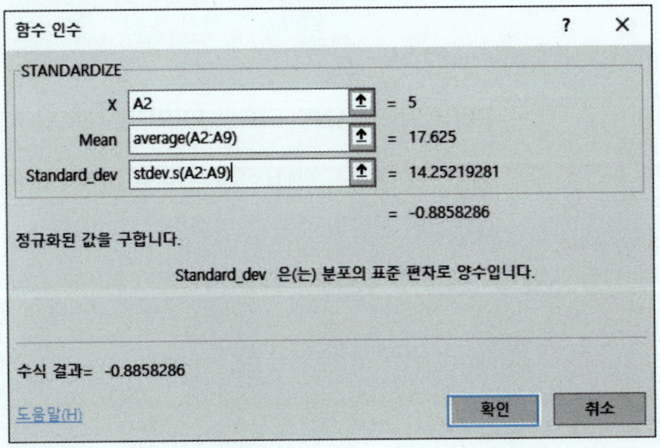

예제 XL3-4

Excel은 자료값에 대응하는 백분위수 순위를 구하는 두 가지 내장함수를 갖고 있다.

PERCENTRANK.INC는 경계값을 포함한 0과 1 사이의 백분위수를 계산한다.
PERCENTRANK.EXC는 경계값을 제외한 0과 1 사이의 백분위수를 계산한다.

두 함수의 차이를 보이기 위하여 PERCENTRANK.INC와 PERCENTRANK.EXC를 사용하여 [예제 3-36] 자료의 백분위수 순위를 계산한다.

5 6 12 13 15 18 22 50

1. Excel 워크시트 A2-A9에 자료를 입력한다. A1에 '자료'라 입력한다.
2. B1에 'Percent Rank INC', C1에 Percent Rank EXC'라고 이름을 입력한다.
3. B2를 선택한다.
4. '수식' 툴바에서 *fx* 를 선택한다.
5. '범주 선택'에서 '통계'를 선택하고 목록에서 'PERCENTRANK.INC(PERCENTRANK.EXC)'를 찾아 [확인]을 누른다.

PERCENTRANK.INC(PERCENTRANK.EXC) 대화상자에서

6. 'Array'에 'A2:A9'을 입력한다.
7. 'X'에 'A2'를 입력하고 [확인]을 누른다. 유효숫자자리를 변경하지 않는다면 'Significance'는 공백으로 두어도 된다.

8. 각 자료에 대하여 위 절차를 반복한다.

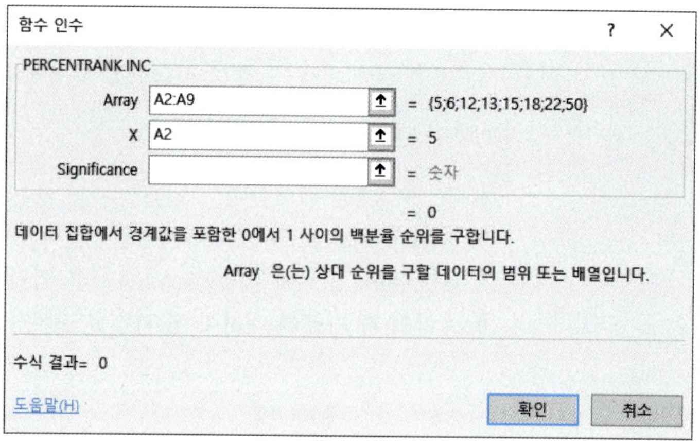

PERCENTRANK.INC와 PERCENTRANK.EXC에 대한 결과 화면은 다음과 같다.

참고: 두 함수는 백분위수 순위를 0과 1 사이의 숫자로 나타낸다. 각 함수값에 100을 곱하여 0과 100 사이의 숫자로 변환할 수도 있다.

	A	B	C	D
1	자료	Percent Rank INC	Percent Rank EXC	
2	5	0	0.111	
3	6	0.142	0.222	
4	12	0.285	0.333	
5	13	0.428	0.444	
6	15	0.571	0.555	
7	18	0.714	0.666	
8	22	0.857	0.777	
9	50	1	0.888	
10				
11				

Excel에서 기술 통계법

예제 XL3-5

'데이터 분석'에는 자료의 유용한 측도를 계산해주는 '기술 통계법'이라는 항목이 있다.

1. Excel 워크시트 A1–A9에 자료를 입력한다.

12 17 15 16 16 14 18 13 10

2. 툴바의 '데이터'에서 '데이터 분석'을 선택한다.
3. '통계 데이터 분석' 도구상자에서 '기술 통계법'을 선택하고 [확인]을 누른다.
4. '입력 범위'에서 $A$1:$A$9을 입력하고 '데이터 방향'에서 '열'을 선택한다.
5. '출력 범위'를 선택하고 $C$1을 입력한다.
6. '요약 통계량'을 선택하고 [확인]을 누른다.

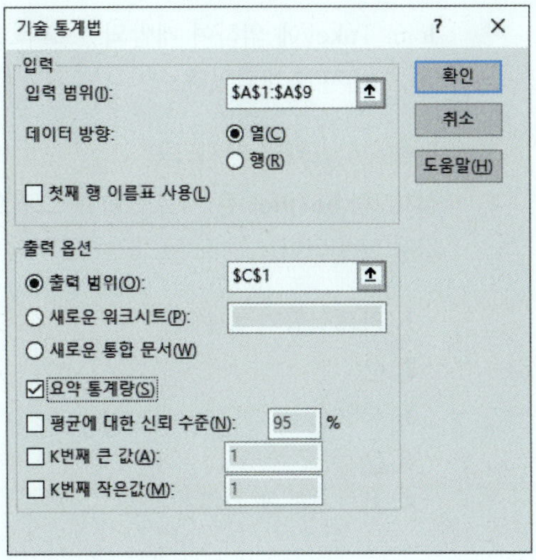

다음은 이 자료에 대한 요약결과이다.

Column1	
평균	14.55556
표준 오차	0.851651
중앙값	15
최빈값	16
표준 편차	2.554952
분산	6.527778
첨도	-0.39439
왜도	-0.51631
범위	8
최소값	10
최대값	18
합	131
관측수	9

3–4 탐색적 자료분석

학습목표 4
자료의 여러 가지 양상을 찾기 위하여 상자그림과 다섯숫자요약을 포함한 탐색적 자료분석기법 사용하기

전통적인 통계학에서 자료는 도수분포를 사용하여 정리된다. 이 분포를 가지고 분포의 모양이나 특성을 결정하기 위하여 히스토그램, 도수다각형, 누적도수그래프 같은 여러 가지 그래프를 작성할 수 있다. 또한 자료를 요약하기 위하여 평균, 표준편차와 같은 여러 가지 통계량을 계산할 수 있다.

전통적인 분석의 목적은 자료의 특성에 관한 여러 가지 추측을 확인하는 것이다. 예를 들어, 정교하게 설계된 연구를 통하여 연구자는 오늘날 운동을 하는 미국인의 비율이 10년 전부터 증가해 왔는지를 알고 싶어 한다. 이 연구는 모집단과 운동 등과 같은 다양한 정의에 관한 여러 가정을 포함한다.

탐색적 자료분석(**exploratory data analysis, EDA**)에서 자료는 **줄기-잎 그림**을 사용하여 정리될 수 있다. EDA에서 사용된 중심경향의 측도는 **중앙값**이다. EDA에서 사용된 변동의 측도는 **사분위범위** $Q_3 - Q_1$이다. EDA에서는 **상자그림**(상자수염도라고도 함)을 사용하여 자료를 그림으로 표현한다. 탐색적 자료분석의 목적은 중심이나 산포와 같은, 자료에 관한 어떤 정보를 발견할 수 있는지를 알아내기 위하여 자료를 검토하는 것이다. 탐색적 자료분석은

John Tukey에 의하여 개발되었으며 그의 저서 「Exploratory Data Analysis」(Addison-Wiley, 1977)에서 소개되었다.

다섯숫자요약과 상자그림

상자그림(boxplot)은 자료집합을 그림으로 표현하기 위해 사용된다. 이 그림은 5개의 정해진 값을 포함한다.

1. 자료집합의 최솟값
2. Q_1
3. 중앙값
4. Q_3
5. 자료집합의 최댓값

이 값들을 자료집합의 **다섯숫자요약(five-number summary)**이라고 한다.

상자그림은 최솟값에서 Q_1까지 수평선을 그리고, Q_3에서 최댓값까지 수평선을 그리고, 수직면이 Q_1과 Q_3를 통과하는 상자를 그리고, 상자 안에 중앙값(Q_2)을 통과하는 수직선을 그린 자료집합의 그림이다.

절차 표

상자그림 작성

단계 1 자료의 다섯숫자요약을 구한다.

단계 2 수평축을 그리고, 축에 눈금을 표시한다. 눈금은 최솟값 아래에서 시작하여 최댓값 위에서 끝난다.

단계 3 최솟값, Q_1, Q_2, Q_3, 최댓값의 위치를 찾는다. 수직면이 Q_1과 Q_3를 통과하는 상자를 그린다. 중앙값을 통과하는 수직선을 그린다. 마지막으로 최솟값에서 상자의 왼쪽 면까지 직선을 그리고, 최댓값에서 상자의 오른쪽 면까지 직선을 그린다.

예제 3-37 발견된 운석의 수

미국의 10개 주에서 발견된 운석의 수가 89, 47, 164, 296, 30, 215, 138, 78, 48, 39이다. 자료의 상자그림을 작성하시오.

출처: Natural History Museum.

해답

단계 1 자료의 다섯숫자요약을 구한다.

자료를 오름차순으로 정렬한다.

30, 39, 47, 48, 78, 89, 138, 164, 215, 296

중앙값을 구한다.

30, 39, 47, 48, 78, 89, 138, 164, 215, 296
↑
중앙값

$$중앙값 = \frac{78 + 89}{2} = 83.5$$

Q_1을 구한다.

$$\underset{\substack{\uparrow \\ Q_1}}{30, 39, 47, 48, 78}$$

Q_3를 구한다.

$$\underset{\substack{\uparrow \\ Q_3}}{89, 138, 164, 215, 296}$$

최솟값은 30이고, 최댓값은 296이다.

단계 2 수평축에 눈금을 그린다.

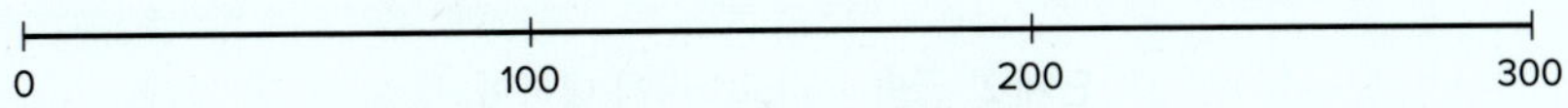

단계 3 Q_1과 Q_3를 이용하여 눈금 위에 상자를 그린다. 중앙값을 통과하는 수직선을 그리고, 최솟값과 최댓값에서 상자까지 직선을 그린다. [그림 3-7]을 보자.

그림 3-7
[예제 3-37]의 상자그림

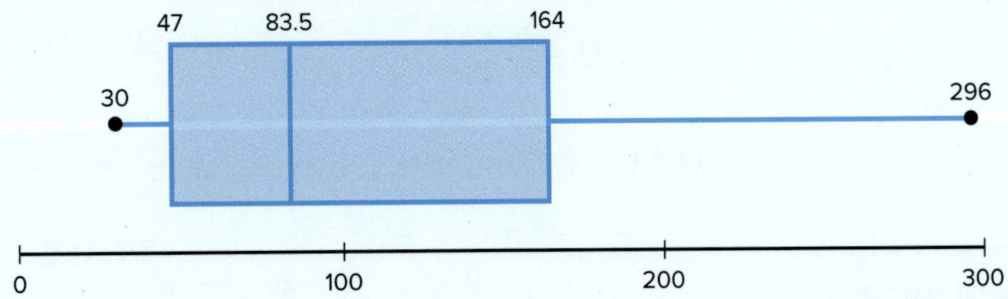

상자그림으로부터 얻는 정보

1. *a*. 만약 중앙값이 상자의 중심 가까이 있으면 분포는 근사적으로 대칭이다.
   b. 만약 중앙값이 상자의 왼쪽에 있으면 분포는 오른쪽으로 기울어져 있다.
   c. 만약 중앙값이 상자의 오른쪽에 있으면 분포는 왼쪽으로 기울어져 있다.
2. *a*. 만약 직선의 길이가 거의 같다면 분포는 근사적으로 대칭이다.
   b. 만약 오른쪽 직선이 왼쪽 직선보다 더 길면 분포는 오른쪽으로 기울어져 있다.
   c. 만약 왼쪽 직선이 오른쪽 직선보다 더 길면 분포는 왼쪽으로 기울어져 있다.

[그림 3-7]의 상자그림은 분포가 조금 오른쪽으로 기울어져 있다는 것을 나타낸다.

만약 둘 혹은 그 이상의 자료의 상자그림을 같은 축에 그린다면 분포를 비교할 수 있다. 평균을 비교하려면 중앙값의 위치를 사용한다. 변동을 비교하려면 사분위범위를, 즉 상자의 길이를 비교한다. [예제 3-38]은 이 절차를 보여준다.

예제 3-38 롤러코스터의 속도

다음 자료는 목재 롤러코스터와 금속 롤러코스터 표본의 속도(마일/시간)이다. 상자그림을 사용하여 분포를 비교하시오.

목재				금속			
50	56	60	48	55	70	48	28
35	67	72	68	100	106	102	120

출처: UltimateRollerCoaster.com

해답

단계 1 목재 롤러코스터에 대하여

$$\begin{array}{cccccccc} 35 & 48 & 50 & 56 & 60 & 67 & 68 & 72 \\ & \uparrow & & \uparrow & & \uparrow & & \\ & Q_1 & & \text{MD} & & Q_3 & & \end{array}$$

$$Q_1 = \frac{48+50}{2} = 49 \qquad \text{MD} = \frac{56+60}{2} = 58 \qquad Q_3 = \frac{67+68}{2} = 67.5$$

단계 2 금속 롤러코스터에 대하여

$$\begin{array}{cccccccc} 28 & 48 & 55 & 70 & 100 & 102 & 106 & 120 \\ & \uparrow & & \uparrow & & \uparrow & & \\ & Q_1 & & \text{MD} & & Q_3 & & \end{array}$$

$$Q_1 = \frac{48+55}{2} = 51.5 \qquad \text{MD} = \frac{70+100}{2} = 85 \qquad Q_3 = \frac{102+106}{2} = 104$$

단계 3 상자그림을 그린다. [그림 3-8]을 보자.

그림 3-8
[예제 3-38]의 상자그림

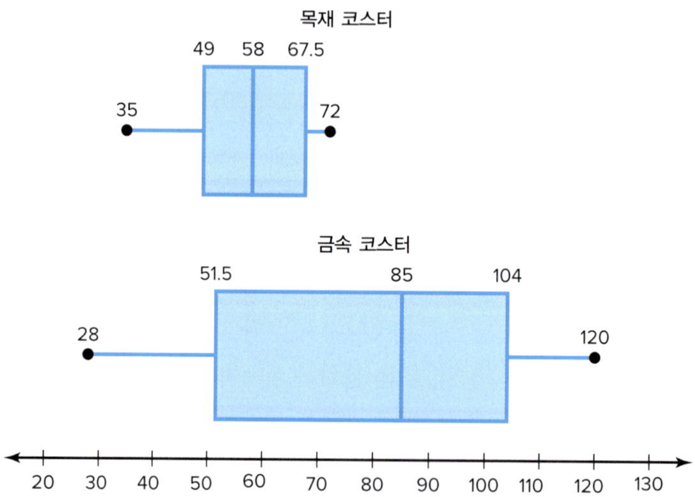

상자그림은 금속 코스터 속도의 중앙값이 목재 코스터 속도의 중앙값보다 더 높다는 것을 보여준다. 금속 코스터의 사분위범위가 목재 코스터의 사분위범위보다 더 크다. 마지막으로 금속 코스터의 범위가 목재 코스터의 범위보다 더 크다.

수정 상자그림(modified boxplot)을 그려 이상점을 찾을 수 있다. 이 절의 개념의 확장 연습문제 10번을 참조하자.

[표 3-5]는 전통적인 분석 기법과 탐색적 자료분석 기법과의 대응 관계를 보여준다.

표 3–5 전통적 기법: EDA 기법

전통적	탐색적 자료분석
도수분포	줄기–잎 그림
히스토그램	상자그림
평균	중앙값
표준편차	사분위범위

개념의 적용 3–4

시끄러운 직장

여러분이 직업안전건강관리국에서 근무하고 있고 발전소 근무자들로부터 소음 수준에 관해 불평을 받고 있다고 가정한다. 6개 지역 발전소에서 다른 시간을 선택해 소음(데시벨)을 측정하였다. 다음이 수집된 자료이다. 자료를 탐색하기 위하여 상자그림을 사용하고, 어느 지역 근무자들이 보호용 귀마개를 착용하여야 하는지를 추천하시오. 안전한 청력수준은 약 120데시벨이다.

지역 1	지역 2	지역 3	지역 4	지역 5	지역 6
30	64	100	25	59	67
12	99	59	15	63	80
35	87	78	30	81	99
65	59	97	20	110	49
24	23	84	61	65	67
59	16	64	56	112	56
68	94	53	34	132	80
57	78	59	22	145	125
100	57	89	24	163	100
61	32	88	21	120	93
32	52	94	32	84	56
45	78	66	52	99	45
92	59	57	14	105	80
56	55	62	10	68	34
44	55	64	33	75	21

정답 151쪽 참조

연습문제 3–4

1~3번 문제의 다섯숫자요약과 사분위범위를 구하시오.

1. 8, 12, 32, 6, 27, 19, 54

2. 362, 589, 437, 316, 192, 188

3. 14.6, 19.8, 16.3, 15.5, 18.2

4~5번 문제의 상자그림으로부터 최댓값, 최솟값, 중앙값, 제1사분위수, 제3사분위수, 사분위범위를 식별하시오.

4.

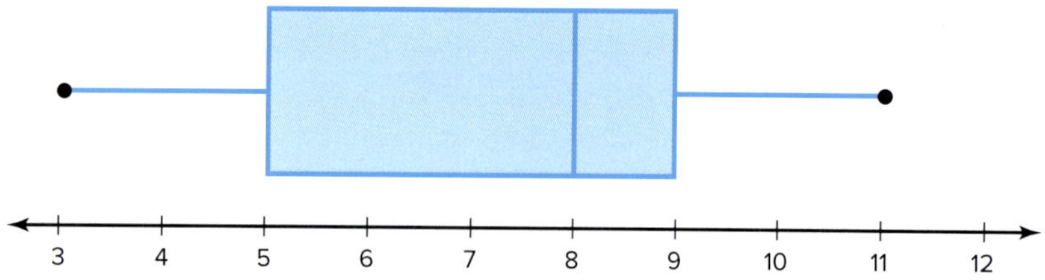

5.

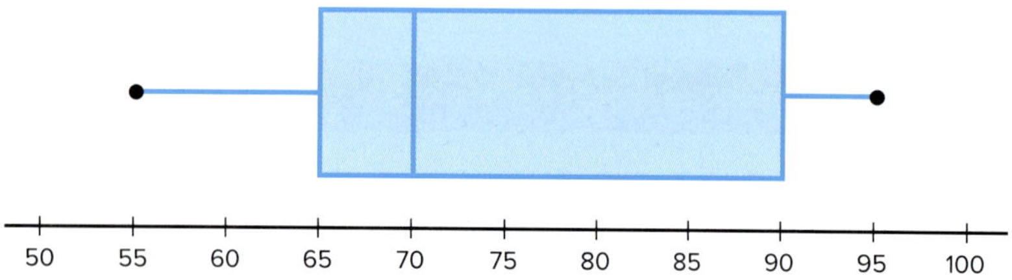

6. **졸업비율** 다음 자료는 최근 1년간 선택된 공립고등학교의 졸업률 자료이다. 자료에 대한 상자그림을 작성하고 분포의 모양에 관하여 설명하시오.

79 82 77 84 80 89 60 79 91 93 88

출처: U.S. Department of Education.

7. **식민지 인구** 다음 자료는 1700년대 미국 식민지의 인구(단위: 천 명)를 나타낸다. 상자그림을 작성하고 분포가 대칭인지 결정하시오.

26.0 2.5 29.6 55.9 5.0 14.0 19.1 10.7
18.0 5.9 5.7 58.6

출처: U.S. Census Bureau.

8. **섬 면적** 다음 자료는 Baltic Sea와 Aleutian Islands에 있는 일정 규모 이상의 섬의 크기(제곱마일)를 보여준다. 각 자료집합에 대한 상자그림을 작성하고 분포를 비교하시오.

Baltic Sea	Aleutian Islands
610	275
228	1051
1154	571
1159	686
2772	350

9. **가장 큰 댐** 다음 자료는 미국에 있는 상위 10개 댐의 높이(피트)를 나타낸다. 다섯숫자요약과 사분위범위를 식별하고 상자그림을 그리시오.

770 730 717 710 645 606 602 585 578 564

출처: U.S. Army Corps of Engineers.

개념의 확장

10. **유해한 연무일수** **수정 상자그림**은 Q_1과 Q_3 사이에 상자를 놓고 수염을 1.5(IQR) 내의 최솟값과 최댓값까지 확장한다. **보통 이상점**(mild outlier)은 $Q_3 + 1.5(\text{IQR})$보다 크거나 $Q_1 - 1.5(\text{IQR})$보다 작은 값들이다. 특이 이상점(extreme outlier)은 $Q_3 + 3(\text{IQR})$보다 크거나 $Q_1 - 3(\text{IQR})$보다 작은 값들이다.

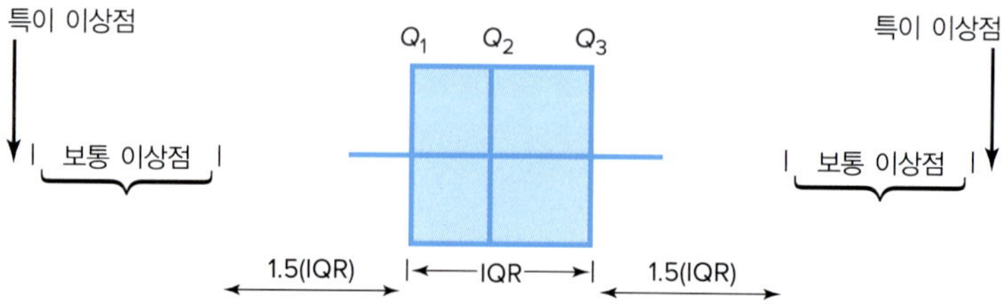

주어진 자료에 대하여 수정 상자그림을 작성하고 이상점을 확인하시오. 자료는 어느 해 상위 10개 지역의 유해한 연무일수를 나타낸다.

97 39 43 66 91
43 54 42 53 39

출처: U.S. Public Interest Research Group and Clean Air Network.

복습연습문제

3-1절

1. **은행도산** 다음 자료는 15년에 걸친 도산한 은행 수를 나타낸다. 평균, 중앙값, 범위의 중앙, 최빈값을 구하시오.

   14 24 51 92 157 148 30 3
   0 0 4 3 11 4 7

   출처: Federal Deposit Insurance Corporation.

2. **수축기 혈압** 다음 자료는 대학생 30명의 수축기 혈압을 나타낸다. 평균과 최빈계급을 구하시오.

계급	도수
105–109	2
110–114	5
115–119	6
120–124	8
125–129	8
130–134	1

3. **TV 시청 가구수와 시청자수** 4개의 TV 방송국에 대한 시청 가구수와 시청자수를 나타낸 자료이다. 가중평균을 사용하여 시청자의 평균 수를 구하시오.

가구수	1.4	0.8	0.3	1.6
시청자수(단위: 백만)	1.6	0.8	0.4	1.8

   출처: Nielsen Media Research.

3-2절

4. **확진홍역사례** 다음 자료는 최근 12년에 걸친 확진된 홍역사례 수의 표본이다. 자료의 범위, 분산, 표준편차를 구하시오.

   212 63 71 140 43 55 66 37 56
   44 116 86

   출처: Centers for Disease Control and Prevention.

5. **조수 상승** 다음은 미국의 선택된 30개 지역에서의 조수 상승에 대한 도수분포이다. 자료의 분산과 표준편차를 구하시오.

조수 상승(단위: 인치)	도수
12.5–27.5	6
27.5–42.5	3
42.5–57.5	5
57.5–72.5	8
72.5–87.5	6
87.5–102.5	2

6. 만약 자료집합의 범위가 24라면 범위의 경험법칙을 이용하여 표준편차의 근삿값을 구하시오.

7. **연구실의 교과서** 교수 연구실에 있는 교과서 수는 평균 16, 표준편차 5이고, 교수들의 나이는 평균 43, 표준편차 8이라면 어느 자료가 더 변동이 큰가?

8. **렌터카 비용** 렌터카 업체의 조사에서 렌터카의 평균 비용은 마일당 0.32달러이다. 표준편차는 0.03달러이다. 체비셰프의 정리를 사용하여 자료값의 적어도 75%가 속하는 범위를 구하시오.

9. **임금** 자동차 정비사의 평균 임금은 시간당 54달러이다. 표준편차는 4달러이다. 48달러에서 60달러에 속할 자료값의 최소 비율을 구하시오. 체비셰프의 정리를 사용하시오.

10. **이발요금** 남자들의 이발비의 평균은 21달러이다. 표준편차는 4달러이다. 만약 변수가 근사적으로 종모양의 분포를 한다면 이발비의 68%가 속하는 구간을 구하시오.

11. **수막염 사례** 다음 자료는 14개 주의 수막염 기록 사례 수를 나타낸다.

    10 1 1 28 15 41 4 4 8 2 3
    53 34 1

    출처: *Centers for Disease Control and Prevention*

    각각에 대하여 z 점수를 구하시오.

    a. 10 *b*. 28 *c*. 41

3-3절

12. **경찰신고전화** 경찰서에서 매달 받은 신고전화 수를 도수분포로 나타내었다.

계급한계	도수
39.9–42.8	2
42.9–45.8	2
45.9–48.8	5
48.9–51.8	5
51.9–54.8	12
54.9–57.8	3

    a. 백분위수 그래프를 작성하시오.
    b. 제35, 65, 85백분위수에 대응하는 값을 구하시오.
    c. 44, 48, 54의 백분위수를 구하시오.

13. 다음 각 자료의 이상점을 찾으시오.
    a. 506, 511, 517, 514, 400, 521
    b. 3, 7, 9, 6, 8, 10, 14, 16, 20, 12

3-4절

14. **폭풍수** 주어진 자료는 1851~1860년과 1941~1950년 사이의 일정 규모 이상의 폭풍수를 나타낸다. 각 자료집합에 대해 상자그림을 작성하고 분포를 비교하시오.

1851–1860	6	5	8	5	5	6	4	6	8	7
1941–1950	6	10	10	11	11	6	9	9	13	13

    출처: National Hurricane Center

STATISTICS TODAY

교통체증으로 얼마나 지체되는가?

운전자가 교통체증으로 도로에서 보내는 연간 평균시간이다.

Los Angeles	56
Atlanta	53
Seattle	53
Houston	50
Dallas	46
Washington, D.C.	46
Austin	45
Denver	45
St. Louis	44
Orlando	42
미국 평균	36

출처: Texas Transportation Institute.

평균을 사용하여 비교함으로써 이 10개 도시의 운전자가 전국 평균보다 많은 시간을 교통체증으로 도로에서 보내고 있다는 것을 알 수 있다.

데이터 분석

데이터 뱅크는 부록 B에 나와 있다.

1. 데이터 뱅크에서 다음 변수 중 하나를 선택하시오. 나이, 체중, 콜레스테롤 수준, 수축 기압, IQ 혹은 나트륨 수준. 적어도 30개의 값을 선택하여 평균, 중앙값, 최빈값, 범위의 중앙을 구하시오. 중심경향의 측도 중 어느 것이 평균을 가장 잘 설명하는지와 그 이유를 설명하시오.

2. 1번에서 선택된 자료의 범위, 분산, 표준편차를 구하시오.

3. 데이터 뱅크로부터 한 변수에서 10개 값을 선택하여 상자그림을 작성하고 결과를 설명하시오.

4. 부록 B의 데이터셋 V에 있는 Pennsylvania 남서지역 학군에서의 정학 수로부터 10개의 값을 랜덤으로 선택하시오. 평균, 중앙값, 최빈값, 범위, 분산, 표준편차를 구하고 피어슨의 왜도 계수를 사용하여 자료의 왜도를 설명하시오.

5. 부록 B의 데이터셋 VII 자료를 사용하여 지방자치체가 소유하고 있는 면적의 평균, 중앙값, 최빈값, 범위, 분산, 표준편차를 구하고 피어슨의 왜도 계수를 사용하여 자료의 왜도를 설명하시오.

퀴즈

각 문장이 참인지 거짓인지를 결정하시오. 거짓이면 이유를 설명하시오.

1. 개별 자료에 대하여 평균을 계산할 때 자료집합의 모든 값을 사용한다.

2. 열린 구간이 있는 집단화 자료에 대해서는 평균을 구할 수 없다.

3. 하나의 극단적으로 큰 값은 평균보다 중앙값에 더 영향을 준다.

4. 자료값의 절반은 최빈값 위에 있을 것이고, 절반은 아래에 있을 것이다.

5. 자료집합에서 최빈값은 언제나 유일하다.

6. 범위와 범위의 중앙은 둘 다 변동의 측도이다.

7. 중앙값의 단점은 유일하지 않다는 것이다.

8. 최빈값과 범위의 중앙은 둘 다 변동의 측도이다.

9. 만약 한 사람의 시험성적이 제75백분위수에 대응한다면 100문제 중 75문제를 맞춘 것이다.

가장 적합한 답을 선택하시오.

10. 자료집합의 모든 값이 다르다면 최빈값은 얼마인가?

a. 0

b. 1
c. 최빈값이 없다.
d. 자료값이 주어지지 않으면 구할 수 없다.

11. 자료가 예를 들어 거주지(시골, 교외, 시내)로 범주화될 때, 가장 적절한 중심경향의 측도는 무엇인가?
a. 평균 *b*. 중앙값
c. 최빈값 *d*. 범위의 중앙

12. P_{50}은 어디에 대응하는가?
a. Q_2 *b*. D_5
c. IQR *d*. 범위의 중앙

13. 다섯숫자요약이 아닌 것은?
a. Q_1, Q_3 *b*. 평균
c. 중앙값 *d*. 최솟값과 최댓값

14. 자료값이 평균으로부터 몇 표준편차 떨어져 있는지를 나타내는 통계량은 무엇인가?
a. 사분위수 *b*. 백분위수
c. 변동계수 *d*. z 점수

15. 분포가 종모양일 때, 근사적으로 자료의 몇 %가 평균에서 1 표준편차 안에 놓이는가?
a. 50% *b*. 68%
c. 95% *d*. 99.7%

가장 적합한 답을 사용하여 문장을 완성하시오.

16. 표본자료로부터 얻은 측도를 ______이라고 한다.

17. 일반적으로 그리스 문자는 ______를 나타내기 위하여 사용하고, 로마 문자는 ______을(를) 나타내기 위하여 사용한다.

18. 분산의 양의 제곱근을 ______라고 한다.

19. 모표준편차의 기호는 ______이다.

20. 최솟값과 최댓값의 합을 2로 나눌 때 이 측도를 ______라고 한다.

21. 만약 최빈값이 중앙값의 왼쪽에 있고, 평균이 중앙값의 오른쪽에 있다면 분포는 ______으로 기울어져 있다.

22. 극단적으로 높거나 낮은 값을 ______이라고 한다.

23. **주행거리** 연비가 좋지 않은 자동차 10대의 고속도로 주행거리(mpg)이다.

12 15 13 14 15 16 17 16 17 18

출처: *Pittsburgh Post Gazette.*

다음을 구하시오.
a. 평균 *b*. 중앙값
c. 최빈값 *d*. 범위의 중앙
e. 범위 *f*. 분산
g. 표준편차

24. **오타** 10명의 학생이 타자시험에서 범한 오타 수의 분포이다.

오타	도수
0–2	1
3–5	3
6–8	4
9–11	1
12–14	1

다음을 구하시오.
a. 평균 *b*. 최빈계급
c. 분산 *d*. 표준편차

25. **근무연수** 광고에서 어떤 소매점 종업원들의 근무기간이 평균 9년이라고 하였다. 분포가 다음과 같다.

종업원수	근무기간
8	2
2	6
3	10

가중평균을 사용하여 정확한 평균을 구하시오.

26. **신문판매** 공항 신문 가판대에서 판매된 신문부수의 평균은 56부이고 표준편차는 6부이다. 편의점에서 판매된 신문부수의 평균은 44부이고 표준편차는 5부이다. 어느 자료가 더 변동이 큰가?

27. **배달요금** 냉장고의 평균 배달요금은 32달러이다. 표준편차는 4달러이다. 자료값이 20~44달러 범위에 놓일 최소비율을 구하시오. 체비셰프의 정리를 이용하시오.

28. **SAT 점수** 전국 평균 SAT 점수는 1019이다. 만약 종모양 분포를 가정하고 표준편차가 110이라면 점수의 몇 %가 1129보다 위에 놓이는가? 799 이상은 몇 %인가?

출처: *New York Times Almanac.*

29. 만약 자료집합의 범위가 18이라면 자료의 표준편차를 추정하시오.

30. **시험점수** 어떤 학생이 반평균과 표준편차가 각각 82점과 8점인 기초과학시험에서 76점을 받았다. 또한 반평균과 표준편차가 각각 58점과 3점인 심리학시험에서 53점을 받았다. 어느 과목의 상대적 위치가 더 높은가?

31. **성적** 철학시험에서 25명의 학생들로부터 얻은 성적분포이다.

성적	도수
40.5–45.5	3
45.5–50.5	8
50.5–55.5	10
55.5–60.5	3
60.5–65.5	1

a. 백분위수 그래프를 그리시오.
b. 제22, 78, 99 백분위수에 대응하는 값을 구하시오.
c. 52, 43, 64에 대응하는 백분위수를 구하시오.

32. 렌터카의 휘발유가격 다음 자료의 첫째 열은 렌터카의 사전구입 휘발유가격이고, 둘째 열은 휘발유를 다시 채우지 않고 반납하는 경우 지불하는 휘발유가격을 나타낸다. 자료에 대하여 두 개의 상자그림을 작성하고 분포를 비교하시오.

사전구입비용(달러)	사후구입비용(달러)
1.55	3.80
1.54	3.99
1.62	3.99
1.65	3.85
1.72	3.99
1.63	3.95
1.65	3.94
1.72	4.19
1.45	3.84
1.52	3.94

출처: *USA TODAY*.

비판적 사고

1. 평균결혼비용 평균은 현재의 위치를 아는 데 도움이 되고 비교를 할 수 있는 정보를 준다. 다음과 같은 평균결혼비용에 관한 연구가 있다. 각 범주에 대하여 어떤 평균(평균, 중앙값, 최빈값, 범위의 중앙)을 사용하여야 하는가?

결혼비용

평균결혼비용은 매년 변한다. 2015년의 평균결혼비용은 26,444달러였다. 리셉션 장소, 음식조달, 임대료 평균 비용이 11,784달러였다. 결혼식 꽃값이 1,579달러였다. 청첩장 비용은 896달러였다. 웨딩 플래너의 비용은 1,646달러였다. 사진과 비디오 촬영비용이 1,646달러였다.

2. 평균흡연비용 하루에 담배 한 갑을 피우면 연평균비용이 1,190달러라고 한다. 여러분 지역의 담배 한 갑의 평균가격을 구하고, 연간 비용을 계산하시오. 결과를 기사와 비교하시오.

3. 거주자의 나이 다음 표는 Washington, D.C.를 포함하여 미국에서 가장 역사가 오래된 10개 주와 가장 역사가 오래되지 않은 10개 주에 대한 주민 나이의 중앙값을 보여준다. 평균 대신에 중앙값이 사용된 이유를 설명하시오.

가장 역사가 오래된 10개 주			가장 역사가 오래되지 않은 10개 주		
순위	주	중앙값 나이	순위	주	중앙값 나이
1	West Virginia	38.9	51	Utah	27.1
2	Florida	38.7	50	Texas	32.3
3	Maine	38.6	49	Alaska	32.4
4	Pennsylvania	38.0	48	Idaho	33.2
5	Vermont	37.7	47	California	33.3
6	Montana	37.5	46	Georgia	33.4
7	Connecticut	37.4	45	Mississippi	33.8
8	New Hampshire	37.1	44	Louisiana	34.0
9	New Jersey	36.7	43	Arizona	34.2
10	Rhode Island	36.7	42	Colorado	34.3

출처: U.S.Census Bureau.

데이터 프로젝트

1. 기업과 금융 2장 데이터 프로젝트 1번에서 수집된 주당 수익 자료를 사용하시오. 두 자료집합의 평균, 최빈값, 중앙값, 범위의 중앙을 결정하시오. 이 자료에 대하여 더 적절한 중심의 측도가 있는가? 중심의 측도가 비슷한가? 분포의 대칭에 관하여는 무엇이라 할 수 있는가?

2. 스포츠와 레저 2장 데이터 프로젝트 2번에서 수집된 홈런 자료를 사용하시오. 두 자료집합의 평균, 최빈값, 중앙값, 범위의 중앙을 결정하시오. 이 자료에 대하여 더 적절한 중심의 측도가 있는가? 중심의 측도가 비슷한가? 분포의 대칭에 관하여는 무엇이라 할 수 있는가?

3. 기술 2장 데이터 프로젝트 3번에서 수집된 자료를 사용하시오. 과제에서 만든 도수분포표의 평균을 구하시오. 모든 노래 50곡의 실제 길이의 평균을 구하시오. 집단화 평균과 실제 평균을 어떻게 비교하는가?

4. **건강과 건강관리** 2장 데이터 프로젝트 6번에서 수집된 맥박수 자료를 사용하시오. 각 자료의 평균과 표준편차를 결정하시오. 평균이 서로 매우 다르게 보이는가? 표준편차가 서로 매우 다르게 나타나는가?

5. **정치와 경제** 2장 데이터 프로젝트 5번에서 수집된 선거인단 자료를 사용하시오. 공식을 사용하여 50개 주의 모평균과 모표준편차를 구하시오. California 주의 z 점수는 얼마인가? Delaware 주와 Ohio 주도 구하시오. 평균에서 2 표준편차 이상 떨어져 있는 주는 어디인가?

6. **교육** 표본으로 여러분 반을 사용하시오. 반 학생들의 나이의 평균, 중앙값, 표준편차를 결정하시오. 40세의 z 점수는 얼마인가? 40세 학생이 있다는 것은 이상한가? 피어슨 왜도 계수를 사용하여 자료의 왜도를 결정하시오.

개념의 적용 해답

3-1절 교사급여

1. 표본평균은 22,921.67달러, 중앙값은 16,500달러이고 최빈값은 11,000달러이다. 급여 인상을 원하지 않는다면 교사들의 평균급여는 22,921.67달러라고 할 것이다.
2. 급여 인상을 원한다면 중앙값 16,500이나 최빈값 11,000이 가장 좋은 중심경향의 측도일 것이다.
3. 이상점은 107,000달러이다. 이상점을 제거하면 표본평균은 15,278.18달러, 중앙값은 16,400달러, 최빈값은 그대로 11,000달러이다. 이상점의 영향으로 인해 급여 평균이 상승하였으므로, 교육청에서는 이상점이 반영된 평균을 보고하려고 할 것이고, 교직원 공제회에서는 대푯값이라고 할 수 있는 최빈값이나, 이상점이 반영되지 않은 평균을 보고하려고 할 것이다.
4. 급여 자료가 모든 교사들의 자료라면 전체 모집단 자료이므로 평균은 모수이다.
5. 평균이다. 평균은 극단값의 영향을 많이 받으므로 이상점을 포함한다면 잘 살펴보아야 한다.
6. 평균이 중앙값과 최빈값보다 크므로 분포는 오른쪽으로 기울어져 있다.

3-2절 혈압

1. 체비셰프의 정리는 1 표준편차에 대해서는 구할 수 없다.
2. 정상혈압 남자의 적어도 75%(900)가 105~141 mm Hg 사이에 놓일 것이다.
3. 정상혈압 여자의 적어도 95%(1330)가 62~90 mm의 이완기 혈압을 갖는다. 고혈압 여자의 적어도 95%(1235)가 68~108 mm의 이완기 혈압을 갖는다.
4. 정상혈압 남자의 적어도 95%(1140)가 105~141 mm의 수축기 혈압을 갖는다. 고혈압 남자의 적어도 95%(1045)가 119~187 mm의 수축기 혈압을 갖는다. 이 두 범위가 겹친다.

3-3절 투여량 결정

1. 사분위수가 결과를 설명하기 위하여 사용될 수 있다.
2. 10마리가 상위 사분위수에 속하므로 4마리가 살아있을 것이다.
3. 백분위수는 다른 모든 쥐에 대한 특정 쥐의 위치를 알려준다.
4. 사분위수는 자료를 같은 크기로 4개의 그룹으로 나눈다.
5. 표준점수는 패혈증 징후가 나타날 때까지 평균시간에 관하여 특정 쥐의 위치를 알려준다.

3-4 시끄러운 직장

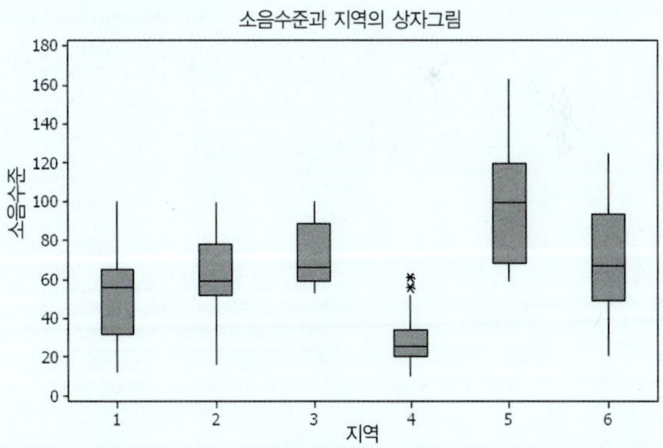

상자그림으로부터 지역 5의 기록 중 약 25%가 120데시벨인 안전청력수준 위에 있다. 지역 5의 근무자들은 확실히 보호용 귀마개를 착용하여야 한다. 지역 6 기록 중 하나가 안전청력수준 위에 있다. 지역 6 근무자들도 보호용 귀마개를 준비하는 것이 좋을 듯하다. 지역 1~4는 청력수준에 있어서는 안전한 것으로 나타나고 지역 4가 가장 안전하다.

4

확률과 계수공식

© Frank Fiedler/Shutterstock

STATISTICS TODAY

"생명을 걸까?"

사람들은 도박에 돈을 걸기도 하지만 흡연, 음주, 약의 오남용과 같이 건강에 해로운 활동이나 과속 운전 등에 자신의 생명을 베팅하기도 한다. 많은 사람들은 확률의 개념을 이해하지 못하므로 이러한 활동에 내포된 위험을 신경 쓰지 않는다. 반면, 어떤 사람들은 이러한 활동을 언론이나 미디어에서 과장해 다루기 때문에 건강이나 생활에 거의 위험이 없는 활동임에도 그것을 두려워하기도 한다.

장거리를 이동할 때 직접 운전을 해 이동하는 것이 더 안전한 것인지 아니면 비행기를 타고 이동하는 것이 더 안전한 것인지 고민을 한다고 하자. 이 두 가지 중 선택한 한 가지 방법의 위험성은 다른 방법보다 얼마나 클까? 이 부분에 대한 답은 이 장 뒷부분의 Statistics Today에서 설명한다.

이 장에서는 확률에 대해 학습한다. 확률의 의미, 확률은 어떻게 계산하는지, 어떤 사건이 실제로 일어날 가능성을 어떻게 평가해야 하는지 등을 다루게 된다.

개요

학습목표

1. 표본공간을 설정하고, 고전적 확률 혹은 경험적 확률을 이용하여 사건의 확률 계산하기
2. 덧셈공식을 이용하여 복합사건의 확률 구하기
3. 곱셈공식을 이용하여 복합사건의 확률 구하기
4. 사건의 조건부확률 구하기
5. 기본계수공식을 이용하여 일련의 사건들에 대한 총 경우의 수 구하기
6. 순열공식을 이용하여 n개 개체에서 r개 개체를 선택하는 방법의 수 구하기
7. 조합공식을 이용하여 순서에 관계없이 n개 개체에서 r개 개체를 선택하는 방법의 수 구하기
8. 계수공식을 이용하여 사건의 확률 구하기

서론

"세상에서 확실한 오직 두 가지 일은 죽음과 세금이다"라는 냉소적인 말이 있다. 사람들의 삶에서 많은 것들이 우연성의 영향을 받기 때문에 이 두 가지 일은 의심할 여지가 없다. 일상적인 생활 중 일어나서 취침하기까지, 적어도 우연에 의해 지배되는 가능한 사건들에 대해 우리는 결정을 내리고 있다. 예를 들면, 오늘 등교할 때 우산을 가져갈까? 내 차의 배터리는 내년 봄까지 이상이 없을까? 새로운 직장을 선택할까? 등이다.

일반적 개념의 **확률(probability)**은 사건 발생의 우연성으로 정의될 수 있다. 많은 사람들은 카드게임, 슬롯머신, 로또와 같은 우연성의 게임을 하거나 관찰하는 과정에서 확률과 친밀하게 접하게 된다. 이외에도 보험, 투자, 기상 예측 등 다양한 분야에서 확률이론을 이용하고 있다. 결국, 앞서 1장에서 언급한 바와 같이 확률은 추측통계학(inference statistics)의 기초 개념이다. 예를 들면, 예측(prediction)은 확률에 근거하고, 가설(hypothesis)은 확률을 이용하여 검정한다.

이 장에서는 **확률실험**(probability experiments), **표본공간**(sample spaces), **덧셈공식**(addition rules), **곱셈공식**(multiplication rules), **여사건의 확률**(the probability of complementary events) 등을 포함해 확률의 기본 개념을 소개하려고 한다. 또한, 계수공식, 순열과 조합의 차이, 특정 상황에서 얼마나 서로 다른 조합들이 존재하는지를 알아내는 방법 등도 설명한다. 마지막으로 다양한 문제들을 해결하기 위해 확률공식과 계수공식을 어떻게 함께 이용하는지를 4–5절에서 설명할 것이다.

4–1 표본공간과 확률

확률이론은 동전, 주사위, 카드를 이용한 우연성의 다양한 게임 연구에서 비롯되었다. 이들 도구는 확률 개념을 적용하는 데 적절하므로 본 교재에서도 예로 사용하기로 한다. 이 절에서는 먼저 확률의 기본 개념들을 설명하고, 나중에 다양한 유형의 확률과 확률공식들을 다루고자 한다.

기본 개념

동전 던지기, 주사위 굴리기, 카드 뽑기와 같은 과정들을 **확률실험**이라고 한다.

학습목표 1
표본공간을 설정하고, 고전적 확률 혹은 경험적 확률을 이용하여 사건의 확률 계산하기

확률실험(probability experiments)은 결과라 하는 명확하게 정의된 성과를 유도하는 우연과정이다.

결과(outcome)는 확률실험의 한 번 시행(trial)에서 나타난 성과이다.

여기서 동전을 던지고, 주사위를 굴리는 것을 시행(trial)이라고 한다. 하나의 동전을 던지면, 앞면(H)과 뒷면(T)의 가능한 두 가지 결과가 발생된다. 이때, 동전이 서는 것은 제외한다. 마찬가지로 하나의 주사위를 굴리면 1에서 6까지 가능한 6개의 결과가 발생한다. 어떤 실험에서 모든 가능한 발생 결과의 집합을 **표본공간**이라고 한다.

표본공간(sample space)은 확률실험에서 모든 가능한 결과들의 집합이다.

다음은 여러 확률실험에서 표본공간들을 나타낸 예이다.

실험	표본공간
하나의 동전 던지기	앞면(H), 뒷면(T)
하나의 주사위 굴리기	1, 2, 3, 4, 5, 6
참/거짓 질문에 대한 응답	참, 거짓
두 개의 동전 던지기	앞-앞(HH), 앞-뒤(HT), 뒤-앞(TH), 뒤-뒤(TT)

위의 확률실험과 표본공간을 설명하는 예제에서 보듯이, 두 개의 동전을 던지면 4가지의 가능한 결과가 있다는 것을 인지하는 것은 중요하다. 즉, 1번 동전과 2번 동전인 두 개의 동전을 동시에 던지면, 모두 앞면(HH), 모두 뒷면(TT), 1번 동전은 앞면-2번 동전은 뒷면(HT), 1번 동전은 뒷면-2번 동전은 앞면(TH) 등 4가지의 결과가 발생 가능한 모든 결과이다. 이 장에서는 동전의 앞면을 H, 뒷면을 T로 표기하기로 한다.

예제 4-1 주사위 굴리기

주사위 두 개를 던지는 실험에서 표본공간을 구하시오.

풀이

각 주사위는 6가지의 다른 결과를 가지며, 두 개의 주사위를 굴리므로 표본공간은 [그림 4-1]과 같이 각 주사위를 기준으로 사각형의 배열로 표현할 수 있다. 표본공간은 그림에 있는 2개 숫자들의 쌍에 대한 목록(list)이다.

그림 4-1
주사위 두 개를 굴리는 실험에서의 표본공간 ([예제 4-1])

	주사위 2					
주사위 1	1	2	3	4	5	6
1	(1, 1)	(1, 2)	(1, 3)	(1, 4)	(1, 5)	(1, 6)
2	(2, 1)	(2, 2)	(2, 3)	(2, 4)	(2, 5)	(2, 6)
3	(3, 1)	(3, 2)	(3, 3)	(3, 4)	(3, 5)	(3, 6)
4	(4, 1)	(4, 2)	(4, 3)	(4, 4)	(4, 5)	(4, 6)
5	(5, 1)	(5, 2)	(5, 3)	(5, 4)	(5, 5)	(5, 6)
6	(6, 1)	(6, 2)	(6, 3)	(6, 4)	(6, 5)	(6, 6)

예제 4-2 카드 뽑기

52장으로 구성된 일반적인 카드 한 벌에서 한 장의 카드를 뽑는 실험에 대한 표본공간을 구하시오.

풀이

일반적인 카드는 '하트', '다이아몬드', '클로버', '스페이드' 등 4개의 무늬와 무늬마다 'A'(에이스)에서 'K'(킹)까지 13장의 카드가 있으므로 [그림 4-2]와 같이 표본공간은 52가지의 가능한 결과로 표현된다.

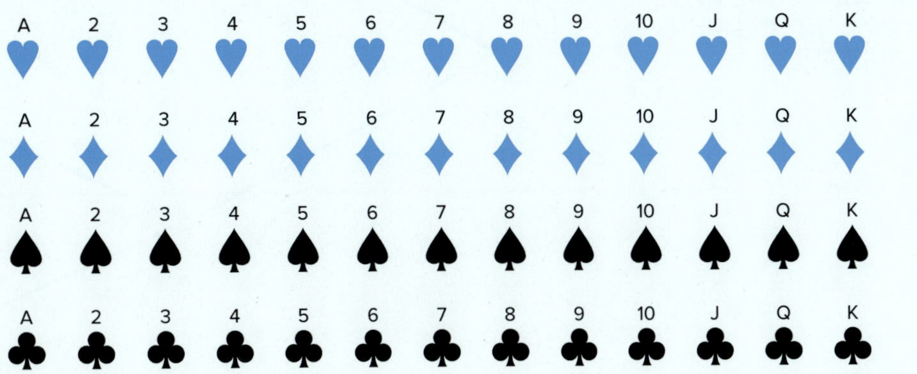

그림 4-2
한 벌의 카드에서 한 장의 카드를 뽑는 실험에서의 표본공간([예제 4-2])

예제 4-3 아이들의 성별

3명의 어린이가 있는 가정에서 아이들의 성별에 대한 표본공간을 구하시오. 여기서 남아는 B, 여아는 G로 표현하시오.

풀이

성별은 남(B), 여(G)의 두 가지이고, 각 아동은 하나의 성별을 가지므로 3명 아이의 성별에 대한 가능한 결과는 다음과 같이 모두 8가지가 가능하다. 표본공간은 가능한 모든 결과의 8가지의 경우로 표현한다.

BBB BBG BGB BGG GBB GBG GGB GGG

위의 [예제 4-1]에서 [예제 4-3]까지 살펴본 것처럼 표본공간은 관측과 추리에 근거해 구하였다. 어떤 확률실험에서 발생 가능한 모든 결과를 구하는 또 다른 방법으로 나무도표를 이용하기도 한다.

나무도표(tree diagram)는 시작점에서 뻗어 나와 실험의 발생 결과와 선으로 연결해 구성하는 그림이다. 확률실험에서 모든 가능한 발생 결과들을 결정하기 위해 사용된다.

예제 4-4 아이들의 성별

나무도표를 이용하여 3명의 어린이가 있는 가정에서 아이들의 성별에 대한 표본공간을 구하시오([예제 4-3]과 동일).

풀이

그림 4-3

[예제 4-4]에 대한 나무도표

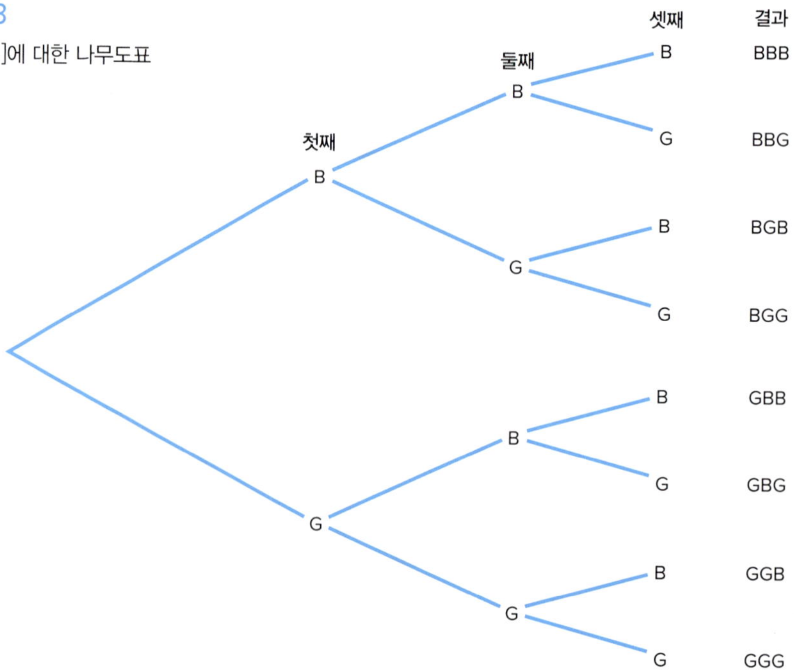

역사적 기록

이탈리아의 유명한 천문학자 Galileo(1564~1642)는 주사위 3개를 던지면 숫자의 합이 10과 11이 가장 많이 나타남을 보였다. 이전에는 합이 9인 경우가 가장 많이 나타난다고 알고 있었다.

먼저, 첫째의 가능한 성별이 남(B), 여(G)의 두 가지이므로 시작점에서 남(G)과 여(G)의 가능한 2개의 결과를 선으로 연결해 2개 가지를 그린다. 그리고 첫째의 성별이 남아(B)일 때 둘째의 가능한 성별도 남(B)과 여(G)의 2가지가 모두 가능하므로 첫째 성별 B에서 둘째의 가능한 성별인 남(G)과 여(G)의 2개 가지를 그린다. 첫째의 성별이 여아(G)인 경우에도 같은 과정으로 수행한다. 마찬가지로 셋째의 성별도 둘째의 성별을 고려하여 동일한 과정을 반복해 수행한다. 완성된 나무도표는 [그림 4-3]과 같다. 표본공간에 포함할 결과를 구하기 위해서는 모든 가능한 가지들의 경로를 추적해 표현한다. 즉, 출발점에서 시작해 첫째-둘째-셋째의 성별을 연결해 표현하면 된다.

역사적 기록

Jerome Carden(1501~1576)이라는 수학자는 수학과 확률 이론의 재능을 이용해 갬블러로 생계를 꾸렸다. 그는 고전적 확률의 개념을 공식화한 첫 번째 인물로 평가받고 있다.

앞에서 설명한 바와 같이, 결과(outcome)는 확률실험의 한 번 시행에서 나타난 성과로 정의하였다. 그러나 많은 경우, 우리는 둘 이상의 결과에 대한 확률을 구해야만 한다. 이러한 이유로 결과(outcome)와 사건(event)을 구분할 필요가 있다.

사건(event)은 확률실험에서 나타나는 결과들의 집합이다.

역사적 기록

1600년대 중반 전문 갬블러인 Chevalier de Méré는 도박에서 상당히 많은 돈을 벌었다. 그는 의심의 여지없이 손님들에게 주사위를 4번 굴리면 적어도 6이 한 번은 나온다고 장담하였다. 그는 게임을 너무 잘해서 일부 사람들은 그와 게임하는 것을 피하였다. 그래서 그는 자신의 승률을 유지하는 새로운 게임이 필요하다고 생각하였기에 2개 주사위를 24번 굴리면 최소한 1번의 더블 '6'이 나오게 굴리는 새로운 게임을 고안하였다. 하지만 그의 추리는 정확하지 않아서 당연히 돈을 잃었다. 실패 이유를 알 수 없었기에 그는 수학자인 Blaise Pascal(1623~1662)에게 도움을 청하였다.

Pascal은 흥미를 가지고 확률이론을 연구하기 시작했다. 그는 수학이 취미인 프랑스 정부의 공무원인 Pierre de Fermat(1601~1665)와 서신을 주고 받았으며, 이후 두 사람은 함께 확률이론의 기초를 정립하게 되었다.

사건은 하나의 결과 혹은 하나 이상의 결과들이 될 수 있다. 예를 들어 하나의 주사위를 굴려 '6'이 보이면, 이는 한 시행(trial)으로 얻은 하나의 **결과**(outcome)이다. 하나의 결과가 얻는 사건은 **단순사건**(**simple event**)이라고 하고, 하나의 주사위를 굴려 홀수를 얻게 되는 사건은 3개의 결과, 즉 1, 3, 5와 같이 3개의 단순사건으로 구성되므로 **복합사건**(**simple event**)이라고 한다. 일반적으로 복합사건은 둘 이상의 결과 혹은 단순사건들로 이루어진다.

확률은 다음과 같이 세 가지의 기본적인 해석이 있다.

1. 고전적 확률
2. 경험적 혹은 상대도수 확률
3. 주관적 확률

고전적 확률

고전적 확률(**classical probability**)은 표본공간을 이용하여 사건의 발생 확률을 설명한다. 확률을 구하기 위해 실제 실험을 수행하지 않는다. 17, 18세기 수학자들에 의해 정립된 확률의 첫 번째 유형이기에 고전적 확률이라고 한다.

고전적 확률은 표본공간에 포함된 모든 결과가 동일하게 발생될 가능성이 있다고 가정한다. 예를 들면, 하나의 주사위를 굴리면 개별 결과의 발생할 확률이 동일하다. 즉, 6개의 결과들이 존재하므로 개별 결과는 1/6의 확률을 가진다. 잘 섞여진 52장인 한 벌의 카드에서 한 장의 카드를 뽑으면 개별 카드의 뽑힐 확률이 모두 동일하므로 1/52이다.

동일 가능성 사건(equally likely event)은 발생할 확률이 모두 같은 사건들을 말한다.

고전적 확률 계산 공식

어떤 사건 E의 고전적 확률은 다음과 같다.

$$\frac{E\text{에 포함된 결과의 수}}{\text{표본공간에 포함된 결과의 총수}}$$

고전적 확률은 다음과 같이 구한다.

$$P(E) = \frac{n(E)}{n(S)}$$

여기서 $n(E)$는 사건 E에 포함된 결과의 수이고, $n(S)$는 표본공간 S에 포함된 결과의 수이다.

확률은 분수, 소수 혹은 적절한 경우에는 백분율로 표현한다. 예를 들어 "동전을 던질 때 앞면이 나올 확률은 얼마인가?"에 대한 답은 다음과 같이 3가지로 표시할 수 있다.

"0.5",
"1/2",
"50%"[1)]

위의 3가지 답은 모두 동일하다. 이 책 대부분의 예제나 연습문제에 대한 답은 소수나 분수로 표현한다. 하지만 어떤 적절한 상황에서는 백분율을 사용하기도 한다.

확률의 반올림 규칙 확률은 소수점 아래 2자리 혹은 소수점 아래 3자리까지 반올림하여 표시한다. 어떤 사건의 확률이 극단적으로 매우 작은 소수(decimal)라면 소수점 아래에서 '0'이 아닌 숫자가 처음 나오는 자리 아래에서 반올림하여 표시한다. 예를 들어 0.0000587은 0.00006이다. 부록 A의 표를 이용하여 확률을 구하면 표의 소수점 자릿수를 그대로 사용한다. 소수를 백분율로 변환하여 확률을 표현한다면 소수점을 두 자리 오른쪽으로 이동해 % 기호를 추가하면 된다.

예제 4-5 카드뽑기

카드 한 벌에서 한 장의 카드를 랜덤으로 추출할 때 검은색 '6'이 나올 확률을 구하시오.

풀이

한 벌의 카드는 52장이고, 검은색 카드는 '클로버'와 '스페이드'이므로 2장의 검은색 '6'의 카드가 있다. 검은색 '6'이 뽑힐 확률은 다음과 같다.

$$\frac{2}{52} = \frac{1}{26} \approx 0.038$$

예제 4-6 아이들의 성별

3명의 아이가 있는 가정에서 3명 중 2명의 성별이 남자아이일 확률을 구하시오.

풀이

3명 아이의 성별에 대한 표본공간은 [예제 4-3]과 [예제 4-4]에서 보았듯이 8가지(즉, BBB, BBG, BGB, GBB, GGG, GGB, GBG, BGG)의 가능한 결과를 가진다. 이 중 남아 2명과 여아 1명이 되는 경우는 BBG, BGB, GBB의 3가지이다. 따라서 3명 아이 중 2명 아이의 성별이 남자일 확률은 3/8이다.

1) 엄밀하게 말하면, 백분율은 확률이 아니다. 그러나 일상생활에서 확률은 백분율로 나타내기도 한다. 예를 들어, '내일 비가 올 가능성은 60%이다'는 식이다. 이러한 이유에서 이 책에서는 필요한 경우에 한하여 확률을 백분율로 표현할 수도 있다.

역사적 기록

고대 그리스인과 로마인들은 동물 뼈, 다양한 돌, 광물, 상아 등을 이용해 투박한 주사위를 만들었다. 그러나 주사위를 수학적으로 검정해 보면 일부는 매우 정확한 것으로 판명되었다.

확률이론에서 '그리고(and)'와 '또는/혹은(or)'의 의미를 이해하는 것은 중요하다. 예를 들어, 카드 한 벌에서 한 장의 카드를 뽑을 때 '퀸(Q) 그리고 하트'를 뽑을 확률은 '하트 Q'를 뽑는 확률과 같다. 여기서 '그리고(and)'는 '동시에(at the same time)'라는 의미이다. '또는/혹은(or)'은 두 가지 의미를 가진다. 예를 들어 '퀸(Q) 또는 하트'가 뽑히는 확률을 구할 때는 4장의 퀸 중 하나가 뽑히는 경우와 13장의 하트 중 하나가 뽑히는 경우를 고려하여 구해야 한다. 이 경우 하트 Q가 양쪽에 포함되어 두 번 집계되므로 뽑을 수 있는 카드의 수는 4+13−1=16장이 된다.

다른 한 편으로, '퀸(Q) 또는 킹(K)'이 뽑힐 확률을 구하는 경우는 4장의 퀸(Q) 중 하나가 뽑히거나 4장의 킹(K) 중 하나가 뽑히는 경우를 고려해야 하므로 뽑을 수 있는 카드는 4+4=8장이 된다. 첫 번째 경우처럼 양쪽의 사건들이 동시에 발생하는 경우는 '포함적인 또는(inclusive or)'이라고 하고, 두 번째 경우처럼 양쪽의 사건들이 동시에 발생하지 않는 경우는 '배반적인 또는(exclusive or)'이라고 한다.

예제 4-7 카드뽑기

카드 한 벌에서 한 장의 카드를 뽑을 때, 다음의 카드가 뽑힐 확률을 구하시오.

a. 하트
b. 검은색 카드
c. 다이아몬드 8
d. 퀸(Q)
e. 얼굴이 있는 그림 카드(face card)

풀이

a. 카드 한 벌의 표본공간은 [그림 4-2]와 같다. 카드 한 벌에는 52장 중 13장의 하트가 있으므로 하트가 뽑힐 확률은 다음과 같다.

$$P(\text{하트}) = \frac{13}{52} = \frac{1}{4} = 0.25$$

b. 검은색 카드는 클로버 13장, 스페이드 13장이므로 모두 26장이 있다. 검은색 카드가 뽑힐 확률은 다음과 같다.

$$P(\text{검은색 카드}) = \frac{26}{52} = \frac{1}{2} = 0.5$$

c. 다이아몬드 8 카드는 1장이 있으므로 뽑힐 확률은 다음과 같다.

$$P(\text{다이아몬드 8}) = \frac{1}{52} \approx 0.019$$

d. 퀸(Q)은 52장의 카드 중 4장이 있으므로 뽑힐 확률은 다음과 같다.

$$P(\text{퀸}) = \frac{4}{52} = \frac{1}{13} \approx 0.077$$

e. 한 벌의 카드에서 그림 카드(face card)는 4개의 무늬(다이아몬드, 하트, 클로버, 스페이드)마다 3장의 카드(J, Q, K)가 있으므로 모두 12장이 있다. 그림 카드가 뽑힐 확률은 다음과 같다.

$$P(\text{그림 카드}) = \frac{12}{52} = \frac{3}{13} \approx 0.231$$

이제 4가지의 기본 확률규칙을 소개하고자 한다. 이 규칙들은 확률 문제를 해결하고, 확률의 성질을 이해하고, 문제의 답이 정확한지 확인하는 데 유용하다.

역사적 기록

이집트에서 발굴된 무덤의 그림을 보면 이집트인들이 운으로 하는 게임을 했다는 것을 보여준다. 기원전 1800년에 행해진 '사냥개와 재칼(Hounds and Jackals)'이라고 불리는 한 게임은 오늘날의 '뱀과 사다리(Snakes and Ladders)' 게임과 비슷하다.

기본 확률규칙

1. 어떤 사건 E의 확률은 0과 1 사이의 수(분수 혹은 소수)로 표현한다. 즉, $0 \le P(E) \le 1$
2. 표본공간에 있는 모든 결과에 대한 확률의 합은 1이다.
3. 사건 E가 발생하지 않으면(즉, 사건이 표본공간의 원소에 포함되지 않으면) 확률은 0이다.
4. 사건 E가 확실히 발생한다면 확률은 1이다.

규칙 1은 확률값이 0과 1 사이의 범위라는 것을 말한다. 사건의 확률이 0에 가까우면 사건은 거의 발생하지 않음을 의미한다. 사건의 확률이 0.5에 가까우면 사건은 약 50:50의 가능성으로 발생됨을 의미한다. 사건의 확률이 1에 가까우면 사건의 발생 가능성이 매우 높음을 의미한다. 확률의 범위에 대해 [그림 4-4]를 참조하기 바란다.

그림 4-4
확률의 범위

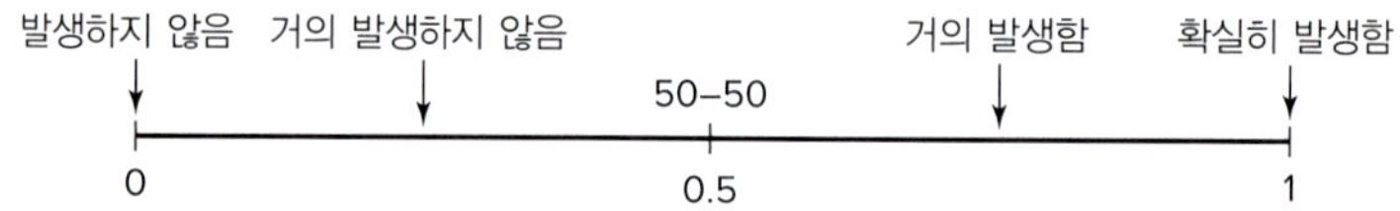

규칙 2는 하나의 주사위를 굴리는 예로 설명하기로 한다. 다음의 표에서 보듯이 표본공간에 속한 개별 결과들은 $\frac{1}{6}$의 확률을 갖는다. 모든 결과에 대한 확률의 합은 1이 된다.

결과	1		2		3		4		5		6
확률	$\frac{1}{6}$		$\frac{1}{6}$		$\frac{1}{6}$		$\frac{1}{6}$		$\frac{1}{6}$		$\frac{1}{6}$
합	$\frac{1}{6}$	+	$\frac{1}{6}$	+	$\frac{1}{6}$	+	$\frac{1}{6}$	+	$\frac{1}{6}$	+	$\frac{1}{6} = \frac{6}{6} = 1$

규칙 3은 [예제 4-8]을 통해 설명하기로 한다.

예제 4-8 주사위 굴리기

하나의 주사위를 굴려 9가 나올 확률을 구하시오.

풀이

표본공간은 1, 2, 3, 4, 5, 6이므로 9가 나오는 경우는 불가능하다. 따라서 9가 나올 확률은 0이다.

$$P(9) = \frac{0}{6} = 0$$

규칙 4는 $P(E) = 1$이면 사건 E는 확실하게 발생함을 의미한다. [예제 4-9]를 통해 설명하기로 한다.

예제 4-9 주사위 굴리기

하나의 주사위를 굴려 7보다 작은 수가 나올 확률을 구하시오.

풀이

표본공간은 1, 2, 3, 4, 5, 6이고, 모두 7보다 작은 수이므로 7 미만의 수가 나올 확률은 1이다.

$$P(7\text{ 미만의 수}) = \frac{6}{6} = 1$$

따라서 7 미만의 수가 나오는 사건은 확실하게 발생한다.

여사건

확률이론에 또 하나의 중요한 개념은 **여사건**(complementary events)이다. 예를 들어 주사위를 굴리면 표본공간은 1, 2, 3, 4, 5, 6으로 구성된다. 홀수가 나오는 사건은 1, 3, 5이다. 홀수가 나오지 않는 사건은 사건 E의 여사건이라고 하며, 2, 4, 6이 포함된다.

사건 E의 여사건(complementary of an event E)은 표본공간 결과 중 사건 E에 포함되지 않는 결과들의 집합이다. 사건 E의 여사건은 $\bar{E}$(E 바(bar)로 읽음)로 표시한다.

[예제 4-10]을 통해 여사건의 개념을 좀 더 설명하기로 한다.

예제 4-10 여사건 구하기

다음 각 사건의 여사건을 구하시오.

a. 한 달이 30일인 월
b. 첫 글자가 S로 시작하는 요일
c. 두 개 주사위를 굴려 합이 7을 얻는 경우
d. 알파벳 중 모음(y는 제외)

풀이

a. 한 달이 30일인 월에 대한 여사건은 한 달이 28일, 31일인 월이다. 즉, {1월, 2월, 3월, 5월, 7월, 8월, 10월, 12월}이다.
b. 첫 글자가 S로 시작하는 요일에 대한 여사건은 S로 시작되지 않는 요일이다. 즉, {월, 화, 수, 목, 금}이다.
c. 두 개 주사위를 굴려 합이 7을 얻는 경우의 여사건은 두 주사위의 합이 7인 경우를 제외하면, {2, 3, 4, 5, 6, 8, 9, 10, 11, 12}이다.
d. 알파벳 중 모음의 여사건은 {자음}이다.

어떤 사건과 그 여사건을 합하면 전체 표본공간이 된다. 예를 들면, 2개의 동전을 던지면 표본공간은 {HH, HT, TH, TT}이다. 모두 앞면인 사건 {HH}의 여사건은 모두 뒷면인 사건이 아니라 {HT, TH, TT}이다. 그러므로 '모두 앞면'인 사건의 여사건은 '적어도 한 개가 뒷면'인 사건이 된다.

또한 사건과 그 여사건이 전체 표본공간을 만들기 때문에 사건의 확률과 여사건의 확률을 합하면 1이 된다. 즉, $P(E) + P(\bar{E}) = 1$. 예를 들어 사건 E를 모두 앞면인 사건으로 놓으면 여사건 $\bar{E}$는 적어도 한 개가 뒷면인 사건이 된다. 각 확률은 $P(E) = \frac{1}{4}$, $P(\bar{E}) = \frac{3}{4}$이므로 $P(E) + P(\bar{E}) = 1$이다.

여사건의 규칙은 대수적으로 다음과 같은 3가지 형식으로 표현할 수 있다.

여사건의 규칙

$$P(\overline{E}) = 1 - P(E) \quad \text{또는} \quad P(E) = 1 - P(\overline{E}) \quad \text{또는} \quad P(E) + P(\overline{E}) = 1$$

위의 규칙을 설명하면, **어떤 사건의 확률이나 그 여사건의 확률을 알면, 모르는 나머지 확률은 1에서 아는 확률을 빼면 구할 수 있다는 것이다.** 이 규칙은 어떤 사건의 확률을 구하는 최선의 해결책 중 하나로, 여사건의 확률을 구한 다음 1에서 빼서 사건의 확률을 구할 수 있기 때문에 확률이론에서 중요한 규칙이다.

확률은 **벤다이어그램(Venn diagram)**을 이용하여 그림으로 표현할 수 있다. [그림 4-5(a)]는 단순사건 E의 확률을 표현한 그림이다. 원 내부의 면적은 사건 E의 확률 $P(E)$을 표현하고 있다. 그림에서 사각형의 면적은 표본공간에 속한 전체 사건들의 확률 $P(S)$을 표현하고 있다.

[그림 4-5(b)]의 벤다이어그램은 여사건의 확률 $P(\overline{E})$을 표현한 그림이다. 여사건의 확률은 사각형 내부 면적에서 $P(E)$로 표현된 원 내부를 제외한 면적이므로 $P(\overline{E}) = 1 - P(E)$이다. 여기서 $P(S) = 1$과 $P(E) = 1 - P(\overline{E})$임을 기억하면 이해하기가 쉽다. 즉, $P(E)$는 원 내부의 면적이고, $P(\overline{E})$는 원 외부 사건의 확률이므로 추리가 가능하다.

그림 4-5
사건과 여사건의 확률에 대한 벤다이어그램

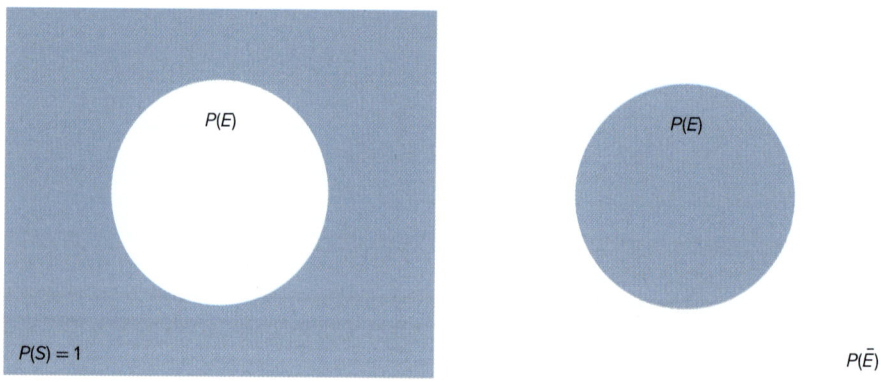

(a) 단순 확률 (b) 여사건의 확률 $P(\overline{E}) = 1 - P(E)$

예제 4-11 폭행피해 경험

어떤 연구에서 폭행피해 경험이 있는 사람 중 24%가 20~24세라고 한다. 모집단에서 한 사람을 랜덤으로 추출하였을 때, 그 사람의 나이가 20세 미만이거나 24세보다 많을 확률을 구하시오.

출처: Based on statistics from the BFI.

풀이

$$\begin{aligned} P(20\sim24\text{세가 아닌 경우}) &= 1 - P(20\sim24\text{세인 경우}) \\ &= 1 - 0.24 = 0.76 = 76\% \end{aligned}$$

경험적 확률

경험적 확률(empirical probability)과 고전적 확률의 차이를 설명하면, 고전적 확률은 결과들의 발생 가능성이 모두 동일하다고 가정하여 확률을 계산하지만 경험적 확률은 결과들의 발생 가능성을 실제 경험에 근거한 확률로 계산한다. 예를 들어 하나의 주사위를 6,000번 굴리면 각 눈금마다 발생된 빈도들이 관찰되므로 각 눈금에 대한 경험적 확률은 발생빈도를 이용하여 계산한다.

또 다른 예로, 미국자동차협회(AAA)에서 추수감사절 휴가 동안 여행 계획이 있는 50명에게 목적지까지 이동할 교통수단을 조사한 도수분포가 다음과 같다.

교통수단	도수
자동차	41
비행기	6
기차 혹은 버스	3
계	50

각 교통수단의 확률은 위의 도수분포를 이용하여 계산한다. 응답한 50명 중 자동차를 이용할 계획이 있는 사람이 41명이므로 자동차를 이용할 사람이 선택될 확률은 $\frac{41}{50}$이다.

경험적 확률 계산 공식

실제 경험에 대한 도수분포가 주어진 경우 어떤 계급에 해당하는 사건의 확률은 다음과 같이 계산한다.

$$P(E) = \frac{\text{계급의 도수}}{\text{도수의 총계}} = \frac{f}{n}$$

이처럼 관측에 근거한 확률을 **경험적 확률**이라고 한다.

예제 4-12 여행 조사

위의 예에서 설명한 여행지까지의 교통수단 조사에서 기차나 버스로 여행할 계획이 있는 사람의 확률을 구하시오.

풀이

$$P(E) = \frac{f}{n} = \frac{3}{50} = 0.06$$

출처: AAA(American Automobile Association) 조사.

예제 4-13 혈액형 분포

50명을 랜덤으로 추출하여 혈액형을 조사해보니, O형이 21명, A형이 22명, B형이 5명, AB형이 2명이었다. 도수분포표를 작성하고, 다음 문제의 확률을 구하시오.

a. O형인 사람
b. A형 혹은 B형인 사람
c. A형도 아니고 O형도 아닌 사람
d. AB형이 아닌 사람

출처: The American Red Cross.

풀이

먼저, 문제에 대한 도수분포는 다음과 같다.

혈액형	도수
A	22
B	5
AB	2
O	21
	계 50

a. $P(\text{O형인 사람}) = \frac{f}{n} = \frac{21}{50}$

b. $P(\text{A형 혹은 B형인 사람}) = \frac{22}{50} + \frac{5}{50} = \frac{27}{50}$ (두 계급의 도수를 합한다)

c. $P(\text{A형도 아니고 O형도 아닌 사람}) = \frac{5}{50} + \frac{2}{50} = \frac{7}{50}$

(A형도 아니고 O형도 아닌 경우는 B형과 AB형이다)

d. $P(\text{AB형이 아닌 사람}) = 1 - P(\text{AB형인 사람}) = 1 - \frac{2}{50} = \frac{48}{50} = \frac{24}{25}$

(AB형이 아닌 사람의 확률은 여사건의 확률을 이용해 1−(AB형인 사람의 확률)로 계산한다)

예제 4-14 수면시간

아래의 도수분포는 최근 조사한 사람들의 수면시간에 대한 자료이다.

6시간 미만	12
6시간	26
7시간	30
8시간	28
8시간 초과	4
계	100

랜덤으로 1명을 추출할 때 다음의 상황이 발생할 확률을 구하시오.

a. 8시간인 사람

b. 7시간 미만인 사람

c. 최대 8시간인 사람

d. 적어도 7시간인 사람

풀이

a. $P(\text{8시간인 사람}) = \frac{28}{100} = \frac{7}{25}$

b. $P(\text{7시간 미만인 사람}) = \frac{26}{100} + \frac{12}{100} = \frac{38}{100} = \frac{19}{50}$

c. $P(\text{최대 8시간인 사람}) = P(\text{8시간 이하인 사람})$

$= \frac{28}{100} + \frac{30}{100} + \frac{26}{100} + \frac{12}{100} = \frac{96}{100} = \frac{24}{25}$

d. $P(\text{적어도 7시간인 사람}) = P(\text{7시간 이상인 사람})$

$= \frac{30}{100} + \frac{28}{100} + \frac{4}{100} = \frac{62}{100} = \frac{31}{50}$

경험적 확률은 2-2절에서 공부한 상대도수분포표를 이용하여 구할 수도 있다. 예를 들어 여행조사의 교통수단에 대한 상대도수분포표는 다음과 같다.

교통수단	도수	상대도수
자동차	41	0.82
비행기	6	0.12
기차 혹은 버스	3	0.06
계	50	1.00

이들 상대도수는 2장에서 설명한 상대도수와 같다.

대수의 법칙

동전을 한 번 던지면 앞면이 나타날 확률이 1/2인 것은 누구나 알고 있다. 하지만 동전을 50번 던지면 어떻게 될까? 앞면이 25번 나타날까? 항상 그렇지 않을 것이다. 동전을 공정하게 던지면 약 25번 정도 나타날 것으로 기대할 수는 있다. 하지만 우연적인 변동으로 인해 대부분 앞면이 25번은 나타나지 않는다.

동전을 던지는 시행의 수가 적은 경우에 앞면이 나오는 경험적 확률을 계산하면 정확하게 1/2이 나오지 않는다. 그렇지만 동전을 던지는 시행의 수가 많아질수록 앞면이 나오는 경험적 확률은 이론적 확률인 1/2에 점점 가까워지게 된다. 이러한 현상이 **대수의 법칙(law of large numbers)**의 한 예이다.

이때, 앞면의 수와 뒷면의 수가 점점 균등해져 간다고 생각하지 않도록 주의해야 한다. 대수의 법칙은 시행의 수가 많아지게 되면 전체 시행에 대한 앞면의 비(proportion)가 1/2로 근접하게 된다는 것을 보여주는 것이다. 이 법칙은 주사위 던지기, 룰렛 게임 등 어떤 유형의 갬블링 게임에서도 성립한다.

꾸준하게 근접하는 비의 확률이 고전적 모형에서 이론화된 것과 일치하는지 혹은 일치하지 않는지에 주목해야 한다. 일치하지 않으면 '주사위가 공정하지 못하다'는 중요한 사실을 보여줄 수도 있다. Las Vegas의 카지노 관리자들은 고전적 이론과 일치하지 않는 경험적 추세를 주시하며, 관찰된 빈도가 기존의 예상 빈도와 너무 동떨어져 있을 경우에는 주사위를 교체하기도 한다.

주관적 확률

확률의 세 번째 유형은 주관적 확률이다. **주관적 확률(subjective probability)**은 경험을 바탕으로 한 추측이나 추정, 종사자 의견, 정확하지 않은 정보에 근거한 확률값을 사용한다.

주관적 확률은 어떤 한 사람이나 그룹이 사건이 일어날 가능성에 대해 학습된 추측을 하는 것이다. 이 추측은 답에 대한 개인의 경험과 평가에 근거한다. 예를 들어 스포츠기자는 특정 야구팀이 내년 시즌 우승할 확률이 70%라고 말할 수 있으며, 어떤 의사는 자신의 진단에 근거해 수술이 필요한 환자가 30% 정도 있다고 말하기도 하고, 어떤 지진학자는 특정 지역에서 지진이 발생할 가능성이 80%라고 말하기도 한다. 이러한 표현은 일상생활에서 주관적 확률이 얼마나 많이 사용되는지를 보여주는 예이다.

확률에 대한 세 가지 유형(고전적 확률, 경험적 확률, 주관적 확률)들은 경영학, 공학 또는 다른 여러 분야에서 다양한 문제의 해답을 구하는 데 모두 사용되고 있다.

확률과 위험 감수

사람들이 확률을 이해하지 못하는 영역은 위험을 감수하는 것이다. 실제로, 사람들은 발생 가능성이 많은 사건보다는 오히려 발생 확률이 상대적으로 작은 상황이나 사건을 염려한다. 예를 들어, 많은 사람들은 범죄율이 매년 증가한다고 생각하지만 미국 법무부의 통계를 보면 20

년 동안 범죄율은 오히려 감소하고 있음을 알 수 있다.

최근의 뉴스나 신문을 보면 자극적인 내용에 초점을 맞춘 건강 관련 기사들로 인해 사람들이 위험에 대해 잘못 인식하고 있는 경우가 많다. 예를 들어, 방사능 노출과 과체중을 비교하면 사람들은 방사능 노출을 훨씬 위험하다고 생각한다. 하지만 기대수명의 손실률로 따져보면 방사능 노출보다 과체중이 훨씬 더 우리의 삶에 위협적이라고 볼 수 있다. 예를 들어, 저자는 어떤 사람이 20% 과체중이면 기대수명의 손실은 900일(약 3년)이지만 원전에서 방출하는 방사능에 노출될 때 기대수명의 손실은 0.02일이라고 말한다. 다시 말하면, 과체중이 방사능 방출에 노출되는 것보다 훨씬 더 위협적이다는 것이다.

많은 사람들은 흡연, 음주운전, 오토바이 타기 등을 통해 일상생활에서 자신의 목숨을 거는 도박을 하고 있다. 사람들에게 다양한 원인에 의한 사망 확률과 빈도를 추정해 보도록 질문을 하면, 사고, 화재, 홍수의 확률을 과대평가하는 경향이 있고, 질병(암 제외)과 뇌졸중 등은 과소평가하는 경향이 있다. 예를 들어, 대부분의 사람들은 자신이 심장마비와 같은 질병으로 사망할 가능성을 실제 사망률에 비해 매우 낮게 생각한다. 반면에 화재, 홍수, 농약 중독과 같은 것으로 사망할 가능성은 실제 사망률에 비해 훨씬 높게 생각한다. 사람들이 이렇게 생각하는 이유는 미디어가 재앙으로 인한 죽음은 선정적으로 보도하지만 질병으로 인한 죽음은 거의 언급하지 않기 때문이다.

허리케인, 홍수, 자동차 사고, 혹은 운전 중 문자보내기와 같은 생명을 위협하는 재난들을 다룰 때는 사실을 정확하게 아는 것이 중요하다. 즉, 공인된 통계기관이나 신뢰할 수 있는 통계연구로부터 실제 수치를 얻어서 확률을 계산하고, 통계학과 확률에 대한 지식을 바탕으로 결정을 내려야 한다.

요약하면, 확률에 근거해 어떤 행동에 대한 결정 혹은 계획을 수립할 때 사건 발생의 참 확률을 이해하도록 하고, 또한 신뢰할만한 출처로부터 어떻게 정보를 얻었는지 파악하고, 행동의 비용을 따져 본 다음, 그것이 가치가 있는지를 결정한다. 마지막으로, 위험이 적은 다른 대안이나 행동을 찾아보는 것이 필요하다.

개념의 적용 4-1

동전 던지기

동전 던지기 게임을 한다고 가정하자. 당신은 기본 확률을 이해하고 있으므로 유리하다고 믿을 것이다. 게임은 동전을 던진 후 어느 면이 나타날지 추측하기만 하면 되는 것이다. 동전의 양면이 나타날 가능성이 같으므로 동전이 공정하다고 확신할 것이다. 어디에 베팅할지 결정하기 전 통계학 수업 시간에 배운 확률을 복습해 보자. 동전 던지기 게임에 대한 다음 질문에 답하시오.

1. 표본공간을 구하시오.
2. 가능한 결과들은 무엇인가?
3. 이런 유형의 문제에 대해 고전적 확률로 계산하면 확률은 얼마인가?

앞면이 나올 가능성이 50%이므로 앞면에 베팅한다고 하자. 당신이 게임을 하기 전에 이미 게임을 한 친구가 알려주기를 직전 9번의 게임에서 연속해서 앞면이 나왔다고 한다. 대수의 법칙을 기억하면서 다음의 질문에 답하시오.

4. 대수의 법칙이란 무엇인가? 그리고 이 법칙이 다음 동전을 던질 때 어느 면이 나오는지에 대한 생각을 바꾸게 하는가?

5. 이 문제에 대한 확률을 계산하는 경험적 접근 방식은 어떻게 하는 것인가? 그 결과는 이 문제의 해답으로 이용할 수 있는가?

6. 이 문제를 해결하는 데 주관적 확률이 도움이 될 수 있는가? 예를 들어 설명하시오.

7. 다음에 나오는 동전의 결과가 무엇인지 추측할 수 있다면 100만 달러를 받을 수 있다고 가정하자. 당신은 어느 면에 돈을 걸겠는가? 그 이유를 설명하시오.

정답 209쪽 참조

연습문제 4-1

1. 확률실험이란 무엇인가?
2. 결과와 사건의 차이는 무엇인가?
3. 사건에 대한 확률값의 범위는 어떻게 되는가?
4. 사건이 발생할 수 없다면, 이 사건에 대한 확률은 어떤 값으로 부여하는가?
5. 내일 비가 올 확률이 0.20이라면, 내일 비가 오지 않을 확률은 얼마인가? 우산을 가지고 가라고 권유할 것인가?
6. 확률을 표현한 다음의 각 문장을 고전적 확률, 경험적 확률, 주관적 확률로 분류하시오.
   a. 어떤 사람이 저녁 6시 뉴스를 시청할 확률이 0.15이다.
   b. 주사위 두 개를 던지는 주사위 게임에서 이길 확률은 5/36이다.
   c. 특정 노선에서 버스가 사고를 당할 확률은 약 6%이다.
   d. 랜덤하게 5장 카드로 로열플러시를 만들 확률은 $\frac{1}{649,740}$이다.
7. **주사위 굴리기** 주사위 한 개를 굴릴 때, 다음의 결과가 나올 확률을 구하시오.
   a. '7'이 나오는 경우
   b. 짝수가 나오는 경우
   c. '7'보다 작은 수가 나오는 경우
   d. 소수(2, 3, 5)가 나오는 경우
8. **주사위 2개 굴리기** 주사위 2개를 굴릴 때, 다음 결과를 얻을 확률을 구하시오.
   a. 합이 '5'이 나오는 경우
   b. 합이 '9' 혹은 '10'이 나오는 경우
   c. 두 수가 2배수로 나오는 경우
9. **카드뽑기** 카드 한 벌에서 한 장의 카드를 뽑을 때, 다음의 결과가 나올 확률을 구하시오.
   a. 'A'가 나오는 경우
   b. 하트가 나오는 경우
   c. 스페이드 '6'이 나오는 경우
   d. '10' 혹은 'J'가 나오는 경우
   e. '7'보다 작은 수가 나오는 경우('A'는 '1'로 간주함)
10. **쇼핑몰의 홍보** 어떤 쇼핑몰이 홍보 행사를 하고 있다. 50달러 이상을 구매한 고객에게 아래와 같은 회전판을 돌릴 기회를 준다. 여기서 숫자 '1'이 나오면 고객은 10달러의 상금을 받고, '2'가 나오면 5달러의 상금을 받고, '3'과 '4'가 나오면 할인 쿠폰을 받는다. 다음 문제의 확률을 구하시오.
    a. 고객이 10달러를 받는 경우
    b. 고객이 돈을 받는 경우
    c. 고객이 쿠폰을 받는 경우

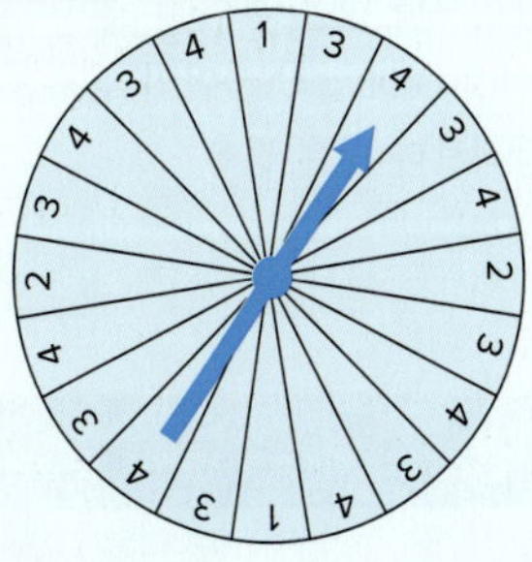

11. **혈액형** 혈액형은 4가지가 있다. 미국인의 혈액형별 비율은 아래와 같다.

    O형 43%   A형 40%   B형 12%   AB형 5%

    랜덤으로 1명을 선택했을 때, 다음의 확률을 구하시오.
    a. B형인 경우
    b. AB형 혹은 O형인 경우
    c. O형이 아닌 경우

12. 소수(prime number) 소수는 '1'과 자신의 수로만 나누어지는 수이다. 100보다 작은 소수는 다음과 같다.

2 3 5 7 11 13 17 19 23 29 31
37 41 43 47 53 59 61 67 71 73 79
83 89 97

어떤 수를 랜덤으로 하나를 선택할 때, 다음의 확률을 구하시오.

a. 홀수인 경우
b. 각 자릿수 숫자들의 합이 홀수인 경우
c. 70보다 큰 경우

13. 아이의 성별 4명의 자녀가 있는 부부가 있다. 다음의 확률을 구하시오.

a. 모두 여아인 경우
b. 정확히 2명이 여아이고, 2명이 남아인 경우
c. 적어도 1명이 여아인 경우
d. 남녀가 각각 적어도 1명인 경우

14. 크랩스 게임 크랩스 게임은 주사위 두 개를 굴려서 합이 '7' 혹은 '11'이 나오면 이기고, 합이 '2', '3', '12'가 나오면 지고, 그 외는 다시 굴리는 게임이다. 한 번만 굴릴 때 승부가 날 확률을 구하시오.

15. 대학생의 빚 다음 자료는 대학을 졸업한 학생들이 특정 연도에 가진 빚을 나타낸 자료이다(단위: 달러).

1 ~ 5000	**5001 ~ 20,000**	**20,001 ~ 50,000**	**50,000+**
27%	40%	19%	14%

졸업생이 약간의 빚을 가지고 있다고 할 때, 다음의 확률을 구하시오.

a. 5001달러보다 적은 경우
b. 20,000달러보다 많은 경우
c. 1달러에서 20,000달러 사이인 경우
d. 50,000달러보다 많은 경우

출처: *USA TODAY*.

16. 범죄 다음은 어느 큰 도시에서 행해진 범죄 건수에 대한 자료이다. 랜덤으로 한 범죄를 선택한다고 할 때, 차량 절도가 나타날 확률을 구하시오. 그리고 폭행이 아닌 확률을 구하시오.

단순 절도	1375
빈집털이(집, 사무실)	500
차량 절도	275
폭행	200
강도	125
살인 혹은 강간	25

출처: Based on FBI statistics.

17. 차량 사고 최근 1년 동안 1350만 건의 자동차 사고, 520만 건의 트럭 사고, 178,000건의 오토바이 사고가 발생했다고 한다. 랜덤으로 한 사건을 선택한다고 할 때, 트럭 혹은 오토바이 사고일 확률을 구하시오. 그리고 트럭 사고가 아닐 확률을 구하시오.

출처: Based on data from the National Safety Council.

18. 지폐 선택하기 어느 상자 안에 1, 5, 10, 20달러 지폐가 한 장씩 들어있다. 랜덤으로 지폐를 선택하는데, 첫 번째 뽑은 지폐는 다시 넣지 않으며, 두 번째 지폐도 랜덤으로 선택한다고 하자. 2장의 지폐를 선택하는 과정에 대한 나무도표를 그리고, 표본공간을 구하시오.

19. 공 선택하기 1에서 4까지 적힌 4개의 공이 상자 안에 들어있다. 랜덤으로 하나의 공을 선택하여 해당 번호를 기록하고, 다시 넣은 후 랜덤으로 두 번째 공을 선택하여 번호를 기록한다. 2개 공을 선택하는 과정에 대한 나무도표를 그리고, 표본공간을 구하시오.

20. 대학 신입생들의 수강 신청 어느 대학에서 대학 1학년 학생들은 영어 1강좌, 수학 1강좌, 1학년 세미나, 선택 교과 1과목을 필수로 수강해야 한다. 개설 교과목과 강좌 수를 보면, 영어는 2개, 수학은 3개, 선택 교과목 5개가 개설되어 있으며, 모든 신입생들이 수강하는 1학년 세미나는 같이 수강한다. 신입생들이 수강 신청하는 강좌를 나무도표를 이용하여 작성해 보시오.

개념의 확장

21. CEO의 연령대별 분포 CEO의 연령대별 분포가 다음과 같다.

연령대	도수
21–30	1
31–40	8
41–50	27
51–60	29
61–70	24
71 이상	11

출처: Information based on *USA TODAY* Snapshot.

1명의 CEO를 랜덤으로 선택할 때, CEO 연령대에 대한 다음의 확률을 구하시오.

a. 31~40세인 경우
b. 31세 미만인 경우
c. 30세 초과이고 51세 미만인 경우
d. 31세 미만 혹은 60세 초과인 경우

22. 치료 어떤 의사는 환자에게 특정 처치를 하면 수술을 하지 않고 회복될 가능성이 50%라고 말했다. 즉, "환자가 회복될 수 있거나 혹은 회복되지 않을 수 있다"라는 것이다. 이 진술에 대한 의견을 쓰시오.

23. 동전 던지기 3개의 동전을 128번 던져서 앞면이 나타난 횟수 (0, 1, 2, 3)를 기록하시오. 그리고 각각의 결과에 대한 이론

적 확률을 구해보고, 경험적 확률을 계산하시오.

24. 오즈(odds) 오즈는 도박 게임을 공정하게 만들기 위해 사용된다. 예를 들어, 한 개의 주사위를 굴려 '6'이 나오면 이기는 게임이라면 평균적으로 6번에 한 번씩 이길 것이다. 게임이 공정하다면 오즈는 5대 1로 주어진다. 이것은 1달러를 베팅해 이기면 5달러를 받게 됨을 의미한다. 즉, 평균적으로 6번을 굴려 1번 5달러를 따고, 나머지 5번은 1달러를 잃게 된다는 것이다. 그러므로 공정한 게임(fair game)이다.

대부분의 도박 게임에서 주어진 오즈는 공정하지 않다. 예를 들어, 이길 오즈가 정확하게 20대 1이라면 이윤을 내기 위해 도박장은 15대 1로 설정할 수도 있다.

오즈는 $\frac{5}{1}$, 5:1 혹은 5대 1과 같이 분수 또는 비로 표현된다. 오즈는 사건 자체 혹은 여사건으로 계산한다. 오즈의 계산공식은 다음과 같다.

$$\text{사건에 대한 오즈} = \frac{P(E)}{1-P(E)}$$

$$\text{여사건에 대한 오즈} = \frac{P(\overline{E})}{1-P(\overline{E})}$$

주사위 게임에서의 오즈는 다음과 같이 계산된다.

$$\text{'6'이 발생하는 사건에 대한 오즈} = \frac{1/6}{5/6} = \frac{1}{5} \text{ 혹은 } 1:5$$

$$\text{'6'이 발생하지 않는 사건에 대한 오즈} = \frac{5/6}{1/6} = \frac{5}{1} \text{ 혹은 } 5:1$$

다음 각 문제의 사건과 여사건에 대한 오즈를 구하시오.

a. 하나의 주사위를 굴릴 때 2가 나타나는 경우
b. 하나의 주사위를 굴릴 때 짝수가 나타나는 경우
c. 한 벌의 카드에서 한 장의 카드를 뽑을 때 스페이드가 나오는 경우
d. 한 벌의 카드에서 한 장의 카드를 뽑을 때 붉은색의 카드가 나오는 경우
e. 한 벌의 카드에서 한 장의 카드를 뽑을 때 퀸이 나오는 경우
f. 두 개의 동전을 던질 때 모두 뒷면이 나오는 경우
g. 두 개의 동전을 던질 때 정확하게 하나만 뒷면이 나오는 경우

4-2 확률의 덧셈공식

학습목표 2
덧셈공식을 이용하여 복합사건의 확률 구하기

많은 문제들은 둘 이상의 사건들에 대한 확률 계산을 포함하고 있다. 예를 들어, 대규모 정치 집회에서 랜덤으로 1명을 선택한다고 할 때, 선택된 사람이 여자 혹은 공화당원일 확률을 알고 싶어 할 수 있다. 이 경우 다음과 같이 세 가지의 가능성을 고려한다.

1. 그 사람은 여자이다.
2. 그 사람은 공화당원이다.
3. 그 사람은 여자이면서 공화당원이다.

다른 예를 들어 보면, 동일한 집회에 공화당원, 민주당원, 무당파 사람들이 참여하고 있다. 랜덤으로 1명을 선택할 때, 선택된 사람이 민주당원 혹은 무당파일 확률은 얼마일까? 이 경우는 다음과 같이 두 가지의 가능성을 고려한다.

1. 그 사람은 민주당원이다.
2. 그 사람은 무당파이다.

두 예제의 차이점을 보면 첫 번째 경우는 선택된 사람이 여자이면서 동시에 공화당원일 수도 있지만, 두 번째 경우는 선택된 사람이 민주당원이면서 동시에 무당파일 수는 없다. 두 번째의 경우에서는 두 사건을 **상호배반**(mutually exclusive)이라고 하고, 첫 번째 경우에서는 두 사건을 상호배반이 아니라고 한다.

역사적 기록

확률에 대한 첫 번째 책인 *The Book of Chances and Games*는 Jerome Carden (1501~1576)에 의해 저술되었다. 그는 점성술사, 철학자, 의사, 수학자 그리고 도박사이었다. 이 책에는 상대방을 속이는 방법과 상대방이 속일 때 간파하는 방법에 대한 기술을 설명하고 있다.

두 사건들이 동시에 발생되지 않는다면(즉, 공통적인 결과가 없다면), **상호배반사건**(mutually exclusive events) 혹은 **서로 겹치지 않는 사건**(disjoint events)이라고 한다.

다른 상황으로는 한 벌의 카드에서 하나의 카드를 뽑을 때 '4'와 '6'을 동시에 뽑을 수 없으므로 '4'를 뽑는 사건과 '6'을 뽑는 사건들은 상호배반사건이다. 반면, 한 장의 카드를 뽑을 때,

'하트 4'를 뽑을 수 있으므로 '4'를 뽑는 사건과 '하트'를 뽑는 사건은 상호배반이 아니다.

예제 4-15 상호배반사건의 결정

두 사건들이 상호배반사건인지 결정하고, 답을 설명하시오.

a. 랜덤으로 선택된 여학생
랜덤으로 선택된 3학년 학생

b. 랜덤으로 선택된 사람의 혈액형이 A형인 경우
랜덤으로 선택된 사람의 혈액형이 O형인 경우

c. 주사위를 굴려 홀수가 나오는 경우
주사위를 굴려 3보다 작은 수가 나오는 경우

d. 랜덤으로 선택된 사람의 나이가 21세 미만인 경우
랜덤으로 선택된 사람의 나이가 30세 초과인 경우

풀이

a. 두 사건은 선택된 사람이 여학생이면서 3학년일 수 있으므로 상호배반이 아니다.
b. 두 사건은 선택된 사람의 혈액형이 A형이면서 동시에 O형이 될 수 없으므로 상호배반이다.
c. 두 사건은 1이 홀수이면서 3보다 작은 수가 되므로 상호배반이 아니다.
d. 두 사건은 선택된 사람이 21세 미만이면서 동시에 30세를 넘을 수 없기 때문에 상호배반이다.

예제 4-16 카드뽑기

한 벌의 카드에서 랜덤으로 한 장의 카드를 뽑을 때, 다음의 문제의 사건들이 상호배반사건인지 아닌지를 결정하시오.

a. 그림카드가 나오는 경우와 6이 나오는 경우
b. 그림카드가 나오는 경우와 하트가 나오는 경우
c. 7이 나오는 경우와 'K'가 나오는 경우
d. 'Q'가 나오는 경우와 스페이드가 나오는 경우

풀이

a. 한 장의 카드를 뽑을 때, 그림카드('J', 'Q', 'K')이면서 동시에 '6'인 카드를 추출할 수 없으므로 두 사건은 상호배반이다.
b. 한 장의 카드를 뽑을 때, 그림카드이면서 하트인 카드를 추출할 수 있으므로 두 사건은 상호배반이 아니다. 즉, 하트 J, 하트 Q, 하트 K가 나올 수 있다.
c. 한 장의 카드를 뽑을 때, 숫자가 7이면서 'K'인 카드를 추출할 수 없으므로 두 사건은 상호배반이다.
d. 한 장의 카드를 뽑을 때, 스페이드 Q가 나올 수 있으므로 두 사건은 상호배반이 아니다.

둘 이상 사건들의 확률은 **덧셈공식**(addition rule)으로 계산한다. 첫 번째 덧셈공식은 상호배반일 때 사용한다.

덧셈공식 1

두 사건 A와 B가 상호배반일 때, A 혹은 B가 나타날 확률은 다음과 같다.

$$P(A \text{ or } B) = P(A) + P(B)$$

그림 4-6
상호배반사건들에 대한 덧셈공식 1의 벤다이어그램

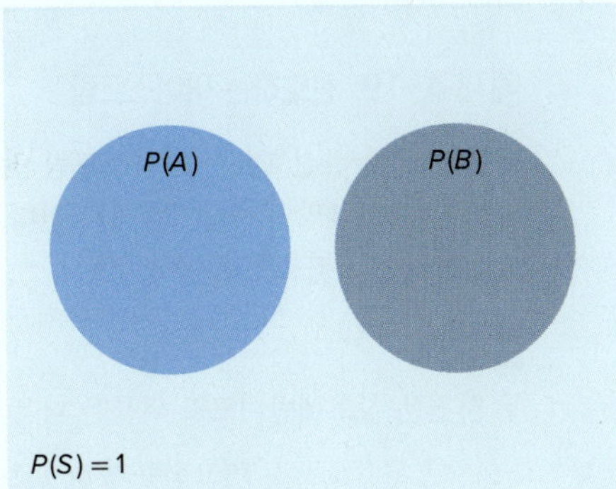

상호배반인사건의 확률:
$P(A \text{ or } B) = P(A) + P(B)$

[그림 4-6]은 두 상호배반사건 A와 B를 표현한 벤다이어그램이다. 이 경우, 사건들이 상호배반이고 겹쳐지는 부분이 없으므로 $P(A \text{ or } B) = P(A) + P(B)$이다. 다시 말하면, 그림에서 사건 A 혹은 B가 나타날 확률은 두 사건의 확률을 표현한 면적의 합이다.

예제 4-17 멸종 위기의 동물

미국 내에서 포유류 59종, 조류 75종, 어류 68종이 멸종 위기라고 한다. 랜덤으로 한 동물을 선택한다고 할 때, 그 동물이 포유류 혹은 어류일 확률을 구하시오.

출처: Based on information from the U.S. Fish and Wildlife Service.

풀이

포유류 혹은 어류가 선택되는 경우는 상호배반이다. 문제에서 멸종 위기의 동물은 전체 202종이고, 그 중 포유류 59종과 어류 68종이 멸종 위기이므로 랜덤으로 선택된 한 마리가 포유류 혹은 어류일 확률은 다음과 같이 계산한다.

$$P(\text{포유류 혹은 어류}) = P(\text{포유류}) + P(\text{어류}) = \frac{59}{202} + \frac{68}{202} = \frac{127}{202} = 0.629$$

예제 4-18 연구개발부서의 직원

3개의 기업이 같이 일하고 있는 기업연구개발센터의 기업별 직원수는 다음과 같다.

U.S. Steel	110
Alcoa	750
Bayer Material Science	250

랜덤으로 1명의 직원을 선택한다면, 그 직원이 U.S. Steel 혹은 Alcoa의 직원일 확률을 구하시오.

출처: *Pittsburgh Tribute Review.*

풀이

$$P(\text{U.S. Steel 혹은 Alcoa}) = P(\text{U.S. Steel}) + P(\text{Alcoa})$$
$$= \frac{110}{1110} + \frac{750}{1110} = \frac{860}{1110} = \frac{86}{111} = 0.775$$

예제 4-19 선호하는 아이스크림

어떤 조사에서 선호하는 아이스크림 맛으로 응답자의 8%가 크림쿠키, 6%가 민트초콜릿칩을 선택하였다. 랜덤으로 1명의 응답자를 선택한다고 할 때, 그 사람이 선호하는 아이스크림 맛이 크림쿠키 혹은 민트초콜릿칩이 될 확률을 구하시오.

풀이

두 사건은 상호배반이므로 확률은 다음과 같이 계산한다.

$$P(\text{크림쿠키 or 민트초콜릿칩}) = P(\text{크림쿠키}) + P(\text{민트초콜릿칩})$$
$$= 0.08 + 0.06 = 0.14 = 14\%$$

역사적 기록

벤다이어그램은 수학자인 John Venn(1834~1923)이 개발하여 집합론과 기호 논리학에서는 물론 확률론에도 적용되었다. 집합론에서 기호 '∪'는 두 집합의 합집합(Union)을 표현하는데, 'A∪B'는 집합 A 혹은 B에 속함을 의미한다. 기호 '∩'는 두 집합의 교집합(intersection)을 표현하는데, 'A∩B'는 집합 A와 B에 동시에 속함을 의미한다. 벤다이어그램은 확률공식들을 보편적인 그림으로만 나타낼 뿐 확률의 모든 상황(예를 들어, $P(A) = 0$)을 정확하게 표현하지는 못한다.

확률공식들은 셋 이상의 사건들로 확장이 가능하다. 예를 들어, 상호배반인 3개의 사건 A, B, C에 대한 확률은 다음과 같다.

$$P(A \text{ or } B \text{ or } C) = P(A) + P(B) + P(C)$$

사건들이 상호배반이 아닐 때는 덧셈공식 2를 사용하여 확률을 계산한다.

덧셈공식 2

사건 A와 B가 상호배반이 아니라면, 확률은 다음과 같이 계산한다.

$$P(A \text{ or } B) = P(A) + P(B) - P(A \text{ and } B)$$

참조: 덧셈공식 2는 사건들이 상호배반일 때 $P(A \text{ and } B)$가 항상 '0'이 되므로 사용될 수 있다. 하지만 두 상황을 구별하는 것이 중요하다.

[그림 4-7]은 두 사건이 상호배반이 아닐 때의 확률을 표현한 그림이다. 즉, $P(A \text{ or } B) = P(A) + P(B) - P(A \text{ and } B)$이다. 교집합 혹은 두 원이 겹치는 공통부분의 면적이 $P(A \text{ and } B)$이 된다. A의 면적에 B의 면적을 더할 때, 겹쳐진 부분은 두 번 더해지므로 정확한 면적 혹은 확률을 구하려면 한 번은 빼주어야 한다.

그림 4-7

사건들이 상호배반이 아닐 때 덧셈공식 2의 벤다이어그램

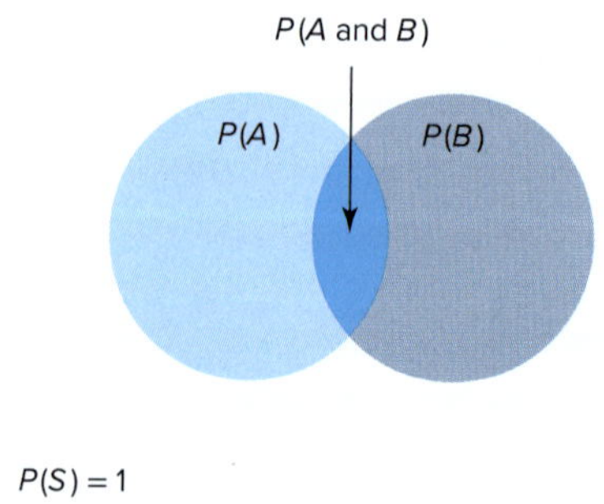

상호배반이 아닌 사건의 확률:
$P(A \text{ or } B) = P(A) + P(B) - P(A \text{ and } B)$

예제 4-20 카드뽑기

카드 한 벌에서 랜덤으로 한 장을 뽑는다고 할 때, '9' 이하 혹은 다이아몬드가 나올 확률을 구하시오.

풀이

보통의 카드에는 '9' 카드 4장과 다이아몬드 13장이 있으며, 다이아몬드 9 카드는 중복되므로 확률은 다음과 같이 계산한다.

$$P(9 \text{ or } \blacklozenge) = P(9) + P(\blacklozenge) - P(9\blacklozenge) = \frac{4}{52} + \frac{13}{52} - \frac{1}{52} = \frac{16}{52} = \frac{4}{13} \approx 0.308$$

흥미 있는 사실

카드 섞기

카드가 랜덤으로 배열하도록 하려면 한 벌의 카드를 몇 번이나 섞어야 할까? 실제로, 많은 요인들 때문에 이 질문에 대한 답을 구하기가 쉽지 않다. 첫째, 카드를 섞는 방법이 다양하다. 카드를 섞는 방법에는 리플법(riffle method), 오버핸드법(overhand method), 코기법(Corgi method), 파로법(Faro method) 등이 있다.

고려해야 할 다른 요인은 카드가 랜덤으로 배열되어 있다는 것이 무엇을 의미하는가이다. 몇 번을 섞은 다음, 카드가 랜덤으로 배열된 것인지를 확인하는 몇 가지의 통계적 검정 방법이 있지만 이들 검정은 다소 다른 결과를 나타낸다.

두 명의 수학자, Persi Diaconis와 Dave Bayer는 카드 한 벌을 섞을 때 5번이 넘으면 랜덤배열이 되기 시작하며, 7번이 넘으면 완전 랜덤화가 된다고 결론지었다. Trefthen에 의해 수행된 후속 연구에서는 6번만 섞으면 된다고 결론지었다. 이들 연구들은 카드 순서의 랜덤화를 어떻게 고려하는가에 따라 차이가 있는 것이다.

예제 4-21 병원 직원

어느 병원에 간호사 8명, 의사 5명이 있는데, 그중 간호사 7명, 의사 3명은 여자이다. 랜덤으로 1명의 직원을 선택한다고 할 때, 그 직원이 간호사 혹은 남자일 확률을 구하시오.

풀이

표본공간은 다음과 같다.

직원	여자	남자	계
간호사	7	1	8
의사	3	2	5
계	10	3	13

랜덤으로 선택된 1명의 직원이 간호사 혹은 남자일 확률은 다음과 같이 계산한다.

$$P(\text{간호사 or 남자}) = P(\text{간호사}) + P(\text{남자}) - P(\text{간호사 and 남자})$$
$$= \frac{8}{13} + \frac{3}{13} - \frac{1}{13} = \frac{10}{13} \approx 0.769$$

예제 4-22 음주운전

새해 전날 저녁, 음주운전할 확률이 0.32이고, 교통사고가 날 확률이 0.09, 음주운전으로 인한 교통사고가 날 확률이 0.06이라고 한다. 랜덤으로 1명을 선택했을 때, 그 사람이 음주운전 한 사람 혹은 교통사고가 난 사람일 확률을 구하시오.

풀이

두 사건은 상호배반사건이 아니므로 다음과 같이 확률을 계산한다.

$$P(\text{음주운전 or 교통사고}) = P(\text{음주운전}) + P(\text{교통사고}) - P(\text{음주운전 and 교통사고})$$
$$= 0.32 + 0.09 - 0.06 = 0.35$$

덧셈공식 2도 셋 이상의 사건들로 확장이 가능하다. 예를 들어, 상호배반이 아닌 3개의 사건 A, B, C에 대한 확률은 다음과 같다.

$$P(A \text{ or } B \text{ or } C) = P(A) + P(B) + P(C) - P(A \text{ and } B) - P(A \text{ and } C)$$
$$- P(B \text{ and } C) + P(A \text{ and } B \text{ and } C)$$

이 부분에 대한 내용은 연습문제 12번을 통해 확인할 수 있다.

요약하면, 두 사건들이 상호배반이면 덧셈공식 1번을 이용하고, 상호배반이 아니면 덧셈공식 2번을 사용하여 확률을 구한다.

개념의 적용 4-2

어떤 진통제가 가장 좋은가?

운동을 하다가 부상을 입은 후, 치료를 위해 새로운 진통제에 대한 정보를 얻었다고 가정하자. 이 정보에서 두 가지 새로운 진통제의 부작용을 검사하기 위해 수행된 연구라는 내용을 알게 되었다. 아래의 표를 통해 각 질문에 대해 답하고, 사용한다면 어떤 진통제를 사용할 것인지 결정하시오.

	12주 임상실험에서 나타난 부작용 건수		
부작용	위약 $n=192$	진통제 A $n=186$	진통제 B $n=188$
코막힘(호흡 어려움)	10	32	19
부비동으로 인한 두통	11	25	32
복통	2	46	12
신경성 두통	34	55	72
기침	22	18	31
가래	2	5	1

1. 연구에 참여한 실험자는 몇 명인가?
2. 연구기간은 얼마인가?
3. 연구에서 사용한 변수들은 무엇인가?
4. 실험에서 사용한 변수들은 어떤 유형의 변수들이며, 측정수준의 종류는 무엇인가?
5. 표에 나타낸 수치는 정확한가?
6. 랜덤으로 선택된 한 사람이 위약을 처방받았을 확률은 얼마인가?
7. 위약 혹은 진통제 A를 처방받았을 확률은 얼마인가? 이 두 사건은 상호배반인가? 이 사건의 여사건은 무엇인가?
8. 랜덤으로 선택된 한 사람이 위약을 처방받았거나 혹은 신경성 두통을 경험했을 확률은 얼마인가?
9. 랜덤으로 선택된 한 사람이 위약을 받지 않았거나 혹은 부비동으로 인한 두통을 경험했을 확률은 얼마인가?

정답 209쪽 참조

연습문제 4-2

1. 상호배반사건을 정의하고, 상호배반사건인 사례와 상호배반이 아닌 사례를 각각 하나씩 들어 보시오.
2. **카드, 주사위와 학생** 다음의 사건들이 상호배반인지 결정하시오.

a. 카드뽑기: 스페이드가 나오는 사건과 '6'이 나오는 사건
b. 주사위 굴리기: 소수(2, 3, 5)가 나오는 사건들
c. 주사위 2개 굴리기: 합이 '7'이 나오는 사건과 합이 짝수가

나오는 사건

d. 수업에서 학생 1명을 랜덤으로 선택하는 경우: 남학생이 선택되는 사건과 2학년이 선택되는 사건

3. **졸업생의 학위** 다음은 최근 1년 동안 졸업한 졸업생들이 받은 학위를 성별로 나타낸 자료이다.

	학사	석사	박사
남자	573,079	211,381	24,341
여자	775,424	301,264	21,683

랜덤으로 1명을 선택한다고 할 때, 다음 질문의 확률을 구하시오.

a. 학사를 받았을 확률

b. 박사를 받았거나 혹은 여자가 학위를 받았을 확률

c. 박사학위가 여자에게 수여되었을 확률

d. 석사가 아닌 학위를 받았을 확률

출처: www.nces.ed.gov

4. **의학 전문 분야** 어느 지역의 병원에서 근무하는 전문가들의 분야를 나타낸 자료이다.

	의사	전문 연구원
병리학	6	1
소아과학	7	2
정형외과학	20	2

랜덤으로 1명을 선택한다고 할 때, 다음 질문의 확률을 구하시오.

a. 병리학자일 확률

b. 정형외과학자이거나 혹은 의사일 확률

5. **스낵 종류** 기숙사 회의실에 감자튀김 8봉지, 팝콘 5봉지, 프레첼 2봉지, 치즈 펍 1봉지가 있다. 어떤 한 학생이 랜덤으로 한 봉지를 선택한다고 할 때, 감자튀김 혹은 프레첼을 선택할 확률을 구하시오.

6. **피자 판매** 어느 피자가게에서 치즈 피자 24개, 하나 이상의 토핑을 올린 피자 16개를 팔았다. 치즈 피자 12개와 토핑을 올린 피자 10개는 근무시간에 먹었다. 랜덤으로 하나의 피자를 선택한다고 할 때, 다음 질문의 확률을 구하시오.

a. 근무시간에 먹은 치즈 피자

b. 토핑을 올린 피자이고 근무시간에 먹지 않은 피자

c. 치즈피자이거나 혹은 근무시간에 먹은 피자

7. **청년 인구** 다음의 통계는 미국 통계청에서 2004년도에 발표한 집 혹은 기숙사에 생활하는 청년들의 인구수를 나타낸 자료(단위: 천 명)이다.

	18~24세	25~34세
남자	7922	2534
여자	5779	995

출처: *World Almanac.*

랜덤으로 한 명의 청년을 선택한다고 할 때, 다음 질문의 확률을 구하시오.

a. 25~34세인 여자일 확률

b. 남자이거나 혹은 18~24세일 확률

c. 25세 미만이고 남자가 아닐 확률

8. **다둥이 출산** 최근 1년 동안 미국에서 다둥이를 출산한 산모의 수는 쌍둥이가 128,665명, 세 쌍둥이가 7,110명, 네 쌍둥이가 486명, 다섯 쌍둥이가 85명이라고 한다. 이들 다둥이 가족 중 랜덤으로 한 가족의 형제나 자매를 선택한다고 할 때, 다음의 확률을 구하시오.

a. 두 쌍둥이보다 많은 쌍둥이일 확률

b. 네 쌍둥이 혹은 다섯 쌍둥이일 확률

c. 다둥이로 태어난 아이 중에서 1명을 선택할 때 그 아이가 세 쌍둥이일 확률

9. **수감자 교육** 연방 교도소에서 수감자들은 고등학교 과정, 대학 과정 이수 혹은 둘 다 선택하지 않아도 된다. 다음은 수감자의 연령대별로 조사된 결과이다.

연령	고교 과정	대학 과정	선택 안 함
30세 미만	53	107	450
30세 이상	27	32	367

랜덤으로 1명의 수감자를 선택한다고 할 때, 다음 질문의 확률을 구하시오.

a. 수업을 받지 않는 수감자

b. 30세 미만이고, 고교 과정 혹은 대학 과정을 이수하는 수감자

c. 30세 이상이고, 고교 과정 혹은 대학 과정을 이수하는 수감자

10. **응급환자의 검사** 다음은 랜덤으로 선택된 30명의 응급환자에게 시행한 검사의 수를 나타낸 자료이다.

시행한 검사의 수	환자의 수
0	12
1	8
2	2
3	3
4개 이상	5

랜덤으로 1명의 환자를 선택한다고 할 때, 다음 질문의 확률을 구하시오.

a. 정확하게 2번 검사한 환자

b. 적어도 2번 검사한 환자

c. 많아 봐야 3번 검사한 환자

d. 3번 이하 검사한 환자

e. 1번 혹은 2번 검사한 환자

11. **응급실의 환자 검사** 다음은 응급실에서 랜덤으로 선택한 30명의 환자에게 시행한 검사의 수를 나타낸 자료이다.

시행한 검사의 수	환자의 수
0	11
1	9
2	5
3	4
4개 이상	1

랜덤으로 1명의 환자를 선택한다고 할 때, 다음 질문의 확률을 구하시오.

a. 정확하게 3번 검사한 환자
b. 많아 봐야 2번 검사한 환자
c. 1번 혹은 2번 검사한 환자
d. 3번 미만 검사한 환자
e. 적어도 3번 검사한 환자

12. **카드 선택하기** 카드 한 벌에서 한 장을 뽑는다고 할 때, 다음의 사건이 나오는 확률을 구하시오.
a. '7' 혹은 '8' 혹은 '9'가 나오는 경우
b. 스페이드 혹은 'Q' 혹은 'K'가 나오는 경우
c. 클로버 혹은 그림카드가 나오는 경우
d. 'A' 혹은 다이아몬드 혹은 하트가 나오는 경우
e. '9' 혹은 '10' 혹은 스페이드 혹은 클로버가 나오는 경우

13. **사과 수확** 최근 1년 동안 약 110억 파운드의 사과가 수확되었다. 약 44억 파운드는 사과 주스를 만들고, 약 10억 파운드는 사과 소스, 10억 파운드는 다른 상업적 목적으로 사용되었다. 만일 10억 파운드의 사과를 랜덤으로 선택한다고 할 때, 사과 주스 혹은 사과 소스를 만드는 데 사용되었을 확률을 구하시오.
출처: International Apple Institute.

개념의 확장

14. **피자 구매** 소비자가 버섯 혹은 페퍼로니를 넣은 피자를 선택할 확률이 0.55이고, 오직 버섯만을 넣은 피자를 선택할 확률이 0.32이다. 만일 소비자가 오직 페퍼로니만을 넣은 피자를 선택할 확률이 0.17이라고 한다면, 소비자가 버섯과 페퍼로니 모두 넣은 피자를 선택할 확률을 구하시오.

15. **주택 건축** 새 집을 지을 때, 건설업자는 주택 구매자가 2대의 차고를 선택할 확률은 0.7, 1대의 차고를 선택할 확률이 0.2라는 것을 알았다. 구매자가 2대의 차고를 원하지 않는 확률을 구하시오.

16. 사건 A가 발생할 확률이 $m/(2m + n)$이고, 사건 B가 발생할 확률이 $n/(2m + n)$이다. 두 사건이 상호배반이라고 할 때, 사건 A 혹은 B가 발생할 확률을 구하시오.

EXCEL
Step by Step

상대도수분포표 만들기

다음의 자료에 대한 상대도수분포표를 Excel을 이용하여 만드는 과정을 설명하기로 한다.

날짜:	3,	4,	5,	6,	7
환자수:	15,	32,	56,	19,	5

1. 새로운 워크시트에서, A1 칸에 '날짜'를 입력하고, A2 칸부터 병원에 입원한 날짜를 나타내는 변수의 자료를 입력한다.
2. B1 칸에 도수를 나타내는 이름인 '환자수'를 입력하고, B2 칸부터 차례로 환자수를 입력한다.
3. B7 칸에서 도수의 합을 계산하기 위해 '수식 툴바'에서 합을 구하는 함수인 아이콘 Σ 을 선택하고 Enter를 누른다.
4. C1 칸에 '상대도수'를 입력한다. C2칸에 '=(B2)/(B7)'을 입력하고 Enter를 누른다. C3 칸에 '=(B3)/(B7)'을 입력하고 Enter를 누른다. 이 과정을 C6 칸까지 반복한다.
5. 상대도수의 합을 구하기 위해 '수식 툴바'에서 합을 계산하는 아이콘 Σ 을 선택하고 Enter를 누른다. 이때, 합은 반드시 '1'이 되어야 한다.

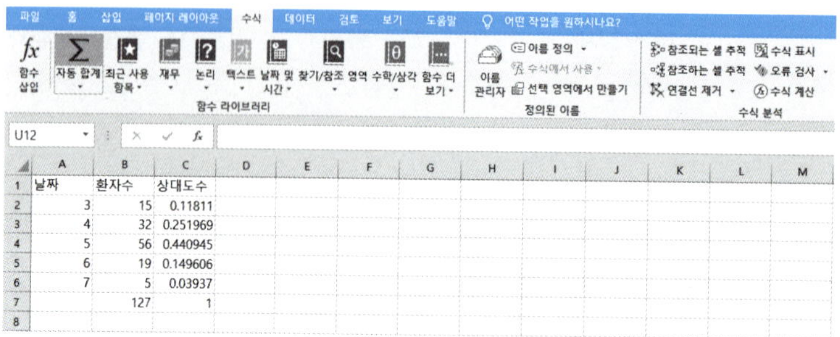

4–3 곱셈공식과 조건부확률

4–2절은 상호배반과 상호배반이 아닌 사건들의 확률을 계산하는 데 사용하는 덧셈공식을 설명하였다. 이 절에서는 곱셈공식을 소개하기로 한다.

곱셈공식

학습목표 3
곱셈공식을 이용하여 복합사건의 확률 구하기

곱셈공식(multiplication rules)은 연속적으로 발생되는 둘 이상 사건들의 확률을 구하는 데 사용될 수 있다. 예를 들어, 먼저 동전을 던지고 그 다음에 주사위를 굴릴 때, 동전에서 앞면이 나오고 주사위에서 '4'가 나올 확률을 구할 수 있다. 이 두 사건들은 첫 번째 사건(동전 던지기)의 결과가 두 번째 사건(주사위 굴리기)의 결과에 영향을 주지 않으므로 **독립**(independent)이라고 한다.

만일 사건 A의 발생이 사건 B의 발생 확률에 영향을 주지 않으면, 두 사건 A와 B는 **독립사건**(independent events)이라고 한다.

다음은 독립사건에 대한 예이다.

- 주사위를 굴려 '6'이 나오는 사건과 다시 주사위를 굴려 '3'이 나오는 사건
- 카드 한 벌에서 카드를 뽑아 'Q'가 나오는 사건과 첫 번째 뽑은 카드를 다시 넣고(이를 복원추출이라고 함) 두 번째로 뽑아 'Q'가 나오는 사건

연속적으로 발생하는 독립사건들의 확률을 구하기 위해서는 먼저 각 사건들의 확률을 개별적으로 구한 다음 곱하면 된다. 예를 들어, 동전을 두 번 던질 때 앞면이 2번 나오는 확률은 $\frac{1}{2}\cdot\frac{1}{2}=\frac{1}{4}$이다. 이 결과는 표본공간 {HH, HT, TH, TT}에서 살펴보면 확인할 수 있다. 즉, $P(\text{HH})=\frac{1}{4}$이다.

곱셈공식 1

두 사건들이 독립이라면, 동시에 발생하는 확률은 다음과 같다.

$$P(A \text{ and } B) = P(A)\cdot P(B)$$

예제 4–23 동전 던지기

동전 1개와 주사위 1개를 던진다고 할 때, 동전에서 앞면(H)과 주사위에서 '4'가 나올 확률을 구하시오.

풀이

동전의 표본공간은 {H, T}이고, 주사위의 표본공간은 {1, 2, 3, 4, 5, 6}이다.

$$P(\text{앞면 and } 4) = P(\text{앞면})\cdot P(4) = \frac{1}{2}\cdot\frac{1}{6} = \frac{1}{12} \approx 0.083$$

[예제 4–23]은 다음과 같은 표본공간을 사용하여 해결할 수도 있다.

H1 H2 H3 H4 H5 H6 T1 T2 T3 T4 T5 T6

여기서 앞면(H)과 '4'의 결과가 나오는 경우는 1번이므로 답은 $\frac{1}{12}$이다.

예제 4-24 카드뽑기

한 벌의 카드에서 한 장의 카드를 뽑은 후 다시 넣고, 두 번째 카드를 뽑는다. 그때 'K'와 '7'이 나올 확률을 구하시오.

풀이

'K'가 나올 확률은 $\frac{4}{52}$이고, '7'이 나올 확률은 $\frac{4}{52}$이다. 그러므로 'K'와 '7'이 나올 확률은 다음과 같다.

$$P(k \text{ and } 7) = \frac{4}{52} \cdot \frac{4}{52} = \frac{16}{2704} = \frac{1}{169} \approx 0.006.$$

예제 4-25 공 선택하기

항아리 안에 빨간 공(R) 2개, 파란 공(B) 5개, 흰 공(W) 3개가 들어 있다. 하나의 공을 꺼낸 후 색깔을 기록한 후 다시 넣는다. 두 번째 공을 꺼낸 후 다시 넣는다. 다음 각 사건의 확률을 구하시오.

a. 파란 공 3개가 나오는 사건
b. 흰 공 1개, 빨간 공 1개가 나오는 사건
c. 파란 공 2개, 흰 공 1개가 나오는 사건

풀이

$$a.\ P(B \text{ and } B \text{ and } B) = \frac{5}{10} \cdot \frac{5}{10} \cdot \frac{5}{10} = \frac{125}{1000} = \frac{1}{8} = 0.125$$

$$b.\ P(W \text{ and } R) = \frac{3}{10} \cdot \frac{2}{10} = \frac{6}{100} = \frac{3}{50} = 0.06$$

$$c.\ P(B \text{ and } B \text{ and } W) = \frac{5}{10} \cdot \frac{5}{10} \cdot \frac{3}{10} = \frac{75}{1000} = \frac{3}{40} = 0.075$$

곱셈공식 1은 다음과 같이 셋 이상의 독립사건들에 대해서 확장될 수 있다.

$$P(A \text{ and } B \text{ and } C \text{ and } \ldots \text{ and } K) = P(A) \cdot P(B) \cdot P(C) \cdots P(K)$$

큰 모집단에서 비복원으로 소표본을 선택할 때 사건들이 발생하는 확률이 미세하게 달라지므로 대부분의 경우 동일함을 유지한다고 간주한다. [예제 4-26]과 [예제 4-27]은 이와 같은 개념을 설명한다.

예제 4-26 은행 강도

은행 강도 4명 중 3명은 검거된다고 한다. 랜덤으로 3명의 은행 강도를 선택한다고 할 때, 3명의 강도가 검거될 확률을 구하시오.

풀이

R을 은행 강도가 검거될 확률이라고 하자. 3명의 은행 강도가 검거될 확률은 다음과 같이 계산한다.

$$P(R \text{ and } R \text{ and } R) = P(R) \cdot P(R) \cdot P(R) = \frac{3}{4} \cdot \frac{3}{4} \cdot \frac{3}{4} = \frac{27}{64} \approx 0.422$$

3명의 강도가 검거될 가능성은 약 42%이다.

예제 4-27 남성 색맹

남성 중 약 9%는 빨간색과 녹색을 구별하는 어려움을 가진 적록색맹이다. 랜덤으로 3명의 남성을 선택한다고 할 때, 3명 모두 적록색맹일 확률을 구하시오.

출처: *USA TODAY*.

풀이

C를 적록색맹이라고 하자. 3명 모두 적록색맹일 확률은 다음과 같이 계산한다.

$$P(C \text{ and } C \text{ and } C) = P(C) \cdot P(C) \cdot P(C) = (0.09)(0.09)(0.09) = 0.000729$$

확률은 약 0.0007이다. 즉, 선택된 3명 모두 적록색맹을 가진 남성일 가능성은 0.07%이다.

[예제 4-23]부터 [예제 4-27]까지 첫 번째 사건의 발생이 어떠한 방법으로도 두 번째 사건의 결과에 영향을 주지 않으므로 사건들은 서로 독립이다. 다른 한편으로는 첫 번째 사건 발생이 두 번째 사건 발생의 확률을 변화시키면 '두 사건들은 **종속**(dependent)이다'라고 한다. 예를 들어 한 벌의 카드에서 카드 1장을 뽑은 후, 뽑은 카드를 다시 집어넣지 않는다(비복원)고 가정하자. 두 번째 카드를 뽑는다고 할 때, 첫 번째 카드가 'A', 두 번째 카드가 'K'가 나올 확률은 얼마일까?

이 질문의 답을 구하기 전에 두 사건이 종속임을 기억해야 한다. 첫 번째 카드 뽑기에서 'A'가 뽑힐 확률은 $\frac{4}{52}$이다. 카드를 비복원으로 선택하면, 남아 있는 51장의 카드에 'K'가 4장 있으므로 두 번째 카드 뽑기에서 'K'가 뽑힐 확률은 $\frac{4}{51}$이 된다. 첫 번째 뽑기의 결과가 두 번째 뽑기 결과에 영향을 준 것이다.

종속사건은 다음과 같이 정의한다.

첫 번째 사건 발생 혹은 결과가 어떠한 방법으로라도 두 번째 사건 발생 혹은 결과의 확률을 변화시키는 데 영향을 준다면, 사건들을 **종속사건**(dependent events)이라고 한다.

다음은 종속사건에 대한 예이다.

- 카드에서 1장의 카드를 뽑고, 비복원으로 두 번째 카드를 뽑는 사건
- 항아리에서 한 개의 공을 뽑고, 비복원으로 두 번째 공을 뽑는 사건
- 인명구조원이 되고, 썬탠하게 되는 사건
- 높은 성적을 얻고, 장학생이 되는 사건
- 비주차지역에 주차하고, 주차위반 스티커를 받는 사건

종속사건의 확률을 구하기 위해서는 수정된 곱셈공식을 사용한다. 위에서 논의한 질문의 답을 구해보면, 첫 번째 카드에서 'A'가 뽑힐 확률은 $\frac{4}{52}$이고, 두 번째 카드 뽑기에서 'K'가 뽑힐 확률은 $\frac{4}{51}$이다. 곱셈공식을 이용하여 구한 동시에 두 사건이 발생할 확률은 다음과 같다.

$$\frac{4}{52} \cdot \frac{4}{51} = \frac{16}{2652} = \frac{4}{663} \approx 0.006$$

카드 뽑기에서 첫 번째 'A'가 나온 상황에서 두 번째 뽑기에서 'K'가 나올 사건은 **조건부확률**이라고 한다.

사건 A와 관련된 사건 B의 **조건부확률(conditional probability)**은 사건 A가 이미 발생한 다음 사건 B가 나올 확률이다. 조건부확률은 $P(B|A)$로 표현한다. 이 표현은 B를 A로 나눈다는 의미가 아니라 사건 A가 이미 발생한 상황에서 사건 B가 발생하는 확률을 의미하는 것이다. 카드 예를 보면, $P(B|A)$는 첫 번째 카드가 'A'가 나온 상황에서 두 번째 카드로 'K'가 뽑힐 확률이고, 첫 번째 카드를 다시 넣지 않으므로 $\frac{4}{51}$이다.

곱셈공식 2

두 사건이 종속일 때, 두 사건이 동시에 발생할 확률은 다음과 같이 구한다.

$$P(A \text{ and } B) = P(A) \cdot P(B|A)$$

예제 4-28 비고용 근로자

어떤 특정한 해에 미국 근로자의 5.2%가 고용되지 못하였다. 그 기간 비고용 근로자의 33%는 실업수당을 받았다. 랜덤으로 1명의 사람을 선택한다고 할 때, 비고용 근로자로 실업수당을 받았을 확률을 구하시오.

출처: Bureau of Labor Statistics.

풀이

$$P(\text{실업수당받음 and 비고용 근로자}) = P(U) \cdot P(B|U) = (0.052)(0.33) = 0.017$$

즉, 선택된 사람이 비고용 근로자이고 실업 수당을 받을 확률은 0.017이다.

예제 4-29 집 소유자와 자동차 보험

World Wide Insurance 회사에서는 어느 도시에서 거주자의 53%가 자사의 주택보험(H)에 가입하였고, 고객의 27%가 자사의 자동차보험(A)에도 가입하고 있음을 알고 있다. 랜덤으로 1명을 선택한다고 하면, 그 사람이 World Wide Insurance의 주택보험과 자동자보험에 모두 가입했을 확률을 구하시오.

풀이

$$P(\text{H and A}) = P(\text{H}) \cdot P(\text{A|H}) = (0.53)(0.27) = 0.1431 \approx 0.143$$

즉, 이 도시의 거주민 중 World Wide Insurance의 주택보험과 자동자보험에 모두 가입했을 확률은 14.3%이다.

이 곱셈공식은 [예제 4-30]과 같이 셋 이상의 사건들로 확장이 가능하다.

예제 4-30 카드 뽑기

한 벌의 카드에서 비복원으로 3장의 카드를 뽑는다고 할 때, 다음 각 사건의 확률을 구하시오.

a. 3장의 'J'이 나오는 사건
b. 'A', 'K', 'Q'의 순으로 나오는 사건
c. 클로버, 스페이드, 하트 순으로 뽑히는 사건
d. 3장의 클로버가 나오는 사건

풀이

a. $P(J\text{이 3장}) = \frac{4}{52}\cdot\frac{3}{51}\cdot\frac{2}{50} = \frac{24}{132,600} = \frac{1}{5525} \approx 0.0002$

b. $P(A \text{ and } K \text{ and } Q) = \frac{4}{52}\cdot\frac{4}{51}\cdot\frac{4}{50} = \frac{64}{132,600} = \frac{8}{16,575} \approx 0.0005$

c. $P(\text{클로버 and 스페이드 and 하트}) = \frac{13}{52}\cdot\frac{13}{51}\cdot\frac{13}{50} = \frac{2197}{132,600} = \frac{169}{10,200} \approx 0.017$

d. $P(\text{클로버가 3장}) = \frac{13}{52}\cdot\frac{12}{51}\cdot\frac{11}{50} = \frac{1716}{132,600} = \frac{11}{850} \approx 0.013$

나무도표는 각 사건들이 연속적으로 발생되는 확률문제의 답을 구하는 데 이용할 수 있다. [예제 4-31]은 나무도표를 활용한 예제이다.

예제 4-31 공 선택하기

상자 1에 빨간 공 2개, 파란 공 1개가 들어있고, 상자 2에는 파란 공 3개와 빨간 공 1개가 들어있다. 동전을 던져 앞면이 나오면 상자 1에서 공을 뽑고, 뒷면이 나오면 상자 2에서 공을 뽑는다고 할 때, 빨간 공이 선택되었을 확률을 구하시오.

풀이

처음에 상자 1과 2를 가리키는 2개의 가지를 정한다. 상자 1에서 빨간 공과 파란 공이 뽑힐 수 있고, 마찬가지로 상자 2에서도 빨간 공과 파란 공이 뽑힐 수 있다. 나무도표는 [그림 4-8]과 같다.

다음으로는 가지마다 확률을 구한다. 상자를 선택하기 위해 동전을 던지므로 각 가지는 $\frac{1}{2}$의 확률을 가진다. 즉, 상자 1을 선택하는 앞면 혹은 상자 2를 선택하는 뒷면이 나오는 확률이다. 두 번째 가지의 확률은 기본 확률공식을 이용하여 구한다. 예를 들어, 상자 1이 선택되면 빨간 공 2개와 파란 공 1개가 있으므로 빨간 공이 선택될 확률은 $\frac{2}{3}$이고, 파란 공이 선택될 확률은 $\frac{1}{3}$이다. 만일 상자 2가 선택되면 파란 공 3개와 빨간 공 1개가 있으므로 빨간 공이 선택될 확률은 $\frac{1}{4}$이고, 파란 공이 선택될 확률은 $\frac{3}{4}$이다.

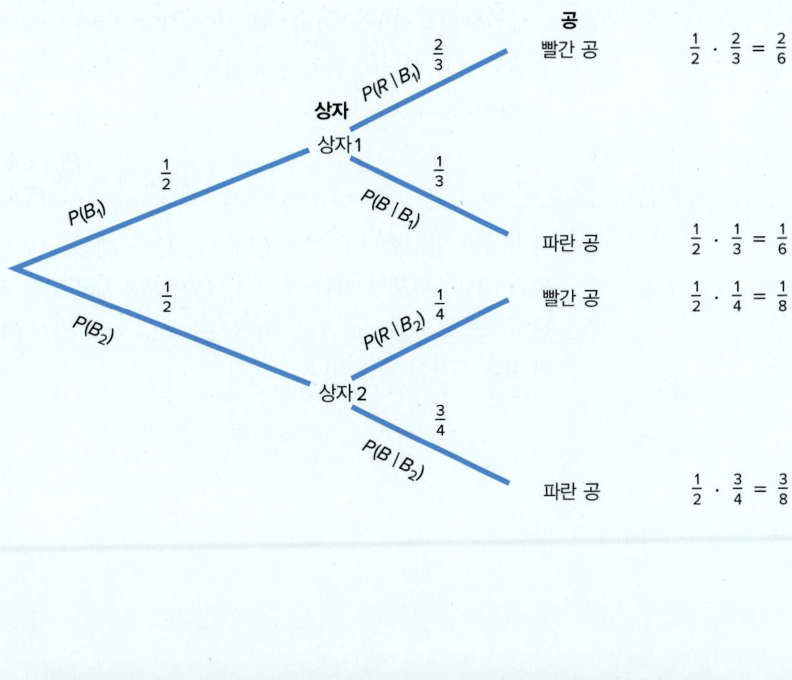

그림 4-8
[예제 4-31]의 나무도표

그다음에 공식 $P(A \text{ and } B) = P(A) \cdot P(B|A)$를 이용하기 위해 각 결과의 확률을 곱한다. 예를 들어, 상자 1이 선택되어 빨간 공이 뽑힐 확률은 $\frac{1}{2} \cdot \frac{2}{3} = \frac{2}{6}$이고, 파란 공이 뽑힐 확률은 $\frac{1}{2} \cdot \frac{1}{3} = \frac{1}{6}$이다. 상자 2가 선택되어 빨간 공이 뽑힐 확률은 $\frac{1}{2} \cdot \frac{1}{4} = \frac{1}{8}$이고, 파란 공이 뽑힐 확률은 $\frac{1}{2} \cdot \frac{3}{4} = \frac{3}{8}$이다. (여기서, 모든 확률의 합은 1임을 기억하기 바란다.)

결국, 빨간 공은 상자 1 혹은 상자 2에서 선택될 수 있으므로 $P(\text{빨간 공}) = \frac{2}{6} + \frac{1}{8} = \frac{8}{24} + \frac{3}{24} = \frac{11}{24}$이다.

나무도표는 각 사건들이 독립 혹은 종속일 때 사용할 수 있고, 또한 셋 이상의 사건들이 연속되는 경우에도 사용할 수 있다.

학습목표 4
사건의 조건부확률 구하기

조건부확률

사건 A와 관련된 사건 B의 조건부확률은 사건 A가 이미 발생된 이후에 사건 B가 발생하는 확률로 정의한다.

사건의 조건부확률은 곱셈공식 2의 양변을 $P(A)$로 나누어 줌으로써 구할 수 있다. 즉,

$$P(A \text{ and } B) = P(A) \cdot P(B|A)$$

$$\frac{P(A \text{ and } B)}{P(A)} = \frac{\cancel{P(A)} \cdot P(B|A)}{\cancel{P(A)}}$$

$$\frac{P(A \text{ and } B)}{P(A)} = P(B|A)$$

조건부확률 공식

첫 번째 사건 A가 발생된 상황에서 두 번째 사건 B가 발생할 확률은 두 사건이 동시에 발생할 확률을 첫 번째 사건이 발생할 확률을 나누어 줌으로써 구할 수 있다.

$$P(B|A) = \frac{P(A \text{ and } B)}{P(A)}$$

조건부확률의 벤다이어그램을 [그림 4-9]에 나타내었다. 이 경우, 조건부확률 공식 $P(B|A)$은 A와 B의 영역이 겹치는 교집합 혹은 공통부분의 면적을 A의 면적으로 나누어 줌을 표현하는 것이다.

$$P(B|A) = \frac{P(A \text{ and } B)}{P(A)}$$

사건 A가 발생했다고 가정하면 A는 다음 계산을 위한 표본공간이 되므로 확률 분수 $P(A \text{ and } B)/P(A)$의 분모가 되는 것이다. 분자 $P(A \text{ and } B)$는 사건 A의 영역에 포함된 B 부분의 확률을 표현하므로 $P(A \text{ and } B)$는 확률분수 $P(A \text{ and } B)/P(A)$의 분자가 된다. 따라서 조건을 적용하면 표본공간이 축소된다.

그림 4-9
조건부확률의 벤다이어그램

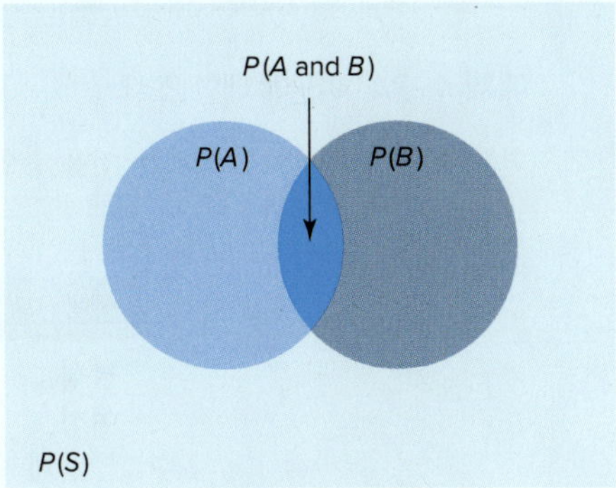

$$P(B|A)=\frac{P(A\text{ and }B)}{P(A)}$$

[예제 4-32], [예제 4-33], [예제 4-34]는 이 공식을 사용한 예제들이다.

예제 4-32 칩 선택하기

상자 안에 검은색 칩과 흰색 칩들이 들어 있다. 어떤 한 사람이 비복원으로 3개의 칩을 선택한다. 검은색 칩과 흰색 칩을 선택할 확률이 $\frac{15}{56}$이고, 첫 번째 추출에서 검은색 칩을 선택할 확률이 $\frac{3}{8}$이라고 하면, 첫 번째로 추출된 칩이 검은색 칩인 상황에서 두 번째로 흰색 칩이 선택될 확률을 구하시오.

풀이

B = 검은색 칩이 선택될 사건, W = 흰색 칩이 선택될 사건

이라고 하면,

$$P(W|B)=\frac{P(B\text{ and }W)}{P(B)}=\frac{15/56}{3/8}=\frac{15}{56}\div\frac{3}{8}=\frac{15}{56}\cdot\frac{8}{3}=\frac{\overset{5}{\cancel{15}}}{\underset{7}{\cancel{56}}}\cdot\frac{\overset{1}{\cancel{8}}}{\underset{1}{\cancel{3}}}=\frac{5}{7}\approx 0.714$$

그러므로 첫 번째 추출에서 검은색 칩이 선택된 상황에서 두 번째 추출로 흰색 칩이 선택될 확률은 $\frac{5}{7}\approx$ 0.714이다.

예제 4-33 주차 위반 스티커

Sam이 주차금지구역에 주차해 주차 위반 스티커를 받을 확률은 0.06이고, Sam이 주차가능구역을 발견하지 못하고 주차금지구역에 주차할 확률이 0.20이다. 화요일에 Sam이 학교에 도착해 보니, 주차금지구역에 주차를 해야만 하는 상황이었다. 이때, Sam이 주차 위반 스티커를 받을 확률을 구하시오.

풀이

N = 주차금지구역에 주차하는 사건, T = 주차 위반 스티커를 받는 사건

이라고 하면,

$$P(T|N)=\frac{P(N\text{ and }T)}{P(N)}=\frac{0.06}{0.20}=0.30$$

그러므로 주차금지구역에 주차하는 상황에서 주차 위반 스티커를 받을 확률은 0.30 혹은 30%이다.

사건이 발생할 조건부확률은 [예제 4-34]와 같이 자료가 표 형태로 주어질 때도 계산이 가능하다.

예제 4-34 여군에 대한 조사

최근 '여군이 전투에 참여하는 것을 승인해야 하는가'에 대해 100명에게 질문하였다. 조사 결과는 다음과 같다.

성별	찬성	반대	계
남성	32	18	50
여성	8	42	50
계	40	60	100

다음 질문에 대한 확률을 구하시오.

a. 여성 응답자 중 찬성하는 응답자

b. 반대하는 응답자 중 남성 응답자

풀이

문제를 해결하기 위해

$$M = \text{남성}, \quad Y = \text{찬성}$$
$$F = \text{여성}, \quad N = \text{반대}$$

라고 하자.

a. 문제는 $P(Y|F)$를 구하는 것이므로, 공식은 다음과 같다.

$$P(Y|F) = \frac{P(F \text{ and } Y)}{P(F)}$$

확률 $P(F \text{ and } Y)$는 찬성하는 여성 응답자 수를 전체 응답자 수로 나누어 계산한다. 즉,

$$P(F \text{ and } Y) = \frac{8}{100}$$

확률 $P(F)$는 여성이 선택된 확률이다. 즉,

$$P(F) = \frac{50}{100}$$

그러므로 구하고자 하는 확률은 다음과 같다.

$$P(Y|F) = \frac{P(F \text{ and } Y)}{P(F)} = \frac{8/100}{50/100} = \frac{8}{100} \div \frac{50}{100} = \frac{\overset{4}{\cancel{8}}}{\underset{1}{\cancel{100}}} \cdot \frac{\overset{1}{\cancel{100}}}{\underset{25}{\cancel{50}}} = \frac{4}{25} = 0.16$$

b. 문제는 $P(M|N)$를 구하는 것이므로 확률은 다음과 같이 계산한다.

$$P(M|N) = \frac{P(N \text{ and } M)}{P(N)} = \frac{18/100}{60/100} = \frac{18}{100} \div \frac{60}{100} = \frac{\overset{3}{\cancel{18}}}{\underset{1}{\cancel{100}}} \cdot \frac{\overset{1}{\cancel{100}}}{\underset{10}{\cancel{60}}} = \frac{3}{10} = 0.3$$

'적어도(at least)'에 대한 확률

곱셈공식은 '적어도(at least)'의 조건을 포함하는 확률문제를 해결하고자 할 때 단순화하기 위해 여사건 공식(4-1절)과 같이 사용될 수 있다. 이에 대한 예제가 [예제 4-35], [예제 4-36], [예제 4-37]이다.

예제 4-35 카드 뽑기

어떤 사람이 한 장의 카드를 뽑은 후 다시 넣는 복원으로 3장의 카드를 선택한다고 할 때, 최소한 1장의

하트가 얻어질 확률을 구하시오.

풀이

3번의 뽑기에서 하트가 나오지 않을 확률을 구해, 그 값을 1에서 빼면 매우 쉽게 구할 수 있다. 직관적으로 문제를 풀면, 하트가 1장 나오는 경우, 2장 나오는 경우, 3장 나오는 경우의 확률을 각각 구하여 결과를 모두 더하면 확률을 구할 수도 있다.

$$E = \text{적어도 1장이 하트인 경우}, \qquad \overline{E} = \text{하트가 나오지 않는 경우}$$

라고 하자.

$$P(\overline{E}) = \frac{39}{52}\cdot\frac{39}{52}\cdot\frac{39}{52} = \frac{3}{4}\cdot\frac{3}{4}\cdot\frac{3}{4} = \frac{27}{64}$$

$$P(\overline{E}) = 1 - P(\overline{E}) = 1 - \frac{27}{64} = \frac{37}{64} \approx 0.578 = 57.8\%$$

그러므로 약 57.8% 수준에서 적어도 1장의 하트를 뽑을 것이다.

예제 4-36 주사위 굴리기

주사위 하나를 4번 굴린다고 할 때, '6'이 적어도 한 번 나올 확률을 구하시오.

풀이

'6'이 나오지 않는 여사건의 확률을 구하는 것이 쉽다. 적어도 1번 나오는 확률을 구하기 위해 1에서 여사건의 확률을 빼서 구한다.

$$P(\text{'6'이 적어도 1번}) = 1 - P(\text{'6'이 나오지 않음}) = 1 - \left(\frac{5}{6}\right)^4 = 1 - \frac{625}{1296} = \frac{671}{1296} \approx 0.518$$

즉, 주사위를 4번 굴려 '6'이 적어도 1번 나올 가능성은 약 51.8%이다.

예제 4-37 넥타이

미국 Neckware 협회는 미국에 판매된 넥타이의 3%가 나비넥타이라고 보고하였다. 넥타이를 구매한 4명의 소비자를 랜덤으로 선택한다고 할 때, 적어도 1명의 소비자가 나비넥타이를 구매했을 확률을 구하시오.

풀이

E = 적어도 1명이 나비넥타이를 구매한 사건, $\overline{E}$ = 나비넥타이를 구매하지 않은 사건이라고 하면, 확률은

$$P(E) = 0.03 \qquad \text{그리고} \qquad P(\overline{E}) = 1 - 0.03 = 0.97$$

$$P(\text{나비넥타이를 구매하지 않은 사건}) = (0.97)(0.97)(0.97)(0.97) \approx 0.885$$

이다. 그러므로 구하는 확률은 다음과 같다.

$$P(\text{적어도 1명이 나비넥타이를 구매한 사건}) = 1 - 0.885 = 0.115$$

즉, 적어도 1명이 나비넥타이를 구매할 가능성은 11.5%이다.

개념의 적용 4-3

유죄 혹은 무죄?

1964년 7월 미국 California 주의 Costa Mesa라는 지역에서 고령의 여성이 습격을 당했다. 범죄 현장 근처에는 키가 크고 턱수염이 있는 남자가 노란색 차 안에 앉아 기다리고 있었다. 범행 직후, 금발을 포니테일로 묶은 젊고 키가 큰 여성이 범행 현장에서 달려 나와 차에 올라타 빠르게 도망가는 모습이 포착되었다. 경찰은 범죄 용의자의 인상착의를 방송하였다. 얼마 지나지 않아 인상착의와 일치하는 커플이 체포되었고 유죄판결을 받았다. 이 사건에서의 증거는 상당 부분 정황적이었음에도 불구하고 체포된 두 사람은 유죄판결을 받았다. 검사는 기본 확률이론에 근거하여 피해자가 묘사한 용의자 인상착의와 동일한 특징을 가지고 있는 다른 커플이 그 지역에 있을 확률을 제출하였다. 다음은 검사가 사용한 확률 자료이다.

특징	가정한 확률
노란색 차를 운전하는 경우	1/12
180cm 이상의 남성	1/10
테니스 신발을 신은 남성	1/4
턱수염을 기른 남성	1/11
금발 여성	1/3
포니테일 머리를 한 여성	1/13
180cm 이상의 여성	1/100

1. 그 지역에 있는 다른 커플이 동일한 특성을 가질 확률을 구하시오.
2. 덧셈공식 혹은 곱셈공식 중 어느 것을 사용할 것인가? 그 이유를 설명하시오.
3. 해당 특징들은 독립인가 아니면 종속인가?
4. 독립 혹은 종속의 가정이 계산에 어떻게 영향을 주는가?
5. 법정 판결을 오로지 확률에만 근거해도 되는가?
6. 당신은 목격자가 없더라도 체포된 커플에게 유죄를 선고하겠는가?
7. 오늘날의 사법 제도에서 어떠한 사람도 확률 결과에 의해서만 유죄판결을 받을 수 없는 이유에 대해 쓰시오.
8. 실제로 대부분의 법정 사건들은 계산되지 않은 확률에 근거하고 있지 않은가?

정답 209쪽 참조

연습문제 4-3

1. 다음의 각 사건들이 독립인지 종속인지 말하시오.
   a. 동전 던지기와 한 벌의 카드에서 카드 한 장 뽑기
   b. 항아리에서 공을 뽑은 후, 다시 집어넣지 않고 두 번째 공을 뽑기
   c. 봉급 인상과 새로운 차 구입하기
   d. 빙판에서 운전하는 것과 사고가 발생하는 것
2. **비디오와 컴퓨터 게임** 미국 가구주의 69%는 비디오 혹은 컴퓨터 게임을 한다. 랜덤으로 4명의 가구주를 선택한다고 할 때, 다음의 확률을 구하시오.
   a. 비디오 혹은 컴퓨터 게임을 하지 않음
   b. 4명 모두 게임을 함
   출처: www.theesa.com
3. **자동차 판매** 자동차 영업사원의 판매 확률이 0.21이라고 한다. 4명의 소비자와 대화한다고 할 때, 4대의 차를 판매할 확률을 구하시오. 이러한 경우가 일어날 것 같은가, 아니면 일어날 것 같지 않은가? 그 이유를 설명하시오.

4. 정부부처의 고용 2013년 법 집행인의 약 66%가 공무원인데, 그중 88.4%가 남성이었다. 그렇지만 여성은 민간 직원의 60.7%를 차지한다. 랜덤으로 1명의 법 집행인을 선택한다고 할 때, 다음의 확률을 구하시오.

a. 여성 공무원일 확률
b. 남성 민간 직원일 확률
c. 남성 혹은 민간 직원일 확률

출처: *World Almanac*.

5. 여성 수감자 여성 수감자의 75%는 어머니들이다. 랜덤으로 3명의 여성 수감자를 선택한다고 할 때, 어머니가 아닐 확률을 구하시오.

출처: Chicago Legal Aid to Incarcerated Mothers.

6. 스마트 TV 스마트 TV는 미국 시장에서 성공한 듯하다. 2015년 2사분기 동안 미국에서 판매된 TV의 45%는 스마트 TV이었다. 이는 2014년에 비해 11% 증가한 것이다. 랜덤으로 3가구를 선택한다고 할 때, 다음의 확률을 구하시오.

a. 3가구 모두 스마트 TV가 없는 경우
b. 3가구 모두 스마트 TV를 가지고 있는 경우
c. 적어도 1가구가 스마트 TV를 가지고 있는 경우

출처: *The NPD Group Connected Intelligence Home Entertainment Report*.

7. 카드 뽑기 한 벌의 카드에서 비복원으로 4장의 카드를 뽑는다고 할 때, 다음의 확률을 구하시오,

a. 모두 'J'인 경우
b. 모두 검은색 카드인 경우
c. 모두 하트인 경우

8. 카드 뽑기 한 벌의 카드에서 2장의 카드를 선택하고, 뽑은 카드를 다시 집어넣지 않는다고 할 때, 다음의 확률을 구하시오.

a. 모두 '9'인 경우
b. 동일한 무늬인 경우
c. 스페이드인 경우

9. 불량 배터리 12개의 배터리가 들어 있는 상자에 2개가 불량이다. 손전등에 사용하기 위해 랜덤으로 2개의 배터리를 선택한다고 할 때, 두 개 모두 불량일 확률을 구하시오. 이러한 경우가 일어날 것 같은가, 아니면 일어날 것 같지 않은가?

10. 학생 보조금 최근 1년 동안 8,073,000명의 남학생과 10,980,000명의 여학생이 학부생으로 등록하였다. 보조금을 받는 학생은 남학생의 60.6%, 여학생의 65.2%이다. 보조금을 받는 남학생의 44.8%와 여학생의 50.4%가 정부 보조금을 받았다. 랜덤으로 1명의 학생을 선택한다고 할 때, 다음 확률을 구하시오(나무도표를 이용하시오).

a. 보조금을 받지 않는 남학생일 확률
b. 보조금을 받는 학생 중에서 남학생일 확률
c. 여학생 혹은 정부 보조금을 받는 학생일 확률

출처: www.nces.gov

11. 자동차 보험 보험회사는 운전자들을 저위험군, 중위험군, 고위험군으로 분류한다. 보험 가입자들의 60%는 저위험군, 30%는 중위험군, 10%는 고위험군이다. 연구를 통해 1년 동안 저위험군의 1%, 중위험군의 5%, 고위험군의 9%가 사고를 냈다는 것을 알게 되었다. 랜덤으로 1명의 운전자를 선택한다고 할 때, 1년 동안 사고를 낸 운전자일 확률을 구하시오.

12. 수감자 인구 최근 1년 동안 수감된 사람의 0.99는 성인이고, 수감자의 0.07은 성인 여성이었다. 랜덤으로 1명의 수감자를 선택한다고 할 때, 수감자가 성인이라는 조건에서 여성일 확률을 구하시오.

출처: Bereau of Justice.

13. 심장질환 모든 사망의 25%는 심장질환이 원인이다. 허혈성 심장질환은 모든 사망의 16.4%, 심부전증은 2.3%를 차지한다. 랜덤으로 1건의 사망을 선택한다고 할 때, 심장질환이 있다는 조건에서 허혈성 심장질환일 확률을 구하시오. 랜덤으로 2건의 사망을 선택한다고 할 때, 적어도 1건이 심장질환일 확률을 구하시오.

출처: *Time Almanac*.

14. 대학 수강 과목 규모가 큰 어느 대학에서 학생들이 미적분학을 수강하고, 장학생 명단에 오를 확률이 0.042이다. 한 학생이 장학생 명단에 포함될 확률은 0.21이다. 어떤 학생이 장학생 명단에 포함되었다고 할 때, 그 학생이 미적분학을 수강했을 확률을 구하시오.

15. 피자와 샐러드 피자 레스토랑에서 고객의 95%는 피자를 주문하고, 고객의 65%는 피자와 샐러드를 주문한다. 피자를 주문한 고객이 샐러드도 주문할 확률을 구하시오.

16. 혈액형과 Rh 인자 사람의 혈액형은 4가지 형 외에 Rh 인자로도 구분한다. 미국인에 대한 혈액형과 Rh 인자의 분포는 다음과 같다.

	O	A	B	AB
Rh+	37%	34%	10%	4%
Rh−	6%	6%	2%	1%

랜덤으로 1명의 미국인을 선택한다고 할 때, 다음의 확률을 구하시오.

a. 보편적인 기증자(즉, O−형)인 사람
b. Rh+인 조건에서 O형인 사람
c. A+ 혹은 AB−인 사람
d. B형 중 Rh−인 사람

출처: www.infoplease.com

17. 벼락 벼락이 칠 확률이 1/750,000이라고 한다. 그 상황에서 어떤 일이 일어날까? 1996년 이후 벼락으로 사망한 자료는 다음과 같다.

	골프/야구장	뱃놀이/물놀이	야외/캠핑	건설현장	나무 아래	통화중	기타
1996–2000	16	23	117	9	40	0	30
2001–2005	17	16	112	3	35	0	23
2006–2010	15	17	91	0	42	1	16

랜덤으로 한 명의 사망자를 고른다고 할 때, 다음의 확률을 구하시오.

a. 2000년 이후 사망한 사람이라고 할 때, 나무 아래에서 사망했을 확률을 구하시오.

b. 2001년 이전에 야외 혹은 캠핑 중 사망했을 확률을 구하시오.

c. 2001년 이전 사망자 중 야외 혹은 캠핑 중 사망했을 확률을 구하시오.

출처: Noaa.gov/hazstats

18. 휴식시간 운동 미국 성인의 27%만이 심혈관 건강을 위해 충분한 휴식시간 운동을 한다. 랜덤으로 3명의 성인을 선택한다고 할 때, 다음의 확률을 구하시오.

a. 3명 모두 매일 운동을 하는 경우

b. 3명 중 적어도 1명이 운동을 하는 경우

출처: www.infoplease.com

19. 여성의 결혼 상태 미국의 통계 요약집(Statistical Abstract of the United States)에 따르면, 20~24세 여성의 70.3%는 결혼을 한 적이 없다. 이 연령대에서 랜덤으로 5명의 젊은 여성을 선택한다고 할 때, 다음의 확률을 구하시오.

a. 모두 결혼을 한 적이 없는 경우

b. 적어도 1명이 결혼을 한 경우

출처: *New York Times Almanac*.

20. 정시 도착 2013년 4월에 발간된 FlightStats의 보고서에 의하면, Salt Lake City 공항은 미국의 주요한 공항 중 정시 도착률이 85.5%로 높았다. 랜덤으로 5건의 도착된 비행을 선택한다고 할 때, 적어도 1건이 정시에 도착하지 않았을 확률을 구하시오.

출처: FlightStats.

21. 아동의 독서 미국의 3~5세 아동의 58%는 집에서 매일 독서를 한다. 랜덤으로 5명의 아동을 선택한다고 할 때, 적어도 1명이 집에서 매일 독서를 할 확률을 구하시오.

출처: Federal Interagency Forum on Child and Family Statistics.

22. 카드 뽑기 한 벌의 카드에서 랜덤으로 5장의 카드를 뽑는데, 뽑은 카드는 다시 집어넣지 않는다고 할 때, 적어도 1장이 다이아몬드가 나올 확률을 구하시오.

23. 비디오 게임 비디오 게임은 내용에 따라 등급이 매겨진다. 게임하는 사람의 평균 연령은 35세이다. 2015년에 비디오 게임의 15.5%는 성인등급을 받았다. 랜덤으로 5개의 게임을 구매한다고 할 때, 다음의 확률을 구하시오.

a. 5개 모두 성인등급이 아닐 경우

b. 5개 중 적어도 1개가 성인등급일 경우

출처: *Nobullying.com*

24. 숫자 선택하기 랜덤으로 3개의 숫자를 복원으로 선택한다고 할 때, 적어도 1개가 홀수가 있을 확률을 구하시오. 이러한 경우가 일어날 것 같은가, 아니면 일어날 것 같지 않은가? 그 이유를 설명하시오.

25. 주사위 굴리기 주사위를 두 번 굴릴 때, '6'이 적어도 한 번 나올 확률을 구하시오.

26. 행운의 사람들 서부 국가에 사는 사람들의 12%는 스스로 운이 좋다고 생각한다. 랜덤으로 3명을 선택한다고 할 때, 스스로 운이 좋다고 생각하는 사람이 적어도 1명일 확률을 구하시오.

출처: *San Diego-Tribune*.

개념의 확장

27. A와 B가 상호배반사건이라고 하자. A와 B는 독립사건인가? 이유를 설명하시오.

28. 대학 등록 대학의 입학처장은 학생이 캠퍼스를 방문한 후 학교에 등록할 확률이 0.55라는 것을 알고 있다. 즉, $P(E) = 0.55$이다. 학생이 캠퍼스를 방문하는 동안 교수와의 인터뷰를 주선한다. 입학처장이 3명의 교수 DW, LP, MH를 방문한 후 등록하는 학생의 조건부확률을 계산해 보니 다음과 같았다.

$P(E|\text{DW}) = 0.95 \quad P(E|\text{LP}) = 0.55 \quad P(E|\text{MH}) = 0.15$

위 확률에 무슨 문제라도 있는가? 설명하시오.

29. 사건 A와 B에 대한 표본공간이 $P(A) = 0.342$, $P(B) = 0.279$, $P(A \text{ or } B) = 0.601$로 주어져 있다. A와 B가 상호배반인가? A와 B가 독립인가? $P(A|B)$, $P(\text{not } B)$, $P(A \text{ and } B)$를 구하시오.

30. 구슬이 들어있는 가방 구슬이 들어있는 2개의 가방이 있다. 가방 1에는 검은 구슬 1개, 흰 구슬 9개가 들어 있고, 가방 2에는 검은 구슬 1개, 흰 구슬 x개가 들어 있다. 랜덤으로 1개의 가방을 선택하여 랜덤으로 1개의 구슬을 꺼낸다고 할 때, 검은 구슬을 얻게 될 확률이 2/15이다. 가방 2에 흰 구슬이 몇 개가 들어 있는가?

4–4 계수공식

학습목표 5
기본계수공식을 이용하여 일련의 사건들에 대한 총 경우의 수 구하기

많은 경우 우리는 일련의 사건들에 대하여 발생 가능한 모든 결과들의 개수를 알 필요가 있다. 이를 위해 3가지의 공식, 기본계수공식, 순열공식, 조합공식이 사용된다. 이 절에서는 이들 공식을 설명하고, 4–5절에서는 사건들의 확률을 구하는 데 사용될 것이다.

첫 번째 공식은 **기본계수공식(fundamental counting rule)**이다.

기본계수공식

기본계수공식

첫 번째 사건이 k_1개 가능성을 가지고, 두 번째 사건이 k_2개 가능성을 가지고, 세 번째 사건이 k_3개 가능성을 가지는 식으로 일련의 n개 사건들이 발생된다고 할 때, 일련의 사건들이 발생되는 총 경우의 수는 다음과 같다.

$$k_1 \cdot k_2 \cdot k_3 \cdots k_n$$

[예제 4–38]부터 [예제 4–41]은 기본계수공식을 사용한다.

예제 4–38 동전 던지기와 주사위 굴리기

하나의 동전을 던지고 하나의 주사위를 굴린다고 하자. 발생 가능한 모든 결과들의 수를 구하시오.

흥미 있는 사실
체스의 가능한 게임의 수: 25×10^{115}

풀이

동전을 던지면 앞면 혹은 뒷면이 나오고, 주사위를 굴리면 1부터 6까지의 수 중 하나가 나오게 되므로 총 경우의 수는 $2 \cdot 6 = 12$가지이다. [그림 4–10]과 같이 나무도표를 이용하여 일련의 사건들이 발생되는 결과를 나타낼 수 있다.

그림 4–10
[예제 4–38]에 대한 나무도표

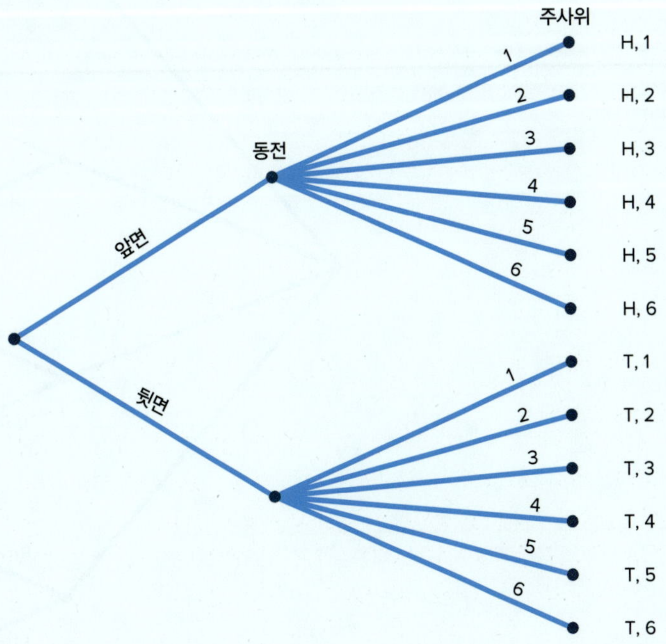

예제 4-39 페인트 종류

페인트 회사는 다음과 같은 조건들을 고려하여 여러 종류의 페인트를 만들고자 한다.

색	빨강, 파랑, 흰색, 검정, 초록, 갈색, 노랑
유형	라텍스, 유성
질감	무광택, 반광택, 고광택
사용장소	실외용, 실내용

색, 유형, 질감, 사용 장소에서 한 가지씩 선택한다면 몇 가지 종류의 페인트를 만들 수 있는가?

풀이

색, 유형, 질감, 사용 장소를 하나씩 선택한다면, 색은 7가지, 유형은 2가지, 질감은 3가지, 사용 장소는 2가지가 가능하므로 다음과 같이 총 경우의 수는 $7 \cdot 2 \cdot 3 \cdot 2 = 84$가지이다.

색		유형		질감		사용 장소	
7	·	2	·	3	·	2	= 84

예제 4-40 혈액형 분포

사람의 혈액형은 A, B, AB, O형의 4종류이고, 또한 Rh+와 Rh−가 있다. 또한 헌혈자는 성별로도 구분할 수 있다. 헌혈자의 혈액을 구분하는 경우의 수는 몇 가지나 되는가?

풀이

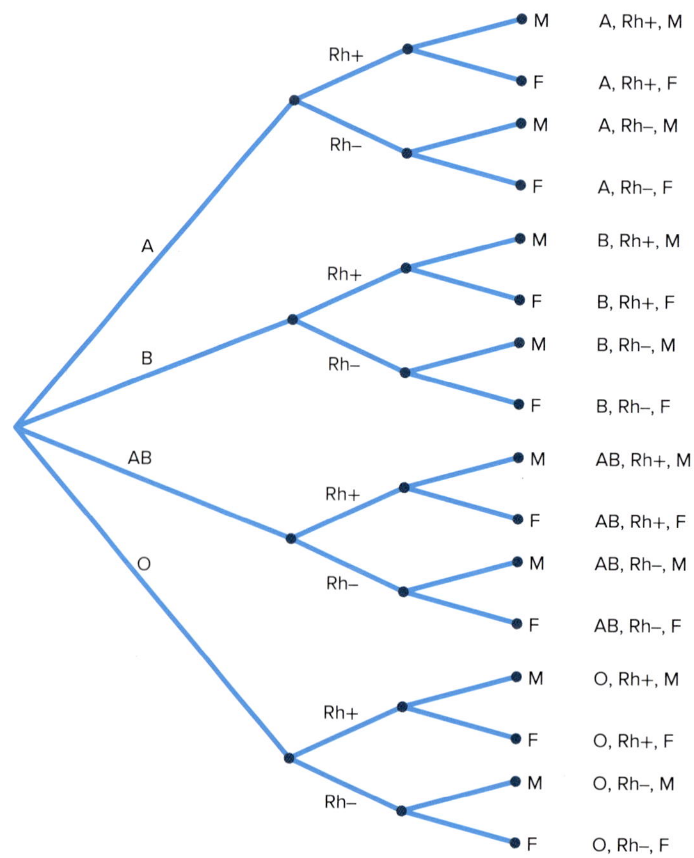

그림 4-11 [예제 4-40]에 대한 나무도표

혈액형은 4가지, Rh 인자는 2가지, 헌혈자의 성별은 2가지이므로 헌혈자의 혈액은 다음과 같이 4·2·2 =16가지의 다른 범주로 분류한다.

혈액형		Rh		성별	
4	·	2	·	2	= 16

이 문제를 해결하는 나무도표는 [그림 4–11]과 같다.

일련의 사건들에 대한 서로 다른 경우의 수를 구하고자 할 때는 반복이 허용되는지를 알아야 한다.

예제 4–41 철도 기념 번호판

Pennsylvania 주가 철도 기념 번호판을 발행한 첫 해에, 번호판에는 증기 엔진의 그림이 있었고 그다음 네 자리 숫자가 있었다. 반복을 허용한다고 가정하면 철도 기념 번호판을 발행할 수 있는 방법은 몇 가지나 되는가?

풀이

번호판에는 4개의 숫자가 들어가야 하므로 번호판의 총수는 10·10·10·10 = 10,000가지가 발행된다. (**참고**: 실제로 번호판에 대한 수요가 많았기 때문에 Pennsylvania 주는 문자를 사용해야 했다.)

반복이 허용되지 않으면 [예제 4–41]에서 번호판의 첫 번째 자리는 10가지가 선택될 수 있고, 두 번째 자리는 9가지가 가능하다. 이처럼 발행되는 번호판의 총수는 $10 \cdot 9 \cdot 8 \cdot 7 = 5{,}040$가지이다.

이러한 상황은 항아리에서 하나의 공을 꺼내거나 한 벌의 카드에서 한 장의 카드를 뽑을 때도 마찬가지이다. 꺼낸 공 혹은 뽑은 카드를 다음 하나를 선택하기 이전에 다시 집어넣는다면, 동일한 것이 다시 추출될 수 있으므로 반복이 허용되는 것이다. 그러나 선택된 공 혹은 카드를 다시 집어넣지 않는다면, 동일한 공 혹은 카드가 다시 선택될 수 없으므로 반복이 허용되는 것은 아니다.

이러한 예들은 기본계수공식을 설명해 주고 있다. 요약하면, **반복이 허용되면 각 시행에서 경우의 수는 동일하게 유지되고, 반복이 허용되지 않으면 각 시행에서 경우의 수는 하나씩 줄어든다.**

일련의 사건들에 대한 가능한 경우의 총수를 구하는 데 사용하는 다른 두 가지의 공식은 순열공식과 조합공식이다.

계승 기호

역사적 기록

1808년에 Christian Kramp는 계승 기호를 처음으로 사용하였다.

두 공식은 **계승 기호**(factorial notation)를 사용한다. 계승 기호는 느낌표(!)를 사용한다.

$$5! = 5 \cdot 4 \cdot 3 \cdot 2 \cdot 1$$
$$9! = 9 \cdot 8 \cdot 7 \cdot 6 \cdot 5 \cdot 4 \cdot 3 \cdot 2 \cdot 1$$

순열공식이나 조합공식에서 이 기호를 사용하기 위해서는 0!에 대한 특별한 정의가 필요하므로 $0! = 1$로 정의한다.

계승 식

자연수 n에 대해 다음과 같이 정의한다.

$$n! = n(n-1)(n-2)\cdots 1$$
$$0! = 1$$

순열

순열(permutation)은 n개 개체를 특정한 순서로 배열하는 것이다.

[예제 4-42]와 [예제 4-43]은 순열을 사용한다.

예제 4-42 잠금 번호

어떤 한 사람이 차고 문의 자물쇠를 열려면 네 자리 숫자의 조합을 만들어야 한다. 그 사람은 처음 4자리의 숫자, 즉 0에서 3까지 4개의 다른 숫자를 사용하기로 결정하였다. 얼마나 많은 조합을 만들 수 있는가?

풀이

첫 번째 자리에 4가지의 선택이 가능하고, 두 번째 자리는 3가지가 가능하다. 이런 식으로 정렬하면, 가능한 조합의 총 수는 24가지이다.

$$4! = 4 \cdot 3 \cdot 2 \cdot 1 = 24$$

[예제 4-42]에서 모든 개체들이 사용되었다. 만약 모든 개체를 사용하지 않으면 어떤 일이 생길까? 이 질문에 대한 답을 [예제 4-43]에 제시하였다.

예제 4-43 사업장 위치

어떤 한 사업가는 사업장 후보지 5곳 중 선택된 상위 3곳의 순위를 매기고자 한다. 순위를 매기는 방법은 몇 가지 방법이 있는가?

풀이

기본계수공식을 사용하면, 첫 번째 순위에는 5곳 중 하나를 선택할 수 있고, 두 번째 순위는 나머지 4곳 중 하나를 선택하고, 세 번째 순위는 남아있는 후보지 중 하나를 선택하게 되므로 가능한 방법의 총수는 다음과 같이 60가지 방법이다.

첫 번째 순위		두 번째 순위		세 번째 순위	
5	·	4	·	3	= 60

[예제 4-42]와 [예제 4-43]의 해를 구하는 방법은 순열이다.

학습목표 6
순열공식을 이용하여 n개 개체에서 r개 개체를 선택하는 방법의 수 구하기

순열공식 1

한 번에 r개 개체를 사용하여 특정한 순서로 n개 개체를 배열하는 것을 **한 번에 n개 개체에서 r개를 선택하는 순열**이라고 한다. 공식은 다음과 같다.

$$_nP_r = \frac{n!}{(n-r)!}$$

기호 $_nP_r$은 순열 기호이다.

$$_6P_4\text{는} \quad \frac{6!}{(6-4)!} \quad \text{혹은} \quad \frac{6!}{2!} = \frac{6\cdot5\cdot4\cdot3\cdot\cancel{2}\cdot\cancel{1}}{\cancel{2}\cdot\cancel{1}} = 360\text{을 의미한다.}$$

[예제 4-42]와 [예제 4-43]은 곱셈공식으로 해결하였지만 순열을 이용하여 해를 구할 수도 있다.

[예제 4-42]는 처음 4개 숫자를 선정해 4자리에 순서대로 배열하는 것이므로 다음과 같다.

$$_4P_4 = \frac{4!}{(4-4)!} = \frac{4!}{0!} = \frac{4\cdot3\cdot2\cdot1}{1} = 24$$

(여기서 $0! = 1$임을 기억하기 바란다.)

[예제 4-43]에서 5곳 중 3곳을 선택하여 순서대로 배열하는 것이므로 $n = 5$이고 $r = 3$이다. 따라서 다음과 같다.

$$_5P_3 = \frac{5!}{(5-3)!} = \frac{5!}{2!} = \frac{5\cdot4\cdot3\cdot\cancel{2}\cdot\cancel{1}}{\cancel{2}\cdot\cancel{1}} = 60$$

[예제 4-44]와 [예제 4-45]는 순열공식을 이용한다.

예제 4-44 라디오 쇼의 초대 손님

한 라디오 토크 쇼 진행자는 프로그램을 위해 6명의 특별 초대 손님 중 3명을 선택할 수 있다. 초대 손님의 출현 순서는 중요하다. 초대 손님을 선택하는 방법은 총 몇 가지나 되는가?

풀이

쇼에 출현하는 순서가 중요하므로 초대 손님을 선택하는 경우의 수는 $_6P_3$이다.

$$_6P_3 = \frac{6!}{(6-3)!} = \frac{6!}{3!} = \frac{6\cdot5\cdot4\cdot3!}{3!} = 120$$

따라서 3명의 초대 손님을 선택하는 방법은 120가지이고, 특정 순서에 따라 프로그램에 초대할 수 있다.

예제 4-45 학교 뮤지컬 연극

어떤 학교의 뮤지컬 감독은 내년에 공연할 뮤지컬 연극 2편을 선택할 수 있다. 하나는 가을에 공연할 것이고, 다른 하나는 봄에 선보일 것이다. 선정할 수 있는 연극이 9편이 있다고 할 때, 선택할 수 있는 경우의 수는 몇 가지나 되는가?

풀이

하나는 가을에 선보이고, 다른 하나는 봄에 공연하는 것이므로 순서가 중요하다.

$$_9P_2 = \frac{9!}{(9-2)!} = \frac{9!}{7!} = \frac{9\cdot8\cdot7!}{7!} = 72$$

따라서 순서대로 2편을 선택하는 경우의 수는 72가지이다.

앞선 예제에서, 순열에 포함된 모든 항목들은 서로 다르다. 하지만 일부 항목들이 동일하다면 두 번째 순열공식을 사용할 수 있다.

순열공식 2

r_1개 개체들이 동일하고, r_2개 개체들이 동일하고, ..., r_p개 개체들이 동일할 때 n개 개체들에 대한 순열의 수는 다음과 같다.

$$\frac{n!}{r_1!r_2!\cdots r_p!}$$

여기서 $r_1 + r_2 + \cdots + r_p = n$이다.

예제 4-46 문자 순열

*STATISTICS*라는 단어에서 문자들을 배열해 만들 수 있는 순열의 총수는 몇 가지나 되는가?

풀이

*STATISTICS*라는 단어에는 S가 3개, T가 3개, I가 2개, A가 1개, C가 1개 있으므로,

$$\frac{10!}{3!3!2!1!1!} = \frac{10 \cdot 9 \cdot 8 \cdot 7 \cdot 6 \cdot 5 \cdot 4 \cdot 3 \cdot 2 \cdot 1}{3 \cdot 2 \cdot 1 \cdot 3 \cdot 2 \cdot 1 \cdot 2 \cdot 1 \cdot 1 \cdot 1} = 50{,}400$$

즉, *STATISTICS*라는 단어의 문자들로 만들 수 있는 순열의 총수는 50,400가지이다.

조합

의상 디자이너는 새로운 옷을 디자인하기 위해 가지고 있는 4가지의 색상 중 2가지 색상의 원단을 선택하고자 한다. 이 경우에 몇 가지의 가능한 방법이 있는가?

학습목표 7
조합공식을 이용하여 순서에 관계없이 n개 개체에서 r개 개체를 선택하는 방법의 수 구하기

이 문제는 선택 순서가 중요하지 않기 때문에 앞선 예제들과는 다르다. 즉, 디자이너가 노란색과 빨간색의 순서로 선택한다면, 이 선택은 빨간색과 노란색의 순서로 선택하는 것과 같기 때문이다. 이러한 선택을 **조합**이라고 한다. 순열과 조합의 차이는, 조합 관점에서는 개체들의 순서 혹은 배열이 중요하지 않고, 순열에서는 순서가 중요하다는 점이다.

순서에 관계없이 식별되는 개체를 선택하는 것을 **조합**(combination)이라고 한다.

© gan chaonan/Shutterstock

조합과 순열의 차이는 문자 A, B, C, D를 이용하여 설명할 수 있다. 이들 4개 문자들에 대한 순열은 다음과 같다.

AB	BA	CA	DA
AC	BC	CB	DB
AD	BD	CD	DC

순열은 AB와 BA가 다르지만 조합은 개체들의 순서가 문자를 조합하는 데 영향을 주지 않으므로 AB와 BA는 같다. 그러므로 순열로 작성된 목록에서 중복 배열을 제외한다면 남는 것이 조합으로 작성한 목록이 된다.

AB	~~BA~~	~~CA~~	~~DA~~
AC	BC	~~CB~~	~~DB~~
AD	BD	CD	~~DC~~

따라서 A, B, C, D에 대한 조합은 AB, AC, AD, BC, BD, CD이다(대안적으로 BA를 목록에 포함하고, AB를 제외해도 된다). 문자들에 대한 조합은 편의상 알파벳 순으로 작성하였으나 반드시 그렇게 해야 하는 것은 아니다.

조합은 선택하는 과정에서 배열 혹은 순서가 중요하지 않을 때 사용한다. 5명으로 구성된 학생회는 25명의 학생들로부터 선택한다고 가정하자. 첫 번째, 두 번째 등 누가 먼저 선택되는가 하는 순서가 중요하지 않으므로 선택된 5명의 학생들은 조합을 나타낸다.

흥미 있는 사실

매년 미국에서 잔디를 깎는 데 사용하는 총 시간은 2,220,000,000(시간)이다.

조합공식

n개 개체에서 r개 개체를 선택하는 조합의 수는 ${}_nC_r$로 나타내며, 공식은 다음과 같다.

$${}_nC_r = \frac{n!}{(n-r)!r!}$$

예제 4-47 조합

4개 개체에서 동시에 2개 개체를 선택하는 조합의 수는 몇 가지나 되는가?

풀이

이 문제는 조합 문제이므로 답은 다음과 같다.

$${}_4C_2 = \frac{4!}{(4-2)!2!} = \frac{4!}{2!2!} = \frac{\overset{2}{\cancel{4}} \cdot 3 \cdot \cancel{2!}}{\cancel{2} \cdot 1 \cdot \cancel{2!}} = 6$$

즉, 앞에서 설명했던 A, B, C, D 조합 결과와 같다.

${}_nC_r$의 식이 순열 공식1을 $r!$로 나눈 것과 같음에 주목해야 한다.

$$\frac{n!}{(n-r)!r!}$$

즉,

$${}_nC_r = \frac{{}_nP_r}{r!}$$

이다. 여기서 $r!$은 순열에서 중복 배열을 제외하기 위해 나누는 것이다. 예를 들어 2개 문자마다 순열은 2개이지만 조합은 1개만 있다. 따라서 순열에서 $r!$로 나누어 주면 중복이 제거된다.

이 결과는 n과 r의 다른 값들에 대해서도 확인할 수 있다. 여기서 ${}_nC_n = 1$임을 주목하기 바란다.

예제 4-48 공원에서의 영화

공원의 영화담당 책임자는 영화의 밤 행사에서 상영하기 위해 총 10편의 영화 중에서 4편의 영화를 선택해야 한다. 선택할 수 있는 방법의 수는 몇 가지나 되는가?

풀이

$${}_{10}C_4 = \frac{10!}{(10-4)!4!} = \frac{10!}{6!4!} = \frac{10 \cdot 9 \cdot 8 \cdot 7}{4 \cdot 3 \cdot 2 \cdot 1} = 210$$

영화담당 책임자가 10편의 영화 중 4편을 선택하는 방법은 210가지이다. 이 경우 영화를 상영하는 순서가 중요하지 않기 때문이다.

예제 4-49 위원 선택

어떤 모임에 7명의 여성회원과 5명의 남성회원이 있다. 3명의 여성회원과 2명의 남성회원으로 구성된 위원회를 구성하기 위해 선정하려고 한다. 위원회를 구성하는 가능한 방법은 몇 가지나 되는가?

풀이

먼저, 7명의 여성 회원 중 3명을 선택하는 방법의 수는 ${}_7C_3$, 즉 35가지이다. 그다음으로 5명의 남성 회원 중 2명을 선택하는 방법의 수는 ${}_5C_2$, 즉 10가지이다. 마지막으로 위원회를 구성하기 위해 여성회원과 남성회원 모두를 선정해야 하므로 기본계수공식을 이용해 구한 총수는 $35 \cdot 10 = 350$가지이다. 즉, 공식을 이용해 계산하면 다음과 같다.

$${}_7C_3 \cdot {}_5C_2 = \frac{7!}{(7-3)!3!} \cdot \frac{5!}{(5-2)!2!} = 350$$

[표 4-1]은 계수공식을 요약한 표이다.

표 4-1 계수공식 요약

공식	정의	식
기본계수공식	첫 번째 사건이 k_1개 가능성을 가지고, 두 번째 사건이 k_2개 가능성을 가지는 식으로 일련의 n개 사건들이 발생된다고 할 때, 일련의 사건들이 발생되는 총 경우의 수	$k_1 \cdot k_2 \cdot k_3 \cdots k_n$
순열공식 1	한 번에 r개 개체를 선택해 n개 개체를 배열하는 순열의 수(순서가 중요)	${}_nP_r = \frac{n!}{(n-r)!}$
순열공식 2	r_1개 개체들이 동일하고, r_2개 개체들이 동일하고, …, r_p개 개체들이 동일할 때, n개 개체들에 대한 순열의 수	$\frac{n!}{r_1!\, r_2! \cdots r_p!}$
조합공식	n개 개체에서 선택된 r개 개체에 대한 조합의 수(순서가 중요하지 않음)	${}_nC_r = \frac{n!}{(n-r)!r!}$

개념의 적용 4-4

차고 문 개폐기

원래 차고 문 개폐기는 집주인들이 자신들의 차고 문을 여는 주파수를 개별적으로 설정할 수 있도록 4개의 on/off 스위치가 있었다. 만일 모든 차고 문 개폐기가 같은 주파수로 설정되어 있다면 차고 문 개폐기를 가진 집주인들은 다른 집의 차고 문도 열 수 있게 된다.

1. 나무도표를 사용하여 4개의 연속된 on/off 스위치를 설정할 수 방법이 몇 가지나 되는지 설명하시오.

차고 문 개폐기가 더욱 보편화된 이후, 또 다른 4개의 on/off 스위치가 시스템에 추가되었다.

2. 하나의 on/off 스위치가 추가될 때마다 얼마나 많은 경우의 수가 생기는지 패턴을 쓰시오.
3. 8개의 on/off 스위치를 이용하여 설정할 수 있는 방법의 수는 몇 가지나 되는가?
4. 당신이 8개 스위치가 있는 차고 문 개폐기를 가지고 있다고 할 때, 누군가가 자신이 가지고 있는 차고 문 개폐기를 이용하여 모든 가능한 방법을 시도해 당신의 차고 문을 열 수 있다고 생각하는 것은 합리적인가?

어떤 특정 연도에 Dodge Caravan(미국의 차 종류)의 자동차 키가 새로 개발되었다고 한다. 자동차 키에는 5개의 홈이 있으며, 각 홈은 5개의 가능한 모양 중 하나로 만들어졌다고 한다. 그 해에 미국에서 420,000대의 Dodge Caravan이 판매되었다고 가정한다.

5. 홈의 모양을 다르게 했을 때 만들 수 있는 자동차 키의 종류는 몇 가지인가?
6. 하나의 키로 시동을 걸 수 있는 Dodge Caravan은 판매된 차량 중에서 몇 대인가?

당신 자동차의 키의 홈이 몇 개인지 확인하시오. 각 홈의 종류가 5개 중 하나라고 가정하자. 대부분의 자동차 회사는 모든 차종에 같은 종류의 자동차 키를 사용한다.

7. 당신 자동차의 브랜드 회사에서 최근 판매된 차량의 수가 얼마인지 추측하시오. 그리고 당신의 자동차 키로 얼마나 많은 차의 시동을 걸 수 있는지 계산해보시오. 누군가가 자신의 자동차 키로 다른 차량을 열 수 있는 가능성을 줄이기 위해 무엇을 할 것인가?

정답 210쪽 참조

연습문제 4-4

1. **우편번호** 숫자를 반복해 5자리의 우편번호를 만들 수 있는 경우의 수는 몇 가지나 되는가? 반복할 수 없다면 몇 가지나 되는가?
2. **발표 순서** 여름방학 동안 무엇을 하였는지 3분 발표를 위해 7명의 초등학생이 선택되었다. 발표 순서를 정하는 가능한 경우의 수는 몇 가지나 되는가?
3. **퀸토 복권** 퀸토 복권은 0에서 9까지의 수 중 5개수를 각각 선택하는 게임이다. 가능한 경우의 수는 몇 가지나 되는가? 반복이 가능하지만, 반복을 허용하지 않는다면 가능한 경우의 수는 몇 가지나 되는가?
4. **주사위 굴리기** 5개의 주사위를 굴리면, 나타나는 결과의 수는 몇 가지나 되는가?
5. **영화 상영** Rogue 영화제에서 담당자는 장르마다 한 편의 영화를 선택해야 한다. 출품된 영화는 장르별로 드라마 영화 8편, SF 영화 3편, 코미디 영화 5편이 있다. 영화를 선택할 수 있는 방법은 몇 가지나 되는가?

6. 비밀번호 A, B, C, H, I, T, U, V, 1, 2, 3, 4의 문자들이 주어진 경우, 반복을 허용하지 않고 7자리 비밀번호를 만들 수 있는 경우의 수는 몇 가지나 되는가? 비밀번호의 처음 4자리는 4개 숫자만을 사용해 만들어야 한다면 비밀번호는 몇 개를 만들 수 있는가?

7. 다음 식을 계산하시오.

a. 11!	*e.* ${}_6P_4$	*i.* ${}_9P_2$
b. 9!	*f.* ${}_{12}P_8$	*j.* ${}_{11}P_3$
c. 0!	*g.* ${}_7P_7$	
d. 1!	*h.* ${}_4P_0$	

8. 스포츠카 초록, 빨강, 파랑, 흰색의 4가지 색을 한 번씩만 사용해야 한다면, 스포츠카에 4가지 색상의 줄무늬 모양으로 색칠하는 경우의 수는 몇 가지나 되는가?

9. 멸종 위기의 양서류 미국에 멸종 위기에 처한 양서류가 9종이 있다. 어떤 한 학생이 이에 대한 보고서를 작성하기 위해 3종을 선택할 수 있는 경우의 수는 몇 가지나 되는가? 이때 선택의 순서가 중요하다.

10. 단어 배열 단어 *hexagon*으로 4글자를 만들 수 있는 경우의 수는 몇 가지나 되는가?

11. 출입증 출입증 카드번호는 6자리이고, 숫자는 1번 이상 사용할 수 없다면, 만들 수 있는 출입증 카드는 몇 개나 되는가?

12. 경품권 서로 다른 상을 받을 수 있는 50개의 경품권 중 4개를 선택하는 경우의 수는 몇 가지나 되는가?

13. 과제 모두 동일한 과제를 수행한 12명의 학생 중 4명을 선택하는 경우의 수는 몇 가지나 되는가? 모두 다른 과제를 수행했다고 할 때, 12명의 학생 중 4명을 선택하는 경우의 수는 몇 가지나 되는가?

14. 깃발신호 빨간 깃발 3개, 파란 깃발 2개, 하얀 깃발 2개 등 7개의 깃발이 있을 때 3개의 깃발을 선택해 만들 수 있는 깃발 신호를 몇 개나 되는가?

15. 부호문자 기호 %, %, %, %, &, &, &, +, + 를 이용하여 9개 부호문자를 몇 개나 만들 수 있는가?

16. 도서 배열 서점의 선반에 동일한 하드커버 책 6권, 동일한 페이퍼백 책 3권, 동일한 박스형 책 3권을 배열할 수 있는 방법은 몇 가지나 되는가?

17. 다음 식을 계산하시오.

a. ${}_5C_2$	*d.* ${}_6C_2$
b. ${}_8C_3$	*e.* ${}_6C_4$
c. ${}_7C_4$	

18. 우울증 치료제 어떤 의사가 자신의 환자들에게 새로운 우울증 치료제로 치료해 보고자 한다. 50명의 환자 중 5명의 환자를 선택하는 방법은 몇 가지나 되는가?

19. 커피 선택 어떤 카페에 12종의 커피 음료가 있다. 서로 다른 4가지의 커피를 선택하는 경우의 수는 몇 가지나 되는가?

20. 디저트 어느 식당에서 디저트로 아이스크림 10종, 토핑 6종이 있는데, 이 중 아이스크림 3종, 토핑 2종을 선택하는 경우의 수는 몇 가지나 있는가?

21. 음악 공연 6명의 학생이 재즈 공연에서 1곡씩 부를 예정이다. 2명의 학생은 5곡의 노래를, 다른 학생들은 각각 4곡을 준비하였다. 순서와 관계없이 가능한 프로그램은 몇 가지나 되는가? 이때, 선택된 곡은 모두 다르다.

22. 위원회 어느 부서에 여성이 7명, 남성이 5명이 있다. 4명의 위원을 선택하는 방법은 몇 가지나 되는가? 위원회에 반드시 남성 2명, 여성 2명의 위원으로 구성해야 한다면, 위원을 선택하는 방법은 몇 가지나 되는가? 위원회에 적어도 여성 2명을 반드시 포함해야 한다면, 위원을 선택하는 방법은 몇 가지나 되는가?

23. 하와이 언어 하와이 알파벳은 자음 7개, 모음 5개로 구성된다. 3개 글자로 이루어진 단어를 만들 때, 자음 2글자를 함께 쓸 수 없고, 반드시 모음으로 끝나야 한다면 몇 개나 만들 수 있는가?

24. 학생 선정 남학생 6명, 여학생 4명이 있는 그룹에서 10명 중 4명의 학생을 선택할 때 성별의 수가 같거나 혹은 모두 같은 성별을 가지도록 선택해야 한다고 하면, 4명의 학생을 선택하는 경우의 수는 몇 가지나 있는가?

25. 도미노 도미노는 두 개의 정사각형으로 나뉘어 있고, 각 정사각형에는 0개에서 6개의 점이 그려진 평평한 직사각형 모양의 블록이다. 게임은 도미노를 가지고 점들의 수를 맞추어 가는 것이다. 도미노의 한 세트가 왜 28개인지를 설명하시오.

26. 자동차 선택 어떤 자동차 딜러는 소형차 12대, 중형 8대, 대형 6대를 관리하고 있다. 그가 관리하는 차 중 크기별로 2대를 선택하는 경우의 수는 몇 가지나 되는가?

27. 열차 사고 어떤 연구자가 열차 사고에 대해 연구를 하고자 한다. 그는 1등급 열차 10편 중 3편, 2등급 열차 6편 중 2편, 3등급 열차 5편 중 1편을 선택하기를 원한다. 그의 연구를 위해 열차를 선택할 수 있는 경우의 수는 몇 가지나 되는가?

순열과 조합

28. 포스터 선택 어떤 구매자가 8종의 포스터를 구매하기로 결정하였다. 20종 포스터가 있다고 할 때, 8종의 포스터를 선택할 수 있는 경우의 수는 몇 가지나 되는 가?

29. 원자력발전소 어떤 연구자가 Pennsylvania에 있는 9곳의 원자력 발전소에서 5곳을 선택할 수 있는 경우의 수는 몇 가지나 되는가?

30. 교재 선택 한 교수가 17종의 도서 중 2종의 도서를 교재로 선택하는 경우의 수는 몇 가지나 되는가?

31. 승무원 정기 운항을 위해 11명의 승무원 중 3명의 승무원을 선택할 수 있는 방법은 몇 가지나 되는가?

32. 저녁 메뉴 선택 메뉴에 애피타이저 6종, 야채요리 5종이 있다고 할 때, 저녁 손님이 애피타이저 3종과 야채요리 2종을 선택할 수 있는 경우의 수는 몇 가지나 되는가?

33. 이사 선택 8명으로 구성된 이사회에서 최고 경영자 1명, 전무 1명, 감사 1명을 선출할 수 있는 방법은 몇 가지나 되는가?

개념의 확장

34. **동전 선택** 5센트짜리 동전 2개, 10센트짜리 동전 1개 그리고 50센트짜리 동전 1개를 가지고 있다면, 1개 이상의 동전을 선택할 수 있는 경우의 수는 몇 가지나 되는가?

35. 다음의 상황을 고려해 A, B, C, D, E의 5명이 영화관에서 일렬로 앉을 수 있는 경우의 수를 구하시오.

a. A와 B는 반드시 함께 앉아야 하는 상황

b. C는 반드시 B의 우측에 앉아야 하지만 바로 옆일 필요는 없는 상황

c. D와 E는 바로 옆에 앉지 않아야 하는 상황

36. $(x + 2)$개에서 x개를 선택할 수 있는 조합의 수를 구하시오.

EXCEL Step by Step

순열, 조합, 계승

순열 값 구하기: 예를 들어 $_5P_3$의 값을 구하는 과정은 다음과 같다.

1. Excel 워크시트의 빈 칸에서, 툴바에 있는 '수식' 탭을 선택하고, 함수 삽입 아이콘 을 클릭한다.

2. '범주 선택'에서 '통계'를 찾아 선택하고, '함수 선택'에서 'PERMUT' 함수를 찾아 선택하여 '확인'을 누른다.

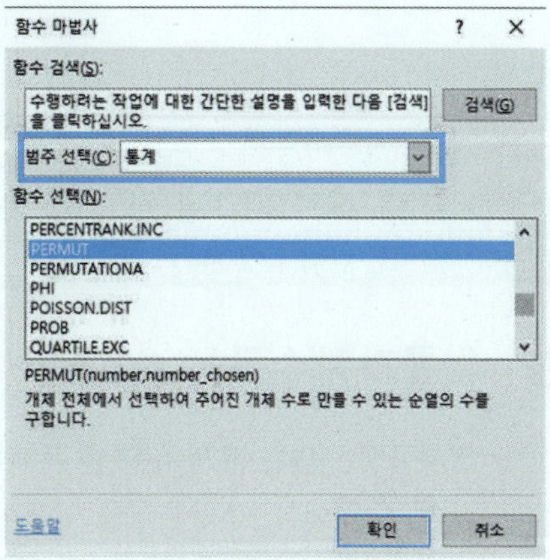

3. 'Number' 칸에 '5'를 입력한다.

4. 'Number_chosen' 칸에 '3'을 입력하고, '확인'을 누른다.

선택한 칸에 답 60이 표시된다.

조합 값 구하기: 예를 들어 $_5P_3$의 값을 구하는 과정은 다음과 같다.

1. Excel 워크시트의 빈 칸에서, 툴바에 있는 '수식' 탭을 선택하고, 함수 삽입 아이콘 을 클릭한다.

2. '범주 선택'에서 '모두'를 찾아 선택하고, '함수 선택'에서 'COMBIN' 함수를 찾아 선택하여 '확인'을 누른다.

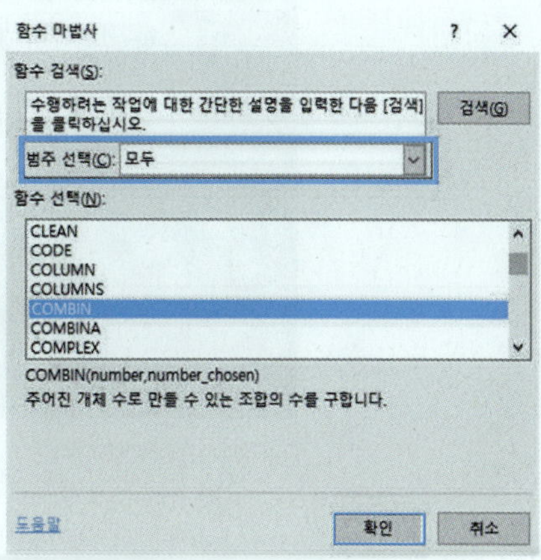

3. 'Number' 칸에 '5'를 입력한다.

4. 'Number_chosen' 칸에 '3'을 입력하고, '확인'을 누른다.

선택한 칸에 답 '10'이 표시된다.

계승 값 구하기: 예를 들어 7!의 값을 구하는 과정은 다음과 같다.

1. Excel 워크시트의 빈 칸에서, 툴바에 있는 '수식' 탭을 선택하고, 함수 삽입 아이콘 fx 을 클릭한다.

2. '범주 선택'에서 '수학/삼각'를 찾아 선택하고, '함수 선택'에서 'FACT' 함수를 찾아 선택하여 '확인'을 누른다.

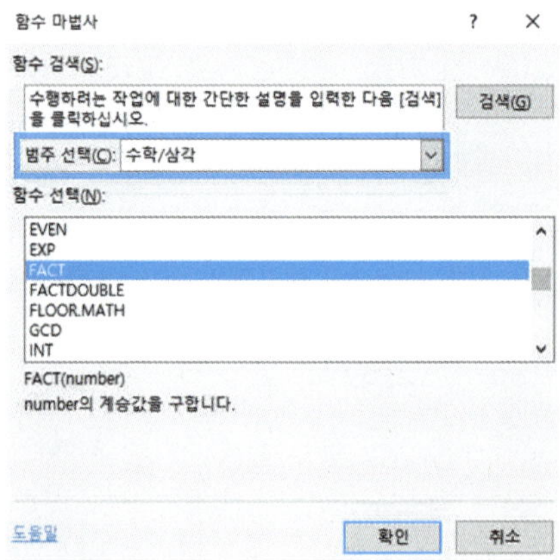

3. 'Number' 칸에 '7'을 입력하고, '확인'을 누른다.

선택한 칸에 답 '5040'이 표시된다.

4-5 확률과 계수공식

학습목표 8
계수공식을 이용하여 사건의 확률 구하기

계수공식은 많은 유형의 확률 문제를 해결하는 데 확률공식과 함께 사용될 수 있다. 기본계수공식, 순열공식, 조합공식을 이용하면, 5장 카드를 받아서 '풀 하우스'가 나오거나 혹은 여성 10명과 남성 10명이 있는 어떤 모임에서 여성 3명과 남성 2명의 위원을 선택하는 것과 같은 많은 실험결과에 대한 확률을 계산할 수 있다.

ⓒBashutskyy/Shutterstock

예제 4-50 4장의 'A'

한 벌의 카드에서 5장의 카드를 뽑을 때, 'A'가 4장이 나올 확률을 구하시오.

풀이

한 벌의 카드에서 5장의 카드를 뽑는 경우의 수는 $_{52}C_5$이다. 'A'가 4장이 나오는 경우는 오직 1가지만 있고(즉, $_4C_4$), 5번째 카드가 나오는 경우의 수는 48가지이다. 그러므로 4장의 'A'와 1장의 다른 카드가 나오는 경우의 수는 48가지이다. 따라서 구하는 확률은 다음과 같이 계산한다.

$$P(4\text{ A's}) = \frac{_4C_4 \cdot 48}{_{52}C_5} = \frac{1 \cdot 48}{2{,}598{,}960} = \frac{48}{2{,}598{,}960} = \frac{1}{54{,}145}$$

예제 4-51 불량 집적회로

어떤 상자에 24개의 집적회로가 들어 있는데, 이 중 4개가 불량이다. 랜덤으로 4개를 팔았다고 할 때, 다음의 확률을 구하시오.

a. 정확하게 2개가 불량인 경우
b. 모두 불량이 아닌 경우
c. 모두 불량인 경우
d. 적어도 1개가 불량인 경우

풀이

4개의 집적회로를 판매하는 경우의 수는 $_{24}C_4$이다. 그러므로 문제마다 확률을 계산하는 분모는 10,626이다.

a. 불량 집적회로 2개가 선택될 경우의 수는 $_4C_2$이고, 불량이 아닌 집적회로 2개가 선택될 경우의 수는 $_{20}C_2$이므로 구하는 확률은 다음과 같다.

$$P(\text{정확하게 2개가 불량}) = \frac{_4C_2 \cdot {_{20}C_2}}{_{24}C_4} = \frac{1140}{10{,}626} = \frac{190}{1771}$$

b. 불량이 아닌 집적회로가 선택될 경우의 수는 $_{20}C_4$이므로 구하는 확률은 다음과 같다.

$$P(\text{모두 불량이 아닌 경우}) = \frac{_{20}C_4}{_{24}C_4} = \frac{4845}{10{,}626} = \frac{1615}{3542}$$

c. 불량 집적회로 4개에서 4개가 선택될 경우의 수는 $_4C_4$, 즉 1이므로 구하는 확률은 다음과 같다.

$$P(\text{모두 불량인 경우}) = \frac{1}{_{24}C_4} = \frac{1}{10{,}626}$$

d. 적어도 1개가 불량일 확률을 구하기 위해 모두 불량이 아닐 확률을 구하고, '1'에서 그 확률을 빼서 계산한다. 따라서 구하는 확률은 다음과 같다.

$$P(\text{적어도 1개가 불량인 경우}) = 1 - P(\text{모두 불량이 아닌 경우})$$
$$= 1 - \frac{_{20}C_4}{_{24}C_4} = 1 - \frac{1615}{3542} = \frac{1927}{3542}$$

예제 4-52 과제 선택

학생들은 수업에서 2개의 과제를 작성하기 위해 주제 2개를 선택할 필요가 있다. 주제는 경제 관련 8개, 과학 관련 11개가 있다. 과제를 완료하기 위해 경제 관련 주제에서 1개, 과학에서 1개 주제를 선택할 확률을 구하시오.

풀이

$$P(\text{경제 관련 주제 및 과학 관련 주제}) = \frac{_8C_1 \cdot {_{11}C_1}}{_{19}C_2} = \frac{88}{171} = 0.515 \approx 51.5\%$$

따라서 학생들이 경제 관련 주제 1개, 과학 관련 주제 1개를 선택할 확률은 약 51.5%이다.

예제 4-53 복권

Pennsylvania 주 복권은 3자리 숫자를 선택하는 것인데, 반복이 용인된다. 당첨 번호를 선택할 때, 3자리 숫자가 모두 같은 번호를 선택할 확률을 구하시오.

풀이

10개의 숫자를 선택할 수 있으므로 당첨 번호를 선택하는 경우의 수는 $10 \cdot 10 \cdot 10 = 1000$가지이다. 모두 같은 숫자를 선택한다면, 즉, 000, 111, 222, . . . , 999을 선택하는 경우의 수는 10가지이다. 그러므로 3자리가 같은 수를 가지는 당첨번호를 선택할 확률은 다음과 같다.

$$\frac{10}{1000} = \frac{1}{100}$$

예제 4-54 테니스 토너먼트

테니스 동호회에 8쌍의 기혼 커플이 있다. 하계 토너먼트를 계획을 세우기 위해 랜덤으로 남성 1명과 여성 1명을 선택하여 팀을 구성한다고 하면, 선택된 팀원이 서로 결혼한 커플일 확률을 구하시오.

풀이

남성을 선택하는 경우의 수는 8가지이고 여성을 선택하는 경우의 수도 8가지이므로 남성 1명과 여성 1명의 팀을 구성하는 방법은 $8 \cdot 8 = 64$가지이다. 그리고 8쌍의 기혼 커플이 있으므로 구하는 확률은 다음과 같다.

$$\frac{8}{64} = \frac{1}{8}$$

이 절의 첫 부분에 언급한 바와 같이 계수공식과 확률공식은 경영학, 도박, 경제학, 생물학 그리고 다른 분야들에서 나타나는 다양한 확률 문제를 해결하는 데 사용될 수 있다.

개념의 적용 4-5

계수공식과 확률

확률문제를 풀 때 학생들이 가지는 가장 큰 고민 중 하나는 어떤 공식을 사용해야 할지 결정하는 것이다. 또 다른 고민은 두 사건이 독립 혹은 종속인지를 결정하는 것이다. 다음의 문제를 이용하여 이러한 개념을 더 잘 이해하도록 도움을 주고자 한다.

5개 문제의 객관식 퀴즈를 본다고 가정하자. 각 문제는 5개(A, B, C, D, E)의 가능한 답이 있다.

1. 사건은 몇 개가 있는가?
2. 사건들은 독립인가? 아니면 종속인가?
3. 문제마다 추측하여 푼다면, 5개 문제 모두 맞힐 확률은 얼마나 되는가?
4. 문제마다 답을 'A'로 추측할 확률은 얼마나 되는가?

다음으로 오른쪽 열에 있는 정답을 왼쪽 열에 있는 문제와 연결시키는 5개 문제의 시험을 본다고 가정하자. 오직 하나의 답만 연결할 수 있다.

5. 사건은 몇 개가 있는가?
6. 사건들은 독립인가? 아니면 종속인가?
7. 추측해 문제를 푼다면, 5개 문제 모두 맞힐 확률은 얼마나 되는가?
8. 두 시험의 차이점은 무엇인가?

정답 210쪽 참조

통계 이야기 도박의 수학

도박은 큰 산업이다. 주에서 발행하는 복권, 카지노, 스포츠 베팅, 그리고 교회에서 행하는 빙고 등이 있다. 오늘날 많은 사람들은 포커 게임을 즐겨 하며 TV로도 시청한다.

수학자는 순열, 조합 그리고 확률공식을 사용하여 다양한 도박 게임의 확률을 구할 수 있다. 다음은 5장의 카드로 하는 포커 게임의 각 패에 대한 확률을 나타낸 것이다.

패	경우의 수	확률
스트레이트 플러시	40	0.000015
포카드	624	0.000240
풀하우스	3,744	0.001441
플러쉬	5,108	0.001965
스트레이트	10,200	0.003925
트리플	54,912	0.021129
투페어	123,552	0.047539
원페어	1,098,240	0.422569
원페어 미만	1,302,540	0.501177
합계	2,598,960	1.000000

(번역자 주: 포커의 패에 대한 설명은 인터넷에서 검색하여 확인해 보기 바란다.)

도박게임에서 이길 수 있는 가능성은 도박장의 승률과 관련된 요인(house advantage, house edge, house percentage)들을 이용해 비교해 볼 수 있다. 예를 들어, 룰렛의 도박장 승률이 약 5.26%라고 하면, 이는 매번 1달러를 걸 때마다 도박장이 5.26센트를 받는다는 것이다. 그렇지 않으면 당신이 매번 1달러를 걸 때마다 평균적으로 5.26센트만큼 잃는다는 것이다. 도박장 승률이 낮으면 낮을수록 당신에게는 더욱 유리한 게임이 되는 것이다.

ⓒ3523studio/Shutterstock

크랩스(craps)라는 게임에서는 도박장의 승률이 돈을 거는 금액에 따라 1.4%에서 15% 사이이다. 케노(Keno)라는 게임은 도박장의 승률이 29.5%이고, Chuck-a-luck이라는 게임의 도박장 승률은 7.87%이고, 바카라는 거는 금액에 따라 1.36% 혹은 1.17%이다.

슬롯머신은 5센트, 25센트, 1달러 등 기계에서 넣은 금액에 따라 달라지는데 도박장의 승률이 약 4%에서 10% 사이이다.

실제로, 블랙잭(black-jack) 혹은 합 '21'을 만드는 게임에서는 카드 수를 세는 것과 같은 이길 수 있는 전략이 있지만 카지노는 여러 벌의 카드를 사용하고, 카드 수 세는 것을 금지하는 식으로 대처하고 있다.

연습문제 4-5

1. **카드 선택하기** 한 벌의 카드에서 비복원으로 2장의 카드를 뽑는다고 할 때, 2장의 그림 카드('J', 'Q', 'K')가 나올 확률을 구하시오.
2. **교육 연수** 한 대학은 3명의 박사 후 연수 과정을 위해 9명의 지원자를 받았다. 지원자 중 남성이 5명, 여성이 4명이었다. 다음의 확률을 구하시오.
   a. 모두 남성이 선택되는 경우
   b. 모두 여성이 선택되는 경우
   c. 남성 2명, 여성 1명이 선택되는 경우
   d. 여성 2명, 남성 1명이 선택되는 경우
3. **입사 지원** 동일한 두 개의 일자리에 취업을 위해 남성 6명과 여성 7명이 지원하였다. 랜덤으로 채용한다면, 다음의 확률을 구하시오.
   a. 모두 남성으로 선발하는 확률
   b. 모두 여성으로 선발하는 확률
   c. 남성 1명과 여성 1명을 채용하는 확률
   d. 서로 쌍둥이인 남성과 여성을 채용하는 확률
4. **상패** 여성 7명과 남성 3명으로 구성된 10명의 임원이 모인 자리에서 2개의 상패를 수여하고자 한다. 상패를 모두 남성이 받을 확률을 구하시오.
5. **오케스트라** 다음과 같은 미국의 7개 오케스트라가 포함된 20개의 월드클래스 오케스트라가 있다. Boston 심포니 오케스트라, Chicago 심포니 오케스트라, Cleveland 오케스트라, LA 필하모닉, New York 필하모닉, Metropolitan 오페라 오케스트라, San Francisco 심포니. 자선 CD를 만들기 위해 랜덤으로 20개 중 5개를 선택한다고 하자. 미국의 오케스트라가 적어도 하나가 포함될 확률을 구하시오. 적어도 2개가 포함될 확률을 구하시오. 5개 모두 미국의 오케스트라 포함될 확률을 구하시오.
6. **서랍 속의 양말** 서랍에 동일한 빨간 양말이 11개가 있고, 동일한 검은 양말이 8개가 있다. 어둠 속에서 랜덤으로 양말을 2개 선택한다고 하자.
   a. 빨간 양말의 짝을 고를 확률은 얼마인가?
   b. 검은 양말의 짝을 고를 확률은 얼마인가?
   c. 색깔이 서로 다른 양말을 고를 확률은 얼마인가?
   d. 빨간 양말 1개는 어디로 갔을까?
7. **주사위 굴리기** 주사위 3개를 굴린다고 할 때, 합이 '6'이 될 확률을 구하시오.
8. **와셔의 재배열** 크기가 다른 5개의 와셔가 일렬로 배열되어 있다. 크기순으로 배열될 확률을 구하시오.
9. **식물의 선택** 모든 홀리(호랑가시나무류) 식물은 암수가 다르다. 수컷 식물이 열매를 맺기 위해서는 30~40피트(9~12미터) 거리에 암컷 식물을 심어야 한다. 한 점포에 표식이 없는 12종의 홀리 식물을 판매하고 있는데, 이 중 암컷 식물이 8종이다. 어떤 사람이 랜덤으로 3종의 식물을 구매한다고 할 때, 열매가 맺힐 확률을 얼마인가?

복습연습문제

4-1절

1. **주사위 굴리기** 8면 주사위를 굴린다고 할 때, 다음의 확률을 구하시오.
   a. 6이 나오는 경우
   b. 5보다 큰 수가 나오는 경우
   c. 홀수가 나오는 경우
2. **소프트웨어 선택** 최근 1년 동안 판매된 상위 10개의 소프트웨어는 세금 관련이 3종, 안티바이러스 혹은 보안 관련이 5종, 기타 2종이다. 랜덤으로 하나의 소프트웨어를 선택한다고 하자.
   a. 세금 관련 소프트웨어가 아닌 확률은 얼마인가?
   b. 세금 관련 소프트웨어 혹은 기타 프로그램 중 하나일 확률은 얼마인가?

   출처: www.infoplease.com
3. **선호 운동** 한 지역의 헬스클럽에서 회원의 32%는 근력운동을 선호하며, 41%는 에어로빅을 선호하고, 6%는 둘 다 선호한다. 랜덤으로 1명의 회원을 선택하다고 하면, 그 회원이 근력운동이나 에어로빅이 아닌 다른 운동을 선호할 확률을 구하시오.

4-2절

4. **신차** 새로 산 차에 후방 카메라가 장착되었을 확률이 0.6, GPS가 장착되었을 확률이 0.4이고, 둘 다 장착되었을 확률이 0.2이다. 랜덤으로 1대의 새 차를 선택한다고 하면, 둘 다 장착되지 않았을 확률을 구하시오.
5. **정원사와 잡초제거사** 집주인이 정원사를 고용할 확률이 0.7, 잡초제거사를 고용할 확률이 0.5, 둘 다 고용할 확률이 0.3이라고 한다. 랜덤으로 1명의 집주인을 선택한다고 할 때, 정원사 혹은 잡초제거사를 고용할 확률을 구하시오.
6. **온라인 수업 선택** 지난 가을학기에 약 6명 중 1명의 학생이 더 높은 교육을 위해 적어도 하나의 온라인 과정을 수강하였다. 랜덤으로 5명의 등록된 학생을 선택한다면, 다음의 확률을 구하시오.
   a. 5명 모두 온라인 과정을 수강한 경우
   b. 5명 모두 온라인 과정을 수강하지 않은 경우
   c. 적어도 1명이 온라인 과정을 수강한 경우

   출처: www.encarta.msn.com

4-3절

7. **카드 뽑기** 한 벌의 카드에서 3장의 카드를 비복원으로 뽑는다고 하면, 다음의 사건이 나올 확률을 구하시오.
   a. 모두 검은색 카드
   b. 모두 스페이드
   c. 모두 'Q'

8. **영화 제작** 어느 해에 새로운 영화를 제작한 상위 5개국과 편수는 미국 471편, 영국 386편, 일본 79편, 독일 316편, 프랑스 132편이다. 랜덤으로 1편의 신작을 선택한다고 하면, 다음의 확률을 구하시오.
   a. 유럽인 경우
   b. 미국인 경우
   c. 독일 혹은 프랑스
   d. 유럽인 조건에서 독일
   출처: www.showbizdata.com

9. **백신 효과** 어떤 질병을 예방하는 가능성이 90%인 백신이 있다. 백신을 맞지 않은 사람이 질병에 감염될 확률이 50%이다. 어느 지역에서는 인구의 25%가 백신을 맞았다고 한다. 랜덤으로 1명을 선택한다고 하면, 그 사람이 질병에 걸렸을 확률을 구하시오.

10. **신차 구매** Sue는 캠퍼스 내에서 살 계획이고, 새 차를 살 확률이 0.37이다. 그녀가 캠퍼스 내에서 살 확률이 0.73이라고 할 때, 그녀가 캠퍼스 내에 산다는 조건에서 새 차를 살 확률을 구하시오.

11. **헬스 클럽 회원권** Blue River 헬스 클럽 회원들 중 43%가 평생 회원권을 가지고, 매주 3번 이상 규칙적으로 운동을 하고 있다. 회원들의 75%가 규칙적으로 운동을 한다고 할 때, 랜덤으로 선택된 회원이 규칙적으로 운동하는 조건에서 평생 회원일 확률을 구하시오.

12. **교육수준과 흡연** 어떤 큰 공장에서 근로자들을 조사하였는데, 교육수준과 흡연 여부를 정리한 자료가 다음과 같다.

	학력수준		
흡연	고졸 미만	고졸	대졸
흡연	6	14	19
비흡연	18	7	25

   랜덤으로 1명의 근로자를 선택한다고 할 때, 다음의 확률을 구하시오.
   a. 근로자가 대학을 졸업했다는 조건에서 흡연을 하는 근로자
   b. 근로자가 고졸 미만인 조건에서 흡연을 하는 근로자

13. **TV 세트** 가구의 98%는 적어도 한 대의 TV 세트를 가지고 있을 때, 랜덤으로 4가구를 선택하면 적어도 한 가구가 TV 세트를 가지고 있을 확률을 구하시오.

4-4절

14. **오토바이 번호판** 오토바이 번호판은 알파벳 2자리와 이어지는 숫자 3자리로 구성된다. 반복을 허용한다고 할 때, 번호판은 몇 개나 만들 수 있는가? 반복을 허용하지 않는다면, 번호판은 몇 개나 만들 수 있는가? 알파벳은 반복을 허용하지 않고 숫자만 반복을 허용한다면, 번호판은 몇 개나 만들 수 있는가?

15. **야구 선수** 5명의 외야수와 7명의 내야수 중 3명의 외야수와 4명의 내야수를 선택하는 경우의 수는 몇 가지나 되는가?

16. **남자아이의 이름** 미국에서 2005년에 지어진 남자아이의 상위 10개 이름은 Ethan, Jacob, Ryan, Matthew, Tyler, Jack, Joshua, Andrew, Noah, Michael이고, 2015년의 상위 10개 이름은 Liam, Noah, Ethan, Mason, Lucas, Logan, Oliver, Jackson, Aiden, Jacob이다. 이들 이름에서 5개의 이름을 선택하는 경우의 수는 몇 가지나 되는가?

17. **곡 선택** 새로운 MP3 플레이어는 100곡의 노래를 저장할 수 있고, 버튼을 누르면 순서를 변경할 수 있다. 노래의 정렬 순서를 변경하는 경우의 수는 몇 가지나 되는가?(계승은 매우 큰 수를 빠르게 계산함을 기억하라. 계산기가 얼마나 큰 수의 계승을 계산할 수 있는지 확인해 보라.)

18. **특별 과정 등록** 특별 과정에 등록하기를 원하는 학생이 12명이 있다. 해당 수업에 4자리만 남아 있다. 수업을 들을 수 있는 4명의 학생을 선택하는 경우의 수는 몇 가지나 되는가?

19. **주택 번호** 주택 판매업체에 다음과 같은 주택 번호가 붙어있다. "남아 있는 주택 번호 335666". 이들 주택 번호를 통해 만들 수 있는 6자리 주택 번호는 몇 가지나 되는가?

20. **영화 선택** 어떤 한 사람이 1주일 중 토요일을 제외하고 저녁마다 1편의 영화를 고를 수 있다면, 16편의 영화 중에서 선택할 수 있는 경우의 수는 몇 가지나 되는가?

4-5절

21. **카탈로그 일련번호** 어떤 카탈로그에 영화들이 알파벳 2자리와 이어지는 숫자 3자리로 일련번호가 부여되어 있다. 중복 번호가 허용된다면, 카탈로그 일련번호는 몇 개나 만들 수 있는가? 일련번호가 5로 나누어지게 될 확률은 얼마인가?(일련번호에 알파벳 2자리가 포함되어 있다)

22. **영토** 오늘날 몇몇 영토와 식민지는 여전히 영토와는 다른 국가의 지배하에 있다. 프랑스가 16곳으로 가장 많으며, 영국이 15곳, 미국이 14곳, 그리고 몇몇 다른 국가들도 영토를 가지고 있다. 프랑스, 영국, 미국의 지배하에 있는 3곳을 랜덤으로 선택한다고 하자. 3곳 모두 같은 국가에 속할 확률을 얼마나 되는가?
    출처: www.infoplease.com

23. **개인의 분류** 어떤 조사에서 조사 대상은 다음과 같이 구분될 수 있다.
    성별: 남성(M), 여성(F)
    결혼 상태: 미혼(S), 기혼(Ma), 사별(W), 이혼(D)
    직업: 관리직(A), 전문직(Fa), 사무직(St)
    조사 대상을 구분할 수 있는 경우의 수를 알아보기 위한 나무 도표를 그리시오.

STATISTICS TODAY

생명을 걸까?

McGervey는 그가 저술한 『일상생활의 확률』에서 비행기로 여행하는 동안 사망할 확률이 백만분의 1이고, 자동차로 횡단 여행을 하는 동안 사망할 확률이 약 8,000분의 1이라고 기술하고 있다. 이에 대한 확률은 1/1,000,000=0.000001이고, 1/8000=0.000125이다. 두 번째 수치는 첫 번째 수치보다 125배 더 크기 때문에, 미국을 횡단할 때 자동차로 여행하는 것이 비행기로 여행하는 것보다 훨씬 더 위험하다.

퀴즈

각 문장이 참인지 거짓인지를 결정하시오. 거짓이면 이유를 설명하시오.

1. 주관적 확률은 실제 현실에서 거의 사용하지 않는다.
2. 고전적 확률은 확률을 계산하기 위해 빈도분포를 사용한다.
3. 고전적 확률의 경우, 표본공간에 있는 모든 결과는 발생 가능성이 동일하다.
4. 두 사건이 상호배반이 아닐 때, $P(A \text{ or } B) = P(A) + P(B)$이다.
5. 두 사건이 종속이라면 사건들은 발생할 가능성이 같은 확률을 가져야 한다.
6. 사건과 그에 대한 여사건은 동시에 발생할 수 있다.
7. 배열 ABC와 배열 BAC에 대한 조합의 수는 같다.
8. 대상들이 특정 순서로 정렬되어 있을 때, 그러한 배열을 조합이라고 한다.

가장 적합한 답을 선택하시오.

9. 어떤 사건이 일어날 확률은 0.42이다. 사건이 일어나지 않을 확률을 구하시오.
   a. −0.42 *b.* 0.58
   c. 0 *d.* 1
10. 기상학자가 비가 올 가능성이 30%라고 말할 때, 그가 사용한 확률은 어떤 종류의 확률인가?
   a. 고전적 확률 *b.* 경험적 확률
   c. 상대적 확률 *d.* 주관적 확률
11. 3개의 동전을 던지는 표본공간은 몇 개의 결과로 구성되는가?
   a. 2 *b.* 4 *c.* 6 *d.* 8
12. 참/거짓으로 응답하는 5개 문항의 시험에서 추측해 5개 모두 정답을 맞추는 사건에 대한 여사건을 고르시오.
   a. 5개 모두 틀리는 사건
   b. 적어도 1개 틀리는 사건
   c. 적어도 1개 맞추는 사건
   d. 5개 모두 틀리는 것이 없는 사건
13. 2개 주사위를 굴릴 때, 표본공간은 몇 개의 사건으로 구성되는가?
   a. 6 *b.* 12 *c.* 36 *d.* 54
14. ${}_nP_0$는 얼마인가?
   a. 0 *b.* 1
   c. n *d.* 계산할 수 없다.
15. 서로 다른 6개 대상 모두를 선택하는 순열의 수는 얼마인가?
   a. 0 *b.* 1
   c. 36 *d.* 720
16. 0!는 얼마인가?
   a. 0 *b.* 1
   c. 정의되지 않는다. *d.* 10
17. ${}_nC_n$는 얼마인가?
   a. 0 *b.* 1
   c. n *d.* 계산할 수 없다.

가장 적합한 답을 사용하여 문장을 완성하시오.

18. 확률실험의 모든 가능한 결과의 집합은 ______이라고 한다.
19. 어떤 사건의 확률은 ______과 ______을 포함하는 두 수 사이의 값이다.
20. 사건이 발생하지 않으면, 그 확률은 ______이다.
21. 표본공간에서 사건들의 확률에 대한 합은 ______이다.
22. 두 사건들이 동시에 발생하지 않을 때, 두 사건들은 ______이라고 한다.
23. 한 벌의 카드에서 1장의 카드를 뽑는다면, 다음의 확률을 구하시오.
   a. 'J' 카드
   b. '4' 카드
   c. '6' 보다 수가 작은 카드('A'는 6보다 큰 수로 간주함)
24. **카드** 한 벌의 카드에서 1장의 카드를 뽑는다면, 다음의 확률을 구하시오.
   a. 다이아몬드 카드 *b.* '5' 혹은 하트 카드
   c. '5' 그리고 하트 카드 *d.* 'K' 카드
   e. 빨간색 카드
25. **스웨터** 남성의류 매장에서 남성 12명이 파란색 골프 스웨터, 8명이 초록색 스웨터, 4명이 회색 스웨터, 7명이 검은색 스웨터를 구매하였다. 랜덤으로 1명의 고객을 선택한다고 할 때, 그가 구매했을 스웨터의 확률을 구하시오.

a. 파란색 스웨터

b. 초록색 혹은 회색 스웨터

c. 초록색 혹은 검은색 혹은 파란색 스웨터

d. 검은색이 아닌 스웨터

26. 주사위 주사위 2개를 굴리면, 다음이 나올 확률을 구하시오.

a. 합이 6 혹은 7인 경우

b. 합이 8보다 큰 경우

c. 합이 3보다 작거나 혹은 8보다 큰 경우

d. 합이 3으로 나누어지는 경우

e. 합이 16인 경우

f. 합이 11보다 작은 경우

27. 기기소유자 전자레인지를 소유할 확률이 0.75, CD 플레이어를 소유할 확률이 0.25이고, 둘 다 소유할 확률이 0.16이라고 한다. 전자레인지 혹은 CD 플레이어 둘 다가 아니라 하나만 소유할 확률을 구하시오.

28. 초봉 어느 대학에서 물리학과 졸업생의 30%는 30,000달러 이상의 초봉을 받았다. 졸업생 중 5명을 랜덤으로 선택한다고 하면, 모두 30,000달러 이상의 초봉을 받았을 확률을 구하시오.

29. 카드 카드 한 벌에서 비복원으로 5장의 카드를 뽑는다고 할 때, 다음이 나올 확률을 구하시오.

a. 모두 빨간색 카드

b. 모두 다이아몬드 카드

c. 모두 'A' 카드

30. 장학금 Samantha가 선택한 대학에 합격하고, 장학금을 받을 확률이 0.35이다. 그녀가 지원 대학에 합격할 확률이 0.65라고 한다면, 그녀가 지원한 대학에 합격한다는 조건에서 장학금을 받을 확률을 구하시오.

31. 신차 보증기간 고객이 새 차를 구매하고, 동시에 보증보험에 들 확률이 0.16이다. 고객이 새 차를 구매할 확률이 0.3이라고 한다면, 랜덤으로 선택된 고객이 새 차를 구입했다는 조건에서 그 고객이 보증보험에도 들 확률을 구하시오.

32. 볼링과 회원권 Spring Lake Bowling Lane 회원들의 57%는 평생회원권을 가지고 있고, 매주 3회 이상 규칙적으로 볼링을 한다. 회원들 중 70%가 규칙적으로 볼링을 한다면, 랜덤으로 선택된 회원이 규칙적으로 볼링을 한다는 조건에서 평생회원일 확률을 구하시오.

33. 근무와 날씨 Mike가 초과 근무를 하고, 비가 올 확률이 0.028이다. Mike는 비 올 가능성이 50%라는 기상예보를 들었다. 비가 온다는 조건에서 그가 초과 근무를 하게 될 확률을 구하시오.

34. 근로자의 교육수준 어떤 큰 공장에서 근로자를 조사하여 교육수준별로 적어도 한 달에 1번 운동에 참여하는지를 정리한 자료가 다음과 같다.

	교육수준		
운동 여부	고졸	2년제 대졸	4년제 대졸
참여	16	20	24
비참여	12	19	25

랜덤으로 1명의 근로자를 선택한다고 할 때, 다음의 확률을 구하시오.

a. 2년제 혹은 4년제 대학을 졸업했다는 조건에서 규칙적으로 운동에 참여하는 근로자

b. 고졸 근로자라는 조건에서 규칙적으로 운동에 참여하지 않는 경우

35. 심장병 어떤 고위험 집단에 속한 사람이 심근경색으로 고통을 받을 가능성이 55%이다. 이 집단에서 6명을 선택한다고 할 때, 적어도 1명이 심근경색을 가지고 있을 확률을 구하시오.

36. 주사위 하나의 주사위를 4번 굴린다. '5'가 적어도 한 번은 나올 확률을 구하시오.

37. 눈의 색 사람의 85%는 갈색 홍채를 가지고 있다. 랜덤으로 6명을 선택한다고 할 때, 적어도 1명이 갈색 홍채를 가지고 있을 확률을 구하시오.

38. 성악가 7명의 소프라노와 9명의 알토 성악가가 있다. 이들 중 5명의 소프라노와 4명의 알토를 선택할 수 있는 방법은 몇 가지나 되는가?

39. 연사 8명의 연사를 무대 위의 자리에 앉게 하는 방법은 몇 가지나 되는가?

40. 자판기 어떤 자판기 관리자는 서로 다른 장소에 있는 15대의 자판기에 재고를 채우고 수금해야 한다. 하루에 관리할 수 있는 4대의 자판기를 선택하는 방법은 몇 가지나 되는가?

41. ID 카드 어떤 회사의 ID 카드는 알파벳 5글자와 이어지는 2개의 숫자로 구성되어 있다. 반복이 허용된다고 하면, ID 카드는 몇 개나 만들 수 있는가? 반복이 허용되지 않는다면, ID 카드는 몇 개나 만들 수 있는가?

42. 단어 배열 'number'라는 단어의 글자로 만들 수 있는 배열의 수는 몇 가지나 되는가?

43. 물리학 시험 물리학 시험은 참/거짓으로 응답하는 25개 문항으로 구성되어 있다. 나올 수 있는 답의 수는 몇 가지나 되는가?

44. 휴대전화 8대의 휴대전화기에서 5대를 선택하는 방법은 몇 가지나 되는가?

45. 과일 간이 식탁 위에 오렌지 3종, 사과 5종, 바나나 2종이 있다. 이 중 3종의 과일을 선택한다고 할 때, 오렌지 1개, 사과 1개, 바나나 1개가 선택될 확률을 구하시오.

46. 유람선 어떤 유람선의 관리자는 이틀 동안 4편의 영화 상영, 2회의 브릿지 게임, 3번의 테니스 게임을 계획하고 있다. 어떤 커플이 3개의 활동을 선택한다고 할 때, 2편의 영화 상영과 1번의 테니스 게임에 참여할 확률을 구하시오.

47. 위원회 어떤 여학생 동아리에 4학년 6명, 3학년 4명, 2학년

2명이 참석하였다. 3명으로 구성된 위원회를 만든다고 할 때, 학년마다 1명을 선택하는 확률을 구하시오.

48. **만찬 메뉴** 만찬에서 위원들은 소고기(B), 돼지고기(P), 닭고기(C), 송아지고기(V)의 육류요리 중 하나, 구운 통감자(BP)와 으깬 감자(MP) 중 감자요리에서 하나, 완두콩(PE)과 풋강낭콩(GB)의 야채요리 중 하나를 선택할 수 있다. 위원들이 육류요리, 감자요리, 야채요리를 선택할 수 있는 모든 가능한 방법들을 보여주는 나무도표를 작성하시오.

49. **장난감 인형** 장난감 매장의 관리자는 똑같은 강아지 인형 7개, 똑같은 고양이 인형 4개, 똑같은 테디 곰 인형 3개를 전시하고자 한다. 인형을 배열할 수 있는 경우의 수는 몇 가지나 되는가?

50. **상품** 지역 TV 방송국은 2시간 동안 진행되는 쇼에서 제품 X는 2번, Y는 2번, Z는 3번 보여주어야 한다. 제품을 보여줄 수 있는 경우의 수는 몇 가지나 되는가?

비판적 사고

1. **Con Man 게임** 다음 문제를 생각해 보자. '콘 맨'(Con Man)은 3개의 동전을 가진다. 하나의 동전은 양면이 모두 앞면을 가지며, 두 번째 동전은 양면이 모두 뒷면을 가지고, 세 번째 동전은 앞면, 뒷면을 다 가지고 있다. 모든 동전의 면들은 동일하다. 콘 맨은 그의 주머니에 3개의 동전을 넣고, 하나의 동전을 선택하여, 한 면을 보여준다. 그것이 앞면이면 '양면 모두 앞면인 동전이다'에 돈을 거는 게임이다. 이 게임의 논리는 앞면이 보였으므로 그 동전이 '양면 모두 뒷면인 동전'이 될 수 없다는 것이고, 그래서 '양면 모두 앞면인 동전'이 될 가능성이 50–50이라는 것이다. 당신이라면 이 게임에 돈을 걸겠는가?

2. **de Méré 주사위 게임** Chevalier de Méré는 하나의 주사위를 4번 굴릴 때 '6'이 적어도 한 번 나타난다는 것에 돈을 거는 게임에서 돈을 벌었지만, 2개의 주사위를 24번 굴릴 때 더블 '6'(즉, '6'–'6')이 적어도 한 번 나타난다는 것에 돈을 거는 게임에서는 돈을 잃었다. 확률공식을 사용하여 각 사건들의 확률을 계산해 보고, 첫 번째 게임에서는 돈을 벌었지만 두 번째 게임에서는 돈을 잃은 이유를 설명하시오. (힌트: 각 게임에서 질 확률을 계산하여 1에서 빼면 된다.)

3. **생일문제** 생일(월과 일)이 같은 사람이 2명이 있으려면 한 방에 몇 명의 사람들이 있어야 하는 것일까? 366명이면 될 것이라고 생각할 수 있다. 물론 윤년을 제외하면 맞는 말이지만 같은 날 출생한 사람이 2명이 될 가능성이 90%가 되기 위해 필요한 사람은 몇 명이 되어야 할까? 50%의 확률일 때는 얼마일까?

실제로 계산해 보면, 우리가 생각하는 수보다는 훨씬 더 적다. 예를 들어, 한 방에 50명이 있으면, 2명이 같은 생일을 가질 확률은 97%이다. 또한 23명이 모여 있으면, 2명이 같은 날 태어났을 확률이 50%가 된다.

이 문제는 확률공식들을 이용하면 풀 수 있다. 이 계산을 위해 모든 생일이 동일한 가능성을 가진다는 가정이 필요하지만 이 가정이 문제를 해결하는 데 크게 영향을 주는 것은 아니다. 답을 구하는 방법은 여사건 공식을 사용하면 된다. 즉, P(2명이 같은 생일인 경우) = 1 − P(모두 생일이 다른 경우)이 되기 때문이다.

예를 들어, 방에 3명이 있다고 하자. 각각의 생일이 다를 확률은

$$\frac{365}{365}\cdot\frac{364}{365}\cdot\frac{363}{365}=\frac{{}_{365}P_3}{365^3}=0.992$$

이다. 그러므로 3명 중 적어도 2명이 같은 생일을 가질 확률은 다음과 같다.

$$1-0.992=0.008$$

같은 방식으로 k명에 대한 공식은 다음과 같다.

$$P(\text{적어도 2명이 같은 생일을 가지는 경우})=1-\frac{{}_{365}P_k}{365^k}$$

계산기를 이용하여 다음의 표를 완성하시오. 2명이 같은 생일을 가질 가능성이 적어도 50%를 넘기 위해서는 23명 이상이 필요하다는 것을 알 수 있을 것이다.

인원(명)	적어도 2명이 같은 생일을 가질 확률
1	0.000
2	0.003
5	0.027
10	
15	
20	
21	
22	
23	

4. **질병 감염** 어떤 사건의 발생 확률이 100%이면 그 사건은 반드시 발생한다. 어느 병에 감염된 사람과 접촉을 통해 전염성의 질병에 감염될 가능성이 50%라고 한다면, 감염된 사람과 2번 접촉하면 질병에 전염될 가능성이 100%가 되는가? 답을 설명하시오.

데이터 프로젝트

1. **기업과 금융** 피자 가게와 샌드위치 가게를 하나씩 선택하시오. 피자 가게에서 메뉴를 보고 선택할 수 있는 크기, 빵, 토핑이 얼마나 많은지를 파악하시오. 선택할 수 있는 피자의 종류는 몇 가지나 되는가? 샌드위치 가게에서 선택할 수 있는 빵, 고기, 야채, 치즈, 소스, 양념을 파악하시오. 선택할 수 있는 샌드위치의 종류는 몇 가지나 되는가?
2. **스포츠와 레저** TV에서 포커 게임 쇼를 방영하고 있을 때, 어떤 손이 이길 가능성이 얼마나 되는지를 보여주는 백분율이 종종 나타난다. 이들 백분율이 어떻게 결정되는지를 조사해 보시오. Texas Hold'Em 게임에서 둘이 경쟁하는 예를 이용하여 설명해 보시오. 포커 게임에서 deal, flop, turn, river 후 각 사람이 이길 백분율을 포함하시오.
3. **기술** 음악 연주자나 음악 단체는 뮤직 라이브러리에 얼마나 많은 가수들이 있는지 알 수 있다. 먼저, 당신의 뮤직 라이브러리에 얼마나 많은 가수들이 있는지 살펴보시오. 랜덤으로 25곡을 선택한다고 할 때, 같은 가수들의 노래가 없을 확률을 구하시오.
4. **건강과 건강관리** 남아와 여아가 태어날 확률이 1/2이라고 하자. 3명의 아동이 있는 가정에서 모두 여아일 확률은 얼마인가? 아이가 4명인 가정에서는 얼마인가? 아이가 4명이 있는 가정에서 모두 여아인 경우는 흔하지 않은 일인가? 아이가 5명인 가정의 경우는 어떠한가?
5. **정치와 경제** 미국 의회 중 상원을 생각해 보자. 상원의 상임위원회 중 3개를 찾아서 위원들이 어떻게 구성되는지 알아보시오. 상원들의 정당과 각 위원회별로 개별 정당의 위원 수가 정해져 있다고 할 때, 상원 위원회를 구성할 수 있는 경우의 수는 얼마나 되는가?
6. **교육** 유명한 Monty Hall 확률문제를 연구해 보시오. Monty Hall 문제의 시뮬레이션을 온라인이나 '참가자'를 선발하여 강의실에서 실시해 보시오. 50회 모의실험을 수행한 후, 당신의 결과와 연구 결과를 비교해 보시오. 모의실험이 결론을 확인하는 데 도움이 되었는가?

개념의 적용 해답

4–1절 동전 던지기

1. 표본공간은 동전 던지기에서 나타나는 모든 가능한 결과들의 목록들이다.
2. 가능한 결과들은 앞면과 뒷면들이다.
3. 고전적 확률에서 공정한 동전은 앞면과 뒷면이 나올 가능성이 50대 50이다.
4. 대수의 법칙에 의하면, 시행 횟수가 많아지게 되면 궁극적인 결과는 이론적 확률에 근접한다는 것이다. 그러나 동전은 과거에 대한 '기억'을 가지고 있지 않기 때문에 다음에 던질 때도 여전히 앞면 또는 뒷면이 나올 가능성은 50대 50이다. 이미 나타난 결과를 알고 있어도 다음 시행에서의 어떤 결과가 나타날까에 대한 생각을 바꾸지 않게 한다.
5. 확률에 대한 경험적 접근은 실험을 한 후 결과를 살펴보는 것이다. 지금 그것을 수행할 수는 없다.
6. 주관적 확률은 동전이 불공정하다고 믿는다면 사용될 수 있다.
7. 정답은 없다. 그러나 공정한 동전은 동전을 던질 때마다 앞면과 뒷면이 나올 가능성이 50대 50이라는 사실에 근거해야 한다.

4–2절 어떤 진통제가 가장 좋은가?

1. 연구에 192 + 186 + 188 = 566명이 참가하였다.
2. 연구는 12주 동안 진행되었다.
3. 변수들은 진통제와 부작용의 종류이다.
4. 두 변수 모두 질적 변수이고 명목형 변수이다.
5. 표에 있는 숫자들은 정확하다.
6. 랜덤으로 선택된 한 사람이 위약을 처방받았을 확률은 192/566 = 0.339(약 34%)이다.
7. 랜덤으로 선택된 한 사람이 위약 또는 진통제 A를 처방받았을 확률은 (192+186)/566 = 378/566 = 0.668(약 67%)이다. 두 사건은 상호배반이다. 여사건은 '진통제 B를 처방받았다'이다.
8. 랜덤으로 선택된 사람이 위약을 처방받았거나 또는 신경성 두통을 경험했을 확률은(192+55+72)/566 = 319/566 = 0.564(약 56%)이다.
9. 랜덤으로 선택된 사람이 위약을 처방받지 않았거나 또는 부비동으로 인한 두통을 겪었을 확률은 (186+188)/566+11/566 = 385/566 = 0.680(약 68%)이다.

4–3절 유죄 또는 무죄?

1. 특징들이 서로 독립이라 가정하면, 그 지역에서 동일한 특징들을 가진 커플이 있을 확률은

$$\frac{1}{12}\cdot\frac{1}{10}\cdot\frac{1}{4}\cdot\frac{1}{11}\cdot\frac{1}{3}\cdot\frac{1}{13}\cdot\frac{1}{100}=\frac{1}{20{,}592{,}000}$$

이다.
2. 다수의 사건들이 함께 발생할 확률을 구해야 하므로 곱셈공식을 사용한다.
3. 특징들이 독립인지 종속인지는 모른다. 하지만 질문 1의 확률 계산에서 독립이라 가정하였다.

4. 만약 둘 이상의 사건들이 종속이라면 확률은 달라지게 된다.

5. 답은 기준에 따라 다를 수 있으며, 가능한 한 가지 답은 확률이 일련의 사건들이 동시에 발생할 가능성이 있음직하지 않음을 설명하는 데 유용하다는 것이다(이 문제에서 해당 지역에 동일한 특징들을 가진 다른 커플이 있을 가능성이 얼마나 작은지를 보여준다).

6. 답은 기준에 따라 다를 수 있으며, 가능한 한 가지 답은 만약 습격을 당한 여성이 유일한 목격자이고 확률들이 정확하다면, 동일한 특징을 가진 커플이 그 시간대에 그 지역에 있을 가능성은 매우 적어 보인다는 것이다. 따라서 그 커플을 유죄라고 할 수도 있다는 것이다.

7. 답은 기준에 따라 다를 수 있으며, 가능한 한 가지 답은 우리가 계산한 확률이 이론적인 것이고 타당한 경우에만 사용될 수 있다는 것이지만 법정 사건들은 보다 일반적인 가능성에 더 근거를 두고 있다는 것이다.

8. 답은 기준에 따라 다를 수 있으며, 가능한 한 가지 답은 재판관은 피의자가 유죄라고 '합리적으로 의심할 수 있는 수준'을 넘는 경우이면 유죄라고 판단한다는 것이다. 확률 용어로 하면, 피의자가 실제로 무죄라면 범죄와 관련된 사건들이 발생할 가능성이 우연적으로 발생했을 가능성보다 낮음을 의미하는 것이다. 따라서 재판관은 그 피의자가 유죄라고 판단한다.

4-4절 차고문 개폐기

1. 4개의 on/off 스위치로는 16가지의 가능한 방법이 있다.

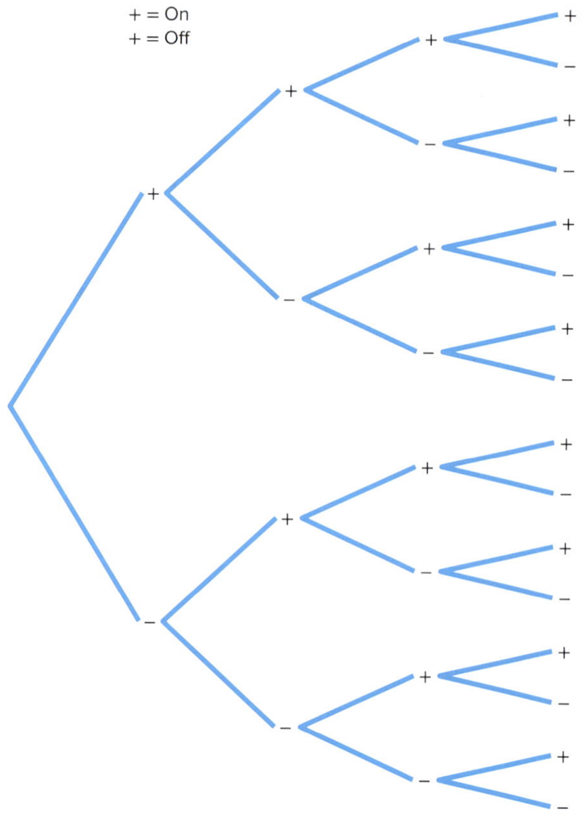

2. 5개의 on/off 스위치로 설정할 수 있는 방법은 $2^5 = 32$가지, 6개의 on/off 스위치는 $2^6 = 64$가지의 방법이 있다. 일반적으로 k개의 on/off 스위치가 있으면, 2^k가지의 방법이 있다.

3. 8개의 on/off 스위치로 설정할 수 있는 방법은 $2^8 = 256$가지의 방법이 있다.

4. 4개의 on/off 스위치로 설정(확률은 약 6.0%)하는 것보다 8개의 on/off 스위치로 설정(확률은 약 0.4%)한다면 누군가가 당신의 차고 문을 열 수는 없을 것으로 보인다. 그러므로 8개의 on/off 스위치를 사용하는 것이 매우 안전하다고 할 수 있다.

5. $5^5 = 3125$가지의 열쇠를 만들 수 있다.

6. 미국에서 판매된 Dodge Caravan이 420,000대라면, 어떤 하나의 차 열쇠로 약 420,000/ 3125 = 134.4대, 약 134대의 차 시동을 걸 수 있을 것이다.

7. 생략

4-5절 계수공식과 확률

1. 5개의 사건(문항)들이 있고, 문항마다 답을 하는 것도 하나의 사건이다.

2. 모두 독립이다.

3. 문항마다 랜덤으로 답을 한다고 하면, 정답을 맞힐 확률은 0.2이다. 5개 문항 모두 추측해 답을 한다면, 모두 정답일 확률은 $(0.20)^5 = 0.00032$이다.

4. 어떤 한 문항에서 답을 A로 추측할 확률은 0.2이므로 모든 문항의 답을 A로 추측할 확률은 $(0.20)^5 = 0.00032$이다.

5. 5개의 사건(문항)들이 있고, 질문과 답을 연결하는 것도 하나의 사건이다.

6. 종속사건들이다.

7. 추측해서 모두 정답을 맞힐 확률은 $\frac{1}{5} \cdot \frac{1}{4} \cdot \frac{1}{3} \cdot \frac{1}{2} \cdot \frac{1}{1} = \frac{1}{120} = 0.008$이다.

8. 두 문제의 차이점은 두 번째 문제는 답을 선택하는 것이 일종의 비복원추출에 해당하므로 각 사건의 확률에서 분모의 값이 변한다는 것이다.

5

이산확률분포

©anyaivanova/Shutterstock

STATISTICS TODAY

합동(pooling)은 가치가 있는가?

혈액표본은 어떤 질병에 대해 사람들을 선별하는 데 사용된다. 질병이 희귀한 경우, 의료인들은 가끔 개인의 혈액표본을 하나의 배치에 합하거나 모은 다음 검사를 한다. 만약 배치 검사결과가 음성이면 그룹에 속한 개체 누구도 질병을 갖고 있지 않으므로 추가 검사가 필요 없다. 그러나 배치검사결과가 양성이면 그룹에 있는 각 개체는 검사를 받아야만 한다.

가상의 상황을 고려해보자. 어떤 사람이 질병을 갖고 있을 확률이 0.05이고, 15명의 합동 표본을 검사한다고 가정한다. 표본에 속한 개체에 대해 추가 검사가 필요 없을 확률은 얼마인가? 이 질문에 대한 답은 **이항분포**를 통해 구할 수 있으며, 이 장 뒷부분의 Statistics Today에서 설명한다.

이 장에서는 일반적인 확률분포와 특히 자주 사용되는 이항분포를 설명한다.

개요

학습목표

1. 확률변수에 대한 확률분포 구성하기
2. 이산확률변수의 평균, 분산, 표준편차, 기댓값 구하기
3. n번의 이항실험에서 X번 성공할 정확한 확률 구하기
4. 이항분포의 평균, 분산, 표준편차 구하기

서론

경영, 보험 및 다른 실제 상황에서 많은 의사결정은 상황에 속한 모든 가능한 결과에 확률을 할당하고 그 결과를 평가하여 이루어진다. 예를 들어, 영업사원은 하루에 0, 1, 2, 3 혹은 그 이상을 팔 확률을 계산할 수 있다. 보험회사는 한 가구가 보유하는 자동차 수에 확률을 할당할 수 있다. 연설가는 매주 0, 1, 2, 3 혹은 4번 이상 연설할 확률을 계산할 수 있다. 이러한 확률이 할당되면 이들 사건에 대하여 평균, 분산, 표준편차 같은 통계량을 계산할 수 있다. 이러한 통계량을 통해 다양한 의사결정을 할 수 있다. 영업사원은 주당 평균 판매량을 계산할 수 있고, 수수료를 받고 일을 한다면 일정 기간에 대한 주당 수입을 예상할 수 있다. 연설가는 미리 계획하고 평균 수입과 지출을 짐작할 수 있다. 보험회사는 이 정보를 이용하여 고객의 미래 요구를 수용하기 위한 전문 서식과 프로그램을 설계할 수 있다.

이 장에서는 **확률분포**(probability distribution)의 개념과 응용을 설명한다.

5–1 확률분포

학습목표 1
확률변수에 대한 확률분포 구성하기

확률분포를 형식적으로 정의하기 전에 변수의 정의를 복습한다. 1장에서 **변수**는 다른 값을 가질 수 있는 특성이나 속성으로 정의하였다. *X*, *Y*, *Z* 같은 알파벳을 사용하여 변수를 나타낸다. 이 장에서 변수는 확률과 관계되었으므로 **확률변수**라고 한다.

예를 들어 주사위를 던진다면 결과를 표현하기 위해 *X* 같은 문자를 사용할 수 있다. 그러면 *X*가 가질 수 있는 값은 하나의 주사위를 던진 결과에 대응하여 1, 2, 3, 4, 5, 6이다. 만약 두 개의 동전을 던진다면 *Y*는 나타난 앞면의 수를 나타내기 위하여 사용될 수 있고 이 경우 0, 1, 2이다. 다른 예로, 만약 오전 8시에 온도가 43°이고 정오에 53°라면 온도가 가질 수 있는 값 *T*는 온도를 잰 시간의 여러 가지 기압조건에 기인하기 때문에 랜덤(random)이라고 한다.

확률변수(random variable)는 갖는 값이 우연에 의하여 결정되는 변수이다.

1장에서 변수가 가질 수 있는 값을 보고 이산과 연속으로 분류할 수 있다는 것을 알았다. 주사위나 동전을 던진 결과와 같이 어떤 변수가 갖는 값의 수가 정해져 있다면 그 변수를 **이산변수**(discrete variable)라고 한다.

이산변수는 유한개의 가능한 값을 갖거나 셀 수 있는 무한개의 값을 갖는다. "셀 수 있다"라는 말은 1, 2, 3 등과 같은 수를 사용하여 열거할 수 있다는 것을 의미한다. 예를 들면, 어느 공원에서 매일 조깅하는 사람의 수나 TV 광고방송 후에 받은 전화 수는 셀 수 있으므로 이산변수의 예이다.

두 개의 주어진 값 사이의 구간에 속하는 모든 값을 가질 수 있는 변수를 **연속변수**(continuous variable)라고 한다. 예를 들면, 온도가 24시간 동안 62°~78°로 움직인다면 62~78의 가능한 모든 수를 통과하는 것이다. **연속확률변수는 세는 것보다는 측정될 수 있는 자료에서 얻어진다.** 연속확률변수는 무한개의 값을 가질 수 있고 소수나 분수로 된 값을 갖는다. 연속 척도로, 체중계가 $\frac{1}{1000}$까지 측정할 수 있다면 어떤 사람의 체중은 정확하게 183.426파운드일 것이다. 그러나 $\frac{1}{10}$ 파운드까지만 측정하는 디지털 척도의 체중계에서는 183.4파운드일 것이다. 연속변수의 예는 키, 체중, 온도, 시간이다. 이 장에서는 이산확률변수만 다루며, 6장에서 연속확률변수를 설명한다.

여기서 설명된 이산확률변수에 대한 확률분포를 만드는 절차는 3개의 동전을 던지는 확률실험을 사용한다. 3개의 동전을 던지면 표본공간은 TTT, TTH, THT, HTT, HHT, HTH, THH, HHH이다. 만약 X가 앞면의 수에 대한 확률변수라면 X는 값 0, 1, 2, 3을 갖는다.

X값에 대한 확률은 다음과 같이 결정된다.

앞면 0	앞면 1			앞면 2			앞면 3
TTT	TTH	THT	HTT	HHT	HTH	THH	HHH
$\frac{1}{8}$	$\frac{1}{8}$	$\frac{1}{8}$	$\frac{1}{8}$	$\frac{1}{8}$	$\frac{1}{8}$	$\frac{1}{8}$	$\frac{1}{8}$
$\frac{1}{8}$	$\frac{3}{8}$			$\frac{3}{8}$			$\frac{1}{8}$

따라서 앞면이 나오지 않을 확률은 $\frac{1}{8}$, 앞면이 1일 확률은 $\frac{3}{8}$, 앞면이 2일 확률은 $\frac{3}{8}$, 앞면이 3일 확률은 $\frac{1}{8}$이다. 이 값으로부터 결과를 열거하고 각 결과에 확률을 할당하여 확률분포를 다음과 같이 만들 수 있다.

앞면의 수 X	0	1	2	3
확률 $P(X)$	$\frac{1}{8}$	$\frac{3}{8}$	$\frac{3}{8}$	$\frac{1}{8}$

이산확률분포(discrete probability distribution)는 확률변수가 가질 수 있는 값과 그 값에 대응하는 확률로 구성된다. 확률은 이론적 혹은 관찰에 의하여 결정된다.

절차 표

확률분포 구하기

단계 1 변수의 결과에 대한 도수분포를 만든다.

단계 2 결과의 도수를 도수의 합으로 나누어 각 결과에 대한 확률을 구한다.

단계 3 만약 그래프가 필요하면 x축에 결과, y축에 확률을 놓고 각 결과와 대응하는 확률에 대하여 수직막대를 그린다.

이산확률분포는 그래프 혹은 표로 표현할 수 있다. 또한 확률분포는 식으로도 나타낼 수 있다. 이 예제는 연습문제 16~18번에 나와 있다.

예제 5-1 주사위 던지기

하나의 주사위 던지기에 대한 확률분포를 구하시오.

풀이

표본공간이 1, 2, 3, 4, 5, 6이고 각 결과가 확률 $\frac{1}{6}$이므로 분포는 다음과 같다.

결과 X	1	2	3	4	5	6
확률 $P(X)$	$\frac{1}{6}$	$\frac{1}{6}$	$\frac{1}{6}$	$\frac{1}{6}$	$\frac{1}{6}$	$\frac{1}{6}$

확률분포를 그래프로 표현할 때 X의 값은 x축에 놓고 확률 $P(X)$는 y축에 놓는다. 그래프는 분포의 모양 결정(오른쪽으로 기운 분포, 왼쪽으로 기운 분포, 대칭분포)에 도움이 된다.

예제 5-2 동전 던지기

3개의 동전 던지기의 표본공간에 대한 확률분포를 그래프로 나타내시오.

앞면의 수 X	0	1	2	3
확률 $P(X)$	$\frac{1}{8}$	$\frac{3}{8}$	$\frac{3}{8}$	$\frac{1}{8}$

풀이

X가 가질 수 있는 값을 x축에 두고 $P(X)$의 값을 y축에 놓는다. [그림 5-1]을 보자.

그림 5-1

[예제 5-2]의 확률분포

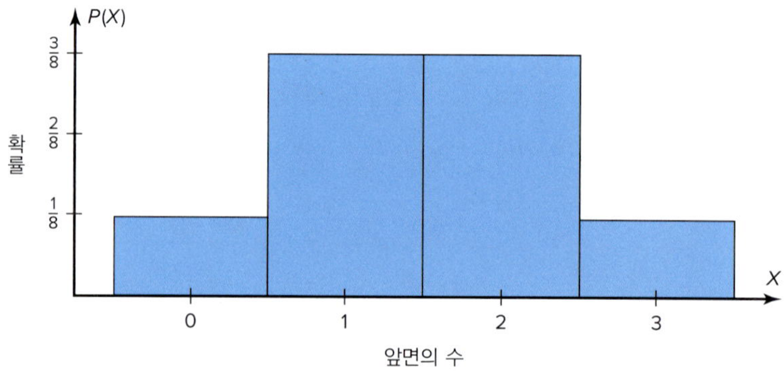

시각적 표현에서 원점을 0으로 할 필요는 없다.

[예제 5-1]과 [예제 5-2]는 **이론적인** 확률분포의 예시이다. 확률을 계산하기 위하여 실제로 실험을 할 필요가 없었다. 이와 대조적으로, 실제 확률분포를 만들기 위하여 일정 기간 변수를 관측할 필요가 있다. [예제 5-3]에서와 같이 경험적인 경우이다.

예제 5-3 배터리 패키지

편의점은 패키지당 2개, 4개, 6개, 8개씩 들어있는 AA 배터리를 판매한다. 주말에 2개 패키지 5개, 4개 패키지 10개, 6개 패키지 8개, 8개 패키지 2개가 판매된다. 변수의 확률분포를 작성하고 그래프를 그리시오.

풀이

단계 1 변수에 대한 도수분포를 만든다.

결과	2	4	6	8
도수	5	10	8	2

단계 2 각 결과의 확률을 구한다. 도수의 합은 25이다. 따라서

$$P(2) = \frac{5}{25} = 0.20 \qquad P(4) = \frac{10}{25} = 0.40$$

$$P(6) = \frac{8}{25} = 0.32 \qquad P(8) = \frac{2}{25} = 0.08$$

확률분포는 다음과 같다.

결과 X	2	4	6	8
확률 $P(X)$	0.20	0.40	0.32	0.08

단계 3 결과를 x축, 확률을 y축에 놓고 그래프를 그린다. [그림 5-2]를 보자.

그림 5-2
[예제 5-3]의 확률분포

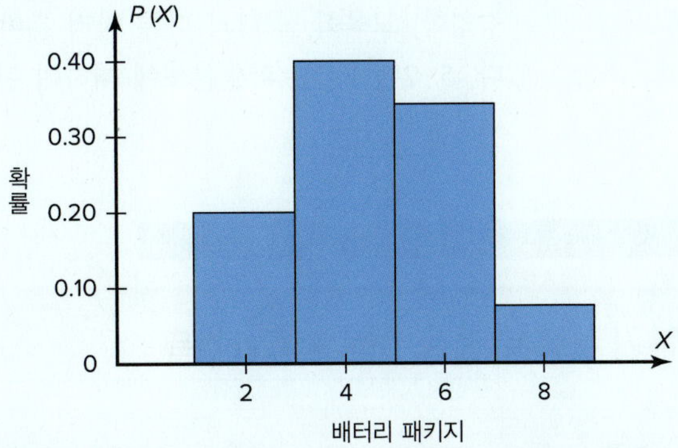

확률분포의 두 가지 조건

1. 표본공간에서 모든 사건의 확률의 합은 1이어야 한다. 즉, $\Sigma P(X) = 1$.
2. 표본공간에 속하는 각 사건의 확률은 0과 1 사이에 있어야 한다. 즉, $0 \le P(X) \le 1$.

첫 번째 조건은 모든 사건의 확률의 합은 1이어야 한다는 것이다. 표본공간은 확률실험의 모든 가능한 결과를 포함하고 있으므로 합은 1보다 작거나 클 수 없다. 두 번째 조건은 모든 개별 사건의 확률은 0과 1 사이의 값이어야만 한다는 것이다. 이유는 모든 개별 사건의 확률의 범위는 (0, 1) 혹은 0과 1 사이라는 것이다. 확률은 음수이거나 1보다 클 수 없다.

예제 5-4 확률분포

각 분포가 확률분포인지를 결정하시오.

a.

X	2	4	6	8	10
$P(X)$	0.3	0.4	0.1	0.2	0.1

b.

X	♠	♦	♥	♣
$P(X)$	$\frac{1}{4}$	$\frac{1}{2}$	$\frac{1}{8}$	$\frac{1}{8}$

c.

X	BB	BG	GB	GG
$P(X)$	$\frac{1}{4}$	$\frac{1}{4}$	$\frac{1}{4}$	$\frac{1}{4}$

d.

X	3	7	10	12
$P(X)$	−0.6	0.3	0.3	0.2

풀이

a. 아니다. 확률의 합이 1보다 크다.

b. 맞다. 모든 사건의 확률의 합이 1이다. 각 확률이 0보다 크거나 같고, 1보다 작거나 같다.
c. 맞다. 모든 사건의 확률의 합이 1이다. 각 확률이 0보다 크거나 같고, 1보다 작거나 같다.
d. 아니다. 확률 중 하나가 0보다 작다.

경영학, 교육학, 공학과 다른 여러 분야에서 많은 변수들을 확률분포를 이용하여 분석할 수 있다. 5-2절에서는 확률분포에 대하여 평균과 표준편차를 구하는 방법을 설명한다.

통계 이야기 동전, 출생, 다른 확률사건들

동전 던지기와 같은 확률사건의 예는 대부분의 확률 서적에서 사용된다. 그러나 동전 던지기가 실제 확률사건일까?

동전 던지기는 고대 로마 시대로 거슬러 올라간다. 그 시대의 동전은 일반적으로 한 면(앞면)은 황제의 머리, 다른 면(뒷면)은 배 같은 다른 아이콘으로 구성되었다. 동전 던지기는 운세나 고대 로마 경기에 사용되었다.

주역(*I-Ching*)이라고 하는 중국식 점은 적어도 4,000년은 된 것으로 추측된다. 주역은 6개의 수평선으로 만들어진 64괘로 구성된다. 각 선은 음과 양을 나타내며 끊어지거나 끊어지지 않는다. 이 64괘는 인생에서 가능한 모든 상황을 나타내는 것으로 가정된다. 질문이 주어지면 주역을 보기 위해 3개의 동전을 6번 던진다. 앞면 혹은 뒷면인지 동전이 떨어지는 방식이 선이 끊어지거나(음) 끊어지지 않는지(양)를 결정한다. 괘가 결정되면 의미를 염두에 두고 질문에 답하기 위해 해석된다(괘를 결정하기 위하여 사용된 다른 방법은 산가지(yarrow stick)를 이용하는 것이다).

16세기에 Abraham DeMoivre라는 수학자는 동전 던지기 결과를 사용하여 후에 정규분포라고 알려진 분포를 연구하였다. 그러나 그 시대에는 그의 업적이 널리 알려지지 않았다.

일반적으로 수학자들은 동전 던지기 결과를 확률사건으로 고려한다. 즉, 앞면이 나올 확률이 1/2이고 뒷면이 나올 확률이 1/2이다. 또한 어떤 결과가 일어날지 100% 확실하게 예측할 수는 없다. 그러나 새로운 연구들은 이 이론에 의문을 가진다. 2차 세계대전 중에 남아프리카의 John Kerrich라는 수학자는 독일 수용소에 억류되어 있는 동안 동전을 10,000번 던졌다. 비록 실험결과는 공식적으로 기록되지는 않았지만 대부분의 참고문헌에서는 10,000번 중에 앞면이 5,067번 나왔다고 되어 있다.

여러 연구에 따르면 동전 던지는 장치가 사용될 때, 던지기 전 장치 위에 놓여져 있는 면과 같은 면에 동전이 떨어질 확률은 약 51%라고 증명되었다. 이러한 편향된 결과를 알기 위해 약 10,000번의 동

ⓒsirtravelalot/Shutterstock

전 던지는 실험이 시행되었다. 더욱이 연구자들은 동전이 모서리로 회전했을 때 동전의 앞면에 금속이 더 많아 약 80%는 뒷면이 위로 떨어진다는 것을 보였다. 이것은 동전이 뒷면보다 앞면이 더 무겁다는 것이다.

확률론에서 주로 하는 다른 가정은 남성 출생의 수가 여성 출생의 수와 같고, 소년이 태어날 확률이 1/2이고 소녀가 태어날 확률이 1/2이라는 것이다. 우리는 이것이 사실이 아니라는 것을 알고 있다.

1700년대 말에 프랑스 수학자 Pierre Simon Laplace는 여성보다 남성이 더 많이 태어난다는 것을 입증하려고 하였다. Paris에서 1745년부터 1770년까지의 기록을 사용하여 태어난 여성비율이 49%라는 것을 증명하였다. 비록 이 비율은 지역마다 조금씩 다르지만 추가 조사에 따르면 전 세계적으로 맞는 사실이라고 할 수 있다. 비록 차이는 있지만 이러한 차이가 상대적으로 작기 때문에 일반적으로 결과는 50-50으로 간주한다.

이 기사를 근거로 여러분은 축구경기를 시작할 때 동전을 던지는 것이 공정하다고 생각하는가?

개념의 적용 5–1

대학과정취소

다음 표를 보고 질문에 답하시오.

대학과정취소 이유	도수	비율
너무 어려움	45	
질병	40	
직장 스케줄 변경	20	
전공변경	14	
가족문제	9	
돈	7	
기타	6	
특별한 이유 없음	3	

1. 연구 중인 변수는 무엇인가? 그것은 확률변수인가?
2. 얼마나 많은 사람들이 연구에 관여되었는가?
3. 표를 완성하시오.
4. 주어진 정보로부터 한 학생이 질병 때문에 취소할 확률은 얼마인가? 돈, 전공변경의 경우에는 얼마인가?
5. 표에 있는 정보를 확률분포라고 생각하는가?
6. 범주는 서로 배반인가?
7. 범주는 독립인가?
8. 범주는 전체를 이루는가?
9. 이산확률분포에 대한 두 조건을 충족하는가?

정답 239쪽 참조

연습문제 5–1

1. 확률변수를 정의하고 예를 세 가지 드시오.

2. 이산확률변수의 예를 세 가지 드시오.

3. 메이저리그 야구경기와 관련된 연속확률변수와 이산확률변수의 예를 세 개씩 드시오.

4~6번 문제의 대하여 분포가 확률분포인지를 결정하고 확률분포가 아니라면 이유를 설명하시오.

4.

X	15	16	20	25
$P(X)$	0.2	0.5	0.7	−0.8

5.

X	−5	−3	0	2	4
$P(X)$	0.1	0.3	0.2	0.3	0.1

6.

X	3	6	9	1
$P(X)$	0.3	0.4	0.3	0.1

7~9번 문제의 변수가 이산인지 연속인지 설명하시오.

7. 학교 도서관에 있는 책의 수

8. Erie 호수의 물 온도

9. 한 농구 경기에서 득점 수

10~15번 문제의 자료에 대한 확률분포를 작성하고 분포에 대한 그래프를 그리시오.

10. 통계용 계산기 한 가게에서 하루에 통계용 계산기를 0, 1, 2, 3대를 팔 확률이 각각 4/9, 2/9, 2/9, 1/9이다.

11. 자동차 타이어 한 자동차 수리점이 하루에 타이어를 0, 1, 2, 3, 4개를 팔 확률이 각각 0.25, 0.05, 0.30, 0.00, 0.40이다.

12. 조작된 주사위 한 주사위가 1, 2, 3, 4, 5, 6이 나올 확률이 각각 1/2, 1/6, 1/12, 1/12, 1/12, 1/12이 되도록 조작되었다.

13. 강좌 한 학생이 2, 3, 4, 5 강좌를 신청할 확률이 각각 0.01, 0.34, 0.62, 0.03이다.

14. 삼각수 처음 6개의 삼각수 (1, 3, 6, 10, 15, 21)가 하나씩 카드 한 면에 인쇄된다. 카드를 뒤집어 섞는다. 랜덤으로 두 장의 카드를 선택하여 두 수의 합을 x라고 하자. 확률변수 x에 대한 확률분포를 작성하시오.

15. 하키 골 어떤 하키 팀이 한 경기에서 1골, 2골, 3골, 4골, 5골을 득점할 확률이 각각 0.124, 0.297, 0.402, 0.094, 0.083이다. 이 이산확률변수에 대한 확률분포를 작성하고 그래프를 그리시오.

개념의 확장

확률분포는 $P(X) = 1/X$, $X = 2, 3, 6$과 같은 식으로 쓸 수 있다. 분포는 다음과 같이 나타낸다.

X	2	3	6
$P(X)$	$\frac{1}{2}$	$\frac{1}{3}$	$\frac{1}{6}$

16~18번 문제의 식을 분포로 표현하고 확률분포인지를 결정하시오.

16. $P(X) = X/6$, $X = 1, 2, 3$

17. $P(X) = X/6$, $X = 3, 4, 7$

18. $P(X) = X/7$, $X = 1, 2, 4$

19. 컴퓨터 게임 한 아이가 하나의 컴퓨터 게임을 할 확률은 두 개의 컴퓨터 게임을 할 확률의 절반이다. 세 개의 컴퓨터 게임을 할 확률은 두 개의 컴퓨터 게임을 할 확률의 두 배이고, 네 개의 컴퓨터 게임을 할 확률은 다른 세 경우의 평균이다. X를 컴퓨터 게임 수라고 하자. 이 확률변수의 확률분포를 작성하고 그래프를 그리시오.

5–2 평균, 분산, 표준편차, 기댓값

학습목표 2
이산확률변수의 평균, 분산, 표준편차, 기댓값 구하기

확률분포에 대한 평균, 분산, 표준편차는 표본의 평균, 분산, 표준편차는 다르게 계산된다. 이 절에서는 확률분포에 대하여 **기댓값**(expectation)을 포함한 이들 측도를 계산하는 방법을 설명한다.

평균

3장에서 표본 혹은 모집단의 평균은 모든 값을 더해 값의 전체수로 나누었다. 공식은 다음과 같다.

$$\text{표본평균: } \overline{X} = \frac{\Sigma X}{n} \qquad \text{모평균: } \mu = \frac{\Sigma X}{N}$$

역사적 기록

교수인 Augustin Louis Cauchy (1789~1857)는 확률에 관한 책을 집필하였다. 그가 파리 군사학교에서 강의하는 동안 학생 중의 한 명이 Napoleon Bonaparte였다.

그러나 주사위를 던졌을 때 나타난 점의 수에 대한 평균은 어떻게 계산할까? 여러분은 주사위를 10번 던져 점의 수를 기록해 평균을 구할 수 있다. 그러나 이 답은 실제 평균에 근접할 뿐이다. 50번 혹은 100번 던지면 어떨까? 실제로 주사위를 더 많이 던질수록 실제 평균에 더 근접할 것이다. 그러면 정확한 답을 얻으려면 주사위를 얼마나 많이 던져야 할까? 라고 질문을 할 것이다. **대답은 무한 번 던져야만 한다는 것이다.** 즉, 이 과제는 불가능하며, 앞의 공식은 분모가 무한대가 되므로 사용할 수 없다. 따라서 평균을 계산하는 새 방법이 필요하다. 이 방법은 주사위를 무한 번 던지는 것이 가능한 것처럼 평균의 정확한 이론적인 값을 제공한다.

공식을 이야기하기 전에 예제를 사용해 개념을 설명한다. 두 개의 동전을 반복하여 던진다고 가정하고, 나타난 앞면의 수를 기록한다. 앞면의 수의 평균은 무엇일까? 표본공간은

$$\text{HH, HT, TH, TT}$$

이고, 각 결과는 $\frac{1}{4}$의 확률을 갖는다. 결국에는 두 개의 앞면(HH)은 근사적으로 던진 횟수의 $\frac{1}{4}$번, 한 번의 앞면(HT, TH)은 근사적으로 던진 횟수의 $\frac{1}{2}$번, 0번의 앞면(TT)은 근사적으로 던진 횟수의 $\frac{1}{4}$번 일어날 것이라 **기대**할 수 있다. 따라서 평균적으로 앞면의 수는

$$2 \cdot \frac{1}{4} + 1 \cdot \frac{1}{2} + 0 \cdot \frac{1}{4} = 1$$

이라 기대할 수 있을 것이다. 즉, 동전을 여러 번 혹은 무한 번 던질 수 있다면 앞면의 수의 **평균**은 1일 것이다.

그러므로 어떤 확률분포에 대한 평균을 구하려면 각각의 가능한 결과에 대응하는 확률을 곱하고, 그 곱을 더하여 구한다.

확률분포의 평균 공식

이산확률분포를 갖는 확률변수의 평균은

$$\mu = X_1 \cdot P(X_1) + X_2 \cdot P(X_2) + X_3 \cdot P(X_3) + \cdots + X_n \cdot P(X_n)$$
$$= \Sigma X \cdot P(X)$$

여기서 $X_1, X_2, X_3, \ldots, X_n$은 결과이고, $P(X_1), P(X_2), P(X_3), \ldots, P(X_n)$은 대응하는 확률이다.

확률분포의 평균, 분산, 표준편차의 반올림 규칙 확률분포를 갖는 확률변수의 평균, 분산, 표준편차에 대한 반올림 규칙은 다음과 같다. 평균, 분산, 표준편차는 결과 X보다 한 자리 더 낮은 소수점에서 반올림되어야 한다. 분수를 사용할 때 가장 낮은 항으로 약분한다.

[예제 5-5]부터 [예제 5-8]은 이 공식을 사용하여 설명한다.

예제 5-5 주사위 던지기

하나의 주사위를 던질 때 나타나는 눈의 수의 평균을 구하시오.

풀이

하나의 주사위를 던질 때 평균을 다음과 같이 계산한다.

결과 X	1	2	3	4	5	6
확률 $P(X)$	$\frac{1}{6}$	$\frac{1}{6}$	$\frac{1}{6}$	$\frac{1}{6}$	$\frac{1}{6}$	$\frac{1}{6}$

$$\mu = \Sigma X \cdot P(X) = 1 \cdot \frac{1}{6} + 2 \cdot \frac{1}{6} + 3 \cdot \frac{1}{6} + 4 \cdot \frac{1}{6} + 5 \cdot \frac{1}{6} + 6 \cdot \frac{1}{6}$$
$$= \frac{21}{6} = 3\frac{1}{2} \text{ 혹은 } 3.5$$

즉, 하나의 주사위를 여러 번 던질 때 이론적 평균은 3.5일 것이다. 비록 주사위가 3.5를 보일 수는 없지만 이론적인 평균은 3.5라는 점을 주목한다.

이 공식이 이론적 평균을 주는 이유는 장기적으로 각 결과는 근사적으로 던진 횟수의 $\frac{1}{6}$번 일어날 것이라는 것이다. 따라서 결과에 대응하는 확률을 곱하여 합을 구하면 이론적 평균이 얻어진다. 다른 말로 하면 결과 1은 근사적으로 전체의 $\frac{1}{6}$번, 2는 $\frac{1}{6}$번, 등으로 일어난다.

예제 5-6 자녀 수

네 자녀를 가진 가정에서 여아 수의 평균을 구하시오.

풀이

먼저, 표본공간을 구할 필요가 있다. 다음과 같이 16가지 결과가 있다.

BBBB	BBGG	GGGG
BBBG	BGBG	GGGB
BBGB	GGBB	GGBG
BGBB	GBGB	GBGG
GBBB	BGGB	BGGG
GBBG		

다음으로 확률분포를 만든다.

여아 수 X	0	1	2	3	4
확률 $P(X)$	$\frac{1}{16}$	$\frac{4}{16}$	$\frac{6}{16}$	$\frac{4}{16}$	$\frac{1}{16}$

각 결과에 대하여 X와 $P(X)$를 곱하고 합을 구한다.

$$\mu = \Sigma X \cdot P(X) = 0 \cdot \frac{1}{16} + 1 \cdot \frac{4}{16} + 2 \cdot \frac{6}{16} + 3 \cdot \frac{4}{16} + 4 \cdot \frac{1}{16} = 2$$

따라서 여아 수의 평균은 2이다.

예제 5-7 동전 던지기

세 개의 동전을 던졌을 때 나타난 앞면의 수의 평균을 구하시오.

풀이

확률분포는

앞면의 수 X	0	1	2	3
확률 $P(X)$	$\frac{1}{8}$	$\frac{3}{8}$	$\frac{3}{8}$	$\frac{1}{8}$

이다. 평균은

$$\mu = \Sigma X \cdot P(X) = 0 \cdot \frac{1}{8} + 1 \cdot \frac{3}{8} + 2 \cdot \frac{3}{8} + 3 \cdot \frac{1}{8} = \frac{12}{8} = 1.5$$

이다. 값 1.5는 결과로 일어날 수 없다. 그럼에도 불구하고 장기적인 혹은 이론적인 평균이다.

예제 5-8 배터리 패키지

편의점에서 주말에 판매된 배터리 수의 평균을 구하시오(예제 5-3 참조).

풀이

확률분포는

결과 X	2	4	6	8
확률 $P(X)$	0.20	0.40	0.32	0.08

이다.

$$\mu = \Sigma X \cdot P(X) = 2(0.20) + 4(0.40) + 6(0.32) + 8(0.08) = 4.56$$

따라서 판매된 배터리 수의 평균은 4.56이다.

역사적 기록

San Francisco에 위치한 Fey Manufacturing사는 1895년에 처음으로 3릴 자동 지불 슬롯머신을 개발하였다.

분산과 표준편차

확률분포에 대하여 확률변수의 평균은 소위 장기적인 혹은 이론적인 평균의 측도를 나타내지만 분포의 산포에 관해서는 아무 것도 나타내지 않는다. 3장에서는 산포 혹은 변동을 측정하기 위하여 분산과 표준편차를 이용하였으며, 다음 공식이 사용되었다.

$$\sigma^2 = \frac{\Sigma(X-\mu)^2}{N} \quad \text{혹은} \quad \sigma = \sqrt{\frac{\Sigma(X-\mu)^2}{N}}$$

이 공식은 N이 무한대이므로 확률분포를 갖는 확률변수에 대하여 사용할 수 없어서 분산과 표준편차는 다르게 계산하여야 한다.

확률분포를 갖는 확률변수의 분산을 구하기 위해서는 각 결과에서 확률변수의 이론적인 평균을 빼고, 그 차이를 제곱한다. 그리고 각 차의 제곱에 대응하는 확률을 곱하여 합을 구한다. 공식은 다음과 같다.

$$\sigma^2 = \Sigma[(X-\mu)^2 \cdot P(X)]$$

이 공식보다 계산을 더 단순화하기 위해 간편식을 사용할 수 있다. 간편식은 대수적으로는 위의 식과 같으며 다음 예제에서 사용한다.

확률분포의 분산 공식

확률분포의 분산은 각 결과의 제곱에 대응하는 확률을 곱하여 더하고 평균의 제곱을 빼서 구한다. 확률분포의 분산의 공식은 다음과 같다.

$$\sigma^2 = \Sigma[X^2 \cdot P(X)] - \mu^2$$

확률분포의 표준편차는

$$\sigma = \sqrt{\sigma^2} \quad \text{혹은} \quad \sigma = \sqrt{\Sigma[X^2 \cdot P(X)] - \mu^2}$$

이다.

분산과 표준편차는 음수가 될 수 없다는 점을 기억하자.

예제 5-9 주사위 던지기

[예제 5-5]의 확률분포에 대하여 분산과 표준편차를 계산하시오.

풀이

평균은 [예제 5-5]에서 계산한 것과 같이 $\mu = 3.5$이다. 각 결과를 제곱하고 대응하는 확률을 곱하여 더해주고 평균의 제곱을 뺀다.

$$\sigma^2 = (1^2 \cdot \frac{1}{6} + 2^2 \cdot \frac{1}{6} + 3^2 \cdot \frac{1}{6} + 4^2 \cdot \frac{1}{6} + 5^2 \cdot \frac{1}{6} + 6^2 \cdot \frac{1}{6}) - (3.5)^2 = 2.917$$

표준편차를 얻기 위하여 분산의 제곱근을 구한다.

$$\sigma = \sqrt{2.917} \approx 1.708$$

따라서 하나의 주사위를 던지는 경우 표준편차는 1.708이다.

예제 5-10 번호가 매겨진 공 뽑기

한 상자에 5개의 공이 담겨있다. 두 개에는 3, 하나는 4, 다른 두 개는 5가 적혀 있다. 공을 잘 섞고 랜덤으로 하나를 뽑는다. 공을 뽑고 번호를 기록하고 다시 되돌려 놓는다. 실험을 여러 번 반복한다면 공에 적힌 번호의 분산과 표준편차를 구하시오.

풀이

X를 각 공에 적힌 수라고 한다. 확률분포는 다음과 같다.

수 X	3	4	5
확률 $P(X)$	$\frac{2}{5}$	$\frac{1}{5}$	$\frac{2}{5}$

평균은

$$\mu = \Sigma X \cdot P(X) = 3 \cdot \frac{2}{5} + 4 \cdot \frac{1}{5} + 5 \cdot \frac{2}{5} = 4$$

이다. 분산은

$$\sigma = \Sigma[X^2 \cdot P(X)] - \mu^2 = 3^2 \cdot \frac{2}{5} + 4^2 \cdot \frac{1}{5} + 5^2 \cdot \frac{2}{5} - 4^2$$

$$= 16\frac{4}{5} - 16 = 0.8$$

이다. 표준편차는

$$\sigma = \sqrt{\frac{4}{5}} = \sqrt{0.8} \approx 0.894$$

이다. 평균, 분산, 표준편차는 다음과 같이 표로 구할 수도 있다.

X	$P(X)$	$X \cdot P(X)$	$X^2 \cdot P(X)$
3	0.4	1.2	3.6
4	0.2	0.8	3.2
5	0.4	2.0	10
		$\Sigma X \cdot P(X) = 4.0$	16.8

평균은 $\Sigma X \cdot P(X)$로 구하고 분산은 $X^2 \cdot P(X)$에서 평균의 제곱을 뺀다.

$$\sigma^2 = 16.8 - 4^2 = 16.8 - 16 = 0.8$$

이고

$$\sigma = \sqrt{0.8} \approx 0.894$$

이다.

예제 5-11 통화대기

한 라디오 토크 프로그램은 4대의 전화회선을 사용한다. 만약 사회자가 통화를 할 수 없거나(광고하는 동안) 통화를 하고 있으면 다른 사람들은 대기 중이 된다. 모든 회선이 사용 중이면 통화를 시도하는 사람들은 통화중 음을 듣는다. 0, 1, 2, 3, 4명이 통화할 확률이 확률분포로 주어진다. 분포의 분산과 표준편차를 구하시오.

X	0	1	2	3	4
$P(X)$	0.18	0.34	0.23	0.21	0.04

방송국은 더 많은 전화회선 설치를 고려해야 하는가?

풀이

평균은

$$\begin{aligned}\mu &= \Sigma X \cdot P(X) \\ &= 0 \cdot (0.18) + 1 \cdot (0.34) + 2 \cdot (0.23) + 3 \cdot (0.21) + 4 \cdot (0.04) \\ &= 1.59\end{aligned}$$

이다. 분산은

$$\begin{aligned}\sigma^2 &= \Sigma[X^2 \cdot P(X)] - \mu^2 \\ &= [0^2 \cdot (0.18) + 1^2 \cdot (0.34) + 2^2 \cdot (0.23) + 3^2 \cdot (0.21) + 4^2 \cdot (0.04)] - 1.59^2 \\ &= 3.79 - 2.528 = 1.262\end{aligned}$$

이다. 표준편차는 $\sigma = \sqrt{\sigma^2}$ 혹은 $\sigma = \sqrt{1.262} \approx 1.123$이다.

전화를 하는 사람 수의 평균이 1.59이므로 추가설치는 필요 없다. 표준편차가 1.123이고 $\mu + 2\sigma$가 $1.59 + 2(1.123) = 3.836 \approx 4.0$이므로 대부분의 통화는 4대의 회선으로 수용될 것이다. 통화자의 적어도 75%가 통화가 되거나 대기 중이 되므로 아주 적은 수의 통화자가 통화중 음을 들을 것이다.

기댓값

확률분포의 평균에 관련된 다른 개념은 기댓값이다. 기댓값은 여러 형태의 확률 게임, 보험과 결정이론 같은 다양한 영역에서 사용된다.

이산확률변수의 **기댓값(expected value)**은 변수의 이론적인 평균이다. 공식은

$$\mu = E(X) = \Sigma X \cdot P(X)$$

이다. 기호 $E(X)$가 기댓값에 사용된다.

기댓값 공식은 이론적인 평균 공식과 같다. 따라서 기댓값은 확률분포의 이론적인 평균이다. 즉, $E(X) = \mu$이다.

기댓값 문제에 돈이 포함되는 경우, 그 답은 최소 화폐단위로 반올림하는 것이 일반적이다.

예제 5–12 당첨 티켓

750달러짜리 스마트 TV를 받는 1달러짜리 티켓이 1,000장 판매된다. 티켓 한 장을 구입한다면 이익의 기댓값은 얼마인가?

풀이

문제를 다음과 같이 설정할 수 있다.

	당첨	낙첨
이익 X	749달러	−1달러
확률 $P(X)$	$\frac{1}{1000}$	$\frac{999}{1000}$

두 가지를 고려한다. 첫째, 당첨되는 경우, 티켓 비용 1달러는 돌려받지 않으므로 순이익은 749달러이

다. 둘째, 낙첨되는 경우, 이익은 음수로 표시된다. 이 경우 −1달러이다. 그러면 해는

$$E(X) = 749 \cdot \frac{1}{1000} + (-1) \cdot \frac{999}{1000} = -0.25 \text{ 달러}$$

이다. 따라서 구입한 티켓 한 장에 대하여 평균 0.25달러씩 손해를 볼 것이다.

이러한 형태의 기댓값 문제는 다음과 같이 총이익을 구하여 티켓 비용이나 게임 비용을 빼서 구할 수도 있다.

$$E(X) = 750 \cdot \frac{1}{1000} - 1 = -0.25\text{달러}$$

여기서 총이익 750달러가 사용되어야 한다.

기댓값이 −0.25달러라는 점을 주목한다. 이것은 여러분이 0.25달러를 잃는다는 것을 의미하는 것이 아니다. 왜냐하면 여러분은 750달러짜리 TV를 받거나 티켓 비용 1달러를 잃기 때문이다. 기댓값이 의미하는 것은 1,000장의 티켓 소지자 각각에 대한 손실 평균이 0.25달러라는 것이다. 이 상황을 살펴보는 다른 방법이 있다. 만약 여러분이 장기적으로 매주 한 장의 티켓을 구입한다면 이론적으로 구입한 티켓 1,000장당 평균 한 번 TV에 당첨되므로 평균 손실은 티켓당 0.25달러일 것이다.

예제 5-13 UNO 카드

UNO 카드 한 벌에서 10장의 카드가 선택된다. 0번 카드가 2장, 2번 카드가 1장, 4번 카드가 3장, 8번 카드가 2장, 9번 카드가 2장이었다. 카드를 잘 섞고 랜덤으로 한 장을 뽑는다면 카드의 기댓값을 구하시오.

풀이

카드의 표준분포에 대한 확률은

X	0	2	4	8	9
$P(X)$	$\frac{2}{10}$	$\frac{1}{10}$	$\frac{3}{10}$	$\frac{2}{10}$	$\frac{2}{10}$

이다. 기댓값은

$$\mu = \Sigma X \cdot P(X) = 0 \cdot \frac{2}{10} + 2 \cdot \frac{1}{10} + 4 \cdot \frac{3}{10} + 8 \cdot \frac{2}{10} + 9 \cdot \frac{2}{10} = 4\frac{4}{5} = 4.8$$

이다.

예제 5-14 채권투자

자산관리사가 고객에게 두 종류의 채권 중에서 하나를 선택하여 5,000달러를 투자할 것을 제안한다. 채권 X는 4%의 수익과 2%의 부도율을 갖는다. 채권 Y는 2.5%의 수익과 1%의 부도율을 갖고 있다. 기대 수익률을 구하고 어느 채권이 더 좋은 투자인지를 결정하시오. 채권이 부도가 나면 투자액 모두를 잃는다.

풀이

채권 X의 수익은 $5{,}000 \cdot 4\% = 200$(달러)이다. 그러면 기대수익은

$$E(X) = 200(0.98) - 5{,}000(0.02) = 96(\text{달러})$$

이다. 채권 Y의 수익은 $5{,}000 \cdot 2.5\% = 125$(달러)이다. 그러면 기대수익은

$$E(X) = 125(0.99) - 5{,}000(0.01) = 73.75(\text{달러})$$

이다. 따라서 채권 X가 기대수익이 더 높으므로 더 좋은 투자가 될 것이다.

도박 게임에서 게임의 기댓값이 0이면 게임이 공정하다고 한다. 만약 게임의 기댓값이 양수이면 게임은 플레이어에게 유리하다. 즉, 플레이어는 이길 확률이 더 좋다. 만약 게임의 기댓값이 음수이면 게임은 도박장에게 유리하다고 한다. 즉, 장기적으로 플레이어는 돈을 잃는다.

Probability in Everyday(Ivy Book, 1986)에서 저자 John D. McGervy는 여러 가지 카지노 게임의 기댓값을 제시한다. 키노(keno)의 경우, 1달러를 걸면 도박장이 0.27달러를 이긴다. 척-럭(Chuck-a-Luck)의 경우, 1달러를 걸면 도박장이 0.52달러를 이긴다. 룰렛의 경우, 1달러를 걸면 도박장이 0.90달러를 이긴다. 크랩(craps)의 경우, 1달러를 걸면 도박장이 0.88달러를 이긴다. 결론은 도박을 오래한다면 결국 돈을 잃게 된다는 것이다.

개념의 적용 5-2

방사능 노출

1979년 3월 28일, Pennsylvania 주 Three Mile 섬에 있는 원자력 발전소에서 대기 중으로 방사능이 방출되기 시작하였다. 방출된 방사능은 낮은 수준이었지만, 이에 노출된 사람들은 경미한 증상에서 심각한 증상까지 겪을 수 있으며 심지어 사망에 이를 수도 있다고 한다. 지역 신문은 Three Mile 섬 핵발전소 주위의 3개 카운티에서 11명의 아이가 신장 문제를 갖고 태어났다고 보도하였다. 그 지역의 아이들에 대한 해당 문제의 기댓값은 3이다. 다음 질문에 답하시오.

1. 기댓값은 무엇을 의미하는가?
2. 항상 3이 정확한 값이라고 기대하는가?
3. 만약 한 신문기자가 신생아 중에서 신장 문제가 있는 사례 수가 통상 기대한 것의 거의 4배라고 보도한다면 그 지역에 거주하는 임산부들이 지나치게 걱정할 것인가?
4. 11명이 우연히 발생했을 가능성이 있는가?
5. 사람들에게 더 나은 정보를 제공할 수 있는 다른 통계가 있는가?
6. 사고 전 해, 3개 카운티에서 2500명 중 3명의 아기가 신장 문제를 갖고 태어났다고 가정한다. 또한 사고 후 1년 동안 3개 카운티에서 2500명 중 11명의 아기가 신장 문제로 갖고 태어났다고 가정한다. 신장 문제의 실제 증가비율은 얼마인가?
7. 해당 지역에 거주하는 임산부가 비율로 결과를 살펴본 후에 지나치게 걱정할 일이라고 생각하는가?

정답 240쪽 참조

연습문제 5-2

1. **식사와 커피** 한 연구자가 식당에서 저녁식사와 함께 고객이 마시는 커피 잔 수를 결정하려고 한다. 분포의 평균, 분산, 표준편차를 구하시오.

X	0	1	2	3	4
$P(X)$	0.31	0.42	0.21	0.04	0.02

2. **일간지** 한 사람이 매일 읽는 일간지 수에 대한 조사를 하였다. 분포의 평균, 분산, 표준편차를 구하시오.

X	0	1	2	3
$P(X)$	0.42	0.35	0.20	0.03

3. **새로운 주택** 한 건설업자는 4가지 새로운 주택계획을 가지고 있다. 계획 1은 6개의 창문이 있는 집이다. 계획 2는 7개, 계획 3은 8개, 계획 4는 9개의 창문이 있다. 다음은 주택매매에 대한 확률분포이다. 건설업자가 세운 주택의 창문 수에 대한 평균, 분산, 표준편차를 구하시오.

X	6	7	8	9
$P(X)$	0.3	0.4	0.25	0.05

4. **피트니스 머신** 피트니스 센터에서 Mountain Climber라는 새 운동기구를 구입하였다. 그들은 3시간 동안 얼마나 많은 사람이 기구를 사용했는지 추적하기로 결정하였다. 확률분포에 대한 평균, 분산, 표준편차를 구하시오. 여기서 X는 기구를 사용한 사람의 수이다.

X	0	1	2	3	4
$P(X)$	0.1	0.2	0.4	0.2	0.1

5. **자동차** 새 주택계획에서 각 가구가 소유하는 자동차의 수에 대한 확률이다. 분포에 대한 평균, 분산, 표준편차를 구하시오.

X	1	2	3	4	5
$P(X)$	0.27	0.46	0.21	0.05	0.01

6. **복주머니** 한 편의점이 20개의 복주머니 선물을 만들어 2달러에 하나를 제공한다. 10개에는 1달러 상당의 상품이 들어있다. 6개에는 2달러 상당의 상품이 들어있고, 4개에는 3달러 상당의 상품이 들어있다. 하나를 구입한다고 가정한다. 기대이익 혹은 기대손실은 얼마인가?

7. **주사위 던지기** 두 개의 주사위를 던질 때 같은 수가 나오면 5달러를 받는다. 게임이 공정하려면 게임을 하는 데 얼마를 지불해야 하는가?

8. **복권상금** 어떤 복권은 1,000달러 상금 한 장, 500달러 상금 한 장, 100달러 상금 5장을 제시한다. 1,000장의 복권이 장당 3달러에 판매된다. 한 사람이 복권 한 장을 산다면 기댓값을 구하시오.

9. **복권당첨** 일일복권에서 한 사람이 세 자리 숫자를 선택한다. 만약 1달러를 걸면 500달러를 받는다. 기댓값을 구하시오. 같은 일일복권에서 순서에 관계없이 3개의 숫자가 맞으면 80달러를 받는다. 숫자 123에 1달러를 건다면 기댓값을 구하시오.

10. **룰렛** 룰렛 휠에는 1에서 36, 0과 00까지 38개의 숫자가 있다. 1에서 36까지 숫자의 절반은 빨간색이고 나머지는 검은색이다. 0과 00은 초록색이다. 공을 굴려 38개 슬롯 중의 하나에 떨어져 숫자와 색이 정해진다. 1달러를 베팅하면 상금은 다음과 같다.

빨간색 혹은 검은색	1달러	0		35달러
홀수 혹은 짝수	1달러	00		35달러
1–18	1달러	임의의 한 숫자		35달러
9–36	1달러	0 혹은 00		17달러

만약 한 사람이 1달러를 건다면 각각에 대하여 기댓값을 구하시오.

a. 빨간색　　*b*. 짝수
c. 00　　*d*. 임의의 한 숫자
e. 0 혹은 00

개념의 확장

11. **주사위 던지기** 하나의 주사위를 던진다면 나타난 눈의 기댓값은 3.5이다. 두 개의 주사위를 던지는 경우 나타난 눈의 합의 평균은 7이다. 세 개의 주사위를 던진다면 나타난 눈의 합의 평균은 얼마인가?

12. $P(6)$가 $P(4)$의 2/3라면 다음 확률분포를 완성하시오. 분포에 대한 μ, σ^2, σ를 구하시오.

X	1	2	4	6	9
$P(X)$	0.23	0.18	?	?	0.015

13. **과외활동** 학과에서 학생들이 참여하는 과외활동에 대한 조사를 시행하여 참여하는 과외활동 수에 대한 확률분포를 작성해 보고, 평균, 분산, 표준편차를 계산하시오.

14. **확률분포** 가방에 번호 1, 2, 4, 7과 *가 있는 5개의 공이 담겨있다. 두 개의 공을 비복원으로 랜덤으로 뽑아 숫자를 더한다. 만약 하나의 공이 *라면 다른 공의 수가 두 배가 된다. 확률변수 X의 확률분포를 만들고 μ, σ^2, σ를 구하시오.

5-3 이항분포

학습목표 3
n번의 이항실험에서 X번 성공할 정확한 확률 구하기

많은 형태의 확률 문제는 두 가지 결과만을 갖거나 두 가지 결과로 축소할 수 있다. 예를 들어 동전을 던질 때는 앞면 아니면 뒷면이 나온다. 6면체 주사위를 던질 때는 짝수 혹은 홀수가 나온다. 농구경기에서는 어느 팀이 이기거나 진다. 참/거짓 문항은 오직 두 가지 방법, 참 혹은 거짓으로 답할 수 있다. 다른 상황들은 두 가지 결과로 축소될 수 있다. 예를 들면, 의학적 치료는 결과에 따라 효과적이거나 아닌 것으로 분류될 수 있다. 한 사람이 혈압측정에 따라 정상혈압인지 비정상혈압인지로 분류될 수 있다. 4개 혹은 5개의 선택 안이 있는 다지 선다형 문제도 정답 혹은 오답으로 분류될 수 있다. 이와 같은 상황들을 **이항실험**(binomial experiment)이라고 한다.

실험의 각 반복을 **시행**(trial)이라고 한다.

역사적 기록

1653년에 Blaise Pascal은 이항분포에 이용할 수 있는 'Pascal의 삼각형'이라고 하는 삼각수를 만들었다.

이항실험은 다음의 4가지 조건을 만족하는 확률실험이다.

1. 시행횟수가 고정되어 있다.
2. 각 시행은 두 가지 결과를 갖거나 두 가지 결과로 축소될 수 있다. 결과를 성공 혹은 실패로 고려할 수 있다.
3. 각 시행의 결과는 서로 독립이어야 한다.
4. 성공확률은 시행마다 동일해야 한다.

성공(success)이라는 단어는 좋거나 긍정적인 것이 발생했다는 것을 의미하지 않는다. 예를 들어 확률실험에서 10명을 뽑아 과거 6개월 내에 자동차 사고가 있었던 사람의 수를 S라고 하는 경우 성공은 긍정적이거나 좋은 것이 아닐 것이다.

예제 5-15

각 실험이 이항실험인지를 결정하시오. 아니라면 이유를 설명하시오.

a. 20명의 대학생을 뽑아 학년을 기록.
b. 한 대학에서 20명을 선택하여 성별을 기록.
c. 비복원으로 카드 한 벌에서 5장의 카드를 뽑아 빨간색 카드인지 검은색 카드인지를 기록.
d. 큰 학교에서 5명의 학생을 추출하여 성적 우수자명단에 있는지를 질문.
e. 랜덤으로 선택된 50가구의 자녀수를 기록.

풀이

a. 아니다. 5가지 가능한 결과(1학년, 2학년, 3학년, 4학년, 대학원)가 있다.
b. 이항실험. 4가지 조건이 충족된다.
c. 아니다. 카드를 되돌려 놓지 않으므로 사건들은 독립이 아니다.
d. 이항실험. 4가지 조건이 충족된다.
e. 아니다. 두 개 이상의 범주가 있을 것이다.

이항실험과 그 결과는 **이항분포**라고 하는 특별한 확률분포를 제공한다.

이항실험의 결과와 결과에 대응하는 확률을 **이항분포(binomial distribution)**라고 한다.

이항실험에서 결과는 언제나 성공과 실패로 분류된다. 예를 들면, 다지선다형 문제의 정답은 성공으로 분류되지만 다른 선택은 오답이 되어 실패로 분류될 수 있다. 이항실험과 이항분포에 주로 사용되는 기호를 정의한다.

이항분포에 대한 기호

$P(S)$	성공확률기호
$P(F)$	실패확률기호
p	성공확률
q	실패확률

$$P(S) = p \qquad \text{그리고} \qquad P(F) = 1 - p = q$$

n	시행횟수
X	n번의 시행에서 성공횟수

$0 \le X \le n$과 $X = 0, 1, 2, 3, \ldots, n$이다.

이항실험에서 성공확률을 다음 공식으로 계산할 수 있다.

이항확률 공식

이항실험에서 n번의 시행 중 정확히 X번 성공할 확률은

$$P(X) = \frac{n!}{(n-X)!X!} \cdot p^X \cdot q^{n-X}$$

이다.

이어지는 [예제 5-16]에서 공식에 대한 설명을 한다.

예제 5-16 동전 던지기

동전을 3번 던진다. 정확히 두 번의 앞면이 나올 확률을 구하시오.

풀이

이 문제는 표본공간을 살펴보면 풀 수 있다. 두 번의 앞면이 나오는 3가지 경우가 있다.

HHH, HHT, HTH, THH, TTH, THT, HTT, TTT

답은 $\frac{3}{8}$ 또는 0.375이다.

[예제 5-16]을 이항실험의 관점에서 살펴보면 4가지 조건이 만족되는 것을 보일 수 있다.

1. 고정된 시행횟수(3)가 있다.

2. 각 시행에 오직 두 가지 결과, 앞면 혹은 뒷면이 있다.

3. 결과는 서로 독립이다(한 동전의 결과가 다른 동전의 결과에 영향을 주지 않는다).

4. 각 경우 성공(앞면)확률은 $\frac{1}{2}$이다.

이 경우 $n = 3, X = 2, p = \frac{1}{2}, q = \frac{1}{2}$이다. 따라서 공식에 대입하면

$$P(2\text{ 앞면}) = \frac{3!}{(3-2)!2!} \cdot \left(\frac{1}{2}\right)^2\left(\frac{1}{2}\right)^1 = \frac{3}{8} = 0.375$$

로 표본공간을 사용하여 구한 확률과 같다.

같은 예제를 공식을 설명하기 위하여 사용한다. 첫째, 가능한 8가지 경우에서 정확하게 2번의 앞면과 1번의 뒷면이 나오는 경우는 3가지가 있다. HHT, HTH, THH이다. 이 경우 동전을 3번 던져서 앞면이 2번 나오는 수는 ${}_3C_2$ 혹은 3이다. 일반적으로 순서에 상관없이 n번의 시행에서 X번 성공하는 경우의 수는

$${}_nC_X = \frac{n!}{(n-X)!X!}$$

이다. 이것이 이항공식의 첫 번째 부분이다.

다음으로 각 성공은 $\frac{1}{2}$의 확률을 갖고 두 번 일어난다. 마찬가지로 각 실패는 $\frac{1}{2}$의 확률을 갖고 한 번 일어나 공식의 $\left(\frac{1}{2}\right)^2\left(\frac{1}{2}\right)^1$ 부분이 된다. 일반화하면 각 성공은 p의 확률을 갖고 X번 일어나고 각 실패는 q의 확률을 갖고 $n - X$번 일어난다. 이 전부를 합하면 이항공식이 얻어진다.

표본조사와 같이 비복원으로 표본추출을 할 때 사건들은 종속사건이다. 그러나 표본크기가 모집단의 5%보다 크지 않다면 독립으로 간주할 수 있다. 즉, $n \le 0.05N$이다. 이유는 하나의 항목이 많은 항목에서 선택되고 두 번째 항목을 선택하기 전에 되돌려 놓지 않을 때 두 번째

항목이 선택될 확률의 변화가 작아서 무시할 수 있기 때문이다.

예제 5-17 병원방문조사

미국인 5명 중 한 명은 매달 병원에 간다고 한다. 만약 10명을 랜덤으로 선택한다면 정확히 3명이 지난달에 병원을 찾았을 확률을 구하시오.

출처: *Reader's Digest.*

풀이

이 경우 $n = 10, X = 3, p = \frac{1}{5}, q = \frac{4}{5}$이다. 따라서

$$P(3) = \frac{10!}{(10-3)!3!}\left(\frac{1}{5}\right)^3\left(\frac{4}{5}\right)^7 \approx 0.201$$

이다. 즉, 10명의 랜덤표본에 정확히 3명이 지난달 병원을 방문했을 확률은 0.201이다.

예제 5-18 고용조사

Teenage Research Unlimited사의 조사에 따르면 10대 소비자의 30%가 아르바이트로 용돈을 번다고 한다. 5명의 10대를 랜덤으로 선택한다면 적어도 3명이 아르바이트일 확률을 구하시오.

풀이

적어도 3명이 아르바이트일 확률을 구하려면 3, 4, 5에 대한 개별 확률을 구해서 합하여 전체 확률을 구한다.

$$P(3) = \frac{5!}{(5-3)!3!}(0.3)^3(0.7)^2 \approx 0.132$$

$$P(4) = \frac{5!}{(5-4)!4!}(0.3)^4(0.7)^1 \approx 0.028$$

$$P(5) = \frac{5!}{(5-5)!5!}(0.3)^5(0.7)^0 \approx 0.002$$

따라서

$$P(X \geq 3) = 0.132 + 0.028 + 0.002 = 0.162$$

이다.

이항확률공식을 사용하여 확률을 구하는 방법 외에 선택된 n과 p값에 대하여 표를 만들어 구하는 방법도 있다. 부록 A의 표 B는 개별 사건에 대한 확률을 제공한다. [예제 5-19]는 이항실험의 확률을 계산하기 위하여 표 B를 사용하는 방법을 소개한다.

예제 5-19 동전 던지기

[예제 5-16] 문제를 표 B를 사용하여 푸시오.

풀이

$n = 3, X = 2, p = 0.5$이므로 [그림 5-3]에서와 같이 값은 0.375이다.

그림 5-3
[예제 5-19]의 표 B 사용

		p												
n	*X*	0.05	0.1	0.2	0.25	0.3	0.4	0.5	0.6	0.7	0.75	0.8	0.9	0.95
2	0													
	1													
	2													
3	0							0.125						
	1							0.375						
	2							0.375						
	3							0.125						

$p = 0.5$, $n = 3$, $X = 2$

예제 5-20 밤에 집에 혼자 있는 공포에 대한 조사

*Public Opinion*에 따르면 미국인의 5%가 밤에 집에 혼자 있는 것을 두려워한다고 한다. 만약 20명의 미국인 랜덤표본이 선택된다면 이항표를 사용하여 확률을 구하시오.

a. 표본에서 정확히 5명이 밤에 집에 혼자 있는 것을 두려워한다.

b. 표본에서 기껏해야 3명이 밤에 집에 혼자 있는 것을 두려워한다.

c. 표본에서 적어도 3명이 밤에 집에 혼자 있는 것을 두려워한다.

출처: *100% American* by Daniel Evan Weiss.

풀이

a. $n = 20$, $p = 0.05$, $X = 5$. 표로부터 $P(5) = 0.002$.

b. $n = 20$, $p = 0.05$. 기껏해야 3명이므로 0, 1, 2, 3을 의미한다. 따라서

$$P(X \leq 3) = P(0) + P(1) + P(2) + P(3) = 0.358 + 0.377 + 0.189 + 0.060 = 0.984$$

c. $n = 20$, $p = 0.05$. 적어도 3명은 3, 4, 5, . . . , 20을 의미한다. 이 문제를 푸는 좋은 방법은 $P(X \leq 2) = P(0) + P(1) + P(2)$를 구하여 1에서 빼는 것이다.

$$P(0) + P(1) + P(2) = 0.358 + 0.377 + 0.189 = 0.924$$
$$P(X \geq 3) = 1 - 0.924 = 0.076$$

예제 5-21 음주운전

보건 복지부 보고서에 따르면 주말 밤에 발생하는 단일차량 교통사고 사망자의 70%가 음주운전자와 관련이 있다고 한다. 만약 주말 밤에 발생하는 단일차량 교통사고 사망자 표본 15명을 뽑는다면 음주운전자와 관련된 사고가 10과 15건 사이에 있을 확률을 구하시오.

풀이

$n = 15$, $p = 0.70$이고 X는 10, 11, 12, 13, 14, 15이다.

$X = 10$에 대하여, $P(10) = 0.206$ $X = 13$에 대하여, $P(13) = 0.092$
$X = 11$에 대하여, $P(11) = 0.219$ $X = 14$에 대하여, $P(14) = 0.031$
$X = 12$에 대하여, $P(12) = 0.170$ $X = 15$에 대하여, $P(15) = 0.005$

$$P(10 \leq X \leq 15) = 0.206 + 0.219 + 0.170 + 0.092 + 0.031 + 0.005 = 0.723$$

따라서 음주운전자가 10명과 15명 사이에 있을 확률은 0.723이다.

이항변수에 대한 평균, 분산, 표준편차는 5-2절의 공식을 사용하여 구할 수 있지만 다음과 같이 더 간단한 공식을 통해 구할 수도 있다.

학습목표 4
이항분포의 평균, 분산, 표준편차 구하기

이항분포의 평균, 분산, 표준편차

이항분포를 갖는 변수의 평균, 분산과 표준편차는 다음 공식을 사용하여 구할 수 있다.

평균: $\mu = n \cdot p$ 분산: $\sigma^2 = n \cdot p \cdot q$ 표준편차: $\sigma = \sqrt{n \cdot p \cdot q}$

예제 5-22 동전 던지기

동전을 4번 던진다. 나타난 앞면의 수의 평균, 분산, 표준편차를 구하시오.

풀이

이항분포에 대한 공식과 $n = 4$, $p = \frac{1}{2}$, $q = \frac{1}{2}$이므로 결과는

$$\mu = n \cdot p = 4 \cdot \frac{1}{2} = 2$$

$$\sigma^2 = n \cdot p \cdot q = 4 \cdot \frac{1}{2} \cdot \frac{1}{2} = 1$$

$$\sigma = \sqrt{1} = 1$$

이 경우 평균은 1번의 앞면이다. 분산은 1이고 표준편차도 1이다.

[예제 5-22]로부터 4개의 동전을 아주 많이 던진다면 나타난 앞면의 수의 평균은 2이고, 표준편차는 1이다. 이것은 이론적인 값이라는 점을 주목한다.

앞서 말했듯이 이 문제는 기댓값 공식을 사용하여 풀 수 있다. 분포는 다음과 같다.

앞면의 수 X	0	1	2	3	4
확률 $P(X)$	$\frac{1}{16}$	$\frac{4}{16}$	$\frac{6}{16}$	$\frac{4}{16}$	$\frac{1}{16}$

$$\mu = E(X) = \Sigma X \cdot P(X) = 0 \cdot \frac{1}{16} + 1 \cdot \frac{4}{16} + 2 \cdot \frac{6}{16} + 3 \cdot \frac{4}{16} + 4 \cdot \frac{1}{16} = \frac{32}{16} = 2$$

$$\sigma^2 = \Sigma X^2 \cdot P(X) - \mu^2$$

$$= 0^2 \cdot \frac{1}{16} + 1^2 \cdot \frac{4}{16} + 2^2 \cdot \frac{6}{16} + 3^2 \cdot \frac{4}{16} + 4^2 \cdot \frac{1}{16} - 2^2 = \frac{80}{16} - 4 = 1$$

$$\sigma = \sqrt{1} = 1$$

단순화된 이항공식과 같은 결과임을 알 수 있다.

예제 5-23 주사위 던지기

8면체 주사위를 560번 던진다. 7이 나타날 횟수의 평균, 분산, 표준편차를 구하시오.

풀이

이것은 $n = 560$, $p = \frac{1}{2}$, $q = \frac{7}{8}$인 이항실험이다. 따라서

$$\mu = n \cdot p = 560 \cdot \frac{1}{8} = 70$$

$$\sigma^2 = n \cdot p \cdot q = 560 \cdot \frac{1}{8} \cdot \frac{7}{8} = 61\frac{1}{4} = 61.25$$

$$\sigma = \sqrt{61.25} = 7.826$$

이 경우 얻어진 7의 횟수의 평균은 70이다. 분산은 61.25이고 표준편차는 7.826이다.

예제 5-24 음주운전자

*Sourcebook of Criminal Justice Statistics*에 따르면 미국인의 65%는 사고를 일으키지 않았더라도 음주운전자에 대해 교도소에 보내는 선고를 선호한다고 한다. 1,000명을 랜덤으로 뽑았을 때 이렇게 생각하는 사람 수의 평균, 분산, 표준편차를 구하시오.

풀이

사람들이 음주운전자를 처벌해야 한다고 생각하거나 처벌하지 않아야 한다고 생각하므로 이것은 이항 상황이다.

$$\mu = n \cdot p = (1000)(0.65) = 650$$

$$\sigma^2 = n \cdot p \cdot q = (1000)(0.65)(0.35) = 227.5$$

$$\sigma = \sqrt{n \cdot p \cdot q} = \sqrt{227.5} = 15.083$$

표본에 대하여 평균은 650, 분산은 227.5, 표준편차는 15.083이다.

개념의 적용 5-3

비위생적인 식당

보건당국은 정기적으로 식당의 위생 상태를 점검한다. 인기 관광지를 방문해 점검을 받은 7곳의 식당 중 3곳이 비위생적인 보건상태가 발견되었다는 신문기사를 읽었다고 가정한다. 그곳에서 휴가를 보내는 동안 10번 외식을 할 계획이라고 가정하고 다음 질문에 답하시오.

1. 비위생적인 상태인 식당에서 3번 식사를 할 가능성은 얼마인가?
2. 비위생적인 상태인 식당에서 4번 혹은 5번 식사를 할 가능성은 얼마인가?
3. 비위생적인 상태인 식당에서 적어도 1번 식사를 할 확률을 어떻게 계산하는가를 설명하시오. 이 문제를 풀기 위하여 여사건을 사용할 수 있는가?
4. 이 실험에서 일어날 가능성이 가장 큰 수는 얼마인가?
5. 자료는 일어날 가능성이 가장 큰 수 주위에서 얼마나 변동하는가?
6. 이것이 이항분포라는 것을 어떻게 알 수 있는가?
7. 만약 이항분포라면 두 가지 가능성이 있으므로 성공의 가능성은 언제나 50%인가?

다음 표를 사용하여 답을 확인하시오.

평균 = 4.29, 표준편차 = 1.56492

X	$P(X)$	누적확률
0	0.00371	0.00371
1	0.02784	0.03155
2	0.09396	0.12552
3	0.18793	0.31344
4	0.24665	0.56009
5	0.22199	0.78208
6	0.13874	0.92082
7	0.05946	0.98028
8	0.01672	0.99700
9	0.00279	0.99979
10	0.00021	1.00000

정답 240쪽 참조

연습문제 5-3

1. 다음 중 이항실험 혹은 이항실험으로 축소될 수 있는 것은 어느 것인가?

a. Sudsy Soap을 좋아하는지를 결정하기 위하여 100명을 조사하기

b. 앞면이 얼마나 나오는지를 알아보기 위하여 동전을 100번 던지기

c. 복원으로 카드 한 벌에서 한 장의 카드를 꺼내 하트카드 얻기

d. 피우는 담배의 종류를 1,000명에게 질문하기

e. 어느 것이 효과적인지를 알아보기 위하여 4종류의 아스피린 실험하기

2. 부록 A의 표 B를 사용하여 X번 성공할 확률을 계산하시오.

a. $n = 2,\ p = 0.30,\ X = 1$

b. $n = 4,\ p = 0.60,\ X = 3$

c. $n = 5,\ p = 0.10,\ X = 0$

d. $n = 10,\ p = 0.40,\ X = 4$

e. $n = 12,\ p = 0.90,\ X = 2$

3. 이항공식을 사용하여 X번 성공할 확률을 계산하시오.

a. $n = 6,\ X = 3,\ p = 0.03$

b. $n = 4,\ X = 2,\ p = 0.18$

c. $n = 5,\ X = 3,\ p = 0.63$

4~8번 문제의 모든 변수는 이항변수라고 가정한다. 부록 A의 표 B에서 찾을 수 없다면 이항공식을 사용하시오.

4. UFO에 대한 믿음 한 조사에 의하면 미국인의 10%는 UFO를 보았다고 믿는다. 10명의 표본에 대하여 각 확률을 구하시오.

a. 적어도 2명이 UFO를 보았다고 믿는다.

b. 2명 혹은 3명이 UFO를 보았다고 믿는다.

c. 정확히 1명이 UFO를 보았다고 믿는다.

5. 고혈압 25~74세 미국인의 20%가 고혈압을 갖고 있다. 25~74세의 미국인 16명의 랜덤표본을 뽑는다면 다음 각 확률을 구하시오.

a. 아무도 고혈압을 갖고 있지 않을 것이다.

b. 절반이 고혈압을 갖고 있을 것이다.

c. 정확히 4명이 고혈압을 갖고 있을 것이다.

출처: www.factfinder.census.gov

6. 광고 4명 중 3명은 대부분의 광고가 필요 없거나 구매할 여력이 없는 것을 구입하게 한다고 생각한다. 랜덤으로 선택한 9명 중 정확히 5명이 이 의견에 동의할 확률을 구하시오.

출처: Opinion Research Corporation.

7. 수감자 수감자의 40%는 교도소에 들어올 때 무직이었다. 만약 15명을 랜덤으로 뽑는다면 다음 확률을 구하시오.

a. 정확히 3명이 무직이었다.

b. 기껏해야 4명이 무직이었다.

c. 적어도 3명이 무직이었다.

d. 2명 미만이 무직이었다.

출처: U.S. Department of Justice.

8. 대학교육을 받는 사람 미국인구의 53%는 적어도 대학교육을 받는다. 10명을 랜덤으로 선택한다. 다음 확률을 구하시오.

a. 정확히 절반이 대학교육을 받는다.

b. 적어도 5명이 어떤 대학교육도 받지 않는다.

c. 5명 미만이 대학교육을 받는다.

출처: *New York Times Almanac*.

9. 이항분포의 조건을 만족할 때 각각의 n, p에 대하여 평균, 분산, 표준편차를 구하시오.

a. $n = 100,\ p = 0.75$

b. $n = 300,\ p = 0.3$

c. $n = 20,\ p = 0.5$

d. $n = 10$, $p = 0.8$

10. 항공기 사고 상업용 항공기 사고의 25%는 나쁜 날씨에 원인이 있다. 만약 300건의 사고를 랜덤으로 뽑는다면 나쁜 날씨가 원인인 사고수의 평균, 분산, 표준편차를 구하시오.

출처: *The New York Times*.

11. 미국인과 외국태생 시민 2014년에 외국태생인 미국인구비율은 13.1%이었다. 랜덤으로 60명의 거주자를 선택한다. 미국태생은 몇 명이라고 기대하는가? 외국태생인 사람 수의 평균, 분산, 표준편차를 구하시오.

출처: *World Almanac 2012*.

12. 불꽃놀이 한 조사에 의하면 7월 4일에 미국인의 21%가 TV로 불꽃놀이를 본다고 한다. 1,000명의 랜덤표본을 뽑았다면 7월 4일에 TV로 불꽃놀이를 보는 사람 수의 평균, 분산, 표준편차를 구하시오.

출처: USA Snapshot, *USA TODAY*.

13. 애완동물목욕 한 조사에 따르면 애완동물 소유주의 25%는 애완동물을 직접 목욕시키기보다는 전문점에 맡긴다고 한다. 만약 18명의 애완동물 소유주를 랜덤으로 뽑는다면 정확하게 5명이 전문점에 목욕을 맡길 확률을 구하시오.

출처: USA Snapshot, *USA TODAY*.

14. 빈곤과 연방정부 미국인 3명 중 1명은 미국 정부가 미국 내 빈곤을 감소시키기 위해 '1차적인 책임'을 져야 한다고 믿는다. 10명의 미국인을 선택할 때, 빈곤 감소를 위해 미국 정부가 1차적인 책임을 져야 한다고 믿는 사람이 많아야 3명일 확률을 구하시오.

출처: *Harper's Index*.

15. 가출 미국에서 가출의 58%가 여성이다. 20명의 가출자를 랜덤으로 뽑으면 정확히 14명이 여성일 확률을 구하시오.

출처: U.S. Department of Justice.

16. 고등학생 조사 고등학교 졸업생 중 14%가 자신의 세대가 사회적 관심사로 기억될 것이라고 한다. 7명의 졸업생을 랜덤으로 뽑는다면 2명 혹은 3명이 이 의견에 동의할 확률을 구하시오.

출처: *USA TODAY*.

개념의 확장

17. 자녀 다음 그래프는 3명의 자녀가 있는 가정에서 여아 수의 확률분포를 나타낸다. 이 그래프로부터 확률분포를 작성하시오.

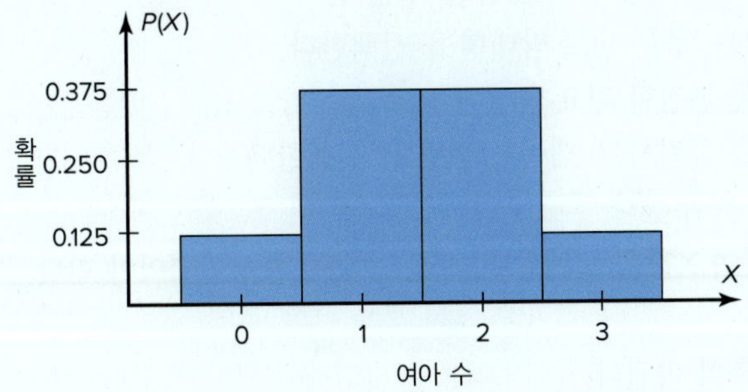

18. $n = 3$인 이항확률변수 X의 평균이 $3p$임을 보이시오.

EXCEL Step by Step

이항분포 생성과 그래프

$n = 20$이고 $p = 0.35$에 대해 EXCEL을 사용하여 이항분포표를 만드는 방법을 설명한다.

1. 새 워크시트의 A1칸에 이항변수 이름 'X'를 입력한다.
2. B1칸에 대응하는 확률로 'P(X)'를 입력한다.
3. A2칸에서 시작하여 A열에 0부터 20까지 입력한다. '데이터' 툴바에서 '데이터 분석'을 선택한다. '분석도구'에서 '난수생성'을 선택하고 '확인'을 누른다.
4. '난수 생성' 대화상자에서 다음을 입력한다.
   a) 변수의 개수: 1
   b) 분포: 패턴 분포
   c) 모수: 시작 0, 종료 20, 단계 1, 각 수 반복 횟수 1, 반복 진행 횟수 1

d) 출력 범위: $A$2:$A$21

5. '확인'을 누른다.

난수생성 대화상자

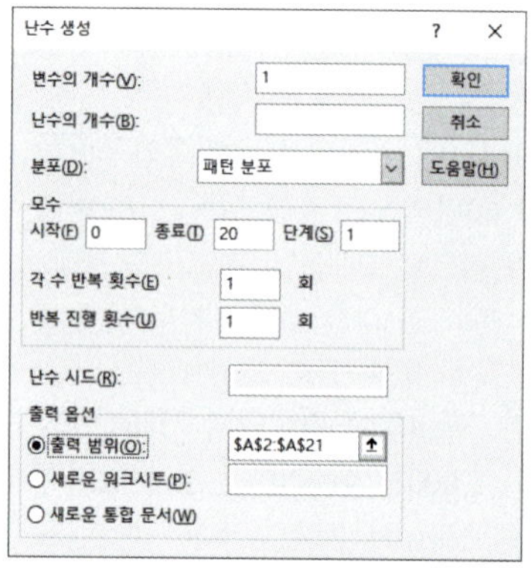

6. 이항확률변수의 첫 번째 값에 대응하는 확률을 구하기 위해 B2를 선택하여 '=BINOM.DIST(0,20,0.35,FALSE)'를 입력한다. 성공확률 0.35인 이항실험을 20번 시행해서 0번 성공할 확률이 얻어진다.

7. A열의 확률변수의 각 값에 맞춰 첫 번째 모수를 변경하며 6단계를 반복한다.

만약 A열에 있는 값 각각에 대하여 누적확률을 구하려면 '=BINOM.DIST(0,20,0.35,TRUE)'를 입력하고 A열의 값에 대하여 반복한다.

그래프 작성:

1. B2 칸에서 B22 칸까지 마우스를 드래그하여 활성화한다.

2. '삽입' 툴바에서 '세로 또는 가로 막대형 차트 삽입'을 누른다.

3. '2차원 세로 막대형' 아래에 있는 '묶은 세로 막대형'을 선택한다.

4. X값을 나타내기 위해 수평축을 편집할 필요가 있다.

a) 차트 내의 한 곳을 오른쪽을 클릭하고 '데이터 선택'을 선택한다.

b) '가로축 레이블' 아래 '편집'을 누른다.

c) A2에서 A22까지 드래그하여 X값을 선택한다. 모든 X값이 활성화되어야 한다. '확인'을 누른다.

d) 다시 '확인'을 누르면 수평축이 바뀐다.

5. 차트 제목 변경:

a) 현재 제목에 왼쪽 클릭을 한다.

b) 새 제목, 예를 들면 이항분포(20, 0.35, 0.65)를 입력한다.

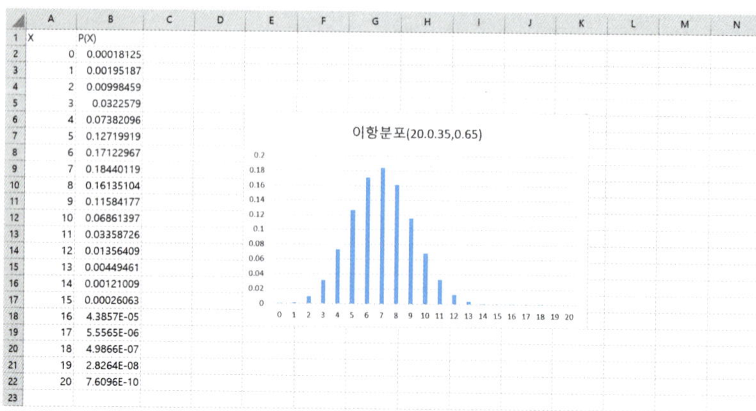

복습연습문제

5-1절

1~2번 문제가 확률분포를 나타내는지를 결정하시오. 만약 아니라면 이유를 설명하시오.

1.

X	1	2	3	4	5
$P(X)$	$\frac{1}{10}$	$\frac{3}{10}$	$\frac{1}{10}$	$\frac{2}{10}$	$\frac{3}{10}$

2.

X	1	4	9	16
$P(X)$	$\frac{3}{8}$	$\frac{1}{4}$	$\frac{1}{8}$	$\frac{1}{2}$

3. 신용카드 어떤 신용카드 회사 영업부에서 직원당 8시간의 근무시간 동안 받은 신용카드 신청건수의 분포이다.

X	0	1	2	3	4	5
$P(X)$	0.27	0.28	0.20	0.15	0.08	0.02

a. 한 직원이 근무시간 동안 2 혹은 3건의 신청을 받을 확률은 얼마인가?

b. 확률분포에 대하여 평균, 분산, 표준편차를 구하시오.

4. 신발구입 Shoe World에서 관리자는 다음과 같이 한 여성이 신발 1, 2, 3, 4켤레를 구입할 확률을 알고 있다. 분포에 대하여 그래프를 작성하시오.

X	1	2	3	4
$P(X)$	0.63	0.27	0.08	0.02

5-2절

5. 공항도착 작은 공항에서 하루 동안 도착 수(시간당)의 분포가 다음과 같다. 자료에 대하여 평균, 분산, 표준편차를 구하시오.

X	5	6	7	8	9	10
$P(X)$	0.14	0.21	0.24	0.18	0.16	0.07

6. 전화 고객 전화 서비스 센터는 하루 동안 임의의 1시간 동안 서비스를 제공하는 고객 수를 기록한다. 분포가 다음과 같다.

전화수 X	0	1	2	3	4
$P(X)$	0.15	0.43	0.32	0.06	0.04

자료에 대하여 평균, 분산, 표준편차를 구하시오. 결과에 근거하여 몇 명의 서비스 담당자를 고용하여야 하는가?

7. 카드게임 다음의 규칙대로 카드게임을 한다. 카드 한 벌에서 모든 다이아몬드 카드를 제거하고, 이 13장의 카드를 가방에 넣는다. 카드를 섞은 다음 한 장을 랜덤으로 선택하고는 되돌려 놓는다. 플레이어는 다음 규칙에 따라 이긴다.
만약 에이스 카드가 뽑히면 플레이어는 20달러를 잃는다.
만약 그림카드가 뽑히면 플레이어는 10달러를 가져간다.
만약 다른 카드(2~10)가 뽑히면 플레이어는 2달러를 가져간다.
공정한 게임이 되려면 이 게임에 참여하는 데 얼마를 지불해야 하는가?

5-3절

8. x를 $n = 12$, $p = 0.3$을 갖는 이항확률변수라고 한다. 다음을 구하시오.

a. $P(X = 8)$

b. $P(X < 5)$

c. $P(X \geq 10)$

d. $P(4 < X \leq 9)$

9. 자율주행 자동차 조사된 사람의 58%가 완전한 자율주행 자동차를 타겠다고 하였다. 250명에게 묻는다면 자율주행 자동차에 승차할 사람 수의 평균, 분산, 표준편차를 구하시오.

출처: World Economic Forum and Boston Consulting Group Survey.

10. 미국 경찰서장과 사형 미국 경찰서장들 중에서 사형이 "살인 사건의 수를 유의하게 감소시킨다"고 믿는 확률은 4분의 1이다. 만약 경찰서장 8명의 랜덤표본을 뽑는다면 기껏해야 3명이 사형이 살인 사건의 수를 유의하게 감소시킨다고 믿을 확률을 구하시오.

출처: *Harper's Index*.

11. 아침식사메뉴 피자 35세 이하 미국 성인 4명 중 1명이 아침으로 피자를 먹고 있다. 만약 35세 이하 성인 20명의 랜덤표본을 뽑는다면 정확히 16명이 아침으로 피자를 먹을 확률을 구하시오.

출처: *Harper's Index*.

STATISTICS TODAY

합동(pooling)은 가치가 있는가?

합동 표본의 경우 한 번의 검사만이 필요할 확률을 이항분포를 사용하여 결정할 수 있다. 15명의 표본에서 질문은 '아무도 질병을 갖고 있지 않을 확률이 얼마인가?'이다. 따라서 $n = 15$, $p = 0.05$, $X = 0$이다. 부록 A의 표 B로부터 한 번의 검사만이 필요할 확률은 0.463 혹은 46%이다. 선별목적을 위하여 이 경우에 표본을 합동하는 것은 모집단에 속하는 모든 개체를 검사하는 것과 비교해 상당한 시간, 돈과 노력을 절약해 준다.

퀴즈

각 문장이 참인지 거짓인지를 결정하시오. 거짓이면 이유를 설명하시오.

1. 확률변수의 기댓값은 장기적인 평균으로 생각할 수 있다.
2. 한 학생이 이번 학기에 신청한 과목 수는 연속확률변수의 예이다.
3. 이항분포가 사용될 때 결과는 종속이어야 한다.
4. 이항실험은 고정된 시행 수를 갖는다.

가장 적합한 답을 사용하여 다음 문장을 완성하시오.

5. 확률변수 값은 ______에 의하여 결정된다.
6. 이항변수의 평균은 식 ______을 사용하여 구할 수 있다.
7. 확률분포의 조건 중 하나는 표본공간에 속하는 모든 사건의 합은 ______과 같다.

가장 적합한 답을 선택하시오.

8. 확률분포에서 모든 결과의 확률의 합은 얼마인가?
   a. 0　*b.* 1/2　*c.* 1　*d.* 알 수 없다.
9. 이항실험에는 몇 가지 결과가 있는가?
   a. 0　*b.* 1　*c.* 2　*d.* 다양하다.
10. 이항실험의 시행횟수는 얼마인가?
    a. 무한번이다.　*b.* 변하지 않는다.
    c. 무제한이다.　*d.* 고정되어야 한다.

11~14번 문제가 확률분포인지를 결정하시오. 아니라면 이유를 설명하시오.

11.

X	1	2	3	4	5
$P(X)$	$\frac{1}{7}$	$\frac{2}{7}$	$\frac{2}{7}$	$\frac{3}{7}$	$\frac{2}{7}$

12.

X	3	6	9	12	15
$P(X)$	0.3	0.5	0.1	0.08	0.02

13.

X	50	75	100
$P(X)$	0.5	0.2	0.3

14.

X	4	8	12	16
$P(X)$	$\frac{1}{6}$	$\frac{3}{12}$	$\frac{1}{2}$	$\frac{1}{12}$

15. **화재 전화** Conestoga Valley Fire Company가 하루에 받는 화재 전화 수의 분포가 다음과 같다. 자료에 대하여 그래프를 작성하시오.

X	5	6	7	8	9
$P(X)$	0.28	0.32	0.09	0.21	0.10

16. **가구당 휴대폰** 각 가구의 휴대폰 수를 결정하기 위한 연구가 수행되었다. 자료가 다음과 같다.

휴대폰 수	0	1	2	3	4
도수	2	30	48	13	7

확률분포를 작성하고 그래프를 그리시오.

17. **CD 구입** Matt's Music Store에서 최근 고객이 구매한 CD 수의 분포가 다음과 같다.

수 X	0	1	2	3	4
$P(X)$	0.10	0.23	0.31	0.27	0.09

분포의 평균, 분산, 표준편차를 구하시오.

18. **긴급구조 전화** 긴급구조센터에서 하루에 받는 통화 수가 다음과 같다.

수 X	30	31	32	33	34
$P(X)$	0.05	0.21	0.38	0.258	0.11

분포의 평균, 분산, 표준편차를 구하시오.

19. **카드 뽑기** 상자에 뒤집어 놓은 6장의 카드가 있다. 카드는 다이아몬드 4, 하트 5, 클럽 2, 스페이드 10, 다이아몬드 3, 하트 7이다. 한 사람이 한 장의 카드를 뽑는다. 뽑힌 숫자의 기댓값을 구하시오.
20. **카드 뽑기** 한 사람이 카드 한 벌에서 한 장의 카드를 뽑는다. 검은색 카드라면 2달러를 받는다. 3 이상 7 이하 빨간색 카드라면 10달러를 받는다. 빨간색 그림카드라면 25달러를 받는다. 검은색 잭 카드라면 추가로 100달러를 받는다. 게임의 기댓값을 구하시오.
21. **카풀** 모든 통근자의 40%가 카풀로 통근한다면 8명의 근로자를 뽑았을 때 5명이 카풀을 할 확률을 구하시오.
22. **취업여성** 만약 모든 여성의 60%가 취업을 하고 있다면 20명의 여성 표본에서 다음 확률을 구하시오.
    a. 정확하게 15명이 취업
    b. 적어도 10명이 취업
    c. 기껏해야 5명이 취업하지 않음
23. **운전시험** 만약 응시자의 80%가 운전면허주행시험을 통과할 수 있다면 300명의 응시자 표본에서 시험을 통과하는 사람 수의 평균, 분산, 표준편차를 구하시오.
24. **모임참석** 역사 반에 75명이 있다. 수업당 결석률이 12%라면 각 수업에 결석할 학생 수의 평균, 분산, 표준편차를 구하시오.

비판적 사고

1. **복권숫자** Pennsylvania 주는 'Big 4'라고 하는 일일복권이 있다. 당첨되려면 네 자리 숫자를 정확하게 맞추어야 한다. 당첨될 확률을 구하시오.
2. **복권숫자** Big 4 복권에서 100달러를 베팅하면 분배금은 5,000달러이다. 상금의 기댓값은 얼마인가? 베팅할 가치가 있는가?
3. **복권숫자** 만약 여러분이 Big 4에서 매일 같은 4자리 숫자로 구입한다고 했을 때 평균적인 운을 가졌다고 가정하면 얼마나 자주 이기는가?
4. **Chuck-a-Luck** Chuck-a-Luck 게임에서는 3개의 주사위가 던져진다. 플레이어는 1부터 6까지의 숫자 하나에 일정량(말하자면 1달러)을 건다. 만약 그 숫자가 하나의 주사위에 나타나면 그 사람은 1달러를 받는다. 만약 두 개의 주사위에 나타나면 2달러를 받고, 세 주사위 모두에 나타나면 3달러를 받는다. 1달러를 받을 확률은 얼마인가? 2달러와 3달러의 경우는 어떠한가?
5. **Chuck-a-Luck** 플레이어가 한 숫자에 1달러를 건다면 Chuck-a-Luck 게임의 기댓값은 얼마인가?

데이터 프로젝트

1. **기업과 금융** 한 보험회사가 그해 생존확률이 0.9985인 사람에게 판매한 100,000달러 보험증서당 250달러의 이익을 내려고 한다. 회사는 고객에게 얼마의 보험료를 부과해야 하는가? 만약 회사가 보험료 500달러에 100,000달러 보험증서당 250달러의 이익을 내려고 한다면 고객에 대하여 받아들일 수 있는 최소 기대수명은 얼마인가?
2. **스포츠와 레저** 야구, 하키, 농구는 모두 7전 4선승제로 우승을 결정한다. 두 팀의 실력이 막상막하라면 우승이 4번째 게임에서 결정될 확률을 구하시오. 5, 6, 7번째 게임에서 결정될 확률을 구하시오. 세 가지 스포츠에 대하여 과거기록을 살펴보시오. 실제 결과와 이론을 비교하면 어떤가?
3. **기술** 이 문제의 자료로 가장 최근의 휴대전화 통화목록을 사용한다. 모집단에서 발신통화와 수신통화가 같다고 가정한다. 이것은 $p = 0.5$를 의미한다. 지난 달 통화 수에 대하여 랜덤으로 선택한 통화에서 평균발신통화는 얼마인가? 또한 표준편차는 얼마인가? 위의 경우에 발신통화 수가 특이하게 발생했는가? 12 통화를 선택할 때, 발신통화 수가 3보다 작을 확률을 구하시오.
4. **건강과 건강관리** Rh+ 인자를 가진 인구비율을 결정하기 위하여 적십자 자료를 사용하시오. p에 그 값을 사용하시오. 여러분 반에 Rh+ 인자를 가진 학생이 몇 명인가? 특이한가?
5. **정치와 경제** 당신의 거주 지역에서 투표를 한 주민의 비율은 몇 %인가? 이항변수라고 가정하고 반 학생 수와 같은 표본크기인 주민의 랜덤그룹에서 평균 투표인 수는 얼마인가? 또한 표준편차를 결정하시오. 반에서 몇 명의 학생이 투표를 하였는가? 위의 것을 고려하면 특이한가?
6. **교육** 반 학생이 각자 책상 위에서 4개의 동전을 던져 앞면이 얼마나 나왔는지를 기록한다. 결과를 나타내는 도수표를 만드시오. 4개의 동전을 던졌을 때 결과에 대한 이론적인 확률분포와 도수표를 비교하시오. 도수표의 평균을 구하시오. 확률분포의 평균과 비교하면 어떤가?

개념의 적용 해답

5-1절 대학과정취소

1. 연구 중인 확률변수는 대학과정취소 이유이다.
2. 144명이 연구에 관여되어 있다.
3. 완성된 표는 다음과 같다.

대학과정취소 이유	도수	비율
너무 어렵다	45	31.25
질병	40	27.78
직장 스케줄 변경	20	13.89
전공변경	14	9.72
가족문제	9	6.25
돈	7	4.86
기타	6	4.17
특별한 이유 없음	3	2.08

4. 27.78%, 4.86%, 9.72%.
5. 정보 자체는 확률분포가 아니지만 확률분포로 이용할 수 있다.
6. 범주는 반드시 서로 배반은 아니지만 확률을 계산할 때 서로 배반으로 다룬다.
7. 범주는 독립은 아니다.
8. 범주는 전체를 이룬다.

9. 모든 확률이 0과 1 사이이고 합하면 1이므로 이산확률분포의 조건이 충족된다.

5-2절 방사선 노출

1. 기댓값은 이산확률분포의 평균이다.
2. 변할 것이라고 기대한다.
3. 정확한 답은 없지만, 임산부들은 사례 수가 4배에 가깝다는 것에 걱정할 수 있다고 본다. 통계를 아는 임산부라면, 더 정확한 정보를 요구할 수도 있다.
4. 답은 기준에 따라 다를 수 있으며, 가능한 한 가지 답은 3명의 아기가 신장 문제를 갖고 태어날 것이라 기대했을 때 11명의 아기가 신장 문제로 갖고 태어났다는 것이 우연은 아닐 수 있다는 것이다.
5. % 혹은 비율을 아는 것이 더 도움될 것이다.
6. 8/2500 = 0.0032이므로 0.32%이다.
7. 정확한 답은 없지만, 실제 증가한 비율이 지나치게 걱정할 정도로 보이지는 않는다.

5-3절 비위생적인 식당

1. $P(3) = {}_{10}C_3\left(\frac{3}{7}\right)^3\left(\frac{4}{7}\right)^1 = 0.18793$
2. $P(4) + P(5) = 0.24665 - 0.22199 = 0.469$
3. 적어도 1번이므로 비위생적인 식당에서 1, 2, …, 10번 식사할 확률을 더해준다. 이 확률을 계산하는 쉬운 방법은 여사건을 사용하여 1에서 비위생적인 식당에서 0번 식사할 확률을 빼는 것이다.
4. 분포에서 가장 높은 확률은 4이지만 기댓값은 $10 \cdot \frac{3}{7} = 4.29$이다.
5. 분포의 표준편차는 $\sqrt{10 \cdot \frac{3}{7} \cdot \frac{4}{7}} \approx 1.565$.
6. 두 개의 가능한 결과를 가지고 있다. '성공'은 비위생적인 식당에서 식사, '실패'는 위생적인 식당에서 식사. 한 식당이 비위생적인 확률은 위생적인 확률과 독립이다. 식당이 비위생적일 확률은 $\frac{3}{7}$으로 변하지 않는다. 10번 '시행'에서 비위생적인 식당의 수를 주시하고 있다.
7. 성공할 가능성은 상황마다 다르다. 두 가지 결과가 있으므로 각 결과가 나올 가능성이 0.50의 확률이라는 것을 의미하지는 않는다.

정규분포

6

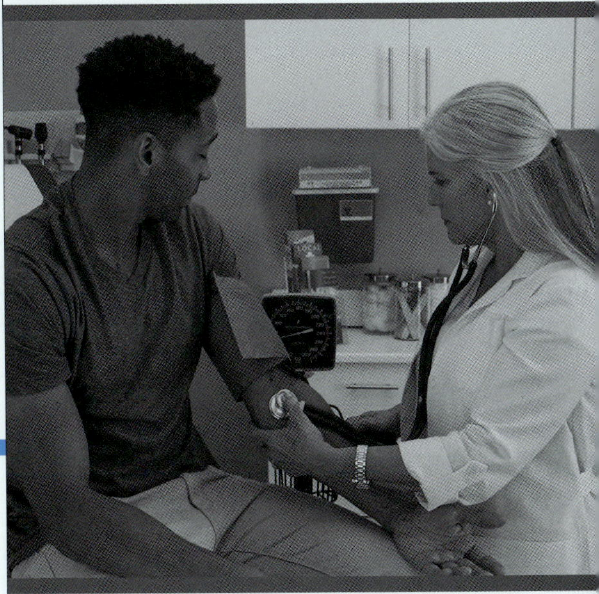

© Rocketclips, Inc/Shutterstock

STATISTICS TODAY

정상(Normal)이란 무엇인가?

의학연구자들은 사람의 혈압, 콜레스트롤, 중성지방 등과 같은 검사에 정상구간이나 정상범위를 결정한다. 예를 들면, 수축기 혈압(최고 혈압)의 정상범위는 110~140이다. 중성지방의 정상구간은 1데시리터당 30~200밀리그램(mg/dl)이다. 의사는 내원환자들에 대하여 이러한 검사결과값을 측정함으로써 환자가 정상구간 내에 있는지를 판단하거나, 장래에 일어날지도 모를 질병을 피하기 위해 어떤 유형의 처치가 필요한지 결정할 수 있다. 이때 중요한 것은 정상범위를 어떻게 결정하는가이다. 이 부분에 대한 답은 이 장 뒷부분의 Statistics Today에서 설명한다.

이 장에서는 특정한 의학 검사에서 정규분포를 이용하여 어떻게 정상구간을 결정하는지 배울 것이다. 또한 건전지의 수명, 로프의 강도 등과 같은 특성들에 대해서도 동일한 방법들이 어떻게 사용되는지를 살펴볼 것이다.

개요

학습목표

1. 정규분포의 특성 이해하기
2. 대칭 혹은 기운 분포 이해하기
3. 여러 z값에 대한 표준정규분포의 면적 구하기
4. 정규분포를 표준정규분포로 변환하여 확률 구하기
5. 표준정규분포표를 이용하여 주어진 백분율에 대응하는 특정한 자료값 구하기
6. 대표본에서 표본평균에 관한 문제를 해결하기 위해서 중심극한정리 이용하기
7. 정규근사를 이용하여 이항변수의 확률 구하기

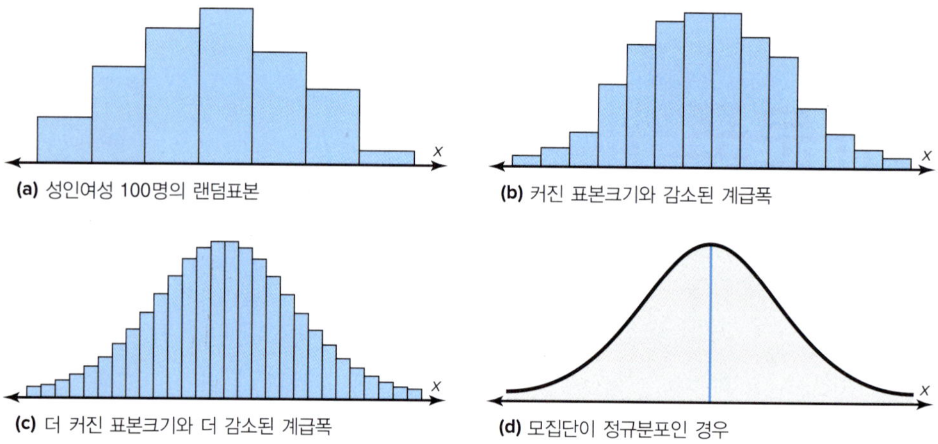

그림 6-1
성인여자 키의 분포에 대한 히스토그램과 정규분포

서론

역사적 기록

'정규곡선'이라는 용어는 19세기 말 즈음에 Francis Galton, Charles Sanders, Wilhelm Lexis, Karl Pearson 등의 통계학자들에 의해 사용되었다.

확률변수에는 이산형과 연속형이 있다. 이산형 변수와 그 분포는 5장에서 설명하였다. 이산형 변수는 어떤 주어진 값들이 소수값이 아닌 정수값 형태로 존재한다고 하였었다. 반면, 연속형 변수는 어떤 주어진 두 값 사이에 연속적으로 모든 값이 존재하는 경우를 말한다. 연속형 변수의 예는 성인 남자의 키, 쥐의 체온, 성인의 콜레스트롤 수준 등이다. 방금 언급한 것처럼 많은 경우에 연속형 변수는 종모양(bell-shped)의 분포를 나타낸다. 이러한 변수를 **근사적으로 정규분포를 따르는 변수**(approximately normally distributed variables)라고 한다. 예를 들면, 성인 여자 100명의 키를 랜덤으로 추출하여 히스토그램을 그리면 [그림 6-1(a)]와 유사한 그래프를 얻게 된다. 만약 표본크기를 증가시키고 계급폭을 감소시키면 히스토그램은 [그림 6-1(b), (c)]와 같은 그래프가 될 것이다. 결국, 미국 성인 여성 전체의 키를 정확하게 측정하여 그림을 그린다면 히스토그램은 [그림 6-1(d)]와 같은 **정규분포곡선**(normal distribution curve) 형태로 접근해 갈 것이다. 이 분포는 **종형 곡선**(bell curve) 혹은 정규분포 함수식을 유도한 독일 수학자 가우스(C. F. Gauss, 1777~1855) 이름이 붙여진 **가우시안 분포 곡선**(Gaussian distribution curve)으로 알려져 있다.

정규분포는 이론적인 분포이므로 정규분포와 완전하게 일치하는 변수는 없다. 하지만 정규분포는 많은 변수들을 설명하는 데 사용할 수 있다. 그 이유는 이들 변수들과 정규분포와의 편차가 아주 작기 때문이다. 이 개념은 6-1절에서 설명할 것이다.

이 장에서는 정규분포의 특성과 응용에 대해서 설명할 것이다. 또한 정규분포의 중요한 성질 중의 하나인 **중심극한정리**(central limit theorem)에 대해서도 설명할 것이다. 마지막으로 이항분포와 같은 다른 분포들에 대해 근사적으로 정규분포곡선이 어떻게 사용되는지 설명할 것이다. 이항분포는 이산형 분포이므로 이항확률변수의 확률값을 근사적으로 계산하기 위하여 정규분포를 사용할 때 연속성 수정(correction for continuity)을 이용해야 한다.

6-1 정규분포

수학에서 곡선은 식으로 표현할 수 있다. 예를 들면, [그림 6-2]의 원에 대한 식은 $x^2 + y^2 = r^2$(여기서 r은 반지름)이다. 원은 바퀴나 기어 등과 같은 물질을 표현하는 데 많이 사용할 수 있다. 완벽하게 원형 바퀴를 만드는 것이 불가능하더라도 원의 식과 특성은 면적, 속도, 가속도와 같은 바퀴의 다양한 관점들을 연구하는 데 사용될 수 있다. 이와 유사한 방법으로 **정규분포곡선**이라 부르는 이론적인 곡선은 완전한 정규분포는 아니지만 근사적으로 정규분포를 따르는 많은 변수들을 연구하는 데 사용할 수 있다.

> 어떤 확률변수의 확률분포가 연속적이고 종모양이며 대칭인 형태를 가질 때 이를 **정규분포**(normal distribution)라고 하고, 그 그래프를 **정규분포곡선**(normal distribution curve)이라고 한다.

그림 6-2
원 그래프와 응용

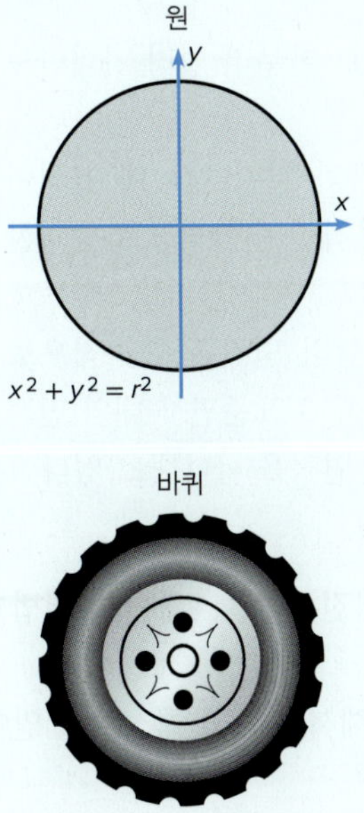

정규분포의 수학적인 식은 다음과 같다.

$$y = \frac{e^{-(X-\mu)^2/(2\sigma^2)}}{\sigma\sqrt{2\pi}}$$

여기에서 $e \approx 2.718$, $\pi \approx 3.14$, μ는 모평균, σ는 모표준편차이고, $\approx$는 근사적으로 같음을 의미한다. 이 식은 아주 우수한 식이지만, 응용통계학에서는 문제를 풀 때 이 식보다도 표 혹은 컴퓨터를 더 많이 사용한다.

응용통계학에서 고려하는 또 다른 중요한 점은 정규분포곡선에서 실제 y축의 값보다도 곡선의 면적을 더 많이 사용한다는 점이다. 따라서 일반적으로 정규분포를 그릴 때 y축의 값은 생략한다.

원은 지름(혹은 반지름)에 따라서 서로 다른 크기를 가질 수 있으며, 서로 다른 크기의 바퀴를 표현하는 데에도 원이 사용된다. 이와 마찬가지로 정규곡선도 서로 다른 형태를 가질 수 있으며, 서로 다른 변수를 나타내는 데 사용된다.

정규분포곡선의 형태와 위치는 두 개의 모수, 즉 **평균**(mean)과 **표준편차**(standard deviation)에 의해 결정된다. 정규분포를 따르는 변수들은 변수의 평균과 표준편차값에 따라 각기 다른 형태의 정규분포곡선을 가진다.

예를 들어 $\mu = 0$과 $\sigma = 1$인 정규분포를 따르는 확률변수와 $\mu = 0$과 $\sigma = 2$인 정규분포를 따르는 확률변수가 있다고 가정하자. [그림 6-3(a)]에서 보는 바와 같이 표준편차가 커질수록 분포는 더 흩어지거나 널리 퍼지게 된다. 이번에는 $\mu = 0$과 $\sigma = 2$인 정규분포를 따르는 확률변수와 $\mu = 2$과 $\sigma = 2$인 정규분포를 따르는 확률변수가 있다고 가정하자. [그림 6-3(b)]에서와 같이 두 곡선의 형태는 같지만 $\mu = 2$인 곡선이 우측으로 2만큼 이동해 있음을 알 수 있다.

학습목표 1
정규분포의 특성 이해하기

그림 6-3
정규분포의 형태

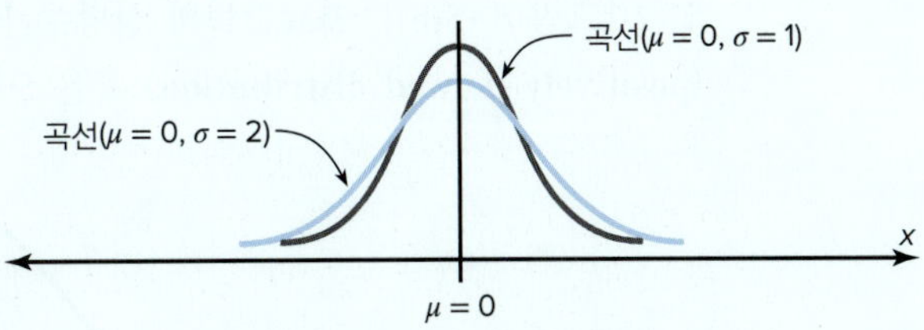

(a) 평균은 같지만 표준편차가 다른 경우

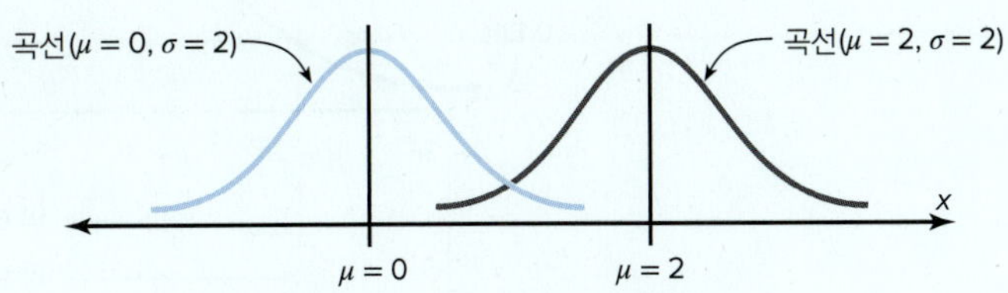

(b) 평균은 다르지만 표준편차가 같은 경우

앞에서 언급한 것들과 함께 정규분포의 특성은 다음과 같다.

이론적인 정규분포의 특성 요약

1. 정규분포곡선은 종모양이다.
2. 분포의 중앙에 위치하고 있는 평균, 중앙값, 최빈값은 같다.
3. 정규분포곡선은 단봉(unimodal) 분포이다(즉, 분포의 봉우리가 하나이다).
4. 곡선은 평균을 중심으로 대칭이다. 이는 중앙을 기준으로 양측의 분포형태가 동일함을 의미한다.
5. 곡선은 연속형이다. 즉, 틈이나 공백이 없다. X축의 모든 값에 대응하는 Y축 값이 존재한다.
6. 곡선은 x축과 결코 닿지 않는다. 이론적으로 곡선이 양방향으로 아무리 멀리 가더라도 x축과 만나지 않는다. 다만 빠르게 가까워진다.
7. 정규분포곡선의 전체 면적은 1(혹은 100%)이다. 곡선이 x축과 닿지 않는데 면적이 1이라고 하는 것이 다소 이상해 보일 수는 있지만 적분을 이용하면 수학적으로 증명할 수 있다. (증명은 이 책의 수준을 넘어서기 때문에 생략한다).
8. 평균을 중심으로 하여 1 표준편차 내에 속하는 정규분포곡선의 면적은 근사적으로 0.68 혹은 68%이고, 2 표준편차 내의 면적은 약 0.95 혹은 95%, 3 표준편차 내의 면적은 약 0.997 혹은 99.7%이다. [그림 6-4]는 이러한 영역들의 면적을 나타내고 있다.

역사적 기록

정규분포 식은 3명의 수학자에 의해 발견되었다. 1733년 프랑스 수학자 Abraham DeMoivre는 동전을 수없이 많이 던질 때 나타나는 앞면의 수에 대한 확률적인 변동에 근거하여 정규분포의 식을 유도하였다. 그는 자연적으로 발생되는 변수들과의 연관성을 찾지 못해 몇몇 친구들에게만 보여주었다. 약 100년이 지난 후에 두 명의 수학자, 프랑스의 Pierre Laplace와 독일의 Carl Gauss가 DeMoivre의 연구에 대한 정보 없이 독립적으로 정규곡선의 식을 유도하였다. 1924년 Karl Pearson은 Laplace와 Gauss 이전에 DeMoivre가 공식을 유도했다는 것을 알아내었다.

정규분포의 특성 요약 8번에서 제시된 값들은 3-2절에서 주어진 자료에 대한 **경험법칙**(empirical rule)과 같다.

우리는 근사적으로 정규분포를 따르는 분포의 문제들을 풀기 위해서는 이들 특성들을 알아야만 한다.

학습목표 2
대칭 또는 기운 분포 이해하기

2장에서도 언급한 바와 같이 분포 그래프의 형태는 다양하다. 자료값들이 평균을 중심으로 양측의 분포형태가 같다면 분포는 **대칭분포(symmetric distribution)**라고 한다(정규분포는 대칭이다). [그림 6-5(a)]는 대칭분포이다. 자료값들 중 많은 수가 평균의 좌, 우측에 존재한다면 분포는 **기울었다**(skewed)고 한다. 자료값들의 상당수가 평균의 우측에 존재한다면 분포는 **음의 왜도 분포(negatively skewed distribution)** 혹은 **왼쪽으로 기운 분포(left-skewed distribution)**라고 한다. 평균은 중앙값의 좌측에 있으며, 평균과 중앙값은 최빈값의 좌측에 있다([그림 6-5(b)]. 자료값들의 상당수가 평균의 좌측에 존재한다면 분포는 **양의 왜도 분포(positively skewed distribution)** 혹은 **오른쪽으로 기운 분포(right-skewed distribution)**라고

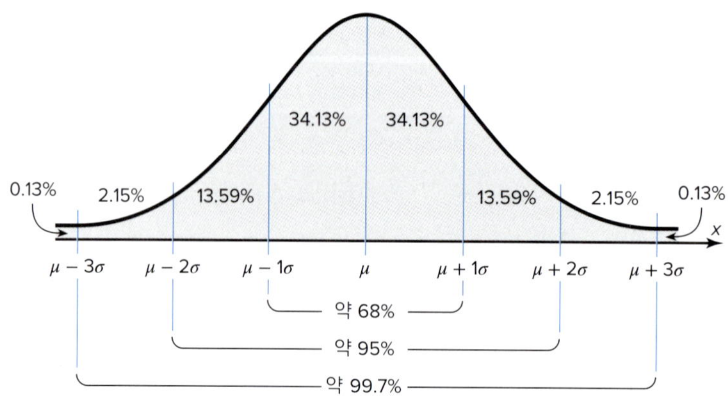

그림 6-4
정규분포곡선의 면적

그림 6-5

정규분포와 치우친 분포

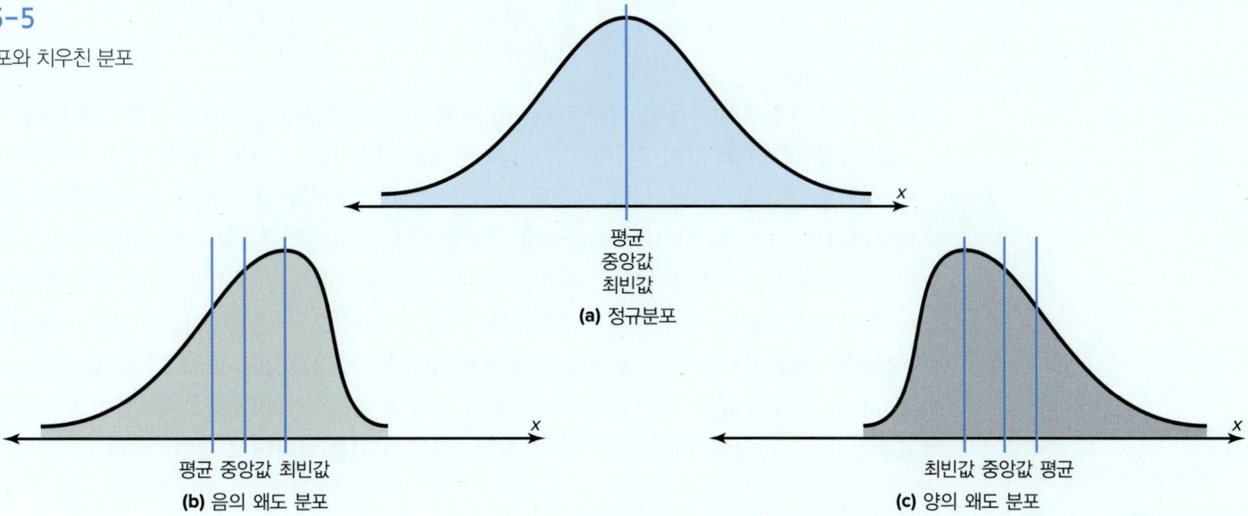

한다. 평균은 중앙값의 우측에 있으며, 평균과 중앙값은 최빈값의 우측에 있다([그림 6-5(c)].

곡선의 '꼬리(tail)'는 치우침의 방향(우측은 양의 방향, 좌측은 음의 방향)을 보여준다. 이 분포들과 3장의 [그림 3-1]과 비교해 보면 두 그림 모두 동일한 원칙을 따르고 있다.

표준정규분포

앞서 살펴본 바와 같이 정규분포를 따르는 변수는 각기 다른 평균과 표준편차를 가지므로 정규분포곡선의 평균 위치와 분포의 형태는 다양하다. 실제 이러한 정규분포 응용을 위해서는 개별 변수의 정규분포곡선마다 면적의 분포표를 가져야만 한다. 이러한 상황을 단순화 또는 표준화하기 위해 통계학자들은 **표준정규분포**를 사용한다.

학습목표 3

여러 z값에 대한 표준정규분포의 면적 구하기

표준정규분포(standard normal distribution)는 평균이 0이고 표준편차가 1인 정규분포이다.

표준정규분포는 [그림 6-6]과 같다.

곡선에 표시된 값들은 각 부분의 면적 비율을 나타낸 것이다. 예를 들면, 평균보다 위든 아래든 평균과 1 표준편차 사이의 면적은 약 0.3413 혹은 34.13%이다.

표준정규분포의 식은 다음과 같다.

$$y = \frac{e^{-z^2/2}}{\sqrt{2\pi}}$$

정규분포를 따르는 모든 변수들은 다음과 같은 표준화점수(standard score) 식을 사용하여 표준정규분포를 따르는 변수로 변환할 수 있다.

그림 6-6

표준정규분포

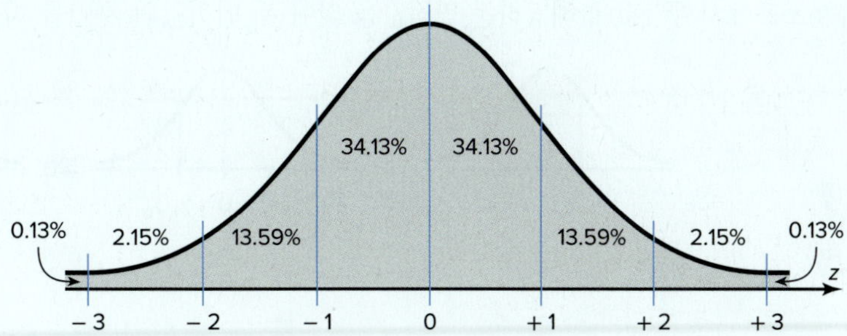

$$z = \frac{\text{값} - \text{평균}}{\text{표준편차}} \qquad \text{또는} \qquad z = \frac{X - \mu}{\sigma}$$

이 식은 3–3절에서 사용한 식과 같다. 이 식의 사용 방법은 6–3절에서 설명할 것이다.

앞서 설명한 바와 같이 정규분포곡선의 면적은 키가 162.5~170 cm인 성인 여자의 비율이나 새로운 건전지가 4년 이상 지속될 확률을 계산하는 것과 같은 실제 응용문제를 해결하는 데 사용한다. 따라서 이 절에서 공부할 주요한 내용은 표준정규분포에서 z값이 주어졌을 때의 면적을 어떻게 계산하는가이다. 응용문제는 6–2절에서 설명할 것이다. 일단 정규분포를 따르는 확률변수 X값을 위의 표준화점수 식을 이용하여 z값으로 변환한다. 이 **z값(z value)** 또는 **z 점수(z score)**는 특정한 X값을 평균에서 떨어진 거리를 표준편차 단위(the number of standard deviation)로 나타낸 값이다. 부록 A의 표 E는 −3.49에서 3.49 사이의 z값에 대한 표준정규분포곡선에서의 면적(소수점 이하 4자리까지)을 나타내고 있다.

흥미 있는 사실

종모양 분포는 앞의 동전 던지기나 주사위 던지는 실험에서 자주 나왔었다.

표준정규분포곡선에서 면적 계산

표준정규분포를 이용하여 문제를 풀려면 다음과 같은 두 단계의 과정과 함께 아래의 절차 표를 사용할 것을 권장한다.

단계 1 정규분포곡선을 그리고 계산할 면적을 표현한다.
단계 2 아래의 절차 표의 그림 1,2,3 중에서 알맞은 그림을 선택한 후 절차대로 따라한다.

아래 절차 표에는 세 가지 유형의 그림으로 요약하였다. 주어진 문제의 유형에 따라 시각화해서 표준정규분포표를 어떻게 사용하는지를 설명하는 절차 표이다. 아래의 절차 표를 이용하는 과정을 배운 후에는 모든 문제에서 일일이 이 절차 표를 반드시 참조하거나 언급할 필요는 없다.

절차 표

표준정규분포곡선에서 면적 계산하기

1. 주어진 z값의 좌측면적 계산하는 경우: 표준정규분포표에서 z값에 해당하는 면적값을 사용한다.

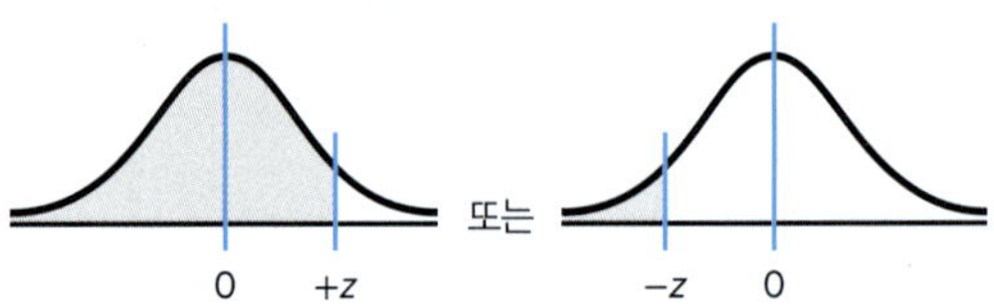

2. 주어진 z값의 우측면적 계산하는 경우: 표준정규분포표에서 z값에 해당하는 면적값을 찾아 1에서 뺀 값으로 면적을 계산한다.

3. 주어진 두 z값 사이의 면적을 계산하는 경우:
표준정규분포표에서 두 z값에 해당하는 면적값을 찾아 두 면적값의 차이를 이용하여 해당 면적을 계산한다.

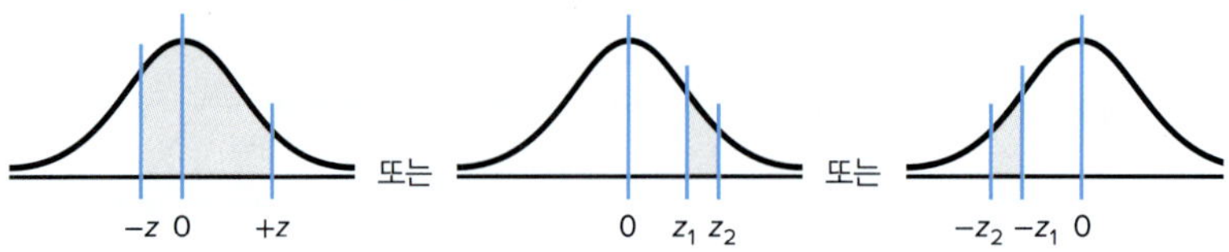

그림 6-7

부록 A의 표 E에서 z = 1.39에 해당하는 면적값

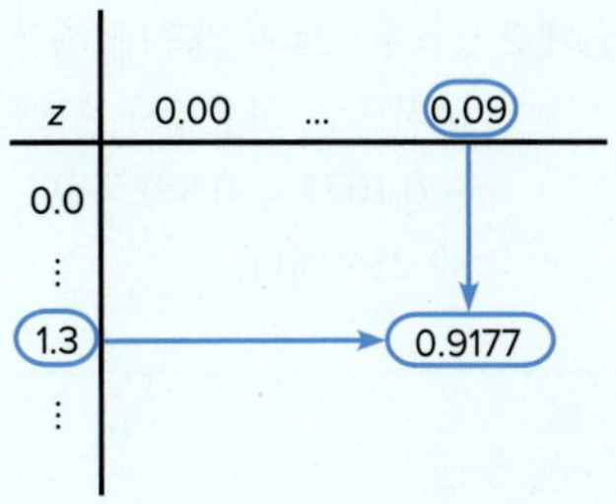

부록 A의 표 E는 소수점 이하 두 자리수까지의 z값의 좌측부분에 대한 정규분포곡선의 면적을 제공한다. 예를 들면, z값이 1.39일 때의 좌측 면적은 왼쪽 열에서 1.3을 찾고, 맨 위의 행에서 0.09를 찾는다. 두 선이 만나는 위치에 해당하는 값을 보면 면적은 [그림 6-7]과 같이 0.9177이다.

예제 6-1

표준정규분포곡선에서 $z = 1.73$의 좌측 면적을 계산하시오.

풀이

단계 1 분포 그림을 그린 후 계산할 면적을 표현하면 [그림 6-8]과 같다.

그림 6-8

[예제 6-1]의 표준정규분포곡선 면적

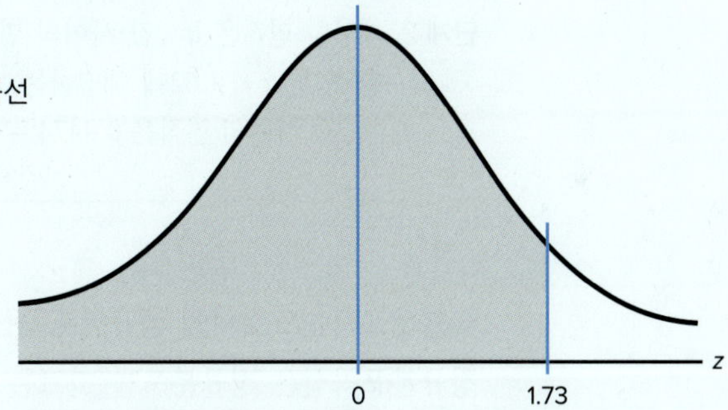

단계 2 $z = 1.73$의 좌측에 해당하는 표준정규분포곡선의 면적을 찾는다. 절차 표의 첫 번째 유형에 해당되므로, 표준정규분포표에서 면적값을 찾으면 0.9582이다. 즉, $z = 1.73$보다 작은 좌측에 해당하는 표준정규분포곡선의 면적은 95.82%이다.

예제 6-2

표준정규분포곡선에서 $z = -1.24$의 우측 면적을 계산하시오.

풀이

단계 1 분포 그림을 그린 후 계산할 면적을 표현하면 [그림 6-9]와 같다.

그림 6-9

[예제 6-2]의 표준정규분포곡선 면적

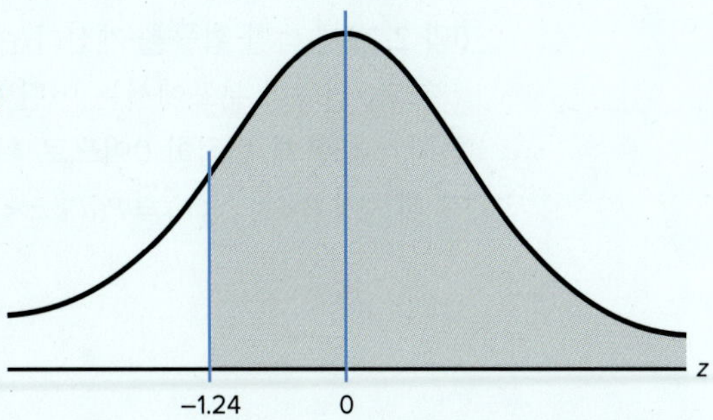

단계 2 $z = -1.24$의 좌측에 해당하는 표준정규분포곡선의 면적을 찾는다. 절차 표의 두 번째 유형에 해당되므로, 표준정규분포표에서 면적값을 찾으면 0.1075이다. 그리고 1에서 이 값을 빼면 $1.0000 - 0.1075 = 0.8925$이다. 즉, $z = -1.24$보다 큰 우측에 해당하는 표준정규분포곡선의 면적은 89.25%이다.

예제 6-3

표준정규분포곡선에서 $z = -1.35$와 $z = 1.62$ 사이의 면적을 계산하시오.

풀이

단계 1 분포 그림을 그린 후 계산할 면적을 표현하면 [그림 6-10]과 같다.

그림 6-10
[예제 6-3]의 표준정규분포곡선 면적

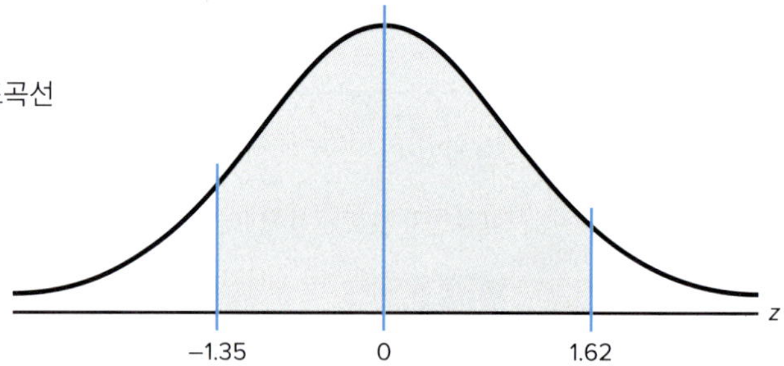

단계 2 계산할 면적은 두 z값 사이의 면적이므로 두 값에 해당하는 면적을 찾아 큰 면적에서 작은 면적을 뺀다. $z = 1.62$에 해당하는 면적은 0.9474이고, $z = -1.35$에 해당하는 면적은 0.0885이다. 두 z값 사이의 면적은 $0.9474 - 0.0885 = 0.8589$ 혹은 85.89%이다.

확률분포곡선으로서의 정규분포곡선

정규분포곡선은 정규분포를 따르는 확률변수의 확률분포곡선으로 사용할 수 있다. 정규분포는 5장에서 설명한 이산형 확률분포가 아닌 **연속형 분포**(continuous distribution)임을 기억하자. 연속형이라는 것은 곡선에 공백(불연속 구간)이 없다는 것을 의미한다. 다르게 표현하면, x축의 모든 z값에 대하여 높이, 도수 등의 값이 존재한다는 것이다.

표준정규분포곡선의 면적은 주어진 특성을 가진 모집단의 확률 또는 비율로도 생각할 수 있다. 예를 들면 0~2.00에서 값을 랜덤으로 선택하는 확률은 0~2.00에서의 곡선 면적과 같아질 것이다. 이 경우 곡선의 면적은 0.4772이므로 0~2.00의 z값을 랜덤으로 선택할 확률은 0.4772이다. 앞의 예제들처럼 이 절에서는 확률을 계산하는 문제들은 면적을 구하는 방법으로 풀면 된다. 예를 들면, 2.25와 2.94 사이의 z값을 선택하는 확률을 계산하는 문제라면 절차 표의 유형 3과 같은 방법으로 풀 수 있다.

표준정규분포를 따르는 확률변수로는 일반적으로 z를 사용한다. 예를 들어 확률변수 z가 0과 2.32에 속할 확률을 계산하는 문제라면 $P(0 < z < 2.32)$로 표현한다.

참고: 연속형 분포에서는 어떤 특정한 하나의 값 z에 대한 확률은 그 값에서 수직선으로 표현되기 때문에 면적이 0이므로 확률도 0이다. 이론적으로 수직선에서는 면적이 존재하지 않기 때문에 $P(a \le z \le b) = P(a < z < b)$이다.

예제 6-4

다음의 확률을 계산하시오. (확률변수 z는 표준정규분포를 따른다고 가정한다.)

a. $P(0 < z < 2.53)$ b. $P(z < 1.73)$ c. $P(z > 1.98)$

풀이

a. $P(0 < z < 2.53)$는 확률변수 z가 0과 2.53 사이에 해당하는 표준정규분포곡선의 면적을 계산하는 것과 같다. 첫 번째로 [그림 6-11]에 보는 바와 같이 곡선을 그리고 해당하는 영역을 표시한다. 두 번째로 표 E에서 $z = 2.53$에 해당하는 면적을 보면 0.9943이다. 세 번째로 표 E에서 $z = 0$에 해당하는 면적을 보면 0.5000이다. 마지막으로 두 면적을 빼면 된다. 즉 $0.9943 - 0.5000 = 0.4943$이다. 따라서 확률은 0.4943 혹은 49.43%이다.

그림 6-11
[예제 6-4 a]의 표준정규분포곡선 면적

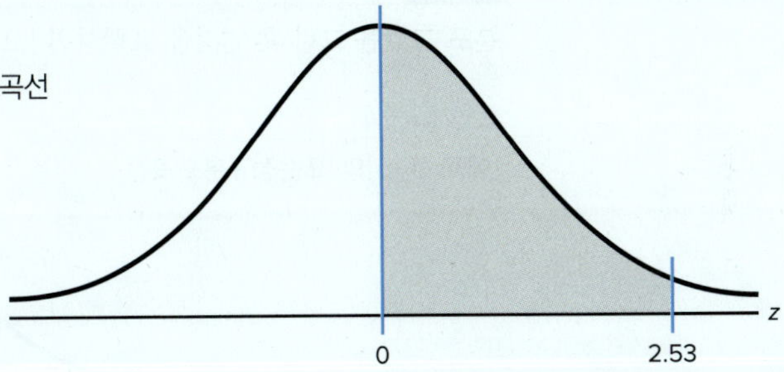

b. $P(z < 1.73)$는 표준정규분포를 따르는 확률변수 $z = 1.73$의 왼쪽 영역을 계산하면 된다. 첫 번째로 [그림 6-12]에 보는 바와 같이 곡선을 그리고 해당하는 영역을 표시한다. 두 번째로 표 E에서 $z =$ 1.73에 해당하는 면적을 보면 0.9582이다. 따라서 확률변수 z가 1.73보다 작을 확률은 0.9582 또는 95.82%이다.

그림 6-12
[예제 6-4 b]의 표준정규분포곡선 면적

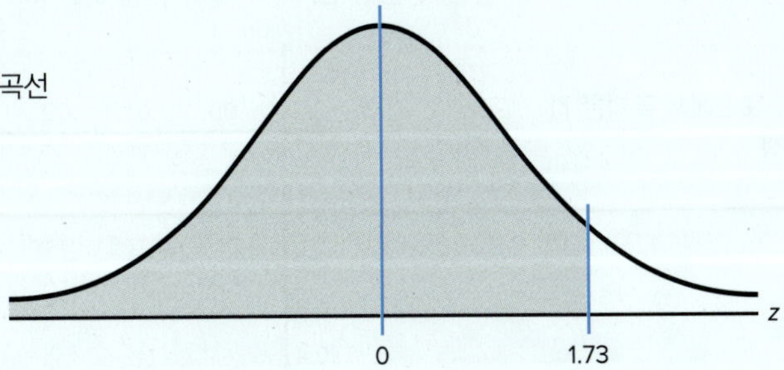

c. $P(z > 1.98)$는 표준정규분포를 따르는 확률변수 $z = 1.98$의 오른쪽 영역을 계산하면 된다. 첫 번째로 [그림 6-13]에 보는 바와 같이 곡선을 그리고 해당하는 영역을 표시한다. 두 번째로 표 E에서 $z = 1.98$에 해당하는 면적을 보면 0.9761이다. 마지막으로 1에서 이 값을 빼면 $1.0000 - 0.9761 = 0.0239$이다. 따라서 확률변수 z가 1.98보다 클 확률은 0.0239 또는 2.39%이다.

그림 6-13
[예제 6-4 c]의 표준정규분포곡선 면적

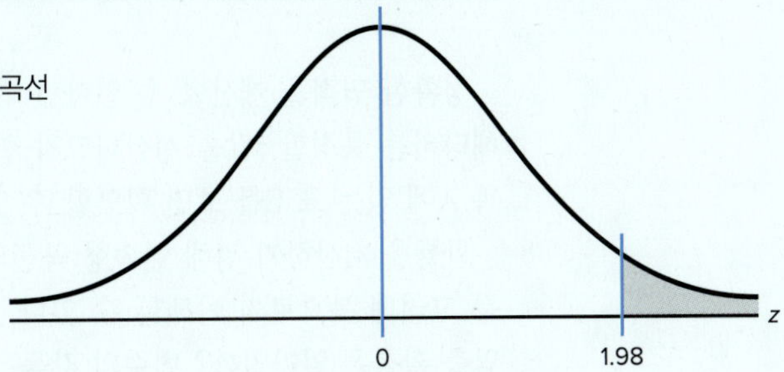

때로는 위와 반대로 표준정규분포곡선의 면적이 먼저 주어질 때 그에 대응되는 특정한 z값을 계산해야 하는 경우도 있다. 이 과정도 표 E를 이용하는데, 다음 예제에서 다루게 될 것이다.

표 E에 나타나는 값들은 누적 면적이므로 주어진 z값에 해당하는 누적 면적을 파악하는 것이 필요하다. [예제 6-5]를 보자.

예제 6-5

0과 특정한 z값 사이의 표준정규분포곡선 면적이 0.2123이 되게 하는 z값을 구하시오.

풀이

분포 그림을 그린 후 면적을 표현하면 [그림 6-14]와 같다.

그림 6-14
[예제 6-5]의 표준정규분포곡선 면적

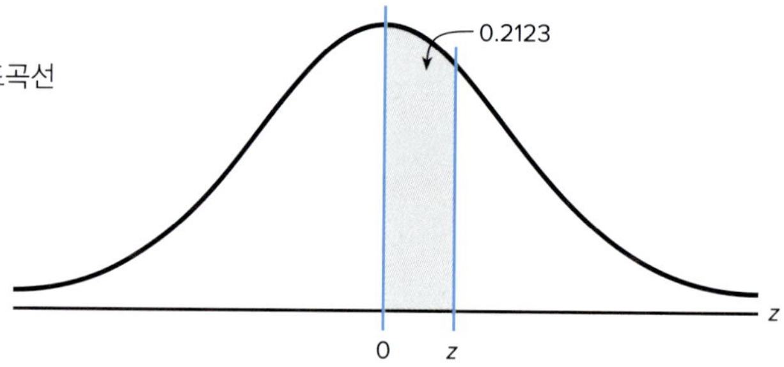

이 경우 문제에서 주어진 면적 0.2123에 0.5000을 더해 누적 면적이 0.7123에 해당하는 값을 구하는 것이 필요하다. [그림 6-15]에서 보는 바와 같이 표 E에서 면적값 0.7123을 먼저 찾고 이 값에 대응하는 값들을 보면, 좌측 열의 값은 0.5이고 맨 위 행의 값은 0.06이며 이 두 값을 합한 z값은 0.56이다.

그림 6-15
[예제 6-5]의 표 E에서 특정한 값을 구하는 과정

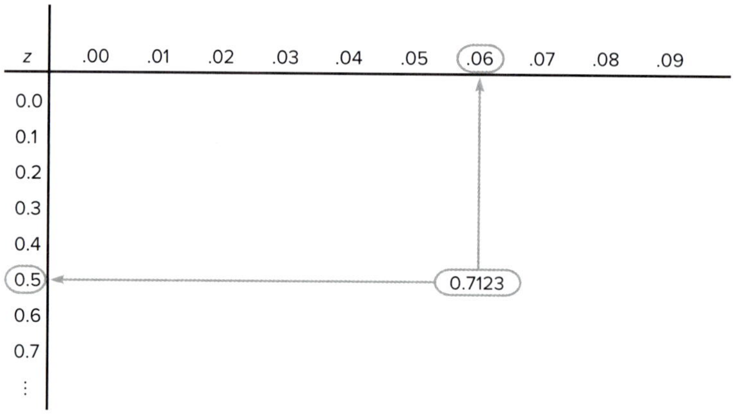

정확한 면적을 계산할 수 없다면 가장 근접한 값을 사용한다. 예를 들면, 면적이 0.9241에 해당하는 특정한 z값을 계산하고자 한다면 가장 근접한 면적은 z값이 1.43인 0.9236이다. 부록 A에 있는 표 E를 보면 확인할 수 있다.

확률을 계산하기 위해 연속형 곡선의 면적을 사용하는 근거는 건전지로 작동하는 시계의 예를 고려해 봄으로써 이해할 수 있다. 건전지의 수명이 다 되어갈 때, 분침이 2와 5 사이에서 멈출 확률은 얼마일까? 변수의 값들은 (분침의 회전에 의해) 시침이 0과 12 사이의 어느 곳에서도 멈출 수 있으므로 연속형 변수로 구성된다. 따라서 표본공간은 12칸으로 구성된 거리로

그림 6–16

면적과 확률의 관계

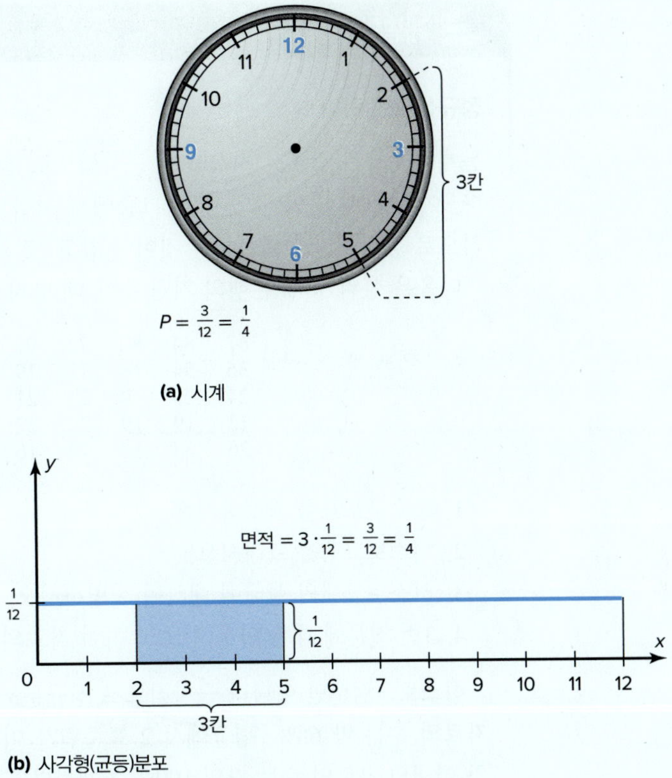

간주할 수 있다. 2와 5 사이의 거리는 5−2 또는 3칸이 된다. 그러므로 분침이 2와 5 사이에서 멈출 확률은 $\frac{3}{12}=\frac{1}{4}$이 된다. 이 과정을 [그림 6–16(a)]에 설명하였다.

이 문제는 연속형 변수의 그래프를 이용하여 풀 수도 있다. 시계는 랜덤으로 어느 시간에서나 멈출 수 있으므로 분침이 가리키는 위치의 값은 0에서 12 사이에서 같은 확률로 동등하게 연속적으로 분배된다고 가정하자. 이러한 가정에 맞는 그래프는 12칸의 범위를 갖는 **연속형 균등분포**(continuous uniform distribution)가 된다. 표준정규분포의 면적에서 살펴본 것처럼 곡선의 면적이 1이 되기 위해서는 X축과 곡선으로 형성된 사각형의 높이가 $\frac{1}{12}$이 되어야 한다. 왜냐하면 사각형의 면적이 밑변×높이이기 때문이다. 밑변이 12칸으로 구성된 길이라면 $12\times\frac{1}{12}=1$이기 때문에 사각형의 높이는 $\frac{1}{12}$가 되어야 한다.

밑변 2에서 5 사이의 사각형 면적은 $3\times\frac{1}{12}$ 또는 $\frac{1}{4}$가 될 것이다. 이 과정을 [그림 6–16(b)]에 설명하였다. 작은 사각형의 면적은 앞서 설명한 바와 같이 확률과 같다. 그러므로 구간의 사각형 면적은 해당 사건의 확률과 일치하게 된다. 같은 이치로 [예제 6–5]에서 보여준 바와 같이 표준정규분포곡선에도 동일하게 적용할 수 있다.

표준정규분포곡선의 면적을 계산하는 방법을 익히는 것은 실생활에서 정규분포를 따르는 확률변수의 다양한 응용문제를 해결하는 첫걸음이 된다. 이러한 다양한 응용문제에 대한 예제는 6–2절에서 다룰 것이다.

개념의 적용 6-1

정규성 확인하기

통계학에서는 주어진 자료들이 근사적으로 정규분포를 따르는지를 확인하는 과정이 필요하다. 여러 가지 방법이 있지만, 그중에서 하나의 방법은 자료에 대한 히스토그램을 그려 근사적으로 종모양인지 확인하는 것이다(**참고**: 정확하게 대칭 형태이거나 종모양일 필요는 없다).

다음은 상위 50개 은행의 지점 수에 대한 자료이다.

67	84	80	77	97	59	62	37	33	42
36	54	18	12	19	33	49	24	25	22
24	29	9	21	21	24	31	17	15	21
13	19	19	22	22	30	41	22	18	20
26	33	14	14	16	22	26	10	16	24

1. 도수분포표를 작성하시오.
2. 히스토그램을 그리시오.
3. 히스토그램의 형태에 대하여 설명하시오.
4. 3번 질문에 대한 답을 기초로 하여 자료의 분포가 근사적으로 정규분포인지 판단하시오.

히스토그램뿐만 아니라 근사적으로 정규분포를 따르는 자료는 평균에서 1 표준편차 이내의 자료의 수는 약 68%, 평균에서 2 표준편차 이내의 자료의 수는 약 95%, 평균에서 3 표준편차 이내의 자료의 수는 거의 100% 존재한다([그림 6-5] 참조).

5. 평균과 표준편차를 계산하시오.
6. 평균에서 1 표준편차 이내에 존재하는 자료의 비율은 얼마인가?
7. 평균에서 2 표준편차 이내에 존재하는 자료의 비율은 얼마인가?
8. 평균에서 3 표준편차 이내에 존재하는 자료의 비율은 얼마인가?
9. 질문 6, 7, 8번 결과를 68%, 95%, 100%와 각각 비교하시오.
10. 질문 4에서 내린 결론을 뒷받침해주는 내용이 있는가? 설명하시오.

(정규성을 확인하는 더 많은 기법은 6-2절에서 설명할 것이다.)

정답 286쪽 참조

연습문제 6-1

1. 정규분포의 특성은 무엇인가?

2. 표준정규분포곡선의 전체 면적은 얼마인가?

3. 평균을 중심으로 양쪽으로 1 표준편차 이내에 존재하는 정규분포의 면적 비율은 얼마인가? 2 표준편차, 3 표준편차 이내는 각각 얼마인가?

4~13번 문제에 대한 표준정규분포곡선의 면적을 계산하시오.

4. $z = 0$과 $z = 1.07$ 사이

5. $z = 0$과 $z = 1.93$ 사이

6. $z = 0.37$의 우측

7. $z = -1.87$의 좌측

8. $z = 1.09$와 $z = 1.83$ 사이

9. $z = -1.46$과 $z = -1.77$ 사이

10. $z = -1.46$과 $z = -1.98$ 사이

11. $z = 1.12$의 좌측

12. $z = -0.18$의 우측

13. $z = 1.92$의 우측과 $z = -0.44$의 좌측

14~20번 문제에 대해 표준정규분포를 이용하여 확률을 계산하시오.

14. $P(0 < z < 0.95)$

15. $P(-1.38 < z < 0)$
16. $P(z > 2.33)$
17. $P(z < -1.51)$
18. $P(-2.07 < z < 1.88)$
19. $P(1.56 < z < 2.13)$
20. $P(z < 1.42)$

21~23번 문제의 주어진 면적에 해당하는 z값을 계산하시오.

21.

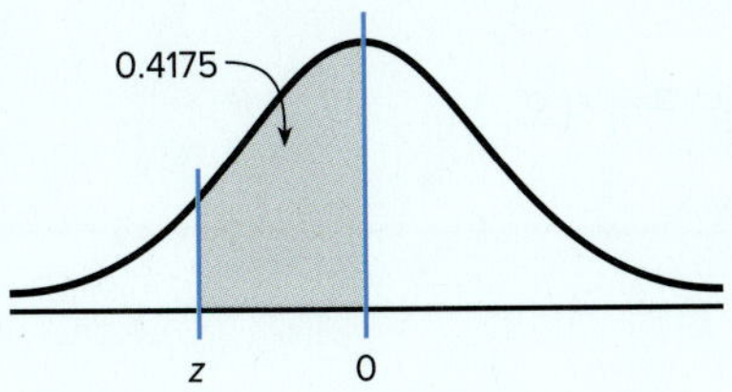

22.

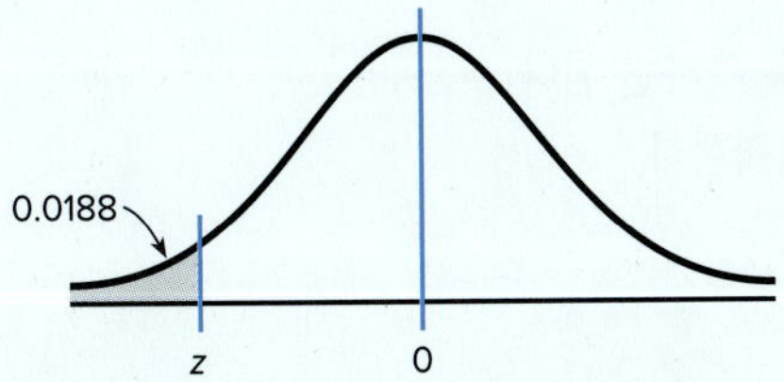

23.

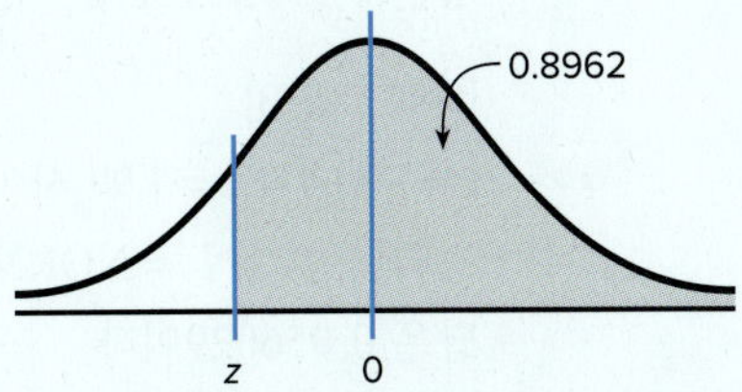

24. 다음에 해당하는 평균의 좌측 z값을 구하시오.
  a. 분포 곡선의 우측 면적이 98.87%에 해당하는 z값
  b. 분포 곡선의 우측 면적이 82.12%에 해당 하는 z값
  c. 분포 곡선의 우측 면적이 60.64%에 해당하는 z값
25. 양쪽 꼬리 부분의 면적이 다음과 같을 때, 평균에서 떨어진 거리가 같은 두 z값(즉 하나는 양의 값으로, 다른 하나는 음의 값으로 나타내는)을 구하시오.
  a. 5%
  b. 10%
  c. 1%

개념의 확장

26. $P(-1 < z < 1)$, $P(-2 < z < 2)$, $P(-3 < z < 3)$을 계산하시오. 경험규칙에 의한 값들과 이 값들을 비교하시오.

27~30번 문제에서 z_0는 구하고자 하는 특정한 z값을 말한다. 이 값은 일반적인 수식에서의 x값과 같은 의미이다.

27. $P(-1.2 < z < z_0) = 0.8671$을 만족하는 z_0를 구하시오.
28. z_0와 $z = -0.5$ 사이의 면적이 0.2345가 되게 하는 z_0를 구하시오(답이 두 개임).
29. 다음 식에서 $\mu = 0$, $\sigma = 1$을 대입하여 표준정규분포의 식을 표현하시오.

$$y = \frac{e^{-(X-\mu)^2/(2\sigma^2)}}{\sigma\sqrt{2\pi}}$$

30. $P(z < 2.3 \text{ or } z > -1.2)$를 구하시오.

EXCEL
Step by Step

표준정규분포

표준정규분포곡선의 면적 계산하기

[예제 XL6–1]

$z = 1.99$의 좌측 면적을 계산하시오.
임의의 빈칸에 '=NORMSDIST(1.99)'를 입력한다.
답은 0.976705이다.

[예제 XL6–2]

$z = -2.04$의 우측 면적을 계산하시오.
임의의 빈칸에 '= 1-NORMSDIST(−2.04)'를 입력한다.

답은 0.979325이다.

[예제 XL6-3]

$z = -2.04$와 $z = 1.99$ 사이의 면적을 계산하시오.

임의의 빈칸에 '= NORMSDIST(1.99) − NORMSDIST(−2.04)'를 입력한다.

답은 0.956029이다.

표준정규분포곡선에서 면적이 주어졌을 때 특정한 z값 구하기

[예제 XL6-4]

z의 좌측의 누적면적이 0.0250가 되는 특정한 z값을 구하시오.

임의의 빈칸에 '=NORMSINV(0.025)'를 입력한다.

답은 −1.95996이다.

[예제 XL6-5]

z의 우측의 면적이 0.4567이 되는 특정한 z값을 구하시오.

누적면적이 1−0.4567이 되게 하는 특정한 z값을 구하면 된다.

임의의 빈칸에 '=NORMSINV(1−0.4567)'을 입력한다.

답은 0.108751이다.

[예제 XL6-6]

$-z$와 z 사이의 면적이 0.98이 되게 하는 양수인 z값을 구하시오.

누적면적이 0.98+0.01 또는 0.99가 되게 하는 특정한 z값을 구하면 된다.

임의의 빈칸에 '=NORMSINV(0.99)'를 입력한다.

답은 2.326348이다.

참고: [예제 XL6-6]에서 '−NORMSINV(0.01)'의 결과로 나오는 z값을 찾아도 된다.

6-2 정규분포의 활용

학습목표 4
정규분포를 표준정규분포로 변환하여 확률 구하기

표준정규분포곡선은 여러 가지 유형의 문제를 해결하는 데 사용한다. 주의할 점은 표준정규분포를 사용하기 위해서는 주어진 확률변수가 정규분포이거나 근사적으로라도 정규분포를 따라야 한다는 점이다. 변수가 정규분포를 따르는지 확인하는 수학적인 검정이 몇 가지 있다. 이에 대해서는 6장 마지막에 있는 '비판적 사고'에서 확인할 수 있다. 이 장에서 설명하는 모든 문제에서의 확률변수는 정규분포이거나 근사적인 정규분포를 따른다고 가정한다.

표준정규분포를 이용하여 문제를 해결하기 위해서는 다음과 같은 식을 이용해 원변수를 표준정규분포변수로 변환해야 한다.

$$z = \frac{\text{값} - \text{평균}}{\text{표준편차}} \qquad \text{또는} \qquad z = \frac{X - \mu}{\sigma}$$

이 식은 3-3절에서 사용한 식과 같다. 이 식은 변수값을 표준화된 값 혹은 z값으로 변환해 준다. 변수를 변환한 후에는 절차 표와 부록 A의 표 E를 이용하여 문제를 해결할 수 있다.

예를 들면 어떤 시험의 점수가 평균이 100, 표준편차가 15인 정규분포를 따른다고 가정하자. 원래 점수와 이 점수를 변환하여 표준화된 z 점수의 분포는 [그림 6-17]처럼 정확하게 일치하게 된다. (z의 분포는 평균 0, 표준편차 1인 분포임을 기억하자).

그림 6–17
시험점수와 그에 대응되는 z값

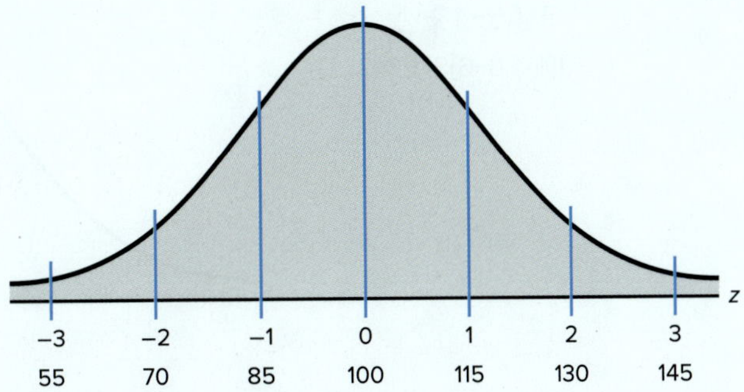

참고: 부록 A의 표 E에서 소수 둘째자리까지 주어지므로 여기에서의 z값들도 소수 둘째자리까지(셋째 자리에서 반올림) 주어진다.

이 절에서는 정규분포를 따르는 원변수값들을 표준정규분포를 따르는 z값으로 변환하고, 6–1절에서 설명한 것처럼 표준정규분포의 면적을 계산한다.

다음은 이러한 과정을 요약한 것이다.

절차 표

주어진 정규분포곡선의 면적 계산하기

단계 1 정규분포곡선을 그리고 원하는 면적을 표시한다.

단계 2 X값을 표준화 식 $z = \dfrac{X - \mu}{\sigma}$을 이용하여 z값으로 변환한다.

단계 3 표준정규분포표, 계산기, 소프트웨어 등을 이용하여 해당 면적을 계산한다.

예제 6–6 혈액량

성인은 평균적으로 5.2리터의 혈액을 가지고 있다. 성인 혈액량은 표준편차가 0.3인 정규분포를 따른다고 한다. 어떤 성인의 혈액량이 5.4리터보다 작을 확률을 구하시오.

풀이

단계 1 [그림 6–18]과 같이 정규분포곡선을 그리고 원하는 면적을 표시한다.

그림 6–18
[예제 6–6]의 정규분포곡선의 면적

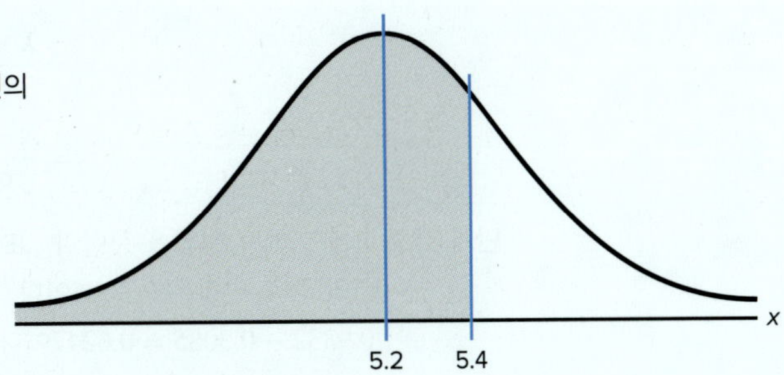

단계 2 원래의 값(X) 5.4에 해당하는 z값을 계산한다.

$$z = \frac{X - \mu}{\sigma} = \frac{5.4 - 5.2}{0.3} = \frac{0.2}{0.3} = 0.67$$

따라서 [그림 6–19]에서와 같이 5.4는 z 분포의 0.67과 같다.

그림 6-19

[예제 6-6]의 면적과 z값

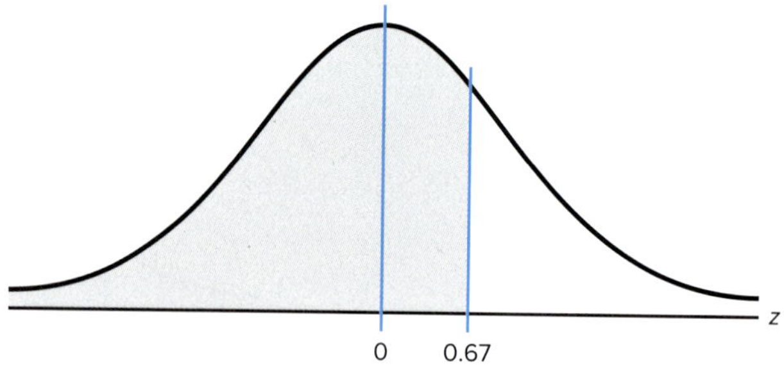

단계 3 표 E에서 해당 면적을 구한다. 표준정규분포곡선에서 $z = 0.67$ 좌측의 면적은 0.7486이다. 따라서 어떤 성인혈액량이 5.4리터보다 작을 확률은 0.7486 또는 74.86%이다.

예제 6-7 재활용을 위한 신문지 배출량

미국 한 가구당 폐지 또는 재활용으로 매월 평균 28파운드의 신문지를 배출한다고 알려져 있다. 이 배출량은 표준편차가 2파운드이고 근사적으로 정규분포를 따른다고 한다. 랜덤으로 선택된 어떤 가구에서 배출된 신문지 양이 다음과 같을 확률을 계산하시오.

a. 월 배출량이 27파운드와 31파운드 사이

b. 월 배출량이 30.2파운드 이상

출처: Michael D. Shook and Robert L. Shook, *The Book of Odds*.

풀이 *a*

단계 1 [그림 6-20]과 같이 정규분포곡선을 그리고 원하는 면적을 표시한다.

역사적 기록

1700년대 후반과 1800년대에 천문학자들은 행성의 위치를 기록할 때 발생하는 측정오차를 수정하기 위해서 정규분포의 법칙들을 사용하였다.

그림 6-20

[예제 6-7 a]의 정규분포곡선의 면적

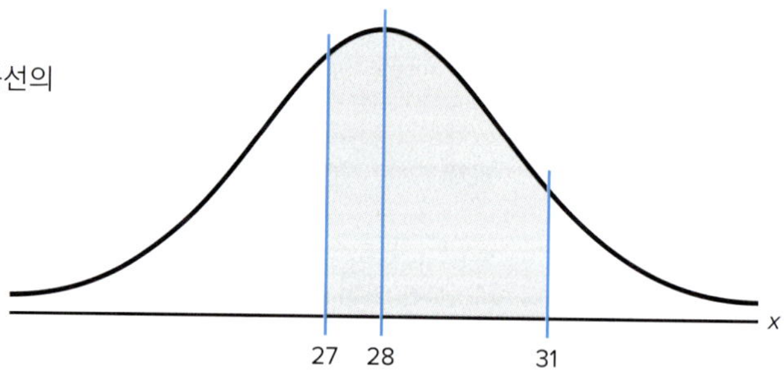

단계 2 두 X값에 대응하는 z값을 다음과 같이 계산한다.

$$z_1 = \frac{X - \mu}{\sigma} = \frac{27 - 28}{2} = -\frac{1}{2} = -0.5$$

$$z_2 = \frac{X - \mu}{\sigma} = \frac{31 - 28}{2} = \frac{3}{2} = 1.5$$

단계 3 표 E에서 해당 면적을 구한다. 표준정규분포곡선에서 $z_2 = 1.5$의 좌측 면적은 0.9332이고, $z_1 = -0.5$의 좌측 면적은 0.3085이다. 따라서 z_1과 z_2 사이의 면적은 [그림 6-21]에서 보는 바와 같이 $0.9332 - 0.3085 = 0.6247$이다.

그림 6-21

[예제 6-7 a]의 면적과 z값

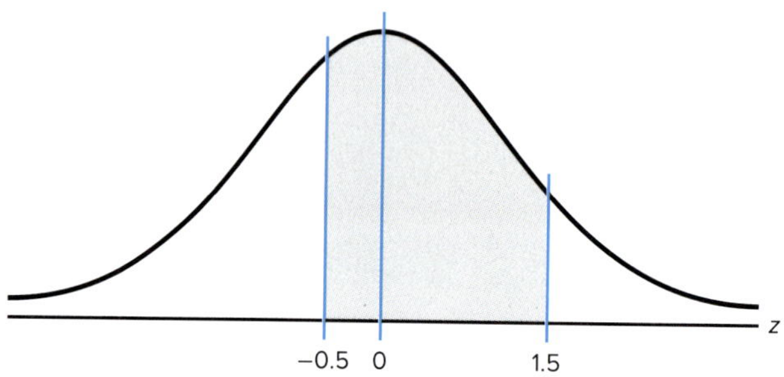

따라서 랜덤으로 선택된 어떤 가구에서 신문지의 월 배출량이 27파운드와 31파운드 사이일 확률은 62.47%이다.

풀이 b

단계 1 [그림 6–22]와 같이 정규분포곡선을 그리고 원하는 면적을 표시한다.

그림 6–22

[예제 6–7 b]의 정규분포곡선의 면적

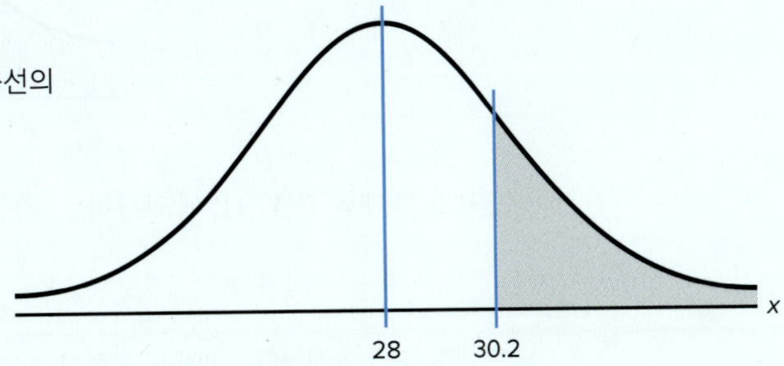

단계 2 원래의 값(*X*) 30.2에 해당하는 *z*값을 계산한다.

$$z = \frac{X - \mu}{\sigma} = \frac{30.2 - 28}{2} = \frac{2.2}{2} = 1.1$$

단계 3 표 E에서 해당 면적을 구한다. 표준정규분포곡선에서 $z = 1.1$ 좌측의 면적은 0.8643이다. 따라서 [그림 6–23]과 같이 $z = 1.1$ 우측의 면적은 $1.0000 - 0.8643 = 0.1357$이다.

그림 6–23

[예제 6–7 b]의 면적과 *z*값

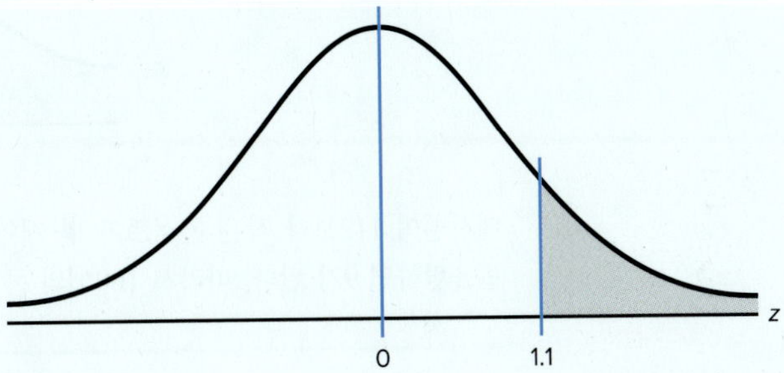

따라서 랜덤으로 선택된 어떤 가구에서 신문지의 월 배출량이 30.2파운드 이상일 확률은 0.1357 또는 13.57% 이다.

정규분포는 "얼마나 발생하는가?"에 대한 질문의 답을 구하는 데 사용할 수도 있다. [예제 6–8]에서 이것에 대해 설명한다.

예제 6–8 콘서트에서의 데시벨

데시벨은 소리의 강도를 측정하는 단위이다. 어떤 콘서트에서 평균 데시벨은 120으로 알려져 있다. 이 데시벨은 표준편차가 6이고 근사적으로 정규분포를 따른다고 한다. 랜덤으로 100개의 콘서트가 선택되었다면, 데시벨이 112보다 작은 콘서트는 대략 몇 개 정도가 되겠는가?

풀이

단계 1 [그림 6–24]와 같이 정규분포곡선을 그리고 원하는 면적을 표시한다.

그림 6-24
[예제 6-8]의 정규분포곡선의 면적

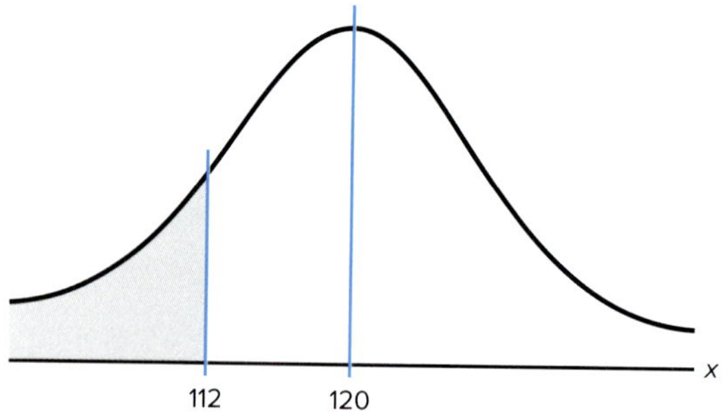

단계 2 원래의 값(X) 112에 해당하는 z값을 계산한다.

$$z = \frac{X - \mu}{\sigma} = \frac{112 - 120}{6} = -1.33$$

단계 3 표 E에서 해당 면적을 구한다. [그림 6-25]에서와 같이 표준정규분포곡선에서 $z = -1.33$ 좌측의 면적은 0.0918이다.

그림 6-25
[예제 6-8]의 면적과 z값

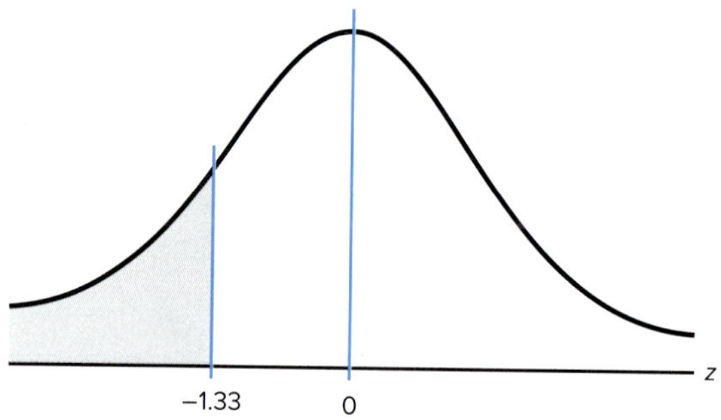

데시벨이 112보다 작은 콘서트가 몇 개인지 알기 위해서는 100×0.0918을 하면 된다. 이는 9.18이며 반올림하면 9가 된다. 따라서 100개의 콘서트 중에 9개 정도가 데시벨이 112보다 작다.

참고: 백분율을 이용한 문제에서는 먼저 백분율을 소수점으로 변환한 후에 곱하여야 한다. 또한 가능하면 가장 가까운 정수로 답하는 것이 좋다.

주어진 특정한 확률값에 해당하는 자료값 구하기

주어진 백분율에 해당하는 자료값을 구하기 위해 정규분포를 사용할 수 있다. 이 경우에는 먼저 백분율이나 확률값이 주어지고, 그에 대응하는 자료값 X를 찾는 것이 순서이다. 여기서도 마찬가지로 표준화 변환식 $z = \frac{X - \mu}{\sigma}$를 사용하면 된다. 먼저 z, μ, σ가 주어지면, 그에 대응하는 X값을 구하면 된다. 다른 방법으로는 표준화 변환식을 다음과 같이 변환하여 X를 구하여도 된다.

$$z = \frac{X - \mu}{\sigma}$$

$$z \cdot \sigma = X - \mu \qquad \text{양변에 } \sigma\text{를 곱한다.}$$

$$z \cdot \sigma + \mu = X - \mu + \mu \qquad \text{양변에 } \mu\text{를 더한다.}$$

$$X = z \cdot \sigma + \mu \qquad \text{식의 양변의 위치를 바꾼다.}$$

이 식을 사용하여 X값을 구한다.

정규분포를 따르는 확률변수 X 값을 구하는 공식

$$X = z \cdot \sigma + u$$

X값을 구하는 절차를 다음의 절차 표에 요약하였다.

절차 표

주어진 확률값에 대응하는 자료값 구하기

단계 1 정규분포곡선을 그리고, 확률, 비율, 백분위수 등을 나타내는 면적을 표시한다.

단계 2 표준정규분포표를 이용하여 단계 1의 면적에 대응하는 z값을 찾는다.

단계 3 식 $X = z\sigma + \mu$를 이용하여 X값을 구한다.

학습목표 5
표준정규분포를 이용하여 주어진 백분율에 대응하는 특정한 자료값 구하기

예제 6-9 경찰학교의 자격시험

경찰학교를 수료하기 위해 후보자들은 자격시험에서 상위 10%에 해당하는 점수를 얻어야만 한다. 자격시험점수는 평균 200점, 표준편차가 20점인 정규분포를 따른다고 한다. 수료하기 위해서는 자격시험점수가 최소한 몇 점 이상 되어야만 하는지 계산하시오.

풀이

단계 1 정규분포곡선을 그리고, 확률을 나타내는 면적을 표시한다.
자격시험점수는 정규분포를 따른다고 하였으므로 [그림 6-26]과 같이 정규분포곡선 면적의 상위 10%에 해당하는 자격시험점수 X를 구하면 된다.

그림 6-26
[예제 6-9]의 정규분포곡선의 면적

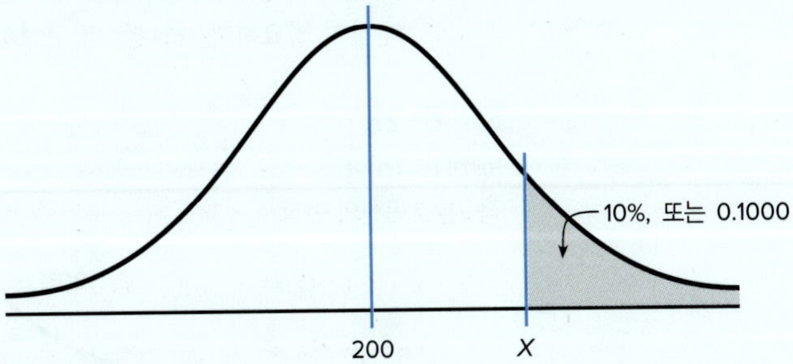

이 문제는 앞의 예제들과는 반대방향으로 문제를 해결한다.
x의 좌측에 해당하는 정규분포 면적을 계산하기 위해 1에서 0.1000을 뺀다. 즉, $1.0000 - 0.1000 = 0.9000$.

단계 2 부록 A의 분포표 E의 면적값에서 0.9000를 찾아 대응하는 z값을 계산한다. 그 값과 정확하게 일치하는 값을 찾을 수 없다면 가장 가까운 값을 사용한다. [그림 6-27]에서와 같이 가장 가까운 값은 0.8997이 된다. 이에 대응되는 z값은 1.28이다. (두 z값 사이의 중간에 위치한다면 두 값 중 큰 값으로 표현한다. 예를 들면 면적 0.95는 0.9495와 0.9505 사이의 중앙에 위치하므로 값은 1.64 대신에 1.65로 사용한다.)

그림 6-27
[예제 6-9]의 부록 A 표 E에서 z값 찾기

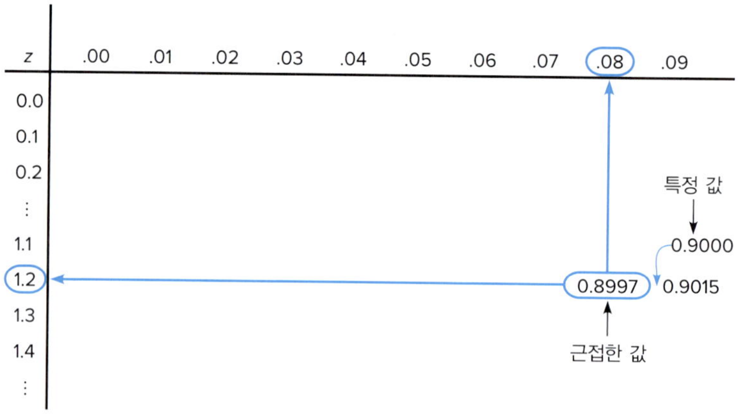

흥미 있는 사실

가장 많은 초콜릿 소비자는 미국인들이다. 일 년에 166억 달러를 소비한다.

단계 3 X값을 구한다.

$$X = z \cdot \sigma + \mu = 1.28(20) + 200 = 25.6 + 200$$
$$= 225.6 = 226 \text{ (반올림)}$$

따라서 226점이 커트라인 점수이다. 즉, 226점 이상을 획득해야 이 학교를 수료할 수 있다.

예제 6-10 수축기 혈압

의학 연구에서 어떤 연구 참여대상자를 평균 수축기 혈압을 중심으로 좌우로 하여 총 60%에 해당하는 사람 중에서 선택하기를 원한다. 수축기 혈압은 평균이 120이고 표준편차가 8인 정규분포를 따른다고 할 때, 이 연구에 참여할 수 있는 사람들의 최저 및 최고 혈압은 어느 정도 되어야 하는가?

풀이

단계 1 [그림 6-28]과 같이 정규분포곡선을 그리고 원하는 면적을 표시한다. 60%의 경계값으로 두 개의 값이 필요하다. 하나는 평균보다 큰 값(X_1)이고 다른 하나는 평균보다 작은 값(X_2)이다.

그림 6-28
[예제 6-10]의 정규분포곡선의 면적

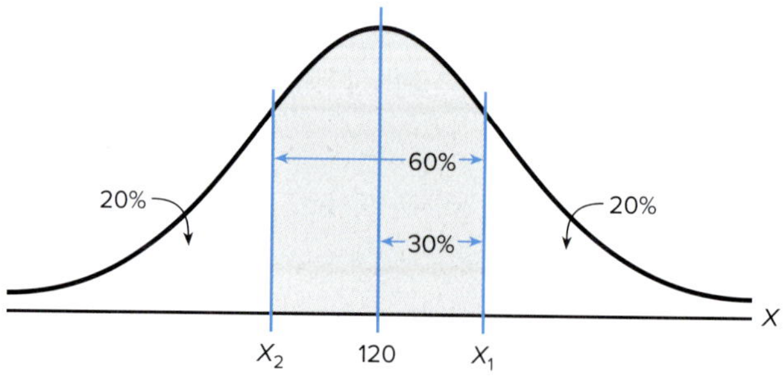

단계 2 z값들을 구한다. 평균보다 큰 양수인 z값의 좌측 면적을 계산하기 위해 0.5를 더하면 $0.5000 + 0.3000 = 0.8000$ $(30\% = 0.3000)$이다. 면적이 0.8000에 가장 가까운 값은 0.84이다.

단계 3 X값 계산하기

식 $X = z\sigma + \mu$에 대입하여 풀면,

$$X_1 = z\sigma + \mu = (0.84)(8) + 120 = 126.72\text{이다.}$$

음수인 z값의 좌측 면적은 20%, 즉 0.2000이다. 면적이 0.2000에 가장 가까운 z값은 -0.84이므로,

$$X_2 = (-0.84)(8) + 120 = 113.28\text{이다.}$$

따라서 평균 수축기 혈압을 중심으로 좌우 60%에 해당하는 사람의 혈압 범위는 $113.28 < X < 126.72$이다.

이 절에서 살펴본 바와 같이 정규분포이거나 근사적으로 정규분포를 따르는 확률변수와 관련된 문제를 해결하는 데 정규분포가 유용하게 사용되고 있음을 알 수 있다.

정규성 확인하기

정규분포 혹은 종모양 분포는 많은 형태의 분포 중 하나일 뿐이다. 그렇지만 많은 통계적 기법이나 방법들이 자료의 분포(다음 장에서 설명하기로 함)가 정규분포이거나 근사적인 정규분포인 형태를 요구하므로 자료의 정규성을 확인하는 것은 매우 중요하다.

정규성을 확인하는 방법은 여러 가지 있다. 가장 쉬운 방법은 자료에 대해 히스토그램을 그려보는 것이다. 만약 자료의 히스토그램이 근사적으로 종모양을 가지지 않는다면 자료는 정규분포가 아니라고 할 수 있다.

왜도(skewness)는 피어슨 계수(또는 피어슨 왜도지수)인 PC(Pearson coefficient)를 이용하여 확인할 수 있다. 식은 다음과 같다.

$$\mathrm{PC} = \frac{3(\bar{X} - \text{중앙값})}{s}$$

피어슨 계수가 1 이상이거나 −1 이하이면 자료가 유의미하게 치우쳐져 있다고 판단한다.

이러한 측도뿐만 아니라, 3장에서 설명한 이상점으로도 확인할 수 있다. 한 개 혹은 두 개의 이상점만으로도 정규성에 많은 영향을 줄 수 있기 때문이다.

[예제 6−11]과 [예제 6−12]에서 정규성을 어떻게 확인하는지 설명한다.

예제 6−11 첨단기술기업의 재고처리기간

다음은 18개의 첨단기술기업에 대하여 재고처리기간(단위: 일)을 조사한 자료이다. 이 자료가 근사적으로 정규분포를 따르는지를 판단하시오.

5	29	34	44	45	63	68	74	74
81	88	91	97	98	113	118	151	158

출처: *USA TODAY*.

풀이

단계 1 도수분포표를 작성하고 [그림 6−29]와 같이 히스토그램을 그린다.

계급	도수
5–29	2
30–54	3
55–79	4
80–104	5
105–129	2
130–154	1
155–179	1

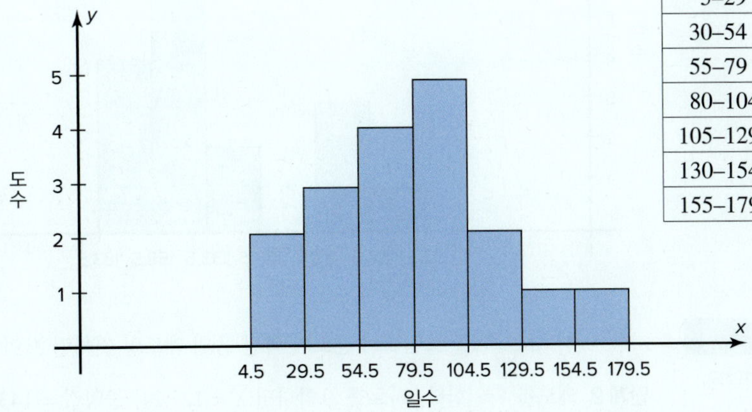

그림 6−29
[예제 6−11]의 히스토그램

히스토그램이 근사적으로 종모양 형태이므로 자료는 근사적으로 정규분포를 따른다고 할 수 있다.

단계 2 왜도를 확인한다. 자료를 요약하면 $\overline{X} = 79.5$, 중앙값 = 77.5, $s = 40.5$이다.

왜도의 측도인 피어슨 계수를 계산하면,

$$\begin{aligned} PC &= \frac{3(79.5 - 77.5)}{40.5} \\ &= 0.148 \end{aligned}$$

이다. 피어슨 계수가 1 이상도 아니고 −1 이하도 아니므로, 자료의 분포가 치우치지 않은 것으로 판단할 수 있다.

단계 3 이상점을 확인한다. 이상점은 제1사분위수(Q_1) 아래로 1.5(IQR)이 값보다 더 작거나, 제3사분위수(Q_3) 위로 1.5(IQR)이 값보다 더 큰 값을 말한다. 이 예제의 경우에 $Q_1 = 45$, $Q_3 = 98$, $IQR = Q_3 - Q_1 = 98 - 45 = 53$이다. 따라서 $45 - 1.5(53) = -34.5$보다 작거나, $98 + 1.5(53) = 177.5$보다 큰 자료값이 이상점이다. 그러므로 이 예제의 자료에서는 이상점이 없다. 참고로 IQR은 사분위범위(InterQuartile Range)이다.

히스토그램이 근사적으로 종모양이고, 자료의 치우침이 유의하지 않고, 이상점이 없으므로 자료의 분포는 근사적으로 정규분포를 따른다고 할 수 있다.

예제 6-12 야구 경기 수

야구 명예의 전당에 가입된 Bill Mazeroski가 선수 시절 매년 시합한 경기 수에 대한 자료이다. 자료가 근사적으로 정규분포를 따르는지를 판단하시오.

81	148	152	135	151	152
159	142	34	162	130	162
163	143	67	112	70	

출처: *Greensburg Tribune Review*.

풀이

단계 1 도수분포표를 작성하고 [그림 6-30]과 같이 히스토그램을 그린다.

그림 6-30
[예제 6-12]의 히스토그램

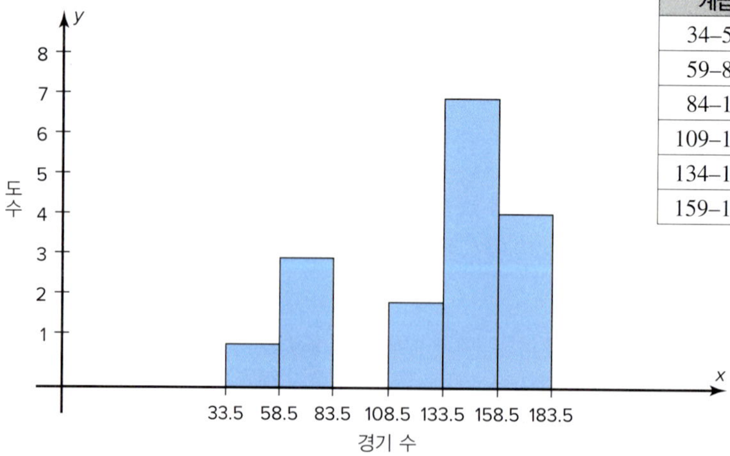

계급	도수
34–58	1
59–83	3
84–108	0
109–133	2
134–158	7
159–183	4

이색 통계

소매치기의 건당 평균 금액은 128달러이다.

히스토그램을 보면 도수분포가 약간 음의 왜도인 것처럼 보인다.

단계 2 왜도를 확인한다. 자료를 요약하면 $\overline{X} = 127.24$, 중앙값 = 143, $s = 39.87$이다.

$$\begin{aligned} PC &= \frac{3(\overline{X} - \text{중앙값})}{s} \\ &= \frac{3(127.24 - 143)}{39.87} \\ &\approx -1.19 \end{aligned}$$

이다. 피어슨 계수가 −1보다 작으므로 자료의 분포는 왼쪽으로 치우친 것으로 판단할 수 있다.

단계 3 이상점을 확인한다. 자료를 요약하면 $Q_1 = 96.5$, $Q_3 = 155.5$, $\text{IQR} = Q_3 - Q_1 = 155.5 - 96.5 = 59$이다. 따라서 $96.5 - 1.5(59) = 8$보다 작거나, $155.5 + 1.5(59) = 244$보다 큰 자료값이 이상점이다. 그러므로 이 예제의 자료에서는 이상점이 없다.

전체적으로 요약하면, 이 자료의 분포는 약간 왼쪽으로 기울어졌다.

정규성을 확인하는 또 다른 방법은 **정규분위수그림**(normal quantile plot)을 그리는 것이다. **분위수**(quantile)는 **분점**(fractile)이라고도 하는데 자료를 같은 크기를 갖는 그룹으로 나누는 값이다. 이미 공부한 바와 같이 사분위수(quartile)는 자료를 같은 크기로 4등분한 값이고, 10분위수(decile)는 자료를 같은 크기로 10등분한 값이다. 정규분위수그림은 x축에 자료값을, 자료값의 분위수를 표준화한 z값을 y축 값으로 하여 그린 그림이다. (**참고**: z값 계산은 약간 복잡하니 일반적으로 소프트웨어를 이용해 그래프를 그린다. 'Excel : Step by Step'에서 정규분위수그림을 어떻게 그리는지 설명하기로 한다). 만약 분위수그림의 좌표들이 근사적으로 직선상에 존재하지 않는다면 정규성을 기각할 수 있다.

이외에도 정규성을 확인하는 여러 가지 방법들이 있다. 정규확률지(nomial probability graph paper)를 이용하는 방법은 6장 마지막 부분에 있는 '비판적 사고'에서 설명하고, 11장에서는 '카이제곱 적합도 검정'을 설명한다. 때로는 정규성을 확인하는 두 가지 검정법을 사용하는데, 콜모고로프-스미르노프(Kolmogorov-Smikirov) 검정과 릴리포스(Lilliefors) 검정이다. 두 검정에 대한 설명은 이 교재 수준을 넘으므로 고급통계학 교재에서 확인하기 바란다.

개념의 적용 6-2

멘사 회원

약 10,000명의 인구가 사는 어느 지역에서 멘사 지부(Mensa chapter)를 만들려고 한다. 이를 위하여 먼저 IQ가 최소한 130이 요구되는 멘사 가입자격을 가진 사람이 이 지역에서 얼마나 되는지 알 필요가 있다. IQ는 평균 100, 표준편차 15인 정규분포를 따른다는 것을 알고 있다. 다음 문제를 해결하시오.

1. 이 지역에서 멘사 가입 자격을 가진 주민 수를 근사적으로 계산하시오.
2. 이 지역에서 멘사 지부를 만드는 것이 과연 타당한가?
3. 실제로 이 멘사 지부에 신규 회원으로 가입할 수 있는 자격을 갖춘 사람을 어떻게 찾을 것인가? 자료를 수집하는 방법에 대해 구체적으로 설명하시오.
4. 이 지역에 IQ 점수의 상위 1%만이 가입할 수 있는 울트라-멘사 클럽을 만들려고 한다면, 이 클럽의 회원의 IQ는 최소한 몇 점 이상이 되어야 하는가?

정답 287쪽 참조

연습문제 6-2

1. **자동차회사 종업원** 자동차회사의 종업원들은 일주일에 평균 43.7시간 근무한다. 이 근무시간은 표준편차가 1.6시간이며 근사적인 정규분포를 따른다고 한다. 랜덤으로 선택된 종업원의 일주일 근무시간이 40시간보다 작을 확률은 얼마인가?

2. **미국교도소 수감자 수** 미국교도소의 일 평균 수감자 수는 706,242명이다. 수감자 수의 분포는 표준편차가 52,145명인 정규분포를 따른다고 한다. 랜덤으로 선택한 어떤 날의 수감자 수가 다음과 같을 때의 확률을 계산하시오.
   a. 750,000명 이상
   b. 600,000~700,000명
   출처: *New York Times Almanac*.

3. **초코바의 칼로리** 1.5온스 초코바의 평균 칼로리는 225이다. 이 칼로리는 표준편차가 10인 근사적인 정규분포를 따른다고 한다. 랜덤으로 선택한 초코바의 칼로리가 다음과 같을 때의 확률을 계산하시오.
   c. 200~220칼로리
   d. 200칼로리 미만
   출처: *The Doctor's Pocket Calorie, Fat, and Carbohydrate Counter*.

4. **징역형량** 2급 살인의 평균 형량이 15년이다. 이 형량은 표준편차가 2.1년인 정규분포를 따른다고 한다. 다음의 확률을 계산하시오.
   a. 형량이 18년 초과
   b. 형량이 13년 미만
   출처: *The Book of Risks*.

5. **연간 주행거리** 미국에서 자동차당 연평균 주행거리가 12,494마일이다. 연 주행거리는 표준편차가 1,290마일인 정규분포를 따른다고 한다. 랜덤으로 한 대의 차를 선택하였을 때 이 차의 연 주행거리가 15,000마일보다 더 많을 확률은 얼마인가? 8,000마일 미만일 확률은? 만약 어떤 자동차가 작년에 6,000마일 미만을 주행하였다면 이 자동차를 사겠는가?
   출처: *World Almanac*.

6. **신용카드 부채** 대학교 4학년 학생들의 신용카드 부채는 평균 3,262달러이다. 부채는 표준편차가 1,100달러인 정규분포를 따른다고 한다면 다음의 확률을 계산하시오.
   a. 4학년 학생의 부채가 최소 1,000달러인 경우
   b. 4학년 학생의 부채가 4,000달러 이상인 경우
   c. 4학년 학생의 부채가 3,000~4,000달러인 경우
   출처: *USA TODAY*.

7. **포트홀** 포장된 미국도로 10마일당 평균적으로 130개의 포트홀이 있다고 한다. 이 포트홀의 수는 표준편차가 5인 근사적인 정규분포를 따른다고 한다. 랜덤으로 선택한 도로에서 다음의 확률을 구하시오.
   a. 10마일당 포트홀의 개수가 142개 초과
   b. 10마일당 포트홀의 개수가 125개 미만
   c. 10마일당 포트홀의 개수가 128개와 136개 사이
   출처: *Infrastructure Technology Institute*.

8. **심장박동수** 어떤 그룹의 1분당 심장박동수가 평균 72라고 한다. 1분당 심장박동 수는 표준편차가 3인 정규분포를 따른다고 한다. 랜덤으로 선택한 한 사람의 1분당 심장박동수가 다음과 같을 확률을 구하시오.
   a. 68~74
   b. 70 초과
   c. 75 미만

9. **고양이 행동** 어떤 보고서에 의하면 하루 동안에 고양이가 음식 그릇으로 돌아오는 것이 평균적으로 36회이다. 고양이가 하루 동안 음식 그릇으로 돌아오는 횟수는 표준편차가 5인 정규분포를 따른다고 한다. 랜덤으로 선택한 고양이가 하루 동안 음식 그릇으로 돌아오는 횟수가 32회와 38회 사이일 확률은 얼마인가?

10. **신규주택 크기** 주택업자는 신규주택의 크기를 현재 주택시장의 80% 정도의 주택크기에 해당하는 규모로 건축하고자 한다. 주택의 평균 크기가 1810제곱피트라고 할 때, 주택업자가 건축하려고 하는 주택의 최대 및 최소 크기를 계산하시오. 주택크기는 표준편차가 92제곱피트인 정규분포를 따른다고 가정한다.
    출처: Michael D. Shook and Robert L. Shook, *The Book of Odds*.

11. **PC 가격** PC(개인용 컴퓨터)의 평균 가격은 949달러이다. PC 가격은 표준편차가 100달러인 근사적인 정규분포를 따른다고 할 때, 랜덤으로 선택한 PC의 가격이 1,200달러보다 비쌀 확률은 얼마인가? PC 가격의 하위 10%가 되게 하려면 PC 가격은 얼마이어야 하는가?
    출처: *New York Times Almanac*.

12. **임상실험 참가** 어떤 임상연구 실험자로 참가하기 위해서는 수축기 혈압이 평균을 중심으로 하여 50% 이내가 되어야만 한다. 수축기 혈압은 평균이 120, 표준편차가 4인 정규분포를 따른다고 할 때, 이 임상실험에 참가하기 위한 수축기 혈압의 하한과 상한은 얼마인가?
    출처: *Charleston Post and Courier*.

13. **병원에 머무는 기간** 어떤 병원에서 이루어지는 모든 진단을 위해 병원에서 머무는 평균 기간이 4.8일이다. 병원에서 머무는 기간은 분산이 2.1인 정규분포를 따른다고 할 때, 병원에서 머무는 기간 분포에서 상위 10%에 해당하는 기간은 며칠인가? 병원에서 머무는 기간이 전체 분포의 30%를 넘지 않는다고 할 때 병원에 머무는 기간은 최대 며칠인가?
    출처: www.cdc.gov

14. **제품 마케팅** 어떤 광고회사가 저소득층을 대상으로 제품을 판매하고자 한다. 어느 지역에 대한 조사에서 가구당 평균 소

득이 24,596달러이고, 표준편차는 6,256달러라고 한다. 회사에서는 가구당 소득이 하위 18%에 해당하는 가구를 대상으로 제품을 판매하고자 한다. 판매 대상이 되는 가구소득을 계산하시오. 가구당 소득은 정규분포를 따른다고 가정한다.

15. **손목시계 수명** 손목시계의 평균 수명은 25개월이고 표준편차는 5개월이다. 손목시계 수명은 정규분포를 따른다고 한다. 만약 시계 제조업자가 판매된 시계 개수의 10%까지만 교체해 주기를 원한다면, 이 제조업자는 시계의 수명을 몇 개월까지 보증해 주어야 할까?

16. 어떤 변수의 분포가 아래 그림과 같을 때, 각 분포의 평균과 표준편차를 구하시오.
힌트: [그림 6-4]와 [그림 6-6]을 참조하고, 수직 직선은 1 표준편차 거리를 나타낸다.

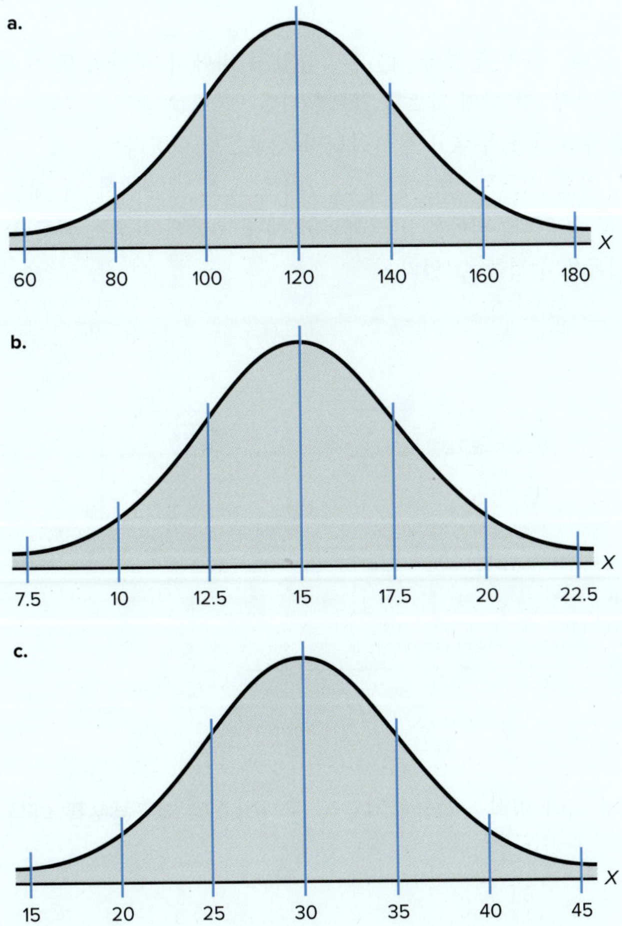

17. **Pittsburgh 기온** Pittsburgh의 7월 평균기온은 화씨 73도이다. 이 기온은 정규분포를 따른다고 가정한다. 피츠버그 7월 중 5%인 날의 기온이 적어도 화씨 85도가 된다면 피츠버그 7월 기온의 표준편차는 얼마인가?
출처: *The World Almanac*.

18. **사회보장연금** 월 사회보장연금(OASDI)의 분포가 표준편차가 120달러인 정규분포를 따른다고 한다. 이 연금의 상위 25%가 1255.94달러라고 한다면 월 사회보장연금(OASDI)의 평균은 얼마인가?
출처: *World Almanac 2012*.

19. **인터넷 사용자** 미국인들은 인터넷을 일주일에 평균 18.3시간 사용한다고 한다. 인터넷 사용자의 95%가 일주일에 13.1시간과 23.5시간 사이를 사용한다면, 랜덤으로 선택된 인터넷 사용자가 일주일에 15시간 이하로 인터넷을 사용할 확률은 얼마인가?
출처: *World Almanac 2012*.

20. **자동차 극장** 지난 14년 동안 미국에서 상영되는 자동차 극장 수를 나타낸 자료이다. 정규성을 확인하시오.

2084	1497	1014	910	899	870	837	859
848	826	815	750	637	737		

출처: National Association of Theater Owners.

21. **영화흥행수입** 다음은 랜덤으로 선택한 2009년에 최고로 흥행한 영화들의 총수입(단위: 백만달러)을 나타낸 자료이다. 정규성을 확인하시오.

37	32	155	277
146	80	66	113
71	29	166	36
28	72	32	32
30	32	52	84
37	402	42	109

출처: http://boxofficemojo.com

22. 계산기를 사용하여 1부터 100 사이에서 랜덤으로 20개의 정수를 생성한 후 정규성을 확인하시오. 이 자료가 정규분포를 따른다고 할 수 있는가를 설명하시오.

EXCEL
Step by Step

정규분위수그림

Excel에서 자료가 근사적으로 정규분포를 따르는지 확인하기 위해 정규분위수그림을 작성할 수 있다.

1. 새로운 시트의 A열에 [예제 6-11]의 자료를 입력한다. 자료는 오름차순으로 정렬해야 한다. 만일 자료가 오름차순으로 정렬되어 있지 않다면, 정렬할 자료의 범위를 표시하여 툴바에서 '정렬 및 필터'를 선택하고 '숫자 오름차순 정렬'을 클릭해 정렬한다.
2. A열에 자료를 입력하고 정렬하고, B1칸을 선택한 후 '=NORMSINV(1/(2*18))'을 입력한다. 표본크기가 18이므로 각 점수는 1/18 혹은 표본의 약 5.6%로 나타난다. 각 자료값들은 전체 자료를 같은 크기로 나누었을 때의 경계값이라고 가정한다. 각 자료값들은 특정 구간의 중앙값으로 간주한다. 이 과정은 각 자료값들이 1/18의 구간 범위 중앙값이라고 가정하여 표준화한 것과 같다.
3. A열의 개별 자료에 대해 단계 2를 반복한다. 그렇지만 A열의 연속한 값들에 대해 NORMSINV 함수를 표현할 때 2씩 증가하는 홀수 값들에 1/36(=1/(2*18))을 곱해 입력한다. 예를 들면, B2칸에는 '=NORMSINV(3/(2*18)'을 입력한다. B3칸에는 '=NORMSINV(5/(2*18))'을 입력한다. 이와 같이 각 자료값들에 대응하는 z값을 계산한다.
4. A열과 B열의 자료 범위를 드래그하여 활성화시킨 후, '삽입' 툴바에서 '분산형 또는 거품형 차트 삽입'을 선택하고 '분산형' 첫 번째 차트를 클릭한다.
5. 차트 제목 부분에 마우스 왼쪽 버튼을 누르고 활성화되면 제목을 입력한다.
6. 차트 부분을 왼쪽 클릭하면, 차트 오른쪽 상단에 나오는 '차트 요소' 메뉴에서 '축 제목'이나 '범례' 등을 체크하여 넣을 수 있다. 제목을 변경하려면 해당 제목에 마우스 왼쪽 부분을 클릭한 후 활성화되면 제목을 수정할 수 있다.

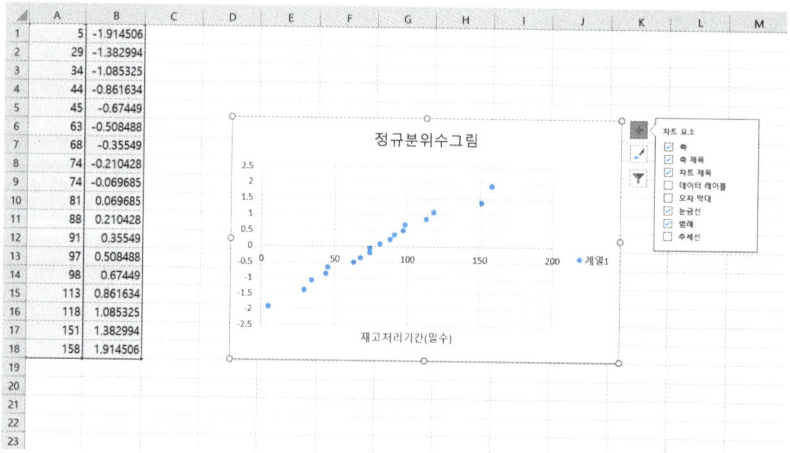

	A	B
1	5	-1.914506
2	29	-1.382994
3	34	-1.085325
4	44	-0.861634
5	45	-0.67449
6	63	-0.508488
7	68	-0.35549
8	74	-0.210428
9	74	-0.069685
10	81	0.069685
11	88	0.210428
12	91	0.35549
13	97	0.508488
14	98	0.67449
15	113	0.861634
16	118	1.085325
17	151	1.382994
18	158	1.914506

그림의 좌표점들이 직선에 가깝게 되어 있다. 따라서 자료는 근사적으로 정규분포를 따른다고 할 수 있다.

6-3 중심극한정리

학습목표 6
대표본에서 표본평균에 관한 문제를 해결하기 위해서 중심극한정리 이용하기

통계학자들은 모집단에서 개별 자료값들이 평균에 대해 얼마나 변동하는지 알고자 하는 것뿐만 아니라, 해당 모집단으로부터 동일한 표본크기로 추출한 표본들의 평균들이 모평균에 대해 얼마나 변동하는지도 알고 싶어 한다.

표본평균의 분포

랜덤으로 선택한 30명의 성인 남성의 표본에서 중성지방(triglyceride) 수준을 측정한 표본평

균을 계산하니 187 mg/dl이다. 같은 방법으로 두 번째 표본을 선택한다고 가정하자. 표본평균을 계산하니 192 mg/dl이다. 이 과정을 반복한 100개 표본들의 표본평균은 확률변수가 된다. 표본평균 187, 192, 184, . . . , 196 은 **표본평균의 표집분포**를 이루게 된다.

> **표본평균의 표집분포**(sampling distribution of sample means)는 모집단에서 일정한 크기로 선택된 모든 가능한 랜덤표본들로부터 계산된 표본평균들의 분포이다.

복원추출방법을 통해 랜덤으로 선택된 표본들의 평균은 대부분 모평균 μ와는 차이가 있을 것이다. 이 차이를 표집오차라고 한다.

> **표집오차**(sampling error)는 표본이 모집단을 완벽하게 설명하지 못하기 때문에 발생되는 표본평균과 모평균의 차이이다.

모집단으로부터 복원으로 모든 가능한 표본이 선택될 때, 표본평균의 분포는 다음에서 설명할 두 가지 중요한 특성을 갖는다.

표본평균의 분포의 특성

1. 표본평균의 평균은 모평균과 같다.
2. 표본평균의 표준편차는 모표준편차를 표본크기의 제곱근으로 나눈 값과 같아지므로 모표준편차보다 작다.

다음의 예로 위의 두 가지 특성을 설명해보자. 4명이 수강하는 규모가 작은 수업에서 교수가 8점 만점의 퀴즈를 낸다고 가정하자. 퀴즈를 낸 결과 4명의 학생 성적은 각각 2점, 6점, 4점, 8점이었다. 표본평균의 분포를 설명하기 위해 4명 학생을 모집단으로 가정한다. 모평균은

$$\mu = \frac{2+6+4+8}{4} = 5$$

이고, 모표준편차는

$$\sigma = \sqrt{\frac{(2-5)^2+(6-5)^2+(4-5)^2+(8-5)^2}{4}} \approx 2.236$$

이다. [그림 6-31]은 모집단 분포의 그래프이며, 이를 **균등분포**(uniform distribution)라고 한다.

그림 6-31
퀴즈 점수의 분포

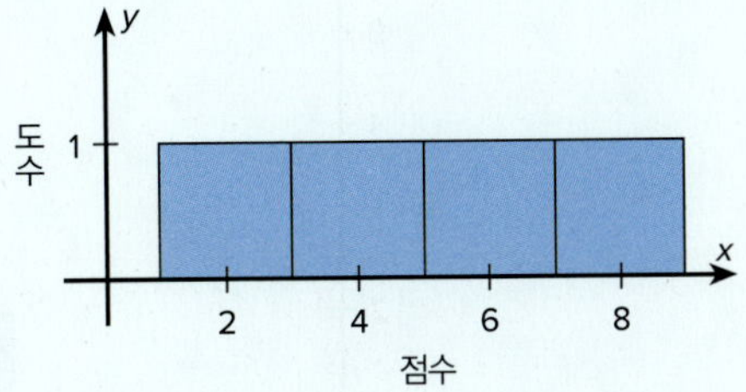

복원추출방법로 추출한 크기 2인 모든 가능한 표본과 그때의 표본평균들의 분포는 다음과 같다.

표본	평균	표본	평균
2, 2	2	6, 2	4
2, 4	3	6, 4	5
2, 6	4	6, 6	6
2, 8	5	6, 8	7
4, 2	3	8, 2	5
4, 4	4	8, 4	6
4, 6	5	8, 6	7
4, 8	6	8, 8	8

역사적 기록

중심극한정리 발견에 공헌한 두 명의 수학자는 Abraham DeMoivre(1667~1754)와 Pierre Simon Laplace(1749~1827)이다. DeMoivre는 그의 종교적 신념 때문에 한 번 수감되었는데, 석방 후 도박과 보험에 관한 수학적 자문을 하면서 생활하였다. 그는 *Annuities Upon Lives*와 *The Doctrine of Chance*라는 두 권의 책을 저술하였다. Laplace는 Napoleon과 Louis 14세의 집정시기에 정부관직에 올랐다. 그는 해가 떠오를 확률이 18,226,214/18,226,215라고 계산하였다.

표본평균들의 도수분포는 다음과 같다.

$\overline{X}$	f
2	1
3	2
4	3
5	4
6	3
7	2
8	1

위의 예제에서 표본평균들에 대한 그래프는 [그림 6-32]와 같다. 히스토그램은 근사적으로 정규분포를 따른다고 할 수 있다.

표본평균들의 평균을 $\mu_{\overline{X}}$로 표기한다면,

$$\mu_{\overline{X}} = \frac{2+3+\cdots+8}{16} = \frac{80}{16} = 5$$

이다. 이는 모평균과 같다. 즉, $\mu_{\overline{X}} = \mu$이다.

표본평균의 표준편차, 즉, $\sigma_{\overline{X}}$는

$$\sigma_{\overline{X}} = \sqrt{\frac{(2-5)^2+(3-5)^2+\cdots+(8-5)^2}{16}} \approx 1.581$$

이며, 이는 모분산을 2의 제곱근인 $\sqrt{2}$로 나눈 것과 같다. 즉, 다음과 같다.

$$\sigma_{\overline{X}} = \frac{2.236}{\sqrt{2}} \approx 1.581$$

이색 통계

미국 사람들은 연평균 1400파운드의 음식을 소비한다.

(**참고:** 두 개의 답과 일치함을 보이기 위해 여기서는 반올림 규칙을 사용하지 않았다.)

요약하면, 동일한 모집단에서 크기가 n인 모든 가능한 표본들을 복원추출로 선택한다면 표본평균들의 평균($\mu_{\overline{X}}$)은 모평균(μ)과 같고, 표본평균들의 표준편차($\sigma_{\overline{X}}$)는 $\frac{\sigma}{\sqrt{n}}$와 같다. 표본평균들의 표준편차는 **평균의 표준오차(the standard error of the mean)**라고 한다. 즉,

그림 6-32
표본평균의 분포

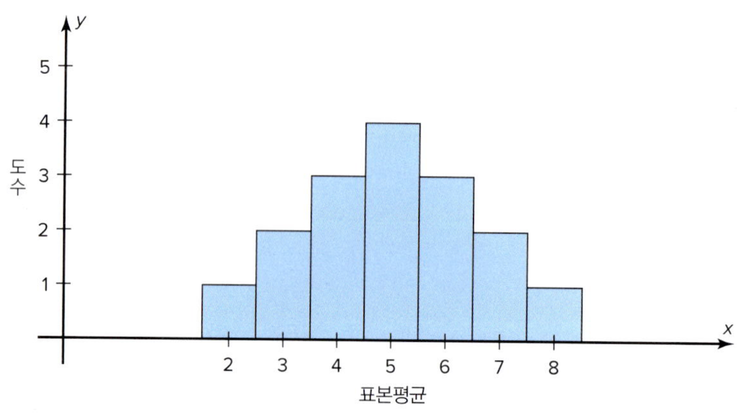

$$\sigma_{\overline{X}} = \frac{\sigma}{\sqrt{n}}$$

이다.

표본평균의 표집분포에 관한 세 번째 특성은 분포의 형태에 관한 것으로 **중심극한정리(central limit theorem)**로 설명된다.

중심극한정리

표본크기 n이 무한히 증가하면 평균 μ, 표준편차 σ를 갖는 모집단에서 복원으로 추출된 표본평균의 분포의 형태는 정규분포를 따른다. 앞서 보였듯이 이 분포는 평균 μ와 표준편차 $\sigma/\sqrt{n}$을 갖는다.

표본크기가 충분히 크다면 중심극한정리는 개별 자료(X)에 대한 문제를 해결하는 데 정규분포를 사용한 것과 동일한 방법으로 표본평균($\overline{X}$)에 대한 문제를 해결하는 데 사용할 수 있다. 두 방법의 차이는 표준화점수 z값을 계산하기 위해 새로운 식을 사용하는 것만이 다르다.

$$z = \frac{\overline{X} - \mu}{\sigma/\sqrt{n}}$$

여기서 $\overline{X}$는 표본평균이고, 개별 자료값을 표본평균으로 대체하였기 때문에 분모를 조정해야 한다는 점이 다르다. 여기에서 분모는 표본평균들의 표준편차이다.

정규분포를 따르는 모집단으로부터 일정한 크기로 많은 표본들을 추출하거나, 혹은 정규분포가 아닌 모집단으로부터 30보다 큰 크기로 많은 표본들을 추출한 표본에서 표본평균을 계산한다면, 표본평균들의 분포는 [그림 6-33]처럼 정규분포의 형태를 보일 것이다. 이 그림에서 백분율은 영역의 면적을 의미한다.

중심극한정리를 이용할 때 다음과 같은 두 가지 사항을 기억하는 것이 중요하다.

1. 모집단이 정규분포를 따른다면, 표본크기(n)에 상관없이 $z = \left(\frac{\overline{X} - \mu}{\sigma/\sqrt{n}}\right)$의 분포의 형태는 표준정규분포가 될 것이다.
2. 모집단이 정규분포를 따르지 않아도 표본크기(n)가 30 이상인 표본에 대해서 $z = \left(\frac{\overline{X} - \mu}{\sigma/\sqrt{n}}\right)$의 분포의 형태는 근사적인 표준정규분포를 따른다. 표본크기가 크면 클수록 더 잘 근사될 것이다.

그림 6-33

대표본에서 표본평균의 분포

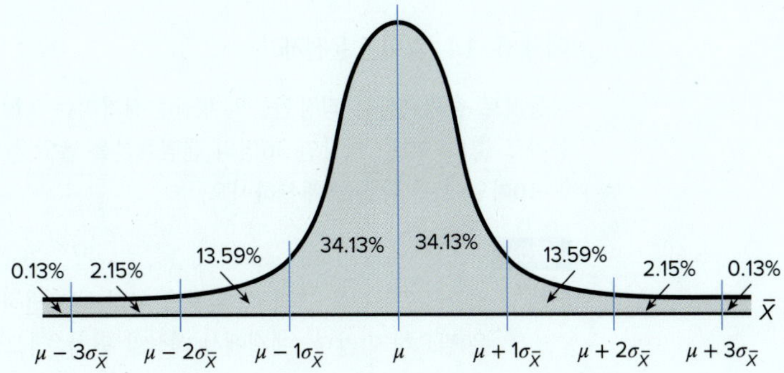

[예제 6-13]부터 [예제 6-15]까지는 표본평균에 대한 문제를 해결하기 위해 표준정규분포를 어떻게 이용하는지 보여줄 것이다.

예제 6-13 어린이 TV 시청시간

AC닐슨은 2~5세의 어린이가 TV를 주당 평균 25시간 시청하고 있다고 발표하였다. TV 시청시간은 표준편차가 3시간인 정규분포를 따른다고 가정한다. 2~5세의 어린이 20명을 랜덤으로 추출하였을 때, 이들의 TV 평균 시청시간이 26.3시간 이상일 확률을 계산하시오.

출처: Michael D. Shook and Robert L. Shook, *The Book of Odds*.

풀이

TV 시청시간은 근사적으로 정규분포를 따른다고 하였으므로 표본평균들의 분포는 근사적으로 평균이 25시간인 정규분포를 따를 것이다. 표본평균들의 표준편차는

$$\sigma_{\overline{X}} = \frac{\sigma}{\sqrt{n}} = \frac{3}{\sqrt{20}} = 0.671$$

이다.

단계 1 정규분포곡선을 그리고 확률을 나타내는 면적을 표시한다. [그림 6-34]와 같이 표본평균에 대한 정규분포곡선을 그리고 원하는 면적을 표시한다.

그림 6-34

[예제 6-13]을 표현한 표준정규분포곡선의 면적

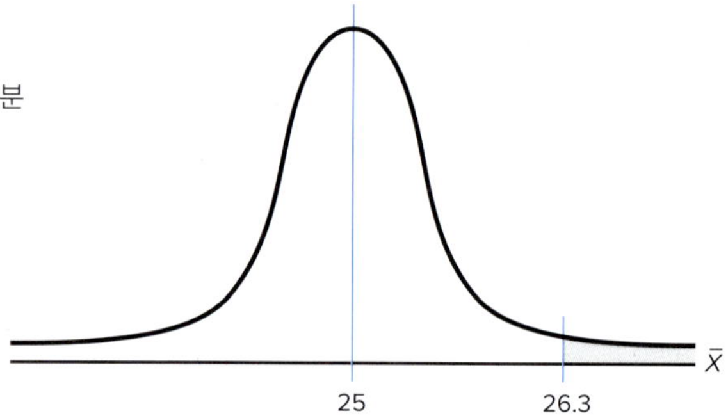

단계 2 $\overline{X}$값을 z값으로 변환한다.

$$z = \frac{\overline{X} - \mu}{\sigma/\sqrt{n}} = \frac{26.3 - 25}{3/\sqrt{20}} = \frac{1.3}{0.671} = 1.94$$

단계 3 z값에 대응하는 면적을 구한다. 1.94의 우측 면적은 $1.000 - 0.9738 = 0.0262$ 또는 2.62%이다.

표본평균이 26.3시간보다 많을 확률은 2.62%라고 할 수 있다 [즉, $P(\overline{X} > 26.3) = 0.0262$]. 특히 2~5세의 어린이 중 랜덤으로 선택한 20명의 평균시청시간이 26.3시간보다 많을 확률은 2.62%이다.

예제 6-14 출퇴근 운전거리

자동차로 출퇴근하는 직장인들의 평균운전거리는 9.6마일이다. 표준편차는 1.8마일로 알려져 있다. 자동차로 출퇴근하는 직장인 36명의 랜덤표본을 뽑았을 때, 이들이 자동차로 출퇴근하는 평균운전거리가 9~10마일이 될 확률을 계산하시오.

풀이

단계 1 정규분포곡선을 그리고, 확률을 나타내는 면적을 표시한다. 표본이 30보다 크므로 정규성 가정은 필요하지 않다. 예제에서 계산할 면적은 [그림 6-35]와 같다.

그림 6-35
[예제 6-14]를 표현한 표준정규분포곡선의 면적

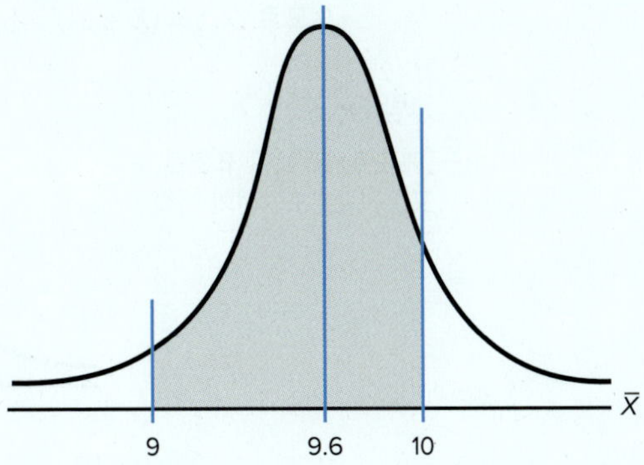

단계 2 $\overline{X}$값을 z값으로 변환한다. 변환된 두 개의 z값들은 다음과 같다.

$$z_1 = \frac{9 - 9.6}{1.8/\sqrt{36}} = -2$$

$$z_2 = \frac{10 - 9.6}{1.8/\sqrt{36}} = 1.33$$

단계 3 두 개의 z값에 대응하는 면적을 구한다. 두 값인 −2.00과 1.33 사이의 면적을 계산하기 위해 분포표 E에서 면적을 살펴보고, 1.33의 면적에서 −2.00의 면적을 빼면 된다. $z = -2$에 해당하는 면적은 0.0228이고, $z = 1.33$에 해당하는 면적은 0.9082이다. 그러므로 두 값 사이의 면적은 $0.9082 - 0.0228 = 0.8854$, 즉 88.54%이다.

따라서 표본평균이 9~10마일이 될 확률은 88.54%라고 할 수 있다 [즉, $P(9 < \overline{X} < 10) = 0.8854$]. 특히 자동차로 출퇴근하는 직장인 중 랜덤으로 선택한 36명의 평균운전거리가 9~10마일이 될 확률은 88.54%이다.

다음의 두 식 중 어느 것을 사용할 것인지 결정하기 어려운 경우가 있다.

$$z = \frac{\overline{X} - \mu}{\sigma/\sqrt{n}} \qquad \text{또는} \qquad z = \frac{X - \mu}{\sigma}$$

식 $z = \frac{\overline{X} - \mu}{\sigma/\sqrt{n}}$는 표본평균($\overline{X}$)에 대한 정보를 얻는 데 사용한다. 그리고 식 $z = \frac{X - \mu}{\sigma}$는 모집단으로부터 얻은 개별 자료($X$)에 대한 정보를 얻는 데 사용한다. 첫 번째 식은 표본평균을 나타내는 $\overline{X}$가 들어 있는 반면, 두 번째 식은 개별 자료를 나타내는 X로 표현하고 있음을 주의해야 한다. [예제 6-15]는 두 식의 사용에 관해 설명하고 있다.

예제 6-15 주말 근무시간

주말에 일을 하는 건설현장 근로자들의 주말 이틀 동안의 평균 근무시간은 7.93시간이다. 주말 근무시간의 분포는 표준편차 0.8인 정규분포에 근사한다고 가정한다.

a. 랜덤으로 선택한 한 사람의 주말 근무시간이 8시간 이하일 확률을 계산하시오.

b. 랜덤으로 40명의 표본을 뽑았을 때, 이들의 주말 근무시간 표본평균이 8시간 이하일 확률을 계산하시오.

출처: Bureau of Labor Statistics.

풀이 *a*

단계 1 정규분포곡선을 그리고 확률을 나타내는 면적을 표시한다. 이 질문은 어떤 개인에 대해 묻고 있으므로 식 $z = (X - \mu)/\sigma$를 이용한다. 분포는 [그림 6-36]과 같다.

그림 6-36
[예제 6-15 a]를 표현한 표준정규분포곡선의 면적

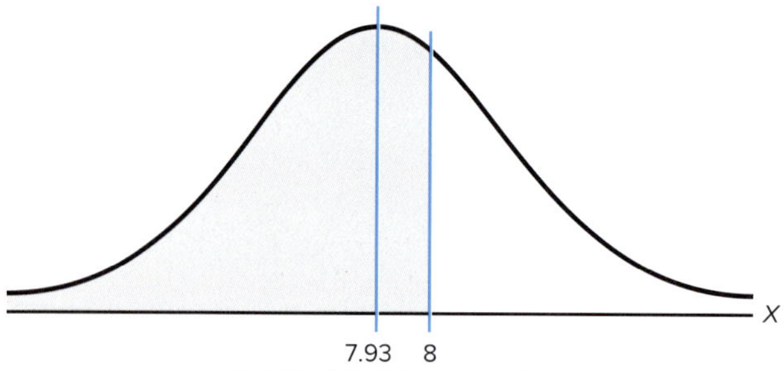

단계 2 z값을 구한다.

$$X\text{값을 } z\text{값으로 변환하면 } z = \frac{X - \mu}{\sigma} = \frac{8 - 7.93}{0.8} \approx 0.09\text{이다.}$$

단계 3 $z = 0.09$의 좌측 면적을 구한다. 이 면적은 0.5359이다.

따라서 랜덤으로 선택한 건설현장 근로자 한 사람의 주말 이틀 동안 근무시간이 8시간 이하일 확률은 0.5359 또는 53.59%이다.

풀이 *b*

단계 1 정규분포곡선을 그리고 확률을 나타내는 면적을 표시한다. 이 질문은 크기 40명인 표본의 평균에 대해 묻고 있으므로 식 $z = (\bar{X} - \mu)/(\sigma/\sqrt{n})$을 이용한다. 계산할 면적은 [그림 6-37]과 같다.

그림 6-37
[예제 6-15 b]를 표현한 표준정규분포곡선의 면적

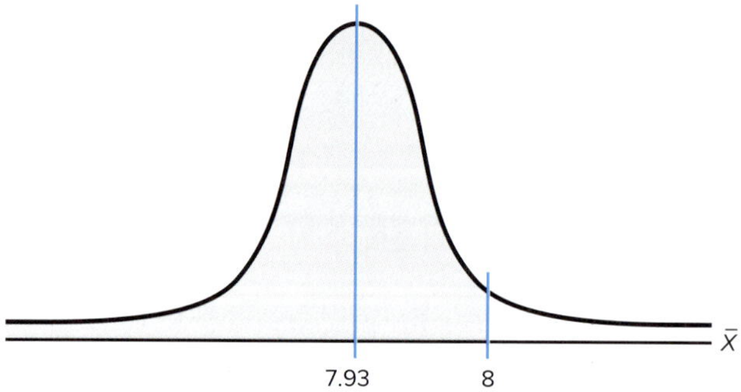

단계 2 z값을 구한다.

$$\bar{X}\text{값을 } z\text{값으로 변환하면 } z = \frac{\bar{X} - \mu}{\sigma/\sqrt{n}} = \frac{8 - 7.93}{0.8/\sqrt{40}} \approx 0.55\text{이다.}$$

단계 3 $z = 0.55$의 좌측 면적을 구한다. 이 면적은 0.7088이다.

따라서 표본크기가 40인 표본의 표본평균이 8시간 이하일 확률은 0.7088 또는 70.88%이다.

위의 두 확률을 비교하여보면 랜덤으로 선택한 건설현장 근로자 한 사람의 주말 이틀 동안 근무시간이 8시간 이하일 확률은 53.59%이다. 한편, 랜덤으로 뽑은 건설현장 근로자 40명의 주말 이틀 동안 근무시간의 평균이 8시간 이하일 확률은 70.88%이다. 이 차이는 17.29%이다. 그 이유는 표본평균 분포가 개별 자료의 분포보다 변동성(또는 표준편차)이 더 작기 때문이다. 표본크기가 증가함에 따라 표본평균의 표준편차는 더 작아진다.

유한모집단 수정계수

모집단으로부터 표본을 복원추출하는 경우, 또는 모집단이 매우 크거나 무한모집단으로부터 표본을 비복원추출하는 경우에 평균의 표준오차인 $\sigma/\sqrt{n}$은 정확하다. 그러나 현실적으로 모집단으로부터 복원추출하거나 무한모집단인 경우는 드물다. 따라서 유한모집단으로부터 비복원추출한 표본에 대한 평균의 표준오차를 계산할 때 **수정계수**(correction factor)라는 개념이 필요하다. 수정계수는 $\sqrt{\frac{N-n}{N-1}}$이다. 여기서 N은 모집단 크기이고 n은 표본크기이다.

수정계수는 크기가 작은 모집단에서 상대적으로 큰 규모의 표본(일반적으로 모집단의 5% 이상의 크기)을 추출할 때 필요하다. 이는 표본평균이 모평균을 더 정확하게 추정해 주고, 추정오차를 더 작게 해주기 때문이다. 그러므로 규모가 작은 모집단에서 큰 규모의 표본을 추출하는 경우에는 평균의 표준오차를 조정하기 위해 수정계수를 곱해야 한다. 즉,

$$\sigma_{\overline{X}} = \frac{\sigma}{\sqrt{n}} \cdot \sqrt{\frac{N-n}{N-1}}$$

이 된다. 이에 대응하는 z값은 다음과 같다.

$$z = \frac{\overline{X} - \mu}{\frac{\sigma}{\sqrt{n}} \cdot \sqrt{\frac{N-n}{N-1}}}$$

흥미 있는 사실

1347년과 1351년 사이에 유럽에서는 2천5백만 명 이상의 사람들이 림프절 페스트(bubonic plague, 흑사병의 일종)로 죽었다.

모집단의 크기가 크고 표본의 크기가 작다면 수정계수는 1.00에 매우 근사하므로, 일반적으로 수정계수는 잘 사용하지 않는다.

지금까지 설명한 식과 그 식을 사용하는 경우를 요약하면 [표 6–1]과 같다.

표 6–1 식과 그 식을 사용하는 경우에 대한 요약

식	사용
1. $z = \frac{X-\mu}{\sigma}$	확률변수(X)가 정규분포를 따를 때 개별 자료(X)에 관한 정보를 얻고자 하는 경우에 사용
2. $z = \frac{\overline{X}-\mu}{\sigma/\sqrt{n}}$	확률변수(X)가 정규분포를 따르거나, 표본크기가 30 이상인 경우 중심극한정리를 이용하여 표본평균($\overline{X}$)에 관한 정보를 얻고자 하는 경우에 사용

개념의 적용 6–3

통학시간

통계학 수업을 수강하는 20명의 학생들이 집에서 학교까지 가는 데 걸리는 통학시간의 확률표본을 수집하였다. 모든 표본크기는 30이다. 학생들의 통학시간 평균은 다음과 같다.

학생	평균	표준편차	학생	평균	표준편차
1	22	3.7	11	27	1.4
2	31	4.6	12	24	2.2
3	18	2.4	13	14	3.1
4	27	1.9	14	29	2.4
5	20	3.0	15	37	2.8
6	17	2.8	16	23	2.7
7	26	1.9	17	26	1.8
8	34	4.2	18	21	2.0
9	23	2.6	19	30	2.2
10	29	2.1	20	29	2.8

1. 모두 다른 답을 얻었다는 사실에 주목하라. 만약 어떤 모집단에서 동일한 크기의 랜덤표본을 반복해서 구성한다면 결과가 같을 수 있을까?
2. 학생들은 누구의 결과가 옳은지 궁금했다. 학생들은 모평균과 표준편차가 무엇인지 어떻게 알 수 있을까?
3. 모든 평균들을 사용하여, 분포가 정규분포인지 확인하시오.
4. 평균들의 평균과 표준편차를 확인하시오. 이 값들과 학생들 개개인의 평균과 표준편차와 어떻게 비교해야 하는가?
5. 평균의 분포는 표집분포인가?
6. 3번, 7번, 14번 학생에 대한 표집오차를 확인하시오.
7. 20개 평균 표본의 표준편차를 비교하시오. 20개 평균들의 표준편차는 3번 학생의 표준편차를 표본크기의 제곱근으로 나눈 값과 같은가? 7번, 14번 학생에 대한 결과와 비교하면 어떤가?

정답 287쪽 참조

연습문제 6-3

1. 어떤 모집단에서 일정한 크기로 랜덤추출한 표본의 평균을 반복하여 계산했다면, 이러한 평균들의 분포를 무엇이라 부르는가?

2. 표본평균들의 평균은 무엇인가?

3. 중심극한정리에 의하면 표본평균의 분포형태를 어떻게 표현하는가?

4~13번 문제는 규모가 큰 모집단으로부터 표본을 추출하였고 유한모집단 수정계수는 무시한다고 가정한다.

4. 연기탐지기 수명 어떤 회사가 만든 연기탐지기 수명의 평균은 5년(60개월)이고 표준편차는 8개월로 알려져 있다. 랜덤으로 선택한 연기탐지기 30개의 평균수명이 58개월과 63개월 사이일 확률을 구하시오.

5. 이사 횟수 보통 사람들의 일생 동안 평균 이사 횟수는 12번이라고 알려져 있다. 이사 횟수의 표준편차가 3.2번이라고 한다면, 랜덤으로 선택한 36명의 평균 이사 횟수가 다음과 같을 확률을 구하시오.

a. 10번 미만　　　*b*. 10번 초과

c. 11번과 12번 사이

6. 지진발생횟수 일반적으로 한 달 동안 LA 지역에서는 평균적으로 36번의 지진이 발생한다(대부분 실질적으로 느끼지는 못한다). 지진발생횟수에 대한 표준편차는 3.6번이라고 가정하자. 랜덤으로 선택한 35개월에 대한 지진발생횟수의 평균이 34번과 37.5번 사이일 확률을 구하시오.

출처: Southern California Earthquake Center.

7. 영화 관람료 2015년 2분기의 영화 관람료의 평균가격은 8.61달러였다. 영화 관람료의 표준편차는 1.39달러라고 가정한다. 여러 지역으로부터 랜덤으로 선택한 50개 영화 관람료의 평균이 8달러를 초과할 확률을 구하시오.

출처: *Variety*.

8. 해외여행 비용 관광객 1인당 해외여행 비용은 평균 2708달러이다. 이 비용의 표준편차는 405달러라고 가정한다. 만약 랜덤으로 선택한 어떤 해외여행 비용이 3000달러 이상일 확률은 얼마인가? 또한, 랜덤으로 선택한 30개의 해외여행 비용의 평균이 3000달러 이상일 확률은 얼마인가?

출처: *World Almanac*.

9. 물 사용량 *Old Farmer's Almanac*의 보고에 의하면, 어떤 사람이 매일 평균적으로 123갤런의 물을 사용한다고 한다. 물 사용량에 대한 표준편차는 21갤런이다. 랜덤으로 선택한 15명의 물 사용 평균이 120~126갤런이 될 확률을 계산하시오. 물 사용량은 정규분포를 따른다고 가정한다.

10. 연간 의류 세탁량 피앤지(Procter & Gamble)사의 보고에 의하면, 4인 가구의 연간 의류 세탁량은 평균 1톤(2,000파운드)이라고 하였다. 연간 의류 세탁량의 표준편차가 187.5파운드라고 할 때, 랜덤으로 선택한 4인 가구 50개의 연간 의류세탁량 평균이 1,980파운드에서 1,990파운드가 될 확률을 계산하시오.

출처: *The Harper's Index Book*.

11. Miami 월 강수량 8월에 Miami의 월 평균강수량은 8.9인치라고 한다. 월 강수량은 정규분포를 따르고, 표준편차는 1.6인치라고 가정한다.

a. 지난 10년의 8월 중에서 랜덤으로 선택한 어떤 해의 8월 강수량이 8.2인치 미만일 확률을 구하시오.

b. 랜덤으로 선택한 8월 강수량 10개의 평균이 8.2인치 미만일 확률을 구하시오.

c. 랜덤으로 선택한 어떤 해의 8월 강수량이 8.2인치 미만이라고 할 수 있는가? 그 이유를 설명하시오.

d. 랜덤으로 선택한 8월 강수량 10개의 평균이 8.2인치 미만이라고 할 수 있는가? 그 이유를 설명하시오.

출처: National Climate Data Center.

12. 콜레스테롤 함유량 어떤 달걀 제품에 포함된 콜레스테롤 함유량의 평균은 215 mg이고, 표준편차는 15 mg이다. 콜레스테롤 함유량은 정규분포를 따른다고 가정한다.

a. 랜덤으로 하나의 달걀을 선택할 때, 콜레스테롤 함유량이 220 mg보다 클 확률을 계산하시오.

b. 랜덤으로 25개의 달걀을 선택했을 때, 표본평균이 220 mg보다 클 확률을 계산하시오.

출처: Living Fit.

13. TIMSS 테스트 최근 수학 및 과학 성취도 추이변화 국제비교연구(TIMSS) 테스트에서 미국은 평균 508점을 얻었다(한국 597점, 싱가포르 593점, 홍콩 572점, 일본 570점보다는 한참 아래이다). 미국 테스트 점수의 모표준편차는 72점이라고 한다. 랜덤으로 선택한 n개의 미국테스트 점수의 평균이 520점을 초과할 확률이 0.0985라고 하면, 표본크기는 얼마인가?

출처: *World Almanac*.

개념의 확장

14번 문제에서 유한모집단 수정계수가 필요한지 확인하시오. 필요하다면 계산할 때 포함하시오.

14. 주택가격 어떤 지역에서 800명의 주택소유자를 대상으로 시행한 조사에 의하면, 주택가격의 평균은 82,000달러이고 표준편차는 5,000달러이었다. 매물로 나온 주택 중 랜덤으로 선택한 50채의 평균 주택가격이 83,500달러보다 클 확률을 계산하시오.

15. 어떤 변수의 표준편차가 15이다. 랜덤으로 100명을 선택할 때 평균의 표준오차를 계산하시오. 만약 이 평균의 표준오차를 두 배로 하고자 한다면 표본크기는 얼마로 해야 하는가?

6–4 이항분포에 대한 정규근사

학습목표 7
정규근사를 이용하여 이항변수의 확률 구하기

이항분포에서 n이 큰 경우(예를 들면 100), 손으로 직접 확률을 계산하는 것이 어렵고 힘이 든다. 이러한 경우에는 정규분포를 이용하기도 한다. 5장에서 공부한 바와 같이 이항분포는 다음과 같은 특성을 가지고 있다.

1. 총 시행횟수는 미리 정해져야 한다.
2. 각 시행의 결과는 서로 독립이어야 한다.
3. 각 실험은 두 가지의 결과만 가지거나 두 가지 결과로 축소할 수 있어야 한다.
4. 성공 확률은 시행마다 동일해야 한다.

또한 이항분포는 총 시행횟수 n과 각 시행의 성공확률 p에 의해 결정된다는 점을 기억하고 있을 것이다. p가 0.5에 가깝고 n이 증가해감에 따라 이항분포의 형태는 정규분포의 형태와 비슷하게 된다. n이 점점 커지고 p가 0.5에 가까워질수록 이항분포의 형태는 정규분포의 형태와 더욱 더 비슷해진다.

그러나 p가 0이나 1에 가깝고 n이 상대적으로 작다면 정규분포로 근사한다고 말할 수 없다. 일반적으로 통계학자들은 np와 nq가 모두 5보다 같거나 클 때만 정규분포로의 근사를 사용할 것을 권장하고 있다(여기에서 $q = 1 - p$이다). 예를 들면, p가 0.3이고 n이 10이면 $np = (10)(0.3) = 3$이므로 정규근사 계산을 이용할 수 없다. 반면, p가 0.5이고 n이 10이면 $np = (10)(0.5) = 5$이고 $nq = (10)(0.5) = 5$이므로 정규근사 계산을 이용할 수 있다. [그림 6–38]을 보자.

또한 $np \geq 5$와 $nq \geq 5$인 조건뿐만 아니라 연속성 수정이 정규근사를 위해 사용될 수도 있다.

연속성 수정(correction for continuity)은 이산형 분포를 연속형 분포로 근사시킬 때 이용하는 수정방법이다.

이항분포에서 어떤 특정한 값, 예를 들면 8에 관련된 확률값을 구할 때 8 대신에 그의 주변 값(이 경우 7.5에서 8.5)을 사용하는 것이 연속성 수정이다(1–2절 참조). 따라서 이항분포의 정규근사 계산을 위해 정규분포를 이용할 때는 이항분포 값(X)의 주변 값을 사용해야만 한다. 예를 들면, $P(X = 8)$의 경우 연속형으로 수정하면 $P(7.5 < X < 8.5)$가 된다. $P(X \leq 7)$인 경우에는 $P(X < 7.5)$로 수정되고, $P(X \geq 3)$인 경우에는 $P(X > 2.5)$로 수정된다.

일반적으로 연속성 수정을 위해 자료값에 0.5를 더해야 하는지 빼야 하는지 결정하기 어렵다. [표 6–2]에 이러한 여러 가지 상황에 대해서 요약해 놓았다.

그림 6–38

이항분포와 정규분포의 비교

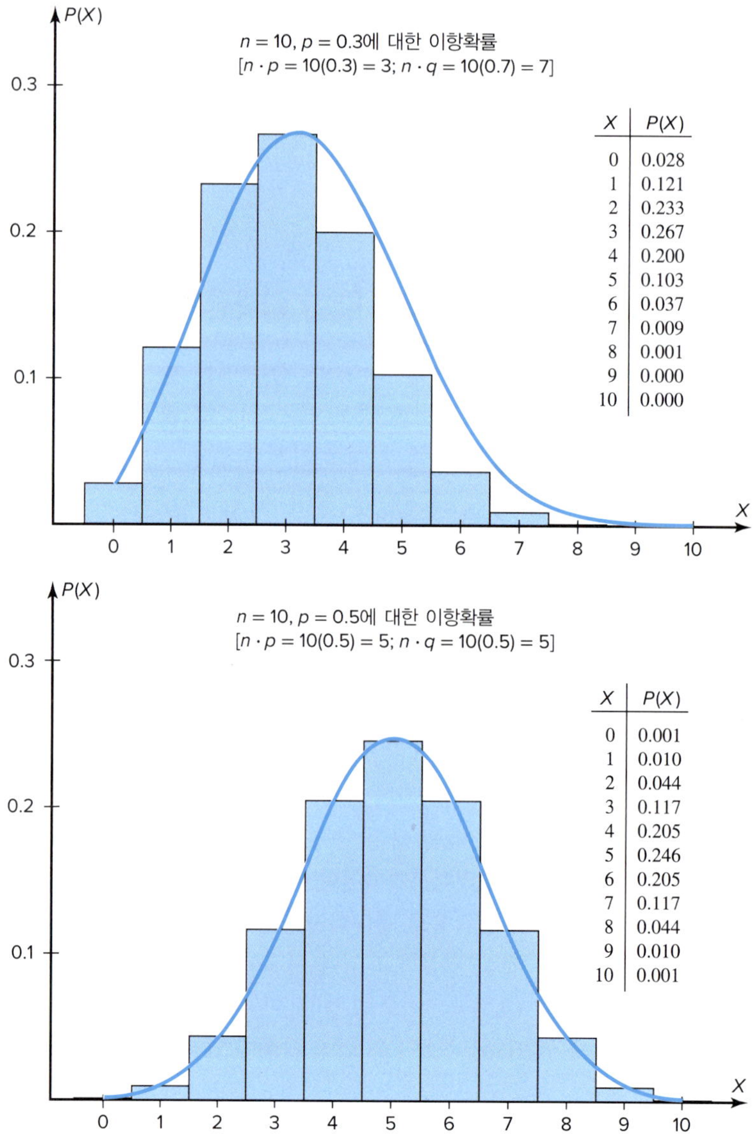

이항분포의 평균과 표준편차에 대한 다음의 식들은 정규근사 계산을 위해 반드시 필요하다.

$$\mu = n \cdot p, \ \ \sigma = \sqrt{n \cdot p \cdot q}$$

흥미 있는 사실

미국에서 1년 중 출생률이 가장 높은 달은 8월이다.

표 6-2 이항분포에 대한 정규근사 요약

이항분포	정규분포
계산해야 할 상황	근사계산의 사용
1. $P(X = a)$	$P(a - 0.5 < X < a + 0.5)$
2. $P(X \geq a)$	$P(X > a - 0.5)$
3. $P(X > a)$	$P(X > a + 0.5)$
4. $P(X \leq a)$	$P(X < a + 0.5)$
5. $P(X < a)$	$P(X < a - 0.5)$

모든 경우에 대해 $\mu = n \cdot p$, $\sigma = \sqrt{n \cdot p \cdot q}$, $n \cdot p \geq 5$, $n \cdot q \geq 5$이다.

이항분포에 대한 정규근사를 이용하기 위한 과정은 다음의 절차 표에 요약하였다.

절차 표

이항분포에 대한 정규근사 절차

단계 1 정규근사를 이용할 수 있는지 확인한다.

단계 2 평균 $\mu = n \cdot p$와 표준편차 $\sigma = \sqrt{n \cdot p \cdot q}$를 계산한다.

단계 3 X를 이용하여 확률 문제로 표현한다.

단계 4 연속성 수정계수를 이용하여 문제를 다시 표현하고, 정규분포상에서 계산할 면적을 나타낸다.

단계 5 알맞은 z값을 구한다.

단계 6 문제의 답을 계산한다.

예제 6-16 졸음운전

작년 한 해 전체 운전자 중 25%가 운전 중 졸음운전을 경험한 것으로 보고되었다. 랜덤으로 추출한 200명의 운전자 중에서 졸음운전을 경험한 운전자가 62명일 확률을 구하시오.

출처: National Sleep Foundation.

풀이

이 경우 $p = 0.25$, $q = 0.75$, $n = 200$이다.

단계 1 정규근사를 이용할 수 있는지 확인한다.

$$np = (200)(0.25) = 50 \qquad nq = (200)(0.75) = 150$$

np와 nq 모두 5 이상이므로 정규근사를 사용할 수 있다.

단계 2 평균과 표준편차를 계산한다.

$$\mu = np = (200)(0.25) = 50$$

$$\sigma = \sqrt{npq} = \sqrt{(200)(0.25)(0.75)} = \sqrt{37.5} \approx 6.12$$

단계 3 X를 이용하여 확률 문제로 표현한다. $P(X = 62)$

단계 4 연속성 수정계수를 이용하여 문제를 다시 표현하고 정규분포상에서 계산할 면적을 나타낸다. 〈표 6-2〉의 1번의 경우를 보길 바란다.

$$P(62 - 0.5 < X < 62 + 0.5) = P(61.5 < X < 62.5)$$

정규곡선에 계산할 면적을 표현하면 [그림 6-39]와 같다.

그림 6-39
[예제 6-16]의 X값과 정규곡선의 면적

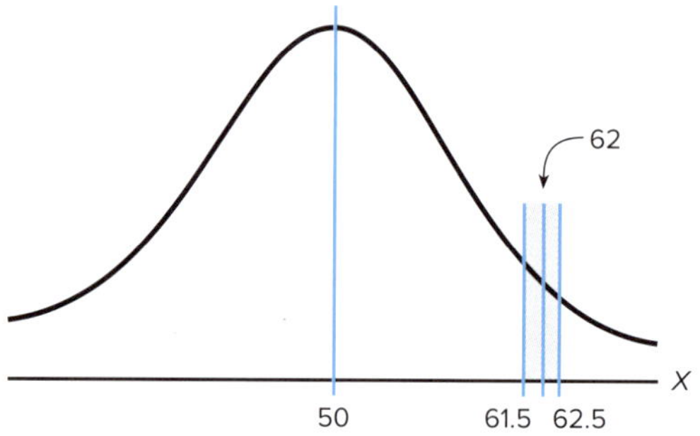

단계 5 알맞은 z값을 구한다. 62는 61.5와 62.5 사이를 나타내므로, 두 개의 z값을 구하면 다음과 같다.

$$z_1 = \frac{61.5 - 50}{6.12} \approx 1.88$$

$$z_2 = \frac{62.5 - 50}{6.12} \approx 2.04$$

단계 6 $z = 1.88$의 좌측면적은 0.9699이며, $z = 2.04$의 좌측면적은 0.9793이다. 두 z값들 사이에 존재하는 면적은 $0.9793 - 0.9699 = 0.0094$ 또는 약 0.94%이다(거의 1%에 가깝다). 따라서 운전 중 졸음운전을 경험한 운전자의 수가 정확히 62명일 확률은 약 0.94%이다.

예제 6-17 돼지풀 알레르기

미국인의 10%는 돼지풀(ragweed)에 알레르기를 갖고 있다고 알려져 있다. 미국인 200명을 랜덤으로 추출하였을 때, 이들 중 10명 이상이 돼지풀 알레르기를 가질 확률을 구하시오.

풀이

이 경우 $p = 0.10$, $q = 0.90$, $n = 200$이다.

단계 1 정규근사를 이용할 수 있는지 확인한다.

$$np = (200)(0.10) = 20, \quad nq = (200)(0.90) = 180$$

np와 nq 모두 5 이상이므로 정규근사를 사용할 수 있다.

단계 2 평균과 표준편차를 계산한다.

$$\mu = np = (200)(0.10) = 20$$

$$\sigma = \sqrt{npq} = \sqrt{(200)(0.10)(0.90)} = \sqrt{18} \approx 4.24$$

단계 3 X를 이용하여 확률 문제로 표현한다. $P(X \geq 10)$

단계 4 연속성 수정계수를 이용하여 문제를 다시 표현하고 정규분포상에서 계산할 면적을 나타낸다. 〈표 6-2〉의 2번의 경우를 보기를 바란다.

$$P(X > 10 - 0.5) = P(X > 9.5)$$

정규곡선에 계산할 면적을 표현하면 [그림 6-40]과 같다.

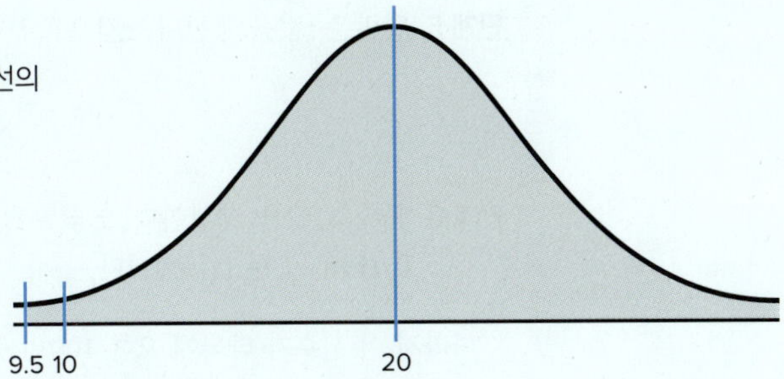

그림 6-40
[예제 6-17]의 X값과 정규곡선의 면적

단계 5 알맞은 z값을 구한다. [그림 6-40]에 나타난 것과 같이 정규분포곡선의 10 이상의 확률을 구하는 문제이므로, z값으로 변환하면

$$z = \frac{9.5 - 20}{4.24} = -2.48$$

단계 6 문제의 답을 계산한다. $z = -2.48$의 좌측 면적은 0.0066이다. 따라서 그 우측면적은 $1.0000 - 0.0066 = 0.9934$ 또는 99.34%이다.

따라서 랜덤으로 선택한 미국인 200명 중에서 10명 이상이 돼지풀 알레르기를 가질 확률은 99.34%이다.

예제 6-18 평균 타율

어떤 야구 타자의 타율이 평균 3할 2푼(0.320)이라면, 이 선수가 타석에 오른 100번 중 26개 이하의 안타를 칠 확률을 구하시오.

풀이

이 경우 $p = 0.32$, $q = 0.68$, $n = 100$이다.

단계 1 정규근사를 이용할 수 있는지 확인한다.

$$np = (100)(0.320) = 32, \quad nq = (100)(0.680) = 68$$

np와 nq 모두 5 이상이므로 정규근사를 사용할 수 있다.

단계 2 평균과 표준편차를 계산한다.

$$\mu = np = (100)(0.320) = 32$$

$$\sigma = \sqrt{npq} = \sqrt{(100)(0.32)(0.68)} \approx \sqrt{21.76} \approx 4.66$$

단계 3 X를 이용하여 확률 문제로 표현한다. $P(X \le 26)$

단계 4 연속성 수정계수를 이용하여 문제를 다시 표현하고 정규분포상에서 계산할 면적을 나타낸다. 〈표 6-2〉의 4번의 경우를 보길 바란다.

$$P(X < 26 + 0.5) = P(X < 26.5)$$

정규곡선에 계산할 면적을 표현하면 [그림 6-41]과 같다.

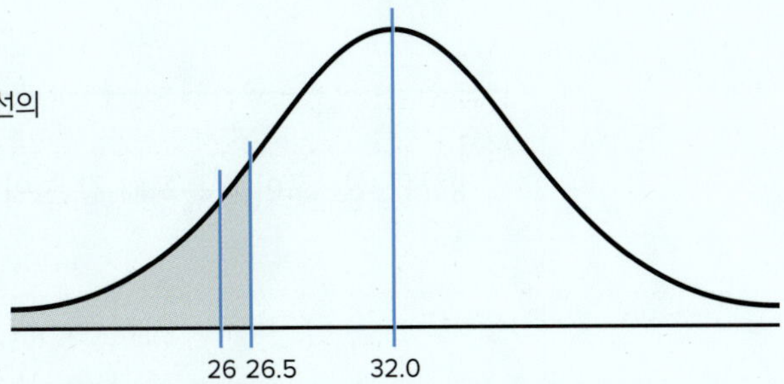

그림 6-41
[예제 6-18]의 X값과 정규곡선의 면적

단계 5 알맞은 z값을 구한다. z값으로 변환하면

$$z = \frac{26.5 - 32}{4.66} \approx -1.18$$

단계 6 문제의 답을 계산한다. $z = -1.18$의 좌측 면적은 0.1190이다. 따라서 구하고자 하는 확률은 0.1190, 또는 11.9%이다.

따라서 이 선수가 타석에 오른 100번 중 26개 이하의 안타를 칠 확률은 약 11.9%이다.

다음의 [예제 6-19]는 이항분포를 정규분포로 근사시킬 때, 어느 정도 근사한지를 보여준다.

예제 6-19 이항분포와 정규분포 근사 비교

$n = 10$, $p = 0.5$일 때, 부록 A에 있는 [표 B]의 이항분포표를 이용하여 $X = 6$일 때의 확률을 구하시오. 그리고 또한 정규근사를 이용하여 $X = 6$일 때의 확률을 구하시오.

풀이

[표 B]로부터 $n = 10$, $p = 0.5$인 이항분포 확률변수 $X = 6$일 때의 확률은 0.205이다.
한편, 정규근사를 사용하면 평균과 표준편차는 다음과 같다.

$$\mu = np = (10)(0.5) = 5$$
$$\sigma = \sqrt{npq} = \sqrt{(10)(0.5)(0.5)} \approx 1.58$$

그리고 $X = 6$에 대해 연속성 수정계수를 이용하여 문제를 다시 표현하면 그 범위는 5.5와 6.5의 사이이므로, 이에 대응하는 z값들은 다음과 같다.

$$z_1 = \frac{6.5 - 5}{1.58} \approx 0.95, \quad z_2 = \frac{5.5 - 5}{1.58} \approx 0.32$$

0.95에 대응하는 표준정규분포의 면적은 0.8289이고, 0.32에 대응하는 표준정규분포의 면적은 0.6255이다. 따라서 두 z값인 0.95와 0.32 사이의 면적은 $0.8289 - 0.6255 = 0.2034$이다. 이 값은 [표 B]의 이항분포표로부터 구한 진짜 확률값인 0.205와 매우 근사하다. [그림 6-42]를 보자.

그림 6-42
[예제 6-19]에 대한 정규곡선의 면적

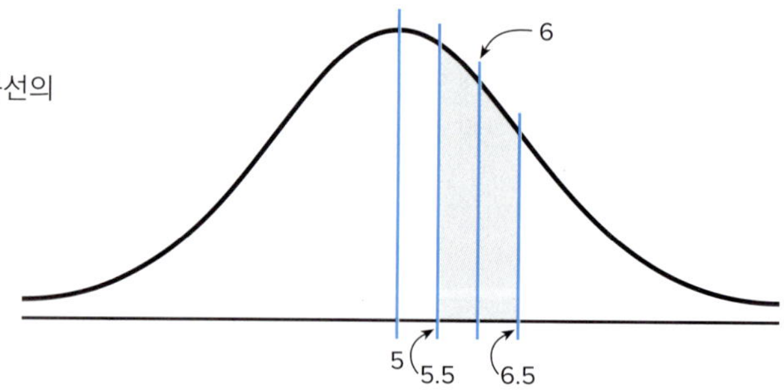

정규근사는 포아송 분포와 같은 이항분포 외의 다른 분포를 근사하는 데 이용될 수 있다.

개념의 적용 6-4

당신은 안전한가?

당신이 가장 좋아하는 취미활동이 등산이라고 가정하자. 등산할 때 낙상을 예방하는 몇 가지 안전장치가 있다. 몸에 부착하는 안전고리는 안전에 대한 신뢰도가 97%라고 한다. 만약 내년에 당신이 등산할 때 이 안전고리를 약 100회 정도 이용할 것이라고 하자. 다음 질문에 답하시오.

1. 신뢰도가 97%라는 것은 이 장치를 사용하는 100회 중 97%가 낙상하지 않을 것이라는 의미인가?
2. 100회 등산에서 적어도 1번 실패(낙상하는 경우)할 확률은 얼마인가?
3. 2번 문제의 여사건은 무엇인가?
4. 이 경우는 이항실험으로 생각할 수 있는가?
5. 이항분포의 확률 공식을 사용할 수 있는가? 그 이유는 무엇인가?
6. 적어도 2번 실패할 확률을 계산하시오.
7. 정확한 이항분포값에 근사하도록 정규분포를 이용할 수 있는가? 이유를 설명하시오.
8. 연속성 수정이 필요한가?
9. 첫 번째와 독립인 두 번째 안전고리를 사용한다면 이것은 얼마나 더 안전한가?

정답 287쪽 참조

연습문제 6-4

1. 이항분포의 근삿값을 구하기 위해 정규분포를 이용하는 이유를 설명하시오.
2. 연속성 수정은 왜 필요한가?
3. 이항분포에 대한 정규분포근사를 이용하여 다음의 이항확률변수(X)의 확률을 계산하시오.
   a. $n = 30,\ p = 0.5,\ X = 18$
   b. $n = 50,\ p = 0.8,\ X = 44$
   c. $n = 100,\ p = 0.1,\ X = 12$
4. 다음의 이항분포는 정규분포로 근사할 수 있는지 판단하시오. 즉, $np \geq 5$, $nq \geq 5$인지 확인하시오.
   a. $n = 20,\ p = 0.5$
   b. $n = 10,\ p = 0.6$
   c. $n = 40,\ p = 0.9$
5. **독신 미국인** 최근 조사에 의하면 18세 이상의 미국인 중 22%가 혼자 사는 독신으로 알려졌다. 18세 이상의 미국인 200명을 랜덤으로 추출하였을 때, 이 중에서 30명보다 많은 사람이 독신일 확률은 얼마인가?
   출처: U.S. Department of Commerce
6. **주택소유** 최근 조사에 의하면 미국인들의 자가주택소유비율은 65.9%로 알려져 있다. 미국 전역에 120가구를 랜덤으로 추출하였다고 하자. 이 가구들 중 자가수택소유 수가 65 이상 85 이하일 확률은 얼마인가?
   출처: *World Almanac*.
7. **소상공인** 소상공인 중 76%가 대학졸업장이 없는 것으로 알려져 있다. 랜덤으로 60명의 소상공인을 추출하였을 때, 이 중에서 대학졸업장이 없는 사람이 정확하게 48명일 확률은 얼마인가?
   출처: *Business Week*.
8. **허리 부상** 근로자의 부상 중 22%가 허리 부상이라고 알려져 있다. 랜덤으로 부상당한 근로자 400명을 추출하였을 때, 이 중에서 92명 이하가 허리부상일 확률은 얼마인가?
   출처: *World Almanac*.
9. **부정확한 식당 영수증** 식당 영수증의 약 12.5%가 부정확하다고 알려져 있다. 200개의 식당 영수증을 랜덤으로 추출하였다면, 이 중에서 적어도 22개의 영수증이 부정확할 확률은 얼마인가? 이러한 일이 흔히 일어날만한 일인가?
   출처: *Harper's Index*.

10. 4년제 대학을 졸업한 미국 여성 25세 이상의 미국 여성 중에서 4년제 대학 이상을 졸업한 비율은 26.1%이다. 25세 이상의 미국 여성 200명을 랜덤으로 추출하였을 때, 이들 중 4년제 대학 이상을 졸업한 사람의 수가 기껏해야 50명일 확률은 얼마인가?

출처: *New York Times Almanac*.

11. 초등학교 선생님 초등학교 선생님들 중에서 여성은 80.3%로 알려져 있다. 초등학교 선생님 300명을 랜덤으로 추출하였을 때, 이 중에서 4분의 3 미만이 여성일 확률은 얼마인가?

출처: *New York Times Almanac*.

개념의 확장

12. 이항분포의 확률값에 대한 근사로 정규분포를 사용하기 위해서는 $np \geq 5$, $nq \geq 5$의 조건을 만족해야 한다. 다음과 같은 확률값이 주어졌을 때, 정규분포로의 근사를 사용하기 위해서 필요한 표본크기는 얼마로 해야 하는가?

a. $p = 0.1$
b. $p = 0.3$
c. $p = 0.5$
d. $p = 0.8$
e. $p = 0.9$

복습연습문제

6–1절

1. 표준정규분포곡선을 이용하여 다음의 면적을 계산하시오.

a. $z = 0$과 $z = 2.06$ 사이
b. $z = 0$과 $z = 0.53$ 사이
c. $z = 1.26$과 $z = 1.74$ 사이
d. $z = -1.02$과 $z = 1.63$ 사이
e. $z = -0.07$과 $z = 0.49$ 사이

2. 표준정규분포를 이용하여 다음의 확률을 계산하시오.

a. $P(0 < z < 2.23)$
b. $P(-1.75 < z < 0)$
c. $P(-1.48 < z < 1.68)$
d. $P(1.22 < z < 1.77)$
e. $P(-2.31 < z < 0.32)$

6–2절

3. 1인당 의료보험 지출액 미국에서 1인당 의료보험 지출액은 평균 5274달러로 알려져 있다. 의료보험 지출액은 정규분포를 따르고, 표준편차는 600달러라고 할 때, 랜덤으로 미국인 한 사람을 선택하였을 때 그 사람의 의료보험 지출액이 6000달러 이상일 확률은 얼마인가? 개개인의 의료보험 지출액에 대한 평균을 중심으로 중앙 50% 범위의 상한과 하한을 구하시오.

출처: *World Almanac*.

4. 통근 기차 승객 수 어떤 통근 기차의 승객 수는 평균 476명이고 표준편차는 22명이다. 승객 수는 정규분포를 따른다고 할 때, 통근 기차의 승객 수가 다음과 같을 확률을 구하시오.

a. 476명과 500명 사이
b. 450명 미만
c. 510명 초과

5. 휴대폰 수리 비용 어떤 휴대폰의 수리비용은 평균 120달러이고 표준편차는 10.50달러라고 한다. 이 수리비용은 정규분포를 따른다고 한다. 휴대폰 수리비용 중 상위 15%까지는 수리비용이 아주 비싸다고 간주한다. 비용이 아주 비싸다고 할 수 있는 수리비용은 얼마인가?

6. 4년제 사립대학 등록자수 랜덤으로 추출한 Pennsylvania의 4년제 사립대학의 등록자수가 다음과 같다고 하자. 정규성을 확인하시오.

13,435	5,135	11,339	12,224	7,470
9,482	12,381	7,674	5,223	5,631
3,566	7,113	5,850	5,679	15,584
5,587	8,077	9,550	8,064	2,686
5,250	6,351	4,594	2,621	9,348
6,013	2,398	5,658	2,145	3,038

출처: *New York Times Almanac*.

6–3절

7. 과자 제품 작년 미국인들의 과자 소비량은 평균 25.7파운드이고, 이를 위해 개인당 평균 61.50달러를 소비하였다. 과자 소비량에 대한 표준편차는 3.75파운드이고, 소비액에 대한 표준편차는 5.89달러이다. 다음의 확률을 계산하시오.

a. 랜덤으로 선택한 미국인 40명의 평균 과자소비량이 27파운드보다 많을 확률
b. 랜덤으로 선택한 미국인 50명의 평균 과자소비액이 60달러를 초과할 확률

출처: www.census.gov

8. 냉동식품 나트륨 양 어떤 냉동식품의 나트륨 양은 평균 660밀리그램(mg)이고 표준편차는 35밀리그램(mg)이다. 이 나트륨 양은 정규분포를 따른다고 가정하자.

a. 랜덤으로 하나의 냉동식품이 선택되었을 때, 이 냉동식품의 나트륨양이 670밀리그램보다 많을 확률을 구하시오.

b. 랜덤으로 10개의 냉동식품이 선택되었을 때, 이 10개의 평균이 670밀리그램보다 많을 확률을 구하시오.

c. *a*의 확률이 *b*의 확률보다 큰 이유를 설명하시오.

6-4절

9. 은퇴 연금 가족 중 고령자가 있든 없든 미국 가구의 전 가구원 중 17.3%는 은퇴 연금을 받는다. 미국 가구 중 랜덤으로 120 가구를 선택할 때, 이 중에서 은퇴 연금을 받는 가구가 20가구 초과이면서 35가구 미만인 가구일 확률은 얼마인가?

출처: www.bls.gov

10. 다중 직업자 정부발표에 의하면, 직장인 중 5.3%가 두 개 이상의 직업을 가지고 있다고 한다. 직장인 150명을 랜덤으로 선택하였을 때, 이 중에서 두 개 이상의 직업을 가진 사람이 10명 미만일 확률은? 또한 이 150명 중에서 오로지 한 개의 직업만 가진 사람이 50명보다 많을 확률은 얼마인가?

출처: www.bls.gov

11. 미국 인구 미국 인구 중 37%가 남쪽 지역에 산다. 미국인 200명을 랜덤으로 선택하였을 때, 이 중에서 적어도 80명이 남쪽 지역에 살 확률은 얼마인가?

출처: *Statistical Abstract of the United States*.

STATISTICS TODAY

정상(Normal)이란 무엇인가?

대부분의 미국인들의 혈압, 콜레스트롤, 중성지방 등과 같이 의학 검사에서 측정되는 대부분의 변수들은 근사적으로 정규분포를 따른다. 연구자들은 이들 변수의 평균과 표준편차를 계산할 수 있다. 이 두 측정값과 표준정규분포로 변환된 *z*값을 이용하여 건강한 사람에 대한 이러한 검사값들의 정상범위를 찾을 수 있다. 예를 들면, 건강한 사람의 수축기 혈압 중 95%는 평균의 2 표준편차 이내에 존재한다. 만약 개인의 혈압이 정해진 정상범위를 위로든 아래로든 벗어나면, 의사는 가능한 원인을 찾거나 필요하다면 적당한 치료를 하게 될 것이다.

퀴즈

각 문장이 참인지 거짓인지를 결정하시오. 거짓이면 이유를 설명하시오.

1. 정규분포의 전체 면적은 무한이다.
2. 표준정규분포는 연속형 분포이다.
3. 근사적으로 정규분포를 따르는 모든 변수는 표준정규변수로 변환할 수 있다.
4. 평균보다 작은 관측값에 대응하는 *z*값은 항상 음이다.
5. $z = 0$의 좌측에 해당하는 표준정규분포의 면적은 음이다.
6. 중심극한정리는 서로 다른 모집단으로부터 선택된 표본평균에 적용된다.

가장 적합한 답을 선택하시오.

7. 표준정규분포의 평균은 ______이다.

a. 0 *c*. 100
b. 1 *d*. 변수

8. 자료가 정규분포를 따를 때, 평균의 위 아래로 1 표준편차 이내에 존재하는 자료의 비율은 근사적으로 얼마인가?

a. 68% *c*. 99.7%
b. 95% *d*. 변수

9. 표준정규분포의 특성이 아닌 것은?

a. 평균에 대해 대칭이다.
b. 균등하다.
c. 종모양이다.
d. 단봉이다.

10. 어떤 분포가 양의 왜도를 갖거나 혹은 오른쪽으로 기울었다면, 평균, 중앙값, 최빈값의 관계를 좌에서 우로 표현한 것은 어느 것인가?

a. 평균, 중앙값, 최빈값 *c*. 중앙값, 최빈값, 평균
b. 최빈값, 중앙값, 평균 *d*. 평균, 최빈값, 중앙값

11. 모든 가능한 표본평균들에 대한 표준편차는 다음 중 어느 것과 같은가?

a. 모표준편차
b. 모표준편차를 모평균으로 나눈 값
c. 모표준편차를 표본크기의 제곱근으로 나눈 값
d. 모표준편차의 제곱근

가장 적합한 답을 사용하여 다음 문장을 완성하시오.

12. 표준정규분포를 이용한다면, $P(z < 0) =$ ______이다.

13. 표본평균과 모평균의 차이는 ______ 때문이다.

14. 표본평균들의 평균은 ______과(와) 같다.

15. 모든 가능한 표본평균들의 표준편차는 ______(이)라고 한다.

16. 이항분포 확률값 계산을 위해서 정규분포 근사를 이용하려면 $n \cdot p$와 $n \cdot q$가 모두 ______ 보다 크거나 같아야 한다.

17. 중심극한정리의 수정계수는 표본크기가 모집단 크기의 ______% 보다 클 때 사용한다.

18. 표준정규분포를 이용해 다음의 면적을 계산하시오.

a. 0과 1.50 사이　*b.* 0과 −1.25 사이
c. 1.56과 1.96 사이　*d.* −1.20과 −2.25 사이
e. −0.06과 0.73 사이　*f.* 1.10과 −1.80 사이
g. $z = 1.75$의 우측　*h.* $z = -1.28$의 우측
I. $z = -2.12$의 좌측　*J.* $z = 1.36$의 좌측

19. 표준정규분포를 이용하여 다음의 확률을 계산하시오.

a. $P(0 < z < 2.16)$　*b.* $P(-1.87 < z < 0)$
c. $P(-1.63 < z < 2.17)$　*d.* $P(1.72 < z < 1.98)$
e. $P(-2.17 < z < 0.71)$　*f.* $P(z > 1.77)$
g. $P(z < -2.37)$　*h.* $P(z > -1.73)$
i. $P(z < 2.03)$　*j.* $P(z > -1.02)$

20. 어떤 도시의 강우량 Greenville의 연평균 강우량은 49인치이고, 표준편차는 8인치이다. Greenville 강우량은 정규분포를 따른다고 가정할 때, Greenville의 내년 강우량이 다음과 같을 확률을 구하시오.

a. 최대 55인치
b. 최소 62인치
c. 46인치에서 54인치 사이
d. 어떤 해가 특별히 비가 많이 왔다고 하려면 한 해 동안의 강우량이 얼마 이상이 되어야 하는가?

21. 사람들의 키 어떤 연령대의 키는 평균 53인치이고, 표준편차는 4인치이다. 이 연령대의 키는 정규분포를 따른다고 할 때, 랜덤으로 선택한 한 사람의 키가 다음과 같을 확률을 구하시오.

a. 59인치 초과　*b.* 45인치 미만
c. 50~55인치　*d.* 58~62인치

22. 스포츠음료 소비량 어떤 시합 동안에 축구팀이 소비하는 스포츠음료 소비량은 평균 20갤런이고, 표준편차는 3갤런이다. 이 스포츠음료 소비량은 정규분포를 따른다고 할 때, 어떤 시합 동안에 축구팀이 소비하는 스포츠음료 소비량이 다음과 같을 확률을 계산하시오.

a. 20~25갤런　*b.* 19갤런 미만
c. 21갤런 초과　*d.* 26~28갤런

23. 석사학위 마치는 데 걸리는 기간 석사학위 과정을 마치는 데 걸리는 기간은 평균 3년이고 표준편차는 4개월인 정규분포를 따른다고 한다. 어떤 한 사람이 석사 과정에 입학한다면, 석사학위 과정을 마치는 데 걸리는 기간이 다음과 같을 확률을 계산하시오.

a. 4년 초과　*b.* 3년 미만
c. 3.8~4.5년　*d.* 2.5~3.1년

24. 버스 승객 수 어떤 고속버스 일일 승객 수는 평균 48명이고 표준편차는 3명인 정규분포를 따른다고 한다. 이 버스의 일일 승객 수가 다음과 같을 확률을 계산하시오.

a. 36~40명　*b.* 42명 미만
c. 48명 초과　*d.* 43~47명

25. 도서관 책 두께 어떤 도서관에 소장 중인 책의 두께는 평균 8.3 cm이고 표준편차는 0.6 cm인 정규분포를 따른다고 한다. 소장 중인 책의 20%는 크기가 큰 책이라면, 크기가 큰 책의 최소 두께는 얼마인지 계산하시오.

26. 엘리트 단체 회원 어떤 엘리트 단체의 회원이 되기 위해서는 어떤 특정 시험에서 상위 30%안에 들어가는 점수를 받아야 한다. 이 시험의 점수는 평균이 115이고 표준편차가 12인 정규분포를 따른다. 이 단체의 회원이 되기 위해서는 최소 몇 점을 받아야 하는가?

27. 전자레인지 수리비용 어떤 전자레인지의 수리비용은 평균 55달러이고 표준편차는 8달러인 정규분포를 따른다고 한다. 만일 12개의 전자레인지를 수리한다면, 수리비용의 평균이 60달러보다 많을 확률을 계산하시오.

28. 전기요금 어떤 지역의 가구당 4월 전기요금은 평균 72달러이고 표준편차는 6달러인 정규분포를 따른다고 한다. 랜덤으로 추출한 이 지역의 15가구에 대한 4월 전기요금의 평균이 75달러 미만일 확률을 계산하시오.

29. 수면 시간 최근 조사에 의하면, 미국인의 38%는 수면 시간이 매일 6시간 이하라고 한다. 랜덤으로 미국인 25명을 선택하였을 때, 이 중에서 매일 6시간 이하 수면하는 사람이 14명 이상일 확률을 계산하시오. 이러한 상황은 일어날 수 있다고 생각하는가?

출처: *Amazing Almanac.*

30. 실업자 어떤 특정지역 인구 중 8%가 실업자라고 한다. 이 지역 사람 200명을 랜덤으로 선택하였을 때, 이들 중 10명 미만이 실업자일 확률을 계산하시오.

31. 인터넷 연결 가구 미국가구 중 78%는 인터넷에 연결되어 있다고 한다. 랜덤으로 420가구를 선택하였을 때, 이 가구 중 315가구 미만이 인터넷에 연결되어 있을 확률을 계산하시오.

출처: *World Almanac.*

32. PC 보유 가구 미국 가구 중 PC를 보유한 가구는 53%이다. 랜덤으로 250가구를 선택하였을 때, 이들 중 PC를 보유한 가구가 120가구 미만일 확률을 계산하시오.

출처: *New York Times Almanac.*

33. 샌드위치 칼로리 27개의 샌드위치를 랜덤으로 선택하여 샌드위치에 포함된 칼로리 함유량을 측정한 자료가 다음과 같다.

정규성을 확인하시오.

390	405	580	300	320
540	225	720	470	560
535	660	530	290	440
390	675	530	1010	450
320	460	290	340	610
430	530			

출처: *The Doctor's Pocket Calorie, Fat, and Carbohydrate Counter*.

34. **GMAT 점수** 상위 30위권의 경영대학원 학생들의 GMAT 평균점수 자료가 다음과 같다. 정규성을 확인하시오.

718	703	703	703	700	690	695	705	690	688
676	681	689	686	691	669	674	652	680	670
651	651	637	662	641	645	645	642	660	636

출처: *U.S. News & World Report Best Graduate Schools*.

비판적 사고

연구자들은 어떤 확률변수가 정규분포인지 판단해야 할 때가 있다. 이를 확인하는 방법은 몇 가지가 있다. 그중 하나의 방법은 간단하지만 주관적인 방법인 정규확률지(normal probability paper)를 사용하는 것이다. 3장에서 사용한 수축기 혈압 자료가 정규분포를 따르는지를 확인하는 과정을 예제로 설명한다.

1. 아래와 같이 도수분포표를 작성한다.

계급경계	도수	누적도수	누적백분율
89.5–104.5	24		
104.5–119.5	62		
119.5–134.5	72		
134.5–149.5	26		
149.5–164.5	12		
164.5–179.5	4		
	200		

2. 각 계급경계의 누적도수를 계산하여 세 번째 열에 적는다.

3. 각 구간의 누적도수를 총도수합인 200으로 나눈후 100을 곱하여 각 계급경계에 대한 누적백분율(%)을 계산하여 마지막 열에 적는다(예를 들면, 첫 번째 열은 (24/200)×100=12(%))이다).

4. [표 6–3]의 정규확률지를 이용해 x축에 계급경계의 경계값들을 적고, 각 계급경계의 누적 백분율을 표시한다.

5. 4번에서 표시한 그래프 위의 각 점들이 근사적으로 직선 형태를 띤다면 주어진 자료의 분포는 정규분포를 따른다고 할 수 있다. 이 예제의 자료의 분포는 정규분포를 따른다고 할 수 있는가? 그 이유를 설명하시오.

6. 근삿값일 수도 있지만 정규확률지를 이용하여 평균과 중앙값을 알고자 한다면, y축의 50% 위치에서 수평선을 그린 후 5번의 직선과 교차하는 위치에서 x축으로 수직선을 그려서 x축과 교차하는 값이 근사적인 평균 또는 중앙값이 된다. 주어진 자료를 이용하여 이 방법으로 계산한 근사적인 평균과 계산기로 직접 계산한 평균을 서로 비교하시오.

표 6–3 정규확률지

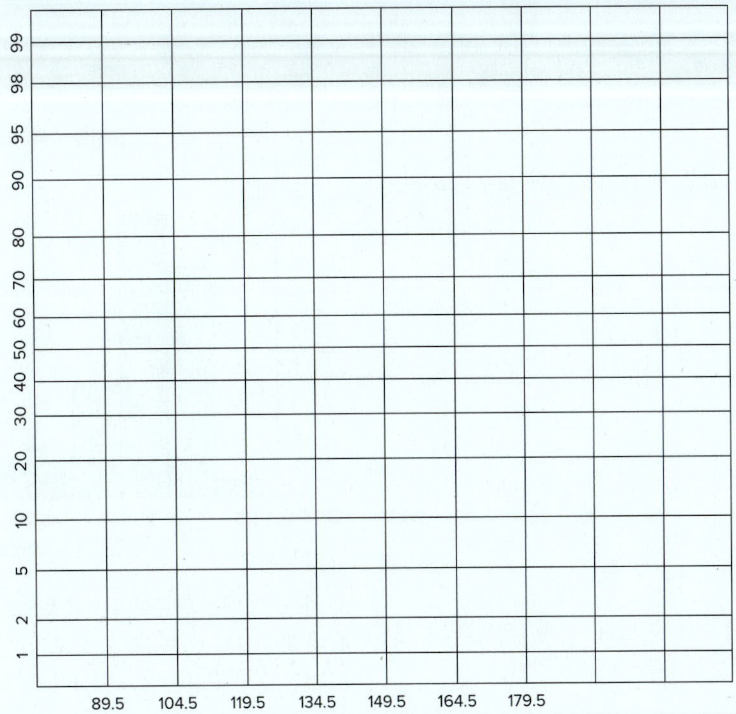

7. 근사적인 값이지만 표준편차를 계산하기 위해서는 평균을 중심으로 좌우 합하여 68%에 해당하는 y축의 16%와 84%에 대응하는 x축의 값을 찾는다. 이 x축의 두 값을 뺀 후 2로 나눈 값이 근사적인 표준편차이다. 주어진 자료를 이용하여 이 방법으로 계산한 근사적인 표준편차와 계산기로 직접 계산한 표준편차를 서로 비교하시오.
8. 근사적인 방법이지만 왜 7번 방법이 사용되는지를 설명하시오.

데이터 프로젝트

1. **기업과 금융** 2장 데이터 프로젝트 1번의 주당 순이익 자료를 이용한다. 모수의 추정값으로는 3장의 데이터 프로젝트 1번에서 계산한 평균과 표준편차를 이용한다. 상위 5%에 해당하는 주가는 얼마인가?
2. **스포츠와 레저** 가장 최근의 MLB 시즌 동안 선수들 평균 타율에 대한 평균과 표준편차를 계산하시오. 상위 5%에 해당하는 평균 타율은 얼마인가? 랜덤으로 선택한 어떤 선수의 평균 타율이 0.300보다 클 확률은 얼마인가? 어떤 팀의 선수 25명에 대한 평균 타율의 평균이 0.275 이상일 확률은 얼마인가?
3. **기술** 2장 데이터 프로젝트 3번의 노래 길이(단위: 초) 자료를 이용한다. 모수의 추정값으로 복원추출한 표본의 평균과 표준편차를 사용할 때, 하위 5%와 상위 5%에 해당하는 노래 길이는 얼마인가?
4. **건강과 건강관리** 2장 데이터 프로젝트 6번의 맥박수 자료를 이용한다. 모수의 추정값으로 표본평균과 표본표준편차를 이용한다. 운동 전 자료에서 상위 10%에 해당하는 맥박수는 얼마인가? 운동 후 자료에서 하위 10%에 해당하는 맥박수는 얼마인가? 랜덤으로 한 학생을 선택한다면, 이 학생의 운동 전 맥박수가 72보다 적을 확률은 얼마인가? 랜덤으로 25명의 학생들을 선택한다면, 이들의 운동 전 맥박수 평균이 72보다 적을 확률은 얼마인가?
5. **정치와 경제** 이 프로젝트를 위해서는 SAT 수학점수 자료를 수집하여야 한다. 모든 주(statewide)에 대한 SAT 수학점수의 평균과 표준편차는 얼마인가? 하위 10%에 해당하는 SAT 수학점수는 얼마인가? 랜덤으로 하나의 주(state)를 선택하였다면, 이 주의 SAT 수학점수가 500보다 클 확률은 얼마인가?
6. **공식** {1,5,10}을 모집단으로 간주하고 중심극한정리에 대한 2개의 식이 제대로 작동하는지 확인하시오. 먼저 모평균과 모표준편차를 계산한다. 그리고서 복원추출로 2개 원소를 하나의 표본으로 하는 모든 가능한 9가지 경우의 표본을 작성하시오. 즉, {1,1}, {1,5} 등이다. 이들 9가지 경우마다 표본평균을 계산하고, 표본평균들의 평균을 계산하시오. 이 값은 모평균과 같은가? 이 표본평균들의 표준편차를 계산해 보시오. 이 값은 모표준편차를 표본크기 n의 제곱근으로 나눈 값과 같은가?

개념의 적용 해답

6-1절 정규성 확인하기

1. 답은 상황에 따라 다르다. 그중 한 가지 가능한 도수분포표는 다음과 같다.

계급	도수
0–9	1
10–19	14
20–29	17
30–39	7
40–49	3
50–59	2
60–69	2
70–79	1
80–89	2
90–99	1

2. 문제 1의 답에 따라서 답이 다를 수 있다. 문제 1의 답으로 제시된 도수분포표에 대한 히스토그램은 다음과 같다.

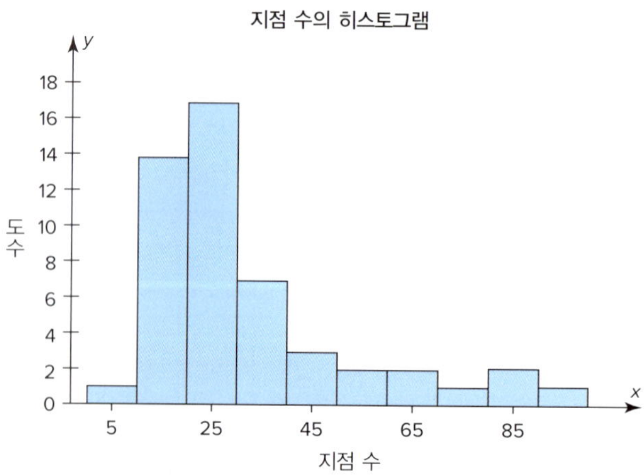

3. 히스토그램은 단봉이고 오른쪽으로 기운(왜도가 양인) 형태이다.
4. 자료의 분포는 정규분포로 보이지는 않는다.
5. 지점 수의 평균은 $\overline{X} = 31.4$이고, 표준편차는 $s = 20.6$이다.

6. 자료의 80%가 평균의 1 표준편차(10.8~52) 이내에 존재한다.
7. 자료의 92%가 평균의 2 표준편차(0~72.6) 이내에 존재한다.
8. 자료의 98%가 평균의 3 표준편차(0~93.2) 이내에 존재한다.
9. 문제 6~8번 결과는 정규분포의 68%, 95%, 100%와는 다르다.
10. 이 값들로 보아서는 "주어진 변수의 분포는 정규분포가 아니다"라는 결과와 일치한다.

6-2절 멘사 회원

1. $z = \frac{130-100}{15} = 2$. 표준정규분포표에서 2의 우측 면적은 0.0228이므로, 이 지역에서 멘사 가입 자격을 갖춘 사람의 수는 근사적으로 10,000(0.0228) = 228명으로 예상된다.
2. 이 지역에서 멘사 지부를 만드는 것은 타당한 것으로 보인다.
3. 답은 유동적이다. 가능한 한 가지 해답은 랜덤으로 추출한 집 전화나 휴대전화로 전화해서 성인을 찾아 그 사람에게 멘사 회원으로 가입할 것인지 묻는다.
4. 이 지역에서 울트라-멘사 클럽을 만들기 위해서는 IQ가 적어도 평균의 2.326 표준편차보다 더 높은 IQ를 가진 사람을 찾아야 한다. 다시 말해서 IQ가 최소한 135보다 높은 사람을 대상으로 가입 희망자를 찾아야 한다.

$$2.326 = \frac{x - 100}{15} \Rightarrow x = 100 + 2.326(15) = 134.89$$

6-3절 통학시간

1. 랜덤으로 추출한 표본이 다를 가능성이 크므로 동일한 결과를 나타낼 가능성은 거의 없다.
2. 모평균의 바람직한 추정값은 학생들의 표본평균들의 평균을 계산하는 것이다. 마찬가지로 모표준편차의 바람직한 추정값은 학생들의 표본표준편차들의 평균을 계산하는 것이다.
3. 분포는 약간 왼쪽으로 기운(왜도가 음인) 것처럼 보인다.

중심극한정리의 표본평균 히스토그램

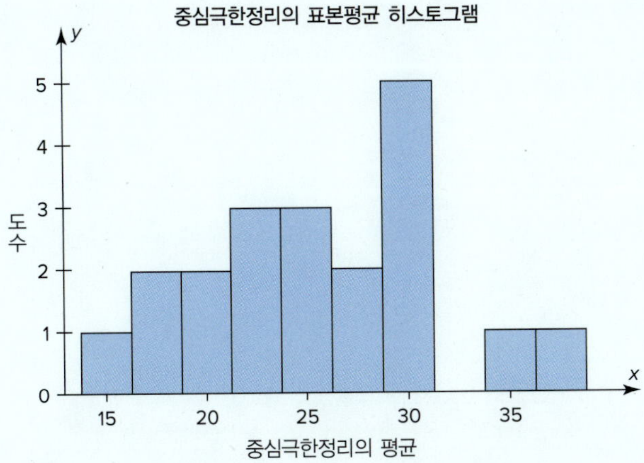

4. 학생들의 표본평균들의 평균은 25.4이고 표준편차는 5.8이다.
5. 평균들의 분포는 표집분포가 아니다. 왜냐하면 모집단에서 크기 30인 모든 가능한 표본 중에서 20개의 표본만으로 표본평균을 계산한 것이기 때문이다.
6. 3번 학생의 표본오차는 18 − 25.4 = −7.4이고, 7번 학생의 표본오차는 26 − 25.4 = +0.6이고, 14번 학생의 표본오차는 29 − 25.4 = +3.6이다.
7. 20개 표본평균들의 표준편차는 학생들 개개인의 표준편차보다 크다. 따라서 학생들 개개인의 표준편차는 표본크기의 제곱근으로 나눈 표준편차와 같지 않다.

6-4절 당신은 안전한가?

1. 신뢰도가 97%라는 것은 이 장치를 사용할 때마다 평균적으로 97% 낙상하지 않음을 의미한다. 따라서 어떤 특정한 100회 등반에서 얼마나 낙상하는지는 알 수 없다.
2. 100회 등산에서 적어도 1번 낙상하는 확률은 $1 - (0.97)^{100} = 1 - 0.0476 = 0.9524$ (약 95%)이다.
3. 문제 2번의 여사건은 100회 등반에서 한 번도 낙상하지 않는 사건이다.
4. 이 시행은 이항실험으로 간주할 수 있다. 이 시행은 성공과 실패라는 두 가지의 결과만을 가지고 있고, 이 장비가 작동(성공)할 확률은 97%로 일정하게 유지되며, 100회의 등반은 서로 독립적이다. 그리고 100회 등반에서 장비가 작동(성공)하는 횟수를 셀 수 있다.
5. 이항분포의 확률공식을 사용할 수 있다. 하지만 확률계산이 매우 복잡하고 번거롭다.
6. 적어도 2번 실패할 확률은 정규분포를 이용해 추정할 수 없다(아래 7번 답 참조). 따라서 이항분포를 이용하여 구하고자 하는 확률을 계산하면 $1 - [(0.97)^{100} + 100(0.97)^{99}(0.03)] = 1 - 0.1946 = 0.8054$ (약 80.5%)이다.
7. $nq < 5$이므로 이항분포에 대한 정규근사를 이용할 수 없다.
8. 만일 정규분포로의 근사를 이용한다면, 이산형 분포를 연속형 분포로 근사시키게 되므로 연속성 수정이 필요하다.
9. 두 번째 안전고리는 첫 번째 안전고리와 독립적으로 성공 혹은 실패할 수 있으므로, 두 번째 안전고리도 실패할 확률은 (0.03)(0.03) = 0.0009 (또는 0.09%)로 3% 더 감소한다.

7

신뢰구간과 표본크기

© Trendsetter Images/Shutterstock

STATISTICS TODAY

대학생의 스트레스

최근 mtvU/Associated Press가 실시한 여론조사에 따르면 대학생의 85%가 매일 스트레스를 경험한다고 한다.

이 조사는 스트레스를 받는 것이 요즘 캠퍼스의 현실임이 분명하다고 한다. 또한 학생들이 겪는 스트레스의 74%가 학업 때문이고, 71%는 학점, 그리고 62%는 경제적 어려움 때문이라고 보고했다. 이 조사는 2240명의 학생들이 참여하였고 설문조사의 오차한계는 ±3.0%라고 한다.

이 장에서는 모수의 실제 추정값을 어떻게 구하는지, 오차한계가 의미하는 바는 무엇인지, 표본크기가 모든 대학생들을 대표할 수 있을 만큼 충분히 큰지 아닌지를 배울 것이다.

더 자세한 내용은 이 장 뒷부분의 Statistics Today에서 설명한다.

개요

학습목표

1. σ가 알려져 있을 때 평균에 대한 신뢰구간 구하기
2. 평균에 대한 신뢰구간을 구하기 위해 필요한 최소 표본크기 결정하기
3. σ가 알려져 있지 않을 때 평균에 대한 신뢰구간 구하기
4. 비율에 대한 신뢰구간 구하기
5. 비율에 대한 신뢰구간을 구하기 위해 필요한 최소 표본크기 결정하기
6. 분산과 표준편차에 대한 신뢰구간 구하기

서론

추측통계학의 한 분야는 **추정(estimation)**인데, 이는 표본에서 얻은 정보로부터 모수를 추정하는 과정이다. 예를 들면, 랜덤으로 선택한 대학생 100명의 하루 동안 지출한 교통비의 평균이 3,500원이라면 대학생의 하루 평균 교통비를 3,500원으로 추정할 수 있다.

이 값을 얻은 모집단은 크므로 3,500원이라는 값은 실제 모수의 **추정값**(estimate)일 뿐이고, 이 값은 표본으로부터 수집한 자료로부터 얻어진다.

이 장에서는 모평균, 모비율, 모분산, 모표준편차를 추정하는 통계적 절차를 다룰 것이다.

추정에서 가장 중요한 문제는 표본크기의 결정이다. 표본이 얼마나 커야 정확한 추정값을 구할 수 있을까? 이 질문에 답하기는 쉽지 않은데, 표본의 크기는 요구되는 정확성 및 정확한 추정을 할 확률과 같은 몇 가지 요인에 의존하기 때문이다. 이 장에서 표본크기 문제도 설명할 것이다.

추측통계학적 기법들은 다양한 **가정(assumption)**이 만족되어야만 타당한 결론을 얻을 수 있다. 일반적인 가정 중 하나는 표본들이 랜덤으로 선택되었다는 것이다. 1장은 랜덤표본을 어떻게 얻는지 설명한다. 또 다른 일반적인 가정은 표본크기가 30 이상이어야 하거나, 30 미만이라면 모집단이 정확히 또는 근사적으로 정규분포를 따라야 한다는 것이다.

이 가정을 확인하기 위해 6장에서 소개한 방법들을 사용할 수 있다. 다시 한 번 상기시켜보자면, 히스토그램이 근사적으로 종모양인지, 이상점이 있는지 확인하고, 또 가능하다면 정규분위수그림을 그려 점들이 직선에 가까운지 확인한다. (**참고**: 통계학의 한 영역인 비모수통계학은 변수가 정규분포를 따를 것을 요구하지 않는다.)

7–1 신뢰구간

학습목표 1
σ가 알려져 있을 때 평균에 대한 신뢰구간 구하기

이 절의 주목표는 평균, 비율, 분산과 같은 모수를 추정하는 기본 방법을 설명하는 것이다.

표본측도(즉, 통계량)는 모집단측도(즉, 모수)를 추정하기 위해 사용한다. 예를 들어, 표본평균은 모평균을 추정하기 위해 사용한다. 표본비율은 모비율을 추정하기 위해 사용한다. 그러한 통계량들을 **추정량(estimator)**이라고 한다.

한 단과대 학장이 이번 학기에 수업을 듣는 학생들의 평균 나이를 추정한다고 하자. 이 학장은 100명의 랜덤표본을 뽑아 그들의 평균 나이를 구할 수 있는데, 가령 그 값이 22.3세였다고 하자. 학장은 이 표본평균으로부터 모든 학생의 평균 나이가 22.3세라고 추론할 수 있다. 이러한 형태의 추정값을 **점추정값**이라고 한다.

또 다른 예로 한 식당주인이 포장 음식을 매일 구입하는 미국인의 비율에 관심이 있다고 생각해보자. 1,000명의 랜덤표본으로부터 이 사람들의 0.11 또는 11%가 포장음식을 매일 구입한다는 것을 알았다. 평균이 아닌 다른 통계량에 대해서도 이러한 형태의 추정값을 **점추정값(point estimate)**이라고 한다.

점추정값은 모수를 특정 숫자로 추정한 값이다. 모평균 μ에 대한 가장 좋은 점추정값은 표본평균 $\overline{X}$이다.

좋은 추정량은 아래와 같은 3가지 성질들을 만족해야 한다.

좋은 추정량의 3가지 성질들

1. 추정량은 **비편향추정량**(unbiased estimator, **불편추정량**)이어야 한다. 즉, 주어진 크기의 표본들로부터 얻은 추정값들의 평균이나 기댓값이 추정하고자 하는 모수와 같다.
2. 추정량은 일치성이 있어야 한다. **일치추정량**(consistent estimator)은 표본크기가 증가함에 따라 그 추정량의 값이 추정하고자 하는 모수의 값에 가까워진다.
3. 추정량은 **상대적 효율 추정량**(relatively efficient estimator)이어야 한다. 즉, 모수를 추정하기 위해 사용할 수 있는 모든 통계량 중에서 추정량은 가장 작은 분산을 가진다.

6장에 언급했듯이 대부분의 경우에 표본평균은 표집오차 때문에 모평균과는 약간 다를 것이다. 따라서 다음과 같은 두 번째 질문을 할 수 있다. 점추정값은 얼마나 정확한가? 이에 대한 대답은 특정한 점추정값이 모평균에 얼마나 가까운지 알 수 있는 방법이 없다는 것이다.

이 대답은 점추정값의 정확성에 대해 약간의 의구심을 들게 한다. 이런 이유로 통계학자들은 **구간추정값**이라고 불리는 다른 형태의 추정값을 선호한다.

모수의 **구간추정값**(interval estimate)은 모수를 추정하는 값들의 구간 또는 범위이다. 이 추정값은 추정하려는 모수의 값을 포함할 수도 있고 포함하지 않을 수도 있다.

구간추정에서는 모수가 두 값 사이에 존재한다고 명시한다. 예를 들면, 모든 학생들의 평균 나이에 대한 구간추정값은 $21.9 < \mu < 22.7$ 혹은 22.3 ± 0.4일 것이다.

또한 매일 패스트푸드를 구입하는 성인의 비율에 대한 구간추정값은 0.107~0.113 또는 10.7~11.3% 또는 11% ± 0.3%이다.

구간은 모수를 포함할 수도 있고 그렇지 않을 수도 있다. 신뢰의 정도(보통 백분율)는 구간추정 전에 정해져야 한다. 예를 들면, 구간이 실제 모평균을 포함한다고 95% 확신하기를 원할 수 있다. 그러면 다른 의문이 생긴다. 왜 95%인가? 99% 또는 99.5%는 안 되는가?

99% 혹은 99.5%와 같이 더 높은 신뢰의 정도를 원한다면 구간을 더 크게 만들어야 한다. 예를 들면, 대학생들의 평균 나이에 대한 99% 신뢰구간은 $21.7 < \mu < 22.9$ 혹은 22.3 ± 0.6세일 것이다. 따라서 상충관계가 발생한다. 즉, 신뢰구간이 실제 모평균을 포함한다고 더 확신하기 위해서는 구간을 넓게 해야 한다.

역사적 기록

점추정과 구간추정은 이미 1700년대 후반에 알려졌다. 그러나 1937년에 이르러서야 수학자 J. Neyman이 그들에 대한 실질적인 적용방법을 명확히 하기 시작하였다.

모수에 대한 구간추정값의 **신뢰수준**(confidence level)은 특정 크기의 표본들을 무수히 많이 선택하여 같은 모수에 관한 구간추정값을 반복해서 구한다고 가정했을 때, 이 구간추정값들이 모수를 포함할 비율이다.

신뢰구간(confidence interval)은 추정값의 특정한 신뢰수준과 표본에서 얻어진 자료를 가지고 결정한 모수의 구체적인 구간추정값이다.

이러한 방법으로 구축된 구간들을 **신뢰구간**이라고 한다. 일반적으로 사용되는 세 가지의 신뢰구간은 90, 95, 99% 신뢰구간들이다.

모집단의 평균이나 비율은 고정된 값이고, 표본으로부터 구한 신뢰구간은 이러한 모수들을 포함하거나 또는 그렇지 않거나 둘 중 하나이다. 만약 특정한 크기의 모든 가능한 표본들을 가지고 평균이나 비율과 같은 통계량에 대한 95% 신뢰구간을 구축하는 것이 가능하다면, 그

그림 7-1
각 표본평균에 대한 95% 신뢰구간

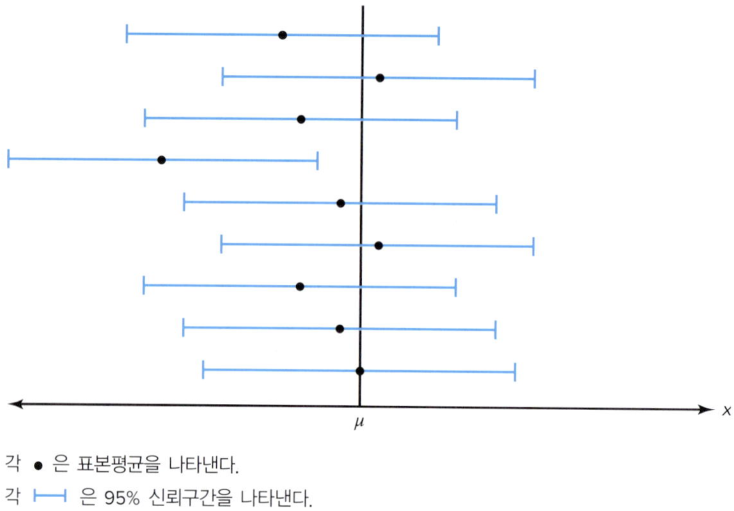

들 중 95%는 모수를 포함할 것이라고 결론 내릴 수 있다. [그림 7-1]을 참고하라.

모집단에서 변수의 값들이 정규분포를 따를 때, 모평균이 95% 신뢰구간 안에 포함된다고 95% 확신할 수 있다.

95% 신뢰구간에 이용된 값 1.96은 부록 A에 있는 표 E에서 얻을 수 있다. 99% 신뢰구간에 대해서는 공식에서 1.96 대신 2.58을 이용한다. 이 값 또한 표 E에서 얻을 수 있고 표준정규분포에 근거한다. 통계학에서는 95%나 99%가 아닌 다른 신뢰구간들도 이용하기 때문에 신뢰구간의 일반적인 공식에서는 기호 $z_{\alpha/2}$를 이용한다. 그리스 문자 α(알파)는 표준정규분포 곡선의 양쪽 꼬리의 총 면적을 나타내고 $\alpha/2$는 한쪽 꼬리의 면적을 나타낸다. 이 값 $z_{\alpha/2}$는 **임계값**(critical value)이라고 불린다.

흥미 있는 사실

우편물을 배달하는 집배원은 하루에 평균 5.2마일을 걷는다.

명시된 신뢰수준은 $1-\alpha$의 소수 값에 해당하는 백분율이며 그 반대도 성립한다. 95% 신뢰구간을 구하려고 할 때, $1-0.05=0.95$ 또는 95%이기 때문에 $\alpha=0.05$이다. $\alpha=0.01$이면 $1-\alpha=1-0.01=0.99$이고, 99% 신뢰구간을 계산한다.

특정한 값, 이를테면 $\alpha=0.05$에 대해서 표본평균들 또는 표본비율들의 95%가 모평균 또는 모비율을 중심으로 이 오차 값만큼 떨어진 범위 안에 포함된다. [그림 7-2]를 보자.

오차한계(margin of error)는 모수의 점추정값과 모수의 실제 값 사이에 발생할 수 있는 차이의 최댓값이고, 추정값의 최대오차(maximum error of the estimate)라고도 한다.

그림 7-2
95% 신뢰구간에 대한 $z_{\alpha/2}$ 값들

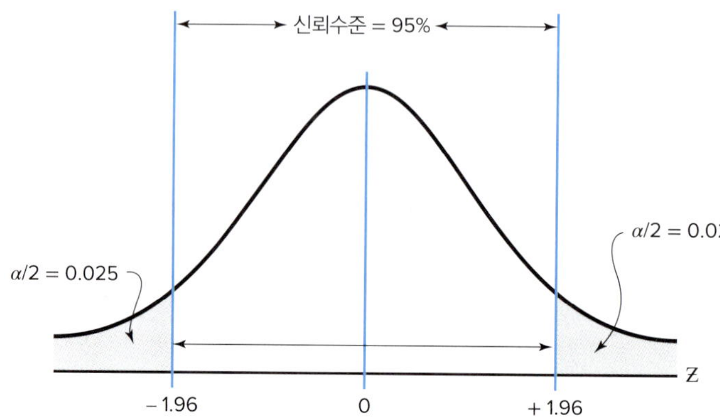

학생들의 나이 예제에서 신뢰구간은 $21.9 < \mu < 22.7$ 혹은 22.3 ± 0.4이고, 여기서 오차한계는 0.4이다. 신뢰구간이 $10.7\% < p < 11.3\%$ 혹은 $11\% \pm 0.3\%$인 비율 예제에서 오차한계는 0.003 또는 0.3%이다. 신뢰구간과 오차한계에 대한 공식들은 다음 절에서 소개한다.

신뢰구간은 괄호를 이용하여 표현하기도 한다. 예를 들어 학생들의 나이에 대한 신뢰구간은 (21.9, 22.7)이다. 비율에 대해 신뢰구간은 (10.7%, 11.3%)이다.

[예제 7–1]과 [예제 7–2]에서는 신뢰구간의 계산 과정과 오차한계에 대해 더 자세히 설명한다.

개념의 적용 7–1

병가

한 노동연구원은 근로자들이 한 해 동안 사용한 병가 중에서 금요일에 사용한 것의 비율을 알아보고자 한다.

1. 모집단을 공무원, 병원직원, 교사, 패스트푸드 가게 직원과 같은 특정 집단에 국한시켜야 한다고 생각하는가?
2. 어떤 종류의 표본을 사용할 것인가?
3. 표본의 크기가 얼마나 커야 한다고 생각하는가?
4. 점추정값을 사용할 것인가 아니면 구간추정값을 사용할 것인가?
5. 만약 구간추정값을 사용하기로 결정한다면, 90%나 95%, 또는 99% 신뢰구간을 사용할 것인가?
6. 당신이 사용한 추정값이 좋은 추정량의 세 가지 특성을 만족하는가?

정답 323쪽 참조

연습문제 7–1

1. 점추정값과 구간추정값의 차이는 무엇인가? 어떤 추정값이 더 나은가? 그 이유는 무엇인가?

2. 오차한계란 무엇인가?

3. 좋은 추정량의 세 가지 특성은 무엇인가?

4~6번 문제에 대해 각 신뢰구간의 오차한계를 구하시오.

4. 평균에 대한 신뢰구간은 $68 < \mu < 72$이다.

5. 평균에 대한 신뢰구간은 18 ± 0.7이다.

6. 비율에 대한 신뢰구간은 $0.481 < p < 0.489$이다.

7–2 σ가 알려져 있을 때 평균에 대한 신뢰구간

σ가 알려져 있을 때 평균에 대한 신뢰구간을 계산하기 위해서 두 가지 가정이 만족되어야 한다.

σ가 알려져 있을 때 평균에 대한 신뢰구간을 구하기 위해 필요한 가정들

1. 표본이 랜덤표본이다.
2. $n \geq 30$이거나 $n < 30$일 때는 모집단이 정규분포를 따른다.

이 책의 연습문제에서는 이러한 가정들을 언급할 것이다. 그러나 다른 상황에서 통계자료를 접한다면 분석을 시행하기 전에 이러한 가정들이 만족되는지를 스스로 확인해야 한다.

어떤 통계적인 기법들은 **로버스트(robust)**하다고 불린다. 이는 변수의 분포가 정규성으로부터 다소 벗어나 있어도 그 기법들을 사용하여 얻은 결론이 여전히 타당하다는 것을 의미한다.

모평균을 추정할 때는 표본평균을 사용해야 한다.

모평균을 추정할 때 중앙값이나 최빈값과 같이 중심경향성을 나타내는 다른 척도들은 왜 사용하지 않는지 궁금할 수 있다. 그 이유는 동일한 모집단으로부터 많은 표본들을 선택하였을 때 표본의 평균들이 다른 통계량들(이를테면 중앙값이나 최빈값)보다 변동이 적기 때문이다. 따라서 표본평균은 모평균의 제일 좋은 추정값이다.

σ가 알려져 있을 때 특정 α를 갖는 평균의 신뢰구간에 대한 공식

$$\overline{X} - z_{\alpha/2}\left(\frac{\sigma}{\sqrt{n}}\right) < \mu < \overline{X} + z_{\alpha/2}\left(\frac{\sigma}{\sqrt{n}}\right)$$

90% 신뢰구간에서 $z_{\alpha/2} = 1.65$이고, 95% 신뢰구간에서 $z_{\alpha/2} = 1.96$이며, 99% 신뢰구간에서 $z_{\alpha/2} = 2.58$이다.

$z_{\alpha/2}(\sigma/\sqrt{n})$를 **오차한계**(margin of error) 또는 **추정값의 최대오차**(maximum error of the estimate)라고도 한다. $\alpha = 0.05$와 같은 특정한 값이 주어졌을 때, 이전에 설명한 대로 표본평균들의 95%는 모평균을 중심으로 이 오차만큼 떨어진 구간 내에 존재할 것이다.

평균의 신뢰구간에 대한 반올림 법칙 **원자료**(raw data)를 이용하여 모평균에 대한 신뢰구간을 계산할 때 원자료에 있는 소수 자리의 개수보다 하나 더 낮은 소수 자리까지 반올림하라. 표본평균과 표본표준편차를 이용하여 모평균의 신뢰구간을 계산할 때 평균에서 사용된 것과 동일한 소수점 자리까지 반올림하라.

예제 7-1 한 대의 Aveo를 팔 때까지 얼마나 걸릴까?

한 연구자는 자동차 영업사원이 한 대의 Chevrolet Aveo를 팔 때까지 걸리는 날짜를 추정하려고 한다. 해당 대리점에서 뽑힌 50대 차량의 랜덤표본에 대해서는 평균 54일이 걸렸다. 모표준편차가 6.0일이라고 가정하자. 모평균에 대한 가장 좋은 점추정값과 95% 신뢰구간을 구하시오.

출처: Based on information obtained from Power Information Network.

풀이

모평균의 가장 좋은 점추정값은 54일이다. 95% 신뢰구간에 대해서는 $z = 1.96$을 사용한다.

$$\overline{X} - z_{\alpha/2}\left(\frac{\sigma}{\sqrt{n}}\right) < \mu < \overline{X} + z_{\alpha/2}\left(\frac{\sigma}{\sqrt{n}}\right)$$

$$54 - 1.96\left(\frac{6.0}{\sqrt{50}}\right) < \mu < 54 + 1.96\left(\frac{6.0}{\sqrt{50}}\right)$$

$$54 - 1.7 < \mu < 54 + 1.7$$

$$52.3 < \mu < 55.7 \text{ 또는 } 54 \pm 1.7$$

따라서 50대의 자동차 표본을 토대로 모평균이 52.3일에서 55.7일의 구간에 포함된다고 95%의 신뢰를 가지고 말할 수 있다.

예제 7-2 환자들의 수

4명의 의사가 있는 대규모 응급처치센터는 평균적으로 시간당 18명의 환자를 볼 수 있다고 한다. 표준편차가 3.2라고 가정하자. 42시간의 랜덤표본이 추출되었다. 평균에 대한 99% 신뢰구간을 구하시오.

풀이

모평균의 가장 좋은 점추정값은 18명이다. 99% 신뢰구간은

$$\bar{X} - z_{\alpha/2}\left(\frac{\sigma}{\sqrt{n}}\right) < \mu < \bar{X} + z_{\alpha/2}\left(\frac{\sigma}{\sqrt{n}}\right)$$

$$18 - 2.58\left(\frac{3.2}{\sqrt{42}}\right) < \mu < 18 + 2.58\left(\frac{3.2}{\sqrt{42}}\right)$$

$$18 - 1.3 < \mu < 18 + 1.3$$

$$16.7 < \mu < 19.3$$

$$17 < \mu < 19 \text{ (반올림한 결과)}$$

따라서 이 센터가 한 시간 동안 처치할 수 있는 환자의 평균수가 17명에서 19명 사이(반올림한 결과)라고 99% 확신할 수 있다.

중심극한정리에 따라 표본크기 n이 30 이상이거나, n이 30 미만이고 모집단이 정규분포를 따를 때, σ가 알려져 있다면 표본평균들의 95%는 근사적으로 모평균으로부터 1.96×표준편차 이내의 범위에 들어간다. μ에 대해 [예제 7-1]과 [예제 7-2]에서 했던 것처럼 각각의 표본평균을 중심으로 신뢰구간을 구하는 것이 가능하다면, [그림 7-3]에서 보는 바와 같이 그러한 구간들의 95%가 모평균을 포함할 것이다. 따라서 특정한 표본평균을 중심으로 만들어진 구간이 모평균을 포함할 것이라고 95% 확신할 수 있다. 만약 99% 확신하기를 원한다면, 모든 100개의 구간들 중에서 99개가 모평균을 포함할 수 있도록 신뢰구간을 늘려야 한다.

통계학에서는 다른 신뢰구간들(90, 95, 99% 외에)도 가끔 이용되기 때문에 $z_{\alpha/2}$에 해당하는 값들을 찾는 방법에 대한 설명이 필요하다. 전에 언급하였듯, 그리스 문자 α는 정규분포의 양쪽 꼬리의 총 면적을 나타낸다. α의 값은 1에서 원하는 신뢰수준에 해당하는 소수를 빼서 구할 수 있다. 예를 들어 98% 신뢰구간을 구하려고 한다면, 98%를 0.98로 바꾸고 $\alpha = 1 - 0.98$ 또는 0.02가 된다. 그러면 $z_{\alpha/2}$는 α를 2로 나눈 값으로 얻어진다. 그래서 $z_{\alpha/2}$는 0.02/2 혹은 0.01이다. 마지막으로 $z_{0.01}$은 표준정규분포 곡선에서 오른쪽 꼬리의 면적이 0.01이 되게 하는 z값이다. [그림 7-4]를 보자.

$\alpha/2$가 결정되면 6장에서 보인 단계를 거쳐 이에 해당하는 $z_{\alpha/2}$값을 구할 수 있는데, 이 과

그림 7-3
표본평균들에 대한 95% 구간

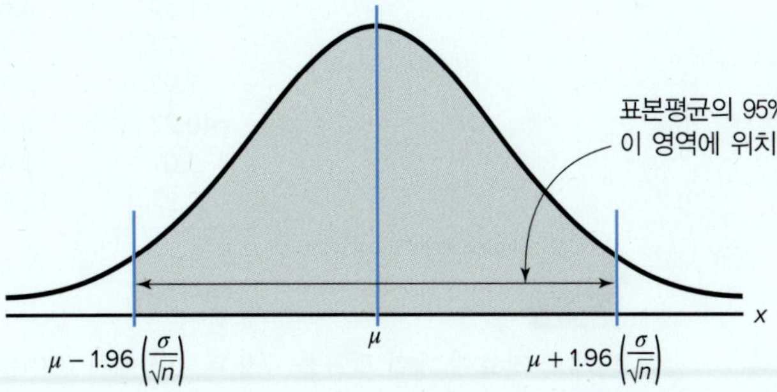

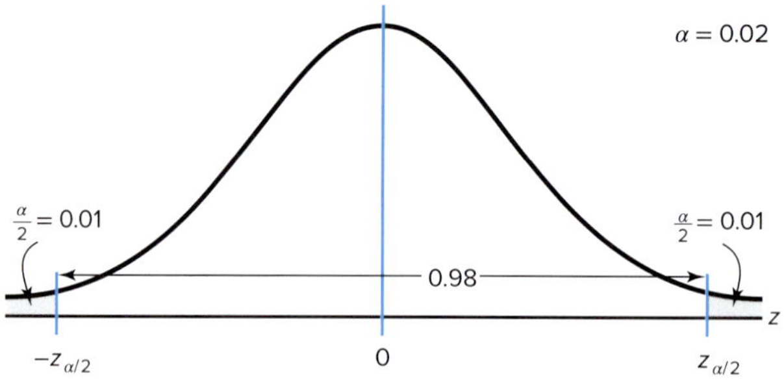

그림 7-4
98% 신뢰구간에 대해 구하기

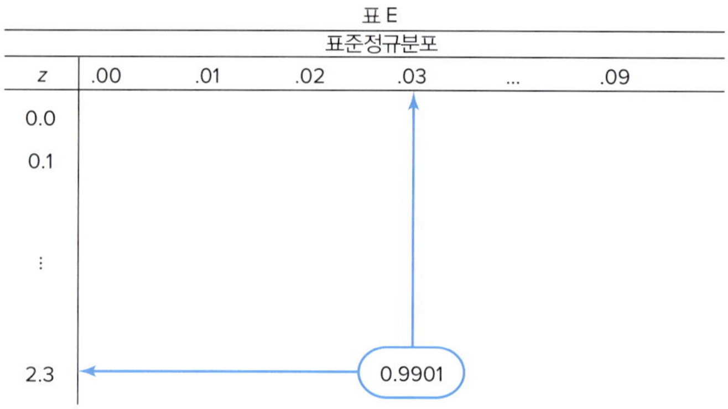

그림 7-5
98% 신뢰구간에 대해 구하기

정을 여기에서 복습한다. 98% 신뢰구간에 대한 $z_{\alpha/2}$값을 얻기 위해서는 1에서 0.01을 빼서 0.9900을 얻는다. 그다음 표 E에서 0.9900과 가장 가까운 면적(이 경우는 0.9901)을 찾고 그것에 해당하는 z값을 찾는다. 이 예제에서는 그 값이 2.33이다. [그림 7-5]를 참고하라.

신뢰구간에 대한 공식에서는 오직 양의 z값을 사용한다.

원래 변수가 정규분포를 따르고 σ가 알려져 있을 때에는 표본크기에 관계없이 표준정규분포를 신뢰구간을 찾는 데 이용할 수 있다. $n \geq 30$일 때는 변수의 원래의 분포가 정규성에서 벗어난다고 하더라도 평균의 분포가 근사적으로 정규분포를 따른다.

예제 7-3 신용협동조합의 자산

다음은 Pennsylvania 주의 남서부지역에서 30개의 신용협동조합의 자산(단위: 백만 달러)을 랜덤표본으로 추출한 자료를 나타낸다. 모표준편차가 14.405라고 가정하자. 평균에 대한 90% 신뢰구간을 구하시오.

12.23	16.56	4.39
2.89	1.24	2.17
13.19	9.16	1.42
73.25	1.91	14.64
11.59	6.69	1.06
8.74	3.17	18.13
7.92	4.78	16.85
40.22	2.42	21.58
5.01	1.47	12.24
2.27	12.77	2.76

출처: Pittsburgh Post Gazette.

풀이

단계 1 자료에 대한 평균을 구한다. 3장에서 보여준 공식 혹은 계산기를 이용한다. 평균은 $\overline{X} = 11.091$

이다. 모표준편차는 14.405라고 가정한다.

단계 2 $\alpha/2$를 구한다. 90% 신뢰구간을 계산할 것이므로 $\alpha = 1 - 0.90 = 0.10$이고

$$\frac{\alpha}{2} = \frac{0.10}{2} = 0.05$$

이다.

단계 3 $z_{\alpha/2}$를 구한다. 1.000에서 0.05를 빼서 0.9500을 얻는다. 표 E에서 이에 해당하는 z값을 찾으면 1.65이다. (**참고:** 이 값은 0.9495와 0.9505 사이의 면적을 갖는 z값을 이용하여 구한다. 수학적으로 계산한 더 정확한 z값은 1.645이고 때때로 이 값을 쓰기도 한다. 하지만 교재에서는 1.65를 사용할 것이다.)

단계 4 공식에 대입한다.

$$\overline{X} - z_{\alpha/2}\left(\frac{\sigma}{\sqrt{n}}\right) < \mu < \overline{X} + z_{\alpha/2}\left(\frac{\sigma}{\sqrt{n}}\right)$$

$$11.091 - 1.65\left(\frac{14.405}{\sqrt{30}}\right) < \mu < 11.091 + 1.65\left(\frac{14.405}{\sqrt{30}}\right)$$

$$11.091 - 4.339 < \mu < 11.091 + 4.339$$

$$6.752 < \mu < 15.430$$

따라서 30개 신용협동조합의 표본을 토대로 모든 신용협동조합의 자산의 모평균이 6.752 백만 달러와 15.430 백만 달러 사이에 있다고 90% 확신할 수 있다.

σ가 알려져 있지 않으면 σ의 추정값으로 s를 사용할 수 있지만, 임계값을 찾기 위해서는 다른 분포를 이용해야 한다. 이 방법은 7–3절에서 설명한다.

컴퓨터와 계산기 사용자에 대한 조언

이 장과 이후의 장들은 원자료를 이용한 예제들을 다룬다. 만약 해를 찾기 위해 컴퓨터나 계산기 프로그램을 사용한다면 당신이 얻은 답은 이 책에 주어진 것과 어느 정도 다를 수도 있다. 이것은 컴퓨터와 계산기들이 중간 단계에서 반올림하지 않고 12자리 또는 그 이상의 소수점 자리를 계산에 이용할 수 있고, 책 뒤 부록에 있는 표에 주어진 값보다 더 정확한 임계값을 사용하기 때문이다.

z, t, χ^2, 또는 F값(이 장과 다음 장들에서 배우게 됨)과 같은 다른 통계량을 계산할 때 평균, 분산, 표준편차가 3장의 반올림 규칙에 의해 정해진 것보다 더 많은 소수점 자리를 갖도록 해도 된다. 이렇게 하면 답이 계산기나 컴퓨터 값에 더 가까워질 것이다. 이러한 작은 차이들은 통계학의 일부이다.

표본크기

학습목표 2
평균에 대한 신뢰구간을 구하기 위해 필요한 최소 표본크기 결정하기

표본크기의 결정은 통계적인 추정과 밀접한 관련이 있다. 당신은 종종 이런 질문을 할 것이다. 정확한 추정을 위해 얼마나 큰 표본이 필요한가? 이에 대한 대답은 간단하지 않다. 왜냐하면 표본크기는 추정값의 오차한계, 모표준편차, 신뢰의 정도, 이 세 가지에 의해 결정되기 때문이다. 예를 들면, 추정값이 모평균에 얼마나 가깝기를 원하는가(2 단위 또는 5 단위 내로)? 신뢰구간을 얼마나 확신하기를 원하는가(90, 95, 99% 등)? 이 장의 목적상, 변수의 모

표준편차는 알려져 있거나 이전 연구에서 추정되었다고 가정할 것이다.

표본크기에 대한 공식은 다음과 같은 오차한계 공식으로부터 유도되며,

$$E = z_{\alpha/2}\left(\frac{\sigma}{\sqrt{n}}\right)$$

이 공식을 n에 관하여 풀면 다음과 같다.

$$E\sqrt{n} = z_{\alpha/2}(\sigma)$$

$$\sqrt{n} = \frac{z_{\alpha/2} \cdot \sigma}{E}$$

따라서 다음과 같다.

$$n = \left(\frac{z_{\alpha/2} \cdot \sigma}{E}\right)^2$$

모평균의 구간추정값에 필요한 최소 표본크기에 대한 공식

$$n = \left(\frac{z_{\alpha/2} \cdot \sigma}{E}\right)^2$$

여기에서 E는 오차한계이다. 필요하다면 정수를 얻기까지 답을 반올림하라. 즉, 답에 어느 분수나 소수부분이 있다면, 그다음 정수를 표본크기 n으로 사용하라.

예제 7-4 차량절도

한 사회학자는 대도시에서 하루에 발생하는 차량절도의 평균 횟수를 2대 이내로 추정하고자 한다. 이전 연구에서 표준편차가 4.2로 구해졌다. 이 사회학자가 99% 확신하기를 원한다면 며칠을 선택하여 조사하여야 하는가?

풀이

$\alpha = 0.01$(또는 $1 - 0.99$)이므로 $z_{\alpha/2} = 2.58$이고 $E = 2$이다. 이를 공식에 대입한다.

$$n = \left(\frac{z_{\alpha/2} \cdot \sigma}{E}\right)^2 = \left[\frac{(2.58)(4.2)}{2}\right]^2 = 29.35$$

위 값을 30으로 반올림한다. 따라서 추정값이 실제 평균의 2대 이내에 있다는 것을 99% 확신하기 위해 이 사회학자는 최소 30일을 선택해야 한다.

통계학에서 대부분은 반올림을 하지만 표본크기를 결정할 때는 항상 다음 정수로 올림한다.

흥미 있는 사실

미국에서 매일 소비되는 피자의 양은 면적이 75에이커인 농장을 덮을 만큼이라고 추정된다.

모집단이 크거나 무한대이거나 또는 복원추출인 경우, 표본크기를 구할 때 모집단의 크기는 상관이 없다. 그 외의 경우에는 모집단의 크기를 이용하여 표본크기에 대한 공식을 보정한다. 이 보정은 이 책의 수준을 벗어나므로 다루지 않는다.

표본크기를 결정하기 위한 공식을 사용하기 위해서는 모표준편차가 필요하다. 그런데 σ가 알려져 있지 않다면 어떻게 할까? σ를 추정하려고 할 것이다. σ를 추정하기 위한 한 방법은 전에 추출한 표본에서 얻은 표준편차 s를 σ에 대한 추정값으로 사용하는 것이다. 또 다른 방법은 범위를 4로 나눈 값으로 표준편차를 추정하는 것이다.

점추정값 대신에 구간추정값을 보고하는 경우가 있다. 예를 들어 다음과 같은 문장을 생각해볼 수 있다. "200 가구의 표본을 토대로 본 조사는 미국의 2인 가구가 식료품비로 한 주에 84달러 소비한다고 추정한다. 이 추정값이 실제 평균에서 3달러 이내로 정확하다고 95% 확

신할 수 있다." 이 문장은 모평균의 95% 신뢰구간이

$$\$84 - \$3 < \mu < \$84 + \$3$$
$$\$81 < \mu < \$87$$

라는 것을 의미한다.

이제 신뢰구간에 대한 공식을 대수적으로 유도하는 과정을 알아보자. 6장에서 설명한 것처럼 모집단에서 대표본($n \geq 30$)이 추출되었을 때 평균의 표집분포는 근사적으로 정규분포를 따른다. 또한,

$$z = \frac{\overline{X} - \mu}{\sigma/\sqrt{n}}$$

이다. 그리고 z가 $-z_{\alpha/2}$와 $+z_{\alpha/2}$ 사이의 값을 가질 확률이 $1 - \alpha$이다. 따라서,

$$-z_{\alpha/2} < \frac{\overline{X} - \mu}{\sigma/\sqrt{n}} < z_{\alpha/2}$$

이다. 양변에 $\sigma/\sqrt{n}$을 곱하면 위 공식을 다음과 같이 쓸 수 있다.

$$-z_{\alpha/2} \cdot \frac{\sigma}{\sqrt{n}} < \overline{X} - \mu < z_{\alpha/2} \cdot \frac{\sigma}{\sqrt{n}}$$

위 식의 양변과 중간에서 $\overline{X}$를 빼면 다음과 같다.

$$-\overline{X} - z_{\alpha/2} \cdot \frac{\sigma}{\sqrt{n}} < -\mu < -\overline{X} + z_{\alpha/2} \cdot \frac{\sigma}{\sqrt{n}}$$

-1을 곱하면

$$\overline{X} + z_{\alpha/2} \cdot \frac{\sigma}{\sqrt{n}} > \mu > \overline{X} - z_{\alpha/2} \cdot \frac{\sigma}{\sqrt{n}}$$

이 되고, 부등식을 반대로 쓰면 다음과 같이 신뢰구간에 대한 공식이 나온다.

$$\overline{X} - z_{\alpha/2} \cdot \frac{\sigma}{\sqrt{n}} < \mu < \overline{X} + z_{\alpha/2} \cdot \frac{\sigma}{\sqrt{n}}$$

개념의 적용 7-2

상자 안에 얼마나 많은 티슈를 넣어야 할까?

당신이 미용티슈를 제조하는 회사에서 근무한다고 가정하자. 현재 당신은 몇 장의 티슈를 새로운 자동차 도구함에 넣어야 하는지 결정하는 업무를 맡고 있다. 다음 질문에 대답하시오.

1. 도구함에 넣을 티슈의 적당한 장수를 어떻게 결정할 것인가?
2. 보통 사람들이 언제 티슈를 사용하는가?
3. 어떤 자료수집 기법을 사용할 것인가?
4. 85명의 표본을 조사하였더니 감기에 걸려있는 동안 평균적으로 57장의 티슈를 사용한다는 것을 알았다고 가정하자. 단, 모표준편차는 15이다. 신뢰구간을 이용하여 몇 장의 티슈를 도구함에 넣어야 하는지 구하시오.
5. 도구함에 넣을 티슈의 장수를 어떻게 결정하였는지 설명하시오.

정답 324쪽 참조

연습문제 7-2

1. μ를 가장 잘 추정하는 통계량은 무엇인가?

2~4번 문제의 답을 구하시오.

2. 99% 신뢰구간에 대한 $z_{\alpha/2}$값

3. 95% 신뢰구간에 대한 $z_{\alpha/2}$값

4. 94% 신뢰구간에 대한 $z_{\alpha/2}$값

5. 승용차와 트럭의 연비 미국 승용차와 소형 트럭(SUV)의 평균 연비는 1975년 이후로 갤런당 13.5에서 25.8마일로 증가하였는데, 이는 90%가 넘는 증가폭이다! 한 대규모 커뮤니티에서 40대의 랜덤표본을 추출하였더니, 한 대당 평균연비가 갤런당 28.1마일이었다. 모표준편차는 갤런당 4.7마일이다. 95% 신뢰를 가지고 실제 평균 연비를 추정하시오.

출처: *World Almanac 2012*.

6. 과체중 남성 60명의 과체중 남성으로 이루어진 랜덤표본에서 이 남성들은 평균 30파운드 과체중이었다. 모집단의 표준편차는 4.2파운드이다.

a. 과체중분의 평균을 가장 잘 추정하는 점추정값을 구하시오.

b. 평균 과체중분의 95% 신뢰구간을 구하시오.

c. 평균 과체중분의 99% 신뢰구간을 구하시오.

d. 어떤 구간이 더 긴가? 그 이유는 무엇인가?

7. 교수의 수 당해 학기에 등록한 학생이 12,000명보다 적은 32개의 주립 전문대학 및 대학을 랜덤으로 선택하여 이 대학들의 교수 수를 조사한 결과, 그 자료가 다음과 같다. 이 자료를 이용하여 등록한 학생이 12,000명보다 적은 모든 주립 전문대학 및 대학의 평균 교수 수를 92% 신뢰를 갖고 추정하시오. $\sigma = 165.1$이라고 가정하시오.

211	384	396	211	224	337	395	121	356	621
367	408	515	280	289	180	431	176	318	836
203	374	224	121	412	134	539	471	638	425
159	324								

출처: *World Almanac*.

8. 샌드위치의 탄수화물 함량 시중에 판매되는 7인치 샌드위치에 함유된 탄수화물의 그램 수가 아래에 기록되어 있다. 모표준편차는 6.46이다. 유사한 크기를 가진 모든 샌드위치의 탄수화물 함량에 대한 평균을 95% 신뢰를 가지고 추정하시오.

63	67	61	64	51	42	56	70	61
55	60	55	57	60	60	66	55	58
70	65	49	51	61	54	50	55	56
53	65	68	63	48	54	56	57	

9. 휘발유 사용량 36명의 운전자를 랜덤표본으로 선택하여 조사한 결과 그들은 1년에 평균적으로 749갤런의 휘발유를 사용하였다. 모집단의 표준편차가 32갤런이라고 할 때, 모든 운전자들의 평균에 대한 95% 신뢰구간을 구하시오. 만약 한 운전자가 한 해에 803갤런을 사용하였다고 한다면, 그 말을 믿겠는가?

10. 병원의 소음 수준 여러 도시지역에 있는 병원들의 소음 수준을 데시벨로 측정하였다. 랜덤으로 선택한 84개 복도에서 측정한 소음 수준의 평균이 61.2 데시벨이었고 모집단의 표준편차는 7.9데시벨이었다. 모평균의 95% 신뢰구간을 구하시오.

출처: M. Bayo, A. Garcia, and A. Garcia, "Noise Levels in an Urban Hospital and Workers' Subjective Responses," *Archives of Environmental Health* 50(3): 247–51 (May–June 1995).

11. 크리스마스 선물 크리스마스 선물에 지출하는 일인당 소비액의 모평균을 95% 신뢰를 가지고 2달러 이내로 추정하고자 한다. 얼마나 많은 표본이 필요한가? 모집단의 표준편차는 7.50달러이다.

12. 인터넷 사용시간 어떤 연구자는 한 사람이 하루에 인터넷 하는 데에 평균 몇 분을 보내는지 추정하고자 한다. 만약 그녀가 모평균이 표본평균의 10분 이내에 있다는 것을 90% 확신하기를 원한다면 얼마나 많은 표본을 뽑아야 하는가? 모표준편차는 42분이라고 가정한다.

13. 수온 한 호수의 수온의 분산이 28도라고 한다면, 모평균을 3도 이내로 추정하기 위해 이 연구자는 며칠이나 선택하여 수온을 측정해야 하는가?(99% 신뢰수준 사용)

EXCEL Step by Step

평균에 대한 z 신뢰구간 구하기

Excel에는 오차한계를 구해주는 함수는 있지만 신뢰구간을 계산해주는 함수는 없다. 여기서는 오차한계를 이용하여 신뢰구간을 계산하는 방법을 설명한다.

예제 XL7–1

다음 표본을 이용하여 95% 신뢰구간을 구하시오. 단 모표준편차가 11로 주어져 있다.

43	52	18	20	25	45	43	21	42	32	24	32	19	25	26
44	42	41	41	53	22	25	23	21	27	33	36	47	19	20

1. Excel 워크시트의 A열에 자료값을 입력한다.
2. B1 칸에 '표본평균'이라고 입력하고, C1 칸에 '=AVERAGE(A1:A30)'을 입력하여 자료의 평균을 계산한다.
3. 다음으로 2~3번째 행에 표본수와 모표준편차 값을 입력한다. 즉, B2 칸에 '표본수', C2 칸에 '30', B3 칸에 '모표준편차', C3 칸에 '11'을 입력한다.
4. B4 칸에 '오차한계'라고 입력하고, C4 칸에 '=CONFIDENCE.NORM(0.05,11,30)'을 입력하여 95% 신뢰수준에 해당하는 오차한계를 계산한다. 'CONFIDENCE.NORM'은 모표준편차가 알려져 있을 때 평균에 대한 오차한계 또는 신뢰구간의 길이의 절반을 계산해주는 함수로, 첫 번째 입력값은 α를, 두 번째 입력값은 모표준편차를, 세 번째 입력값은 표본크기이다.
5. 신뢰구간의 상한과 하한을 계산하기 위해 B5와 B6 칸에 '신뢰상한', '신뢰하한'을 입력하고, C5와 C6 칸에 각각 '=C1+C4'와 '=C1−C4'를 입력한다. 상한과 하한이 각각 35.970과 28.097(반올림한 값)로 계산된다.

	A	B	C	D	E	F
1	43	표본평균	32.03333			
2	52	표본수	30			
3	18	모표준편차	11			
4	20	오차한계	3.936227			
5	25	신뢰상한	35.96956			
6	45	신뢰하한	28.09711			
7	43					
8	21					
9	42					
10	32					

7-3 σ가 알려져 있지 않을 때 평균에 대한 신뢰구간

학습목표 3
σ가 알려져 있지 않을 때 평균에 대한 신뢰구간 구하기

σ가 알려져 있고 표본크기가 30 이상일 때, 또는 모집단이 정규분포이고 표본크기가 30 미만일 때, 평균에 대한 신뢰구간은 7-1절에서 언급한 대로 z 분포를 이용하여 구할 수 있다. 하지만 대부분 σ의 값을 모르기 때문에 표본의 표준편차인 s를 사용하여 σ를 추정해야 한다. s를 사용하고, 특히 표본크기가 작을 때에는 95%와 같은 주어진 신뢰수준을 유지하기 위해 $z_{\alpha/2}$값보다 큰 임계값을 신뢰구간에 이용한다. 이러한 값들은 ***t* 분포**(***t* distribution**)라고 부르는 **스튜던트의 *t* 분포**(Student's *t* distribution)에서 얻어진다.

이 방법을 이용하기 위해 표본들은 단순랜덤표본이어야 하고 표본이 뽑혀지는 모집단은 정확히 또는 근사적으로 정규분포를 따르거나, 표본크기가 30 이상이어야 한다.

t 분포의 몇 가지 중요한 특징들은 아래와 같다.

역사적 기록

t 분포는 1908년에 W.S. Gosset이라는 아일랜드 양조장의 직원에 의하여 만들어졌다. Gosset은 에일이라는 맥주를 만드는 새로운 방법들을 연구하는 데 참여하고 있었다. 이 양조장은 실험결과의 출판을 허용하지 않았기 때문에, Gosset은 익명인 Student를 사용하여 그의 연구결과를 발표하였다. 그래서 *t* 분포는 스튜던트의 *t* 분포(Student's *t* distribution)라고도 불린다.

t 분포의 특징

t 분포는 정규분포와 몇 가지의 특징들을 공유하고 몇 가지는 정규분포와 다른 특징을 지닌다. *t* 분포는 다음과 같은 면에서 표준정규분포와 비슷하다.

1. 종모양이다.
2. 평균을 중심으로 대칭이다.
3. 평균, 중앙값, 최빈값은 0이고 분포의 중심에 위치한다.
4. 곡선은 x축에 가까워지지만 결코 닿지는 않는다.

t 분포는 다음과 같은 면에서 표준정규분포와 다르다.

1. 분산이 1보다 크다.
2. t 분포는 표본크기와 관련이 있는 자유도의 개념에 근거한 곡선들의 모임이다.
3. 표본크기가 증가함에 따라 t 분포는 표준정규분포에 근접한다. [그림 7–6]을 보자.

많은 통계적 분포들이 자유도의 개념을 이용하며, 어떤 통계적 검정법을 사용하느냐에 따라 자유도를 찾는 공식은 다양하다. **자유도(degree of freedom)**는 표본통계량이 계산된 후에도 자유롭게 변할 수 있는 자료값들의 개수이다. 어떤 분포가 곡선들의 모임으로 구성될 때 연구자는 자유도를 이용하여 어떤 곡선을 사용해야 하는지 결정한다.

예를 들어 5개 값들의 평균이 10이라면, 5개 값 중에서 4개 값만이 자유롭게 변할 수 있는데 그 이유는 다음과 같다. 5개 값을 아직 선택하지 않았더라도 그들의 평균이 10이라는 것을 안다면 $50 \div 5 = 10$이므로 5개 값의 합은 50이어야 한다. 처음 4개 값들을 자유롭게 선택하고 나면 총합을 50으로 만들기 위해 5번째 값은 특정한 값으로 정해진다. 따라서 자유도는 $5 - 1 = 4$이고 연구자는 이 값을 이용하여 어떤 t 곡선을 사용할지 결정한다.

이 책에서는 자유도 대신에 d.f.라는 표기를 사용할 것이다. 평균의 신뢰구간에 대한 자유도는 표본크기에서 1을 빼서 구하므로 d.f. $= n - 1$이다. **참고:** 이 책의 뒷부분에 소개된 통계적 검정들에 대한 자유도는 $n - 1$이 아니다.

그림 7–6

t 분포족의 곡선

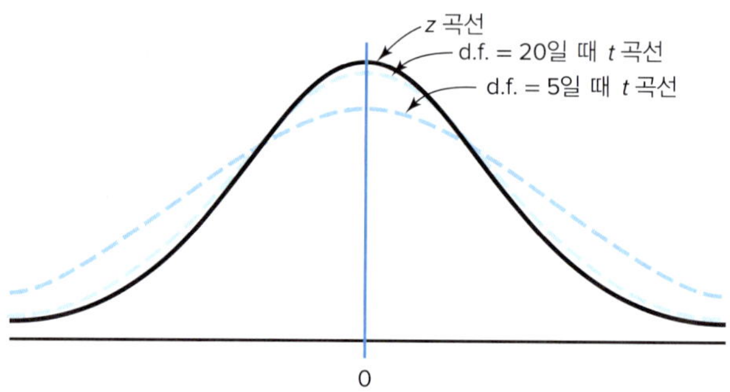

t 분포를 이용하여 신뢰구간을 구하기 위한 공식에서는 임계값 $t_{\alpha/2}$를 사용한다.

$t_{\alpha/2}$에 대한 값은 부록 A의 표 F에서 찾을 수 있다. $t_{\alpha/2}$값을 얻기 위해 신뢰구간이라는 이름이 붙여진 표 F의 첫 번째 행을 이용한다. 한쪽꼬리와 양쪽꼬리라고 이름 붙여진 다른 두 개의 행은 8장에서 설명할 것이고 이 장에서는 사용하지 않는다.

[예제 7–5]는 표 F에서 $t_{\alpha/2}$의 값을 찾는 방법을 보여준다.

예제 7–5

표본크기가 22일 때 95% 신뢰구간에 대한 $t_{\alpha/2}$값을 구하시오.

풀이

d.f. = 22 – 1 또는 21이다. 왼쪽 열에서 21을, 그리고 '신뢰구간' 행에서 95%를 찾는다. 이 행과 열이 만나는 교차지점이 $t_{\alpha/2}$에 대한 값이고, 이것은 2.080이다. [그림 7–7]을 보자.

30보다 큰 d.f.는 두 개의 표 값 사이에 있을 수도 있다. 예를 들어 d.f. = 68이라면 그 값은 65와 70 사이에 있다. 많은 교재들에서는 가장 가까운 값을 사용하라고 한다. d.f. = 68이라면 그 값이 65보다는 70에 가까우므로 이 값을 사용하라는 것이다. 그러나 이 교재에서는 보수적인 접근을 사용한다. 즉, 실

그림 7-7
[예제 7–5]에서 $t_{\alpha/2}$를 찾기

표 F
t 분포

d.f.	신뢰구간	80%	90%	95%	98%	99%
	오른쪽 꼬리 α	0.10	0.05	0.025	0.01	0.005
	왼쪽 꼬리 α	0.20	0.10	0.05	0.02	0.01
1						
2						
3						
⋮						
21				2.080	2.518	2.831
⋮						
$(z)\infty$		1.282^a	1.645^b	1.960	2.326^c	2.576^d

제 d.f.를 가장 가까운 표 값까지 내림하는 것이다. 이 경우 68은 가장 가까운 표 값인 65까지 내린다.

참고: d.f.가 크거나 ∞인 표 F의 맨 밑에서 볼 수 있는 것처럼, 특정 신뢰구간을 구할 때 $z_{\alpha/2}$값을 사용할 수 있다. 그 이유는 자유도가 커지면 *t* 분포가 표준정규분포에 가까워지기 때문이다.

[예제 7–6]과 [예제 7–7]은 *t* 분포를 이용하여 신뢰구간을 찾는 방법을 보여준다.

t 분포를 이용하여 평균에 대한 신뢰구간을 구하는 공식은 다음과 같다.

σ가 알려져 있지 않을 때 평균에 대한 특정 신뢰구간에 대한 공식

$$\bar{X} - t_{\alpha/2}\left(\frac{s}{\sqrt{n}}\right) < \mu < \bar{X} + t_{\alpha/2}\left(\frac{s}{\sqrt{n}}\right)$$

자유도는 $n-1$이다.

σ가 알려져 있지 않을 때 평균에 대한 신뢰구간을 구하기 위해 필요한 가정들은 다음과 같다.

σ가 알려져 있지 않을 때 평균에 대한 신뢰구간을 구하기 위해 필요한 가정들

1. 표본은 랜덤표본이다.
2. $n \geq 30$이거나, $n < 30$일 때는 모집단이 정규분포이다.

본 교재의 연습문제에는 이러한 가정들을 언급할 것이다. 그러나 다른 상황에서 통계자료를 접한다면 분석을 시행하기 전에 이러한 가정들이 만족되는지를 확인해야 한다.

예제 7-6 추수감사절의 기온

최근 12년의 추수감사절의 랜덤표본으로부터 구한 평균 최고기온은 화씨 42도였다. 최고기온이라는 변수가 정규분포를 따르고 기온의 표본 표준편차가 화씨 8도라고 가정하자. 최고기온의 모평균에 대한 95% 신뢰구간을 구하시오.

풀이

$$\bar{X} = 42 \quad s = 8 \quad n = 12$$

σ가 알려져 있지 않고 s를 σ 대신 사용해야 하므로 신뢰구간을 구하기 위해 t 분포(표 F)를 사용해야 한다. 따라서 자유도 11을 이용하면 $t_{\alpha/2} = 2.201$이다. 공식에 대입하면 다음과 같이 95% 신뢰구간을 구할 수 있다.

$$\bar{X} - t_{\alpha/2}\left(\frac{s}{\sqrt{n}}\right) < \mu < \bar{X} + t_{\alpha/2}\left(\frac{s}{n}\right)$$

$$42 - 2.201\left(\frac{8}{\sqrt{12}}\right) < \mu < 42 + 2.201\left(\frac{8}{\sqrt{12}}\right)$$

$$42 - 5.1 < \mu < 42 + 5.1$$

$$36.9 < \mu < 47.1$$

따라서 추수감사절의 기온에 대한 모평균이 화씨 36.9도와 47.1도 사이에 있다고 95% 확신할 수 있다.

예제 7-7 촛불에 의한 가정 화재

다음 자료는 지난 몇 년 동안 촛불로 인해 발생한 가정 화재의 랜덤표본을 나타낸다. 매년 촛불로 인해 발생하는 가정 화재의 평균 건수에 대한 99% 신뢰구간을 구하시오.

5460 5900 6090 6310 7160 8440 9930

풀이

단계 1 자료에 대한 평균과 표준편차를 구한다. 3장의 공식 또는 계산기를 이용한다. 평균은 $\bar{X} = 7041.4$이다. 표준편차는 $s = 1610.3$이다.

단계 2 표 F에서 $t_{\alpha/2}$를 구한다. d.f. = 6인 99% 신뢰구간을 이용한다. 그 값은 3.707이다.

단계 3 공식에 대입하여 푼다.

$$\bar{X} - t_{\alpha/2}\left(\frac{s}{\sqrt{n}}\right) < \mu < \bar{X} + t_{\alpha/2}\left(\frac{s}{\sqrt{n}}\right)$$

$$7041.4 - 3.707\left(\frac{1610.3}{\sqrt{7}}\right) < \mu < 7041.4 + 3.707\left(\frac{1610.3}{\sqrt{7}}\right)$$

$$7041.4 - 2256.2 < \mu < 7041.4 + 2256.2$$

$$4785.2 < \mu < 9297.6$$

7년간 발생한 가정 화재의 표본에 근거할 때, 매년 촛불로 인해 일어난 가정 화재의 평균 건수가 4785.2와 9297.6 사이에 있다는 것을 99% 확신할 수 있다.

학생들은 평균에 대한 신뢰구간을 구할 때 $z_{\alpha/2}$값과 $t_{\alpha/2}$값 중에서 어떤 것을 사용해야 하는지 결정하는 데 어려움을 겪기도 한다. 이전에 언급하였듯이 σ가 알려져 있을 때에는 **표본크**

그림 7-8

z와 t 분포 중에서 어떤 것을 사용할 것인가?

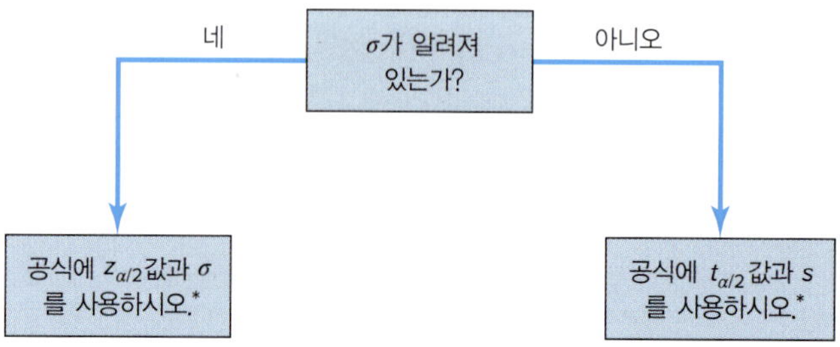

*만약 $n < 30$면, 변수가 정규분포를 따라야 한다.

기에 관계없이 변수가 정규분포를 따르거나 $n \geq 30$이면 $z_{\alpha/2}$을 사용한다. σ가 알려져 있지 않고 $n < 30$일 때는 변수가 근사적으로 정규분포를 따르는 경우에 한하여 s와 $t_{\alpha/2}$를 공식에 사용한다. 이러한 규칙은 [그림 7-8]에 요약되어 있다.

개념의 적용 7-3

스포츠음료의 선택

당신이 한 스포츠 팀의 코치가 되었다고 가정하자. 당신이 내려야 할 결정들 중 하나는 선수들이 연습과 게임 중에 마시는 스포츠음료를 선택하는 것이다. 최선의 결정을 내리기 위해 *Sports Report* 잡지를 구하여 통계적인 지식을 사용하려고 한다. 다음의 표는 가장 인기 있는 스포츠음료와 그들 각각에 대한 몇 가지의 중요한 정보들을 나열하고 있다.

음료	칼로리	나트륨	칼륨	가격(단위: 달러)
Gatorade	60	110	25	1.29
Powerade	68	77	32	1.19
All Sport	75	55	55	0.89
10-K	63	55	35	0.79
Exceed	69	50	44	1.59
1st Ade	58	58	25	1.09
Hydra Fuel	85	23	50	1.89

1. 이것을 소표본이라고 생각할 수 있는가?
2. 한 병당 평균 가격을 계산하고 그 평균에 대한 90% 신뢰구간을 구하시오. 모든 음료들의 병당 가격이 신뢰구간 안에 포함되는가? 그렇지 않다면 어느 음료들이 포함되지 않는가?
3. 이상점이라고 생각하는 가격들이 있는가?
4. 얼마나 많은 자유도가 있는가?
5. 가격이 당신의 결정에 영향을 끼치는 중요한 요인이라면 한 병당 가격을 고려하겠는가 아니면 1인분당 가격을 고려하겠는가?
6. 당신이 추천할 음료를 나열하고 왜 그런지 설명하시오.

정답 324쪽 참조

연습문제 7-3

1. t 분포의 성질들은 무엇인가?

2. 다음 보기 각각에 대한 값을 구하시오.

a. $n = 18$일 때 평균에 대한 99% 신뢰구간의 $t_{\alpha/2}$

b. $n = 23$일 때 평균에 대한 95% 신뢰구간의 $t_{\alpha/2}$

c. $n = 15$일 때 평균에 대한 98% 신뢰구간의 $t_{\alpha/2}$

d. $n = 10$일 때 평균에 대한 90% 신뢰구간의 $t_{\alpha/2}$

e. $n = 20$일 때 평균에 대한 95% 신뢰구간의 $t_{\alpha/2}$

3~10번 문제의 모든 변수들이 근사적으로 정규분포를 따른다고 가정한다.

3. 초과근무시간 어떤 큰 병원에서 일하는 간호사 15명의 랜덤표본으로부터 그들의 주당 평균근로시간이 44.2시간임을 알았다. 표본의 표준편차는 2.6시간이었다. 90%의 신뢰를 가지고 모평균을 추정하시오.

4. 주 의회의 여성 하원의원 어떤 하원의원은 한 주의 여성 하원의

원의 수를 추정하고자 한다. 17개의 주를 랜덤표본으로 선택하였으며, 여성 하원의원의 수가 아래에 나와 있다. 이 표본에 근거하였을 때 모평균의 점추정값은 무엇인가? 모평균에 대한 90% 신뢰구간을 구하시오(**참고**: 모평균은 실제 31.72 또는 약 32이다). 이 값을 점추정값, 그리고 신뢰구간과 비교하시오. 자료가 가진 특이한 점을 설명하고 이것이 신뢰구간에 어떤 영향을 미치는지 논하시오.

5	33	35	37	24
31	16	45	19	13
18	29	15	39	18
58	132			

5. **초코바의 칼로리** 표준 크기의 초코바의 랜덤표본에 대해 개당 칼로리가 다음과 같이 주어졌다. 98%의 신뢰를 가지고 초코바 한 개당 평균 칼로리를 추정하시오.

220	220	210	230	275
260	240	260	220	240
240	280	230	280	

6. **코끼리의 무게** 성인 코끼리 8마리의 표본에 대한 평균 무게는 12,300파운드였다. 표본의 표준편차는 22파운드였다. 성인 코끼리의 무게에 대한 모평균의 95% 신뢰구간을 구하시오.

7. **사고로 인해 단축되는 근로시간** 어떤 한 회사의 연구소장은 사고 때문에 단축되는 평균 근로시간이 한 해 98시간이라는 것을 알았다. 그녀는 18명의 직원을 랜덤표본으로 선택하였다. 표본의 표준편차는 5.6시간이었다. 이 회사에서 사고로 인해 단축되는 근로시간의 모평균을 95% 신뢰구간을 이용하여 추정하시오.

8. **스트레스 실험결과** 12명의 남성 집단에 대해 스트레스 실험을 진행하였다. 그들의 평균 심장 박동수는 분당 109였고 표준편차는 4였다. 모평균에 대한 95% 신뢰구간을 구하시오.

9. **케이블 TV 30초 광고의 비용** 랜덤으로 선택한 도시들에서 다양한 케이블 TV에서 송출되는 30초 광고를 랜덤으로 선택하여 조사한 근사 비용이 아래에 주어졌다. 90% 신뢰를 가지고 유선 네트워크에서 송출되는 30초 광고에 대한 모평균 비용을 추정하시오.

14	55	165	9	15	66	23	30	150
22	12	13	54	73	55	41	78	

출처: www.spotrunner.com

10. **뉴욕증권거래소(NYSE) 주식 가격** 한 투자자 모임에서는 15개의 NYSE 주식을 선택하여 한 주당 가격을 아래와 같이 나열하였다. 모든 주식들의 평균가격(단위: 달러)을 95%의 신뢰를 가지고 추정하시오.

41.53	19.83	15.18	50.40	29.97
58.42	21.63	121.17	5.49	54.87
13.10	87.78	19.32	54.83	13.89

개념의 확장

11. **주차계량기의 수입** 평균에 대한 단측 신뢰구간은 다음 공식을 이용하여 구할 수 있다.

$$\mu > \overline{X} - t_\alpha \frac{s}{\sqrt{n}} \qquad \text{또는} \qquad \mu < \overline{X} + t_\alpha \frac{s}{\sqrt{n}}$$

여기서 t_α는 한쪽꼬리라고 명시된 행에서 찾을 수 있다. 다음 자료를 이용하여 모평균에 대한 두 개의 95% 단측신뢰구간을 구하고 이를 해석하시오. 아래 자료는 한 소도시에 있는 20대의 주차계량기의 하루 수입을 나타낸다(단위: 달러).

2.60	1.05	2.45	2.90
1.30	3.10	2.35	2.00
2.40	2.35	2.40	1.95
2.80	2.50	2.10	1.75
1.00	2.75	1.80	1.95

EXCEL Step by Step

평균에 대한 *t* 신뢰구간 구하기

Excel에는 오차한계를 구해주는 함수는 있지만 신뢰구간을 계산해주는 함수는 없다. 여기서는 오차한계를 이용하여 신뢰구간을 계산하는 방법을 설명한다.

예제 XL7–2

다음 표본 자료를 이용하여 95% 신뢰구간을 구하시오.

625 675 535 406 512 680 483 522 619 575

1. Excel 워크시트의 A열에 자료값을 입력한다.
2. B1, B2 칸에 '평균', '표준편차'를 입력하고, C1 칸과 C2 칸에 각각 '=AVERAGE(A1:A10)'와 '=STDEV.S(A1:A10)'을 입력하여 자료의 평균과 표준편차를 계산한다.

3. B3 칸에 '표본수', C4 칸에 그 값인 '10'을 입력한다.

4. B4 칸에 '오차한계'라고 입력하고, C4 칸에 '=CONFIDENCE.T(0.05,C2,10)'을 입력하여 95% 신뢰수준에 해당하는 오차한계를 계산한다. 'CONFIDENCE.T'는 모표준편차를 모를 때 평균에 대한 오차한계 또는 신뢰구간의 길이의 절반을 계산해주는 함수로, 첫 번째 입력값은 α를, 두 번째 입력값은 표본표준편차를, 세 번째 입력값은 표본크기이다.

5. 신뢰구간의 상한과 하한을 계산하기 위해 B5와 B6 칸에 '신뢰상한', '신뢰하한'을 입력하고, C5와 C6 칸에 '=C1+C4'와 '=C1−C4'를 입력한다. 상한과 하한이 각각 626.1과 500.4(반올림한 값)로 계산된다.

	A	B	C	D	E	F
1	625	평균	563.2			
2	675	표준편차	87.85822			
3	535	표본수	10			
4	406	오차한계	62.84998			
5	512	신뢰상한	626.05			
6	680	신뢰하한	500.35			
7	483					
8	522					
9	619					
10	575					
11						

7–4 비율에 대한 신뢰구간과 표본크기

학습목표 4
비율에 대한 신뢰구간 구하기

신뢰구간의 가장 흔한 형태 중 하나는 비율을 사용하는 것이다. 많은 통계적 연구들이 특정한 성질을 갖는 모집단의 비율을 구하고자 한다. 이 장에서는 모비율에 대한 신뢰구간을 구하는 방법을 배운다.

USA TODAY 특집기사에 의하면 미국 유람선들의 12%가 *Serenity*라는 이름을 가진다고 한다. 여기서 모수 12%를 **비율(proportion)**이라고 한다. 이는 미국의 모든 유람선 100척마다 12척의 배가 *Serenity*라는 이름을 가진다는 것 의미한다. 비율은 전체의 한 부분을 나타내고, 분수, 소수, 백분율(퍼센트)로 표현한다. 이 경우에 $12\% = 0.12 = \frac{12}{100}$ 또는 $\frac{3}{25}$이다. 비율은 확률로도 표현할 수 있다. 이 경우에는 한 유람선을 랜덤으로 뽑았다면 그 유람선이 *Serenity*일 확률이 0.12이다.

비율은 표본이나 모집단으로부터 구할 수 있다. 다음과 같은 기호를 사용할 것이다.

비율 표기에서 사용하는 기호

p = 모비율

$\hat{p}$ ("p 햇트" 또는 "p 햇"이라고 읽음) = 표본비율

표본비율에 대해서

$$\hat{p} = \frac{X}{n} \quad \text{그리고} \quad \hat{q} = \frac{n-X}{n} \quad \text{또는} \quad \hat{q} = 1 - \hat{p}$$

이다. 여기서 X는 관심 있는 특성을 가지고 있는 표본 단위의 수이고 n은 표본크기이다.

예를 들면, 한 조사에서 200명의 사람들에게 본인의 일이나 직업에 만족하는지 물었더니 162명이 그렇다고 대답했다고 하자. 이 경우 $n = 200$, $X = 162$이고 $\hat{p} = X/n = 162/200 = 0.81$이다. 이 연구에서 조사한 사람들 중 0.81 또는 81%가 그들의 일이나 직업에 만족한다고 할 수 있다. 표본비율은 $\hat{p} = 0.81$이다.

본인의 일 혹은 직업에 만족하는지 물었을 때 만족하지 않은 사람들의 비율은 $\hat{q}$이 된다. 여기에서 $\hat{q} = (n - X)/n$이다. 이 조사에서 $\hat{q} = (200 - 162)/200 = 38/200$ 혹은 0.19나 19%이다.

$\hat{p}$과 $\hat{q}$이 소수나 분수로 주어졌을 때 $\hat{p} + \hat{q} = 1$이다. $\hat{p}$과 $\hat{q}$이 백분율일 때 $\hat{p} + \hat{q} = 100\%$이다. 그러면 $\hat{p}$과 $\hat{q}$이 소수나 분수 형태일 때 $\hat{q} = 1 - \hat{p}$, 또는 $\hat{p} = 1 - \hat{q}$이다. 직업 만족에 관한 표본조사에서 $\hat{q}$은 $\hat{q} = 1 - \hat{p}$ 혹은 $1 - 0.81 = 0.19$를 이용하여 구할 수 있다.

비슷한 논리를 모비율에도 적용할 수 있다. 즉, p와 q가 소수나 분수 형태일 때 $p = 1 - q$, $q = 1 - p$ 그리고 $p + q = 1$이다. p와 q가 백분율로 표현될 때 $p + q = 100\%$, $p = 100\% - q$ 그리고 $q = 100\% - p$이다.

예제 7-8 폭행 피해자

한 대도시에 사는 150명의 폭행 피해자의 랜덤표본을 뽑아 조사한 결과, 범인에 대항하여 자기방어 행위를 하지 않은 피해자가 45명인 것을 알았다. $\hat{p}$이 범인을 상대로 자기방어 행위를 취하지 않은 피해자의 비율을 나타낼 때, $\hat{p}$과 $\hat{q}$을 구하시오.

풀이

이 경우, $X = 45$이고 $n = 150$이다.

$$\hat{p} = \frac{X}{n} = \frac{45}{150} = 0.30 = 30\%$$

$$\hat{q} = \frac{n - X}{n} = \frac{150 - 45}{150} = \frac{105}{150} = 0.70 = 70\%$$

$\hat{q}$은 $\hat{q} = 1 - \hat{p}$라는 공식을 이용하여 구할 수도 있다. 이 경우, $\hat{q} = 1 - 0.30 = 0.70$이다. 따라서 피해자의 70%가 범죄자를 상대로 자기방어 행위를 했다는 것을 알 수 있다.

평균에서와 마찬가지로 통계학자들은 표본비율이 주어졌을 때 모비율을 추정하려고 한다. 모비율에 대한 점추정값과 구간추정값은 표본비율을 이용하여 구할 수 있다. p(모비율)에 대한 점추정값으로 $\hat{p}$(표본비율)을 사용한다. 좋은 추정량의 세 가지 성질에 근거하면, $\hat{p}$은 비편향이고 일치성이 있으며, 상대적으로 효율적이다. 그러나 평균의 경우와 마찬가지로 p의 점추정값이 얼마나 좋은지 결정할 수 없다. 그러므로 통계학자들은 비율의 구간추정량을 사용하여 그 구간이 모비율을 포함할 확률을 정의할 수 있다.

특정한 p에 대한 신뢰구간은 $\hat{p}$의 표집분포에 근거한다. 표본크기 n이 모집단 크기의 5%를 넘지 않는다면 $\hat{p}$의 표집분포는 평균 p와 표준편차 $\sqrt{pq/n}$을 갖는 정규분포를 근사적으로 따른다.

신뢰구간

비율에 대한 신뢰구간을 구축하기 위해 추정값의 오차한계를 사용해야 한다. 그것은

$$E = z_{\alpha/2} \sqrt{\frac{\hat{p}\hat{q}}{n}}$$

이다. 비율에 대한 신뢰구간은 $n\hat{p} \geq 5$와 $n\hat{q} \geq 5$라는 조건을 만족해야 한다.

비율의 특정 신뢰구간에 대한 공식

$$\hat{p} - z_{\alpha/2}\sqrt{\frac{\hat{p}\hat{q}}{n}} < p < \hat{p} + z_{\alpha/2}\sqrt{\frac{\hat{p}\hat{q}}{n}}$$

여기에서 $n\hat{p}$와 $n\hat{q}$이 각각 5 이상이어야 한다.

모비율에 대한 신뢰구간을 구하기 위해 필요한 가정

1. 표본이 랜덤표본이다.
2. 이항실험에 대한 조건들을 만족한다(5장 참조).

본 교재의 연습문제에는 이러한 가정들을 언급할 것이다. 그러나 다른 상황에서 통계자료를 접한다면 분석을 시행하기 전에 이러한 가정들이 만족되는지 확인해야 한다.

모비율의 신뢰구간에 대한 반올림 규칙 소수점 세 번째 자리까지 반올림한다.

예제 7–9 대학등록금 납부

Sallie Mae와 Gallup이 실시한 한 조사에서 1404명의 응답자들 중 323명의 학생들이 그들의 학비를 학자금대출로 충당한다는 것이 밝혀졌다. 학자금대출을 받아 대학등록금을 납부하는 학생들의 모비율에 대한 90% 신뢰구간을 구하시오.

풀이

단계 1 $\hat{p}$과 $\hat{q}$을 정한다.

$$\hat{p} = \frac{X}{n} = \frac{323}{1404} = 0.23$$

$$\hat{q} = 1 - \hat{p} = 1.00 - 0.23 = 0.77$$

단계 2 임계값을 정한다.

$$\alpha = 1 - 0.90 = 0.10$$

$$\frac{\alpha}{2} = \frac{0.10}{2} = 0.05$$

$$z_{\alpha/2} = 1.65$$

단계 3 공식에 대입한다.

$$\hat{p} - z_{\alpha/2}\sqrt{\frac{\hat{p}\hat{q}}{n}} < p < \hat{p} + z_{\alpha/2}\sqrt{\frac{\hat{p}\hat{q}}{n}}$$

$$0.23 - 1.65\sqrt{\frac{(0.23)(0.77)}{1404}} < p < 0.23 + 1.65\sqrt{\frac{(0.23)(0.77)}{1404}}$$

$$0.23 - 0.019 < p < 0.23 + 0.019$$

$$0.211 < p < 0.249$$

또는

$$21.1\% < p < 24.9\%$$

이다. 따라서 학비를 학자금대출로 충당하는 학생의 백분율은 21.1%에서 24.9% 사이라고 90% 확신할 수 있다.

어떤 특정한 백분율이 주어졌을 때, 백분율을 소수로 바꾸면 $\hat{p}$이 된다. 예를 들어 학생들의 23%가 학자금 대출을 받는다면 $\hat{p} = 0.23$이라는 것을 의미한다.

예제 7-10 자율주행자동차

6000명의 성인을 대상으로 한 조사에서 그들의 58%가 완전 자율주행 자동차를 탈 의향이 있다고 응답했다. 자율주행 자동차를 탈 의향이 있다고 응답한 모비율에 대한 90% 신뢰구간을 구하시오.

출처: World Economic Forum and Boston Consulting Group.

풀이

단계 1 $\hat{p}$과 $\hat{q}$을 정한다.

이 경우 $\hat{p}$이 이미 주어져 있다. 즉, 58% 또는 0.58이다. 그러면 $\hat{q}$은 $1 - \hat{p}$, 또는 $1 - 0.58 = 0.42$이다.

단계 2 임계값을 정한다.

$$\alpha = 1 - 0.90 = 0.10$$

$$\frac{\alpha}{2} = \frac{0.10}{2} = 0.05$$

$$z_{\alpha/2} = 1.65$$

단계 3 공식에 대입한다.

$$\hat{p} = z_{\alpha/2}\sqrt{\frac{\hat{p}\hat{q}}{n}} < p < \hat{p} + z_{\alpha/2}\sqrt{\frac{\hat{p}\hat{q}}{n}}$$

$$0.58 - 1.65\sqrt{\frac{(0.58)(0.42)}{6000}} < p < 0.58 + 1.65\sqrt{\frac{(0.58)(0.42)}{6000}}$$

$$0.58 - 0.0105 < p < 0.58 + 0.0105$$

$$0.570 < p < 0.591$$

$$57.0\,\% < p < 59.1\%$$

따라서 자율주행 자동차를 탈 의향이 있는 사람들의 실제 비율이 57.0%에서 59.1% 사이라고 90% 신뢰도를 가지고 말할 수 있다.

비율에 대한 표본크기

비율에 대한 신뢰구간을 정하기 위해 필요한 표본크기를 구하기 위해 다음 공식을 사용한다.

학습목표 5
비율에 대한 신뢰구간을 구하기 위해 필요한 최소 표본크기 결정하기

모비율의 구간추정값을 구하기 위해 필요한 최소 표본크기를 위한 공식

$$n = \hat{p}\hat{q}\left(\frac{z_{\alpha/2}}{E}\right)^2$$

필요하다면 정수를 얻을 때까지 반올림한다.

다음 식과 같은 오차한계를 n에 관해 풀면 위 공식을 구할 수 있다.

통계 이야기 성공이 행복을 가져다주는가?

당신은 사람들이 성공했기 때문에 행복하다고 생각하는가 아니면 그들이 행복한 사람이기 때문에 성공한다고 생각하는가? Money 잡지사가 실시한 최근의 한 연구에서 조사대상의 34%는 그들이 성공했기 때문에 행복하다고 말했다. 하지만 63%는 그들이 행복한 사람이기 때문에 성공했다고 말했다. 조사대상의 평균가구 수입은 75,000달러 이상이었다. 오차한계는 ±2.5%이었다. 이 기사의 정보에 근거할 때 백분율의 신뢰구간은 무엇인가?

$$E = z_{\alpha/2}\sqrt{\frac{\hat{p}\hat{q}}{n}}$$

여기서 고려해야 할 두 상황이 있다. 첫째로, $\hat{p}$의 어떤 근삿값이 알려져 있다면(이를테면 이전의 조사에서) 그 값을 공식에 사용할 수 있다.

둘째로, $\hat{p}$의 어떤 근삿값도 알려져 있지 않다면, $\hat{p} = 0.5$를 사용해야 한다. 이 값은 주어진 신뢰구간과 추정오차에 대해, 정확한 예측을 보장하기 위해 충분히 큰 표본크기를 제공할 것이다. 그 이유는 $\hat{p}$과 $\hat{q}$이 각각 0.5일 때 곱 $\hat{p}\hat{q}$은 다음과 같이 최대가 되기 때문이다.

$\hat{p}$	$\hat{q}$	$\hat{p}\hat{q}$
0.1	0.9	0.09
0.2	0.8	0.16
0.3	0.7	0.21
0.4	0.6	0.24
0.5	**0.5**	**0.25**
0.6	0.4	0.24
0.7	0.3	0.21
0.8	0.2	0.16
0.9	0.1	0.09

$\hat{p}\hat{q}$의 최댓값을 사용하면 주어진 오차한계와 신뢰구간에 대해 n의 가장 큰 값을 얻을 수 있다.

이 방법의 단점은 필요 이상으로 표본크기를 크게 만들 수 있다는 것이다.

예제 7-11 유선전화

한 연구자는 95%의 신뢰를 갖고 유선전화가 없는 사람들의 비율을 추정하고자 한다. 이전 연구에서는 인터뷰 대상의 40%가 유선전화를 소유하지 않았다. 이 연구자가 모비율의 2% 이내로 정확하기를 원한다. 필요한 최소 표본크기를 구하시오.

풀이

$z_{\alpha/2} = 1.96, E = 0.02, \hat{p} = 0.40$이고 $\hat{q} = 0.60$이므로

$$n = \hat{p}\hat{q}\left(\frac{z_{\alpha/2}}{E}\right)^2 = (0.40)(0.60)\left(\frac{1.96}{0.02}\right)^2 = 2304.96$$

이고, 반올림하면 2305명이 된다. 따라서 이 연구자는 2305명을 인터뷰해야 한다.

예제 7-12 유선전화2

[예제 7-11]에 대하여 이전 연구가 없다고 가정하자. 모비율의 2% 이내로 정확하기 위해 필요한 최소 표본크기를 구하시오.

풀이

$$E = 0.02,\ z_{\alpha/2} = 1.96$$

$$n = \hat{p}\hat{q}\left(\frac{z_{\alpha/2}}{E}\right)^2$$

$$= (0.5)(0.5)\left(\frac{1.96}{0.02}\right)^2$$

$$= 2401$$

따라서 $\hat{p}$이 알려져 있지 않을 때는 2401명을 인터뷰해야 한다. $\hat{p}$이 알려져 있을 때보다 96명이 더 필요하다.

표본크기를 정하는 것은 모집단의 크기와 관련이 없다. 표본크기 결정을 위해서는 신뢰의 수준과 오차한계만 필요하다.

개념의 적용 7-4

독감

독감에 걸린 사람들의 성별과 인종/민족에 대한 백분율을 나타낸 아래 표를 사용하여 아래 질문에 답하시오.

	독감	
변수	**백분율**	**(95% 신뢰구간)**
성별		
남성	48.8	(47.1–50.5%)
여성	51.5	(50.2–52.8%)
인종/민족		
백인	52.2	(51.1–53.3%)
아프리카계 미국인	33.1	(29.5–36.7%)
히스패닉	47.6	(40.9–54.3%)
기타	39.7	(30.8–48.5%)
총합	50.4	(49.3–51.5%)

49개 주와 District of Columbia가 이 연구에 참여했다. 가중평균이 사용되었다. 표본크기는 19,774이고, 12,774명의 여성과 7000명의 남성이 있다.

1. (95% 신뢰구간)이 무엇을 뜻하는지 설명하시오.

2. 독감에 걸렸다고 보고된 남성에 대한 오차한계의 크기는 얼마인가?
3. 표본크기는 얼마인가?
4. 표본크기는 신뢰구간의 길이에 얼마나 영향을 미치는가?
5. 같은 자료를 이용하여 구한 90% 신뢰구간은 표에 있는 신뢰구간보다 큰가 아니면 작은가?
6. 독감에 걸린 여성 51.5%는 그것과 관련된 95%의 신뢰구간의 어디에 위치하는가?

정답 324쪽 참조

연습문제 7-4

1. 각각의 경우에서 $\hat{p}$과 $\hat{q}$을 구하시오.
   a. $n = 80$이고 $X = 40$
   b. $n = 200$이고 $X = 90$
   c. $n = 130$이고 $X = 60$
   d. 25%
   e. 42%
2. **사이버 먼데이 쇼핑** 1000명의 미국 성인을 조사한 결과 그들의 33%가 사이버 먼데이에 하루 종일 온라인 쇼핑을 하느라 어떤 일도 안하게 된다고 대답하였다. 모비율의 95% 신뢰구간을 구하시오.(Cyber Monday: 미국의 추수감사절 연휴가 끝난 후 첫 번째 월요일)
   출처: hhgregg.
3. **명절선물** 100명의 미국인을 조사한 결과 그들의 68%가 자신의 진심을 전하는 명절선물을 사는 것이 어렵다고 응답하였다. 모비율에 대한 90% 신뢰구간을 구하시오.
   출처: National Center for Education Statistics (www.nces.ed.gov).
4. **업무 방해** Steelcase의 연구에 따르면 보통의 근로자가 11분마다 업무를 방해받고 다시 업무로 돌아오는 데 23분이 소요된다고 한다. 200명 근로자의 랜덤표본 중 168명이 11분마다 이메일, 문자, 알림 등에 의해 방해받는다고 응답하였다. 11분마다 업무를 방해받는 근로자의 모비율에 대한 90% 신뢰구간을 구하시오.
   출처: Enterpreneur.com
5. **SAT** SAT를 보는 고등학교 졸업반 학생의 비율에 대한 국가 평균은 49%이지만 주 평균은 낮게는 4%에서 높게는 90%까지 다양하다. 인접한 특정 3개 주에서 300명의 고등학교 졸업반 학생들을 랜덤표본으로 선택하였고, 설문조사 결과 그들 중 195명이 SAT를 보았다. 95%의 신뢰를 가지고 이 지역에서 SAT를 보는 고등학교 졸업반 학생들의 모비율을 추정하시오.
   출처: World Almanac.
6. **와이파이** 4학년에서 12학년인 학생 40명을 조사한 결과 그들의 68%가 교실에서 와이파이 접속이 가능하였다. 모비율에 대한 99% 신뢰구간을 구하시오.
7. **스마트폰 사용자** 18세에서 29세 성인 349명을 조사한 결과 그들 중 86%가 스마트폰을 사용하고 있었다. 모비율의 99% 신뢰구간을 구하시오.
   출처: Pew Research Center.
8. **해외여행** 한 연구자가 해외여행을 하는 사람의 모비율을 95%의 신뢰를 가지고 4% 이내로 추정하고자 한다. 만약 사전연구에서 표본 200명 중 40명이 작년에 해외여행을 갔었다고 할 때, 이 연구자가 필요한 표본크기를 구하시오. 만약 표본비율에 대한 추정값이 없다면 표본은 얼마나 커야 하는가?
9. **직접 위성방송** 미국 가구의 25%가 위성방송 수신기를 가지고 있다고 한다. 95%의 신뢰를 가지고 3% 이내에서 수신기를 가진 가구의 모비율을 추정하기 위해서 얼마나 큰 표본이 필요한가? 비율에 대해 아무것도 알려져 있지 않다면 얼마나 많은 표본이 필요한가?
   출처: *New York Times Almanac*.
10. **미국 건강 지침** World Almanac에 따르면 18~44세 성인남성의 35.2%가 미국 건강 지침을 만족한다고 한다. 이 지침을 만족하는 남성의 모비율을 2.5% 포인트 내로 추정하기 위해 필요한 표본크기를 구하시오.
    출처: *World Almanac 2016*.

개념의 확장

21. **총기규제** 한 연구자가 랜덤표본 600명을 선택하여 총기규제에 관한 연구를 한다. 총기규제를 찬성하는 사람의 비율이 4%의 오차한계를 가지도록 결정하였을 때, 신뢰의 정도를 구하시오. 최근 연구는 50%가 어떤 형태의 총기규제에 찬성하였다고 한다.

EXCEL
Step by Step

비율에 대한 신뢰구간 구하기

Excel에는 오차한계를 구해주는 함수는 있지만 신뢰구간을 계산해주는 함수는 없다. 여기서는 표준오차와 임계값을 구하여 신뢰구간을 계산하는 방법을 설명한다.

예제 XL7-3

500명의 간호사 지원자 중에서 60명이 남성이었다. 남성 지원자의 모비율에 대한 90% 신뢰구간을 구하시오.

1. Excel 워크시트의 A1, A2, A3 칸에 각각 전체 시행횟수 500, 성공 횟수 60, 실패 횟수 440을 입력한다.
2. B1, B2 칸에 '성공비율', '실패비율'를 입력하고, C1과 C2 칸에 '=A2/A1'과 '=A3/A1'을 입력하여 계산한다.
3. B3 칸에 '표준오차'라고 입력하고, C3 칸에 '=SQRT(C1*C2/A1)'을 입력하여 표본비율에 대한 표준오차를 계산한다.
4. B4 칸에 '임계값'이라고 입력하고, C4 칸에 90% 신뢰구간에 해당하는 임계값을 계산하기 위해 '=NORM.S.INV(0.95)'를 입력한다. 'NORM.S.INV' 함수는 입력값의 누적확률에 해당하는 표준정규분포의 z값을 구한다. 이 경우 90% 신뢰구간을 구하여야 하므로 0.95에 해당하는(오른쪽 꼬리확률이 0.05인) z값을 구해야 함에 유의하라.
5. B5와 B6 칸에 '신뢰상한', '신뢰하한'을 입력하고, C5와 C6 칸에 '=C1+C4*C3'와 '=C1−C4*C3'을 입력하여 90% 신뢰구간의 상한과 하한을 계산한다. 상한과 하한이 각각 0.144와 0.096(반올림한 값)으로 계산된다.

	A	B	C	D	E	F	G
1	500	성공비율	0.12				
2	60	실패비율	0.88				
3	440	표준오차	0.014533				
4		임계값	1.644854				
5		신뢰상한	0.143904				
6		신뢰하한	0.096096				
7							
8							
9							
10							

7–5 분산과 표준편차에 대한 신뢰구간

학습목표 6
분산과 표준편차에 대한 신뢰구간 구하기

7-1절부터 7-3절까지는 평균과 비율에 대한 신뢰구간을 계산하였다. 이 절은 분산과 표준편차에 대한 신뢰구간을 구하는 방법에 대해 설명한다. 통계학에서 한 변수의 분산과 표준편차는 평균만큼 중요하다. 예를 들어 (파이프처럼) 서로 결합시키는 제품을 생산할 때, 제품의 지름을 가능하면 일정하게 유지하는 것이 중요하다. 그렇지 않으면 제품들이 서로 잘 맞지 않아 폐기해야 할 것이다. 알약을 제조할 때는 환자들이 적정량의 약품을 섭취할 수 있도록 주의해야 하는데, 알약 안에 들어간 약품의 분산과 표준편차가 이 과정에서 중요한 역할을 한다. 이러한 이유로 분산과 표준편차에 대한 신뢰구간이 필요하다.

신뢰구간을 계산하기 위해서 **카이제곱분포(chi-square distribution)**라고 하는 새로운 통계적 분포가 필요하다.

카이제곱변수는 분포가 자유도에 근거한 곡선들의 모임이라는 점에서 t 변수와 비슷하다. 카이제곱에 대한 기호는 χ^2 (그리스 문자 chi, "카이"라고 발음)이다. 몇 가지 분포가 자유도와 함께 [그림 7-9]에 나타나 있다. 카이제곱분포는 분산이 σ^2인 정규모집단으로부터 랜덤표본을 뽑았을 때 $(n-1)s^2/\sigma^2$의 값으로부터 얻어진다.

역사적 기록

자유도 2를 갖는 χ^2분포는 1869년 Hershel이라는 수학자가 목표치에 쏜 화살들의 정확성을 연구하면서 만들어지게 되었다. 그 이래로 많은 다른 수학자들이 발전에 기여하였다.

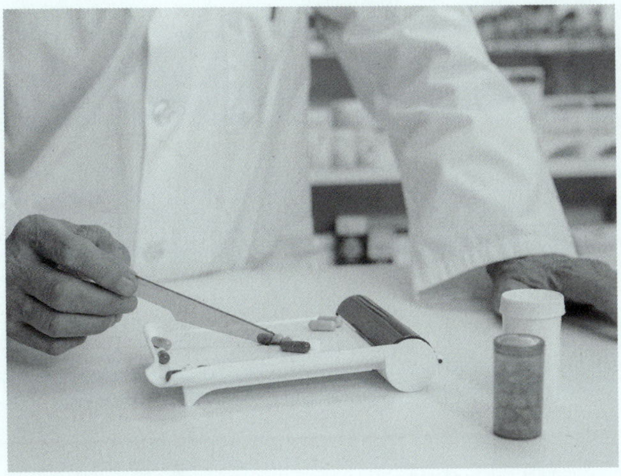

©Wavebreakmedia/Shutterstock

카이제곱 변수는 음이 될 수 없고 분포는 오른쪽으로 기울어져 있다. 자유도가 100 정도이면 카이제곱분포는 어느 정도 대칭이 된다. 카이제곱분포의 아래 면적은 1.00 또는 100%이다.

카이제곱분포의 특징을 아래에 요약하였다.

카이제곱분포의 특징

1. 모든 카이제곱 값들은 0 이상이다.
2. 카이제곱분포는 자유도에 근거한 곡선들의 모임이다.
3. 카이제곱분포 곡선의 아래 전체 면적은 1과 같다.
4. 카이제곱분포는 양의 방향으로 기울어져 있다.

부록 A에 있는 표 G는 카이제곱분포에 대한 값들을 제공한다. 신뢰구간에 대한 공식의 분모에서 이 값들을 사용한다. 분포가 대칭이 아니기 때문에 공식에서 두 개의 서로 다른 값을 사용한다. 한 값은 표의 왼쪽에 그리고 다른 하나는 오른쪽에 있다. [그림 7-10]을 보자.

표 G는 t 분포에서 사용한 표와 비슷하게 구성되어 있다. 왼쪽 열은 자유도를 나타내고 첫 번째 행은 임계값의 오른쪽 면적을 나타낸다. 예를 들면, 95% 신뢰구간에 해당하는 표 값들을 찾기 위해서는 우선 95%를 소수로 변환해야 하고 그것을 1에서 뺀다($1 - 0.95 = 0.05$). 그런 다음 2로 나눈다($\alpha/2 = 0.05/2 = 0.025$). 이것은 표의 오른쪽에 있는 열이고, $\chi^2_{\text{R(오른쪽)}}$의

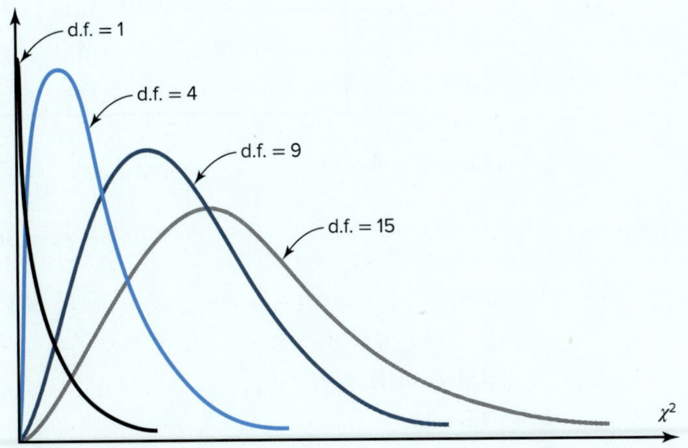

그림 7-9
자유도에 따른 여러 가지 카이제곱 곡선들

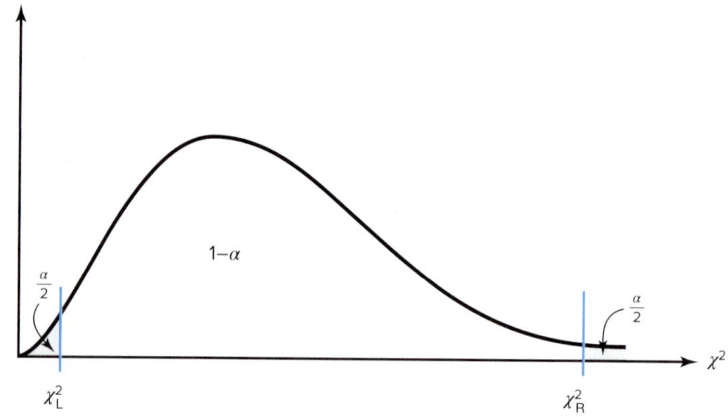

그림 7-10
d.f.= n − 1에 대한 카이제곱분포

값을 얻기 위해 사용된다. $\chi^2_{L(\text{왼쪽})}$ 값을 얻기 위해서는 1에서 $\alpha/2$를 뺀다$(1 - 0.05/2 = 0.975)$. 마지막으로 자유도 $n - 1$에 해당하는 적절한 행을 찾아라. 90% 또는 99% 신뢰구간에 대한 값을 찾기 위해 비슷한 방법을 사용할 수 있다.

예제 7-13

$n = 25$일 때 90% 신뢰구간에 대한 χ^2_R과 χ^2_L 값을 구하시오.

풀이

χ^2_R을 구하기 위해 $1 - 0.90 = 0.10$을 계산하고 그런 다음 0.10을 2로 나누어 0.05값을 얻는다. χ^2_L을 구하기 위해 $1 - 0.05 = 0.95$를 계산한다. 그리고 0.95와 0.05에 해당하는 열과 이에 해당하는 행 d.f. $= n - 1 = 25 - 1 = 24$을 사용한다. [그림 7-11]을 보자.

그림 7-11 [예제 7-13]에 대한 χ^2표

표 G
카이제곱분포

자유도	α									
	0.995	0.99	0.975	0.95	0.90	0.10	0.05	0.025	0.01	0.005
1										
2										
⋮										
24				13.848			36.415			
				$\chi^2_{\text{왼쪽}}$			$\chi^2_{\text{오른쪽}}$			

값들은 다음과 같다.

$$\chi^2_R = 36.415$$

$$\chi^2_L = 13.848$$

[그림 7-12]를 보자.

그림 7–12 [예제 7–13]에 대한 χ^2분포

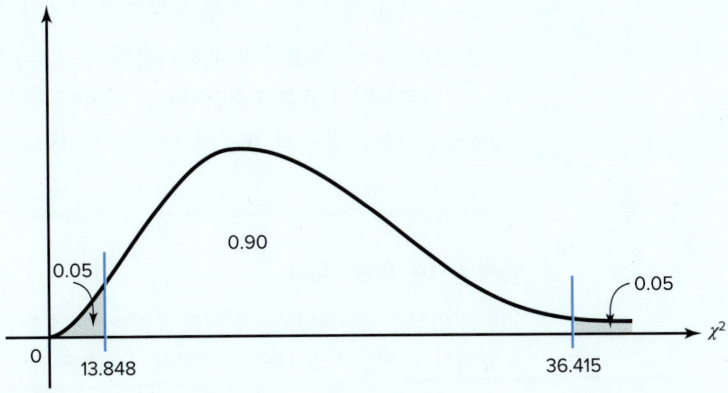

표에 자유도에 해당하는 숫자가 주어져 있지 않으면 표에 있는 가장 가까운 값 중에서 작은 것을 사용한다. 예를 들어 d.f. = 53이면 d.f. = 50을 사용하라. 이것은 보수적인 접근법이다.

σ^2과 σ에 대한 유용한 추정값은 각각 s^2과 s이다.

분산과 표준편차에 대한 신뢰구간을 구하기 위해 변수가 정규분포를 따른다고 가정해야 한다.

신뢰구간에 대한 공식은 다음과 같다.

분산의 신뢰구간에 대한 공식

$$\frac{(n-1)s^2}{\chi^2_{\mathrm{R}}} < \sigma^2 < \frac{(n-1)s^2}{\chi^2_{\mathrm{L}}}$$

$$\text{d.f.} = n - 1$$

표준편차의 신뢰구간에 대한 공식

$$\sqrt{\frac{(n-1)s^2}{\chi^2_{\mathrm{R}}}} < \sigma < \sqrt{\frac{(n-1)s^2}{\chi^2_{\mathrm{L}}}}$$

$$\text{d.f.} = n - 1$$

s^2는 표본분산에 대한 표기이고 s는 표본표준편차에 대한 표기임을 상기시켜보라. 만약 문제에 표본분산 s가 주어졌다면 위 공식을 사용할 때 반드시 그것을 **제곱하라**. 그러나 문제에 표본분산 s^2이 있다면 분산은 이미 제곱 단위이기 때문에 **제곱하지 않는다**.

분산과 표준편차에 대한 신뢰구간을 구할 때 필요한 가정

1. 표본이 랜덤표본이다.
2. 모집단이 정규분포를 따른다.

이 책의 연습문제에서는 이러한 가정들을 언급할 것이다. 그러나 다른 상황에서 통계자료를 접한다면 분석을 시행하기 전에 이러한 가정들이 만족되는지 확인해야 한다.

분산과 표준편차의 신뢰구간에 대한 반올림 규칙 원자료를 이용하여 모분산이나 모표준편차에 대한 신뢰구간을 계산할 때, 원래 자료에서 사용된 소수점 자릿수보다 한 자리 더 반올림하라.

표본분산이나 표본표준편차를 이용하여 모분산이나 모표준편차에 대한 신뢰구간을 계산할 때는 표본분산이나 표본표준편차에서 사용된 소수점 자릿수만큼 반올림한다.

[예제 7-14]는 분산과 표준편차에 대한 신뢰구간을 구하는 방법을 보여준다.

예제 7-14 여성의 나이

30명의 여성을 조사하였더니 나이의 표준편차가 5.2살이었다. 나이 변수의 분산에 대한 95% 신뢰구간을 구하시오. 변수가 정규분포를 따른다고 가정한다.

풀이

$\alpha = 0.05$이므로 자유도가 29일 때 0.025와 0.975의 수준에 대한 임계값을 찾으면 45.722와 16.047이다.
공식에 대입하면 다음과 같다.

$$\frac{(n-1)s^2}{\chi^2_R} < \sigma^2 < \frac{(n-1)s^2}{\chi^2_L}$$

$$\frac{(30-1)(5.2)^2}{45.722} < \sigma^2 < \frac{(30-1)(5.2)^2}{16.047}$$

$$17.2 < \sigma^2 < 48.9$$

따라서 나이의 모분산이 17.2와 48.9 사이에 있다고 95% 확신할 수 있다.
모표준편차에 대한 신뢰구간은

$$\sqrt{17.2} < \sigma < \sqrt{48.9}$$

$$4.1 < \sigma < 7.0$$

이다. 따라서 30명의 여성의 표본을 토대로 나이 변수에 대한 모표준편차가 4.1과 7.0 사이에 있다고 95% 확신할 수 있다.

예제 7-15 폭풍

대서양지역에서 한 해에 발생하는 폭풍의 수에 대한 분산과 표준편차에 관한 90% 신뢰구간을 구하시오. 10년의 랜덤표본 자료를 사용한다. 분포는 근사적으로 정규분포라고 가정하시오.

10	5	12	11	13
15	19	18	14	16

출처: Atlantic Oceanographic and Meteorological Laboratory.

풀이

단계 1 자료로부터 분산을 계산한다. 3장의 공식이나 계산기를 사용하라. 분산은 $s^2 = 16.9$이다.

단계 2 자유도 $10 - 1 = 9$을 이용하여 부록 A의 표 G로부터 χ^2_R과 χ^2_L 값을 찾으시오.
이 경우, $\alpha = 0.05$와 0.95를 사용하면 $\chi^2_R = 3.325$이고 $\chi^2_L = 16.919$이다.

단계 3 공식에 대입한다.

$$\frac{(n-1)s^2}{\chi^2_R} < \sigma^2 < \frac{(n-1)s^2}{\chi^2_L}$$

$$\frac{(10-1)(16.9)}{16.919} < \sigma^2 < \frac{(10-1)(16.9)}{3.325}$$

$$8.99 < \sigma^2 < 45.74$$

$$\sqrt{8.99} < \sigma < \sqrt{45.74}$$

$$3.0 < \sigma < 6.8$$

따라서 지난 10년의 랜덤표본으로부터 폭풍의 수의 표준편차가 3.0에서 6.8 사이라고 90% 확신할 수 있다.

참고: 만약 분산 대신에([예제 7-14]에서와 같이) 표준편차를 사용하고자 한다면 공식에 대입할 때 표준편차를 제곱하였는지 확인하라.

개념의 적용 7-5

대통령들의 사망 당시 나이

다음 자료는 역대 미국 대통령들이 사망할 당시 나이(단위: 세)이다.

67	90	83	85	73	80	78	79
68	71	53	65	74	64	77	56
66	63	70	49	57	71	67	71
58	60	72	67	57	60	90	63
88	78	46	64	81	93	93	

1. 자료는 모집단을 나타내는가, 아니면 표본을 나타내는가?
2. 12개의 랜덤표본을 선택하고 분산과 표준편차를 구하시오.
3. 표준편차의 95% 신뢰구간을 구하시오.
4. 모든 자료 값들의 표준편차를 구하시오.
5. 문제 3에서 계산된 신뢰구간이 그 표준편차를 포함하는가?
6. 포함하지 않는다면 그 이유를 말하시오,
7. 단계 3에서 신뢰구간을 구축하기 위해 무슨 가정(들)을 고려해야 하는가?

정답 324쪽 참조

연습문제 7-5

1. 분산과 표준편차에 대한 신뢰구간을 계산할 때 어떤 분포를 사용하여야 하는가?

2. 표 G를 이용하여 χ^2_L과 χ^2_R 값을 구하시오

a. $\alpha = 0.05, n = 12$

b. $\alpha = 0.10, n = 20$

c. $\alpha = 0.05, n = 27$

d. $\alpha = 0.01, n = 6$

e. $\alpha = 0.10, n = 41$

3. 요구르트에 들어있는 탄수화물 랜덤으로 선택한 상표의 요구르트에 대한 8온스당 탄수화물의 양(단위: 그램)이 다음과 같다. 95% 신뢰를 가지고 요구르트의 8온스당 탄수화물의 양에 대한 모분산과 모표준편차를 추정하시오. 변수는 정규분포를

따른다고 가정한다.

17 42 41 20 39 41 35 15 43
25 38 33 42 23 17 25 34

4. **심박조절기의 배터리** 한 심박조절기 제조사는 배터리 수명의 표준편차가 1.8개월 미만이기를 원한다. 20개 배터리로 이루어진 랜덤표본의 표준편차는 1.6개월이었다. 변수는 정규분포를 따른다고 가정한다. 배터리의 표준편차에 대한 95% 신뢰구간을 구하시오. 이 답에 근거하였을 때, 1.8개월이 타당한 추정값이라고 생각하는가?

5. **자동차 수리비용** 한 정비소에서 수리한 15건의 자동차 수리비용의 표준편차는 120.82달러였다. 변수는 정규분포를 따른다고 가정한다. 모분산과 모표준편차의 90% 신뢰구간을 구하시오.

6. **수술 비용** 한 의학연구원이 11개의 병원을 조사한 바에 따르면 한 사람의 담낭을 제거하는 데에 드는 비용의 표준편차가 53달러였다. 변수는 정규분포를 따른다고 가정한다. 이를 토대로 모분산과 모표준편차에 대한 99% 신뢰구간을 구하시오.

7. **표준 크기의 초코바의 칼로리** 랜덤으로 선택한 표준 크기의 초코바에 대한 칼로리가 아래에 나열되어 있다. 칼로리의 표준편차를 95% 신뢰를 가지고 추정하시오. 변수는 정규분포를 따른다고 가정한다.

220 220 210 230 275 260 240
220 240 240 280 230 280 260

8. **하루 콜레스테롤 섭취량** 미국 심장 협회는 하루 콜레스테롤 섭취량을 300밀리그램 미만으로 제한할 것을 권고한다. 구운 고기 1인분의 랜덤표본에 대한 콜레스테롤 수치가 아래와 같이 주어졌다. 콜레스테롤의 표준편차를 95% 신뢰를 가지고 추정하시오. 변수는 정규분포를 따른다고 가정한다.

90 200 80 105 95
85 70 105 115 110
100 225 125 130 145

복습연습문제

7–2절

1. **눈 깜빡임** 49명을 조사한 결과 한 사람이 눈을 깜빡이는 평균 횟수는 분당 25회였다. 이 조사를 근거로 분당 눈 깜빡임의 횟수에 대한 모평균의 90% 신뢰구간을 추정하시오. 모표준편차는 4이다.

2. **혈압** 한 연구자는 여자 대학생들의 평균 수축기 혈압을 2 포인트 이내로 추정하고자 한다. 여성의 수축기 혈압의 모표준편차가 4.8일 때 그녀가 90% 확신하기를 원한다면 얼마나 큰 표본을 선택해야 하는가?

7–3절

3. **어린이 만화영화** 유명한 어린이 만화영화의 랜덤표본으로부터 만화의 길이를 측정하여 아래와 같이 나열하였다. 95% 신뢰를 가지고 모든 아동용 만화영화의 길이에 대한 모평균을 추정하시오. 변수는 정규분포를 따른다고 가정한다.

93 83 76 92 77 81 78 100 78 76 75

7–4절

4. **신용카드의 개수** 18~40세 성인 1000명에 대한 최근 조사에서 그들의 34%는 신용카드가 없다고 대답하였다. 모비율의 95% 신뢰구간을 구하시오.

출처: CRC International.

5. **미국인의 결혼** 1960년에 미국 모집단(14세 이상)의 67.6%가 기혼이었다. 2014년에 600명 미국인의 랜덤표본에서는 316명이 기혼이었다. 결혼한 미국인의 모비율을 99% 신뢰를 가지고 추정하시오. 변수는 정규분포를 따른다고 가정하자.

출처: *World Almanac 2016*.

6. **고양이 집사들** 어떤 사람이 고양이를 기르는 사람들의 84%가 여성이라는 것을 알았다. 이 추정값이 모비율의 3% 이내에 있다는 것을 90% 확신하기를 원한다면 얼마나 큰 표본을 선택해야 할까?

7–5절

7. **야구공의 지름** 랜덤으로 선택된 18개의 야구공의 지름의 표준편차는 0.29센티미터이었다. 야구공 지름의 모표준편차의 95% 신뢰구간을 구하시오. 야구공 크기의 품질관리에 문제가 있는지 확인해야 한다고 생각하는가? 변수는 정규분포를 따른다고 가정한다.

8. **스노모빌의 수명** 스노모빌 15대의 랜덤표본을 선택하여 배터리의 수명(단위: 개월)을 측정하였다. 표본분산은 8.6이었다. 모분산의 90% 신뢰구간을 구하시오. 변수는 정규분포를 따른다고 가정한다.

STATISTICS TODAY

대학생의 스트레스

앞서 소개한 조사에서는 점추정값만 주어져 있었다. 그러나 오차한계가 3% 포인트라는 것을 알기 때문에 신뢰구간도 구할 수 있다. 예를 들면, 85% 수치에 대한 신뢰구간은 $82\% < p < 88\%$일 것이다. 그러나 보고서에 신뢰수준이 명시되어 있지 않기 때문에, 이것이 90%, 95%, 99%, 또는 아예 다른 신뢰구간인지 알 수 없다.

7–4절의 공식을 사용하면 최소 표본수를 구할 수 있다. $\hat{p}$에 대한 어떤 값도 알려져 있지 않기 때문에 $\hat{p}$과 $\hat{q}$으로 0.5를 사용할 수 있고, 95% 신뢰구간을 구하기 위해 $z_{\alpha/2} = 1.96$을 사용한다.

$$n = \hat{p}\hat{q}\left(\frac{z_{\alpha/2}}{E}\right)$$

$$= (0.5)(0.5)\left(\frac{1.96}{0.03}\right)^2 = 1067.1$$

95% 신뢰구간에 대해서 최소 표본크기는 (반올림하여) 1068명이 된다. 이 조사가 2240명의 학생을 대상으로 하였기 때문에, 대학에서 스트레스를 받은 경험이 있는 학생의 모비율이 82%와 88% 사이라고 최소한 95% 확신한다고 할 수 있다.

데이터 분석

데이터 뱅크는 부록 B에 나와 있다.

1. 데이터 뱅크에서 변수를 하나 선택하여 평균을 구하고 모평균에 대한 95%와 99% 신뢰구간을 구축하시오. 최소 30명의 표본을 사용하시오. 모평균을 구하여 그것이 신뢰구간 안에 들어가는지 확인하시오.
2. 다른 변수에 대해 15명의 표본을 사용하여 문제 1번을 푸시오.
3. 비율을 이용하여 문제 1번을 푸시오. 예를 들어 고등학교를 졸업하지 않은 사람들의 비율에 대한 신뢰구간을 구축하시오.
4. 부록 B의 데이터셋 III에서 30개 값의 표본을 선택하여 북미의 주요 강들의 평균길이(단위: 마일)에 대한 95%와 99% 신뢰구간을 구하시오. 모든 값들의 평균을 구하고 신뢰구간이 그 평균값을 포함하는지 확인하시오.
5. 부록 B의 데이터셋 VI에서 20개 값의 표본을 선택하여 평균 에이커에 대한 90% 신뢰구간을 구하시오. 모든 값들의 평균을 구하여 신뢰구간이 그 평균값을 포함하는지 확인하시오.
6. 부록 B의 데이터셋 I로부터 미국의 기록적인 최고기온 20개를 선택하여 랜덤표본을 정하시오. 화씨 110도보다 낮은 기록의 비율을 구하시오. 이 비율에 대한 95% 신뢰구간을 구축하시오. 그리고 모든 자료를 이용하여 화씨 110도보다 낮은 기록의 모비율을 구하시오. 이 모비율이 신뢰구간 안에 포함되는지 설명하시오.

퀴즈

각 문장이 참인지 거짓인지를 결정하시오. 거짓이면 이유를 설명하시오.

1. 구간추정값은 신뢰수준을 정할 수 있으므로 점추정값보다 선호된다.
2. 특정 신뢰구간에 대해서 표본크기가 커질수록 오차한계는 작아진다.
3. 표본크기가 작아짐에 따라 추정량의 값이 추정하려는 모수의 값에 가까워진다면 추정량은 일치성이 있다.
4. 모수를 추정하기 위해 필요한 표본크기를 결정하기 위해서는 오차한계를 알아야 한다.

가장 적합한 답을 선택하시오.

5. 동일한 n이 주어졌을 때 95% 신뢰구간 대신에 99% 신뢰구간이 계산된다면 오차한계는
   a. 작아진다. *b*. 커진다.
   c. 같다. *d*. 어떻게 될지 알 수 없다.
6. 모평균의 가장 좋은 추정값은?
   a. 표본평균 *b*. 표본중앙값

c. 표본최빈값 *d*. 표본중앙범위

7. 모표준편차를 모르고 표본크기가 30 미만이면 평균에 대한 신뢰구간을 계산할 때 어떤 분포표의 값을 사용해야 하는가?
   a. z *b*. t
   c. 카이제곱 *d*. 위의 어느 것도 아님

가장 적합한 답을 사용하여 문장을 완성하시오.

8. 좋은 추정량은 ______, ______, ______(이)다.
9. 모수의 추정값과 실제 값 사이의 최대 차이를 ______(이)라고 한다.
10. "성인 남자의 평균키가 5피트 10센티미터"라는 말은 ______추정값의 한 예 이다.
11. 가장 빈번히 사용되는 3가지의 신뢰구간은 ______%, ______%, ______%이다.
12. **교과서의 비용** 어떤 학생이 교과서의 구입비용이 너무 비싸다고 불평하며 매우 화가 나 있다. 그는 36명의 다른 학생들을 랜덤으로 조사하여 교과서를 구입하는 데에 드는 평균비용이 121.60달러라는 것을 알아냈다. 모표준편차가 6.36달러라고 할 때, 가장 좋은 점추정값과 모평균에 대한 90% 신뢰구간을 구하시오.
13. **왕진비** 어떤 환자는 의사의 왕진비가 너무 높다고 불평한다. 그녀는 랜덤으로 20명의 다른 환자를 조사하여 각각의 왕진에 사용한 평균비용이 44.80달러었다는 것을 알았다. 표본의 표준편차는 3.53달러였다 모평균의 점추정값을 구하시오. 모평균의 95% 구간추정값을 구하시오. 변수는 정규분포를 따른다고 가정한다.
14. **미니밴의 무게** 랜덤으로 선택한 40대의 미니밴은 그 평균 무게가 4150파운드였다. 모표준편차는 480파운드였다. 모평균의 점추정값을 구하시오. 미니밴의 평균 무게에 대한 99% 신뢰구간을 구하시오.
15. **보험 설계사의 나이** 어떤 큰 도시의 10명의 보험 설계사를 랜덤으로 선택하여 진행한 연구에서 이 집단의 평균 나이는 48.6세였고 표준편차는 4.1세였다. 변수는 정규분포를 따른다고 가정한다. 그 도시의 모든 보험 설계사의 평균나이에 대한 95% 신뢰구간을 구하시오.
16. **병원 응급실** 한 병원에서 8주간 랜덤표본을 뽑아서 조사한 결과, 한 주에 평균 438명의 환자가 응급실에서 치료받는 것을 알았다. 표준편차는 16명이었다. 모평균에 대한 99% 신뢰구간을 구하시오. 변수는 정규분포를 따른다고 가정한다.
17. **강도사건** 어떤 도시 지역을 4개월 동안 조사한 표본으로부터 매달 평균 31건의 강도 사건이 발생한다는 것을 알았다. 표준편차는 4건이다. 매달 발생하는 강도 횟수의 모평균에 대한 90% 신뢰구간을 구하시오.
18. **공부 시간** 한 대학교 학장은 신입생이 매주 공부하는 평균 시간을 추정하려고 한다. 이전 연구에서 표준편차가 2.6시간이었다. 모평균이 표본평균과 길어야 0.5시간 다른지 99% 확신하기를 원한다면 표본을 얼마나 뽑아야 하는가?
19. **도로 수리 비용** 한 연구자는 주(county)가 매년 도로 수리에 소비하는 비용의 모평균을 300달러 이내로 추정하기를 원한다. 90% 확신하려면 얼마나 큰 표본이 필요한가? 표준편차는 900달러로 알려져 있다.
20. **정치분야 여론조사** 한 정치 분석가는 랜덤으로 뽑힌 300명의 공화당 유권자들이 연방정부가 너무 많은 권력을 갖고 있다고 생각한다는 것을 알아냈다. 그렇다고 생각하는 공화당 유권자들의 모비율에 대한 95% 신뢰구간을 구하시오.
21. **응급실 사고** 응급실에서 치료를 받아야 하는 150건의 사고를 조사한 결과, 36%의 사고에 6세 미만의 아이들이 관련되어 있었다. 6세 미만의 아이들이 관련된 사건의 모비율에 대한 90% 신뢰구간을 구하시오.
22. **텔레비전 소유** 랜덤으로 선택한 90가구를 조사한 결과 40가구가 최소 한 대의 텔레비전을 소유하고 있었다. 최소 한 대의 텔레비전을 소유한 가구의 모비율에 대한 95% 신뢰구간을 구하시오.
23. **점심을 거르는 사람들** 한 영양사는 점심을 먹지 않는 성인의 모비율을 3% 이내에서 정하려고 한다. 만약 추정값이 모비율을 포함한다는 것을 95% 확신하기를 원한다면 얼마나 큰 표본이 필요한가? 이전 연구에서는 조사대상 125명 중 15%가 점심을 먹지 않는다고 하였다.
24. **소설의 분량** 25권의 소설로 이루어진 표본의 표준편차는 9쪽이다. 모표준편차의 95% 신뢰구간을 구하시오. 변수는 정규분포를 따른다고 가정한다.
25. **트럭의 안정성 검사** 랜덤표본 27대의 트럭에 대해 주 경찰 조사자가 안정성을 검사하는 데 걸리는 시간을 조사한 결과 표준편차가 6.8분이었다. 트럭의 안정성 검사에 걸리는 시간의 분산과 표준편차에 대한 90% 신뢰구간을 구하시오. 변수는 정규분포를 따른다고 가정한다.
26. **자동차 공해** 랜덤표본인 20대의 자동차는 가솔린 1갤런이 사용될 때 배출하는 공해 부산물의 표준편차가 2.3온스이다. 모표준편차의 90% 신뢰구간을 구하시오. 변수는 정규분포를 따른다고 가정한다.

비판적 사고

중앙값에 대한 신뢰구간은 다음의 공식을 이용하여 구할 수 있다.

$$U = \frac{n+1}{2} + \frac{z_{\alpha/2}\sqrt{n}}{2} \quad \text{(반올림할 것)}$$
$$L = n - U + 1$$

이 공식은 순서대로 나열된 자료집합에서 위치를 정의하기 위해 사용된다.

자료가 30개의 값으로 이루어져 있고, 중앙값에 대한 95% 신뢰구간을 구하려고 한다고 가정하자. $n = 30$이고 $z_{\alpha/2} = 1.96$일 때, 공식에 대입하면 다음을 얻는다.

$$U = \frac{30+1}{2} + \frac{1.96\sqrt{30}}{2} = 21 \quad \text{(반올림할 것)}$$
$$L = 30 - 21 + 1 = 10$$

자료를 가장 작은 것부터 가장 큰 것까지 순서대로 재배열하고 자료열의 10번째와 21번째의 값을 선택한다. 즉, X_{10} < 중앙값 < X_{21}이다.

주어진 자료를 이용하여 중앙값에 대한 90% 신뢰구간을 구하시오.

84	49	3	133	85	4340	461	60	28	97
14	252	18	16	24	346	254	29	254	6
31	104	72	29	391	19	125	10	6	17
72	31	23	225	72	5	61	366	77	8
26	8	55	138	158	846	123	47	21	82

데이터 프로젝트

1. **기업과 금융** 다우존스 산업주로 분류된 30개의 주식을 표본으로 이용하시오. 각 주식의 가격은 지난 분기에 상승했거나 하락했다는 점에 주목하시오. 자료에 대한 평균과 표준편차를 계산하시오. 평균에 대한 95% 신뢰구간과 표준편차에 대한 95% 신뢰구간을 계산하시오. 지난 분기에 가격이 상승한 주식의 백분율을 계산하시오. 가격이 상승한 주식의 백분율에 대한 95% 신뢰구간을 구하시오.
2. **스포츠와 레저** 각 메이저리그 야구팀의 정상급 홈런타자를 자료집합으로 이용하시오. 각 팀의 정상급 타자가 친 홈런의 개수에 대한 평균과 표준편차를 구하시오. 홈런의 평균횟수에 대한 95% 신뢰구간을 구하시오.
3. **기술** 음악 길이에 관한 2장의 데이터 프로젝트 3에서 수집된 자료를 이용하시오. 특정 장르를 선택하고 표본에서 그 장르에 속하는 노래의 백분율을 계산하시오. 모집단 백분율에 대한 95% 신뢰구간을 만드시오. 모든 음악 라이브러리를 이용하여 그 장르를 가진 라이브러리의 모집단 백분율을 구하시오. 모집단 백분율이 신뢰구간 안에 포함되는가?
4. **건강과 건강관리** 당신이 듣는 수업의 학생들을 표본으로 사용하시오. 각 학생이 건강할 때 체온을 재시오. 표본에 대한 평균과 표준편차를 계산하시오. 평균 체온에 대한 95% 신뢰구간을 만드시오. 당신이 구한 신뢰구간이 평균 체온이 화씨 98.6도라는 오래된 믿음을 지지하는가?
5. **정치와 경제** 5개의 정치 분야 여론조사를 선택하고 각각에 대한 오차한계, 표본크기, 후보자에 대한 선호도를 기록하시오. 후보자에 대한 선호도와 참가자의 수를 알 때, 각 조사에 주어진 오차한계를 얻기 위해 사용되었어야 하는 신뢰의 수준을 정하시오. 어떤 일정한 형태가 드러나는가?
6. **교육** 각 학생의 체질량지수(BMI)를 계산하시오. (BMI는 703 × 몸무게(단위: 파운드) ÷ 키(단위: 인치)의 제곱으로 계산한다.) 이 자료의 평균과 표준편차를 구하시오. 학생의 평균 BMI에 대한 95% 신뢰구간을 계산하시오. BMI가 30이 넘으면 비만으로 여겨진다. 이 신뢰구간이 BMI의 평균이 비만 범위 안에 포함된다는 것을 암시하는가?

개념의 적용 해답

7–1절 병가

1. 일반적인 추정값이 모든 가정을 만족할 수 없기 때문에 모집단은 특정한 근로자 집단에 국한되어야 한다.
2. 답은 기준에 따라 다를 수 있다. 답이 모집단의 크기에 의존하기 때문이다.
3. 대표본의 오차한계는 소표본보다 작기 때문에 표본이 클수록 좋다.
4. 일반적으로 구간추정값이 더 좋지만 상황에 따라 다를 수 있다.
5. 답은 기준에 따라 다를 수 있다.
6. 사용한 방법에 따라 답은 바뀔 수 있다.

7-2절 상자 안에 얼마나 많은 티슈를 넣어야 할까?

1. 답은 기준에 따라 다를 수 있다. 하나의 가능한 대답은 랜덤으로 선택된 사람들이 2주 동안 사용한 티슈의 평균 장수를 구하는 것이다.

2. 사람들은 보통 감기에 걸렸을 때 혹은 알레르기가 발생할 때 티슈를 사용한다.

3. 사람들이 감기에 걸렸을 때 사용한 티슈의 장수에 집중한다면, 감기 걸린 사람들의 랜덤표본을 뽑고 감기에 걸려있는 동안 얼마나 많은 티슈를 사용했는지 그들에게 기록하게 한다.

4. 답은 기준에 따라 다를 수 있다. 95% 신뢰구간을 이용한다고 하면,

$$\bar{x} \pm 1.96\frac{\sigma}{\sqrt{n}} = 57 \pm 1.96\frac{15}{\sqrt{85}} = 57 \pm 3$$

이다. 그러면 구간 54~60이 사람들이 감기에 걸렸을 때 사용하는 티슈 수의 모평균을 포함한다고 95% 확신할 수 있다. 따라서 새로운 차량 도구함에 60장의 티슈를 넣는 것이 적절해 보인다.

5. 답은 기준에 따라 다를 수 있다. 신뢰구간이 실제 평균을 포함한다고 95% 확신하기 때문에, 54장에서 60장 사이의 티슈를 넣으면 적절할 것이다. 표본평균에 표본표준편차의 두 배를 더한 것과 60이라는 숫자가 근사하기 때문에, 60장의 티슈를 넣는 것이 가장 적절해 보인다.

7-3절 스포츠음료의 선택

1. 답은 기준에 따라 다를 수 있다. 한 가능한 대답은 우리가 7가지의 유명 스포츠음료만 고려하고 있기 때문에 소표본이라고 볼 수 있다.

2. 한 병당 평균 비용은 1.25달러이고 표준편차는 0.39달러이다. 90% 신뢰구간은

$$\overline{X} \pm t_{\alpha/2}\frac{s}{\sqrt{n}} = 1.25 \pm 1.943\frac{0.39}{\sqrt{7}} = 1.25 \pm 0.29$$

또는 $0.96 < \mu < 1.54$이다. 10-K, All Sport, Exceed, Hydra Fuel이 신뢰구간의 바깥에 위치한다.

3. 그 어떤 값도 이상점으로 보이지 않는다.

4. $7 - 1 = 6$의 자유도가 있다.

5. 브랜드들 간의 비용을 대등하게 비교할 수 있도록 해주기 때문에 한 명당 비용으로 고려할 것이다.

6. 생략

7-4절 독감

1. (95% CI)는 자료로부터 구축한 95% 신뢰구간이라는 것을 의미한다.

2. 독감으로 보고된 남성의 수에 대한 오차한계는 $(50.5 - 47.1)/2 = 1.7\%$이다.

3. 총 표본크기는 19,774이다.

4. 표본크기가 커지면 (모든 다른 것들은 상수로 고정되어 있을 때) 오차한계는 작아지고 신뢰구간은 좁아진다.

5. 90% 신뢰구간은 더 적은 값들을 포함시켜야 하기 때문에 95% 신뢰구간보다 좁아(작아)진다.

6. 51.5%는 신뢰구간의 중간이다. 왜냐하면 그것은 신뢰구간에 대한 점추정값이기 때문이다.

7-5절 대통령들의 사망 당시 나이

1. 자료는 모집단을 표현한다. 왜냐하면 이 자료는 (이 책을 쓸 때) 모든 사망한 대통령들에 대한 사망 당시의 나이를 나타내기 때문이다.

2. 답은 기준에 따라 다를 수 있다. 하나의 가능한 표본은 56, 67, 53, 46, 63, 77, 63, 57, 71, 80, 65인데, 그 결과 이 표본은 9.9년의 표준편차와 98.1의 분산을 가진다.

3. 2번 답에 따라 다를 수 있으며, 2번 문제 기준으로 표준편차의 95% 신뢰구간은

$\sqrt{\dfrac{(n-1)s^2}{\chi^2_R}}$에서 $\sqrt{\dfrac{(n-1)s^2}{\chi^2_L}}$이다. 이 경우 신뢰구간은

$\sqrt{\dfrac{(12-1)9.9^2}{21.920}} = \sqrt{49.1839} = 7.0$에서

$\sqrt{\dfrac{(12-1)9.9^2}{3.816}} = \sqrt{282.524} = 16.8$, 또는 7.0세에서 16.8세이다.

4. 모든 자료값에 대한 표준편차는 11.9세이다.

5. 3번 문제의 답에 따라, 신뢰구간이 모표준편차를 포함하기 때문에 그렇다고 할 수 있다.

6. 답은 기준에 따라 다를 수 있다.

7. 사망 당시 나이의 분포가 정규분포라는 가정이 필요하다.

8

가설검정

©LStockStudio/Shutterstock

STATISTICS TODAY

얼마나 잘해야 잘하는 것인가?

어떤 지역의 교육감이 SAT에 대한 전체 평균 점수가 910점이라는 기사를 읽었다고 하자. 또한 이 교육감의 관할 지역 학생들을 표본으로 한 SAT의 평균 점수는 960점이라고 하자. 교육감은 관할 지역 학생들이 평균보다 높은 점수를 얻었다고 결론지을 수 있을까? 언뜻 보면 960점이 910점보다 높기 때문에 예라고 말할 수도 있을 것이다. 그러나 표본이 특정 모집단으로부터 뽑힐 때 표본평균은 모집단 평균과 다르다. 따라서 문제가 제기된다. 평균에 실제 차이가 있는가, 아니면 단순히 우연(표본오차)에 의한 차이인가? 이 장에서는 가설검정을 설명하는 통계량을 이용하여 이 질문에 어떻게 답하는지를 배울 것이다. 질문에 대한 답은 이 장 뒷부분의 Statistics Today에서 설명한다. 더 나아가 가설검정의 이론에서 설명된 통계량을 이용하여 이러한 종류의 많은 질문들에 대해 답할 수 있는 방법들을 공부할 것이다.

개요

학습목표

1. 가설검정에 사용된 정의 이해하기
2. 귀무가설과 대립가설 설정하기
3. z 검정에 대한 임계값 구하기
4. 가설검정에 사용된 5단계 설명하기
5. z 검정을 이용하여 σ가 알려져 있을 때 평균 검정하기
6. t 검정을 이용하여 σ가 알려져 있지 않을 때 평균 검정하기
7. z 검정을 이용하여 비율 검정하기
8. 카이제곱검정을 이용하여 분산 혹은 표준편차 검정하기
9. 신뢰구간을 이용하여 가설검정하기
10. 제1종 오류, 제2종 오류, 검정력 사이의 관계 설명하기

서론

연구자들은 많은 종류의 질문에 답하는 것에 관심이 있다. 예를 들어, 과학자는 지구 온난화가 진행되고 있는지, 있다면 그 증거가 있는지 알고 싶어 할 수 있다. 의사는 새로운 약물이 혈압을 낮출 수 있는지를 궁금해 할 수 있다. 교육자는 새로운 수업방식이 기존의 방식보다 더 나은지를 알고 싶어 할 수 있으며, 소매상인은 새로운 제품이 나왔을 때 사람들이 어떠한 색상을 좋아하는지를 알고 싶을 수 있다. 자동차 제조업체는 새로 개발된 안전벨트가 사고로 인한 부상의 정도를 어느 정도 줄여줄 수 있는지에 대해 궁금해 할 수 있다. 이러한 형태의 의문들은 통계적인 **가설검정(hypothesis testing)**을 통하여 다루어질 수 있으며, 모집단에 대한 주장들을 검토하기 위한 의사결정 과정이라고 할 수 있다. 가설검정에서 연구자는 연구 중인 모집단을 정의해야 하고, 조사되는 특별한 가설을 설정하고, 유의수준을 정하고, 모집단으로부터 표본을 뽑고, 자료를 모으고, 통계적인 검정을 위해 요구된 계산들을 수행한 후 결론에 도달한다.

평균과 비율과 같은 모수들에 관한 가설들이 연구될 수 있다. 평균에 관한 가설들에 대해 이용되는 2가지의 특정한 통계적인 검정이 있는데, z 검정과 t 검정이다. 이 장에서는 z 검정과 t 검정과 함께 가설검정 절차를 상세히 설명할 것이다. 추가로 카이제곱분포를 이용하여 한 개의 분산 혹은 표준편차를 검정하기 위한 가설검정 절차를 8-5절에서 설명한다.

가설을 검정하기 위해 사용된 3가지 방법들은 다음과 같다.

1. 전통적인 방법
2. P-값 방법
3. 신뢰구간 방법

전통적인 방법(traditional method)을 가장 먼저 설명한다. 이 방법은 가설검정방법이 공식화된 이후 계속 사용되어 왔다. ***P*-값 방법**(P-value method)이라 불리는 새로운 방법은 현대의 컴퓨터와 고성능의 계산기로 인해 일반화되었다. 세 번째 방법인 **신뢰구간방법**(confidence interval method)을 8-6절에서 설명하며, 가설검정과 신뢰구간의 관계를 다룰 것이다.

8-1 가설검정의 단계-전통적인 방법

학습목표 1
가설검정에 사용된 정의 이해하기

모든 가설검정 상황은 가설의 주장으로 시작한다.

통계적 가설(statistical hypothesis)은 모수에 대한 하나의 추측이다. 이 추측은 사실일 수도 혹은 아닐 수도 있다.

각 상황에 대한 2가지 형태의 통계적 가설이 있는데, 귀무가설과 대립가설이다.

H_0로 표시하는 **귀무가설**(null hypothesis)은 모수와 특정한 값 사이에 차이가 존재하지 않거나 두 모수들 간에 차이가 없다는 것을 말하는 통계적인 가설이다.

H_1으로 표시하는 **대립가설**(alternative hypothesis)은 모수와 특정한 값 사이에 차이가 존재하거나 두 모수들 간에 차이가 있다는 것을 말하는 통계적인 가설이다.

(**참고:** 여기에 주어진 귀무가설과 대립가설의 정의들이 단어 **모수**(parameter)를 사용한다고 할지라도 이러한 정의들은 **분포**(distribution)나 **임의성**(randomness)과 같은 다른 용어들을 포함하기 위하여 확장될 수 있다.)

가설을 어떻게 세워야 하는지를 3가지의 다른 통계적인 연구들을 예제로 활용하여 설명할 것이다.

상황 A 한의학 연구자가 새로운 약에 부작용이 있는지를 찾는 데 관심이 있다. 연구자는 특히 약을 먹은 환자들의 맥박수에 관심이 있다. 환자가 약을 먹은 후에 맥박수는 증가, 감소 혹은 변하지 않을 것인가?

학습목표 2
귀무가설과 대립가설 설정하기

연구자가 연구 중인 모집단에 대한 평균 맥박수가 분당 82번이라는 것을 알고 있기 때문에 이 상황에 대한 가설은 다음과 같다.

$$H_0: \mu = 82 \qquad \text{그리고} \qquad H_1: \mu \neq 82$$

귀무가설은 평균이 변하지 않을 것이라는 것을, 그리고 대립가설은 평균이 다를 것이라는 것을 나타낸다. 약의 가능한 부작용이 맥박수를 올릴 수도 있고 낮게 할 수도 있기 때문에 이 검정을 **양쪽꼬리검정**(two-tailed test)이라고 한다.

만일 비율을 검정하고 사람의 60%가 매일 저녁 텔레비전을 시청한다고 느낀다면 다음처럼 가설을 세울 수 있다.

$$H_0: p = 0.60 \qquad \text{그리고} \qquad H_1: p \neq 60$$

상황 B 어떤 화학자가 자동차 배터리의 수명을 증가시키기 위하여 첨가제를 발명하였다. 첨가제가 없는 자동차 배터리의 평균 수명이 36개월이면 가설은 다음과 같다.

$$H_0: \mu = 36 \qquad \text{그리고} \qquad H_1: \mu > 36$$

이 상황에서 화학자는 배터리의 수명을 증가시키는 데에만 관심이 있다. 따라서 대립가설은 평균이 36개월보다 더 크며 귀무가설은 평균이 36개월과 같다는 것이다. 이 검정은 관심이 증가하는 것에만 있기 때문에 이 검정은 **오른쪽꼬리검정**(right-tailed test)이라고 한다.

만일 폭행사건의 85% 이상이 남성에 의해 일어난다면 다음과 같은 가설을 세울 수 있다.

$$H_0: p = 0.85 \qquad \text{그리고} \qquad H_1: p > 0.85$$

이색 통계

63%의 사람은 좋은 뉴스를 듣기 전에 먼저 나쁜 뉴스 듣는 것을 선호한다.

상황 C 한 주택계약자가 집에 특별한 형태의 단열재를 사용함으로써 난방비를 낮추기를 원한다. 월평균 난방비가 78달러라면 단열재 사용을 할 때 난방비에 대한 가설은 다음과 같다.

$$H_0: \mu = 78\text{달러} \qquad \text{그리고} \qquad H_1: \mu < 78\text{달러}$$

이 검정은 계약자가 난방비를 낮추는 데에만 관심이 있기 때문에 **왼쪽꼬리검정**(left-tailed test)이라고 한다.

만일 24% 미만의 사람들이 여성만 간호사가 되어야 한다고 생각한다면 다음과 같이 가설을 세울 수 있다.

$$H_0: p = 0.24 \qquad \text{그리고} \qquad H_1: p < 0.24$$

가설을 정확히 표현하기 위해 연구자는 **추측**이나 **주장**을 수학적인 기호로 나타내야 한다. 기본적인 기호는 다음과 같다.

같다	=	보다 큰	>
같지 않다	≠	보다 작은	<

귀무가설과 대립가설은 함께 언급되며, 귀무가설은 밑의 식처럼 등호를 포함한다(여기에서 k는 특정한 숫자를 나타낸다).

또한 오른쪽꼬리검정에서는 부등호 표시가 오른쪽을 가리키고 왼쪽꼬리검정에서는 왼쪽을 가리킨다. 오른쪽꼬리검정과 왼쪽꼬리검정은 한쪽꼬리검정이라고도 한다.

양쪽꼬리검정	오른쪽꼬리검정	왼쪽꼬리검정
H_0: $\mu = k$	H_0: $\mu = k$	H_0: $\mu = k$
H_1: $\mu \neq k$	H_1: $\mu > k$	H_1: $\mu < k$
H_0: $p = k$	H_0: $p = k$	H_0: $p = k$
H_1: $p \neq k$	H_1: $p > k$	H_1: $p < k$

표 8-1 가설검정의 공통 어휘들

>	<
보다 큰(Is greater than)	보다 작은(Is less than)
위에 있는(Is above)	아래에 있는(Is below)
보다 높은(Is higher than)	보다 낮은(Is lower than)
보다 긴(Is longer than)	보다 짧은(Is shorter than)
보다 큰(Is bigger than)	보다 작은(Is smaller than)
증가하는(Is increased)	감소하는 혹은 줄여진(Is decreased or reduced from)
=	**≠**
같은(Is equal to)	같지 않은(Is not equal to)
~와 다르지 않은(Is no different from)	~와 다른(Is different from)
변하지 않는(Has not changed from)	변하는(Has changed from)
~와 같은(Is the same as)	~와 같지 않은(Is not the same as)

다른 형태의 검정들에 대한 공식적인 정의들은 이 절의 후반부에 주어질 것이다.

이 책에서 귀무가설은 항상 등호를 사용해서 표시된다. 귀무가설을 검정할 때 평균, 비율 혹은 표준편차는 하나의 주어진 특정한 값과 같다고 가정한다. 또한 연구자는 연구를 수행할 때 일반적으로 주장을 지지하기 위한 증거를 찾는다. 따라서 주장은 대립가설, 즉 < 혹은 > 혹은 ≠을 이용해서 표현된다. 이 때문에 대립가설은 **연구가설(research hypothesis)**이라고도 한다.

그러나 주장이 귀무가설 혹은 대립가설의 하나로 표현할 수 있다 하더라도 통계적인 증거는 그것이 대립가설이라는 주장만을 지지할 수 있다. 통계적인 증거는 귀무가설이라는 주장을 기각하는 데 사용될 수 있다. 이러한 사실들은 통계적인 연구의 결론을 나타낼 때 중요한 부분이다.

[표 8-1]은 가설과 추측에 사용되는 몇 개의 공통 어휘들과 기호를 나타내었으며, 언어로 된 추측을 수학적인 기호로 바꾸는 데 도움이 될 것이다.

예제 8-1

각 추측에 대한 귀무가설과 대립가설을 설정하시오.

a. 한 연구자가 젊은 사람들의 도박에 대해 연구를 한다. 그녀는 도박을 하는 사람들이 하루에 30달러 이상을 쓴다고 생각한다.

b. 한 연구자는 배우자가 법 집행기관에서 일하는 경찰이 근무 스트레스 설문조사에서 평균 120점보다 낮은 점수가 나왔는지 확인하고자 한다.

c. 한 선생님은 일반 종이 책 대신에 온라인 교재를 수업용으로 사용한다면 기말시험에서 학생들의 점수가 변화될 것이라고 생각한다. 예전 학생들의 평균 기말시험 점수는 83점이었다.

d. 고속도로 공학자는 64% 이상의 사람들이 매일 혼자 출근한다고 느낀다.

e. 헬스클럽 주인은 "지난 24시간 동안 미국 성인의 25%가 운동을 했다"는 가사는 거짓이라고 생각한다.

f. 치료사는 77% 미만의 사람이 자신의 삶에 만족하고 있다고 믿는다.

풀이

a. H_0: $\mu = 30$달러와 H_1: $\mu > 30$달러	*b.* H_0: $\mu = 120$과 H_1: $\mu < 120$
c. H_0: $\mu = 83$과 H_1: $\mu \neq 83$	*d.* H_0: $p = 0.64$와 H_1: $p > 0.64$
e. H_0: $p = 0.25$와 H_1: $p \neq 0.25$	*f.* H_0: $p = 0.77$과 H_1: $p < 0.77$

가설을 정한 후에 연구자는 연구를 설계한다. 연구자는 올바른 **통계적인 검정**을 선택하고, 적절한 **유의수준**을 선택한 후 연구를 행하기 위한 계획을 공식화한다. 예를 들면, 상황 A에서 연구자는 약을 받은 환자들의 표본을 선택할 것이다. 약을 먹고 적절한 시간이 지난 후에 연구자는 각 사람들의 맥박수를 측정할 것이다.

정해진 크기의 표본들이 모집단으로부터 선택될 때 표본평균들은 모평균 주위에서 변하며, 표본크기가 30 이상일 때 표본평균들의 분포는 근사적으로 정규분포를 한다(6–3절 참조). 따라서 귀무가설이 사실일지라도 표본 환자들의 맥박수의 평균은 대부분의 경우에 정확히 분당 82번의 모평균과 같지는 않을 것이다. 두 가지 가능성이 있다. 귀무가설이 사실이고, 표본평균과 모평균의 차이가 우연에 기인한 것이거나, 귀무가설이 거짓이고, 표본은 평균이 분당 82번은 아니지만 미지의 값을 갖는 모집단에서 추출되었다는 것이다. 이러한 상황을 [그림 8–1]에 나타내었다.

그림 8–1
가설검정에서의 상황

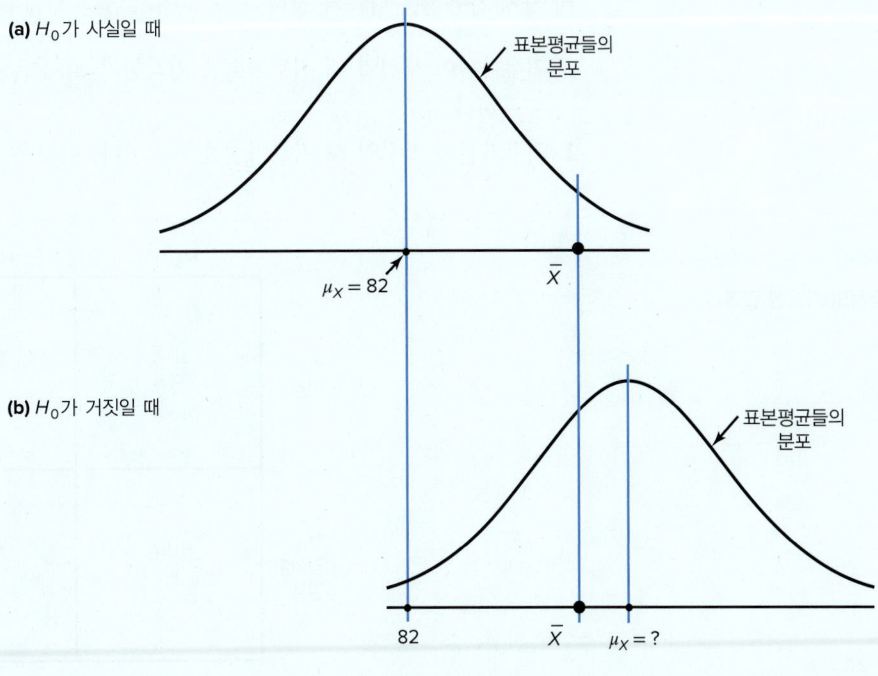

표본평균이 모평균에서 더 멀어질수록 귀무가설을 기각할 증거가 더 많아진다. 평균이 82인 모집단에서 표본이 나왔을 확률은 평균들 간의 차이의 절댓값 혹은 거리가 증가함에 따라 감소한다.

표본의 평균 맥박수가 83이라면 연구자는 아마도 이 차이가 우연에 기인한 것이라 결론짓고 귀무가설을 기각하지 않을 것이다. 하지만 표본평균이 90이라면 연구자는 투약이 사용자의 맥박수를 증가시켰다고 결론짓고 귀무가설을 기각할 것이다. 비율과 같은 다른 모수를 검정할 때도 동일한 추론이 적용된다. 문제는 '연구자가 어디에 선을 그어야 하는 것인가?'이다. 이 결정은 느낌이나 직관에 의해 만들어지지 않고 통계적으로 만들어진다. 즉, 차이가 유의해야 하고 모든 가능성에서 우연에 기인하지 말아야 한다. 여기에 통계적인 검정과 유의수준의 개념이 사용된다.

통계적인 검정(statistical test)은 표본으로부터 얻은 자료를 이용하여 귀무가설 기각 여부를 결정한다.

통계적인 검정으로부터 얻은 수치적인 값을 **검정값**(test value) 혹은 **검정통계량**(test statistic)이라고 한다.

이러한 형태의 통계적인 검정에서 평균은 표본으로부터 얻어진 자료로 계산되며 모평균과 비교된다. 그 다음에 통계적인 검정으로부터 얻어진 값에 근거해서 귀무가설을 기각하거나 기각하지 않는 결정을 한다. 만약 차이가 유의하다면 귀무가설은 기각된다. 그렇지 않다면 귀무가설은 기각되지 않는다.

앞에서 언급했듯이 귀무가설 기각 여부를 결정하기 위해 표본자료가 사용되며, 근거 자료가 표본이므로 잘못된 결정을 내릴 가능성이 있다.

가설검정 상황에는 4가지 가능한 결과들이 있다. 실제로 귀무가설이 사실일 수도 아닐 수도 있다. 그리고 표본으로부터 얻어진 자료에 근거해서 귀무가설을 기각하거나 기각하지 않는 결정을 한다. 4가지 가능한 결과들이 [그림 8-2]에 나와 있다. 올바른 결정에 2가지 가능성이 있고 올바르지 않은 결정에 대해 2가지 가능성이 있다.

네 가지 가능성은 다음과 같다.

1. 귀무가설이 사실일 때 귀무가설을 기각한다. 이것은 올바르지 못한 결정이고 **제1종 오류**가 발생한다.
2. 귀무가설이 거짓일 때 귀무가설을 기각한다. 이것은 올바른 결정이다.

그림 8-2
가설검정의 가능한 결과

	H_0 사실	H_0 거짓
H_0 기각	제1종 **오류**	올바른 결정
H_0 기각하지 않음	올바른 결정	제2종 **오류**

3. 귀무가설이 사실일 때 귀무가설을 기각하지 않는다. 이것은 올바른 결정이다.
4. 귀무가설이 거짓일 때 귀무가설을 기각하지 않는다. 이것은 올바르지 못한 결정이고 **제2종 오류**가 발생한다.

> **제1종 오류**(type I error)는 귀무가설이 사실일 때 귀무가설을 기각하면 일어난다.
>
> **제2종 오류**(type II error)는 귀무가설이 거짓일 때 귀무가설을 기각하지 않으면 일어난다.

만약 귀무가설이 사실이고 기각된다면 **제1종 오류**가 발생한다. 예를 들면 상황 A에서 이 새로운 약은 모집단에 있는 모든 사용자들의 맥박수를 유의하게 변화시키지 않을 것이다. 그러나 우연히 표본에 있는 환자들의 맥박수를 변화시킬 수도 있다. 이 경우에 연구자는 실제 사실인 귀무가설을 기각하여 제1종 오류를 범할 것이다.

한편 약이 표본에서 선택된 환자들의 맥박수를 변화시키지 않을 수도 있다. 하지만 일반적인 모집단 환자가 약을 먹을 경우 맥박수가 유의하게 증가하거나 감소할 수 있다. 표본에서 얻은 자료를 기반으로 연구자는 귀무가설을 기각하지 않을 것이고 따라서 **제2종 오류**를 범할 것이다.

상황 B에서 첨가제는 모집단에 있는 자동차 배터리의 수명을 유의하게 증가시키지 않을 것이지만 표본에 있는 배터리들의 수명을 증가시킬 수 있다. 이 경우에는 귀무가설이 사실일 때 기각될 것이다. 이것은 제1종 오류이다. 한편 첨가제가 표본으로부터 선택된 배터리에서는 작동하지 않을 수 있지만, 일반 모집단으로부터 선택된 배터리에서는 작동되어 수명을 증가시킬 수 있다. 연구자는 표본으로부터 얻어진 정보에 근거하여 귀무가설을 기각하지 않을 것이기 때문에 제2종 오류를 범할 것이다.

가설검정 상황은 배심 재판에 비유할 수 있다. 배심 재판에서는 4가지 가능한 상황이 있다. 피고인은 유죄이거나 무죄이며, 유죄를 받을 수도 있고 무죄가 되어 석방될 수 있다([그림 8–3] 참조).

$$H_0\text{: 피고는 무죄이다.}$$
$$H_1\text{: 피고는 무죄가 아니다(유죄).}$$

다음으로 검찰에 의하여 증거가 법정에 제시되고, 이 증거에 근거해 배심원은 무죄 혹은 유죄를 결정한다.

그림 8–3

가설검정과 배심 재판

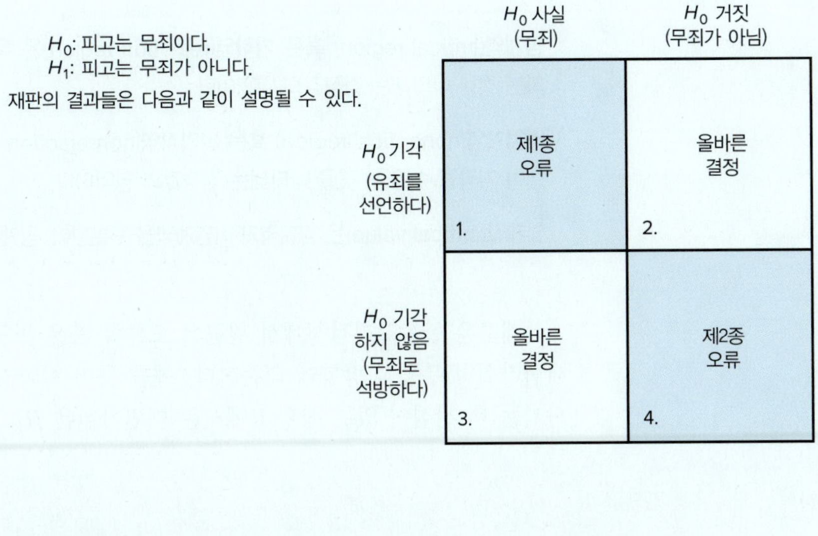

만약 피고가 유죄 판결을 받았지만 죄를 범하지 않았다면 제1종 오류가 발생한다. [그림 8-3]의 1 블록을 보라. 한편 피고가 유죄 판결을 받았지만 그가 죄를 범했다면 올바른 결정이 내려진 것이다. 2 블록을 보라.

만약 피고가 무죄로 석방되었는데 그가 죄를 범하지 않았다면 배심에서 올바른 결정을 한 것이다. 3 블록을 보라. 하지만 피고가 무죄로 석방되었는데 그가 죄를 범했다면 제2종 오류가 발생한다. 4 블록을 보라. 바꿔 말하면, 제2종 오류는 죄인을 석방하는 것이다.

배심원의 결정은 피고가 죄를 범하였는지 범하지 않았는지를 입증하지 않는다. 결정은 제시된 증거에 근거한다. 증거가 충분하다면, 피고는 대부분의 경우에 유죄 판결을 받을 것이다. 증거가 부족하다면 피고는 대부분의 경우에 석방될 것이다. 어떤 것도 절대적으로 입증되지는 않는다. **통계적으로 어느 것을 입증하기 위한 유일한 방법은 모집단 전체를 이용하는 것이다.** 하지만 모집단 전체를 이용하는 것은 현실적으로 힘들므로, 확률을 기반으로 하여 결정하게 된다. 즉, 표본에서 얻은 평균과 가정된 평균의 차이가 큰 경우, 귀무가설은 사실이 아닐 수 있다. 문제는 귀무가설을 기각하기 위해 얼마나 큰 차이가 필요한가 하는 것이다. 여기에 유의수준이 사용된다.

이색 통계

미국 회사원의 64%는 혼자 운전하며, 6%는 도보로 출근한다.

유의수준(level of significance)은 제1종 오류를 범할 최대 확률이다. 이 확률은 α(**알파**, alpha)로 표기된다. 즉 P(제1종 오류) $= \alpha$이다.

제2종 오류의 확률은 그리스 문자인 β(**베타**, **beta**)로 표기된다. 즉, P(제2종 오류) $= \beta$이다. 대부분의 가설검정 경우에 β는 쉽게 계산될 수 없다. 하지만 α와 β는 하나가 증가하면 다른 하나는 감소하는 관계가 있다.

통계학자들은 일반적으로 임의로 정한 다음 3개의 유의수준을 사용하는 경우가 많다. 0.10, 0.05, 0.01. 즉, 귀무가설이 기각되면 사용된 유의수준에 따라 제1종 오류 확률이 10%, 5%, 1% 중 하나가 된다. 이 유의수준은 다음과 같이 표현할 수도 있다. $\alpha = 0.10$일 때 사실인 귀무가설을 기각할 확률은 10%이고, $\alpha = 0.05$일 때 사실인 귀무가설을 기각할 확률은 5%이며, $\alpha = 0.01$일 때 사실인 귀무가설을 기각할 확률은 1%이다.

가설검정 상황에서 연구자는 사용해야 할 유의수준을 결정한다. 꼭 0.10, 0.05, 0.01이지 않아도 되며 제1종 오류의 심각성에 따라 정할 수 있다. 유의수준이 정해진 후에 적절한 검정을 위해 표에서 **임계값**이 선택된다. 예를 들어 z 검정이 사용된다면 임계값들을 찾기 위하여 z 표(부록 A에 있는 표 E)를 참조한다. 임계값은 임계역과 비임계역을 결정한다.

임계역(critical region) 혹은 **기각역**(rejection region)은 유의한 차이가 있고 귀무가설이 기각되어야 하는 것을 나타내는 검정값의 영역이다.

비임계역(noncritical region) 혹은 **비기각역**(nonrejection region)은 차이가 우연에 기인하고 귀무가설이 기각될 수 없는 것을 나타내는 검정값의 영역이다.

임계값(critical value)은 임계역과 비임계역을 구분한다. 임계값에 대한 표시는 C.V.이다.

임계값은 한쪽꼬리검정에서 평균의 오른쪽 혹은 평균의 왼쪽에 있을 수 있다. 그의 위치는 대립가설의 부등식 방향에 의존한다. 예를 들어 화학자가 자동차 배터리의 평균 수명을 증가시키는 데 관심이 있는 상황 B에서는 대립가설은 H_1: $\mu > 36$이다. 부등식 표시가 >이기 때문에 귀무가설은 표본평균이 유의하게 36보다 클 때만 기각될 것이다. 따라서 임계값은 평균의 오른쪽에 있어야 하므로 이 검정을 오른쪽꼬리검정이라고 한다.

> **한쪽꼬리검정**(one-tailed test)은 검정값이 평균의 한쪽에 있는 임계역에 있을 때 귀무가설이 기각되어야 함을 나타낸다. 한쪽꼬리검정은 대립가설의 부등식의 방향에 따라 **오른쪽꼬리검정**(right-tailed test) 혹은 **왼쪽꼬리검정**(left-tailed test)일 수 있다.

임계값을 얻기 위하여 연구자는 α 수준을 선택해야 한다. 상황 B에서 연구자가 $\alpha = 0.01$을 선택했다고 가정하자. 그러면 [그림 8–4(a)]에서처럼 연구자는 면적의 1%가 z값의 오른쪽에 떨어지고 99%는 z값의 왼쪽에 떨어지는 z값을 찾아야 한다.

학습목표 3
z 검정에 대한 임계값 구하기

다음으로 연구자는 표 E에서 0.9900과 가장 가까운 값을 찾아야 한다. [그림 8–4(b)]에서처럼 0.9900(즉, 0.9901)에 가장 가까운 값인 2.33이 임계 z값이다.

임계역, 비임계역, 임계값은 [그림 8–5]에 나타나 있다. 이제 상황 C를 보자. 이 상황에서는 계약자가 난방비를 낮추는 데 관심이 있다. 대립가설은 H_1: $\mu < 78$달러이다. 따라서 임계값은 평균의 왼쪽에 위치한다. 이 검정은 왼쪽꼬리검정이다. 0.0099가 0.01에 가장 가까운 값이기 때문에 임계값은 −2.33이다. 이 내용은 [그림 8–6]에서 나와 있다.

상황 A에서처럼 연구자가 양쪽꼬리검정을 행할 때 A 귀무가설은 평균의 위 혹은 아래 양쪽 방향에서 유의한 차이가 있을 때 기각된다.

그림 8–4
$\alpha = 0.01$에 대한 임계값 찾기(오른쪽꼬리검정)

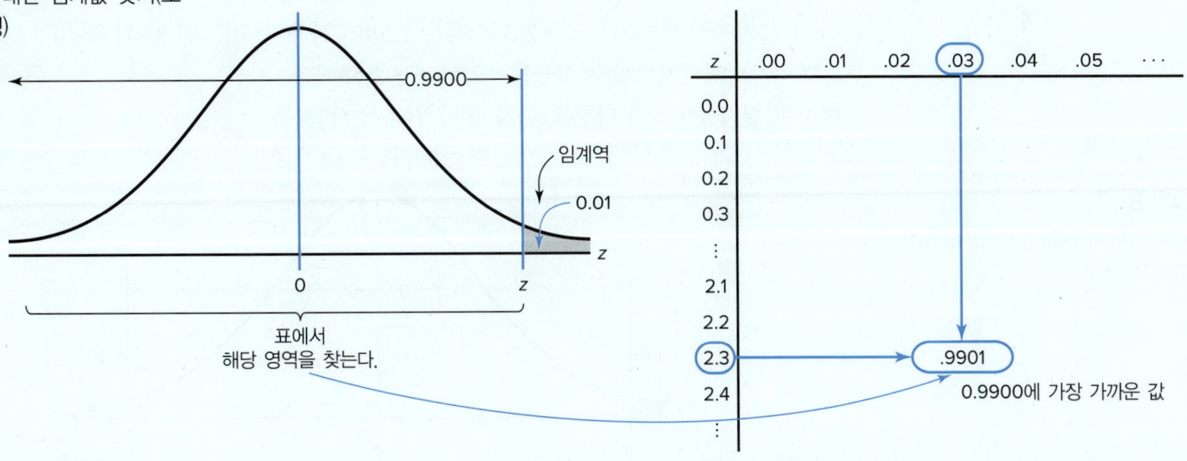

(a) 임계역　　**(b)** 표 E로부터 임계값

그림 8–5
$\alpha = 0.01$에 대한 임계역과 비임계역(오른쪽꼬리검정)

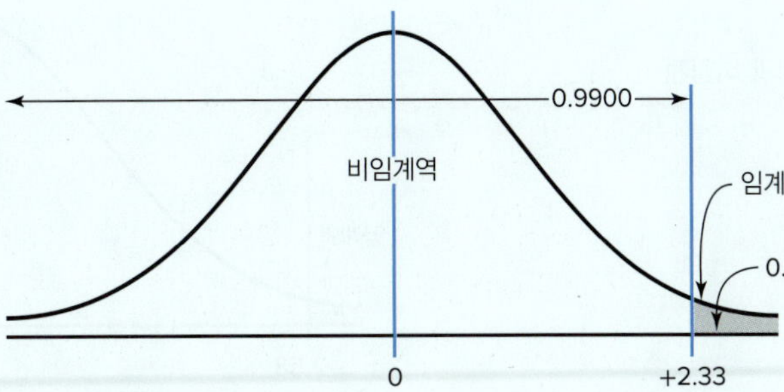

그림 8-6

$\alpha = 0.01$에 대한 임계역과 비임계역(왼쪽꼬리검정)

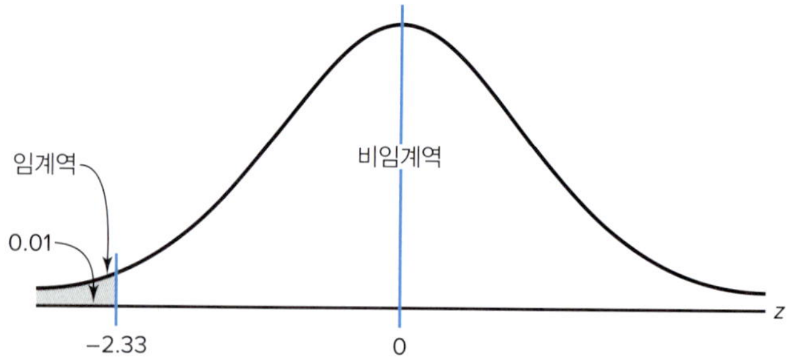

양쪽꼬리검정(two-tailed test)에서 귀무가설은 검정값이 두 임계역 중 어느 한쪽에 있을 때 기각되어야 한다.

양쪽꼬리검정에서 임계역은 2개의 동일한 부분으로 나누어야 한다. [그림 8-7]에서처럼 $\alpha = 0.01$이면 영역의 절반 혹은 0.005는 평균의 오른쪽에 있어야 하고 절반은 평균의 왼쪽에 있어야 한다.

이 경우에 왼쪽에 있는 z값은 0.0050의 면적에 대응하는 z값을 찾아봄으로써 알 수 있다. z값은 면적 0.0051과 0.0049에 해당하는 −2.57과 −2.58 사이의 값이다. −2.57과 −2.58의 평균은 $[(-2.57) + (-2.58)] \div 2 = -2.575$이다. 따라서 z값이 소수점 3번째 자리까지 필요로 한다면 −2.575가 사용된다. 하지만 만약 z값이 소수점 2자리까지 반올림된다면 −2.58이 사용된다.

오른쪽에서 0.9900+0.005 혹은 0.9950에 대응하는 z값을 찾아야 한다. 다시, 값은 0.9949와 0.9951 사이에서 떨어지므로 +2.575 혹은 2.58이 사용된다([그림 8-7] 참조).

[그림 8-8]에서처럼 임계값들은 +2.58과 −2.58이다.

비슷한 절차들이 α의 다른 값들을 찾기 위해서 사용된다.

그림 8-7

$\alpha = 0.01$에 대한 임계값 찾기(양쪽꼬리검정)

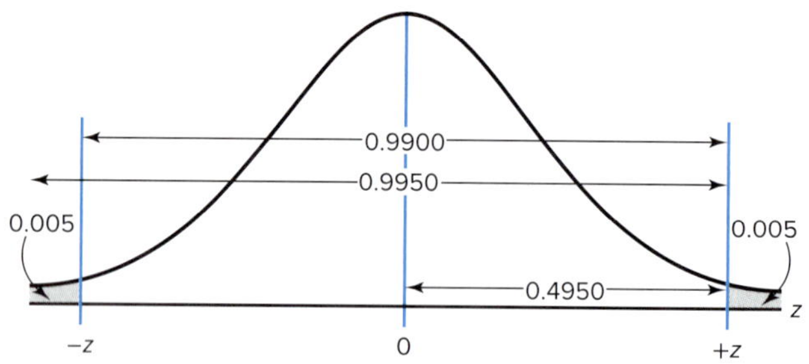

그림 8-8

$\alpha = 0.01$에 대한 임계역과 비임계역 찾기(양쪽꼬리검정)

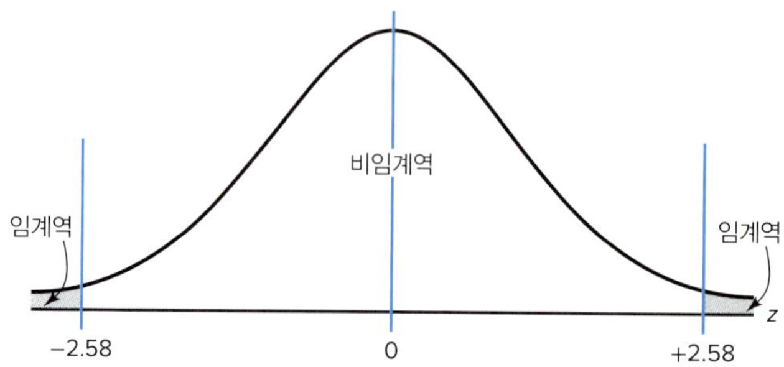

그림 8-9

가설검정과 임계값들의 요약

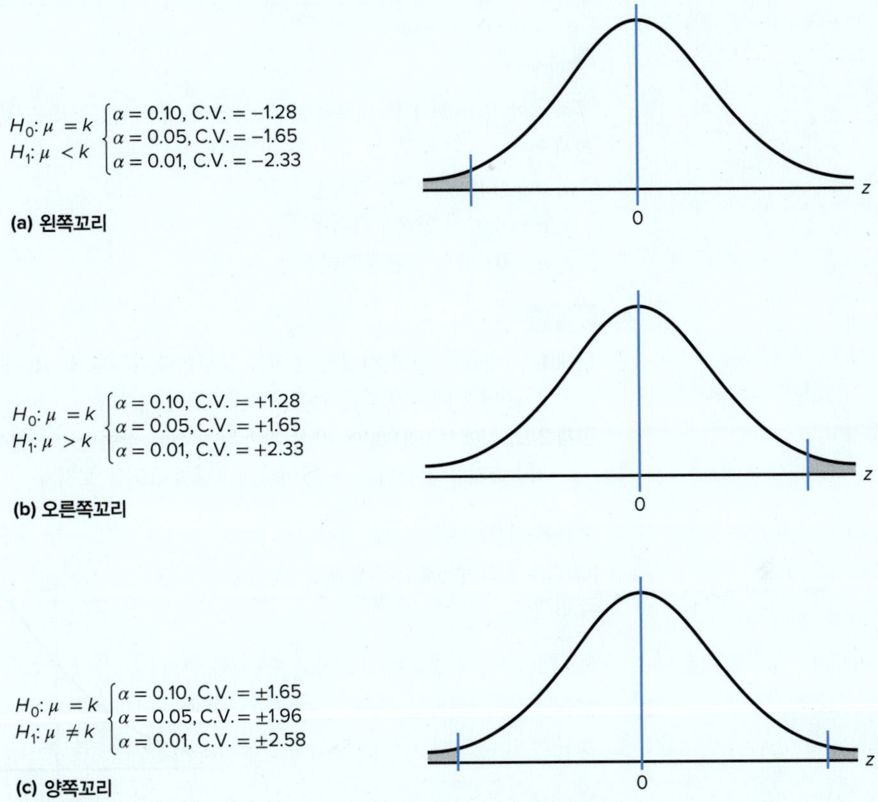

임계역이 음영 처리된 [그림 8-9]는 $\alpha = 0.10$, $\alpha = 0.05$, $\alpha = 0.01$에 대해 이 절에서 설명했던 세 가지 상황에 대한 임계값(C.V.)을 보여준다. 임계값을 구하는 절차는 다음과 같다(여기서 k는 특정한 숫자임).

절차 표

표 E를 이용하여 특정한 α에 대한 임계값 구하기

단계 1 그림을 그리고 적절한 영역을 표시하시오.

a. 검정이 왼쪽꼬리이면 면적이 α인 임계역은 평균의 왼쪽에 있다.

b. 검정이 오른쪽꼬리이면 면적이 α인 임계역은 평균의 오른쪽에 있다.

c. 검정이 양쪽꼬리이면 α는 2로 나누어야 한다. 면적의 한쪽은 평균의 오른쪽에 있을 것이고, 다른 한쪽은 평균의 왼쪽에 있을 것이다.

단계 2 a. 왼쪽꼬리검정의 경우, 표 E의 α에 해당하는 면적의 z값을 이용하라.

b. 오른쪽꼬리검정의 경우, $1 - \alpha$에 해당하는 면적의 z값을 이용하라.

c. 양쪽꼬리검정의 경우, 왼쪽 값에 대해서는 $\alpha/2$에 해당하는 z값을 이용하라. 그것은 음일 것이다. 오른쪽 값에 대해서는 $1 - \alpha/2$에 해당하는 z값을 이용하라. 그것은 양일 것이다.

예제 8-2

부록 A에 있는 표 E를 이용하여 각 상황에 대한 임계값들을 구하고 임계역이 나오는 적절한 그림을 그리시오.

a. $\alpha = 0.10$인 왼쪽꼬리검정
b. $\alpha = 0.02$인 양쪽꼬리검정
c. $\alpha = 0.005$인 오른쪽꼬리검정

풀이 a

단계 1 그림을 그리고 적절한 영역을 표시한다. [그림 8-10]에서 보는 바와 같이 왼쪽꼬리검정이기 때문에 0.10의 영역은 왼쪽꼬리에 위치한다.

단계 2 표 E에서 0.1000에 가장 가까운 면적을 찾는다. 이 경우에 0.1003이다. 면적 0.1003에 대응하는 z값을 찾는다. -1.28이다. [그림 8-10]을 보자.

그림 8-10
[예제 8-2]의 *a*번에 대한 임계값과 임계역

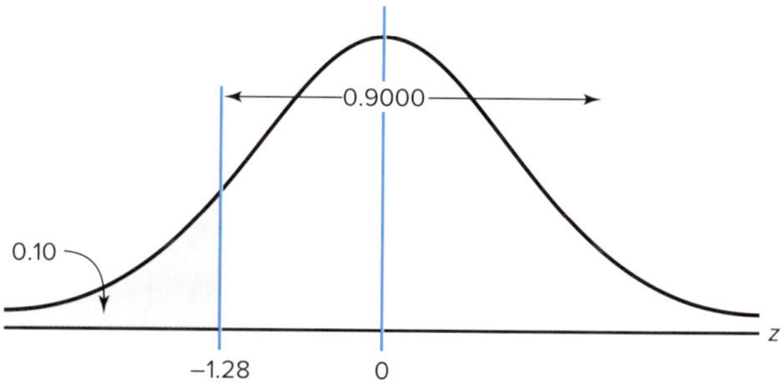

풀이 b

단계 1 그림을 그리고 적절한 영역을 표시한다. 이 경우에 $\alpha/2$ 혹은 $0.02/2 = 0.01$의 2개 영역이 있다.

단계 2 왼쪽 z 임계값에 대해서 $\alpha/2$ 혹은 $0.02/2 = 0.01$과 가장 가까운 영역을 찾는다. 이 경우에는 0.0099이다.
오른쪽 z 임계값들에 대해서 $1-\alpha/2$ 혹은 $1-0.02/2 = 0.9900$과 가장 가까운 영역을 찾는다. 이 경우에는 0.9901이다.
각 면적에 대한 z값들을 찾는다. 0.0099의 경우 $z = -2.33$이다. 0.9901의 이 경우 $z = +2.33$이다. [그림 8-11]을 보자.

그림 8-11
[예제 8-2]의 *b*번에 대한 임계값과 임계역

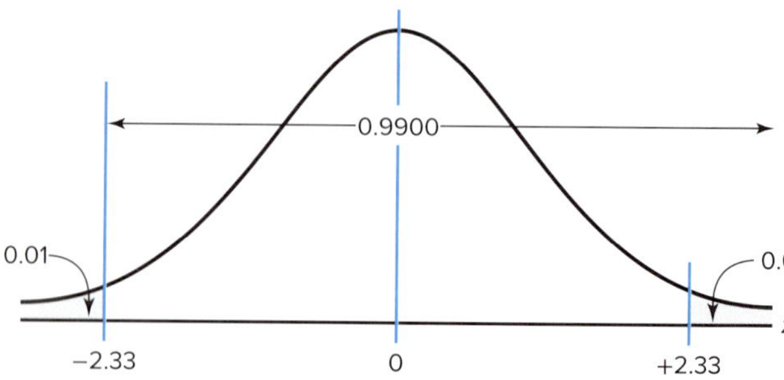

풀이 c

단계 1 그림을 그리고 적절한 영역을 표시한다. [그림 8-12]에서 보는 바와 같이 오른쪽꼬리검정이기 때문에 면적 0.005는 오른쪽꼬리에 위치한다.

단계 2 $1 - \alpha$, 혹은 $1 - 0.005 = 0.9950$과 가장 가까운 z값을 찾는다. 이 경우에는 0.9949 혹은 0.9951이다.

그림 8–12
[예제 8–2]의 c번에 대한 임계값과 임계역

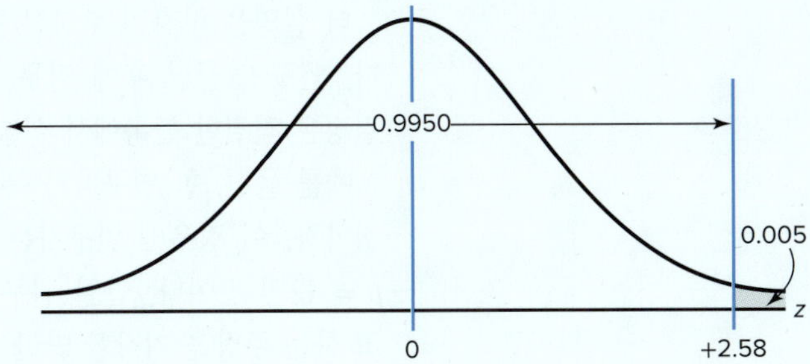

0.9949와 0.9951에 대응하는 두 개의 z값들은 +2.57이고 +2.58이다. 0.9500은 두 값들의 절반이기 때문에 두 값의 평균 $(+2.57 + 2.58) \div 2 = +2.575$이다. 그러나 2.58이 가장 자주 사용된다. [그림 8–12]를 보자.

학습목표 4
가설검정에 사용된 5단계 설명하기

가설검정에서는 다음과 같은 단계들이 추천된다.

1. 가설을 설정한다. 귀무가설과 대립가설 모두 설정해야 한다.
2. 연구를 설계한다. 이 단계는 올바른 통계적 검정을 선택하고 유의수준을 선택하며 연구를 수행할 계획을 공식화하는 것을 말한다. 이 계획은 모집단의 정의나 표본을 추출하는 방법 그리고 자료를 모으기 위하여 사용될 수 있는 방법들을 포함해야 한다.
3. 연구를 시행하고 자료를 모은다.
4. 자료를 평가한다. 자료가 이 단계에서 요약되고 통계적인 검정이 수행되어야 한다. 마지막으로, 귀무가설의 기각 여부를 결정한다.
5. 결과들을 요약한다.

이 장의 목적에 집중하기 위해 연구 설계와 자료수집 단계를 생략한, 가설검정 절차의 단순화된 버전이 사용될 것이다. 이 단계는 다음 절차 표에 요약되어 있다.

절차 표

가설검정 문제 풀기(전통적인 방법)

단계 1 가설을 정하고 주장을 확인한다.
단계 2 부록 A에 있는 적절한 표로부터 임계값을 찾는다.
단계 3 검정값을 계산한다.
단계 4 귀무가설 기각 여부를 결정한다.
단계 5 결과를 요약한다.

통계연구의 결과를 올바르게 요약하는 것은 매우 중요하다. 다음 표는 결과를 요약할 때 도움이 될 것이다.

	주장	
결정	H_0를 주장	H_1을 주장
H_0 기각	주장을 기각할 만한 충분한 증거가 있다.	주장을 지지할 만한 충분한 증거가 있다.
H_0를 기각하지 않음	주장을 기각할 만한 충분한 증거가 없다.	주장을 지지할 만한 충분한 증거가 없다.

더 설명을 하자면 주장은 귀무가설 혹은 대립가설일 수 있으며 어느 것인지를 식별해야 한다. 연구가 끝난 후에 귀무가설은 기각되거나 기각되지 못한다. 이러한 두 가지 사실로부터 결정은 적절한 블록에서 식별될 수 있다.

예를 들면, 한 연구자가 특정한 종의 성체 동물의 평균 무게가 42파운드라고 주장한다고 가정하자. 이 경우에 연구자는 모수가 특정한 값이라고 주장하기 때문에 주장은 귀무가설, H_0: $\mu = 42$일 것이다. 만일 귀무가설이 기각된다면 결론은 성체 동물의 평균 무게가 42파운드라고 하는 주장을 기각할 만한 충분한 증거가 있다는 것이다.

한편, 연구자가 특정한 종의 성체 동물의 평균 무게가 42파운드가 아니라고 주장한다고 가정하자. 주장은 대립가설 H_1: $\mu \neq 42$일 것이다. 나아가서, 귀무가설이 기각되지 않았다고 가정하자. 그러면 결론은 성체 동물의 평균무게가 42파운드가 아니라는 주장을 지지할 만한 충분한 증거가 없다는 것이다.

아무것도 사실이나 거짓으로 입증된 것이 없다는 것을 상기하자. 통계학자는 단지 주장이 사실 혹은 거짓이라고 말할 충분한 증거가 있거나 없다고 말할 뿐이다. 앞에서 언급했듯이, 어떤 것을 증명하는 유일한 방법은 연구 중인 전체 모집단을 이용하는 것인데 일반적으로 특히 모집단이 큰 경우에는 시행할 수 없다.

가설검정을 위한 *P*-값 방법

통계학자는 보통 0.05나 0.01, 때때로 0.10의 α 수준에서 가설검정을 한다. 수준은 제1종 오류의 심각성에 따라 선택한다. 통계 소프트웨어는 α값을 나열하는 것 외에도 가설검정을 위해 *P*-값을 제공한다.

***P*-값(*P*-value, 유의확률)은 귀무가설이 사실일 때 대립가설의 방향으로 (평균과 같은) 표본통계량 혹은 더 극단적인 표본통계량을 얻을 확률이다.**

다시 말하면 *P*-값은 귀무가설이 사실일 때 일어나는 특정 표본통계량 혹은 더 극단적인 표본통계량의 확률을 나타내는 표준정규분포곡선(혹은 사용된 통계적 검정에 따른 다른 곡선) 하의 실제 영역이다.

예를 들어 대립가설이 H_1: $\mu > 50$이고 표본평균이 $\overline{X} = 52$라고 가정하자. 컴퓨터가 통계적인 검정에 대해 0.0356의 *P*-값을 출력했다면 (주어진 표본크기와 표준편차에 대해서) 모평균이 50이라면 52보다 큰 표본평균을 얻는 확률은 0.0356이다. *P*-값과 α값과의 관계는 이런 식으로 설명될 수 있다. $P = 0.0356$에 대해 귀무가설은 $\alpha = 0.05$에서 기각되지만 $\alpha = 0.01$에서는 기각되지 않는다. [그림 8-13]을 보자.

가설검정이 양쪽꼬리일 때 한쪽 꼬리의 면적은 두 배가 되어야 한다. 양쪽검정의 경우 $\alpha = 0.05$이고 한쪽 꼬리의 면적이 0.0356이라면 *P*-값은 $2(0.0356) = 0.0712$이다. 즉, 0.0712는 0.05보다 크기 때문에 귀무가설은 $\alpha = 0.05$에서 기각되지 않아야 한다. 요약하면 *P*-값이 α 미만이면 귀무가설을 기각하고 *P*-값이 α보다 크면 귀무가설을 기각하지 않는다.

가설검정을 위한 *P*-값은 보통 EXCEL, MINITAB과 같은 통계 소프트웨어 패키지나 공학용 계산기에서 제공된다. 패키지나 계산기에 사용되는 소수점의 수에 따라 약간 다른 *P*-값이 제공될 수 있다. 계산된 *P*-값은 부록에 있는 표를 이용하여 찾을 수도 있다.

그림 8-13

α값과 P-값의 비교

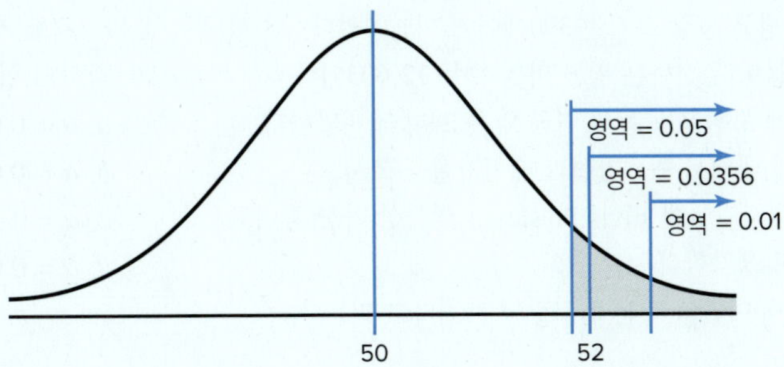

개념의 적용 8-1

계란과 건강

The Incredible Edible 계란 회사는 계란을 먹는 것이 사람들의 혈청 콜레스테롤을 증가시키지 않는다는 것을 최근에 발견하였다. 500명의 피실험자가 2년 동안 지속된 실험에 참여하였다. 참여자들은 랜덤으로 계란을 먹지 않는 그룹과 적당히 먹는 그룹의 두 그룹으로 할당되었다. 혈청 콜레스테롤 수준은 연구의 시작과 종료 시점에 확인되었다. 전체적으로 그룹들의 수준은 유의하게 다르지 않았다. 회사는 계란을 적당히 먹으면 건강해진다는 것을 상기시킨다. 계란과 높은 혈청 콜레스테롤을 연계시키는 이전의 많은 연구에서는 타당하지 않은 결론으로 비약되었다.

이 정보를 이용하여 질문들에 답하시오.

1. 무엇이 연구를 유발시켰는가?
2. 연구 중인 모집단은 무엇인가?
3. 표본은 수집되었는가?
4. 가설들은 무엇인가?
5. 자료는 수집되었는가?
6. 어떤 통계적인 검정들이 시행되었는가?
7. 결론은 무엇인가?

정답 383쪽 참조

연습문제 8-1

1. 귀무가설과 대립가설을 정의하고 각각의 예를 제시하시오.

2. 통계적인 검정이란 무엇인가?

3. 임계역과 비임계역이란 무엇인가?

4. 제1종 오류와 제2종 오류의 확률을 나타내는 표시는 무엇인가?

5. 한쪽꼬리검정과 양쪽꼬리검정은 각각 언제 사용되어야 하는가?

6. z 표(표 E)를 이용하여 다음 각각에 대한 임계값(혹은 값들)을 찾으시오.

a. $\alpha = 0.10$, 양쪽꼬리검정

b. $\alpha = 0.01$, 오른쪽꼬리검정

c. $\alpha = 0.005$, 왼쪽꼬리검정

d. $\alpha = 0.01$, 왼쪽꼬리검정

e. $\alpha = 0.05$, 오른쪽꼬리검정

7. 각각의 추측에 대해서 귀무가설과 대립가설을 쓰시오.

a. 개의 평균 몸무게는 15.6파운드이다.

b. 사람들이 폐기물 매립지로부터 떨어져 사는 평균 거리는 10.8마일이다.

c. 1970년의 평균 농장 크기는 390에이커 미만이었다.
d. 매년 사람들이 운전하는 평균 마일 수는 12,603이다.
e. 개인 계좌에 보관하는 돈의 평균 양은 24달러 미만이다.

8. 각각의 추측에 대해서 귀무가설과 대립가설을 쓰시오.
a. 5% 이상의 사람들이 Elvis Presley가 역사상 가장 흥미로운 사람이라고 생각한다.
b. 여성의 62% 미만이 첫눈에 사랑에 빠진다고 믿는다.
c. 채소 가게의 84%는 매년 범죄에 손해를 입는다.

9. 각각의 상황에 대해서 귀무가설이 기각되는지를 결정하시오.
a. $\alpha = 0.05$, P-값 $= 0.043$
b. $\alpha = 0.01$, P-값 $= 0.035$
c. $\alpha = 0.10$, P-값 $= 0.125$
d. $\alpha = 0.05$, P-값 $= 0.023$

8–2 평균에 대한 *z* 검정

학습목표 5
z 검정을 이용하여 σ가 알려져 있을 때 평균 검정하기

이 장에서는 두 가지 통계적 검정을 설명한다. 즉 z 검정은 σ가 알려져 있을 때 이용되고, t 검정은 σ가 알려져 있지 않을 때 이용된다. 이 절에서는 z 검정을 설명하고 8–3절에서 t 검정을 설명한다.

많은 가설은 다음과 같은 일반적인 공식에 근거한 통계적 검정을 이용하여 검정된다.

$$\text{검정값} = \frac{(\text{관측값}) - (\text{기댓값})}{\text{표준오차}}$$

관측값은 표본자료로부터 계산된 통계량(표본평균과 같은)이다. 기댓값은 귀무가설이 사실이라면 얻을 것이라고 기대할 수 있는 모수(모평균 같은) 즉, 가정된 값이다. 분모는 검정되는 통계량의 표준오차(이 경우에는 평균의 표준오차)이다.

z 검정은 형식적으로 다음과 같이 정의된다.

z 검정(z test)은 모집단의 평균에 대한 통계적 검정이다. $n \geq 30$일 때 혹은 σ가 알려져 있고 모집단이 정규분포를 할 때 사용될 수 있다.

z 검정에 대한 공식은

$$z = \frac{\bar{X} - \mu}{\sigma/\sqrt{n}}$$

여기에서
$\bar{X}$ = 표본평균
μ = 가정된 모평균
σ = 모표준편차
n = 표본크기

z 검정에 대해서 관측값은 표본평균의 값이다. 기댓값은 귀무가설이 사실이라는 것을 가정한 모집단의 값이다. 분모 $\sigma/\sqrt{n}$은 평균의 표준오차이다.

z 검정에 대한 공식은 표본평균의 분포를 사용하는 상황에 대해 6장에서 나왔던 공식과 같다. 중심극한정리는 $n \geq 30$일 때 표본평균의 분포를 근사시키기 위하여 표준정규분포를 이용하게 한다는 것을 상기하자.

σ가 알려져 있을 때 z 검정에 대한 가정들은 다음과 같다.

σ가 알려져 있을 때 평균에 대한 z검정 가정

1. 표본은 랜덤표본이다.
2. $n < 30$일 때 모집단은 정규분포이다.

본 교재의 연습문제에는 이러한 가정들을 언급할 것이다. 그러나 다른 상황에서 통계자료를 접한다면 분석을 시행하기 전에 이러한 가정들이 만족되는지를 확인해야 한다.

8-1절에서 언급했듯이 가설검정 문제를 푸는 데에는 5가지 단계가 있다.

단계 1 가설을 정하고 주장을 확인한다.
단계 2 부록 A에 있는 적절한 표로부터 임계값을 찾는다.
단계 3 검정값을 계산한다.
단계 4 귀무가설 기각 여부를 결정한다.
단계 5 결과를 요약한다.

참고: 가설검정을 처음 접하는 사람들은 소개되는 많은 새로운 개념들로 인해 어느 정도 어려움과 혼란이 있을 수 있다. **모든 개념들을 이해하기 위해서는 예제의 각 단계를 주의 깊게 따라해야 하며 해당하는 연습문제 또한 모두 풀어야 한다.** 인내를 갖고 각 단계에 따라 모든 문제를 소화한다면 개념을 명확히 이해할 수 있을 것이다.

다시, z값은 표 E에서 소수점 이하 두 자리로 주어지기 때문에 소수점 이하 두 자리에서 반올림되었다.

예제 8-3 의사들의 나이

한 연구자는 대형 병원 의사들의 평균 나이가 전체 의사들의 평균 나이인 46세보다 많다고 믿는다. 모집단 표준편차가 4.2년이라고 가정한다. 대행 병원으로부터 30명의 랜덤표본이 선택되었고 표본의 평균 나이는 48.6세였다. $\alpha = 0.05$에서 주장을 검정하시오.

출처: American Averages.

풀이

단계 1 가설을 정하고 주장을 확인한다.

$$H_0: \mu = 46 \quad \text{그리고} \quad H_1: \mu > 46 \text{ (주장)}$$

단계 2 임계값을 찾는다. $\alpha = 0.05$이므로 오른쪽꼬리검정이고 임계값은 $z = +1.65$이다.

단계 3 검정값을 계산한다.

$$z = \frac{\overline{X} - \mu}{\sigma/\sqrt{n}} = \frac{48.6 - 46}{4.2/\sqrt{30}} = 3.39$$

단계 4 결정을 한다. 3.39는 임계값 1.65보다 크기 때문에 결정은 귀무가설을 기각하는 것이다. 이 검정은 [그림 8-14]에 요약되어 있다.

그림 8-14
[예제 8-3]의 z 검정의 요약

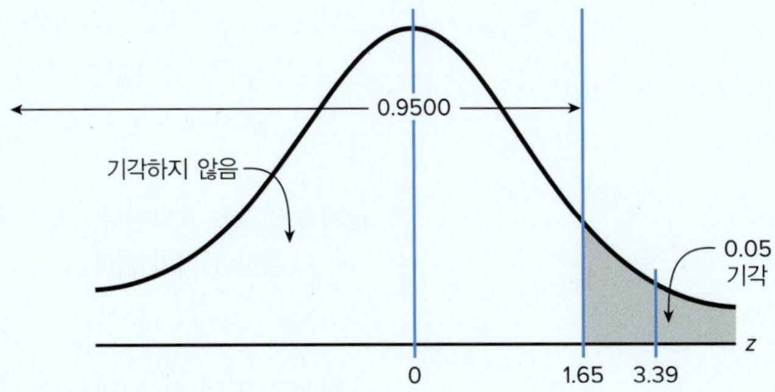

단계 5 결과를 요약한다. 대형 병원의 의사들의 평균 나이가 전체 평균인 46세보다 많다는 주장을 지지할 만한 충분한 증거가 있다.

참고: [예제 8-3]에서 차이는 통계적으로 유의하다고 말한다. 그러나 귀무가설이 기각되면 항상 제1종 오류가 발생할 가능성이 있다. 이 경우 제1종 오류 확률은 많아야 0.05 혹은 5%이다.

예제 8-4 SAT 점수

어떤 특정한 해에 SAT 수학시험의 평균 점수는 515점이었다.* 변수는 정규분포이고 모집단 표준편차는 100점이다. 어떤 지역의 교육감은 해당 지역 학생들의 점수가 전국 평균보다 많이 낮은지를 확인하려고 한다. 랜덤으로 36명의 학생의 점수를 다음과 같이 선택하였다. $\alpha = 0.10$에서 주장을 지지할 만한 충분한 증거가 있는가?

*출처: www.chacha.com

496	506	507	505	438	499
505	522	531	762	513	493
522	668	543	519	349	506
519	516	714	517	511	551
287	523	576	516	515	500
243	509	523	503	414	504

풀이

단계 1 가설을 정하고 주장을 확인한다.

$$H_0: \mu = 515 \quad \text{그리고} \quad H_1: \mu < 515 \text{ (주장)}$$

단계 2 임계값을 찾는다. $\alpha = 0.10$이므로 왼쪽꼬리검정이고 임계값은 $z = -1.28$이다.

단계 3 검정값을 계산한다. 원자료이기 때문에 자료의 평균이 필요하다.

$$\overline{X} = \frac{496 + 505 + 522 + \cdots + 504}{36} = \frac{18{,}325}{36} = 509.028$$

$$z = \frac{\overline{X} - \mu}{\sigma/\sqrt{n}} = \frac{509.028 - 515}{100/\sqrt{36}} = -0.36$$

단계 4 결정을 한다. 검정값 −0.36은 비임계역에 떨어지기 때문에 결정은 기각하지 않는다. [그림 8-15]를 보자.

그림 8-15

[예제 8-4]에 대한 임계값과 검정값

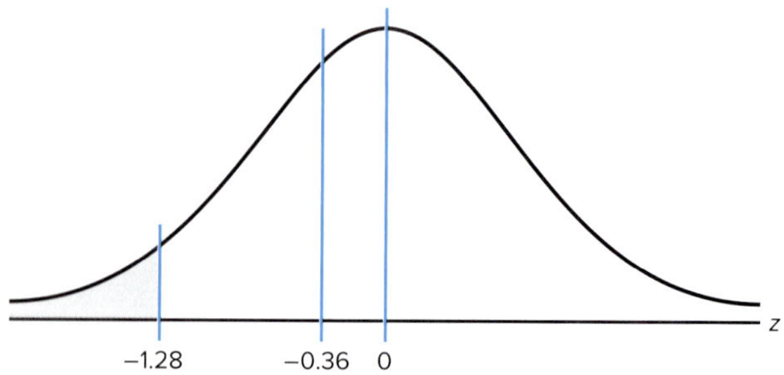

단계 5 결과를 요약한다. 그 지역 학생들이 전국 평균보다 낮은 점수를 가진다는 주장을 지지할 만한 충분한 증거가 없다.

참고: [예제 8-4]에서 표본평균 509.028은 가정된 모집단 평균 515보다 낮지만 유의하게 낮지는 않다. 따라서 차이는 우연일 수 있다. 귀무가설이 기각되지 않은 경우, 여전히 제2종 오류, 즉 거짓일 때 귀무가설을 기각하지 않을 확률이 있다.

제2종 오류의 확률은 쉽게 확인되지 않는다. 제2종 오류에 대한 자세한 설명은 8-6절에 나올 것이다. 지금은 귀무가설을 기각하지 않는 결정을 했을 때 제2종 오류의 확률이 존재한다는 사실만 알고 있으면 된다.

또한 귀무가설이 기각되지 않으면 사실로 채택될 수 없다는 것을 주의하자. 그것이 거짓이라고 말할 충분한 증거가 없다는 것이다. 이 지침은 약간 혼동이 될 수 있지만 상황은 배심원 재판과 비슷하다. 판결은 유죄이거나 유죄가 아니며 그것은 제시된 증거에 근거한다. 어떤 사람이 유죄 판결을 받지 않았다는 것이 그 사람이 결백하다는 것을 의미하지는 않는다. 단지 유죄판결에 도달하는 충분한 증거가 없다는 것을 의미한다.

예제 8-5 재활치료 비용

재활치료 교육재단에 따르면 뇌졸중 환자의 재활치료 평균 비용은 24,672달러이다. 특정 병원 재활치료 평균 비용이 다른지를 알기 위하여 그 병원에서 뇌졸중 환자 35명의 랜덤표본을 뽑았고 평균 비용이 26,343달러라는 것을 알았다. 모집단의 표준편차는 3,251달러이다. $\alpha = 0.1$에서 특정 병원의 뇌졸중 재활치료 평균 비용이 24,672달러와 다르다고 결론지을 수 있는가?

출처: Snapshot, *USA TODAY*.

풀이

단계 1 가설을 정하고 주장을 확인한다.

$H_0: \mu = 24{,}672$달러 그리고 $H_1: \mu \neq 24{,}672$달러 (주장)

단계 2 임계값을 찾는다. $\alpha = 0.01$이므로 양쪽꼬리검정이고 임계값은 +2.58과 −2.58이다.

단계 3 검정값을 계산한다.

$$z = \frac{\overline{X} - \mu}{\sigma/\sqrt{n}} = \frac{26{,}343 - 24{,}672}{3251/\sqrt{35}} = 3.04$$

단계 4 결정을 한다. [그림 8-16]에서 보는 것처럼 검정값이 비임계역에 떨어지기 때문에 귀무가설을 기각한다.

그림 8-16
[예제 8-5]에 대한 임계값과 검정값

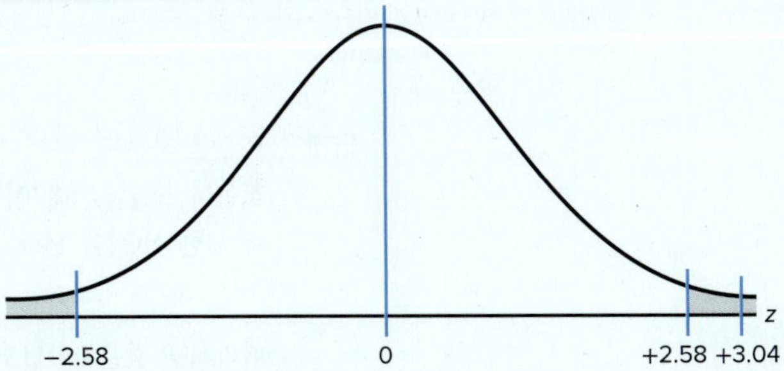

5단계 결과를 요약한다. 특정 병원에서 재활치료 평균 비용이 24,672달러와 다르다는 주장을 지지할 만한 충분한 증거가 있다.

P-값은 보통 통계 소프트웨어 프로그램이나 통계 계산기에서 찾을 수 있다. 검정값들에 대한 근사 *P*-값 또한 부록 A에 있는 표의 면적을 이용함으로써 알 수 있다. 이 방법들은 통계적 검정에 대한 예제에 나와 있다.

8-1절에 나왔던 가설검정 문제를 푸는 절차 표를 *P*-값 방법에 맞춰 다음과 같이 나타내었다.

절차 표

가설검정 문제 풀기(P-값 방법)

단계 1 가설을 정하고 주장을 확인한다.
단계 2 검정값을 계산한다.
단계 3 P-값을 찾는다.
단계 4 결정을 한다.
단계 5 결과들을 요약한다.

8–1절에서 언급하였던 결정 규칙은 다음과 같다.

P-값을 이용할 때 결정 규칙

P-값 $\leq \alpha$이면 귀무가설을 기각한다.
P-값 $> \alpha$이면 귀무가설을 기각하지 않는다.

예제 8–6 대학 수업료

연구자는 4년제 공립대학에서 평균 수업료가 5,700달러보다 크다는 주장을 검정하기를 원한다. 36개 4년제 공립대학의 랜덤표본을 뽑고 평균이 5,950달러라는 것을 알았다. 모표준편차는 659달러이다. $\alpha = 0.05$에서 이 주장을 지지할 만한 증거가 있는가? P-값 방법을 이용하시오.

출처: Based on information from the College Board.

풀이

단계 1 가설을 정하고 주장을 확인한다.

$$H_0: \mu = 5{,}700\text{달러} \qquad \text{그리고} \qquad H_1: \mu > 5{,}700\text{달러 (주장)}$$

단계 2 검정값을 계산한다.

$$z = \frac{\overline{X} - \mu}{\sigma/\sqrt{n}} = \frac{5{,}950 - 5{,}700}{659/\sqrt{36}} = 2.28$$

단계 3 P-값을 찾는다. 부록 A에 있는 표 E를 이용하여 $z = 2.28$에 대한 정규분포하에서 대응하는 값을 찾는다. 즉, 0.9887이다. 오른쪽에 있는 꼬리에서의 면적을 찾기 위해서 1.0000으로부터 면적에 대한 이 값을 뺀다.

$$1.0000 - 0.9887 = 0.0113$$

따라서 P-값은 0.0113이다.

단계 4 결정을 한다. P-값이 0.05 미만이므로 결정은 귀무가설을 기각하는 것이다. [그림 8–17]을 보자.

그림 8–17
[예제 8–6]에 대한 P-값과 α값

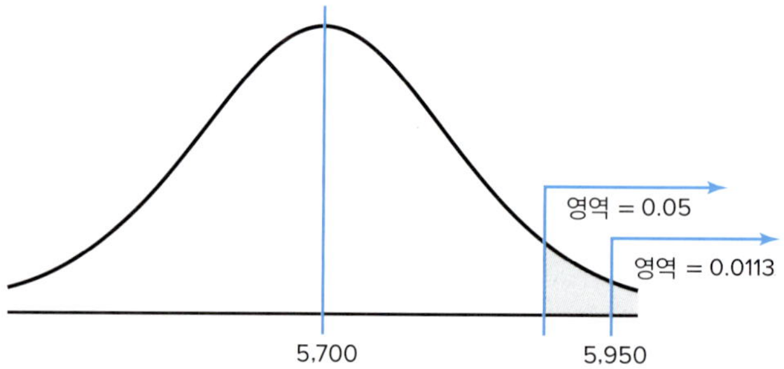

단계 5 결과를 요약한다. 4년제 공립대학들의 수업료가 5,700달러보다 크다는 주장을 지지하기에 충분한 증거가 있다.

참고: 연구자가 $\alpha = 0.01$을 선택한다면 P-값(0.0113)은 0.01보다 크기 때문에 귀무가설은 기각되지 않을 것이다.

예제 8-7 풍속

연구자는 어느 도시에서 평균 풍속이 시속 8마일이라고 주장한다. 32일의 표본은 평균풍속이 시속 8.2마일이었다. 모집단의 표준편차는 시속 0.6마일이다. $\alpha = 0.05$에서 주장을 기각할 만한 충분한 증거가 있는가? P-값 방법을 이용하시오.

풀이

단계 1 가설을 정하고 주장을 확인한다.

$$H_0: \mu = 8 \text{ (주장)} \quad \text{그리고} \quad H_1: \mu \neq 8$$

단계 2 검정값을 계산한다.

$$z = \frac{8.2 - 8}{0.6/\sqrt{32}} = 1.89$$

단계 3 P-값을 찾는다. 표 E를 이용하여 $z = 1.89$에 대응하는 값을 찾는다. 즉, 0.9706이다. 1.0000에서 이 값을 뺀다.

$$1.0000 - 0.9706 = 0.0294$$

양쪽꼬리검정이기 때문에 0.0294의 면적은 P-값을 얻기 위하여 2배가 되어야 한다.

$$2(0.0294) = 0.0588 \text{ (계산기로 계산하면 } P\text{-값은 } 0.0593\text{이다)}$$

단계 4 결정을 한다. P-값이 0.05보다 크기 때문에 결정은 귀무가설을 기각하지 않는다. [그림 8-18]을 보자.

그림 8-18
[예제 8-7]에 대한 P-값과 α값

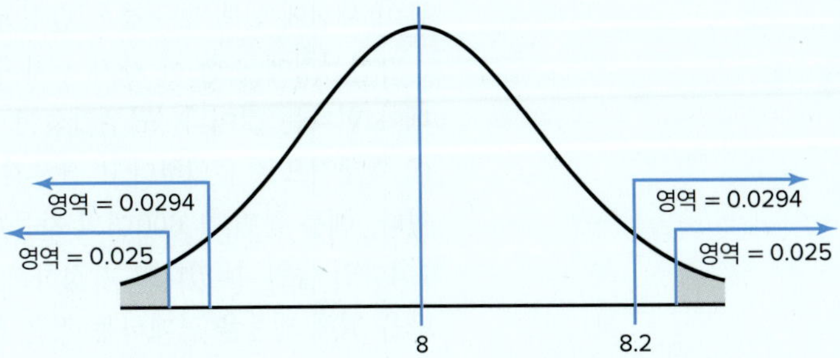

단계 5 결과를 요약한다. 평균 풍속이 시간당 8마일이라는 주장을 기각할 만한 충분한 증거가 없다.

[예제 8-6]과 [예제 8-7]에서는 P-값과 α값의 관계를 표현하기 위해서 정규분포곡선을 이용하였다. 그러나 귀무가설의 기각 여부를 결정하기 위하여 꼭 정규분포곡선을 그릴 필요는 없다. 다음과 같은 규칙을 이용할 수 있다.

P-값을 이용할 때 결정 규칙

P-값 $\leq \alpha$이면 귀무가설을 기각한다.

P-값 $> \alpha$이면 귀무가설을 기각하지 않는다.

[예제 8-6]에서 P-값 $= 0.0113$이고 $\alpha = 0.05$이다. P-값 $\le \alpha$이므로 귀무가설은 기각되었다. [예제 8-7]에서 P-값 $= 0.0588$이고 $\alpha = 0.05$이다. P-값 $> \alpha$이므로 귀무가설은 기각되지 않는다.

계산기들과 컴퓨터에서 주어진 P-값은 표 E와 약간 다르다. 이것은 z값들과 표 E에 있는 값들이 반올림되었기 때문이다. **또한 대부분의 계산기와 컴퓨터는 양쪽꼬리검정에 대해서 정확한 P-값을 제공한다. 따라서 (표 E의 영역을 사용한 것처럼) 2배 곱해질 필요가 없다.**

α값과 P-값 사이에 명확한 구분이 이루어져야 한다. α값은 통계적 검정이 행해지기 전에 연구자에 의하여 선택된다. P-값은 표본평균을 구한 후에 계산된다.

P-값들에 관한 사고의 2가지 학파가 있다. 어떤 연구자들은 α값을 선택하지 않고 P-값을 보고하고 독자들에게 귀무가설의 기각 여부를 결정하게 한다.

이 경우에 다음과 같은 지침들이 사용될 수 있지만 이 지침들이 꼭 정해진 지침은 아니며 어떤 통계학자들은 다른 의견을 가질 수 있다.

P-값들에 대한 지침들

P-값 ≤ 0.01이면, 귀무가설을 기각한다. 차이는 매우 유의하다.

P-값 > 0.01이지만 P-값 ≤ 0.05이면, 귀무가설을 기각한다. 차이는 유의하다.

P-값 > 0.05이지만 P-값 ≤ 0.10이면, 귀무가설을 기각하기 전에 제1종 오류의 결과를 고려한다.

P-값 > 0.10이면 귀무가설을 기각하지 않는다. 차이는 유의하지 않다.

[예제 8-6]과 [예제 8-7]에서처럼 나머지 하나는 미리 α값을 결정하고 P-값을 이용하여 결정한다. 즉 연구자가 $\alpha = 0.01$을 선택하고 P-값이 0.03인 경우, 연구자는 귀무가설이 기각되도록 0.01에서 0.05로 α값을 변경하기로 결정할 수 있다. 물론 이렇게 해서는 안 된다. α 수준이 사전에 선택되는 경우 결정에 사용되어야 한다.

가설검정에 관한 한 가지 추가 참고사항은 연구자가 **통계적 유의성**과 **실제적 유의성**을 구분해야 한다는 것이다. 귀무가설이 특정한 유의수준에서 기각되면 차이가 우연이 아니기 때문에 통계적으로 유의하다고 결론지을 수 있다. 하지만 결과가 실제적 유의성을 가지지 않을 수 있다. 예를 들면, 1,000대의 자동차 표본에 대해 새로운 연료 첨가제가 갤런당 마일의 연비를 1/4마일 늘릴 수 있다고 가정하자. 결과는 0.05 수준에서 유의할 수 있지만 이러한 작은 증가량을 위해 제품을 판매하는 것은 시장가치가 없을 것이다. 따라서 결과에 실제적 유의성은 없다. 통계적 검정의 결과를 해설할 때 이러한 상식을 적용해 판단하는 것은 연구자의 몫이라고 할 수 있다.

개념의 적용 8-2

자동차 도난

당신은 최근 자동차 도난방지기를 제조하는 회사에 취직하였다. 제품에 대한 캠페인 광고를 위하여 매년 자동차 절도의 수에 대해서 주장할 필요가 있다. 미국의 도시들은 인구가 다양하기 때문에 10,000명당 비율을 사용하기로 결정하였다. (비율은 그 도시들에 살고 있는 사람들의 수에 근거하였다.) 당신의 사장은 작년에 10,000명당 도난 비율은 44대였다고 하였다. 당신은 그 비율이 변화했는지를 확인하고 싶다. 다음은 미국에서 랜덤으로 선택된 36개 지역들에 대한 10,000명당 비율이다. $\sigma = 30.3$이라고 가정한다.

55	42	125	62	134	73
39	69	23	94	73	24
51	55	26	66	41	67
15	53	56	91	20	78
70	25	62	115	17	36
58	56	33	75	20	16

출처: Based on Information from the National Insurance Crime Bureau.

이 정보를 이용하여 다음 질문에 답하시오.

1. 무슨 가설을 사용할 것인가?
2. 표본은 작다고 생각하는가 혹은 크다고 생각하는가?
3. 가설검정이 시행되기 전에 무슨 가정이 충족되어야 하는가?
4. 어떤 확률분포를 사용할 것인가?
5. 한쪽꼬리검정과 양쪽꼬리검정 중 어느 것을 선택하겠는가? 그 이유는 무엇인가?
6. 사용하는 임계값은 무엇인가?
7. 가설검정을 행하시오.
8. 결정은 무엇인가?
9. 결론은 무엇인가?
10. 결론을 요약하는 간단한 문장을 쓰시오.
11. 인구가 약 50,000명인 되는 도시에 산다면, 매년 얼마나 많은 자동차 도난이 있으리라 기대하는가?

정답 383쪽 참조

연습문제 8-2

1~13번 문제는 다음 단계 각각을 이행하시오.

a. 가설을 정하고 주장을 확인한다.
b. 임계값을 찾거나 *P*-값 방법을 이용한다.
c. 검정값을 계산한다.
d. 결정을 한다.
e. 결과를 요약한다.

임계역(혹은 영역)을 나타내기 위하여 도표를 이용하고 *P*-값 방법이 따로 주어지지 않으면 전통적인 가설검정 방법을 이용하시오.

1. 온난화와 얼음용해 Hudson Bay의 평균 깊이는 305피트이다. 기후학자는 온난화와 얼음용해가 수위에 영향을 끼치는가에 흥미가 있다고 한다. 몇 주 동안 랜덤으로 선택된 55개 측정값은 306피트의 표본평균을 기록하였다. 모분산은 3.6으로 알려져 있다. 유의수준 0.05에서 평균 수위가 증가했다고 결론을 내릴 수 있는가? 이것이 물의 수위를 증가시켰다는 증거가 있는가?

출처: *World Almanac and Book of Racts 2010*.

2. 큰 점포의 총수입 연구자는 미국에서 가장 큰 점포의 평균 총수입이 240억 달러라고 추정하고 있다. 50개 회사들을 표본으로 뽑았고 총수입(단위: 십억 달러)들이 제시되었다. $\alpha = 0.05$에서 연구자의 주장을 지지할 만한 충분한 증거가 있는가? $\sigma = 28.7$이라고 가정한다.

178	122	91	44	35
61	56	46	20	32
30	28	28	20	27
29	16	16	19	15
41	38	36	15	25
31	30	19	19	19
24	16	15	15	19
25	25	18	14	15
24	23	17	17	22
22	21	20	17	20

출처: *New York Times Almanac*.

3. 병가일수 연구자는 근로자의 매년 평균 병가일수가 5일보다 큰지를 알고 싶어한다. 대형 백화점의 랜덤표본 32명의 근로자가 평균 5.6번이었다. 모집단의 표준편차는 1.2번이었다. $\alpha =$

0.01에서 연구자의 주장을 지지할 만한 충분한 증거가 있는가?

4. 1세 아이의 키 평균 1세 아이(양성 모두)의 키는 29인치이다. 한 아동돌봄센터에서 랜덤표본 30명의 1세 아이의 키가 다음과 같았다. $\alpha = 0.05$에서 평균 키가 29인치와 다르다고 결론을 내릴 수 있는가? $\alpha = 2.61$이라고 가정한다.

25	32	35	25	30	26.5	26	25.5	29.5	32
30	28.5	30	32	28	31.5	29	29.5	30	34
29	32	27	28	33	28	27	32	29	29.5

출처: www.healthepic.com

5. 전화 통화 연구자는 한 사람이 하루 평균 2.8번의 전화 통화를 한다고 알고 있다. 그는 오늘 하루 동안 통화 횟수가 더 높다고 믿는다. 그는 핸드폰을 사용하는 30명의 랜덤표본을 선택하여 그들에게 어떤 날에 전화를 건 통화의 수를 추적하기를 요청하였다. 평균은 3.1번이었다. $\alpha = 0.01$에서 연구자의 주장을 지지할 만한 충분한 증거가 있는가? 이전 연구에서 알려진 모집단의 표준편차는 0.8번이었다. 귀무가설이 $\alpha = 0.05$에서 기각되는가?

6. 신생아의 체중 감소 한 산부인과 의사는 신생아가 생후 첫 이틀 동안에 평균 7온스의 체중 감소가 있다고 한다. 그는 자신이 일하는 병원에서 신생아의 평균 체중 감소는 7온스 미만이라고 느낀다. 32명의 랜덤표본은 평균 6.5온스 감소하였다. 모표준편차는 1.8온스이다. $\alpha = 0.01$에서 그의 주장을 지지할 만한 충분한 증거가 있는가?

7. 드레스 셔츠 몇 년 전 수행된 연구에서 한 남자는 평균 15개의 드레스 셔츠를 소유하였다. 모집단의 표준편차는 3개였다. 연구자는 평균에 변동이 있는지를 알고 싶어 42명의 남자를 선발하였고 그들의 평균 드레스 셔츠의 수가 13.8개라는 것을 알았다. $\alpha = 0.05$에서 평균에 변동이 있다는 주장을 지지할 만한 충분한 증거가 있는가?

8. 기각 혹은 채택 주어진 P-값에 근거해서 귀무가설이 기각되어야 하는지 여부를 쓰시오.

a. P-값 $= 0.258$, $\alpha = 0.05$, 한쪽꼬리검정

b. P-값 $= 0.0684$, $\alpha = 0.10$, 양쪽꼬리검정

c. P-값 $= 0.0153$, $\alpha = 0.01$, 한쪽꼬리검정

d. P-값 $= 0.0232$, $\alpha = 0.05$, 양쪽꼬리검정

e. P-값 $= 0.002$, $\alpha = 0.01$, 한쪽꼬리검정

9. 정지 거리 한 연구에서 시간당 50마일을 이동하는 학교버스 운행의 평균 정지거리가 264피트라는 것을 알았다. 한 자동차 엔지니어 그룹이 학교버스를 연구하기로 하고 20대의 버스에 대하여 조사한 결과 시간당 50마일인 학교버스 운행의 평균 정지거리가 262.3피트였다. 모표준편차는 3피트였다. 회사버스의 평균 정지거리가 실제적으로 264피트 미만이라는 주장을 검정하시오. P-값을 찾으시오. P-값에 근거해서 귀무가설이 $\alpha = 0.01$에서 기각되는가? 변수는 정규분포를 한다고 가정하시오.

출처: Snapshot, *USA TODAY*.

10. 의과대학 지원자 한 의과대학장은 잠재적인 의과대학 학생이 보내는 평균 지원 건수가 7.8명이라는 기사를 읽었다. 그녀는 평균이 더 높다고 생각한다. 그래서 그녀는 35명의 지원자를 랜덤으로 선발하였고 각각 얼마나 많은 의과대학에 지원했는지를 물었다. 표본의 평균은 8.7명이었다. 모표준편차는 2.6명이었다. $\alpha = 0.01$에서 그녀의 주장을 검정하시오.

11. 농장 크기 미국 전체 평균 농장크기는 444에이커이다. Oregon 주 농장 40개의 랜덤표본은 430에이커의 평균 크기를 보였고 모표준편차는 52에이커이다. $\alpha = 0.05$에서 Oregon 주의 평균 농장크기가 전체 평균과 다르다고 결론 내릴 수 있는가? P-값 방법을 이용하시오.

출처: *New York Times Almanac*.

12. 변속기 서비스 자동차 딜러는 주행거리 30,000마일에 변속기를 점검받도록 권장한다. 고객들이 권장사항을 준수하는지 확인하기 위해 딜러는 40명의 고객 표본을 선택하였고, 점검받은 자동차의 평균 마일 수가 30,256이라는 것을 확인하였다. 모표준편차는 1,684마일이다. P-값을 구하여 자동차 고객들이 30,000마일에 그들의 변속기를 점검하는지를 결정하시오. $\alpha = 0.10$을 사용하시오. α의 값은 적절한 유의수준이라고 생각하는가?

13. 병가일 경영자는 그의 공장에서 매년 병으로 사원이 나오지 못하는 평균 일수가 국가 평균 10일보다 작다고 말한다. 다음 자료는 작년에 40명의 사원에 의하여 결석한 날의 수를 나타낸다. $\alpha = 0.05$에서 경영인의 주장을 믿을 만한 증거가 있는가? $\sigma = 3.63$이다. P-값 방법을 이용하시오.

0	6	12	3	3	5	4	1
3	9	6	0	7	6	3	4
7	4	7	1	0	8	12	3
2	5	10	5	15	3	2	5
3	11	8	2	2	4	1	9

개념의 확장

14. 시간당 임금 회사의 사장은 그 회사의 종업원의 평균 한 시간 임금이 8.65달러라고 말한다. 표본 50명의 종업원이 다음의 분포를 가진다. $\alpha = 0.05$에서 사장의 진술을 믿을 수 있는가? $\sigma = 0.105$를 가정하시오.

등급	도수
8.35–8.43	2
8.44–8.52	6
8.53–8.61	12
8.62–8.70	18
8.71–8.79	10
8.80–8.88	2

EXCEL

Step by Step

평균에 대한 가설검정: z 검정

Excel에는 단일 모평균에 대한 가설검정을 시행하는 절차가 없다. 그러나 함수마법사 기능을 이용하면 유의확률을 계산할 수 있다.

예제 XL8–1

이 예제는 본문의 [예제 8–4]와 관계가 있다. 10% 유의수준에서 $\mu < 515$라는 주장을 검정하시오.

1. Excel 워크시트 'A1–A36'에 자료를 입력한다.
2. 함수마법사를 선택하고 '통계'를 선택한 후 Z.TEST를 찾는다.
3. 'Array'에 'A1:A36'을 입력하고, 'X'에 귀무가설 값 '515'를 입력한 후, 'Sigma'에 100을 입력한다.
4. P-값은 3번에서 구한 값을 1에서 빼준다. 또는 '1–Z.TEST(A1:A36, 515, 100)'으로 구한다.
5. P-값이 유의수준 0.10보다 크므로 귀무가설을 기각할 수 없다.

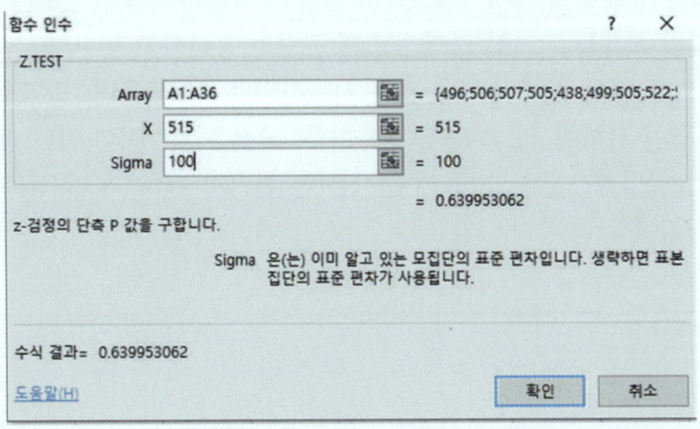

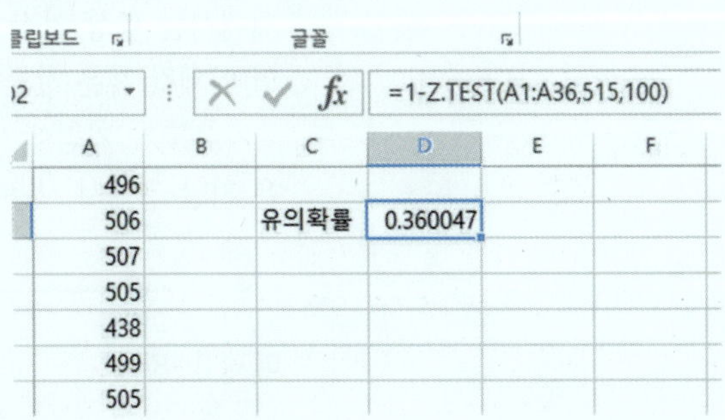

8–3 평균에 대한 t 검정

학습목표 6
t 검정을 이용하여 σ가 알려져 있지 않을 때 평균 검정하기

모표준편차가 알려져 있지 않을 때 z 검정은 평균을 포함한 가설을 검정하는 데 일반적으로 이용되지 않는다. 대신 t 검정이라 불리는 다른 검정이 사용된다. 변수의 분포는 근사적으로 정규분포를 하여야 한다.

7장에서 언급한 것처럼 t 분포는 다음과 같은 측면에서 표준정규분포와 비슷하다.

1. 종모양이다.
2. 평균을 중심으로 대칭이다.
3. 평균, 중앙값, 최빈값은 0이고 분포의 중심에 위치한다.
4. 곡선은 x축에 가까워지지만 결코 닿지는 않는다.

t 분포는 다음과 같은 측면에서 표준정규분포와 다르다.

1. 분산이 1보다 크다.
2. t 분포는 표본크기와 관련이 있는 **자유도**의 개념에 근거한 곡선들의 모임이다.(자유도에 대한 표기는 d.f.라는 것을 상기하자. 자유도는 7–2절에 설명되어 있다.)
3. 표본크기가 증가함에 따라 t 분포는 표준정규분포에 근접한다.

t 검정은 다음과 같이 정의된다.

***t* 검정**(*t* **test**)은 모평균에 대한 통계적 검정이며 σ가 알려져 있지 않을 때 모집단이 정규분포 혹은 근사적으로 정규분포일 때 사용된다. t 검정 공식은 다음과 같다.

$$t = \frac{\overline{X} - \mu}{s/\sqrt{n}}$$

자유도는 d.f. = $n - 1$이다.

t 검정에 대한 공식은 z 검정의 공식과 비슷하다. 그러나 모표준편차 σ가 알려져 있지 않기 때문에 표본표준편차 s가 대신 사용된다.

t 검정에 대한 임계값들은 부록 A의 표 F에 주어졌다. 한쪽꼬리검정을 하기 위해서는 표의 맨 위 열을 보고 α 수준에 맞는 열을 선택한다. 왼편 행을 내려오면서 자유도를 찾으면 된다.

자유도는 1에서 30까지의 값이 주어져 있으며 30 이상에 대해서는 구간들로 주어졌다. 자유도가 30 이상일 때 몇몇 교재들은 가장 가까운 칸의 값을 사용하라고 말한다. 그러나 이 교재에서는 항상 가장 가까운 칸의 값에서 낮은 값을 사용하였다. 예를 들면, 만약 d.f. = 59이면 임계값 혹은 값들을 찾기 위하여 d.f. = 55를 사용한다. 이것은 보수적인 접근 방식이다.

자유도가 커짐에 따라서 임계값들은 z값들에 근사한다. 따라서 맨 밑의 값들(큰 표본크기)은 지난 절에서 사용된 z값과 같다.

예제 8–8

오른쪽꼬리검정에서 d.f. = 16을 가진 $\alpha = 0.05$에 대한 임계 t값을 구하시오.

풀이

상단 행에 있는 0.05 열과 왼편 열에서 16을 찾는다. 열과 행이 만나는 곳에서 적절한 임계값을 알 수 있는데 그것은 +1.746이다. [그림 8–19]를 보자.

그림 8-19

표 F에 있는 t 검정을 위한 임계값 찾기([예제 8-8])

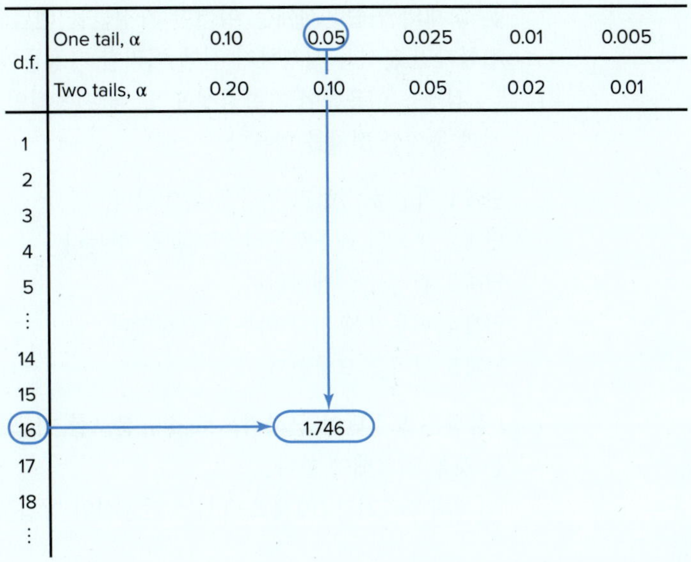

예제 8-9

왼쪽꼬리검정에 대한 d.f. = 24를 가진 $\alpha = 0.01$에 대한 임계 t값을 구하시오.

풀이

한쪽꼬리라고 이름 붙여진 상단 행에서 0.01 열을 찾고 왼쪽 열에서 24를 찾는다. 임계값은 검정이 왼쪽꼬리검정이기 때문에 −2.492이다.

예제 8-10

양쪽꼬리 t 검정에 대한 d.f. = 18을 가진 $\alpha = 0.10$에 대한 임계 t값을 구하시오.

풀이

양쪽꼬리라고 이름 붙여진 상단 행에서 0.10 열을 찾고 왼쪽 열에서 18을 찾는다. 임계값들은 +1.734와 −1.734이다.

예제 8-11

오른쪽꼬리 t 검정에 대한 d.f. = 12를 가진 $\alpha = 0.05$에 대한 임계값을 구하시오.

풀이

한쪽꼬리에서 0.05 열을 찾고 왼쪽 열에서 12를 찾는다. 임계값은 +1.782이다.

표준편차가 알려져 있지 않을 때 모평균에 관한 가설검정을 하기 위해서는 다음 가정이 우선 증명되어야 한다.

σ가 알려져 있지 않을 때 평균에 대한 t 검정 가정

1. 표본은 랜덤표본이다.
2. $n < 30$일 때 모집단은 정규분포이다.

본 교재의 연습문제에는 이러한 가정들을 언급할 것이다. 그러나 다른 상황에서 통계자료를 접한다면 분석을 시행하기 전에 이러한 가정들이 만족되는지를 확인해야 한다.

t 검정을 이용하여 가설검정을 할 때(전통적인 방법)는 표 F를 이용하는 것을 제외하고 z 검정과 동일한 절차를 따른다.

단계 1 가설을 정하고 주장을 확인한다.
단계 2 부록의 표 F로부터 임계값을 찾는다.
단계 3 검정값을 계산한다.
단계 4 귀무가설 기각 여부를 결정한다.
단계 5 결과를 요약한다.

***t* 검정은 모집단이 근사적으로 정규분포를 하고 모표준편차가 알려져 있지 않을 때 사용된다는 것을 기억해야 한다.**

[예제 8-12]와 [예제 8-13]은 전통적인 방법을 이용하여 t 검정을 적용해 본다.

예제 8-12 병원 감염

의학 조사에 따르면 Pennsylvania 남서부 지역 병원의 매주 감염환자의 평균수는 16.3명이라고 한다. 10주 동안의 랜덤표본은 평균 17.7명의 감염이 있었다. 표본표준편차는 1.8이다. $\alpha = 0.05$에서 조사자의 주장을 기각하는 충분한 증거가 있는가? 변수는 정규분포라고 가정한다.

출처: Based on information obtained from Pennsylvania Health Care Cost Containment Council.

풀이

단계 1 $H_0: \mu = 16.3$(주장) 그리고 $H_1: \mu \neq 16.3$
단계 2 $\alpha = 0.05$와 d.f. = 9에서 임계값들은 +2.262와 −2.262이다.
단계 3 검정값은

$$t = \frac{\bar{X} - \mu}{s/\sqrt{n}} = \frac{17.7 - 16.3}{1.8/\sqrt{10}} = 2.460$$

단계 4 2.460 > 2.262이므로 귀무가설을 기각한다. [그림 8-20]을 보자.

그림 8-20
[예제 8-12]의 t 검정 요약

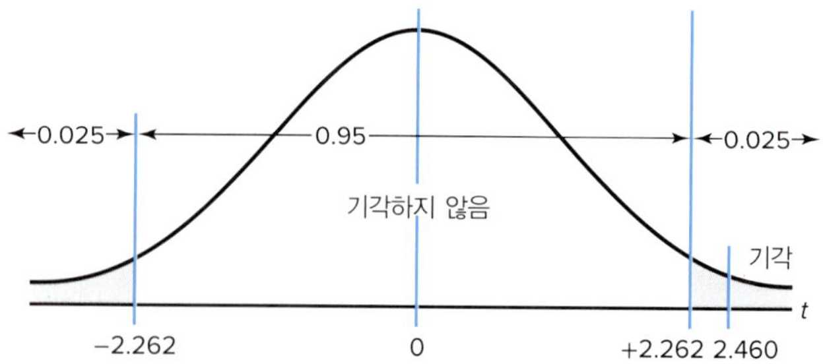

단계 5 감염의 평균수가 16.3이라는 주장을 기각하는 충분한 증거가 있다.

예제 8-13 아스피린 소비

의학 연구자는 아스피린을 복용하는 사람들이 일주일에 평균 8.6정을 복용한다는 것을 알았다. 한 의사는 환자가 일주일에 두 번 요가를 한다면 소비하는 아스피린 알의 수를 줄일 수 있는지를 알고 싶어 한다. 아스피린을 복용하는 랜덤표본 12명에게 요가를 가르쳤고 12주 후에 의사는 그들이 일주일에 다음과 같은 개수를 복용하였다는 것을 알았다.

7 4 6 8 9 9 5 6 2 7 10 9

$\alpha = 0.10$에서 주장을 검정하시오. 변수는 정규분포라고 가정한다.

풀이

단계 1 가설을 정하고 주장을 확인한다.

$$H_0: \mu = 8.6 \quad \text{그리고} \quad H_1: \mu < 8.6 \text{ (주장)}$$

단계 2 임계값을 찾는다. $\alpha = 0.10$과 d.f. = 11에서 임계값은 −1.363이다.

단계 3 검정값을 찾는다. 이 경우에 자료에 대한 평균과 표준편차를 찾아야 한다. 3장 혹은 계산기의 공식을 이용한다.

$$\overline{X} = 6.8 \qquad s = 2.37$$

$$t = \frac{\overline{X} - \mu}{s/\sqrt{n}} = \frac{6.8 - 8.6}{2.37/\sqrt{12}} = -2.63$$

단계 4 결정을 한다. −2.63이 임계역 안에 떨어지기 때문에 귀무가설을 기각한다. [그림 8-21]을 보자.

그림 8-21

[예제 8-13]의 임계값과 검정값

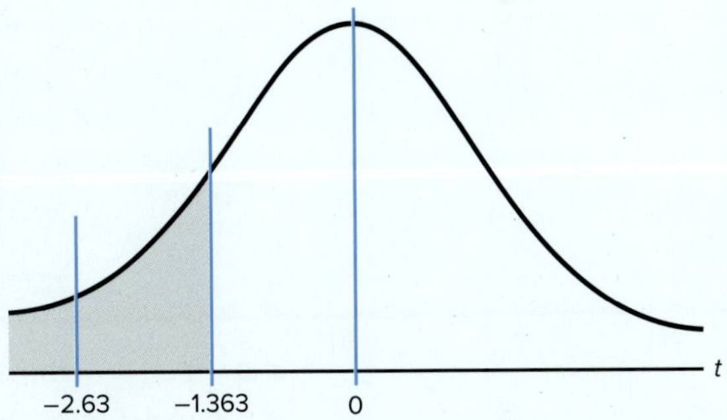

단계 5 결과를 요약한다. 요가를 하는 것이 매주 아스피린 섭취를 줄인다고 하는 주장을 지지할 만큼 충분한 증거가 있다.

t 검정을 위한 *P*-값은 표 F를 이용하여 알 수 있다. 그러나 *t* 검정에 대한 특정한 *P*-값은 α의 선택된 값(예를 들면 0.01, 0.05)만 주어졌기 때문에 표로부터 얻을 수 없다. *t* 검정에 대한 특정한 *P*-값을 찾기 위해서는 각각의 자유도에 대한 표 E와 유사한 표가 필요할 것이다. 이것은 실용적이지 않기 때문에 *P*-값의 **구간**만을 알 수 있다. [예제 8-14]에서 [예제 8-16]까지는 *t* 검정의 *P*-값들에 대한 구간들을 결정하기 위하여 표 F를 어떻게 사용하는가를 보여준다.

예제 8-14

t 검정값은 2.056, 표본크기는 11, 검정은 오른쪽꼬리일 때 *P*-값을 구하시오.

풀이

P-값을 구하기 위하여 표 F에서 자유도 10 (d.f. = $n - 1$)을 가진 행에서 2.056에 가까운 두 값을 찾는다. 1.812와 2.228이다. 오른쪽꼬리검정이기 때문에 한쪽꼬리 α라 이름 붙여진 상단 행을 찾고 1.812와 2.228에 대응하는 2개의 α 값들을 찾는다. 0.05와 0.025이다. [그림 8-22]를 보자.

그림 8-22

[예제 8-14]의 *P*-값 찾기

	신뢰구간	80%	90%	95%	98%	99%
	한쪽꼬리, α	0.10	0.05	0.025	0.01	0.005
d.f.	양쪽꼬리, α	0.20	0.10	0.05	0.02	0.01
1		3.078	6.314	12.706	31.821	63.657
2		1.886	2.920	4.303	6.965	9.925
3		1.638	2.353	3.182	4.541	5.841
4		1.533	2.132	2.776	3.747	4.604
5		1.476	2.015	2.571	3.365	4.032
6		1.440	1.943	2.447	3.143	3.707
7		1.415	1.895	2.365	2.998	3.499
8		1.397	1.860	2.306	2.896	3.355
9		1.383	1.833	2.262	2.821	3.250
10		1.372	1.812 *	2.228	2.764	3.169
11		1.363	1.796	2.201	2.718	3.106
12		1.356	1.782	2.179	2.681	3.055
13		1.350	1.771	2.160	2.650	3.012
14		1.345	1.761	2.145	2.624	2.977
15		1.341	1.753	2.131	2.602	2.947
⋮		⋮	⋮	⋮	⋮	⋮
(z) ∞		1.282	1.645	1.960	2.326	2.576

*2.056은 1.812와 2.228 사이에 위치한다.

따라서 *P*-값은 구간 0.025 < *P*-값 < 0.05에 포함될 것이다. 이것은 *P*-값이 0.025와 0.05 사이에 있다는 것을 의미한다. 만약 α가 0.05라면 *P*-값이 0.05 미만이므로 귀무가설을 기각할 것이다. 그러나 α가 0.01이라면 *P*-값이 0.01보다 크므로 귀무가설을 기각하지 못할 것이다. (사실 그것은 0.025보다 크다.)

예제 8-15

t 검정값은 2.983, 표본크기는 6, 검정은 양쪽꼬리일 때 *P*-값을 구하시오.

풀이

P-값을 얻기 위하여 표 F에서 자유도 5를 가진 행에서 2.983에 가까운 두 값을 찾는다. 2.571과 3.365이다. 대응하는 α 값들을 찾기 위하여 양쪽꼬리 α라 이름 붙여진 상단 행을 찾는다.

이 경우에 0.05와 0.02이다. 따라서 *P*-값은 구간 0.02 < *P*-값 < 0.05 사이에 포함된다. 이것은 *P*-값이 0.02와 0.05 사이에 있다는 것을 의미한다. 이 경우에 만약 α가 0.05라면 *P*-값 < 0.05이므로 귀무가설은 기각될 수 있지만 α가 0.01이라면 *P*-값 > 0.01이므로 귀무가설을 기각하지 못할 것이다. (사실 *P*-값 > 0.02이다.)

참고: 많은 사람들이 *t* 검정과 이후에 제시되는 다른 검정들에 대해 특정한 *P*-값을 주는 계산기 혹은 컴퓨터 프로그램을 이용할 수 있기 때문에, 구간을 포함한 특정한 값들은 예제와 연습문제의 풀이에서 제공될 것이다.

[예제 8-14]에 대해 계산기로 구한 *P*-값은 0.033이다. [예제 8-15]에 대해 계산기로 구한 *P*-값은 0.031이다.

P-값 방법을 이용한 가설검정을 하기 위해서 8-2절에서 설명된 것과 동일한 단계를 따른다.

단계 1 가설을 정하고 주장을 확인한다.
단계 2 검정값을 계산한다.
단계 3 P-값을 찾는다.
단계 4 결정을 한다.
단계 5 결과를 요약한다.

이 방법은 [예제 8-16]에서 설명된다.

예제 8-16 조깅하는 사람의 산소 흡수

내과의사는 조깅하는 사람의 산소 흡입의 최대 양이 모든 성인의 평균보다 크다고 주장한다. 표본 15명의 조깅하는 사람들의 평균은 40.6 ml/kg이며 6 ml/kg의 표준편차를 가진다. 모든 성인의 평균이 36.7 ml/kg을 가진다면 $\alpha = 0.05$에서 내과의사의 주장을 지지할 만한 충분한 증거가 있는가? 변수는 정규분포를 따른다고 가정한다.

풀이

단계 1 가설을 정하고 주장을 확인한다.

$$H_0: \mu = 36.7 \quad \text{그리고} \quad H_1: \mu > 36.7 \text{ (주장)}$$

단계 2 검정값을 계산한다. 검정값은 다음과 같다.

$$t = \frac{\overline{X} - \mu}{s/\sqrt{n}} = \frac{40.6 - 36.7}{6/\sqrt{15}} = 2.517$$

단계 3 P-값을 찾는다. 표 F에서 이 검정은 양쪽꼬리검정이므로 d.f. = 14를 가진 행에서 2.517은 $\alpha = 0.025$와 $\alpha = 0.01$에 대응하는 2.145와 2.624 사이에 가깝다는 것을 알 수 있다. 따라서 P-값 > 0.01이고 P-값 < 0.025, 혹은 0.01 < P-값 < 0.025이다. 즉, P-값은 0.01과 0.025 사이의 어느 곳에 있다.(계산기에서 구한 P-값은 0.012이다.)

단계 4 P-값 < 0.05 (즉, P-값 < α)이므로 귀무가설을 기각한다.

단계 5 조깅하는 사람의 산소 흡입의 최대 양이 36.7 ml/kg보다 크다는 주장을 지지할 만한 충분한 증거가 있다.

흥미 있는 사실

Alaska 지역은 미국의 전체 지역의 $\frac{1}{6}$을 차지한다.

z 검정 혹은 t 검정 사용 여부를 결정하는 것이 어려울 수도 있다. 규칙은 신뢰구간과 같다.

1. σ가 알려져 있으면 z 검정을 사용한다. $n < 30$이면 변수는 정규분포이어야 한다.
2. σ가 알려져 있지 않지만 $n \geq 30$이면 t 검정을 사용한다.
3. σ가 알려져 있지 않고 $n < 30$이면 t 검정을 사용한다. (모집단은 근사적으로 정규분포이어야 한다.)

이 규칙들은 [그림 8-23]에 요약되었다.

통계 이야기 햇빛은 진통에 도움이 되는가?

Pittsburgh 대학의 연구에 따르면, 수술 후나 병원에 머무르는 동안 햇빛이 잘 드는 방에 있는 환자는 어두운 방에 있었던 환자보다 진통제가 덜 필요한 것으로 나타났다.

햇빛이 잘 드는 방의 환자들의 시간당 진통제 투약량은 평균 3.2밀리그램이며, 어두운 방의 환자들은 평균 4.1밀리그램이었다. 이 연구는 두 그룹의 환자를 비교하였다. 이 기사에는 통계적 검정이 언급되지 않았지만 연구자는 그룹을 비교하는 데 사용한 통계적 검정이 무엇이라고 생각하는가?

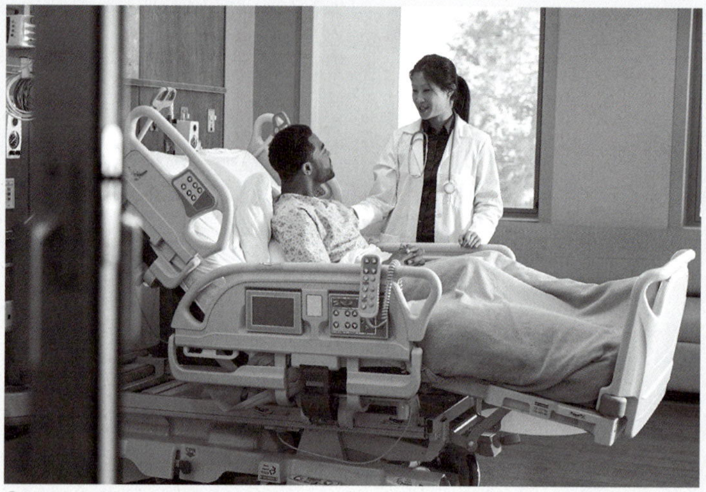

그림 8-23

z 혹은 t 검정 이용하기

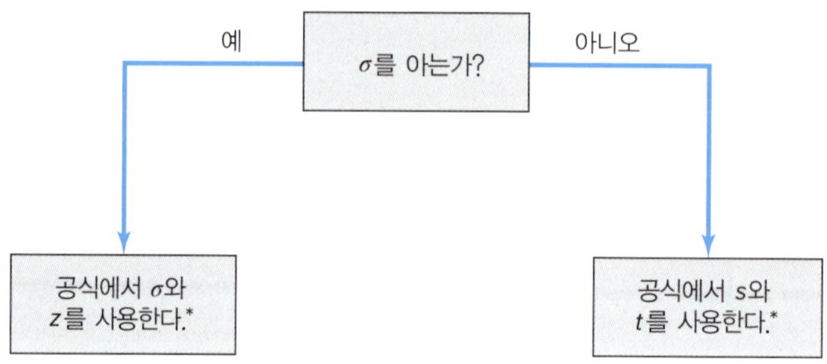

*만약 $n < 30$이면 변수는 정규분포를 해야 한다.

개념의 적용 8-3

담배에 들어 있는 니코틴의 함유량은 얼마인가?

담배 회사는 가장 잘 팔리는 담배가 많아야 40 mg의 니코틴을 함유하고 있다고 주장한다. 랜덤으로 뽑힌 15개 담배의 결과를 이용하여 이 주장을 유의수준 1%에서 검정하였다. 평균은 42.6 mg이고 표준편차는 3.7 mg이었다. 증거는 니코틴이 정규분포를 한다는 것을 가정한다. 가설검정의 컴퓨터 결과로부터의 정보가 나열되었다.

표본평균 = 42.6	P-값 = 0.008
표본표준편차 = 3.7	유의수준 = 0.01
표본크기 = 15	검정통계량 $t = 2.72155$
자유도 = 14	임계값 $t = 2.62449$

1. 자유도는 무엇인가?
2. 이것은 z 검정인가 혹은 t 검정인가?
3. 이것은 일표본 검정인가 혹은 이표본 검정인가?

4. 이것은 오른쪽꼬리검정, 왼쪽꼬리검정, 양쪽꼬리검정 중 무엇인가?
5. P-값을 보고 무슨 결정을 할 수 있는가?
6. 검정통계량을 임계값에 비교함으로써 무슨 결정을 내릴 수 있는가?
7. 이 결과에서 모순은 없는가? 설명하시오.
8. 이 연구에서 무엇이 입증되는가?

정답 384쪽 참조

연습문제 8-3

1. t 분포는 어떤 면에서 표준정규분포와 비슷한가? t 분포는 어떤 면에서 표준정규분포와 다른가?

2. t 분포에 대한 각각의 임계값(들)을 찾으시오.

a. $n = 12, \alpha = 0.01$, 왼쪽꼬리
b. $n = 16, \alpha = 0.05$, 오른쪽꼬리
c. $n = 7, \alpha = 0.10$, 양쪽꼬리
d. $n = 11, \alpha = 0.025$, 오른쪽꼬리
e. $n = 10, \alpha = 0.05$, 양쪽꼬리

3. 표 F를 이용하여 각 검정값에 대한 P-값 구간을 찾으시오.

a. $t = 2.321, n = 15$, 오른쪽꼬리
b. $t = 1.945, n = 28$, 양쪽꼬리
c. $t = -1.267, n = 8$, 왼쪽꼬리
d. $t = 1.562, n = 17$, 양쪽꼬리

4~12번 문제는 다음 단계를 수행하시오.

a. 가설을 정하고 주장을 확인한다.
b. 임계값(들)을 찾거나 P-값 방법을 이용한다.
c. 검정값을 구한다.
d. 결정을 한다.
e. 결과를 요약한다.

별도로 지정이 없는 한 가설검정의 전통적인 방법을 이용하시오. 모집단은 근사적으로 정규분포를 한다고 가정한다.

4. 흡연 한 연구자는 담배 흡연자가 하루에 평균 31개를 흡연한다는 것을 발견하였다. 그녀는 이 평균이 너무 높다고 생각한다. 그녀는 10명의 흡연자를 랜덤으로 선택하여 하루에 피는 그들의 평균 담배의 수는 28개라는 것을 알았다. 표준편차는 2.7이었다. $\alpha = 0.05$에서 그녀의 주장을 지지할 만한 충분한 증거가 있는가?

5. 고층 빌딩 높이 연구자는 대도시에서 30층 이상의 빌딩의 평균 높이가 적어도 700피트라고 추정한다. 10개의 빌딩의 확률표본을 뽑아 피트 단위로 높이들을 나타내었다. $\alpha = 0.025$에서 주장을 기각할 충분한 증거가 있는가?

485	511	841	725	615
520	535	635	616	582

출처: *Pittsburgh Tribune-Review*.

6. 10대의 TV 시청 모든 연령대 그룹 중에서 10대가 TV 시청을 일주일에 가장 적게 한다고 보고되었다. 일요일 오후 1:00~7:00에 10대의 평균 TV 시청 시간은 58분이다. 지역에서 랜덤으로 선택한 10대들의 일요일 오후 TV 시청 시간은 다음과 같다. $\alpha = 0.10$에서의 평균이 전 국민의 평균 시청 시간보다 크다고 결론을 내릴 수 있는가?(**참고**: 모든 시간을 분으로 바꾸시오.)

2:30	2:00	1:30	3:20
1:00	2:15	1:50	2:10
1:30	2:30		

출처: *World Almanac*.

7. 수면시간 어떤 사람이 금요일 밤부터 토요일 아침까지 잠을 자는 한 성인의 평균 시간은 7.2시간이라는 기사를 읽었다. 한 연구자는 대학생들이 평균적으로 7.2시간을 자지 않는다고 생각한다. 연구자는 15명을 랜덤으로 선택해서 그들이 평균적으로 8.3시간 자는 것을 알았다. 표본의 표준편차는 1.2시간이다. $\alpha = 0.05$에서 대학생들이 평균적으로 7.2시간을 자지 않는다는 충분한 증거가 있는가?

8. 휴대전화 요금 미국 무선전화 사업자들에 의하여 평균 휴대전화 요금이 50.07달러라고 보도되었다. 휴대전화회사에서 랜덤표본을 통해 다음과 같은 휴대전화 요금을 알아내었다(단위: 달러).

55.83	49.88	62.98	70.42
60.47	52.45	49.20	50.02
58.60	51.29		

유의수준 0.05에서 평균 휴대전화 요금이 증가했다고 결론을 내릴 수 있는가?

출처: *World Almanac*.

9. 의료 수술 의학병원의 원장은 그녀의 수술이 매년 211명의 국가 평균보다 적게 수행되고 있다고 느낀다. 그녀는 15명의 외과의사를 랜덤추출하여 그들이 수행하는 평균 수술 수가 208.8이라는 것을 알았다. 표본의 표준편차는 3.8이었다. $\alpha = 0.10$에서 의사의 느낌을 지지할 만한 충분한 증거가 있는가? 귀무가설이 $\alpha = 0.01$에서 기각되는가?

10. 직장까지 통근시간 15개 미국 대도시의 조사에 따르면 편도 평균 출퇴근시간은 25.4분이라고 한다. 어떤 도시의 상공회의소에서는 그 도시의 출퇴근시간이 적다고 느끼고 이를 홍보하고 싶어한다. 랜덤으로 25명의 통근자를 뽑아 보았더니 표준편차가 5.3분이고 평균은 22.1분이었다. $\alpha = 0.10$에서 그가 옳았는가?

출처: *New York Times Almanac*.

11. 의사 방문 갤럽 여론조사에 의한 보고에서 평균적으로 여성은 그녀의 의사를 1년에 평균 5.8번 방문한다고 조사되었다. 연구자는 랜덤으로 뽑은 20명의 여성에서 다음의 자료를 얻었다.

3	2	1	3	7	2	9	4	6	6
8	0	5	6	4	2	1	3	4	1

$\alpha = 0.05$에서 1년간 평균이 여전히 5.8번이라고 결론지을 수 있는가? *P*-값 방법을 이용하시오.

12. 물 소비 *The Old Farmer's Almanac*는 하루에 사람당 평균 물 소비량은 123갤런이라고 발표하였다. 이 수치는 더 이상 사실이 아닐 수도 있다는 가설을 검정하기 위해 연구자는 랜덤으로 16명을 뽑아 조사하여 본 결과 그들은 하루에 평균 119갤런을 사용하였고 $s = 5.3$이었다. $\alpha = 0.05$에서 *The Old Farmer's Almanac* 수치가 더 이상 옳지 않다는 충분한 증거가 있는가? *P*-값 방법을 이용하시오.

EXCEL
Step by Step

평균에 대한 가설검정: *t* 검정

Excel에는 단일 모평균에 대한 가설검정을 시행하는 절차가 없다. 그러나 함수마법사 기능을 이용하면 유의확률을 계산할 수 있다.

임시교사의 급여

한 교육자가 Pennsylvania 주 Allegheny 지역의 임시교사 급여가 하루 60달러보다 적다고 주장한다. 8개 학군에서 랜덤표본을 얻었다. $\alpha = 0.10$에서 교육자의 주장을 옹호할 충분한 증거가 있는가? 변수는 정규분포라고 가정한다.

60 56 60 55 70 55 60 55

출처: *Pittsburgh Tribune-Review*.

1. 워크시트 A1 칸에 '급여'라고 제목을 입력하고 A2−A9 칸에 차례로 자료값을 입력한다.
2. '데이터' 리본 메뉴의 오른쪽에 위치한 '데이터 분석'을 클릭한 후 나오는 '통계 데이터 분석' 도구상자에서 '기술 통계법'을 선택한다.
3. '입력 범위'에서 '$A$1:$A$9'을 입력하고, '데이터 방향'은 '열'에 체크한다. '첫째 행 이름표 사용'에도 체크하고 '요약 통계량'을 선택한 후, '확인'을 누른다.
4. 결과값이 나타나면, D3 칸에 '모평균'이라고 입력하고 E3 칸에 '60'을 입력한다.
5. D4 칸에 't값'이라고 입력하고 E4 칸에 '=(B3−E3)/B4'를 입력한다.
6. D5 칸에 '유의확률'이라고 입력하고 E5 칸에 '=T.DIST(E4,7,1)'이라고 입력한다.

	A	B	C	D	E	F	G
1	급여						
2							
3	평균	58.875		모평균	60		
4	표준 오차	1.797195		t값	-0.62598		
5	중앙값	58		유의확률	0.275594		
6	최빈값	60					
7	표준 편차	5.083236					
8	분산	25.83929					
9	첨도	3.350865					
10	왜도	1.715329					
11	범위	15					
12	최소값	55					
13	최대값	70					
14	합	471					
15	관측수	8					
16							

8–4 비율에 대한 z 검정

학습목표 7
z 검정을 이용하여 비율 검정하기

많은 가설검정 상황에는 비율이 포함된다. 7장에서 언급했듯이 비율은 모집단의 백분율과 같다는 것을 상기하자.

다음 자료는 Michael D. Shook과 Robert L. Shook의 *The book of Odd*로부터 구한 자료이다(New York: Penguin Putnam, Inc.).

- 소비자의 59%는 아버지를 위해 선물을 준비한다.
- 21세 이상의 사람들 중 85%가 경품행사에 참여한 적이 있다고 답하였다.
- 미국 사람들의 51%는 상표 없는 상품을 산다.
- 미국 사람들의 35%는 일주일에 한 번 저녁에 외식을 한다.

모비율을 포함하는 가설검정은 두 개의 결과만 있고 성공확률이 시행마다 변하지 않을 때 이항실험으로 생각할 수 있다. 이항분포에 대한 평균은 $\mu = np$이고 표준편차는 $\sigma = \sqrt{npq}$라는 것을 기억하자(5–3절 참조).

정규분포는 $np \geq 5$이고 $nq \geq 5$일 때 이항분포를 근사하기 위하여 사용될 수 있기 때문에 표준정규분포를 이용하여 비율에 대한 가설을 검정할 수 있다.

비율에 대한 z 검정의 공식

$$z = \frac{\hat{p} - p}{\sqrt{pq/n}}$$

여기에서 $\hat{p} = \frac{X}{n}$ (표본비율)

$p =$ 모비율

$n =$ 표본크기

공식은 이항분포에 대한 정규근사로부터 유도되었고 일반적인 공식을 따른다.

$$\text{검정값} = \frac{(\text{관측값}) - (\text{기댓값})}{\text{표준오차}}$$

우리는 표본(즉, 관측값)으로부터 $\hat{p}$를 얻는다. p는 기댓값(즉, 가정된 모비율)이며, $\sqrt{pq/n}$은 표준오차이다.

공식 $z = \frac{\hat{p} - p}{\sqrt{pq/n}}$은 식 $z = \frac{X - \mu}{\sigma}$에 $\mu = np$와 $\sigma = \sqrt{npq}$를 대입하고 분모와 분자를 모두 n으로 나눔으로써 유도될 수 있다. 이 절의 연습문제 12번을 참조하라.

비율을 검정하기 위한 가정들

1. 표본은 랜덤표본이다.
2. 이항실험에 대한 조건들이 만족된다(5장 참조).
3. $np \geq 5$이고 $nq \geq 5$

본 교재의 연습문제에는 이러한 가정들을 언급할 것이다. 그러나 다른 상황에서 통계자료를 접한다면 분석을 시행하기 전에 이러한 가정들이 만족되는지를 확인해야 한다.

가설검정에 대한 단계들은 8-3절에서의 내용과 같다. 표 E는 임계값들과 P-값을 찾기 위하여 이용된다.

[예제 8-17]~[예제 8-19]는 가설검정의 전통적인 방법을 보여준다. [예제 8-20]은 P-값 방법을 보여준다.

[예제 8-17, 8-19, 8-20]에서처럼 $\hat{p}$를 구할 필요도 있으며, $\hat{p}$가 연습문제에서 주어지는 경우도 있다.

예제 8-17 비만

한 연구자는 질병통제예방 센터에서 구한 정보로부터 19세 이하의 17%가 비만이라고 주장한다. 이 주장을 검정하기 위하여 그녀는 2~19세 나이의 200명을 랜덤으로 선택하였더니 42명이 비만이었다. $\alpha = 0.05$에서 주장을 기각할 만한 충분한 증거가 있는가?

풀이

단계 1 가설들을 정하고 주장을 확인한다.

$$H_0: p = 0.17 \text{ (주장)} \qquad \text{그리고} \qquad H_1: p \neq 0.17$$

단계 2 임계값을 찾는다. $\alpha = 0.05$이고 검정값은 양쪽꼬리검정이므로 임계값은 ± 1.96이다.

단계 3 검정값을 계산한다. 우선 $\hat{p}$를 구해야 한다.

$$\hat{p} = \frac{X}{n} = \frac{42}{200} = 0.21 \qquad p = 0.17 \qquad q = 1 - p = 1 - 0.17 = 0.83$$

공식에 대입한다.

$$z = \frac{\hat{p} - p}{\sqrt{pq/n}} = \frac{0.21 - 0.17}{\sqrt{(0.17)(0.83)/200}} = 1.51$$

단계 4 결정을 한다. 검정값이 비임계역에 위치하므로 귀무가설은 기각하지 않는다. [그림 8-24]를 보라.

그림 8-24

[예제 8-17]에 대한 임계값과 검정값

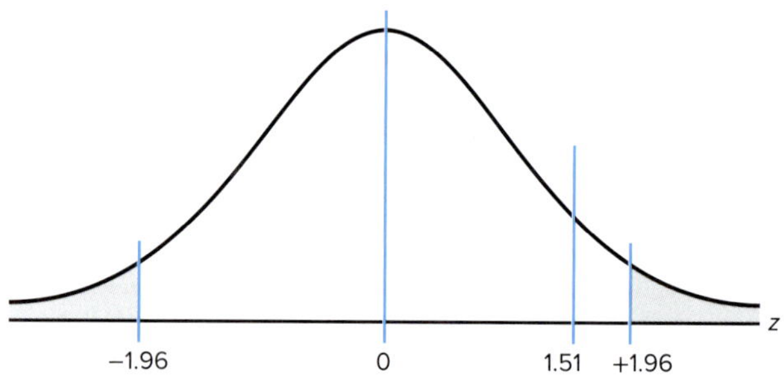

단계 5 결과를 요약한다. 2~19세의 17%가 비만이라는 주장을 기각할 만한 충분한 증거는 없다.

예제 8-18 제왕절개 아기들

한 보고서에 따르면 아기의 21%가 제왕절개에 의해서 분만된다고 한다. 연구자는 그의 고향에 있는 큰 병원의 백분율은 21% 미만이라고 생각한다. 그는 랜덤으로 50명의 새로 태어난 신생아를 선발하였고 8명이 제왕절개로 태어난 것을 알았다. $\alpha = 0.01$에서 그의 주장을 지지할 만한 충분한 증거가 있는가?

풀이

단계 1 가설들을 정하고 주장을 확인한다.

$$H_0: p = 0.21 \qquad \text{그리고} \qquad H_1: p < 0.21\text{(주장)}$$

단계 2 임계값을 계산한다. $\alpha = 0.01$이고 한쪽꼬리검정이므로 임계값은 -2.33이다.

단계 3 검정값을 계산한다.

$$\hat{p} = \frac{8}{50} = 0.16 \qquad q = 1 - p = 1 - 0.16 = 0.84$$

공식에 대입한다.

$$z = \frac{\hat{p} - p}{\sqrt{pq/n}} = \frac{0.16 - 0.21}{\sqrt{\dfrac{(0.21)(0.79)}{50}}} = -0.868$$

단계 4 결정을 한다. 검정값이 임계역 밖에 위치하므로 귀무가설을 기각하지 않는다. [그림 8-25]를 보자.

그림 8-25

[예제 8-18]에 대한 임계값과 검정값

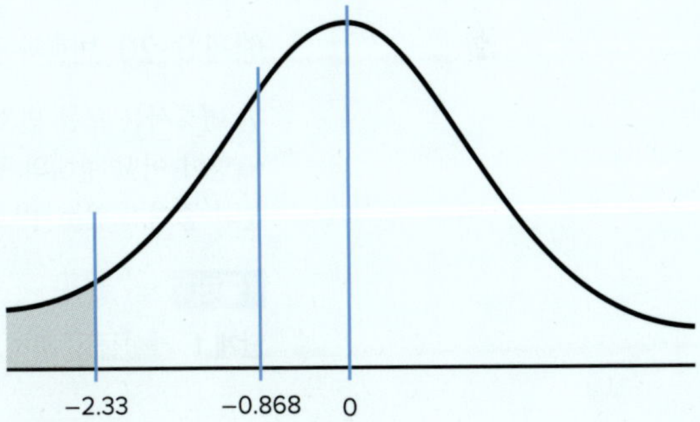

단계 5 결과를 요약한다. 제왕절개의 비율이 21% 미만이라는 주장을 지지할 만한 충분한 증거가 없다. 검정값은 임계역 안에 놓이지 않는다.

예제 8-19 1달러 지폐를 1달러 동전으로 바꾸기

한 통계학자는 적어도 모집단의 77%가 1달러 지폐를 1달러 동전으로 바꾸는 것을 반대한다고 판단한다. 이 주장이 옳은가를 알기 위하여 통계학자는 표본 80명을 뽑아 55명이 1달러 지폐를 바꾸는 것을 반대한다는 것을 알았다. $\alpha = 0.01$에서 모집단의 77%가 바꾸는 것에 반대한다는 주장을 검정하시오.

출처: *USA TODAY.*

풀이

단계 1 가설들을 정하고 주장을 확인한다.

$$H_0: p = 0.77\ \text{(주장)} \qquad \text{그리고} \qquad H_1: p < 0.77$$

단계 2 임계값을 계산한다. $\alpha = 0.01$이고 왼쪽꼬리검정이므로 임계값은 -2.33이다.

단계 3 검정값을 계산한다.

$$\hat{p} = \frac{X}{n} = \frac{55}{80} = 0.6875$$

$$p = 0.77 \qquad \text{그리고} \qquad q = 1 - 0.77 = 0.23$$

$$z = \frac{\hat{p} - p}{\sqrt{pq/n}} = \frac{0.6875 - 0.77}{\sqrt{(0.77)(0.23)/80}} = -1.75$$

단계 4 결정을 한다. 검정값이 임계역에 위치하지 않으므로 귀무가설을 기각하지 않는다. [그림 8-26]을 보자.

그림 8-26

[예제 8-19]에 대한 임계값과 검정값

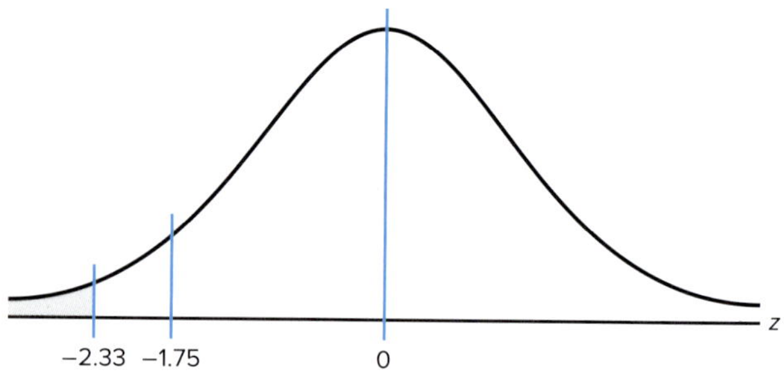

단계 5 적어도 모집단의 77%가 1달러 지폐를 1달러 동전으로 바꾸는 것을 반대한다는 주장을 기각할 만한 충분한 증거가 없다.

예제 8-20 변호사 광고

한 변호사는 모든 변호사 25% 이상이 광고를 한다고 주장한다. 어느 도시에서 표본 200명의 변호사 중 63명이 어떤 형태의 광고를 이용하고 있다고 나타났다. $\alpha = 0.05$에서 변호사의 주장을 지지할 만한 충분한 증거가 있는가? P-값 방법을 사용하시오.

풀이

단계 1 가설들을 정하고 주장을 확인한다.

$$H_0: p = 0.25 \qquad \text{그리고} \qquad H_1: p > 0.25 \text{ (주장)}$$

단계 2 검정값을 계산한다.

$$\hat{p} = \frac{X}{n} = \frac{63}{200} = 0.315$$

$$p = 0.25 \qquad \text{그리고} \qquad q = 1 - 0.25 = 0.75$$

$$z = \frac{\hat{p} - p}{\sqrt{pq/n}} = \frac{0.315 - 0.25}{\sqrt{(0.25)(0.75)/200}} = 2.12$$

단계 3 P-값을 찾는다. 표 E에서 $z = 2.12$에 대한 곡선 아래 면적은 0.9830이다. 1에서 면적을 빼면 $1.0000 - 0.9830 = 0.0170$을 얻는다. P-값은 0.0170이다.

단계 4 $0.0170 < 0.05$(즉, P-값 $< \alpha$)이므로 귀무가설을 기각한다. [그림 8-27]을 보자.

그림 8-27

[예제 8-20]에 대한 α와 P-값

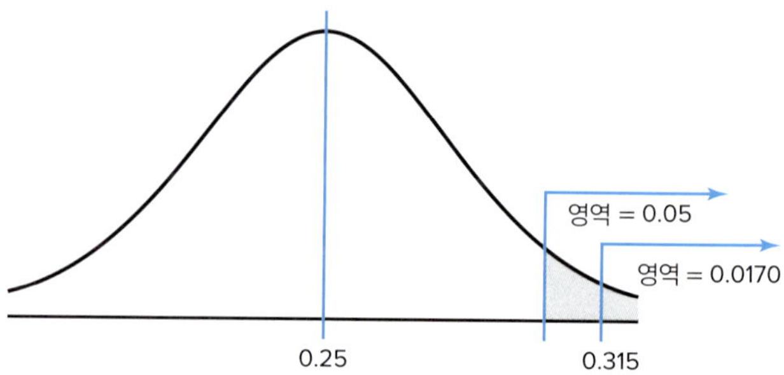

단계 5 변호사의 25% 이상이 광고의 어떤 형태를 이용한다는 변호사의 주장을 지지할 만한 충분한 증거가 있다.

흥미 있는 사실

번개는 폭풍 관련 재해 중 두 번째로 사망자를 배출하는데, 매년 평균 73명이 사망한다. 번개에 맞은 사람 중 90%는 생존하지만, 그들은 대개 후유증으로 장애를 갖게 된다.

개념의 적용 8–4

금연하기

당신이 금연하는 사람들을 돕기 위해 설계된 제품들을 비교하는 연구팀의 부서에 있다고 가정하자. Condor 소비자 제품회사는 과학계가 이용할 수 있는 연구에 대한 더 구체적인 내용을 원한다. 다음을 검토하고 연구를 수행한 방법에 관한 질문에 답하시오.

새로운 StopSmoke

어떤 방법이 더 효율적이라 입증되지 않았다. StopSmoke는 다른 방법들보다 유의한 이점을 제공한다. StopSmoke는 사용하기가 간단하며 따로 끊는 것을 요구하지 않는다. 또한 StopSmoke는 주요 상표들보다 유의하게 저렴하다. StopSmoke의 우위성이 두 개의 독립 연구에서 입증되었다.

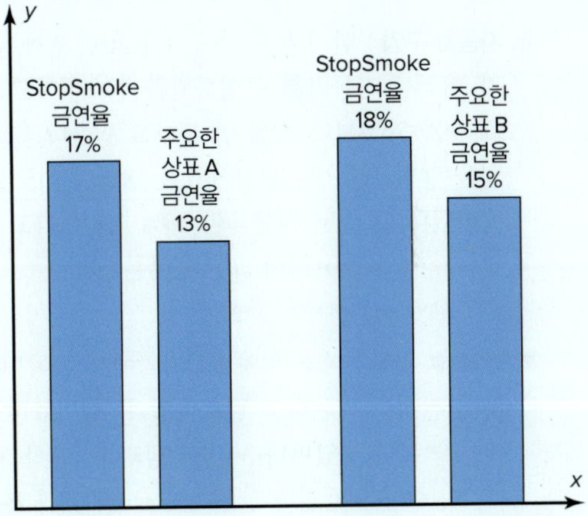

1. 통계적인 가설은 무엇인가?
2. 귀무가설은 무엇인가?
3. 대립가설은 무엇인가?
4. 어떤 통계적 검정이 시용되었는가?
5. 한쪽 혹은 양쪽 검정이 시용되었는가?
6. 유의수준은 무엇인가?
7. 제1종 오류를 범했다면 무엇이 일어날 것인지를 설명하시오.
8. 제2종 오류를 범했다면 무엇이 일어날 것인지를 설명하시오.
9. 연구는 무엇을 입증했는가?
10. 유의성에 대하여 2가지의 문장이 만들어졌다. 하나의 문장은 StopSmoke는 유의한 이점을 제공하고 다른 문장은 StopSmoke은 유의하게 다른 주요 상표들보다 저렴하다. 통계적인 유의성에 대하여 언급하고 있는가? 다른 형태의 유의성이 있는가?

정답 384쪽 참조

연습문제 8–4

1. 비율의 3가지의 예를 쓰시오.

2. 비율을 이용하여 가설검정을 할 때 필수조건은 무엇인가?

3~10번 문제는 다음 단계 각각을 수행하시오.

a. 가설들을 정하고 주장을 확인한다.
b. 임계값을 찾거나 *P*-값 방법을 사용한다.
c. 검정값을 계산한다.
d. 결정을 한다.
e. 결과를 요약한다.

P-값 방법이 지정되지 않는 한 가설검정의 전통적인 방법을 이용하시오.

3. 다른 위성에서의 생명체 사람들의 46%가 우주의 다른 위성에 생명체가 있다고 믿는다. 한 과학자는 여기에 동의하지 않는다. 그는 랜덤으로 120명의 사람들을 선택하였고 48명이 다른 위성에 생명체가 있다고 하는 것을 믿었다. $\alpha = 0.10$에서 백분율이 46과 다르다고 결론짓는 데 충분한 증거가 있는가?

출처: Amervian Health, *Inc*.

4. 테이크아웃 음식 한 잡지 기사에 따르면 성인 중 11%가 매일

테이크아웃 음식을 산다고 한다. 테이크아웃 음식점 사장이 200명의 고객을 조사하였더니 그중 32명이 매일 테이크아웃 음식을 구입한다고 하였다. $\alpha = 0.02$에서 잡지 기사의 주장을 믿을만한 충분한 증거가 있는가? $\alpha = 0.05$에서 그 주장은 기각되는가?

5. **가출** 어떤 교사가 가출의 58%가 여자라는 기록을 보았다. 그는 이 백분율이 58% 이상이라고 생각하고 랜덤표본으로 90명의 가출자를 선발하였더니 63명이 여자였다. $\alpha = 0.05$에서 그의 주장이 올바르다고 결론을 내릴 수 있는가?
출처: FBI.

6. **자동차 구입** 한 자동차 소유자가 20년 전에는 미국인의 76%가 미국산 자동차를 구입하기를 선호했다고 하며, 오늘날은 그 수가 76%보다 훨씬 안 된다고 믿는다. 그는 56명의 미국인을 랜덤표본으로 선발하였고 38명이 미국산을 선호한다고 말하였다. 오늘날 백분율이 76% 미만이라고 결론을 내릴 수 있는가? $\alpha = 0.01$에서 그는 올바른가?
출처: Opinion Research Corporation.

7. **방과 후 간식** 미국 영양협회저널에서 아이들의 54%가 방과 후에 간식을 먹는다고 발표하였다. 랜덤표본으로 60명의 아이들을 뽑아 보았더니 36명이 방과 후 간식을 먹는다고 하였다. 이 주장을 검정하기 위하여 $\alpha = 0.01$과 P-값 방법을 사용하시오. 이 결과에 근거해 부모들은 자녀가 건강 간식을 먹는 것에 대하여 걱정해야 하는가?

8. **청소년 흡연** 연구자는 모든 고등학생들의 18%가 적어도 하루에 담배 한 갑을 피우는 것으로 의심하고 있다. Wilson 고등학교에서 랜덤으로 300명을 선택하여 조사하였더니 50명의 학생이 적어도 하루에 담배 한 갑을 피었다. $\alpha = 0.05$에서 모든 고등학생의 18%가 적어도 하루에 담배 한 갑을 피운다는 주장을 검정하시오. P-값 방법을 사용하시오.

9. **도서관 책 빌리기** 미국도서관협회는 도서관 서비스를 이용하는 미국인 중 67%가 책을 빌린다고 주장한다. 한 도서관장은 이 주장이 사실이 아니라고 생각되어 랜덤으로 100명을 선택해 조사하였고 이 중 82명이 책을 빌린다는 사실을 알아내었다. 이를 통해 미국도서관협회의 주장이 잘못되었다는 것을 보여줄 수 있는가? $\alpha = 0.05$를 이용하시오.
출처: Americian Library Association; *USA TODAY*.

10. **축구선수 부상** NCAA의 보고서에는 축구선수 부상의 57.6%가 훈련 중에 일어난다고 나와 있다. 비율이 너무 높다고 생각한 수석코치가 랜덤으로 36명의 부상자를 뽑아 보았더니 17명이 훈련 중에 일어난 것이었다. $\alpha = 0.05$에서 그의 주장이 옳은가?
출처: *NCAA Sports Medicine Handbook*.

개념의 확장

np와 nq가 5 이상이 아닌 경우 이항표(부록 A에 있는 표 B)를 이용하여 비율을 포함하는 가설검정에서 임계값을 찾아야 한다.

11. **동전 던지기** 동전을 9번 던져 앞면이 3번 나왔다. 동전의 균형이 맞지 않는다고 결론 지을 수 있는가? $\alpha = 0.10$을 이용하시오.[힌트: 이항표를 이용하여 $p = 0.5$이고 $n = 9$인 $2P(X \le 3)$를 찾으시오.]

12. $\mu = np$와 $\sigma = \sqrt{npq}$를 대입하고 분모와 분자 모두를 n으로 나눔으로써 $z = \dfrac{\hat{p} - p}{\sqrt{pq/n}}$가 $z = \dfrac{X - \mu}{\sigma}$로부터 도출될 수 있는가를 보이시오.

EXCEL Step by Step

비율에 대한 가설검정: z 검정

Excel에는 단일 모비율에 대한 가설검정을 시행하는 절차가 없다. 그러나 함수마법사 기능을 이용하면 유의확률을 계산할 수 있다.

예제 XL8-2

$n = 100$이고 $X = 37$이다. 유의수준 1%에서 $p = 0.40$이라는 주장을 검정하시오.

1. A1에 '모비율'이라고 입력하고 B1에 '0.40'을 입력한다.
2. A2에 '표본크기', A3에 'X'를 입력하고 B2에 '100', B3에 '37'을 입력한다.
2. A4에 '표본비율'을 입력하고 B4에 '=B3/B2'을 입력한다.
3. A5에 'z값'이라고 입력하고 C5에 '=(B4−B1)/SQRT((B1*(1−B1))/B2)'라 입력한다.
4. A6에 '유의확률'이라고 입력하고 C6에 '=2*NORM.S.DIST(−0.61237,1)'이라 입력한다.

	A	B	C
1	모비율	0.4	
2	표본크기	100	
3	X	37	
4	표본비율	0.37	
5	z값	-0.61237	
6	유의확률	0.540293	
7			

8–5 분산 혹은 표준편차에 대한 χ^2 검정

학습목표 8
카이제곱검정을 이용하여 분산 혹은 표준편차 검정하기

7장에서는 카이제곱분포가 하나의 분산 혹은 표준편차에 대한 신뢰구간을 구축하기 위하여 이용되었다. 이 분포는 하나의 분산 혹은 표준편차에 대한 주장을 검정하는 데에도 이용될 수 있다.

7장에서 언급했던 카이제곱분포의 특성들을 상기하자.

1. 모든 카이제곱 값들은 0 이상이다.
2. 카이제곱분포는 자유도에 근거한 곡선들의 모임이다.
3. 카이제곱분포 곡선의 아래 전체 면적은 1과 같다.
4. 카이제곱분포는 양의 방향으로 기울어져 있다.

카이제곱분포의 임계값을 찾을 때는 부록 A에 있는 표 G를 이용하면 되고, 고려해야 하는 3가지 경우가 있다.

1. 가설검정이 오른쪽꼬리일 때 특정한 α에 대한 카이제곱 임계값 찾기
2. 가설검정이 왼쪽꼬리일 때 특정한 α에 대한 카이제곱 임계값 찾기
3. 가설검정이 양쪽꼬리일 때 특정한 α에 대한 카이제곱 임계값 찾기

표 G는 임계값의 오른쪽에 면적을 주는 식으로 설정되었다. 따라서 검정이 오른쪽꼬리라면 특정한 자유도에 대한 α값 아래의 면적을 사용하고, 검정이 왼쪽꼬리라면 1에서 α를 뺀 값 아래에 해당하는 자유도의 면적을 사용하면 된다. 만일 양쪽꼬리라면 α를 2로 나누고, 오른쪽 임계값에 대한 자유도의 값의 면적을 이용하고, 왼쪽 임계값에 대한 자유도에 대해서는 $1 - \alpha/2$ 값에 대한 면적을 이용하면 된다.

예제 8–21

$\alpha = 0.05$이고 오른쪽꼬리일 때 자유도 15에 대한 카이제곱 임계값을 찾으시오.

풀이

이 분포는 [그림 8–28]에 나와 있다.

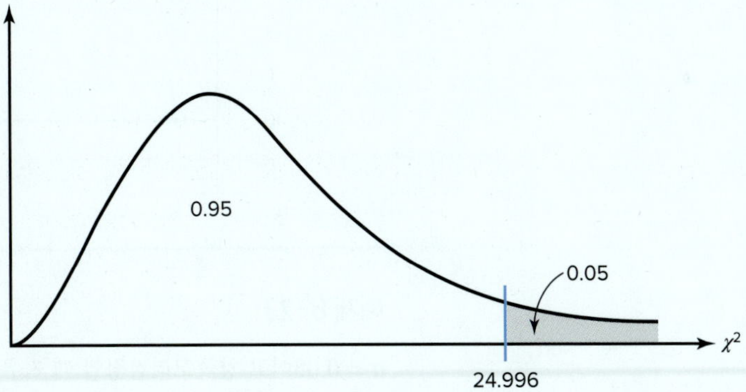

그림 8–28
[예제 8–21]에 대한 카이제곱 분포

표 G에서 α값을 찾고 왼쪽 열에서 해당하는 자유도를 찾는다. 임계값은 두 값이 만나는 24.996에 위치한다. [그림 8-29]를 보자.

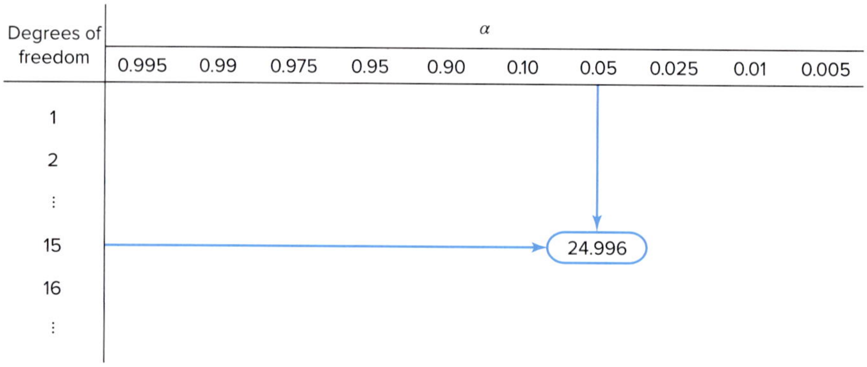

그림 8-29

[예제 8-21]에 대한 표 G에서 임계값 알아내기

예제 8-22

$\alpha = 0.05$이고 왼쪽꼬리일 때 자유도 10에 대한 카이제곱 임계값을 찾으시오.

풀이

이 분포는 [그림 8-30]에서 나와 있다.

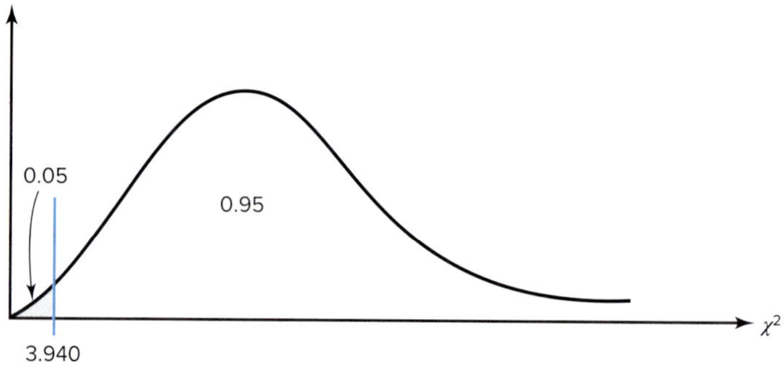

그림 8-30

[예제 8-22]에 대한 카이제곱 분포

검정이 왼쪽꼬리일 때 α값은 1에서 빼야 한다. 즉, $1 - 0.05 = 0.95$이다. 카이제곱표는 임계값의 오른쪽까지의 면적을 주고 카이제곱 통계량은 음이 될 수 없기 때문에 표의 왼쪽이 사용된다. 표는 임계값의 오른쪽까지 면적에 대한 값들을 준다. 이 경우에 면적의 95%는 값의 오른쪽에 있을 것이다.

0.95와 자유도 10에 대한 임계값은 3.940이다. [그림 8-31]을 보자.

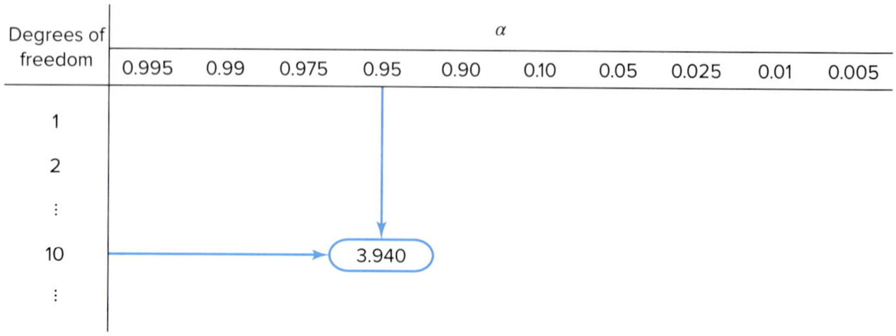

그림 8-31

[예제 8-22]에 대한 표 G에서 임계값 알아내기

예제 8-23

$\alpha = 0.05$이고 양쪽꼬리검정일 때 자유도 22에 대한 카이제곱 임계값을 찾으시오.

풀이

양쪽검정이 행해질 때 면적은 [그림 8–32]에서 보는 것처럼 나누어져야 한다. 큰 값의 오른쪽까지 면적은 0.025(0.05/2 혹은 $\alpha/2$)이고 작은 값의 오른쪽까지 면적은 0.975(1.00 − 0.05/2 혹은 $1-\alpha/2$)이다.

그림 8–32

[예제 8–23]에 대한 카이제곱 분포

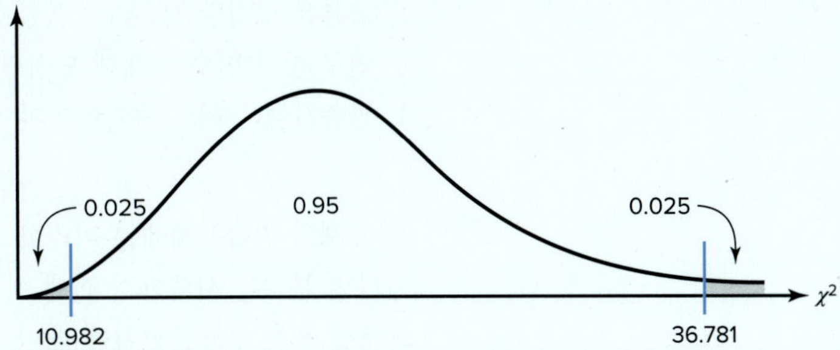

카이제곱값들은 음이 될 수 없다는 것을 기억하자. 따라서 0.025와 0.975의 표에서 α값들을 사용하여야 한다. 자유도 22를 가진 임계값들은 각각 36.781과 10.982이다.

부록의 표 G에는 자유도 30까지의 값만을 제공하고 있다(30 이후는 40과 50만 제공). 표에 없는 자유도가 나올 경우에는 가장 가까운 작은 값을 사용하면 된다. 예를 들어 주어진 자유도가 36이라면 자유도 30에 해당하는 값을 사용하면 된다. 이 지침은 제1종 오류를 α값 이하로 유지한다.

카이제곱검정(chi-square test)을 이용하여 하나의 분산에 대한 주장을 검정할 때 3가지 가능한 검정 상황, 즉 오른쪽꼬리검정, 왼쪽꼬리검정, 양쪽꼬리검정이 있다.

연구자가 모분산이 특정한 값, 즉 225보다 크다고 생각하면 가설을 다음처럼 정의하고

$$H_0: \sigma^2 = 225 \qquad \text{그리고} \qquad H_1: \sigma^2 > 225$$

오른쪽꼬리검정을 수행한다.

연구자가 모분산이 225 미만이라고 생각하면 가설을 다음처럼 정의하고

$$H_0: \sigma^2 = 225 \qquad \text{그리고} \qquad H_1: \sigma^2 < 225$$

왼쪽꼬리검정을 수행한다.

연구자가 방향을 정하기를 원하지 않는다면 가설을 다음처럼 정의하고

$$H_0: \sigma^2 = 225 \qquad \text{그리고} \qquad H_1: \sigma^2 \neq 225$$

양쪽꼬리검정을 수행한다.

하나의 분산에 대한 카이제곱검정의 공식

$$\chi^2 = \frac{(n-1)s^2}{\sigma^2}$$

지유도는 $n-1$과 같고

n = 표본크기

s^2 = 표본분산

σ^2 = 모분산

이색 통계

미국의 집에서 기르는 고양이의 약 55%는 비만이다.

다음은 카이제곱검정에 대한 세 가지의 가정들을 정리한 것이다.

하나의 분산에 대한 카이제곱검정의 가정

1. 표본은 모집단으로부터 랜덤으로 뽑혀야 한다.
2. 연구 중인 변수에 대해 모집단은 정규분포를 해야 한다.
3. 관측값들은 서로 독립이어야 한다.

본 교재의 연습문제에는 이러한 가정들을 언급할 것이다. 그러나 다른 상황에서 통계자료를 접한다면 분석을 시행하기 전에 이러한 가정들이 만족되는지를 확인해야 한다.

모분산 혹은 모표준편차에 대한 가설검정을 하기 위해 사용되는 방법들은 로버스트(robust)하지 않다. 따라서 정규분포를 하지 않는 모집단에서 자료를 가져오는 경우 이러한 방법을 사용할 수 없다.

가설검정을 하기 위한 전통적인 방법은 앞에서 언급했던 다음 다섯 단계와 같다.

단계 1 가설을 정하고 주장을 확인한다.
단계 2 임계값을 찾는다.
단계 3 검정값을 계산한다.
단계 4 결정을 한다.
단계 5 결과를 요약한다.

[예제 8-24]~[예제 8-26]은 분산에 대한 전통적인 가설검정을 보여준다.

분산을 검정하는 것이 왜 중요한지 묻는다면, 몇 가지 이유가 있다. 먼저, 제조업에서처럼 일관성이 요구되는 상황에서는 생산품들의 변동(variation)이 가능하면 작아야 한다. 예를 들어 볼트를 만들 때 지름의 편차는 최소화되어야 한다. 그렇지 않으면 너트가 제대로 맞지 않을 것이다. 교육에서는 시험에 일관성이 필요하다. 즉, 같은 학생들이 같은 시험을 여러 번 치르면 거의 같은 성적을 받을 것이고, 학생들의 분산은 작게 될 것이다. 한편, 시험을 통해 학습능력을 판단하는 경우에는 모든 성적의 전체 표준편차가 커야 과목을 배운 사람들과 배우지 않은 사람들을 구별할 수 있다.

예제 8-24 IQ 검사

한 심리학자는 상담환자 10명의 IQ의 분산이 모집단의 분산인 225 미만인지를 알고자 한다. 환자 10명의 IQ의 분산은 206이었다. $\alpha = 0.05$에서 주장을 검정하시오.

풀이

단계 1 가설을 정하고 주장을 확인한다.

$$H_0\text{: } \sigma^2 = 225 \qquad \text{그리고} \qquad H_1\text{: } \sigma^2 < 225 \text{ (주장)}$$

단계 2 임계값을 찾는다. 왼쪽꼬리검정이고 $\alpha = 0.05$이기 때문에 값 $1 - 0.05 = 0.95$가 이용되어야 한다. 자유도는 $n - 1 = 10 - 1 = 9$이다. 따라서 임계값은 3.325이다.

단계 3 검정값을 계산한다.

$$\chi^2 = \frac{(n-1)s^2}{\sigma^2} = \frac{(10-1)(206)}{225} = 8.24$$

단계 4 결정을 한다. 8.24가 비임계역에 위치하기 때문에 귀무가설을 기각하지 않는다. [그림 8-33]을 보자.

그림 8-33

[예제 8-33]에 대한 임계값과 검정값

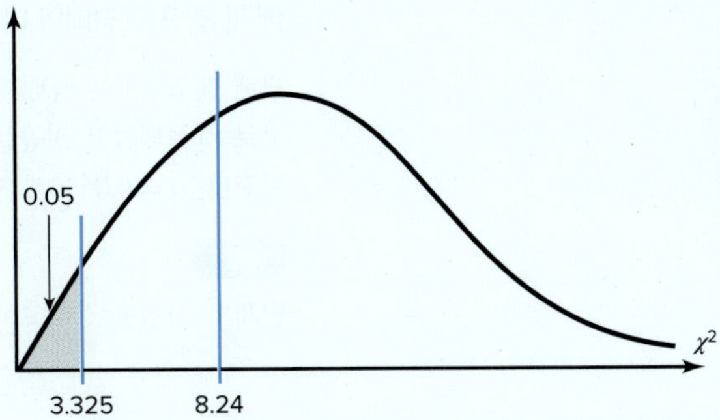

단계 5 결과를 요약한다. 환자 10명의 분산은 225 미만이라는 주장을 지지할 만한 충분한 증거가 없다.

예제 8-25 외래환자 수술

병원 관리자는 하루에 외래환자 수술을 받는 사람 수의 표준편차가 8보다 크다고 생각한다. 랜덤표본으로 15일을 선택하였고 자료는 다음과 같다. $\alpha = 0.10$에서 병원 관리자의 주장을 지지할 만한 충분한 증거가 있는가? 변수는 정규분포를 한다고 가정한다.

25	30	5	15	18
42	16	9	10	12
12	38	8	14	27

풀이

단계 1 가설을 정하고 주장을 확인한다.

$$H_0\colon \sigma = 8 \qquad \text{그리고} \qquad H_1\colon \sigma > 8 \text{ (주장)}$$

표준편차가 주어졌으므로 분산을 얻기 위해서는 제곱이 되어야 한다.

단계 2 임계값을 찾는다. 이 검정은 자유도가 $15 - 1 = 14$이고 $\alpha = 0.10$인 오른쪽꼬리이기 때문에 임계값은 21.064이다.

단계 3 검정값을 계산한다. 원자료가 주어졌기 때문에 표본의 표준편차는 3장에 있는 공식 혹은 계산기를 이용하여 구해야 한다. 즉, $s = 11.2$이다.

$$\chi^2 = \frac{(n-1)s^2}{\sigma^2} = \frac{(15-1)(11.2)^2}{64} = 27.44$$

단계 4 결정을 한다. 결정은 검정값 27.44가 임계값 21.064보다 크고 임계역에 위치하기 때문에 귀무가설을 기각하는 것이다. [그림 8-34]를 보자.

그림 8-34

[예제 8-25]에 대한 임계값과 검정값

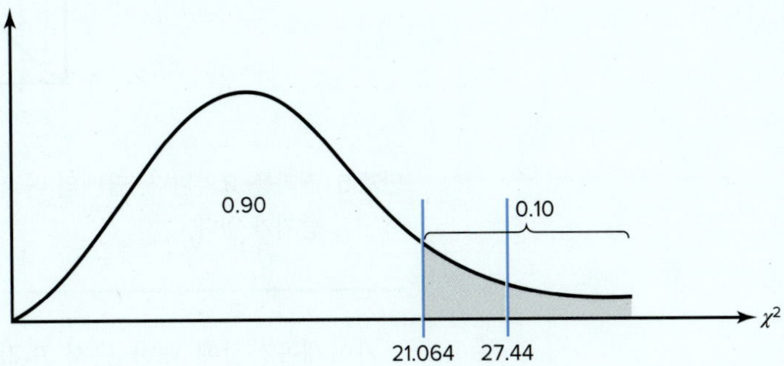

단계 5 결과를 요약한다. 표준편차가 8보다 크다는 주장을 지지할 만한 충분한 증거가 있다.

예제 8-26 담배의 니코틴 양

담배 제조업체는 담배의 니코틴 양의 분산이 0.644라는 주장을 검정하려고 한다. 니코틴 양은 밀리그램으로 측정되었고 정규분포를 한다고 가정한다. 랜덤표본인 20개의 담배는 1.0 밀리그램의 표준편차를 가진다. $\alpha = 0.05$에서 제조자의 주장을 기각할 만한 충분한 증거가 있는가?

풀이

단계 1 가설을 정하고 주장을 확인한다.

$$H_0\colon \sigma^2 = 0.644 \text{ (주장)} \qquad \text{그리고} \qquad H_1\colon \sigma^2 \neq 0.644$$

단계 2 임계값을 찾는다. $\alpha = 0.05$에서 양쪽꼬리검정이기 때문에 0.025와 0.975에 대한 임계값을 알아야 한다. 자유도는 19이므로 임계값은 각각 32.852 와 8.907이다. 임계역 혹은 기각역은 [그림 8-35]에 나와 있다.

그림 8-35
[예제 8-26]에 대한 임계값

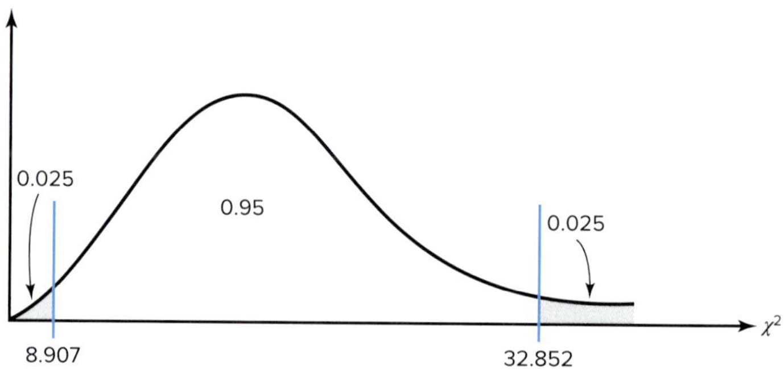

단계 3 검정값을 계산한다.

$$\chi^2 = \frac{(n-1)s^2}{\sigma^2} = \frac{(20-1)(1.0)^2}{0.644} = 29.5$$

표준편차 s는 문제에서 주어졌으므로 그것은 공식에서 제곱되어야 한다.

단계 4 결정을 한다. 결정은 [그림 8-36]에서 보는 바와 같이 검정값이 임계값들 사이($8.907 < 29.5 < 32.852$)에 위치하고 비임계역에 있으므로 귀무가설을 기각하지 않는다.

그림 8-36
[예제 8-26]에 대한 임계값과 검정값

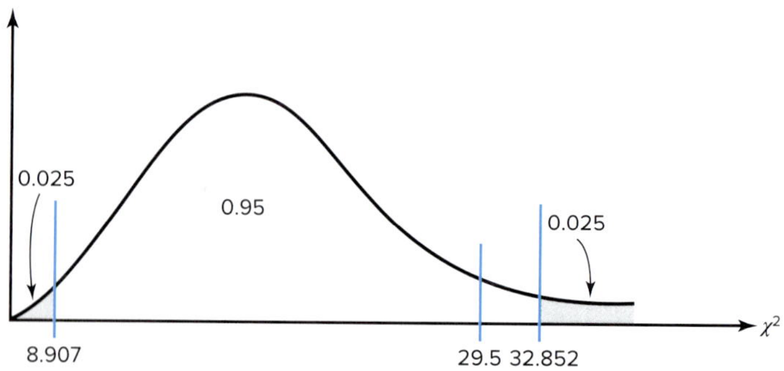

단계 5 결과를 요약한다. 담배의 니코틴 함량의 분산이 0.644라는 제조자의 주장을 기각할 만한 충분한 증거가 없다.

카이제곱검정에 대한 근사 P-값은 부록 A에 있는 표 G를 이용함으로써 알 수 있다. z나 t 검정에 대한 P-값을 찾는 이전의 절차들보다는 다소 복잡하다. 왜냐하면 카이제곱분포는 정확히 대칭이 아니고 χ^2값은 음이 될 수 없기 때문이다. t 검정에서 했던 것처럼 표를 기준으로 P-값의 구간을 결정할 것이다. [예제 8-27]~[예제 8-29]에서 이 절차를 설명한다.

예제 8-27

$\chi^2 = 19.274$, $n = 8$이고 검정이 오른쪽꼬리일 때 P-값을 찾으시오.

풀이

P-값을 구하기 위하여 표 G에서 d.f. = 7인 행에서 19.274에 가까운 두 값을 찾는다. 18.475와 20.278이다. 18.475와 20.278에 해당하는 상단의 α값을 찾는다. 0.01과 0.005이다. [그림 8-37]을 보자. 따라서 P-값은 구간 $0.005 < P\text{-값} < 0.01$ 안에 포함된다.(계산기에서 얻어진 P-값은 0.007이다.)

그림 8-37
[예제 8-27]에 대한 P-값 구간

자유도	α									
	0.995	0.99	0.975	0.95	0.90	0.10	0.05	0.025	0.01	0.005
1	—	—	0.001	0.004	0.016	2.706	3.841	5.024	6.635	7.879
2	0.010	0.020	0.051	0.103	0.211	4.605	5.991	7.378	9.210	10.597
3	0.072	0.115	0.216	0.352	0.584	6.251	7.815	9.348	11.345	12.838
4	0.207	0.297	0.484	0.711	1.064	7.779	9.488	11.143	13.277	14.860
5	0.412	0.554	0.831	1.145	1.610	9.236	11.071	12.833	15.086	16.750
6	0.676	0.872	1.237	1.635	2.204	10.645	12.592	14.449	16.812	18.548
7	0.989	1.239	1.690	2.167	2.833	12.017	14.067	16.013	18.475	20.278
8	1.344	1.646	2.180	2.733	3.490	13.362	15.507	17.535	20.090	21.955
9	1.735	2.088	2.700	3.325	4.168	14.684	16.919	19.023	21.666	23.589
10	2.156	2.558	3.247	3.940	4.865	15.987	18.307	20.483	23.209	25.188
⋮	⋮	⋮	⋮	⋮	⋮	⋮	⋮	⋮	⋮	⋮
30	13.787	14.954	16.791	18.493	20.599	40.256	43.773	46.979	50.892	53.672

*19.274는 18.475와 20.278 사이에 있다.

예제 8-28

$\chi^2 = 3.823$, $n = 13$이고 검정이 왼쪽꼬리일 때 P-값을 찾으시오.

풀이

P-값을 구하기 위하여 표 G에서 d.f. = 12인 행에서 3.823에 가까운 두 값을 찾는다. 3.571과 4.404이다. 3.571과 4.404에 해당하는 상단의 α값을 찾는다. 각각 0.99와 0.975이다. χ^2 검정값이 왼쪽 편에 떨어질 때 값들의 각각은 P-값이 사이에 떨어지는 구간을 얻기 위해서 1에서 빼야 한다.

$$1 - 0.99 = 0.01 \quad \text{그리고} \quad 1 - 0.975 = 0.025$$

따라서 P-값은 구간 $0.01 < P\text{-값} < 0.025$ 안에 포함된다.(계산기에서 얻어진 P-값은 0.014이다.)

χ^2검정이 양쪽검정일 때 구간값들은 2배가 되어야 한다. 만일 양쪽검정이 [예제 8-28]에서 사용된다면 구간은 $2(0.01) < P\text{-값} < 2(0.025)$이거나 $0.02 < P\text{-값} < 0.05$일 것이다.

분산 혹은 표준편차에 대한 가설검정의 P-값 방법은 앞 절에서와 같은 단계를 따른다.

단계 1 가설을 정하고 주장을 확인한다.
단계 2 검정값을 계산한다.
단계 3 P-값을 찾는다.
단계 4 결정을 한다.
단계 5 결과를 요약한다.

[예제 8−29]는 분산 혹은 표준편차에 대한 P-값 방법을 보여준다.

예제 8-29 자동차 검사 시간

연구자는 과거의 연구를 통해 자동차 검사에 걸리는 시간의 표준편차가 16.8분이라는 것을 알고 있다. 랜덤표본 24대를 뽑아 조사하였다. 표준편차는 12.5분이다. $\alpha = 0.05$에서 표준편차가 바뀌었다고 결론지을 수 있는가? P-값 방법을 이용하시오. 변수는 정규분포를 한다고 가정한다.

풀이

단계 1 가설을 정하고 주장을 확인한다.

$$H_0: \sigma = 16.8 \qquad \text{그리고} \qquad H_1: \sigma \neq 16.8 \text{ (주장)}$$

단계 2 검정값을 계산한다.

$$\chi^2 = \frac{(n-1)s^2}{\sigma^2} = \frac{(24-1)(12.5)^2}{(16.8)^2} = 12.733$$

단계 3 P-값을 찾는다. 표 G를 이용하여 d.f. = 23에 해당하는 값을 찾으면 12.733은 11.689와 13.091 사이에 떨어진다. 이것에 대응하는 값은 각각 0.975와 0.95이다. 그러한 값들은 분포의 왼쪽에서 알 수 있기 때문에 각 값은 1에서 빼야 한다. 따라서 $1 - 0.975 = 0.025$와 $1 - 0.95 = 0.05$이다. 이것은 양쪽꼬리검정이기 때문에 P-구간을 얻기 위해서는 두 배가 되어야 한다. 따라서 $0.05 < P\text{-값} < 0.10$ 혹은 0.05와 0.10 사이의 어디엔가 있다.(계산기에서 얻어진 P-값은 0.085이다.)

단계 4 결정을 한다. $\alpha = 0.05$와 P-값은 0.05와 0.10 사이에 있기 때문에 $P\text{-값} > \alpha$이므로 결정은 귀무가설을 기각하지 않는다.

단계 5 결과를 요약한다. 조사하는 데 소요되는 시간의 표준편차가 바뀌었다는 주장을 지지할 만한 충분한 증거가 없다.

개념의 적용 8-5

자동차 연비 검정

당신이 소비자보호기관에서 일하고 있다고 가정하고 최근에 새로운 Dodge Caravans(미국의 자동차 이름 중 하나)의 고속도로에서 연비에 대한 불만사항이 접수되었다고 하자. Chrysler 회사는 고속도로에서 연비를 검정하기 위하여 새로운 Dodge Caravans 40대를 랜덤으로 선택하는 것을 동의하였다. Chrysler 회사는 Caravans는 고속도로에서 28mpg를 얻었다고 주장한다. 당신의 결과는 평균 26.7과 표준편차 4.2이다. 당신은 Chrysler의 주장을 지지한다.

1. 결과로부터 P-값을 나열함으로써 Chrysler 회사의 주장을 지지하는지를 보이시오. 더 많은 불만사항이 접수된 후 고속도로에서 갤런당 연비의 변이성을 검정하기로 결정하였다. Chrysler 회사의 품질관리 엔지니어의 질문으로부터 당신은 그들이 표준편차 2.1을 주장하고 있다는 것을 알고 있다. 한쪽꼬리검정을 사용하시오.
2. 표준편차에 대한 주장을 검정하시오.
3. 결과의 짧은 요약과 함께 Chrysler 회사가 고객의 불만사항을 해결하기 위해 필요한 몇 가지 조치를 쓰시오.
4. 평균의 검정과 함께 변이의 검정을 수행할 필요성에 대한 당신의 입장을 말하시오.

정답 384쪽 참조

연습문제 8-5

1. 표 G를 이용해서 각각에 대한 임계값(들)을 찾고 비임계역 혹은 영역을 나타내고 귀무가설과 대립가설을 쓰시오. $\sigma^2 = 225$를 사용하시오.

a. $\alpha = 0.10, n = 14$, 양쪽꼬리
b. $\alpha = 0.05, n = 27$, 오른쪽꼬리
c. $\alpha = 0.01, n = 9$, 왼쪽꼬리
d. $\alpha = 0.05, n = 17$, 오른쪽꼬리

2. 표 G를 이용하여 각각의 χ^2 검정값에 대한 P-값 구간을 찾으시오.

a. $\chi^2 = 29.321, n = 16$, 오른쪽꼬리
b. $\chi^2 = 10.215, n = 25$, 왼쪽꼬리
c. $\chi^2 = 24.672, n = 11$, 양쪽꼬리
d. $\chi^2 = 23.722, n = 9$, 오른쪽꼬리

3~10번 문제는 변수들이 정규분포 혹은 근사정규분포를 한다고 가정하시오. 별도로 지정이 없는 한 가설검정의 전통적인 방법을 사용하시오.

3. 심리학자의 나이 Pennsylvania에 있는 심리학자들의 나이에 대한 표준편차가 8.6이라는 주장을 $\alpha = 0.05$에서 검정하시오. 12명의 심리학들의 랜덤표본은 9.3의 표준편차를 가진다.

4. 전화 연결 어떤 기업의 대표가 회사 내에서 전화가 제대로 사무실로 연결되는 시간의 표준편차가 1.2분 이하라고 주장한다. 표본 15개의 전화가 선택되었고 전화 시간이 측정되었다. 표본의 표준편차는 1.8분이었다. $\alpha = 0.01$에서 표준편차가 1.2분 이하라는 주장을 검정하시오. P-값 방법을 사용하시오.

5. 슈퍼마켓까지 거리 8명에 대한 가장 가까운 마트까지 이동하는 거리의 랜덤표본이 주어졌다. 이동 거리의 표준편차가 2마일보다 크다는 것을 $\alpha = 0.01$에서 검정하시오.

3.6	4.2	1.7	1.3
5.1	9.3	2.9	6.5

6. 토네이도에 의한 사망자 수 연구자는 미국에서 매년 토네이도로 인한 사망자 수의 표준편차가 35명 미만이라고 주장한다. 11년의 랜덤표본이 표준편차 32명을 가진다면 이 주장은 믿을만한가? $\alpha = 0.05$를 이용하시오.

출처: National Oceanic and Atmospheric Adminstration.

7. 담배의 니코틴 양 담배제조업체는 회사에서 만드는 담배의 니코틴 양의 분산이 0.638밀리그램이라는 주장을 검정하기를 원한다. 25개의 랜덤표본에 대한 분산은 0.930밀리그램이었다. $\alpha = 0.05$에서 주장을 검정하시오.

8. 제조된 부품 제품 어떤 제조 공정에서 표준편차가 0.52 mm 이하인 측정으로 기계 부품을 생산한다. 20개의 부품에서 나온 랜덤표본은 0.568 mm의 표준편차를 나타낸다. $\alpha = 0.05$에서 부품의 표준편차가 요구된 지침을 벗어났다는 결론을 내릴만한 충분한 증거가 있는가?

9. 팬케이크의 칼로리 한 영양사가 팬케이크 시럽 주요 브랜드의 1스푼에 있는 칼로리의 표준편차가 60이라고 주장한다. 랜덤표본으로 선택한 주요 브랜드들의 칼로리가 다음과 같다. $\alpha = 0.10$에서 주장은 기각될 수 있는가?

53	210	100	200	100	220
210	100	240	200	100	210
100	210	100	210	100	60

출처: Based on information from Netzer, Corrine T., The Complete Book of Food Counts, New York: Dell Publishers, 2011.

10. 대학 강의실과 칠판 비용 랜덤표본으로 선택된 종교 대학들에 대한 강의실과 칠판 비용이 다음과 같이 주어졌다.

7460	7959	7650	8120	7220
8768	7650	8400	7860	6782
8754	7443	9500	9100	

$s \approx R/4$에 근거해서 비용의 표준편차를 추정하시오. 표본 표준편차가 추정된 양과 다르다는 충분한 증거가 있는가? $\alpha = 0.05$를 이용하시오.

출처: *World Almanac*.

EXCEL
Step by Step

분산에 대한 가설검정: 카이제곱검정

Excel에는 단일 모분산에 대한 가설검정을 시행하는 절차가 없다. 그러나 함수마법사 기능을 이용하면 유의확률을 계산할 수 있다.

예제 XL8-3

이 예제는 본문의 [예제 8-26]과 관련된다. 유의수준 5%에서 $\sigma^2 = 0.644$라는 주장을 검정하시오.

1. A1에 변수 이름 '니코틴'을 입력한다.
2. A2에 '표본분산', B2에 '1'을 입력한다.
3. A3에 '표본크기', B3에 '20'을 입력한다.
4. A4에 '모분산', B4에 '0.644'를 입력한다.
5. A5에 '카이제곱', B5에 '=(B3−1)*B2/B4'를 입력한다.
6. A6에 '유의확률', B6에 '=2*CHISQ.DIST.RT(B5,19)'를 입력한다.

	A	B	C
1	니코틴		
2	표본분산	1	
3	표본크기	20	
4	모분산	0.644	
5	카이제곱	29.50311	
6	유의확률	0.116945	
7			
8			

8–6 가설검정에 관한 추가적인 주제

가설검정의 경우, 기초통계학 분야에서 학생들이 관심을 가지는 몇 가지의 다른 개념들이 있는데, 가설검정과 신뢰구간 사이의 관계, 제2종 오류에 대한 추가적인 정보를 들 수 있다.

신뢰구간과 가설검정

학습목표 9
신뢰구간을 이용하여 가설검정하기

신뢰구간과 가설검정 사이에는 관계가 있다. 가설검정 상황에서 귀무가설이 기각되는 경우, 같은 유의수준을 이용한 평균에 대한 신뢰구간은 가정된 평균을 포함하지 않는다. 마찬가지로 귀무가설이 기각되지 않은 경우, 같은 신뢰구간을 이용하여 계산된 신뢰구간은 가정된 평균을 포함한다. [예제 8-30]과 [예제 8-31]은 양쪽꼬리검정에 대해서 이 개념을 설명한다.

예제 8-30 설탕 포장량

설탕이 한 자루에 5파운드가 포장되었다고 한다. 하지만 조사자는 자루당 포장량이 5파운드가 되지 않을 것이라고 의심하고 있다. 랜덤표본으로 선택된 50개의 자루에서 평균 4.6파운드와 표준편차 0.7파운드가 나왔다. $\alpha = 0.05$에서, 언급한 것처럼 5파운드가 되지 않는다고 결론지을 만한 충분한 증거가 있는가? 또한 모평균에 대한 95% 신뢰구간을 구하시오. 변수는 정규분포를 한다고 가정한다.

ⓒYeti studio/Shutterstock

풀이

단계 1 가설을 정하고 주장을 확인한다.

$$H_0: \mu = 5 \quad \text{그리고} \quad H_1: \mu \neq 5 \text{ (주장)}$$

단계 2 $\alpha = 0.05$이고 자유도= 49(d.f. = 45를 이용한다), 임계값들은 +2.014와 −2.014이다.

단계 3 검정값을 계산한다.

$$t = \frac{\overline{X} - \mu}{s/\sqrt{n}} = \frac{4.6 - 5.0}{0.7/\sqrt{50}} = \frac{-0.4}{0.099} = -4.04$$

단계 4 결정을 한다. $-4.04 < -2.014$이므로 귀무가설을 기각한다. [그림 8-38]을 보자.

그림 8-38

[예제 8-30]에 대한 임계값과 검정값

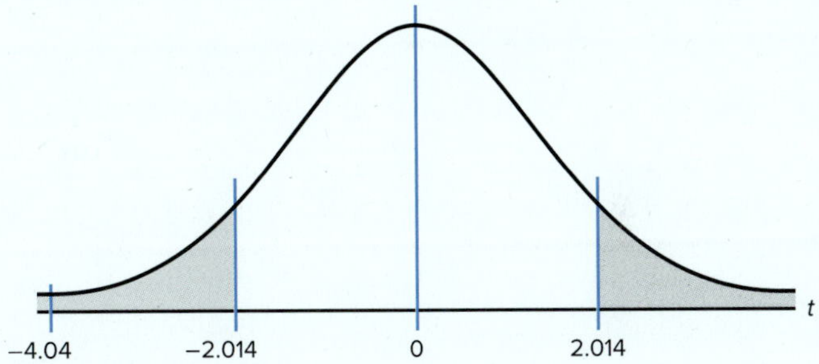

단계 5 결과를 요약한다. 자루가 5파운드가 되지 않는다는 주장을 지지할 만한 충분한 증거가 있다.

평균에 대한 95% 신뢰구간은 다음과 같이 주어진다.

$$\overline{X} - t_{\alpha/2}\frac{s}{\sqrt{n}} < \mu < \overline{X} + t_{\alpha/2}\frac{s}{\sqrt{n}}$$

$$4.6 - (2.014)\left(\frac{0.7}{\sqrt{50}}\right) < \mu < 4.6 + (2.014)\left(\frac{0.7}{\sqrt{50}}\right)$$

$$4.4 < \mu < 4.8$$

μ의 95% 신뢰구간은 가정된 값 $\mu = 5$를 포함하지 않는다. 따라서 가설검정과 신뢰구간 사이에는 합의점이 있다.

예제 8-31 돼지 무게

연구자는 특별한 다이어트로 키운 돼지가 200파운드의 평균 몸무게를 가질 것이라고 주장한다. 랜덤표본 10마리의 돼지는 평균 198.2파운드와 표준편차 3.3파운드를 가진다. $\alpha = 0.05$에서 그 주장은 기각될 수 있는가? 또한 모평균에 대한 95% 신뢰구간을 구하시오. 변수는 정규분포를 한다고 가정한다.

풀이

단계 1 가설을 정하고 주장을 확인한다.

$$H_0: \mu = 200 \text{ lb (주장)} \quad \text{그리고} \quad H_1: \mu \neq 200 \text{ lb}$$

단계 2 임계값을 찾는다. $\alpha = 0.05$이고 자유도 = 9에서, 임계값들은 +2.262와 −2.262이다.

단계 3 검정값을 계산한다.

$$t = \frac{\overline{X} - \mu}{s/\sqrt{n}} = \frac{198.2 - 200}{3.3/\sqrt{10}} = \frac{-1.8}{1.0436} = -1.72$$

단계 4 결정을 한다. 귀무가설을 기각하지 않는다. [그림 8-39]를 보자.

그림 8-39
[예제 8-31]에 대한 임계값과 검정값

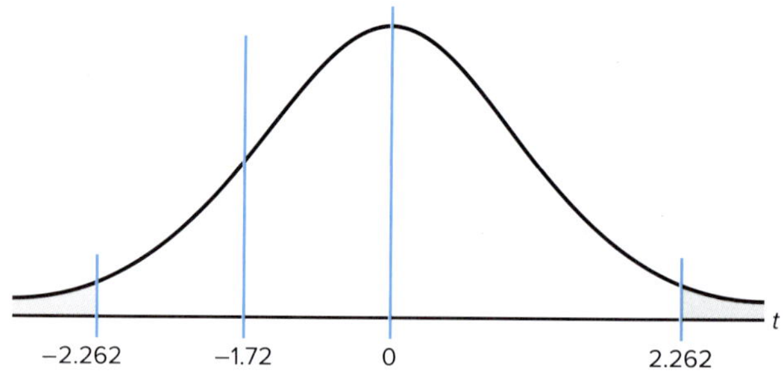

단계 5 결과를 요약한다. 돼지의 평균 무게가 200 lb라는 주장을 기각할 만한 충분한 증거가 없다. 평균에 대한 95% 신뢰구간은 다음과 같이 주어진다.

$$\bar{X} - t_{\alpha/2}\frac{s}{\sqrt{n}} < \mu < \bar{X} + t_{\alpha/2}\frac{s}{\sqrt{n}}$$

$$198.2 - (2.262)\left(\frac{3.3}{\sqrt{10}}\right) < \mu < 198.2 + (2.262)\left(\frac{3.3}{\sqrt{10}}\right)$$

$$198.2 - 2.361 < \mu < 198.2 + 2.361$$

$$195.8 < \mu < 200.6$$

μ의 95% 신뢰구간은 가정된 값 $\mu = 200$를 포함한다. 다시 가설검정과 신뢰구간 사이에는 합의점이 있다.

요약하면 귀무가설이 유의수준 α에서 기각될 때 $1 - \alpha$ 수준에서 계산된 신뢰구간에는 귀무가설에서 언급한 평균값이 포함되지 않는다. 이와는 달리 귀무가설이 기각되지 않을 때 같은 유의수준에서 계산된 신뢰구간에는 귀무가설에서 언급된 평균값이 포함된다. 이러한 결과는 다른 가설검정 상황에서도 해당되며 평균검정에만 국한되지 않는다.

여기에서 제시된 신뢰구간과 가설검정 사이의 관계는 양쪽꼬리검정의 경우에 유효하다. 한쪽꼬리검정과 단측 혹은 한쪽꼬리 신뢰구간 사이의 관계 역시 유효하지만 이 기법은 이 교재의 범위를 벗어나므로 다루지 않는다.

제2종 오류와 검정력

가설검정에는 두 가지의 가능성, 즉 귀무가설 H_0가 사실이거나 거짓일 수 있다. 또한 통계적 검정에 근거해 귀무가설은 기각되거나 기각되지 않는다. 이러한 결과는 [그림 8-40]에서처럼 4가지 가능성을 낳는다. 이 그림은 [그림 8-2]와 비슷하다.

학습목표 10
제1종 오류, 제2종 오류, 검정력 사이의 관계 설명하기

이전에 언급한 것처럼 두 종류의 오류, 즉 제1종 오류와 제2종 오류가 있다. 제1종 오류는 귀무가설이 기각될 때만 일어날 수 있다. 말하자면 0.05 혹은 0.01과 같은 유의수준을 선택함으로써 연구자는 제1종 오류를 범할 확률을 결정할 수 있다. 예를 들면, 귀무가설이 H_0: $\mu = 50$이고 그것이 기각되었다고 가정하자. 0.05 수준(한쪽꼬리)에서 연구자는 참인 귀무가설을 기각할 5%의 잘못될 확률을 갖는다.

한편, 귀무가설이 기각되지 않는다면 그것은 사실이거나 혹은 제2종 오류를 범했을 것이다. 제2종 오류는 귀무가설이 실제로 거짓이지만 기각되지 않을 때 일어난다. 제2종 오류를 범하는 확률은 β로 나타낸다.

β의 값은 계산하는 것이 쉽지 않다. α의 값, 표본의 크기, 모표준편차 그리고 검정되는 모수의 가정된 값과 실제 값의 차이를 포함한 몇 가지 사항에 따라 달라진다. 연구자는 이 요인들

중 두 가지, 즉 α와 표본의 크기를 제어할 수 있다. 모표준편차는 알려지는 경우도 있고 추정될 수도 있다. 그러면 중요한 문제는 검정되는 모수의 가정된 값과 실제 값의 차이에 있다. 이 차이를 안다면 모수의 값을 알 수 있으며 만일 모수를 안다면 가설검정을 할 필요성이 없을 것이다. 따라서 β의 값은 계산될 수 없다. 그러나 이것이 무시되어야 한다는 것을 의미하지는 않는다. 연구자가 보통 하는 것은 β의 크기를 최소화하기 위하여 노력하거나 **검정력(power of a test)**이라 불리는 $1 - \beta$의 크기를 최대화하기 위하여 노력하는 것이다.

통계적 검정의 검정력은 그것이 실제적으로 존재하는 경우 모수에서의 실제 차이를 감지하기 위한 검정의 민감도를 측정한다. 검정력은 확률이고 모든 확률들처럼 0과 1 사이의 값을 가질 수 있다. 검정력이 높을수록 차이가 있는 경우 검정이 모수들 간 실제 차이를 감지하는 것이 더 민감해지는 것이다. 다시 말하면 검정력이 1에 가까워질수록 귀무가설이 거짓인 경우 귀무가설을 기각하는 검정이 더 좋다.

검정력은 $1 - \beta$, 즉, 1에서 제2종의 오류를 범할 확률을 뺀 것과 같다. 검정력은 [그림 8-40]의 오른쪽 상단의 사각형이다. $\beta = 0.04$로 알려져 있다면 검정력은 $1 - 0.04 = 0.96$ 혹은 96%가 될 것이다. 이 경우에 귀무가설이 거짓일 때 귀무가설을 기각하는 확률은 96%이다.

앞에서 언급한 것처럼, 검정력은 제2종 오류를 범하는 확률에 달려 있고, β가 쉽게 계산되어지지 않기 때문에 검정력은 쉽게 계산될 수 없다(이 장 뒷부분의 '비판적 사고' 참조).

검정력에 대한 통계적인 연구를 수행하고 있을 때 사용될 수 있는 몇 가지 지침이 있다. 이 경우에 자료에 대한 가장 높은 검정력을 갖는 검정을 이용하라. 연구자가 가설들을 검정하기 위하여 2개 이상의 통계적인 검정들을 선택해야 하는 경우가 자주 있는데, 이때 보다 높은 검정력을 갖는 검정이 사용되어야 한다. 통계적인 검정을 할 때는 고려해야 할 가정들이 있음을 기억해야 한다.

만일 그러한 가정들이 충족되지 않는다면 낮은 검정력을 갖는 다른 검정이 사용되어야 한다. 검정력은 α를 증가시킴으로써 높일 수 있다. 예를 들면, $\alpha = 0.01$ 대신에 $\alpha = 0.05$를 사용하라. α가 증가함으로써 β는 감소한다는 것을 기억해야 한다. 만일 β가 감소되면 $1 - \beta$는 증가할 것이다. 따라서 검정력을 증가시킬 것이다.

검정력을 증가시키는 다른 방법은 더 큰 표본크기를 선택하는 것이다. 표본크기가 클수록 평균의 표준오차를 작게 할 것이고 결과적으로 β를 줄인다(유도는 생략되었다).

이러한 방법들은 연구자의 변덕에 따라 사용되면 안 된다. α를 증가시키기 전에 연구자는 제1종 오류를 범하는 결과들을 고려해야 한다. 만일 그러한 결과들이 제2종 오류를 범하는 결과보다 더 심각하다면 α를 증가시키지 않아야 한다.

그림 8-40
가설검정에서 가능성들

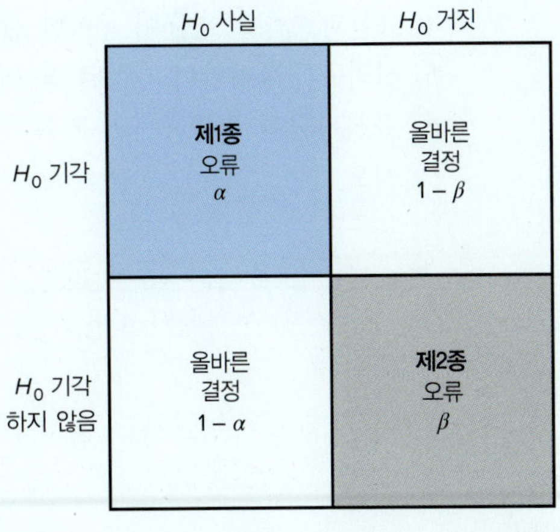

표본크기를 크게 하려면 현실적인 부분도 고려해야 한다. 표본크기가 클수록 연구수행에 필요한 비용과 자료를 표로 작성하는 데 소요되는 시간이 증가하기 때문이다.

연구자가 검정력을 높이기 위한 방법은 몇 가지가 더 있지만 교재의 범위를 벗어나므로 다루지 않는다.

마지막으로 알아두어야 할 부분이 있는데, 연구자가 귀무가설을 기각하지 못하는 것이 대립가설을 지지할 만한 증거가 충분하지 않다는 것을 의미하지는 않는다. 귀무가설이 거짓일 수도 있지만 통계적인 검정의 실제 차이를 감지하기에는 검정력이 매우 낮기 때문이다. 따라서 연구에서는 귀무가설을 기각할 증거가 충분하지 않다고 결론 내릴 수 있다.

α, β와 검정력 사이의 관계는 여기에서 설명한 것보다 더 자세하게 분석할 수 있다. 하지만 여기에서 설명한 것을 통해, H_0의 타당성에 대한 결정을 내릴 때 실패할 염려가 없는 결과를 보장하는 통계적 검정이나 이상적인 공식은 없다는 것을 알았으면 한다. 결정이 H_0를 기각하든 기각하지 않든 두 경우 모두 잘못될 가능성이 있다. 목표는 제1종 오류와 제2종 오류의 확률을 가능한한 작게 유지하려고 노력하는 것이다.

개념의 적용 8-6

소비자보호기관 불만사항

신뢰구간을 통한 검정을 하는 방법과 가설검정은 동일한 결론에 이르는 두 가지의 서로 다른 접근방법이다. 다음 내용에서는 이 두 가지 방식을 비교하고 대조한다.

당신은 소비자보호기관에서 일하고 있고 최근 새로운 Dodge Caravans의 고속도로 연비에 대한 불만사항을 입수했다고 가정하자. Chrysler 회사는 고속도로 연비를 시험하기 위하여 새로운 Dodge Caravans 40대를 랜덤으로 선택하는 것을 동의하였다. Chrysler 회사는 모든 차량이 고속도로에서의 연비가 28 mpg라고 주장한다. 당신의 결과는 평균이 26.7, 표준편차는 4.2를 나타낸다. 신뢰구간을 산출해야 하는지 가설검정을 해야 하는지를 확신할 수 없다. 당신은 동시에 2가지를 하기로 결정하였다.

1. 임계값, 임계역, 검정통계량, 모평균의 명칭을 붙인 정규곡선을 그리시오. 유의수준과 귀무가설, 대립가설을 나열하시오.
2. 표본평균, 오차 그리고 경계값들의 명칭을 붙인 정규분포 아래에 직접 신뢰구간을 그리시오.
3. 각 방법에서 어느 부분이 같고 다른지를 설명하시오.
4. 표본과 가정된 평균이 동일한 신뢰구간과 정규분포의 곡선을 그리시오.
5. 신뢰구간의 하한이 가정된 평균과 동일한 신뢰구간과 정규곡선의 그림을 그리시오.
6. 표본평균이 정규곡선의 왼쪽 임계역에 떨어지는 신뢰구간과 정규곡선의 그림을 그리시오.

정답 384쪽 참조

연습문제 8-6

1. **첫 출산** 연감에 따르면, 첫 출산을 하는 여성의 평균 나이는 25.2세이다. 첫 출산을 한 전문여성의 랜덤표본 35명의 나이는 평균 28.7세였고 표준편차는 4.6세이다. 전문 여성의 첫 출산 평균 나이가 25.2세와 다른지를 알기 위한 검정을 위하여 유의수준 0.05에서 신뢰구간과 가설검정을 이용하시오.

2. **IRS 회계감사** IRS는 특정 연도에 대한 개별 세금 환급의 약 1%를 조사했으며 환급당 평균 권장 추가 세금은 19,150달러이다. 랜덤표본 50명을 조사했을 때 평균 추가 세금은 17,020달러였다. 모표준편차가 4080달러라면 평균이 $\alpha = 0.05$에서 19,150달러와 다르다고 결론을 내릴만한 충분한 증거가 있는가? 95% 신뢰구간은 이 결과를 지지하는가?
   출처: *New York Times Almanac.*

3. **재택근무** 재택근무 근로자는 주마다 평균 19시간을 일한다. 랜덤표본 15명을 조사한 결과 일주일에 평균 21.3시간을 일하고 표준편차는 6.5시간이었다. $\alpha = 0.05$에서 차이를 결론 지을 만한 충분한 증거가 있는가? 재택근무시간에 대해 95% 신뢰구간을 구하시오. 가설검정의 결과와 신뢰구간의 결과를 비교하고 의미를 토론하시오.
   출처: www.bls.gov

4. 검정력은 무엇을 의미하는가?

5. 검정력은 어떻게 증가시킬 수 있는가?

복습연습문제

1~10번 문제는 다음 단계를 수행하시오.

a. 가설을 정하고 주장을 확인한다.
b. 임계값을 찾거나 *P*-값 방법을 사용한다.
c. 검정값을 계산한다.
d. 결정을 한다.
e. 결과를 요약한다.

P-값 방법이 정해지지 않았다면 가설검정의 전통적인 방법을 이용하시오.

8-2절

1. **1달러 지폐의 수명** 유통되는 1달러 지폐의 평균 수명은 18개월이다. 한 연구자는 평균수명이 18개월이 아니라고 믿는다. 그는 1달러 지폐 50장의 수명을 연구하여 평균 수명이 18.8개월이라는 것을 알았다. 모표준편차는 2.8개월이다. $\alpha = 0.02$에서 유통되는 1달러 지폐의 평균 수명이 18개월과 다르다고 결론을 내릴 수 있는가?

2. **대학졸업자의 부채** 상위 100개 공립대학 졸업생 중 랜덤표본 30명의 졸업 시 평균 부채가 다음과 같다. $\alpha = 0.01$에서 졸업할 때 모평균 부채가 18,000달러보다 작다는 결론을 내릴만한 충분한 증거가 있는가? $\sigma = 2605$달러라고 가정한다.

16,012	15,784	16,597	18,105	12,665	14,734
17,225	16,953	15,309	15,297	14,437	14,835
13,607	13,374	19,410	18,385	22,312	16,656
20,142	17,821	12,701	22,400	15,730	17,673
18,978	13,661	12,580	14,392	16,000	15,176

   출처: www.Kiplinger.com

3. **고객의 구입 품목 수** 채소가게에서 고객은 평균 22개의 품목을 구매한다. 가게 주인은 평균이 22개보다 크다고 믿는다. 그녀는 36명의 고객의 랜덤표본을 조사하여 구입한 품목의 평균수가 23.2라는 것을 알았다. 모표준편차는 3.7품목이다. $\alpha = 0.05$에서 평균이 22품목보다 크다고 결론을 내릴 수 있는가?

8-3절

4. **남자 축구화의 무게** 더 가벼운 것이 좋은가? 남자 축구화 몇몇을 랜덤표본으로 하여 다음과 같은 무게를 가졌다고 하자(단위: 온스).

10.8	9.8	8.8	9.6	9.9
10	8.4	9.6	10	9.4
9.8	9.4	9.8		

   $\alpha = 0.05$에서 평균 무게가 10온스 미만이라고 결론을 내릴 수 있는가? 변수는 정규분포를 한다고 가정한다.

8-4절

5. **의과대학 학위** 네 명의 의사 중 한 명은 외국 대학에서 학위를 받는다고 보도되었다. 병원 연구자는 백분율이 25% 미만이라고 믿는다. 랜덤표본 100명의 의사를 조사하였고 19명이 해외에서 학위를 받았다는 것을 알았다. $\alpha = 0.05$에서 연구자의 주장을 지지할 만한 증거가 있는가?

6. **무료 학교 급식** 미국 학교 급식의 59.3%가 무료이거나 저렴한 가격으로 제공된다. 다수의 대도시 지역에서 랜덤표본 300명의 어린이 중 156명이 무상으로 점심을 먹거나 저렴한 가격으로 먹는다. 유의수준 0.01에서 비율이 59.3%보다 작다는 결론에 이를 충분한 증거가 있는가?
   출처 : www.fns.usda.gov

7. **고등학생의 음주와 흡연** 고등학교 3학년의 음주와 흡연율이 지난 30년 동안 감소되었다. 음주 비율은 68.2%에서 43.1%로 떨어졌고 흡연율은 36.7%에서 20.4%로 떨어졌다. 고등학교 3학년 300명의 랜덤표본의 18%가 조사 이전에 30일 동안 담배

를 이용하는 것으로 나타났다. 유의수준 0.05에서 이것은 국가 전체의 비율과 다른가?

출처: *New York Times Almanac.*

8–5절

8. **연료 소비** 어떤 자동차의 연료 소비 표준편차가 갤런당 4.3마일 이상으로 가정되었다. 랜덤표본 20대의 자동차는 갤런당 2.6마일의 표준편차를 나타내었다. 표준편차가 이전의 생각보다 실제로 작은가? $\alpha = 0.05$와 P-값 방법을 사용하시오. 변수는 정규분포를 한다고 가정한다.

9. **NBA의 득점왕 선수가 출전한 경기 수** NBA에서 해당 시즌 득점 1위를 한 선수가 뛴 경기 수에 대한 랜덤표본이 다음과 같다. 게임의 분산이 40과 다르다고 결론을 내릴 만한 충분한 증거가 있는가? $\alpha = 0.05$를 이용하시오. 변수는 정규분포를 한다고 가정한다.

72	79	80	74	82
79	82	78	60	75

출처: *Time Almanac.*

8–6절

10. **식물 잎 길이** 생물학자는 완전히 자란 특정 나무의 잎의 평균 길이가 4인치라는 것을 알고 있다. 모집단의 표준편차는 0.6인치이다. 새로운 종류의 비료로 바꾼 후, 랜덤표본으로 선택된 잎 20개의 평균 길이를 조사하니 4.2인치라고 한다. 새 비료가 잎의 성장에 영향을 끼친다는 것을 믿을만한 이유가 있는가? $\alpha = 0.01$을 이용하시오. 평균에 대한 99% 신뢰구간을 찾으시오. 결과들은 일치하는가? 설명하시오. 변수는 근사적으로 정규분포를 한다고 가정한다.

STATISTICS TODAY

얼마나 잘해야 잘하는 것인가?

앞에서 이야기한 대로, 이 장에 설명된 가설검정 기법을 배웠으므로 학생들이 실제로 평균 이상의 점수를 얻었다는 결론을 내리기 전에 표본평균과 모평균의 차이가 유의해야 한다는 것을 알 수 있다. 교육감은 가설검정을 할 때 절차를 따라야 하며 학생들이 평균보다 높은 점수를 받았다고 발표하기 전에 귀무가설을 기각할 수 있어야 한다.

데이터 분석

데이터 뱅크는 부록 B에 나와 있다.

1. 데이터 뱅크에서 적어도 30개의 랜덤표본을 선택하고 z 검정을 이용하여 하나 이상의 검정을 하시오. $\alpha = 0.05$를 사용하시오.

a. 혈청 콜레스테롤에 대해서 H_0: $\mu = 220$밀리그램 퍼센트(mg%). $\sigma = 5$를 사용하시오.

b. 수축 초기잡음 압력에 대해서 H_0: $\mu = 120$ 수은의 밀리미터(mm Hg). $\sigma = 13$를 사용하시오.

c. IQ에 대해서 H_0: $\mu = 100$. $\sigma = 15$를 사용하시오.

d. 화학나트륨에 대해서 H_0: $\mu = 140$리터당 밀리당량. $\sigma = 6$를 사용하시오.

2. 15개의 랜덤표본을 선택하고 t 검정을 이용하여 1번 문제에서 하나 이상의 가설을 검정하시오. $\alpha = 0.05$를 사용하시오.

3. 적어도 30개의 랜덤표본을 선택하고 비율에 대한 z 검정을 이용하여 하나 이상의 다음 가설을 검정하시오. $\alpha = 0.05$를 사용하시오.

a. 교육적인 수준에 대해서, 수준 2에 대한 H_0: $p = 0.50$

b. 흡연 상태에 대해서, 수준 1에 대한 H_0: $p = 0.20$

c. 운동 수준에서, 수준 1에 대한 H_0: $p = 0.10$

d. 성별에 대해서, 남자에 대한 H_0: $p = 0.50$

4. 20개의 표본을 선택하고 IQ 수준에 대한 가설 H_0: $\sigma^2 = 225$를 검정하시오. $\alpha = 0.05$를 사용하시오. 변수는 정규분포를 한다고 가정한다.

5. 데이터셋 XIII으로부터 자료를 이용하여 10개의 표본 병원을 뽑고 침대 수에 대한 H_0: $\mu = 250$ 그리고 H_1: $\mu < 250$을 검정하시오. $\alpha = 0.05$를 사용하시오. 변수는 정규분포를 한다고 가정한다.

6. 5번 문제에서 얻어진 자료를 이용하여 H_0: $\sigma \geq 150$을 검정하시오. $\alpha = 0.05$를 사용하시오.

퀴즈

각 문장이 참인지 거짓인지를 결정하시오. 거짓이면 이유를 설명하시오.

1. 귀무가설이 거짓일 때 기각되는 경우 아무런 오류도 범하지 않는다.
2. $n < 30$인 경우 t 검정을 수행할 때 모집단은 근사적으로 정규분포를 해야 한다.
3. 검정값은 임계역과 비임계역으로 나뉜다.
4. 카이제곱검정의 값은 음이 될 수 없다.
5. 분산에 대한 카이제곱검정은 항상 한쪽꼬리검정이다.

가장 적합한 답을 선택하시오.

6. α의 값이 증가할 때 제1종 오류를 범할 확률은
   a. 감소한다.
   b. 증가한다.
   c. 같다.
   d. 위의 어느 것도 아니다.
7. 모평균이 100이라는 주장을 검정하기를 원한다면 적당한 귀무가설은?
   a. $\bar{X} = 100$　　*b*. $\mu \geq 100$
   c. $\mu \leq 100$　　*d*. $\mu = 100$
8. 분산 혹은 표준편차에 대한 카이제곱검정에 대한 자유도는?
   a. 1　　*b*. n
   c. $n - 1$　　*d*. 위의 어느 것도 아니다.
9. t 검정의 경우 σ 대신 ______을 사용할 수 있다.
   a. n　　*b*. s
   c. χ^2　　*d*. t

가장 적합한 답을 사용하여 다음 문장을 완성하시오.

10. 귀무가설이 사실일 때 귀무가설을 기각하는 것을 ______ 오류라고 한다.
11. 제2종 오류의 확률은 ______로 인용된다.
12. 모수에 대한 추측을 ______이라고 한다.
13. 평균이 87보다 크다는 주장을 검정하기 위하여 ______꼬리검정을 사용할 것이다.
14. t 검정에 대한 자유도는 ______이다.

각 연습문제에 다음 절차를 적용하시오.

a. 가설을 정하고 주장을 확인한다.
b. 임계값(들)을 찾거나 *P*-값 방법을 사용한다.
c. 검정값을 계산한다.
d. 결정을 한다.
e. 결과를 요약한다.

별도로 지정이 없는 한 가설검정의 전통적인 방법을 이용하시오. 모든 변수는 정규분포를 한다고 가정한다.

15. **전문여성의 나이** 사회학자는 특정 전문여성 그룹에서 첫 아이를 가지는 평균 나이는 28.6세라는 것이 사실인지를 알고자 한다. 랜덤표본 36명의 여성을 뽑아 첫 아이의 출산 때 나이가 기록되었다. $\alpha = 0.05$에서 사회학자의 주장을 반박할 만한 증거가 있는가? $\sigma = 4.18$이다.

32	28	26	33	35	34
29	24	22	25	26	28
28	34	33	32	30	29
30	27	33	34	28	25
24	33	25	37	35	33
34	36	38	27	29	26

16. **부동산 취득세** 한 부동산 중개인은 새집을 구매하는 데 드는 부동산 취득세가 6500달러라고 알고 있었지만, 40개의 표본을 뽑아 알아보았더니 평균 부동산 취득세가 6600달러라는 것을 알았다. 모표준편차는 120달러이다. $\alpha = 0.05$에서 그의 믿음을 검정하시오.
17. **껌 씹는 횟수** 최근 연구에 따르면 껌을 씹는 사람의 매일 씹는 껌의 평균 수는 8이라고 한다. 이 주장을 검정하기 위하여 연구자는 랜덤표본 36명의 껌 씹는 사람을 뽑아 보았더니 하루에 씹는 껌의 평균 수는 9이었다. 모표준편차는 1이다. $\alpha = 0.05$에서 실제 하루에 사람들이 씹는 껌의 수가 8보다 큰가?
18. **호텔 방** 여행 직원은 대도시 호텔들의 평균 방 수는 500개라고 주장한다. $\alpha = 0.01$에서 주장이 현실적인가? 6개 호텔의 표본에 대한 자료가 다음과 같다.

713　300　292　311　598　401　618

주장이 거짓일 수 있는지에 대한 이유를 말하시오.

19. **모델들의 키** New York의 모델 에이전시에서 연구자는 기관장이 주장하는 것처럼 여성 모델의 평균 키가 진짜로 67인치 미만인지를 알기를 원한다. 20명의 표본 모델은 65.8인치의 평균키를 가진다. 표본의 표준편차는 1.7인치이다. $\alpha = 0.05$에서 모델들의 평균 키가 실제로 67인치 미만인가? *P*-값 방법을 사용하시오.
20. **택시 운전자의 경력** 한 택시회사는 기사들이 적어도 평균 12.4년 경력을 가지고 있다고 주장한다. 랜덤표본 15명의 기사에게서 구한 평균 경력은 11.2년이었다. 표준편차는 2이었다. $\alpha = 0.10$에서 택시 운전자의 경력은 실제로 택시회사가 주장한 것보다 작은가?
21. **강도 피해자의 나이** 작은 도시의 최근 연구에서 강도 피해자의 평균 나이는 63.5세이었다. 피해자 20명의 랜덤표본을 구해 조사했더니 평균 63.7세와 표준편차 1.9세를 가졌다. $\alpha = 0.05$에서 평균 나이가 원래 믿었던 것보다 높은가? *P*-값 방법

을 사용하시오.

22. 첫 결혼 나이 잡지 기사에 따르면 첫 번째 결혼하는 여성의 평균 나이가 26세라고 한다. 연구자는 이 가설을 $\alpha = 0.02$에서 검정하기로 결정했다. 최근에 첫 번째 결혼한 25명의 여성을 뽑아 보았더니 평균이 25.1세이었다. 표준편차는 3세이다. 귀무가설은 표본에 근거해서 기각될 수 있는가?

23. 비타민 사용에 관한 조사 *Men's health* 잡지에 따르면 심장전문의의 39%가 비타민 E를 복용했다고 한다. 이것이 여전히 사실인지를 알아보기 위하여 연구자는 랜덤으로 100명의 심장전문의를 뽑아 보았더니 36명이 비타민 E를 보충한 것으로 말했다. $\alpha = 0.05$에서 심장전문의의 39%가 비타민 E를 보충하고 있다는 주장을 검정하시오.

24. 아침식사 조사 영양학자는 한 연구에서 적어도 성인의 55%가 주중에 최소 3일 아침식사를 하지 않는다고 판단한다. 이것을 증명하기 위하여 80명의 성인을 표본으로 뽑아 주중에 얼마나 많이 아침식사를 거르는지를 물어보았다. 응답자의 50%가 주중에 최소 3일 아침식사를 거른다고 응답하였다. $\alpha = 0.10$에서 주장을 검정하시오.

25. 카페인이 있는 음료 조사 Harris 여론조사에 따르면 사람들의 35%는 식곤증을 이겨내기 위하여 카페인이 있는 음료를 마신다고 한다. 최근 연구에 따르면 48명 중 19명이 식곤증을 이겨내기 위하여 카페인이 있는 음료를 마신다고 한다. $\alpha = 0.02$에서 Harris 여론조사에서 근거한 백분율의 주장이 믿을 만한가?

26. 라디오 소유 한 잡지는 모든 10대 소년들의 75%가 자신의 라디오를 소유하고 있다고 주장한다. 연구자는 주장을 검정하기를 원하여 랜덤표본 60명의 10대 소년들을 뽑았다. 그중 54명이 자신의 라디오를 가지고 있었다. $\alpha = 0.01$에서 주장은 기각되어질 수 있는가?

27. 15번 문제에서 z 검정에 대한 P-값을 찾으시오.

28. 16번 문제에서 z 검정에 대한 P-값을 찾으시오.

29. 로맨스 소설의 페이지 수 어떤 북에디터는 로맨스 소설들의 페이지수의 표준편차가 6페이지보다 크다고 생각한다. 랜덤표본으로 선택한 25개 소설은 9페이지의 표준편차를 가진다. $\alpha = 0.05$에서 북에디터가 가정한 것처럼 높은가?

30. 씨앗 발아 시간 무 씨앗의 발아시간의 표준편차는 8일이라고 가정되었다. 랜덤표본 60개의 무 씨앗의 발아시간의 표준편차는 6일이었다. $\alpha = 0.01$에서 주장을 검정하시오.

31. 공해 부산물 가스 1갤런의 연소에서 방출되는 공해 부산물은 2.3온스이다. 시험된 랜덤표본 20대의 자동차는 1.9온스의 표준편차를 생성하였다. 표준편차는 실제로 이전에 생각했던 것보다 적은가? $\alpha = 0.05$를 사용하시오.

32. 포장 끈의 장력 제조자는 포장 끈의 장력의 표준편차는 9파운드라고 주장한다. 랜덤표본 10개의 포장 끈은 11파운드의 표준편차를 생성하였다. $\alpha = 0.05$에서 주장을 검정하시오. P-값 방법을 사용하시오.

33. 15번 문제에서 평균에 대한 90% 신뢰구간을 찾으시오. μ는 구간 안에 포함되는가?

34. 16번 문제에서 평균에 대한 95% 신뢰구간을 찾으시오. μ는 구간 안에 포함되는가?

비판적 사고

검정력 $(1 - \beta)$는 평균의 특정한 값이 대립가설에서 가정될 때 계산될 수 있다. 예를 들면, $H_0: \mu = 50$이고 $H_1: \mu = 52$라고 하자. 검정력을 구하기 위해서는 β의 값을 찾을 필요가 있다. 다음 단계를 따르면 된다.

단계 1 특정한 α값에 대하여 $z = \dfrac{\overline{X} - \mu}{\sigma/\sqrt{n}}$을 이용하여 $\overline{X}$의 해당 값을 찾으시오. 여기에서 μ는 H_0에서 주어진 가정된 값이다. 오른쪽꼬리검정을 사용하시오.

단계 2 단계 1에서 구한 $\overline{X}$의 값과 대립가설에서 μ의 값을 이용하여 공식 $z = \dfrac{\overline{X} - \mu}{\sigma/\sqrt{n}}$에서 z에 대응하는 면적을 찾으시오.

단계 3 0.5000에서 이 면적을 빼시오. 이것이 β의 값이다.

단계 4 1에서 β의 값을 빼시오. 이것은 검정력을 줄 것이다. [그림 8–41]을 보자.

1. 이전에 주어진 가설과 $\alpha = 0.05$, $\sigma = 3$, $n = 30$을 이용하여 검정력을 구하시오.

2. H_1에서 μ에 대한 다른 값들을 선택하고 검정력을 계산하시오. 결과를 일반화하시오.

그림 8-41

α, β 그리고 검정력 간의 관계

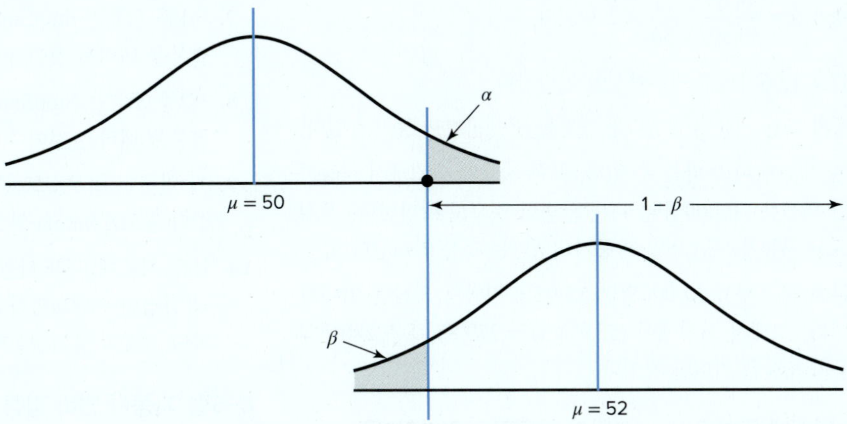

데이터 프로젝트

아래 모든 검정에 대해서 유의수준 0.05를 이용하시오.

1. **기업과 금융** 7장 데이터 프로젝트의 다우 존스 산업주식을 자료 집합으로 사용하시오. 4/4분기 동안 각 주식에 대한 이득과 손실을 구하시오. 평균은 주식들이 파산한 것이라는 주장을 검정하시오(아무런 이득과 손해가 없는 것은 평균이 0이라는 것을 의미한다).
2. **스포츠와 레저** 자료로써 가장 최근 NFL 시즌을 이용하시오. 각각의 팀에 대해서 1 쿼터백에 대한 쿼터백 지수를 구하시오. 1 쿼터백에 대한 평균 쿼터백 지수가 80 이상이라는 주장을 검정하시오.
3. **기술** 지난달 휴대폰 요금 청구서를 자료로 활용하시오. 발신 문자 메시지의 백분율을 결정하시오. 문자 메시지 대부분이 발신되었다는 주장을 검정하시오. 전화통화시간의 평균, 중앙값, 표준편차를 결정하시오. 전화통화시간의 평균 길이가 중앙값 길이보다 길다는 주장을 검정하시오.
4. **건강과 건강관리** 7장의 데이터 프로젝트 4에서 모여진 자료를 사용하시오. 평균 체온이 화씨 98.6도 미만이라는 주장을 검정하시오.
5. **정치과 경제** 양 당에 대한 대통령 선거의 결과를 이용하시오. 당신의 주에서 민주당과 공화당 후보가 득표한 백분율을 결정하시오. 당신의 주 대부분이 각 당의 후보를 선호한다는 주장을 검정하시오.
6. **교육** 7장의 데이터 프로젝트 6에서 수집된 자료를 이용하시오. 학생의 평균 BMI가 25 이상이라는 주장을 검정하시오.

개념의 적용 해답

8-1절 계란과 건강

1. 연구는 계란을 먹는 것이 혈청 콜레스테롤을 증가시킨다는 주장에서 시작되었다.
2. 연구 중인 모집단은 일반적인 사람들이다.
3. 500명의 환자들이 표본으로 수집되었다.
4. 가설은 달걀을 먹는 것이 혈청 콜레스테롤을 증가시키지 않는다는 것이다.
5. 혈청 콜레스테롤 수준이 수집되었다.
6. 어떤 검정이 시행되었는지는 알 수 없다.
7. 결론은 적당한 양의 계란을 먹는 것은 유의하게 혈청 콜레스테롤 수준을 증가시키지 않는다는 것이었다.

8-2절 자동차 도난

1. 가설은 H_0: $\mu = 44$ 그리고 H_1: $\mu \neq 44$이다.
2. 이 표본은 우리의 목적을 위해 크다고 생각될 수 있다.
3. 변수는 정규분포일 필요가 있다.
4. z 분포를 이용할 것이다.
5. 자동차 도난 비율이 변화되었는지에 관심이 있기 때문에 양쪽 꼬리검정을 이용한다.
6. 답은 기준에 따라 다를 수 있다. $\alpha = 0.05$ 유의수준에서 임계값은 $z = \pm 1.96$이다.
7. 표본평균은 $\overline{X} = 55.97$이고 모표준편차는 30.30이다. 검정통

계량은 $z = \dfrac{55.97 - 44}{30.30/\sqrt{36}} = 2.37$이다.

8. 2.37 > 1.96이므로 귀무가설을 기각한다.
9. 자동차 도난 비율이 변했다는 결론을 내릴 충분한 증거가 있다.
10. 답은 기준에 따라 다를 수 있다. 표본 자료에 근거해서 자동차 도난 비율은 10,000명당 44대로 변한 것으로 나타난다. 사실 자료는 자동차 도난 비율이 증가되었다는 것을 가리킨다.
11. 표본에 근거해서 10,000명당 55.97의 자동차 도난을 기대할 것이다. 그래서 도시에서 (55.97)(5) = 279.85 혹은 280대의 자동차 도난을 기대할 것이다.

8–3절 담배에 들어 있는 니코틴의 함유량은 얼마인가?

1. 15 − 1 = 14 자유도를 가진다.
2. t 검정이다.
3. 일표본을 검정하고 있다.
4. 담배회사의 가설은 H_0: $\mu = 40$ 그리고 H_1: $\mu > 40$이기 때문에 오른쪽꼬리검정이다.
5. P-값은 0.008이다. 이것은 유의수준 0.01보다 작다. 담배회사의 주장을 기각한다.
6. 검정통계량(2.72)은 임계값(2.62)보다 크기 때문에 담배회사의 주장을 기각한다.
7. P-값과 검정통계량값의 결과가 일치하기 때문에 이 결과에 아무런 모순이 없다.
8. 답은 기준에 따라 다를 수 있다. 회사의 주장은 틀리게 나타났고 담배에는 40 mg 이상의 니코틴이 있는 것으로 나타났다.

8–4절 금연하기

1. 통계적 가설은 StopSmoke는 다른 주요한 상표들보다 더 많은 사람들을 금연하게 돕는다.
2. 귀무가설은 StopSmoke는 다른 주요한 상표들과 같은 효과를 가지거나 다른 주요한 상표들처럼 효과가 없다는 것이다.
3. 대립가설은 StopSmoke는 다른 주요한 상표들보다 더 많은 사람들을 금연하게 돕는다(대립가설이 통계적 가설이다).
4. 어떤 통계적 검정을 사용했는지 알 수 없다.
5. 검정을 한다면 한쪽꼬리검정을 할 것이다.
6. 몇 가지의 가능한 유의수준들은 0.01, 0.05, 0.10이다.
7. 제1종 오류는 StopSmoke가 실제로는 좋지 않은데 더 좋다고 결론을 내리는 것이다.
8. 제2종 오류는 StopSmoke가 실제로는 좋은데 더 좋지 않다고 결론을 내리는 것이다.
9. 이 연구는 아무것도 증명하지 못했다. 통계적 검정이 사용되었다면 StopSmoke의 효과를 검정했을지도 모른다.
10. 답은 기준에 따라 다를 수 있다. 가능한 한 가지의 답은 통계적 검정이 수행되었다는 증거가 없기 때문에 통계적 유의성이 아닌 실제적 유의성이라고 말하는 것이다.

8–5절 자동차 연비 검정

1. 가설은 H_0: $\mu = 28$ 그리고 H_1: $\mu < 28$이다. 검정통계량의 값은 $t = -1.96$이고 연계된 P-값은 0.0287이다. Dodge Caravans가 28 mpg를 가진다는 Chrysler 회사의 주장을 기각한다.
2. 가설은 H_0: $\sigma = 2.1$ 그리고 H_1: $\sigma > 2.1$이다. 검정통계량은 $\chi^2 = \dfrac{(n-1)s^2}{\sigma^2} = \dfrac{(39)4.2^2}{2.1^2} = 156$이고 연계된 P-값은 거의 0이다. 표준편차가 2.1 mpg라는 Chrysler 회사의 가설을 기각한다.
3. 답은 기준에 따라 다를 수 있다. Chrysler 회사는 Dodge Caravans의 고속도로 연비에 대한 주장을 낮추는 것이 좋다. 또한 갤런당 연비에 있어 변이성을 줄이기 위해 노력해야 하고, 갤런당 고속도로 마일에 대한 신뢰구간을 제공해야 한다.
4. 답은 기준에 따라 다를 수 있다. 평균이 좋을 수 있지만 (일치성의 결여로 인하여) 평균에 관하여 많은 변이성이 있다면 불만사항이 있을 것이다.

8–6절 소비자보호기관 불만사항

1. 답은 기준에 따라 다를 수 있다.
2. 답은 기준에 따라 다를 수 있다.
3. 답은 기준에 따라 다를 수 있다.
4. 답은 기준에 따라 다를 수 있다.
5. 답은 기준에 따라 다를 수 있다.
6. 답은 기준에 따라 다를 수 있다.

9

두 평균, 두 비율, 두 분산의 차이에 대한 검정

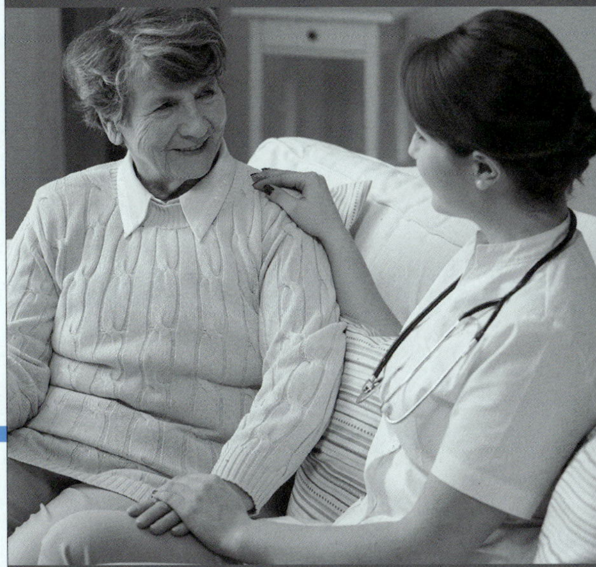

© Photographee.eu/Shutterstock

STATISTICS TODAY

백신 접종을 할 것인가 말 것인가? 규모가 작은 요양원 대 큰 요양원

독감은 노인들 특히 요양원에 살고 있는 노인들에게 심각한 질병이다. 요양원에 살고 있는 노인들은 일반 노인들에 비하여 독감에 걸리기 쉬운데, 그 이유는 일반적으로 요양원에 사는 노인들이 일반 노인들에 비해 나이가 많고 더 허약하며, 바이러스가 집에 침투했을 때 노출되기 쉬운 폐쇄된 환경 속에서 살기 때문이다. 3명의 연구자들은 작은 요양원에서 독감 발생률을 결정하는 데 있어서 백신의 사용과 그 가치를 조사하기로 결정하였다.

연구자들은 Michigan 주 내 7개 군에서 랜덤으로 뽑힌 83개의 허가된 요양원들을 조사하였다. 연구의 일부는 작은 요양원(100 침대 이하)에서 백신을 접종한 사람들과 큰 요양원(100 침대 이상)에서 백신을 접종한 사람들을 비교하는 것으로 설계되었다. 8장에서 제시되었던 통계적 방법들과는 다르게, 연구자들은 작은 요양원과 큰 요양원에서 환자들의 백신 접종률에 유의한 차이가 나는지를 알아보기 위하여 두 표본 비율을 비교하는 데 있어서 이 장에서 제시하고 있는 기법들을 사용하였다. 추가 내용은 이 장 뒷부분의 Statistics Today에서 설명한다.

개요

학습목표

1. z 검정을 이용하여 두 평균 간의 차이 검정하기
2. t 검정을 이용하여 독립표본에 대한 두 평균 간의 차이 검정하기
3. 종속표본에 대한 두 평균 간의 차이 검정하기
4. 두 비율 간의 차이 검정하기
5. 두 분산 또는 표준편차 간의 차이 검정하기

서론

가설검정의 기본 개념들을 8장에서 설명하였다. z, t, χ^2 검정을 통해 귀무가설의 기각 여부를 결정하기 위하여 표본평균, 표본분산 혹은 표본비율이 특정 모평균, 모분산, 혹은 모비율과 비교된다.

그러나 연구자들이 실험그룹과 대조그룹을 이용해서 2개의 표본평균을 비교하고자 하는 경우가 많이 있다. 예를 들어, 트레드웨어(tread wear: 마모수명)에 차이점이 있는지를 알아보기 위하여 버스 타이어의 서로 다른 두 브랜드 제품의 평균 수명을 비교할 수 있다. 식물을 기르는데 어느 것이 더 좋은지 알아보기 위하여 서로 다른 두 상표의 비료를 검정할 수 있다. 또는 어느 브랜드가 더 효능이 좋은지를 알아보기 위하여 서로 다른 두 브랜드의 감기약을 비교할 수 있다.

두 평균을 비교할 때 8장에서 보여준 가설검정에 대한 동일한 기본적인 단계가 사용되며, z 검정과 t 검정 또한 사용된다. t 검정을 이용하여 두 평균을 비교할 때, 연구자는 두 표본이 독립인지 종속인지를 결정해야 한다. 독립과 종속 표본의 개념은 9–3절과 9–4절에서 설명할 것이다.

z 검정은 두 개의 비율을 비교하는 데 사용되며(9–5절 참조), F 검정은 두 개의 분산을 비교하는 데 사용된다(9–6절 참조).

9–1 두 모수 간 차이 검정

어떤 연구자가 지역 전문대학 간호학과 신입생과 종합대학 간호학과 신입생들 간의 평균 나이에 차이가 있는지를 확인하기를 원한다고 가정하자. 이 경우에 연구자는 모든 간호학과 신입생들의 평균 나이에는 관심이 없고, 대신에 두 그룹의 평균 나이를 비교하는 데 관심이 있다. 그의 연구문제는 전문대 간호학과 학생들의 평균나이가 종합대학 간호학과 학생들의 평균나이와 차이가 나는가이다. 가설은

$$H_0: \mu_1 = \mu_2$$
$$H_1: \mu_1 \neq \mu_2$$

이다. 여기서

μ_1 = 전문대학 간호학과 신입생들의 평균 나이
μ_2 = 종합대학 간호학과 신입생들의 평균 나이

또 다른 가설설정 방법은 다음과 같다.

$$H_0: \mu_1 - \mu_2 = 0$$
$$H_1: \mu_1 - \mu_2 \neq 0$$

만약 모평균의 차이가 없다면 0 값을 가질 것이고, 차이가 있다면 0이 아닌 다른 값을 가질 것이다. 위 두 가지 가설설정 방법들이 다 옳지만, 이 책에서는 첫 번째 방법을 사용할 것이다.

두 비율 간의 차이를 검정할 때도, 두 평균 간의 차이를 검정할 때와 같은 추론을 적용한다.

예를 들어, 일주일에 5일 이상 일하는 비율에 있어서 남녀 간에 차이가 있다고 생각하는 연구자가 있다고 가정하자. 연구자는 각각 남녀 근로자들로 구성된 두 개의 표본을 뽑은 다음, 각 그룹에서 5일 이상 근로자들의 비율을 계산하고, 이를 바탕으로 연구자는 두 비율을 비교한다.

가설은

$$H_0: p_1 = p_2$$
$$H_1: p_1 \neq p_2$$

이고, 여기서 p_1은 주 5일 이상 일한 남성 근로자의 비율이고, p_2는 주 5일 이상 일한 여성 근로자의 비율이다.

다시 한 번, 위 가설들은 아래와 같이 쓸 수 있다.

$$H_0: p_1 - p_2 = 0$$
$$H_1: p_1 - p_2 \neq 0$$

앞의 두 예는 양쪽꼬리검정에 대한 가설들을 보여주고 있다. 만약 평균들에 대한 오른쪽꼬리검정의 경우, 가설은

$$H_0: \mu_1 = \mu_2$$
$$H_1: \mu_1 > \mu_2$$

이다. 두 비율의 경우 가설은

$$H_0: p_1 = p_2$$
$$H_1: p_1 > p_2$$

이다. 만약 평균들에 대한 왼쪽꼬리검정의 경우, 가설은

$$H_0: \mu_1 = \mu_2$$
$$H_1: \mu_1 < \mu_2$$

이다. 두 비율에 대한 왼쪽꼬리검정의 경우 가설은

$$H_0: p_1 = p_2$$
$$H_1: p_1 < p_2$$

이다. 만약 두 표본이 서로 **독립**이면, 첫 번째 뽑힌 표본의 개체들이 두 번째 뽑힌 표본의 개체들에 어떠한 영향도 미치지 않는다. 예를 들어, 50명으로 이루어진 그룹을 신약의 효능을 검정하기 위하여 랜덤으로 25명씩 두 그룹으로 나누어서 신약과 위약을 투여했다면, 두 표본은 서로 독립이다.

한편, 첫 번째 그룹의 개체들이 다른 그룹의 개체들이 뽑히는 데 영향을 끼쳤다면, 두 표본은 서로 **종속**이 된다. 예를 들어, 만약 당신이 어떤 사람의 오른쪽 발이 왼쪽 발보다 조금 더 길다라는 것을 확인하고 싶다고 가정하자. 이 경우, 표본들은 서로 종속인데 그 이유는 일단 당신이 어떤 한 사람의 오른쪽 발을 표본 1로 뽑았다면, 반드시 그 사람의 왼쪽 발을 표본 2로 뽑아야 하기 때문이다. 왜냐하면 같은 사람의 양쪽 발을 사용하고 있기 때문이다.

평균 간 차이 검정의 이론적 배경은 표본 쌍을 뽑아서 쌍들의 평균을 비교하는 것이다. 모평균은 알 필요가 없다.

모든 가능한 표본 쌍들은 모집단으로부터 뽑힌다. 각 표본 쌍에 대한 평균을 계산하고 뺀 다음, 차이들을 기입한다. 만약 두 모집단들이 같은 평균을 가지고 있다면, 대부분의 차이는 0이거나 혹은 0에 가까울 것이다. 가끔, 우연에 의해 차이가 클 수 있는데, 몇 개는 양수이고 또 다른 몇 개는 음수일 수 있다. 만약 이들 차이를 그림으로 나타낸다면, [그림 9–1]과 같은 정규분포 형태를 띨 것이고, 따라서 평균은 0이 된다.

두 표본평균을 비교할 때 차이는 우연에 의한 것일 수 있으며, 이 경우 귀무가설은 기각되지 않을 것이고 연구자는 모집단의 평균이 기본적으로 같다고 가정할 수 있다. 이 경우 차이

그림 9-1
표본 쌍의 평균의 차이

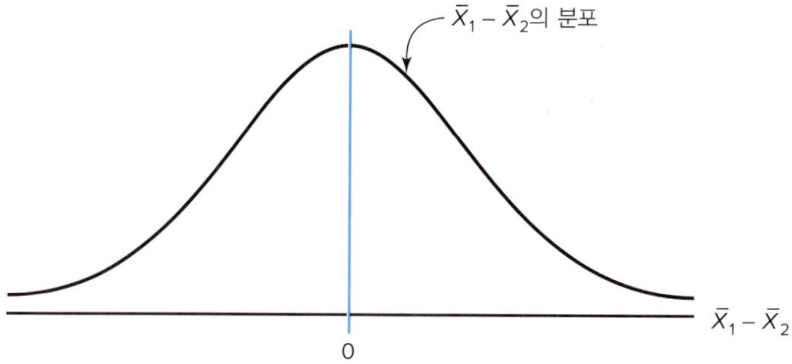

그림 9-2 두 표본의 평균의 차이

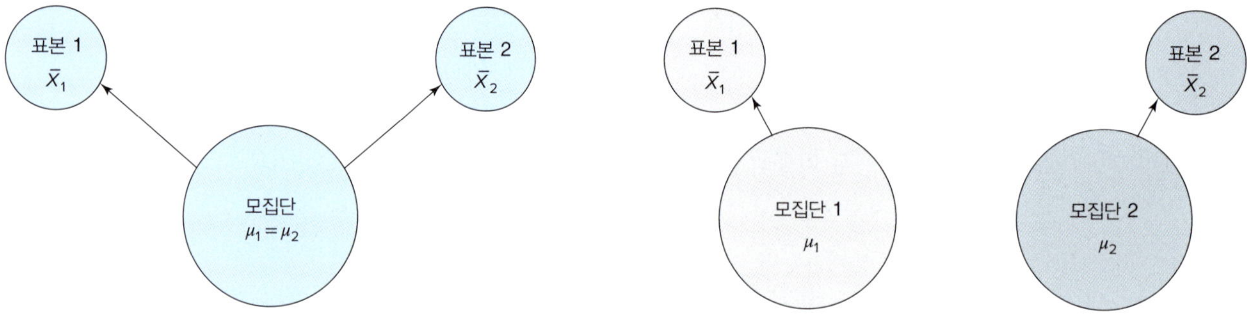

(a) 차이는 유의하지 않다. 모집단의 평균은 같다.
$\bar{X}_1 - \bar{X}_2$가 유의하지 않기 때문에 H_0: $\mu_1 = \mu_2$를 기각하지 않는다.

(b) 차이는 유의하다. 모집단의 평균은 다르다.
$\bar{X}_1 - \bar{X}_2$가 유의하기 때문에 H_0: $\mu_1 = \mu_2$를 기각한다.

는 유의하지 않다([그림 9-2(a)] 참조). 한편, 차이가 유의하다면 귀무가설은 기각되고 연구자는 모집단 평균이 서로 다르다고 결론을 내릴 수 있다([그림 9-2(b)] 참조).

두 비율 간 차이에 대해서도 같은 추론이 적용된다. 두 평균 또는 비율 간 차이를 검정하기 위한 일반식은 다음과 같다.

$$\text{검정값} = \frac{(\text{관측값}) - (\text{기댓값})}{\text{표준오차}}$$

위 식에 대한 값들은 다음 절에서 다룬다.

개념의 적용 9-1

고속도로 안전

한 고속도로 전문가가 대도시에 있는 고속도로 두 개의 편의성과 안전성을 비교하고자 한다. 고려하는 두 변수는 목적지까지 가는 데 걸리는 시간과 도로 위에서의 사고 건수이다.

1. 모집단을 정의하시오.
2. 어떤 형태의 표본들을 사용할 것인가?
3. 표본들이 서로 독립인가 종속인가?
4. 다음 각각에 대한 가설을 설정하시오.
   a. 목적지 A에서 B까지 가는 데 걸리는 시간.
   b. 고속도로에서 사고의 비율.

5. 유의수준을 어느 정도로 할 것인가?

정답 432쪽 참조

연습문제 9-1

1. 하나의 평균을 검정하는 것과 두 평균의 차이를 검정하는 것의 차이를 설명하시오.

2. 두 개의 표본이 서로 독립이라는 것은 무슨 의미인가? 독립표본의 예를 제시하시오.

3~8번 문제는 각 추측이나 주장에 대한 귀무가설과 대립가설을 작성하시오.

3. 한 연구자는 토목기사의 초봉이 기계 엔지니어의 초봉보다 적다고 믿고 있다.

4. 한 수의사는 개 사료에 포함된 단백질의 평균 그램 수와 고양이 사료에 포함된 단백질의 평균 그램 수에는 차이가 있다고 믿고 있다.

5. 한 수학교육자는 통계학 교재의 평균 페이지 수와 대수학 교재의 평균 페이지 수에는 차이가 있다고 믿고 있다.

6. 어떤 연구자는 법을 스스로 집행하는 것이 정의롭다고 믿는 남자들의 비율이 그렇게 믿는 여자들의 비율보다 더 높다고 믿고 있다.

7. 한 정신과 의사는 주중에 더 많은 스트레스를 받는다고 생각하는 남자들의 비율이 그렇게 느끼는 여자들의 비율보다 높다고 생각하고 있다.

8. 한 변호사는 사법시험이 법을 집행하는 능력을 측정하지는 않는다고 생각하는 형사 사건 변호사들의 비율이 그렇다고 생각하는 민사 사건 변호사들의 비율과 같지 않다고 주장한다.

9–2 두 평균 간 차이 검정: *z* 검정 이용

학습목표 1
z 검정을 이용하여 두 평균 간의 차이 검정하기

두 독립된 표본평균 간의 차이를 검정하기 위하여 *z* 검정을 이용하려면 다음 가정들이 만족되어야한다.

두 평균 간의 차이를 결정하기 위한 *z* 검정에 대한 가정

1. 양쪽 표본이 모두 랜덤표본이다.
2. 표본들은 서로 독립이다. 즉, 각 표본의 개체들 간에는 아무런 연관 관계가 없다.
3. 양쪽 모집단의 표준편차는 반드시 알고 있어야 하고, 만약 표본의 크기가 30 미만이라면, 모집단은 반드시 정규 또는 근사적으로 정규분포이어야 한다.

본 교재의 연습문제에는 이러한 가정들을 언급할 것이다. 그러나 다른 상황에서 통계자료를 접한다면 분석을 시행하기 전에 이러한 가정들이 만족되는지를 확인해야 한다.

z 검정 공식의 분모는 두 평균 차의 표준편차이다. 그 이유는 다음과 같이 설명할 수 있다.

서로 독립인 모집단으로부터 두 평균을 비교하기 위한 *z* 검정 공식

$$z = \frac{(\bar{X}_1 - \bar{X}_2) - (\mu_1 - \mu_2)}{\sqrt{\dfrac{\sigma_1^2}{n_1} + \dfrac{\sigma_2^2}{n_2}}}$$

이색 통계

부모와 함께 사는 성인 자녀들은 하루에 2시간 이상을 가사 노동을 하는 데 소비한다. 한 연구에 따르면, 딸들은 일주일에 약 17시간, 아들들은 약 14.4시간을 기여한다.

$\overline{X}_1 - \overline{X}_2$의 분산은 $\overline{X}_1$과 $\overline{X}_2$ 개별 분산의 합과 같다. 즉,

$$\sigma^2_{\overline{X}_1-\overline{X}_2} = \sigma^2_{\overline{X}_1} + \sigma^2_{\overline{X}_2}$$

여기서 $\sigma^2_{\overline{X}_1} = \frac{\sigma_1^2}{n_1}$ 그리고 $\sigma^2_{\overline{X}_2} = \frac{\sigma_2^2}{n_2}$

따라서 $\overline{X}_1 - \overline{X}_2$의 표준편차는 다음과 같다.

$$\sqrt{\frac{\sigma_1^2}{n_1} + \frac{\sigma_2^2}{n_2}}$$

이 공식은 다음과 같은 일반식에 기초한다.

$$\text{검정값} = \frac{(\text{관측값}) - (\text{기댓값})}{\text{표준오차}}$$

여기서 $\overline{X}_1 - \overline{X}_2$는 관측된 차이이고, 기대 차이 $\mu_1 - \mu_2$는 귀무가설 $\mu_1 = \mu_2$ 하에서 0이다. 왜냐하면 $\mu_1 = \mu_2$라는 것은 $\mu_1 - \mu_2 = 0$과 같기 때문이다. 마지막으로, 차이에 대한 표준오차는

$$\sqrt{\frac{\sigma_1^2}{n_1} + \frac{\sigma_2^2}{n_2}}$$

이다. 이러한 검정들은 아래와 같은 가설을 이용해서 한쪽꼬리검정을 할 수 있다.

양쪽꼬리	오른쪽꼬리	왼쪽꼬리
$H_0: \mu_1 = \mu_2$ 또는 $H_1: \mu_1 - \mu_2 = 0$ $H_0: \mu_1 \neq \mu_2$ $H_1: \mu_1 - \mu_2 \neq 0$	$H_0: \mu_1 = \mu_2$ 또는 $H_0: \mu_1 - \mu_2 = 0$ $H_1: \mu_1 > \mu_2$ $H_1: \mu_1 - \mu_2 > 0$	$H_0: \mu_1 = \mu_2$ 또는 $H_0: \mu_1 - \mu_2 = 0$ $H_1: \mu_1 < \mu_2$ $H_1: \mu_1 - \mu_2 < 0$

8-2절에서 사용하였던 동일한 임계값들을 이 장에서도 사용한다. 이 값들은 부록 A의 표 E에서 얻을 수 있다.

단계 1 가설을 정하고 주장을 확인한다.
단계 2 임계값을 찾는다.
단계 3 검정값을 계산한다.
단계 4 결정을 한다.
단계 5 결과를 요약한다.

예제 9-1 레저 시간

각각 35명의 사람들로 이루어진 두 개의 랜덤표본을 이용한 연구에 따르면 26~35세 그룹의 경우 일주일에 레저 활동으로 평균 39.6시간을 사용하고 46~55세 그룹의 경우 평균 35.4시간을 사용하고 있는 것으로 나타났다. 이전 연구에 의하면 26~35세 그룹의 모표준편차는 6.3시간이고, 46~55세 그룹의 모표준편차는 5.8시간이었다고 가정하자. $\alpha = 0.05$에서, 두 그룹이 레저 활동에 소비하는 평균시간에 유의한 차이가 있다고 결론을 내릴 수 있는가?

풀이

단계 1 가설을 정하고 주장을 확인한다.

$$H_0: \mu_1 = \mu_2 \qquad \text{그리고} \qquad H_1: \mu_1 \neq \mu_2 \text{ (주장)}$$

단계 2 임계값들을 찾는다. $\alpha = 0.05$이므로, 임계값들은 +1.96과 −1.96이다.

단계 3 검정값을 계산한다.

$$z = \frac{(\overline{X}_1 - \overline{X}_2) - (\mu_1 - \mu_2)}{\sqrt{\dfrac{\sigma_1^2}{n_1} + \dfrac{\sigma_2^2}{n_2}}} = \frac{(39.6 - 35.4) - 0}{\sqrt{\dfrac{6.3^2}{35} + \dfrac{5.8^2}{35}}} = \frac{4.2}{1.447} = 2.90$$

단계 4 결정을 한다. $2.90 > 1.96$이므로 $\alpha = 0.05$에서 귀무가설을 기각한다([그림 9–3] 참조).

그림 9–3 [예제 9–1]의 임계값과 검정값

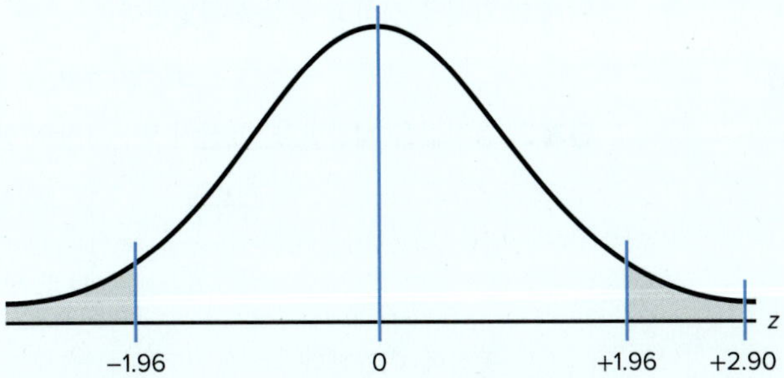

단계 5 결과를 요약한다. 평균들이 같지 않다는 주장(대립가설)을 지지하는 충분한 증거가 있다. 즉, 평균 레저 활동시간이 두 그룹 간에 차이가 있다.

이 검정에 대한 P-값은 8–2절과 같은 절차를 이용함으로써 결정될 수 있다. 예를 들어, 양쪽꼬리검정에 대한 검정값이 2.90이라면, 표 E에서 얻은 P-값은 0.0038이다. 이 값은 $z = 2.90$에 대한 면적 0.9981을 찾은 후, 1.0000에서 0.9981을 빼면 0.0019를 얻는다. 마지막으로, 이 검정이 양쪽꼬리검정이므로 이 값은 두 배가 되어 0.0038을 얻는다. 만약 $\alpha = 0.05$이면, 결정은 P-값이 α보다 작기 때문에(즉, $0.0038 < 0.05$) 귀무가설을 기각하는 것이다.

이 장의 가설검정에 대한 P-값 방법 역시 8장에서 기술된 것과 같은 절차를 따르며 다음과 같다.

단계 1 가설을 정하고 주장을 확인한다.
단계 2 검정값을 계산한다.
단계 3 P-값을 찾는다.
단계 4 결정을 한다.
단계 5 결과를 요약한다.

[예제 9–2]는 이러한 절차를 설명한다.

예제 9–2 대학 스포츠 강좌

한 연구자는 대학교에서 남학생들에게 제공하는 평균 스포츠의 수가 여학생에게 제공하는 평균 수보다 더 크다고 가정한다. 대학교에서 제공한 남학생과 여학생을 위한 스포츠의 수에 대한 랜덤표본은 다음과 같다. $\alpha = 0.10$에서, 이 주장을 입증할 충분한 증거가 있는가? σ_1과 σ_2는 3.3이라고 가정한다.

남성					여성				
6	11	11	8	15	6	8	11	13	8
6	14	8	12	18	7	5	13	14	6
6	9	5	6	9	6	5	5	7	6
6	9	18	7	6	10	7	6	5	5
15	6	11	5	5	16	10	7	8	5
9	9	5	5	8	7	5	5	6	5
8	9	6	11	6	9	18	13	7	10
9	5	11	5	8	7	8	5	7	6
7	7	5	10	7	11	4	6	8	7
10	7	10	8	11	14	12	5	8	5

출처: *USA TODAY*.

풀이

단계 1 가설을 정하고 주장을 확인한다.

$$H_0: \mu_1 = \mu_2 \quad \text{그리고} \quad H_1: \mu_1 > \mu_2 \text{ (주장)}$$

단계 2 검정값을 계산한다. 계산기 또는 3장의 공식을 이용하여 각 자료집합에 대한 평균을 구한다.

남학생 $\bar{X}_1 = 8.6$ 그리고 $\sigma_1 = 3.3$

여학생 $\bar{X}_2 = 7.9$ 그리고 $\sigma_2 = 3.3$

공식에 대입한다.

$$z = \frac{(\bar{X}_1 - \bar{X}_2) - (\mu_1 - \mu_2)}{\sqrt{\frac{\sigma_1^2}{n_1} + \frac{\sigma_2^2}{n_2}}} = \frac{(8.6 - 7.9) - 0}{\sqrt{\frac{3.3^2}{50} + \frac{3.3^2}{50}}} = 1.06^*$$

단계 3 표 E로부터 P-값을 찾는다. $z = 1.06$에 대해서, 면적은 0.8554이고, $1.0000 - 0.8554 = 0.1446$, 혹은 P-값이 0.1446이다.

단계 4 결정을 한다. P-값이 α보다 크므로(즉, $0.1446 > 0.10$), 결정은 귀무가설을 기각하지 않는다([그림 9–4] 참조).

단계 5 결과를 요약한다. $\alpha = 0.10$에서 여학생보다 남학생에게 더 많은 스포츠를 제공하고 있다는 주장을 입증할만한 충분한 증거가 없다.

그림 9–4 [예제 9–2]의 P-값과 α값

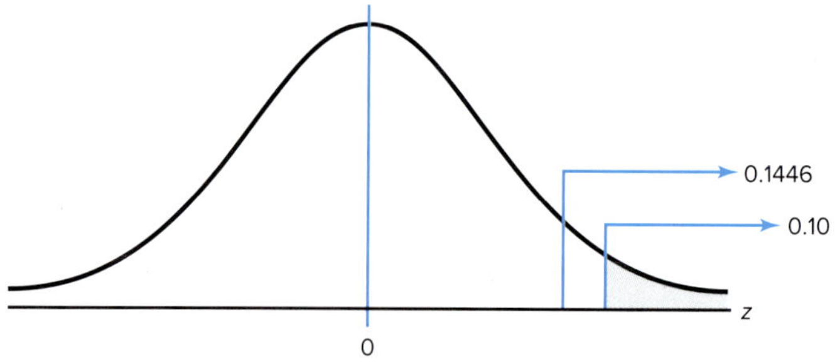

*참고: 반올림으로 인해 계산 결과가 다를 수도 있다.

연구자는 0이 아닌 다른 평균들의 차이를 검정하는 데 관심이 있을 수 있다. 예를 들면, 전문대학 간호학과 학생들은 종합대학 간호학과 학생들에 비하여 평균 3.2살이 더 많다는 가설을 세울 수 있다. 이 경우에 가설은 다음과 같다.

$$H_0: \mu_1 - \mu_2 = 3.2 \qquad \text{그리고} \qquad H_1: \mu_1 - \mu_2 > 3.2$$

z 검정에 대한 공식은

$$z = \frac{(\overline{X}_1 - \overline{X}_2) - (\mu_1 - \mu_2)}{\sqrt{\dfrac{\sigma_1^2}{n_1} + \dfrac{\sigma_2^2}{n_2}}}$$

이고, 여기서 $\mu_1 - \mu_2$는 가정된 차이 또는 기대 차이이다. 이 경우에, $\mu_1 - \mu_2 = 3.2$이다.

두 평균 간 차이에 대한 신뢰구간 또한 구할 수 있다. 당신이 0의 차이를 가정할 때, 만약 신뢰구간이 0을 포함하고 있다면, 귀무가설은 기각되지 않는다. 만약 0을 포함하고 있지 않으면 귀무가설은 기각된다.

두 평균들 차이에 대한 신뢰구간은 이 공식을 이용함으로써 구할 수 있다.

두 평균의 차이에 대한 z 신뢰구간에 대한 공식

$$(\overline{X}_1 - \overline{X}_2) - z_{\alpha/2}\sqrt{\frac{\sigma_1^2}{n_1} + \frac{\sigma_2^2}{n_2}} < \mu_1 - \mu_2 < (\overline{X}_1 - \overline{X}_2) + z_{\alpha/2}\sqrt{\frac{\sigma_1^2}{n_1} + \frac{\sigma_2^2}{n_2}}$$

예제 9-3 레저 시간

[예제 9-1]에서 평균의 차이에 대한 95% 신뢰구간을 구하시오.

풀이

공식에 대입한다. $z_{\alpha/2} = 1.96$을 이용하여

$$(\overline{X}_1 - \overline{X}_2) - z_{\alpha/2}\sqrt{\frac{\sigma_1^2}{n_1} + \frac{\sigma_2^2}{n_2}} < \mu_1 - \mu_2 < (\overline{X}_1 - \overline{X}_2) + z_{\alpha/2}\sqrt{\frac{\sigma_1^2}{n_1} + \frac{\sigma_2^2}{n_2}}$$

$$(39.6 - 35.4) - 1.96\sqrt{\frac{6.3^2}{35} + \frac{5.8^2}{35}} < \mu_1 - \mu_2 < (39.6 - 35.4) + 1.96\sqrt{\frac{6.3^2}{35} + \frac{5.8^2}{35}}$$

$$4.2 - 2.8 < \mu_1 - \mu_2 < 4.2 + 2.8$$

$$1.4 < \mu_1 - \mu_2 < 7.0$$

신뢰구간이 0을 포함하고 있지 않기 때문에, 결정은 귀무가설을 기각하는 것인데, 이는 이전의 결과와 일치한다.

개념의 적용 9-2

홈런

한 스포츠 라디오 토크쇼에서, 당신은 내셔널리그 소속 선수들이 홈런을 더 많이 치는지 아니면 아메리칸리그 소속 선수들이 홈런을 더 많이 치는지에 대한 질문에 대하여 연구해 줄 것을 의뢰받았다. 당신은 40년 동안 각 리그 홈런왕들의 자료를 사용하기로 결정한다. 자료는 다음과 같다.

내셔널리그									
47	49	73	50	65	70	49	47	40	43
46	35	38	40	47	39	49	37	37	36
40	37	31	48	48	45	52	38	38	36
44	40	48	45	45	36	39	44	52	47
아메리칸리그									
47	57	52	47	48	56	56	52	50	40
46	43	44	51	36	42	49	49	40	43
39	39	22	41	45	46	39	32	36	32
32	32	37	33	44	49	44	44	49	32

주어진 자료를 이용하여, 다음 질문들에 대하여 답하시오.

1. 모집단을 정의하시오.
2. 어떤 종류의 표본이 사용되었는가?
3. 표본들이 대표할 만하다고 느끼는가?
4. 가설은 무엇인가?
5. 어떤 유의수준을 사용할 것인가?
6. 어떤 통계적 검정을 사용할 것인가?
7. 검정 결과는 무엇인가?($\sigma_1 = 8.8$ 그리고 $\sigma_2 = 7.8$로 가정한다)
8. 결정은 무엇인가?
9. 어떻게 결론 지을 수 있는가?
10. 주어진 자료를 이용하여 실제로 요구된 원래의 문제에 대해 답했다고 느끼는가?
11. 어떤 다른 자료가 질문에 답하기 위해 사용될 수 있는가?

정답 432쪽 참조

연습문제 9-2

1. 두 평균 간의 차이를 검정하기 위한 가정들은 무엇인가?

2. σ_1과 σ_2가 알려져 있는 상태에서 두 평균들 간의 차이 검정을 위해 z 검정을 사용하려고 할 때, 반드시 전제되어야 할 3가지 가정은 무엇인가?

3~8번 문제는 다음 단계를 수행하시오.

a. 가설을 정하고 주장을 확인한다.
b. 임계값을 찾거나 *P*-값 방법을 사용한다.
c. 검정값을 계산한다.
d. 결정을 한다.
e. 결과를 요약한다.

별도의 지시가 없는 한 가설검정의 전통적인 방법을 사용하시오.

3. 오락시간 한 연구자는 자녀가 없는 가정이 오락 활동에 참여하는 주당 평균시간과 자녀가 있는 가정이 참여하는 시간 간에 차이가 있는지 알고 싶다. 연구자는 두 개의 랜덤표본을 뽑아서 다음과 같은 자료를 얻었다. $\alpha = 0.10$에서 두 평균들 간에 차이가 존재하는가?

	$\overline{X}$	σ	n
자녀가 없음	8.6	2.1	36
자녀가 있음	10.6	2.7	36

4. 통근시간 인구조사센터는 Maryland 주의 Baltimore와 Florida 주의 Miami 시민들의 평균 통근시간이 약 29분이라고 발표하고 있다. 통근 시간이 겨울에는 다르게 나타나는지를 알기 위해, 각 도시에서 40명의 운전자로 구성된 랜덤표본을 조사하였고 1월의 평균 통근시간이 두 도시에서 계산되었다. 결과는 다음과 같다. 유의수준 0.05에서, 통근시간이 겨울에는 다르다는 결론을 내릴 수 있는가?

	Miami	**Baltimore**
표본크기	40	40
표본평균	28.5분	35.2분
모표준편차	7.2분	9.1분

출처: www.census.gov

5. 입원 기간 남성의 '단기 입원' 평균 기간은 5.2일로 여성의

4.5일에 비하여 약간 길다. 남성과 여성에 대한 최근 입원 기간에 대한 랜덤표본은 다음과 같다. $\alpha = 0.01$에서, 남성의 평균 입원 기간이 여성의 평균 입원 기간보다 길다고 결론을 내릴 충분한 증거가 있는가?

	남성	여성
표본크기	32	30
표본평균	5.5일	4.2일
모표준편차	1.2일	1.5일

출처: www.cdc.gov/nchs

6. **손재주 차이** 연구자는 운동선수들의 손재주와 밴드 멤버들의 손재주에 차이가 있는지 알고 싶어한다. 각 그룹으로부터 크기 30의 랜덤표본을 뽑아서 손재주 검사를 하였다. 운동선수들의 평균은 87, 그리고 밴드 멤버들의 평균은 92로 나왔다. 이 검정에서 모표준편차는 7.2다. $\alpha = 0.01$에서, 평균 점수 차이는 유의한가?

7. **1인당 소득** Wisconsin 주의 1인당 평균 소득은 37,314달러, South Dakota 주는 37,375달러로 거의 비슷하다. 각 주에서 크기 50의 랜덤표본을 뽑아 조사한 결과는 다음과 같다.

	Wisconsin	**South Dakota**
크기	50	50
평균	\$40,275	\$38,750
모표준편차	\$10,500	\$12,500

$\alpha = 0.05$에서, 평균 소득에 차이가 있다고 결론을 내릴 수 있는가?

출처: *New York Times Almanac*.

8. **자부심** 졸업 후 전문직에 남은 여성 과학전공자 그룹과 몇 달 이내에 떠난 그룹에 대한 연구에서, 연구자들은 자부심에 대한 자료를 수집하였다. $\alpha = 0.05$에서, 두 그룹 사이에 자부심에서 차이가 있다는 결론을 내릴 수 있는가? *P*-값 방법을 사용하시오.

떠난 그룹	남은 그룹
$\overline{X}_1 = 3.05$	$\overline{X}_2 = 2.96$
$\sigma_1 = 0.75$	$\sigma_2 = 0.75$
$n_1 = 103$	$n_2 = 225$

출처: *Rayman, Paula and Brett, Belle, "Women Science Majors: What Makes a Difference in Persistence after Graduation?" The Journal of Higher Education, 66, 4, July–August 1995, 388–414.*

9. **작업 호흡수** 각각 크기 32명의 개인으로 이루어진 두 개의 랜덤표본이 뽑혔다. 한 표본은 고된 작업을 실험하는 활동에 참여하였다. 이 표본에 속한 개인들의 평균 호흡수는 분당 21이었다. 다른 표본은 정상작업을 수행하였고, 평균 호흡수는 14로 나왔다. 만약 호흡수에 대한 모표준편차가 분당 4.2였다면 호흡수 차이에 대한 90% 신뢰구간을 구하시오.

10. **문해력 점수** 16세 이상 성인들에 대해서 산문, 문서, 수량의 3가지 형태로 문해력을 평가하였다. 문서 문해력 점수는 19~24 연령대와 40~49 연령대가 같았다. 1년 뒤 점수들의 랜덤표본은 아래와 같은 통계들로 나타났다.

나이별 그룹	평균 점수	모표준편차	표본크기
19–24	280	56.2	40
40–49	315	52.1	35

이 두 그룹의 평균 점수의 차이에 대한 95% 신뢰구간을 구축하시오. 구축한 신뢰구간이 평균 점수에 차이가 없다는 주장에 대하여 무엇을 말하고 있는가?

출처: www.nces.ed.gov

11. **텔레비전 시청** 55세 이상 여성들의 주당 평균 텔레비전 시청 시간은 48시간이고, 남성들의 시청 시간은 43시간이다. 한 퇴직 단체로부터 뽑은 남녀 각각 40명의 랜덤표본은 다음과 같은 결과를 나타냈다. 유의수준 0.01에서, 여성이 남성보다 주당 텔레비전 시청을 더 많이 한다고 할 수 있는가?

	표본크기	평균	모표준편차
여성	40	48.2	5.6
남성	40	44.3	4.5

출처: *Word Almanac 2012*.

12. **가게 매출** 어떤 회사가 서로 다른 도시에 두 개의 작은 목욕 및 바디 용품 가게를 소유하고 있다. 두 가게의 하루 평균 매출에 차이가 있는지 알고 싶은 것은 자연스러운 일이다. 아래의 결과들은 6주간의 일 매출에 관한 랜덤표본으로부터 얻은 것이다. $\alpha = 0.01$에서, 매출에 차이가 있다는 결론을 내릴 수 있는가? *P*-값 방법을 사용하시오.

가게	평균	모표준편차	표본크기
A	\$995	\$120	30
B	1120	250	30

개념의 확장

13. **사립학교와 공립학교에서의 시험성적** 한 연구자는 사립학교 학생들의 시험성적이 공립학교 학생들에 비하여 많으면 8점 정도 높다고 주장하고 있다. 사립과 공립에서 각각 60명씩 확률표본을 뽑아 시험을 치른 결과는 다음과 같다. $\alpha = 0.05$에서, 연구자의 주장을 검정하시오.

사립학교	공립학교
$\overline{X}_1 = 110$	$\overline{X}_2 = 104$
$\sigma_1 = 15$	$\sigma_2 = 15$
$n_1 = 60$	$n_2 = 60$

14. **대졸자 평균수입** 학사 이상 학위를 가진 정규직 남성 근로자들의 1년 연봉은 88,641달러이고 여성들의 경우 58,000달러로 연 30,000달러 정도 차이가 난다. 각 100명의 랜덤표본을 조사한 결과 남성은 평균 90,200달러, 모표준편차는 15,000달러 그리고 여성은 평균 57,800달러, 모표준편차는 12,800달러로 나타났다. 유의수준 0.01에서, 평균 차이가 30,000달러가 아니라는 결론을 내릴 수 있는가?
출처: *New York Times Almanac*.

EXCEL
Step by Step

두 평균 차이에 대한 z 검정

Excel에는 '데이터 분석(Data Analysis Add-In)'에 포함된 이표본 z 검정이 있다. 두 모집단의 평균 간 차이에 대한 z 검정을 수행하기 위하여, 서로 독립인 표본들이 주어졌다는 가정하에 다음 절차를 따라하시오.

1. 첫 번째 표본자료를 열 A에 입력한다.
2. 두 번째 표본자료를 열 B에 입력한다.
3. 툴바에서 '데이터' 탭을 선택한 다음, '데이터 분석'을 선택한다.
4. '데이터 분석' 상자에서 'z-검정: 평균에 대한 두집단'을 선택한다.
5. 열 A와 B에 있는 자료의 범위를 입력하고 '가설 평균차'에 대한 값(보통 0)을 입력한다.
6. 변수 1과 변수 2에 대해 '분산-기지값' 입력한다.
7. '유의 수준' 값을 정한다.
8. 결과를 나타낼 위치를 지정하고 '확인'을 클릭한다.

[예제 XL9–1]

여기에 제공된 표본자료를 이용하여 $\alpha = 0.05$에서 두 모집단의 평균이 같다는 주장을 검정하시오. 모집단의 분산들은 $\sigma_A^2 = 10.067$과 $\sigma_B^2 = 7.067$을 가정하시오.

자료 A	10	2	15	18	13	15	16	14	18	12	15	15	14	18	16
자료 B	5	8	10	9	9	11	12	16	8	8	9	10	11	7	6

위에 제시된 값을 이용하여 1~8번 단계를 수행하면 결과값 화면이 나온다. P-값과 임계값(기각치)이 한쪽꼬리검정과 양쪽꼬리검정에 대해서 제공된다. 여기에서 P-값은 과학적 표시법, 즉

$$7.09045\text{E-}06 = 7.09045 \times 10^{-6} = 0.00000709045$$

으로 표기되고 있다. 이 값은 0.05 미만이므로 귀무가설을 기각하고 모평균들이 같지 않다는 결론을 내린다.

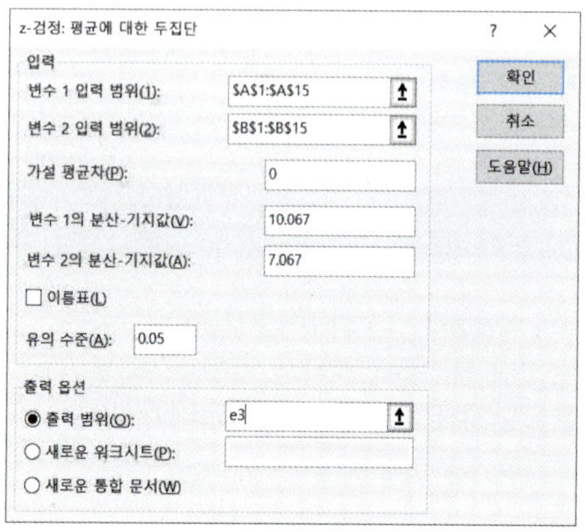

z-검정: 평균에 대한 두 집단		
	변수 1	변수 2
평균	14.06666667	9.266666667
기지의 분산	10.067	7.067
관측수	15	15
가설 평균차	0	
z 통계량	4.491149228	
P(Z<=z) 한쪽 꼬리 검정	3.54199E-06	
z 기각치 한쪽 꼬리 검정	1.644853627	
P(Z<=z) 양쪽 꼬리 검정	7.08399E-06	
z 기각치 양쪽 꼬리 검정	1.959963985	

9–3 독립표본의 두 평균 간 차이 검정: *t* 검정 이용

학습목표 2
t 검정을 이용하여 독립표본에 대한 두 평균 간의 차이 검정하기

9–2절에서, *z* 검정은 모표준편차가 알려져 있고 변수가 정규분포 혹은 근사적으로 정규분포를 할 때, 또는 두 표본의 크기가 30 이상일 때 두 평균의 차이를 검정하는 데 사용되었다. 그러나 그러한 조건들이 충족되지 않는 경우가 많이 있다. 즉, 모표준편차가 알려져 있지 않는 경우이다. 이 경우에는 *t* 검정이 두 표본이 독립이고 표본들이 2개의 정규 혹은 근사적인 정규 모집단으로부터 뽑혀질 때 평균의 차이에 대한 검정에 사용된다. 표본은 서로 관련이 없는 **독립표본(independent samples)**이다. 또한 분산들은 서로 같지 않다고 가정할 것이다.

독립표본의 두 평균 차이를 검정하기 위한 *t* 검정에 대한 공식

분산들은 서로 같지 않다고 가정한다.

$$t = \frac{(\overline{X}_1 - \overline{X}_2) - (\mu_1 - \mu_2)}{\sqrt{\dfrac{s_1^2}{n_1} + \dfrac{s_2^2}{n_2}}}$$

여기서 자유도는 $n_1 - 1$과 $n_2 - 1$ 중에서 작은 것과 같다.

공식

$$t = \frac{(\overline{X}_1 - \overline{X}_2) - (\mu_1 - \mu_2)}{\sqrt{\dfrac{s_1^2}{n_1} + \dfrac{s_2^2}{n_2}}}$$

은 다음의 형식을 따른다.

$$\text{검정값} = \frac{(\text{관측값}) - (\text{기댓값})}{\text{표준오차}}$$

여기에서 $\overline{X}_1 - \overline{X}_2$는 표본평균의 관측된 차이이고 기댓값 $\mu_1 - \mu_2$는 모평균의 차이가 없다고 가정되었을 때 0과 같다. 분모의 $\sqrt{s_1^2/n_1 + s_2^2/n_2}$는 두 평균 차이에 대한 표준오차이다. 이 공식은 σ_1과 σ_2가 알려져 있을 때 사용한 것과 비슷하다. 그러나 우리가 *t* 검정을 사용할 때, σ_1과 σ_2는 알려져 있지 않다. 따라서 이 공식에서는 s_1과 s_2를 σ_1과 σ_2 대신으로 사용하였다. 표준오차의 수리적인 유도는 다소 복잡하기 때문에 여기에서는 생략한다.

σ_1과 σ_2가 알려져 있지 않을 때 두 독립표본평균이 서로 다른지를 결정하기 위한 검정 방법을 사용하기 전에 다음 가정들이 충족되는지를 반드시 확인해야 한다.

σ_1과 σ_2가 알려져 있지 않을 때 두 독립 평균들에 대한 t 검정을 위한 가정

1. 표본이 랜덤표본이다.
2. 표본은 서로 독립이다.
3. 표본의 크기가 30 미만일 때, 모집단은 반드시 정규 또는 근사적으로 정규분포이어야 한다.

본 교재의 연습문제에는 이러한 가정들을 언급할 것이다. 그러나 다른 상황에서 통계자료를 접한다면 분석을 시행하기 전에 이러한 가정들이 만족되는지를 확인해야 한다.

다시 한 번 언급하자면 여기에서의 가설검정은 9–2절에서와 동일한 단계를 따른다. 그러나 공식은 s_1과 s_2를 사용하고 임계값은 표 F에서 얻는다.

예제 9–4 직장 결근

남성과 여성 직원들 간에 병가 일수에 차이가 있는지를 알아보기 위한 연구가 진행되었다. 9명의 남자들로 이루어진 랜덤표본 조사 결과, 평균 병가 일수는 5.5일이고 표준편차는 1.23으로 나왔으며, 7명의 여자들로 이루어진 랜덤표본 조사 결과, 평균 병가 일수는 4.3일이고 표준편차는 1.19로 나왔다. $\alpha = 0.05$에서, 평균에 차이가 있다는 결론을 내릴 수 있는가?

풀이

단계 1 가설을 정하고 주장을 확인한다.

$$H_0: \mu_1 = \mu_2 \quad \text{그리고} \quad H_1: \mu_1 \neq \mu_2 \text{ (주장)}$$

단계 2 임계값을 구한다. 양쪽꼬리검정이고 $\alpha = 0.05$이기 때문에 자유도는 $n_1 - 1$과 $n_2 - 2$ 중 작은 값이다. 이 경우에, $n_1 - 1 = 9 - 1 = 8$ 그리고 $n_2 - 1 = 7 - 1 = 6$이다. 따라서 자유도는 6이다. 표 F로부터 임계값은 +2.447 그리고 −2.447이다.

단계 3 검정값을 계산한다.

$$t = \frac{(\bar{X}_1 - \bar{X}_2) - (\mu_1 - \mu_2)}{\sqrt{\dfrac{s_1^2}{n_1} + \dfrac{s_2^2}{n_2}}} = \frac{(5.5 - 4.3) - 0}{\sqrt{\dfrac{1.23^2}{9} + \dfrac{1.19^2}{7}}} = 1.972$$

단계 4 결정을 한다. $1.972 < 2.447$이므로 귀무가설을 기각하지 않는다. [그림 9–5]를 보자.

그림 9–5 [예제 9–4]에 대한 임계값과 검정값

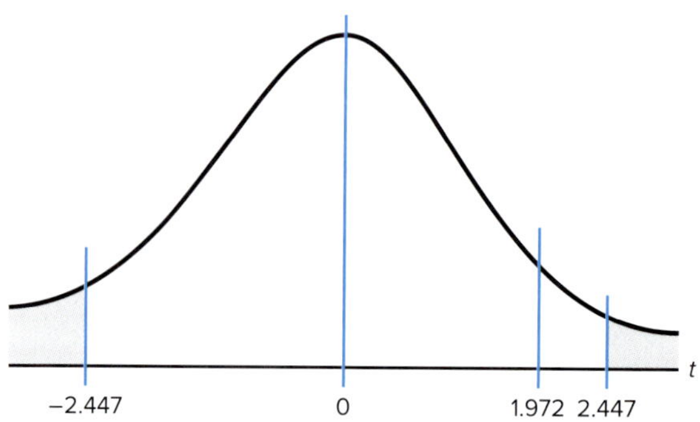

단계 5 결과를 요약한다. 평균에 차이가 있다는 주장을 입증할 충분한 증거가 없다.

원자료가 연습문제에 주어졌을 때 자료집합에 대한 평균과 분산들을 찾기 위해서는 3장에 있는 공식 또는 계산기를 사용한다. 그리고 가설을 검정하기 위해서는 이 절에서 보여준 절차를 따른다.

두 평균의 차이에 대한 신뢰구간은 다음 공식으로 구할 수 있다.

두 평균의 차이에 대한 신뢰구간: 독립표본

분산들은 같지 않다고 가정한다.

$$(\overline{X}_1 - \overline{X}_2) - t_{\alpha/2}\sqrt{\frac{s_1^2}{n_1} + \frac{s_2^2}{n_2}} < \mu_1 - \mu_2 < (\overline{X}_1 - \overline{X}_2) + t_{\alpha/2}\sqrt{\frac{s_1^2}{n_1} + \frac{s_2^2}{n_2}}$$

자유도 $= n_1 - 1$ 혹은 $n_2 - 1$ 중에서 더 작은 값

예제 9-5

[예제 9-4]에 있는 자료에 대한 95% 신뢰구간을 구하시오.

풀이

공식에 대입한다.

$$(\overline{X}_1 - \overline{X}_2) - t_{\alpha/2}\sqrt{\frac{s_1^2}{n_1} + \frac{s_2^2}{n_2}} < \mu_1 - \mu_2 < (\overline{X}_1 - \overline{X}_2) + t_{\alpha/2}\sqrt{\frac{s_1^2}{n_1} + \frac{s_2^2}{n_2}}$$

$$(5.5 - 4.3) - 2.447\sqrt{\frac{1.23^2}{9} + \frac{1.19^2}{7}} < \mu_1 - \mu_2 < (5.5 - 4.3) + 2.447\sqrt{\frac{1.23^2}{9} + \frac{1.19^2}{7}}$$

$$1.2 - 1.489 < \mu_1 - \mu_2 < 1.2 + 1.489$$

$$-0.289 < \mu_1 - \mu_2 < 2.689$$

0이 구간 안에 포함되기 때문에 평균들이 다르다는 주장을 지지할만한 충분한 증거가 없다.

많은 통계 소프트웨어 패키지에서는 다른 방법을 사용하여 t 검정에 대한 자유도를 구한다. 그 공식은 다음과 같다.

$$\text{d.f.} = \frac{(s_1^2/n_1 + s_2^2/n_2)^2}{(s_1^2/n_1)^2/(n_1 - 1) + (s_2^2/n_2)^2/(n_2 - 1)}$$

이 공식은 본 교재에서는 사용되지 않을 것이다.

실제로 t 검정의 사용에는 2가지 서로 다른 조건이 있다. **하나는 모집단의 분산들이 서로 같지 않을 때 사용되는 것이고, 다른 조건은 모집단의 분산들이 서로 같을 때 사용된다.** 9-6절에서 다루겠지만 두 표본분산들이 같은지를 결정하기 위해서 연구자는 F 검정을 사용할 수 있다.

분산들이 같다고 가정할 때, t 검정 공식은 다음과 같고,

$$t = \frac{(\overline{X}_1 - \overline{X}_2) - (\mu_1 - \mu_2)}{\sqrt{\frac{(n_1 - 1)s_1^2 + (n_2 - 1)s_2^2}{n_1 + n_2 - 2}}\sqrt{\frac{1}{n_1} + \frac{1}{n_2}}}$$

다음의 형식을 따른다.

$$\text{검정값} = \frac{(\text{관측값}) - (\text{기댓값})}{\text{표준오차}}$$

분자의 항들은 이전에 주어진 공식과 같다. 하지만, 두 번째 검정통계량의 분모에 대해서는 설명이 요구된다. 두 모집단의 분산들이 같다고 가정되기 때문에, 표준오차는 분산의 합동추정값을 가지고 계산된다. **분산의 합동추정값(pooled estimate of the variance)**은 두 표본분산들과 각 분산의 **자유도**를 가중값으로 사용하는 분산의 가중평균이다. 다시 한 번, 표준오차의 대수학적 유도는 다소 복잡하기 때문에 생략한다.

그러나 모든 통계학자들이 t 검정을 사용하기 전에 F 검정을 사용하는 데 동의하는 것은 아니다. 일부 학자들은 같은 유의수준에서 F 와 t 검정을 수행하는 것은 t 검정의 전반적인 유의수준을 변화시킬 것이라고 믿고 있다. 그 이유는 이 교재의 영역을 벗어난다. 그렇기 때문에 이 교재에서는 $\sigma_1 \neq \sigma_2$를 가정할 것이다.

개념의 적용 9-3

너무 긴 전화 통화

한 회사는 두 개의 서로 다른 부서 직원들의 전화 통화시간의 자료를 모으고 있다. 판매 부서에 대한 표본평균과 표준편차는 각각 10.26과 8.56이다. 접수 및 발송 부서의 표본평균과 표준편차는 6.93과 4.93이다. 가설검정을 시행하였고 컴퓨터로 확인한 결과는 다음과 같다.

자유도 = 56

신뢰구간 한계 = −0.18979, 6.84979

검정통계량 t = 1.89566

임계값 t = −2.0037, 2.0037

P-값 = 0.06317

유의수준 = 0.05

1. 표본들은 독립인가 종속인가?
2. 귀무가설이 기각되는지를 점검하기 위해 결과로부터 어느 값이 유의수준과 비교되어야 하는가?
3. 결과의 어느 값이 제1종 오류의 확률을 주는가?
4. 한쪽꼬리검정(왼쪽, 오른쪽)인가 또는 양쪽꼬리검정인가? 그 이유는?
5. 당신의 결론은 무엇인가?
6. 원래 유의수준이 0.10으로 정해졌다면 당신의 결론은 무엇인가?

정답 433쪽 참조

연습문제 9–3

모든 연습문제들에 대해서, 다음 단계들을 수행하시오. 모든 변수들은 정규 또는 근사적으로 정규분포를 따른다고 가정한다.

a. 가설을 정하고 주장을 확인한다.
b. 임계값을 찾거나 또는 *P*-값 방법을 사용한다.
c. 검정값을 계산한다.
d. 결정을 한다.
e. 결과를 요약한다.

P-값 방법을 지정하지 않는 한 가설검정의 전통적인 방법을 사용하시오. 분산들은 같지 않다고 가정한다.

1. **폭포 높이** 유의수준 $\alpha = 0.10$에서 유럽과 아시아에 있는 폭포들의 평균 높이에 차이가 있는가? 자료는 다음과 같다.

유럽			아시아		
487	1246	1385	614	722	964
470	1312	984	1137	320	830
900	345	820	350	722	1904

출처: *World Almanac and Book of Facts.*

2. **병원 소음 수준** 랜덤하게 선택된 20개 응급실의 평균 소음 수준은 63.1 dBA이고, 표본 표준편차는 4.1 dBA이었다. 랜덤하게 선택된 24개 수술실의 평균 소음 수준은 56.3 dBA이고, 표본 표준편차는 7.5 dBA이었다. $\alpha = 0.05$에서, 평균들에 차이가 있다는 결론을 내릴 수 있는가?

3. **사탕 속의 탄수화물** 랜덤하게 선택된 초콜릿 사탕과 비초콜릿 사탕의 1온스당 포함된 탄수화물 그램 수는 다음과 같다. 평균 차이가 통계적으로 유의하다는 결론을 내릴 만큼 충분한 증거가 있는가? $\alpha = 0.10$을 사용하시오.

초콜릿:	29	25	17	36	41	25	32	29
	38	34	24	27	29			
비초콜릿:	41	41	37	29	30	38	39	10
	29	55	29					

출처: *The Doctor's Pocket Calorie, Fat, and Carbohydrate Counter.*

4. **운동화 무게** 남성과 여성 운동화들로 이루어진 표본의 무게는 다음과 같다. 평균에 차이가 있다는 주장을 검정하시오. $\alpha = 0.05$에서 *P*-값 방법을 사용하시오.

남성		여성		
10.4	12.6	10.6	10.2	8.8
11.1	14.7	9.6	9.5	9.5
10.8	12.9	10.1	11.2	9.3
11.7	13.3	9.4	10.3	9.5
12.8	14.5	9.8	10.3	11.0

5. 1번 문제에서 평균 차이에 대한 90% 신뢰구간을 구하시오.

6. **텔레비전 시청 시간** Nelsen Media Research의 연구에 따르면, 아이들(2~11세)은 주당 TV를 보는 데 평균 21시간 30분을, 10대(12~17세)들은 평균 20시간 40분을 보낸다. 아래에 주어진 표본통계량에 근거해서 두 그룹 사이에 TV를 시청하는 평균시간에 차이가 있다는 결론을 내릴만한 충분한 증거가 있는가?

	아이들	10대
표본평균	22.45	18.50
표본분산	16.4	18.2
표본크기	15	15

출처: *Time Almanac.*

7. **사이버 학교 등록** 자료는 Allegheny 지역 내에 있는 사이버 학교에 다니는 학생들의 수와 Allegheny 지역 주변에 있는 사이버 학교에 다니는 학생들의 수를 나타낸다. $\alpha = 0.01$에서, Allegheny 지역 내 학군에서 사이버 학교에 등록한 평균 학생 수가 Allegheny 지역 주변 학군에서 사이버 학교에 등록한 평균 학생 수보다 많다는 주장을 지지할 충분한 증거가 있는가? 답을 해석하는 데 고려해야 할 요인을 제시하시오.

Allegheny 지역 내						Allegheny 지역 주변					
25	75	38	41	27	32	57	25	38	14	10	29

출처: *Pittsburgh Tribune-Review.*

8. **출산 환자의 입원 기간** Health Care Knowledge System은 보험을 들은 여성들은 일상적인 출산을 위해 병원에서 평균 2.3일을 입원하는 반면 보험을 들지 않은 여성들은 평균 1.9일을 입원한다고 발표하였다. 각각 16명의 두 표본을 사용하였다고 가정한다. 첫 번째 표본의 표준오차는 0.6일이고, 두 번째 표본의 표준편차는 0.3일이었다. $\alpha = 0.01$에서, 평균들이 같다는 주장을 검정하시오. *P*-값 방법을 사용하고, 평균 차이에 대한 99% 신뢰구간을 찾으시오.

출처: *Michael D, Shock and Robert L, Shook, The Book of Odds.*

9. **의과대학 등록** 연구를 전문으로 하는 의과대학과 1차 진료로 유명한 의과대학 등록생들의 랜덤표본은 다음과 같다. 평균 차에 대한 90% 신뢰구간을 구하시오.

연구 전문				1차 진료 전문			
474	577	605	663	783	605	427	728
783	467	670	414	546	474	371	107
813	443	565	696	442	587	293	277
692	694	277	419	662	555	527	320
884							

출처: *U.S. News & World Report Best graduate Schools.*

10. **가솔린 가격** 월 가솔린 가격에 대한 랜덤표본들이 2011년과 2015년으로부터 얻어졌다. 표본들은 다음과 같다. $\alpha = 0.01$에서, 가솔린 비용이 2015년에 더 들었다고 할 수 있는가? *P*-값 방법을 사용하시오.

2011	2.02	2.47	2.50	2.70	3.13	2.56	
2015	2.36	2.46	2.63	2.76	3.00	2.85	2.77

11. **홈런** 프로야구 선수들로 이루어진 두 개의 랜덤표본을 뽑아서 그들이 친 홈런 수를 기록하였다. 한 표본은 내셔널리그 선수들로부터 얻은 자료이고, 다른 표본은 아메리칸리그 선수들로부터 얻은 것이다. $\alpha = 0.10$에서, 평균들에 차이가 있는가?

내셔널리그				아메리칸리그			
18	4	8	2	6	11	18	11
9	2	6	5	3	12	25	4
6	8	29	25	24	9	12	5

EXCEL
Step by Step

두 평균 간 차이에 대한 검정: 독립표본

Excel에는 '데이터 분석(Data Analysis Add-In)'에 포함된 이표본 t 검정이 있다. 다음 예제는 두 평균 차이에 대한 t 검정을 어떻게 수행하는가를 보여준다.

[예제 XL9-2]

표본자료에 근거해서 모평균들의 차이가 없다는 주장을 검정하시오. 모분산은 같지 않다고 가정하시오. $\alpha = 0.05$를 가정하시오.

자료 A	32	38	37	36	36	34	39	36	37	42
자료 B	30	36	35	36	31	34	37	33	32	

1. 첫 번째 표본자료를 열 A에 넣는다.
2. 두 번째 표본자료를 열 B에 넣는다.
3. 툴바에서 '데이터' 탭을 선택한 다음, '데이터 분석'을 선택한다.
4. '데이터 분석' 상자에서 't-검정: 이분산 가정 두집단'을 선택하고, '확인'을 클릭한다.
5. '입력'에서 '변수 1 입력 범위: \$A\$1:\$A\$10'과 그리고 '변수 2 입력범위: \$B\$1:\$B\$9'를 입력한다.
6. '가설 평균 차'에 '0'을 입력한다.
7. '유의 수준'은 '0.05'를 입력한다.
8. 결과를 나타낼 위치를 'D7'으로 지정하고 '확인'을 클릭한다.

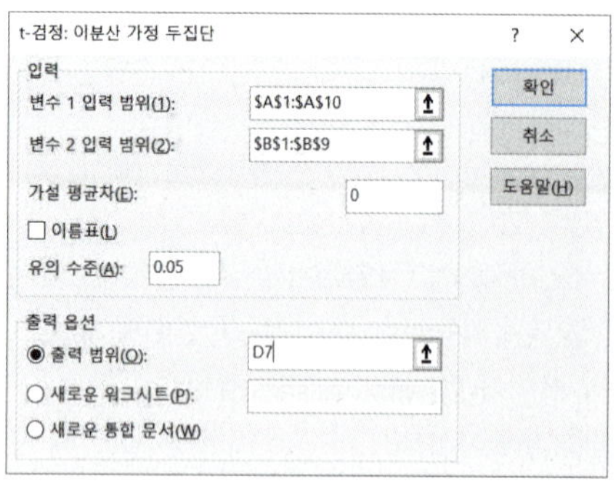

z-검정: 평균에 대한 두 집단		
	변수 1	변수 2
평균	36.7	33.77777778
분산	7.344444444	5.944444444
관측수	10	9
가설 평균차	0	
자유도	17	
t 통계량	2.474205364	

P(T<=t) 한쪽 꼬리 검정	0.012095	
t 기각치 한쪽 꼬리 검정	1.739606726	
P(T<=t) 양쪽 꼬리 검정	0.024189999	
t 기각치 양쪽 꼬리 검정	2.109815578	

참고: 모든 결과들을 보기 위해서는 열의 너비를 늘릴 필요가 있다.

1. 열 D, E, F를 활성화한다.

2. 홈 탭에서 서식>열 너비 자동 맞춤을 선택한다.

출력된 결과값을 통해 한쪽꼬리검정과 양쪽꼬리검정의 결과를 알 수 있다.

9–4 두 평균 간 차이 검정: 종속표본

학습목표 3
종속표본에 대한 두 평균 간의 차이 검정하기

9–2절에서는, z 검정이 표본들이 독립이고 σ_1과 σ_2를 알고 있을 때 두 표본평균을 비교하기 위해 사용되었다. 9–3절에서는, t 검정이 표본들이 독립일 때 두 표본평균을 비교하기 위해 사용되었다. 이 절에서는 t 검정의 다른 버전을 설명한다. 이 버전은 표본들이 종속일 때 사용된다. 표본들은 개체들이 짝을 이루거나 어떤 면에서 일치될 때 **종속표본(dependent sample)** 들로 간주된다. 종속표본들은 대응짝 표본이라고도 불린다.

예를 들어, 의학 연구자는 약이 사용자의 반응시간에 영향을 미칠 것인지를 알고자 한다. 이 가설을 검정하기 위해 연구자는 표본에 있는 환자들을 사전검사해야 한다. 즉, 그들은 정상적인 반응시간을 확인하기 위한 검사를 받는다. 그런 다음 약을 먹은 후, 사후검사를 이용하여 환자들을 다시 검사한다. 마지막으로, 두 검사의 평균이 차이가 있는지를 알아보기 위해 비교된다. 동일한 사람들이 양쪽의 경우에서 사용되기 때문에, 표본들은 서로 관련되어 있다. 사전조사에서 높은 점수를 받은 사람은 일반적으로 약 복용 후인 사후조사에서 높은 점수를 받을 것이다. 마찬가지로, 사전조사에서 낮은 점수를 받은 사람은 사후조사에서도 낮은 점수를 받는 경향이 있을 것이다. 이러한 효과를 설명하기 위해, 연구자는 사전조사 값과 사후조사 값의 차이를 이용하는 t 검정을 사용한다. 따라서 값의 증가와 감소만이 비교된다.

여기 종속표본들의 또 다른 예들도 있다. 연구자는 두 번째 SAT를 치르는 학생들이 성적을 올리는 것을 돕기 위해 SAT 준비과정을 설계하고자 한다. 이런 이유로, 두 시험의 차이가 비교된다. 한 의료 전문가는 새로운 상담 프로그램이 환자들의 몸무게를 줄이는 데 도움이 되는지 알아보기를 원한다. 따라서 환자의 사전 몸무게는 사후 몸무게와 비교될 것이다.

같은 대상들이 사전–사후 상황에서 사용되는 표본들 외에 표본들이 종속으로 고려되는 다른 경우들이 있다. 예를 들면, 학생들이 연구에 적절한 어떤 변수에 따라서 대응되거나 짝으로 묶일 수 있다. 이때 한 학생은 한 그룹에 배치되고 다른 학생은 두 번째 그룹에 배치된다. 예를 들어 학습과 관련된 연구에서, 학생들을 뽑고 그들의 IQ에 따라서 짝을 짓는다. 즉, 같은 IQ를 가진 두 학생이 짝이 될 것이다. 그런 다음, 한 명은 (컴퓨터로 교육을 받는) 표본 그룹에 배치될 것이고, 다른 학생은 (강의 토론 방법에 의하여 교육을 받는) 다른 표본 그룹에 배치될 것이다. 이러한 배치는 랜덤으로 이루어질 것이다. 학생의 IQ는 학습에 중요하기 때문에, 반드시 조절되어야 하는 변수이다. 학생들을 IQ에 의해 대응시킴으로써, 연구자는 대부분의 경우 변수 IQ의 영향을 제거할 수 있다. 이러한 대응은 외생변수를 제거함으로써 제2종 오류를 줄이는 데 도움이 된다.

반드시 주의해야 할 두 가지가 있다. 첫째, 환자들이 하나의 변수에 의해 대응될 때, 대응과정은 다른 변수의 영향을 제거하지 않는다. IQ에 따라 대응되는 학생들은 그들의 수학적 능력이나 컴퓨터에 대한 친화성 등을 설명하지 않는다. 연구에 영향을 주는 모든 변수들을 다 통제할 수는 없기 때문에, 어떠한 변수를 대응에 사용할지 결정하는 것은 연구자에게 달려있다. 둘째, 같은 대상들을 사전-사후 연구에 사용할 때, 그들이 연구에 참여하고 있다는 인식이 결과에 영향을 끼칠 수 있다. 예를 들어 사람들이 어떤 특정 프로그램에 참여하는 경우, 그들은 어쩌면 단지 그들이 선택되었다는 것 때문에 성공에 대한 더 많은 동기를 부여받는다. 프로그램 자체는 그들의 성공에 별로 효과적이지 않을지 모른다.

표본들이 종속일 때, 종속평균들에 대한 특별한 t 검정이 사용된다. 이 검정은 대응된 짝들의 값 차이를 이용한다. 가설은 다음과 같다.

양쪽꼬리	왼쪽꼬리	오른쪽꼬리
H_0: $\mu_D = 0$ H_1: $\mu_D \neq 0$	H_0: $\mu_D = 0$ H_1: $\mu_D < 0$	H_0: $\mu_D = 0$ H_1: $\mu_D > 0$

여기에서 μ_D는 대응짝들의 차이에 대한 기댓값을 나타낸다. 검정값을 구하는 일반적인 절차에는 여러 단계들이 있다.

첫째, 자료의 짝들의 값에 대한 차이를 구한다.

$$D = X_1 - X_2$$

둘째, 다음 공식을 이용하여 차이들의 평균 $\overline{D}$를 구한다.

$$\overline{D} = \frac{\Sigma D}{n}$$

여기에서 n은 짝지어진 자료의 수이다. 셋째, 다음 공식을 이용하여 차이들의 표준편차 s_D를 구한다.

$$s_D = \sqrt{\frac{n\Sigma D^2 - (\Sigma D)^2}{n(n-1)}}$$

넷째, 다음과 같이 차이들의 추정된 표준오차 $s_{\overline{D}}$를 구한다.

$$s_{\overline{D}} = \frac{s_D}{\sqrt{n}}$$

마지막으로, 다음 공식을 이용하여 검정값을 구한다.

$$t = \frac{\overline{D} - \mu_D}{s_D/\sqrt{n}} \quad (\text{자유도} = n - 1)$$

마지막 단계의 공식은 기본 형식을 따른다.

$$\text{검정값} = \frac{(\text{관측값}) - (\text{기댓값})}{\text{표준오차}}$$

여기에서 관측값은 차이들의 평균이다. 만약 가설이 $\mu_D = 0$이면 기댓값 μ_D는 0이다. 차이의 표준오차는 차이의 표준편차를 표본크기의 제곱근으로 나눈 값이다. 양쪽 모집단은 정규분포 혹은 근사적으로 정규분포를 해야 한다.

이 장에서 제시하고 있는 검정 방법을 사용하기 전에 다음 가정들이 충족되는지를 반드시 확인해야 한다.

표본들이 종속일 때 두 평균들에 대한 t 검정을 위한 가정

1. 표본 또는 표본들은 랜덤이다.
2. 표본자료들은 서로 종속이다.
3. 표본의 크기가 30 미만일 때, 모집단은 반드시 정규 또는 근사적으로 정규분포이어야 한다.

본 교재의 연습문제에는 이러한 가정들을 언급할 것이다. 그러나 다른 상황에서 통계자료를 접한다면 분석을 시행하기 전에 이러한 가정들이 만족되는지를 확인해야 한다.

t 검정을 위한 공식은 다음과 같다.

종속표본들에 대한 t 검정 공식

$$t = \frac{\overline{D} - \mu_D}{s_D/\sqrt{n}}$$

자유도 $= n - 1$ 그리고 여기서

$$\overline{D} = \frac{\Sigma D}{n} \qquad \text{그리고} \qquad s_D = \sqrt{\frac{n\Sigma D^2 - (\Sigma D)^2}{n(n-1)}}$$

t 검정을 위한 단계는 다음 절차 표에 요약되어 있다.

절차 표

종속표본들에 대한 평균 간 차이 검정

단계 1 가설을 정하고 주장을 확인한다.

단계 2 임계값(들)을 찾는다.

단계 3 검정값을 계산한다.

a. 다음과 같이 표를 작성한다.

X_1	X_2	**A** $D = X_1 - X_2$	**B** $D^2 = (X_1 - X_2)^2$
⋮	⋮	$\Sigma D =$ ______	$\Sigma D^2 =$ ______

b. 차이들을 계산해서 결과를 A열에 놓는다.

$$D = X_1 - X_2$$

c. 차이들의 평균을 구한다.

$$\overline{D} = \frac{\Sigma D}{n}$$

d. 차이들을 제곱해서 그 결과를 B열에 놓는다. 표를 완성한다.

$$D^2 = (X_1 - X_2)^2$$

e. 차이들의 표준편차를 구한다.

$$s_D = \sqrt{\frac{n\Sigma D^2 - (\Sigma D)^2}{n(n-1)}}$$

이색 통계

미국인의 약 4% 정도가 매년 감옥에서 적어도 하룻밤을 보낸다.

f. 검정값을 구한다.

$$t = \frac{\overline{D} - \mu_D}{s_D/\sqrt{n}} \quad (\text{자유도} = n - 1)$$

단계 4 결정을 한다.

단계 5 결과를 요약한다.

예제 9-6 은행 예금

9개 지방은행들로 이루어진 랜덤표본은 3년 전과 오늘의 예금(단위: 10억 달러)을 보여주고 있다. $\alpha = 0.05$에서, 오늘 평균 예금액이 3년 전보다 많다는 결론을 내릴 수 있는가? 변수는 정규분포를 따른다고 가정한다.
출처: SNL Financial.

은행	1	2	3	4	5	6	7	8	9
3년 전	11.42	8.41	3.98	7.37	2.28	1.10	1.00	0.9	1.35
오늘	16.69	9.44	6.53	5.58	2.92	1.88	1.78	1.5	1.22

풀이

단계 1 가설을 정하고 주장을 확인한다. 예금이 증가하였는지에 관심이 있기 때문에, 3년전 예금이 반드시 오늘 예금보다 작아야 한다. 따라서 예금이 오늘보다 3년 전이 훨씬 작아야 한다. 즉, 차이들의 평균이 0보다 작아야 한다.

$$H_0: \mu_D = 0 \qquad \text{그리고} \qquad H_1: \mu_D < 0 \ (\text{주장})$$

단계 2 임계값을 찾는다. 자유도는 $n - 1$ 또는 $9 - 1 = 8$이다. 표 F를 보면, $\alpha = 0.05$에서 왼쪽꼬리검정에 대한 임계값은 -1.860이다.

단계 3 검정값을 계산한다.

a. 검정표를 작성한다.

3년 전 (X_1)	오늘 (X_2)	A $D = X_1 - X_2$	B $D^2 = (X_1 - X_2)^2$
11.42	16.69		
8.41	9.44		
3.98	6.53		
7.37	5.58		
2.28	2.92		
1.10	1.88		
1.00	1.78		
0.90	1.50		
1.35	1.22		

b. 차이들을 계산해서, A열에 놓는다.

$$\begin{aligned}
11.42 - 16.69 &= -5.27 \\
8.41 - 9.44 &= -1.03 \\
3.98 - 6.53 &= -2.55 \\
7.37 - 5.58 &= +1.79 \\
2.28 - 2.92 &= -0.64 \\
1.10 - 1.88 &= -0.78 \\
1.00 - 1.78 &= -0.78 \\
0.9 - 1.50 &= -0.60 \\
1.35 - 1.22 &= +0.13 \\
\Sigma D &= -9.73
\end{aligned}$$

c. 차이들의 평균을 구한다.

$$\overline{D} = \frac{\Sigma D}{n} = \frac{-9.73}{9} = -1.081$$

d. 차이들을 제곱해서 B열에 적는다.

$$\begin{aligned}(-5.27)^2 &= 27.7729\\(-1.03)^2 &= 1.0609\\(-2.55)^2 &= 6.5025\\(+1.79)^2 &= 3.2041\\(-0.64)^2 &= 0.4096\\(-0.78)^2 &= 0.6084\\(-0.78)^2 &= 0.6084\\(-0.60)^2 &= 0.3600\\(+0.13)^2 &= 0.0169\\\Sigma D^2 &= 40.5437\end{aligned}$$

완성된 표는 다음과 같다.

3년 전 (X_1)	오늘 (X_2)	A $D = X_1 - X_2$	B $D^2 = (X_1 - X_2)^2$
11.42	16.69	−5.27	27.7729
8.41	9.44	−1.03	1.0609
3.98	6.53	−2.55	6.5025
7.37	5.58	+1.79	3.2041
2.28	2.92	−0.64	0.4096
1.10	1.88	−0.78	0.6084
1.00	1.78	−0.78	0.6084
0.90	1.50	−0.60	0.3600
1.35	1.22	+0.13	0.0169
		$\Sigma D = -9.73$	$\Sigma D^2 = 40.5437$

e. 차이들의 표준편차를 구한다.

$$\begin{aligned}s_D &= \sqrt{\frac{n\Sigma D^2 - (\Sigma D)^2}{n(n-1)}}\\&= \sqrt{\frac{9(40.5437) - (-9.73)^2}{9(9-1)}}\\&= \sqrt{\frac{270.2204}{72}}\\&= 1.937\end{aligned}$$

f. 검정값을 구한다.

$$t = \frac{\overline{D} - \mu_D}{s_D/\sqrt{n}} = \frac{-1.081 - 0}{1.937/\sqrt{9}} = -1.674$$

단계 4 결정을 한다. 검정값 −1.674가 임계값 −1.860보다 크기 때문에 귀무가설을 기각하지 않는다([그림 9–6] 참조).

그림 9–6 [예제 9–6]에 대한 검정값과 임계값

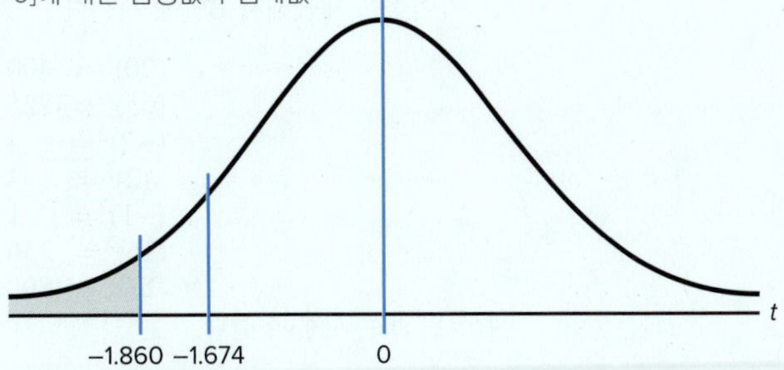

단계 5 결과를 요약한다. 예금이 3년 전보다 증가했다는 것을 보여줄 만한 충분한 증거가 없다.

예제 9-7 콜레스테롤 수준

영양학자는 식단에 어떤 미네랄이 제공되면 사람들의 콜레스테롤 수준이 변하는지 알기를 원한다. 랜덤하게 뽑힌 6명을 대상으로 사전조사를 실시하였고, 그런 다음 그들은 6주 동안 미네랄 보충제를 먹었다. 그 결과는 표에 나타나 있다. (콜레스테롤 수준은 데시리터당 밀리그램으로 측정되었다.) $\alpha = 0.10$에서 콜레스테롤 수준이 변하였다고 결론을 내릴 수 있는가? 변수는 근사적으로 정규분포를 한다고 가정한다.

번호	1	2	3	4	5	6
이전(X_1)	210	235	208	190	172	244
이후(X_2)	190	170	210	188	173	228

풀이

단계 1 가설을 정하고 주장을 확인한다. 다이어트에 효과적이려면, 이전의 콜레스테롤 수준이 이후의 수준과 달라야 한다.

$$H_0: \mu_D = 0 \quad \text{그리고} \quad H_1: \mu_D \neq 0 \text{ (주장)}$$

단계 2 임계값을 찾는다. 자유도는 $6 - 1 = 5$이다. $\alpha = 0.10$에서 임계값은 ± 2.015이다.

단계 3 검정값을 계산한다.

a. 표를 작성한다.

이전(X_1)	이후(X_2)	A $D = X_1 - X_2$	B $D^2 = (X_1 - X_2)^2$
210	190		
235	170		
208	210		
190	188		
172	173		
244	228		

b. 차이들을 계산해서, A열에 놓는다.

$$\begin{aligned} 210 - 190 &= 20 \\ 235 - 170 &= 65 \\ 208 - 210 &= -2 \\ 190 - 188 &= 2 \\ 172 - 173 &= -1 \\ 244 - 228 &= \underline{16} \\ \Sigma D &= 100 \end{aligned}$$

c. 차이들의 평균을 구한다.

$$\overline{D} = \frac{\Sigma D}{n} = \frac{100}{6} = 16.7$$

d. 차이들을 제곱해서 B열에 적는다.

$$\begin{aligned} (20)^2 &= 400 \\ (65)^2 &= 4225 \\ (-2)^2 &= 4 \\ (2)^2 &= 4 \\ (-1)^2 &= 1 \\ (16)^2 &= \underline{256} \\ \Sigma D^2 &= 4890 \end{aligned}$$

완성된 표는 다음과 같다.

이전(X_1)	이후(X_2)	A $D = X_1 - X_2$	B $D^2 = (X_1 - X_2)^2$
210	190	20	400
235	170	65	4225
208	210	−2	4
190	188	2	4
172	173	−1	1
244	228	16	256
		$\Sigma D = 100$	$\Sigma D^2 = 4890$

e. 차이들의 표준편차를 구한다.

$$s_D = \sqrt{\frac{n\Sigma D^2 - (\Sigma D)^2}{n(n-1)}}$$
$$= \sqrt{\frac{6 \cdot 4890 - 100^2}{6(6-1)}}$$
$$= \sqrt{\frac{29{,}340 - 10{,}000}{30}}$$
$$= 25.4$$

f. 검정값을 구한다.

$$t = \frac{\overline{D} - \mu_D}{s_D/\sqrt{n}} = \frac{16.7 - 0}{25.4/\sqrt{6}} = 1.610$$

단계 4 결정을 한다. [그림 9-7]에서 보는 바와 같이, 검정값 1.610이 비임계역 안에 있기 때문에 귀무가설을 기각하지 않는다.

그림 9-7 [예제 9-7]에 대한 임계값과 검정값

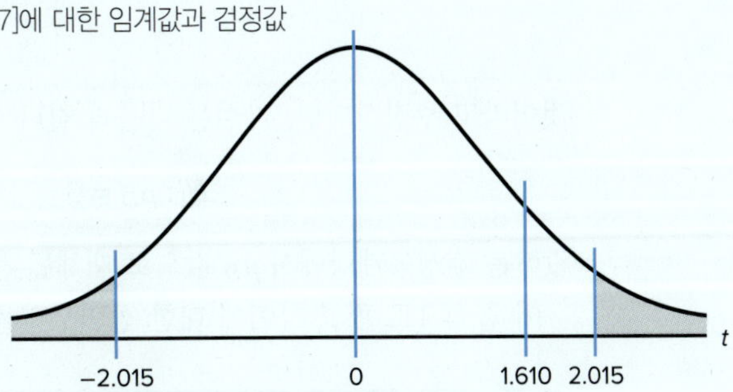

단계 5 결과를 요약한다. 미네랄이 개인의 콜레스테롤 수준을 변화시킨다는 것을 지지할만한 충분한 증거가 없다.

t 검정에 대한 P-값은 표 F에서 찾는다. d.f. = 5와 $t = 1.610$인 양쪽꼬리검정에 대한 P-값은 1.476과 2.015 사이에 있다. 따라서 $0.10 < P\text{-값} < 0.20$이다. 그래서 귀무가설은 $\alpha = 0.10$에서 기각될 수 없다.

만약 특정한 차이가 가정된다면, 다음 공식을 사용해야 한다.

$$t = \frac{\overline{D} - \mu_D}{s_D/\sqrt{n}}$$

여기에서 μ_D는 가정된 차이이다.

예를 들면, 영양학자가 특정한 다이어트를 하고 있는 사람은 1주일에 평균 3파운드를 줄일

통계 이야기 비디오 게임은 생명을 구할 수 있는가?

비디오 게임을 하는 것이 의사들이 수술을 하는 데 도움이 될 수 있는가? 대답은 예이다. 매주 적어도 3시간 동안 비디오 게임을 하는 외과의사는 비디오 게임을 하지 않는 의사들보다 약 37% 적은 실수를 하고 27% 빨리 수술을 마친다는 것을 보여준 연구가 있다.

그들이 수행한 수술의 형태는 복강경(laparaoscopic) 수술이라고 하며 여기에서 외과의사는 작은 비디오 카메라를 몸 안에 넣고 텔레비전 모니터를 통해 결과들을 관찰하면서 수술 도구들을 유도하기 위해서 조작용 손잡이를 사용한다. 이 연구는 두 그룹을 비교하고 비율을 사용한다. 비율을 비교하기 위해 사용되어야 할 통계적인 검정은 무엇이라고 생각하는가? (9–5절 참조)

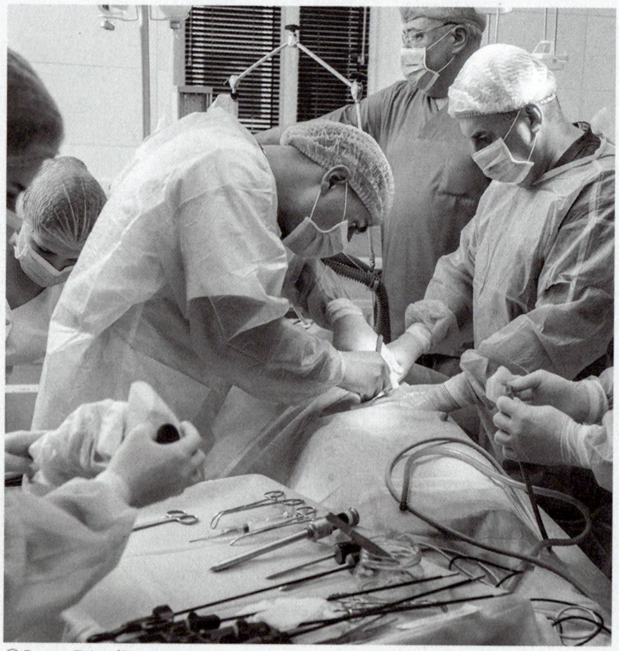

것이라고 주장한다면, 가설은 다음과 같다.

$$H_0: \mu_D = 3 \qquad \text{그리고} \qquad H_1: \mu_D \neq 3$$

값 3은 검정통계량에서 μ_D 값으로 대체될 것이다.

이 공식으로 평균 차이에 대한 신뢰구간을 구할 수 있다.

평균 차이에 관한 신뢰구간

$$\overline{D} - t_{\alpha/2}\frac{s_D}{\sqrt{n}} < \mu_D < \overline{D} + t_{\alpha/2}\frac{s_D}{\sqrt{n}}$$

$$\text{자유도} = n - 1$$

예제 9–8

[예제 9–7]에 있는 자료에 대한 90% 신뢰구간을 구하시오.

풀이

공식에 대입한다.

$$\overline{D} - t_{\alpha/2}\frac{s_D}{\sqrt{n}} < \mu_D < \overline{D} + t_{\alpha/2}\frac{s_D}{\sqrt{n}}$$

$$16.7 - 2.015 \cdot \frac{25.4}{\sqrt{6}} < \mu_D < 16.7 + 2.015 \cdot \frac{25.4}{\sqrt{6}}$$
$$16.7 - 20.89 < \mu_D < 16.7 + 20.89$$
$$-4.19 < \mu_D < 37.59$$
$$-4.2 < \mu_D < 37.6$$

0이 구간에 포함되므로, 결정은 귀무가설 H_0: $\mu_D = 0$을 기각하지 않는다. 따라서 미네랄이 개인의 콜레스테롤 수준을 변화시킨다는 것을 지지할만한 충분한 증거가 없다.

개념의 적용 9-4

공기 질

EPA에 대한 연구자로서, 미국의 공기 질이 지난 2년 동안 변했는지를 결정해 달라는 요청을 받았다. 당신은 10개의 대도시 지역의 랜덤표본을 뽑아서 그 지역들이 기준에 맞는 공기 질 표준을 충족하지 못하는 날의 수를 찾는다. 자료는 다음과 같다.

연도 1	18	125	9	22	138	29	1	19	17	31
연도 2	24	152	13	21	152	23	6	31	34	20

출처: *The World Almanac and Book of Facts.*

자료에 근거해서 다음 질문들을 답하시오.

1. 이 연구의 목적은 무엇인가?
2. 표본들은 독립인가 종속인가?
3. 어떤 가설을 사용하겠는가?
4. 사용해야 할 임계값(들)은 무엇인가?
5. 어떤 통계적 검정을 사용해야 하는가?
6. 자유도는 얼마인가?
7. 결론은 무엇인가?
8. 독립 평균 검정을 사용할 수 있는가?
9. 이것이 원래 질문을 답하는 좋은 방법이었다고 생각하는가?

정답 433쪽 참조

연습문제 9-4

1. 각각을 독립 또는 종속표본으로 분류하시오.
a. 일란성 쌍둥이의 키
b. 영어와 심리학에 같은 학생들의 점수
c. 서로 다른 두 상표 아스피린의 효능
d. 사전–사후 검사에 의해 측정된 서로 다른 두 그룹의 반응시간에 관한 약의 효과
e. 서로 다른 두 그룹들에 대한 서로 다른 두 다이어트의 효능

2~6번 문제는 다음 단계들을 수행하시오. 모든 변수는 정규 또는 근사적으로 정규분포를 따른다고 가정한다.
a. 가설을 정하고 주장을 확인한다.

b. 임계값을 찾거나 *P*-값 방법을 사용한다.
c. 검정값을 계산한다.
d. 결정을 한다.
e. 결과를 요약한다.

P-방법을 지정하지 않는 한 가설검정의 전통적인 방법을 사용하시오.

2. 공부 습관 개선 학생들의 공부 습관을 개선하기 위한 도움의 하나로, 랜덤으로 9명의 학생들을 뽑아 인생에 있어 교육의 중요성에 관한 세미나에 참석시켰다. 표는 각각의 학생이 세미나 전과 후에 매주 공부했던 시간을 나타낸다. $\alpha = 0.10$에서, 세미나 참석이 주당 학생들의 공부 시간을 증가시켰는가?

세미나 전	9	12	6	15	3	18	10	13	7
세미나 후	9	17	9	20	2	21	15	22	6

3. 콜레스테롤 수준 한 의학 연구자는 다이어트 중인 6명의 사람들에게 높은 콜레스테롤 수준의 영향에 대한 영화를 보여줌으로써 콜레스테롤 수준을 낮출 수 있는지 알아보기를 원한다. 자료는 다음과 같다. $\alpha = 0.05$에서 콜레스테롤 수준이 평균적으로 감소하였는가?

환자	1	2	3	4	5	6
이전	243	216	214	222	206	219
이후	215	202	198	195	204	213

4. 문법적 오류 줄이기 한 작문교사는 새로운 스마트폰 앱이 학생들이 2페이지 수필을 쓸 때 범하는 문법적 오류의 수를 줄여줄 수 있는지를 알기를 원한다. 6명의 학생들을 랜덤하게 뽑아서 얻은 자료는 다음과 같다. $\alpha = 0.025$에서, 오류의 수가 줄어들었다는 결론을 내릴 수 있는가?

학생	1	2	3	4	5	6
이전의 오류	12	9	0	5	4	3
이후의 오류	9	6	1	3	2	3

5. 일란성 쌍둥이의 맥박수 연구자는 일란성 쌍둥이의 맥박수가 차이가 있는지를 비교하기를 원한다. 8쌍 쌍둥이들이 뽑혔다. 맥박수가 분당 박동수로서 표에 주어졌다. $\alpha = 0.01$에서, 쌍둥이의 평균 맥박수에 차이가 있는가? 맥박수 차이에 대한 99% 신뢰구간을 구하시오. *P*-값 방법을 사용하시오.

쌍둥이 A	87	92	78	83	88	90	84	93
쌍둥이 B	83	95	79	83	86	93	80	86

6. 철자 오류 줄이기 한 중학교 국어 선생님은 새로운 맞춤법 프로그램이 자신의 학생들이 글을 쓸 때 범하는 맞춤법 오류를 줄여줄 수 있는지를 파악하기를 원한다. 프로그램 전후를 통해 학생들이 5페이지 과제작성에서 범한 맞춤법 오류들의 수에 대한 자료는 다음과 같다. $\alpha = 0.05$에서, 프로그램이 효과가 있었는가?

이전	8	3	10	5	9	11	12
이후	6	4	8	1	4	7	11

개념의 확장

7. X_1과 X_2 간 차이의 평균을 $X_1 - X_2$로 구하는 대신에 X_1의 평균에서 X_2의 평균을 뺌으로써 얻을 수 있다. 이 두 가지 절차들이 같은 결과를 낳는다는 것을 보이시오.

EXCEL Step by Step

두 평균 차이에 대한 검정: 종속표본

[예제 XL9–3]

다음과 같은 표본 쌍 자료에 근거해서 모평균들의 차이가 없다는 주장을 검정하시오. $\alpha = 0.05$를 가정하시오.

자료 A	33	35	28	29	32	34	30	34
자료 B	27	29	36	34	30	29	28	24

1. 8개의 숫자 자료를 열 A에 넣는다.
2. 8개의 숫자 자료를 열 B에 넣는다.
3. 툴바에서 '데이터'를 탭을 선택한 다음, '데이터 분석'을 선택한다.
4. '데이터 분석' 상자에서 '*t*-검정: 쌍체비교'을 선택하고, '확인'을 클릭한다.
5. '입력'에서 '변수 1 입력 범위: $A$1:$A$8'과 그리고 '변수 2 입력범위: $B$1:$B$8'를 입력한다.

6. '가설평균 차'에 '0'을 입력한다.

7. '유의 수준'은 '0.05'를 입력한다.

8. 결과를 나타낼 위치를 'D5'으로 지정하고 '확인'을 클릭한다.

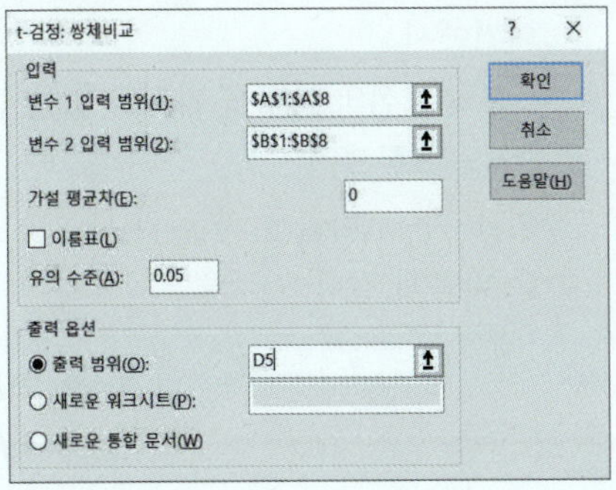

t-검정: 쌍체 비교		
	변수 1	변수 2
평균	14.06666667	9.266666667
평균	31.875	29.625
분산	6.69642857	14.55357143
관측수	8	8
피어슨 상관 계수	-0.757913399	
가설 평균차	0	
자유도	7	
t 통계량	1.057517468	
P(T<=t) 한쪽 꼬리 검정	0.1626994	
t 기각치 한쪽 꼬리 검정	1.894578605	
P(T<=t) 양쪽 꼬리 검정	0.325398799	
t 기각치 양쪽 꼬리 검정	2.364624252	

참고: 모든 결과들을 보기 위해서는 열의 너비를 늘릴 필요가 있다.

1. 열 D, E, F를 활성화한다.

2. 홈 탭에서 서식>열 너비 자동 맞춤을 선택한다.

출력된 결과값은 양쪽꼬리검정에서 *P*-값이 0.325398799임을 보여준다. 이 값은 알파 값 0.05보다 크므로, 귀무가설을 기각하지 못한다.

9–5 비율 간 차이 검정

학습목표 4
두 비율 간의 차이 검정하기

8장에서는 하나의 모비율에 대한 추론을 설명하였다. 이 절에서는 두 표본 비율 차이에 대한 검정에 대하여 설명할 것이다.

약간의 수정을 한 z 검정이 두 모비율이 같다는 것을 검정하기 위해 이용될 수 있다. 예를 들어 연구자는, '규칙적으로 운동을 하는 남자들의 비율이 규칙적으로 운동을 하는 여성의 비율보다 작은가?', '학생과 일반인들 사이에 무선 단말기를 소유한 비율에 있어 차이가 있는가?', '거래에서 현금을 사용하는 비율에 있어 대학을 졸업한 사람들과 그렇지 않은 사람들 간에 차이가 있는가?'라는 질문을 할 수 있다.

7장에서 표시 $\hat{p}$ ("p 햇트")는 모비율 p를 추정하기 위해 사용된 표본비율이라는 것을 상기하자. 예를 들면, 대학생 30명의 표본에서 9명이 근신기간이라면, 표본비율은 $\hat{p} = \frac{9}{30}$ 또는 0.3

이다. 모비율 p는 근신기간 중인 모든 학생들의 수를 대학에 다니는 학생들의 수로 나눈 수이다. 표본비율 $\hat{p}$에 대한 공식은 다음과 같다.

$$\hat{p} = \frac{X}{n}$$

여기에서

X = 관심의 특성을 가지고 있는 단위의 수

n = 표본크기

이다. 두 모비율 p_1과 p_2의 차이를 검정할 때, 비율간에 어떤 차이도 없다고 가정된다면 가설은 다음과 같다.

$$H_0: p_1 = p_2 \qquad \text{또는} \qquad H_0: p_1 - p_2 = 0$$
$$H_1: p_1 \neq p_2 \qquad\qquad\quad H_1: p_1 - p_2 \neq 0$$

대립가설에서 < 또는 >를 사용하여 한쪽꼬리검정을 할 수 있다.

두 비율들에 대해서, $\hat{p}_1 = X_1/n_1$은 p_1을 추정하는 데 이용되고 $\hat{p}_2 = X_2/n_2$는 p_2를 추정하는 데 이용된다. 차이의 표준오차는 다음과 같고

$$\sigma_{\hat{p}_1-\hat{p}_2} = \sqrt{\sigma^2_{p_1} + \sigma^2_{p_2}} = \sqrt{\frac{p_1q_1}{n_1} + \frac{p_2q_2}{n_2}}$$

여기서 $\sigma^2_{p_1}$ 그리고 $\sigma^2_{p_2}$은 비율들의 분산이고, $q_1 = 1 - p_1$, $q_2 = 1 - p_2$, 그리고 n_1과 n_2는 각각의 표본크기이다.

p_1과 p_2는 알려져 있지 않기 때문에 p의 가중 추정값은 다음 공식을 이용하여 구할 수 있고

$$\bar{p} = \frac{n_1\hat{p}_1 + n_2\hat{p}_2}{n_1 + n_2}$$

$\bar{q} = 1 - \bar{p}$이다. 이러한 가중 추정값은 $p_1 = p_2$라는 가설에 근거한다. 따라서 $\bar{p}$는 $\hat{p}_1$이나 $\hat{p}_2$보다 좋은 추정값이 되는데 그 이유는 $\hat{p}_1$과 $\hat{p}_2$를 이용한 결합평균이기 때문이다.

$\hat{p}_1 = X_1/n_1$이고 $\hat{p}_2 = X_2/n_2$이므로, $\bar{p}$는 다음처럼 간단히 쓸 수 있다.

$$\bar{p} = \frac{X_1 + X_2}{n_1 + n_2}$$

마지막으로, 가중 추정값 관점에서 차이에 대한 표준오차는 다음과 같다.

$$\sigma_{\hat{p}_1-\hat{p}_2} = \sqrt{\bar{p}\,\bar{q}\left(\frac{1}{n_1} + \frac{1}{n_2}\right)}$$

검정값에 대한 공식은 다음과 같다.

두 비율을 비교하기 위한 *z* 검정 공식

$$z = \frac{(\hat{p}_1 - \hat{p}_2) - (p_1 - p_2)}{\sqrt{\bar{p}\,\bar{q}\left(\frac{1}{n_1} + \frac{1}{n_2}\right)}}$$

여기서

$$\bar{p} = \frac{X_1 + X_2}{n_1 + n_2} \qquad \hat{p}_1 = \frac{X_1}{n_1}$$
$$\bar{q} = 1 - \bar{p} \qquad \hat{p}_2 = \frac{X_2}{n_2}$$

이 공식은 다음의 형식을 따른다.

$$\text{검정값} = \frac{(\text{관측값}) - (\text{기댓값})}{\text{표준오차}}$$

두 표본 비율의 차이를 검정하기 전에 다음 가정들이 충족되는지를 반드시 확인해야 한다.

두 비율에 대한 z 검정을 위한 가정

1. 표본은 랜덤표본이다.
2. 표본자료는 서로 독립이다.
3. 두 표본 모두에 대하여 $np \geq 5$ 그리고 $nq \geq 5$이다.

본 교재의 연습문제에는 이러한 가정들을 언급할 것이다. 그러나 다른 상황에서 통계자료를 접한다면 분석을 시행하기 전에 이러한 가정들이 만족되는지를 확인해야 한다.

여기서 사용하는 가설-검정 절차는 $\hat{p}_1$, $\hat{p}_2$, $\bar{p}$, $\bar{q}$를 계산하는 것 외에는 앞에서 제시되었던 5단계 과정을 따른다.

예제 9-9 요양원에서의 예방 접종 비율

이 장의 시작 부분 Statistics Today에서 언급된 요양원 연구에서 연구자는 랜덤하게 선택된 34곳의 작은 요양원들 중 12곳에서 80%보다 낮은 예방 접종 비율을 나타낸 반면에, 랜덤하게 선택된 24곳의 큰 요양원들 중에서는 17곳이 80%보다 낮은 예방 접종 비율을 나타냈다. $\alpha = 0.05$에서, 큰 요양원과 작은 요양원 모두 거주자 예방 접종 비율이 80% 미만으로 차이가 없다는 주장을 검정하시오.

출처: Nancy Arden, Arnold S. Monto, and Suzanne E. Ohmit, "Vaccine Use and the Risk of Outbreaks in a Sample of Nursing Homes During an Influenza Epidemic," *American Journal of Public Health.* v 85 (3):399-401

풀이

단계 1 가설을 정하고 주장을 확인한다.

$$H_0: p_1 = p_2 \text{ (주장)} \qquad \text{그리고} \qquad H_1: p_1 \neq p_2$$

단계 2 임계값을 찾는다. $\alpha = 0.05$이므로 임계값은 $+1.96$과 -1.96이다.

단계 3 검정값을 계산한다. 먼저 $\hat{p}_1$, $\hat{p}_2$, $\bar{p}$, $\bar{q}$를 계산한다. 그런 다음 공식에 대입한다.

$\hat{p}_1$을 80% 미만인 예방 접종을 가진 작은 요양원의 비율이라고 하고 $\hat{p}_2$를 80% 미만인 예방 접종을 가진 큰 요양원의 비율이라고 놓는다. 그러면

$$\hat{p}_1 = \frac{X_1}{n_1} = \frac{12}{34} = 0.35 \quad \text{와} \quad \hat{p}_2 = \frac{X_2}{n_2} = \frac{17}{24} = 0.71$$

$$\bar{p} = \frac{X_1 + X_2}{n_1 + n_2} = \frac{12 + 17}{34 + 24} = \frac{29}{58} = 0.5$$

$$\bar{q} = 1 - \bar{p} = 1 - 0.5 = 0.5$$

$$z = \frac{(\hat{p}_1 - \hat{p}_2) - (p_1 - p_2)}{\sqrt{\bar{p}\bar{q}\left(\frac{1}{n_1} + \frac{1}{n_2}\right)}}$$

$$= \frac{(0.35 - 0.71) - 0}{\sqrt{(0.5)(0.5)\left(\frac{1}{34} + \frac{1}{24}\right)}} = \frac{-0.36}{0.1333} = -2.70$$

단계 4 결정을 한다. $-2.70 < -1.96$이므로, [그림 9-8]에서 보는 바와 같이 귀무가설을 기각한다.

그림 9-8 [예제 9-9]에 대한 임계값과 검정값

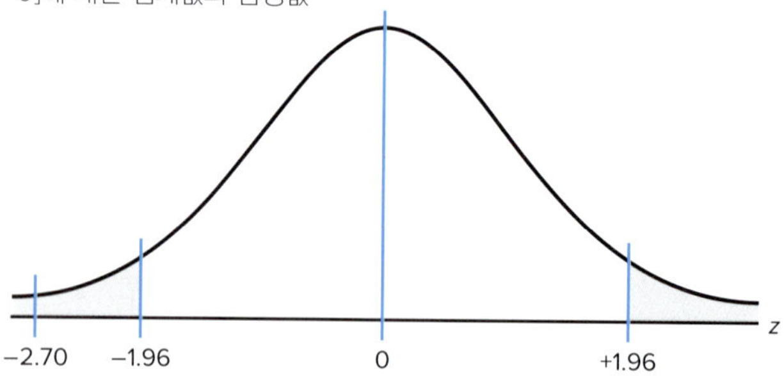

단계 5 결과를 요약한다. 큰 요양원이나 작은 요양원이나 80%보다 작은 예방 접종 비율에는 차이가 없다는 주장을 기각할만한 충분한 증거가 있다.

예제 9-10 범죄자 체포

50명의 강도범들의 랜덤표본을 조사한 결과, 범죄자들의 16%가 체포되었다. 50명의 자동차 절도범들의 랜덤표본을 조사한 결과 범죄자들의 12%가 체포되었다. $\alpha = 0.10$에서, 강도범 체포율이 자동차 절도범 체포율보다 높다는 결론을 내릴 수 있는가?

풀이

단계 1 가설을 정하고 주장을 확인한다.

$$H_0: p_1 = p_2 \qquad \text{그리고} \qquad H_1: p_1 > p_2 \text{ (주장)}$$

단계 2 임계값을 찾는다. 표 E로부터 $\alpha = 0.10$에서 임계값은 1.28이다.

단계 3 검정값을 계산한다. 체포율이 주어졌기 때문에, $\bar{p}$와 $\bar{q}$에 대한 계산이 필요하다.

$$X_1 = \hat{p}_1 n_1 = 0.16(50) = 8$$

$$X_2 = \hat{p}_2 n_2 = 0.12(50) = 6$$

$$\bar{p} = \frac{\bar{X}_1 + \bar{X}_2}{n_1 + n_2} = \frac{8+6}{50+50} = \frac{14}{100} = 0.14$$

$$\bar{q} = 1 - \bar{p} = 1 - 0.14 = 0.86$$

$$z = \frac{(\hat{p}_1 - \hat{p}_2) - (p_1 - p_2)}{\sqrt{\bar{p}\,\bar{q}\left(\frac{1}{n_1} + \frac{1}{n_2}\right)}} = \frac{(0.16 - 0.12) - 0}{\sqrt{(0.14)(0.86)\left(\frac{1}{50} + \frac{1}{50}\right)}} = \frac{0.04}{0.069} = 0.58$$

단계 4 결정을 한다. $0.58 < 1.28$이므로, [그림 9-9]에서 보는 바와 같이 귀무가설을 기각하지 못한다. 즉, 0.58은 비임계역에 떨어진다([그림 9-9] 참조).

그림 9-9 [예제 9-10]에 대한 임계값과 검정값

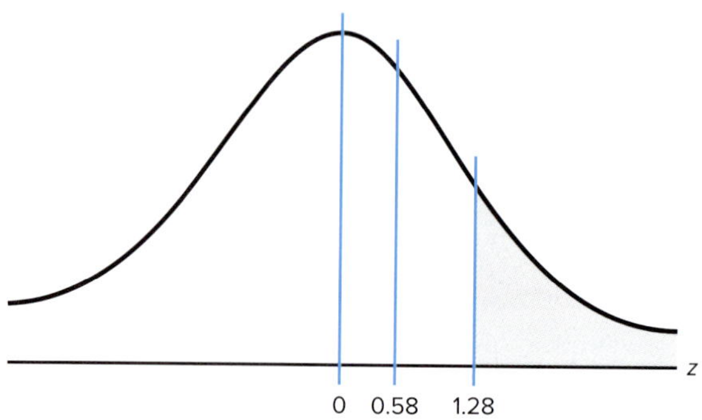

단계 5 결과를 요약한다. 강도범 체포율이 자동차 절도범 체포율보다 높다는 주장을 지지할만한 충분한 증거가 존재하지 않는다.

비율의 차에 대한 *P*-값은 9–2절에서 본 바와 같이 표 E로부터 알 수 있다. [예제 9–10]에서, 0.58에 대한 표 값은 0.7190이고, $1 - 0.7190 = 0.2810$이다. 따라서 결론은 귀무가설을 기각하지 않는다.

두 모비율 차이의 표집분포를 이용하여 두 비율 차이에 대한 신뢰구간을 구할 수 있다. 두 비율 차이에 대한 신뢰구간 공식은 다음과 같다.

두 모비율 차이에 대한 신뢰구간

$$(\hat{p}_1 - \hat{p}_2) - z_{\alpha/2}\sqrt{\frac{\hat{p}_1\hat{q}_1}{n_1} + \frac{\hat{p}_2\hat{q}_2}{n_2}} < p_1 - p_2 < (\hat{p}_1 - \hat{p}_2) + z_{\alpha/2}\sqrt{\frac{\hat{p}_1\hat{q}_1}{n_1} + \frac{\hat{p}_2\hat{q}_2}{n_2}}$$

여기서, 신뢰구간은 모비율 추정값에 근거한 표준편차를 사용하고 있다. 그러나 가설검정은 두 모비율이 서로 같다는 가정에 근거한 표준편차를 사용한다. 결과적으로, 여러분은 신뢰구간 또는 가설검정을 사용할 때 서로 다른 결론을 얻을 수 있다. 따라서 모비율 차이에 대한 검정을 할 때, 신뢰구간보다는 z 검정을 사용한다.

통계 이야기 더 비싼 것이 더 좋은가?

Journal of Americian Medical Association의 한 기사에서는 위약 진통제에 관해 실시되었던 연구를 설명하였다. 연구자는 랜덤으로 82명의 건강한 사람들을 두 그룹으로 나누었다. 처음 그룹에 있는 사람들에게는 설탕 알약이 주어졌고 알약이 코데인과 비슷한 새로운 속효성 오피오이드 진통제로 2.50달러라고 말하였다. 다른 그룹에 있는 사람들에게도 같은 설탕 알약이 주어졌지만 그들에게는 약값을 10센트라고 하였다.

각 그룹은 환약을 먹기 전과 후에 전기 충격을 받았다. 그 다음에 알약이 통증을 줄였는가를 물었다. 약값을 2.50달러라고 알고 있는 그룹의 85%는 그 약이 효과적이었다고 말한 반면, 약값을 10센트로 알고 있는 그룹에서는 61%가 효과적이었다고 말하였다.

이 연구에 대한 가능한 귀무가설과 대립가설을 설정하시오. 어떤 통계적인 검정이 이 연구에 사용될 수 있는가? 연구의 결론은 무엇인가?

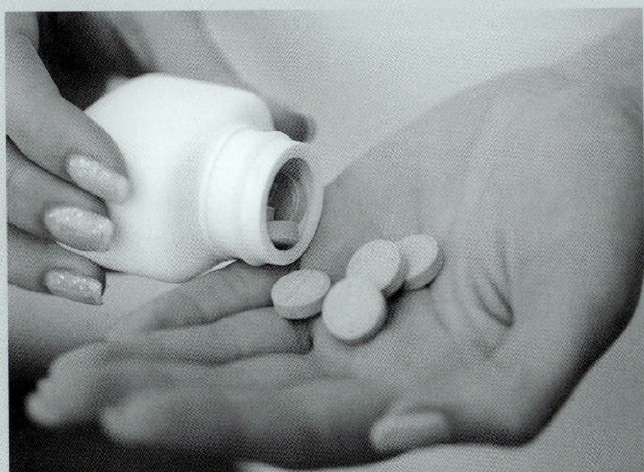

예제 9-11

[예제 9-9]에서 모비율 차이에 대한 95% 신뢰구간을 구하시오.

풀이

$$\hat{p}_1 = \frac{12}{34} = 0.35 \qquad \hat{q}_1 = 0.65$$
$$\hat{p}_2 = \frac{17}{24} = 0.71 \qquad \hat{q}_2 = 0.29$$

공식에 대입한다.

$$(\hat{p}_1 - \hat{p}_2) - z_{\alpha/2}\sqrt{\frac{\hat{p}_1\hat{q}_1}{n_1} + \frac{\hat{p}_2\hat{q}_2}{n_2}} < p_1 - p_2 < (\hat{p}_1 - \hat{p}_2) + z_{\alpha/2}\sqrt{\frac{\hat{p}_1\hat{q}_1}{n_1} + \frac{\hat{p}_2\hat{q}_2}{n_2}}$$

$$(0.35 - 0.71) - 1.96\sqrt{\frac{(0.35)(0.65)}{34} + \frac{(0.71)(0.29)}{24}} < p_1 - p_2 < (0.35 - 0.71) + 1.96\sqrt{\frac{(0.35)(0.65)}{34} + \frac{(0.71)(0.29)}{24}}$$

$$-0.36 - 0.242 < p_1 - p_2 < -0.36 + 0.242$$

$$-0.602 < p_1 - p_2 < -0.118$$

개념의 적용 9-5

흡연과 교육

공립학교 학생들의 흡연율과 사립학교 학생들의 흡연율에 차이가 없다는 가설을 연구하고 있다. 최근 연구에서 다음과 같은 결과를 얻었다.

학교	흡연율
공립	32.3
사립	14.5

위 수치들에 근거해서 다음 질문에 답하시오.

1. 공립학교 학생들의 흡연율과 사립학교 학생들의 흡연율을 비교하기를 원한다면 어떤 가설을 사용해야 하는가?

2. 임계값으로 무엇을 사용하겠는가?

3. 두 개의 백분율을 비교하기 위해 어떤 통계적 검정을 사용해야 하는가?

4. 통계적인 검정을 완성하기 위해 어떤 정보가 필요한가?

5. 각 그룹에서 1,000명의 사람들이 조사되었다는 것을 안다고 가정하자. 통계적인 검정을 수행 할 수 있는가?

6. 그렇다면 검정을 마치고 결과를 요약하시오.

정답 433쪽 참조

연습문제 9-5

1. 다음 각각에 대하여 $\hat{p}$과 $\hat{q}$을 구하시오.
   a. $n = 52, X = 32$
   b. $n = 80, X = 66$
   c. $n = 36, X = 12$
   d. $n = 42, X = 7$
   e. $n = 160, X = 50$
2. 주어진 $\hat{p}$에 대하여 X를 구하시오.
   a. $\hat{p} = 0.60, n = 240$
   b. $\hat{p} = 0.20, n = 320$
   c. $\hat{p} = 0.60, n = 520$
   d. $\hat{p} = 0.80, n = 50$
   e. $\hat{p} = 0.35, n = 200$
3. 다음 각각에 대하여 $\bar{p}$와 $\bar{q}$를 구하시오.
   a. $X_1 = 25, n_1 = 75, X_2 = 40, n_2 = 90$
   b. $X_1 = 9, n_1 = 15, X_2 = 7, n_2 = 20$
   c. $X_1 = 3, n_1 = 20, X_2 = 5, n_2 = 40$
   d. $X_1 = 21, n_1 = 50, X_2 = 32, n_2 = 50$
   e. $X_1 = 20, n_1 = 150, X_2 = 30, n_2 = 50$

4~14번 문제는 다음 단계들을 수행하시오.
   a. 가설을 정하고 주장을 확인한다.
   b. 임계값을 찾거나 P-값 방법을 시용한다.
   c. 검정값을 계산한다.
   d. 결정을 한다.
   e. 결과를 요약한다.

P-값 방법을 지정하지 않는 한 가설검정의 전통적인 방법을 사용하시오.

4. **일반 강의 대 컴퓨터 지원 강의** 한 조사에 따르면 질문을 받은 남성들의 83%가 일반 강의보다는 컴퓨터 지원 강의를 선호하고, 여성들의 경우 75%가 컴퓨터 지원 강의를 더 선호하는 것으로 나타났다. 각 표본은 랜덤하게 선택된 100명으로 이루어졌다. $\alpha = 0.05$에서, 컴퓨터 지원 강의를 더 선호하는 비율이 남녀 간에 차이가 없다는 주장을 검정하시오. 두 비율 차이에 대한 95% 신뢰구간을 구하시오.

5. **부자가 되고자 하는 욕망** 랜덤표본 80명의 미국인들 중 44명이 부자가 되기를 원했고, 랜덤표본 90명의 유럽인들 중에서는 41명이 부자가 되기를 원하는 것으로 나타났다. $\alpha = 0.01$에서 비율들의 차이가 있는가? 두 비율 차이에 대한 99% 신뢰구간을 구하시오.

6. **애완동물 소유** 최근 조사에 따르면, 50가구 중 14가구가 고양이를 키우고 60가구 중 21가구가 개를 키우는 것으로 나타났다. $\alpha = 0.05$에서, 애완동물로 고양이를 키우는 가구가 개를 키우는 가구보다 적다는 주장을 검정하시오.

7. **폭력의 피해자** 폭력의 피해자 80명의 여성들을 상대로 한 랜덤조사에 따르면, 24명이 친척에 의해 피해를 당했다. 50명의 남성들에 대한 랜덤조사에서는 6명이 친척에 의해 피해를 당한 것으로 나타났다. $\alpha = 0.10$에서, 여성들의 피해 비율이 남성들의 피해 비율보다 크다는 주장을 검정하시오.

8. **통근자** Michigan 주에 사는 100명을 대상으로 한 최근의 랜덤조사에 따르면, 80명이 혼자 출퇴근하는 것으로 나타났다. New York에서 120명의 통근자들을 대상으로 한 비슷한 조사에서는 62명이 혼자 출퇴근하는 것으로 나타났다. 비율 차이에 대한 95% 신뢰구간을 구하시오.

9. **노인 근로자** 사람들은 인생의 후반기에도 일을 선택하거나 찾는 것으로 나타났다. 65세 이상 남녀 각각 200명의 랜덤표본을 조사한 결과 남자는 80명 여자는 59명이 일을 찾고 있는 것으로 나타났다. $\alpha = 0.01$에서, 비율들이 다르다는 결론을 내릴 수 있는가?
   출처: Based on www.census.gov

10. **대학 교육** 연감에 따르면, 4년제 이상의 대학을 졸업한 25세 이상 성인의 비율이 여성은 23.6%, 남성은 27.8%이다. 25세 이상 남녀들의 랜덤표본을 조사한 결과는 아래와 같다. 95% 신뢰에서 모비율 차이를 추정하고, 구간을 연감 통계와 비교하시오.

	여성	남성
표본크기	350	400
4년제 이상의 대학을 졸업한 숫자	100	115

출처: *New York Times Almanac.*

11. **대학생 학자금 지원** 대학교에서 학자금 지원을 받는 여성의 백분율과 남성의 백분율이 다른지를 결정하기 위한 연구가 수행되었다. 대학생들의 랜덤표본 결과는 다음과 같다. $\alpha = 0.01$에서, 귀무가설을 기각하는 유의한 증거가 있는가?

	여성	남성
표본크기	250	300
학자금 지원을 받는 숫자	200	180

출처: U.S. Department of Education, National Center for Education Statistics.

12. **인터뷰 실수** 처음 인터뷰를 경험하는 많은 사람들이 인터뷰 결과에 심각한 영향을 주는 실수를 저지르는 것으로 알려져 있다. 인터뷰 도중 핸드폰을 사용한다든가 문자를 하는 것이 무려 77%나 된다! 연구자는 실수를 저지르는 비율에 있어 남녀 간 차이가 있는지 알기를 원한다. 120명의 남성 중 72명이 핸드폰을 사용했고, 150명의 여성 중 80명이 핸드폰을 사용했다. 유의수준 $\alpha = 0.01$에서, 차이가 있는가?
   출처: Careerbuilder.com

13. **쿠폰 사용** 현대 경제에서, 모든 사람들은 절약의 귀재가 되고 있다. 그럼에도 여전히 여성이 남성보다 더 높은 비율로 쿠폰

으로 이익을 얻는 것으로 여겨지고 있다. 180명의 여성 구매자들을 대상으로 한 랜덤조사에서 132명이 쿠폰을 사용한 반면에 100명의 남성 구매자들 중에서는 56명이 쿠폰을 사용한 것으로 나타났다. $\alpha = 0.01$에서, 쿠폰을 사용하는 여성들의 비율이 남성들의 비율보다 높다는 충분한 증거가 있는가? P-값 방법을 사용하시오.

14. 학교폭력피해 약자를 괴롭히거나 폭력하는 것은 모든 세대의 문제이지만 특히 12~18세 사이 학생들에게 심각한 문제이다. 한 연구에 따르면 이 나이대 학생들의 7.2%가 지난 6개월 동안 학교에서 괴롭힘이나 폭력을 당한 것으로 보고되었으며, 초등학교 6학년이 13.9%로 가장 높고 고등학교 3학년이 2.2%로 가장 낮았다. 사립과 공립학교 사이에 차이가 있는지를 알아보기 위하여 각 학교에서 200명의 학생들이 랜덤하게 선택되었다. 유의수준 $\alpha = 0.05$에서, 차이가 있다고 결정할 수 있는가?

	사립	공립
표본크기	200	200
피해 수	13	16

출처: www.nces.ed.gov

9–6 두 분산 간 차이 검정

학습목표 5
두 분산 또는 표준편차 간의 차이 검정하기

두 평균을 비교하는 것과 더불어, 통계학자들은 두 분산 혹은 표준편차를 비교하는 데 관심이 있다. 예를 들면, 두 도시의 특정 월에 대한 온도의 변동이 다른가?

다른 상황에서 연구자는 남성의 콜레스테롤의 분산과 여성의 콜레스테롤의 분산을 비교하는데 흥미가 있을 수 있다. 두 분산 혹은 표준편차를 비교하기 위해서는 ***F* 검정(*F* test)**이 사용된다. F 검정은 8장에서 설명한 것처럼 특정한 하나의 표본분산을 특정 모분산에 비교하는 카이제곱검정과 혼동되지 말아야 한다.

[그림 9-10]은 F 분포에 대한 몇 개의 곡선의 형태를 보여준다.

그림 9-10
곡선들의 F족

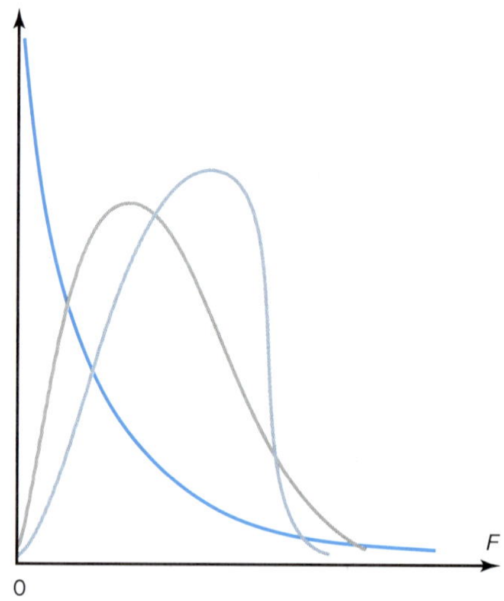

만약 두 개의 독립인 표본이 분산이 같은 ($\sigma_1^2 = \sigma_2^2$) 2개의 정규모집단으로부터 뽑히고 표본분산 s_1^2과 s_2^2이 $\dfrac{s_1^2}{s_2^2}$으로 비교된다면, 분산의 표집분포를 ***F* 분포(*F* distribution)**라고 한다.

F 분포의 특성

1. F 값은 분산이 항상 양이거나 0이기 때문에 음이 될 수 없다.
2. 분포는 오른쪽으로 기울어져 있다.
3. F의 평균값은 근사적으로 1과 같다.
4. F 분포는 분자의 분산의 자유도와 분모의 분산의 자유도에 근거한 곡선의 족이다.

F 검정에 대한 공식

$$F = \frac{s_1^2}{s_2^2}$$

여기에서 두 분산 중 큰 값을 첨자에 관계없이 분자에 둔다(426쪽 참조).

F 검정은 2개의 자유도 값을 가진다. 분자 $n_1 - 1$ 그리고 분모 $n_2 - 1$인데, n_1은 큰 분산이 얻어지는 표본의 크기이다.

F 검정값을 찾을 때, **큰 분산을 F 공식의 분자에 둔다.** 하지만 꼭 표본의 크기가 큰 것에 대한 분산일 필요는 없다.

부록 A에 있는 표 H는 $\alpha = 0.005, 0.01, 0.025, 0.05$에 대한 F 임계값을 제공한다. 이 값들은 단측(한쪽꼬리) 값이다. 만약 양측(양쪽꼬리)검정을 한다면, $\alpha/2$값을 사용해야 한다. 예를 들어, $\alpha = 0.05$인 양쪽꼬리검정을 한다면, 표 H의 $0.05/2 = 0.025$가 사용되어야 한다.

예제 9-12

$\alpha = 0.05$, 분자의 자유도(d.f.N.)는 15, 분모의 자유도(d.f.D.)는 21일 때, 오른쪽꼬리 F 검정에 대한 임계값을 구하시오.

풀이

이 검정은 $\alpha = 0.05$인 오른쪽꼬리검정이므로 0.05 표를 이용한다. d.f.N은 상단에 가로질러서 나열되었고 d.f.D는 왼쪽 열에 나열되었다. 임계값은 표에서 행과 열이 교차하는 곳에서 알 수 있다([그림 9-11] 참조).

그림 9-11 [예제 9-12]에 대한 표 H에서 임계값 찾기

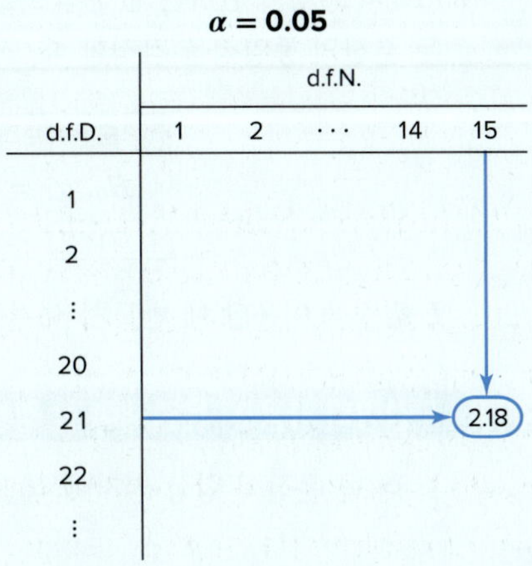

이전에 언급했던 것처럼, F 검정이 사용될 때, 큰 분산이 항상 공식의 분자에 놓인다. 양쪽꼬리검정을 할 때 α는 나뉘어진다. 그리고 2개의 값이 있을지라도 오른쪽꼬리만 사용된다. 그 이유는 F 검정값은 항상 1보다 같거나 크기 때문이다.

예제 9-13

분자의 분산을 구한 표본의 크기가 21이고 분모의 분산을 구한 표본의 크기가 12일 때 $\alpha = 0.05$인 양쪽꼬리검정에 대한 임계값을 구하시오.

풀이

$\alpha = 0.05$인 양쪽꼬리검정이기 때문에 $0.05/2 = 0.025$ 표가 사용되어져야 한다. d.f.N. = 21 − 1 = 20, d.f.D. = 12 − 1 = 11이다. 따라서 임계값은 3.23이다([그림 9-12] 참조).

그림 9-12 [예제 9-13]에 대한 표 H에서 임계값 찾기

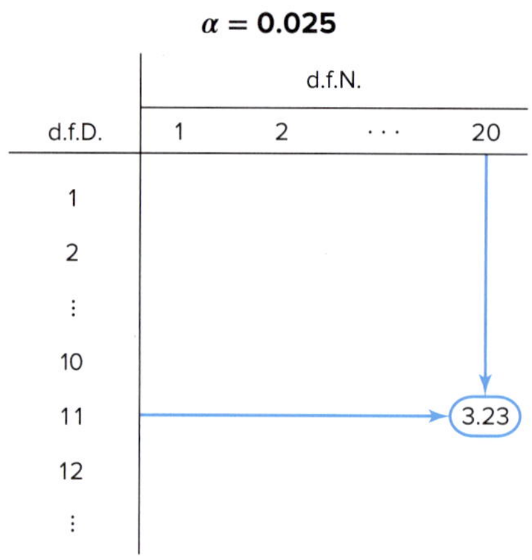

만약 표 H에서 정확한 자유도를 찾을 수 없다면, 가장 근접한 작은 자유도를 사용해야 한다. 예를 들어 $\alpha = 0.05$(오른쪽꼬리검정), d.f.N. = 18, d.f.D. = 20이라면, d.f.N. = 15열과 d.f.D. = 20행이 만나는 값 $F = 2.20$을 얻는다.

두 분산의 동일성을 검정할 때, 쓰이는 가설들은 다음과 같다.

오른쪽꼬리	왼쪽꼬리	양쪽꼬리
$H_0\colon \sigma_1^2 = \sigma_2^2$ $H_1\colon \sigma_1^2 > \sigma_2^2$	$H_0\colon \sigma_1^2 = \sigma_2^2$ $H_1\colon \sigma_1^2 < \sigma_2^2$	$H_0\colon \sigma_1^2 = \sigma_2^2$ $H_1\colon \sigma_1^2 \neq \sigma_2^2$

F 검정을 이용할 때 반드시 새겨둬야 할 4개의 중요한 점들이 있다.

F 검정의 사용 시 유념해야 할 점들

1. 더 큰 분산이 항상 첨자에 상관없이 공식의 분자에 위치해야 한다(426쪽 '참고' 참조).

$$F = \frac{s_1^2}{s_2^2}$$

2. 양쪽꼬리검정에 대해서, α 값은 2로 나누어야 하고 임계값은 F 곡선의 오른쪽에 둔다.
3. 분산 대신에 표준편차가 문제에서 주어진다면, 제곱해서 F 검정에 사용해야 한다.
4. 자유도를 표 H에서 찾을 수 없을 때, 자유도가 작은 쪽에서 가장 근접한 값을 사용한다.

이색 통계

모든 미국 출생아 중에 2%가 쌍둥이이다.

두 분산의 차이를 검정하기 전에 다음 가정들이 충족되는지를 반드시 확인해야 한다.

두 분산 차이의 검정을 위한 가정들

1. 표본은 랜덤표본이다.
2. 표본이 얻어진 모집단은 반드시 정규분포이어야 한다.
   (**참고**: 분포가 정규성으로부터 벗어날 때 검정은 사용되지 말아야 한다.)
3. 표본은 서로 독립이어야 한다.

본 교재의 연습문제에는 이러한 가정들을 언급할 것이다. 그러나 다른 상황에서 통계자료를 접한다면 분석을 시행하기 전에 이러한 가정들이 만족되는지를 확인해야 한다.

또한 전통적인 방법을 이용한 가설검정에 있어서 다음 5단계들을 반드시 거쳐야 한다는 것을 기억해야 한다.

단계 1 가설을 정하고 주장을 확인한다.
단계 2 임계값을 찾는다.
단계 3 검정값을 계산한다.
단계 4 결정을 한다.
단계 5 결과를 요약한다.

이 절차는 로버스트(robust)하지 않으므로 정규성으로부터 조금만 벗어나도 검정의 결과에 영향을 줄 것이다. 따라서 표준편차가 비대칭분포의 흩어진 정도에 대한 좋은 측도가 아니므로 분포가 정규성으로부터 벗어나면 사용하지 않아야 한다. 그 이유는 표준편차는 이상점이나 극한값들에 대해서 취약하기 하기 때문이다. 분포가 기울어져 있을 때 이러한 값들은 표준편차의 값을 증가시킨다.

예제 9-14 흡연자들의 심장 박동수

한 의학 연구자는 흡연자들의 심장 박동수(분당 맥박)의 분산이 비흡연자들의 심장 박동수의 분산과 다른지를 알기를 원한다. 두 개의 표본을 뽑아 조사한 결과는 다음과 같다. $\alpha = 0.05$에서, 주장을 지지할 만한 충분한 증거가 있는가? 변수는 정규분포를 따른다고 가정한다.

흡연자	비흡연자
$n_1 = 26$ $s_1^2 = 36$	$n_2 = 18$ $s_2^2 = 10$

풀이

단계 1 가설을 정하고 주장을 확인한다.

$$H_0: \sigma_1^2 = \sigma_2^2 \qquad \text{그리고} \qquad H_1: \sigma_1^2 \neq \sigma_2^2 \text{ (주장)}$$

단계 2 임계값을 찾는다. $\alpha = 0.05$이고 양쪽꼬리검정이므로 표 H에서 $\alpha = 0.025$를 사용한다. 여기서, d.f.N. = 26 − 1 = 25, d.f.D. = 18 − 1 = 17이다. 임계값은 2.56이다(d.f.N. = 24가 사용되었다)([그림 9-13] 참조).

그림 9-13 [예제 9-14]에 대한 임계값

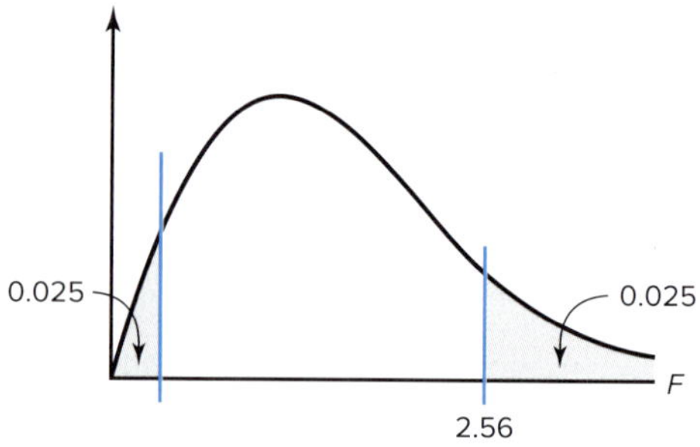

단계 3 검정값을 계산한다.

$$F = \frac{s_1^2}{s_2^2} = \frac{36}{10} = 3.6$$

단계 4 결정을 한다. $3.6 > 2.56$이므로, 귀무가설을 기각한다.

단계 5 결과를 요약한다. 흡연자와 비흡연자들 간에 심장 박동수의 분산에 차이가 있다는 주장을 지지할 만한 충분한 증거가 존재한다.

예제 9-15 평균 성적

한 연구자는 10명의 심리학과 졸업생들의 랜덤표본을 뽑아서 조사한 결과 그들의 평균 성적에 대한 표준편차가 0.72임을 발견하였다. 그런 다음 14명의 공학 전공 학생들의 랜덤표본을 뽑아서 그들의 평균 성적에 대한 표준편차가 0.51임을 알아냈다. $\alpha = 0.01$에서, 심리학 전공 졸업생들의 평균 성적에 대한 분산이 공학 전공 졸업생들보다 크다는 결론을 내릴 수 있는가?

풀이

단계 1 가설을 정하고 주장을 확인한다.

$$H_0: \sigma_1^2 = \sigma_2^2 \qquad \text{그리고} \qquad H_1: \sigma_1^2 > \sigma_2^2 \text{ (주장)}$$

단계 2 임계값을 찾는다. d.f.N. $= 10 - 1 = 9$, d.f.D $= 14 - 1 = 13$이다. 표 H에서 $\alpha = 0.01$에 대한 임계값은 4.19이다.

단계 3 검정값을 계산한다.

$$F = \frac{s_1^2}{s_2^2} = \frac{0.72^2}{0.51^2} = 1.99$$

단계 4 결정을 한다. $1.99 < 4.19$이므로, 귀무가설을 기각하지 못한다.
즉, 1.99가 임계역에 위치하지 않는다([그림 9-14] 참조).

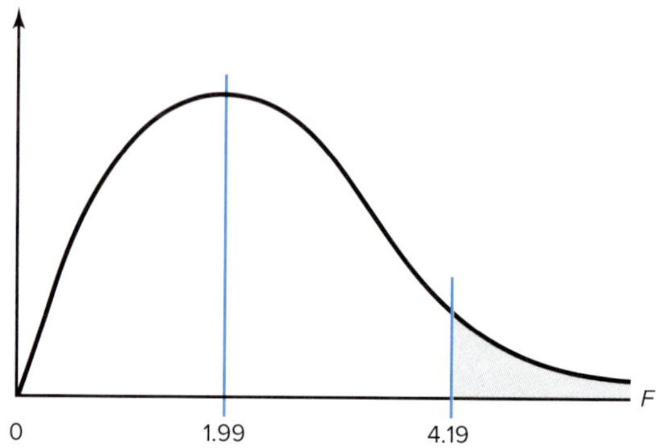

그림 9-14
[예제 9-15]에 대한 임계값과 검정값

단계 5 결과를 요약한다. 심리학 전공 졸업생들의 평균 성적에 대한 분산이 공학 전공 졸업생들보다 크다는 주장을 지지할 만한 충분한 증거가 존재하지 않는다.

F 검정통계량에 대한 P-값을 찾는 것은 특정한 d.f.N.과 d.f.D. 값을 이용하여 모든 F 표(부록 A에 있는 표 H)를 살펴보아야 하기 때문에 어느 정도 복잡하다. 예를 들어, 어떤 검정이 $F = 3.58$, d.f.N. = 5 그리고 d.f.D. = 10을 가진다고 하자. $F = 3.58$에 대한 P-값 구간을 찾기 위해 당신은 먼저 표 H에서 α가 0.005, 0.01, 0.025, 0.05, 0.10일 때 d.f.N = 5 그리고 d.f.D = 10에 대응하는 F 값들을 찾아야 한다. 그런 후 다음과 같이 하나의 표를 만든다.

α	0.10	0.05	0.025	0.01	0.005
F	2.52	3.33	4.24	5.64	6.87

이제 검정값 3.58이 사이에 떨어지는 2개의 F 값을 찾는다. 이 경우에 3.58은 0.05와 0.025에 대응하는 3.33과 4.24 사이에 떨어진다. 따라서, $F = 3.58$의 오른쪽꼬리검정에 대한 P-값은 0.025와 0.05 사이에 떨어진다(즉, $0.025 < P$-값 < 0.05). 그러면 오른쪽꼬리검정에서, $\alpha = 0.05$에서는 귀무가설을 기각하지만, $\alpha = 0.01$에서는 기각하지 못한다. 계산기에서 얻어진 P-값은 0.0408이다. 양쪽꼬리검정의 경우 α에 대해 표 H에서 찾은 값들은 2배가 되어야 한다는 것을 기억하자. 이 경우, $F = 3.58$에 대해서는 $0.05 < P$-값 < 0.10이다. 다시 한번, P-값이 α보다 작으면, 귀무가설을 기각한다.

일단 한 번 개념을 이해하면, 위의 표를 만드는 것을 생략하고 표 H로부터 직접 P-값을 찾을 수 있다.

가설검정에 대한 P-값 방법을 상기하자. 단계들은 다음과 같다.

단계 1 가설을 정하고 주장을 확인한다.

단계 2 검정값을 계산한다.

단계 3 P-값을 찾는다.

단계 4 결정을 한다.

단계 5 결과를 요약한다.

예제 9–16 공항 승객

공항의 CEO는 미국 공항 승객수들의 분산이 외국 공항 승객수들의 분산보다 크다고 가정한다. $\alpha = 0.10$에서, 이 가설을 지지할 만한 충분한 증거가 있는가? 랜덤으로 선택된 공항들의 연간 승객수(백만)의 자료가 다음과 같다. P-값 방법을 사용하시오. 변수는 정규분포를 하고 표본들은 서로 랜덤이고 독립이라고 가정한다.

미국 공항		외국 공항	
36.8	73.5	60.7	51.2
72.4	61.2	42.7	38.6
60.5	40.1		

출처: Airports Council International.

풀이

단계 1 가설을 정하고 주장을 확인한다.

$$H_0: \sigma_1^2 = \sigma_2^2 \quad \text{그리고} \quad H_1: \sigma_1^2 > \sigma_2^2 \text{ (주장)}$$

단계 2 검정값을 계산한다. 3장의 공식이나 계산기를 이용하여 각 그룹의 분산을 찾는다.

$$s_1^2 = 246.38 \qquad \text{그리고} \qquad s_2^2 = 95.87$$

공식에 대입해서 푼다.

$$F = \frac{s_1^2}{s_2^2} = \frac{246.38}{95.87} = 2.57$$

단계 3 표 H에서, d.f.N. = 6 − 1 = 5 그리고 d.f.D. = 4 − 1 = 3을 이용하여 P-값을 찾는다.

α	0.10	0.05	0.025	0.01	0.005
F	5.31	9.01	14.88	28.24	45.39

2.57은 5.31보다 작으므로, P-값은 0.10보다 크다(계산기를 이용해서 구한 P-값은 0.234이다).

단계 4 결정을 한다. P-값 > 0.10이므로 귀무가설을 기각하지 못한다.

단계 5 결과를 요약한다. 미국 공항 승객수들의 분산이 외국 공항 승객수들의 분산보다 크다는 주장을 지지할 만한 충분한 증거가 없다.

참고: F 검정을 수행할 때 반드시 분자에 큰 분산을 둘 필요는 없다. 왼쪽꼬리검정에 대한 임계값은 자유도를 서로 교환하고 표 H에서 찾은 값의 역수를 취함으로써 알 수 있다.

또한 간혹 자료가 가설에 어긋나게 작용할 수 있기 때문에 F 검정을 수행할 때 주의를 기울여야 한다. 예를 들어, 가설이 $H_0: \sigma_1^2 \le \sigma_2^2 (H_0: \sigma_1^2 = \sigma_2^2)$이고 $H_1: \sigma_1^2 > \sigma_2^2$인데, 만약 $s_1^2 < s_2^2$이면 F 검정은 수행될 수 없고 당신은 귀무가설을 기각할 수 없을 것이다.

개념의 적용 9-6

자동 변속기

다음 자료값들은 2016 Auto Guide로부터 발췌한 것들이라고 가정한다. 가이드는 여러 종류의 미국과 외국 자동차들의 모수를 비교하였다. 이 보고서는 선택인 자동 변속기의 가격에 중점을 두고 있다. 자동 변속기의 가격 변동이 큰 나라는 어느 나라인가? 다음 질문에 답하시오.

독일(2016)		미국(2016)	
BMW 6 Series	$77,300	Ford Mustang	$47,795
Audi TT	$46,400	Chevrolet Corvette	$55,400
Porsche Boxster	$82,100	Dodge Challenger	$62,495
BMW 2 Series	$50,750	Dodge Viper	$87,895

1. 귀무가설은 무엇인가?
2. 분산에 있어 어떤 유의한 차이를 검정하기 위해서는 어떠한 검정통계량이 사용되는가?
3. 독일차와 미국차의 가격 변동성에 유의한 차이가 있는가?
4. 표본의 크기가 작은 것이 표준편차에 어떠한 영향을 끼치는가?
5. 통계적 검정에 어떠한 자유도가 사용되는가?
6. 2개의 자료집합은 유의하게 다른 평균을 가지지 않고도 유의하게 다른 분산을 가지는가?

정답 433쪽 참조

연습문제 9-6

1. F 검정값을 계산할 때, 어떤 조건이 분자의 분산에 주어져야 하는가?
2. F 검정에 연계된 2개의 자유도는 무엇인가?
3. 표 H를 이용하여 각각에 대한 임계값을 구하시오.
   a. 표본 1: $s_1^2 = 140, n_1 = 25$
   표본 2: $s_2^2 = 125, n_2 = 14$
   양쪽꼬리 $\alpha = 0.05$
   b. 표본 1: $s_1^2 = 43, n_1 = 12$
   표본 2: $s_2^2 = 56, n_2 = 16$
   오른쪽꼬리 $\alpha = 0.10$
   c. 표본 1: $s_1^2 = 516, n_1 = 21$
   표본 2: $s_2^2 = 472, n_2 = 18$
   오른쪽꼬리 $\alpha = 0.01$
4. 표 H를 이용하여 각각의 F 검정값에 대한 P-값 구간을 구하시오.
   a. $F = 2.97$, d.f.N. = 9, d.f.D. = 14, 오른쪽꼬리
   b. $F = 3.32$, d.f.N. = 6, d.f.D. = 12, 양쪽꼬리
   c. $F = 2.28$, d.f.N. = 12, d.f.D. = 20, 오른쪽꼬리
   d. $F = 3.51$, d.f.N. = 12, d.f.D. = 21, 오른쪽꼬리

5~12번 문제는 다음 단계들을 수행하시오. 모든 변수는 정규분포를 따른다고 가정한다.

a. 가설을 정하고 주장을 확인한다.
b. 임계값을 찾거나 P-값 방법을 사용한다.
c. 검정값을 계산한다.
d. 결정을 한다.
e. 결과를 요약한다.

P-값 방법을 지정하지 않는 한 가설검정의 전통적인 방법을 사용하시오.

5. **늑대 떼 새끼들** Montana 주와 Idaho 주 늑대 떼들 사이에 무리당 새끼 수의 분산에 차이가 있는가? 각 주에서 무리들의 랜덤표본을 뽑아서, 무리당 새끼들의 수를 기록하였다. 유의수준 $\alpha = 0.05$에서 분산에 차이가 있다는 결론을 내릴 수 있는가?

Montana 주	4	3	5	6	1	2	8	2
	3	1	7	6	5			
Idaho 주	2	4	5	4	2	4	6	3
	1	4	2	1				

출처: www.fws.gov

6. **아이스크림 칼로리** 2개의 유명 상표로부터 랜덤하게 선택된 아이스크림 종류의 1/2컵 안에 있는 칼로리의 숫자가 나열되어 있다. 유의수준 0.05에서 두 브랜드 사이에 칼로리 수에 대한 분산에 차이가 있다는 충분한 증거가 있는가?

상표 A		**상표 B**	
330	300	280	310
310	350	300	370
270	380	250	300
310	300	290	310

출처: *The Doctor's Pocket Calorie, Fat and Carbohydrate Counter*.

7. **인구와 넓이** (인구에 기초한) 미국 내 50개 가장 큰 도시 중에서 도시들을 랜덤하게 뽑아서, 면적을 평방마일로 기록하였다. $\alpha = 0.05$에서 동부 지역 도시들이 서부 지역 도시들보다 면적에 대한 분산이 더 크다고 결론 내릴 수 있는 충분한 증거가 있는가? $\alpha = 0.01$의 경우는 어떠한가?

동부		**서부**	
Atlanta, GA	132	Albuquerque, NM	181
Columbus, OH	210	Denver, CO	155
Louisville, KY	385	Fresno, CA	104
New York, NY	303	Las Vegas, NV	113
Philadelphia, PA	135	Portland, OR	134
Washington, DC	61	Seattle, WA	84
Charlotte, NC	242		

출처: *New York Times Almanac*.

8. **의과대학 수업료** 연구 중심과 1차 진료 중심 의과대학들의 랜덤표본에 대한 1년 수업료(달러)가 나열되었다. $\alpha = 0.05$에서 두 그룹의 분산 사이에 차이가 있다는 결론을 내릴 수 있는가?

연구 중심			**1차 진료 중심**		
30,897	34,280	31,943	26,068	21,044	30,897
34,294	31,275	29,590	34,208	20,877	29,691
20,618	20,500	29,310	33,783	33,065	35,000
21,274			27,297		

출처: *U.S. News & World Report Best Graduate Schools*.

9. **고층빌딩들의 높이** Denver 주에서 랜덤하게 뽑힌 고층빌딩들의 높이에 대한 분산이 Nashvile 주에서 랜덤하게 뽑힌 빌딩들의 높이에 대한 분산과 같다는 주장을 $\alpha = 0.10$에서 검정하시오. 자료는 다음과 같다.

Denver			**Nashville**		
714	698	544	617	524	489
504	438	408	459	453	417
404			410	404	

출처: SkyscraperCenter.com

10. **운동화의 무게** 남녀 운동화의 랜덤표본으로부터 얻은 무게(온스)가 다음과 같다. 각각의 표본에 대한 분산을 구하고 $\alpha = 0.05$에서 분산이 같다는 주장을 검정하시오. P-값 방법을 사용하시오.

남성			여성		
11.9	10.4	12.6	10.6	10.2	8.8
12.3	11.1	14.7	9.6	9.5	9.5
9.2	10.8	12.9	10.1	11.2	9.3
11.2	11.7	13.3	9.4	10.3	9.5
13.8	12.8	14.5	9.8	10.3	11.0

11. 개들의 나이 애완견들의 평균 나이는 4.3년이다. 애완견 소유자들에 대한 2개의 랜덤표본들이 뽑혔다. 크기 13의 표본 1은 Miami 주에 사는 소유자들로부터 뽑혔으며, 개들 나이에 대한 표준편차는 1.3년이다. 크기 8의 표본 2은 Boston 주에 사는 소유자들로부터 뽑혔으며, 개들 나이에 대한 표준편차는 0.7년이다. $\alpha = 0.05$에서, 분산들에 차이가 있다는 결론을 내릴 수 있는가?

12. 검정 점수 온라인과 강의실에서 통계학을 가르치는 한 강사는 온라인 과정을 선택한 학생들에 대한 기말시험 성적의 분산이 강의실을 선택한 학생들의 기말시험 성적에 대한 분산보다 크다고 느끼고 있다. 자료는 다음과 같다. $\alpha = 0.05$에서, 주장을 지지할 만한 충분한 증거가 있는가?

온라인 과정	강의실 과정
$s_1 = 3.2$	$s_2 = 2.8$
$n_1 = 11$	$n_2 = 16$

EXCEL
Step by Step

두 분산 차이에 대한 F 검정

Excel에는 '데이터 분석(Data Analysis Add-In)'에 포함된 이표본 F 검정이 있다. 두 독립인 표본이 주어졌을 때, 두 모집단의 분산 차이를 검정하기 위한 F 검정을 수행하기 위해 다음 절차를 따라하시오.

1. 첫 번째 표본자료를 열 A에 넣는다.
2. 두 번째 표본자료를 열 B에 넣는다.
3. 툴바에서 '데이터' 탭을 선택한 다음, '데이터 분석'을 선택한다.
4. '데이터 분석' 상자에서 '*F*-검정: 분산에 대한 두 집단'을 선택한다.
5. 변수 1과 변수 2의 입력범위를 지정한다.
6. '유의 수준'을 정한다.
7. 출력 옵션을 정하고 '확인'을 클릭한다.

[예제 XL9-4]

$\alpha = 0.05$에서 제공된 표본자료를 이용하여 두 모집단의 분산이 같다는 가설을 검정하시오.

자료 A	63	73	80	60	86	83	70	72	82
자료 B	86	93	64	82	81	75	88	63	63

위 절차를 실행하면 결과값이 나오는데 출력 결과는 0.05의 α 수준에서 귀무가설이 기각될 수 없다는 것을 보여준다.

F-검정: 분산에 대한 두 집단		
	변수 1	변수 2
평균	74.33333333	77.22222222
분산	82.75	132.9444444
관측수	9	9
자유도	8	8
F 비	0.622440451	
P(F<=f) 단측 검정	0.258814151	
F 기각치: 단측 검정	0.290858219	

복습연습문제

각 문제에 대해 다음 단계를 수행하시오. 모든 변수는 정규분포 혹은 근사적으로 정규분포를 한다고 가정한다.

a. 가설을 정하고 주장을 확인한다.
b. 임계값(들)을 찾거나 *P*-값 방법을 사용한다.
c. 검정값을 계산한다.
d. 결정을 한다.
e. 결과를 요약한다.

P-값 방법이 지정되지 않는 한 전통적인 가설검정 방법을 사용하시오.

9–2절

1. 즐거움을 위한 운전 랜덤하게 선택된 두 운전자그룹이 주당 얼마나 많은 마일을 즐거운 여행을 위해 운전하는지를 알아보기 위해 조사되었다. 자료는 다음과 같다. $\alpha = 0.01$에서, 결혼하지 않은 운전자가 결혼한 운전자보다 평균적으로 즐거운 여행을 위해 더 많이 운전한다고 결론을 내릴 수 있는가? $\sigma_1 = 16.7$ 그리고 $\sigma_2 = 16.1$을 가정한다.

결혼하지 않은 운전자					결혼한 운전자				
106	110	115	121	132	97	104	138	102	115
119	97	118	122	135	133	120	119	136	96
110	117	116	138	142	139	108	117	145	114
115	114	103	98	99	140	136	113	113	150
108	117	152	147	117	101	114	116	113	135
154	86	115	116	104	115	109	147	106	88
107	133	138	142	140	113	119	99	108	105

9–3절

2. 물리치료 20명의 개인들을 상대로 한 최근 조사에 따르면 한 사람이 어깨 문제로 치료를 받은 기간은 평균 9.6이다. 표준편차는 2.8이다. 엉덩이에 문제가 있는 25명을 대상으로 한 조사에서는 치료 기간이 평균 10.3이고 표준편차는 2.3으로 나왔다. $\alpha = 0.01$에서, 평균 간 유의한 차이가 있는가?

3. 교사들의 월급 Rhode Island의 표본 15명의 선생님들은 평균 35,270달러, 표준편차 3256달러를 가진다. New York의 표본 30명의 선생님들은 평균 29,512달러와 표준편차 1432달러를 가진다. 두 지역 선생님들의 급여에 유의한 차이가 있는가? $\alpha = 0.02$를 사용하시오. 두 평균의 차이에 대한 98% 신뢰구간을 구하시오.

9–4절

4. 고온과 저온 Northeast 지방에서 3월은 변덕스러운 날씨의 달이다. 아래의 표는 Pittsburgh, Pennsylvania 주의 3월 중 특정일에 실제의 고온과 저온을 기록한것이다. 유의수준 0.01에서 평균 고온과 저온 사이에 10도의 차이가 있다는 결론을 내릴 만한 충분한 증거가 있는가?

최고 온도	44	46	46	36	34	36	57	62	73	53
최저 온도	27	34	24	19	19	26	33	57	46	26

출처: www.wunderground.com

9–5절

5. 종교학교 내 평신도 교사들 한 연구에 따르면 초등학교보다는 종교계 중학교에서 평신도 선생님의 비율이 약간 낮은 것으로 나타났다. 200명의 초등학교 교사들의 랜덤표본과 200명의 종교계 중학교 교사들의 랜덤표본을 조사한 결과 다음과 같은 결과를 얻었다. 유의수준 0.05에서, 비율에 있어서 차이가 있다는 결론을 내릴만한 충분한 증거가 있는가?

	초등학교	중학교
표본크기	200	200
평신도 교사	49	62

출처: *New York Times Almanac*.

9–6절

6. 병원 소음 수준 병원 연구에 따르면, 11개의 집중치료실의 소음 수준에 대한 표준편차는 4.1 dBA이고 부엌과 기계실 같은 비 의료지역 24곳의 소음 수준은 13.2 dBA로 나타났다. $\alpha = 0.10$에서 두 지역의 표준편차 간 유의한 차이가 있는가?

출처: *Bayo, M., Garcia, A. and Garcia, A., "Noise Levels in an Urban Hospital and Workers' Subjective Responses," Archives of Environmental Health, 50, 3, May–June 1995, 247–51.*

7. 시리얼의 나트륨 함량 두 개의 주요 회사에서 생산하는 시리얼 브랜드의 나트륨 함량은 다음과 같다. $\alpha = 0.01$에서, 분산들에 있어서 유의한 차이가 있는가?

회사 1			회사 2		
87	92	96	87	92	93
100	94	94	91	100	94
101	103	98	103	96	98
91	92	96	87	92	91

STATISTICS TODAY

백신 접종을 할 것인가 말 것인가? 규모가 작은 요양원 대 큰 요양원

두 비율을 비교하기 위해 z 검정을 이용한 결과 백신 접종을 한 작은 요양원 거주자의 비율(80.8%)이 큰 요양원 거주자의 비율(60.7%)보다 통계적으로 크다는 것을 알았다. 이후의 장에서 제시된 통계적인 방법들을 사용해서 연구자들은 요양원의 크기가 클수록 백신 접종의 도수가 낮을수록 요양원에서의 독감 출현 예측이 유의했다는 것을 알았다.

데이터 분석

데이터 뱅크는 부록 B에 나와 있다.

1. 데이터 뱅크에서 한 변수를 선택하고 적어도 30명의 남자 랜덤표본에 대한 변수의 평균을 최소 30명의 여자 랜덤표본에 대한 변수의 평균과 비교하시오. z 검정을 사용하시오.
2. 다른 변수와 크기 15의 두 표본을 이용하여 연습문제 1번 문제에서의 실험을 반복하시오. t 검정을 이용해서 평균들을 비교하시오.
3. 흡연하는 남자의 비율과 흡연하는 여성의 비율을 비교하시오. 데이터 뱅크에 있는 자료를 사용하시오. 크기 30 이상의 랜덤표본을 선택하시오. 비율에 대한 z 검정을 사용하시오.
4. 부록 B에 있는 데이터셋 IV에 있는 자료로부터 20개 값의 두 표본을 선택하시오. 빌딩의 평균 높이가 같다는 가설을 검정하시오.
5. 4번 문제에서 구한 같은 자료를 이용하여 분산이 같다는 가설을 검정하시오.

퀴즈

각 문장이 참인지 거짓인지를 결정하시오. 거짓이면 이유를 설명하시오.

1. 두 평균 사이의 차이를 검정할 때 표본이 서로 독립인지 아닌지를 구별하는 것은 중요하지 않다.
2. 동일한 다이어트 방식이 랜덤하게 선택된 개인들의 두 그룹에 주어진다면 표본들은 독립이라고 생각된다.
3. F 검정값을 비교할 때 항상 분수의 분자에 큰 분산을 두어야 한다.
4. 분산에 대한 검정은 항상 양쪽꼬리이다.

가장 적합한 답을 선택하시오.

5. 두 분산의 동질성을 검정하기 위해서 ______ 검정을 사용한다.
   a. z　　*c*. 카이제곱
   b. t　　*d*. F
6. 두 비율의 동질성을 검정하기 위해서 ______ 검정을 사용한다.
   a. z　　*c*. 카이제곱
   b. t　　*d*. F
7. F의 평균값은 근사적으로 ______과 같다.
   a. 0　　*c*. 1
   b. 0.5　　*d*. 결정될 수 없다.
8. 모분산이 알려져 있을 때 두 표본평균 간 차이를 검정하기 위해 어떤 검정이 사용될 수 있는가?
   a. z　　*c*. 카이제곱
   b. t　　*d*. F

가장 적합한 답을 사용하여 다음 문장을 완성하시오.

9. 평균들 사이에 차이가 없다는 것을 가정한다면 이것은 H_0 : ______로 표현된다.
10. 평균들 사이에 차이를 검정하는 경우 모분산을 알지 못할 때 ______검정이 사용된다.
11. 두 평균의 동일성을 검정하기 위해 t 검정이 사용될 때 모집단은 ______이어야 한다.
12. F 값은 ______일 수 없다.
13. 분산에 대한 F 검정의 공식은 ______이다.

각 문제에 대해서 다음 단계들을 수행하시오.

a. 가설을 정하고 주장을 확인한다.
b. 임계값(들)을 찾거나 P-값 방법을 사용한다.

c. 검정값을 계산한다.

d. 결정을 한다.

e. 결과를 요약한다.

P-값 방법을 지정하지 않는 한 가설검정의 전통적인 방법을 사용하시오.

14. 콜레스테롤 수준 연구자는 남자의 두 그룹 간의 클레스테롤 수준에 차이가 있는지를 알기를 원한다. 25~40세의 확률표본 30명의 남자를 뽑아 검정하였다. 평균 수준은 223이었다. 41~56세의 두 번째 표본 25명의 남자를 뽑고 검정하였다. 이 그룹의 평균은 229이었다. 두 그룹의 모표준편차는 6이다. $\alpha = 0.01$에서, 두 그룹 사이의 콜레스테롤 수준들에 차이가 있는가? 두 평균 차에 대한 99% 신뢰구간을 구하시오.

15. 아파트 임대료 다음 자료는 대도시의 2개의 랜덤표본 지역 아파트에 대한 임대료(달러)이다. $\alpha = 0.10$에서 동편에 있는 아파트에 대한 평균 임대료가 서편에 있는 평균 임대료보다 크다고 결론을 내릴 수 있는가? $\sigma_1 = 119$이고 $\sigma_2 = 103$을 가정한다.

동편					서편				
495	390	540	445	420	525	400	310	375	750
410	550	499	500	550	390	795	554	450	370
389	350	450	530	350	385	395	425	500	550
375	690	325	350	799	380	400	450	365	425
475	295	350	485	625	375	360	425	400	475
275	450	440	425	675	400	475	430	410	450
625	390	485	550	650	425	450	620	500	400
685	385	450	550	425	295	350	300	360	400

출처: *Pittsburgh Post-Gazette*.

16. 저콜레스테롤 식품 가격 서로 다른 상점들로부터 구한 12개 다이어트 샐러드드레싱 병들의 표본 평균값은 1.43달러이다. 표준편차는 0.09달러이다. 16개의 냉동 저칼로리 디저트의 표본 평균값은 1.03달러이다. 표준편차는 0.10달러이다. $\alpha = 0.01$에서, 값에 유의한 차이가 있는가? 평균의 차이의 99% 신뢰구간을 구하시오.

17. 제트 스키 사고 다음 자료는 제트 스키와 다른 형태의 수상스키를 사용할 때 사고가 난 사람의 수를 나타낸다. $\alpha = 0.05$에서, 매년 사고의 평균 수가 이전 5년에서 최근 5년에 증가했다고 결론을 내릴 수 있는가?

이전 5년			최근 5년		
376	650	844	1650	2236	3002
1162	1513		4028	4010	

출처: *USA TODAY*.

18. 화학자들의 급여 Washington 주에서 표본 12명의 화학자의 평균급여는 39,420달러, 표준편차는 1,659달러를 보인 반면, New Maxico에서 표본 26명의 화학자의 평균급여는 30,215달러, 표준편차는 4,116달러를 가진다. $\alpha = 0.02$에서, 화학자의 급여가 두 지역 사이에 유의한 차이가 있는가? 평균 차이의 98% 신뢰구간을 구하시오.

19. 가구소득 수도권 동쪽 해안 도시에 사는 15가구의 평균소득은 62,456달러이다. 표준편차는 9,652달러이다. 중서부의 시골 지역에 사는 11가구의 표준편차 2,009달러를 가진 평균수입은 60,213달러이다. $\alpha = 0.05$에서, 도시들에 사는 가구가 시골 지역에 사는 가구보다 높은 수입을 가진다고 결론을 내릴 수 있는가? *P*-값 방법을 사용하시오.

20. 수학적 능력 10명의 학생들의 수학적 능력을 향상시키기 위해 선생님은 학생들에게 매주 1시간 개인교습을 제공한다. 사전검정이 교습 전에 주어졌고 사후검정이 이후에 주어졌다. 결과는 다음과 같이 제시되었다. $\alpha = 0.01$에서, 교습이 학생들의 수학적인 기술을 향상시키는 것을 돕는다고 결론을 지을 수 있는가?

학생	1	2	3	4	5	6	7	8	9	10
사전검정	82	76	91	62	81	67	71	69	80	85
사후검정	88	80	98	80	80	73	74	78	85	93

21. 계란 생산 계란 생산을 늘리기 위해 한 농부는 그의 닭장 안에 불빛이 켜져 있는 시간의 양을 증가시키기로 결정하였다. 10마리의 암탉이 선택되고 각각의 생산된 계란의 수를 기록하였다. 불빛 시간을 늘리고 1주일 후에 같은 암탉을 다시 측정하였다. 자료는 다음과 같다. $\alpha = 0.05$에서 증가된 불빛시간이 계란 생산을 증가시켰다고 결론을 내릴 수 있는가?

암탉	1	2	3	4	5	6	7	8	9	10
불빛시간 증가 이전	4	3	8	7	6	4	9	7	6	5
불빛시간 증가 이후	6	5	9	7	4	5	10	6	9	6

22. 공장 근로자 문해율 A 도시에 있는 한 공장에서 표본 80명의 노동자 중에서 5%가 글을 읽을 능력이 없다는 것을 알았다. 반면 B 도시에서는 표본 50명의 노동자에서 8%가 읽을 능력이 없다는 것을 알았다. 두 도시에서 글을 읽을 수 없는 비율의 차이가 있다고 결론을 내릴 수 있는가? $\alpha = 0.10$을 사용하시오. 두 비율 차에 대한 90% 신뢰구간을 구하시오.

23. 세대주 최근 조사에 따르면 랜덤으로 선택된 200가구 중 8가구가 남성 1인 세대주라고 한다. 40년 전 랜덤표본 200가구 조사에서는 6가구가 남성 1인 세대주였다. $\alpha = 0.05$에서, 비율이 변하였다고 결론을 내릴 수 있는가? 두 비율 차의 95% 신뢰구간을 구하시오. 신뢰구간이 0을 포함하는가? 왜 이것을 아는 것이 중요한가?

출처: Based on data from the U.S. Census Bureau.

24. 도로 보수 지출액 한 정치가는 두 개의 다른 지역에서 도로 보수에 쓰인 금액의 분산을 비교하기를 원한다. 자료는 다음과 같다. $\alpha = 0.05$에서, 두 개의 다른 지역에서 도로 보수에 쓰인 금액의 분산에 유의한 차이가 있는가? *P*-값 방법을 사용하시오.

지역 A	지역 B
$s_1 = \$11{,}596$	$s_2 = \$14{,}837$
$n_1 = 15$	$n_2 = 18$

25. 농구 선수들의 신장 한 연구자는 4년제 대학의 농구 선수의 키(인치)와 2년제 대학의 농구 선수의 키를 비교하기를 원한다. 각각의 학교에서 랜덤표본 30명이 선택되고 각 학교에 대한 키의 분산은 각각 2.43과 3.15였다. $\alpha = 0.10$에서, 두 형태의 학교에서 키의 분산 간 유의한 차이가 있는가?

데이터 프로젝트

아래 모든 검정에 대해서 유의수준 0.05를 사용하시오.

1. **기업과 금융** 2장의 데이터 프로젝트 1에서 수집된 자료를 이용하시오. 다우존스 주식에 대한 평균 주당 순수익이 나스닥 주식보다 크다는 주장을 검정하시오.
2. **스포츠와 레저** 홈런에 관한 7장의 데이터 프로젝트 2에서 수집된 자료를 이용하시오. 아메리칸리그 강타자들이 친 홈런의 평균 수가 내셔널리그의 평균과 같다는 주장을 검정하시오.
3. **기술** 8장 데이터 프로젝트 3에서 수집된 휴대폰 자료를 이용하시오. 발신 전화에 대한 평균 통화시간이 수신 전화에 대한 것과 같다는 주장을 검정하시오. 발신 전화에 대한 표준편차가 수신 전화에 대한 것보다 크다는 주장을 검정하시오.
4. **건강과 건강관리** 7장의 데이터 프로젝트 6에서 수집된 BMI에 관한 자료를 이용하시오. 남성에 대한 평균 BMI가 여성에 대한 것과 같다는 주장을 검정하시오. 남성에 대한 표준편차가 여성에 대한 것과 같다는 주장을 검정하시오.
5. **정치와 경제** 그 주에서 대통령으로서 민주당 후보 또는 공화당 후보를 지지했느냐에 근거해서 50개 주를 '붉은색'과 '푸른색'으로 구분하기 위해 지난 대통령 선거에 대한 인터넷 자료를 사용하시오. 붉은색 주와 푸른색 주의 평균수입이 같다는 주장을 검정하시오.
6. **교육** 맥박수에 관한 2장의 데이터 프로젝트 6에서 수집된 자료를 이용하시오. 운동 후의 맥박수가 운동 전의 맥박수보다 더 변동이 심하다는 주장을 검정하시오.

개념의 적용 해답

9-1절 고속도로 안전

1. 모집단은 두 개의 고속도로상의 교통량이다.
2. 집락표본이 가장 적합할 수 있다.
3. 대부분의 경우 표본은 독립이 된다. 왜냐하면 표집 기간 같은 차가 두 고속도로에 동시에 있을 확률은 매우 낮기 때문이다.
4. a. H_0: $\mu_1 = \mu_2$ 그리고 H_1: $\mu_1 \neq \mu_2$. 여기에서 μ_1은 자동차로 고속도로 1에서 A 지역에서 B 지역으로 가는 데 걸리는 평균시간이고 μ_2는 자동차로 고속도로 2에서 A 지역에서 B 지역으로 가는 데 걸리는 평균시간이다.

   b. H_0: $p_1 = p_2$ 그리고 H_1: $p_1 \neq p_2$. 여기에서 p_1은 주어진 기간 동안 고속도로 1에서 발생한 사건의 비율이고 p_2는 기간 동안 고속도로 2에서 발생한 사건의 비율이다.
5. 여러가지 답이 있을 수 있지만, 가장 많이 쓰이는 α 값은 0.05이다.

9-2절 홈런

1. 모집단은 메이저리그 야구 선수들이 친 모든 홈런들이다.
2. 집락표본이 사용되었다.
3. 답은 기준에 따라 다를 수 있다. 이 표본은 모든 메이저리그 선수들을 대표하지는 않지만, 각 리그의 홈런 1위 선수들을 비교할 수는 있다.
4. H_0: $\mu_1 = \mu_2$ 그리고 H_1: $\mu_1 \neq \mu_2$
5. 답은 기준에 따라 다를 수 있다. 가능한 답 중 하나는 0.05와 0.01 유의수준을 사용하는 것이다.
6. 평균 차이를 위해 z 검정을 사용할 것이다.
7. 검정통계량은

$$z = \frac{44.75 - 42.88}{\sqrt{\frac{8.8^2}{40} + \frac{7.8^2}{40}}} = 1.01$$

   이고 P-값은 0.3124이다.
8. 귀무가설을 기각하지 못한다.
9. 내셔널리그와 아메리칸리그 야구 선수들이 친 홈런의 수에 차이가 있다고 결론 지을 만한 충분한 증거가 없다.
10. 기준에 따라 답은 다를 수 있다. 한 가지 가능한 답은 각 리그 자료의 랜덤표본이 없기 때문에 요구된 원래의 문제에 답할

수 없다는 것이다.

11. 답은 여러 가지가 있을 수 있으며, 그중 하나는 가장 최근 시즌의 각 리그 홈런 숫자 자료를 랜덤표본으로 얻는 것이다.

9-3절 너무 긴 전화 통화

1. 표본들은 서로 독립이다.
2. 귀무가설이 기각되어야 하는지를 검정하기 위해서는 0.06317의 *P*-값을 유의수준과 비교한다.
3. *P*-값은 0.06317이다. 유의수준 0.05는 제1종 오류의 확률을 준다. 제1종 오류는 유의수준을 선택할 때 정해진다.
4. 두 개의 임계값이 제시되었기 때문에 양쪽꼬리검정임을 알 수 있다.
5. 0.06317의 *P*-값이 0.05의 유의수준 값보다 크기 때문에 귀무가설을 기각하지 못하며, 회사의 두 개 부서의 전화 통화시간에 차이가 있다고 결론을 내릴 만한 충분한 증거가 없다.
6. 유의수준이 0.10이라면 *P*-값이 유의수준보다 작기 때문에 귀무가설이 기각될 것이다.

9-4절 공기 질

1. 연구의 목적은 미국의 공기의 질이 지난 2년 동안 변했는지를 결정하는 것이다.
2. 10개 대도시 지역 각각으로부터 2번 사용될 수 있기 때문에 종속된 표본이다.
3. 검정해야 할 가설은 H_0: $\mu_D = 0$ 그리고 H_1: $\mu_D \neq 0$이다.
4. 0.05의 유의수준과 임계값 $t = \pm 2.262$를 사용할 것이다.
5. 종속표본에 대한 t 검정을 사용할 것이다.
6. $10 - 1 = 9$의 자유도가 있다.
7. 검정통계량은 $t = \dfrac{-6.7 - 0}{11.27/\sqrt{10}} = -1.879$. 귀무가설을 기각하지 못하며, 미국의 공기의 질이 지난 2년 동안 변화되었다고 결론을 내릴 만한 충분한 증거가 없다.
8. 아니다. 각각의 대도시 지역으로부터 2번 사용되기 때문에 독립인 표본의 평균 검정을 사용할 수 없다.
9. 답은 기준에 따라 다를 수 있다. 가능한 답 중 하나를 들면, 질문에 답하기 위해 조사할 수 있는 공기의 질에 관한 다른 측도들이 있다는 것이다.

9-5절 흡연과 교육

1. 가설은 H_0: $p_1 = p_2$ 그리고 H_1: $p_1 \neq p_2$이다.
2. 0.05 유의수준에서 임계값은 $z = \pm 1.96$이다.
3. 비율 간의 차이에 대해서 z 검정을 사용할 것이다.
4. 통계적인 검정을 완성하기 위해 표본크기가 필요할 것이다.
5. 표본크기가 1000이라는 것을 알 때 우리는 검정을 끝마칠 수 있다.
6. 검정통계량은

$$z = \frac{0.323 - 0.145}{\sqrt{(0.234)(0.766)\left(\frac{1}{1000} + \frac{1}{1000}\right)}} = 9.40,$$

그리고 *P*-값은 거의 0에 가깝다. 귀무가설을 기각하고 흡연을 하는 공립학교 학생들의 비율과 사립학교 학생들의 비율에 차이가 있다고 결론을 내릴만한 충분한 증거가 있다.

9-6절 자동 변속기

1. 귀무가설은 분산들이 같다. 즉 H_0: $\sigma_1^2 = \sigma_2^2$ (H_1: $\sigma_1^2 \neq \sigma_2^2$)
2. F 검정을 이용할 것이다.
3. 검정통계량의 값이 $F = \dfrac{s_1^2}{s_2^2} = \dfrac{18{,}163.58^2}{17{,}400.57^2} = 1.090$이고 *P*-값 > 0.05이다. 두 나라 사이의 값의 변동성에 대한 유의한 차이가 없다.
4. 작은 표본크기는 이상점들에 강하게 영향을 받는다.
5. 분자와 분모의 자유도는 모두 3이다.
6. 그렇다. 두 자료집합은 거의 같은 평균을 가지지만 매우 다른 표준편차들을 가진다.

가설검정 요약 1

1. 지정된 모평균을 가진 표본평균의 비교

예제: H_0: $\mu = 100$

a. σ가 알려져 있을 때 z 검정을 이용한다.

$$z = \frac{\overline{X} - \mu}{\sigma/\sqrt{n}}$$

b. σ가 알려져 있지 않을 때 t 검정을 이용한다.

$$t = \frac{\overline{X} - \mu}{s/\sqrt{n}} \quad (\text{자유도} = n - 1)$$

2. 지정된 모분산 또는 표준편차를 가질 때 표본분산의 비교

예제: H_0: $\sigma^2 = 225$

카이제곱통계량을 이용한다.

$$\chi^2 = \frac{(n-1)s^2}{\sigma^2} \quad (\text{자유도} = n - 1)$$

3. 두 표본평균의 비교

예제: H_0: $\mu_1 = \mu_2$

a. 모분산이 알려져 있을 때 z 검정을 이용한다.

$$z = \frac{(\overline{X}_1 - \overline{X}_2) - (\mu_1 - \mu_2)}{\sqrt{\dfrac{\sigma_1^2}{n_1} + \dfrac{\sigma_2^2}{n_2}}}$$

b. 모분산이 알려져 있지 않고 표본분산이 같지 않을 때 독립표본에 대한 t 검정을 이용한다.

$$t = \frac{(\overline{X}_1 - \overline{X}_2) - (\mu_1 - \mu_2)}{\sqrt{\dfrac{s_1^2}{n_1} + \dfrac{s_2^2}{n_2}}}$$

자유도 $= n_1 - 1$과 $n_2 - 1$ 중 작은 것

c. 종속인 표본들에 대해서는 평균에 대한 t 검정을 이용한다.

예제: H_0: $\mu_D = 0$

$$t = \frac{\overline{D} - \mu_D}{s_D/\sqrt{n}} \qquad (\text{자유도} = n - 1)$$

여기서 n = 쌍들의 수

4. 지정된 모비율을 가진 표본비율의 비교

예제: H_0: $p = 0.32$

z 검정을 이용한다.

$$z = \frac{X - \mu}{\sigma} \qquad \text{혹은} \qquad z = \frac{\hat{p} - p}{\sqrt{pq/n}}$$

5. 두 표본비율의 비교

예제: H_0: $p_1 = p_2$

z 검정을 이용한다.

$$z = \frac{(\hat{p}_1 - \hat{p}_2) - (p_1 - p_2)}{\sqrt{\overline{p}\,\overline{q}\left(\dfrac{1}{n_1} + \dfrac{1}{n_2}\right)}}$$

여기에서

$$\overline{p} = \frac{X_1 + X_2}{n_1 + n_2} \qquad \hat{p}_1 = \frac{X_1}{n_1}$$

$$\overline{q} = 1 - \overline{p} \qquad \hat{p}_2 = \frac{X_2}{n_2}$$

6. 표본분산 또는 표준편차의 비교

예제: H_0: $\sigma_1^2 = \sigma_2^2$

F 검정을 이용한다.

$$F = \frac{s_1^2}{s_2^2}$$

여기에서

s_1^2 = 큰 분산 d.f.N. $= n_1 - 1$

s_2^2 = 작은 분산 d.f.D. $= n_2 - 1$

10

상관과 회귀

STATISTICS TODAY

기온으로 살인사건을 예측할 수 있는가?

최근 몇 년에 걸쳐 상승하는 기온과 증가하는 살인율의 관계가 연구자들의 관심을 끌었다. 이 관계를 검증하기 위하여 미국 중서부의 한 도시를 선택하여 2015년도의 매달 평균 기온과 매달 살인사건 수를 조사하였다. 자료는 아래와 같다.

월	평균 최고기온	살인사건 수
1월	32	32
2월	38	20
3월	47	35
4월	59	35
5월	70	49
6월	80	49
7월	84	53
8월	83	56
9월	76	62
10월	64	29
11월	49	36
12월	37	32

출처: *Chicago Tribune.*

이 장에서 설명된 통계적 방법들을 이용하면 아래의 질문들에 답을 할 수 있을 것이다.

1. 월별 평균기온과 그 달에 발생한 살인사건 수 사이에 선형관계가 있는가?
2. 관계가 있다면, 두 변수 사이의 관계가 얼마나 강한가?
3. 관계가 존재한다면, 이 도시에서 기온의 상승이 살인사건 발생 건수의 증가를 일으킨다고 할 수 있는가?

위의 질문들에 대한 답은 이 장 뒷부분의 Statistics Today에서 설명한다.

개요

학습목표

1. 순서쌍 자료들에 대한 산점도 그리기
2. 상관계수 계산하기
3. 가설 H_0: $\rho = 0$ 검정하기
4. 회귀직선 식 계산하기
5. 결정계수 계산하기
6. 추정의 표준오차 계산하기
7. 예측구간 구하기

서론

7장과 8장에서 추측통계학의 두 분야, 신뢰구간과 가설검정에 대하여 설명하였다. 추측통계학의 또 다른 한 분야는 두 개 이상의 수치변수 또는 양적변수 사이에 어떤 관계가 있는지 여부를 결정하는 것이다. 예를 들면, 회사 관계자가 어떤 달의 판매량이 해당 달의 광고액과 관련이 있는지를 알고자 하는 경우, 교육자가 특정 시험에서 학생들의 공부시간이 시험성적과 관련이 있는지를 알고자 하는 경우, 의약 관련 연구자가 카페인이 심장병과 관련이 있는지 또는 나이와 혈압이 관련이 있는지를 알고자 하는 경우, 동물학자가 특정 동물이 태어났을 때의 몸무게가 수명과 관련이 있는지를 알고자 하는 경우 등이 있다. 이 예제들은 상관분석과 회귀분석 기법을 이용하여 해결할 수 있는 많은 문제들 중 단지 일부분이다.

이 장의 목적은 다음과 같은 질문에 통계적으로 답할 수 있게 하는 것이다.

이색 통계

인간은 평생 동안 평균 100,000마일을 걷는다. 이것은 하루 약 3.4마일에 해당된다.

1. 두 개 이상의 변수들이 선형적으로 관련되어 있는가?
2. 관계가 있다면, 어느 정도로 강한가?
3. 어떤 형태의 관계가 존재하는가?
4. 그 관계로부터 어떠한 예측을 할 수 있는가?

10–1 상관

학습목표 1
순서쌍 자료들에 대한 산점도 그리기

단순상관이나 단순회귀 연구들에서, 연구자들은 두 수치 또는 양적변수들 사이에 어떤 관계가 존재하는지를 파악하기 위해 자료를 수집한다. 예를 들면, 어떤 시험에서 공부한 시간과 시험점수 사이의 관련성 존재 여부를 알고자 한다면, 먼저 학생들의 랜덤표본을 추출한 후 각 학생의 공부한 시간과 시험성적을 구해야 한다. 얻은 자료는 다음과 같은 표로 정리할 수 있다.

학생	공부한 시간 x	시험성적 y (%)
A	6	82
B	2	63
C	1	57
D	5	88
E	2	68
F	3	75

위의 문제에서 두 변수를 **독립변수(independent variable)**와 **종속변수(dependent variable)**라고 한다. 독립변수는 회귀분석에서 제어되거나 조종될 수 있는 변수이다. 위의 경우에 공부시간은 독립변수이고 x 변수로 표시된다. 종속변수는 제어되거나 조종될 수 없는 변수이다. 위의 경우에 시험성적은 종속변수이고 y 변수로 표시된다. 변수들 사이에 이러한 구분을 하는 이유는 학생이 얻는 시험성적은 공부한 시간에 달려 있다고(depend) 가정하기 때문이다. 또한 어느 정도까지는 학생들이 시험을 위해 공부하는 시간을 조절하거나 제어할 수 있다고 가정한다. 독립변수는 **설명변수**(explanatory variable), 종속변수는 **반응변수**(response variable)라고도 한다.

어느 변수가 x이고 y인지를 결정하는 것은 항상 명확한 것은 아니고 임의로 결정할 때도 있다. 예를 들어, 혈압에 대한 나이의 효과를 연구할 때 일반적으로 나이가 혈압에 영향을 준다고 가정할 수 있다. 따라서 **나이** 변수를 **독립변수**로 하고 **혈압** 변수를 **종속변수**로 한다. 한편, 어떤 이슈에 대한 남편들과 아내들의 사고방식을 연구한다면 어느 변수를 독립변수로 하고 어느 변수를 종속변수로 정할지는 어렵다. 이러한 연구에서는 연구자가 임의로 독립변수와 종속변수를 결정할 수 있다.

그림 10-1
관계들의 형태

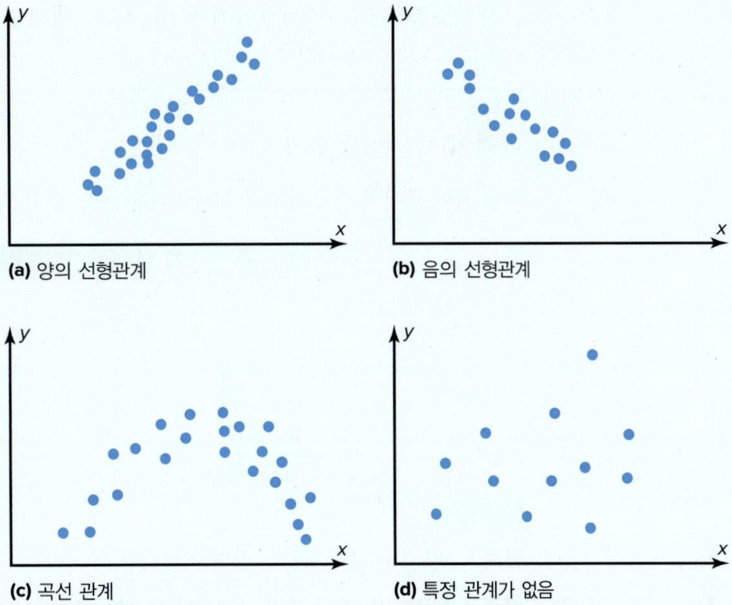

독립변수와 종속변수들은 **산점도**라 불리는 그래프에 표시될 수 있다. 독립변수 x는 수평축에, 종속변수 y는 수직축에 표시된다.

산점도(scatter plot)는 독립변수 x와 종속변수 y 값들의 순서쌍(x, y)들에 대한 그래프이다.

산점도는 독립변수와 종속변수 사이의 관계 특성을 시각적으로 나타내는 방법이다. 변수들의 척도(scale)는 다를 수 있고, 각 축의 좌표는 변수들의 최솟값과 최댓값에 의해 정해진다.

산점도는 다양한 형태들의 관계를 보여준다. 예를 들어, [그림 10–1(a)]는 **양의 선형관계(positive linear relationship)**를 보여주는 것으로, 이 경우에는 독립변수(x 변수)의 값이 증가하면 종속변수(y 변수)의 값도 증가한다. 또한 산점도의 점들은 왼쪽에서 오른쪽으로 올라가는 직선 형태를 보인다.

[그림 10–1(b)]는 **음의 선형관계(negative linear relationship)**를 보여주는 것으로, 이 경우에는 독립변수의 값이 증가하면 종속변수의 값은 감소한다. 또한 산점도의 점들은 왼쪽에서 오른쪽으로 내려가는 직선 형태를 보인다.

[그림 10–1(c)]에서 점들은 비선형관계 또는 곡선관계를 나타내는 형태를 보여주고 있다.

마지막으로, [그림 10–1(d)]에는 특정한 형태(선형 또는 곡선)가 보이지 않으므로 독립변수와 종속변수 사이에 아무 관계가 없음을 나타낸다.

다음은 산점도를 그리는 절차 표이다.

절차 표

산점도 그리기

단계 1 x축과 y축을 그리고, 라벨을 붙인다.

단계 2 그래프에 각 관측값을 점으로 표시한다.

단계 3 관계가 존재한다면, 관계의 형태를 판단한다.

산점도를 그리는 절차를 [예제 10−1]과 [예제 10−2]에서 설명한다.

예제 10-1 렌트카 회사

아래 표에 주어진 미국 렌트카 회사들의 최근 일 년간 자료를 이용하여 산점도를 그리시오.

회사	보유 차 대수(단위: 만대)	수입(단위: 십억 달러)
A	63.0	$7.0
B	29.0	3.9
C	20.8	2.1
D	19.1	2.8
E	13.4	1.4
F	8.5	1.5

출처: *Auto Rental News*.

풀이

단계 1 x축과 y축을 그리고, 라벨을 붙인다.

단계 2 [그림 10−2]와 같이 그래프에 각 관측값을 점으로 표시한다.

그림 10-2 [예제 10-1]의 산점도

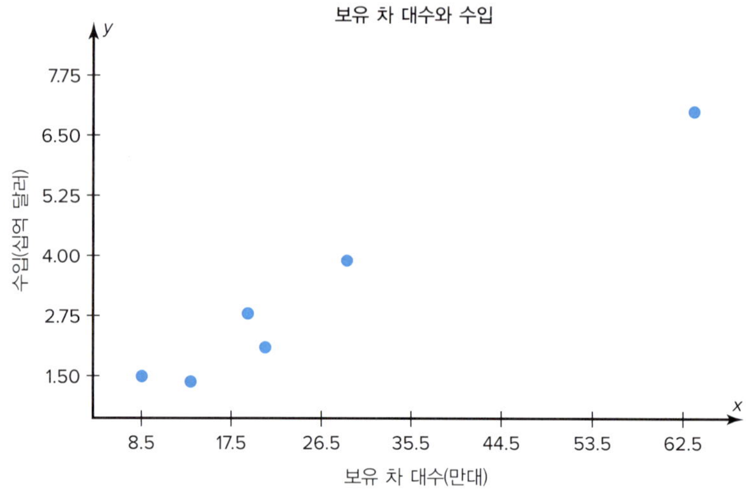

단계 3 관계가 존재한다면, 관계의 형태를 판단한다.

이 예제에서는 회사 보유 차량 대수와 회사의 수입이 양의 선형관계가 존재하는 것으로 보인다.

예제 10-2 결석과 최종성적

한 통계학 수업에서 랜덤으로 추출된 일곱 학생들의 결석 수와 최종성적 자료를 이용하여 산점도를 그리시오. 자료는 다음과 같다.

학생	결석 수 x	최종성적 y (%)
A	6	82
B	2	86
C	15	43
D	9	74
E	12	58
F	5	90
G	8	78

풀이

단계 1 x축과 y축을 그리고, 라벨을 붙인다.

단계 2 [그림 10-3]과 같이 그래프에 각 관측값을 점으로 표시한다.

그림 10-3 [예제 10-2]의 산점도

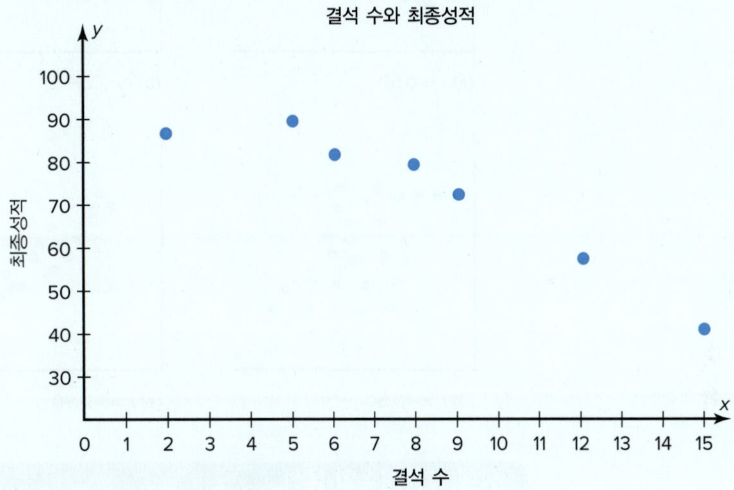

단계 3 관계가 존재한다면, 관계의 형태를 판단한다.
이 예제에서는 학생의 결석 수와 최종성적이 음의 선형관계가 존재하는 것으로 보인다.

학습목표 2
상관계수 계산하기

통계학자들은 상관계수라는 측도를 사용하여 두 변수 사이의 선형관계의 강도를 판단한다. 상관계수에는 여러 가지가 있다.

> **모집단 상관계수**(population correlation coefficient)는 그리스 문자 ρ로 표시되며, 모집단으로부터 추출한 모든 가능한 자료쌍 (x, y)로부터 계산된 상관계수를 말한다.

> 표본으로부터 계산된 선형 **상관계수**(correlation coefficient)는 r로 표시되며, 두 양적변수 사이의 선형관계의 강도와 방향을 나타낸다.

이 절에서 설명할 선형 상관계수는 이 분야의 선구자인 통계학자 Karl Pearson의 이름을 붙여 **피어슨 곱적률 상관계수(Pearson product moment correlation coefficient, PPMC)**라고 한다.

선형 상관계수의 범위는 -1부터 $+1$까지이다. 두 변수 사이에 **강한 양의 선형관계**가 존재한다면 r은 $+1$에 가까울 것이며, **강한 음의 선형관계**가 존재한다면 -1에 가까울 것이다. 두 변수 사이에 선형관계가 없거나 아주 약한 관계가 존재한다면 r은 0에 가까울 것이다. [그림 10-4]를 참조하길 바란다. r의 값이 0이거나 0에 가까우면 변수들 사이에 단지 선형관계가 없음을 의미하며, 해당 변수들은 다른 비선형 관계를 가질 수 있다.

그림 10-4
상관계수 값의 범위

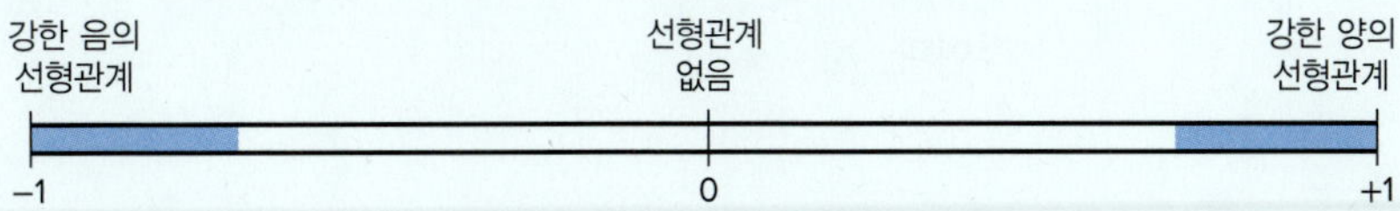

그림 10-5

상관계수와 산점도의 관계

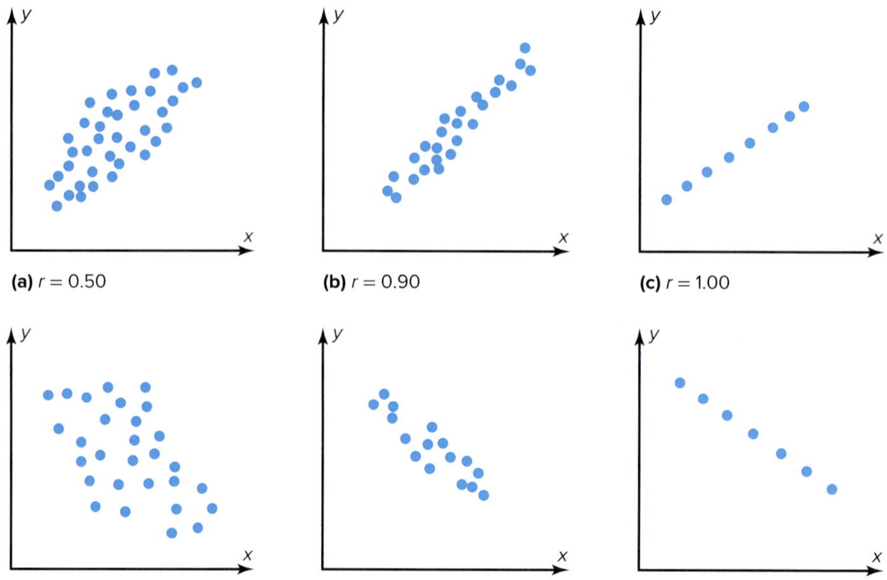

선형 상관계수의 특성

1. 상관계수는 단위가 없는 측도이다.
2. r은 항상 -1과 $+1$ 사이의 값을 갖는다. 즉, $-1 \le r \le 1$이다.
3. 변수 x와 변수 y의 값들이 서로 바뀌어도 r의 값은 변하지 않는다.
4. 변수 x와 변수 y의 값들이 다른 단위로 변환되더라도 r의 값은 변하지 않는다.
5. r의 값은 이상점에 민감하므로 자료에 이상점이 있으면 크게 변할 수 있다.

[그림 10-5]의 그래프들은 상관계수에 따른 산점도를 보여주고 있다. 그림 (a), (b), (c)에서와 같이 상관계수가 0에서 +1로 커질수록 자료들은 점점 더 강한 양의 관계를 보이며 직선에 가까워지고 있다. 그림 (d), (e), (f)에서와 같이 상관계수가 0에서 −1로 작아질수록 자료들은 점점 더 강한 음의 관계를 가지며 직선에 가까워지고 있다.

상관계수의 가정

1. 표본은 랜덤표본이다.
2. 자료쌍은 대략적으로 직선 위에 위치하며, 구간수준이나 비율수준으로 측정된다.
3. 변수들은 이변량 정규분포를 따른다.
   (이것은 x의 특정값이 주어졌을 때, y값들이 정규분포를 따르고, 마찬가지로 y의 특정 값이 주어졌을 때 x값들이 정규분포를 따른다는 것을 의미한다.)

본 교재의 연습문제에는 이러한 가정들을 언급할 것이다. 그러나 다른 상황에서 통계자료를 접한다면 분석을 시행하기 전에 이러한 가정들이 만족되는지를 확인해야 한다.

상관계수를 계산하는 여러 가지 방법이 있는데 그중 하나는 다음과 같은 공식을 사용하는 것이다.

선형 상관계수 공식

$$r = \frac{n(\Sigma xy) - (\Sigma x)(\Sigma y)}{\sqrt{[n(\Sigma x^2) - (\Sigma x)^2][n(\Sigma y^2) - (\Sigma y)^2]}}$$

위에서 n은 자료쌍의 개수이다.

상관계수 값에 대한 반올림 규칙 일반적으로 상관계수 r의 값은 반올림하여 소수점 아래 셋째 자리까지 표시한다.

위의 상관계수 공식은 약간 복잡하게 보일 수도 있지만 [예제 10-3]에서처럼 표를 이용하여 계산하면 r의 값을 좀 더 쉽게 구할 수 있다.

r은 단위가 없으며, x와 y의 값을 서로 바꾸어도 r의 값은 변하지 않는다.

선형 상관계수를 계산하는 절차는 다음과 같다.

절차 표

선형 상관계수 계산하기

단계 1 다음과 같은 표를 만든다.

x	y	xy	x^2	y^2

단계 2 x열과 y열에 관측값들을 입력한다.
각 행에서 x값과 y값을 곱하고, 그 값을 xy 열에 입력한다.
각 행에서 x값의 제곱을 계산하여 그 값을 x^2 열에 입력한다.
각 행에서 y값의 제곱을 계산하여 그 값을 y^2 열에 입력한다.
각 열의 합을 구한다.

단계 3 다음 식에 구한 합들을 대입하여 r을 계산한다.

$$r = \frac{n(\Sigma xy) - (\Sigma x)(\Sigma y)}{\sqrt{[n(\Sigma x^2) - (\Sigma x)^2][n(\Sigma y^2) - (\Sigma y)^2]}}$$

여기서 n은 자료쌍의 개수이다.

예제 10-3 렌트카 회사

[예제 10-1]에 있는 자료의 상관계수를 구하시오.

풀이

단계 1 다음과 같은 표를 만든다.

회사	보유 차 대수 x (단위: 만대)	수입 y (단위: 십억 달러)	xy	x^2	y^2
A	63.0	$7.0			
B	29.0	3.9			
C	20.8	2.1			
D	19.1	2.8			
E	13.4	1.4			
F	8.5	1.5			

단계 2 xy, x^2, y^2 값을 구하고, 표의 해당 열에 이 값들을 입력한다.

완성된 표는 다음과 같다.

회사	보유 차 대수 x (단위: 만대)	수입 y (단위: 십억 달러)	xy	x^2	y^2
A	63.0	7.0	441.00	3969.00	49.00
B	29.0	3.9	113.10	841.00	15.21
C	20.8	2.1	43.68	432.64	4.41
D	19.1	2.8	53.48	364.81	7.84
E	13.4	1.4	18.76	179.56	1.96
F	8.5	1.5	12.75	72.25	2.25
	$\Sigma x = 153.8$	$\Sigma y = 18.7$	$\Sigma xy = 682.77$	$\Sigma x^2 = 5859.26$	$\Sigma y^2 = 80.67$

단계 3 상관계수 구하는 공식에 위의 값들을 넣고 r을 구한다.

$$r = \frac{n(\Sigma xy) - (\Sigma x)(\Sigma y)}{\sqrt{[n(\Sigma x^2) - (\Sigma x)^2][n(\Sigma y^2) - (\Sigma y)^2]}}$$

$$= \frac{(6)(682.77) - (153.8)(18.7)}{\sqrt{[(6)(5859.26) - (153.8)^2][(6)(80.67) - (18.7)^2]}} = 0.982$$

상관계수에 의하면 렌트카 회사의 보유 차 대수와 회사의 수입 사이에 강한 양의 선형관계가 있음을 알 수 있다. 즉, 회사가 보유한 차가 많을수록 더 많은 수입을 얻을 수 있다.

예제 10-4 결석과 최종성적

[예제 10-2]에 주어진 통계학을 수강하는 일곱 학생들의 결석 수와 최종성적 자료를 이용하여 선형 상관계수를 구하시오.

풀이

단계 1 다음과 같은 표를 만든다.

단계 2 xy, x^2, y^2값을 구하고, 표의 해당 열에 이 값들을 입력한다.

학생	결석 수 x	최종성적 y (%)	xy	x^2	y^2
A	6	82	492	36	6,724
B	2	86	172	4	7,396
C	15	43	645	225	1,849
D	9	74	666	81	5,476
E	12	58	696	144	3,364
F	5	90	450	25	8,100
G	8	78	624	64	6,084
	$\Sigma x = 57$	$\Sigma y = 511$	$\Sigma xy = 3745$	$\Sigma x^2 = 579$	$\Sigma y^2 = 38,993$

단계 3 상관계수 구하는 공식에 위의 값들을 넣고 r을 구한다.

$$r = \frac{n(\Sigma xy) - (\Sigma x)(\Sigma y)}{\sqrt{[n(\Sigma x^2) - (\Sigma x)^2][n(\Sigma y^2) - (\Sigma y)^2]}}$$

$$= \frac{(7)(3745) - (57)(511)}{\sqrt{[(7)(579) - (57)^2][(7)(38,993) - (511)^2]}} = -0.944$$

상관계수에 의하면 학생의 결석 수와 최종성적 사이에는 강한 음의 상관관계가 있음을 알 수 있다. 즉, 학생의 결석 수가 더 많을수록 성적은 낮아진다.

학습목표 ③
가설 H_0: $\rho = 0$ 검정하기

상관계수의 유의성 앞에서 언급한 바와 같이 상관계수는 −1과 +1 사이의 값을 갖는다. r의 값이 +1 또는 −1에 가까울 때 강한 선형관계가 있음을 의미하고, 0 근처의 값을 가질 때는 약한 선형관계가 있거나 선형관계가 존재하지 않음을 의미한다. r의 값은 표본자료로부터 계산된 것이기 때문에 r이 0이 아닐 때는 두 가지 가능성이 있다. 첫 번째는 r의 값이 변수들 사이에 유의한 선형관계가 있다고 말할 만큼 충분하게 큰 경우이고, 두 번째는 r의 값은 진짜 선형관계가 있는 것이 아닌 우연에 기인한 경우이다.

이 두 가지 경우에 대한 판단을 하기 위해서 앞 장들에서 사용한 것과 유사한 가설검정 절차를 이용한다.

단계 1 가설을 정한다.
단계 2 임계값을 찾는다.
단계 3 검정값을 계산한다.
단계 4 결정을 한다.
단계 5 결과를 요약한다.

다음의 가정들이 만족될 때 표본상관계수는 모상관계수 ρ의 추정량으로 사용될 수 있다.

선형 상관계수의 유의성검정을 위한 가정들

1. 자료는 양적이며 단순랜덤표본에서 얻어진다.
2. 변수 x와 y는 산점도에서 선형에 가까운 관계를 가진다.
3. 자료에는 이상점이 없다.
4. 두 변수의 값들은 정규분포를 따르는 모집단에서 추출된다.

본 교재의 연습문제에는 이러한 가정들을 언급할 것이다. 그러나 다른 상황에서 통계자료를 접한다면 분석을 시행하기 전에 이러한 가정들이 만족되는지를 확인해야 한다.

가설검정에서 다음 가설 중 하나는 사실이다.

H_0: $\rho = 0$ 이 귀무가설은 모집단에서 x와 y변수 사이에 상관이 없다는 것을 의미한다.
H_1: $\rho \neq 0$ 이 대립가설은 모집단에서 변수들 사이에 유의한 상관이 있다는 것을 의미한다.

주어진 유의수준에서 귀무가설이 기각되는 것은 r이 0과 유의한 차이가 있다는 것을 의미한다. 귀무가설이 기각되지 않는 것은 r이 0과 유의한 차이가 없고 우연에 의한 차이만 존재한다는 의미이다.

상관계수의 유의성을 검정하기 위한 여러 가지 방법들이 있으나 여기에서는 세 가지 방법만 소개한다. 첫 번째는 t 검정이다.

상관계수에 대한 t 검정 공식

$$t = r\sqrt{\frac{n-2}{1-r^2}}$$

자유도는 $n-2$이고, n은 순서쌍 (x, y)의 개수를 나타낸다.

위의 검정에서는 양쪽꼬리검정 임계값을 사용하게 되는데, 이 값들은 부록 A의 표 F에서 찾을 수 있다. 상관계수의 유의성을 검정할 때는 x와 y 두 변수 모두 정규분포를 따르는 모집

흥미 있는 사실

사람은 어떠한 순간에도 거미로부터 1m 이상 떨어져 있지 않다고 과학자들은 말한다.

역사적 기록

수학자인 Karl Pearson(1857~1936)은 Francis Galton의 연구에 관심을 가지면서부터 상관과 회귀이론이 유전학 외에 다른 분야에도 적용될 수 있다는 것을 알았다. Pearson은 그의 이름을 딴 상관계수를 개발하였다.

단으로부터의 자료여야 한다.

예제 10-5

[예제 10-3]에서 구한 상관계수의 유의성을 $\alpha = 0.05$와 $r = 0.982$를 사용하여 검정하시오.

풀이

단계 1 가설을 정한다. H_0: $\rho = 0$ 그리고 H_1: $\rho \neq 0$

단계 2 임계값을 찾는다. $\alpha = 0.05$이고 자유도가 $6 - 2 = 4$이기 때문에 표 F로부터 얻어지는 임계값은 ± 2.776이다([그림 10-6] 참조).

그림 10-6

[예제 10-5]에 대한 임계값

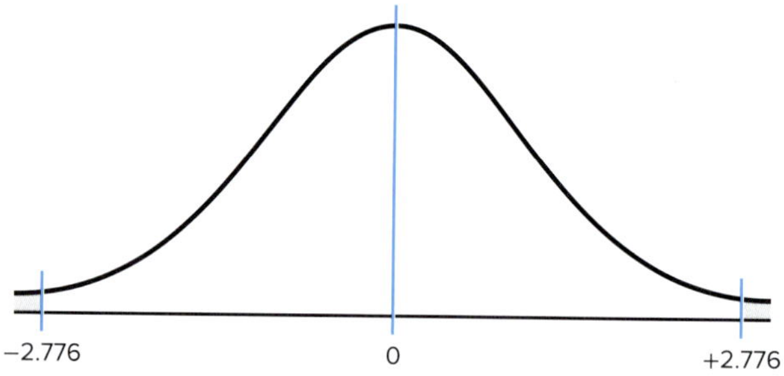

단계 3 검정값을 계산한다.

$$t = r\sqrt{\frac{n-2}{1-r^2}} = 0.982\sqrt{\frac{6-2}{1-(0.982)^2}} = 10.398$$

단계 4 결정을 한다. [그림 10-7]에서 알 수 있듯이 검정값이 임계역에 있기 때문에 귀무가설을 기각한다.

그림 10-7

[예제 10-5]에 대한 검정값

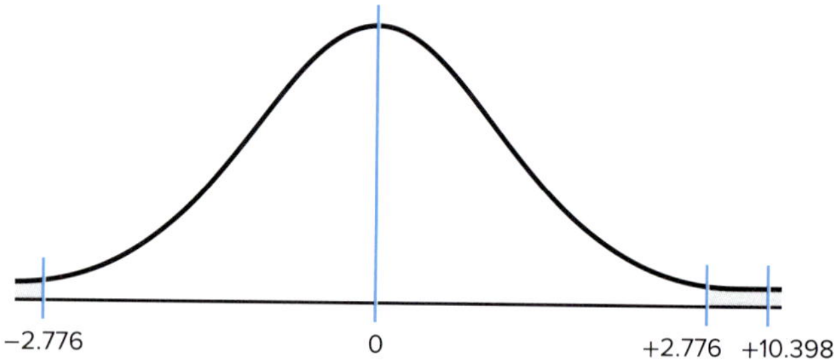

단계 5 결과를 요약한다. 보유 차 대수와 회사의 수입 사이에는 유의한 관계가 있다.

상관계수의 유의성을 검정하는 두 번째 방법은 P-값 방법이다. 이 방법은 8장과 9장에 소개된 것과 같은 방법으로 다음의 단계들을 따른다.

단계 1 가설을 정한다.

단계 2 검정값을 찾는다. (이 경우에는 t 검정을 사용한다.)

단계 3 P-값을 찾는다. (표 F를 사용한다.)

단계 4 결정을 한다.

단계 5 결과를 요약한다.

예를 들어 $t = 4.059$이고 자유도(d.f.)가 4인 경우를 생각하자. 자유도 4에 해당하는 표 F에서 양쪽꼬리 행을 사용하면 4.059는 3.747과 4.604 사이에 있으므로 $0.01 < P$-값 < 0.02이다(정확한 P-값은 0.0154이다). 즉, P-값은 0.01과 0.02 사이의 값이다. 따라서 $\alpha = 0.05$인 경우 P-값 < 0.05이기 때문에 귀무가설을 기각한다.

상관계수의 유의성을 검정하기 위한 세 번째 방법은 부록 A에 있는 표 I를 사용하는 것이다. 이 표는 주어진 유의수준 α와 자유도에 대하여 유의한 상관계수 값들을 보여주고 있다. 예를 들어, $\alpha = 0.05$이고 자유도가 7일 때 표 I에 의하면 임계값은 0.666이다. 따라서 +0.666보다 크거나 −0.666보다 작은 상관계수 r은 유의하며 귀무가설은 기각된다. [그림 10-8]을 참조하길 바란다. 표 I를 사용하면 t 검정값을 계산할 필요가 없다. 표 I는 양쪽꼬리검정일 경우만 해당된다.

그림 10-8

표 I에서 임계값 구하기

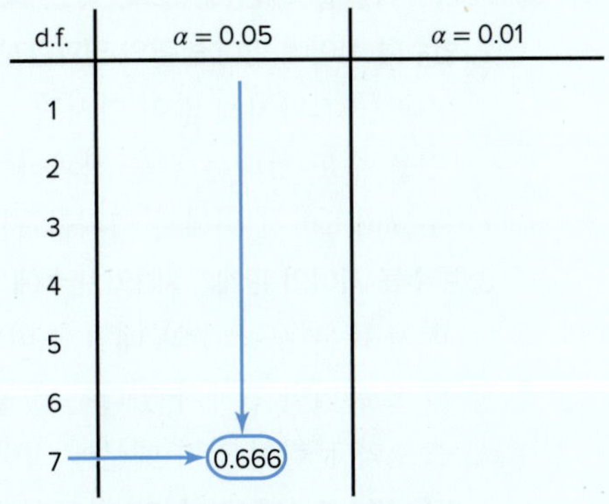

예제 10-6

표 I를 사용하여 $\alpha = 0.01$에서 상관계수 $r = 0.442$의 유의성을 검정하시오.

풀이

$$H_0: \rho = 0 \qquad \text{그리고} \qquad H_1: \rho \neq 0$$

표본크기가 10이기 때문에 자유도는 $n - 2 = 10 - 2 = 8$이다. $\alpha = 0.01$이고 자유도가 8일 때 표 I로부터 구해지는 임계값은 ±0.765이다. $0.442 < 0.765$이기 때문에 귀무가설을 기각할 수 없다. 따라서 변수들 사이에 유의한 선형관계가 있다고 말할 수 있는 충분한 증거가 없다([그림 10-9] 참조).

그림 10-9

[예제 10-6]에서의 기각역과 비기각역

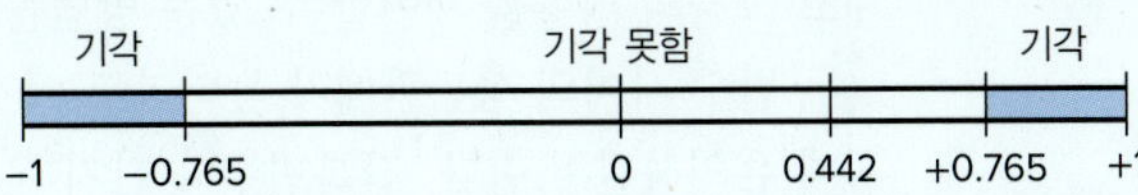

일반적으로 상관계수에 대한 유의성검정은 양쪽꼬리검정이다. 하지만 한쪽꼬리검정일 수도 있다. 예를 들어, 연구자의 가설이 두 변수에 대한 양의 선형관계라면 가설들은

$$H_0: \rho = 0 \qquad \text{그리고} \qquad H_1: \rho > 0$$

일 것이다. 또한 연구자의 가설이 두 변수에 대한 음의 선형관계라면 가설들은

$$H_0: \rho = 0 \qquad \text{그리고} \qquad H_1: \rho < 0$$

일 것이다. 이 경우들에는 t 검정과 P-값 검정은 한쪽꼬리검정이 된다. 한쪽꼬리검정에 대해서도 표 I와 같은 표를 사용할 수 있다. 이 책의 예제들과 연습문제들에서는 주로 양쪽꼬리검

정을 다룰 것이다.

상관과 인과관계 연구자는 독립변수 x와 종속변수 y 사이의 선형관계의 본질을 이해해야만 한다. 가설검정 결과 변수들 간에 유의한 선형관계가 존재한다면 다음에 기술된 가능성들을 고려해 보아야 한다.

변수들 간에 가능한 관계들

변수들 사이에 상관관계가 없다는 귀무가설이 유의수준 α에서 기각되었을 때, 다음 다섯 가지의 가능성이 있을 수 있다.

1. **변수들 사이에 직접적인 인과관계가 있다.** 즉, x가 y의 원인이 되는 경우이다. 예를 들면, 물은 식물을 자라게 하고, 독은 죽음을 가져오고, 열은 얼음을 녹인다.
2. **변수들 사이에 반대 방향의 인과관계가 있다.** 즉, y가 x의 원인이 되는 경우이다. 예를 들면, 커피를 지나치게 많이 마시면 신경과민증을 유발한다는 논리는 사실은 그 반대 현상이 있을 수도 있다는 점을 간과하는 것일 수 있다. 즉, 극도로 신경과민인 사람은 그것을 누그러뜨리기 위해서 커피를 원하는 경우도 있기 때문이다.
3. **변수들 사이의 관계가 제3의 변수에 의해 기인한 것일 수도 있다.** 예를 들면, 여름 동안에 물에 빠져 죽는 사람 수와 매일 소비되는 청량음료 캔의 수 사이의 상관관계를 조사하면 아마도 유의한 관계가 있다는 것을 밝혀낼 수 있을 것이다. 그러나 두 변수 모두 더위 및 습도와 관련이 있기 때문에 청량음료가 반드시 익사의 원인이 된다고 말할 수는 없다.
4. **많은 변수들 상호 간에 복잡한 관계가 있을 수 있다.** 예를 들면, 학생의 고등학교 성적과 대학 성적 사이에 유의한 관계가 있을 수도 있다. 그러나 IQ, 공부시간, 부모님의 영향, 동기부여, 나이, 선생님 등 다양한 다른 변수들이 성적에 영향을 줄 수 있다.
5. **그 관계가 우연한 것일 수 있다.** 예를 들면, 운동하는 사람 수의 증가와 범죄자 수의 증가 사이에는 유의한 관계를 찾을 수도 있다. 그러나 상식적으로 생각하면 이 두 변수 사이의 어떠한 관계도 우연이라고 할 수 있다.

두 변수의 상관관계가 크다고 하더라도, 박스 안의 세 번째 항목에서처럼 이 상관관계가 제3의 변수에 의한 것일 수도 있다. 이런 경우 제3의 변수를 연구자가 모르거나 해당 연구에서도 포함되지 않은 경우 이 변수를 **잠복변수(lurking variable)**라고 한다. 이런 변수들을 찾아내고 그들의 영향을 제어할 수 있는 방법을 사용하는 시도가 있어야 한다.

두 변수 사이의 상관관계가 높더라도 이것이 반드시 인과관계를 의미하는 것은 아니라는 사실에 유의하길 바란다. 잠복변수나 단지 우연하게 관계를 가지는 등 다른 가능성이 존재할 수 있다.

또한 개개의 관측값 대신에 평균값으로 측정된 변수를 포함하는 자료인 경우에도 주의가 요구된다. 평균값을 사용하는 것이 잘못된 것은 아니지만, 평균은 개별 자료들의 변동성을 제거하는 경향이 있기 때문에 그 결과를 개별 자료에까지 일반화할 수는 없다. 평균자료의 상관은 실제 개별 자료의 상관보다 더 높을 수 있다.

따라서 변수들 사이에 상관관계가 없다는 귀무가설이 기각되었을 때는 모든 가능성을 고려한 후 연구에서 밝혀진 가장 적합한 가능성을 선택하여야 한다. 다시 한번 강조하건대, 상관관계가 반드시 인과관계를 의미하는 것은 아니다.

개념의 적용 10-1

자동차의 제동거리

차량 속도에 관한 연구에서 교통규칙을 정하는 주요 이유는 교통의 흐름을 원활하게 하고 사고의 위험을 최소화하는 것이다. 이를 위해 다양한 속도의 차들이 완전히 멈출 때까지의 거리를 조사하였다. 다음 표를 이용하여 질문에 답하시오.

속도(MPH)	제동거리(feet)
20	20
30	45
40	81
50	133
60	205
80	411

차가 멈추는 데 걸리는 거리를 예측하기 위해서 속도가 사용된다고 가정하자.

1. 두 변수 중 독립변수는 무엇인가?
2. 두 변수 중 종속변수는 무엇인가?
3. 독립변수는 어떤 종류의 변수인가?
4. 종속변수는 어떤 종류의 변수인가?
5. 산점도를 작성하시오.
6. 두 변수 사이에 선형관계가 있는가?
7. 독립변수 값들 사이의 간격을 바꾸어 가면서 산점도를 다시 작성하시오. 관계가 다르게 보이는가?
8. 양의 관계인가? 음의 관계인가?
9. 속도 변수를 이용하여 제동거리를 정확하게 예측할 수 있는가?
10. 제동거리에 영향을 주는 다른 변수들을 나열하시오.
11. r을 계산하시오.
12. $\alpha = 0.05$에서 r은 유의한가?

정답 472쪽 참조

연습문제 10-1

1. 두 변수가 관계가 있다는 것은 무슨 의미인가?

2. 모상관계수와 표본상관계수의 기호는 각각 어떻게 되는가?

3. 두 변수 사이의 관계가 양의 관계이거나 음의 관계라는 것은 무슨 뜻인가?

4. 독립변수와 종속변수 사이의 관계를 그림으로 그린 것을 무엇이라 부르는가? 이 그림은 왜 중요한가?

5. 상관계수의 유의성을 검정하기 위한 통계적 검정은 무엇인가?

6~14번 문제는 다음의 단계를 따라서 답하시오.

a. 두 변수 사이의 산점도를 그린다.

b. 상관계수를 계산한다.

c. 가설을 정한다.

d. 표 I나 *P*-값 방법을 사용하여 유의수준 $\alpha = 0.05$에서 상관계수의 유의성을 검정한다.

e. 모든 가정이 부합한다고 가정하고, 관계의 형태에 대해 간단히 설명한다.

6. 범죄 랜덤하게 선택된 미국 몇 개 주들의 인구 10만 명당 살인사건 수와 강도사건 수가 주어져 있다. 두 변수 사이에 선형관계가 있는가?

살인사건 수	2.4	2.7	5.6	2.6	2.1	3.3	6.6	5.7
강도사건 수	25.3	14.3	151.6	91.1	80	49	173	95.8

출처: *Time Almanac*.

7. 상업 영화 상업 영화 제작사들의 연간 작품 수와 총수익이 주어져 있다. 두 변수 사이에 선형관계가 있다고 할 수 있는가?

작품 수 x	361	270	306	22	35	10	8	12	21
총수익 y (백만 달러)	3844	1962	1371	1064	334	241	188	154	125

(이 자료는 10-2절의 연습문제 7번, 10-3절의 8번과 10번에서도 사용될 것이다.)

출처: www.showbizdata.com

8. 동창회 기부 한 대학의 동문회 관계자는 동문들의 기부금액과 졸업 후 기간 사이에 관계가 있는지를 파악하고자 한다. 자료는 다음과 같다.

졸업 후 기간 x	1	5	3	10	7	6
기부금 y	500	100	300	50	75	80

(이 자료는 10-2절의 연습문제 8번, 19번과 10-3절의 9번과 11번에서도 사용될 것이다.)

9. 홍역과 볼거리 한 연구자는 최근 5년간 홍역과 볼거리 발병 건수 간의 관계를 알고자 한다. 두 변수 사이에 선형관계가 있다고 할 수 있는가?

홍역 건수	43	140	71	63	212
볼거리 건수	800	454	1991	2612	370

출처: U.S. Department of Health.

10. 평균나이와 복무기간 군인의 평균나이와 평균 복무기간(개월) 사이에 관계가 있는가? 자료는 다음과 같다.

평균나이	24.9	25.6	26.1	27.3	27
복무기간	66.5	70	74.8	89.6	82.6

(이 자료는 10-2절의 연습문제 10번에서도 사용될 것이다.)

11. 교원 수와 학생 수 랜덤표본으로 추출된 작은 대학들의 교원 수와 학생 수가 다음 표에 주어져 있다. 두 변수 사이에 유의한 선형관계가 있는가? x와 y를 바꾸어서 분석을 반복하시오. 어느 변수가 실질적인 독립변수라 생각하는가?

교원 수	99	110	113	116	138	174	220
학생 수	1353	1290	1091	1213	1384	1283	2075

출처: *World Almanac*.

(이 자료는 10-2절의 연습문제 11번에서도 사용될 것이다.)

12. 식자율 몇몇 저개발 국가들에서 남성과 여성별 식자율(글을 읽고 쓸 줄 아는 능력)이 조사되었다. 두 변수 사이에 선형관계가 있는가?

남성(%)	43.1	92.6	65.7	27.9	61.5	76.7
여성(%)	12.6	86.4	45.9	15.4	46.3	96.1

출처: *World Almanac*.

(이 자료는 10-2절의 연습문제 12번에서도 사용될 것이다.)

13. 임신기간과 평균수명 랜덤표본으로 추출된 동물들의 임신기간과 평균수명이 주어져 있다. 두 변수 사이에 선형관계가 있는가?

임신기간 x	105	285	151	238	112
평균수명 y	5	15	8	41	10

(이 자료는 10-2절의 연습문제 13번에서도 사용될 것이다.)

14. 반 크기와 성적 학교 관리자들은 한 반의 학생 수와 성적(%)이 관계를 가지는지 알고자 한다. 랜덤표본으로 추출된 반들에 대한 정보가 주어져 있다. 두 변수 사이에 선형관계가 있는가?

학생 수	15	10	8	20	18	6
평균성적(%)	85	90	82	80	84	92

(이 자료는 10-2절의 연습문제 14번에서도 사용될 것이다.)

개념의 확장

15. 다음 자료에 대한 r을 계산하시오. r의 값에 대한 이유를 설명하시오. x와 y를 바꾸어서 r을 다시 계산하고 처음 것과 비교하시오.

x	1	2	3	4	5
y	4	7	10	13	16

10-2 회귀

학습목표 4
회귀직선 식 계산하기

두 변수 사이의 관계를 알기 위해서는 먼저 자료를 수집하고 산점도를 그린다. 앞에서도 언급되었듯이 산점도를 그리는 목적은 두 변수 사이의 관계의 본질을 파악하고자 하는 것이다. 두 변수 사이의 관계는 양의 선형관계, 음의 선형관계, 곡선 관계 또는 파악할 수 없는 관계 등이 될 수 있다. 산점도를 작성하고 선형관계를 판단한 후에는 상관계수를 계산하고 유의성을 검정한다. 상관계수가 유의하다면, 그 다음 단계는 자료를 가장 잘 적합시키는 **회귀직선(regression line)**의 식을 구하는 것이다. (**참고:** r이 유의하지 않은 경우에는 회귀직선을 만들고 이것으로 예측하는 것은 의미가 없다.) 회귀직선을 만드는 이유는 추세를 아는 것뿐만 아니라 자료에 근거한 예측을 하는 것이다.

최적합 회귀직선

[그림 10-10]은 두 변수의 자료에 대한 산점도로 관측점들을 지나는 여러 직선들을 그릴 수 있다는 점을 보여준다. 주어진 산점도에 대해서 **최적합 회귀직선**(line of best fit)을 그릴 수 있어야 한다. 최적합(best fit)이란 각 관측값과 회귀직선 사이의 수직거리를 제곱하여 더한 값이 최소가 되는 것을 의미한다.

실제 관측값 y와 예측값 y′의 차이(즉, 수직거리)를 **잔차**(**residual**) 또는 **예측오차**(**predicted error**)라고 한다. 잔차들은 두 변수 사이의 관계를 가장 잘 설명하는 직선을 판단하는 데에 사용된다.

잔차들을 가능한 한 가장 작게 만드는 방법을 **최소제곱법**(method of least squares)이라고 한다. 이 방법을 이용하여 구한 회귀직선을 **최소제곱회귀직선**(least-squares regression line)이라고 한다.

최적합 회귀직선이 필요한 이유는 x의 값으로 y의 값을 예측해야 하므로 자료점들이 직선에 가까울수록 적합이 더 좋고 예측이 더 좋을 것이기 때문이다. [그림 10-11]을 참조하기 바란다. 상관계수 r이 양수이면 직선의 기울기가 양수이고 오른쪽 위로 향하는 직선이 되고, r이 음수이면 기울기가 음수이고, 왼쪽 위에서 오른쪽 아래로 향하는 직선이 된다.

역사적 기록

Francis Galton은 최적합 회귀직선을 대략적으로 그렸다. Karl Pearson의 조교이었던 G. Yule은 그 당시보다 100년 전에 Adrien-Marie Legendre에 의해 개발되었던 수학적 기법을 도입한 최소제곱법을 사용하여 수학적 해를 도출하였다.

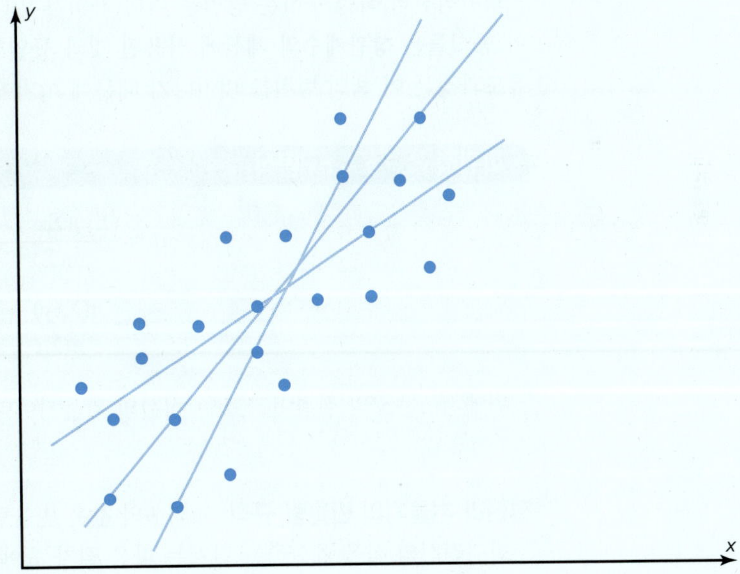

그림 10-10
자료에 대한 산점도와 세 개의 직선

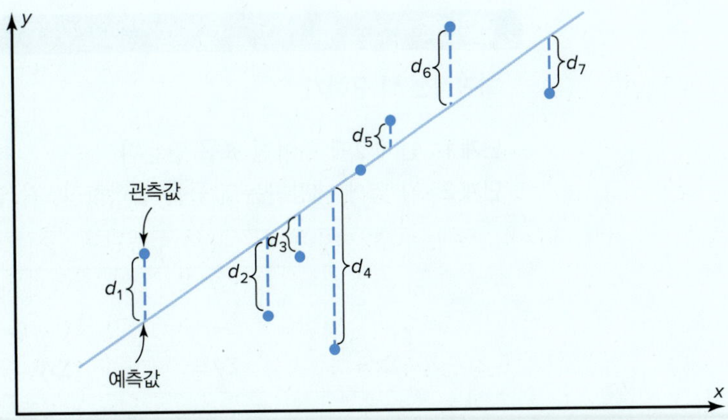

그림 10-11
최적합 회귀직선

그림 10-12 직선의 수학적 표현과 통계학적 표현

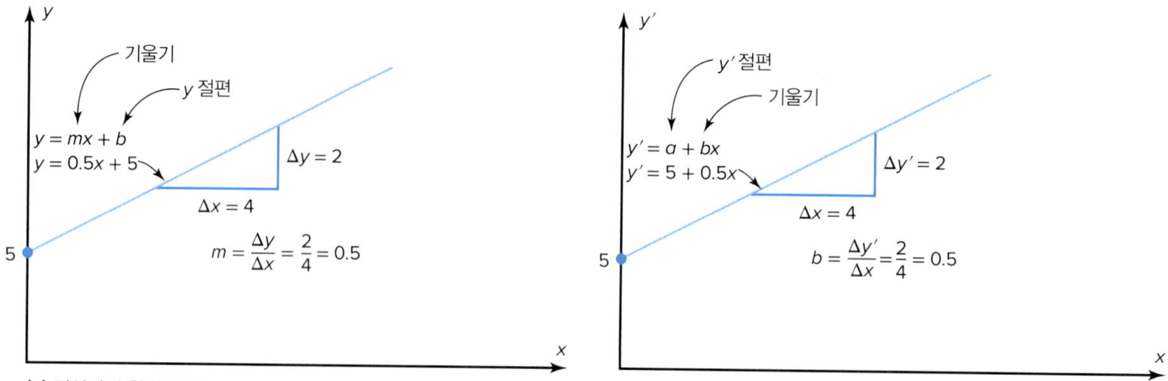

(a) 직선의 수학적 표현 **(b)** 회귀직선의 통계적 표현

회귀직선 식 계산하기

수학에서 직선의 식은 보통 $y = mx + b$로 표시한다. 여기에서 m은 직선의 기울기이고, b는 y 절편이다. 통계학에서 회귀직선 식은 $y' = a + bx$로 표시한다. 여기에서 a는 y'의 절편이고, b는 직선의 기울기이다([그림 10-12] 참조).

회귀직선의 식을 구하는 방법은 여러 가지가 있다. 여기에서는 두 가지 공식들이 주어진다. **이 공식들은 상관계수의 계산에 사용된 것과 동일한 값들을 이용한다.** 이들 공식의 수학적인 유도과정은 이 책의 범위를 벗어나기 때문에 여기에서는 생략한다.

회귀식 $y' = a + bx$ 공식

$$a = \frac{(\Sigma y)(\Sigma x^2) - (\Sigma x)(\Sigma xy)}{n(\Sigma x^2) - (\Sigma x)^2}$$

$$b = \frac{n(\Sigma xy) - (\Sigma x)(\Sigma y)}{n(\Sigma x^2) - (\Sigma x)^2}$$

위에서 a는 y'의 절편이고, b는 직선의 기울기이다.

절편과 기울기의 반올림 규칙 a와 b의 값은 반올림하여 소수 셋째자리까지 표시한다.

회귀직선의 식을 계산하는 단계는 다음 절차 표에 요약되어 있다.

절차 표

회귀직선 식 구하기

단계 1 단계 2에 주어진 표를 만든다.

단계 2 각 열에 해당하는 값들을 입력하고, 각 열의 합계를 구한다.

x	y	xy	x^2	y^2
.	.	.	.	.
.	.	.	.	.
.	.	.	.	.
$\Sigma x =$ ___	$\Sigma y =$ ___	$\Sigma xy =$ ___	$\Sigma x^2 =$ ___	$\Sigma y^2 =$ ___

단계 3 상관계수가 유의할 때, 다음의 식들을 계산하여 회귀직선 식 $y' = a + bx$에 대한 a와 b의 값을 구한다.

$$a = \frac{(\Sigma y)(\Sigma x^2) - (\Sigma x)(\Sigma xy)}{n(\Sigma x^2) - (\Sigma x)^2} \qquad b = \frac{n(\Sigma xy) - (\Sigma x)(\Sigma y)}{n(\Sigma x^2) - (\Sigma x)^2}$$

예제 10-7 렌트카 회사

[예제 10-3]의 자료를 이용하여 회귀직선 식을 구하고, 산점도 위에 직선을 그리시오.

풀이

회귀식 계산에 필요한 값들은 $n = 6$, $\Sigma x = 153.8$, $\Sigma y = 18.7$, $\Sigma xy = 682.77$, $\Sigma x^2 = 5859.26$이다. 이 값들을 공식에 대입하면 다음과 같이 a와 b의 값을 얻을 수 있다.

$$a = \frac{(\Sigma y)(\Sigma x^2) - (\Sigma x)(\Sigma xy)}{n(\Sigma x^2) - (\Sigma x)^2} = \frac{(18.7)(5859.26) - (153.8)(682.77)}{(6)(5859.26) - (153.8)^2} = 0.396$$

$$b = \frac{n(\Sigma xy) - (\Sigma x)(\Sigma y)}{n(\Sigma x^2) - (\Sigma x)^2} = \frac{(6)(682.77) - (153.8)(18.7)}{(6)(5859.26) - (153.8)^2} = 0.106$$

따라서 회귀직선 식 $y' = a + bx$는 다음과 같다.

$$y' = 0.396 + 0.106x$$

직선을 그리기 위해서는 먼저 임의의 x값 두 개를 선택한 후 해당되는 y값을 구한다. x값은 10과 60 사이의 값을 사용하면 된다. 예를 들어, $x = 15$를 회귀식에 대입하면 y'의 값을 구할 수 있다.

$$\begin{aligned} y' &= 0.396 + 0.106x \\ &= 0.396 + 0.106(15) \\ &= 1.986 \end{aligned}$$

마찬가지로 $x = 40$에 대해

$$\begin{aligned} y' &= 0.396 + 0.106x \\ &= 0.396 + 0.106(40) \\ &= 4.636 \end{aligned}$$

이 된다. 그리고 이 두 좌표점 (15, 1.986)과 (40, 4.636)을 서로 직선으로 연결하면 회귀직선이 된다 ([그림 10-13] 참조).

그림 10-13
[예제 10-7]에 대한 회귀직선

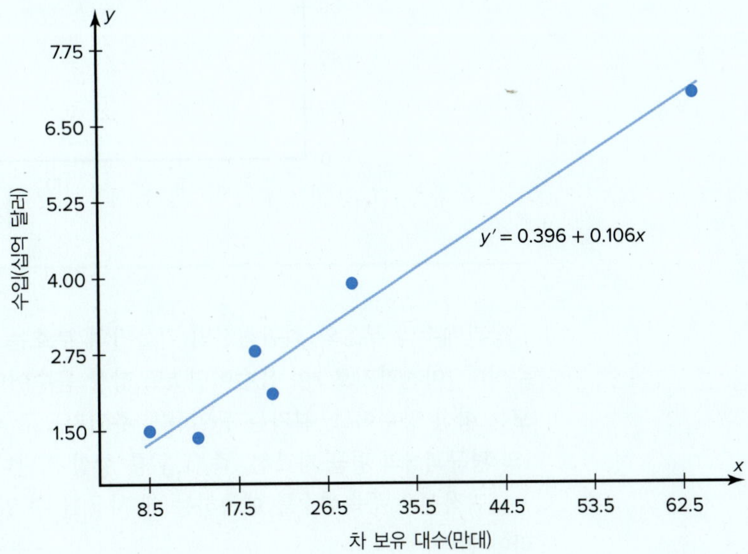

참고: 회귀직선을 그릴 때 때로는 그래프를 절단(truncate)하는 것이 필요할 때도 있다(2장 참조). x축에서 0과 첫 번째 x값과의 거리가 나머지 x값들 사이의 거리와 같지 않을 때, 또는 y'축에서 0과 첫 번째 y'값과의 거리가 나머지 y'들 사이의 거리와 같지 않을 경우이다. x축이나 y축이 절단된 경우에는 직선을 그릴 때 y'절편을 표시하지 않는다. 회귀직선을 그릴 때는 주어진 자료에서 x의 최솟값과 최댓값 사이에 있는 x값을 항상 선택해야 한다.

역사적 기록

1795년에 Adrien-Marie Legendre(1752~1833)는 스페인의 Barcelona에서 영국의 Dunkirk까지 지구표면의 자오선 아크(meridian arc)를 측정하였다. 이 측정은 미터법의 근간이 되었다. Legendre는 1805년경에 최소제곱법을 개발하였다.

예제 10-8 결석과 최종성적

[예제 10-4]에 주어진 자료에 대해 회귀직선 식을 구하고, 산점도 위에 직선을 그리시오.

풀이

회귀식 계산에 필요한 값들은 $n = 7$, $\Sigma x = 57$, $\Sigma y = 511$, $\Sigma xy = 3745$, $\Sigma x^2 = 579$이다. 이 값들을 공식에 대입하면 다음과 같이 a와 b의 값을 얻을 수 있다.

$$a = \frac{(\Sigma y)(\Sigma x^2) - (\Sigma x)(\Sigma xy)}{n(\Sigma x^2) - (\Sigma x)^2} = \frac{(511)(579) - (57)(3745)}{(7)(579) - (57)^2} = 102.493$$

$$b = \frac{n(\Sigma xy) - (\Sigma x)(\Sigma y)}{n(\Sigma x^2) - (\Sigma x)^2} = \frac{(7)(3745) - (57)(511)}{(7)(579) - (57)^2} = -3.622$$

따라서 회귀직선 식 $y' = a + bx$는 다음과 같다.

$$y' = 102.493 - 3.622x$$

회귀직선은 [그림 10-14]와 같이 그려진다.

그림 10-14

[예제 10-8]에 대한 회귀직선

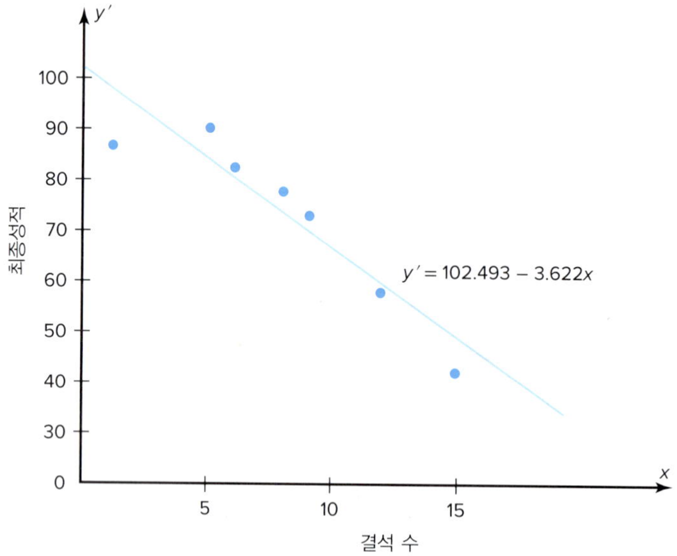

상관계수의 부호와 회귀직선의 기울기의 부호는 항상 같다. 즉, r이 양수이면 b도 항상 양수이다. 마찬가지로 r이 음수이면 b도 항상 음수이다. 왜냐하면 r 공식과 기울기 공식에서 분모는 항상 양수이고, 분자는 동일하게 주어지므로 r과 b의 부호는 같게 주어진다. 회귀직선은 x의 평균과 y의 평균 자료점, 즉 $(\bar{x}, \bar{y})$를 항상 지난다.

회귀직선은 종속변수를 예측하는 데 사용될 수 있다. 예측을 할 때에는 다음의 지침들을 따라야 한다.

1. 회귀직선이 산점도의 점들에 잘 적합되어야 한다.
2. 상관계수 r이 유의해야 한다.
3. 예측에 사용되는 x의 값이 관측된 범위에서 벗어나지 않아야 한다.
4. r이 유의하지 않을 때는 특정 x값에서의 최적 예측값은 y의 평균이다.

회귀에서 예측이 유효하기 위한 가정들

1. 표본은 랜덤표본이다.
2. 독립변수 x의 모든 값에 대하여, 종속변수 y는 회귀직선을 중심으로 정규분포를 따라야 한다. [그림 10–15(a)] 참조.
3. 종속변수 y의 표준편차는 모든 독립변수 값에서 동일해야 한다. [그림 10–15(b)] 참조.

이 책에서는 연습문제들에서 위의 가정들이 참이라는 전제를 하지만, 실제 상황에서는 이 가정들의 타당성을 우선적으로 검토해야 한다.

예측을 하는 방법은 [예제 10–9]에서 설명된다.

예제 10–9 결석과 최종성적

[예제 10–8]의 회귀직선 식을 이용하여 4번 결석한 학생의 최종성적을 예측하시오.

풀이

x에 4를 대입하면

$$\begin{aligned} y' &= 102.493 - 3.622x \\ &= 102.493 - 3.622(4) \\ &= 88.005 \\ &= 88 \text{ (반올림)} \end{aligned}$$

따라서 4번 결석한 학생의 최종성적은 약 88%로 예측된다.

[예제 10–9]에서 구한 값은 하나의 예측값이기 때문에 정확도나 신뢰도를 구할 수가 없다. 예측에 대한 더 많은 내용은 10–3절에 주어진다.

그림 10–15 예측을 위한 가정들

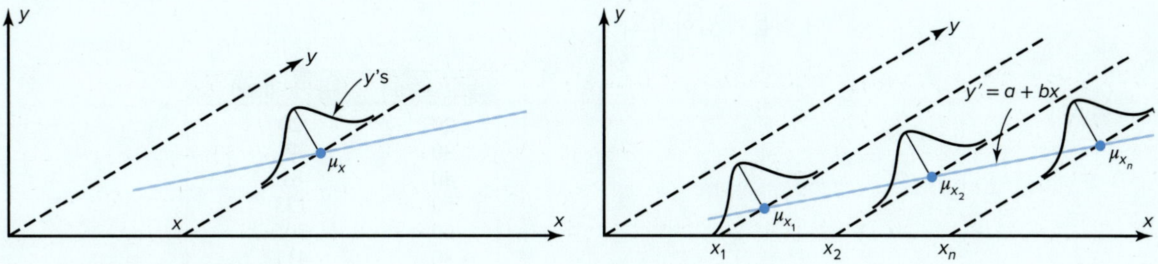

(a) 종속변수 y는 정규분포를 따른다

(b) $\sigma_1 = \sigma_2 = \cdots = \sigma_n$

다른 변수가 정확하게 1단위 변할 때 한 변수가 변화하는 크기를 **한계변화(marginal change)**라고 한다. 회귀직선 식에서 기울기 b의 값이 한계변화를 나타낸다. 예를 들면, [예제 10-7]에서 회귀직선의 기울기는 0.106인데, 이는 차가 10,000대 증가할 때마다 y의 값은 평균적으로 0.106단위(1.06억 달러) 증가한다는 뜻이다.

흥미 있는 사실

오토바이 헬멧을 착용하면 사망 사고의 위험이 30% 줄어드는 것으로 추정된다.

외삽(extrapolation) 또는 자료범위 밖에서 예측을 하는 경우에는 해석할 때 주의해야 한다. 예를 들면, 1979년에 몇몇 전문가들은 미국의 석유량이 2003년에 고갈될 것이라고 예측하였다. 이 예측은 그 당시의 석유 소비량과 알려진 비축량에 근거한 것이었다. 그러나 그 이후에 자동차 회사들은 많은 종류의 연료효율이 좋은 차를 생산하였다. 또한 발견되지 않은 석유 매장지들이 많이 있었다. 마지막으로 아직 현실화되지는 않았지만 과학자들이 언젠가는 땅콩기름과 같은 것으로 달리는 차를 개발할지도 모른다. 게다가 휘발유 1갤런당 가격이 몇 년 뒤에는 10달러가 될 것이라고 예측되었지만 다행스럽게 현실화되지 않았었다. **따라서 우리가 하는 예측은 현재의 상태에 근거하고, 현재의 추세가 앞으로도 계속될 것이라는 전제하에 하고 있음을 명심하여야 한다.** 이 가정은 미래에 맞을 수도 또는 맞지 않을 수도 있다.

산점도에서 이상점에 대해서도 확인해야 한다. 이상점은 다른 점들과 비교했을 때 따로 떨어진 점을 말한다(3장 참조). 이러한 이상점들의 일부는 회귀직선 식에 영향을 줄 수 있다. 이와 같이 영향을 주는 점들을 **영향점(influential points)** 혹은 **영향관측(influential observations)**이라고 한다.

산점도에서 어떤 점이 이상점으로 나타날 때 그 점이 영향점인지를 확인해보아야 한다. 영향점은 회귀직선을 자신의 값에 가깝게 '당기는' 경향이 있다. 영향점을 확인하기 위해서는 먼저 모든 관측값들을 사용하여 구한 회귀직선을 그래프에 그려본다. 다음으로 해당 점을 제외한 나머지 관측값들을 사용하여 구한 두 번째 회귀직선을 그려본다. 두 번째 회귀직선이 첫 번째 직선과 많이 다를 때 그 점을 영향점이라고 판단한다. x 방향으로 이상점인 점들은 영향점일 가능성이 높다.

최종분석에 영향 관측의 포함여부를 결정하는 것은 연구자의 판단에 맡겨야 한다. 만약에 연구자가 필요하지 않다고 생각한다면 연구결과에 영향이 주지 않도록 영향관측을 제거하여야 한다. 그러나 필요하다고 생각하면 영향점의 x값 주위에서 자료들을 더 수집하여 분석에 포함시킬 수 있다.

개념의 적용 10-2

차의 제동거리

속도와 차의 제동거리 연구에서 연구자들은 사고가 났을 때 브레이크를 밟은 후 바퀴가 미끄러진 길이를 측정하여 차의 운전속도를 추정하는 방법에 대하여 연구하였다. 이 연구를 위해 다양한 속도하에서 차가 완전히 멈출 때까지 필요한 거리를 조사하였다. 다음의 표를 이용하여 질문에 답하시오.

속도(MPH)	제동거리(feet)
20	20
30	45
40	81
50	133
60	205
80	411

제동거리의 예측에 속도(MPH)가 사용되었다고 가정하자.

1. 선형회귀식을 구하시오.
2. 회귀식의 기울기에서 속도와 제동거리에 대해 무엇을 알 수 있는가? y'의 절편에 대해서는 어떠한가?
3. 속도 = 45일 때 제동거리는 얼마인가?
4. 속도 = 100일 때 제동거리는 얼마인가?
5. 주어진 자료 범위 밖에서 예측하는 문제에 대하여 의견을 말하시오.

정답 472쪽 참조

연습문제 10-2

1. 회귀분석을 하기 전에 해야 할 두 가지는 무엇인가?
2. 통계학에서 사용하는 회귀직선의 일반적인 형태는 무엇인가?
3. **최적합 회귀직선**이란 무슨 의미인가?
4. 상관계수의 부호와 회귀직선의 기울기 부호와의 관계는 무엇인가?
5. 상관계수 값은 특정한 x값에서의 예측값의 정확도와 어떤 관계에 있는가?

6~14번 문제는 10-1절의 해당 연습문제와 동일한 자료를 사용한다. 연습문제마다 회귀직선 식을 구하고, 주어진 x값에서의 예측값 y'을 구하시오. 상관계수 r이 유의하지 않으면, 회귀분석을 하지 말아야 한다는 것을 명심하시오.

6. **범죄** 랜덤하게 선택된 미국 몇 개 주들의 인구 10만 명당 살인사건 수와 강도사건 수가 주어져 있다. $x = 4.5$에서의 y'을 구하시오.

살인사건 수	2.4	2.7	5.6	2.6	2.1	3.3	6.6	5.7
강도사건 수	25.3	14.3	151.6	91.1	80	49	173	95.8

7. **상업 영화** 상업 영화 제작사들의 연간 작품 수와 총수익이 주어져 있다. $x = 200$에서의 y'을 구하시오.

작품 수 x	361	270	306	22	35	10	8	12	21
총수익 y (백만 달러)	3844	1962	1371	1064	334	241	188	154	125

8. **동창회 기부** 동문들의 기부금액과 졸업 후 기간 자료가 주어져 있다. $x = 4$에서의 y'을 구하시오.

졸업 후 기간 x	1	5	3	10	7	6
기부금 y	500	100	300	50	75	80

9. **홍역과 볼거리** 최근 5년간 홍역과 볼거리 발병 건수의 자료가 주어져 있다. 100건의 홍역이 있는 해에 발생할 볼거리의 예상 발병 건수를 예측하시오.

홍역 건수	43	140	71	63	212
볼거리 건수	800	454	1991	2612	370

출처: U.S. Department of Health.

10. **평균나이와 복무기간** 군인의 평균나이와 평균 복무기간(개월) 자료가 주어져 있다. 나이가 26.8세인 군인이 복무할 기간을 예측하시오.

평균나이	24.9	25.6	26.1	27.3	27
복무기간	66.5	70	74.8	89.6	82.6

11. **교원 수와 학생 수** 랜덤표본으로 추출된 작은 대학들의 교원 수와 학생 수가 주어져 있다. 학생 수를 x변수로 하는 회귀직선 식을 구하시오.

교원 수	99	110	113	116	138	174	220
학생 수	1353	1290	1091	1213	1384	1283	2075

12. **식자율** 몇몇 저개발 국가들에서 남성과 여성별 식자율(글을 읽고 쓸 줄 아는 능력)이 주어져 있다. $x = 80$에서의 y'을 구하시오.

남성(%)	43.1	92.6	65.7	27.9	61.5	76.7
여성(%)	12.6	86.4	45.9	15.4	46.3	96.1

13. **임신기간과 평균수명** 랜덤표본으로 추출된 동물들의 임신기간과 평균수명 자료가 주어져 있다. $x = 200$에서의 y'을 구하시오.

임신기간 x	105	285	151	238	112
평균수명 y	5	15	8	41	10

14. **반 크기와 성적** 학교 관리자들은 한 반의 학생 수와 성적(%)이 관계를 가지는지 알고자 한다. 랜덤표본으로 추출된 반들에 대한 정보가 주어져 있다. $x = 12$에서의 y'을 구하시오.

학생 수	15	10	8	20	18	6
평균성적(%)	85	90	82	80	84	92

15~17번 문제는 다음의 단계들을 수행하면서 회귀분석을 실행하시오.

a. 산점도를 그린다.
b. 상관계수를 계산한다.
c. 가설을 설정한다.
d. 표 I 또는 *P*-값 방법을 사용하여 $\alpha = 0.05$에서 가설을 검정한다.

e. 상관계수 r이 유의하다면 회귀직선 식을 구한다.
f. 산점도 위에 회귀직선을 그린다.
g. 결과를 요약한다.

15. 농장면적 다음의 표는 미국의 전 지역에서 랜덤표본으로 추출한 주들에 대해 농장의 수와 농장당 면적(단위: 에이커)의 자료이다. 두 변수 사이에 관계가 있다고 할 수 있는가?

농장 수(단위: 천) x	77	52	20.8	49	28	58.2
농장 당 면적 y	347	173	173	218	246	132

출처: *World Almanac*.

16. 석탄 생산량 미국 Pennsylvania 주의 남서부에서 랜덤표본으로 추출된 지역들에서 생산되는 석탄량(단위: 천 톤)과 석탄 산업에 종사하는 근로자 수를 조사하였다. 500명의 근로자가 있는 지역에서 생산되는 석탄량을 예측하시오.

근로자 수 x	110	731	1031	20	118	1162	103	752
석탄 생산량 y	227	5410	5328	147	729	8095	635	6157

17. 결석 수와 최종성적 어느 교육자는 학생들의 결석 횟수가 최종성적에 어떻게 영향을 주는지를 알고자 한다. 랜덤으로 추출된 표본에 대한 자료가 주어져 있다.

결석 수 x	10	12	2	0	8	5
최종성적 y	70	65	96	94	75	82

18. 나이와 순자산 나이와 순자산과의 관계를 알아보고자 랜덤표본으로 추출된 억만장자들에 대한 자료가 주어져 있다. 회귀분석을 실행하고, *P*-값을 사용하여 유의수준(α) 0.05에서 상관계수 r의 유의성을 검정하시오.

나이 x	56	39	42	60	84	37	68	66	73	55
순자산 y (단위: 십억 달러)	18	14	12	14	11	10	10	7	7	5

출처: The Associated Press.

개념의 확장

19. 주별 부채 및 1인당 세금 주(state)별 1인당 부채 금액과 1인당 세금과의 관계를 알아보기 위하여 조사한 자료이다. 랜덤으로 선택된 5개 주의 자료이며 단위는 달러이다.

1인당 부채 x	1924	907	1445	1608	661
1인당 세금 y	1685	1838	1734	1842	1317

출처: *World Alamanac*.

회귀식에서 y의 절편 a는 다음 식으로 구할 수 있다.

$$a = \bar{y} - b\bar{x}$$

10–1절과 10–2절의 연습문제 8번의 자료와 위 자료를 이용하여 이를 확인하시오.

EXCEL Step by Step

예제 XL10–1

다음 자료를 이용하여 **산점도(Scatter Plot)**를 작성하고, **상관계수(Correlation Coefficient)**를 계산하고, **단순선형회귀분석(Simple Linear Regression Analysis)**을 실시하시오.

X	43	48	56	61	67	70
Y	128	120	135	143	141	152

위의 자료를 Excel의 새 워크시트에 입력한다. x 변수의 6개 값을 A열에, 대응되는 y 값을 B열에 입력한다.

산점도(Scatter Plot)

1. 도구바에서 '삽입' 탭을 선택한다.
2. 왼쪽 마우스 버튼을 누른 채 첫 번째 칸부터 드래깅하여 입력된 자료들을 포함하는 칸들을 선택한다.
3. '삽입' 탭의 '차트' 메뉴에서 산점도 모양의 아이콘을 클릭하여 나오는 '분산형' 산점도들 중 상단 왼쪽의 산점도를 선택한다.

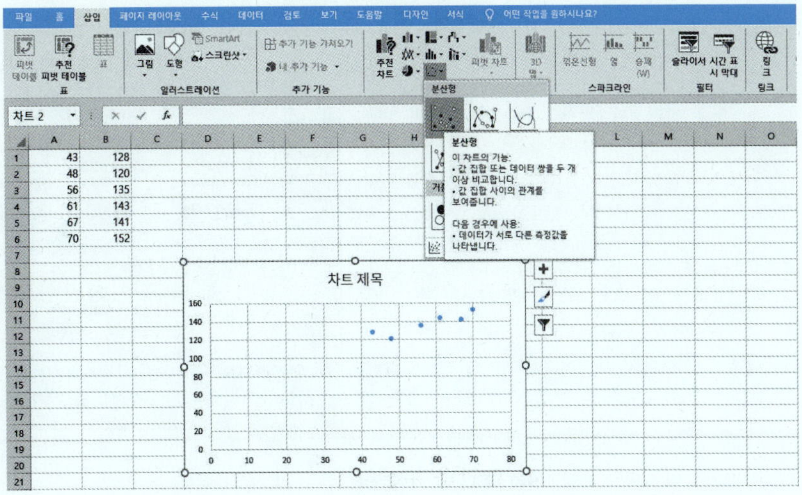

상관계수

1. 워크시트의 임의의 빈칸을 선택하고, '함수 삽입' 버튼을 클릭한다.

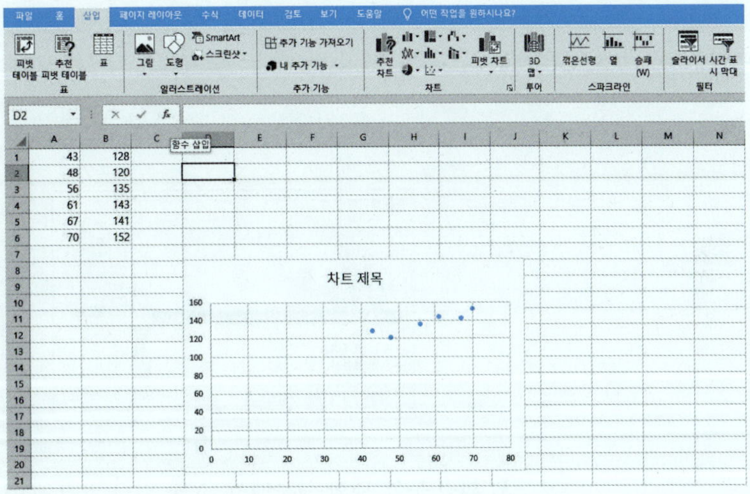

2. 나타나는 '함수 마법사' 화면에서 범주를 '통계'로 선택한 뒤 '함수 선택'에서 스크롤하여 'CORREL' 함수를 선택한다.(이 함수는 피어슨 곱적률 상관계수를 계산한다.)

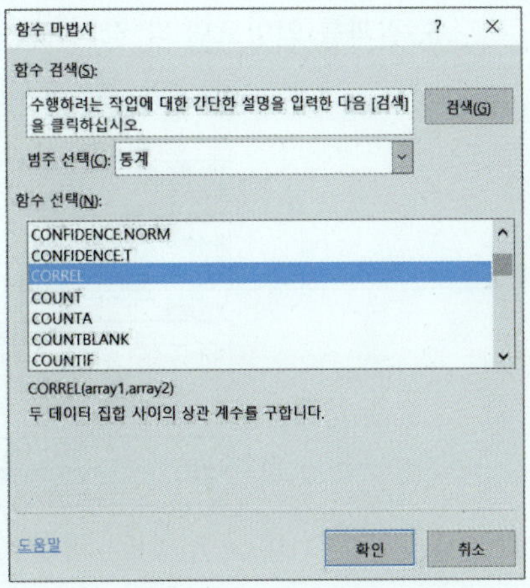

3. 위에서 '확인'을 누른 다음 나타나는 '함수 인수' 화면에서 Array 1에 x 변수값들인 'A1:A6'를 넣고, Array 2에 y 변수에 대한 'B1:B6'를 입력한다.

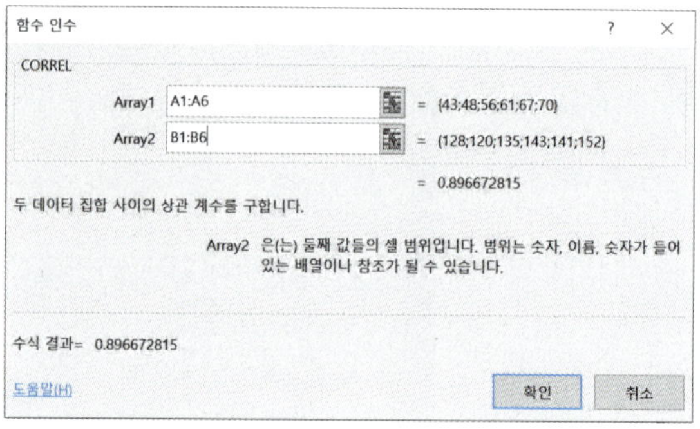

4. '확인'을 누른다.

상관과 회귀

1. 메인 메뉴에서 '데이터' 탭을 선택한 후 '분석' 메뉴의 '데이터 분석'을 선택한다.
2. '통계 데이터 분석' 화면에서 '회귀 분석'을 선택한 뒤 '확인' 버튼을 누른다.

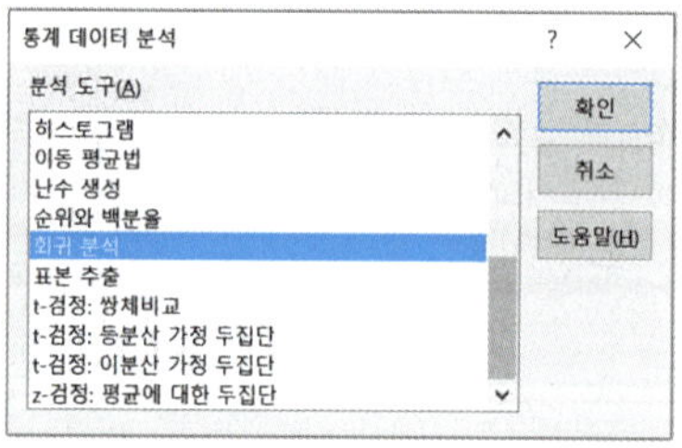

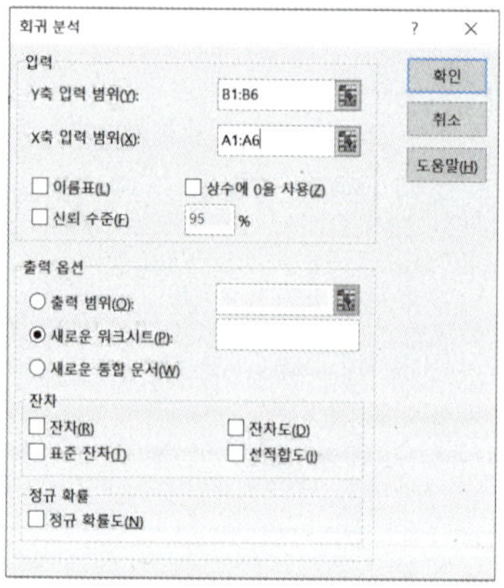

3. '회귀 분석' 대화 상자에서, 'Y축 입력 범위'에 'B1:B6'를 넣고, 'X축 입력 범위'에 'A1:A6'를 입력한다. '출력 옵션'에서 출력위치를 지정할 수 있다. '출력 범위'에서 빈칸 이름을 입력하면 현재 워크시트에 결과가 출력되고, 또는 새로운 워크시트를 선택할 수도 있다.
4. '확인'을 누른다.
5. 결과를 얻었으면 각 칸의 폭을 조정하여 모든 숫자들이 제대로 보이게 할 수 있다.

요약 출력

회귀분석 통계량	
다중 상관계수	0.896673
결정계수	0.804022
조정된 결정계수	0.755028
표준 오차	5.641091
관측수	6

분산 분석

	자유도	제곱합	제곱 평균	F 비	유의한 F
회귀	1	522.212	522.212	16.4105	0.015463
잔차	4	127.288	31.8219		
계	5	649.5			

	계수	표준 오차	t 통계량	P-값	하위 95%	상위 95%	하위 95.0%	상위 95.0%
Y 절편	81.04809	13.8809	5.83883	0.00429	42.50858	119.5876	42.508582	119.587589
X 1	0.964381	0.23806	4.05098	0.01546	0.303418	1.625344	0.3034179	1.62534436

10–3 결정계수와 추정의 표준오차

앞 절에서 상관계수가 유의하면 회귀직선 식을 구할 수 있다고 하였다. 또한 독립변수 x 값에 대응하는 종속변수 y의 값을 예측할 수 있었다. 상관과 회귀분석과 관련된 다른 여러 측도들 중에 이 절에서는 결정계수, 추정의 표준오차, 예측구간을 설명하고자 한다. 그러나 이러한 개념들을 설명하기 전에 회귀모형과 연관된 여러 형태의 변동이 먼저 정의되어야 한다.

회귀모형에서의 변동의 종류

다음의 자료에 대한 회귀모형을 생각해보자.

x	1	2	3	4	5
y	10	8	12	16	20

이 자료로부터 구한 회귀직선 식은 $y' = 4.8 + 2.8x$이고 $r = 0.919$이다. y의 표본자료는 10, 8, 12, 16, 20이다. 회귀식에 x값을 대입하여 그 값에 대응되는 예측값 y'들을 구할 수 있다. 예를 들어 $x = 1$일 때,

$$y' = 4.8 + 2.8x = 4.8 + (2.8)(1) = 7.6$$

이다. 따라서 각 x에 대하여 관측된 y값과 예측된 y'값이 있다. 예를 들어 $x = 1$일 때, $y = 10$이고, $y' = 7.6$이다. 관측값들과 예측값들이 서로 비슷할수록 회귀식의 적합정도가 더욱 좋아지고, r은 +1이나 −1에 가까워진다.

총변동(total variation)인 $\Sigma(y - \bar{y})^2$은 평균으로부터의 각 점의 수직 거리의 제곱합이다. 총변동은 두 개의 변동으로 분리될 수 있다. 즉, x와 y의 관계로 인한 변동과 우연에 의한 변동으로 분리될 수 있다. x와 y의 관계로 인한 변동(즉, 예측값 y'와 y 평균 사이의 변동)은 $\Sigma(y' - \bar{y})^2$이며 **설명된 변동**(explained variation)이라고 한다.

다시 말해, 설명된 변동은 예측값 y'과 평균값 $\bar{y}$ 사이의 거리인 수직거리 $y' - \bar{y}$의 제곱합이다. 변동의 대부분은 관계에 의하여 설명된다. r값이 +1이나 −1에 가까울수록 각 관측값들은 회귀직선에 더 근접하게 되고, $\Sigma(y' - \bar{y})^2$는 $\Sigma(y - \bar{y})^2$에 더 가깝게 된다. 만약 모든 관측값들이 회귀직선 위에 위치하면 y'과 y가 같아지므로 $\Sigma(y' - \bar{y})^2$과 $\Sigma(y - \bar{y})^2$는 같아지게 된다.

한편, 우연에 의한 변동인 $\Sigma(y - y')^2$을 **설명되지 않는 변동**(unexplained variation)이라고 한다. 다시 말해, 설명되지 않는 변동은 관측값 y와 예측값 y' 사이의 수직거리들의 제곱합이

그림 10–16

회귀식에서의 편차의 종류

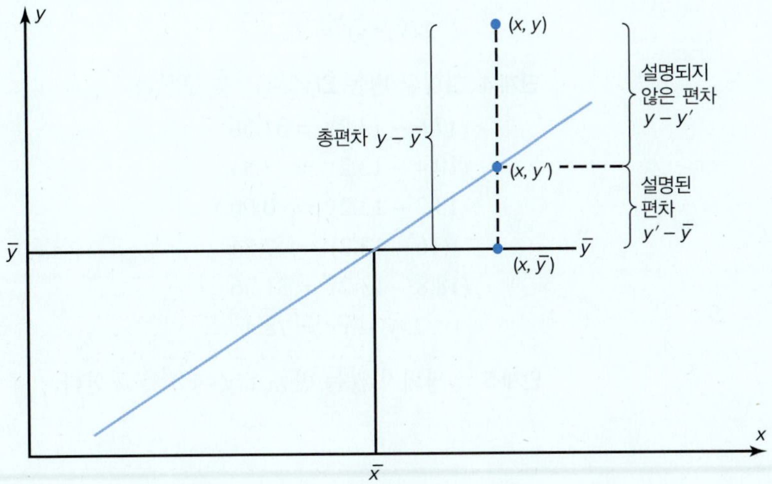

다. 이 변동은 x와 y의 관계에 기인하지 않은 변동이다. 설명되지 않는 변동이 작으면 r은 +1이나 −1에 가깝게 된다. 만약 모든 관측값들이 회귀직선 위에 위치하면 설명되지 않는 변동 $\Sigma(y-y')^2$은 0이 될 것이다. 따라서 **총변동**은 설명된 변동과 설명되지 않는 변동의 합으로 이루어진다. 즉,

$$\Sigma(y-\bar{y})^2 = \Sigma(y'-\bar{y})^2 + \Sigma(y-y')^2$$

이 값들을 [그림 10-16]에 나타내었다. 어떤 한 점에 대한 차이를 **편차**(deviation)라고 한다. 앞에서 주어진 회귀자료에서 $x=1$, $y=10$인 경우에 $y'=7.6$이고 $\bar{y}$는 13.2였다.

세 종류의 변동을 구하는 절차가 아래에 설명된다.

이색 통계

Rubik의 큐브에는 1,929,770,126,028,800개의 서로 다른 색 조합이 있지만 모든 면의 색깔이 같은 경우는 오직 하나만 있다.

단계 1 예측값 y'을 구한다.

$x=1$일 때, $y'=4.8+2.8x=4.8+(2.8)(1)=7.6$
$x=2$일 때, $y'=4.8+(2.8)(2)=10.4$
$x=3$일 때, $y'=4.8+(2.8)(3)=13.2$
$x=4$일 때, $y'=4.8+(2.8)(4)=16.0$
$x=5$일 때, $y'=4.8+(2.8)(5)=18.8$

따라서 이 예제에서의 값들은 다음과 같다.

x	y	y'
1	10	7.6
2	8	10.4
3	12	13.2
4	16	16.0
5	20	18.8

단계 2 y의 평균값을 구한다.

$$\bar{y}=\frac{10+8+12+16+20}{5}=13.2$$

단계 3 총변동 $\Sigma(y-\bar{y})^2$를 구한다.

$$\begin{aligned}(10-13.2)^2&=10.24\\(8-13.2)^2&=27.04\\(12-13.2)^2&=1.44\\(16-13.2)^2&=7.84\\(20-13.2)^2&=46.24\\\Sigma(y-\bar{y})^2&=92.8\end{aligned}$$

단계 4 설명된 변동 $\Sigma(y'-\bar{y})^2$을 구한다.

$$\begin{aligned}(7.6-13.2)^2&=31.36\\(10.4-13.2)^2&=7.84\\(13.2-13.2)^2&=0.00\\(16-13.2)^2&=7.84\\(18.8-13.2)^2&=31.36\\\Sigma(y'-\bar{y})^2&=78.4\end{aligned}$$

단계 5 설명되지 않는 변동 $\Sigma(y-y')^2$를 구한다.

역사적 기록

19세기에 Gauss와 Laplace와 같은 천문학자들은 지구의 모양을 추정하기 위하여 측정오차에 근거하는 최소제곱 원칙이라 부르는 방법을 사용하였다. 이 방법은 현재 회귀이론에 사용되고 있다.

$$(10-7.6)^2 = 5.76$$
$$(8-10.4)^2 = 5.76$$
$$(12-13.2)^2 = 1.44$$
$$(16-16)^2 = 0.00$$
$$(20-18.8)^2 = 1.44$$
$$\Sigma(y-y')^2 = 14.4$$

총변동 = 설명된 변동 + 설명되지 않는 변동, 즉 92.8 = 78.4 + 14.4이다.

잔차도

앞에서 $y-y'$를 **잔차**(residual)라고 하였다(예측오차라고도 한다). 잔차들과 x값들로 산점도를 작성할 수 있는데 이를 **잔차도**(**residual plot**)라고 하며, 회귀직선이 예측을 얼마나 잘 하는지 판단하는 데 사용될 수 있다.

앞의 예제에서 계산된 잔차들은 다음과 같다.

x	y	y'	$y-y'$ = 잔차
1	10	7.6	10 − 7.6 = 2.4
2	8	10.4	8 − 10.4 = −2.4
3	12	13.2	12 − 13.2 = −1.2
4	16	16	16 − 16 = 0
5	20	18.8	20 − 18.8 = 1.2

산점도에서 x값들은 수평축에 표시되고, 잔차들은 수직축에 표시된다. 잔차들의 평균은 항상 0이기 때문에 [그림 10-17]과 같이 수직축의 값이 0이 되는 수평선을 항상 그어준다. 아래에 주어진 값들을 이용한 잔차도는 [그림 10-17]과 같다.

x	1	2	3	4	5
$y-y'$	2.4	−2.4	−1.2	0	1.2

잔차도를 해석하기 위해서는 잔차들이 특정 패턴을 가지는지를 판단하여야 한다. [그림 10-18]은 잔차도의 네 가지 예를 보여준다. 만약 잔차들이 수평선 위와 아래로 다소 균형있게 나타나면(그림 (a)) x와 y 사이에 선형관계가 있고, 회귀직선은 예측에 사용될 수 있다고

그림 10-17
잔차도

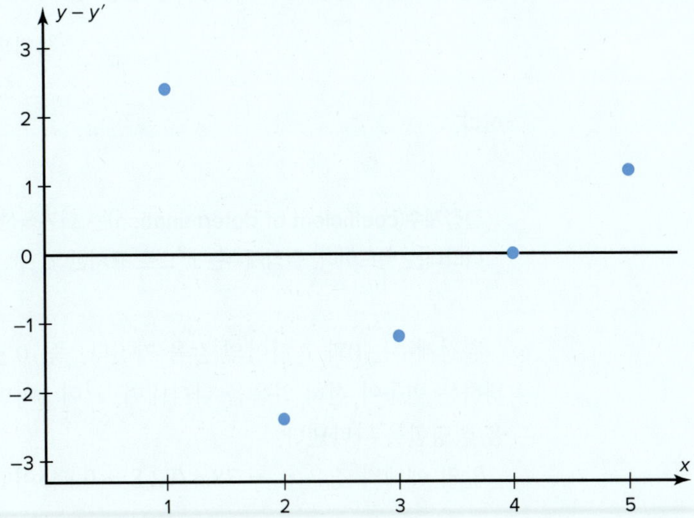

그림 10-18
잔차도의 예들

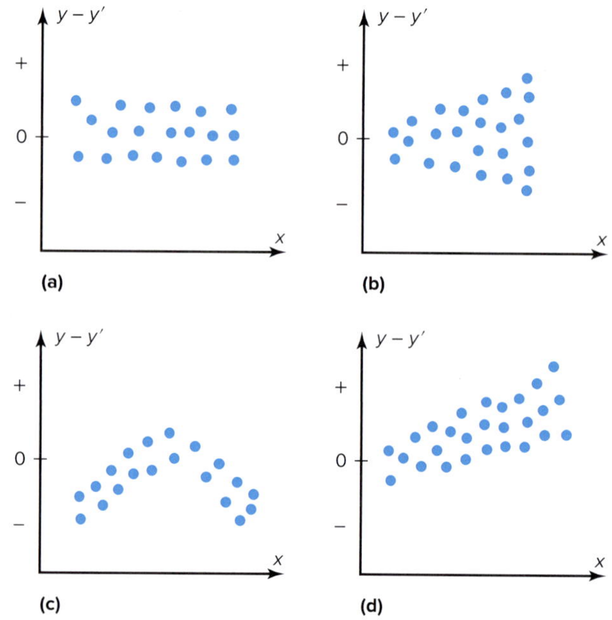

해석하면 된다. 이는 또한 독립변수의 각 값에서 종속변수의 표준편차들이 동일한 값을 가진다는 것을 의미하는데 이를 **등분산 가정**(homoscedasticity assumption)이라고 한다(453쪽의 3번 가정 참조).

[그림 10-18(b)]에서는 x값이 커질수록 잔차들의 분산이 커지는 경향을 보인다. 이는 회귀직선이 예측에 적절하지 못함을 의미한다.

[그림 10-18(c)]는 x와 잔차 사이에 곡선 관계를 보여준다. 이 또한 회귀직선이 예측에 부적절함을 나타낸다.

[그림 10-18(d)]는 x값이 커질수록 잔차들이 커지고 퍼지는 경향을 보여준다. 이 또한 회귀직선이 예측에 부적절함을 나타낸다.

따라서 [그림 10-17]의 잔차도는 표본의 크기가 작아 회귀직선 $y' = 4.8 + 2.8x$을 예측에 사용하기에는 무리가 있다는 점을 알려준다고 할 수 있다.

학습목표 5
결정계수 계산하기

결정계수

결정계수는 총변동 중에서 설명된 변동이 차지하는 비율로 정의되며, r^2으로 표시한다. 즉,

$$r^2 = \frac{\text{설명된 변동}}{\text{총변동}}$$

이다.

결정계수(coefficient of determination)는 회귀직선과 독립변수에 의해 설명되는 종속변수의 변동을 나타내는 측도이다. 결정계수는 r^2으로 표시한다.

결정계수는 0과 1 사이의 값을 가진다. 즉, $0 \le r^2 \le 1$. r^2이 0이면 최소제곱회귀직선이 설명하는 변동이 전혀 없음을 나타내며, r^2이 1이면 최소제곱회귀직선이 종속변수의 모든 변동을 설명함을 나타낸다.

앞의 예제의 경우 $r^2 = 78.4/92.8 = 0.845$이다. 보통 r^2은 백분율(%)로 표시한다. 따라서

역사적 기록

Karl Pearson은 1897년에 프랑스 정부에 모든 카지노를 폐쇄하고 게임 기구들을 확률 연구에 사용하기 위해 학술기관들에 기증하라고 제안하였다.

이 경우에는 총변동의 84.5%가 독립변수를 사용한 회귀직선에 의하여 설명된다고 할 수 있다.

r^2를 계산하는 또 다른 방법은 상관계수를 제곱하는 것이다. 이 경우에는 $r = 0.919$이므로 r^2은 0.845로 주어지며, 앞에서 변동비율로 계산한 것과 같은 값이다.

물론 상관계수 r을 제곱하고 그것을 백분율로 나타내어 결정계수를 구하는 것이 더 쉽다. 따라서 $r = 0.90$이면 $r^2 = 0.81$이며, 백분율로 나타낸 결정계수는 81%이다. 이는 종속변수에 있는 변동의 81%가 독립변수에 있는 변동으로 설명된다는 의미이다. 나머지 변동 0.19 또는 19%는 설명되지 않는 부분이다. 이 값을 **비결정계수**(coefficient of nondetermination)라고 하며 '1−결정계수'로 주어진다. r의 값이 0에 가까워질수록 r^2은 더 빠르게 감소한다. 예를 들어, $r = 0.6$이면 $r^2 = 0.36$이고, 종속변수에 있는 변동의 36%만이 독립변수의 변동으로 설명된다.

비결정계수

$$1.00 - r^2$$

결석 수와 최종성적에 대한 [예제 10-4]에서 상관계수는 $r = -0.944$이므로 결정계수는 $r^2 = (-0.944)^2 = 0.891$이다. 따라서 최종성적에 있는 변동의 약 89.1%가 결석 수와 최종성적의 선형관계에 의해 설명될 수 있다. 또한 최종성적의 변동 중 약 $(1 - 0.891) = 0.109$, 즉 10.9%가 결석 수의 변동으로 설명되지 못한다.

학습목표 6
추정의 표준오차 계산하기

추정의 표준오차

주어진 x값에 대하여 y'을 예측할 때 그 예측은 하나의 값을 제시하는 점예측(point prediction)이다. 점예측의 단점은 그 점예측이 얼마나 정확한지에 대한 정보를 전혀 주지 못한다는 것이다. 점추정에서 이러한 단점을 보완하기 위하여 신뢰구간을 사용한 것처럼 예측에 대해서도 **예측구간(prediction interval)**을 사용할 수 있다. 앞 장들에서 평균이나 표준편차 등의 모수에 대한 구간추정으로 신뢰구간이 사용된 것을 상기하라.

예측구간은 특정 x값이 주어졌을 때, 회귀식을 사용한 y의 예측값의 구간추정값이다.

y'에 대한 예측구간은 모평균에 대한 신뢰구간을 작성할 때와 같은 방법으로 구축할 수 있다. 예측구간은 **추정의 표준오차**라는 통계량을 사용한다.

추정의 표준오차(standard error of the estimate)는 s_{est}로 표시하는데 예측값 y'에 대한 관측값 y의 표준편차이다. 추정의 표준오차 공식은 다음과 같다.

$$s_{est} = \sqrt{\frac{\Sigma(y - y')^2}{n - 2}}$$

추정의 표준오차는 표준편차와 비슷하지만 평균을 사용하지 않는다는 것이 다르다. 표준편차는 관측값들이 평균에서 얼마나 떨어져 있는지를 나타낸다. 반면 추정의 표준오차는 관측값들이 회귀직선에서 얼마나 떨어져 있는지를 나타낸다.

앞의 공식에서도 알 수 있듯이 추정의 표준오차는 설명되지 않는 변동(즉, 관측값과 예측값의 차이에 의한 변동을 $n - 2$로 나눈 값)의 제곱근이다. 따라서 관측값이 예측값에 가까울수록 추정의 표준오차는 점점 더 작아진다.

추정의 표준오차를 계산하는 절차 표가 다음에 주어진다.

절차 표

추정의 표준오차 구하기

단계 1 아래와 같은 열 이름을 가지는 표를 만든다.

x	y	y'	$y-y'$	$(y-y')^2$

단계 2 각 x값에 대한 예측값 y'를 계산하여 y'열에 입력한다.

단계 3 $y-y'$을 계산하여 $y-y'$열에 입력한다.

단계 4 단계 3의 각 값을 제곱하여 $(y-y')^2$열에 입력한다.

단계 5 $(y-y')^2$열의 합을 구한다.

단계 6 $s_{\text{est}} = \sqrt{\dfrac{\Sigma(y-y')^2}{n-2}}$ 공식에 대입하여 s_{est}를 구한다.

[예제 10−10]은 추정의 표준오차를 계산하는 예이다.

예제 10−10 복사기 유지보수비

복사기의 사용연수와 월 유지보수비가 유의한 관계가 있는지를 알아보기 위해 다음의 자료를 수집하였다. 회귀식은 $y' = 55.57 + 8.13x$이다. 추정의 표준오차를 계산하시오.

복사기	사용연수(x)	월 유지보수비(y)
A	1	$ 62
B	2	78
C	3	70
D	4	90
E	4	93
F	6	103

풀이

단계 1 아래와 같이 표를 만든다.

x	y	y'	$y-y'$	$(y-y')^2$
1	62			
2	78			
3	70			
4	90			
4	93			
6	103			

단계 2 회귀식 $y' = 55.57 + 8.13x$를 사용하여 각 x에 대한 예측값 y'을 계산하고, 그 결과를 표의 y'열에 입력한다.

$$
\begin{aligned}
x = 1 \quad & y' = 55.57 + (8.13)(1) = 63.70 \\
x = 2 \quad & y' = 55.57 + (8.13)(2) = 71.83 \\
x = 3 \quad & y' = 55.57 + (8.13)(3) = 79.96 \\
x = 4 \quad & y' = 55.57 + (8.13)(4) = 88.09
\end{aligned}
$$

$$x = 6 \quad y' = 55.57 + (8.13)(6) = 104.35$$

단계 3 각 y에 대하여 y'을 뺀 값을 $y - y'$열에 입력한다.

$$62 - 63.70 = -1.70 \qquad 90 - 88.09 = 1.91$$
$$78 - 71.83 = 6.17 \qquad 93 - 88.09 = 4.91$$
$$70 - 79.96 = -9.96 \qquad 103 - 104.35 = -1.35$$

단계 4 단계 3의 값들을 제곱하여 $(y - y')^2$열에 입력한다.

단계 5 마지막 열에 있는 값들의 합계를 구한다. 완성된 표는 다음과 같다.

x	y	y'	$y-y'$	$(y-y')^2$
1	62	63.70	−1.70	2.89
2	78	71.83	6.17	38.0689
3	70	79.96	−9.96	99.2016
4	90	88.09	1.91	3.6481
4	93	88.09	4.91	24.1081
6	103	104.35	−1.35	1.8225
				$\Sigma(y - y')^2 = 169.7392$

단계 6 추정의 표준오차 s_{est}를 계산하는 공식에 값을 대입하여 s_{est}를 구한다.

$$s_{est} = \sqrt{\frac{\Sigma(y - y')^2}{n - 2}} = \sqrt{\frac{169.7392}{6 - 2}} = 6.514$$

이 경우에 예측값에 대한 관측값의 표준편차는 6.514이다.

추정의 표준오차는 다음 공식을 이용하여서도 구할 수 있다.

$$s_{est} = \sqrt{\frac{\Sigma y^2 - a\,\Sigma y - b\,\Sigma xy}{n - 2}}$$

추정의 표준오차를 구하는 다른 방법에 대한 절차 표가 다음에 주어져 있다.

절차 표

추정의 표준오차를 구하는 다른 방법

단계 1 아래와 같은 열 이름을 가지는 표를 만든다.

x	y	xy	y^2

단계 2 x값들을 x열에, y값들을 y열에, x와 y의 곱을 계산하여 xy열에, y의 제곱값을 y^2열에 입력한다.

단계 3 y, xy, y^2열에 있는 값들의 합계를 구한다.

단계 4 회귀식에서 a와 b를 각각 찾아서 공식에 대입하고 계산한다.

$$s_{est} = \sqrt{\frac{\Sigma y^2 - a\,\Sigma y - b\,\Sigma xy}{n - 2}}$$

예제 10-11

위의 공식을 이용하여 [예제 10-10]의 자료에 대한 추정의 표준오차를 구하시오. 추정된 회귀식은 $y' = 55.57 + 8.13x$이다.

풀이

단계 1 절차 표에 주어진 표를 만든다.

단계 2 x값들을 x열에, y값들을 y열에, x와 y의 곱을 계산하여 xy열에, y의 제곱값을 y^2열에 입력한다.

단계 3 x, xy, y^2열에 있는 값들의 합계를 구한다. 완성된 표는 다음과 같다.

x	y	xy	y^2
1	62	62	3,844
2	78	156	6,084
3	70	210	4,900
4	90	360	8,100
4	93	372	8,649
6	103	618	10,609
	$\Sigma y = 496$	$\Sigma xy = 1778$	$\Sigma y^2 = 42,186$

단계 4 회귀식 $y' = 55.57 + 8.13x$로부터 $a = 55.57$, $b = 8.13$이다. 이 값들을 공식에 대입하여 s_{est}를 계산한다.

$$s_{\text{est}} = \sqrt{\frac{\Sigma y^2 - a\,\Sigma y - b\,\Sigma xy}{n-2}}$$

$$= \sqrt{\frac{42{,}186 - (55.57)(496) - (8.13)(1778)}{6-2}} = 6.483$$

이 값은 [예제 10-10]에서 구한 값과 매우 비슷하다. 두 값의 차이는 반올림에 의한 것이다.

학습목표 7
예측구간 구하기

예측구간

추정의 표준오차는 신뢰구간과 유사하게 y'에 대한 예측구간을 구하는 데 사용될 수 있다.

어떤 특정 x값을 회귀식에 대입하여 얻는 예측값 y'은 y에 대한 점예측값이다. 예를 들어, 복사기의 사용연수와 월 유지보수비와의 관계에 대한 [예제 10-10]에서 회귀직선 식은 $y' = 55.57 + 8.13x$이다. 이때 3년 된 복사기의 월 유지 보수비에 대한 예측값은 $y' = 55.57 + 8.13(3)$, 즉, 79.96달러이다. 이 값은 회귀식에서 구한 하나의 점추정값이며 회귀직선 식을 구할 때는 여러 원인의 예측오차가 있기 때문에, 이 값이 얼마나 정확한지를 알 수는 없다. 첫 번째 오차는 추정의 표준오차 s_{est}를 구할 때 발생하며, 다른 두 가지 오차는 기울기와 절편의 추정 때 발생하게 된다. 왜냐하면 회귀식을 계산할 때 다른 랜덤표본들을 사용하면 이 값들이 약간씩 달라질 것이기 때문이다. 그러나 예측값에 대한 예측구간은 구축할 수가 있다. 주어진 α에 대하여, 어떤 특정 x값에 대응하는 실제 y값을 포함하는 $(1-\alpha)\cdot 100\%$ 신뢰의 예측구간을 구할 수 있다.

하나의 예측값 y'에 대한 예측구간을 구하는 공식

$$y' - t_{\alpha/2}s_{\text{est}}\sqrt{1 + \frac{1}{n} + \frac{n(x-\overline{X})^2}{n\,\Sigma x^2 - (\Sigma x)^2}} < y < y' + t_{\alpha/2}s_{\text{est}}\sqrt{1 + \frac{1}{n} + \frac{n(x-\overline{X})^2}{n\,\Sigma x^2 - (\Sigma x)^2}}$$

위에서 자유도는 $n-2$이다.

예측구간을 구하는 절차 표는 다음과 같다.

절차 표

특정 x값에서 예측구간 구하기

단계 1 Σx, Σx^2와 $\overline{X}$를 구한다.

단계 2 특정 x값에 대한 y'값을 구한다.

단계 3 s_{est}를 구한다.

단계 4 아래의 식에 대입하고 계산한다.

$$y' - t_{\alpha/2}s_{est}\sqrt{1 + \frac{1}{n} + \frac{n(x - \overline{X})^2}{n\,\Sigma x^2 - (\Sigma x)^2}} < y < y' + t_{\alpha/2}s_{est}\sqrt{1 + \frac{1}{n} + \frac{n(x - \overline{X})^2}{n\,\Sigma x^2 - (\Sigma x)^2}}$$

(자유도 $= n - 2$)

예제 10-12

[예제 10-10]의 자료를 이용하여 3년 된 복사기의 월 유지보수비에 대한 95% 예측구간을 구하시오.

풀이

단계 1 Σx, Σx^2와 $\overline{X}$를 구한다.

$$\Sigma x = 20 \qquad \Sigma x^2 = 82 \qquad \overline{X} = \frac{20}{6} = 3.3$$

단계 2 $x = 3$에 대한 y'를 구한다.

$$y' = 55.57 + 8.13x = 55.57 + 8.13(3) = 79.96$$

단계 3 s_{est}를 구한다.

[예제 10-11]에서 $s_{est} = 6.48$로 주어진다.

단계 4 공식에 대입하여 예측구간을 구한다. 95% 신뢰도에서 $t_{\alpha/2} = 2.776$이며, 자유도는 $6 - 2 = 4$이다.

$$y' - t_{\alpha/2}s_{est}\sqrt{1 + \frac{1}{n} + \frac{n(x - \overline{X})^2}{n\,\Sigma x^2 - (\Sigma x)^2}} < y < y' + t_{\alpha/2}s_{est}\sqrt{1 + \frac{1}{n} + \frac{n(x - \overline{X})^2}{n\,\Sigma x^2 - (\Sigma x)^2}}$$

$$79.96 - (2.776)(6.48)\sqrt{1 + \frac{1}{6} + \frac{6(3 - 3.3)^2}{6(82) - (20)^2}} < y < 79.96 + (2.776)(6.48)\sqrt{1 + \frac{1}{6} + \frac{6(3 - 3.3)^2}{6(82) - (20)^2}}$$

$$79.96 - (2.776)(6.48)(1.08) < y < 79.96 + (2.776)(6.48)(1.08)$$
$$79.96 - 19.43 < y < 79.96 + 19.43$$
$$60.53 < y < 99.39$$

따라서 예측구간 $(60.53 < y < 99.39)$가 실제 y값을 포함할 것이라고 95% 신뢰도를 가지고 말할 수 있다.

다시 말해, 3년 된 복사기가 있다면 월 유지보수비용이 60.53달러와 99.39달러 사이가 된다는 사실에 95% 확신을 가질 수 있다. 이 구간은 다소 넓은데 그 이유는 자료의 크기가 $n = 6$으로 작고, 추정의 표준오차가 6.48이기 때문이다.

개념의 적용 10-3

단순선형회귀 해석하기

컴퓨터로부터 얻은 다음의 값들을 이용하여 물음에 답하시오.

선형 상관계수 $r = 0.794556$

결정계수 = 0.631319

추정의 표준오차 = 12.9668

설명된 변동 = 5182.41

설명되지 않는 변동 = 3026.49

총변동 = 8208.90

회귀직선 식 $y' = 0.725983x + 16.5523$

유의수준 = 0.1

검정통계량 = 0.794556

임계값 = 0.378419

1. 두 변수는 같은 방향으로 움직이는가?
2. 관측값과 회귀식 사이의 거리를 나타내는 값은 무엇인가?
3. 회귀직선의 기울기는 얼마인가?
4. 회귀직선의 절편은 얼마인가?
5. 부록의 표에서 찾을 수 있는 값은 어느 것인가?
6. 제1종 오류에 대해 허용할 수 있는 한계는 얼마인가?
7. 회귀식에 의해 설명되는 변동을 나타내는 측도는 얼마인가?
8. 점들이 회귀직선 주위에 퍼져있는 정도를 나타내는 값은 무엇인가?
9. 귀무가설은 무엇인가?
10. 귀무가설을 기각할지 여부를 결정하기 위해 임계값과 어떤 값을 비교하는가?
11. 귀무가설을 기각하여야 하는가?

정답 472쪽 참조

연습문제 10-3

1. **설명된 변동**은 무엇이며 어떻게 계산하는가?

2. **총변동**은 무엇이며 어떻게 계산하는가?

3. 결정계수는 어떻게 구하는가?

4. 비결정계수는 어떻게 구하는가?

5~7번 문제에서 결정계수와 비결정계수를 구하고 각각의 의미를 설명하시오.

5. $r = 0.44$

6. $r = 0.97$

7. $r = 0.15$

8. 10-1절의 연습문제 7번에서 추정의 표준오차를 계산하시오. 회귀직선 식은 10-2절의 연습문제 7번에 주어져 있다.

9. 10-1절의 연습문제 8번에서 추정의 표준오차를 계산하시오. 회귀직선 식은 10-2절의 연습문제 8번에 주어져 있다.

10. 10-1절과 10-2절의 연습문제 7번과 10-3절의 연습문제 8번의 자료를 이용하여 $x = 200$일 때의 90% 예측구간을 구하시오.

11. 10-1절과 10-2절의 연습문제 8번과 10-3절의 연습문제 9번의 자료를 이용하여 $x = 4$일 때의 90% 예측구간을 구하시오.

복습연습문제

1~4번 문제는 다음의 단계들을 수행하면서 회귀분석을 실시하시오.

a. 산점도를 그린다.

b. 상관계수를 계산한다.

c. 표 I를 이용하거나 *P*-값 방법을 사용하여 $\alpha = 0.01$에서 상관계수의 유의성을 검정한다.

d. 상관계수 r이 유의하다면 회귀직선 식을 구한다.

e. 타당하다면 산점도 위에 회귀직선을 그린다.

f. 타당하다면 특정한 x에 대한 y'를 예측한다.

10-1절과 10-2절

1. 고객만족도와 구매액수 대형 백화점에서 고객들에게 서비스와 구입 상품에 대해 1~10의 점수로 평가를 부탁하고(10 = 매우 만족) 그들의 구매액수(단위: 달러)를 기록하였다. 평가점수와 구매액수 사이에 유의한 관계가 있는가?

평가점수 x	6	8	2	9	1	5
구매액수 y	90	83	42	110	27	31

2. 강아지의 귀여움과 비용 어느 연구자는 강아지들의 분양가격이 그들의 귀여움의 정도에 따라 정해진다는 느낌을 받았다. 여덟 마리의 강아지가 1점에서 6점의 점수로 귀여움을 평가 받았고(6 = 매우 귀여움), 그 결과와 분양가격이 아래에 제시되어 있다. 두 변수들 사이에 유의한 관계가 있는가?

점수 x	6	2	1	4	5	2	3	4
분양가격 y	80	42	27	64	50	39	18	44

3. 평균타수와 문서처리 프로그램 습득 비서들의 1분당 평균타수와 새로운 문서처리 프로그램을 배우는 데 걸리는 시간과의 관계를 조사한 표가 다음과 같다.

평균타수 x	48	74	52	79	83	56	85	63	88	74	90	92
시간 y	7	4	8	3.5	2	6	2.3	5	2.1	4.5	1.9	1.5

만약 두 변수 사이에 유의한 관계가 있다면, 평균타수가 72인 어떤 비서가 새로운 문서처리 프로그램을 습득하는 데 걸리는 시간은 얼마로 예측할 수 있는가?
(이 정보는 5번과 6번 문제에서도 사용될 것이다)

4. 인터넷 사용과 고립도 고등학생들의 인터넷 사용시간과 고립도 사이의 관계를 확인하고자 한다. 인터넷 사용시간은 매주 컴퓨터 사용시간으로 측정하였고, 고립도 점수는 설문지로 조사하였다. 설문지 점수는 20점에서 50점으로 설정되었다(50 = 매우 고립). 두 변수들 사이에 유의한 관계가 있는가?

인터넷 사용시간	32	15	23	8	12
고립도 점수	45	37	22	15	39

5. 3번 문제에서 추정의 표준오차를 구하시오.

6. 3번 문제에서 1분당 평균타수가 72일 때 새로운 문서처리 프로그램을 습득하는 데 걸리는 시간에 대한 90% 예측구간을 구하시오.

STATISTICS TODAY

기온으로 살인사건을 예측할 수 있는가?

이 경우 각 달의 평균기온은 그달의 총 살인사건 수와 상관되어 있다. $r = 0.836$으로 계산되었으며, 유의수준 5%에서 유의하다. 임계값은 자유도 10에 ±0.576이었다. 이는 월 평균기온과 월별 총 살인사건 수 사이에 유의한 관계가 있다는 뜻이다. $r^2 = 0.698$이므로, 월별 총 살인사건 수에 있는 변동의 약 69.8%가 월 평균기온의 변동으로 설명된다.

기온의 상승이 살인사건 수의 증가를 일으킨다고 할 수 있는가? 아니다. 여기에는 다른 요인들이 고려되어야 한다. 첫 번째로 표본이 랜덤으로 추출되지 않았다. 하지만 표본들이 꽤나 대표성을 가지기는 한다. 두 번째로, 연구자들은 날씨가 더워지면 더 많은 사람들이 밖으로 나가게 되고 군중들 간에 더 많은 접촉이 발생하여 그로 인하여 살인사건 수가 증가한다고 믿고 있다. 마지막으로 선택된 도시는 따뜻한 날씨를 선호하는 관광객이 많은 도시이다. 따라서 많은 사람들이 있게 마련이고 이것이 살인율에도 영향을 끼쳤으리라 생각할 수 있다. 지난 30년간 수행된 다른 비슷한 연구들에서도 유사한 결론들을 얻었다.

데이터 분석

데이터 뱅크는 부록 B에 나와 있다.

1. 데이터 뱅크에서 관계가 있을 것이라고 생각되는 두 변수를 선택하시오. 예를 들어 IQ와 교육수준, 나이와 콜레스테롤 수치, 운동량과 몸무게, 몸무게와 확장기 혈압 등이다. 아래의 단계들을 수행하면서 상관분석과 회귀분석을 실행하시오. 적어도 10개 이상의 랜덤표본을 추출하시오.

a. 산점도를 그린다.
b. 상관계수를 계산한다.
c. 귀무가설 H_0: $\rho = 0$을 검정한다.
d. 상관계수 r이 유의하다면 회귀직선 식을 구한다.
e. 결과를 요약한다.

2. 부록 B에 있는 데이터셋 V로부터 10개 이상의 표본을 추출하여 앞의 1번 문제의 단계들을 반복하시오. 단 x 변수는 정학당한 학생 수(suspensions)로 하고, y 변수는 등록된 학생 수(enrollment)로 하시오.

3. 데이터셋 XIII로부터 10개 이상의 표본을 추출하여 앞의 1번 문제의 단계들을 반복하시오. 단 x 변수는 병원의 침상 수(number of beds)로 하고, y 변수는 병원 종업원 수(personnel)로 하시오.

퀴즈

각 문장이 참인지 거짓인지를 결정하시오. 거짓이면 그 이유를 설명하시오.

1. 두 변수 사이에 음의 관계라는 것은 x 변수가 증가할 때 대부분의 경우에 y 변수도 증가한다는 것을 말한다.

2. 상관계수가 −1이라는 것은 두 변수가 완벽하게 선형관계임을 의미한다.

3. 비록 상관계수가 높거나(+1 근처) 낮을지라도(−1 근처), 그 값이 유의하지 않을 수 있다.

4. 상관계수가 유의하다면, x가 y의 원인이라고 가정할 수 있다.

5. 우연성만으로 유의한 상관관계를 가지는 것은 가능하지 않다.

6. 다중회귀분석에서는 여러 개의 종속변수들과 한 개의 독립변수가 있다.

가장 적합한 답을 선택하시오.

7. 두 양적변수 사이의 선형관계의 크기를 나타내는 것은 무엇인가?

a. r *b*. a
c. x *d*. s_{est}

8. r의 유의성을 검정하기 위해서 사용하는 검정법은 무엇인가?

a. t *b*. F
c. χ^2 *d*. 답이 없음

9. r의 유의성검정에서 자유도는 얼마인가?

a. 1 *b*. n
c. $n-1$ *d*. $n-2$

10. 통계학에서 사용하는 회귀직선의 식은 무엇인가?

a. $x = a + by$ *b*. $y = bx + a$
c. $y' = a + bx$ *d*. $x = ay + b$

11. 결정계수는 무엇인가?

a. r *b*. r^2
c. a *d*. b

가장 적합한 답을 사용하여 다음 문장을 완성하시오.

12. 두 양적변수에 대한 통계적인 그래프를 ______라고 한다.

13. x 변수는 ______변수라고 한다.

14. r의 범위는 ______에서부터 ______까지이다.

15. r과 ______의 부호는 항상 같다.

16. 회귀직선은 ______라고 한다.

17. 모든 점들이 회귀직선 위에 놓이면, r은 ______ 또는 ______가 될 것이다.

18~21번 문제는 다음 단계들을 수행하면서 회귀분석을 실행하시오.

a. 산점도를 그린다.
b. 상관계수 값을 계산한다.
c. 표 I 또는 P-값 방법을 사용하여 $\alpha = 0.05$에서 상관계수의 유의성을 검정한다.
d. 상관계수 r이 유의하다면 회귀직선 식을 구한다.
e. 타당하다면 산점도 위에 회귀직선을 그린다.
f. 타당하다면 x의 특정값에 대하여 예측값 y'을 구한다.

18. 처방약 가격 처방약의 일회 복용 가격을 미국과 호주에서 조사하였다. 두 변수 사이의 관계에 대하여 설명하시오.

미국 가격 x	3.31	3.16	2.27	3.13	2.54	1.98	2.22
호주 가격 y	1.29	1.75	0.82	0.83	1.32	0.84	0.82

19. 나이와 운전사고 운전자 나이와 1년 동안의 사고 건수와의 관계를 알아본 자료가 다음과 같다. 만약 두 변수 사이에 유의한 관계가 있다면, 나이가 64세인 운전자의 사고 건수를 예측

하시오.

운전자 나이 x	63	65	60	62	66	67	59
사고 건수 y	2	3	1	0	3	1	4

20. 나이와 충치 수 어린이의 나이와 충치 수와의 관계를 알아본 자료가 다음과 같다. 만약 두 변수 사이에 유의한 관계가 있다면, 11세인 어린이의 충치 수를 예측하시오.

나이 x	6	8	9	10	12	14
충치 수 y	2	1	3	4	6	5

21. 지방량과 콜레스테롤 하루에 소비하는 지방량과 콜레스테롤 수치와의 관계를 알아본 자료가 다음과 같다. 만약 두 변수 사이에 유의한 관계가 있다면, 하루에 8.5g의 지방을 소비하는 사람의 콜레스테롤 수치를 예측하시오.

지방량 x	6.8	5.5	8.2	10	8.6	9.1	8.6	10.4
콜레스테롤 수치 y	183	201	193	283	222	250	190	218

22. 앞의 20번 문제에서 추정의 표준오차를 구하시오.

23. 앞의 21번 문제에서 추정의 표준오차를 구하시오.

24. 앞의 20번 문제에서 7살 어린이의 충치 수에 대한 90% 예측구간을 구하시오.

25. 앞의 21번 문제에서 하루에 10g의 지방을 소비하는 사람의 콜레스테롤 수치에 대한 95% 예측구간을 구하시오.

비판적 사고

신제품 판매량 산점도에서 점들이 선형관계가 아닌 곡선의 관계를 보이는 경우에는 자료에 직선이 아닌 곡선을 적합하면 더욱 좋은 적합 결과와 예측을 얻을 수 있다. 사용할 수 있는 한 가지 곡선은 로그 회귀 곡선이다. 다음의 표에는 어느 가게에서 15개월 동안 팔린 신제품의 수가 주어져 있다. 처음 몇 개월 동안 판매량이 증가하다가 일정해짐을 알 수 있다.

판매 월 x	1	3	6	8	10	12	15
팔린 제품 수 y	10	12	15	19	20	21	21

1. 두 변수에 대한 산점도를 그리시오.

2. 회귀직선 식을 구하시오.

3. 회귀직선이 자료를 얼마나 잘 설명하는가?

4. x를 $\log x$로 변환하시오.

5. x값 대신에 $\log x$값을 사용하여 회귀식을 구하고 절편 a와 기울기 b를 구하시오.

6. 그래프에 곡선 $y = a + b \log x$를 그리시오.

7. 직선 $y = a + bx$와 곡선 $y = a + b \log x$를 비교하여 어느 것이 자료를 더 잘 적합하는지 판단하시오.

8. x와 y 값을 사용하여 상관계수 r을 구하고, $\log x$와 y 값을 사용하여 상관계수 r을 구하시오. 어느 상관계수가 더 높은가?

9. 직선 식과 로그 곡선식 중에서 어느 것이 자료를 더 잘 예측하는가? 그 이유는?

데이터 프로젝트

다음의 모든 검정에서 유의수준 0.05를 사용하시오.

1. 기업과 금융 2장의 데이터 프로젝트 1에서 Dow Jones Industrials이라 표시된 주식을 표본으로 사용하자. 각 주식에서 현재 주식가격과 지난해의 배당액을 사용하고자 한다. 두 변수 사이에는 선형관계가 있는가? 배당액의 변동 중 어느 정도가 주식가격으로 설명되는가?

2. 스포츠와 레저 미국 메이저리그에 있는 각 야구팀에 대해 작년의 승리 수와 그 팀에서 가장 홈런을 잘 친 선수의 홈런 수를 찾아보자. 승리 수와 홈런 수는 선형관계가 있는가? 총 승리 수의 변동 중 어느 정도가 홈런 수로 설명되는가? 어떤 팀에서 가장 홈런을 잘 친 선수의 홈런 수를 알 때, 그 팀의 승리 수를 예측하는 회귀식을 구하시오.

3. 기술 이 문제에서는 2장의 데이터 프로젝트 3에서 수집된 자료를 사용하여 노래의 길이와 그 노래가 발표된 연도와의 관계를 알아보고자 한다. 노래의 길이와 그 노래가 발표된 연도와는 선형관계가 있는가? 상관계수는 양수인가 음수인가? 상관계수의 부호는 두 변수 사이의 관계에 대해서 무엇을 말해주는가?

4. 건강과 건강관리 패스트푸드 레스토랑의 각 메뉴별로 지방 함량과 총 열량을 조사하여 자료를 작성하시오. 두 변수 사이에 선형관계가 있는가? 총 열량의 변동 중 어느 정도가 지방 함량에 의해 설명되는가? 어떤 메뉴의 지방 함량을 알 때, 그 메뉴의 총 열량을 예측하는 회귀식을 구하시오.

5. 정치와 경제 미국 각 주별로 평균 SAT 수학점수, 평균 SAT 영어점수, 가구당 평균소득을 조사하시오. SAT 수학점수와 SAT 영어점수, SAT 수학점수와 가구당 평균소득, SAT 영어점수와 가구당 평균소득 중에서 어느 조합이 가장 강한 선형관계를 가지는가?

6. 교육 심장 맥박수에 대해 2장의 데이터 프로젝트 6에서 수집된 자료를 사용하시오. 운동 전과 후의 심장 맥박수 사이에는 선형관계가 있는가? 운동 후의 심장 맥박수의 변동 중 어느 정도가 운동 전의 심장 맥박수에 의해 설명되는가? 운동 전 심장 맥박수를 알 때, 그 사람의 운동 후 심장 맥박수를 예측하는 회귀식을 구하시오.

개념의 적용 해답

10-1절 제동거리

1. 독립변수는 속도(MPH)이다.
2. 종속변수는 제동거리(feet)이다.
3. 속도(MPH)는 연속형 양적변수이다.
4. 제동거리는 연속형 양적변수이다.
5. 데이터에 대한 산점도는 아래와 같다.

제동거리와 속도의 산점도

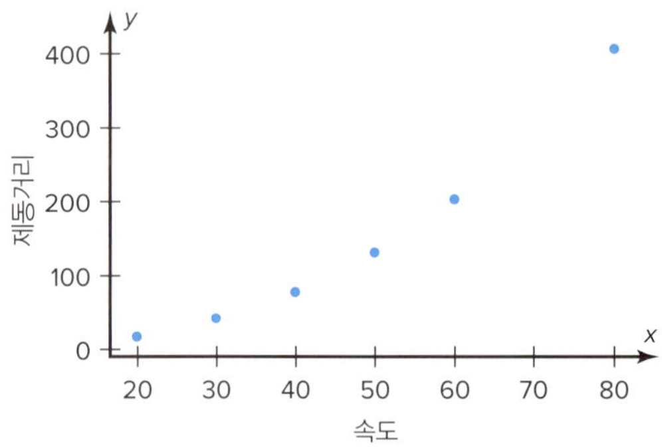

6. 두 변수 사이에는 선형관계가 있을 수 있다. 그러나 약간의 곡선 형태도 보인다.
7. 속도 관측점 사이의 거리를 다르게 하면 관계의 형태가 다르게 보일 것이다.
8. 두 변수 사이에는 양의 관계가 있다. 속도가 증가하면 제동거리가 길어진다.
9. 두 변수 사이의 강한 관계는 제동거리가 속도에 의해 정확하게 예측될 수 있음을 의미한다. 그러나 여전히 산점도에 나타나는 약간의 곡선관계도 고려하여야 한다.
10. 답은 여러 가지가 있는데, 제동거리에 영향을 주는 다른 변수로는 도로 상태, 운전자의 반응시간, 브레이크 상태 등이 있을 것이다.
11. 상관계수 $r = 0.966$이다.
12. 유의수준 0.05에서 $r = 0.966$은 유의하다. 따라서 두 변수 사이에는 강한 양의 관계가 있음을 말해준다.

10-2절 제동거리

1. 선형회귀식은 $y' = -151.900 + 6.451x$이다.
2. 기울기 6.45의 의미는 속도가 1 mph 증가할 때마다 제동거리는 평균적으로 6.451피트씩 늘어난다는 것이다. y절편은 속도가 0일 때의 제동거리이다. 이것은 이 문제에서는 의미가 없으나 모형의 중요한 한 부분이다.
3. $y' = -151.900 + 6.451(45) = 138.4$. 속도가 45 mph일 때 제동거리는 대략 138피트이다.
4. $y' = -151.900 + 6.451(100) = 493.2$. 속도가 100 mph일 때 제동거리는 대략 493피트이다.
5. 앞의 문제에서처럼 100 mph 같이 관측자료 범위 밖에서 y를 예측하는 것은 타당하지 않다. 왜냐하면 범위 밖에서는 두 변수의 관계에 대한 정보를 알지 못하기 때문이다.

10-3절 단순선형회귀 해석하기

1. 두 변수는 같은 방향으로 움직인다. 즉, 두 변수는 양의 상관관계를 가진다. 이는 상관계수가 양수이기 때문이다.
2. 설명되지 않는 변동 3026.49는 예측직선과 관측값들 사이의 거리를 나타낸다.
3. 회귀식의 기울기는 0.725983이다.
4. y절편은 16.5523이다.
5. 부록의 표에서 임계값 0.378419를 찾을 수 있다.
6. 제1종 오류의 허용할 수 있는 한계는 유의수준인 0.10이다.
7. 회귀직선에 의해 설명되는 변동은 0.631319, 약 63.1%이다.
8. 회귀직선 주위에 점들이 퍼져있는 평균적 정도는 추정의 표준오차인 12.9668이다.
9. 귀무가설은 '상관계수가 0이다'라는 것이다. 즉, H_0: $\rho = 0$이다.
10. 귀무가설을 기각할지 여부를 결정하기 위해서 검정통계량값 0.794556을 임계값과 비교한다.
11. $0.794556 > 0.378419$이므로 귀무가설을 기각한다. 즉, 상관계수가 0이 아니라는 충분한 증거가 있다.

11

카이제곱과 분산분석 (ANOVA)

ⓒGelladilemma/Shutterstock

STATISTICS TODAY

통계학과 유전 형질

오스트리아 수도사 Gregor Mendel(1822~1884)은 유전학을 연구하였는데, 그가 세운 법칙들은 현대 유전학의 기초가 된다. Mendel은 여가 시간에 수도원에서 다양한 종류의 완두콩을 재배하였다. 그가 했던 실험 중 하나는 노란색의 둥근 콩을 초록색의 주름진 콩과 교배하는 것이었고, 교배결과에 일정한 규칙이 있다는 것을 발견하였다. 즉, 어떤 콩들은 둥글고 노란색이었고, 어떤 콩들은 둥글고 초록색이었으며, 어떤 콩들은 주름지고 노란색이었고, 또 어떤 콩들은 주름지고 초록색이었다. 여러번의 실험을 거친 결과, 각 형태의 비율이 근사적으로 같다고 생각하였다. Mendel은 우성과 열성 형질의 가정에 근거하여 그의 이론을 체계화하였고, 교배결과를 예측해보고자 하였다. 그래서 완두콩을 교배시키고 다음 세대에 556개의 씨앗을 검사하였다.

마지막으로 실제 결과와 이론적인 결과를 비교하여 그의 이론이 옳은지 확인하고자 하였다. 두 결과를 비교하기 위해 '단순한' 카이제곱검정을 사용하였는데, 이 장에서 이 카이제곱검정을 설명한다. 관련 내용은 이 장 뒷부분의 Statistics Today에서 설명한다.

개요

학습목표

1. 카이제곱을 이용하여 분포의 적합도검정하기
2. 카이제곱을 이용하여 두 변수 사이 독립성 검정하기
3. 카이제곱을 이용하여 비율의 동질성검정하기
4. 세 개 이상의 평균 사이에 유의한 차이가 있는지 알아보기 위해 ANOVA 기법 사용하기

서론

7장과 8장에서는 분산이나 표준편차에 대한 신뢰구간을 구하고 하나의 분산이나 표준편차에 대한 가설검정을 시행하기 위해 카이제곱분포를 사용하였다.

카이제곱분포는 "소비자의 랜덤표본이 자동차의 색상을 선택한다고 했을 때 각 색상이 동일한 빈도로 선택될 것인가?"와 같은 **도수분포**(frequency distribution)에 관한 검정에도 사용할 수 있다. 카이제곱분포는 예를 들면, "총기 규제에 관한 상원의원의 이견은 소속정당과 독립인가?"와 같이 두 변수의 **독립성**(independence)을 검정하기 위해 사용될 수 있다. 즉, 공화당원과 민주당원의 의견은 다른가? 또는 차이가 없는가?

마지막으로 카이제곱분포는 **비율의 동질성**(homogeneity of proportions) 검정에도 사용된다. 예를 들면, 졸업하자마자 대학교에 진학하는 고등학교 졸업예정자의 비율은 미국의 북부, 남부, 동부, 서부에 대해 모두 같은가?

이 장에서는 카이제곱분포와 응용방법을 설명한다. 카이제곱은 여기서 언급된 응용 방법 말고도 통계학에서 다양하게 사용된다.

또한 이 장에서는 분산분석 기법을 설명한다.

11–1 적합도검정

학습목표 1
카이제곱을 이용하여 분포의 적합도 검정하기

카이제곱통계량은 하나의 분산에 대한 검정뿐만 아니라 도수분포가 특정한 패턴을 따르는지 알아보기 위해서도 사용된다. 예를 들어 한 운동화 생산업체는 고객의 요구를 만족시키기 위해 구매자들이 특정 스타일을 선호하는지 알아보고자 한다. 어떤 교통 공학자는 사고가 특정 요일에 더 빈번하게 발생하는지 알아보고, 만약 그렇다면 그에 맞춰 경찰차를 더 배치할 수 있도록 하려고 한다. 한 구급대는 인력을 적절히 배분하기 위해 하루 중 특정 시간대에 더 많은 신고전화를 받는지 알아보고자 한다.

역사적 기록

Karl Pearson(1857~1936)은 자료에 대한 적합도검정을 위해서 카이제곱분포를 처음으로 사용하였다. 그는 자료를 기술하기 위해 여러 종류의 그래프를 개발하였는데 그 그래프의 이름을 stigmograms, topograms, stereograms, radiograms 등과 같이 특이하게 지었다.

카이제곱분포의 특성을 상기하자.

1. 카이제곱분포는 자유도에 근거한 곡선들의 모임이다.
2. 카이제곱분포는 양의 방향으로 기울어져 있다.
3. 모든 카이제곱값들은 0 이상이다.
4. 카이제곱분포 곡선의 아래 전체 면적은 1과 같다.

도수분포가 정해진 패턴에 적합하는지를 알아보기 위해 가설검정을 시행한다면 카이제곱 **적합도검정**(goodness-of-fit test)을 사용할 수 있다.

카이제곱 적합도검정(chi-square goodness-of-fit test)은 관측된 도수분포가 어떤 주어진 기대도수분포에 적합하다는 주장을 검정하기 위해 사용된다.

예를 들면, 당신이 특정 도시에서 체포된 사람들의 수가 네 가지 범죄 유형에 따라 차이가 있는지 알아보기를 원한다고 하자. 랜덤표본인 160명의 체포자들로부터 다음과 같은 분포를 얻었다.

절도	재산 범죄	마약 복용	음주운전
38	50	28	44

표본으로부터 각 유형에 대한 빈도를 얻었기 때문에 이러한 실제 도수를 **관측도수**(**observed**

frequencies)라고 한다. 범죄 유형에 따른 체포자의 수에 차이가 없다는 가정하에 계산된 도수를 **기대도수**(**expected frequencies**)라고 한다.

기대도수를 계산하기 위한 두 가지 규칙은 다음과 같다.

1. 만약 모든 기대도수가 동일하다면, 기대도수 E는 $E = n/k$을 사용하여 계산할 수 있다. 여기서 n은 관측개체의 전체 개수이고 k는 범주의 개수이다.

2. 만약 모든 기대도수가 동일하지 않다면, 기대도수 E는 $E = n \cdot p$를 사용하여 계산할 수 있다. 여기서 n은 관측개체의 전체 개수이고 p는 그 범주에 대한 확률이다.

체포자의 수에 관한 예제에서, 만약 기대도수 사이에 차이가 없다면 각 범주당 $160 \div 4 = 40$ 체포자를 기대할 것이다. 즉, 각 범죄 유형에 대해 **근사적으로**(approximately) 40명이 체포될 것이다. 완성된 표는 다음과 같다.

	절도	재산 범죄	마약 복용	음주운전
관측도수	38	50	28	44
기대도수	40	40	40	40

관측도수들은 표본오차 때문에 거의 항상 기대도수와 다르다. 즉, 관측된 값들은 표본에 따라 다르다. 따라서 중요한 질문은 이러한 차이가 유의한지(체포된 사람들의 수가 이러한 범죄 유형에 따라 차이가 있는지) 아니면 그러한 차이가 우연에 의한 것인지이다. 카이제곱 적합도 검정은 연구자들이 이러한 질문에 대한 답을 정할 수 있도록 할 것이다.

검정통계량의 값을 계산하기 전에 먼저 가설을 설정해야 한다. 귀무가설은 차이나 변화가 없다는 것을 나타내는 문장이어야 한다. 예를 들어 다음과 같이 가설을 설정할 수 있다.

H_0: 체포자의 수는 각 범죄 유형에 따라 차이가 없다.
H_1: 체포자의 수는 각 범죄 유형에 따라 차이가 있다.

다음으로 관측된 값 O와 기대된 값 E 사이의 불일치 측도가 필요하므로, 카이제곱 적합도 검정에 대한 검정통계량을 사용한다.

흥미 있는 사실

남성은 여성보다 30년 먼저 청력을 상실하기 시작한다. 그 이유는 아마도 남성이 전동공구나 잔디깎이와 같은 시끄러운 기계에 더 자주 노출되기 때문일 것이다.

카이제곱 적합도검정에 대한 공식

$$\chi^2 = \sum \frac{(O - E)^2}{E}$$

여기서 자유도는 범주 개수에서 1을 뺀 것이고

O = 관측도수

E = 기대도수

이다.

검정통계량의 값이 관측값과 기댓값 사이의 차이에 근거했다는 것에 주목하라. 만약 관측값과 기댓값이 유의하게 다르다면 귀무가설을 기각할 충분한 증거가 있는 것이다.

관측값과 기댓값이 완벽히 일치한다면 $\chi^2 = 0$이다. 또한 χ^2은 절대 음수가 될 수 없다. 마지막으로 이 검정은 오른쪽꼬리검정이다. 왜냐하면 'H_0: 잘 적합함'과 'H_1: 잘 적합하지 않음'을 사용함으로써 H_0가 맞으면 χ^2은 작아지고 그렇지 않으면 커지기 때문이다.

적합도검정에서 자유도는 범주의 개수에서 1을 뺀 것이다. 이 예제에는 네 개의 범주가 있으므로 자유도가 4 − 1 = 3이다. 그 이유는 처음 세 범주에 속하는 개체의 도수만 자유롭게 변할 수 있기 때문이다. 즉, 도수의 총합이 160이 되어야 하기 때문에 마지막 범주에 속하는 개체의 도수는 처음 세 범주의 도수에 의해 정해진다.

적합도검정을 위해서는 두 가지 가정이 필요하다. 이 가정들은 다음과 같다.

카이제곱 적합도검정에 필요한 가정

1. 자료는 랜덤표본에서 얻는다.
2. 각 범주에 대한 기대도수는 5 이상이어야 한다.

이 책의 연습문제에서는 이러한 가정들을 언급할 것이다. 그러나 다른 상황에서 통계자료를 접한다면 분석을 시행하기 전에 이러한 가정들이 만족되는지 확인해야 한다.

통계학자들은 위 가정에 명시된 것처럼 카이제곱 적합도검정을 시행하기 위해 기대도수가 최소 5 이상이어야 한다고 정하였다. 그 이유는 다음과 같이 설명할 수 있다. 적합도검정이 이산인 것에 비해 카이제곱분포는 연속이다. 그런데 각 계급에 대한 기대도수가 5 이상일 때 연속분포를 이산분포에 대한 좋은 근사분포로 사용할 수 있기 때문이다. 만약 어떤 계급의 기대도수가 5 미만이면 그 계급을 다른 계급과 결합하여 기대도수가 5 이상이 되도록 만들 수 있다.

카이제곱 적합도검정의 단계를 다음의 절차 표에 요약하였다.

절차 표

카이제곱 적합도검정

단계 1 가설을 정하고 주장을 확인한다.

단계 2 표 G를 이용하여 임계값을 구한다. 이 검정은 항상 오른쪽꼬리검정이다.

단계 3 검정값을 계산한다.

$\frac{(O-E)^2}{E}$ 값들의 합을 구한다.

단계 4 결정을 한다.

단계 5 결과를 요약한다.

[예제 11−1]은 적합도검정에서 범주들의 기대도수가 같은 상황을 보여준다.

예제 11−1 범죄 유형에 따른 체포자의 수

특정 도시에서 체포된 사람들의 수가 네 가지 범죄 유형에 따라 차이가 있는지 알아보기를 원한다고 하자. 랜덤표본인 160명의 체포자들로부터 다음과 같은 분포를 얻었다. 각 범죄 유형에 대한 체포자의 수가 동일하다는 주장을 기각할만한 충분한 증거가 있는가? $\alpha = 0.05$를 사용하시오.

풀이

단계 1 가설을 정하고 주장을 확인한다.

H_0: 체포자의 수는 각 범죄 유형에 따라 차이가 없다. (주장)

H_1: 체포자의 수는 각 범죄 유형에 따라 차이가 있다.

단계 2 임계값을 구한다. 자유도는 4 − 1 = 3이고, $\alpha = 0.05$일 때 부록 A의 표 G에서 구한 임계값은 7.815이다.

단계 3 검정값을 계산한다. 기대도수는 $E = n/k = 160/4 = 40$으로 구할 수 있다.
표는 다음과 같다.

	절도	재산 범죄	마약 복용	음주운전
관측도수	38	50	28	44
기대도수	40	40	40	40

검정값은 관측도수에서 그것에 해당하는 기대도수를 뺀 값을 제곱하여 기대도수로 나눈 것을 이용하여 계산한다. 그리고 이러한 값들을 합하여 구한다.

$$\chi^2 = \sum \frac{(0-E)^2}{E} = \frac{(38-40)^2}{40} + \frac{(50-40)^2}{40} + \frac{(28-40)^2}{40} + \frac{(44-40)^2}{40}$$
$$= 0.1 + 2.5 + 3.6 + 0.4$$
$$= 6.6$$

단계 4 결정을 한다. [표 11−1]에서 보는 바와 같이 $6.6 < 7.815$이므로 귀무가설을 기각할 수 없다.

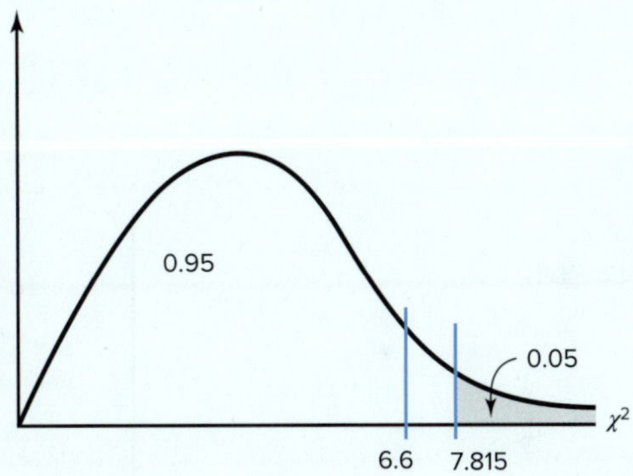

그림 11-1
[예제 11−1]에 대한 임계값과 검정값

단계 5 결과를 요약한다. 각 범죄유형에 대한 체포자의 수에 차이가 없다는 주장을 기각할만한 충분한 근거가 없다.

또한 이 검정에 대해 P-값을 구할 수 있다. [예제 11−1]에서 검정통계량의 값은 6.6이었다. 표 G의 d.f. = 3인 행을 보면 6.6이 6.251과 7.815 사이에 있다는 것을 알 수 있고, 이는 표 상단의 0.10과 0.05 사이이다. 이것은 $0.05 < p < 0.10$을 의미한다. P-값이 0.05보다 크기 때문에 귀무가설을 기각할 수 없다는 결정을 내린다.

왜 이 검정을 적합도검정이라고 부르는지 생각해보기 위해 [예제 11−1]에서 구한 관측값과 기댓값을 나타내는 그래프를 살펴보자. [그림 11−2]를 보자. 이 그래프로부터 관측값과 기댓값이 가까운지 아니면 멀리 떨어져 있는지 확인할 수 있다. 이는 관측값과 기댓값이 멀리 떨어져 있기 때문에 적합도가 좋지 않은 경우이다. 결과적으로 귀무가설을 기각한다.

관측값과 기댓값이 가까울 때 카이제곱 검정통계량의 값은 작을 것이다. 그러면 귀무가설을 기각할 수 없게 되고, 이것은 '잘 적합함'을 의미한다. [표 11−3(a)]를 보자. 관측도수와 기대도수가 멀리 떨어져 있을 때 카이제곱 검정통계량의 값은 클 것이다. 그러면 귀무가설을 기각할 수 있고, 이는 '잘 적합하지 않음'을 의미한다. [표 11−3(b)]를 보자.

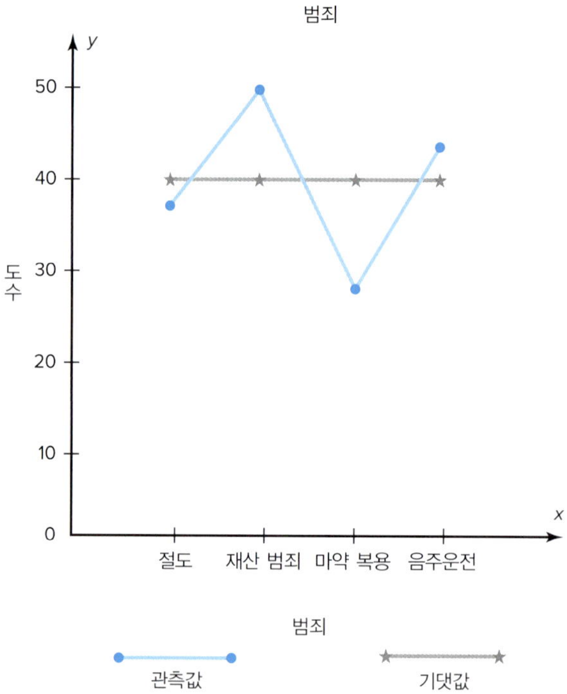

그림 11-2
체포자의 관측값과 기댓값의 그래프

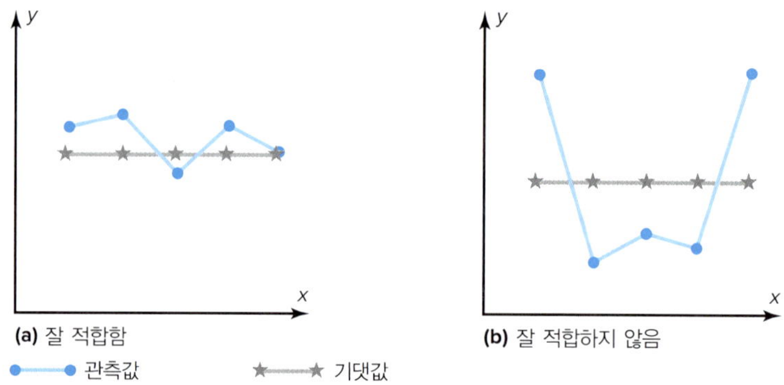

그림 11-3
적합도검정의 결과

예제 11-2 성인의 교육수준

미국정부의 인구조사국은 성인의 13%가 고등학교를 졸업하지 않았고 30%는 고등학교만 졸업하였으며 29%는 대학교육을 받았으나 학사 학위를 취득하지 않았고, 28%가 학부 졸업자라는 것을 알아냈다. 한 지역연구자는 이 비율이 Lincoln County 지역에 거주하는 사람들과 동일한지 알아보기 위해 300명의 성인을 랜덤표본으로 추출하였다. 그 결과 그들 중 43명이 고등학교를 마치지 않았고, 76명은 고등학교만 졸업하였으며 96명은 대학교육을 받았으나 학사 학위가 없었고, 85명이 학부 졸업자라는 것을 알아냈다. 인구조사국에서 밝힌 교육수준의 비율이 Lincoln County의 비율과 동일하다는 주장을 $\alpha = 0.10$에서 검정하시오.

풀이

단계 1 가설을 정하고 주장을 확인한다.

H_0: 각 범주에 속하는 사람들의 비율이 다음과 같다. 13%는 고등학교를 마치지 않았고 30%는 고등학교만 졸업하였으며 29%는 대학교육을 받았으나 학사 학위를 취득하지 않았고, 28%는 학사 학위가 있다. (주장)

H_1: 교육수준의 분포가 귀무가설에서 명시한 것과 다르다.

단계 2 임계값을 구한다. $\alpha = 0.10$이고 자유도가 $4 - 1 = 3$이므로, 임계값은 6.251이다.

단계 3 검정값을 계산한다. 먼저 기대도수를 계산해야 한다. 각 범주에 속하는 사람들의 백분율에 조사한 사람의 전체 명수(300)를 곱한다.

$$0.13 \times 300 = 39$$
$$0.30 \times 300 = 90$$
$$0.29 \times 300 = 87$$
$$0.28 \times 300 = 84$$

표는 다음과 같다.

	고등학교를 마치지 않음	고등학교 졸업	학부교육 이수	학부 졸업
관측도수	43	76	96	85
기대도수	39	90	87	84

다음으로 검정값을 계산한다.

$$\chi^2 = \sum \frac{(O-E)^2}{E} = \frac{(43-39)^2}{39} + \frac{(76-90)^2}{90} + \frac{(96-87)^2}{87} + \frac{(85-84)^2}{84}$$
$$= 0.410 + 2.178 + 0.931 + 0.012 = 3.531$$

단계 4 결정을 한다. [표 11-1]에서 보는 바와 같이 $3.531 < 6.251$이므로 귀무가설을 기각할 수 없다. ([그림 11-4] 참조).

그림 11-4

[예제 11-2]에 대한 임계값과 검정값

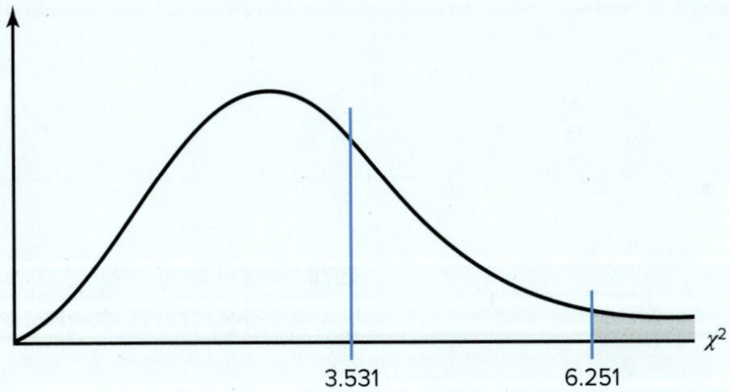

단계 5 결과를 요약한다. 주장을 기각할만한 충분한 근거가 없으므로 비율이 귀무가설에 주어진 것과 유의하게 다르지 않다고 결론내릴 수 있다. 즉, 비율들은 미국의 인구조사국이 밝힌 것과 유의한 차이가 없다.

예제 11-3 총기 사망

한 연구자는 1~18세 사람들에 대한 총기 관련 사망의 74%는 사고사이고, 16%는 살인, 10%는 자살이라는 것을 읽었다. 그녀가 사는 지역에서 작년에 68건의 사고사와 27건의 살인, 그리고 5건의 자살이 발생했다고 한다. 이 지역의 총기 사망 원인의 비율이 그녀가 읽은 것과 같다는 주장을 $\alpha = 0.10$에서 검정하시오.

출처: Centers for Disease Control and Prevention.

풀이

단계 1 가설을 정하고 주장을 확인한다.

H_0: 1~18세 사람들 중에서 총기로 인한 사망의 74%는 사고사이고, 16%는 살인, 10%는 자살이다. (주장)

H_1: 사망원인의 분포가 귀무가설에서 명시한 것과 다르다.

단계 2 임계값을 구한다. $\alpha = 0.10$이고 자유도가 $3 - 1 = 2$이므로, 임계값은 4.605이다.

단계 3 검정값을 계산한다.

먼저 공식 $E = n \cdot p$를 이용하여 다음과 같이 기대도수를 계산한다.

$$100 \times 0.74 = 74$$
$$100 \times 0.16 = 16$$
$$100 \times 0.10 = 10$$

표는 다음과 같다.

	사고사	살인	자살
관측도수	68	27	5
기대도수	74	16	10

$$\chi^2 = \sum \frac{(O-E)^2}{E}$$
$$= \frac{(68-74)^2}{74} + \frac{(27-16)^2}{16} + \frac{(5-10)^2}{10}$$
$$= 10.549$$

단계 4 [표 11−5]에서 보는 바와 같이 $10.549 > 4.605$이므로 귀무가설을 기각한다.

그림 11−5

[예제 11−3]에 대한 임계값과 검정값

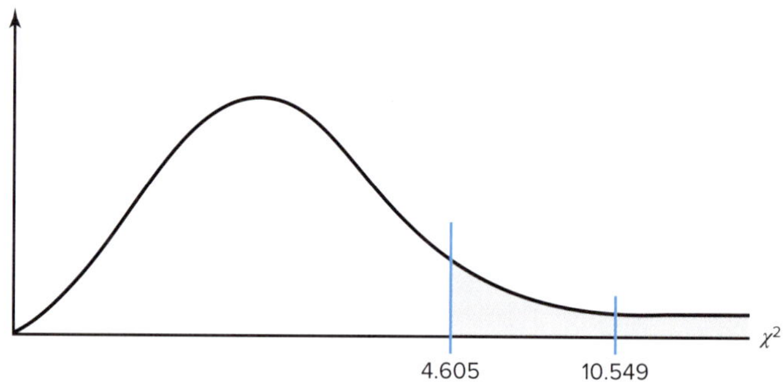

단계 5 결과를 요약한다. 총기로 인한 사망의 74%는 사고사이고, 16%는 살인, 10%는 자살이라는 주장을 기각할 수 있는 충분한 근거가 있다.

정규성검정

카이제곱 적합도검정은 어떤 변수가 정규분포를 따르는지 알아보기 위해 사용할 수 있다. 이때 가설은 다음과 같다.

H_0: 변수가 정규분포를 따른다.
H_1: 변수가 정규분포를 따르지 않는다.

이에 대한 검정과정은 다소 복잡하다. 표준정규분포를 이용하여 도수분포의 각 계급에 대한 기대도수를 구해야 한다. 그 다음에 카이제곱 적합도검정을 사용하여 실제 도수(즉, 관측도수)와 기대도수를 비교한다. 만약 관측도수와 기대도수가 비슷하면 카이제곱 검정통계량의 값은 작을 것이며, 귀무가설을 기각할 수가 없다. 이 경우에는 이 변수가 근사적으로 정규분포를 따른다고 할 수 있다.

반대로 관측도수와 기대도수의 차이가 크면 카이제곱 검정통계량의 값도 클 것이며, 귀무가설을 기각할 수 있다. 이 경우에는 이 변수가 근사적으로 정규분포를 따른다고 할 수 없다.

[예제 11-4]는 정규성에 대한 카이제곱검정 과정을 설명한다. 이 예제에서 정규분포의 면적을 구하기 위해 복습이 필요하다면 6-2절을 다시 보기를 바란다.

[예제 11-4]는 계산하는 방법을 설명한다.

예제 11-4 정규성검정

아래의 도수분포를 가진 변수가 정규분포를 따르는지 카이제곱을 이용하여 검정하시오. $\alpha = 0.05$를 사용하시오.

계급경계	도수
89.5–104.5	24
104.5–119.5	62
119.5–134.5	72
134.5–149.5	26
149.5–164.5	12
164.5–179.5	4
	총합 = 200

풀이

H_0: 변수가 정규분포를 따른다.

H_1: 변수가 정규분포를 따르지 않는다.

먼저 변수의 평균과 표준편차를 구한다. (**참고**: σ에 대한 근삿값으로 s를 사용한다.)

이색 통계

우유를 마시면 뇌졸중의 위험이 줄어들 수 있다. 22년 동안 55세 이상의 남성들을 연구한 결과 15온스의 우유를 매일 마신 남성들 중 4%만이 뇌졸중을 일으켰는데, 우유를 마시지 않는 사람들의 경우에는 그들 중 8%가 뇌졸중을 일으켰다.

계급경계	f	X_m	$f \cdot X_m$	$f \cdot X_m^2$
89.5–104.5	24	97	2,328	225,816
104.5–119.5	62	112	6,944	777,728
119.5–134.5	72	127	9,144	1,161,288
134.5–149.5	26	142	3,692	524,264
149.5–164.5	12	157	1,884	295,788
164.5–179.5	4	172	688	118,336
	200		24,680	3,103,220

$$\overline{X} = \frac{24{,}680}{200} = 123.4$$

$$s = \sqrt{\frac{200(3{,}103{,}220) - 24{,}680^2}{200(199)}} = \sqrt{290} = 17.03$$

다음으로 각 계급에 대해 z값과 표 E를 이용하여 표준정규분포의 아래 면적을 구한다.

$x = 104.5$에 대한 z 점수는 다음과 같이 구한다.

$$z = \frac{104.5 - 123.4}{17.03} = -1.11$$

$z < -1.11$에 해당하는 면적은 0.1335이다.

119.5에 대한 z 점수는 다음과 같이 구한다.

$$z = \frac{119.5 - 123.4}{17.03} = -0.23$$

$-1.11 < z < -0.23$에 해당하는 면적은 $0.4090 - 0.1335 = 0.2755$이다.

134.5에 대한 z 점수는 다음과 같이 구한다.

$$z = \frac{134.5 - 123.4}{17.03} = 0.65$$

$-0.23 < z < 0.65$에 해당하는 면적은 $0.7422 - 0.4090 = 0.3332$이다.

149.5에 대한 z 점수는 다음과 같이 구한다.

$$z = \frac{149.5 - 123.4}{17.03} = 1.53$$

$0.65 < z < 1.53$에 해당하는 면적은 $0.9370 - 0.7422 = 0.1948$이다.

164.5에 대한 z 점수는 다음과 같이 구한다.

$$z = \frac{164.5 - 123.4}{17.03} = 2.41$$

$1.53 < z < 2.41$에 해당하는 면적은 $0.9920 - 0.9370 = 0.0550$이다.

$z > 2.41$에 해당하는 면적은 $1.0000 - 0.9920 = 0.0080$이다.

각 계급에서 구한 면적에 200을 곱하여 기대도수를 구한다. 기대도수는 다음과 같이 구한다.

$$0.1335 \cdot 200 = 26.7$$
$$0.2755 \cdot 200 = 55.1$$
$$0.3332 \cdot 200 = 66.64$$
$$0.1948 \cdot 200 = 38.96$$
$$0.0550 \cdot 200 = 11.0$$
$$0.0080 \cdot 200 = 1.6$$

참고: 마지막 범주에 대한 기대도수가 5 미만이므로 이전 범주와 결합한다. 그러면 다음과 같은 표를 얻는다.

O	24	62	72	26	16
E	26.7	55.1	66.64	38.96	12.6

마지막으로 공식 $\chi^2 = \sum \frac{(O - E)^2}{E}$을 이용하여 카이제곱 검정통계량의 값을 구한다.

$$\chi^2 = \frac{(24 - 26.7)^2}{26.7} + \frac{(62 - 55.1)^2}{55.1} + \frac{(72 - 66.64)^2}{66.64} + \frac{(26 - 38.96)^2}{38.96} + \frac{(16 - 12.6)^2}{12.6} = 6.797$$

이 검정에서 임계값의 자유도는 범주의 개수에서 1을 빼지 않고 3을 빼서 계산한다. 모수 한 개가 추정될 때마다 자유도 한 개를 잃는데, 이 경우 평균과 표준편차를 추가적으로 추정했으므로 2개의 자유도를 더 잃게 되기 때문이다.

d.f. $= 5 - 3 = 2$와 $\alpha = 0.05$에 대한 임계값은 5.991이므로 귀무가설을 기각할 수 있다. 따라서 분포는 정규분포가 아니라고 생각할 수 있다.

참고: $\alpha = 0.01$에서 임계값은 9.210이고 귀무가설은 기각될 수 없다. 그래서 $\alpha = 0.01$일 때는 이 변수가 정규분포를 따른다고 생각할 수 있다. 따라서 검정을 시행하기 전에 어떤 유의수준을 사용할지 결정하는 것이 중요하다.

개념의 적용 11-1

Skittles 사탕의 과일 맛의 분포

Skittles 사탕의 제조사인 M&M/Mars는 서로 다른 과일 맛의 사탕들이 각각 20%씩 들어있다고 말한다. Skittles에는 레몬, 라임, 오렌지, 딸기, 포도 맛이 나는 사탕이 들어있다. 다음 자료는 랜덤으로 Skittles 네 봉지를 선택하여 그 안에 있는 서로 다른 맛의 사탕을 분류한 것이다. 이 자료를 사용하여 질문에 답하시오.

	과일 맛				
	레몬	라임	오렌지	딸기	포도
1	14	7	20	10	7
2	17	20	5	5	13
3	4	4	16	13	21
4	17	12	9	16	3
총합	52	43	50	44	44

1. 변수는 양적변수인가, 질적변수인가?
2. 관측도수와 기대도수를 비교하기 위해 어떤 검정을 사용할 수 있는가?
3. 합계에 대한 카이제곱검정을 하시오.
4. 어떤 가설을 사용해야 하는가?
5. 이 검정에서 자유도는 얼마인가? 또한 임계값은 얼마인가?
6. 결론은 무엇인가?

정답 511쪽 참조

연습문제 11-1

1. 적합도검정과 카이제곱 분산검정은 어떻게 다른가?

2. 적합도검정에서 기대도수는 어떻게 계산하는가?

3~9번 문제는 다음의 단계를 실행하여 답하시오.

a. 가설을 정하고 주장을 확인한다.
b. 임계값을 찾거나 *P*-값 방법을 사용한다.
c. 검정값을 계산한다.
d. 결정을 한다.
e. 결과를 요약한다.

특별한 언급이 없으면 전통적인 가설검정 방법을 사용하시오. 모든 가정들이 만족한다고 가정한다.

3. 통계학 수업 시간 한 교수는 학생들이 선호하는 통계학 수업의 강의시간을 알아보고자 한다. 통계학 수업 네 개를 랜덤으로 선택하여 수강 신청한 학생들의 수를 조사하였다. $\alpha = 0.01$에서 학생들은 특정 시간대를 선호하는가?

강의시간	8:00 AM	10:00 AM	12:00 PM	2:00 PM
학생 수	24	35	31	26

4. 학년도(한 학년의 수업기간)의 연장 한 연구자가 큰 학군에서 근무하는 교사 100명을 랜덤으로 선택하여 조사한 결과, 46명이 학년도의 연장을 원하고 42명은 그렇지 않으며 12명은 별다른 의견이 없다는 것을 알았다. 국가적으로는 45%가 학년도의 연장을 원하고 47%는 그렇지 않으며 8%는 별다른 의견이 없다고 할 때, 유의수준 0.05에서 이 학군의 분포는 국가의 분포와 다른가?

5. 유전자 변형 식품 ABC 뉴스 조사에서 성인들에게 유전자 변형 식품이 안전하다고 생각하는가에 대한 조사를 하였다. 35%는 안전하다고 생각하고, 52%는 안전하지 않다고 하였으며, 13%는 잘 모르겠다고 하였다. 한 지역음식 박람회에서 성인 120명을 랜덤으로 추출하여 같은 질문을 한 결과, 40명은 안전하다고 생각하고, 60명은 안전하지 않다고 하였으며, 20명은 잘 모르겠다고 하였다. 유의수준 0.01에서 이 비율이 ABC 뉴스 조사와 다르다는 충분한 증거가 있는가?

출처: ABCNews.com Poll, www.pollingreport.com

6. 직원의 결근 한 가게 주인은 직원들의 결근 횟수가 주중 요일

에 대해 모두 같은지 알아보고자 한다. 그녀는 랜덤으로 한 주를 선택하여 다음과 같이 결근 횟수를 기록했다.

요일	월요일	화요일	수요일	목요일	금요일
결근횟수	13	10	16	22	24

$\alpha = 0.05$에서 이 주의 각 요일의 결근 횟수에 차이가 있는가?

7. 총기 사망 국가안전위원회에 따르면 총기로 인한 사망자의 10%는 신생아부터 19세 이하였고, 50%는 20~44세, 40%는 45세 이상이었다. 특정 주에서 총기로 인해 사망한 100명의 랜덤표본에 의하면 13명은 신생아에서 19세, 62명은 20~44세, 나머지는 45세 이상이다. 유의수준 $\alpha = 0.05$에서 이 결과는 국가안전위원회가 언급한 결과와 다른가?

출처: *World Almanac*.

8. 인터넷 사용자 학력이 인터넷 사용 여부에 영향을 미치는지를 조사하기 위해 한 대형 온라인 상점에서 랜덤으로 쇼핑객을 선택하여 그들의 최고학력이 무엇인지 물었다. 그 결과는 아래에 나와 있다. 유의수준 $\alpha = 0.05$에서 인터넷 사용자의 비율이 특정 집단에서 차이가 난다는 충분한 근거가 있는가?

대학졸업 이상	대학교육 이수	대학 다니지 않음
44	41	40

출처: www.infoplease.com

9. 처방약 구입 한 의학연구자는 사람들이 처방약을 구입할 때 60%는 개인 돈으로, 25%는 보험으로, 15%는 메디케어(노인의료보험)를 통해 구입한다고 한다. 50명의 랜덤표본을 조사한 결과 32명이 개인 돈으로, 10명이 보험으로, 8명이 메디케어를 통해 처방약을 구입하였다. $\alpha = 0.05$에서 이 가정이 사실인가? P-값 방법을 이용하여 답하시오. 이 결과는 무엇을 암시하는가?

출처: U.S. Health Care Financing.

개념의 확장

10. 동전 던지기 세 개의 동전을 72번 던져서 나온 앞면의 수가 다음 표에 나와 있다. 이 동전들은 양면의 무게가 같은 공정한 동전이며 이들을 랜덤하게 던졌다는 귀무가설을 $\alpha = 0.05$에서 검정하시오. (**힌트**: 이항분포를 사용하시오.)

앞면의 수	0	1	2	3
빈도	3	10	17	42

EXCEL Step by Step

정규성에 대한 카이제곱검정

예제 XL11–1

이 Excel 예제는 [예제 11–4]에 대한 것이다. 유의수준 5%에서 이 변수가 정규분포를 따르는지 확인하시오.

먼저 관측도수와 기대도수의 표를 만드시오.

관측도수	24	62	72	26	16
기대도수	26.7	55.1	66.64	38.96	12.6

1. Excel 워크시트의 행 1에 관측도수를 입력한다.
2. 행 2에 기대도수를 입력한다.

참고: A1과 A2 칸에 각각 관측도수와 기대도수에 대한 라벨을 입력해도 된다. 여기에서는 그렇게 하였다.

3. 메인 메뉴에서 '수식'을 선택하고, '함수삽입'을 선택한다.
4. 함수마법사의 범주 선택에서 '통계'를 선택하고, 함수 선택에서 CHISQ.TEST 함수를 선택한다.
5. 함수 인수 창에서 Actual_Range에는 'B1:F1'을, Expected_Range에는 'B2:F2'를 넣고 '확인'을 클릭한다.

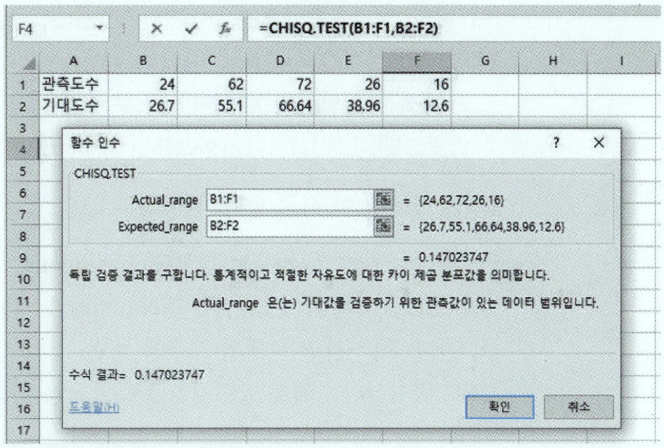

P-값인 0.1470이 유의수준 0.05보다 크기 때문에 귀무가설을 기각할 수 없다. 따라서 변수의 분포는 근사적으로 정규분포라고 할 수 있다.

11–2 분할표를 사용한 검정

자료가 도수에 관한 표 형태로 요약되어 있을 때 카이제곱검정을 이용하여 여러 종류의 가설을 검정할 수 있다.

그들 중 두 가지는 변수들 사이의 독립성검정과 비율의 동질성검정이다. 변수들 사이의 독립성검정은 단일 표본이 주어져 있을 때 두 변수가 서로 독립인지 아니면 연관이 있는지를 알고자 할 때 사용한다. 비율의 동질성검정은 서로 다른 모집단으로부터 추출한 여러 개의 랜덤 표본에서 하나의 변수에 대한 비율이 같은지를 알고자 할 때 사용한다. 두 개의 검정 모두 카이제곱분포와 분할표를 사용하고, 검정통계량의 값을 구하는 방법도 같다. 먼저 독립성검정에 대해 알아보자.

학습목표 2
카이제곱을 이용하여 두 변수 사이의 독립성검정하기

독립성검정

카이제곱 **독립성검정**(independence test)은 두 변수 사이의 독립성을 검정하기 위해 사용한다.

카이제곱 독립성검정에 대한 공식

$$\chi^2 = \sum \frac{(O-E)^2}{E}$$

여기서 자유도는 (행의 개수−1)(열의 개수−1)이고

O = 관측도수

E = 기대도수

이다.

카이제곱 독립성검정의 가정

1. 자료는 랜덤표본에서 얻는다.
2. 각 칸의 기대도수는 5 이상이어야 한다. 만약 기대도수가 5 이상이 아니면 범주들을 결합한다.

이 책의 연습문제에서는 이러한 가정들을 언급할 것이다. 그러나 다른 상황에서 통계자료를 접한다면 분석을 시행하기 전에 이러한 가정들이 만족되는지 확인해야 한다.

카이제곱 독립성검정에 대한 귀무가설은 차이가 있기는 하나 보통 다음과 같이 서술한다.

H_0: 변수들이 서로 독립이다.
H_1: 변수들이 서로 종속이다.

두 변수들에 대한 자료는 **분할표(contingency table)**로 요약되어 있다. 한 변수는 **행변수**(row variable), 다른 변수는 **열변수**(column variable)라고 한다. 이 표를 $\boldsymbol{R \times C}$**표**($R \times C$ table)라고 한다. 여기서 R은 행의 개수를, C는 열의 개수를 나타낸다. (행은 횡방향으로, 열은 종방향으로 위치한다.) 예를 들어 2 × 3 분할표는 다음과 같다.

	열 1	열 2	열 3
행 1	$C_{1,2}$	$C_{1,2}$	$C_{1,3}$
행 2	$C_{2,1}$	$C_{2,2}$	$C_{2,3}$

이 표의 각 값을 **칸 값(cell value)**이라고 한다. 예를 들어 칸 값 $C_{2,3}$은 두 번째 행 (2) 세 번째 열 (3)에 있다는 것을 의미한다.

관측도수들은 랜덤표본으로부터 얻어진다(즉, 문제에 주어진다). 기대도수는 관측도수로부터 두 변수들이 서로 독립이라는 가정하에 계산된다.

각 칸에 대한 기대도수를 계산하는 공식은 다음과 같다.

$$\text{기대도수} = \frac{(\text{행합})(\text{열합})}{\text{총합}}$$

카이제곱 적합도검정에서와 같이 관측도수와 기대도수 사이의 차이가 작으면 검정통계량의 값이 작아진다는 것을 의미한다. 따라서 변수는 서로 독립이다.

그러나 관측도수와 기대도수 간에 큰 차이가 있으면 검정통계량의 값은 커질 것이고 귀무가설은 기각될 것이다. 이 경우 변수들이 종속이거나 서로 연관되어 있다고 말할 충분한 근거가 있다. 이 검정은 항상 오른쪽꼬리검정이다.

카이제곱 독립성검정에 대한 자유도는 분할표의 크기에 근거한다. 자유도에 대한 공식은 $(R - 1)(C - 1)$, 즉 (행의 개수 − 1)(열의 개수 − 1)이다. 2 × 3표에서 자유도는 $(2 - 1)(3 - 1) = 1(2) = 2$가 될 것이다.

예를 들어, 한 대형병원이 많은 환자들에게 수술 후에 새로운 처치방법이 적용하였다고 하자. 연구자는 다음과 같은 질문을 할 수 있다. 이 처치방법에 대한 의사들의 견해는 간호사들과 다른가 아니면 기본적으로 동일한가? 이 질문은 그들이 이 처치방법을 선호하는지 묻는 것이 아니라 두 집단의 의견에 차이가 있는지를 묻는 것이다.

이 질문에 답하기 위해 연구자는 의사와 간호사를 표본으로 선택하여 자료를 다음과 같은 표로 구성하였다.

집단	새로운 방식을 선호	예전 방식을 선호	특별히 선호하는 것 없음
간호사	100	80	20
의사	50	120	30

조사에 의하면 간호사 중에서 100명은 새로운 방식을, 80명은 예전 방식을, 20명은 특별히 선호하는 것이 없다고 하였고, 의사 중에서는 50명이 새로운 방식을, 120명은 예전 방식을, 30명은 특별히 더 선호하는 것이 없다고 하였다. 여기서 중요한 질문은 의견에 차이가 있는지 또는 없는지 이기 때문에 다음과 같이 가설을 설정한다.

H_0: 새로운 처치방법에 대한 선호도는 직군과 독립이다(independent).

H_1: 새로운 처리방법에 대한 선호도는 직군에 의존한다(dependent).

만약 귀무가설을 기각할 수 없다면, 이 검정은 두 직군이 기본적으로 처치방법을 동일하게 생각한다는 것이고 이 차이는 우연 때문이다. 만약 귀무가설이 기각된다면 이 검정은 새로운 처치방식에 대해 두 집단이 다르게 생각한다는 것을 의미한다. 귀무가설을 기각한다고 해서 한 집단이 새로운 처치방식을 선호하고 다른 집단은 그렇지 않다는 것을 의미하는 것은 아니다. 아마 두 집단이 새로운 방식을 선호하거나 두 집단 모두 선호하지 않을 수 있는데, 단지 그 비율이 다를 수 있다.

어떤 분할표의 자유도는 (행의 개수 − 1)(열의 개수 − 1)이다. 즉 d.f. = $(R-1)(C-1)$이다. 이 예제에서는 $(2-1)(3-1)=(1)(2)=2$이다. 자유도에 대한 공식이 이러한 이유는 모든 기대도수를 구할 때 각 행이나 열에서 한 칸을 제외하고는 값을 마음대로 변화시킬 수 있기 때문이다. $\alpha = 0.05$에 대해 표 G로부터 구한 임계치는 5.991이다.

카이제곱 독립성검정을 이용하여 귀무가설을 검정하기 위해서는 귀무가설이 사실이라는 가정하에 기대도수를 계산해야 한다. 이 도수는 표에 주어진 관측도수를 사용하여 계산할 수 있다.

앞의 표를 이용하여 다음에서와 같이 각 칸의 기대도수를 계산할 수 있다.

흥미 있는 사실

당신은 나이가 너무 많지도 적지도 않으니 항상 최선을 다하라. George Foreman은 46세에 복싱 헤비급 세계챔피언이 되었고, William Pitt는 24세에 대영제국의 수상이 되었고 Benjamin Franklin은 16세에 신문의 칼럼니스트가 되었으며 81세에 미국 헌법 초안을 만들었다.

1. 각 행과 열의 합을 구하고 다음과 같이 총합도 구한다.

집단	새로운 방식을 선호	예전 방식을 선호	선호 없음	합
간호사	100	80	20	행 1의 합: 200
의사	+50	+120	+30	행 2의 합: 200
합	150 (열 1의 합)	200 (열 2의 합)	50 (열 3의 합)	400 (총합)

2. 각 칸에서 해당 행 합과 해당 열 합을 곱한 후 총합으로 나누어주면 다음과 같이 그 칸의 기대도수가 된다.

$$\text{기대도수} = \frac{\text{열합} \times \text{행합}}{\text{총합}}$$

예를 들면, $C_{1,2}$에 대한 기대도수를 $E_{1,2}$라고 표기하고 (이전 표를 참고하여) 다음과 같이 계산한다.

$$E_{1,2} = \frac{(200)(200)}{400} = 100$$

각 칸에 대하여 기대도수는 다음과 같이 계산한다.

$$E_{1,1} = \frac{(200)(150)}{400} = 75 \qquad E_{1,2} = \frac{(200)(200)}{400} = 100 \qquad E_{1,3} = \frac{(200)(50)}{400} = 25$$

$$E_{2,1} = \frac{(200)(150)}{400} = 75 \qquad E_{2,2} = \frac{(200)(200)}{400} = 100 \qquad E_{2,3} = \frac{(200)(50)}{400} = 25$$

그러면 해당하는 칸에 기대도수와 관측도수를 함께 나타낼 수 있다.

집단	새로운 방식을 선호	예전 방식을 선호	선호 없음	합
간호사	100 (75)	80 (100)	20 (25)	200
의사	50 (75)	120 (100)	30 (25)	200
합	150	200	50	400

분할표에서 기대도수를 계산하는 방법은 비율에 근거한다. $C_{1,1}$의 경우 총 400명 중에서 150명이 새로운 방식을 선호한다. 한편, 간호사는 총 200명이므로 귀무가설이 사실이라면 (150/400)(200) 또는 75명의 간호사가 새로운 방식을 선호한다고 기대할 수 있다.

그러면 다음 공식을 이용하여 검정통계량의 값을 계산할 수 있다.

$$\begin{aligned}\chi^2 &= \sum\frac{(O-E)^2}{E}\\ &= \frac{(100-75)^2}{75}+\frac{(80-100)^2}{100}+\frac{(20-25)^2}{25}+\frac{(50-75)^2}{75}\\ &\quad+\frac{(120-100)^2}{100}+\frac{(30-25)^2}{25}\\ &= 26.667\end{aligned}$$

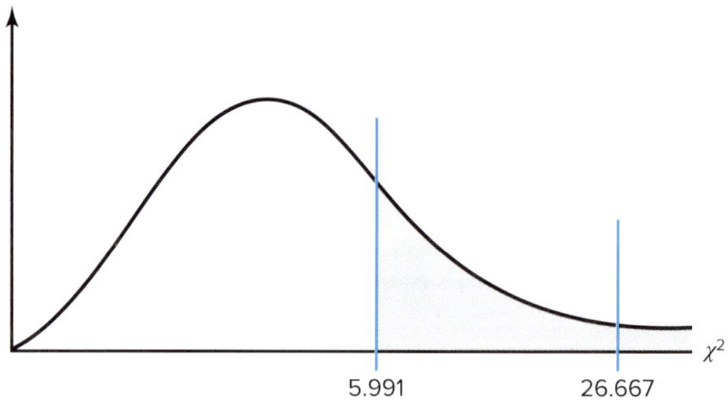

그림 11-6
수술 후 처치 예제에 대한 임계값과 검정값

다음으로 의사결정을 하자. 검정통계량의 값 26.667이 임계값 5.991보다 크기 때문에 귀무가설을 기각하게 된다. [그림 11-6]을 보자.

따라서 처치방법에 대한 의견이 직군과 연관되어 있다(종속이다)는 주장을 지지할만한 충분한 근거가 있다. 즉, 의사와 간호사는 이 처치 방식에 대한 의견에 차이가 있다.

P-값은 앞에서 보인 바와 같이 구할 수 있다. 이 경우 두 번째 행(d.f. = 2)을 보면 0.005라는 값에 해당하는 카이제곱 값이 10.597라는 것을 알 수 있다. 검정통계량이 26.667이고 10.597보다 크므로, *P*-값 < 0.005이고 귀무가설을 기각할 수 있다.

카이제곱 독립성검정을 수행하기 위한 절차 표가 다음과 같이 주어져 있다.

절차 표

카이제곱 독립성검정

단계 1 가설을 정하고 주장을 확인한다.

단계 2 표 G를 이용하여 임계값을 구한다. 이 검정은 항상 오른쪽꼬리검정이다.

단계 3 검정값을 계산한다. 검정값을 계산하기 위하여 먼저 기대도수를 구한다.

분할표의 각 칸에 대한 기대도수를 계산하기 위해 다음 공식을 이용한다.

$$\text{기대도수} = \frac{\text{열합} \times \text{행합}}{\text{총합}}$$

검정통계량의 값을 구하기 위해 다음 공식을 이용한다.

$$\chi^2 = \sum \frac{(O - E)^2}{E}$$

단계 4 결정을 한다.

단계 5 결과를 요약한다.

[예제 11–5]와 [예제 11–6]은 카이제곱 독립성검정에 대한 절차를 보여준다.

예제 11–5 병원과 감염

한 연구자는 병원과 감염환자의 수 사이에 관련이 있는지 알아보려고 한다. 3개 병원을 랜덤표본으로 선택하여 특정 해에 발생한 감염자 수를 기록하였다. 그 자료가 다음 표에 주어져 있다.

병원	수술부위감염	폐렴	혈류감염	총합
A	41	27	51	119
B	36	3	40	79
C	169	106	109	384
총합	246	136	200	582

출처: Pennsylvania Health Care Cost Containment Council.

$\alpha = 0.05$에서 감염자 수와 병이 발생한 병원이 관련되어 있다고 결론 내릴 수 있는가?

흥미 있는 사실

오대호(the Great Lakes)에는 미국 대륙 전체를 9.5피트의 깊이까지 덮을 수 있는 양의 물이 있다.

풀이

단계 1 가설을 정하고 주장을 확인한다.

H_0: 감염자 수는 병원과 독립이다.

H_1: 감염자 수는 병원에 의존한다(주장).

단계 2 임계값을 구한다. $\alpha = 0.05$에서 자유도가 $(3 - 1)(3 - 1) = (2)(2) = 4$일 때 표 G를 사용하여 구한 임계값은 9.488이다.

단계 3 검정값을 계산한다. 먼저, 기대도수를 구한다.

$$E_{1,1} = \frac{(119)(246)}{582} = 50.30 \quad E_{1,2} = \frac{(119)(136)}{582} = 27.81 \quad E_{1,3} = \frac{(119)(200)}{582} = 40.89$$

$$E_{2,1} = \frac{(79)(246)}{582} = 33.39 \quad E_{2,2} = \frac{(79)(136)}{582} = 18.46 \quad E_{2,3} = \frac{(79)(200)}{582} = 27.15$$

$$E_{3,1} = \frac{(384)(246)}{582} = 162.31 \quad E_{3,2} = \frac{(384)(136)}{582} = 89.73 \quad E_{3,3} = \frac{(384)(200)}{582} = 131.96$$

완성된 표는 다음과 같다.

병원	수술부위감염	폐렴	혈류감염	총합
A	41 (50.30)	27 (27.81)	51 (40.89)	119
B	36 (33.39)	3 (18.46)	40 (27.15)	79
C	169 (162.31)	106 (89.73)	109 (131.96)	384
총합	246	136	200	582

그다음 공식에 대입하여 검정값을 구한다.

$$\chi^2 = \sum \frac{(O-E)^2}{E}$$

$$= \frac{(41-50.30)^2}{50.30} + \frac{(27-27.81)^2}{27.81} + \frac{(51-40.89)^2}{40.89}$$

$$+ \frac{(36-33.39)^2}{33.39} + \frac{(3-18.46)^2}{18.46} + \frac{(40-27.15)^2}{27.15}$$

$$+ \frac{(169-162.31)^2}{162.31} + \frac{(106-89.73)^2}{89.73} + \frac{(109-131.96)^2}{131.96}$$

$$= 1.719 + 0.024 + 2.500 + 0.204 + 12.948 + 6.082$$

$$+ 0.276 + 2.950 + 3.995$$

$$= 30.698$$

단계 4 결정을 한다. 30.698 > 9.488이므로 귀무가설을 기각한다. 즉, [그림 11-7]에서 볼 수 있는 것처럼 검정값이 임계역에 포함되기 때문에 귀무가설을 기각한다.

그림 11-7

[예제 11-5]에 대한 임계값과 검정값

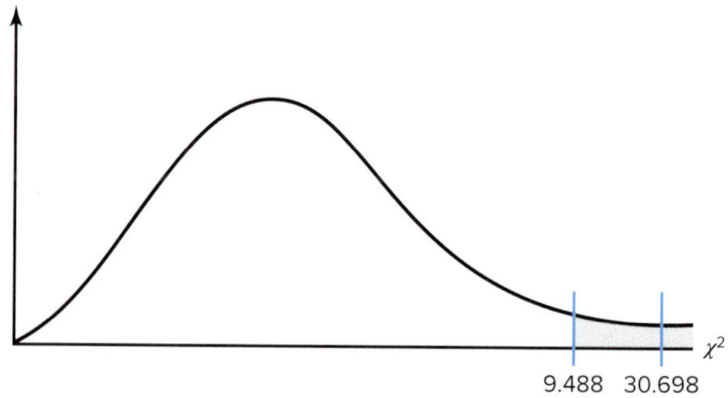

단계 5 결과를 요약한다. 감염자 수가 감염이 발생한 병원과 관련 있다는 주장을 지지할 충분한 근거가 있다.

예제 11-6 정신질환

한 연구자는 남성과 여성 사이에 정신질환의 발병횟수에 차이가 있는지 알아보고자 한다. 그녀는 30명의 남성과 24명의 여성을 표본으로 선택하여 정신질환의 종류에 따라 분류하였다. 그 결과가 다음과 같다.

성별	불안	우울증	조현병	총합
남성	8	12	10	30
여성	12	9	3	24
총합	20	21	13	54

이 연구자는 $\alpha = 0.10$에서 정신질환의 종류에 차이가 있다는 결론을 내릴 수 있는가?

풀이

단계 1 가설을 정하고 주장을 확인한다.

H_0: 정신질환의 종류와 성별은 독립이다.

H_1: 정신질환의 종류와 성별은 관련이 있다(주장).

단계 2 임계값을 구한다. 자유도가 $(2-1)(3-1) = 2$일 때 임계값은 4.605이다.

단계 3 검정값을 계산한다. 먼저, 기대도수를 구한다.

$$E_{1,1} = \frac{(30)(20)}{54} = 11.11 \quad E_{1,2} = \frac{(30)(21)}{54} = 11.67 \quad E_{1,3} = \frac{(30)(13)}{54} = 7.22$$

$$E_{2,1} = \frac{(24)(20)}{54} = 8.89 \quad E_{2,2} = \frac{(24)(21)}{54} = 9.33 \quad E_{2,3} = \frac{(24)(13)}{54} = 5.78$$

완성된 표는 다음과 같다.

성별	불안	우울증	조현병	총합
남성	8 (11.11)	12 (11.67)	10 (7.22)	30
여성	12 (8.89)	9 (9.33)	3 (5.78)	24
총합	20	21	13	54

검정값은 다음과 같다.

$$\begin{aligned}\chi^2 &= \sum\frac{(O-E)^2}{E} \\ &= \frac{(8-11.11)^2}{11.11} + \frac{(12-11.67)^2}{11.67} + \frac{(10-7.22)^2}{7.22} \\ &\quad + \frac{(12-8.89)^2}{8.89} + \frac{(9-9.33)^2}{9.33} + \frac{(3-5.78)^2}{5.78} \\ &= 0.871 + 0.009 + 1.070 + 1.088 + 0.012 + 1.337 = 4.387\end{aligned}$$

단계 4 결정을 한다. $4.387 < 4.605$이므로 귀무가설을 기각할 수 없다([그림 11–8] 참조).

그림 11–8

[예제 11–6]에 대한 임계값과 검정값

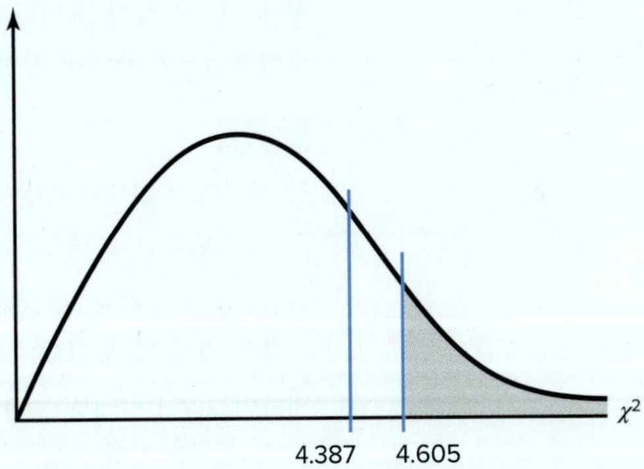

단계 5 결과를 요약한다. 정신질환과 성별이 관련되어 있다는 주장을 지지할 충분한 근거가 없다.

이 경우 P-값은 0.10와 0.90 사이이다. 이 값은 다시 한 번 위에서 언급한 결정과 검정결과의 요약을 뒷받침한다.

비율의 동질성검정

학습목표 3
카이제곱을 이용하여 비율의 동질성 검정하기

두 번째 카이제곱 검정은 분할표를 사용하는데, 이를 **비율의 동질성검정(homogeneity of proportions test)**이라고 한다.

비율의 동질성검정은 서로 다른 모집단들에 대해 특정한 견해나 성격을 가지는 개체들의 비율이 동일하다는 주장을 검정하기 위해 사용한다.

여기서 여러 개의 다른 모집단으로부터 추출한 표본에서 공통된 특성을 가진 구성원의 비율

흥미 있는 사실

물은 당신의 몸에 가장 중요한 영양분이다. 물은 일상생활의 모든 행위에 필요하다. 물은 빨리 소비된다. 숨 쉬는 데에만 하루 2컵이 소비되고, 정상 부산물의 배출과 체온 안정화를 위해 하루 10컵이 소비되며, 뛰거나 자전거를 타거나 운동할 때 시간당 1~2쿼터가 소비된다.

이 각 모집단에서 모두 같은지를 알고자 하는 것이다. 표본을 선택하기 전에 분할표의 총 표본 수뿐만 아니라 행합과 열합을 미리 정한다. 예를 들어 대학교 1학년 50명, 2학년 50명, 3학년 50명, 4학년 50명의 표본 수를 미리 정하여 랜덤추출하고 각 학년의 흡연율을 구한다. 그 다음 이 연구자는 각 집단에 대한 비율을 비교하여 그들이 같은지 알아본다. 이 경우에 가설은 다음과 같다.

H_0: $p_1 = p_2 = p_3 = p_4$

H_1: 최소한 하나의 비율은 다른 비율들과 다르다.

만약 이 연구자가 귀무가설을 기각하지 않는다면 그 비율들이 동일하다고 가정할 수 있고 그들의 차이는 우연 때문일 것이다. 따라서 흡연율은 1학년부터 4학년까지 동일하다. 귀무가설이 기각되면 비율들이 모두 같지는 않다고 가정할 수 있다.

비율에 대한 동일성검정에 대한 가정은 카이제곱 독립성검정에 대한 가정과 동일하다. 이 검정의 과정은 카이제곱 독립성검정의 과정과 같다.

예제 11-7 행복과 소득

한 심리학자는 4개의 소득집단에서 각각 100명을 랜덤추출하여 '매우 행복'한지를 물었다. 30,000달러 미만에서는 24%, 30,000~74,999달러에서는 33%, 75,000~99,999달러에서는 38%, 100,000달러 이상에서는 49%가 그렇다고 대답하였다. 각 소득집단에서 매우 행복한 사람들의 비율에 차이가 없다는 주장을 $\alpha = 0.05$에서 검정하시오.

풀이

각 집단에서 그렇다고 응답한 사람과 아니라고 응답한 사람의 수를 보여주는 표를 만들어야 한다.

집단 1에 대해 그렇다고 응답한 24%는 100명 중 24%이므로 100 = 0.24(100) = 24명이 그렇다고 대답하였고 100 − 24 = 76명이 아니라고 응답하였다.

집단 2에 대해 그렇다고 응답한 33%는 100명 중 33%이므로 100 = 0.33(100) = 33명이 그렇다고 대답하였고 100 − 33 = 67명이 아니라고 응답하였다.

집단 3에 대해 그렇다고 응답한 38%는 100명 중 38%이므로 100 = 0.38(100) = 38명이 그렇다고 대답하였고 100 − 38 = 62명이 아니라고 응답하였다.

집단 4에 대해 그렇다고 응답한 49%는 100명 중 49%이므로 100 = 0.49(100) = 49명이 그렇다고 대답하였고 100 − 49 = 51명이 아니라고 응답하였다.

이 자료를 표로 나타내고, 다음과 같이 행의 합과 열의 합을 구한다.

가구소득	30,000달러 미만	30,000–74,999달러	75,000–99,999달러	100,000달러 이상	총합
네	24	33	38	49	144
아니오	76	67	62	51	256
	100	100	100	100	400

출처: Based on information from Princeton Survey Research Associates International.

단계 1 가설을 정하고 주장을 확인한다.

H_0: $p_1 = p_2 = p_3 = p_4$(주장)

H_1: 최소한 한 비율은 다른 비율들과 다르다.

단계 2 임계값을 구한다. 자유도에 대한 공식은 전과 같이

$(R-1)(C-1) = (2-1)(4-1) = 1(3) = 3$이다. 임계값은 7.815이다.

단계 3 검정값을 계산한다. 먼저, 기대도수를 구한다.

$$E_{1,1} = \frac{(144)(100)}{400} = 36 \quad E_{1,2} = \frac{(144)(100)}{400} = 36 \quad E_{1,3} = \frac{(144)(100)}{400} = 36 \quad E_{1,4} = \frac{(144)(100)}{400} = 36$$

$$E_{2,1} = \frac{(256)(100)}{400} = 64 \quad E_{2,2} = \frac{(256)(100)}{400} = 64 \quad E_{2,3} = \frac{(256)(100)}{400} = 64 \quad E_{2,4} = \frac{(256)(100)}{400} = 64$$

완성된 표는 다음과 같다.

가구소득	30,000달러 미만	30,000–74,999달러	75,000–99,999달러	100,000달러 이상	총합
네	24 (36)	33 (36)	38 (36)	49 (36)	144
아니오	76 (64)	67 (64)	62 (64)	51 (64)	256
	100	100	100	100	400

다음으로 검정값을 계산한다.

$$\begin{aligned}\chi^2 &= \sum\frac{(O-E)^2}{E} \\ &= \frac{(24-36)^2}{36} + \frac{(33-36)^2}{36} + \frac{(38-36)^2}{36} + \frac{(49-36)^2}{36} \\ &\quad + \frac{(76-64)^2}{64} + \frac{(67-64)^2}{64} + \frac{(62-64)^2}{64} + \frac{(51-64)^2}{64} \\ &= 4.000 + 0.250 + 0.111 + 4.694 + 2.250 + 0.141 + 0.063 + 2.641 \\ &= 14.150\end{aligned}$$

단계 4 결정을 한다. 14.150 > 7.815이므로 귀무가설을 기각한다([그림 11-9] 참조).

그림 11-9

[예제 11-7]에 대한 임계값과 검정값

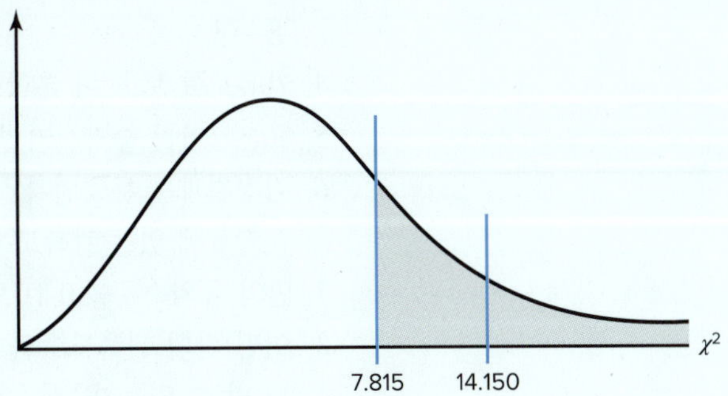

단계 5 결과를 요약한다. 비율들 간에 차이가 없다는 주장을 기각할 충분한 근거가 있다. 이 결과는 소득이 매우 행복한 사람들의 비율의 차이를 만든다는 것을 암시한다.

분할표의 자유도가 1일 때, 즉, 2 × 2 분할표일 때, 일부 통계학자들은 **예이츠 연속성수정**(Yates correction for continuity)을 사용하기를 권고한다. 검정통계량은 다음과 같다.

$$\chi^2 = \sum\frac{(|O-E| - 0.5)^2}{E}$$

카이제곱검정은 이미 보수적이기 때문에(즉, 귀무가설을 기각하기 어려운 검정법이기 때문에) 대부분의 통계학자들은 예이츠 연속성수정이 필요하다고 생각하지 않는다(연습문제 17번 참조).

개념의 적용 11-2

출입금지구역의 위성안테나 설치 관련 법안

상원에서는 출입금지지역에 모든 크기의 위성안테나 설치를 허용하는 법안에 대해 투표하고자 한다. 하원에서는 이미 비슷한 법안을 통과시켰다. 어떤 조사회사는 위성안테나 설치 금지 법안에 관한 의견이 나이와 관련이 있는지 알아보고자 한다. 컴퓨터로 카이제곱검정을 시행하여 다음과 같은 결과를 생성하였다.

자유도 d.f. = 6
검정통계량의 값 $\chi^2 = 61.25$
임계값 C.V. = 12.6
P-값 = 0.00
유의수준 = 0.05

	18–29세	30–49세	50–64세	65세 이상
찬성	96 (79.5)	96 (79.5)	90 (79.5)	36 (79.5)
반대	201 (204.75)	189 (204.75)	195 (204.75)	234 (204.75)
잘 모르겠다	3 (15.75)	15 (15.75)	15 (15.75)	30 (15.75)

1. 귀무가설을 기각해야 하는지 결정하기 위해 생성된 결과 중 어느 값을 유의수준과 비교해야 하는가?
2. 표본자료로부터 계산한 제1종 오류의 확률은 위의 결과 중 어느 값으로부터 알 수 있는가?
3. 이 검정은 오른쪽꼬리검정인가, 왼쪽꼬리검정인가, 아니면 양쪽꼬리검정인가? 그 이유는?
4. 자유도를 보고 이 분할표에 몇 개의 행과 열이 있는지 알 수 있는가?
5. 표본크기를 증가시키면 자유도는 증가하는가?
6. 검정결과는 무엇인가? 법안에 대한 의견과 나이와의 관계에 대한 결론을 도출하기 위해 분할표에 있는 관측도수와 기대도수를 이용하시오.
7. 만약 유의수준을 0.10으로 한다면 결론은 어떻게 될 것인가?
8. 어떤 칸의 관측도수와 기대도수가 유의하게 다르다는 것을 카이제곱 검정통계량으로부터 알 수 있는가?

정답 511쪽 참조

연습문제 11-2

1. 카이제곱 독립성검정과 적합도검정은 어떤 측면에서 유사한가? 또한 어떤 면에서 다른가?

2. 카이제곱 독립성검정에서 일반적으로 사용되는 귀무가설과 대립가설은 무엇인가?

3. 표에서 각 칸의 기대도수는 어떻게 계산하는가?

4~16번 문제는 다음의 단계에 맞추어 답하시오.

a. 가설을 정하고 주장을 확인한다.
b. 임계값을 구하거나 P-값 방법을 이용한다.
c. 검정값을 계산한다.
d. 결정을 한다.
e. 결과를 요약한다.

특별한 언급이 없으면 전통적인 가설검정 방법을 사용하시오. 모든 가정들은 성립한다고 가정한다.

4. 주거형태 100명을 조사한 최근연구에서 남성과 여성이 다음과 같은 주거형태를 보인다는 것을 알아냈다. 그 결과는 다음과 같다. 성별과 주거형태 사이에 관계가 있는지 $\alpha = 0.10$에서 확인하시오.

	배우자와 동거	친척과 동거	친척이 아닌 사람과 동거	독거
남성	57	8	25	10
여성	53	5	28	14

출처: Based on information from U.S. Census Bureau.

5. 반려동물 반려동물을 키우는 사람들에 관한 연구에서 키우는 동물이 개인지 고양이인지 관해 다음과 같은 정보를 얻었다. 가족 수와 반려동물의 종류가 $\alpha = 0.10$에서 관련 있는가?

	1명	2명	3명	4명 이상
개	7	16	11	16
고양이	9	14	16	11

6. 강력범죄 미국에서 가장 범죄가 적은 도시들 중에서 뽑은 랜덤표본에 대해 강력범죄 기록이 다음과 같이 주어져 있다. $\alpha = 0.05$에서 도시와 범죄유형 사이에 관계가 있다는 것을 가리키는 충분한 증거가 있는가?

	강간	절도	가중폭행
Cary, NC	14	35	70
Amherst, NY	10	33	76
Simi Valley, CA	14	37	77
Norman, OK	47	36	53

출처: *Time Almanac*.

7. 실업기간과 업종 실업기간은 업종과 관련이 있을까? 서로 다른 세 업종에서 실업자를 랜덤추출하여 조사한 결과 다음과 같은 자료를 얻었다. 유의수준 $\alpha = 0.05$에서 두 범주형 변수는 종속인가?

	5주 이내	5~14주	15~26주
운송 및 설비	85	110	80
정보통신	48	57	45
금융 및 보험	83	111	114

출처: *World Almanac*.

8. 대학생들의 전공 다음 표는 2년제 전문대학과 4년제 종합대학에서 다양한 분야를 전공한 학생들의 수(단위: 천명)를 나타낸다. $\alpha = 0.05$에서 전공과 대학의 종류 사이에 관계가 있다고 할 수 있는가?

	2년제	4년제
농업생명	36	52
형법학	210	231
외국어와 문학	28	59
수학과 통계학	28	63

출처: *Time Almanac*.

9. 소유한 차종 한 연구는 여성과 남성이 소유한 차종을 조사하였다. 그 자료는 다음과 같다. $\alpha = 0.10$에서 소유한 차종과 그 사람의 성별 사이에 관계가 있는가?

	고급형	대형	중형	소형
남성	15	9	49	27
여성	9	6	62	14

10. 약의 종류 한 의학연구자는 섭취하는 비타민 알약의 종류가 나이와 연관이 있는지 알아보고자 한다. 관련 자료는 다음과 같다. $\alpha = 0.10$에서 비타민의 종류는 비타민을 섭취하는 사람의 나이와 관련이 있는가?

	종류		
나이	액상	정제	젤리
20~39	5	16	6
40~59	10	25	12
60이상	19	6	5

11. 병원과 제왕절개 비율 최근 한 해 미국의 제왕절개 비율(제왕절개로 태어난 신생아의 수)은 32.2%였다. 3개의 대형병원에서 100개의 출생기록을 랜덤추출하여 조사한 결과 다음과 같이 분만 방식에 관한 정보를 얻었다. $\alpha = 0.10$에서 비율들의 동질성검정을 시행하시오.

	A 병원	B 병원	C 병원
제왕절개	44	28	39
자연분만	56	72	61

출처: *World Almanac*.

12. 발육기의 신체건강 최근 조사에 따르면 6~17세 사이의 미국인 중 64%가 기초 체력 검사를 통과하지 못한다고 알려졌다. 한 체육교사는 그가 속한 학군의 다른 학교들에서 검사를 통과하지 못한 학생들의 비율이 학교에 상관없이 같은지 알아보려고 한다. 네 곳의 학교에서 각각 120명의 랜덤표본을 추출하여 기초 체력 검사를 실시한 결과 다음의 표를 얻었다. 학교별로 합격률이 같은지 $\alpha = 0.05$에서 검정하시오.

	Southside	West End	East Hills	Jefferson
통과	49	38	46	34
실패	71	82	74	86
총합	120	120	120	120

출처: *The Harper's Index Book*.

13. 운동선수와 육류 선호도 한 연구자는 60명의 대학운동선수와 운동선수가 아닌 60명의 대학생을 랜덤추출하여 연구를 진행하였다. 학생들의 육류 선호도를 조사한 결과 다음과 같은 자료를 얻었다. $\alpha = 0.05$에서 선호도 비율이 동일하다는 주장을 검정하시오.

	돼지고기	소고기	가금류 고기
운동선수	15	36	9
비 운동선수	17	28	15

14. **학생들의 봉사활동** 미국 노동통계국은 몇 개의 특성들에 따라 자원 봉사에 관한 정보를 제공하였다. 조사에 따르면 16~24세의 미국인 중 24.4%가 자원 봉사하는 시간이 연간 36시간 정도라고 하였다. 연령별로 75명의 학생들을 랜덤추출하여 봉사하는 시간이 연간 36시간 정도가 되는지를 설문한 결과 다음의 표를 얻었다. 연간 36시간 정도 자원 봉사하는 학생들의 비율이 연령별로 같다고 할 수 있는지 $\alpha = 0.05$에서 검정하시오.

	나이				
나이	18	19	20	21	22
네 (봉사활동 함)	19	18	23	31	13
아니오	56	57	52	44	62

출처: *Time Almanac*.

15. **정글짐에서 발생하는 사고** 어린이 놀이시설 제조사는 미국의 어린이들이 놀이터에서 입은 부상 중 55%가 정글짐에서 발생한다는 조사결과를 읽었다. 놀이터에서 발생한 사고 중에서 정글짐에서 발생한 사고의 비율이 그렇지 않은 비율과 같은지를 알아보기 위하여 미국 네 지역에서 놀이터를 조사한 결과 다음의 표를 얻었다. 정글짐 놀이기구에 의한 사고 비율이 같은지 P-값 방법을 사용하여 $\alpha = 0.05$에서 검정하시오.

사고발생지점	북부	남부	동부	서부
정글짐	15	18	13	16
정글짐이 아닌 곳	15	12	17	14
총합	30	30	30	30

출처: Michael D. Shook and Robert L. Shook, *The Book of Odds. Signet,* 1993.

16. **나이와 약물복용** 불법약물을 복용한 혐의가 있는 사람들과 그들의 나이에 관해 연구한 결과 다음과 같은 자료를 얻었다. 투약한 약물 종류의 비율들이 세 연령대에 따라 모두 같은지를 $\alpha = 0.10$에서 검정하시오.

연령대	흡입제	환각제	신경안정제
12~17세	16	9	5
18~25세	22	30	8
26세 이상	13	18	10

개념의 확장

17. 다음의 분할표를 이용하여 카이제곱 검정통계량을 계산하시오. 단, 예이츠 연속성수정을 이용하시오.

12	15
9	23

통계 이야기 색깔이 식욕에 영향을 주는가?

색깔이 사람의 식욕과 관련이 있다는 주장이 제기되어 왔다. 예를 들면 식당 벽을 특정 색으로 칠하면 고객이 더 많은 음식을 먹는다는 것이다. Illinois 대학교와 Pennsylvania 대학교에서 이에 대한 연구를 진행하였다. 사람들에게 여섯 종류의 젤리빈 과자를 하나의 그릇에 혼합하여 주거나 여섯 개의 그릇에 색깔별로 구분하여 주었다. 그 결과 사람들은 여섯 개의 그릇에 각각의 색깔을 나누어 준 경우보다 하나의 그릇에 혼합하여 준 경우에 과자를 두 배 더 많이 먹었다.

이러한 연구결과는 젤리빈 과자를 혼합하여 준 경우 사람들이 훨씬 더 다양한 선택지를 가졌다고 생각하고 이 선택의 다양성이 그들의 식욕을 증가시켰다고 해석할 수 있다.

이 연구에서 색깔이라는 변수는 범주형이고 먹은 과자의 양은 수치형 변수이다. 이 경우 카이제곱 적합도검정을 사용할 수 있는가? 만약 그렇다면 어떻게 자료를 준비하여야 하는지 제안해 보시오.

©MPH Photos/Shutterstock

11-3 분산분석(ANOVA)

학습목표 4
세 개 이상의 평균 사이에 유의한 차이가 있는지 알아보기 위해 ANOVA 기법 사용하기

세 개 이상의 모집단의 평균에 대한 가설을 검정하기 위해 F 검정을 사용하는 통계기법을 **분산분석(analysis of variance)** 또는 줄여서 ANOVA라고 한다.

일원배치 분산분석(one-way analysis of variance) 검정은 표본분산을 이용하여 세 개 이상의 평균들의 동일성을 검정하기 위해 사용한다.

이 장에서 사용하는 검정절차는 일원배치 분산분석이라고 부르는데, 그 이유는 연구에서 서로 다른 모집단을 구분하는 독립변수가 오직 하나이기 때문이다. 독립변수는 **요인**(factor)이라고도 부른다.

언뜻 보기에는 세 개 이상의 표본의 평균을 비교하기 위해서 두 개의 평균을 비교하는 t 검정을 동시에 여러 번 시행하면 될 것 같다. 그러나 t 검정을 시행하면 안 되는 여러 가지 이유가 있다.

첫 번째로, 한 번에 두 평균을 비교할 때 연구대상인 다른 평균들은 무시된다. 반면에 F 검정을 하면 모든 평균들을 동시에 비교한다. 두 번째로, 두 개의 평균에 대한 비교를 모든 쌍에 대해 시행하면 귀무가설이 사실일 때 귀무가설을 기각할 확률이 증가한다. 왜냐하면 t 검정을 여러 번 시행할수록 우연에 의해서만 유의한 차이를 얻게 될 가능성이 커지기 때문이다. 세 번째로, 평균을 비교하고자 하는 집단이 늘어날수록 훨씬 더 많은 t 검정이 필요해진다. 예를 들어 세 평균을 두 개씩 따로따로 비교하기 위해서는 세 번의 t 검정이 필요하다. 다섯 개의 평균을 두 개씩 짝지어 비교하기 위해서는 열 번의 t 검정이 필요하고, 열 개의 평균을 두 개씩 비교하기 위해서는 마흔다섯 번의 t 검정이 필요하게 된다.

유의수준 α가 주어졌을 때, 비교하려는 모집단들의 수가 증가할수록 t 검정을 여러 번 시행함으로써 제1종 오류를 범할 확률 또한 증가한다. 이 문제를 해결하기 위해 분산분석의 기법을 사용한다. 이 방법은 동일한 모분산에 대해 두 종류의 추정값을 비교함으로써 이루어진다.

아래와 같은 F 분포의 특성을 상기한다.

1. 분산은 항상 0 이상이므로 F 값은 음수일 수 없다.
2. 분포는 오른쪽으로 치우쳐져 있다.
3. F의 평균은 약 1과 같다.
4. F 분포는 분자의 분산의 자유도와 분모의 분산의 자유도에 근거한 곡선들의 모임이다.

세 개 이상의 평균을 비교하기 위해 F 검정을 시행하는 것이지만, 실제 검정에서는 평균 대신에 **분산**(variances)이 사용된다.

F 검정에서는 모분산에 대해 두 종류의 추정값을 구한다. 첫 번째 추정값은 **그룹간 분산(between-group variance)**이라고 하는데 이는 평균들 사이의 분산을 말한다. 두 번째 추정값은 **그룹내 분산(within group variance)**이라고 하는데 모든 자료를 사용하여 계산하는 분산으로써 평균들의 차이에 영향을 받지 않는 분산을 말한다. 만약 평균들 간에 차이가 없다면 그룹간 분산은 그룹내 분산과 거의 같아지며 F 검정통계량의 값은 근사적으로 1에 가까워진다. 따라서 귀무가설은 기각되지 않을 것이다. 그러나 평균들이 유의한 차이를 보인다면 그룹간 분산은 그룹내 분산보다 훨씬 커질 것이며 F 검정통계량의 값은 1보다 유의하게 커져서 귀무가설을 기각할 것이다. 이처럼 이 방법은 분산을 비교하기 때문에 **분산분석**(analysis of variance: ANOVA)이라고 한다.

F 검정에 대한 공식은 다음과 같다.

$$F = \frac{\text{그룹간 분산}}{\text{그룹내 분산}}$$

그룹간 분산은 각 집단에 주어진 서로 다른 처리 때문에 발생한 평균들의 차이를 측정한다. 이 값을 계산하기 위해 모든 표본들의 값들의 평균인 **총평균**(grand mean) $\overline{X}_{\text{GM}}$을 계산해야 한다. 총평균에 대한 공식은 다음과 같다.

$$\overline{X}_{\text{GM}} = \frac{\Sigma X}{N}$$

이 값은 그룹간 분산 s_B^2을 계산하기 위해 사용된다. 이것은 표본크기를 가중치로 이용하여 계산한 평균들 간의 분산이다.

그룹간 분산에 대한 공식은 다음과 같으며 s_B^2으로 표기한다.

$$s_B^2 = \frac{\Sigma n_i(\overline{X}_i - \overline{X}_{\text{GM}})^2}{k-1}$$

여기서 k = 집단의 수, $n_i = i$번째 집단의 표본크기, $\overline{X}_i = i$번째 집단의 표본평균이다. 이 공식은 다음과 같이 풀어쓸 수 있다.

$$s_B^2 = \frac{n_1(\overline{X}_1 - \overline{X}_{\text{GM}})^2 + n_2(\overline{X}_2 - \overline{X}_{\text{GM}})^2 + \cdots + n_k(\overline{X}_k - \overline{X}_{\text{GM}})^2}{k-1}$$

다음으로 s_W^2으로 표기하는 그룹내 분산을 구한다. 이 공식은 개별 분산들의 가중평균을 계산하여 전체 분산을 구한다. 이는 평균들의 차이를 이용하지 않는다. 그룹내 분산에 대한 공식은 다음과 같다.

$$s_W^2 = \frac{\Sigma(n_i - 1)s_i^2}{\Sigma(n_i - 1)}$$

단, $n_i = i$번째 집단의 표본크기, $s_i^2 = i$번째 집단의 표본분산이다. 이 공식은 다음과 같이 풀어쓸 수 있다.

$$s_W^2 = \frac{(n_1 - 1)s_1^2 + (n_2 - 1)s_2^2 + \cdots + (n_k - 1)s_k^2}{(n_1 - 1) + (n_2 - 2) + \cdots + (n_k - 1)}$$

마지막으로 F 검정값을 계산한다. 이 공식은 기호 s_B^2과 s_W^2을 이용하여 나타낸다.

일원배치 분산분석에 대한 F 검정통계량의 공식은 다음과 같다.

$$F = \frac{s_B^2}{s_W^2}$$

단, s_B^2 = 그룹간 분산, s_W^2 = 그룹내 분산이다.

세 개 이상의 평균 간의 차이를 검정하기 위해 다음과 같은 가설을 사용할 수 있다.

H_0: $\mu_1 = \mu_2 = \cdots = \mu_k$

H_1: 적어도 하나의 평균은 다른 평균들과 다르다.

대립가설은 최소한 한 집단의 평균이 다른 하나 또는 여러 개의 다른 집단들의 평균과 다르다는 것을 의미한다. 앞에서도 언급한 바와 같이 유의한 검정통계량의 값은 평균들 간의 차이가 우연에 의한 것이 아닐 확률이 크다는 것을 의미하지만, 실제로 어떤 평균들 사이의 차이가 있는지를 보여주지는 않는다.

F 검정에 대한 자유도는 d.f.N. $= k - 1$이고 d.f.D. $= N - k$이다. 여기에서 k는 집단의 수이고 N은 모든 집단의 표본크기의 합이며 $N = n_1 + n_2 + \cdots + n_k$으로 계산한다. 각 집단의 표본크기는 같지 않아도 된다. 평균비교를 위한 F 검정은 항상 오른쪽꼬리검정이다.

일원배치 분산분석의 결과는 **분산분석표(ANOVA summary table)**로 요약하여 나타낸다. F 검정통계량 공식의 분자 부분인 s_B^2를 **그룹간 제곱합(sum of squares between groups)**이라고 하고 SS_B로 표시한다. F 검정통계량의 분모 부분을 **그룹내 제곱합(sum of squares within groups)**이라고 하고 SS_W로 표시한다. 또한 이를 **오차제곱합**(sum of squares for the error)이라고도 한다. 그룹간 분산을 구하기 위해서는 SS_B를 d.f.N.으로 나눈다. 그룹내 분산 또는 오차분산을 구하기 위해서는 SS_W를 d.f.D.로 나눈다. 이 두 분산은 **평균제곱(mean squares)**이라고도 불리며 각각 MS_B와 MS_W로 표기한다. 이 용어들을 분산분석표에 나타내면 [표 11-1]과 같다.

표 11-1 분산분석표

요인	제곱합	자유도	평균제곱합	F
그룹간	SS_B	$k-1$	MS_B	
그룹내(오차)	SS_W	$N-k$	MS_W	
총합				

> **이색 통계**
>
> Journal of the American Colleage of Nutrition에 발표된 한 연구에서는 몸무게와 오후 5시 이후에 섭취한 칼로리의 비율과는 아무런 상관이 없다고 하였다.

이 분산분석표에서

$$SS_B = \text{그룹간 제곱합}$$

$$SS_W = \text{그룹내 제곱합}$$

$$k = \text{집단의 수}$$

$$N = n_1 + n_2 + \cdots + n_k = \text{모든 집단들에 대한 표본크기의 합}$$

$$MS_B = \frac{SS_B}{k-1}$$

$$MS_W = \frac{SS_W}{N-k}$$

$$F = \frac{MS_B}{MS_W}$$

두 개 이상의 평균을 비교하기 위해 F 검정을 사용할 때는 다음과 같은 가정을 만족해야 한다.

두 개 이상의 평균을 비교하기 위한 F 검정의 가정

1. 표본을 추출한 모집단들은 정확히 또는 근사적으로 정규분포를 따라야 한다.
2. 표본들은 서로 독립이어야 한다.
3. 모집단들의 분산은 같아야 한다.
4. 표본은 랜덤표본이고 각 모집단으로부터 하나의 표본을 뽑아야 한다.

이 책의 연습문제에서는 이러한 가정들을 언급할 것이다. 그러나 다른 상황에서 통계자료를 접한다면 분석을 시행하기 전에 이러한 가정들이 만족되는지 확인해야 한다.

ANOVA에서 F 검정값을 계산하기 위한 단계가 다음의 절차 표에 요약되어 있다.

절차 표

분산분석에 대한 F 검정값 구하기

단계 1 각 표본의 평균과 분산을 구한다.

$$(\bar{X}_1, s_1^2), (\bar{X}_2, s_2^2), \ldots, (\bar{X}_k, s_k^2)$$

단계 2 총평균을 구한다.

$$\bar{X}_{GM} = \frac{\Sigma X}{N}$$

단계 3 그룹간 분산을 구한다.

$$s_B^2 = \frac{\Sigma n_i(\bar{X}_i - \bar{X}_{GM})^2}{k - 1}$$

단계 4 그룹내 분산을 구한다.

$$s_W^2 = \frac{\Sigma(n_i - 1)s_i^2}{\Sigma(n_i - 1)}$$

단계 5 F 검정값을 구한다.

$$F = \frac{s_B^2}{s_W^2}$$

자유도는 d.f.N. $= k - 1$과 d.f.D. $= N - k$이고 여기서 k는 집단의 수를, N은 모든 집단의 표본크기의 합을 나타내며 다음과 같이 계산한다.

$$N = n_1 + n_2 + \cdots + n_k$$

일원배치 분산분석도 일반적인 다섯 단계의 가설검정 절차를 따른다.

단계 1 가설을 정한다.
단계 2 임계값을 구한다.
단계 3 검정값을 계산한다.
단계 4 결정을 한다.
단계 5 결과를 요약한다.

[예제 11−8]과 [예제 11−9]에서 세 개 이상의 평균을 비교하기 위한 분산분석 기법의 계산과정을 설명하며 절차 표에 따라 그 단계를 요약하여 나타냈다.

예제 11−8 자동차의 연비

한 연구자는 소형, 중형, 대형의 세 가지 차종에 대해 시내 도로 주행 시 연비에 차이가 있는지 알아보고자 한다. 그는 네 대의 소형차, 다섯 대의 중형과 세 대의 대형 자동차를 랜덤으로 선택하였다. 다음 표에 각각에 대한 연비(단위: 갤런당 마일)가 나와 있다. $\alpha = 0.05$에서 평균들 간에 차이가 없다는 주장을 검정하시오. 다음의 자료를 이용하시오.

소형	중형	대형
36	43	29
44	35	25
34	30	24
35	29	
	40	

출처: U.S. Environmental Protection Agency.

풀이

단계 1 가설을 정하고 주장을 확인한다.

H_0: $\mu_1 = \mu_2 = \mu_3$(주장)

H_1: 최소한 한 집단의 평균은 다른 집단의 평균들과 다르다.

단계 2 임계값을 구한다.

$$N = 12 \qquad k = 3$$
$$\text{d.f.N.} = k - 1 = 3 - 1 = 2$$
$$\text{d.f.D.} = N - k = 12 - 3 = 9$$

$\alpha = 0.05$일 때 부록 A의 표 H로부터 구한 임계값은 4.26이다.

단계 3 검정값을 계산한다.

a. 각 표본에 대한 평균과 분산을 구한다(3장의 공식 사용).

소형차: $\overline{X} = 37.25 \quad s^2 = 20.917$

중형차: $\overline{X} = 35.4 \quad s^2 = 37.3$

대형차: $\overline{X} = 26 \quad s^2 = 7$

b. 총평균을 구한다.

$$\overline{X}_{\text{GM}} = \frac{\Sigma X}{N} = \frac{36 + 44 + 34 + \cdots + 24}{12} = \frac{404}{12} = 33.667$$

c. 그룹간 분산을 구한다.

$$s_B^2 = \frac{\Sigma n(\overline{X}_i - \overline{X}_{\text{GM}})^2}{k - 1}$$
$$= \frac{4(37.25 - 33.667)^2 + 5(35.4 - 33.667)^2 + 3(26 - 33.667)^2}{3 - 1}$$
$$= \frac{242.717}{2} = 121.359$$

d. 그룹내 분산을 구한다.

$$s_W^2 = \frac{\Sigma(n_i - 1)s_i^2}{\Sigma(n_i - 1)} = \frac{(4 - 1)(20.917) + (5 - 1)(37.3) + (3 - 1)7}{(4 - 1) + (5 - 1) + (3 - 1)}$$
$$= \frac{225.951}{9} = 25.106$$

e. *F* 검정값을 계산한다.

$$F = \frac{s_B^2}{s_W^2} = \frac{121.359}{25.106} = 4.83$$

단계 4 결정을 한다. 검정값 4.83 > 4.26이므로 귀무가설을 기각한다([그림 11–10] 참조).

그림 11-10

[예제 11-8]에 대한 임계값과 검정값

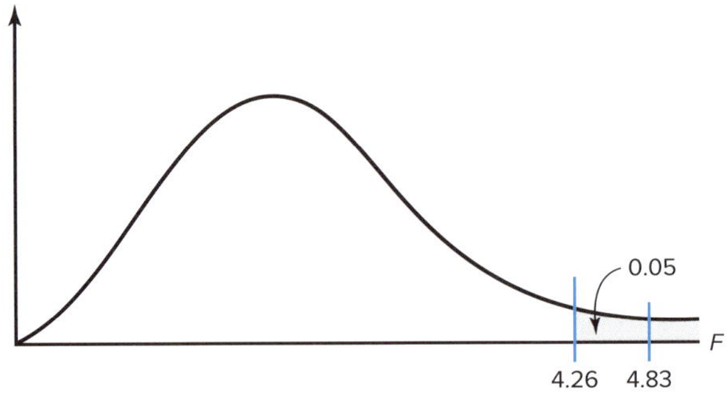

단계 5 결과를 요약한다. 최소 한 집단의 평균이 다른 집단과 다르다고 결론 내릴 수 있는 충분한 증거가 있다.

분산분석표는 [표 11-2]에 주어져 있다.

표 11-2 [예제 11-8]에 대한 분산분석표

요인	제곱합	자유도	평균제곱합	F
그룹간	242.717	2	121.359	4.83
그룹내(오차)	225.954	9	25.106	
총합	468.671	11		

ANOVA에서 P-값은 9-5절에서 보인 것과 같은 과정을 통해 구할 수 있다. [예제 11-8]에서 F 검정값은 4.83이다. 표 H에서 d.f.N. = 2이고 d.f.D. = 9일 때 F 검정값이 $\alpha = 0.025$에 해당하는 F 값인 5.71과 $\alpha = 0.05$에 해당하는 F 값인 4.26 사이에 있다. 따라서 $0.025 < P$-값 < 0.05이다. 이 경우 P-값 < 0.05이므로 $\alpha = 0.05$에서 귀무가설을 기각한다. 계산기를 이용하면 P-값은 0.0375이다.

예제 11-9 고층빌딩

한 연구자는 Chicago, Houston, New York에 있는 고층빌딩들의 층수에 차이가 있는지 알아보고자 한다. 이 연구자는 각 도시에서 여섯 개의 빌딩을 랜덤으로 선택하여 빌딩의 층수를 기록하였다. 그 자료가 아래 표와 같다. $\alpha = 0.05$에서 각 도시의 고층빌딩의 평균 층수에 유의한 차이가 있다고 결론 내릴 수 있는가?

Chicago	Houston	New York
98	53	85
54	52	67
60	45	75
57	41	52
83	36	94
49	34	42

출처: *The World Almanac and Book of Facts*.

풀이

단계 1 가설을 정하고 주장을 확인한다.

H_0: $\mu_1 = \mu_2 = \mu_3$

H_1: 최소한 한 집단의 평균은 다른 집단의 평균들과 다르다 (주장).

단계 2 임계값을 구한다. $k = 3, N = 18, \alpha = 0.05$이므로

$$\text{d.f.N.} = k - 1 = 3 - 1 = 2$$
$$\text{d.f.D.} = N - k = 18 - 3 = 15$$

이고, 임계값은 3.68이다.

단계 3 검정값을 계산한다.

a. 각 표본에 대한 평균과 분산을 구한다. 각 표본에 대한 평균과 분산은 다음과 같다.

Chicago: $\overline{X}_1 = 66.8 \quad s_1^2 = 371.8$

Houston: $\overline{X}_2 = 43.5 \quad s_2^2 = 63.5$

New York: $\overline{X}_3 = 69.2 \quad s_3^2 = 387.7$

b. 총평균을 구한다.

$$\overline{X}_{\text{GM}} = \frac{\Sigma X}{N} = \frac{98 + 54 + 60 + \cdots + 42}{18} = \frac{1077}{18} = 59.8$$

c. 그룹간 분산을 구한다.

$$\begin{aligned} s_B^2 &= \frac{\Sigma n_i(\overline{X}_i - \overline{X}_{\text{GM}})^2}{k - 1} \\ &= \frac{6(66.8 - 59.8)^2 + 6(43.5 - 59.8)^2 + 6(69.2 - 59.8)^2}{3 - 1} \\ &= \frac{2418.3}{2} = 1209.15 \end{aligned}$$

d. 그룹내 분산을 구한다.

$$\begin{aligned} s_W^2 &= \frac{\Sigma(n_i - 1)s_i^2}{\Sigma(n_i - 1)} \\ &= \frac{(6 - 1)(371.8) + (6 - 1)(63.5) + (6 - 1)(387.7)}{(6 - 1) + (6 - 1) + (6 - 1)} = \frac{4115}{15} \\ &= 274.33 \end{aligned}$$

e. F 검정값을 계산한다.

$$F = \frac{s_B^2}{s_W^2} = \frac{1209.15}{274.33} = 4.41$$

단계 4 결정을 한다. 4.41 > 3.68이므로 귀무가설을 기각한다([그림 11–11] 참조).

흥미 있는 사실

마른 눈 1입방피트의 무게는 3파운드인 반면에 젖은 눈 1입방피트의 무게는 10파운드이다.

그림 11–11

[예제 11–9]에 대한 임계값과 검정값

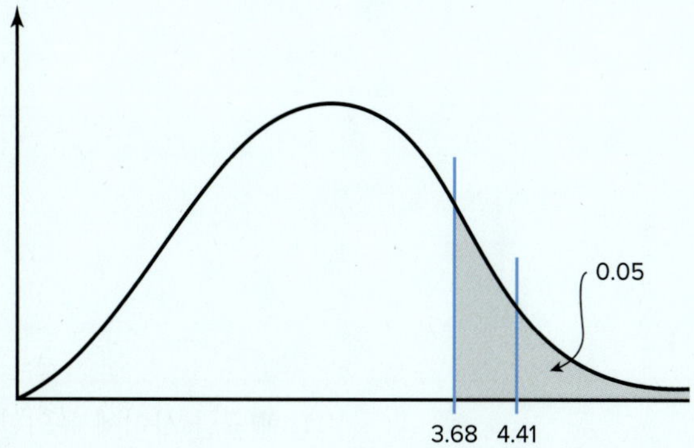

단계 5 결과를 요약한다. 최소 한 집단의 평균이 다른 집단과 다르다고 결론내릴 수 있는 충분한 증거가 있다. 이 예제에 대한 분산분석표는 [표 11–3]에 주어져 있다.

표 11-3 [예제 11-9]에 대한 분산분석표

요인	제곱합	자유도	평균제곱합	F
그룹간	2418.3	2	1209.15	4.41
그룹내(오차)	4115	15		
총합	6533.3	11		

이 경우 검정값인 4.41은 0.025에 해당하는 F 값인 4.77과 $\alpha = 0.05$에 해당하는 F 값인 3.68 사이에 있다. 따라서 $0.025 < P$-값 < 0.05이고 P-값이 0.05보다 작으므로 귀무가설을 기각한다. 계산기를 이용하면 P-값은 0.031이다.

분산분석에서 귀무가설을 기각한다면 이것은 최소한 한 집단의 평균이 다른 집단들의 평균과 다르다는 것을 의미할 뿐이다. 평균들 간의 차이가 어떤 집단들 사이에서 발생했는지 알기 위해서는 튜키 검정(Tukey test)이나 쉐페 검정(Scheffé test)과 같은 다른 가설검정이 필요하다. 이러한 검정들은 이 책의 수준을 벗어나므로 다루지 않는다.

개념의 적용 11-3

옷 색깔이 사람을 더 똑똑해 보이게 하는가?

입고 있는 옷 색깔과 그 사람이 얼마나 똑똑해 보이는지가 연관이 있을까? 이에 대한 사람들의 인식을 연구한 결과 그 자료가 다음과 같이 주어져 있다. 조사대상자들은 사람의 지능을 1점에서 10점의 척도로 평가하였다. 첫 번째 집단에 속한 사람들에게는 파란색과 회색 옷을 입고 있는 사람들을 보여주었다. 두 번째 집단에 속한 사람들에게는 갈색과 노란색 옷을 입고 있는 사람들을 보여주었다. 세 번째 집단에 속한 사람들에게는 분홍색과 오렌지색 옷을 입고 있는 사람들을 보여주었다. 결과는 다음과 같다.

집단 1	집단 2	집단 3
8	7	4
7	8	9
7	7	6
7	7	7
8	5	9
8	8	8
6	5	5
8	8	8
8	7	7
7	6	5
7	6	4
8	6	5
8	6	4

1. 평균들 사이에 유의한 차이가 있는지 검정하기 위해 ANOVA를 시행하시오.
2. 이 연구의 목적은 무엇인가?
3. 이 경우에 각 쌍에 대한 t 검정이 적합하지 않은 이유를 설명하시오.

정답 511쪽 참조

연습문제 11-3

1. 세 개 이상의 평균을 비교하기 위해서 어떤 검정을 하는가?

2. ANOVA에 대한 가정은 무엇인가?

3. ANOVA 검정을 위한 가설은 무엇인가?

4~10번 문제는 모든 변수들이 정규분포를 따르고 모분산들이 서로 같다고 가정하시오. 또한 각 모집단에서 하나의 랜덤표본을 추출하고 표본들이 서로 독립이라고 가정하시오. 다음의 단계에 맞추어 문제를 푸시오.

a. 가설을 정하고 주장을 확인한다.
b. 임계값을 찾거나 *P*-값 방법을 이용한다.
c. 검정값을 계산한다.
d. 결정을 한다.
e. 결과를 요약하고 평균들 간에 차이가 있는지 없는지 설명한다.

특별한 언급이 없으면 전통적인 가설검정 방법을 사용하시오.

4. 선두 기업 다음의 자료는 미국의 선두 기업 분야의 연간 예산을 보여준다. $\alpha = 0.05$에서 다음의 네 분야의 평균 예산에 유의한 차이가 있는가? 자료는 천 달러 단위이다.

음료회사	전자회사	식품생산업	서비스업
170	46	59	56
128	24	58	37
19	18	33	19
16	14	31	19
12	13	28	17
11	12	22	15
10	10	16	15

출처: *Financial Times 500*.

5. 하이브리드 자동차 석유가격이 급등하기 전에 세 가지 종류의 하이브리드 자동차가 25마일을 가는 데 소비되는 휘발유 비용을 조사하였다. 이 연구를 할 때 갤런 당 휘발유 가격은 약 2.50달러였다. 다음의 표는 하이브리드 승용차, 하이브리드 SUV, 하이브리드 트럭에 대한 휘발유 비용 정보를 나타낸다. 이 자료를 토대로 세 종류의 하이브리드 자동차가 25마일을 가는 데 소비되는 평균 휘발유 비용에 차이가 있는지 $\alpha = 0.05$에서 검정하시오.

하이브리드 승용차	하이브리드 SUV	하이브리드 트럭
2.10	2.10	3.62
2.70	2.42	3.43
1.67	2.25	
1.67	2.10	
1.30	2.25	

출처: www.fueleconomy.com

6. 영화관 관객 수 다음 자료는 일주일간 영화관에 입장한 관객의 수(단위: 백만 명)를 시대에 따라 나타낸 것이다. $\alpha = 0.05$에서 일주일간 평균 관객 수가 시대에 따라 다른가?

1950~1974	1975~1990	1991~2000
58.0	17.1	23.3
39.9	19.9	26.6
25.1	19.6	27.7
19.8	20.3	26.5
17.7	22.9	25.8

출처: Motion Picture Association.

7. 1인당 학비 남서부 Pennsylvania 주의 세 학군에 속한 사이버 학교의 1인당 학비(단위: 천 달러)가 아래 표에 나와 있다. $\alpha = 0.05$에서 평균들 간에 차이가 있는가? 만약 그렇다면 이러한 차이가 발생하게 된 이유를 설명하시오.

학군 I	학군 II	학군 III
6.2	7.5	5.8
9.3	8.2	6.4
6.8	8.5	5.6
6.1	8.2	7.1
6.7	7.0	3.0
6.9	9.3	3.5

출처: *Tribune-Review*.

8. 공기의 질 아래 자료는 세 대륙에서 대도시들을 랜덤으로 선택하여 측정한 초미세먼지의 양(단위: 입방미터당 마이크로그램)을 나타낸다. $\alpha = 0.10$에서 세 대륙 간에 평균 초미세먼지의 양에 차이가 있는가?

아시아	유럽	북미
83	24	21
46	36	27
118	34	54
154	27	17
50	22	16
127	42	
	29	
	26	
	30	

출처: *The World Almanac and Book of Facts*.

9. 전자레인지의 가격 한 연구단체는 전자레인지를 조사하였다. $\alpha = 0.10$에서 소비전력에 따라 전자레인지 간에 평균가격의 차이가 있는가?

소비전력(단위: 와트)		
1000	**900**	**800**
270	240	180
245	135	155
190	160	200
215	230	120
250	250	140
230	200	180
	200	140
	210	130

9번 문제의 Excel 출력물이 아래와 같다. P-값 방법과 아래의 출력물을 이용하여 주장을 검정하시오.

분산분석표					
변동의 요인	제곱합	자유도	제곱 평균	F	P 값
집단간	21729.735	2	10864.867	10.118	0.001019
집단내	20402.083	19	1073.794		
계	42131.818	21			

기술통계량				
범주	관측수	합	평균	표준편차
1000와트	6	1400	233.333	28.23
900와트	8	1625	203.125	39.36
800와트	8	1245	155.625	28.21

10. 학급당 학생 수 한 학군에 여러 개의 중학교가 있다. 이들 중 세 중학교를 랜덤추출하여 각 중학교에서 네 학급을 선택하였다. 다음 표에 한 학급당 학생 수가 기록되어 있다. $\alpha = 0.10$에서 학급당 평균 학생 수가 학교에 따라 다르다는 충분한 증거가 있는가?

중학교 1	중학교 2	중학교 3
21	28	25
25	22	20
19	25	23
17	30	22

EXCEL
Step by Step

분산분석(ANOVA)

예제 XL11–2

1. Excel 워크시트의 A, B, C 열에 아래의 데이터를 입력한다.

10	6	5
12	8	9
9	3	12
15	0	8
13	2	4

2. 메인 메뉴에서 '데이터'를 선택하고, '데이터 분석'을 선택한다.
3. 통계데이터 분석 창의 분석도구 중에서 '분산분석: 일원 배치법'을 선택하고, 확인을 클릭한다.
4. 분산분석: 일원 배치법 창의 '입력 범위'에 'A1:C5'를 입력한다.
5. '데이터 방향'에서 '열'에 체크한다.
6. '유의 수준'에 '0.05'를 입력한다.
7. '출력 옵션'에서 '출력 범위'를 체크 표시하고 'E2'를 입력한다.
8. '확인'을 클릭한다.

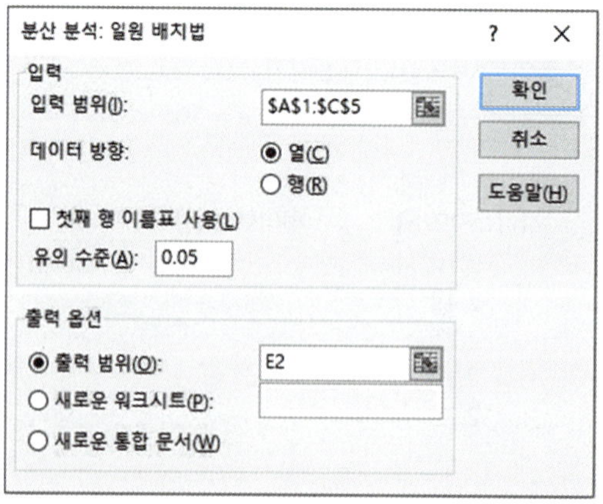

ANOVA 결과는 다음과 같다.

분산 분석: 일원 배치법

요약표

인자의 수준	관측수	합	평균	분산
Column 1	5	59	11.8	5.7
Column 2	5	19	3.8	10.2
Column 3	5	38	7.6	10.3

분산 분석

변동의 요인	제곱합	자유도	제곱 평균	F 비	P-값	F 기각치
처리	160.1333333	2	80.06666667	9.167938931	0.003831317	3.885293835
잔차	104.8	12	8.733333333			
계	264.9333333	14				

복습연습문제

1~5번 문제는 다음의 단계에 맞추어 문제를 푸시오.

a. 가설을 정하고 주장을 확인한다.
b. 임계값을 찾거나 *P*-값 방법을 이용한다.
c. 검정값을 계산한다.
d. 결정을 한다.
e. 결과를 요약한다.

P-값 방법을 사용하라는 언급이 없다면 전통적인 가설검정 방법을 사용하시오. 모든 가정은 만족한다고 가정한다.

11–1절

1. 교통사고 사망자수 한 교통안전보고서에 따르면 21~24세 집단의 교통사고 사망자수의 31.58%가 안전벨트를 착용했다고 나와 있다. 안전벨트를 착용하지 않은 희생자는 전체 사망자의 59.83%였으며, 나머지 희생자에 대해서는 안전벨트 착용여부를 알 수 없었다. 21~24세인 교통사고 사망자 중 120명을 랜덤으로 선택하여 조사한 결과, 희생자 중 35명은 안전벨트를 착용하였고 78명은 그렇지 않았으며 나머지 사망자에 대해서는 착용여부를 알 수 없었다. $\alpha = 0.05$에서 이 자료의 비율이 보고서에 명시된 것과 다르다는 충분한 증거가 있는가?

출처: *New York Times Almanac*.

2. 총기구입요청 거부 한 형사는 총기구입 요청이 거부된 사람들의 75%가 그들의 흉악범죄 경력 때문에, 11%는 가정폭력 전과 때문에, 나머지 14%는 약물남용 등 때문이라는 보고서를 읽었다. 총기구입 요청이 거부된 사람을 랜덤으로 추출하여 그 이유를 알아본 결과, 다음 표와 같았다. 이 조사결과의 분포와 이 형사가 읽은 비율이 같은지 $\alpha = 0.10$에서 검정하시오. 이 결과가 시골 지역과 다를 수도 있다고 생각하는가?

거부당한 이유	흉악범죄	가정폭력	약물남용 등
거부당한 사람의 수	120	42	38

출처: Based on FBI statistics.

11–2절

3. 연금투자 45세와 65세를 대상으로 일시불로 받는 연금을 어디에 투자할지 조사한 결과, 그 자료가 다음 표와 같이 주어졌다. 투자자의 나이와 투자방법 사이에 관련이 있는지 $\alpha = 0.05$에서 검정하시오.

	대기업 주식펀드	소기업 주식펀드	국제 주식펀드	CD 또는 금융시장펀드	채권
45세	20	10	10	15	45
65세	42	24	24	6	24

출처: *USA TODAY*.

4. 고등학교 여학생의 고용상태 한 상담교사는 그가 속한 학군의 고등학교 여학생들의 아르바이트 비율이 전국 평균인 36%와 같은지 알아보고자 한다. 그는 해당 학군에서 16~18세인 고등학교 여학생 80명을 랜덤으로 추출하여 아르바이트 유무를 조사한 결과 다음 표와 같은 자료를 얻었다. 나이에 따라 아르바이트하는 여학생들의 비율이 같은지 *P*-값 방법을 이용하여 $\alpha = 0.01$에서 검정하시오.

	16세	17세	18세
아르바이트함	45	31	38
하지 않음	35	49	42
총합	80	80	80

출처: Michael D. Shook and Robert L. Shook, *The Book of Odds*, Signet, 1993.

5. 주거형태 한 연구에서는 18~24세인 사람들의 오늘날 주거형태가 10년 전과 다른지 알아보고자 한다. 조사결과 다음과 같은 자료를 얻었다. 이 연구의 주장을 $\alpha = 0.05$에서 검정하시오.

	부모님과 동거	배우자와 동거	가족이 아닌 사람과 동거	그 외
10년 전	47	38	5	10
현재	57	20	9	14

11–3절

6. 종류에 따른 교량의 길이 미국에 있는 세 종류의 교량의 길이(단위: 피트)가 다른지 알아보기 위하여 다음과 같은 자료를 얻었다. 세 종류의 교량의 평균길이에 유의한 차이가 없다는 주장을 $\alpha = 0.01$에서 검정하시오.

단순 트러스 교량	분할 타설 콘크리트 교량	연속 판형교량
745	820	630
716	750	573
700	790	525
650	674	510
647	660	480
625	640	460
608	636	451
598	620	450
550	520	450
545	450	425
534	392	420
528	370	360

출처: *World Almanac and Book of Facts*.

7. 시리얼의 탄수화물 함유량 세 개의 시리얼 회사에서 판매되는 제품을 랜덤추출하여 일인분당 탄수화물 함유량을 조사하였다. 유의수준 $\alpha = 0.05$에서 평균 탄수화물 함유량이 회사에 따라 다르다고 결론 내릴 수 있는 충분한 근거가 있는가?

회사 1	회사 2	회사 3
25	23	24
26	44	39
24	24	28
26	24	25
26	36	23
41	27	32
26	25	
43		

출처: *The Doctor's Pocket Calorie, Fat, and Carbohydrate Counter*.

8. 음식과 음료수의 철 함유량 세 종류의 음식에 대한 철 함유량이 다음과 같다. 유의수준 0.10에서 육류 및 어류, 시리얼, 영양 고단백 음료의 평균 철 함유량에 차이가 있다고 할 수 있는 충분한 근거가 있는가?

육류 및 어류	시리얼	고단백 음료
3.4	8	3.6
2.5	2	3.6
5.5	1.5	4.5
5.3	3.8	5.5
2.5	3.8	2.7
1.3	6.8	3.6
2.7	1.5	6.3
	4.5	

출처: *The Doctor's Pocket Calorie, Fat, and Carbohydrate Counter*.

STATISTICS TODAY

통계학과 형질 유전학

Mendel은 확률을 이용하여 다음과 같이 예측하였다.

	둥근 콩		주름진 콩	
	노란색	초록색	노란색	초록색
기대한 값	0.5625	0.1875	0.1875	0.0625

관측된 결과는 다음과 같았다.

	둥근 콩		주름진 콩	
	노란색	초록색	노란색	초록색
관측한 값	0.5665	0.1942	0.1817	0.0576

이 자료에 대하여 카이제곱검정을 한 결과 Mendel은 거의 대부분 그의 예측이 정확하다(즉, 잘 적합함)는 것을 알았고 그의 이론이 맞았다는 것을 증명하였다. 또한 그는 매우 성공적인 실험들을 많이 보고하였다. Mendel의 유전이론은 간단하지만 교배의 결과를 예측하는 데 유용하다.

옥에 티

Mendel의 이론이 기본적으로 옳았지만 영국의 통계학자 R.A. Fisher가 50년 뒤에 Mendel의 자료를 다시 조사하였다. 그는 관측한(실제의) 결과가 기대한(이론적) 결과와 거의 똑같다는 것을 알고 어떤 방식으로든 자료가 왜곡되었다는 결론을 내렸다. 결과가 사실이기에는 너무 좋았기 때문이다. Fisher는 계획적인 오역에서 조교의 실수에 이르기까지 여러 이유를 제시하였지만, 아무도 그때 무슨 일이 일어났는지는 알 수 없다.

데이터 분석

데이터 뱅크는 부록 B에 나와 있다.

1. 데이터 뱅크에서 랜덤표본 40명을 선택하시오. 카이제곱 적합도검정을 이용하여 사람들의 혼인 여부가 동일하게 분포하는지 검정하시오.
2. 흡연이 성별과 독립인지 알아보기 위해 카이제곱 독립성검정을 이용하시오. 최소 75명의 랜덤표본을 이용하시오.
3. 부록 B의 데이터셋 X의 자료를 1−3, 4−6, 7−9 등으로 분류하시오. 각 공이 뽑힌 횟수가 동일한지 알아보기 위해 카이제곱 적합도검정을 시행하시오.
4. 데이터 뱅크에서 랜덤표본을 선택하여 평균 콜레스테롤 수치가 비흡연자, 하루 한 갑 미만의 흡연자, 한 갑 이상의 흡연자에 대해 동일한지 검정하시오. ANOVA 검정을 시행하시오. 만약 귀무가설이 기각된다면 실제 차이가 어디서 발생했는지 알아보기 위해 쉐페 검정을 시행하고, 검정 결과를 요약하시오.

퀴즈

각 문장이 참인지 거짓인지를 결정하시오. 거짓이면 그 이유를 설명하시오.

1. 카이제곱 독립성검정은 항상 양쪽꼬리검정이다.
2. 카이제곱 적합도검정과 독립성검정은 같은 검정통계량 공식을 사용한다.
3. 적합도검정에서 귀무가설이 기각되었다면, 관측도수와 기대도수가 아주 비슷하다는 것을 의미한다,
4. 분산분석에서 평균들의 모든 쌍에 유의한 차이가 있을 때만 귀무가설이 기각될 수 있다.
5. *F* 검정은 자유도의 개념을 사용하지 않는다.
6. *F* 검정통계량 값이 1에 가까우면, 귀무가설은 기각되어야 한다.

가장 적절한 답을 선택하시오.

7. 카이제곱값이 될 수 없는 것은?
   a. 양수 *b*. 0
   c. 음수 *d*. 위의 어느 것도 아님.
8. 카이제곱 독립성검정의 귀무가설은 변수들 사이의 관계가
   a. 종속이다. *b*. 독립이다.
   c. 관계가 있다. *d*. 항상 0이다.
9. 적합도검정에서 자유도는?
   a. 0 *b*. 1
   c. 표본크기 − 1 *d*. 범주의 수 − 1
10. 분산분석에서는 ______ 검정을 한다.
    a. z *b*. t
    c. χ^2 *d*. F
11. ANOVA 검정의 귀무가설은 "모든 평균은 ______"이다.
    a. 같다. *b*. 같지 않다.
    c. 다양하다. *d*. 위의 어느 것도 아님.
12. *F* 검정을 수행할 때, 모분산 중 몇 개의 추정값이 비교되는가?
    a. 두 개 *b*. 세 개
    c. 전부 다 *d*. 하나도 비교되지 않음.

가장 적합한 답을 사용하여 다음 문장을 완성하시오.

13. 4×3 분할표에서 자유도는 ______이다.
14. 카이제곱검정에서 중요한 가정 중 하나는 관측값들은 ______이어야 한다는 것이다.
15. 카이제곱 적합도검정은 항상 (양쪽꼬리, 왼쪽꼬리, 오른쪽꼬리) 검정이다.
16. 카이제곱 독립성검정에서 각 계급의 기대도수는 항상 ______이어야 한다.
17. 세 개 이상의 평균을 비교할 때는 ______기법을 사용한다.

18~23번 문제는 다음 단계를 수행하시오.

a. 가설을 정하고 주장을 확인한다.
b. 임계값을 찾거나 *P*-값 방법을 이용한다.
c. 검정값을 계산한다.
d. 결정을 한다.
e. 결과를 요약한다.

P-값 방법을 사용하라는 언급이 없다면 전통적인 가설검정 방법을 사용하시오.

18. **실직한 이유** 사람들이 직장을 잃은 이유에 대하여 조사한 결과 다음과 같은 자료를 얻었다. 실직한 이유들이 고르게 분포되어 있는지 $\alpha = 0.05$에서 검정하시오. 만약 이 조사를 10년 전에 하였다면 그 결과가 달라지겠는가?

이유	회사가 망함	직급이 없어짐	불성실한 근무로 인함
실직자수	26	18	28

출처: Based on information from U.S. Department of Labor.

19. **포장음식의 소비량** 한 요식업 관계자는 포장음식들의 53%가 집에서, 19%는 자동차에서, 14%는 직장에서, 나머지 14%는

기타 장소에서 소비된다는 것을 읽었다. 300명을 랜덤으로 추출하여 포장음식을 먹는 장소를 조사한 결과 다음의 자료를 얻었다. 이 자료에 근거한 분포가 위에서 명시된 것과 같다고 $\alpha = 0.01$에서 결론 내릴 수 있는가? 이 결과에 근거하였을 때 패스트푸드 음식점은 어떤 사람들을 대상으로 광고하는 것이 좋겠는가?

장소	집	자동차	직장	기타
포장 횟수	142	57	51	50

출처: Beef Industry Council.

20. 텔레비전 시청 케이블 TV의 홈쇼핑 방송의 시청유무에 관한 조사에서 62%는 전혀 시청하지 않으며, 23%는 거의 시청하지 않고, 11%는 가끔 시청하며, 4%는 자주 시청한다고 하였다. 200명의 대학생을 랜덤추출하여 조사한 결과, 105명은 전혀 시청하지 않고, 72명은 거의 시청하지 않고, 13명은 가끔 시청하며, 10명은 자주 본다고 응답하였다. 대학생들의 홈쇼핑 방송 시청 선호도가 위의 조사결과와 다른지 $\alpha = 0.05$에서 검정하시오.

출처: Based on information obtained from *USA TODAY* Snapshots.

21. 인기 있는 우승기 색깔 야구장에서 팬들이 구입한 우승기의 색깔을 조사한 자료가 다음과 같다. $\alpha = 0.10$에서 선호하는 우승기 색깔과 성별은 서로 독립인가?

	파란색	노란색	빨간색
남성	519	659	876
여성	487	702	787

22. 직업 만족도 남녀 각각 60명에게 그들이 현재 직장에서 평생 동안 일하고 싶은지 설문조사한 결과 그 자료가 다음과 같다. 응답의 비율이 $\alpha = 0.10$에서 같다고 할 수 있는가? 만약 비율이 다르다면, 가능한 이유 중 하나를 설명하시오.

	그렇다	아니다	잘 모르겠다
남성	40	15	5
여성	36	9	15
총합	76	24	20

출처: *Based on information from a Maritz Poll.*

23. 운동화의 가격 남성용, 여성용, 아동용 운동화의 가격(단위: 달러)이 아래와 같이 주어져 있다. 평균 가격에 차이가 있다고 유의수준 $\alpha = 0.05$에서 결론 내릴 수 있는가?

여성용	남성용	아동용
59	65	40
36	70	45
44	66	40
49	59	56
48	48	46
50	70	36

비판적 사고

1. 난수 계산기나 컴퓨터를 사용하여 두 자리 숫자의 난수 100개를 생성하시오. 이렇게 생성된 난수들의 분포가 정말로 랜덤인지 알기 위해 카이제곱 적합도검정을 이용하여 집단화 도수분포를 만드시오. 집단화 도수분포를 만들기 위해 각 계급의 기대도수가 10이 되도록 하시오. 이 분포가 랜덤이라고 할 수 있는가? 설명하시오.

2. 복권번호 계산기나 컴퓨터를 사용하여 세 자리 숫자의 난수를 100개 생성하여 복권을 모의실험하고자 한다. 이 난수들을 000−099, 100−199 등의 집단으로 분류하시오. 이 숫자들이 랜덤인지 알기 위해 카이제곱 적합도검정을 하시오. 한편, 각 계급의 기대도수는 10이 되어야 한다. 왜 그런지 이유를 설명하시오.

3. M&M 캔디의 색깔 M&M 캔디 한 봉지를 사서 색깔별로 몇 개씩 들어있는지 세어 보자. 이 표본을 이용하여 색깔의 분포에 관한 가설을 설정하고, 이 가설을 다음의 가설과 비교하시오.
H_0: M&M 캔디의 13%는 갈색, 13%는 빨간색, 14%는 노란색, 16%는 초록색, 20%는 오렌지색, 24%는 파란색이다.

데이터 프로젝트

다음의 모든 검정을 유의수준 0.05에서 시행하시오.

1. 기업과 금융 여러 색상의 캔디를 생산하는 회사들은 대부분 그들의 웹사이트에 각 색깔에 대한 생산비율을 공개한다. 당신이 좋아하는 색상의 캔디를 하나 선택하시오. 각 색깔의 생산 비율을 조사하기 위하여 선택한 한 봉지의 캔디에서 각 색깔의 개수를 조사하시오(캔디를 먹기 전에 조사하도록 주의하시오).

선택한 봉지의 색깔 비율이 그 회사 웹사이트에 공개한 비율과 같은가? 만약 색깔에 대한 생산비율을 확인할 수 없다면, 각 색깔들이 고루 분포되어 있다고 할 수 있는지 검정하시오.

2. **스포츠와 레저** 당신의 지역(또는 좋아하는) 농구팀, 축구팀, 야구팀, 하키팀들의 경기 전적을 자료집합으로 사용하시오. 가장 최근 시즌 각 스포츠 팀의 홈경기 승패를 분석하여 홈경기의 이점이 종목과 독립인지 검정하시오.

3. **기술** 제2장의 데이터 프로젝트 3에 사용된 노래의 장르에 관한 자료를 사용하시오. 이 자료에 의하면 노래들은 장르별로 균등하게 분포되어 있다고 할 수 있는가?

4. **건강과 건강관리** 당신이 속한 모집단의 혈액형 비율을 조사하기 위해 적십자에서 제공하는 자료를 사용하시오. 당신이 듣는 수업의 학생들을 표본으로 사용하여 학생들의 혈액형을 조사하시오. 이 학생들의 혈액형 분포가 적십자에서 발표한 비율로부터 기대한 것과 같은가?

5. **정치와 경제** 어떤 한 주(state)의 등록된 공화당원, 민주당원, 무소속인 사람들의 분포(백분율)를 조사하시오. 당신이 듣는 수업의 학생들을 표본으로 하여, 각 학생들의 정당소속을 조사하시오. 수업에서 학생들의 정당소속의 분포는 이 주에서 발표한 등록정당원의 분포와 같은가? 이 문제에서 수업을 듣는 학생들을 표본으로 사용하였는데 이것에 대한 문제는 없는가?

6. **교육** 각 학생들이 야구, 축구, 농구, 하키, NASCAR 중에서 가장 좋아하는 스포츠가 무엇인지 알기 위하여 수업 여론조사를 시행하시오. 또한 해당 학생들의 성별도 기록하시오. 성별과 스포츠 선호도는 독립인가?

7. **기업과 금융** 다우존스, 나스닥, S&P 500 주식시장으로부터 10개의 종목을 랜덤으로 선택하시오. 각 주식에 대하여 지난 분기 동안의 실적(적자 또는 흑자)을 기록하시오. 세 개의 주식시장에서 선택된 주식들의 평균 실적이 같은지 검정하기 위하여 분산분석을 시행하시오.

8. **스포츠와 레저** 지난해에 개봉된 영화들의 총수익에 관한 자료를 사용하시오. 이 영화들을 등급(G, PG, PG13, R)에 따라 정렬하시오. 평균수익은 등급에 따라 차이가 없는가?

9. **기술** 제2장의 데이터 프로젝트 3에 사용된 노래의 길이에 대한 자료에서 3개의 장르만 선택하시오. 예를 들어 록, 얼터너티브 록, 힙합을 선택하였다고 하자. 각 장르의 평균 노래 길이가 같은지 알기 위하여 분산분석을 시행하시오.

10. **건강과 건강관리** 어린이용 시리얼, 다이어트용 시리얼, 그 외 다른 시리얼의 세 개 범주 각각에서 10개의 시리얼을 선택하시오. 각 시리얼의 한 컵당 칼로리를 조사하시오(시리얼마다 일인분 양이 다를 수 있으므로 동일한 컵의 크기로 맞추기 위해서 약간의 계산이 필요할 수도 있다). 이 세 종류의 시리얼에 함유된 평균 칼로리가 같다는 주장을 검정하기 위해 분산분석을 시행하시오.

개념의 적용 해답

11–1절 Skittles 사탕의 과일 맛의 분포

1. 변수는 양적변수이고 각 범주에 대해 도수를 관측한다.
2. 카이제곱 적합도검정을 사용할 수 있다.
3. 총 233개의 사탕이 있기 때문에 각 맛의 캔디가 46.6개 있다고 기대할 수 있다. 따라서 검정통계량은 $\chi^2 = 1.442$이다.
4. H_0: 사탕의 맛이 고르게 분포되어 있다.
   H_1: 사탕의 맛이 고르게 분포되어 있지 않다.
5. 이 검정에서 자유도는 $5 - 1 = 4$이다. 임계값은 유의수준을 얼마로 하느냐에 따라 다르다. 유의수준 0.05에서는 임계값이 9.488이다.
6. $1.442 < 9.488$이기 때문에 귀무가설을 기각할 수 없다. 따라서 사탕의 맛이 고르게 분포되어 있지 않다고 결론내릴 수 있는 충분한 증거가 없다.

11–2절 출입금지구역의 위성안테나 설치 관련 법안

1. 귀무가설을 기각해야 할지 결정하기 위해서는 p 값을 유의수준 0.05와 비교해야 한다.
2. 유의수준으로부터 제1종 오류의 확률을 알 수 있다.
3. 카이제곱 독립성검정은 항상 오른쪽꼬리검정이므로 이 검정 또한 오른쪽꼬리검정이다.
4. 자유도만 보고서는 이 분할표에 몇 개의 행과 열이 있는지 알 수 없다.
5. 자유도는 행과 열의 수에 의해 결정되기 때문에 표본크기를 증가시킨다고 자유도가 증가하지는 않는다.
6. 귀무가설을 기각한다. 관측도수와 기대도수의 차이가 큰 칸들이 많다.
7. 만약 유의수준을 0.10으로 설정했다고 하더라도 여전히 귀무가설을 기각한다.
8. 아니다. 왜냐하면 카이제곱검정통계량으로부터 어떤 칸의 관측도수와 기대도수가 아주 다르다는 것을 알 수 없기 때문이다.

11–3절 옷 색깔이 사람을 더 똑똑해 보이게 하는가?

1. ANOVA에 의하면 검정통계량의 값 $F = 3.06$이고 P-값은 0.059이다. 따라서 귀무가설을 기각할 수 없고, 어떤 사람

이 입고 있는 옷 색깔과 그 사람이 얼마나 똑똑해 보이는지에 대한 인식이 관계가 있다는 결론을 내릴만한 충분한 증거가 없다.

2. 연구목적은 어떤 사람이 입고 있는 옷 색깔과 그 사람이 얼마나 똑똑해 보이는지에 대한 인식이 관계가 있는지 알아보는 것이다.

3. 이 경우 각 쌍에 대해 세 번의 t 검정을 해야 하고, 이는 오류율(error rate)을 증가시키기 때문이다.

가설검정 요약 2

7. 상관계수 유의성검정

예제: H_0: $\rho = 0$

t 검정을 이용한다.

$$t = r\sqrt{\frac{n-2}{1-r^2}} \qquad (\text{자유도} = n-1)$$

8. 다중상관계수에 대한 F 검정의 공식

예제: H_0: $\rho = 0$

$$F = \frac{R^2/k}{(1-R^2)/(n-k-1)}$$

d.f.N. $= n - k$ d.f.D. $= n - k - 1$

9. 특정 모집단의 표본분포 비교

예제: 귀무가설 H_0: 두 분포 사이에 차이가 없다.

카이제곱 적합도검정을 이용한다.

$$\chi^2 = \sum\frac{(O-E)^2}{E}$$

여기에서 자유도는 (범주의 수 −1)이다.

10. 두 변수의 독립성 비교

예제: 귀무가설 H_0: 변수 A와 변수 B는 서로 독립이다.

카이제곱 독립성검정을 이용한다.

$$\chi^2 = \sum\frac{(O-E)^2}{E}$$

여기에서 자유도는 $(R-1)(C-1)$이다.

11. 비율의 동질성검정

예제: 귀무가설 H_0: $p_1 = p_2 = p_3$

카이제곱검정을 이용한다.

$$\chi^2 = \sum\frac{(O-E)^2}{E}$$

여기에서 자유도는 $(R-1)(C-1)$이다.

12. 세 개 이상의 표본평균 비교

예제: 귀무가설 H_0: $\mu_1 = \mu_2 = \mu_3$

분산분석(ANOVA) 기법을 이용한다.

$$F = \frac{s_B^2}{s_W^2}$$

여기에서

$$s_B^2 = \frac{\Sigma n_i(\overline{X}_i - \overline{X}_{\text{GM}})^2}{k-1}$$

$$s_W^2 = \frac{\Sigma(n_i-1)s_i^2}{\Sigma(n_i-1)}$$

d.f.N. $= k - 1$ $N = n_1 + n_2 + \cdots + n_k$

d.f.D. $= N - k$ (k = 그룹 수)

부록 A

표

표 A 계승

n	*n*!
0	1
1	1
2	2
3	6
4	24
5	120
6	720
7	5,040
8	40,320
9	362,880
10	3,628,800
11	39,916,800
12	479,001,600
13	6,227,020,800
14	87,178,291,200
15	1,307,674,368,000
16	20,922,789,888,000
17	355,687,428,096,000
18	6,402,373,705,728,000
19	121,645,100,408,832,000
20	2,432,902,008,176,640,000

표 B 이항분포

n	*x*	*p* 0.05	0.1	0.2	0.25	0.3	0.4	0.5	0.6	0.7	0.75	0.8	0.9	0.95
2	0	0.902	0.810	0.640	0.563	0.490	0.360	0.250	0.160	0.090	0.063	0.040	0.010	0.002
	1	0.095	0.180	0.320	0.375	0.420	0.480	0.500	0.480	0.420	0.375	0.320	0.180	0.095
	2	0.002	0.010	0.040	0.063	0.090	0.160	0.250	0.360	0.490	0.563	0.640	0.810	0.902
3	0	0.857	0.729	0.512	0.422	0.343	0.216	0.125	0.064	0.027	0.016	0.008	0.001	
	1	0.135	0.243	0.384	0.422	0.441	0.432	0.375	0.288	0.189	0.141	0.096	0.027	0.007
	2	0.007	0.027	0.096	0.141	0.189	0.288	0.375	0.432	0.441	0.422	0.384	0.243	0.135
	3		0.001	0.008	0.016	0.027	0.064	0.125	0.216	0.343	0.422	0.512	0.729	0.857
4	0	0.815	0.656	0.410	0.316	0.240	0.130	0.062	0.026	0.008	0.004	0.002		
	1	0.171	0.292	0.410	0.422	0.412	0.346	0.250	0.154	0.076	0.047	0.026	0.004	
	2	0.014	0.049	0.154	0.211	0.265	0.346	0.375	0.346	0.265	0.211	0.154	0.049	0.014
	3		0.004	0.026	0.047	0.076	0.154	0.250	0.346	0.412	0.422	0.410	0.292	0.171
	4			0.002	0.004	0.008	0.026	0.062	0.130	0.240	0.316	0.410	0.656	0.815
5	0	0.774	0.590	0.328	0.237	0.168	0.078	0.031	0.010	0.002	0.001			
	1	0.204	0.328	0.410	0.396	0.360	0.259	0.156	0.077	0.028	0.015	0.006		
	2	0.021	0.073	0.205	0.264	0.309	0.346	0.312	0.230	0.132	0.088	0.051	0.008	0.001
	3	0.001	0.008	0.051	0.088	0.132	0.230	0.312	0.346	0.309	0.264	0.205	0.073	0.021
	4			0.006	0.015	0.028	0.077	0.156	0.259	0.360	0.396	0.410	0.328	0.204
	5				0.001	0.002	0.010	0.031	0.078	0.168	0.237	0.328	0.590	0.774
6	0	0.735	0.531	0.262	0.178	0.118	0.047	0.016	0.004	0.001				
	1	0.232	0.354	0.393	0.356	0.303	0.187	0.094	0.037	0.010	0.004	0.002		
	2	0.031	0.098	0.246	0.297	0.324	0.311	0.234	0.138	0.060	0.033	0.015	0.001	
	3	0.002	0.015	0.082	0.132	0.185	0.276	0.312	0.276	0.185	0.132	0.082	0.015	0.002
	4		0.001	0.015	0.033	0.060	0.138	0.234	0.311	0.324	0.297	0.246	0.098	0.031
	5			0.002	0.004	0.010	0.037	0.094	0.187	0.303	0.356	0.393	0.354	0.232
	6					0.001	0.004	0.016	0.047	0.118	0.178	0.262	0.531	0.735
7	0	0.698	0.478	0.210	0.133	0.082	0.028	0.008	0.002					
	1	0.257	0.372	0.367	0.311	0.247	0.131	0.055	0.017	0.004	0.001			
	2	0.041	0.124	0.275	0.311	0.318	0.261	0.164	0.077	0.025	0.012	0.004		
	3	0.004	0.023	0.115	0.173	0.227	0.290	0.273	0.194	0.097	0.058	0.029	0.003	
	4		0.003	0.029	0.058	0.097	0.194	0.273	0.290	0.227	0.173	0.115	0.023	0.004
	5			0.004	0.012	0.025	0.077	0.164	0.261	0.318	0.311	0.275	0.124	0.041
	6				0.001	0.004	0.017	0.055	0.131	0.247	0.311	0.367	0.372	0.257
	7						0.002	0.008	0.028	0.082	0.133	0.210	0.478	0.698
8	0	0.663	0.430	0.168	0.100	0.058	0.017	0.004	0.001					
	1	0.279	0.383	0.336	0.267	0.198	0.090	0.031	0.008	0.001				
	2	0.051	0.149	0.294	0.311	0.296	0.209	0.109	0.041	0.010	0.004	0.001		
	3	0.005	0.033	0.147	0.208	0.254	0.279	0.219	0.124	0.047	0.023	0.009		
	4		0.005	0.046	0.087	0.136	0.232	0.273	0.232	0.136	0.087	0.046	0.005	
	5			0.009	0.023	0.047	0.124	0.219	0.279	0.254	0.208	0.147	0.033	0.005
	6			0.001	0.004	0.010	0.041	0.109	0.209	0.296	0.311	0.294	0.149	0.051
	7					0.001	0.008	0.031	0.090	0.198	0.267	0.336	0.383	0.279
	8						0.001	0.004	0.017	0.058	0.100	0.168	0.430	0.663

표 B (계속)

		p												
n	**x**	**0.05**	**0.1**	**0.2**	**0.25**	**0.3**	**0.4**	**0.5**	**0.6**	**0.7**	**0.75**	**0.8**	**0.9**	**0.95**
9	0	0.630	0.387	0.134	0.075	0.040	0.010	0.002						
	1	0.299	0.387	0.302	0.225	0.156	0.060	0.018	0.004					
	2	0.063	0.172	0.302	0.300	0.267	0.161	0.070	0.021	0.004	0.001			
	3	0.008	0.045	0.176	0.234	0.267	0.251	0.164	0.074	0.021	0.009	0.003		
	4	0.001	0.007	0.066	0.117	0.172	0.251	0.246	0.167	0.074	0.039	0.017	0.001	
	5		0.001	0.017	0.039	0.074	0.167	0.246	0.251	0.172	0.117	0.066	0.007	0.001
	6			0.003	0.009	0.021	0.074	0.164	0.251	0.267	0.234	0.176	0.045	0.008
	7				0.001	0.004	0.021	0.070	0.161	0.267	0.300	0.302	0.172	0.063
	8						0.004	0.018	0.060	0.156	0.225	0.302	0.387	0.299
	9							0.002	0.010	0.040	0.075	0.134	0.387	0.630
10	0	0.599	0.349	0.107	0.056	0.028	0.006	0.001						
	1	0.315	0.387	0.268	0.188	0.121	0.040	0.010	0.002					
	2	0.075	0.194	0.302	0.282	0.233	0.121	0.044	0.011	0.001				
	3	0.010	0.057	0.201	0.250	0.267	0.215	0.117	0.042	0.009	0.003	0.001		
	4	0.001	0.011	0.088	0.146	0.200	0.251	0.205	0.111	0.037	0.016	0.006		
	5		0.001	0.026	0.058	0.103	0.201	0.246	0.201	0.103	0.058	0.026	0.001	
	6			0.006	0.016	0.037	0.111	0.205	0.251	0.200	0.146	0.088	0.011	0.001
	7			0.001	0.003	0.009	0.042	0.117	0.215	0.267	0.250	0.201	0.057	0.010
	8					0.001	0.011	0.044	0.121	0.233	0.282	0.302	0.194	0.075
	9						0.002	0.010	0.040	0.121	0.188	0.268	0.387	0.315
	10							0.001	0.006	0.028	0.056	0.107	0.349	0.599
11	0	0.569	0.314	0.086	0.042	0.020	0.004							
	1	0.329	0.384	0.236	0.155	0.093	0.027	0.005	0.001					
	2	0.087	0.213	0.295	0.258	0.200	0.089	0.027	0.005	0.001				
	3	0.014	0.071	0.221	0.258	0.257	0.177	0.081	0.023	0.004	0.001			
	4	0.001	0.016	0.111	0.172	0.220	0.236	0.161	0.070	0.017	0.006	0.002		
	5		0.002	0.039	0.080	0.132	0.221	0.226	0.147	0.057	0.027	0.010		
	6			0.010	0.027	0.057	0.147	0.226	0.221	0.132	0.080	0.039	0.002	
	7			0.002	0.006	0.017	0.070	0.161	0.236	0.220	0.172	0.111	0.016	0.001
	8				0.001	0.004	0.023	0.081	0.177	0.257	0.258	0.221	0.071	0.014
	9					0.001	0.005	0.027	0.089	0.200	0.258	0.295	0.213	0.087
	10						0.001	0.005	0.027	0.093	0.155	0.236	0.384	0.329
	11								0.004	0.020	0.042	0.086	0.314	0.569
12	0	0.540	0.282	0.069	0.032	0.014	0.002							
	1	0.341	0.377	0.206	0.127	0.071	0.017	0.003						
	2	0.099	0.230	0.283	0.232	0.168	0.064	0.016	0.002					
	3	0.017	0.085	0.236	0.258	0.240	0.142	0.054	0.012	0.001				
	4	0.002	0.021	0.133	0.194	0.231	0.213	0.121	0.042	0.008	0.002	0.001		
	5		0.004	0.053	0.103	0.158	0.227	0.193	0.101	0.029	0.011	0.003		
	6			0.016	0.040	0.079	0.177	0.226	0.177	0.079	0.040	0.016		
	7			0.003	0.011	0.029	0.101	0.193	0.227	0.158	0.103	0.053	0.004	
	8			0.001	0.002	0.008	0.042	0.121	0.213	0.231	0.194	0.133	0.021	0.002
	9					0.001	0.012	0.054	0.142	0.240	0.258	0.236	0.085	0.017
	10						0.002	0.016	0.064	0.168	0.232	0.283	0.230	0.099
	11							0.003	0.017	0.071	0.127	0.206	0.377	0.341
	12								0.002	0.014	0.032	0.069	0.282	0.540

표 B (계속)

		p												
n	***x***	**0.05**	**0.1**	**0.2**	**0.25**	**0.3**	**0.4**	**0.5**	**0.6**	**0.7**	**0.75**	**0.8**	**0.9**	**0.95**
13	0	0.513	0.254	0.055	0.024	0.010	0.001							
	1	0.351	0.367	0.179	0.103	0.054	0.011	0.002						
	2	0.111	0.245	0.268	0.206	0.139	0.045	0.010	0.001					
	3	0.021	0.100	0.246	0.252	0.218	0.111	0.035	0.006	0.001				
	4	0.003	0.028	0.154	0.210	0.234	0.184	0.087	0.024	0.003	0.001			
	5		0.006	0.069	0.126	0.180	0.221	0.157	0.066	0.014	0.005	0.001		
	6		0.001	0.023	0.056	0.103	0.197	0.209	0.131	0.044	0.019	0.006		
	7			0.006	0.019	0.044	0.131	0.209	0.197	0.103	0.056	0.023	0.001	
	8			0.001	0.005	0.014	0.066	0.157	0.221	0.180	0.126	0.069	0.006	
	9				0.001	0.003	0.024	0.087	0.184	0.234	0.210	0.154	0.028	0.003
	10					0.001	0.006	0.035	0.111	0.218	0.252	0.246	0.100	0.021
	11						0.001	0.010	0.045	0.139	0.206	0.268	0.245	0.111
	12							0.002	0.011	0.054	0.103	0.179	0.367	0.351
	13								0.001	0.010	0.024	0.055	0.254	0.513
14	0	0.488	0.229	0.044	0.018	0.007	0.001							
	1	0.359	0.356	0.154	0.083	0.041	0.007	0.001						
	2	0.123	0.257	0.250	0.180	0.113	0.032	0.006	0.001					
	3	0.026	0.114	0.250	0.240	0.194	0.085	0.022	0.003					
	4	0.004	0.035	0.172	0.220	0.229	0.155	0.061	0.014	0.001				
	5		0.008	0.086	0.147	0.196	0.207	0.122	0.041	0.007	0.002			
	6		0.001	0.032	0.073	0.126	0.207	0.183	0.092	0.023	0.008	0.002		
	7			0.009	0.028	0.062	0.157	0.209	0.157	0.062	0.028	0.009		
	8			0.002	0.008	0.023	0.092	0.183	0.207	0.126	0.073	0.032	0.001	
	9				0.002	0.007	0.041	0.122	0.207	0.196	0.147	0.086	0.008	
	10					0.001	0.014	0.061	0.155	0.229	0.220	0.172	0.035	0.004
	11						0.003	0.022	0.085	0.194	0.240	0.250	0.114	0.026
	12						0.001	0.006	0.032	0.113	0.180	0.250	0.257	0.123
	13							0.001	0.007	0.041	0.083	0.154	0.356	0.359
	14								0.001	0.007	0.018	0.044	0.229	0.488
15	0	0.463	0.206	0.035	0.013	0.005								
	1	0.366	0.343	0.132	0.067	0.031	0.005							
	2	0.135	0.267	0.231	0.156	0.092	0.022	0.003						
	3	0.031	0.129	0.250	0.225	0.170	0.063	0.014	0.002					
	4	0.005	0.043	0.188	0.225	0.219	0.127	0.042	0.007	0.001				
	5	0.001	0.010	0.103	0.165	0.206	0.186	0.092	0.024	0.003	0.001			
	6		0.002	0.043	0.092	0.147	0.207	0.153	0.061	0.012	0.003	0.001		
	7			0.014	0.039	0.081	0.177	0.196	0.118	0.035	0.013	0.003		
	8			0.003	0.013	0.035	0.118	0.196	0.177	0.081	0.039	0.014		
	9			0.001	0.003	0.012	0.061	0.153	0.207	0.147	0.092	0.043	0.002	
	10				0.001	0.003	0.024	0.092	0.186	0.206	0.165	0.103	0.010	0.001
	11					0.001	0.007	0.042	0.127	0.219	0.225	0.188	0.043	0.005
	12						0.002	0.014	0.063	0.170	0.225	0.250	0.129	0.031
	13							0.003	0.022	0.092	0.156	0.231	0.267	0.135
	14								0.005	0.031	0.067	0.132	0.343	0.366
	15									0.005	0.013	0.035	0.206	0.463

표 B (계속)

n	x	p 0.05	0.1	0.2	0.25	0.3	0.4	0.5	0.6	0.7	0.75	0.8	0.9	0.95
16	0	0.440	0.185	0.028	0.010	0.003								
	1	0.371	0.329	0.113	0.053	0.023	0.003							
	2	0.146	0.275	0.211	0.134	0.073	0.015	0.002						
	3	0.036	0.142	0.246	0.208	0.146	0.047	0.009	0.001					
	4	0.006	0.051	0.200	0.225	0.204	0.101	0.028	0.004					
	5	0.001	0.014	0.120	0.180	0.210	0.162	0.067	0.014	0.001				
	6		0.003	0.055	0.110	0.165	0.198	0.122	0.039	0.006	0.001			
	7			0.020	0.052	0.101	0.189	0.175	0.084	0.019	0.006	0.001		
	8			0.006	0.020	0.049	0.142	0.196	0.142	0.049	0.020	0.006		
	9			0.001	0.006	0.019	0.084	0.175	0.189	0.101	0.052	0.020		
	10				0.001	0.006	0.039	0.122	0.198	0.165	0.110	0.055	0.003	
	11					0.001	0.014	0.067	0.162	0.210	0.180	0.120	0.014	0.001
	12						0.004	0.028	0.101	0.204	0.225	0.200	0.051	0.006
	13						0.001	0.009	0.047	0.146	0.208	0.246	0.142	0.036
	14							0.002	0.015	0.073	0.134	0.211	0.275	0.146
	15								0.003	0.023	0.053	0.113	0.329	0.371
	16									0.003	0.010	0.028	0.185	0.440
17	0	0.418	0.167	0.023	0.008	0.002								
	1	0.374	0.315	0.096	0.043	0.017	0.002							
	2	0.158	0.280	0.191	0.114	0.058	0.010	0.001						
	3	0.041	0.156	0.239	0.189	0.125	0.034	0.005						
	4	0.008	0.060	0.209	0.221	0.187	0.080	0.018	0.002					
	5	0.001	0.017	0.136	0.191	0.208	0.138	0.047	0.008	0.001				
	6		0.004	0.068	0.128	0.178	0.184	0.094	0.024	0.003	0.001			
	7		0.001	0.027	0.067	0.120	0.193	0.148	0.057	0.009	0.002			
	8			0.008	0.028	0.064	0.161	0.185	0.107	0.028	0.009	0.002		
	9			0.002	0.009	0.028	0.107	0.185	0.161	0.064	0.028	0.008		
	10				0.002	0.009	0.057	0.148	0.193	0.120	0.067	0.027	0.001	
	11				0.001	0.003	0.024	0.094	0.184	0.178	0.128	0.068	0.004	
	12					0.001	0.008	0.047	0.138	0.208	0.191	0.136	0.017	0.001
	13						0.002	0.018	0.080	0.187	0.221	0.209	0.060	0.008
	14							0.005	0.034	0.125	0.189	0.239	0.156	0.041
	15							0.001	0.010	0.058	0.114	0.191	0.280	0.158
	16								0.002	0.017	0.043	0.096	0.315	0.374
	17									0.002	0.008	0.023	0.167	0.418

표 B (계속)

n	x	p = 0.05	0.1	0.2	0.25	0.3	0.4	0.5	0.6	0.7	0.75	0.8	0.9	0.95
18	0	0.397	0.150	0.018	0.006	0.002								
	1	0.376	0.300	0.081	0.034	0.013	0.001							
	2	0.168	0.284	0.172	0.096	0.046	0.007	0.001						
	3	0.047	0.168	0.230	0.170	0.105	0.025	0.003						
	4	0.009	0.070	0.215	0.213	0.168	0.061	0.012	0.001					
	5	0.001	0.022	0.151	0.199	0.202	0.115	0.033	0.004					
	6		0.005	0.082	0.144	0.187	0.166	0.071	0.015	0.001				
	7		0.001	0.035	0.082	0.138	0.189	0.121	0.037	0.005	0.001			
	8			0.012	0.038	0.081	0.173	0.167	0.077	0.015	0.004	0.001		
	9			0.003	0.014	0.039	0.128	0.185	0.128	0.039	0.014	0.003		
	10			0.001	0.004	0.015	0.077	0.167	0.173	0.081	0.038	0.012		
	11				0.001	0.005	0.037	0.121	0.189	0.138	0.082	0.035	0.001	
	12					0.001	0.015	0.071	0.166	0.187	0.144	0.082	0.005	
	13						0.004	0.033	0.115	0.202	0.199	0.151	0.022	0.001
	14						0.001	0.012	0.061	0.168	0.213	0.215	0.070	0.009
	15							0.003	0.025	0.105	0.170	0.230	0.168	0.047
	16							0.001	0.007	0.046	0.096	0.172	0.284	0.168
	17								0.001	0.013	0.034	0.081	0.300	0.376
	18									0.002	0.006	0.018	0.150	0.397
19	0	0.377	0.135	0.014	0.004	0.001								
	1	0.377	0.285	0.068	0.027	0.009	0.001							
	2	0.179	0.285	0.154	0.080	0.036	0.005							
	3	0.053	0.180	0.218	0.152	0.087	0.017	0.002						
	4	0.011	0.080	0.218	0.202	0.149	0.047	0.007	0.001					
	5	0.002	0.027	0.164	0.202	0.192	0.093	0.022	0.002					
	6		0.007	0.095	0.157	0.192	0.145	0.052	0.008	0.001				
	7		0.001	0.044	0.097	0.153	0.180	0.096	0.024	0.002				
	8			0.017	0.049	0.098	0.180	0.144	0.053	0.008	0.002			
	9			0.005	0.020	0.051	0.146	0.176	0.098	0.022	0.007	0.001		
	10			0.001	0.007	0.022	0.098	0.176	0.146	0.051	0.020	0.005		
	11				0.002	0.008	0.053	0.144	0.180	0.098	0.049	0.071		
	12					0.002	0.024	0.096	0.180	0.153	0.097	0.044	0.001	
	13					0.001	0.008	0.052	0.145	0.192	0.157	0.095	0.007	
	14						0.002	0.022	0.093	0.192	0.202	0.164	0.027	0.002
	15						0.001	0.007	0.047	0.149	0.202	0.218	0.080	0.011
	16							0.002	0.017	0.087	0.152	0.218	0.180	0.053
	17								0.005	0.036	0.080	0.154	0.285	0.179
	18								0.001	0.009	0.027	0.068	0.285	0.377
	19									0.001	0.004	0.014	0.135	0.377

표 B (계속)

n	x	p 0.05	0.1	0.2	0.25	0.3	0.4	0.5	0.6	0.7	0.75	0.8	0.9	0.95
20	0	0.358	0.122	0.012	0.003	0.001								
	1	0.377	0.270	0.058	0.021	0.007								
	2	0.189	0.285	0.137	0.067	0.028	0.003							
	3	0.060	0.190	0.205	0.134	0.072	0.012	0.001						
	4	0.013	0.090	0.218	0.190	0.130	0.035	0.005						
	5	0.002	0.032	0.175	0.202	0.179	0.075	0.015	0.001					
	6		0.009	0.109	0.169	0.192	0.124	0.037	0.005					
	7		0.002	0.055	0.112	0.164	0.166	0.074	0.015	0.001				
	8			0.022	0.061	0.114	0.180	0.120	0.035	0.004	0.001			
	9			0.007	0.027	0.065	0.160	0.160	0.071	0.012	0.003			
	10			0.002	0.010	0.031	0.117	0.176	0.117	0.031	0.010	0.002		
	11				0.003	0.012	0.071	0.160	0.160	0.065	0.027	0.007		
	12				0.001	0.004	0.035	0.120	0.180	0.114	0.061	0.022		
	13					0.001	0.015	0.074	0.166	0.164	0.112	0.055	0.002	
	14						0.005	0.037	0.124	0.192	0.169	0.109	0.009	
	15						0.001	0.015	0.075	0.179	0.202	0.175	0.032	0.002
	16							0.005	0.035	0.130	0.190	0.218	0.090	0.013
	17							0.001	0.012	0.072	0.134	0.205	0.190	0.060
	18								0.003	0.028	0.067	0.137	0.285	0.189
	19									0.007	0.021	0.058	0.270	0.377
	20									0.001	0.003	0.012	0.122	0.358

참고: 0.0005 이하의 모든 값은 생략되었다.

표 C 순열과 조합

이 표는 n개의 대상에서 한 번에 r개를 뽑는 순열 $_nP_r$을 나타낸다.

n \ r	0	1	2	3	4	5	6	7	8	9	10
0	1										
1	1	1									
2	1	2	2								
3	1	3	6	6							
4	1	4	12	24	24						
5	1	5	20	60	120	120					
6	1	6	30	120	360	720	720				
7	1	7	42	210	840	2,520	5,040	5,040			
8	1	8	56	336	1,680	6,720	20,160	40,320	40,320		
9	1	9	72	504	3,024	15,120	60,480	181,440	362,880	362,880	
10	1	10	90	720	5,040	30,240	151,200	604,800	1,814,400	3,628,800	3,628,800

이 표는 n개의 대상에서 한 번에 r개를 뽑는 조합 $_nC_r$을 나타낸다.

n \ r	0	1	2	3	4	5	6	7	8	9	10
1	1	1									
2	1	2	1								
3	1	3	3	1							
4	1	4	6	4	1						
5	1	5	10	10	5	1					
6	1	6	15	20	15	6	1				
7	1	7	21	35	35	21	7	1			
8	1	8	28	56	70	56	28	8	1		
9	1	9	36	84	126	126	84	36	9	1	
10	1	10	45	120	210	252	210	120	45	10	1

$_nP_r$ 혹은 $_nC_r$의 값을 찾으려면 왼쪽 열에서 n, 윗 행에서 r을 찾는다. 표에서 행과 열이 만나는 곳에서 값을 읽는다.

예: $_4P_3 = 24$ $_5C_2 = 10$

표 D 난수

51455	02154	06955	88858	02158	76904	28864	95504	68047	41196	88582	99062	21984	67932
06512	07836	88456	36313	30879	51323	76451	25578	15986	50845	57015	53684	57054	93261
71308	35028	28065	74995	03251	27050	31692	12910	14886	85820	42664	68830	57939	34421
60035	97320	62543	61404	94367	07080	66112	56180	15813	15978	63578	13365	60115	99411
64072	76075	91393	88948	99244	60809	10784	36380	5721	24481	86978	74102	49979	28572
14914	85608	96871	74743	73692	53664	67727	21440	13326	98590	93405	63839	65974	05294
93723	60571	17559	96844	88678	89256	75120	62384	77414	24023	82121	01796	03907	35061
86656	43736	62752	53819	81674	43490	07850	61439	52300	55063	50728	54652	63307	83597
31286	27544	44129	51107	53727	65479	09688	57355	20426	44527	36896	09654	63066	92393
95519	78485	20269	64027	53229	59060	99269	12140	97864	31064	73933	37369	94656	57645
78019	75498	79017	22157	22893	88109	57998	02582	34259	11405	97788	37718	64071	66345
45487	22433	62809	98924	96769	24955	60283	16837	02070	22051	91191	40000	36480	07822
64769	25684	33490	25168	34405	58272	90124	92954	43663	39556	40269	69189	68272	60753
00464	62924	83514	97860	98982	84484	18856	35260	22370	22751	89716	33377	97720	78982
73714	36622	04866	00885	34845	26118	47003	28924	98813	45981	82469	84867	50443	00641
84032	71228	72682	40618	69303	58466	03438	67873	87487	33285	19463	02872	36786	28418
70609	51795	47988	49658	29651	93852	27921	16258	28666	41922	33353	38131	64115	39541
37209	94421	49043	11876	43528	93624	55263	29863	67709	39952	50512	93074	66938	09515
80632	65999	34771	06797	02318	74725	10841	96571	12052	41478	50020	59066	30860	96357
37965	41203	81699	32569	65582	20487	41762	73416	07567	99716	22772	17688	07270	42332
58717	38359	32478	53525	11033	07972	05846	84437	65927	13209	21182	76513	42438	07292
79767	44901	65717	64152	65758	89418	21747	02369	12186	38207	05289	69216	23392	42084
69654	80921	52234	04390	74767	60103	07587	04278	43995	57763	07314	27938	82686	96248
17824	80806	62390	74895	12218	55960	13042	86515	32400	49230	67115	76469	37619	93038
04162	96245	11453	67464	50136	70913	62106	60151	69146	18271	69283	68753	71403	61534
48436	77893	67622	63267	25483	81669	28693	10244	65425	78743	79141	90187	43332	13488
06215	95516	43868	65471	15938	66017	89875	52044	69103	92506	14402	82113	47206	21052
56929	30317	39912	29571	78448	78358	34574	86688	40258	28535	35468	40844	62625	60849
66739	06645	08528	64618	99019	91898	32418	86791	92218	01583	58681	03546	45937	79368
43131	09326	24003	65181	22698	76051	53397	90819	70369	98376	31038	34103	89190	25975
95739	69155	62674	32165	57233	91798	25755	28065	66830	77934	44302	26613	65751	78320
49084	09215	15548	50323	83834	67699	65228	25187	02181	94262	14150	58755	69927	80574
23884	14902	59260	25429	52322	35716	73092	50749	32962	60721	24132	84922	18624	25856
17444	05860	77765	29271	48493	89725	96525	81458	43277	40681	92836	05850	54035	08666
83927	85817	21275	41603	98529	46724	96647	50577	36237	56190	15069	87856	87964	30220
29143	07127	98765	44027	98843	52316	65202	36857	33658	03221	04379	16378	80481	56242
21110	47917	36961	19251	44439	93324	03978	76357	43972	01172	39019	32757	84947	72214
69677	97071	93657	10555	49551	01886	38073	84767	35886	09302	54892	77664	45938	66375
10002	01789	69217	24461	89424	88608	63072	51783	36231	45758	44181	22001	86627	51948
85521	86852	02897	26202	92147	80981	49996	91161	58778	45395	53840	45500	87642	40266
69102	58778	45912	46884	27471	99334	44042	54375	97159	85928	94611	69345	95677	88067
33844	34428	10601	78504	28801	00880	39018	43329	43891	41871	71238	52190	90776	81368
57435	31213	55455	19010	30629	58110	48872	63863	89235	00257	85400	86329	75551	46450
58135	51679	87735	64352	39493	60192	42230	98750	49102	20346	77833	26210	15008	76733
27613	98443	36463	93096	31035	83653	39266	14249	31597	49581	78257	71723	67533	94050
12384	42026	48075	25731	01067	19498	42392	05569	26153	20178	38811	85663	23620	94531
43602	42950	94446	16192	93840	17992	65039	36718	09906	68635	93842	92696	99376	64857
82503	75172	68109	73859	78407	00933	77416	03080	24003	67863	08932	78888	70473	33734
74983	02581	74590	37440	41619	25672	91137	91920	94154	88743	08683	66045	53158	79852
39021	19176	19302	17698	77961	86850	47267	69571	82103	26958	48318	33175	93240	49019

표 E 표준정규분포

누적표준정규분포

z	.00	.01	.02	.03	.04	.05	.06	.07	.08	.09
−3.4	.0003	.0003	.0003	.0003	.0003	.0003	.0003	.0003	.0003	.0002
−3.3	.0005	.0005	.0005	.0004	.0004	.0004	.0004	.0004	.0004	.0003
−3.2	.0007	.0007	.0006	.0006	.0006	.0006	.0006	.0005	.0005	.0005
−3.1	.0010	.0009	.0009	.0009	.0008	.0008	.0008	.0008	.0007	.0007
−3.0	.0013	.0013	.0013	.0012	.0012	.0011	.0011	.0011	.0010	.0010
−2.9	.0019	.0018	.0018	.0017	.0016	.0016	.0015	.0015	.0014	.0014
−2.8	.0026	.0025	.0024	.0023	.0023	.0022	.0021	.0021	.0020	.0019
−2.7	.0035	.0034	.0033	.0032	.0031	.0030	.0029	.0028	.0027	.0026
−2.6	.0047	.0045	.0044	.0043	.0041	.0040	.0039	.0038	.0037	.0036
−2.5	.0062	.0060	.0059	.0057	.0055	.0054	.0052	.0051	.0049	.0048
−2.4	.0082	.0080	.0078	.0075	.0073	.0071	.0069	.0068	.0066	.0064
−2.3	.0107	.0104	.0102	.0099	.0096	.0094	.0091	.0089	.0087	.0084
−2.2	.0139	.0136	.0132	.0129	.0125	.0122	.0119	.0116	.0113	.0110
−2.1	.0179	.0174	.0170	.0166	.0162	.0158	.0154	.0150	.0146	.0143
−2.0	.0228	.0222	.0217	.0212	.0207	.0202	.0197	.0192	.0188	.0183
−1.9	.0287	.0281	.0274	.0268	.0262	.0256	.0250	.0244	.0239	.0233
−1.8	.0359	.0351	.0344	.0336	.0329	.0322	.0314	.0307	.0301	.0294
−1.7	.0446	.0436	.0427	.0418	.0409	.0401	.0392	.0384	.0375	.0367
−1.6	.0548	.0537	.0526	.0516	.0505	.0495	.0485	.0475	.0465	.0455
−1.5	.0668	.0655	.0643	.0630	.0618	.0606	.0594	.0582	.0571	.0559
−1.4	.0808	.0793	.0778	.0764	.0749	.0735	.0721	.0708	.0694	.0681
−1.3	.0968	.0951	.0934	.0918	.0901	.0885	.0869	.0853	.0838	.0823
−1.2	.1151	.1131	.1112	.1093	.1075	.1056	.1038	.1020	.1003	.0985
−1.1	.1357	.1335	.1314	.1292	.1271	.1251	.1230	.1210	.1190	.1170
−1.0	.1587	.1562	.1539	.1515	.1492	.1469	.1446	.1423	.1401	.1379
−0.9	.1841	.1814	.1788	.1762	.1736	.1711	.1685	.1660	.1635	.1611
−0.8	.2119	.2090	.2061	.2033	.2005	.1977	.1949	.1922	.1894	.1867
−0.7	.2420	.2389	.2358	.2327	.2296	.2266	.2236	.2206	.2177	.2148
−0.6	.2743	.2709	.2676	.2643	.2611	.2578	.2546	.2514	.2483	.2451
−0.5	.3085	.3050	.3015	.2981	.2946	.2912	.2877	.2843	.2810	.2776
−0.4	.3446	.3409	.3372	.3336	.3300	.3264	.3228	.3192	.3156	.3121
−0.3	.3821	.3783	.3745	.3707	.3669	.3632	.3594	.3557	.3520	.3483
−0.2	.4207	.4168	.4129	.4090	.4052	.4013	.3974	.3936	.3897	.3859
−0.1	.4602	.4562	.4522	.4483	.4443	.4404	.4364	.4325	.4286	.4247
−0.0	.5000	.4960	.4920	.4880	.4840	.4801	.4761	.4721	.4681	.4641

−3.49 보다 작은 z에 대해서는 0.0001을 사용한다.

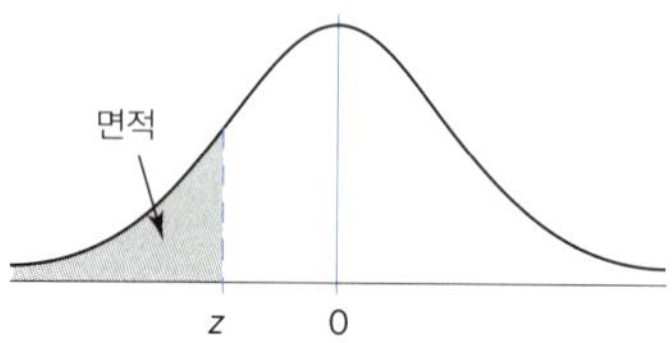

표 E (계속)

누적표준정규분포

z	.00	.01	.02	.03	.04	.05	.06	.07	.08	.09
0.0	.5000	.5040	.5080	.5120	.5160	.5199	.5239	.5279	.5319	.5359
0.1	.5398	.5438	.5478	.5517	.5557	.5596	.5636	.5675	.5714	.5753
0.2	.5793	.5832	.5871	.5910	.5948	.5987	.6026	.6064	.6103	.6141
0.3	.6179	.6217	.6255	.6293	.6331	.6368	.6406	.6443	.6480	.6517
0.4	.6554	.6591	.6628	.6664	.6700	.6736	.6772	.6808	.6844	.6879
0.5	.6915	.6950	.6985	.7019	.7054	.7088	.7123	.7157	.7190	.7224
0.6	.7257	.7291	.7324	.7357	.7389	.7422	.7454	.7486	.7517	.7549
0.7	.7580	.7611	.7642	.7673	.7704	.7734	.7764	.7794	.7823	.7852
0.8	.7881	.7910	.7939	.7967	.7995	.8023	.8051	.8078	.8106	.8133
0.9	.8159	.8186	.8212	.8238	.8264	.8289	.8315	.8340	.8365	.8389
1.0	.8413	.8438	.8461	.8485	.8508	.8531	.8554	.8577	.8599	.8621
1.1	.8643	.8665	.8686	.8708	.8729	.8749	.8770	.8790	.8810	.8830
1.2	.8849	.8869	.8888	.8907	.8925	.8944	.8962	.8980	.8997	.9015
1.3	.9032	.9049	.9066	.9082	.9099	.9115	.9131	.9147	.9162	.9177
1.4	.9192	.9207	.9222	.9236	.9251	.9265	.9279	.9292	.9306	.9319
1.5	.9332	.9345	.9357	.9370	.9382	.9394	.9406	.9418	.9429	.9441
1.6	.9452	.9463	.9474	.9484	.9495	.9505	.9515	.9525	.9535	.9545
1.7	.9554	.9564	.9573	.9582	.9591	.9599	.9608	.9616	.9625	.9633
1.8	.9641	.9649	.9656	.9664	.9671	.9678	.9686	.9693	.9699	.9706
1.9	.9713	.9719	.9726	.9732	.9738	.9744	.9750	.9756	.9761	.9767
2.0	.9772	.9778	.9783	.9788	.9793	.9798	.9803	.9808	.9812	.9817
2.1	.9821	.9826	.9830	.9834	.9838	.9842	.9846	.9850	.9854	.9857
2.2	.9861	.9864	.9868	.9871	.9875	.9878	.9881	.9884	.9887	.9890
2.3	.9893	.9896	.9898	.9901	.9904	.9906	.9909	.9911	.9913	.9916
2.4	.9918	.9920	.9922	.9925	.9927	.9929	.9931	.9932	.9934	.9936
2.5	.9938	.9940	.9941	.9943	.9945	.9946	.9948	.9949	.9951	.9952
2.6	.9953	.9955	.9956	.9957	.9959	.9960	.9961	.9962	.9963	.9964
2.7	.9965	.9966	.9967	.9968	.9969	.9970	.9971	.9972	.9973	.9974
2.8	.9974	.9975	.9976	.9977	.9977	.9978	.9979	.9979	.9980	.9981
2.9	.9981	.9982	.9982	.9983	.9984	.9984	.9985	.9985	.9986	.9986
3.0	.9987	.9987	.9987	.9988	.9988	.9989	.9989	.9989	.9990	.9990
3.1	.9990	.9991	.9991	.9991	.9992	.9992	.9992	.9992	.9993	.9993
3.2	.9993	.9993	.9994	.9994	.9994	.9994	.9994	.9995	.9995	.9995
3.3	.9995	.9995	.9995	.9996	.9996	.9996	.9996	.9996	.9996	.9997
3.4	.9997	.9997	.9997	.9997	.9997	.9997	.9997	.9997	.9997	.9998

3.49 보다 큰 z에 대해서는 0.9999를 사용한다.

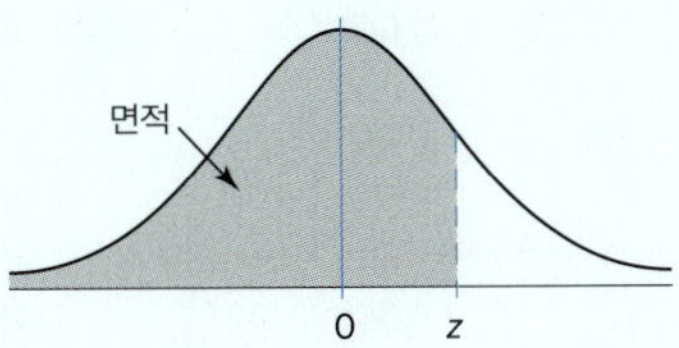

표 F t 분포

d.f.	신뢰구간	80%	90%	95%	98%	99%
	한쪽꼬리(단측), α	0.10	0.05	0.025	0.01	0.005
	양쪽꼬리(양측), α	0.20	0.10	0.05	0.02	0.01
1		3.078	6.314	12.706	31.821	63.657
2		1.886	2.920	4.303	6.965	9.925
3		1.638	2.353	3.182	4.541	5.841
4		1.533	2.132	2.776	3.747	4.604
5		1.476	2.015	2.571	3.365	4.032
6		1.440	1.943	2.447	3.143	3.707
7		1.415	1.895	2.365	2.998	3.499
8		1.397	1.860	2.306	2.896	3.355
9		1.383	1.833	2.262	2.821	3.250
10		1.372	1.812	2.228	2.764	3.169
11		1.363	1.796	2.201	2.718	3.106
12		1.356	1.782	2.179	2.681	3.055
13		1.350	1.771	2.160	2.650	3.012
14		1.345	1.761	2.145	2.624	2.977
15		1.341	1.753	2.131	2.602	2.947
16		1.337	1.746	2.120	2.583	2.921
17		1.333	1.740	2.110	2.567	2.898
18		1.330	1.734	2.101	2.552	2.878
19		1.328	1.729	2.093	2.539	2.861
20		1.325	1.725	2.086	2.528	2.845
21		1.323	1.721	2.080	2.518	2.831
22		1.321	1.717	2.074	2.508	2.819
23		1.319	1.714	2.069	2.500	2.807
24		1.318	1.711	2.064	2.492	2.797
25		1.316	1.708	2.060	2.485	2.787
26		1.315	1.706	2.056	2.479	2.779
27		1.314	1.703	2.052	2.473	2.771
28		1.313	1.701	2.048	2.467	2.763
29		1.311	1.699	2.045	2.462	2.756
30		1.310	1.697	2.042	2.457	2.750
32		1.309	1.694	2.037	2.449	2.738
34		1.307	1.691	2.032	2.441	2.728
36		1.306	1.688	2.028	2.434	2.719
38		1.304	1.686	2.024	2.429	2.712
40		1.303	1.684	2.021	2.423	2.704
45		1.301	1.679	2.014	2.412	2.690
50		1.299	1.676	2.009	2.403	2.678
55		1.297	1.673	2.004	2.396	2.668
60		1.296	1.671	2.000	2.390	2.660
65		1.295	1.669	1.997	2.385	2.654
70		1.294	1.667	1.994	2.381	2.648
75		1.293	1.665	1.992	2.377	2.643
80		1.292	1.664	1.990	2.374	2.639
85		1.292	1.663	1.988	2.371	2.635
90		1.291	1.662	1.987	2.368	2.632
95		1.291	1.661	1.985	2.366	2.629
100		1.290	1.660	1.984	2.364	2.626
200		1.286	1.653	1.972	2.345	2.601
300		1.284	1.650	1.968	2.339	2.592
400		1.284	1.649	1.966	2.336	2.588
500		1.283	1.648	1.965	2.334	2.586
$(z)\infty$		1.282[a]	1.645[b]	1.960	2.326[c]	2.576[d]

[a]이 값은 교재에서 1.28로 반올림하였다.
[b]이 값은 교재에서 1.65로 반올림하였다.
[c]이 값은 교재에서 2.33으로 반올림하였다.
[d]이 값은 교재에서 2.58로 반올림하였다.

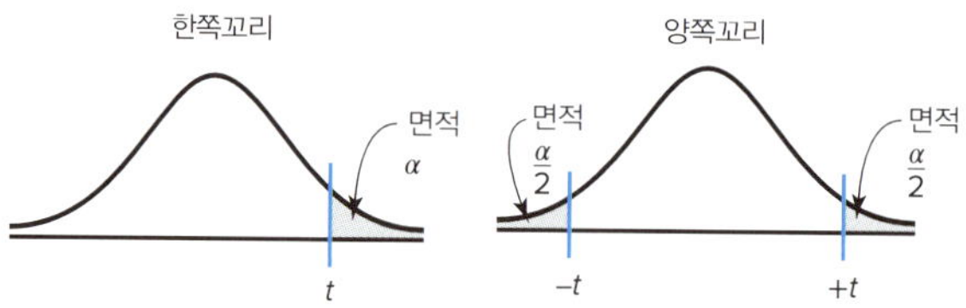

표 G 카이제곱분포

d.f.	α									
	0.995	**0.99**	**0.975**	**0.95**	**0.90**	**0.10**	**0.05**	**0.025**	**0.01**	**0.005**
1	—	—	0.001	0.004	0.016	2.706	3.841	5.024	6.635	7.879
2	0.010	0.020	0.051	0.103	0.211	4.605	5.991	7.378	9.210	10.597
3	0.072	0.115	0.216	0.352	0.584	6.251	7.815	9.348	11.345	12.838
4	0.207	0.297	0.484	0.711	1.064	7.779	9.488	11.143	13.277	14.860
5	0.412	0.554	0.831	1.145	1.610	9.236	11.071	12.833	15.086	16.750
6	0.676	0.872	1.237	1.635	2.204	10.645	12.592	14.449	16.812	18.548
7	0.989	1.239	1.690	2.167	2.833	12.017	14.067	16.013	18.475	20.278
8	1.344	1.646	2.180	2.733	3.490	13.362	15.507	17.535	20.090	21.955
9	1.735	2.088	2.700	3.325	4.168	14.684	16.919	19.023	21.666	23.589
10	2.156	2.558	3.247	3.940	4.865	15.987	18.307	20.483	23.209	25.188
11	2.603	3.053	3.816	4.575	5.578	17.275	19.675	21.920	24.725	26.757
12	3.074	3.571	4.404	5.226	6.304	18.549	21.026	23.337	26.217	28.300
13	3.565	4.107	5.009	5.892	7.042	19.812	22.362	24.736	27.688	29.819
14	4.075	4.660	5.629	6.571	7.790	21.064	23.685	26.119	29.141	31.319
15	4.601	5.229	6.262	7.261	8.547	22.307	24.996	27.488	30.578	32.801
16	5.142	5.812	6.908	7.962	9.312	23.542	26.296	28.845	32.000	34.267
17	5.697	6.408	7.564	8.672	10.085	24.769	27.587	30.191	33.409	35.718
18	6.265	7.015	8.231	9.390	10.865	25.989	28.869	31.526	34.805	37.156
19	6.844	7.633	8.907	10.117	11.651	27.204	30.144	32.852	36.191	38.582
20	7.434	8.260	9.591	10.851	12.443	28.412	31.410	34.170	37.566	39.997
21	8.034	8.897	10.283	11.591	13.240	29.615	32.671	35.479	38.932	41.401
22	8.643	9.542	10.982	12.338	14.042	30.813	33.924	36.781	40.289	42.796
23	9.262	10.196	11.689	13.091	14.848	32.007	35.172	38.076	41.638	44.181
24	9.886	10.856	12.401	13.848	15.659	33.196	36.415	39.364	42.980	45.559
25	10.520	11.524	13.120	14.611	16.473	34.382	37.652	40.646	44.314	46.928
26	11.160	12.198	13.844	15.379	17.292	35.563	38.885	41.923	45.642	48.290
27	11.808	12.879	14.573	16.151	18.114	36.741	40.113	43.194	46.963	49.645
28	12.461	13.565	15.308	16.928	18.939	37.916	41.337	44.461	48.278	50.993
29	13.121	14.257	16.047	17.708	19.768	39.087	42.557	45.722	49.588	52.336
30	13.787	14.954	16.791	18.493	20.599	40.256	43.773	46.979	50.892	53.672
40	20.707	22.164	24.433	26.509	29.051	51.805	55.758	59.342	63.691	66.766
50	27.991	29.707	32.357	34.764	37.689	63.167	67.505	71.420	76.154	79.490

출처: Excel로 계산된 값

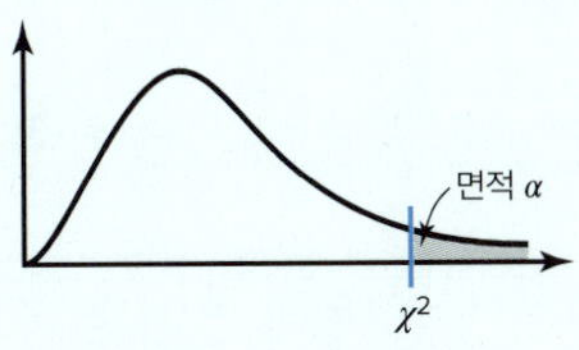

표 H *F* 분포

$\alpha = 0.005$

d.f.N.: 분자의 자유도

d.f.D.: 분모의 자유도	1	2	3	4	5	6	7	8	9	10	12	15	20	24	30	40	60
1	16,211	20,000	21,615	22,500	23,056	23,437	23,715	23,925	24,091	24,224	24,426	24,630	24,836	24,940	25,044	25,148	25,253
2	198.5	199.0	199.2	199.2	199.3	199.3	199.4	199.4	199.4	199.4	199.4	199.4	199.4	199.5	199.5	199.5	199.5
3	55.55	49.80	47.47	46.19	45.39	44.84	44.43	44.13	43.88	43.69	43.39	43.08	42.78	42.62	42.47	42.31	42.15
4	31.33	26.28	24.26	23.15	22.46	21.97	21.62	21.35	21.14	20.97	20.70	20.44	20.17	20.03	19.89	19.75	19.61
5	22.78	18.31	16.53	15.56	14.94	14.51	14.20	13.96	13.77	13.62	13.38	13.15	12.90	12.78	12.66	12.53	12.40
6	18.63	14.54	12.92	12.03	11.46	11.07	10.79	10.57	10.39	10.25	10.03	9.81	9.59	9.47	9.36	9.24	9.12
7	16.24	12.40	10.88	10.05	9.52	9.16	8.89	8.68	8.51	8.38	8.18	7.97	7.75	7.65	7.53	7.42	7.31
8	14.69	11.04	9.60	8.81	8.30	7.95	7.69	7.50	7.34	7.21	7.01	6.81	6.61	6.50	6.40	6.29	6.18
9	13.61	10.11	8.72	7.96	7.47	7.13	6.88	6.69	6.54	6.42	6.23	6.03	5.83	5.73	5.62	5.52	5.41
10	12.83	9.43	8.08	7.34	6.87	6.54	6.30	6.12	5.97	5.85	5.66	5.47	5.27	5.17	5.07	4.97	4.86
11	12.23	8.91	7.60	6.88	6.42	6.10	5.86	5.68	5.54	5.42	5.24	5.05	4.86	4.76	4.65	4.55	4.44
12	11.75	8.51	7.23	6.52	6.07	5.76	5.52	5.35	5.20	5.09	4.91	4.72	4.53	4.43	4.33	4.23	4.12
13	11.37	8.19	6.93	6.23	5.79	5.48	5.25	5.08	4.94	4.82	4.64	4.46	4.27	4.17	4.07	3.97	3.87
14	11.06	7.92	6.68	6.00	5.56	5.26	5.03	4.86	4.72	4.60	4.43	4.25	4.06	3.96	3.86	3.76	3.66
15	10.80	7.70	6.48	5.80	5.37	5.07	4.85	4.67	4.54	4.42	4.25	4.07	3.88	3.79	3.69	3.58	3.48
16	10.58	7.51	6.30	5.64	5.21	4.91	4.69	4.52	4.38	4.27	4.10	3.92	3.73	3.64	3.54	3.44	3.33
17	10.38	7.35	6.16	5.50	5.07	4.78	4.56	4.39	4.25	4.14	3.97	3.79	3.61	3.51	3.41	3.31	3.21
18	10.22	7.21	6.03	5.37	4.96	4.66	4.44	4.28	4.14	4.03	3.86	3.68	3.50	3.40	3.30	3.20	3.10
19	10.07	7.09	5.92	5.27	4.85	4.56	4.34	4.18	4.04	3.93	3.76	3.59	3.40	3.31	3.21	3.11	3.00
20	9.94	6.99	5.82	5.17	4.76	4.47	4.26	4.09	3.96	3.85	3.68	3.50	3.32	3.22	3.12	3.02	2.92
21	9.83	6.89	5.73	5.09	4.68	4.39	4.18	4.01	3.88	3.77	3.60	3.43	3.24	3.15	3.05	2.95	2.84
22	9.73	6.81	5.65	5.02	4.61	4.32	4.11	3.94	3.81	3.70	3.54	3.36	3.18	3.08	2.98	2.88	2.77
23	9.63	6.73	5.58	4.95	4.54	4.26	4.05	3.88	3.75	3.64	3.47	3.30	3.12	3.02	2.92	2.82	2.71
24	9.55	6.66	5.52	4.89	4.49	4.20	3.99	3.83	3.69	3.59	3.42	3.25	3.06	2.97	2.87	2.77	2.66
25	9.48	6.60	5.46	4.84	4.43	4.15	3.94	3.78	3.64	3.54	3.37	3.20	3.01	2.92	2.82	2.72	2.61
26	9.41	6.54	5.41	4.79	4.38	4.10	3.89	3.73	3.60	3.49	3.33	3.15	2.97	2.87	2.77	2.67	2.56
27	9.34	6.49	5.36	4.74	4.34	4.06	3.85	3.69	3.56	3.45	3.28	3.11	2.93	2.83	2.73	2.63	2.52
28	9.28	6.44	5.32	4.70	4.30	4.02	3.81	3.65	3.52	3.41	3.25	3.07	2.89	2.79	2.69	2.59	2.48
29	9.23	6.40	5.28	4.66	4.26	3.98	3.77	3.61	3.48	3.38	3.21	3.04	2.86	2.76	2.66	2.56	2.45
30	9.18	6.35	5.24	4.62	4.23	3.95	3.74	3.58	3.45	3.34	3.18	3.01	2.82	2.73	2.63	2.52	2.42
40	8.83	6.07	4.98	4.37	3.99	3.71	3.51	3.35	3.22	3.12	2.95	2.78	2.60	2.50	2.40	2.30	2.18
60	8.49	5.79	4.73	4.14	3.76	3.49	3.29	3.13	3.01	2.90	2.74	2.57	2.39	2.29	2.19	2.08	1.96

표 H (계속)

d.f.D.: 분모의 자유도	α = 0.01 d.f.N.: 분자의 자유도																
	1	2	3	4	5	6	7	8	9	10	12	15	20	24	30	40	60
1	4052	4999.5	5403	5625	5764	5859	5928	5982	6022	6056	6106	6157	6209	6235	6261	6287	6313
2	98.50	99.00	99.17	99.25	99.30	99.33	99.36	99.37	99.39	99.40	99.42	99.43	99.45	99.46	99.47	99.47	99.48
3	34.12	30.82	29.46	28.71	28.24	27.91	27.67	27.49	27.35	27.23	27.05	26.87	26.69	26.60	26.50	26.41	26.32
4	21.20	18.00	16.69	15.98	15.52	15.21	14.98	14.80	14.66	14.55	14.37	14.20	14.02	13.93	13.84	13.75	13.65
5	16.26	13.27	12.06	11.39	10.97	10.67	10.46	10.29	10.16	10.05	9.89	9.72	9.55	9.47	9.38	9.29	9.20
6	13.75	10.92	9.78	9.15	8.75	8.47	8.26	8.10	7.98	7.87	7.72	7.56	7.40	7.31	7.23	7.14	7.06
7	12.25	9.55	8.45	7.85	7.46	7.19	6.99	6.84	6.72	6.62	6.47	6.31	6.16	6.07	5.99	5.91	5.82
8	11.26	8.65	7.59	7.01	6.63	6.37	6.18	6.03	5.91	5.81	5.67	5.52	5.36	5.28	5.20	5.12	5.03
9	10.56	8.02	6.99	6.42	6.06	5.80	5.61	5.47	5.35	5.26	5.11	4.96	4.81	4.73	4.65	4.57	4.48
10	10.04	7.56	6.55	5.99	5.64	5.39	5.20	5.06	4.94	4.85	4.71	4.56	4.41	4.33	4.25	4.17	4.08
11	9.65	7.21	6.22	5.67	5.32	5.07	4.89	4.74	4.63	4.54	4.40	4.25	4.10	4.02	3.94	3.86	3.78
12	9.33	6.93	5.95	5.41	5.06	4.82	4.64	4.50	4.39	4.30	4.16	4.01	3.86	3.78	3.70	3.62	3.54
13	9.07	6.70	5.74	5.21	4.86	4.62	4.44	4.30	4.19	4.10	3.96	3.82	3.66	3.59	3.51	3.43	3.34
14	8.86	6.51	5.56	5.04	4.69	4.46	4.28	4.14	4.03	3.94	3.80	3.66	3.51	3.43	3.35	3.27	3.18
15	8.68	6.36	5.42	4.89	4.56	4.32	4.14	4.00	3.89	3.80	3.67	3.52	3.37	3.29	3.21	3.13	3.05
16	8.53	6.23	5.29	4.77	4.44	4.20	4.03	3.89	3.78	3.69	3.55	3.41	3.26	3.18	3.10	3.02	2.93
17	8.40	6.11	5.18	4.67	4.34	4.10	3.93	3.79	3.68	3.59	3.46	3.31	3.16	3.08	3.00	2.92	2.83
18	8.29	6.01	5.09	4.58	4.25	4.01	3.84	3.71	3.60	3.51	3.37	3.23	3.08	3.00	2.92	2.84	2.75
19	8.18	5.93	5.01	4.50	4.17	3.94	3.77	3.63	3.52	3.43	3.30	3.15	3.00	2.92	2.84	2.76	2.67
20	8.10	5.85	4.94	4.43	4.10	3.87	3.70	3.56	3.46	3.37	3.23	3.09	2.94	2.86	2.78	2.69	2.61
21	8.02	5.78	4.87	4.37	4.04	3.81	3.64	3.51	3.40	3.31	3.17	3.03	2.88	2.80	2.72	2.64	2.55
22	7.95	5.72	4.82	4.31	3.99	3.76	3.59	3.45	3.35	3.26	3.12	2.98	2.83	2.75	2.67	2.58	2.50
23	7.88	5.66	4.76	4.26	3.94	3.71	3.54	3.41	3.30	3.21	3.07	2.93	2.78	2.70	2.62	2.54	2.45
24	7.82	5.61	4.72	4.22	3.90	3.67	3.50	3.36	3.26	3.17	3.03	2.89	2.74	2.66	2.58	2.49	2.40
25	7.77	5.57	4.68	4.18	3.85	3.63	3.46	3.32	3.22	3.13	2.99	2.85	2.70	2.62	2.54	2.45	2.36
26	7.72	5.53	4.64	4.14	3.82	3.59	3.42	3.29	3.18	3.09	2.96	2.81	2.66	2.58	2.50	2.42	2.33
27	7.68	5.49	4.60	4.11	3.78	3.56	3.39	3.26	3.15	3.06	2.93	2.78	2.63	2.55	2.47	2.38	2.29
28	7.64	5.45	4.57	4.07	3.75	3.53	3.36	3.23	3.12	3.03	2.90	2.75	2.60	2.52	2.44	2.35	2.26
29	7.60	5.42	4.54	4.04	3.73	3.50	3.33	3.20	3.09	3.00	2.87	2.73	2.57	2.49	2.41	2.33	2.23
30	7.56	5.39	4.51	4.02	3.70	3.47	3.30	3.17	3.07	2.98	2.84	2.70	2.55	2.47	2.39	2.30	2.21
40	7.31	5.18	4.31	3.83	3.51	3.29	3.12	2.99	2.89	2.80	2.66	2.52	2.37	2.29	2.20	2.11	2.02
60	7.08	4.98	4.13	3.65	3.34	3.12	2.95	2.82	2.72	2.63	2.50	2.35	2.20	2.12	2.03	1.94	1.84

표 H (계속)

d.f.D.: 분모의 자유도	α = 0.025 d.f.N.: 분자의 자유도																
	1	2	3	4	5	6	7	8	9	10	12	15	20	24	30	40	60
1	647.8	799.5	864.2	899.6	921.8	937.1	948.2	956.7	963.3	968.6	976.7	984.9	993.1	997.2	1001	1006	1010
2	38.51	39.00	39.17	39.25	39.30	39.33	39.36	39.37	39.39	39.40	39.41	39.43	39.45	39.46	39.46	39.47	39.48
3	17.44	16.04	15.44	15.10	14.88	14.73	14.62	14.54	14.47	14.42	14.34	14.25	14.17	14.12	14.08	14.04	13.99
4	12.22	10.65	9.98	9.60	9.36	9.20	9.07	8.98	8.90	8.84	8.75	8.66	8.56	8.51	8.46	8.41	8.36
5	10.01	8.43	7.76	7.39	7.15	6.98	6.85	6.76	6.68	6.62	6.52	6.43	6.33	6.28	6.23	6.18	6.12
6	8.81	7.26	6.60	6.23	5.99	5.82	5.70	5.60	5.52	5.46	5.37	5.27	5.17	5.12	5.07	5.01	4.96
7	8.07	6.54	5.89	5.52	5.29	5.12	4.99	4.90	4.82	4.76	4.67	4.57	4.47	4.42	4.36	4.31	4.25
8	7.57	6.06	5.42	5.05	4.82	4.65	4.53	4.43	4.36	4.30	4.20	4.10	4.00	3.95	3.89	3.84	3.78
9	7.21	5.71	5.08	4.72	4.48	4.32	4.20	4.10	4.03	3.96	3.87	3.77	3.67	3.61	3.56	3.51	3.45
10	6.94	5.46	4.83	4.47	4.24	4.07	3.95	3.85	3.78	3.72	3.62	3.52	3.42	3.37	3.31	3.26	3.20
11	6.72	5.26	4.63	4.28	4.04	3.88	3.76	3.66	3.59	3.53	3.43	3.33	3.23	3.17	3.12	3.06	3.00
12	6.55	5.10	4.47	4.12	3.89	3.73	3.61	3.51	3.44	3.37	3.28	3.18	3.07	3.02	2.96	2.91	2.85
13	6.41	4.97	4.35	4.00	3.77	3.60	3.48	3.39	3.31	3.25	3.15	3.05	2.95	2.89	2.84	2.78	2.72
14	6.30	4.86	4.24	3.89	3.66	3.50	3.38	3.29	3.21	3.15	3.05	2.95	2.84	2.79	2.73	2.67	2.61
15	6.20	4.77	4.15	3.80	3.58	3.41	3.29	3.20	3.12	3.06	2.96	2.86	2.76	2.70	2.64	2.59	2.52
16	6.12	4.69	4.08	3.73	3.50	3.34	3.22	3.12	3.05	2.99	2.89	2.79	2.68	2.63	2.57	2.51	2.45
17	6.04	4.62	4.01	3.66	3.44	3.28	3.16	3.06	2.98	2.92	2.82	2.72	2.62	2.56	2.50	2.44	2.38
18	5.98	4.56	3.95	3.61	3.38	3.22	3.10	3.01	2.93	2.87	2.77	2.67	2.56	2.50	2.44	2.38	2.32
19	5.92	4.51	3.90	3.56	3.33	3.17	3.05	2.96	2.88	2.82	2.72	2.62	2.51	2.45	2.39	2.33	2.27
20	5.87	4.46	3.86	3.51	3.29	3.13	3.01	2.91	2.84	2.77	2.68	2.57	2.46	2.41	2.35	2.29	2.22
21	5.83	4.42	3.82	3.48	3.25	3.09	2.97	2.87	2.80	2.73	2.64	2.53	2.42	2.37	2.31	2.25	2.18
22	5.79	4.38	3.78	3.44	3.22	3.05	2.93	2.84	2.76	2.70	2.60	2.50	2.39	2.33	2.27	2.21	2.14
23	5.75	4.35	3.75	3.41	3.18	3.02	2.90	2.81	2.73	2.67	2.57	2.47	2.36	2.30	2.24	2.18	2.11
24	5.72	4.32	3.72	3.38	3.15	2.99	2.87	2.78	2.70	2.64	2.54	2.44	2.33	2.27	2.21	2.15	2.08
25	5.69	4.29	3.69	3.35	3.13	2.97	2.85	2.75	2.68	2.61	2.51	2.41	2.30	2.24	2.18	2.12	2.05
26	5.66	4.27	3.67	3.33	3.10	2.94	2.82	2.73	2.65	2.59	2.49	2.39	2.28	2.22	2.16	2.09	2.03
27	5.63	4.24	3.65	3.31	3.08	2.92	2.80	2.71	2.63	2.57	2.47	2.36	2.25	2.19	2.13	2.07	2.00
28	5.61	4.22	3.63	3.29	3.06	2.90	2.78	2.69	2.61	2.55	2.45	2.34	2.23	2.17	2.11	2.05	1.98
29	5.59	4.20	3.61	3.27	3.04	2.88	2.76	2.67	2.59	2.53	2.43	2.32	2.21	2.15	2.09	2.03	1.96
30	5.57	4.18	3.59	3.25	3.03	2.87	2.75	2.65	2.57	2.51	2.41	2.31	2.20	2.14	2.07	2.01	1.94
40	5.42	4.05	3.46	3.13	2.90	2.74	2.62	2.53	2.45	2.39	2.29	2.18	2.07	2.01	1.94	1.88	1.80
60	5.29	3.93	3.34	3.01	2.79	2.63	2.51	2.41	2.33	2.27	2.17	2.06	1.94	1.88	1.82	1.74	1.67

표 H (계속)

d.f.D.: 분모의 자유도	α = 0.05 d.f.N.: 분자의 자유도																
	1	2	3	4	5	6	7	8	9	10	12	15	20	24	30	40	60
1	161.4	199.5	215.7	224.6	230.2	234.0	236.8	238.9	240.5	241.9	243.9	245.9	248.0	249.1	250.1	251.1	252.2
2	18.51	19.00	19.16	19.25	19.30	19.33	19.35	19.37	19.38	19.40	19.41	19.43	19.45	19.45	19.46	19.47	19.48
3	10.13	9.55	9.28	9.12	9.01	8.94	8.89	8.85	8.81	8.79	8.74	8.70	8.66	8.64	8.62	8.59	8.57
4	7.71	6.94	6.59	6.39	6.26	6.16	6.09	6.04	6.00	5.96	5.91	5.86	5.80	5.77	5.75	5.72	5.69
5	6.61	5.79	5.41	5.19	5.05	4.95	4.88	4.82	4.77	4.74	4.68	4.62	4.56	4.53	4.50	4.46	4.43
6	5.99	5.14	4.76	4.53	4.39	4.28	4.21	4.15	4.10	4.06	4.00	3.94	3.87	3.84	3.81	3.77	3.74
7	5.59	4.74	4.35	4.12	3.97	3.87	3.79	3.73	3.68	3.64	3.57	3.51	3.44	3.41	3.38	3.34	3.30
8	5.32	4.46	4.07	3.84	3.69	3.58	3.50	3.44	3.39	3.35	3.28	3.22	3.15	3.12	3.08	3.04	3.01
9	5.12	4.26	3.86	3.63	3.48	3.37	3.29	3.23	3.18	3.14	3.07	3.01	2.94	2.90	2.86	2.83	2.79
10	4.96	4.10	3.71	3.48	3.33	3.22	3.14	3.07	3.02	2.98	2.91	2.85	2.77	2.74	2.70	2.66	2.62
11	4.84	3.98	3.59	3.36	3.20	3.09	3.01	2.95	2.90	2.85	2.79	2.72	2.65	2.61	2.57	2.53	2.49
12	4.75	3.89	3.49	3.26	3.11	3.00	2.91	2.85	2.80	2.75	2.69	2.62	2.54	2.51	2.47	2.43	2.38
13	4.67	3.81	3.41	3.18	3.03	2.92	2.83	2.77	2.71	2.67	2.60	2.53	2.46	2.42	2.38	2.34	2.30
14	4.60	3.74	3.34	3.11	2.96	2.85	2.76	2.70	2.65	2.60	2.53	2.46	2.39	2.35	2.31	2.27	2.22
15	4.54	3.68	3.29	3.06	2.90	2.79	2.71	2.64	2.59	2.54	2.48	2.40	2.33	2.29	2.25	2.20	2.16
16	4.49	3.63	3.24	3.01	2.85	2.74	2.66	2.59	2.54	2.49	2.42	2.35	2.28	2.24	2.19	2.15	2.11
17	4.45	3.59	3.20	2.96	2.81	2.70	2.61	2.55	2.49	2.45	2.38	2.31	2.23	2.19	2.15	2.10	2.06
18	4.41	3.55	3.16	2.93	2.77	2.66	2.58	2.51	2.46	2.41	2.34	2.27	2.19	2.15	2.11	2.06	2.02
19	4.38	3.52	3.13	2.90	2.74	2.63	2.54	2.48	2.42	2.38	2.31	2.23	2.16	2.11	2.07	2.03	1.98
20	4.35	3.49	3.10	2.87	2.71	2.60	2.51	2.45	2.39	2.35	2.28	2.20	2.12	2.08	2.04	1.99	1.95
21	4.32	3.47	3.07	2.84	2.68	2.57	2.49	2.42	2.37	2.32	2.25	2.18	2.10	2.05	2.01	1.96	1.92
22	4.30	3.44	3.05	2.82	2.66	2.55	2.46	2.40	2.34	2.30	2.23	2.15	2.07	2.03	1.98	1.94	1.89
23	4.28	3.42	3.03	2.80	2.64	2.53	2.44	2.37	2.32	2.27	2.20	2.13	2.05	2.01	1.96	1.91	1.86
24	4.26	3.40	3.01	2.78	2.62	2.51	2.42	2.36	2.30	2.25	2.18	2.11	2.03	1.98	1.94	1.89	1.84
25	4.24	3.39	2.99	2.76	2.60	2.49	2.40	2.34	2.28	2.24	2.16	2.09	2.01	1.96	1.92	1.87	1.82
26	4.23	3.37	2.98	2.74	2.59	2.47	2.39	2.32	2.27	2.22	2.15	2.07	1.99	1.95	1.90	1.85	1.80
27	4.21	3.35	2.96	2.73	2.57	2.46	2.37	2.31	2.25	2.20	2.13	2.06	1.97	1.93	1.88	1.84	1.79
28	4.20	3.34	2.95	2.71	2.56	2.45	2.36	2.29	2.24	2.19	2.12	2.04	1.96	1.91	1.87	1.82	1.77
29	4.18	3.33	2.93	2.70	2.55	2.43	2.35	2.28	2.22	2.18	2.10	2.03	1.94	1.90	1.85	1.81	1.75
30	4.17	3.32	2.92	2.69	2.53	2.42	2.33	2.27	2.21	2.16	2.09	2.01	1.93	1.89	1.84	1.79	1.74
40	4.08	3.23	2.84	2.61	2.45	2.34	2.25	2.18	2.12	2.08	2.00	1.92	1.84	1.79	1.74	1.69	1.64
60	4.00	3.15	2.76	2.53	2.37	2.25	2.17	2.10	2.04	1.99	1.92	1.84	1.75	1.70	1.65	1.59	1.53

표 H (계속)

d.f.D.: 분모의 자유도	α = 0.10 d.f.N.: 분자의 자유도																
	1	2	3	4	5	6	7	8	9	10	12	15	20	24	30	40	60
1	39.86	49.50	53.59	55.83	57.24	58.20	58.91	59.44	59.86	60.19	60.71	61.22	61.74	62.00	62.26	62.53	62.79
2	8.53	9.00	9.16	9.24	9.29	9.33	9.35	9.37	9.38	9.39	9.41	9.42	9.44	9.45	9.46	9.47	9.47
3	5.54	5.46	5.39	5.34	5.31	5.28	5.27	5.25	5.24	5.23	5.22	5.20	5.18	5.18	5.17	5.16	5.15
4	4.54	4.32	4.19	4.11	4.05	4.01	3.98	3.95	3.94	3.92	3.90	3.87	3.84	3.83	3.82	3.80	3.79
5	4.06	3.78	3.62	3.52	3.45	3.40	3.37	3.34	3.32	3.30	3.27	3.24	3.21	3.19	3.17	3.16	3.14
6	3.78	3.46	3.29	3.18	3.11	3.05	3.01	2.98	2.96	2.94	2.90	2.87	2.84	2.82	2.80	2.78	2.76
7	3.59	3.26	3.07	2.96	2.88	2.83	2.78	2.75	2.72	2.70	2.67	2.63	2.59	2.58	2.56	2.54	2.51
8	3.46	3.11	2.92	2.81	2.73	2.67	2.62	2.59	2.56	2.54	2.50	2.46	2.42	2.40	2.38	2.36	2.34
9	3.36	3.01	2.81	2.69	2.61	2.55	2.51	2.47	2.44	2.42	2.38	2.34	2.30	2.28	2.25	2.23	2.21
10	3.29	2.92	2.73	2.61	2.52	2.46	2.41	2.38	2.35	2.32	2.28	2.24	2.20	2.18	2.16	2.13	2.11
11	3.23	2.86	2.66	2.54	2.45	2.39	2.34	2.30	2.27	2.25	2.21	2.17	2.12	2.10	2.08	2.05	2.03
12	3.18	2.81	2.61	2.48	2.39	2.33	2.28	2.24	2.21	2.19	2.15	2.10	2.06	2.04	2.01	1.99	1.96
13	3.14	2.76	2.56	2.43	2.35	2.28	2.23	2.20	2.16	2.14	2.10	2.05	2.01	1.98	1.96	1.93	1.90
14	3.10	2.73	2.52	2.39	2.31	2.24	2.19	2.15	2.12	2.10	2.05	2.01	1.96	1.94	1.91	1.89	1.86
15	3.07	2.70	2.49	2.36	2.27	2.21	2.16	2.12	2.09	2.06	2.02	1.97	1.92	1.90	1.87	1.85	1.82
16	3.05	2.67	2.46	2.33	2.24	2.18	2.13	2.09	2.06	2.03	1.99	1.94	1.89	1.87	1.84	1.81	1.78
17	3.03	2.64	2.44	2.31	2.22	2.15	2.10	2.06	2.03	2.00	1.96	1.91	1.86	1.84	1.81	1.78	1.75
18	3.01	2.62	2.42	2.29	2.20	2.13	2.08	2.04	2.00	1.98	1.93	1.89	1.84	1.81	1.78	1.75	1.72
19	2.99	2.61	2.40	2.27	2.18	2.11	2.06	2.02	1.98	1.96	1.91	1.86	1.81	1.79	1.76	1.73	1.70
20	2.97	2.59	2.38	2.25	2.16	2.09	2.04	2.00	1.96	1.94	1.89	1.84	1.79	1.77	1.74	1.71	1.68
21	2.96	2.57	2.36	2.23	2.14	2.08	2.02	1.98	1.95	1.92	1.87	1.83	1.78	1.75	1.72	1.69	1.66
22	2.95	2.56	2.35	2.22	2.13	2.06	2.01	1.97	1.93	1.90	1.86	1.81	1.76	1.73	1.70	1.67	1.64
23	2.94	2.55	2.34	2.21	2.11	2.05	1.99	1.95	1.92	1.89	1.84	1.80	1.74	1.72	1.69	1.66	1.62
24	2.93	2.54	2.33	2.19	2.10	2.04	1.98	1.94	1.91	1.88	1.83	1.78	1.73	1.70	1.67	1.64	1.61
25	2.92	2.53	2.32	2.18	2.09	2.02	1.97	1.93	1.89	1.87	1.82	1.77	1.72	1.69	1.66	1.63	1.59
26	2.91	2.52	2.31	2.17	2.08	2.01	1.96	1.92	1.88	1.86	1.81	1.76	1.71	1.68	1.65	1.61	1.58
27	2.90	2.51	2.30	2.17	2.07	2.00	1.95	1.91	1.87	1.85	1.80	1.75	1.70	1.67	1.64	1.60	1.57
28	2.89	2.50	2.29	2.16	2.06	2.00	1.94	1.90	1.87	1.84	1.79	1.74	1.69	1.66	1.63	1.59	1.56
29	2.89	2.50	2.28	2.15	2.06	1.99	1.93	1.89	1.86	1.83	1.78	1.73	1.68	1.65	1.62	1.58	1.55
30	2.88	2.49	2.28	2.14	2.05	1.98	1.93	1.88	1.85	1.82	1.77	1.72	1.67	1.64	1.61	1.57	1.54
40	2.84	2.44	2.23	2.09	2.00	1.93	1.87	1.83	1.79	1.76	1.71	1.66	1.61	1.57	1.54	1.51	1.47
60	2.79	2.39	2.18	2.04	1.95	1.87	1.82	1.77	1.74	1.71	1.66	1.60	1.54	1.51	1.48	1.44	1.40

출처: Merrington, M., and Thompson, C.M., Table of Percentage Points of the Inverted Beta (*F*) Distribution, *Biometrika* 33, 1943, 74–87.

표 I PPMC에 대한 임계값

만약 r의 절댓값이 표에 주어진 값보다 크면 H_0: $\rho = 0$를 기각한다. 이 값은 양쪽꼬리검정을 위한 것이다. 자유도는 $n - 2$이다.

d.f.	$\alpha = 0.05$	$\alpha = 0.01$
1	0.999	0.999
2	0.950	0.999
3	0.878	0.959
4	0.811	0.917
5	0.754	0.875
6	0.707	0.834
7	0.666	0.798
8	0.632	0.765
9	0.602	0.735
10	0.576	0.708
11	0.553	0.684
12	0.532	0.661
13	0.514	0.641
14	0.497	0.623
15	0.482	0.606
16	0.468	0.590
17	0.456	0.575
18	0.444	0.561
19	0.433	0.549
20	0.423	0.537
25	0.381	0.487
30	0.349	0.449
35	0.325	0.418
40	0.304	0.393
45	0.288	0.372
50	0.273	0.354

출처: *Biometrika Tables for Statisticians*, vol. 1 1962, 138.

부록 B

데이터 뱅크(Data Bank)

데이터 뱅크값

이 목록은 데이터 뱅크에 있는 범주들에 주어진 값을 설명한다.

1. Age: 세(나이)

2. Educational level:

0 = 고졸 미만 1 = 고졸 2 = 대졸 3 = 대학원 졸

3. Smoking status:

0 = 비흡연 1 = 하루에 한 갑 미만 2 = 하루에 한 값 이상

4. Exercise:

0 = 전혀 하지 않는다 1 = 가볍게 2 = 적당히 3 = 심하게

5. Weight: 파운드

6. Serum cholesterol: mg%

7. Systolic pressure: mm Hg

8. IQ: 표준 IQ 검사값

9. Sodium: mEq/1

10. Gender: 남자(M), 여자(F)

11. Marital status:

M = 결혼 W = 미망인 S = 독신 D = 이혼

Data Bank

ID number	Age	Educational level	Smoking status	Exercise	Weight	Serum cholesterol	Systolic pressure	IQ	Sodium	Gender	Marital status
01	27	2	1	1	120	193	126	118	136	F	M
02	18	1	0	1	145	210	120	105	137	M	S
03	32	2	0	0	118	196	128	115	135	F	M
04	24	2	0	1	162	208	129	108	142	M	M
05	19	1	2	0	106	188	119	106	133	F	S
06	56	1	0	0	143	206	136	111	138	F	W
07	65	1	2	0	160	240	131	99	140	M	W
08	36	2	1	0	215	215	163	106	151	M	D
09	43	1	0	1	127	201	132	111	134	F	M
10	47	1	1	1	132	215	138	109	135	F	D
11	48	3	1	2	196	199	148	115	146	M	D
12	25	2	2	3	109	210	115	114	141	F	S
13	63	0	1	0	170	242	149	101	152	F	D
14	37	2	0	3	187	193	142	109	144	M	M

Data Bank(continued)

ID number	Age	Educational level	Smoking status	Exercise	Weight	Serum cholesterol	Systolic pressure	IQ	Sodium	Gender	Marital status
15	40	0	1	1	234	208	156	98	147	M	M
16	25	1	2	1	199	253	135	103	148	M	S
17	72	0	0	0	143	288	156	103	145	F	M
18	56	1	1	0	156	164	153	99	144	F	D
19	37	2	0	2	142	214	122	110	135	M	M
20	41	1	1	1	123	220	142	108	134	F	M
21	33	2	1	1	165	194	122	112	137	M	S
22	52	1	0	1	157	205	119	106	134	M	D
23	44	2	0	1	121	223	135	116	133	F	M
24	53	1	0	0	131	199	133	121	136	F	M
25	19	1	0	3	128	206	118	122	132	M	S
26	25	1	0	0	143	200	118	103	135	M	M
27	31	2	1	1	152	204	120	119	136	M	M
28	28	2	0	0	119	203	118	116	138	F	M
29	23	1	0	0	111	240	120	105	135	F	S
30	47	2	1	0	149	199	132	123	136	F	M
31	47	2	1	0	179	235	131	113	139	M	M
32	59	1	2	0	206	260	151	99	143	M	W
33	36	2	1	0	191	201	148	118	145	M	D
34	59	0	1	1	156	235	142	100	132	F	W
35	35	1	0	0	122	232	131	106	135	F	M
36	29	2	0	2	175	195	129	121	148	M	M
37	43	3	0	3	194	211	138	129	146	M	M
38	44	1	2	0	132	240	130	109	132	F	S
39	63	2	2	1	188	255	156	121	145	M	M
40	36	2	1	1	125	220	126	117	140	F	S
41	21	1	0	1	109	206	114	102	136	F	M
42	31	2	0	2	112	201	116	123	133	F	M
43	57	1	1	1	167	213	141	103	143	M	W
44	20	1	2	3	101	194	110	111	125	F	S
45	24	2	1	3	106	188	113	114	127	F	D
46	42	1	0	1	148	206	136	107	140	M	S
47	55	1	0	0	170	257	152	106	130	F	M
48	23	0	0	1	152	204	116	95	142	M	M
49	32	2	0	0	191	210	132	115	147	M	M
50	28	1	0	1	148	222	135	100	135	M	M
51	67	0	0	0	160	250	141	116	146	F	W
52	22	1	1	1	109	220	121	103	144	F	M
53	19	1	1	1	131	231	117	112	133	M	S
54	25	2	0	2	153	212	121	119	149	M	D
55	41	3	2	2	165	236	130	131	152	M	M
56	24	2	0	3	112	205	118	100	132	F	S
57	32	2	0	1	115	187	115	109	136	F	S

Data Bank(continued)

ID number	Age	Educational level	Smoking status	Exercise	Weight	Serum cholesterol	Systolic pressure	IQ	Sodium	Gender	Marital status
58	50	3	0	1	173	203	136	126	146	M	M
59	32	2	1	0	186	248	119	122	149	M	M
60	26	2	0	1	181	207	123	121	142	M	S
61	36	1	1	0	112	188	117	98	135	F	D
62	40	1	1	0	130	201	121	105	136	F	D
63	19	1	1	1	132	237	115	111	137	M	S
64	37	2	0	2	179	228	141	127	141	F	M
65	65	3	2	1	212	220	158	129	148	M	M
66	21	1	2	2	99	191	117	103	131	F	S
67	25	2	2	1	128	195	120	121	131	F	S
68	68	0	0	0	167	210	142	98	140	M	W
69	18	1	1	2	121	198	123	113	136	F	S
70	26	0	1	1	163	235	128	99	140	M	M
71	45	1	1	1	185	229	125	101	143	M	M
72	44	3	0	0	130	215	128	128	137	F	M
73	50	1	0	0	142	232	135	104	138	F	M
74	63	0	0	0	166	271	143	103	147	F	W
75	48	1	0	3	163	203	131	103	144	M	M
76	27	2	0	3	147	186	118	114	134	M	M
77	31	3	1	1	152	228	116	126	138	M	D
78	28	2	0	2	112	197	120	123	133	F	M
79	36	2	1	2	190	226	123	121	147	M	M
80	43	3	2	0	179	252	127	131	145	M	D
81	21	1	0	1	117	185	116	105	137	F	S
82	32	2	1	0	125	193	123	119	135	F	M
83	29	2	1	0	123	192	131	116	131	F	D
84	49	2	2	1	185	190	129	127	144	M	M
85	24	1	1	1	133	237	121	114	129	M	M
86	36	2	0	2	163	195	115	119	139	M	M
87	34	1	2	0	135	199	133	117	135	F	M
88	36	0	0	1	142	216	138	88	137	F	M
89	29	1	1	1	155	214	120	98	135	M	S
90	42	0	0	2	169	201	123	96	137	M	D
91	41	1	1	1	136	214	133	102	141	F	D
92	29	1	1	0	112	205	120	102	130	F	M
93	43	1	1	0	185	208	127	100	143	M	M
94	61	1	2	0	173	248	142	101	141	M	M
95	21	1	1	3	106	210	111	105	131	F	S
96	56	0	0	0	149	232	142	103	141	F	M
97	63	0	1	0	192	193	163	95	147	M	M
98	74	1	0	0	162	247	151	99	151	F	W
99	35	2	0	1	151	251	147	113	145	F	M
100	28	2	0	3	161	199	129	116	138	M	M

Data Set I Record Temperatures

Record high temperatures by state in degrees Fahrenheit

112	100	107	122	120
100	118	112	108	113
128	117	115	110	120
120	116	115	121	117
134	118	118	113	107
114	121	117	120	110
106	114	118	119	118
110	114	125	111	112
109	105	106	104	114
112	109	110	111	115

Record low temperatures by state in degrees Fahrenheit

−27	12	−35	−50	−58
−80	−60	−51	−52	−32
−40	−36	−60	−34	−23
−29	−36	−19	−60	−50
−45	−47	−40	−39	−50
−61	−40	−70	−27	−30
−32	−37	−47	−54	−48
−17	−16	−50	−42	−37
−2	−50	−46	−28	−55
−17	−40	−34	−19	−66

Source: Data from the *World Almanac and Book of Facts.*

Data Set II Identity Theft Complaints

The data values show the number of complaints of identity theft for 50 selected cities.

2609	1202	2730	483	655
626	393	1268	279	663
817	1165	551	2654	592
128	189	424	585	78
1836	154	248	239	5888
574	75	226	28	205
176	372	84	229	15
148	117	22	211	31
77	41	200	35	30
88	20	84	465	136

Source: Federal Trade Commission.

Data Set III Length of Major North American Rivers

729	610	325	392	524
1459	450	465	605	330
950	906	329	290	1000
600	1450	862	532	890
407	525	720	1243	850
649	730	352	390	420
710	340	693	306	250
470	724	332	259	2340
560	1060	774	332	3710

Data Set III Length of Major North American Rivers *(continued)*

2315	2540	618	1171	460
431	800	605	410	1310
500	790	531	981	460
926	375	1290	1210	1310
383	380	300	310	411
1900	434	420	545	569
425	800	865	380	445
538	1038	424	350	377
540	659	652	314	360
301	512	500	313	610
360	430	682	886	447
338	485	625	722	525
800	309	435		

Source: Data from the *World Almanac and Book of Facts.*

Data Set IV Heights (in Feet) of 80 Tallest Buildings in New York City

1250	861	1046	952	552
915	778	856	850	927
729	745	757	752	814
750	697	743	739	750
700	670	716	707	730
682	648	687	687	705
650	634	664	674	685
640	628	630	653	673
625	620	628	645	650
615	592	620	630	630
595	580	614	618	629
587	575	590	609	615
575	572	580	588	603
574	563	575	577	587
565	555	562	570	576
557	570	555	561	574

Heights (in Feet) of 25 Tallest Buildings in Calgary, Alberta

689	530	460	410
645	525	449	410
645	507	441	408
626	500	435	407
608	469	435	
580	468	432	
530	463	420	

Source: Data from the *World Almanac and Book of Facts.*

Data Set V School Suspensions

The data values show the number of suspensions and the number of students enrolled in 41 local school districts in southwestern Pennsylvania.

Suspensions	Enrollment	Suspensions	Enrollment
37	1316	63	1588
29	1337	500	6046
106	4904	5	3610
47	5301	117	4329
51	1380	13	1908
46	1670	8	1341
65	3446	71	5582
223	1010	57	1869
10	795	16	1697
60	2094	60	2269
15	926	51	2307
198	1950	48	1564
56	3005	20	4147
72	4575	80	3182
110	4329	43	2982
6	3238	15	3313
37	3064	187	6090
26	2638	182	4874
140	4949	76	8286
39	3354	37	539
42	3547		

Source: U.S. Department of Education, *Pittsburgh Tribune-Review*.

Data Set VI Acreage of U.S. National Parks, in Thousands of Acres

41	66	233	775	169
36	338	223	46	64
183	4724	61	1449	7075
1013	3225	1181	308	77
520	77	27	217	5
539	3575	650	462	1670
2574	106	52	52	236
505	913	94	75	265
402	196	70	13	132
28	7656	2220	760	143

Source: The Universal Almanac.

Data Set VII Acreage Owned by 35 Municipalities in Southwestern Pennsylvania

384	44	62	218	250
198	60	306	105	600
10	38	87	227	340
48	70	58	223	3700
22	78	165	150	160
130	120	100	234	1200
4200	402	180	200	200

Source: Pittsburgh Tribune-Review.

Data Set VIII Oceans of the World

Ocean	Area (thousands of square miles)	Maximum depth (feet)
Arctic	5,400	17,881
Caribbean Sea	1,063	25,197
Mediterranean Sea	967	16,470
Norwegian Sea	597	13,189
Gulf of Mexico	596	14,370
Hudson Bay	475	850
Greenland Sea	465	15,899
North Sea	222	2,170
Black Sea	178	7,360
Baltic Sea	163	1,440
Atlantic Ocean	31,830	30,246
South China Sea	1,331	18,241
Sea of Okhotsk	610	11,063
Bering Sea	876	13,750
Sea of Japan	389	12,280
East China Sea	290	9,126
Yellow Sea	161	300
Pacific Ocean	63,800	36,200
Arabian Sea	1,492	19,029
Bay of Bengal	839	17,251
Red Sea	169	7,370
Indian Ocean	28,360	24,442

Source: The Universal Almanac.

Data Set IX Commuter and Rapid Rail Systems in the United States

System	Stations	Miles	Vehicles operated
Long Island RR	134	638.2	947
N.Y. Metro North	108	535.9	702
New Jersey Transit	158	926.0	582
Chicago RTA	117	417.0	358
Chicago & NW Transit	62	309.4	277
Boston Amtrak/MBTA	101	529.8	291
Chicago, Burlington, Northern	27	75.0	139
NW Indiana CTD	18	134.8	39
New York City TA	469	492.9	4923
Washington Metro Area TA	70	162.1	534
Metro Boston TA	53	76.7	368
Chicago TA	137	191.0	924
Philadelphia SEPTA	76	75.8	300
San Francisco BART	34	142.0	415
Metro Atlantic RTA	29	67.0	136
New York PATH	13	28.6	282
Miami/Dade Co TA	21	42.2	82
Baltimore MTA	12	26.6	48
Philadelphia PATCO	13	31.5	102
Cleveland RTA	18	38.2	30
New York, Staten Island RT	22	28.6	36

Source: The Universal Almanac.

Data Set X Keystone Jackpot Analysis*

Ball	Times drawn	Ball	Times drawn	Ball	Times drawn
1	11	12	10	23	7
2	5	13	11	24	8
3	10	14	5	25	13
4	11	15	8	26	11
5	7	16	14	27	7
6	13	17	8	28	10
7	8	18	11	29	11
8	10	19	10	30	5
9	16	20	7	31	7
10	12	21	11	32	8
11	10	22	6	33	11

*Times each number has been selected in the regular drawings of the Pennsylvania Lottery.

Source: Pittsburgh Post-Gazette.

Data Set XI Pages in Statistics Books

The data values represent the number of pages found in statistics textbooks.

616	578	569	511	468
493	564	801	483	847
525	881	757	272	703
741	556	500	668	967
608	465	739	669	651
495	613	774	274	542
739	488	601	727	556
589	724	731	662	680
589	435	742	567	574
733	576	526	443	478
586	282			

Source: Allan G. Bluman.

Data Set XII Fifty Top Grossing Movies—2000

The data values represent the gross income in millions of dollars for the 50 top movies for the year 2000.

253.4	123.3	90.2	61.3	57.3
215.4	122.8	90.0	61.3	57.2
186.7	117.6	89.1	60.9	56.9
182.6	115.8	77.1	60.8	56.0
161.3	113.7	73.2	60.6	53.3
157.3	113.3	71.2	60.1	53.3
157.0	109.7	70.3	60.0	51.9
155.4	106.8	69.7	59.1	50.9
137.7	101.6	68.5	58.3	50.8
126.6	90.6	68.4	58.1	50.2

Source: Data from the *World Almanac and Book of Facts.*

Data Set XIII Hospital Data*

Number	Number of beds	Admissions	Payroll ($000)	Personnel
1	235	6,559	18,190	722
2	205	6,237	17,603	692
3	371	8,915	27,278	1,187
4	342	8,659	26,722	1,156
5	61	1,779	5,187	237
6	55	2,261	7,519	247
7	109	2,102	5,817	245
8	74	2,065	5,418	223
9	74	3,204	7,614	326
10	137	2,638	7,862	362
11	428	18,168	70,518	2,461
12	260	12,821	40,780	1,422
13	159	4,176	11,376	465
14	142	3,952	11,057	450
15	45	1,179	3,370	145
16	42	1,402	4,119	211
17	92	1,539	3,520	158
18	28	503	1,172	72
19	56	1,780	4,892	195
20	68	2,072	6,161	243
21	206	9,868	30,995	1,142
22	93	3,642	7,912	305
23	68	1,558	3,929	180
24	330	7,611	33,377	1,116
25	127	4,716	13,966	498
26	87	2,432	6,322	240
27	577	19,973	60,934	1,822
28	310	11,055	31,362	981
29	49	1,775	3,987	180
30	449	17,929	53,240	1,899
31	530	15,423	50,127	1,669
32	498	15,176	49,375	1,549
33	60	565	5,527	251
34	350	11,793	34,133	1,207
35	381	13,133	49,641	1,731
36	585	22,762	71,232	2,608
37	286	8,749	28,645	1,194
38	151	2,607	12,737	377
39	98	2,518	10,731	352
40	53	1,848	4,791	185
41	142	3,658	11,051	421
42	73	3,393	9,712	385
43	624	20,410	72,630	2,326
44	78	1,107	4,946	139
45	85	2,114	4,522	221

(continued)

Data Set XIII Hospital Data* *(continued)*

Number	Number of beds	Admissions	Payroll ($000)	Personnel
46	120	3,435	11,479	417
47	84	1,768	4,360	184
48	667	22,375	74,810	2,461
49	36	1,008	2,311	131
50	598	21,259	113,972	4,010
51	1,021	40,879	165,917	6,264
52	233	4,467	22,572	558
53	205	4,162	21,766	527
54	80	469	8,254	280
55	350	7,676	58,341	1,525
56	290	7,499	57,298	1,502
57	890	31,812	134,752	3,933
58	880	31,703	133,836	3,914
59	67	2,020	8,533	280
60	317	14,595	68,264	2,772
61	123	4,225	12,161	504
62	285	7,562	25,930	952
63	51	1,932	6,412	472
64	34	1,591	4,393	205
65	194	5,111	19,367	753
66	191	6,729	21,889	946
67	227	5,862	18,285	731
68	172	5,509	17,222	680
69	285	9,855	27,848	1,180
70	230	7,619	29,147	1,216
71	206	7,368	28,592	1,185
72	102	3,255	9,214	359
73	76	1,409	3,302	198
74	540	396	22,327	788
75	110	3,170	9,756	409
76	142	4,984	13,550	552
77	380	335	11,675	543
78	256	8,749	23,132	907
79	235	8,676	22,849	883
80	580	1,967	33,004	1,059
81	86	2,477	7,507	309
82	102	2,200	6,894	225
83	190	6,375	17,283	618
84	85	3,506	8,854	380
85	42	1,516	3,525	166
86	60	1,573	15,608	236
87	485	16,676	51,348	1,559
88	455	16,285	50,786	1,537
89	266	9,134	26,145	939
90	107	3,497	10,255	431
91	122	5,013	17,092	589
92	36	519	1,526	80
93	34	615	1,342	74
94	37	1,123	2,712	123
95	100	2,478	6,448	265
96	65	2,252	5,955	237
97	58	1,649	4,144	203
98	55	2,049	3,515	152
99	109	1,816	4,163	194
100	64	1,719	3,696	167
101	73	1,682	5,581	240
102	52	1,644	5,291	222
103	326	10,207	29,031	1,074
104	268	10,182	28,108	1,030
105	49	1,365	4,461	215
106	52	763	2,615	125
107	106	4,629	10,549	456
108	73	2,579	6,533	240
109	163	201	5,015	260
110	32	34	2,880	124
111	385	14,553	52,572	1,724
112	95	3,267	9,928	366
113	339	12,021	54,163	1,607
114	50	1,548	3,278	156
115	55	1,274	2,822	162
116	278	6,323	15,697	722
117	298	11,736	40,610	1,606
118	136	2,099	7,136	255
119	97	1,831	6,448	222
120	369	12,378	35,879	1,312
121	288	10,807	29,972	1,263
122	262	10,394	29,408	1,237
123	94	2,143	7,593	323
124	98	3,465	9,376	371
125	136	2,768	7,412	390
126	70	824	4,741	208
127	35	883	2,505	142
128	52	1,279	3,212	158

*This information was obtained from a sample of hospitals in a selected state. The hospitals are identified by number instead of name.

부록 C

해답

제1장

연습문제 1-1

1. 통계학은 자료를 수집, 정리, 요약, 분석하고 결론을 이끌어내기 위한 연구를 하는 학문이다.
2. 연구자가 모집단에 속한 모든 개체로부터 자료를 수집한다.
3. 기술통계학은 자료의 수집, 정리, 요약, 표현으로 구성되며, 추측통계학은 표본에서 모집단으로 일반화하고, 추정과 가설 검정을 수행하고, 변수 사이의 관계를 결정하고 예측을 하는 것으로 구성된다.
4. 모집단은 일반적으로 크기 때문에 모집단에 속하는 모든 개체를 사용할 수 없으므로 표본이 더 많이 사용된다.
5. 추측통계학
6. 기술통계학
7. 추측통계학
8. 추측통계학
9. 추측통계학
10. 생략
11. 생략

연습문제 1-2

1. 질적 변수는 몇 가지 특성이나 속성에 따라 뚜렷한 범주를 갖는 변수이고, 양적 변수는 수치적이고 셀 수 있거나 측정할 수 있는 변수이다.
2. 측정도구의 한계 때문에 반올림하여야 한다.
3. 질적
4. 양적
5. 양적
6. 이산
7. 연속
8. 이산
9. 23.5~24.5피트
10. 142.5~143.5마일
11. 200.65~200.75마일
12. 명목
13. 비율
14. 순서
15. 비율

연습문제 1-3

1. 전화조사, 우편설문조사, 개인면접조사, 조사기록, 직접관찰
2. 모집단의 모든 개체가 표본으로 추출될 가능성이 같게 하려고 사용한다. 컴퓨터나 계산기로 난수를 생성하며, 컴퓨터 발명 이전에는 난수표를 사용하였다.
3. 모집단은 연소득이 200,000달러 이상인 모든 미국인이다. 표본을 선택하는 방법은 여러 가지가 있으며 예를 들어 회계사 무실에서 랜덤으로 500명을 선택하여 생성할 수 있다.
4. 모집단은 미국에 있는 모든 가구이다. 표본은 미국에서 랜덤으로 1,000가구를 선택하여 생성할 수 있다.
5. 모집단은 고지혈증에 걸린 미국의 모든 성인이다. 표본은 고지혈증 환자의 기록을 조사하여 생성할 수 있다.
6. 계통
7. 랜덤
8. 집락

연습문제 1-4

1. 관측연구: 연구자는 단지 무엇이 일어나는지, 무엇이 과거에 일어났는지를 관찰하고, 이 관찰에 기초하여 결론을 이끌어 내려고 노력한다.
   실험연구: 연구자는 변수들 중의 하나를 조작하여 이 조작이 다른 변수들에 어떻게 영향을 주는지를 결정한다.
2. **장점**: 언제나 자연스러운 설정에서 일어난다는 것. 실험하기에는 비윤리적이거나 매우 위험한 상황에서 수행 가능. 연구자에 의하여 조정될 수 없는 변수를 이용 가능.
   단점: 명확한 원인과 결과 상황을 보일 수 없고, 비싸며 시간이 걸릴 수 있고, 관련된 위험도 있을 것. 결과는 자료를 수집한 사람의 부정확성에 의존.
3. 실험연구에서는 연구자가 변수들 중의 하나를 조작하여 이 조작이 다른 변수들에 어떻게 영향을 주는지를 결정하며, 준-실험연구에서는 랜덤 할당이 가능하지 않은 경우 온전한 그룹을 사용한다.
4. 독립변수(처리)의 효과 비교. 처리그룹은 특별한 처리를 받고 대조그룹은 받지 않는다.
5. 종속변수 혹은 결과변수에 영향을 미치지만 독립변수에서 분리할 수 없는 변수.
6. 위약효과를 최소화하기 위하여 연구자들은 눈가림을 이용, 눈가림에서 개체는 실제 치료를 받는지 위약을 받는지 모른다. 이중 눈가림은 개체와 연구자가 어느 그룹에게 위약을 주었는지 알지 못한다.
7. 완전확률화설계는 개체가 그룹에 랜덤으로 할당되고 처리가 랜덤으로 할당되었을 때 실험이며, 대응짝설계는 한 개체가 처리그룹에 할당되고 다른 개체가 대조그룹에 할당된다. 그러나 할당 전에 개체들은 어떤 특성에 따라 짝지어진다.
8. 관측
9. 실험
10. 독립변수: 운동시간, 종속변수: 감기 걸림
11. 독립변수: 계산서의 행복한 얼굴, 종속변수: 팁의 양
12. 나이, 소득, 사회경제적 상태 등
13. 소득, 근무시간, 회사대표의 성향 등
14. 완벽한 몸을 통계적으로 어떻게 정의하는가?
15. 24시간 통증 완화를 어떻게 측정하는가?
16. 체중이 감소했다는 것을 어떻게 확인할 수 있는가?

17. 20명만이 연구에 참여했기 때문이다.
18. '가지 않은 길'의 정의가 없다. 또 100당 91명이 가지 않은 길을 택했는지를 알 방법이 없다.
19. 결론을 어떻게 얻었는지에 대한 설명이 없다.
20. 암과 심장병 퇴치에 도움이 될 것이라는 보장이 없다.
21. 아니다. 다른 요인들이 범죄행위에 기여할 수 있다.
22. 생략
23. 생략

복습연습문제

1. 추측
2. 기술
3. 추측
4. 기술
5. 비율
6. 구간
7. 비율
8. 순서
9. 비율
10. 질적
11. 양적
12. 양적
13. 양적
14. 이산
15. 이산
16. 연속
17. 연속
18. 55.5~56.5야드
19. 72.55~72.65톤
20. 집락
21. 랜덤
22. 층화
23. 실험
24. 관측
25. 독립변수: 동물의 거주지
종속변수: 동물의 무게
26. 독립변수: 백리향 보충제
종속변수: 항산화 수준
27. 전화조사는 온라인 쇼핑을 하는 모든 유형의 사람들을 접촉할 수는 없을 것이다.
28. 조사가 이루어진 장소에 의존한다. 미국에는 겨울에 눈이 아주 조금 오거나 거의 내리지 않는 지역이 있다.
29. 인터넷을 어떻게 사용하는가에 의존한다. 인터넷이 IQ를 어떻게 올릴 수 있을까?

퀴즈

1. 참
2. 참
3. 거짓, 표집 측도와 모집단 측도와의 차이를 표집오차라고 한다.
4. 거짓, 층화표본이다.
5. 참
6. 참
7. 거짓, 경계는 5.5~6.5인치이다.
8. *c*
9. *b*
10. *d*
11. *a*
12. *c*
13. *a*
14. 기술, 추측
15. 도박, 보험
16. 모집단
17. 표본
18. *a*. 시간절약 *b*. 돈 절약
c. 모집단이 클 때 사용
19. *a*. 랜덤 *b*. 집락
c. 계통 *d*. 층화
20. 준-실험
21. 랜덤
22. *a*. 기술 *b*. 추측 *c*. 기술
d. 추측 *e*. 추측
23. *a*. 명목 *b*. 비율 *c*. 순서
d. 구간 *e*. 비율
24. *a*. 연속 *b*. 이산 *c*. 연속
d. 연속 *e*. 이산
25. *a*. 31.5~32.5분
b. 0.475~0.485 mm
c. 6.15~6.25인치
d. 18.5~19.5파운드
e. 12.05~12.15쿼트

제2장

연습문제 2-1

1. 의미있고 명료하게 자료를 구조화할 수 있음. 분포의 모양과 특성을 판별할 수 있게 해줌. 통계적 계산 절차를 쉽게 해줌. 자료를 표현할 수 있는 그림과 그래프를 더 쉽게 그릴 수 있음. 서로 다른 자료를 비교할 수 있음.
2. 5~20개가 적당하다. 계급의 중간점과 원자료의 소수점 자릿수를 같게 하려면 계급폭이 홀수인 것이 좋다.
3. 57.5–62.5, 60.5, 5
4. 16.345–18.465; 17.405, 2.12
5. 계급폭이 일정하지 않음.
6. 누락된 계급이 있음.
7.

계급	계수	도수	백분율
V	卌 /	6	12
C	卌 //	7	14
M	卌 卌 卌 卌 //	22	44
H	///	3	6
P	卌 卌 //	12	24
	합계	50	100

자료값이 가장 많은 계급은 모카이며, 가장 적은 계급은 헤이즐넛이다.

8.

계급한계	계급경계	계수	도수
0	−0.5–0.5	//	2
1	0.5–1.5	卌	5
2	1.5–2.5	卌 卌 卌 卌 ////	24
3	2.5–3.5	卌 ///	8

4	3.5–4.5	~~////~~ /	6
5	4.5–5.5	////	4
6	5.5–6.5		0
7	6.5–7.5	/	1
		합계	50

	누적도수
−0.5 미만	0
0.5 미만	2
1.5 미만	7
2.5 미만	31
3.5 미만	39
4.5 미만	45
5.5 미만	49
6.5 미만	49
7.5 미만	50

자료에 따르면 일주일에 두 번 가는 사람이 가장 많다.

8.

계급한계	계급경계	누적도수
48–54	47.5–54.5	3
55–61	54.5–61.5	2
62–68	61.5–68.5	9
69–75	68.5–75.5	13
76–82	75.5–82.5	8
83–89	82.5–89.5	3
90–96	89.5–96.5	2
		합계 40

	누적도수
47.5 미만	0
54.5 미만	3
61.5 미만	5
68.5 미만	14
75.5 미만	27
82.5 미만	35
89.5 미만	38
96.5 미만	40

10.

계급한계	계급경계	도수
27–33	26.5–33.5	7
34–40	33.5–40.5	14
41–47	40.5–47.5	15
48–54	47.5–54.5	11
55–61	54.5–61.5	3
62–68	61.5–68.5	3
69–75	68.5–75.5	2
		합계 55

	누적도수
26.5 미만	0
33.5 미만	7
40.5 미만	21
47.5 미만	36
54.5 미만	47
61.5 미만	50
68.5 미만	53
75.5 미만	55

11.

계급한계	계급경계	도수
12–20	11.5–20.5	7
21–29	20.5–29.5	7
30–38	29.5–38.5	3
39–47	38.5–47.5	3
48–56	47.5–56.5	4
57–65	56.5–65.5	3
66–74	65.5–74.5	0
75–83	74.5–83.5	2
84–92	83.5–92.5	1
		합계 30

	누적도수
11.5 미만	0
20.5 미만	7
29.5 미만	14
38.5 미만	17
47.5 미만	20
56.5 미만	24
65.5 미만	27
74.5 미만	27
83.5 미만	29
92.5 미만	30

12.

계급한계	계급경계	도수
14–20	13.5–20.5	10
21–27	20.5–27.5	11
28–34	27.5–34.5	6
35–41	34.5–41.5	8
42–48	41.5–48.5	4
49–55	48.5–55.5	1
		합계 40

	누적도수
13.5 미만	0
20.5 미만	10
27.5 미만	21
34.5 미만	27
41.5 미만	35
48.5 미만	39
55.5 미만	40

13.

계급한계	계급경계	도수
6.2–7.0	6.15–7.05	1
7.1–7.9	7.05–7.95	7
8.0–8.8	7.95–8.85	9
8.9–9.7	8.85–9.75	7
9.8–10.6	9.75–10.65	8
10.7–11.5	10.65–11.55	4

11.6–12.4	11.55–12.45	4
	합계	40

	누적도수
6.15 미만	0
7.05 미만	1
7.95 미만	8
8.85 미만	17
9.75 미만	24
10.65 미만	32
11.55 미만	36
12.45 미만	40

14. 백분율의 합계가 101이다. 반올림을 사용하지 않는 한 합계는 100%여야 한다.

연습문제 2–2

1.

계급한계	계급경계	도수	중간점
90–98	89.5–98.5	6	94
99–107	98.5–107.5	22	103
108–116	107.5–116.5	43	112
117–125	116.5–125.5	28	121
126–134	125.5–134.5	9	130
	합계	108	

	누적도수
89.5 미만	0
98.5 미만	6
107.5 미만	28
116.5 미만	71
125.5 미만	99
134.5 미만	108

예비대학에 다닐 필요가 없는 학생수는 80명이다.

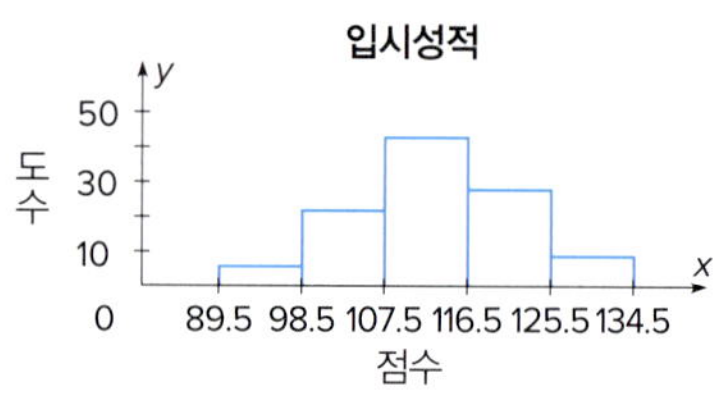

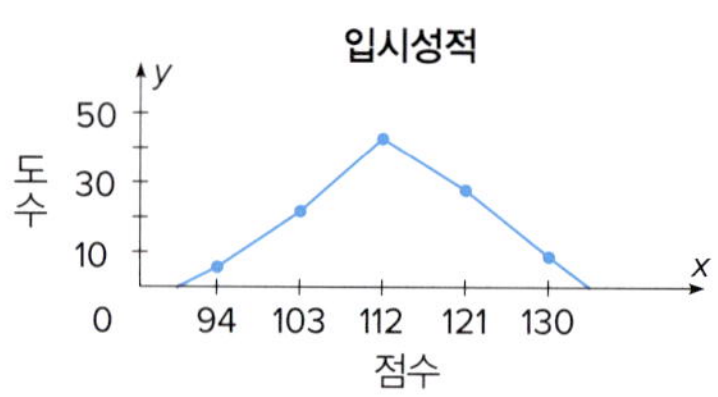

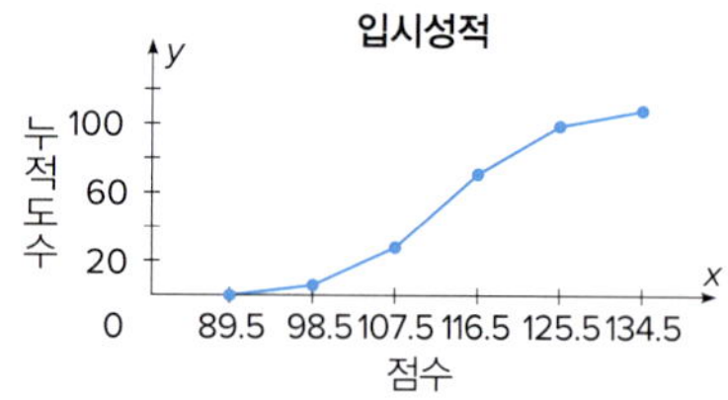

2.

계급한계	계급경계	도수	중간점
9–11	8.5–11.5	2	10
12–14	11.5–14.5	20	13
15–17	14.5–17.5	18	16
18–20	17.5–20.5	7	19
21–23	20.5–23.5	2	22
24–26	23.5–26.5	1	25
	합계	50	

	누적도수
8.5 미만	0
11.5 미만	2
14.5 미만	22
17.5 미만	40
20.5 미만	47
23.5 미만	49
26.5 미만	50

분포는 11.5–14.5 계급이 피크이며, 오른쪽(양)으로 기울어져 있다.

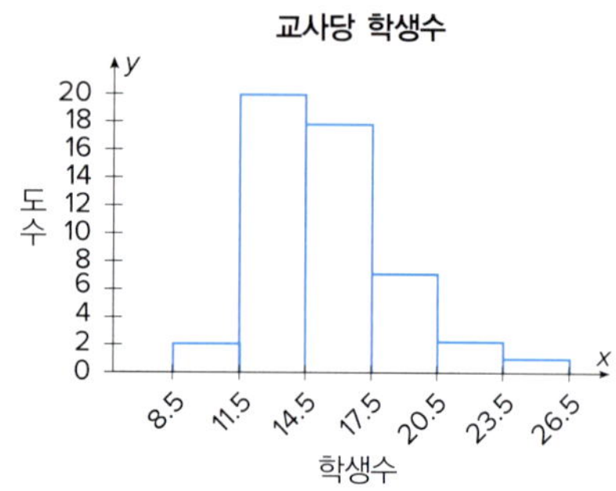

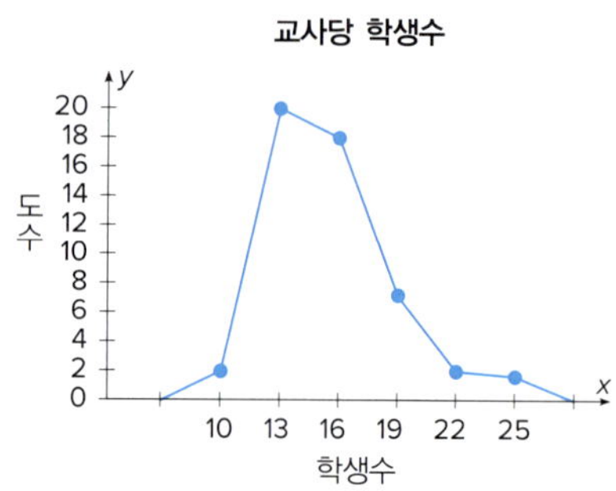

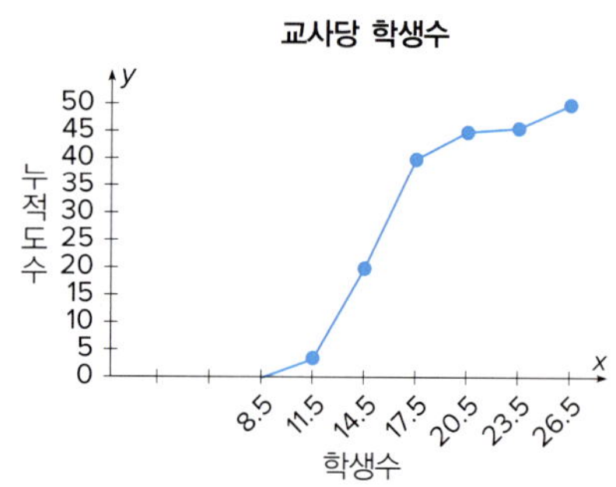

3.

계급한계	계급경계	도수	중간점
1–43	0.5–43.5	24	22
44–86	43.5–86.5	17	65
87–129	86.5–129.5	3	108
130–172	129.5–172.5	4	151
173–215	172.5–215.5	1	194
216–258	215.5–258.5	0	237
259–301	258.5–301.5	0	280
302–344	301.5–344.5	1	323
	합계	50	

	누적도수
0.5 미만	0
43.5 미만	24
86.5 미만	41
129.5 미만	44
172.5 미만	48
215.5 미만	49
258.5 미만	49
301.5 미만	49
344.5 미만	50

분포는 오른쪽으로 기울어져 있다.

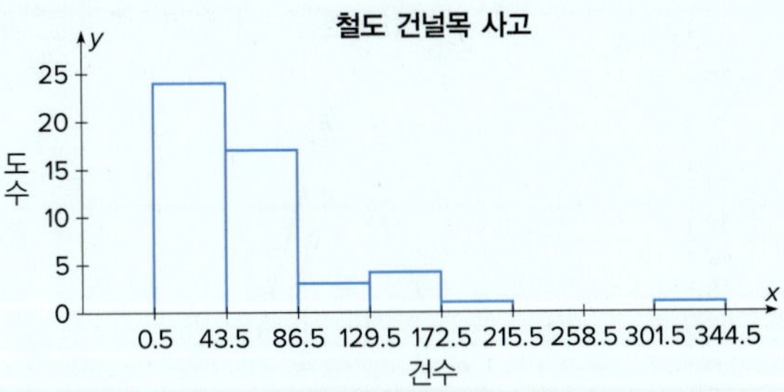

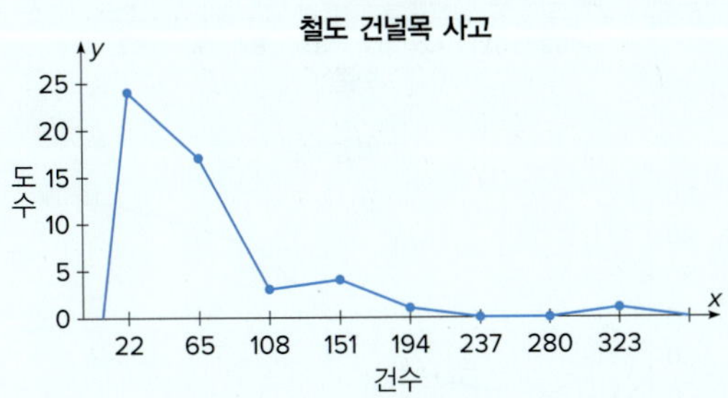

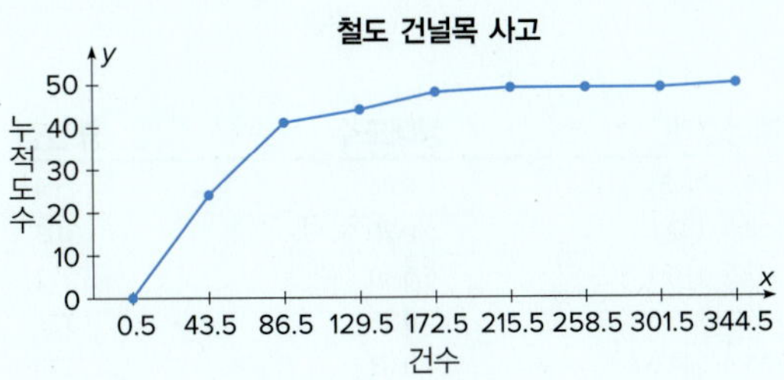

4.

계급한계	계급경계	도수	중간점
1260–1734	1259.5–1734.5	12	1497
1735–2209	1734.5–2209.5	6	1972
2210–2684	2209.5–2684.5	3	2447
2685–3159	2684.5–3159.5	1	2922
3160–3634	3159.5–3634.5	1	3397
3635–4109	3634.5–4109.5	1	3872
4110–4584	4109.5–4584.5	2	4347

	누적도수
1259.5 미만	0
1734.5 미만	12
2209.5 미만	18
2684.5 미만	21
3159.5 미만	22
3634.5 미만	23
4109.5 미만	24
4584.5 미만	26

분포는 오른쪽으로 기울어져 있다. 도수가 가장 많은 계급폭은 1259.5~1734.5이다.

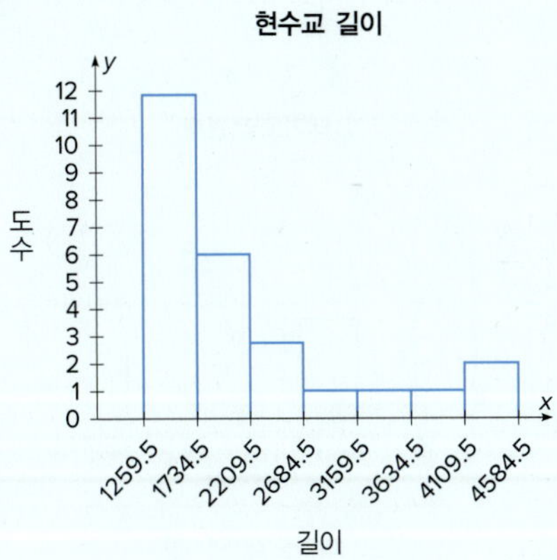

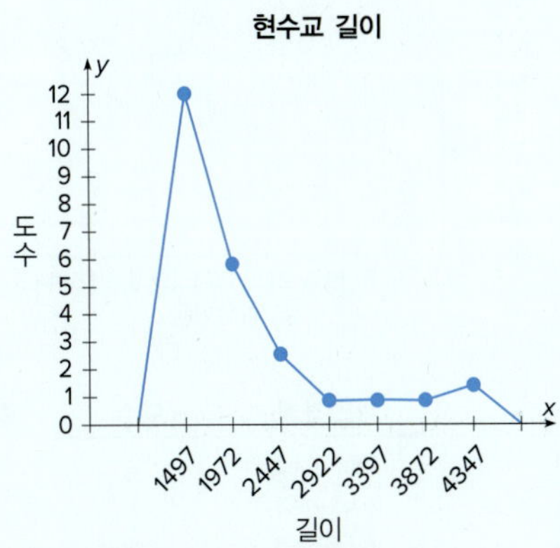

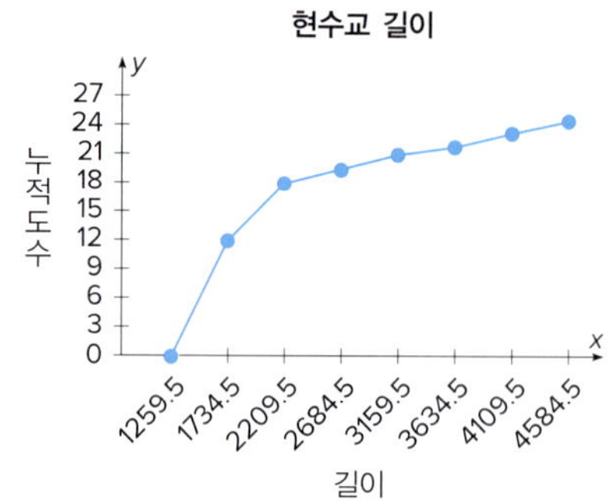

5.

계급한계	계급경계	도수(현재)	도수(5년 전)
10–14	9.5–14.5	6	5
15–19	14.5–19.5	4	4
20–24	19.5–24.5	3	2
25–29	24.5–29.5	2	3
30–34	29.5–34.5	5	6
35–39	34.5–39.5	1	2
40–44	39.5–44.5	2	1
45–49	44.5–49.5	1	1
		합계 24	합계 24

약간의 차이는 있지만, 히스토그램은 상당히 유사하다.

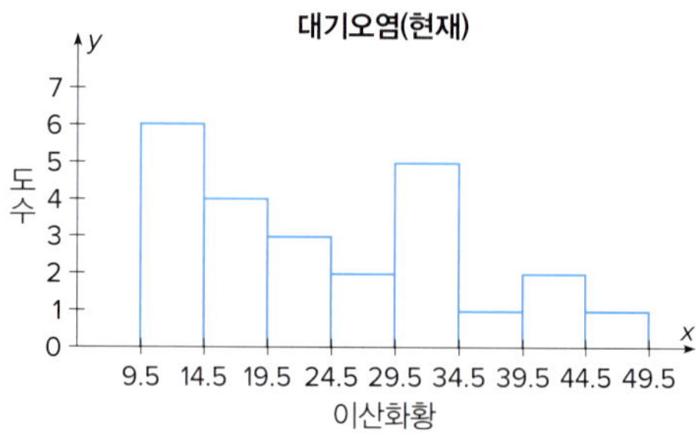

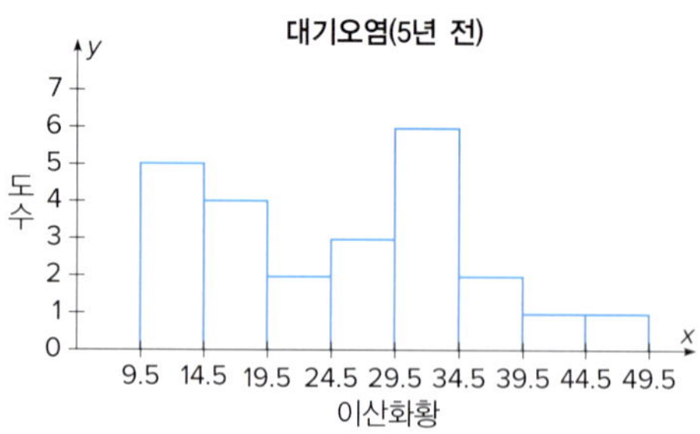

6.

계급한계	계급경계	도수	중간점
60–64	59.5–64.5	2	62
65–69	64.5–69.5	1	67
70–74	69.5–74.5	5	72
75–79	74.5–79.5	12	77
80–84	79.5–84.5	18	82
85–89	84.5–89.5	6	87
90–94	89.5–94.5	5	92
95–99	94.5–99.5	1	97
		합계 50	

	누적도수
59.5 미만	0
64.5 미만	2
69.5 미만	3
74.5 미만	8
79.5 미만	20
84.5 미만	38
89.5 미만	44
94.5 미만	49
99.5 미만	50

대부분의 환자는 75–84 수준에 해당한다.

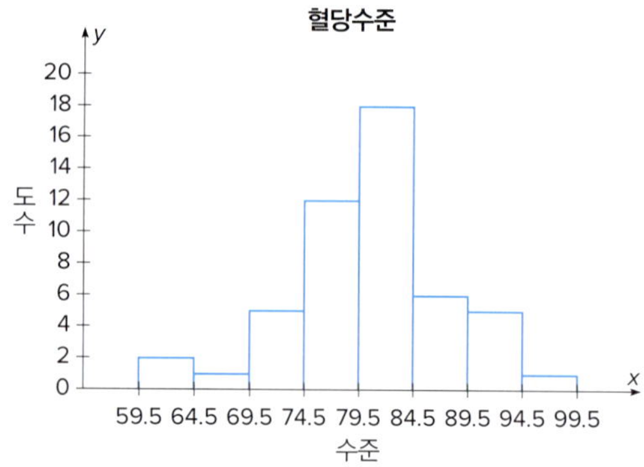

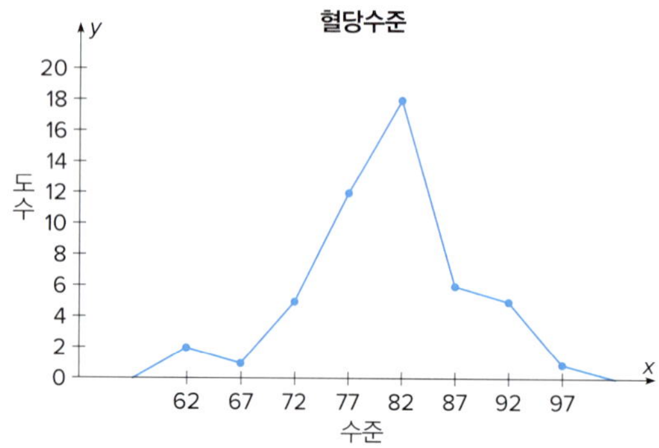

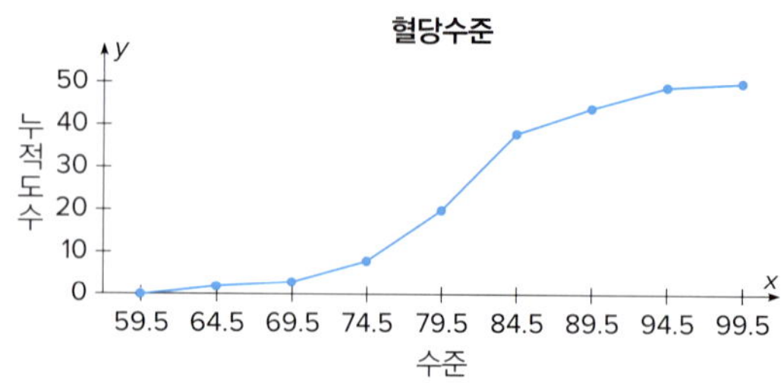

7.

계급경계	상대도수	중간점
89.5–98.5	0.06	94
98.5–107.5	0.20	103
107.5–116.5	0.40	112
116.5–125.5	0.26	121
125.5–134.5	0.08	130
	합계 1.00	

	누적상대도수
89.5 미만	0
98.5 미만	0.06
107.5 미만	0.26
116.5 미만	0.66
125.5 미만	0.92
134.5 미만	1.00

예비대학에 다닐 필요가 없는 학생수의 비율은 약 0.74이다.

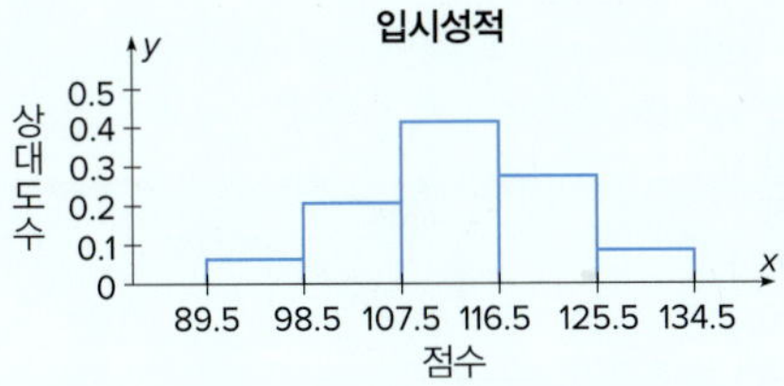

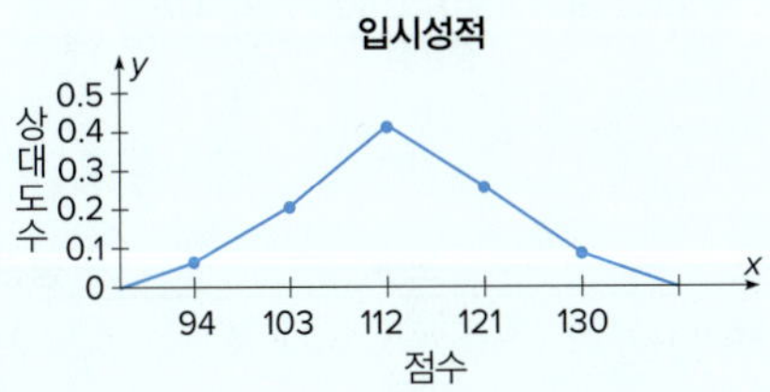

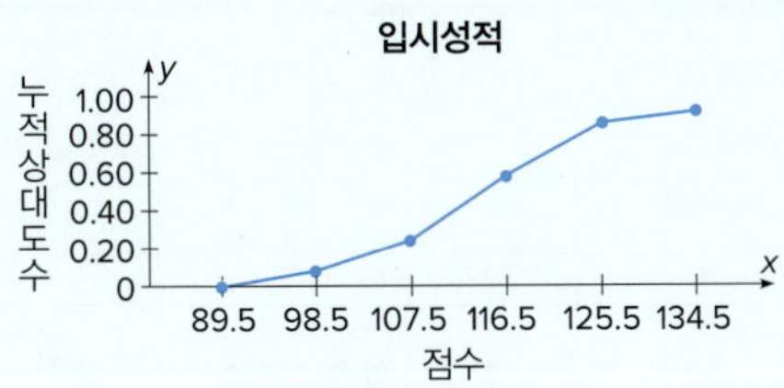

8.

계급경계	상대도수	중간점
0.5–43.5	0.48	22
43.5–86.5	0.34	65
86.5–129.5	0.06	108
129.5–172.5	0.08	151
172.5–215.5	0.02	194
215.5–258.5	0.00	237
258.5–301.5	0.00	280
301.5–344.5	0.02	323
합계	1.00	

	누적상대도수
0.5 미만	0
43.5 미만	0.48
86.5 미만	0.82
129.5 미만	0.88
172.5 미만	0.96
215.5 미만	0.98
258.5 미만	0.98
301.5 미만	0.98
344.5 미만	1.00

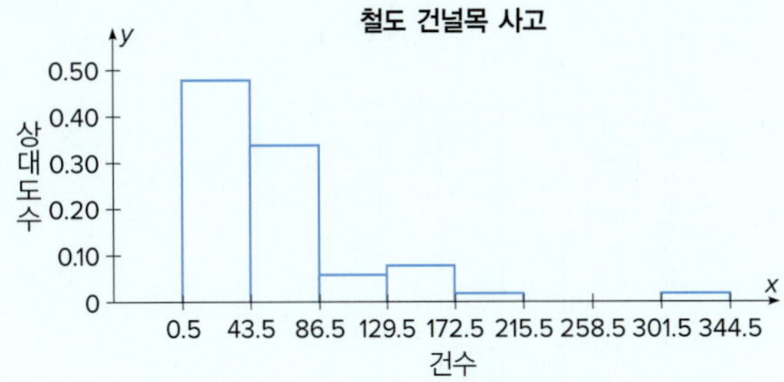

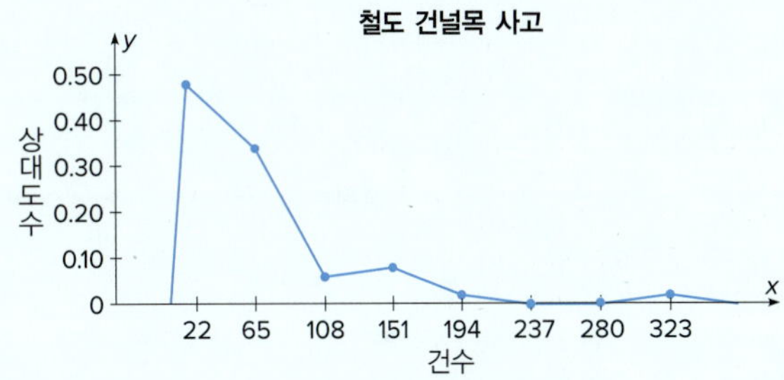

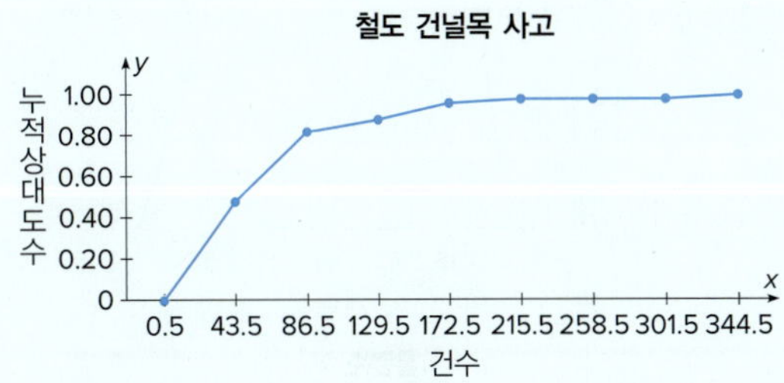

9.

계급경계	상대도수	중간점
35.5–40.5	0.23	38
40.5–45.5	0.20	43
45.5–50.5	0.23	48
50.5–55.5	0.23	53
55.5–60.5	0.10	58
	0.99	

	누적상대도수
35.5 미만	0.00
40.5 미만	0.23
45.5 미만	0.43
50.5 미만	0.66
55.5 미만	0.89
60.5 미만	0.99

히스토그램은 상대도수가 크게 떨어지는 마지막 계급을 제외하고 균일한 편이다.

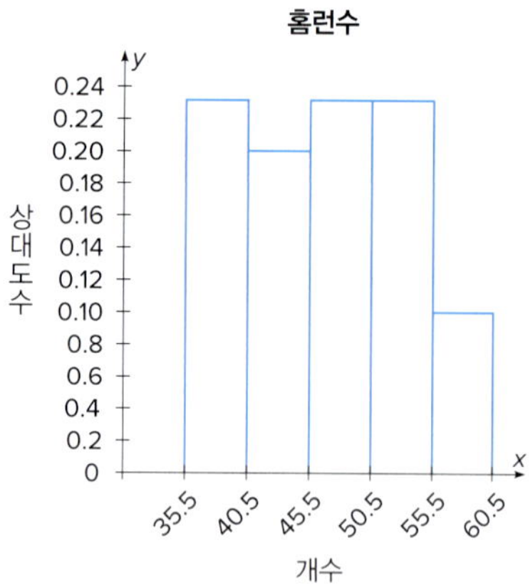

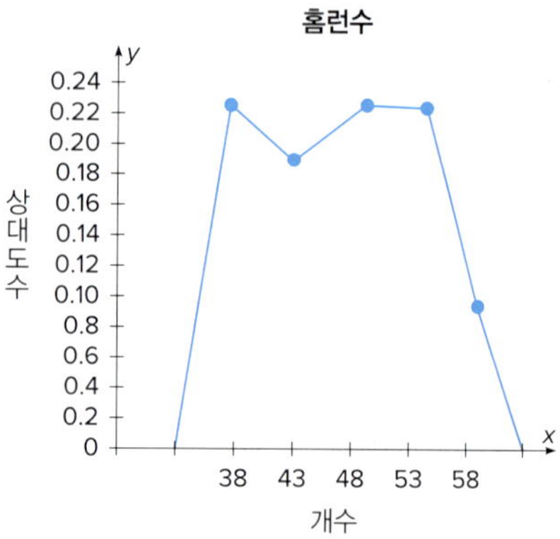

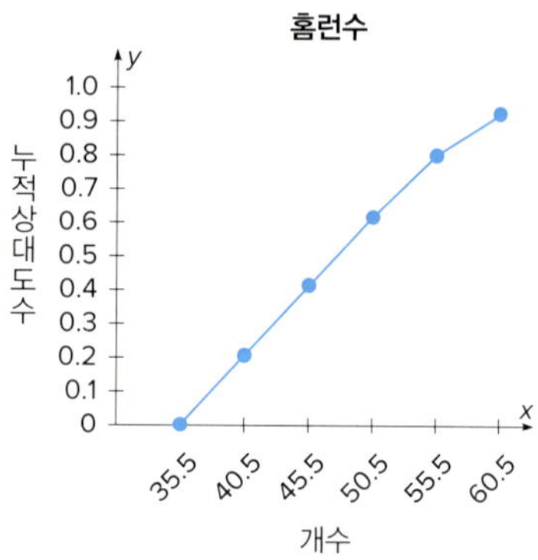

10. *a.*

계급한계	계급경계	중간점	도수
22–24	21.5–24.5	23	1
25–27	24.5–27.5	26	3
28–30	27.5–30.5	29	0
31–33	30.5–33.5	32	6
34–36	33.5–36.5	35	5
37–39	36.5–39.5	38	3
40–42	39.5–42.5	41	2

	누적도수
21.5 미만	0
24.5 미만	1
27.5 미만	4
30.5 미만	4
33.5 미만	10
36.5 미만	15
39.5 미만	18
42.5 미만	20

b.

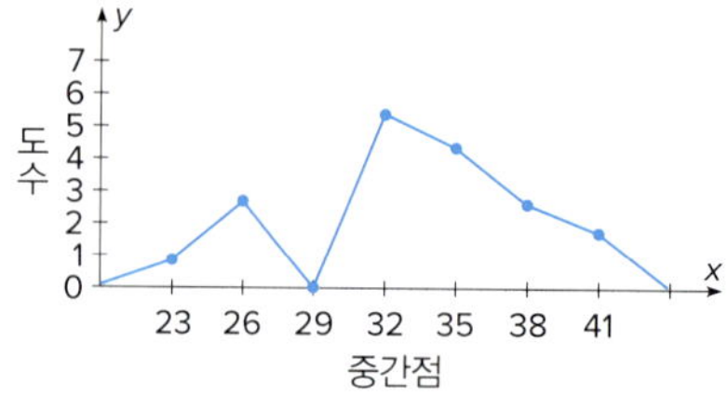

c.

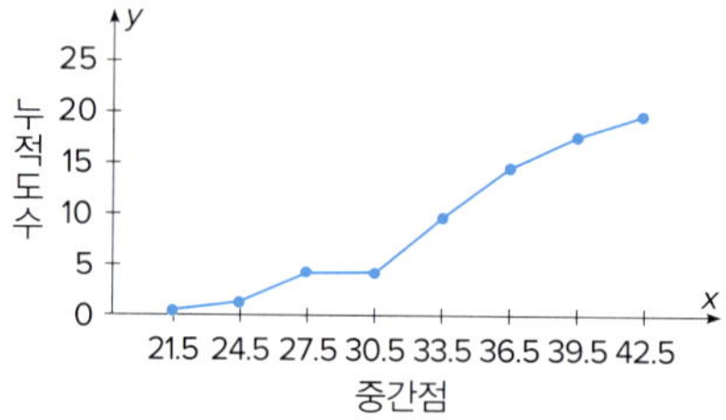

11.

계급경계	도수	중간점
468.5–495.5	6	482
495.5–522.5	15	509
522.5–549.5	10	536
549.5–576.5	7	563
576.5–603.5	6	590
603.5–630.5	6	617
합계	50	

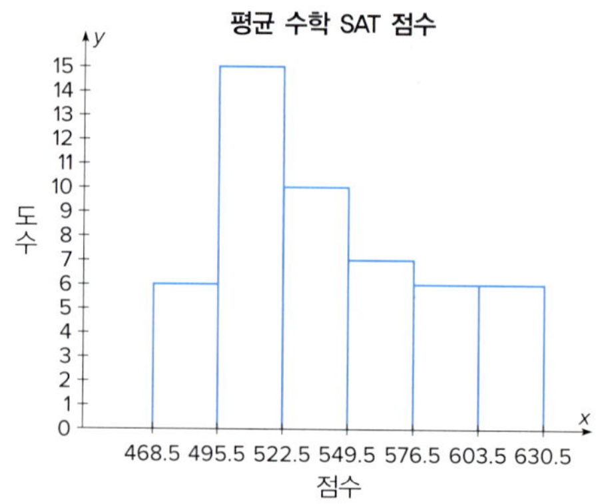

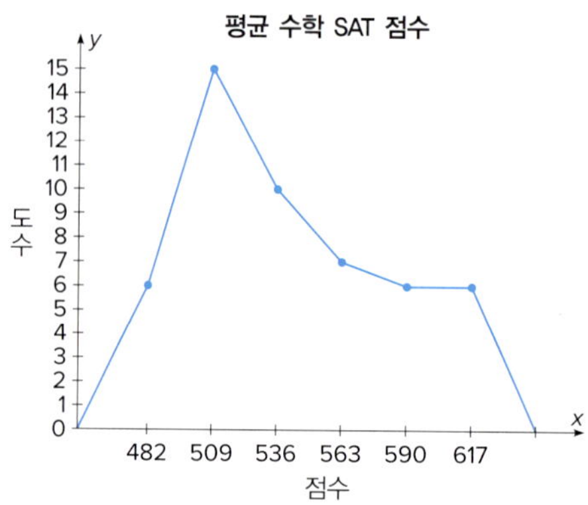

연습문제 2–3

1.

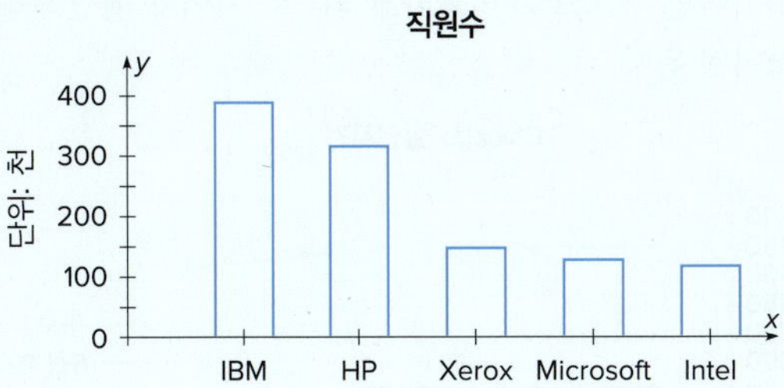

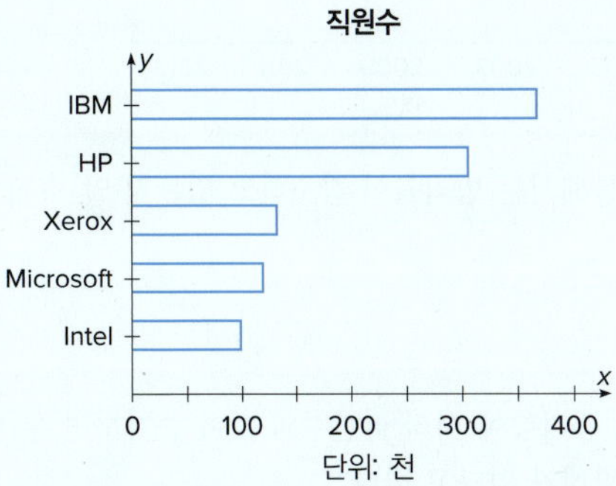

2.

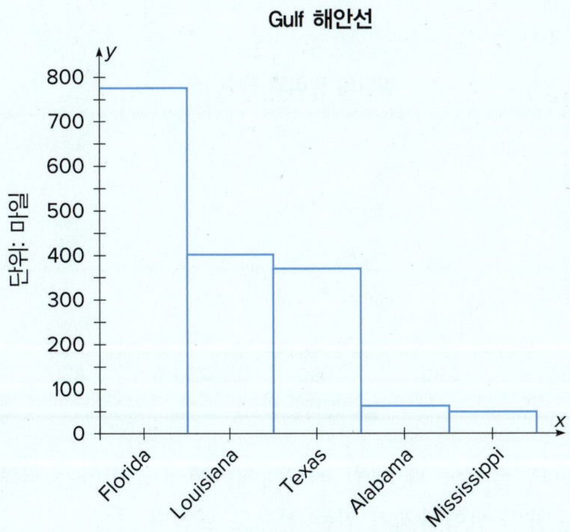

3.

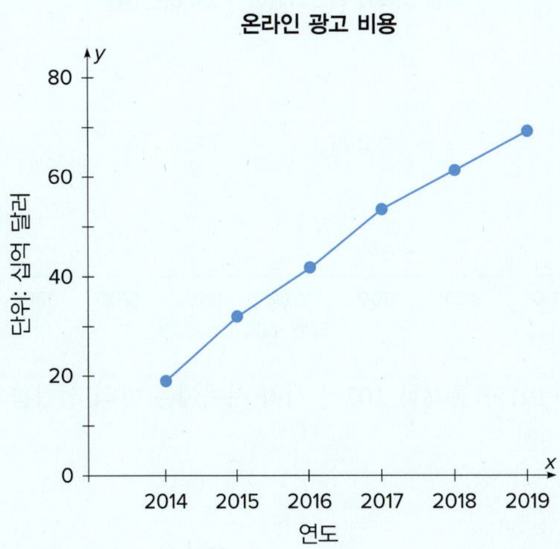

해마다 증가하고 있다.

4.

5.

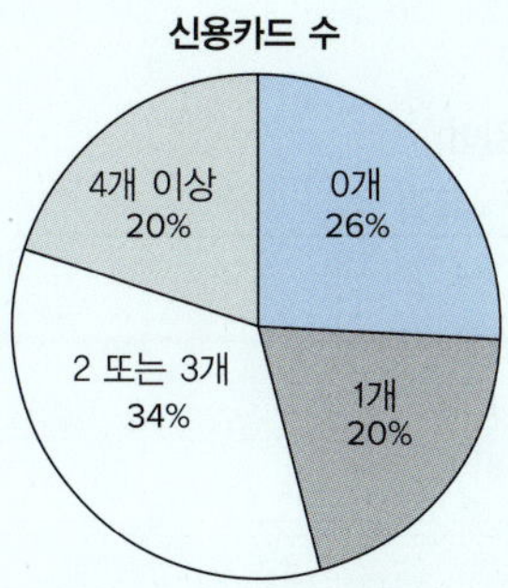

대부분의 사람들은 적어도 2개의 신용카드를 가지고 있다.

6.

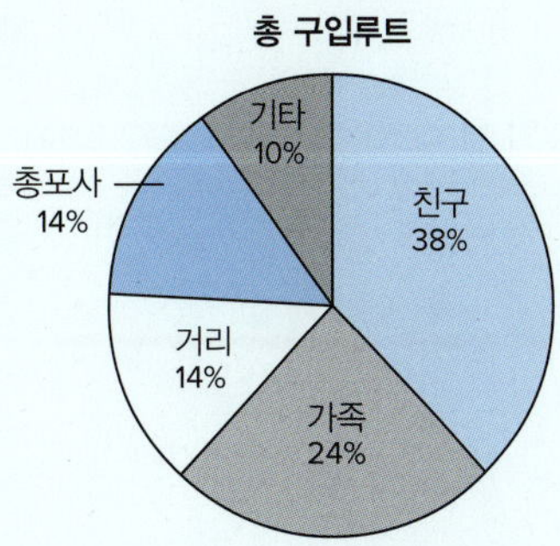

7.

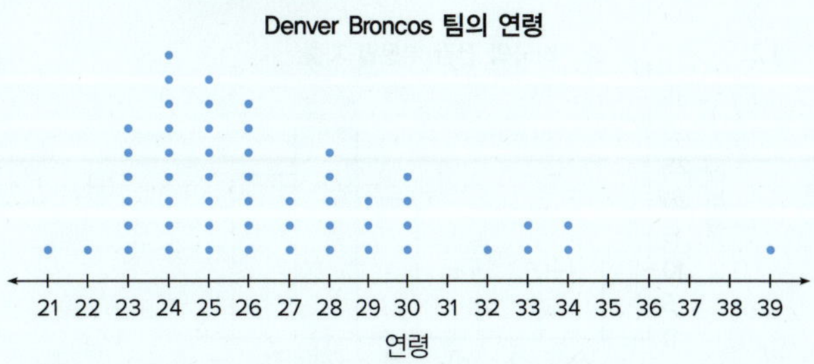

대부분의 선수가 21~30세이므로 점도표는 오른쪽으로 기울어져 있다. 두 개의 피크가 있는데 24세에는 9명의 선수가 있고 25세에는 8명의 선수가 있다.

8. 분포가 오른쪽(양)으로 기울어져 있다. 계급 4는 다른 계급보다 더 많은 값을 가지고 있으며, 계급 3이 그 다음이다.

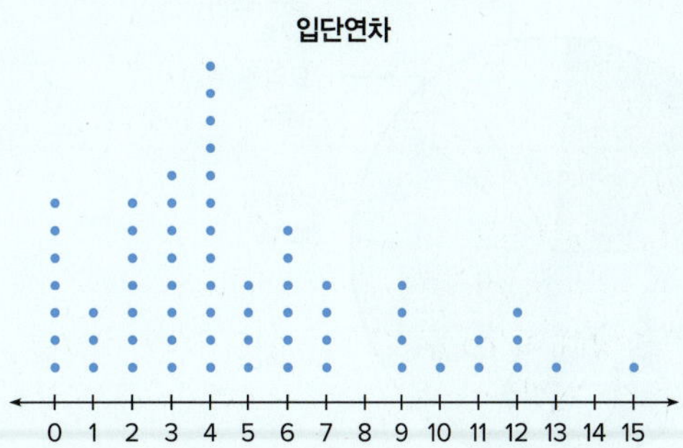

9. 50홈런 클럽

5	0 0 0 0 0 0 1 1 1 1 1 2 2 2 2 2 2 2 3 3 4 4 4 4 4 4
5	6 6 6 7 7 8 8 8 8 9
6	0 1 3 4
6	5 6
7	0 3

대부분의 선수가 50~54홈런을 기록하였다. 최대 홈런 숫자는 73개이다.

10. 주요 강의 길이

남미		유럽
2	0	344
	0	5555666667889
4210000000	1	1234
6755	1	8
1	2	
5	2	
	3	
9	3	

상대적으로 남미의 강들이 더 긴 편이다.

11. *a.* 파레토 도표
b. 파레토 도표
c. 파이그래프
d. 시계열그래프
e. 파레토 도표
f. 시계열그래프

12.

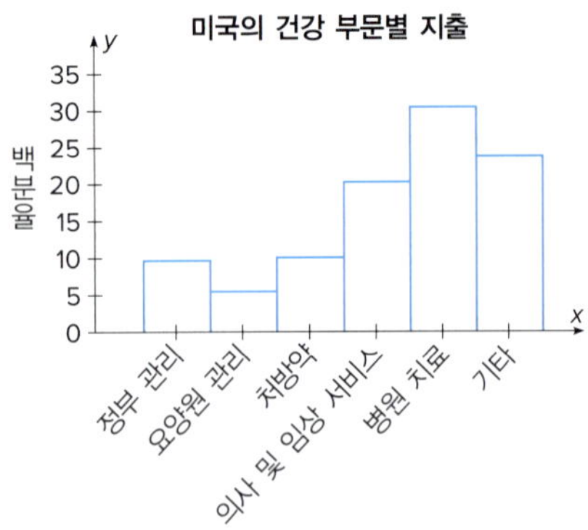

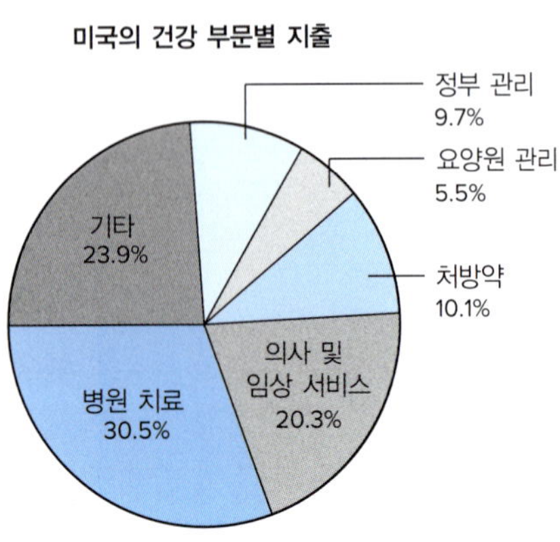

13. 2011년의 병은 1988년의 병보다 면적이 훨씬 크다. 따라서 높이가 아닌 면적으로 비교하게 되므로 차이가 훨씬 큰 것처럼 보이게 된다.

14.

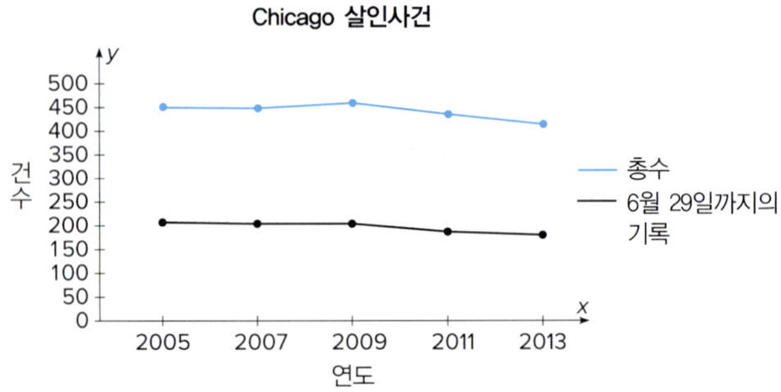

이 그래프를 통해서는 범죄율이 감소하고 있는지 알 수 없다.

연습문제 2–4

1. 산점도

2. x 변수의 값이 증가함에 따라 y 변수의 값이 증가하면 두 변수는 양의 선형관계가 있다고 한다.

3. 빌딩의 높이와 층수 사이에는 양의 선형관계가 있는 것으로 보인다.

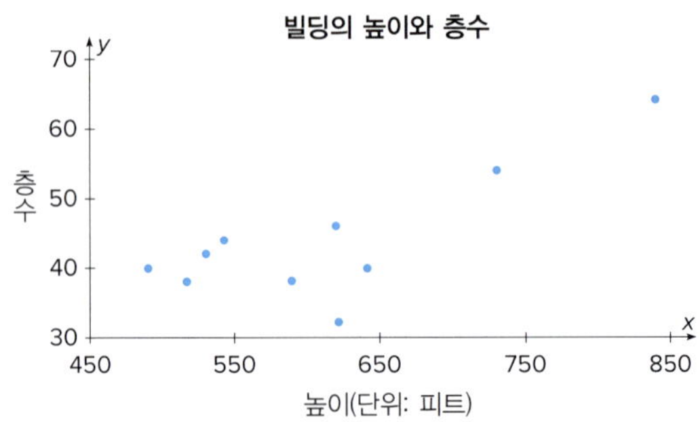

4. 한 사람의 월 소득과 매월 레크리에이션에 소비하는 금액 사이에는 양의 선형관계가 있는 것으로 보인다.

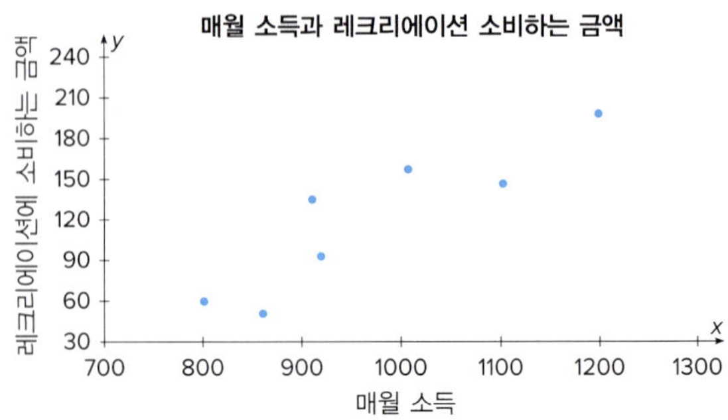

5. 통계학 101과 통계학 102의 성적 사이에는 양의 선형관계가 있다.

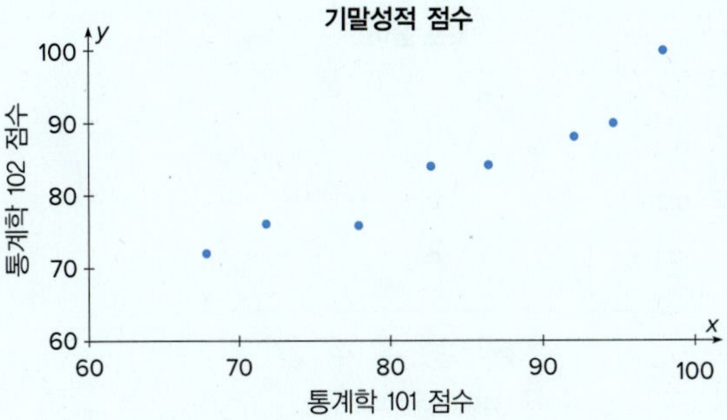

6. 토너먼트 횟수와 수입 사이에는 선형관계가 없는 것으로 보인다.

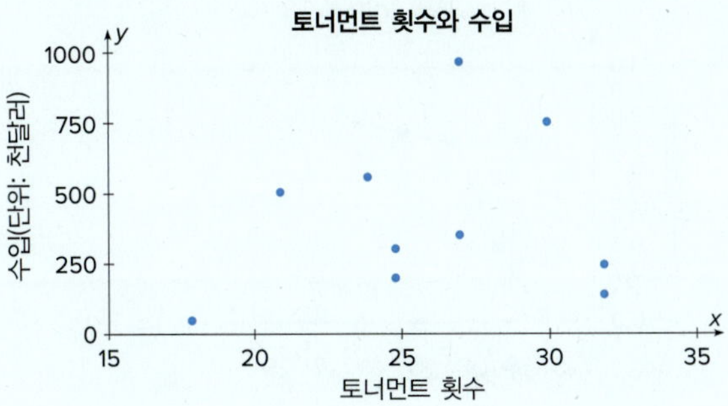

7. 결석횟수와 최종성적 사이에는 음의 선형관계가 있는 것으로 보인다.

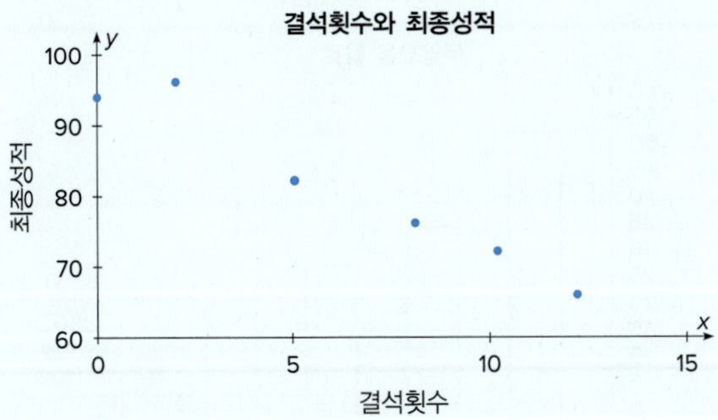

복습연습문제

1.

계급	도수	백분율
신문	10	20
TV	16	32
라디오	12	24
인터넷	12	24
	합계 50	100

2.

계급	도수
11	1
12	2
13	2
14	2
15	1
16	2
17	4
18	2
19	2
20	1
21	0
22	1
합계	20

	누적도수
10.5 미만	0
11.5 미만	1
12.5 미만	3
13.5 미만	5
14.5 미만	7
15.5 미만	8
16.5 미만	10
17.5 미만	14
18.5 미만	16
19.5 미만	18
20.5 미만	19
21.5 미만	19
22.5 미만	20

3.

계급한계	계급경계	도수
53–185	52.5–185.5	8
186–318	185.5–318.5	11
319–451	318.5–451.5	2
452–584	451.5–584.5	1
585–717	584.5–717.5	4
718–850	717.5–850.5	2
	합계	28

	누적도수
52.5 미만	0
185.5 미만	8
318.5 미만	19
451.5 미만	21
584.5 미만	22
717.5 미만	26
850.5 미만	28

4.

계급한계	계급경계	상대도수
53–185	52.5–185.5	0.29
186–318	185.5–318.5	0.39
319–451	318.5–451.5	0.07
452–584	451.5–584.5	0.04
585–717	584.5–717.5	0.14
718–850	717.5–851.5	0.07

	누적상대도수
52.5 미만	0.00
185.5 미만	0.29
318.5 미만	0.68
451.5 미만	0.75
584.5 미만	0.79
717. 5 미만	0.93
850.5 미만	1.00

5.

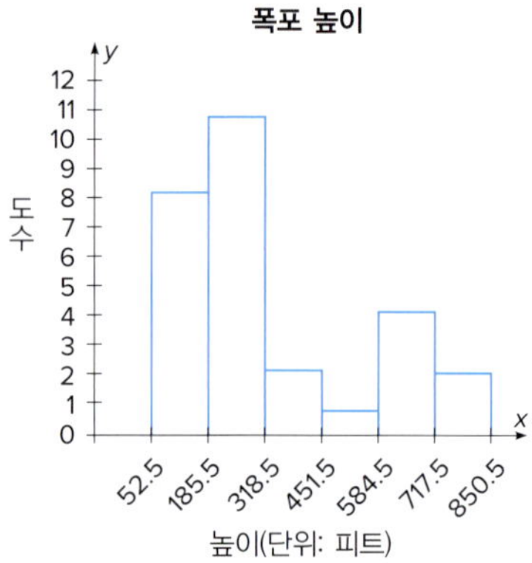
폭포 높이
도수
높이(단위: 피트)

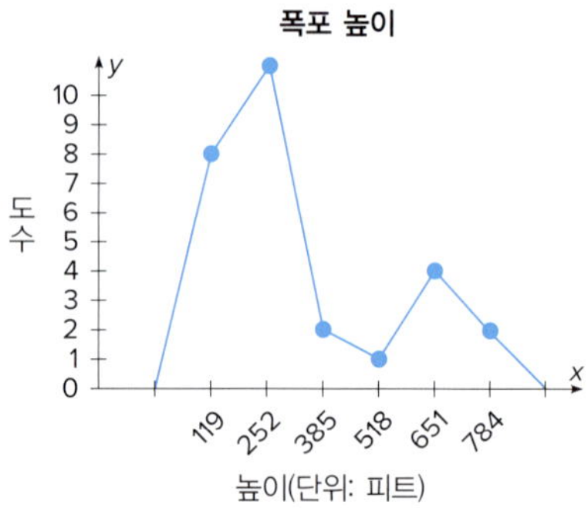
폭포 높이
도수
높이(단위: 피트)

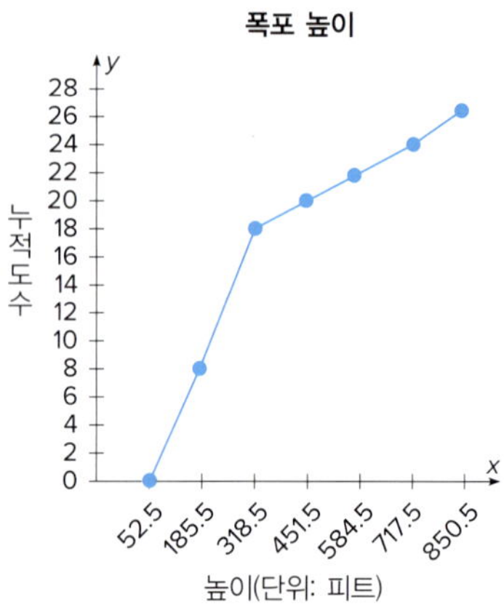
폭포 높이
누적도수
높이(단위: 피트)

6.

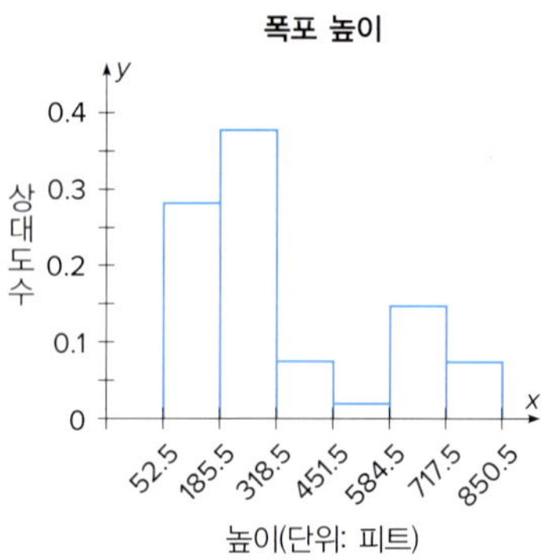
폭포 높이
상대도수
높이(단위: 피트)

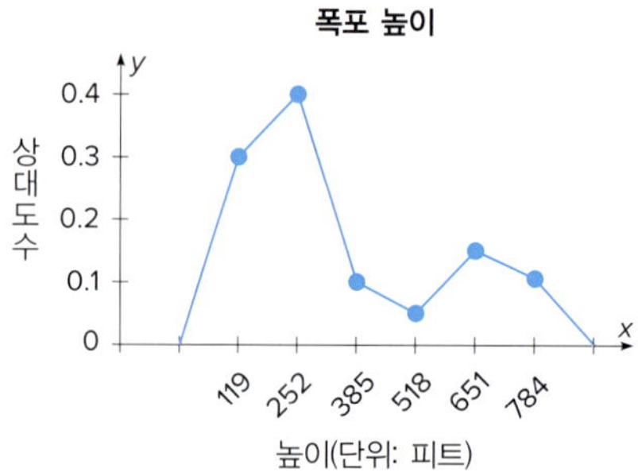
폭포 높이
상대도수
높이(단위: 피트)

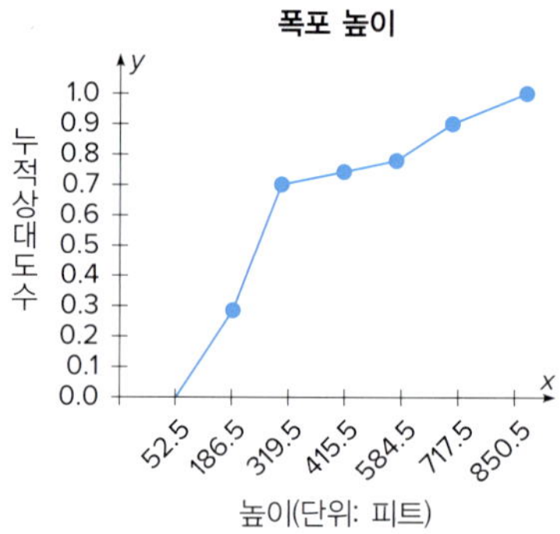
폭포 높이
누적상대도수
높이(단위: 피트)

7.

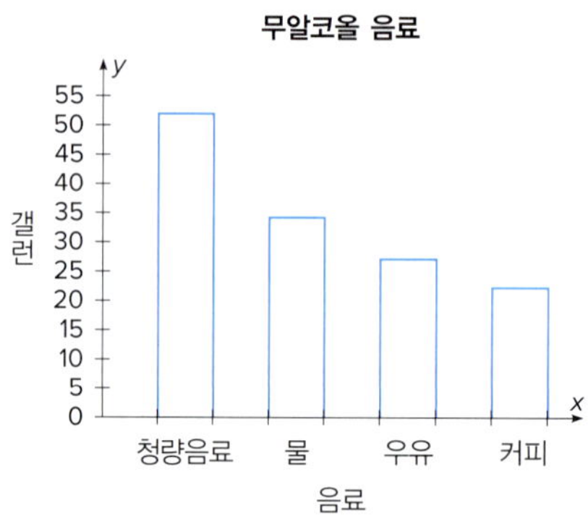
무알코올 음료
갤런
청량음료
물
우유
커피
음료

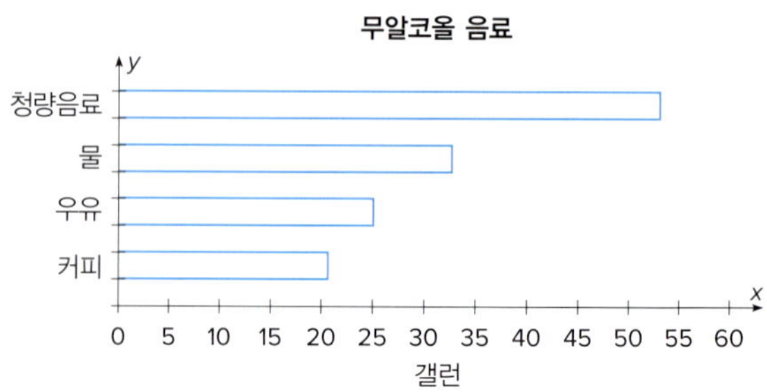
무알코올 음료
청량음료
물
우유
커피
갤런

8.

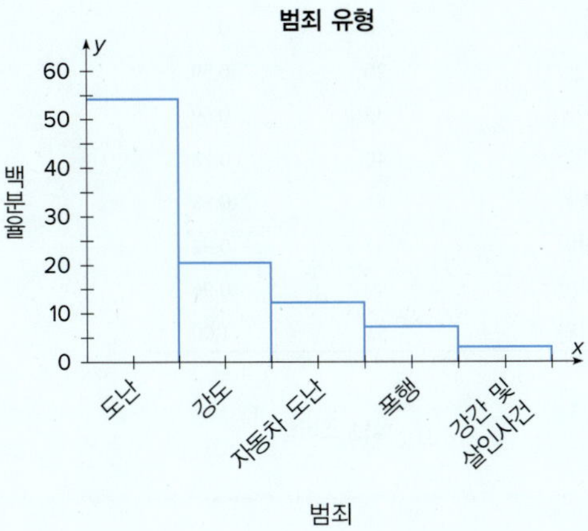

9.

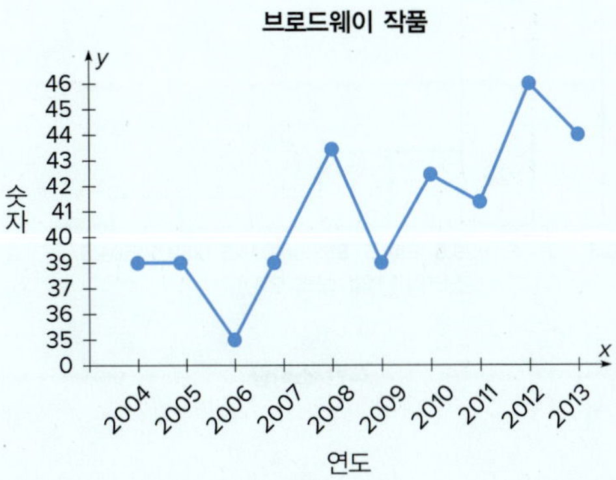

해마다 많은 변화가 있지만 전체적으로 봤을 때 매년 작품의 수는 시간이 지남에 따라 증가하는 추세이다.

10.

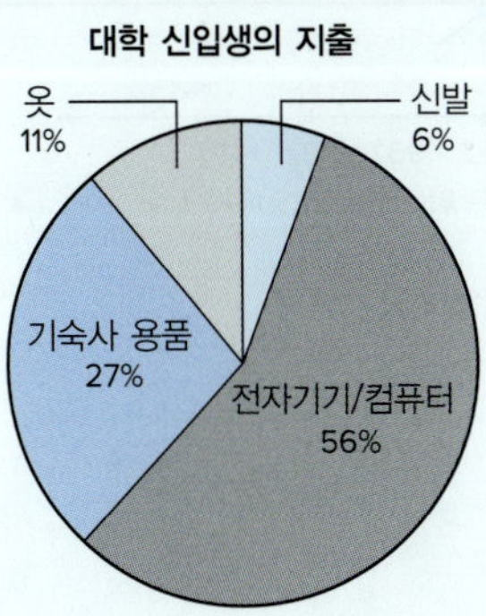

11.

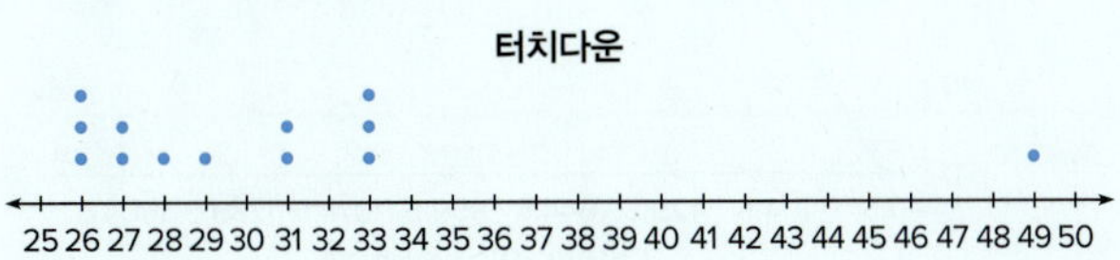

시즌별 터치다운수는 하나를 제외하고 모두 26~33회에 위치한다.

12.

```
20 | 2 3 6
21 | 3 5 8 9 9
22 | 0 1 3 3 4 7
23 | 0 2 3 3 5 8 9
24 | 6 8 9
25 | 4 4 6 8
26 | 2 3
```

13. x축과 y축에 숫자가 없어 통증완화시간을 알 수 없다.

14. 시청자의 수와 15개 프로그램의 등급 사이에는 양의 선형관계가 있는 것으로 보인다.

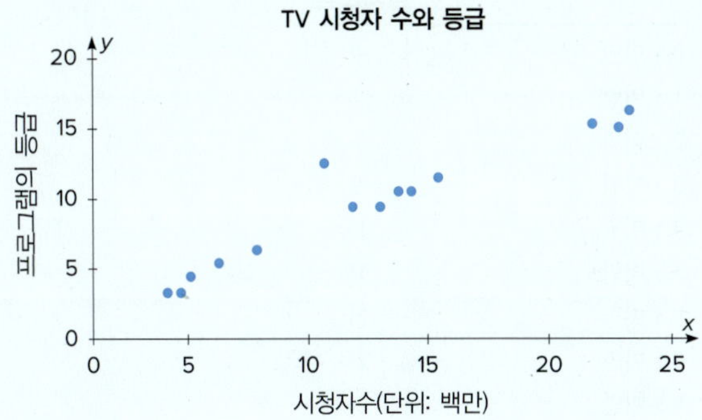

퀴즈

1. 거짓 **2.** 참
3. 거짓 **4.** 참
5. 참 **6.** 거짓
7. 거짓 **8.** c
9. c **10.** b
11. b **12.** 범주형, 비집단화, 집단화
13. 5, 20 **14.** 범주형
15. 시계열 **16.** 줄기-잎 그림
17. 세로 또는 y

18.

계급	도수	백분율
H	6	24
A	5	20
M	6	24
C	8	32
합계	25	100

19.

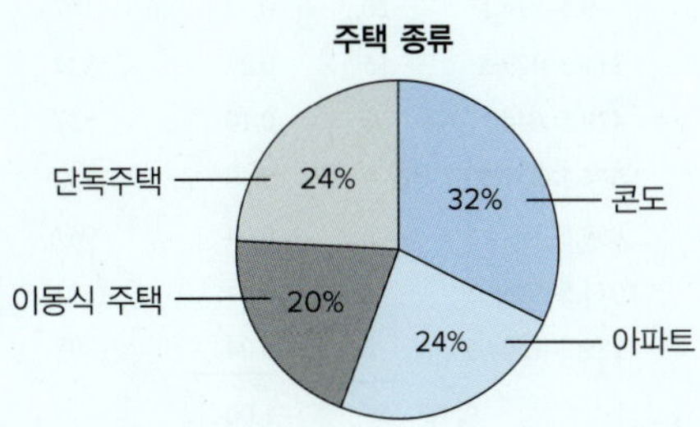

20.

계급한계	계급경계	도수
1	0.5–1.5	1
2	1.5–2.5	5
3	2.5–3.5	3
4	3.5–4.5	4
5	4.5–5.5	2
6	5.5–6.5	6
7	6.5–7.5	2
8	7.5–8.5	3
9	8.5–9.5	4
	합계	30

	누적도수
0.5 미만	0
1.5 미만	1
2.5 미만	6
3.5 미만	9
4.5 미만	13
5.5 미만	15
6.5 미만	21
7.5 미만	23
8.5 미만	26
9.5 미만	30

21.

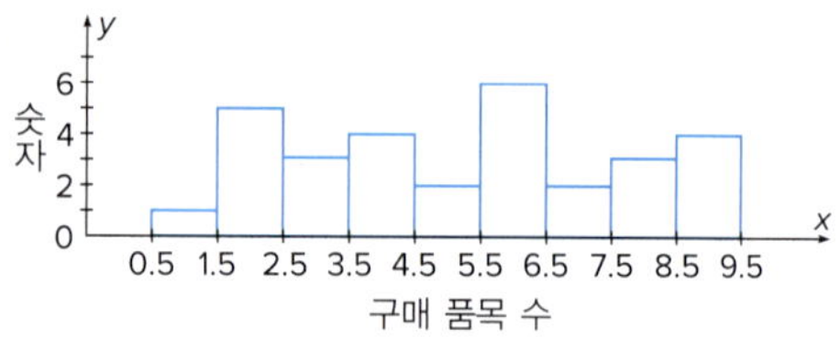

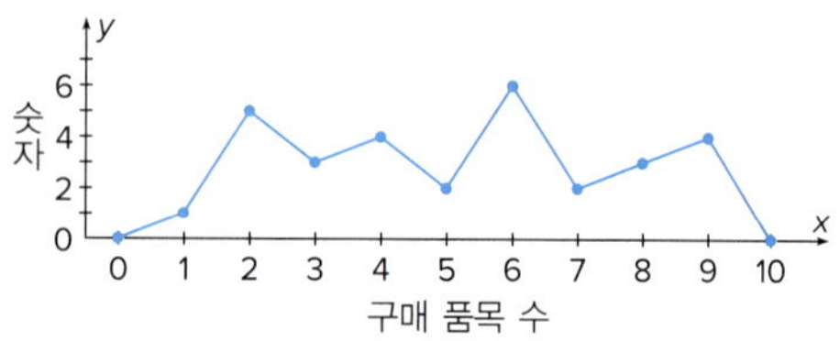

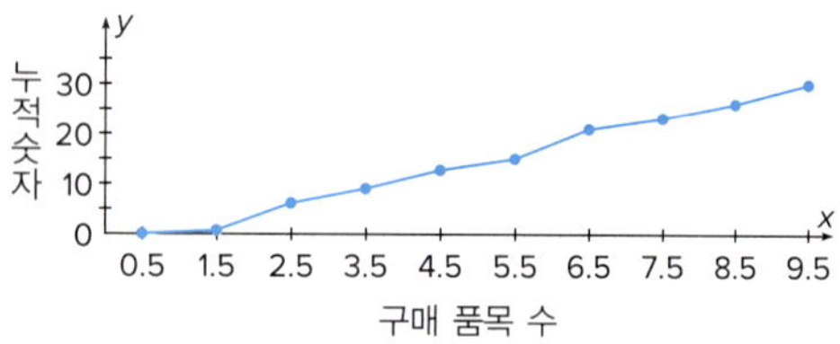

22.

계급한계	계급경계	도수	상대도수	중간점
0–214	−0.5–214.5	20	0.39	107
215–429	214.5–429.5	15	0.29	322
430–644	429.5–644.5	5	0.10	537
645–859	644.5–859.5	5	0.10	752
860–1074	859.5–1074.5	2	0.04	967
1075–1289	1074.5–1289.5	2	0.04	1182
1290–1504	1289.5–1504.5	2	0.04	1397
	합계	51	1.00	

	누적도수	누적상대도수
0 미만	0	0
214.5 미만	20	0.39
429.5 미만	35	0.69
644.5 미만	40	0.78
859.5 미만	45	0.88
1074.5 미만	47	0.92
1289.5 미만	49	0.96
1504.5 미만	51	1.00

23.

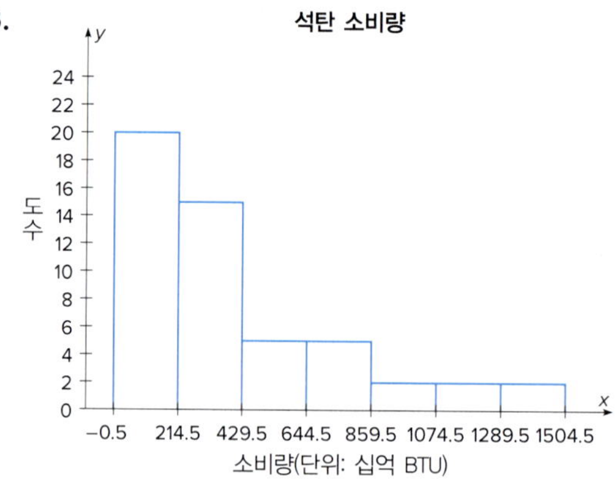

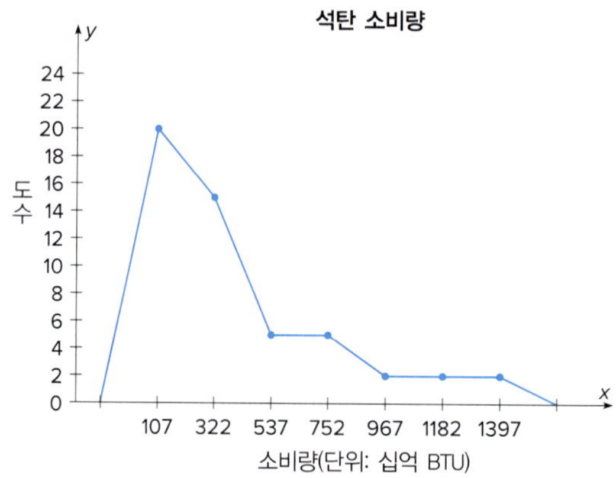

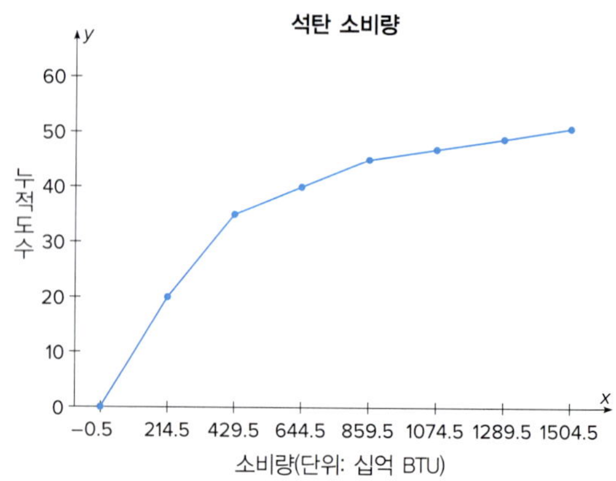

24.

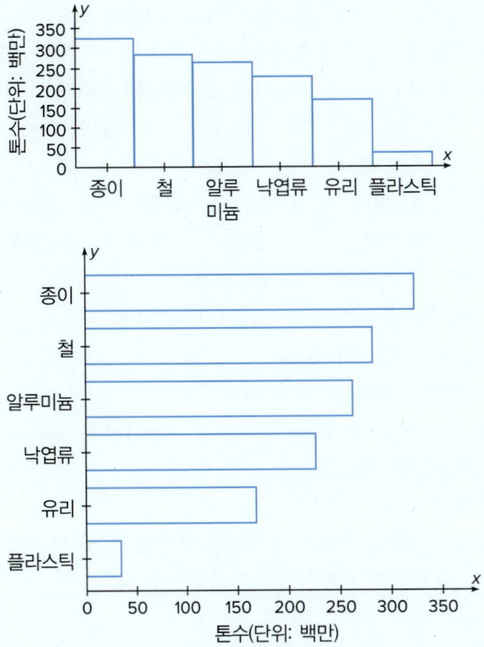

25.

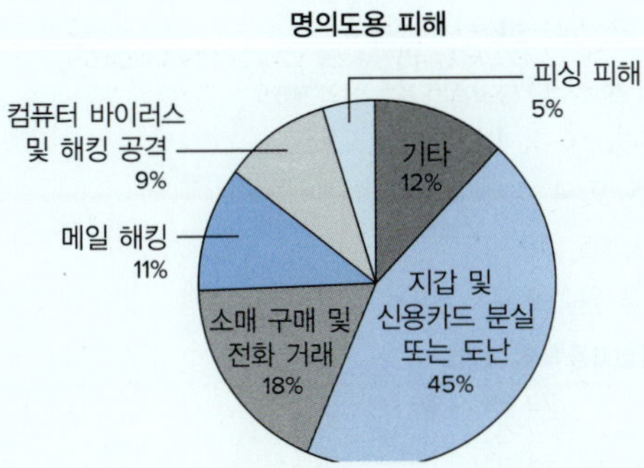

26.

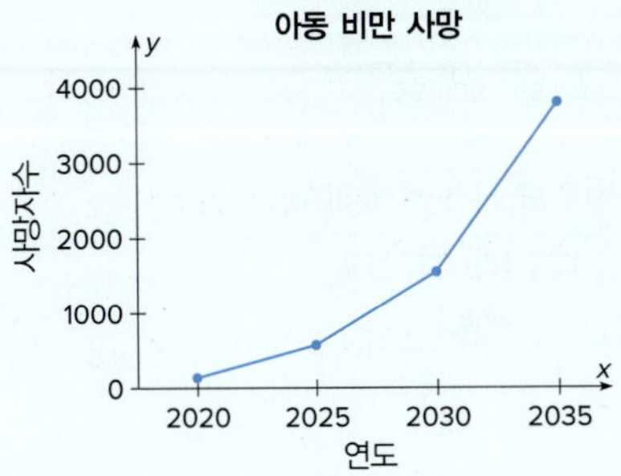

27.

1	5 9
2	6 8
3	1 5 8 8 9
4	1 7 8
5	3 3 4
6	2 3 7 8
7	6 9
8	6 8 9
9	8

28.

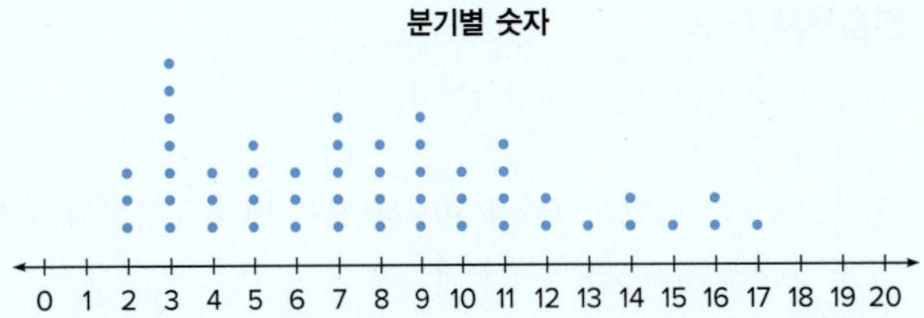

29. 병의 지름이 다르게 그려져 있으므로, 높이가 아닌 면적으로 잘못 비교할 수 있다.

30. 양의 선형관계가 있는 것으로 보인다.

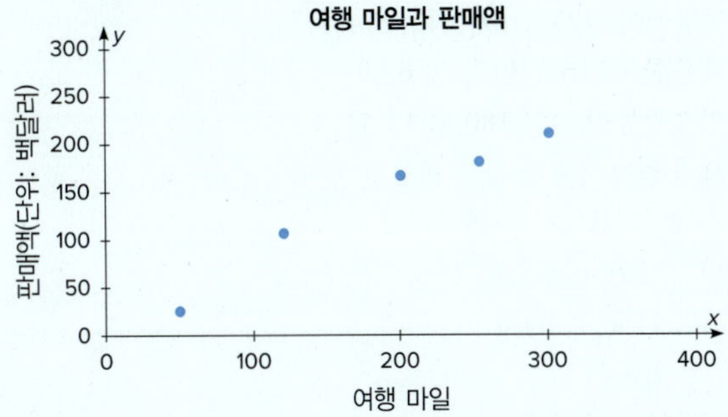

제3장

연습문제 3–1

1. 104.1; 102; 105; 50, 95, 102

2. 218.7; 221; 215.5; 없음.

3. 1,067,130; 1,155,000; 1,340,000; 1,149,000

4. 26.3; 28; 24, 30

5. 30.63; 10; 73.45; 없음

6. 37.4; 33.7; 없음; 46.15

7. 71.65; 68.5~75.5

8. 28.9; 21~27

9. 26.66; 24.2~28.6

10. 34.1; 0.5~19.5

11. 3.04, 2, 2

12. 9866.67달러

13. 35.4%

14. 83.2

15. *a*. 최빈값 *b*. 중앙값 *c*. 중앙값
d. 최빈값 *e*. 평균 *f*. 중앙값

16. 로마문자 $\overline{X}$, 그리스 문자 μ

17. 320

18. *a*. 40 *b*. 20 *c*. 300 *d*. 3
e. 10을 더하고, 빼고, 곱하고, 나누면 평균도 같이 변한다.

19. *a*. 36 *b*. 30.77 *c*. 16.667

20. *a*. 25.5% *b*. 5.7% *c*. 8.4% *d*. 3.2%

21. 5.477

22. 4.31

연습문제 3-2

1. 분산의 제곱근이 표준편차이다.
2. σ^2; σ
3. $\frac{1}{n}\Sigma(X-\overline{X})^2$은 표본크기가 30보다 작을 때 표본분산의 공식이 모분산을 과소추정할 것이다.
4. 90.7; 891.9; 29.9
5. 은: 27.9; 86.756; 9.314
   주석: 10.92; 13.502; 3.674
   은이 범위, 분산, 표준편차가 크므로 더 많이 변동한다.
6. 세쌍둥이: 1233; 198,612.7; 445.7
   네쌍둥이: 167; 3952.9; 62.9
   다섯쌍둥이: 45; 180.8; 13.4
   세쌍둥이 자료가 가장 변동이 크다.
7. $s \approx R/4$이므로 $s \approx 5$살이다.
8. 297, 8372.6; 91.5
9. 130; 1156.7; 34.0
10. 9.2; 3.0
11. 27,941.8; 167.2
12. 167.2; 12.9
13. 47,732.2; 218.5
14. 20.9%; 22.5%, 공장근로자 자료가 더 많이 변동한다.
15. 13.1%; 15.2%, 퇴원한 환자들의 대기시간이 변동이 더 크다.
16. *a*. 75% *b*. 56%
17. 적어도 93.75%
18. (84, 276)분
19. (161100, 355100)달러
20. 적어도 84%
21. 490~586; 기껏해야 2.5%
22. 345달러; 52달러
23. 6.51달러; 1.65달러
24. $\overline{X} = 215.0$, $s = 20.8$, 모든 자료값이 평균의 2표준편차 안에 놓인다.
25. 56%; 75%; 84%; 89%; 92%
26. 4.36
27. *a*. 2 *b*. −2.25 *c*. 0 *d*. 0.3
28. 평균에서 $s\sqrt{n-1}$을 벗어나 있으므로 부정확한 자료값이다.

연습문제 3-3

1. z 점수는 자료값이 평균에서 위나 아래로 몇 표준편차나 떨어져 있는지를 나타낸다.
2. 백분위수는 위치의 상대적인 측도이고 백분율은 전체에 대한 부분의 절대적 측도이다.
3. $Q_1 = P_{25}$; $Q_2 = P_{50}$; $Q_3 = P_{75}$
4. $D_1 = P_{10}$; $D_2 = P_{20}$; $D_3 = P_{30}$; 등등.
5. 캐나다 −0.40, 이탈리아 1.47, 미국 −1.91
6. *a*. 0.75 *b*. −0.8125 *c*. 2 *d*. −2.0625 *e*. 0.4375
7. 지질학 시험; $z = 1.83$, 회계학 시험; $z = 1.71$.
   지질학 시험점수가 회계학 시험점수보다 상대적으로 더 높다.
8. *a*. 0.55 *b*. −1.17 *c*. 19,690; 12,340, 14,090
9. *a*. 21 *b*. 43 *c*. 97 *d*. 19 *e*. 57 *f*. 72 *g*. 80 *h*. 87
10. *a*. 6 *b*. 24 *c*. 68 *d*. 76 *e*. 94 *f*. 234 *g*. 251 *h*. 263 *i*. 274 *j*. 284
11. 94, 72, 61, 17, 83, 50, 39, 28, 6; 597
12. 5, 15, 25, 35, 45, 55, 65, 75, 85, 95; 2.1
13. $Q_1 = 11$; $Q_3 = 32$; IQR = 21
14. $Q_1 = 19.7$; $Q_3 = 78.8$; IQR = 59.1
15. *a*. 없음 *b*. 65 *c*. 1007
16. *a*. 12; 20.5; 32; 22; 20
    b. 62; 94; 99; 80.5; 37
17. Tom, Harry, Dick. Tom의 z 점수를 구하면 Harry의 z 점수보다 낮고, 두 사람의 z 점수는 백분위수 보다 낮다.

연습문제 3-4

1. 6, 8, 19, 32, 54; 24
2. 188, 192, 339, 437, 589; 245
3. 14.6, 15.05, 16.3, 19, 19.8; 3.95
4. 11, 3, 8, 5, 9, 4
5. 95, 55, 70, 65, 90, 25
6. 분포가 조금 왼쪽으로 기울어져 있다.

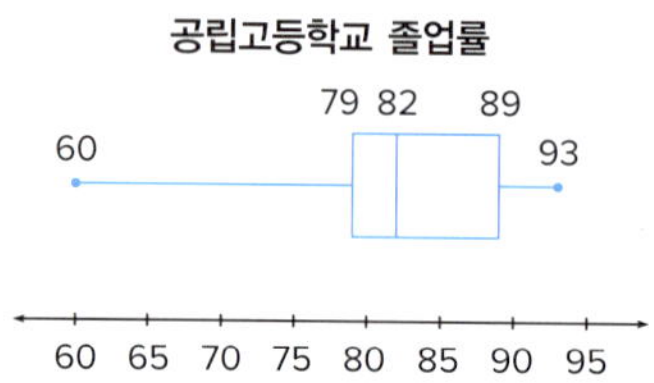

7. 분포가 조금 오른쪽으로 기울어져 있다.

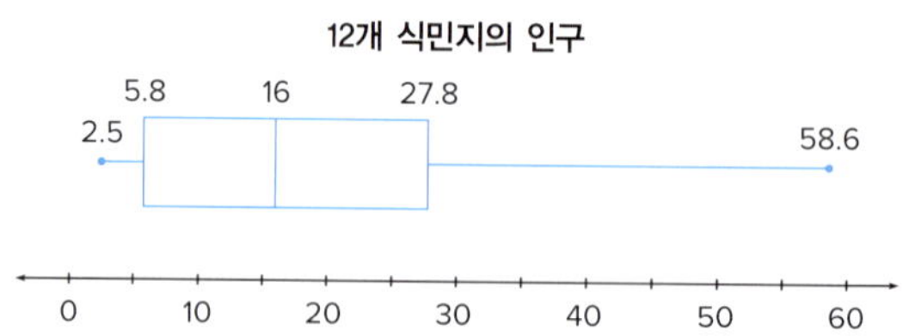

8. Baltic Sea에 있는 섬의 면적이 Aleutian Islands에 있는 섬의 면적보다 더 다양하며, 일반적으로 면적이 더 넓다.

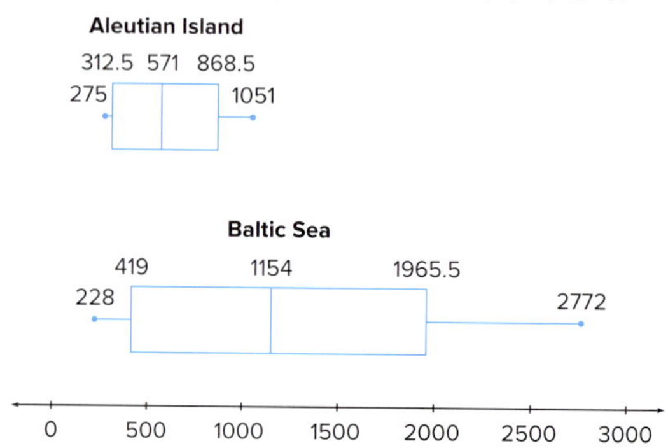

9. 최솟값 = 564, $Q_1 = 585$, 중앙값 = 625.5, $Q_3 = 717$, 최댓값 = 770, IQR = 132

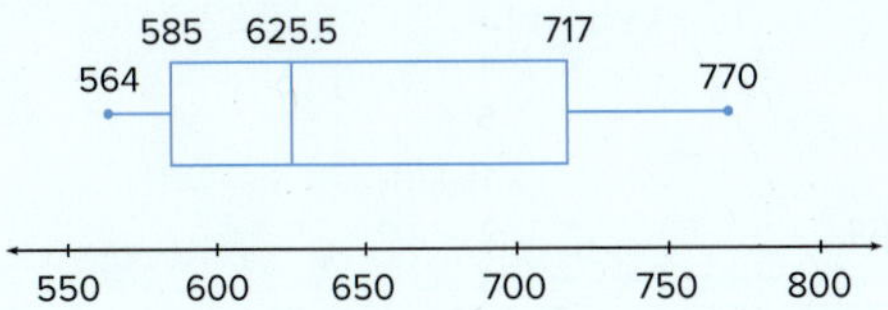

10.

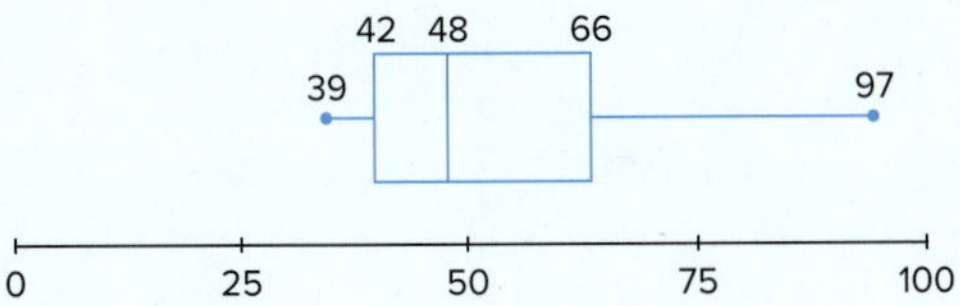

이상점이 없다.

복습연습문제

1. 36.5; 11; 78.5; 0, 3, 4

2. 120; 120~124와 125~129

3. 1.43

4. 175; 2597.0; 51.0

5. 566.1; 23.8

6. 6

7. 31.25%; 18.6%; 교과서 수　**8.** (0.26달러, 0.38달러)

9. 56%　**10.** (17달러, 25달러)

11. *a.* −0.27　*b.* 0.77　*c* 1.53

12. *a.*

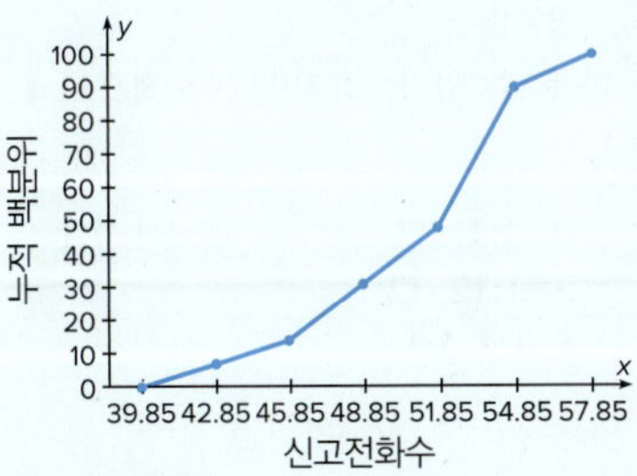

b. 50, 53, 55

c. 10; 26; 78

13. *a.* 400　*b.* 없음

14. 1941~1950년의 폭풍수 변동과 1851~1860년의 폭풍수 변동이 거의 같다. 1941~1950년 사이의 범위가 더 크다.

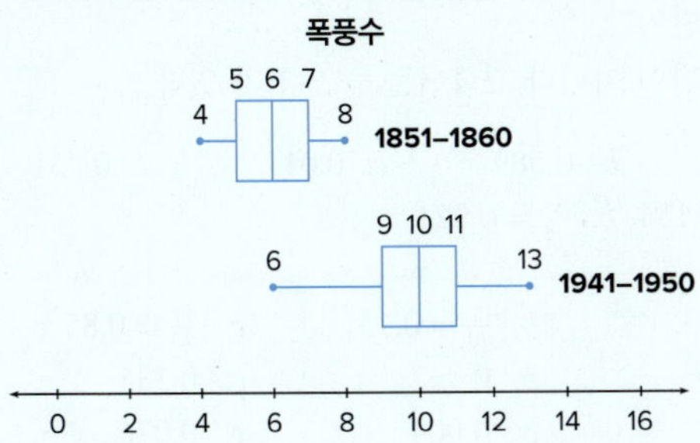

퀴즈

1. 참	**2.** 참	**3.** 거짓	**4.** 거짓
5. 거짓	**6.** 거짓	**7.** 거짓	**8.** 거짓
9. 거짓	**10.** *c*	**11.** *c*	**12.** *a*, *b*
13. *b*	**14.** *d*	**15.** *b*	**16.** 통계량

17. 모수, 통계량　**18.** 표준편차

19. σ　**20.** 범위의 중앙

21. 오른쪽　**22.** 이상점

23. *a.* 15.3　*b.* 15.5　*c.* 15, 16, 17　*d.* 15
e. 6　*f.* 3.57　*g.* 1.9

24. *a.* 6.4　*b.* 6−8　*c.* 11.6　*d.* 3.4

25. 4.5

26. 편의점에서 판매된 신문부수가 더 변동이 크다.

27. 88.89%

28. 16%; 97.5%

29. 4.5

30. −0.75; −1.67; 과학

31. *a.*

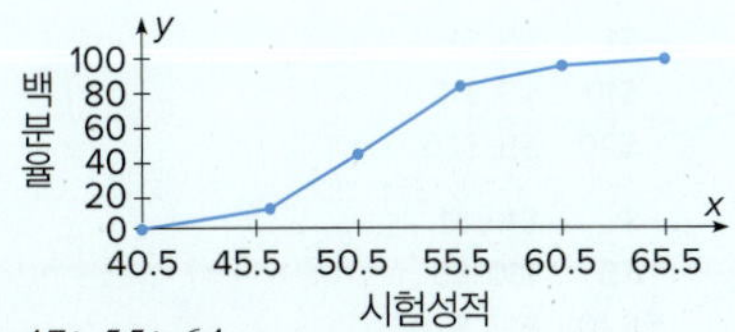

b. 47; 55; 64

c. 56, 6, 99 백분위수

32. 사전구입비용이 사후구입비용보다 비용이 적다. 사후구입비용의 변동이 사전구입비용의 변동보다 크다.

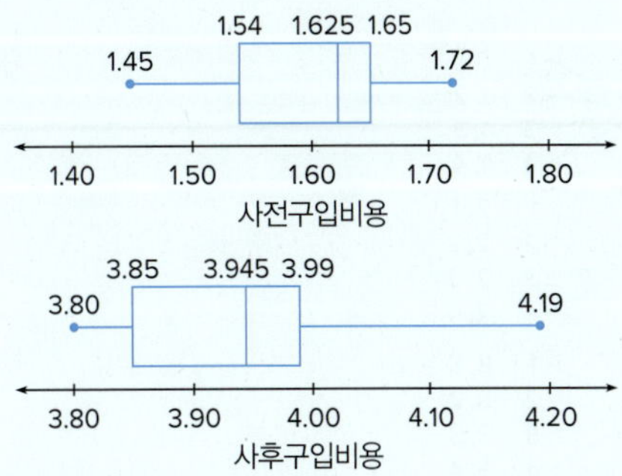

제4장

연습문제 4–1

1. 확률실험은 잘 정의된 결과들을 나오도록 하는 우연한 과정이다.

2. 결과(outcome)는 확률실험의 한 시행에 대한 산출된 결과(result)이지만 각 사건은 하나 이상의 결과들로 구성될 수 있다.

3. 값의 범위는 0에서 1이 포함된 범위이다.

4. 0

5. 0.80. 비가 오지 않을 것이다가 80%인 확률이므로 우산을 가져가지 않아도 된다.

6. *a*. 경험적 확률 *b*. 고전적 확률
c. 경험적 확률 *d*. 고전적 확률

7. *a*. 0 *b*. $\frac{1}{2}$ *c*. 1 *d*. $\frac{1}{2}$
8. *a*. $\frac{1}{9}$ *b*. $\frac{7}{36}$ *c*. $\frac{1}{6}$
9. *a*. $\frac{1}{13}$ *c*. $\frac{1}{52}$ *e*. $\frac{6}{13}$
b. $\frac{1}{4}$ *d*. $\frac{2}{13}$
10. *a*. 0.1 *b*. 0.2 *c*. 0.8
11. *a*. 12% *b*. 48% *c*. 57%
12. *a*. 0.96 *b*. 0.48 *c*. 0.24
13. *a*. $\frac{1}{16}$ *b*. $\frac{3}{8}$ *c*. $\frac{15}{16}$ *d*. $\frac{7}{8}$
14. $\frac{1}{3}$
15. *a*. 27% *c*. 67%
b. 33% *d*. 14%
16. 0.11, 0.92
17. 0.285, 0.725

18.

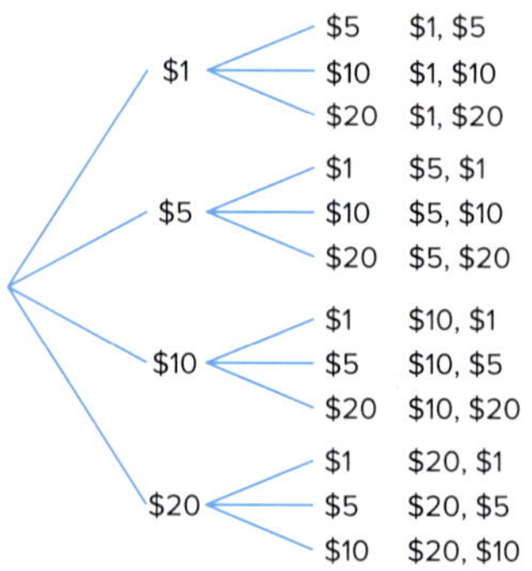

19.

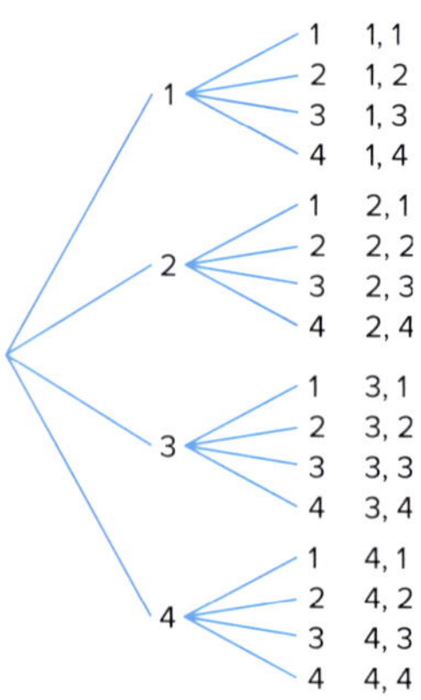

20.

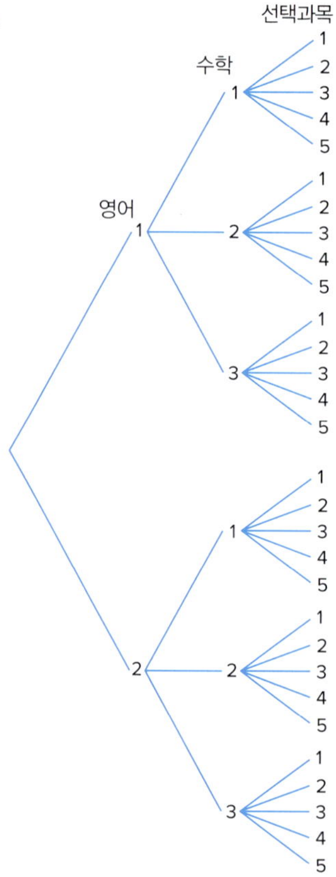

21. *a*. 0.08 *b*. 0.01 *c*. 0.35 *d*. 0.36
22. 이 진술은 아마도 경험적 확률에 근거하지 않았고, 아마도 참은 아닐 것이다.
23. 답은 결과에 따라 다를 수 있다. 하지만 근사적으로 $\frac{1}{8}$, $\frac{3}{8}$, $\frac{3}{8}$, $\frac{1}{8}$이 될 것이다.

24. *a*. 1:5, 5:1 *d*. 1:1, 1:1 *g*. 1:1, 1:1
b. 1:1, 1:1 *e*. 1:12, 12:1
c. 1:3, 3:1 *f*. 1:3, 3:1

연습문제 4–2

1. 두 사건이 동시에 발생하지 않으면 상호배반이다(즉, 공통적인 결과를 가지지 않는다). 사례는 다양할 수 있다.
2. *a*. 상호배반이 아니다. 스페이드 6을 뽑을 수 있다.
b. 상호배반이다.
c. 상호배반이다.
d. 상호배반이 아니다. 2학년들 중 남자가 있다.

3. *a*. 0.707 *b*. 0.589 *c*. 0.011 *d*. 0.731
4. *a*. $\frac{7}{38} = 0.184$ *b*. $\frac{35}{38} = 0.921$
5. $\frac{5}{8}$
6. *a*. $\frac{3}{10} = 0.3$ *b*. $\frac{3}{20} = 0.15$ *c*. $\frac{17}{20} = 0.85$
7. *a*. 0.058 *b*. 0.942 *c*. 0.335
8. *a*. 0.056 *b*. 0.004 *c*. 0.076
9. *a*. 0.789 *b*. 0.154 *c*. 0.057
10. *a*. $\frac{1}{15}$ *c*. $\frac{5}{6}$ *e*. $\frac{1}{3}$

b. $\frac{1}{3}$ *d.* $\frac{5}{6}$

11. *a.* $\frac{2}{15}$ *b.* $\frac{5}{6}$ *c.* $\frac{7}{15}$ *d.* $\frac{5}{6}$ *e.* $\frac{1}{6}$

12. *a.* $\frac{3}{13}$ *b.* $\frac{19}{52}$ *c.* $\frac{11}{26}$ *d.* $\frac{7}{13}$ *e.* $\frac{15}{26}$

13. 0.491 **14.** 0.06 **15.** 0.30

16. $(m + n)/(2m + n)$

연습문제 4–3

1. a. 독립 *b.* 종속 *c.* 종속 *d.* 종속

2. *a.* 0.009 *b.* 0.227

3. 0.002. 확률이 작으므로 사건은 거의 일어나지 않을 것이다.

4. *a.* 0.07656 *b.* 0.13362 *c.* 0.92344

5. 0.016

6. *a.* 0.166375 *b.* 0.091125 *c.* 0.833625

7. *a.* $\frac{1}{270,725}$ *b.* $\frac{46}{833}$ *c.* $\frac{11}{4165}$

8. *a.* $\frac{1}{221}$ *b.* $\frac{4}{17}$ *c.* $\frac{1}{17}$

9. $\frac{1}{66} \approx 0.015$로 거의 없을 것이다.

10. *a.* 0.167 *b.* 0.406 *c.* 0.691

11. 0.03 **12.** 0.071

13. 0.656; 0.438 **14.** 0.2

15. 68.4%

16. *a.* 0.06 *b.* 0.435 *c.* 0.35 *d.* 0.167

17. *a.* 0.198 *b.* 0.188 *c.* 0.498

18. *a.* 0.020 *b.* 0.611

19. *a.* 0.172 *b.* 0.828

20. 0.5431

21. 0.987

22. $\frac{7411}{9520}$

23. *a.* 0.4308 *b.* 0.5692

24. 0.875로 종종 나올 것이다.

25. $\frac{11}{36} = 0.306$

26. 0.319

27. 아니오. $P(A \text{ and } B) = 0$이고 $P(A) \cdot P(B)$와 같지 않기 때문이다.

28. 등록하는 사건과 DW 교수와 만나고 MH 교수와 만나는 사건들은 종속이다. MH 교수와 만난 후 등록하는 확률이 낮고 LP 교수와의 만남은 영향을 주지 않는다. 따라서 가능한 모든 학생들은 DW 교수와 만나야 할 것이다.

29. 아니오; 아니오; 0.072; 0.721; 0.02

30. 5

연습문제 4–4

1. 100,000; 30,240

2. 5040가지의 방법

3. 100,000; 30,240

4. 7776

5. 120

6. 3,991,680; 8064

7. *a.* 39,916,800 *c.* 1 *e.* 360 *g.* 5040 *i.* 72
b. 362,880 *d.* 1 *f.* 19,958,400 *h.* 1 *j.* 990

8. 24 **9.** 504 **10.** 840 **11.** 151,200

12. 5,527,200 **13.** 495; 11,880 **14.** 210

15. 1260 **16.** 18,480

17. *a.* 10 *b.* 56 *c.* 35 *d.* 15 *e.* 15

18. 2,118,760 **19.** 495

20. 1800 **21.** 6400

22. 495; 210; 420 **23.** 475

24. 106

25. ${}_7C_2$는 21가지의 조합이고 7개의 중복 패를 더하면 28개이다.

26. 27,720 **27.** 9000

28. 125,970

29. 126

30. 136

31. 165

32. 200

33. 336

34. 11

35. *a.* 48 *b.* 60 *c.* 72

36. $(x + 2)(x + 1)/2$

연습문제 4–5

1. $\frac{11}{221}$

2. *a.* $\frac{5}{42}$ *b.* $\frac{1}{21}$ *c.* $\frac{10}{21}$ *d.* $\frac{5}{14}$

3. *a.* 0.192 *b.* 0.269 *c.* 0.538 *d.* 0.013

4. $\frac{1}{15}$

5. 0.917; 0.594; 0.001

6. *a.* 0.322 *b.* 0.164 *c.* 0.515
d. 아마도 세탁하다가 잃어버렸을 것이다.

7. $\frac{7}{216}$

8. $\frac{1}{60}$

9. 0.727

복습연습문제

1. *a.* 0.125 *b.* 0.375 *c.* 0.50

2. *a.* 0.7 *b.* 0.5

3. 0.33

4. 0.2 **5.** 0.9

6. *a.* 0.0001 *b.* 0.402 *c.* 0.598

7. *a.* $\frac{2}{17}$ *b.* $\frac{11}{850}$ *c.* $\frac{1}{5525}$

8. *a.* 0.603 *b.* 0.340 *c.* 0.324 *d.* 0.379

9. 0.4 **10.** 0.507

11. 0.573 또는 57.3%

12. *a.* $\frac{19}{44}$ *b.* $\frac{1}{4}$

13. 0.99999984

14. 676,000; 468,000; 650,000

15. 350 **16.** 6188

17. 100! (답은 계산기를 고려하면 달라질 수도 있다)

18. 495 **19.** 60

20. 5,765,760

21. 676,000; 0.2

22. 0.097

23.

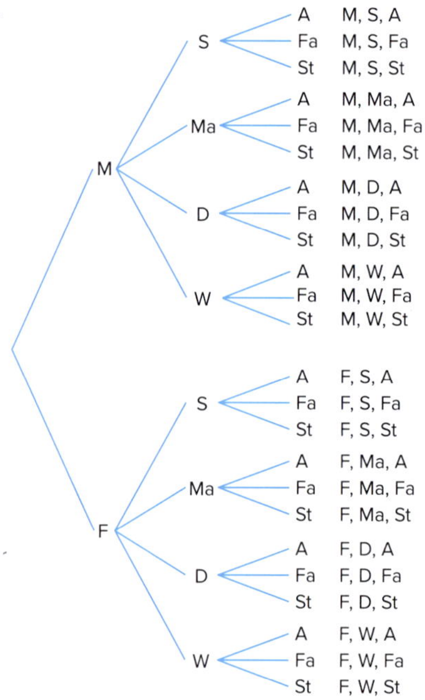

35. 0.992 **36.** 0.518

37. 0.9999886 **38.** 2646

39. 40,320 **40.** 1365

41. 1,188,137,600; 710,424,000

42. 720 **43.** 33,554,432

44. 56 **45.** $\frac{1}{4}$

46. $\frac{3}{14}$ **47.** $\frac{12}{55}$

48.

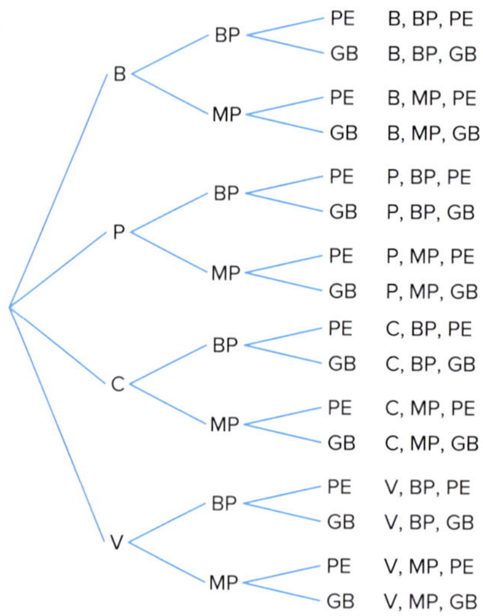

49. 120,120 **50.** 210

퀴즈

1. 거짓 **2.** 거짓

3. 참 **4.** 거짓

5. 거짓 **6.** 거짓

7. 참 **8.** 거짓

9. *b* **10.** *d*

11. *d* **12.** *b*

13. *c* **14.** *b*

15. *d* **16.** *b*

17. *b* **18.** 표본공간

19. 0, 1 **20.** 0

21. 1 **22.** 상호배반

23. *a.* $\frac{1}{13}$ *b.* $\frac{1}{13}$ *c.* $\frac{4}{13}$

24. *a.* $\frac{1}{4}$ *b.* $\frac{4}{13}$ *c.* $\frac{1}{52}$
d. $\frac{1}{13}$ *e.* $\frac{1}{2}$

25. *a.* $\frac{12}{31}$ *b.* $\frac{12}{31}$ *c.* $\frac{27}{31}$ *d.* $\frac{24}{31}$

26. *a.* $\frac{11}{36}$ *b.* $\frac{5}{18}$ *c.* $\frac{11}{36}$
d. $\frac{1}{3}$ *e.* 0 *f.* $\frac{11}{12}$

27. 0.68 **28.** 0.002

29. *a.* $\frac{253}{9996}$ *b.* $\frac{33}{66,640}$ *c.* 0

30. 0.538 **31.** 0.533

32. 0.814 **33.** 0.056

34. *a.* $\frac{1}{2}$ *b.* $\frac{3}{7}$

제5장

연습문제 5–1

1. 생략

2. 생략

3. 연속: 홈런 비거리, 게임시간, 타율
이산: 홈런 수, 등판된 투수 수, 관중수

4. 아니다. 확률은 음수일 수 없다.

5. 확률분포

6. 아니다. 확률의 합이 1보다 크다.

7. 이산 **8.** 연속 **9.** 이산

10.

X	0	1	2	3
P(*X*)	$\frac{4}{9}$	$\frac{2}{9}$	$\frac{2}{9}$	$\frac{1}{9}$

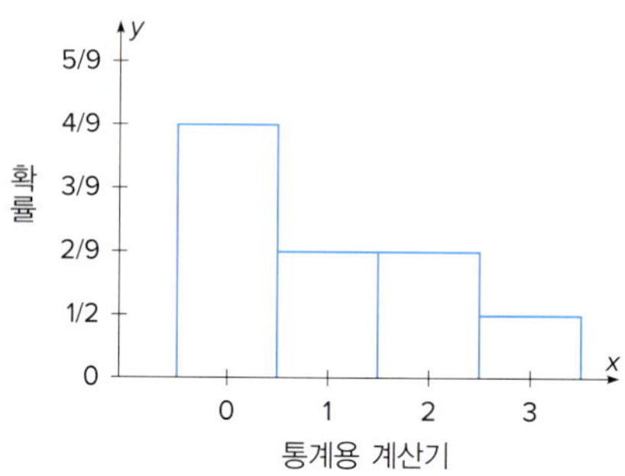

11.

X	0	1	2	3	4
P(X)	0.25	0.05	0.30	0.00	0.40

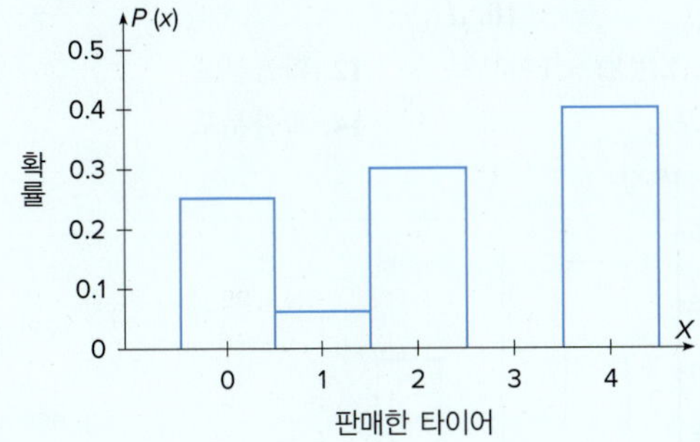

12.

X	1	2	3	4	5	6
P(X)	$\frac{1}{2}$	$\frac{1}{6}$	$\frac{1}{12}$	$\frac{1}{12}$	$\frac{1}{12}$	$\frac{1}{12}$

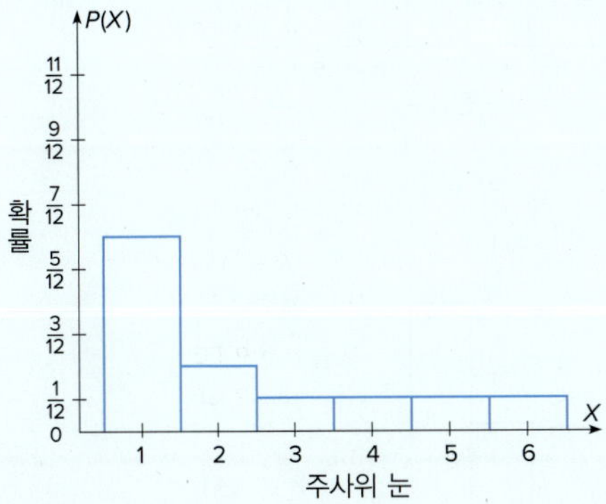

13.

X	2	3	4	5
P(X)	0.01	0.34	0.62	0.03

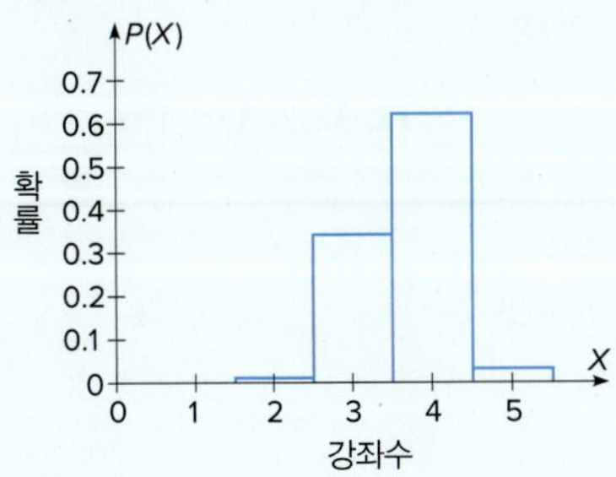

14.

X	4	7	9	11	13	16	18	21	22	24	25	27	31	36
P(X)	$\frac{1}{15}$	$\frac{1}{15}$	$\frac{1}{15}$	$\frac{1}{15}$	$\frac{1}{15}$	$\frac{2}{15}$	$\frac{1}{15}$	$\frac{1}{15}$	$\frac{1}{15}$	$\frac{1}{15}$	$\frac{1}{15}$	$\frac{1}{15}$	$\frac{1}{15}$	$\frac{1}{15}$

15.

X	1	2	3	4	5
P(X)	0.124	0.297	0.402	0.094	0.083

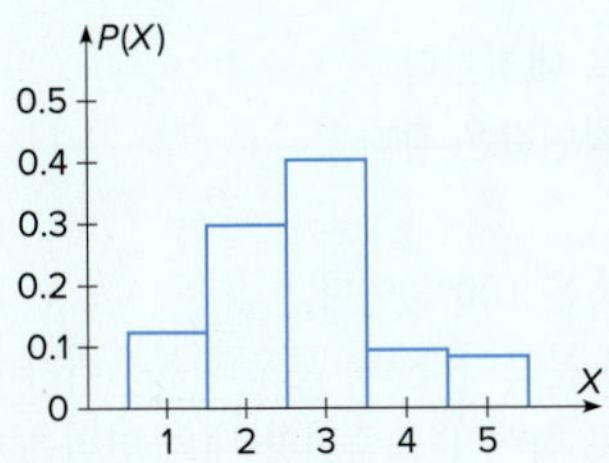

16.

X	1	2	3
P(X)	$\frac{1}{6}$	$\frac{1}{3}$	$\frac{1}{2}$

확률분포

17.

X	3	4	7
P(X)	$\frac{3}{6}$	$\frac{4}{6}$	$\frac{7}{6}$

아니다.

18.

X	1	2	4
P(X)	$\frac{1}{7}$	$\frac{2}{7}$	$\frac{4}{7}$

확률분포

19.

X	1	2	3	4
P(X)	$\frac{3}{28}$	$\frac{6}{28}$	$\frac{12}{28}$	$\frac{7}{28}$

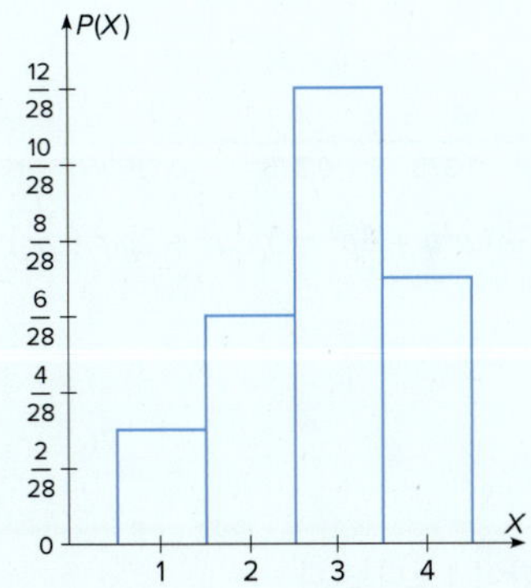

연습문제 5–2

1. 1.04, 0.858, 0.926
2. 0.84; 0.71; 0.85
3. 7.05; 0.75; 0.86
4. 2.0; 1.2; 1.1
5. 2.1; 0.8; 0.9
6. $E(X) = -0.30$달러
7. 0.83달러
8. −1.00달러
9. −0.50달러; −0.52달러
10. *a*. −5.26센트 *b*. −5.26센트 *c*. −5.26센트 *d*. −5.26센트 *e*. −5.26센트
11. 10.5
12. $P(4) = 0.345$; $P(6) = 0.23$
    $\overline{X} = 3.485$; $\sigma^2 = 3.819$; $\sigma = 1.954$
13. 생략
14.

X	2	3	4	5	6	8	9	11	14
P(X)	0.1	0.1	0.1	0.1	0.1	0.2	0.1	0.1	0.1

$\mu = 7$; $\sigma^2 = 12.6$; $\sigma = 3.55$

연습문제 5–3

1. *a*. 예 *b*. 예 *c*. 예 *d*. 아니오 *e*. 아니오
2. *a*. 0.420 *b*. 0.346 *c*. 0.590 *d*. 0.251 *e*. 0.000
3. *a*. 0.0005 *b*. 0.131 *c*. 0.342
4. *a*. 0.264 *b*. 0.251 *c*. 0.387
5. *a*. 0.028 *b*. 0.006 *c*. 0.200
6. 0.117
7. *a*. 0.230 *b*. 0.990 *c*. 0.317 *d*. 0.337
8. *a*. 0.242 *b*. 0.547 *c*. 0.306
9. *a*. 75; 18.8; 4.3 *c*. 10; 5; 2.2
   b. 90; 63; 7.9 *d*. 8; 1.6; 1.3
10. 75; 56.25; 7.5
11. 52.1; 7.9; 6.8; 2.6
12. 210; 165.9; 12.9
13. 0.199
14. 0.559
15. 0.104
16. 0.246
17.

X	0	1	2	3
P(X)	0.125	0.375	0.375	0.125

18. $\mu = 0q^3 + 3pq^2 + 6p^2q + 3p^3 = 3p(q^2 + 2pq + p^2)$
$= 3p(1) = 3p$

복습연습문제

1. 예
2. 아니다. 확률의 합이 1보다 크다.
3. *a*. 0.35 *b*. 1.55; 1.808; 1.344
4.

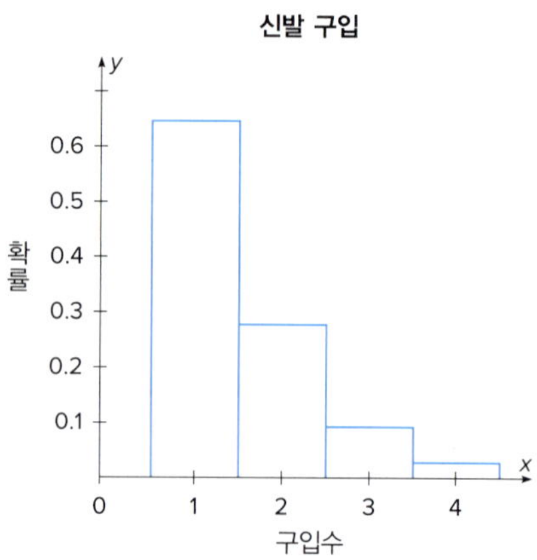

5. 7.2; 2.2; 1.5
6. 1.4; 0.9; 0.95. 기껏해야 두 명을 고용하여야 한다.
7. 2.15달러
8. *a*. 0.008 *b*. 0.724 *c*. 0.0002 *d*. 0.275
9. 145; 60.9; 7.8
10. 0.886
11. 0.190

퀴즈

1. 참
2. 거짓
3. 거짓
4. 참
5. 우연
6. $n \cdot p$
7. 1
8. *c*
9. *c*
10. *d*
11. 아니다, $\Sigma P(X) > 1$이므로.
12. 확률분포
13. 확률분포
14. 확률분포
15.

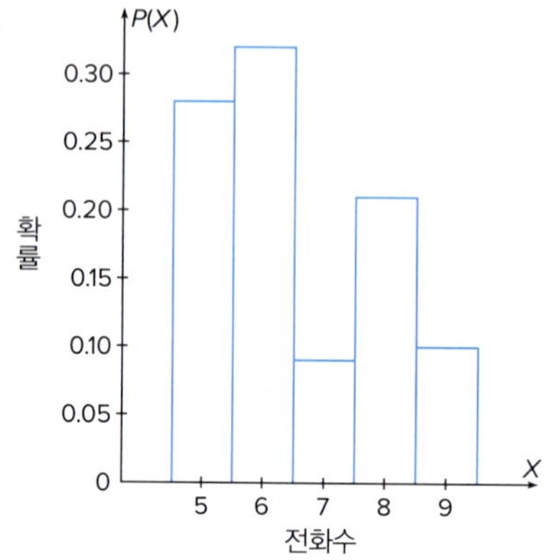

16.

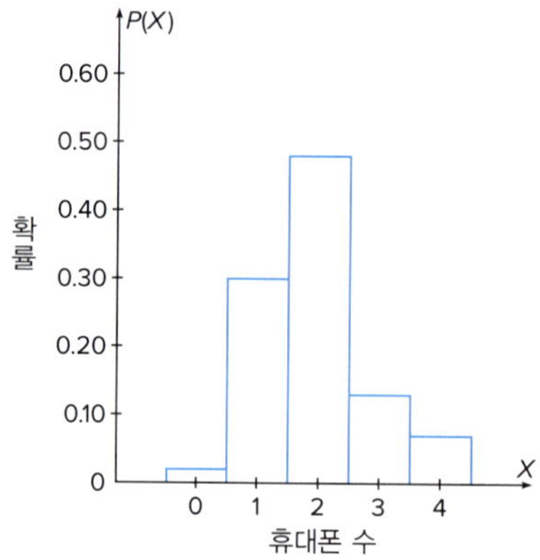

17. 2.0; 1.3; 1.1
18. 32.2; 1.1; 1.0
19. 5.2 20. 9.65달러
21. 0.124
22. *a*. 0.075 *b*. 0.872 *c*. 0.126
23. 240; 48; 6.9
24. 9; 7.9; 2.8

제6장

연습문제 6–1

1. 정규분포의 특성은 다음과 같다.
   a. 종모양이다.
   b. 평균을 중심으로 대칭이다
   c. 평균, 중앙값, 최빈값은 같다.
   d. 연속형이다.
   f. 전체 면적은 1(혹은 100%)이다.
   g. 단봉(unimodal) 분포이다(즉, 분포의 봉우리가 하나이다).
   h. 평균을 중심으로 하여 1 표준편차 내의 면적은 근사적으로 0.68 혹은 68%이고, 2 표준편차 내의 면적은 약 0.95 혹은

95%, 3 표준편차 내의 면적은약 0.997 혹은 99.7%이다.

2. 1 또는 100%

3. 68%; 95%; 99.7%

4. 0.3577

5. 0.4732

6. 0.3557

7. 0.0307

8. 0.1043

9. 0.0337

10. 0.0482

11. 0.8686

12. 0.5714

13. 0.3574

14. 0.3289

15. 0.4162

16. 0.0099

17. 0.0655

18. 0.9507

19. 0.0428

20. 0.9222

21. −1.39

22. −2.08

23. −1.26

24. *a.* −2.28
b. −0.92
c. −0.27

25. *a.* $z = +1.96$과 $z = -1.96$
b. $z = +1.65$과 $z = -1.65$
c. $z = +2.58$과 $z = -2.58$

26. 0.6827; 0.9545; 0.9973; 경험의 규칙에 의한 값들과 매우 비슷하다.

27. 2.10

28. −1.45와 0.11

29. $y = \dfrac{e^{-x^2/2}}{\sqrt{2\pi}}$

30. 1.00

연습문제 6–2

1. 0.0104

2. *a.* 0.2005 *b.* 0.4315

3. *a.* 0.3023 *b.* 0.0062

4. *a.* 0.0764 *b.* 0.1711

5. 0.0262; 0.0003; 먼저 작년에 왜 단지 6000마일 미만을 주행했는지를 알고자 할 것이다. 그 다음에 구입여부를 결정할 것이다.

6. *a.* 0.9803
b. 0.2514
c. 0.3434

7. *a.* 0.0082 *b.* 0.1587 *c.* 0.5403

8. *a.* 0.6568 *b.* 0.7486 *c.* 0.8413

9. 0.4435

10. 주택의 최대 크기는 1927.76제곱피트이며, 최소 크기는 1692.24제곱피트이다.

11. 0.006; 821달러

12. 117.32−122.68

13. 6.7; 4.05

14. 18,840.48달러

15. 18.6개월

16. *a.* $\mu = 120, \sigma = 20$ *c.* $\mu = 30, \sigma = 5$
b. $\mu = 15, \sigma = 2.5$

17. 7.29

18. 1175.54달러

19. 0.1075

20. 정규분포가 아니다.

21. 정규분포가 아니다.

22. 생략

연습문제 6–3

1. 표본평균의 표본분포라고 한다.

2. 표본평균들의 평균은 모평균과 같다.

3. 표본크기가 클수록 표본평균의 분포는 근사적으로 정규분포 형태를 띠고 있다.

4 0.8945

5. *a.* 0.00009 *b.* 0.99991 *c.* 0.4699

6. 0.9927

7. 0.9990

8. 0.2358; 0.0001 미만

9. 0.4176

10. 0.1254

11. *a.* 0.3300
b. 0.0838
c. 그렇다.
d. 그렇다. 하지만 그럴 가능성은 거의 없다.

12. *a.* 0.3707
b. 0.0475

13. 근사적으로 60

14. 0.0170

15. $\sigma_{\overline{X}} = 1.5, n = 25$

연습문제 6–4

1. *p*가 0.5에 가깝고, *n*이 클수록, 이항분포의 형태는 정규분포의 형태와 비슷하게 되어 간다.

2. 정규분포는 연속형 분포이고, 이항분포는 이산형 분포이기 때문에 연속성 수정이 필요하다.

3. *a.* 0.0811
b. 0.0516
c. 0.1052

4. *a.* 근사할 수 있음
b. 근사할 수 없음
c. 근사할 수 없음

5. 0.9893

6. 0.8900

7. 0.0949

8. 0.7054

9. 0.7734

10. 0.3936

11. 0.0087

12. *a.* $n \geq 50$ *c.* $n \geq 10$ *e.* $n \geq 50$
b. $n \geq 17$ *d.* $n \geq 25$

복습연습문제

1. *a.* 0.4803 *c.* 0.0629 *e.* 0.2158
b. 0.2019 *d.* 0.7945

2. *a.* 0.4871 *c.* 0.8841 *e.* 0.6151
b. 0.4599 *d.* 0.0728

3. 0.1131; 4872달러와 5676달러

4. *a.* 0.3621 또는 36.21%
b. 0.1190 또는 11.9%
c. 0.0606 또는 6.06%

5. 130.92달러

6. 정규분포가 아니다.

7. *a.* 0.0143
b. 0.9641

8. *a.* 0.3859
b. 0.1841
c. 개개의 값들의 표준편차는 평균값들의 표준편차보다 더 크기 때문이다.

9. 0.5234

10. 0.7123; 0.9999

11. 0.2090

퀴즈

1. 거짓 2. 참
3. 참 4. 참
5. 거짓 6. 거짓
7. *a* 8. *a*
9. *b* 10. *b*
11. *c* 12. 0.5
13. 표본오차
14. 모평균
15. 평균의 표준오차
16. 5 17. 5%

18. *a.* 0.4332 *d.* 0.1029 *g.* 0.0401 *j.* 0.9131
b. 0.3944 *e.* 0.2912 *h.* 0.8997
c. 0.0344 *f.* 0.8284 *i.* 0.017

19. *a.* 0.4846 *d.* 0.0188 *g.* 0.0089 *j.* 0.8461
b. 0.4693 *e.* 0.7461 *h.* 0.9582
c. 0.9334 *f.* 0.0384 *i.* 0.9788

20. *a.* 0.7734 *b.* 0.0516 *c.* 0.3837
d. 65인치 이상의 비가 오는 해는 아주 비가 많이 온 해라고 이야기할 수 있다. 왜냐하면 평균으로부터 위로 2 표준편차값이 65인치이기 때문이다.

21. *a.* 0.0668 *b.* 0.0228 *c.* 0.4649 *d.* 0.0934

22. *a.* 0.4525 *b.* 0.3707 *c.* 0.3707 *d.* 0.019

23. *a.* 0.0013 *b.* 0.5 *c.* 0.0081 *d.* 0.5511

24. *a.* 0.0037 *b.* 0.0228 *c.* 0.5 *d.* 0.3232

25. 8.804 cm

26. 최소 점수는 121.24이다.

27. 0.015 28. 0.9738

29. 0.0495; 일어날 수 없다. 30. 0.0455 또는 4.55%

31. 0.0618 32. 0.0495

33. 정규분포가 아니다.

34. 근사적으로 정규분포를 따른다고 할 수 있다.

제7장

연습문제 7–1

1. 모수의 점추정값은 특정한 값 하나를 사용한다. 이를테면 $\mu = 87$과 같다. 구간추정값은 $84 < \mu < 90$와 같이 모수에 대한 값들의 범위를 사용한다. 구간추정값의 장점은 특정한 신뢰수준(예를 들어 95%)을 정하여 구간이 추정하고자 하는 모수를 포함한다고 95% 확신할 수 있다는 것이다.

2. 오차한계는 모수를 포함할 수도 있는 통계량의 오른쪽 또는 왼쪽으로의 값들의 발생 가능한 범위이다.

3. 좋은 추정량은 비편향이고 일치성이 있으며 상대적으로 효율적이다.

4. 2

5. 0.7

6. 0.004

연습문제 7–2

1. 표본평균

2. 2.58

3. 1.96

4. 1.88

5. $26.6 < \mu < 29.6$

6. *a.* 30파운드
b. $28.9 < \mu < 31.1$
c. $28.6 < \mu < 31.4$
d. 99% 신뢰구간이 더 길다. 모평균을 포함한다는 것을 더 신뢰하기 위해서는 구간이 길어져야 하기 때문이다.

7. $295.2 < \mu < 397.3$

8. $56.1 < \mu < 60.3$

9. $739 < \mu < 759$. 803갤런은 신뢰구간의 상한인 759갤런을 훨씬 상회하는 수준이다. 따라서 그 사람이 배달부나 트럭 운전사 등의 특수한 직업을 가진 사람이 아니라면 일 년에 803갤런을 사용한다는 것은 믿기 어렵다.

10. $59.5 < \mu < 62.9$
11. 55명
12. 49분
13. 21일

연습문제 7-3

1. t 분포의 특징은 다음과 같다. 종모양이고 평균을 중심으로 대칭이고 x축에 근접하지만 절대로 닿지는 않는다. 평균, 중앙값, 최빈값이 모두 0이고 분포의 중심에 위치해 있다. 분산은 1보다 크다. t 분포는 자유도에 근거한 곡선들의 모임이다. 표본크기가 증가하면 t 분포는 표준정규분포에 근사한다.
2. *a*. 2.898
   b. 2.074
   c. 2.624
   d. 1.833
   e. 2.093
3. $43 < \mu < 45$
4. $\overline{X} = 33.4$, $s = 28.7$; $21.2 < \mu < 45.6$; 점추정값은 33.4이고 이는 32에 가깝다. 또한 구간은 실제로 $\mu = 32$를 포함한다. 자료값 132는 비정상적으로 크다(이상점이다). 이 경우에는 평균이 가장 좋은 점추정값이 아닐 수도 있다.
5. $226.3 < \mu < 260.1$
6. $12{,}282 < \mu < 12{,}318$
7. $95 < \mu < 101$
8. $105 < \mu < 113$
9. $32.0 < \mu < 71.0$
10. $22.828 < \mu < 58.160$
11. $\overline{X} = 2.175$; $s = 0.585$; $\mu > 1.95$는 평균수입이 1.95달러를 넘는다는 것을 95% 확신한다는 것을 의미한다. 그리고 $\mu < 2.40$은 평균수입이 2.40달러 미만이라는 것을 95% 확신한다는 것을 의미한다.

연습문제 7-4

1. *a*. 0.5, 0.5 *c*. 0.46, 0.54 *e*. 0.42, 0.58
   b. 0.45, 0.55 *d*. 0.25, 0.75
2. $0.301 < p < 0.359$
3. $0.603 < p < 0.757$
4. $0.797 < p < 0.883$
5. $0.596 < p < 0.704$
6. $0.510 < p < 0.850$
7. $0.812 < p < 0.908$
8. 385; 601
9. 801가구; 1068가구
10. 994
11. 95%

연습문제 7-5

1. 카이제곱
2. *a*. 3.816; 21.920
   b. 10.117; 30.144
   c. 13.844; 41.923
   d. 0.412; 16.750
   e. 26.509; 55.758
3. $56.6 < \sigma^2 < 236.3$; $7.5 < \sigma < 15.4$
4. $1.48 < \sigma^2 < 5.46$; $1.22 < \sigma < 2.34$, 그렇다. 추정값은 적절하다.
5. $8628.44 < \sigma^2 < 31{,}100.99$
   $92.89 < \sigma < 176.35$
6. $1115.21 < \sigma^2 < 13{,}028.76$
   $33.39 < \sigma < 114.14$
7. $17.3 < \sigma < 38.4$
8. $31.5 < \sigma < 67.9$

복습연습문제

1. $24 < \mu < 26$
2. 여학생 16명
3. $76.9 < \mu < 88.3$
4. $0.311 < p < 0.369$
5. $0.474 < p < 0.579$
6. 407
7. $0.22 < \sigma < 0.43$. 그렇다. 표준편차가 큰 것 같다.
8. $5.1 < \sigma^2 < 18.3$

퀴즈

1. 참
2. 참
3. 거짓
4. 참
5. *b*
6. *a*
7. *b*
8. 불편추정량, 일치추정량, 상대적으로 효율적인 추정량
9. 오차한계
10. 점
11. 90; 95; 99
12. 121.60; $119.85 < \mu < 123.35$
13. 44.80; $43.15 < \mu < 46.45$
14. 4150; $3954 < \mu < 4346$
15. $45.7 < \mu < 51.5$
16. $418 < \mu < 458$
17. $26 < \mu < 36$
18. 180
19. 25
20. $0.374 < p < 0.486$
21. $0.295 < p < 0.425$
22. $0.342 < p < 0.547$
23. 545
24. $7 < \sigma < 13$
25. $30.9 < \sigma^2 < 78.2$
    $5.6 < \sigma < 8.8$
26. $1.8 < \sigma < 3.2$

제8장

연습문제 8–1

1. 귀무가설은 모수와 특정한 값 사이에 차이가 존재하지 않거나 두 모수들 간에 차이가 없다는 것을 말하며, 대립가설은 모수와 특정한 값 사이에 차이가 존재하거나 두 모수들 간에 차이가 있다는 것을 말한다.

2. 통계적인 검정은 표본으로부터 얻은 자료를 이용하여 귀무가설 기각 여부를 결정한다.

3. 임계역은 유의한 차이가 있고 귀무가설이 기각되어야 하는 것을 나타내는 검정값의 영역이며, 비임계역은 차이가 우연에 기인하고 귀무가설이 기각될 수 없는 것을 나타내는 검정값의 영역이다.

4. α, β

5. 값의 크기에 따라 특정 방향이 가정될 때 한쪽꼬리검정을 사용하며, 방향이 지정되지 않는 경우에는 양쪽꼬리검정을 사용한다.

6. *a.* ±1.65 *c.* −2.58 *e.* +1.65
b. 2.33 *d.* −2.33

7. *a.* H_0: $\mu = 15.6$ 그리고 H_1: $\mu \neq 15.6$
b. H_0: $\mu = 10.8$ 그리고 H_1: $\mu > 10.8$
c. H_0: $\mu = 390$ 그리고 H_1: $\mu < 390$
d. H_0: $\mu = 12{,}603$ 그리고 H_1: $\mu \neq 12{,}603$
e. H_0: $\mu = 24$ 그리고 H_1: $\mu < 24$

8. *a.* H_0: $p = 0.05$, 그리고 H_1: $p > 0.05$
b. H_0: $p = 0.62$, 그리고 H_1: $p < 0.62$
c. H_0: $p = 0.84$, 그리고 H_1: $p \neq 0.84$

9. *a.* 귀무가설을 기각한다.
b. 귀무가설을 기각하지 않는다.
c. 귀무가설을 기각하지 않는다.
d. 귀무가설을 기각한다.

연습문제 8–2

1. H_0: $\mu = 305$; H_1: $\mu > 305$ (주장); 임계값 = 1.65; $z = 4.69$; 기각한다.
평균 수위가 305피트보다 크다는 주장을 뒷받침할만한 충분한 증거가 있다. 이는 온난화나 많은 강우량 때문일 수 있다. $P < 0.0001$.

2. H_0: $\mu = 240$억달러, H_1: $\mu > 240$억달러 (주장); 임계값 = 1.65; $z = 1.85$; 기각한다. 평균 수익이 240억 달러 이상이라는 주장을 뒷받침할만한 충분한 증거가 있다. $P = 0.0321$.

3. H_0: $\mu = 5$; H_1: $\mu > 5$ (주장); 임계값 = 2.33; $z = 2.83$; 기각한다. 매년 평균 병가일수가 5일 이상이라는 주장을 뒷받침할만한 충분한 증거가 있다. $P = 0.0023$.

4. H_0: $\mu = 29$, H_1: $\mu \neq 29$ (주장); 임계값 = ±1.96; $z = 0.944$; 기각하지 않는다. 평균 키가 29인치와 다르다는 주장을 뒷받침할만한 증거가 충분하지 않다. $P = 0.3450$.

5. H_0: $\mu = 2.8$; H_1: $\mu > 2.8$ (주장); 임계값 = 2.33; $z = 2.05$; 기각하지 않는다. 한 사람의 평균 전화 통화 수가 2.8보다 크다는 주장을 뒷받침할만한 증거가 충분하지 않다. 맞다. 귀무가설은 $\alpha = 0.05$에서 기각된다. $P = 0.0200$.

6. H_0: $\mu = 7$, H_1: $\mu < 7$ (주장); 임계값 = −2.33; $z = -1.57$; 기각하지 않는다. 신생아의 생후 이틀 동안 평균 체중 감소가 7온스 미만이라는 주장을 뒷받침할만한 증거가 충분하지 않다. $P = 0.0581$.

7. H_0: $\mu = 15$; H_1: $\mu \neq 15$ (주장); 임계값 = ±1.96; $z = -2.59$; 기각한다. 남자 한 명이 소유하는 드레스 셔츠의 평균 개수가 15개가 아니라는 주장을 뒷받침할만한 충분한 증거가 있다. $P = 0.0095$.

8. *a.* 기각하지 않는다.
b. 기각한다.
c. 기각하지 않는다.
d. 기각한다.
e. 기각한다.

9. H_0: $\mu = 264$, H_1: $\mu < 264$ (주장); $z = -2.53$; P-값 = 0.0057; 기각한다. 평균 정지거리가 264피트 미만이라는 주장을 뒷받침할만한 충분한 증거가 있다. (계산기 P-값 = 0.0056)

10. H_0: $\mu = 7.8$; H_1: $\mu > 7.8$ (주장); 임계값 = 2.33; $z = 2.05$; 기각하지 않는다. 예비학생의 의과대학 평균 지원건수가 7.8보다 많다는 주장을 뒷받침할만한 증거가 충분하지 않다. $P = 0.0203$.

11. H_0: $\mu = 444$, H_1: $\mu \neq 444$; $z = -1.70$; P-값 = 0.0892; H_0로 기각하지 않는다. $\alpha = 0.05$에서 Oregon 주의 평균 농장크기가 444에이커와 다르다는 결론을 내릴만한 증거가 충분하지 않다. (계산기 P-값 = 0.0886)

12. H_0: $\mu = 30{,}000$ (주장), H_1: $\mu \neq 30{,}000$; $z = 1.71$; P-값 = 0.0872; 기각한다. 고객들이 권장사항을 준수하고 있다는 주장을 뒷받침할만한 충분한 증거가 있다. 맞다. 0.10 수준은 적절하다. (계산기 P-값 = 0.0868)

13. H_0: $\mu = 10$, H_1: $\mu < 10$ (주장); $z = -8.67$; P-값 < 0.0001; P-값 < 0.05이므로 기각한다. 그렇다. 연간 병가 평균 일수가 10일보다 작다는 주장을 뒷받침할만한 충분한 증거가 있다. (계산기 P-값 = 0)

14. H_0: $\mu = 8.65$ (주장), H_1: $\mu \neq 8.65$; 임계값 = ±1.96; $z = -1.27$; 기각하지 않는다. 예, 종업원의 평균 시간당 임금이 8.65달러라는 주장을 뒷받침할만한 증거가 충분하지 않다. $P = 0.2055$.

연습문제 8–3

1. t 분포와 표준정규분포와 비슷한 점은 종모양이며, 평균을 중심으로 대칭이고, 평균, 중앙값, 최빈값은 0이며 분포의 중심에 위치하고, 곡선은 x축에 가까워지지만 결코 닿지는 않는다. 두 분포가 다른 점은 t 분포는 곡선들의 모임이며 분산이 1보다 크다. 자유도가 증가함에 따라 t 분포는 표준정규분포

에 근접한다.

3. *a.* −2.718 *d.* +2.228

b. +1.753 *e.* ±2.262

c. ±1.943

3. 특정 *P*-값은 괄호 안에 있다.

a. 0.01 < *P*-값 < 0.025 (0.018)

b. 0.05 < *P*-값 < 0.10 (0.062)

c. 0.10 < *P*-값 < 0.25 (0.123)

d. 0.10 < *P*-값 < 0.20 (0.138)

4. H_0: $\mu = 31$, H_1: $\mu < 31$ (주장); 임계값 = −1.833; 자유도 = 9; $t = -3.514$; 기각한다. 흡연자들이 흡연하는 평균 담배 수가 하루 31개 미만이라는 주장을 뒷받침할만한 충분한 증거가 있다. $P = 0.0033$.

5. H_0: $\mu = 700$ (주장), H_1: $\mu < 700$; 임계값 = −2.262; 자유도 = 9; $t = -2.710$; 기각한다. 빌딩의 평균 높이가 적어도 700피트라는 주장을 뒷받침할만한 충분한 증거가 있다. $P = 0.2104$.

6. H_0: $\mu = 58$; H_1: $\mu > 58$ (주장); 임계값 = 2.821; 자유도= 9; $t = 5.27$; 기각한다. 평균이 전 국민의 평균보다 크다는 주장을 뒷받침할만한 충분한 증거가 있다. $P > 0.9999$.

7. H_0: $\mu = 7.2$; H_1: $\mu \neq 7.2$ (주장); 임계값 = ±2.145; 자유도 = 14; $t = 3.550$; 기각한다. 금요일 밤부터 토요일 아침까지 대학생들의 평균 수면시간이 7.2시간이 아니라는 주장을 뒷받침할만한 충분한 증거가 있다. $P = 0.0032$.

8. H_0: $\mu = 50.07$달러, H_1: $\mu > 50.07$달러(주장); 임계값 = 1.833; 자유도 = 9; $t = 2.741$; 기각한다. 평균 휴대전화 요금이 증가했다는 주장을 뒷받침할만한 충분한 증거가 있다. $P = 0.0114$.

9. H_0: $\mu = 211$, H_1: $\mu < 211$ (주장); 임계값 = −1.345; 자유도 = 14; $t = -2.242$; 기각한다. 외과의사의 연간 평균 수술 수가 211회 미만이라는 주장을 뒷받침할만한 충분한 증거가 있다. 귀무가설은 $\alpha = 0.01$에서 기각하지 않는다. $P = 0.0208$.

10. H_0: $\mu = 25.4$, H_1: $\mu < 25.4$ (주장); 임계값 = −1.318; 자유도 = 24; $t = -3.11$; 기각한다. 그렇다. 평균 출퇴근 시간이 25.4분 미만이라는 주장을 뒷받침할만한 충분한 증거가 있다. $P = 0.0024$.

11. H_0: $\mu = 5.8$, H_1: $\mu \neq 5.8$ (주장); 자유도 = 19; $t = -3.462$; *P*-값 < 0.01; 기각한다. 평균 방문 횟수가 바뀌었다는 주장을 뒷받침할만한 충분한 증거가 있다. (계산기 *P*-값 = 0.0026)

12. H_0: $\mu = 123$, H_1: $\mu \neq 123$ (주장); 자유도 = 15; $t = -3.019$; *P*-값 < 0.01 (0.0086); 기각한다. 평균 물 소비량이 바뀌었다는 가설을 뒷받침할만한 충분한 증거가 있다. *Old Farmer's Almanac* 수치가 바뀌었을 수 있다.

연습문제 8–4

1. 생략

2. $np \geq 5$ 그리고 $nq \geq 5$

3. H_0: $p = 0.46$, H_1: $p \neq 0.46$ (주장); 임계값 = ±1.65; $z = -1.32$; 기각하지 않는다. 백분율이 바뀌었다는 주장을 뒷받침할만한 증거가 충분하지 않다. $P = 0.1872$.

4. H_0: $p = 0.11$ (주장), H_1: $p \neq 0.11$; 임계값= ±2.33; $z = 2.26$; 기각하지 않는다. 성인 중 11%가 매일 테이크아웃 음식을 산다는 주장을 뒷받침할만한 증거가 충분하지 않다. 주장은 $\alpha = 0.05$에서 기각된다. $P = 0.0238$.

5. H_0: $p = 0.58$; H_1: $p > 0.58$ (주장); 임계값 = 1.65; $z = 2.31$; 기각한다. 가출의 58% 이상이 여자라는 주장을 뒷받침할만한 충분한 증거가 있다. $P = 0.0105$.

6. H_0: $p = 0.76$; H_1: $p < 0.76$ (주장); 임계값 = −2.33; $z = -1.43$; 기각하지 않는다. 미국산 자동차를 선호하는 비율이 76% 미만이라는 주장을 뒷받침할만한 증거가 충분하지 않다. $P = 0.0768$.

7. H_0: $p = 0.54$ (주장), H_1: $p \neq 0.54$; $z = 0.93$; *P*-값 = 0.3524; 기각하지 않는다. 비율이 0.54라는 주장을 뒷받침할만한 증거가 충분하지 않다. 그렇다. 아이들이 방과 후 먹을 수 있도록 건강한 간식을 준비해야 한다. (계산기 *P*-값 = 0.3511)

8. H_0: $p = 0.18$, H_1: $p < 0.18$ (주장); $z = -0.60$; *P*-값 = 0.2739; *P*-값 > 0.05이므로 기각하지 않는다. 모든 고등학생의 18%가 하루에 적어도 한 갑의 담배를 피운다는 주장을 뒷받침할만한 증거가 충분하지 않다. (계산기 *P*-값 = 0.2739)

9. H_0: $p = 0.67$, H_1: $p \neq 0.67$ (주장); 임계값 = ±1.96; $z = 3.19$; 기각한다. 비율이 67%가 아니라는 주장을 뒷받침할만한 충분한 증거가 있다. $P = 0.0014$.

10. H_0: $p = 0.576$, H_1: $p < 0.576$ (주장); 임계값 = −1.65; $z = -1.26$; 기각하지 않는다. 비율이 0.576 미만이라는 주장을 뒷받침할만한 증거가 충분하지 않다. $P = 0.1038$.

11. $p = 0.508$이므로 그렇지 않다.

12.
$$z = \frac{X - \mu}{\sigma}$$

$$z = \frac{X - np}{\sqrt{npq}} \qquad \mu = np \text{ 그리고 } \sigma = \sqrt{npq}\text{이므로}$$

$$z = \frac{X/n - np/n}{\sqrt{npq}/n}$$

$$z = \frac{X/n - np/n}{\sqrt{npq/n^2}}$$

$$z = \frac{\hat{p} - p}{\sqrt{pq/n}} \qquad \hat{p} = X/n\text{이므로}$$

연습문제 8–5

1. *a.* H_0: $\sigma^2 = 225$ 그리고 H_1: $\sigma^2 \neq 225$; 임계값 = 22.362 그리고 5.892, 자유도 = 13

b. H_0: $\sigma^2 = 225$ 그리고 H_1: $\sigma^2 > 225$; 임계값 = 38.885, 자유도 = 26
c. H_0: $\sigma^2 = 225$ 그리고 $\sigma^2 < 225$;임계값 = 1.646; 자유도 = 8
d. H_0: $\sigma^2 = 225$ 그리고 $\sigma^2 > 225$; 임계값 = 26.292; 자유도 = 16

2. *a.* $0.01 < P$-값 < 0.025 (0.015)
b. $0.005 < P$-값 < 0.01 (0.006)
c. $0.01 < P$-값 < 0.02 (0.012)
d. P-값 < 0.005 (0.003)

3. H_0: $\sigma = 8.6$ (주장), H_1: $\sigma \neq 8.6$; 임계값 = 21.920 그리고 3.816; 자유도 = 11; $\chi^2 = 12.864$; 기각하지 않는다. 나이에 대한 표준편차가 8.6이라는 주장을 기각할 증거가 충분하지 않다. $P = 0.6057$.

4. H_0: $\sigma = 1.2$ (주장), H_1: $\sigma > 1.2$; $\alpha = 0.01$; 자유도 = 14; $\chi^2 = 31.5$; P-값 < 0.005 (0.0047); P-값 < 0.01이므로 기각한다. 표준편차가 1.2분 이하라는 주장을 기각할 충분한 증거가 있다.

5. H_0: $\sigma = 2$, H_1: $\sigma > 2$ (주장); 임계값 = 12.017; 자유도 = 7; $\chi^2 = 12.178$; 기각한다. 표준편차가 2보다 크다는 주장을 뒷받침할만한 충분한 증거가 있다. $P = 0.0949$.

6. H_0: $\sigma = 35$, H_1: $\sigma < 35$ (주장); 임계값 = 3.940; 자유도 = 10; $\chi^2 = 8.359$; 기각하지 않는다. 표준편차가 35 미만이라는 주장을 뒷받침할만한 증거가 충분하지 않다. $P = 0.4062$.

7. H_0: $\sigma^2 = 0.638$ (주장), H_1: $\sigma^2 \neq 0.638$; 임계값 = 39.364 그리고 12.401; 자유도 = 24; $\chi^2 = 34.984$; 기각하지 않는다. 분산이 0.638이라는 주장을 기각할 증거가 충분하지 않다. $P = 0.1373$.

8. H_0: $\sigma = 0.52$; H_1: $\sigma > 0.52$ (주장); 임계값 = 30.144; 자유도 = 19; $\chi^2 = 22.670$; H_0로 기각하지 않는다. 표준편차가 요구된 지침을 벗어났다는 결론을 내릴 증거가 충분하지 않다. $P = 0.2522$.

9. H_0: $\sigma = 60$ (주장), H_1: $\sigma \neq 60$; 임계값 = 8.672; 27.587; 자유도 = 17; $\chi^2 = 19.707$; 기각하지 않는다. 표준편차가 60이라는 주장을 기각할 증거가 충분하지 않다. $P = 0.5790$.

10. H_0: $\sigma = 679.5$; H_1: $\sigma \neq 679.5$ (주장); 임계값 = 5.009; 24.736; 자유도 = 13; $\chi^2 = 16.723$; 기각하지 않는다. 표본 표준편차가 추정된 표준편차와 다르다는 주장을 뒷받침할만한 증거가 충분하지 않다. $P = 0.4246$.

연습문제 8–6

1. H_0: $\mu = 25.2$; H_1: $\mu \neq 25.2$ (주장); 임계값 = ±2.032; $t = 4.50$; $27.2 < \mu < 30.2$; 기각한다. 평균 나이가 25.2세가 아니라는 주장을 뒷받침할만한 충분한 증거가 있다. 신뢰구간에는 25.2가 포함되지 않는다. $P < 0.0001$.

2. H_0: $\mu = 19{,}150$달러; H_1: $\mu \neq 19{,}150$달러 (주장); 임계값 = ±1.96; $z = -3.69$; $15{,}889 < \mu < 18{,}151$; 기각한다. 평균이 19,150달러와 다르다는 주장을 뒷받침할만한 충분한 증거가 있다. 그렇다. 이 구간은 가정된 평균 19,150달러를 포함하지 않기 때문에 이 결과를 지지한다. $P < 0.0001$.

3. H_0: $\mu = 19$, H_1: $\mu \neq 19$ (주장); 임계값 = ±2.145; 자유도 = 14; $t = 1.37$; H_0로 기각하지 않는다. 평균 시간이 19시간과 다르다는 결론을 내릴 증거가 충분하지 않다. 95% 신뢰구간: $17.7 < \mu < 24.9$. 평균($\mu = 19$)이 구간에 있기 때문에 차이가 존재한다는 것을 뒷받침할만한 증거가 없다. $P = 0.1921$.

4. 검정력은 귀무가설이 거짓일 때 기각할 확률이다.

5. α를 증가시키거나 더 큰 표본크기를 선택하여 증가시킬 수 있다.

복습연습문제

1. H_0: $\mu = 18$, H_1: $\mu \neq 18$ (주장); 임계값 = ±2.33; $z = 2.02$; 기각하지 않는다. 1달러 지폐의 평균 수명이 18개월이 아니라는 주장을 뒷받침할만한 증거가 충분하지 않다. $P = 0.0434$.

2. H_0: $\mu = 18{,}000$, H_1: $\mu < 18{,}000$ (주장); 임계값 = −2.33; 검정통계량 $z = -3.58$; H_0로 기각된다. 평균 부채가 18,000달러보다 작다는 결론을 내릴 수 있는 충분한 증거가 있다. $P = 0.0002$.

3. H_0: $\mu = 22$, H_1: $\mu > 22$ (주장); 임계값 = 1.65; $z = 1.95$; 기각한다. 평균 구매 품목 수가 22개보다 크다는 주장을 뒷받침할만한 충분한 증거가 있다. $P = 0.0258$.

4. H_0: $\mu = 10$, H_1: $\mu < 10$ (주장); 임계값 = −1.782; 자유도 = 12; $t = -2.230$; 기각한다. 평균 무게가 10온스 미만이라는 주장을 뒷받침할만한 충분한 증거가 있다. $P = 0.0229$.

5. H_0: $p = 0.25$, H_1: $p < 0.25$ (주장); 임계값 = −1.65; $z = -1.39$; 기각하지 않는다. 외국 대학에서 학위를 받는 의사의 백분율이 25% 미만이라는 주장을 뒷받침할만한 증거가 충분하지 않다. $P = 0.0829$.

6. H_0: $p = 0.593$, H_1: $p < 0.593$ (주장); 임계값 = −2.33; $z = -2.57$; H_0로 기각한다. 무료이거나 저렴한 가격의 급식이 59.3% 미만이라는 결론을 내릴 충분한 증거가 있다. $P = 0.0050$.

7. H_0: $p = 0.204$, H_1: $p \neq 0.204$ (주장); 임계값 = ±1.96; $z = -1.03$; 기각하지 않는다. 비율이 국가 전체의 비율과 다르다는 주장을 뒷받침할만한 증거가 충분하지 않다. $P = 0.3023$.

8. H_0: $\sigma = 4.3$ (주장), H_1: $\sigma < 4.3$; 자유도 = 19; $\chi^2 = 6.95$; $0.005 < P$-값 < 0.01 (0.006); P-값 < 0.05이므로 기각한다. 그렇다. 표준편차가 갤런당 4.3마일 이상이라는 주장을 기각할 충분한 증거가 있다.

9. H_0: $\sigma^2 = 40$, H_1: $\sigma^2 \neq 40$ (주장); 임계값 = 2.700 그리고 19.023; 검정통계량 $\chi^2 = 9.801$; H_0로 기각하지 않는다. 게임의 분산이 40과 다르다는 결론을 내릴 증거가 충분하지 않다.

10. H_0: $\mu = 4$, H_1: $\mu \neq 4$ (주장); 임계값 = ±2.58; $z = 1.49$; $3.85 < \mu < 4.55$; 기각하지 않는다. 성장에 영향을 끼쳤다는 주장

을 뒷받침할만한 증거가 충분하지 않다. 결과들은 일치한다. 가설평균이 구간에 포함된다. $P = 0.1360$.

퀴즈

1. 참 **2.** 참
3. 거짓 **4.** 참
5. 거짓 **6.** b
7. d **8.** c
9. b **10.** 제1종
11. β **12.** 통계적 가설
13. 오른쪽 **14.** $n-1$

15. H_0: $\mu = 28.6$ (주장), H_1: $\mu \neq 28.6$; $z = 2.09$; 임계값 $= \pm1.96$; 기각한다. 첫 아이를 가지는 평균 나이가 28.6세라는 주장을 기각할 충분한 증거가 있다. $P = 0.0367$.

16. H_0: $\mu = 6500$달러(주장), H_1: $\mu \neq 6500$달러; $z = 5.27$; 임계값 $= \pm1.96$; 기각한다. 중개인의 주장을 기각할 충분한 증거가 있다. $P < 0.0001$.

17. H_0: $\mu = 8$, H_1: $\mu > 8$ (주장); $z = 6$; 임계값 $= 1.65$; 기각한다. 평균 수가 8보다 크다는 주장을 뒷받침할만한 충분한 증거가 있다. $P < 0.0001$.

18. H_0: $\mu = 500$ (주장), H_1: $\mu \neq 500$; 자유도 $= 6$; $t = -0.571$; 임계값 $= \pm3.707$; 기각하지 않는다. 평균 방의 수가 500이라는 주장을 기각할 증거가 충분하지 않다. $P = 0.5888$.

19. H_0: $\mu = 67$, H_1: $\mu < 67$ (주장); $t = -3.1568$; P-값 < 0.005 (0.003); P-값 < 0.05이므로 기각한다. 평균 키가 67인치 미만이라는 주장을 뒷받침할만한 충분한 증거가 있다.

20. H_0: $\mu = 12.4$, H_1: $\mu < 12.4$ (주장); $t = -2.324$; 임계값 $= -1.345$; 기각한다. 평균 경력이 택시회사가 주장하는 것보다 작다는 주장을 뒷받침할만한 충분한 증거가 있다. $P = 0.0179$.

21. H_0: $\mu = 63.5$, H_1: $\mu > 63.5$ (주장); $t = 0.47075$; P-값 > 0.25 (0.322); P-값 > 0.05이므로 기각하지 않는다. 평균이 63.5보다 크다는 주장을 뒷받침할만한 증거가 충분하지 않다.

22. H_0: $\mu = 26$ (주장), H_1: $\mu \neq 26$; $t = -1.5$; 임계값 $= \pm2.492$; 기각하지 않는다. 평균이 26이라는 주장을 기각할 증거가 충분하지 않다. $P = 0.1467$.

23. H_0: $p = 0.39$ (주장), H_1: $p \neq 0.39$; 임계값 $= \pm1.96$; $z = -0.62$; 기각하지 않는다. 39%가 복용했다는 주장을 기각할 증거가 충분하지 않다. $P = 0.5385$.

24. H_0: $p = 0.55$ (주장), H_1: $p < 0.55$; $z = -0.8989$; 임계값 $= -1.28$; 기각하지 않는다. 조사의 주장을 기각할 증거가 충분하지 않다. $P = 0.1843$.

25. H_0: $p = 0.35$ (주장), H_1: $p \neq 0.35$; 임계값 $= \pm2.33$; $z = 0.668$; 기각하지 않는다. 백분율이 35%라는 주장을 기각할 증거가 충분하지 않다. $P = 0.5056$.

26. H_0: $p = 0.75$ (주장), H_1: $p \neq 0.75$; $z = 2.6833$; 임계값 $= \pm2.58$; 기각한다. 주장을 기각할 충분한 증거가 있다. $P = 0.0073$.

27. P-값 $= 0.0316$

28. P-값 < 0.0001

29. H_0: $\sigma = 6$, H_1: $\sigma > 6$ (주장); $\chi^2 = 54$; 임계값 $= 36.415$; 기각한다. 주장을 뒷받침할만한 충분한 증거가 있다. $P < 0.0001$.

30. H_0: $\sigma = 8$ (주장), H_1: $\sigma \neq 8$; $\chi^2 = 33.2$; 임계값 $= 34.770$, 90.715; 기각한다. $\sigma = 8$이라는 주장을 기각할 충분한 증거가 있다. $P = 0.0053$.

31. H_0: $\sigma = 2.3$, H_1: $\sigma < 2.3$ (주장); $\chi^2 = 13$; 임계값 $= 10.117$; 기각하지 않는다. 표준편차가 2.3보다 적다는 주장을 뒷받침할만한 증거가 충분하지 않다.

32. H_0: $\sigma = 9$ (주장), H_1: $\sigma \neq 9$; $\chi^2 = 13.4$; P-값 > 0.20 (0.2870); P-값 > 0.05이므로 기각하지 않는다. $\sigma = 9$라는 주장을 기각할 증거가 충분하지 않다.

33. $28.7 < \mu < 31.4$; 아니오.

34. $6562.81 < \mu < 6637.19$

제9장

연습문제 9–1

1. 하나의 평균을 검정하는 것은 $\mu = 100$와 같은 특정 값이 지정된 모평균과 비교하는 것을 포함하고; 두 평균들의 차이를 검정하는 것은 $\mu_1 = \mu_2$와 같은 두 모집단의 평균을 비교하는 것을 포함한다.

2. 두 개의 표본들이 서로 독립이라는 것은 첫 번째 표본의 구성 요소들이 두 번째 표본의 구성 요소들에 의해 영향을 받지 않고 선택되었을 때를 말한다, 예로 한 표본은 남자들만으로 구성하고 다른 표본은 여자들만으로 구성하는 것이다.

3. H_0: $\mu_1 = \mu_2$, H_1: $\mu_1 < \mu_2$. 여기에서 μ_1은 토목기사들의 월급이고 μ_2는 기계 엔지니어들의 월급이다.

4. H_0: $\mu_1 = \mu_2$, H_1: $\mu_1 \neq \mu_2$. 여기에서 μ_1은 개 사료에 포함된 단백질의 평균 그램 수이고 μ_2는 고양이 사료에 포함된 단백질의 평균 그램 수이다.

5. H_0: $\mu_1 = \mu_2$, H_1: $\mu_1 \neq \mu_2$. 여기에서 μ_1은 통계학 교재의 평균 페이지 수이고 μ_2는 대수학 교재의 평균 페이지 수이다.

6. H_0: $p_1 = p_2$, H_1: $p_1 > p_2$. 여기에서 p_1은 법을 스스로 집행하는 것이 정의롭다고 믿는 남자들의 비율이고 p_2는 법을 스스로 집행하는 것이 정의롭다고 믿는 여자들의 비율이다.

7. H_0: $p_1 = p_2$, H_1: $p_1 > p_2$. 여기에서 p_1은 주중에 더 많은 스트레스를 받는다고 생각하는 남자들의 비율이고 p_2는 주중에 더 많은 스트레스를 받는다고 생각하는 여자들의 비율이다.

8. H_0: $p_1 = p_2$, H_1: $p_1 \neq p_2$. 여기에서 p_1은 사법시험이 법을 집행하는 능력을 측정하지는 않는다고 생각하는 형사 사건 변호사들의 비율이고 p_2는 그렇다고 생각하는 민사 사건 변호사들의 비율이다.

연습문제 9–2

1. 표본들이 랜덤이고, 독립이며, 크기가 적어도 30 이상이어야 한다. 만약 표본의 크기가 30보다 적다면 모집단은 반드시 정규분포이어야 한다.
2. 양쪽 표본들이 모두 랜덤표본이다. 모집단들이 서로 독립이어야 하고, 정규 또는 근사적으로 정규분포이어야 한다.
3. H_0: $\mu_1 = \mu_2$, H_1: $\mu_1 \neq \mu_2$ (주장); 임계값 $= \pm 1.65$; $z = -3.51$; 기각한다. 자녀가 없는 가정이 오락 활동에 참여하는 주당 평균 시간과 자녀가 있는 가정이 참여하는 시간 간에 차이가 있다는 주장을 지지할만한 충분한 증거가 있다. $P = 0.0005$.
4. H_0: $\mu_1 = \mu_2$, H_1: $\mu_1 \neq \mu_2$ (주장); 임계값 $= \pm 1.96$; $z = -3.65$; 기각한다. 통근 시간이 겨울에는 다르다는 주장을 지지할만한 충분한 증거가 있다. $P = 0.0003$.
5. H_0: $\mu_1 = \mu_2$, H_1: $\mu_1 > \mu_2$ (주장); 임계값 $= 2.33$; $z = 3.75$; 기각한다. 남성의 평균 입원 기간이 더 길다는 주장을 지지할만한 충분한 증거가 있다. $P < 0.0001$.
6. H_0: $\mu_1 = \mu_2$, H_1: $\mu_1 \neq \mu_2$ (주장); 임계값 $= \pm 2.58$; $z = -2.69$; 기각한다. 운동선수들의 손재주와 밴드 멤버들의 손재주에 차이가 있다는 주장을 지지할만한 충분한 증거가 있다. $P = 0.0072$.
7. H_0: $\mu_1 = \mu_2$, H_1: $\mu_1 \neq \mu_2$ (주장); 임계값 $= \pm 1.96$; $z = 0.66$; 기각하지 않는다. 평균들에 차이가 있다는 주장을 지지할만한 충분한 증거가 없다. $P = 0.5089$.
8. H_0: $\mu_1 = \mu_2$, H_1: $\mu_1 \neq \mu_2$ (주장); $z = 1.01$; P-값 $= 0.3124$; 기각하지 않는다. 자부심에서 차이가 있다는 주장을 지지할만한 충분한 증거가 없다. (계산기 P-값 $= 0.3131$)
9. $5.3 < \mu_1 - \mu_2 < 8.7$
10. $10.5 < \mu_1 - \mu_2 < 59.5$. 신뢰구간은 평균 점수에 차이가 없다는 주장을 기각하는 증거를 제공한다, 왜냐하면 차이에 대한 구간이 전부 양수이기 때문이다. 즉, 0을 포함하고 있지 않다.
11. H_0: $\mu_1 = \mu_2$, H_1: $\mu_1 > \mu_2$ (주장); 임계값 $= 2.33$; $z = 3.43$; 기각한다. 여성이 남성 텔레비전 시청을 더 많이 한다는 주장을 지지할만한 충분한 증거가 있다. $P = 0.0003$.
12. H_0: $\mu_1 = \mu_2$, H_1: $\mu_1 \neq \mu_2$ (주장); $z = -2.47$; P-값 $= 0.0136$; 기각하지 않는다. 두 가게에서 평균 일 매출에 차이가 있다는 주장을 지지할만한 충분한 증거가 없다. $P = 0.0136$.
13. H_0: $\mu_1 - \mu_2 = 8$ (주장), H_1: $\mu_1 - \mu_2 > 8$; 임계값 $= 1.65$; $z = -0.73$; 기각하지 않는다. 사립학교 학생들의 시험성적이 공립학교 학생들에 비하여 많으면 8점 정도 높다는 주장을 지지할만한 충분한 증거가 없다.
14. H_0: $\mu_1 - \mu_2 = 30{,}000$달러, H_1: $\mu_1 - \mu_2 \neq 30{,}000$달러 (주장); 임계값 $= \pm 2.58$; $z = 1.22$; 기각하지 않는다. 평균 차이가 30,000달러가 아니라는 주장을 지지할만한 충분한 증거가 없다.

연습문제 9–3

1. H_0: $\mu_1 = \mu_2$, H_1: $\mu_1 \neq \mu_2$ (주장); 임계값 $= \pm 1.860$; 자유도 $= 8$; $t = 0.209$; 기각하지 않는다. 폭포들의 평균 높이에 차이가 있다는 주장을 지지할만한 충분한 증거가 없다. $P = 0.8370$.
2. H_0: $\mu_1 = \mu_2$, H_1: $\mu_1 \neq \mu_2$ (주장); 임계값 $= \pm 2.093$; 자유도 $= 19$; $t = 3.811$; 기각한다. 평균 소음 수준들에 차이가 있다는 주장을 지지할만한 충분한 증거가 있다. $P = 0.0005$.
3. H_0: $\mu_1 = \mu_2$, H_1: $\mu_1 \neq \mu_2$ (주장); 임계값 $= \pm 1.812$; 자유도 $= 10$; $t = -1.220$; 기각하지 않는다. 평균들이 같지 않다는 주장을 지지할만한 충분한 증거가 없다. $P = 0.2408$.
4. H_0: $\mu_1 = \mu_2$, H_1: $\mu_1 \neq \mu_2$ (주장); 임계값 $= 9$; $t = 5.103$; t 검정을 위한 P-값 < 0.001; 기각한다. 평균들이 같지 않다는 주장을 지지할만한 충분한 증거가 있다. (계산기 P-값 $= 0.0003$)
5. $-338.3 < \mu_1 - \mu_2 < 424.1$
6. H_0: $\mu_1 = \mu_2$, H_1: $\mu_1 \neq \mu_2$ (주장); 임계값 $= \pm 2.977$; 자유도 $= 14$; $t = 2.601$; 기각하지 않는다. TV를 시청하는 평균시간에 차이가 있다는 결론을 내릴만한 충분한 증거가 없다. $P = 0.0147$.
7. H_0: $\mu_1 = \mu_2$, H_1: $\mu_1 > \mu_2$ (주장); 임계값 $= 3.365$; 자유도 $= 5$; $t = 1.057$; 기각하지 않는다. Allegheny 군내 학군에서 사이버 학교에 등록한 평균 학생 수가 Allegheny 군 바깥 학군에서 사이버 학교에 등록한 평균 학생 수보다 많다는 주장을 지지할만한 충분한 증거가 없다. $P = 0.1578$.
8. H_0: $\mu_1 = \mu_2$ (주장), H_1: $\mu_1 \neq \mu_2$; 자유도 $= 15$; $t = 2.385$; t 검정을 위한 P-값은 $0.02 < P\text{-값} < 0.05(0.026)$. P-값 > 0.01이기 때문에 기각하지 않는다. 평균들이 같다는 주장을 기각할만한 충분한 증거가 없다. $-0.1 < \mu_1 - \mu_2 < 0.9$
9. $9.9 < \mu_1 - \mu_2 < 219.6$
10. H_0: $\mu_1 = \mu_2$, H_1: $\mu_1 < \mu_2$ (주장); $t = -0.7477$; P-값 $= 0.238$; 기각하지 않는다. 2011년에 가솔린 비용이 2015년보다 덜 들었다고 말할 수 있는 충분한 증거가 없다.
11. H_0: $\mu_1 = \mu_2$, H_1: $\mu_1 \neq \mu_2$ (주장); 임계값 $= \pm 1.796$; 자유도 $= 11$; $t = -0.451$; 기각하지 않는다. 양 리그의 평균 홈런 수가 다르다는 주장을 지지할만한 충분한 증거가 없다. $P = 0.6575$.

연습문제 9–4

1. *a*. 종속 *b*. 종속 *c*. 독립 *d*. 종속 *e*. 독립
2. H_0: $\mu_D = 0$, H_1: $\mu_D < 0$ (주장); 임계값 $= -1.397$; 자유도 $= 8$; $t = -2.818$; 기각한다. 세미나가 학생들의 공부 시간을 증가시켰다는 주장을 지지할만한 충분한 증거가 있다. $P = 0.0116$.
3. H_0: $\mu_D = 0$, H_1: $\mu_D > 0$ (주장); 임계값 $= 2.015$; 자유도 $= 5$; $t = 3.58$; 기각한다. 영화가 사람들에게 좋은 식단을 통해 콜레스테롤 수준을 낮추고자 하는 동기를 준다는 주장을 지지할만한 충분한 증거가 있다. $P = 0.0080$.

4. H_0: $\mu_D = 0$, H_1: $\mu_D > 0$ (주장); 임계값 = 2.571; 자유도 = 5; $t = 2.236$; 기각하지 않는다. 오류의 수가 줄어들었다는 주장을 지지할만한 충분한 증거가 없다. $P = 0.0378$.

5. H_0: $\mu_D = 0$, H_1: $\mu_D \neq 0$ (주장); 임계값 = 7; $t = 0.978$; P-값 > 0.20 (0.361). 기각하지 않는다. P-값 > 0.01이기 때문에, 일란성 쌍둥이의 맥박수가 차이가 있다는 주장을 지지할만한 충분한 증거가 없다. $-3.2 < \mu_D < 5.7$.

6. H_1: $\mu_D = 0$, H_1: $\mu_D > 0$ (주장); 임계값 = 1.943; 자유도 = 6; $t = 3.104$; 귀무가설을 기각한다. 프로그램이 학생들이 글을 쓸 때 범하는 철자 오류를 줄여줄 수 있다는 주장을 지지할만한 충분한 증거가 있다. $P = 0.0105$.

13.
$$\overline{X_1 - X_2} = \sum \frac{X_1 - X_2}{n} = \sum\left(\frac{X_1}{n} - \frac{X_2}{n}\right)$$
$$= \sum \frac{X_1}{n} - \sum \frac{X_2}{n} = \overline{X}_1 - \overline{X}_2$$

연습문제 9–5

1. *a.* $\hat{p} = 0.615$, $\hat{q} = 0.385$ *d.* $\hat{p} = 0.17$, $\hat{q} = 0.83$
b. $\hat{p} = 0.825$, $\hat{q} = 0.175$ *e.* $\hat{p} = 0.3125$, $\hat{q} = 0.6875$
c. $\hat{p} = 0.33$, $\hat{q} = 0.67$

2. *a.* 144 *b.* 64 *c.* 312 *d.* 40 *e.* 70

3. *a.* $\bar{p} = 0.394$; $\bar{q} = 0.606$
b. $\bar{p} = 0.457$; $\bar{q} = 0.543$
c. $\bar{p} = 0.133$; $\bar{q} = 0.867$
d. $\bar{p} = 0.53$; $\bar{q} = 0.47$
e. $\bar{p} = 0.25$; $\bar{q} = 0.75$

4. $\hat{p}_1 = 0.83$; $\hat{p}_2 = 0.75$; $\bar{p} = 0.79$; $\bar{q} = 0.21$; H_0: $p_1 = p_2$ (주장), H_1: $p_1 \neq p_2$; 임계값 = ±1.96; $z = 1.39$; 기각하지 않는다. 비율들이 똑같다는 주장을 지지할만한 충분한 증거가 없다. $-0.032 < p_1 - p_2 < 0.192$. $P = 0.1649$.

5. $\hat{p}_1 = 0.55$; $\hat{p}_2 = 0.46$; $\bar{p} = 0.5$; $\bar{q} = 0.5$; H_0: $p_1 = p_2$ 그리고 H_1: $p_1 \neq p_2$ (주장); 임계값 = ±2.58; $z = 1.23$; 기각하지 않는다. 비율들이 다르다는 주장을 지지할만한 충분한 증거가 없다. ($-0.104 < p_1 - p_2 < 0.293$) $P = 0.2190$.

6. $\hat{p}_1 = 0.28$; $\hat{p}_2 = 0.35$; $\bar{p} = 0.318$; $\bar{q} = 0.682$; H_0: $p_1 = p_2$, H_1: $p_1 < p_2$ (주장); 임계값 = −1.65; $z = -0.785$; 기각하지 않는다. 고양이 소유주가 개 소유주보다 적다는 주장을 지지할만한 충분한 증거가 없다. $P = 0.2163$.

7. $\hat{p}_1 = 0.3$; $\hat{p}_2 = 0.12$; $\bar{p} = 0.231$; $\bar{q} = 0.769$; H_0: $p_1 = p_2$, H_1: $p_1 > p_2$ (주장); 임계값 = 1.28; $z = 2.37$; 기각한다. 친척들에 의한 여성들의 피해 비율이 남성들의 피해 비율보다 크다는 주장을 지지할만한 충분한 증거가 있다. $P = 0.0089$.

8. $0.164 < p_1 - p_2 < 0.402$

9. $\hat{p}_1 = 0.4$; $\hat{p}_2 = 0.295$; $\bar{p} = 0.3475$; $\bar{q} = 0.6525$; H_0: $p_1 = p_2$; H_1: $p_1 \neq p_2$ (주장); 임계값 = ±2.58; $z = 2.21$; 기각하지 않는다. 비율들이 다르다는 주장을 지지할만한 충분한 증거가 없다. $P = 0.0274$.

10. $-0.0667 < p_1 - p_2 < 0.0631$. −0.042가 구간에 포함되지 않으므로 차이가 −0.042라고 기술한 *Almanac* 통계와 일치한다.

11. $\hat{p}_1 = 0.80$; $\hat{p}_2 = 0.60$; $\bar{p} = 0.69$; $\bar{q} = 0.31$; H_0: $p_1 = p_2$, H_1: $p_1 \neq p_2$ (주장); 임계값 = ±2.58; $z = 5.05$; 기각한다. 비율이 다르다는 주장을 지지할만한 충분한 증거가 있다. $P < 0.0001$.

12. $\hat{p}_1 = 0.6$, $\hat{p}_2 = 0.533$; $\bar{p} = 0.563$, $\bar{q} = 0.437$. H_0: $p_1 = p_2$, H_1: $p_1 \neq p_2$ (주장); 임계값 = ± 2.58; $z = 1.10$; 기각하지 않는다. 인터뷰에서 실수를 저지르는 비율에 있어 남녀 간 차이가 있다는 주장을 지지할만한 충분한 증거가 없다. $P = 0.2725$.

13. $\hat{p}_1 = 0.733$, $\hat{p}_2 = 0.56$; $\bar{p} = 0.671$, $\bar{q} = 0.329$; H_0: $p_1 = p_2$, H_1: $p_1 > p_2$ (주장); $z = 2.96$; P-값 < 0.002; 기각한다. 쿠폰을 사용하는 여성들의 비율이 남성들의 비율보다 높다는 주장을 지지할만한 충분한 증거가 있다.

14. $\hat{p}_1 = 0.065$; $\hat{p}_2 = 0.08$; $\bar{p} = 0.0725$; $\bar{q} = 0.9275$; H_0: $p_1 = p_2$, H_1: $p_1 \neq p_2$ (주장); 임계값 = ±1.96; $z = -0.58$; 기각하지 않는다. 차이가 있다는 결론을 내릴만한 충분한 증거가 없다. $P = 0.5630$.

연습문제 9–6

1. 분자의 분산은 두 분산 중 큰 것이어야 한다.

2. 한 자유도는 분자의 분산에 대한 것이고 다른 자유도는 분모의 분산에 대한 것이다.

3. *a.* d.f.N. = 24; d.f.D. = 13; C.V. = 2.89
b. d.f.N. = 15; d.f.D. = 11; C.V. = 2.17
c. d.f.N. = 20; d.f.D. = 17; C.V. = 3.16

4. 특정 P값은 괄호 안에 표시되어 있다.
a. 0.025 < P-값 < 0.05 (0.033)
b. 0.05 < P-값 < 0.10 (0.072)
c. P-값 = 0.05
d. 0.005 < P-값 < 0.01 (0.006)

5. H_0: $\sigma_1^2 = \sigma_2^2$, H_1: $\sigma_1^2 \neq \sigma_2^2$ (주장); 임계값 = 3.43; d.f.N. = 12; d.f.D. = 11; $F = 2.08$; 기각하지 않는다. 분산에 차이가 있다는 주장을 지지할만한 충분한 증거가 없다. $P = 0.2340$.

6. H_0: $\sigma_1^2 = \sigma_2^2$, H_1: $\sigma_1^2 \neq \sigma_2^2$ (주장); 임계값 = 4.99; d.f.N. = 7; d.f.D. = 7; $F = 1.00$; 기각하지 않는다. 분산에 차이가 있다는 주장을 지지할만한 충분한 증거가 없다. $P > 0.9999$.

7. H_0: $\sigma_1^2 = \sigma_2^2$, H_1: $\sigma_1^2 > \sigma_2^2$ (주장); 임계값 = 4.950; d.f.N. = 6; d.f.D. = 5; $F = 9.80$; 기각한다. $\alpha = 0.01$에서 동부 지역 도시들이 서부 지역 도시들보다 면적에 대한 분산이 더 크다는 주장을 지지할만한 충분한 증거가 있다. $P = 0.0121$.

8. H_0: $\sigma_1^2 = \sigma_2^2$, H_1: $\sigma_1^2 \neq \sigma_2^2$ (주장); 임계값 = 4.03; d.f.N. = 9; d.f.D. = 9; $F = 1.10$; 기각하지 않는다. 분산들이 같지 않다는 주장을 지지할만한 충분한 증거가 없다. $P = 0.8867$.

9. H_0: $\sigma_1^2 = \sigma_2^2$ (주장), H_1: $\sigma_1^2 \neq \sigma_2^2$; 임계값 = 3.87; d.f.N. = 6;

d.f.D. = 7; $F = 3.31$; 기각하지 않는다. Denver 주에서 랜덤하게 뽑힌 고층빌딩들의 높이에 대한 분산이 Nashvile 주에서 랜덤하게 뽑힌 빌딩들의 높이에 대한 분산과 같다는 주장을 기각할만한 충분한 증거가 없다. $P = 0.1429$.

10. H_0: $\sigma_1^2 = \sigma_2^2$ (주장), H_1: $\sigma_1^2 \neq \sigma_2^2$; $F = 5.32$; d.f.N. = 14; d.f.D. = 14; P-값 < 0.01 (0.0035); 기각한다. 무게의 분산들이 같다는 주장을 기각할만한 충분한 증거가 있다. 남성에 대한 분산은 2.363이고 여성에 대한 분산은 0.444이다.

11. H_0: $\sigma_1^2 = \sigma_2^2$, H_1: $\sigma_1^2 \neq \sigma_2^2$ (주장); 임계값 = 4.67; d.f.N. = 12; d.f.D. = 7; $F = 3.45$; 기각하지 않는다. Miami와 Boston에서 개들의 나이의 분산이 다르다는 주장을 지지할만한 충분한 증거가 없다. $P = 0.1093$.

12. H_0: $\sigma_1^2 = \sigma_2^2$, H_1: $\sigma_1^2 > \sigma_2^2$ (주장); 임계값 = 2.54; d.f.N. = 10; d.f.D. = 15; $F = 1.31$; 기각하지 않는다. 온라인 과정을 선택한 학생들에 대한 기말시험 성적의 분산이 강의실을 선택한 학생들의 기말시험 성적에 대한 분산보다 크다는 주장을 지지할만한 충분한 증거가 없다. $P = 0.3101$.

복습연습문제

1. H_0: $\mu_1 = \mu_2$, H_1: $\mu_1 > \mu_2$ (주장); 임계값 = 2.33; $z = 0.59$; 기각하지 않는다. 독신 운전자가 결혼한 운전자보다 평균적으로 즐거운 여행을 위해 더 많이 운전한다는 주장을 지지할만한 충분한 증거가 없다. $P = 0.2772$.

2. H_0: $\mu_1 = \mu_2$, H_1: $\mu_1 \neq \mu_2$ (주장); 임계값 ±2.861; $t = -0.901$; 기각하지 않는다. 평균들이 다르다는 주장을 지지할만한 충분한 증거가 없다. $P = 0.3735$.

3. H_0: $\mu_1 = \mu_2$, H_1: $\mu_1 \neq \mu_2$ (주장); 임계값 = ±2.624; d.f. = 14; $t = 6.540$; 기각한다. 그렇다. 교사들의 월급에 차이가 있다는 주장을 지지할만한 충분한 증거가 있다.
$3447.80 < \mu_1 - \mu_2 < 8068.20$. $P < 0.0001$.

4. H_0: $\mu_D = 10$, H_1: $\mu_D > 10$ (주장); 임계값 = 2.821; d.f. = 9, $t = 3.249$; 기각한다. 온도가 10도 이상 높다는 주장을 지지할만한 충분한 증거가 있다. $P = 0.005$

5. $\hat{p}_1 = 0.245$, $\hat{p}_2 = 0.31$, $\bar{p} = 0.2775$, $\bar{q} = 0.7225$; H_0: $p_1 = p_2$; H_1: $p_1 \neq p_2$ (주장); 임계값 = ±1.96; $z = -1.45$; 기각하지 않는다. 비율들이 다르다는 주장을 지지할만한 충분한 증거가 없다. $P = 0.1466$.

6. H_0: $\sigma_1 = \sigma_2$, H_1: $\sigma_1 \neq \sigma_2$ (주장); 임계값 = 2.77; $\alpha = 0.10$; d.f.N. = 23; d.f.D. = 10; $F = 10.37$; 기각한다. 표준편차들이 다르다는 주장을 지지할만한 충분한 증거가 있다. $P = 0.0005$.

7. H_0: $\sigma_1^2 = \sigma_2^2$, H_1: $\sigma_1^2 \neq \sigma_2^2$ (주장); 임계값 = 5.42; d.f.N. = 11; d.f.D. = 11; $F = 1.11$; 기각하지 않는다. 분산들이 다르다는 주장을 지지할만한 충분한 증거가 없다. $P = 0.8648$.

퀴즈

1. 거짓
2. 거짓
3. 참
4. 거짓
5. *d*
6. *a*
7. *c*
8. *a*
9. $\mu_1 = \mu_2$
10. *t*
11. 정규
12. 음수
13. $F = \dfrac{s_1^2}{s_2^2}$

14. H_0: $\mu_1 = \mu_2$, H_1: $\mu \neq \mu_2$ (주장); $z = -3.69$; 임계값 = ±2.58; 기각한다. 두 그룹 사이의 클레스테롤 수준들에 차이가 있다는 주장을 지지할만한 충분한 증거가 있다.
$-10 < \mu_1 - \mu_2 < -2$. $P = 0.0002$.

15. H_0: $\mu_1 = \mu_2$, H_1: $\mu_1 > \mu_2$ (주장); 임계값 = 1.28; $z = 1.61$; 기각한다. 동편 아파트에 대한 평균 임대료가 서편지역의 평균 임대료보다 크다는 주장을 지지할만한 충분한 증거가 있다. $P = 0.0537$.

16. H_0: $\mu_1 = \mu_2$, H_1: $\mu_1 \neq \mu_2$ (주장); $t = 11.094$; d.f. = 11; 임계값 = ±3.106; 기각한다. 평균 가격이 다르다는 주장을 지지할만한 충분한 증거가 있다. $0.29 < \mu_1 - \mu_2 < 0.51$

17. H_0: $\mu_1 = \mu_2$, H_1: $\mu_1 < \mu_2$ (주장); 임계값 = −2.132; d.f. = 4; $t = -4.046$; 기각한다. 사고가 증가했다는 주장을 지지할만한 충분한 증거가 있다. $P = 0.0043$.

18. H_0: $\mu_1 = \mu_2$, H_1: $\mu_1 \neq \mu_2$ (주장); $t = 9.807$; d.f. = 11; 임계값 = ±2.718; 기각한다. 봉급이 다르다는 주장을 지지할만한 충분한 증거가 있다. $6{,}653 < \mu_1 - \mu_2 < 11{,}757$. $P < 0.0001$.

19. H_0: $\mu_1 = \mu_2$, H_1: $\mu_1 > \mu_2$ (주장); d.f. = 10; $t = 0.874$; $P = 0.198$; P-값 > 0.05이기 때문에 기각하지 않는다. 도시들의 수입이 시골 지역근로자들의 수입보다 높다라는 주장을 지지할만한 충분한 증거가 없다.

20. H_0: $\mu_D = 0$, H_1: $\mu_D < 0$ (주장); $t = -4.172$; d.f. = 9; 임계값 = −2.821; 기각한다. 교습이 학생들의 수학적인 기술을 향상시킨다는 주장을 지지할만한 충분한 증거가 있다. $P = 0.0012$.

21. H_0: $\mu_D = 0$, H_1: $\mu_D < 0$ (주장); $t = -1.714$; d.f. = 9; 임계값 = −1.833; 기각하지 않는다. 계란 생산이 증가했다는 주장을 지지할만한 충분한 증거가 없다. $P = 0.0603$.

22. $\hat{p}_1 = 0.05$, $\hat{p}_2 = 0.08$, $\bar{p} = 0.0615$, $\bar{q} = 0.9385$; H_0: $p_1 = p_2$, H_1: $p_1 \neq p_2$ (주장); $z = -0.69$; 임계값 = ±1.65; 기각하지 않는다. 비율들이 다르다는 주장을 지지할만한 충분한 증거가 없다. $-0.105 < p_1 - p_2 < 0.045$. $P = 0.4886$.

23. $\hat{p}_1 = 0.04$, $\hat{p}_2 = 0.03$, $\bar{p} = 0.035$, $\bar{q} = 0.965$; H_0: $p_1 = p_2$, H_1: $p_1 \neq p_2$ (주장); 임계값 = ±1.96; $z = 0.54$; 기각하지 않는다. 비율들이 변화되었다는 주장을 지지할만한 충분한 증거가 없다. $-0.026 < p_1 - p_2 < 0.046$. 그렇다. 신뢰구간이 0을 포함하기 때문에 귀무가설은 기각되지 않는다. $P = 0.5864$.

24. H_0: $\sigma_1^2 = \sigma_2^2$, H_1: $\sigma_1^2 \neq \sigma_2^2$ (주장); $F = 1.64$; d.f.N. = 17; d.f.D. = 14; P-값 > 0.20 (0.357); P-값 > 0.05이기 때문에 기각하지 않는다. 분산들이 서로 다르다는 주장을 지지할만한 충분한 증거가 없다.

25. H_0: $\sigma_1^2 = \sigma_2^2$, H_1: $\sigma_1^2 \neq \sigma_2^2$ (주장); $F = 1.30$; 임계값 = 1.90; 기각하지 않는다. 분산들이 다르다는 주장을 지지할만한 충분한 증거가 없다. $P = 0.4891$.

제10장

연습문제 10–1

1. 두 변수 사이에 식별할 수 있는 패턴이 있다면 서로 관련되어 있다고 할 수 있다.

2. r, ρ(rho)

3. 양의 상관관계는 x가 증가함에 따라 y도 증가함을 의미한다. 음의 상관관계는 x가 증가함에 따라 y가 감소함을 의미한다.

4. 산점도라 부른다. 산점도는 두 변수 사이의 관계의 특성을 보여준다.

5. t 검정

6. H_0: $\rho = 0$; H_1: $\rho \neq 0$; $r = 0.804$; 임계값 = ±0.707; 귀무가설 기각. 랜덤하게 선택된 미국 몇 개 주들의 인구 10만명당 살인사건 수와 강도사건 수 사이에 선형관계가 있다고 할 충분한 증거가 있다. $P = 0.0161$.

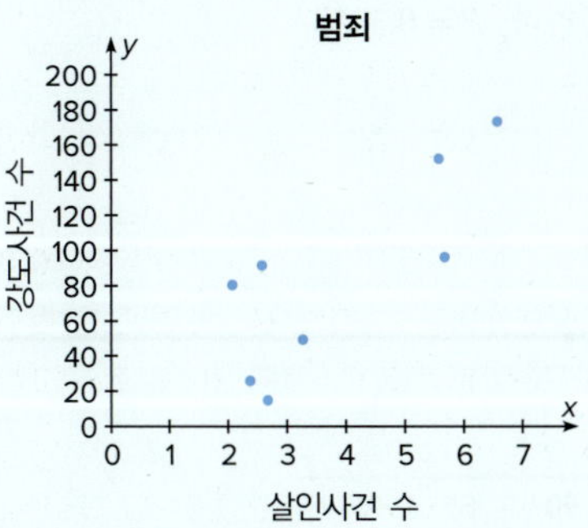

7. H_0: $\rho = 0$; H_1: $\rho \neq 0$; $r = 0.880$; 임계값 = ±0.666; 귀무가설 기각. 연간 작품 수와 총수익 사이에 유의한 선형관계가 있다고 할 충분한 증거가 있다. $P = 0.0017$.

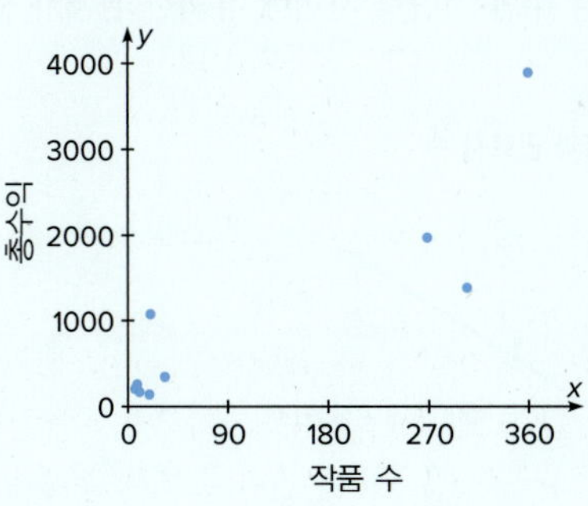

8. H_0: $\rho = 0$; H_1: $\rho \neq 0$; $r = -0.883$; 임계값= ±0.811; 귀무가설 기각. 기부금액과 졸업 후 기간 사이에 유의한 선형관계가 있다. $P = 0.0198$.

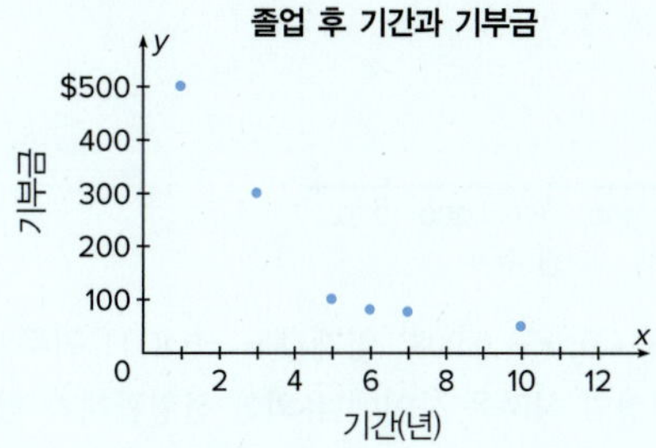

9. H_0: $\rho = 0$; H_1: $\rho \neq 0$; $r = -0.632$; 임계값= ±0.878; 귀무가설 기각 못함. 홍역과 볼거리 발병 건수 사이에 유의한 선형관계가 있다고 할 충분한 증거가 없다. $P = 0.2528$.

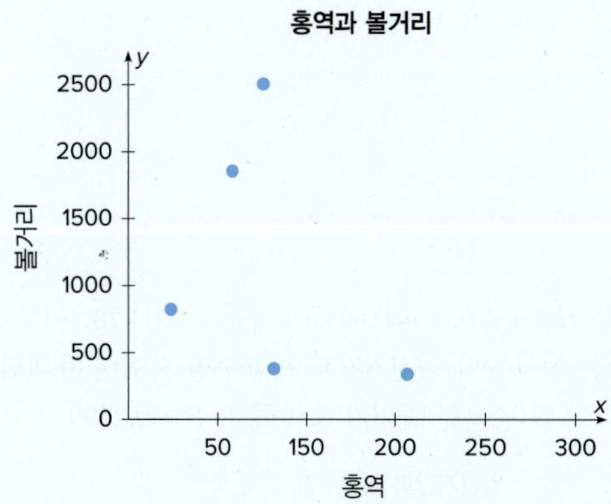

10. H_0: $\rho = 0$; H_1: $\rho \neq 0$; $r = 0.978$; 임계값= ±0.878; 귀무가설 기각. 평균나이와 복무기간 사이에 유의한 선형관계가 있다고 할 충분한 증거가 있다. $P = 0.0038$.

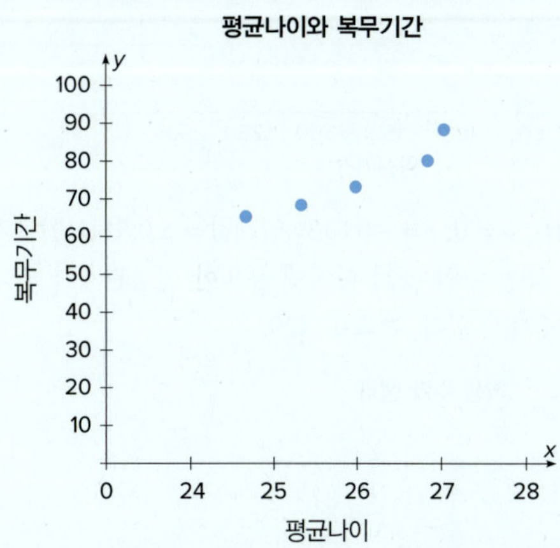

11. H_0: $\rho = 0$; H_1: $\rho \neq 0$; $r = 0.812$; 임계값. = ±0.754; 귀무가설 기각. 교원 수와 학생 수 사이에 유의한 선형관계가 있다. x와 y를 바꾸어서 분석을 하더라도 결과는 동일하다. 실질적으로는 학생 수를 독립변수로 보는 것이 타당할 것이다. $P = 0.0265$.

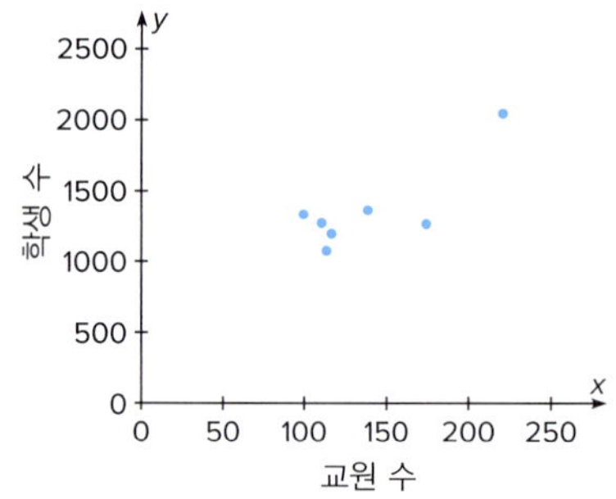

12. H_0: $\rho = 0$; H_1: $\rho \neq 0$; $r = 0.908$; 임계값 $= \pm 0.811$; 귀무가설 기각. 남성과 여성별 식자율 사이에 유의한 선형관계가 있다. $P = 0.0123$.

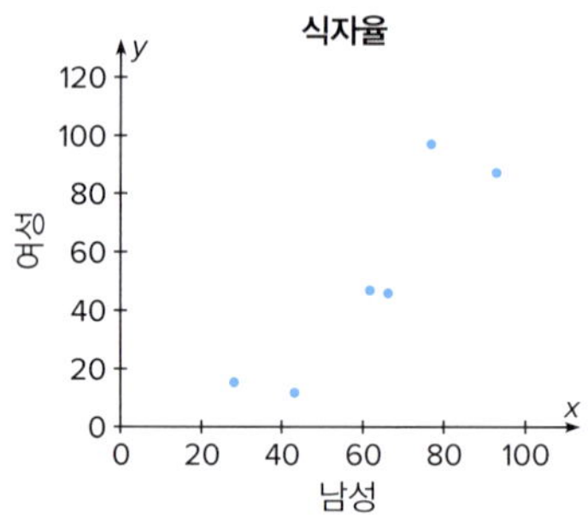

13. H_0: $\rho = 0$; H_1: $\rho \neq 0$; $r = 0.605$; 임계값 $= \pm 0.878$; 귀무가설 기각 못함. 동물들의 임신기간과 평균수명 사이에 유의한 관계가 있다고 할 충분한 증거가 부족하다. $P = 0.2799$.

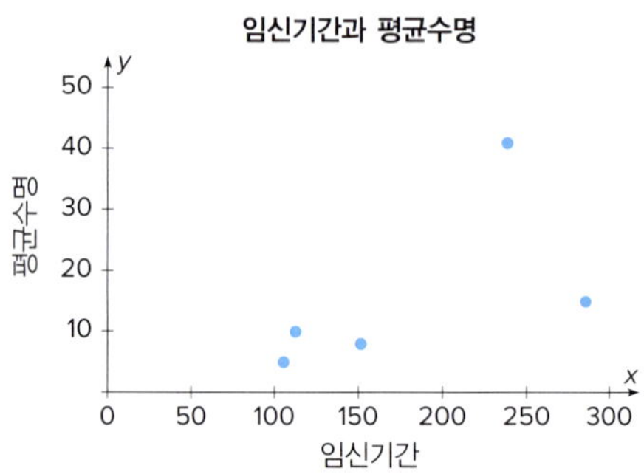

14. H_0: $\rho = 0$; H_1: $\rho \neq 0$; $r = -0.673$; 임계값 $= \pm 0.811$; 귀무가설 기각 못함. 학생 수와 성적 사이에 유의한 선형관계가 있다고 할 충분한 증거가 없다. $P = 0.1429$.

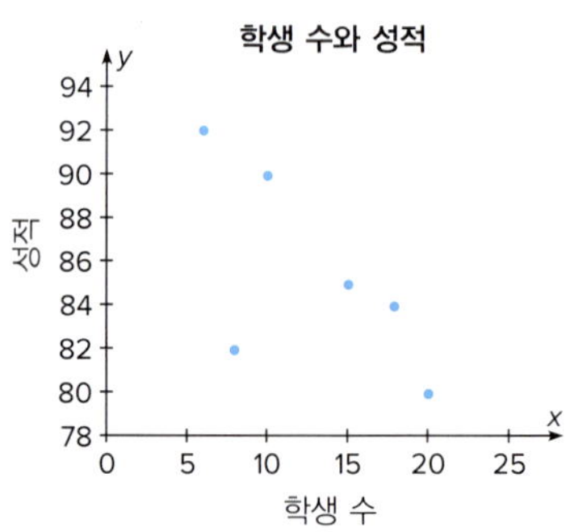

15. $r = 1.00$; 모든 관측값이 직선 위에 위치한다. 상관계수는 x와 y가 서로 뒤바뀌어도 동일하다.

연습문제 10–2

1. 산점도가 그려져야 하고 상관계수가 유의한지를 검정하여야 한다.
2. $y' = a + bx$
3. 그것은 산점도 위에 그려지는 직선으로 각 관측값에서 직선까지의 거리의 제곱합이 최소가 되게 하는 직선이다.
4. r이 양수이면 b도 양수이다. r이 음수이면 b도 음수이다.
5. r이 +1이나 −1에 가까우면 예측값 또한 더욱 정확해질 것이다.
6. $y' = -13.151 + 25.333x$; $y' = 100.848$
7. $y' = 181.661 + 7.319x$; $y' = 1645.5$ (백만달러)
8. $y' = 453.176 - 50.439x$; 251.42달러
9. r이 유의하지 않으므로 회귀분석을 해서는 안 된다.
10. $y' = -167.012 + 9.309x$; 82.5개월
11. $y' = -14.974 + 0.111x$
12. $y' = -33.261 + 1.367x$; $y' = 76.1\%$
13. r이 유의하지 않으므로 회귀분석을 해서는 안 된다.
14. r이 유의하지 않으므로 회귀분석을 해서는 안 된다.
15. H_0: $\rho = 0$; H_1: $\rho \neq 0$; $r = 0.429$; 임계값 $= \pm 0.811$; 귀무가설 기각 못함. 농장의 수와 농장당 면적 사이에 관계가 있다고 판단할 증거가 부족하다. $P = 0.3958$.

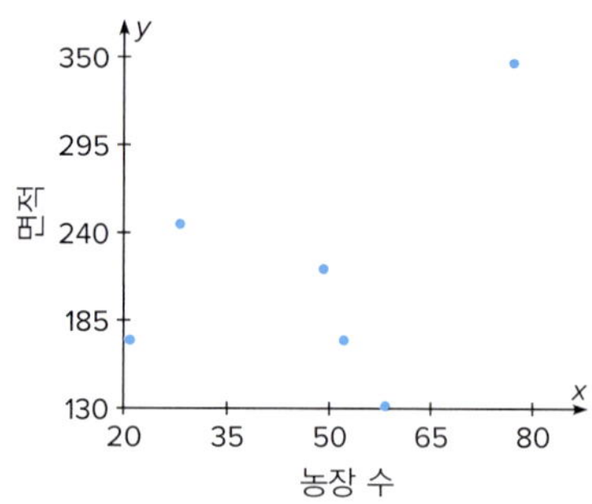

16. H_0: $\rho = 0$; H_1: $\rho \neq 0$; $r = 0.970$; 임계값 $= \pm 0.707$; 귀무가설 기각; $y' = -33.358 + 6.703x$; $x = 500$에서 $y' = 3318.142$, 약 3318톤. 근로자 수와 석탄량 사이에 유의한 관계가 있다. $P < 0.0001$.

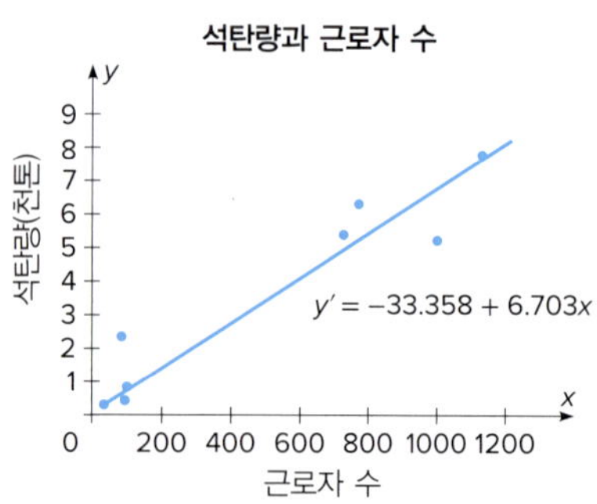

17. H_0: $\rho = 0$; H_1: $\rho \neq 0$; $r = -0.981$; 임계값 $= \pm 0.811$; 귀무가설 기각. 결석 수와 최종성적 사이에 유의한 선형관계가 있다. $y' = 96.784 - 2.668x$. $P = 0.0006$.

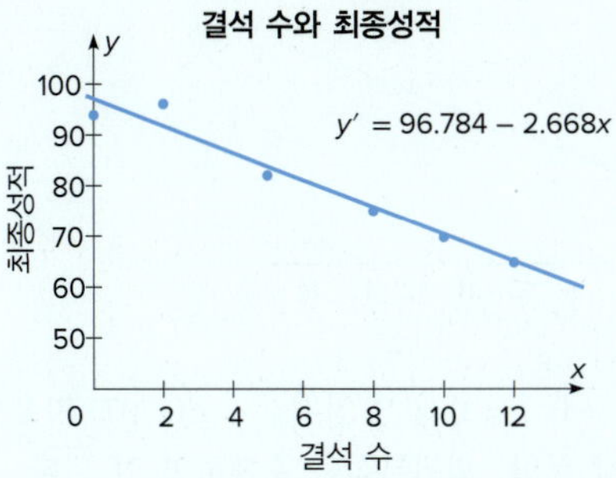

18. H_0: $\rho = 0$; H_1: $\rho \neq 0$; $r = -0.265$; 자유도 $= 8$; $t = -0.777$; P-값 > 0.05 (0.4587); 귀무가설 기각 못함. 나이와 순자산 사이에는 유의한 선형관계가 없다. 회귀분석을 해서는 안 된다.

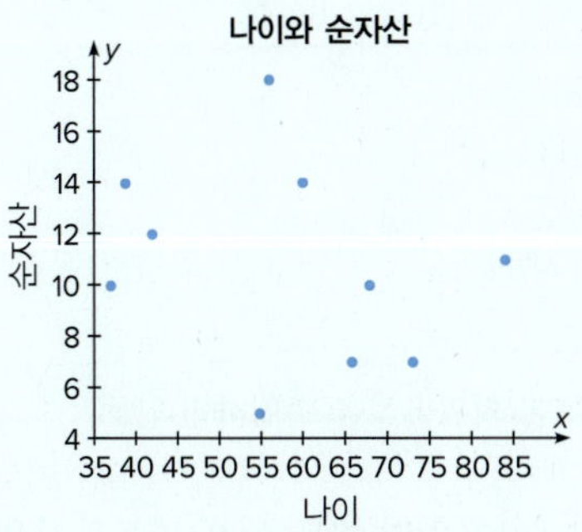

19. 453.173; 회귀분석 불가

연습문제 10-3

1. 설명된 변동은 선형관계로 인한 변동으로, $\Sigma(y' - \bar{y})^2$이다.
2. 총변동은 평균에서부터 각 관측값까지의 거리의 제곱합으로, $\Sigma(y - \bar{y})^2$로 계산된다.
3. 결정계수는 상관계수의 값을 제곱하여 구할 수 있다.
4. 비결정계수는 결정계수의 값을 1에서 빼서 구할 수 있다.
5. $r^2 = 0.1936$; y의 총변동의 19.36%가 x의 변동으로 설명되었다. 80.64%가 설명되지 않았다.
6. $r^2 = 0.9409$; y의 총변동의 94.09%가 x의 변동으로 설명되었다. 5.91%가 설명되지 않았다.
7. $r^2 = 0.0225$; y의 총변동의 2.25%가 x의 변동으로 설명되었다. 97.75%가 설명되지 않았다.
8. 629.49
9. 94.22*
10. $365.88 < y' < 2925.04$*
11. 30.46달러 $< y <$ 472.38달러*

*별표는 계산오차로 인해 다를 수 있음.

복습연습문제

1. H_0: $\rho = 0$; H_1: $\rho \neq 0$; $r = 0.864$; 임계값 $= \pm 0.917$; 자유도 $=$ 4; 귀무가설 기각 못함. 평가점수와 구매액수 사이에는 유의한 선형관계가 없다. 회귀분석을 해서는 안 된다. $P = 0.0263$.

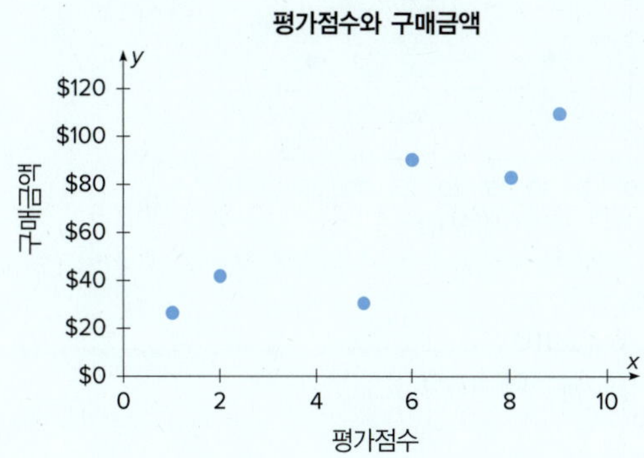

2. H_0: $\rho = 0$; H_1: $\rho \neq 0$; $r = 0.761$; 임계값 $= \pm 0.834$; 자유도 $=$ 6; 귀무가설 기각 못함. 평가점수와 분양가격 사이에는 유의한 선형관계가 없다. 회귀분석을 해서는 안 된다. $P = 0.0284$.

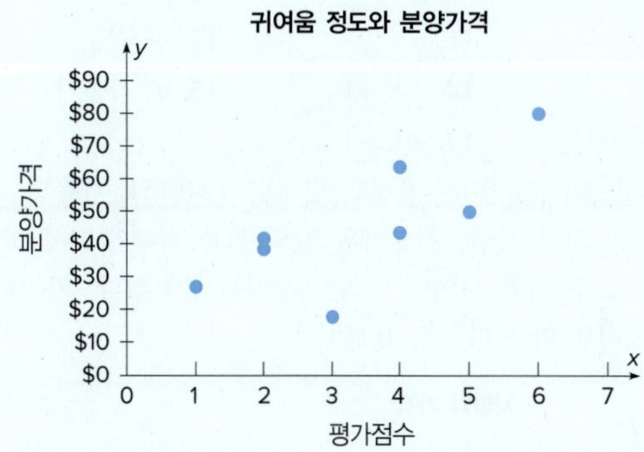

3. H_0: $\rho = 0$; H_1: $\rho \neq 0$; $r = -0.974$; 임계값 $= \pm 0.708$; 자유도 $=$ 10; 귀무가설 기각. 평균타수와 시간 사이에는 유의한 선형관계가 있다. $y' = 14.086 - 0.137x$; $y' = 4.2$시간. $P < 0.0001$.

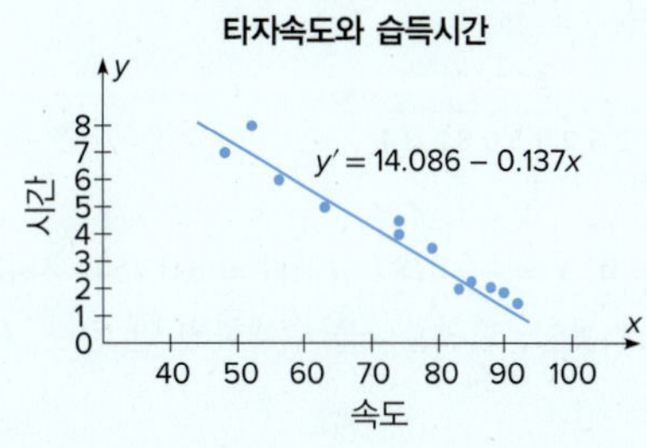

4. H_0: $\rho = 0$; H_1: $\rho \neq 0$; $r = 0.510$; 임계값 $= \pm 0.878$; 자유도 $= 3$; 귀무가설 기각 못함. 인터넷 사용시간과 고립도 점수 사이에는 유의한 선형관계가 없다. r이 유의하지 않으므로 회귀분석을 해서는 안 된다. $P = 0.3808$.

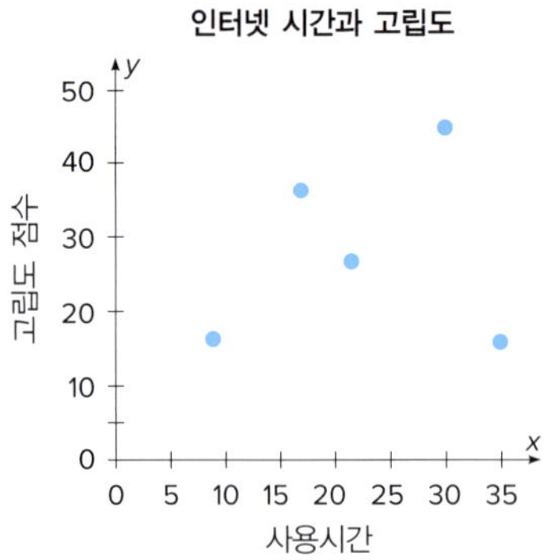

5. 0.468*

6. $3.34 < y < 5.10$*

*별표는 계산오차로 인해 다를 수 있음.

퀴즈

1. 거짓	**2.** 참	**3.** 참
4. 거짓	**5.** 거짓	**6.** 거짓
7. *a*	**8.** *a*	**9.** *d*
10. *c*	**11.** *b*	**12.** 산점도
13. 독립	**14.** −1, +1	**15.** *b*, 기울기
16. 최적합 직선	**17.** +1, −1	

18. H_0: $\rho = 0$; H_1: $\rho \neq 0$; $r = 0.600$; 임계값 = ±0.754; 자유도 = 5; 귀무가설 기각 못함. 처방약의 일회 복용 가격에 대한 미국 가격과 호주 가격 사이에 유의한 선형관계가 없다. 회귀분석을 수행하면 안 된다. $P = 0.1547$.

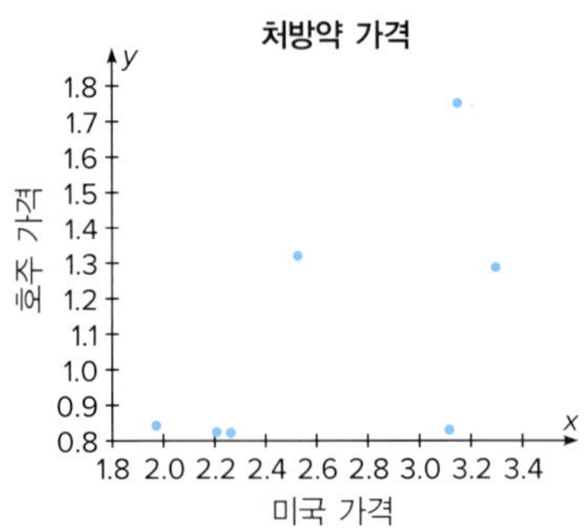

19. H_0: $\rho = 0$; H_1: $\rho \neq 0$; $r = -0.078$; 임계값 = ±0.754; 자유도 = 5; 귀무가설 기각 못함. 회귀분석을 수행하면 안 된다. $P = 0.8681$.

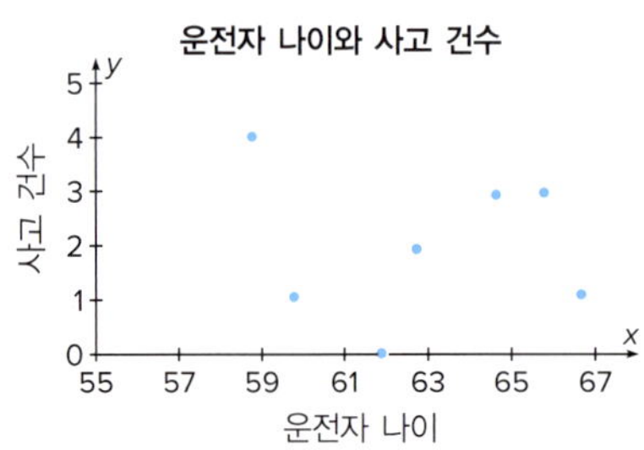

20. H_0: $\rho = 0$; H_1: $\rho \neq 0$; $r = 0.842$; 임계값 = ±0.811; 자유도 = 4; 귀무가설 기각. $y' = -1.918 + 0.551x$; 4.14 또는 4. $P = 0.0356$.

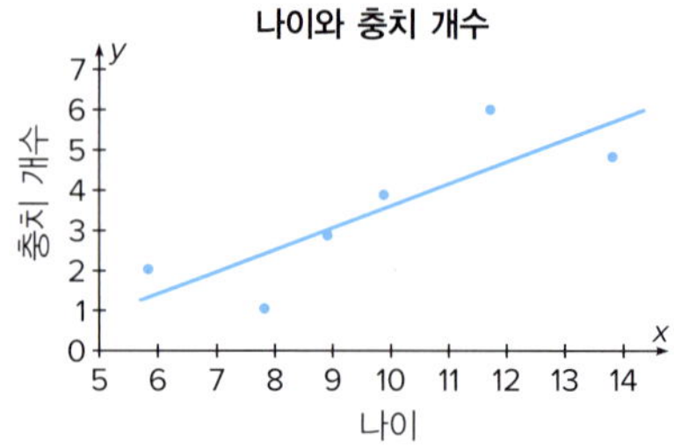

21. H_0: $\rho = 0$; H_1: $\rho \neq 0$; $r = 0.602$; 임계값 = ±0.707; 자유도 = 6; 귀무가설 기각 못함. 회귀분석을 수행하면 안 된다. $P = 0.1145$.

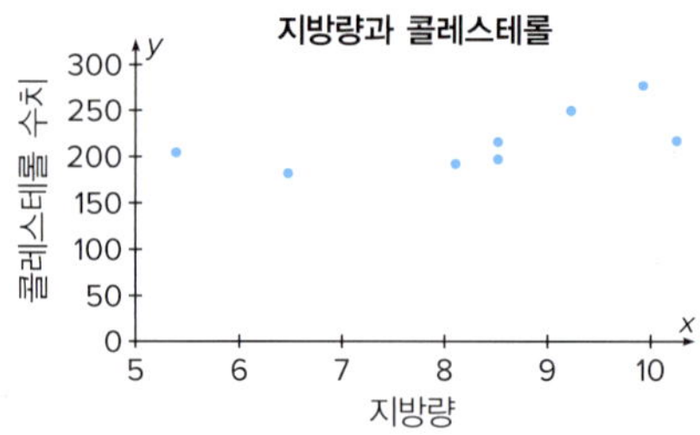

22. 1.129*

23. 29.5*. 계산 목적으로만. 회귀분석을 수행하면 안됨.

24. $0 < y < 5$*

25. 217.5 (상관관계가 유의하지 않기 때문에 *y*의 평균을 사용)

26. 119.9*

27. $R = 0.729$*

28. $R^2_{\text{adj}} = 0.439$*

* 별표는 계산오차로 인해 다를 수 있음.

제11장

연습문제 11–1

1. 카이제곱 분산검정은 귀무가설에서 가정한 모분산과 표본분산을 비교하고, 적합도검정은 표본으로부터 얻어진 분포를 귀무가설에서 가정한 분포와 비교한다.

2. 기대도수는 귀무가설에서 가정한 분포를 토대로 계산한다.

3. H_0: 학생들은 특정 수업시간을 선호하지 않는다. H_1: 학생들은 특정 수업시간을 선호한다(주장). 임계값 = 11.345; d.f. = 3; $\alpha = 0.01$; $\chi^2 = 2.552$; 귀무가설을 기각하지 않는다. 학생들이 특정 수업시간을 선호한다는 주장을 지지할만한 충분한 근거가 없다. $P = 0.4660$.

4. H_0: 분포는 다음과 같다. 45%는 학년도를 연장하는 것을 선호하고, 47%는 학년도의 연장을 원하지 않으며, 나머지 8%는 별다른 의견이 없다. H_1:자료의 분포가 귀무가설에서 정의된 것과 다르다(주장). 임계값 = 5.991; $\alpha = 0.05$; $\chi^2 = 2.554$; 귀무가설을 기각하지 않는다. 자료의 비율이 귀무가설에서

가정한 분포와 다르다는 주장을 지지할만한 충분한 근거가 없다. $P = 0.2789$.

5. H_0: 35%는 유전자 변형 식품을 먹는 것이 안전하다고 생각하고, 52%는 안전하지 않다고 생각하며, 13%는 잘 모르겠다고 한다. H_1: 자료의 분포가 귀무가설에서 정의된 것과 다르다(주장). 임계값 = 9.210; d.f. = 2; $\alpha = 0.01$; $\chi^2 = 1.429$; 귀무가설을 기각하지 않는다. 귀무가설의 비율이 설문조사에서 보고된 비율과 다르다는 주장을 지지할만한 충분한 근거가 없다. $P = 0.4894$.

6. H_0: 직원의 결근 횟수는 주 5일 동안 균일하게 분포한다. H_1: 직원의 결근 횟수는 주 5일 동안 균일하게 분포하지 않는다(주장). 임계값 = 9.488; d.f. = 4; $\alpha = 0.05$; $\chi^2 = 8.235$; 귀무가설을 기각하지 않는다. 결근 횟수가 한 주 동안 균일하게 분포하지 않는다는 주장을 기각할 만한 충분한 근거가 없다. $P = 0.0833$.

7. H_0: 한 해 동안 발생한 총기 사망 희생자의 10%는 신생아부터 19세이고, 50%는 20−44세이며 40%는 45세 이상이다. H_1: 실제 분포는 귀무가설에서 가정한 분포와 다르다(주장). 임계값 = 5.991; d.f. = 2; $\alpha = 0.05$; $\chi^2 = 9.405$; 귀무가설을 기각한다. 총기 사망자의 연령 비율이 국가안전위원회가 발표한 비율과 다르다는 주장을 지지할만한 충분한 근거가 있다. $P = 0.0091$.

8. H_0: 집단들 간에 인터넷 사용자의 비율이 동일하다. H_1: 집단들 간에 인터넷 사용자의 비율이 다르다(주장). 임계값 = 5.991; d.f. = 2; $\alpha = 0.05$; $\chi^2 = 0.208$; 귀무가설을 기각하지 않는다. 비율들이 다르다는 결론을 내리기 위한 근거가 충분하지 않다. $P = 0.9012$.

9. H_0: 사람들이 처방약을 구입할 때 60%는 개인 돈으로 25%는 보험으로 15%는 메디케어를 통해 구입한다. H_1: 귀무가설에서 정의한 분포와 다르다. d.f. = 2; $\alpha = 0.05$; $\chi^2 = 0.667$; P-값 > 0.10이므로 귀무가설을 기각하지 않는다. 실제 분포가 귀무가설에서 정의한 분포와 같다는 주장을 기각할만한 충분한 근거가 없다. 이 결과는 과반수의 사람들이 그들의 개인 돈으로 처방약을 구입한다는 것을 의미한다. 이러한 사람들을 돕기 위해 약물의 비용을 낮추는 것이 좋을 것이다. (계산기로 계산한 P-값 = 0.7164)

10. H_0: 동전들은 공정하고 랜덤하게 던져졌다(주장). H_1: 동전들은 공정하지 않거나 랜덤하게 던져지지 않았다. 임계값 = 7.815; d.f. = 3; $\chi^2 = 139.407$; 귀무가설을 기각한다. 동전들은 공정하고 랜덤하게 던져졌다는 주장을 기각할만한 충분한 근거가 있다. $P < 0.0001$.

연습문제 11–2

1. 독립성검정과 적합도검정은 모두 검정통계량을 계산하기 위해 동일한 공식을 사용한다는 점에서 유사하다. 독립성검정은 분할표를 사용하는 반면 적합도검정은 그렇지 않다는 점에서 다르다.

2. H_0: 변수들은 서로 독립이다(또는 연관되어 있지 않다). H_1: 변수들은 서로 종속이다 (또는 연관되어 있다).

3. 기대도수들은 (행합 × 열합) ÷ 총합으로 계산된다.

4. H_0: 한 개인의 주거형태는 그 사람의 성별과 독립이다. H_1: 한 개인의 주거 형태는 그 사람의 성별에 의존한다(주장). 임계값 = 7.815; d.f. = 3; $\alpha = 0.05$; $\chi^2 = 1.674$; 귀무가설을 기각할 수 없다. 주거형태가 성별에 의존한다는 주장을 기각할 충분한 근거가 없다. $P = 0.6427$.

5. H_0: 어떤 동물을 키우는지는 가족의 수와 독립이다. H_1: 어떤 동물을 키우는지는 가족의 수에 의존한다(주장). 임계값 = 6.251; d.f. = 3; $\alpha = 0.10$; $\chi^2 = 2.235$; 귀무가설을 기각할 수 없다. 사람들이 키우는 동물이 개인지 고양이인지가 그들의 가족 수와 관련 있다는 주장을 지지할만한 충분한 증거가 없다. $P = 0.5251$.

6. H_0: 범죄의 유형은 그 범죄가 발생한 도시와 독립이다. H_1: 범죄의 유형은 그 범죄가 발생한 도시에 의존한다(주장). 임계값 = 12.592; d.f. = 6; $\alpha = 0.05$; $\chi^2 = 43.890$; 귀무가설을 기각한다. 범죄의 유형은 그 범죄가 발생한 도시에 의존한다는 주장을 지지할만한 충분한 근거가 있다. $P < 0.0001$.

7. H_0: 실업기간은 그 실업자가 종사했던 업종과 독립이다. 실업기간은 그 실업자가 종사했던 업종에 의존한다(주장). 임계값 = 9.488; d.f. = 4; $\alpha = 0.05$; $\chi^2 = 4.974$; 귀무가설을 기각할 수 없다. 실업기간은 그 실업자가 종사했던 업종에 따라 다르다는 주장을 지지할만한 충분한 근거가 없다. $P = 0.2899$.

8. H_0: 학생의 전공은 그 학생이 다니는 대학의 종류와 독립이다. H_1: 학생의 전공은 그 학생이 다니는 대학의 종류에 의존한다(주장). 임계값 = 7.815; d.f. = 3; $\alpha = 0.05$; $\chi^2 = 13.702$; 귀무가설을 기각한다. 학생의 전공은 그 학생이 다니는 대학의 종류와 관계가 있다는 주장을 지지할만한 충분한 근거가 있다. $P = 0.0033$.

9. H_0: 소유한 차종과 그 사람의 성별은 독립이다. H_1: 소유한 차종은 그 사람의 성별에 의존한다(주장). 임계값 = 6.251; d.f. = 3; $\alpha = 0.10$; $\chi^2 = 7.337$; 귀무가설을 기각한다. 사람의 성별에 따라 소유한 차종이 다르다는 주장을 지지할만한 충분한 근거가 있다. $P = 0.0619$.

10. H_0: 선호하는 비타민 알약의 종류는 그 사람의 나이와 독립이다. H_1: 선호하는 비타민 알약의 종류는 그 사람의 나이에 따라 다르다(주장). 임계값 = 7.779; d.f. = 4; $\alpha = 0.10$; $\chi^2 = 18.860$; 귀무가설을 기각한다. 사람의 나이에 따라 선호하는 비타민 알약의 종류가 다르다는 주장을 지지할만한 충분한 근거가 있다. $P = 0.008$.

11. H_0: $p_1 = p_2 = p_3$ (주장). H_1: 최소한 한 비율은 다른 비율들과 다르다. 임계값 = 4.605; d.f. = 2; $\alpha = 0.10$; $\chi^2 = 5.749$; 귀무가설을 기각한다. 비율들이 모두 같다는 주장을 기각할만한 충분한 근거가 있다. $P = 0.0565$.

12. H_0: $p_1 = p_2 = p_3 = p_4$ (주장). H_1: 최소한 한 비율은 다른 비율들과 다르다. 임계값 = 7.815; d.f. = 3; $\alpha = 0.05$; $\chi^2 = 5.317$; 귀무가설을 기각하지 않는다. 비율들이 모두 같다는 주장을 기각할만한 충분한 근거가 없다. $P = 0.1500$.
13. H_0: $p_1 = p_2 = p_3$ (주장). H_1: 최소한 한 비율은 다른 비율들과 다르다. 임계값 = 5.991; d.f. = 2; $\alpha = 0.05$; $\chi^2 = 2.625$; 귀무가설을 기각하지 않는다. 비율들이 모두 같다는 주장을 기각할만한 충분한 근거가 없다. $P = 0.2691$.
14. H_0: $p_1 = p_2 = p_3 = p_4 = p_5$. H_1: 최소한 한 비율은 다른 비율들과 다르다. 임계값 = 9.488; d.f. = 4; $\alpha = 0.05$; $\chi^2 = 12.028$; 귀무가설을 기각한다. 비율들이 다르다고 결론내릴 수 있는 충분한 근거가 있다. $P = 0.0171$.
15. H_0: $p_1 = p_2 = p_3 = p_4$ (주장). H_1: 최소한 한 비율은 다른 비율들과 다르다. d.f. = 3; $\chi^2 = 1.735$; $\alpha = 0.05$; P값 > 0.05이므로 귀무가설을 기각하지 않는다. 비율들이 모두 같다는 주장을 기각할만한 충분한 근거가 없다. (계산기로 계산한 P값 = 0.6291)
16. H_0: $p_1 = p_2 = p_3$ (주장). H_1: 최소한 한 비율은 다른 비율들과 다르다. 임계값 = 7.779; d.f. = 4; $\alpha = 0.10$; $\chi^2 = 5.781$; 귀무가설을 기각하지 않는다. 비율들이 모두 같다는 주장을 기각할만한 충분한 근거가 없다. $P = 0.2161$.
17. $\chi^2 = 1.064$

연습문제 11–3

1. 세 개 이상의 평균을 비교하기 위해 F 검정을 사용한 분산분석을 시행할 수 있다.
2. 표본이 추출된 모집단들은 정규분포를 따라야 한다. 표본들은 서로 독립이다. 모분산들은 동일하고 표본들은 랜덤표본이다.
3. H_0: $\mu_1 = \mu_2 = \cdots = \mu_k$. H_1: 최소한 한 평균은 다른 평균들과 다르다.
4. H_0: $\mu_1 = \mu_2 = \mu_3 = \mu_4$. H_1: 최소한 한 평균은 다른 평균들과 다르다(주장).; 임계값= 3.01; d.f.N. = 3; d.f.D. = 24; $\alpha = 0.05$; $F = 1.10$; 귀무가설을 기각하지 않는다. 최소한 한 평균은 다른 평균들과 다르다는 주장을 지지할 충분한 증거가 없다. $P = 0.367$.
5. H_0: $\mu_1 = \mu_2 = \mu_3$. H_1: 최소한 한 평균은 다른 평균들과 다르다. 임계값 = 4.26; d.f.N. = 2; d.f.D. = 9; $\alpha = 0.05$; $F = 14.15$; 귀무가설을 기각한다. 최소한 한 평균은 다른 평균들과 다르다는 주장을 지지할 충분한 증거가 있다. $P = 0.0017$.
6. H_0: $\mu_1 = \mu_2 = \mu_3$. H_1: 최소한 한 평균은 다른 평균들과 다르다(주장). 임계값 = 3.89; d.f.N. = 2; d.f.D. = 12; $\alpha = 0.05$; $F = 1.89$; 귀무가설을 기각하지 않는다. 최소한 한 평균은 다른 평균들과 다르다는 주장을 지지할 충분한 증거가 없다. $P = 0.1928$.
7. H_0: $\mu_1 = \mu_2 = \mu_3$. H_1: 최소한 한 평균은 다른 평균들과 다르다(주장). 임계값 = 3.68; d.f.N. = 2; d.f.D. = 15; $\alpha = 0.05$; $F = 8.14$; 귀무가설을 기각한다. 최소한 한 평균은 다른 평균들과 다르다는 주장을 지지할 충분한 증거가 있다. $P = 0.0040$.
8. H_0: $\mu_1 = \mu_2 = \mu_3$. H_1: 최소한 한 평균은 다른 평균들과 다르다(주장). 임계값= 2.64; d.f.N. = 2; d.f.D. = 17; $\alpha = 0.10$; $F = 14.90$; 귀무가설을 기각한다. 최소한 한 평균은 다른 평균들과 다르다는 주장을 지지할 충분한 증거가 있다. $P = 0.0002$.
9. H_0: $\mu_1 = \mu_2 = \mu_3$. H_1: 최소한 한 평균은 다른 평균들과 다르다(주장). d.f.N. = 2; d.f.D. = 19; $\alpha = 0.10$; $F = 10.12$; P-값 = 0.00102; 귀무가설을 기각한다. 최소한 한 평균은 다른 평균들과 다르다는 주장을 지지할 충분한 증거가 있다.
10. H_0: $\mu_1 = \mu_2 = \mu_3$. H_1: 최소한 한 평균은 다른 평균들과 다르다(주장). 임계값 = 3.01; d.f.N. = 2; d.f.D. = 9; $\alpha = 0.10$; $F = 3.62$; 귀무가설을 기각한다. 최소한 한 평균은 다른 평균들과 다르다는 주장을 지지할 충분한 증거가 있다. $P = 0.0702$.

복습연습문제

1. H_0: 교통사고 사망자의 31.58%가 안전벨트를 착용하고 59.83%는 안전벨트를 착용하지 않으며, 8.59%에 대해서는 안전벨트 착용여부를 알 수 없다. H_1: 교통사고 사망자의 분포는 귀무가설에서 명시한 것과 다르다(주장). 임계값 = 5.991; d.f. = 2; $\alpha = 0.05$; $\chi^2 = 1.819$; 귀무가설을 기각하지 않는다. 교통사고 사망자의 분포는 귀무가설에서 명시한 것과 다르다는 주장을 지지할만한 충분한 증거가 없다. $P = 0.4027$.
2. H_0: 총기구입 요청이 거부된 사람들의 75%가 그들의 흉악 범죄 경력 때문에, 11%는 가정 폭력 전과 때문에, 나머지 14%는 약물 남용 등 때문이다. H_1: 구입요청의 거부 이유의 분포는 귀무가설에서 명시한 것과 다르다. 임계값 = 4.605; d.f. = 2; $\alpha = 0.10$; $\chi^2 = 27.753$; 귀무가설을 기각한다. 구입요청의 거부 이유의 분포가 귀무가설에서 명시한 것과 같다는 주장을 기각할 충분한 증거가 있다. 그렇다. 분포는 아마 지리적 위치에 따라 다를 것이다. $P < 0.0001$.
3. H_0: 투자자의 나이와 투자방법은 독립이다. H_1: 투자방법은 투자자의 나이에 의존한다(주장). 임계값 = 9.488; d.f. = 4; $\alpha = 0.05$; $\chi^2 = 27.998$; 귀무가설을 기각한다. 투자방법은 투자자의 나이에 따라 다르다는 주장을 지지할 충분한 증거가 있다. $P < 0.0001$.
4. H_0: $p_1 = p_2 = p_3$ (주장). H_1: 최소한 한 비율은 다른 비율들과 다르다. $\alpha = 0.01$; $\chi^2 = 4.912$; d.f. = 2; 0.05 < P값 < 0.10 (0.086); P-값이 0.01보다 크므로 귀무가설을 기각하지 않는다. 비율들이 모두 같다는 주장을 기각할만한 충분한 증거가 없다.
5. H_0: $p_1 = p_2 = p_3 = p_4$ (주장). H_1: 최소한 한 비율은 다른 비율들과 다르다. 임계값 = 7.815; d.f. = 3; $\alpha = 0.05$; $\chi^2 = 8.357$; 귀무가설을 기각한다. 최소한 한 비율은 다른 비율들과 다르다는 주장을 지지할 충분한 증거가 있다. $P = 0.0392$.

6. H_0: $\mu_1 = \mu_2 = \mu_3$ (주장). H_1: 최소한 한 평균은 다른 평균들과 다르다. 임계값 = 5.39; d.f.N. = 2; d.f.D. = 33; $\alpha = 0.01$; $F = 6.94$; 귀무가설을 기각한다. 최소한 한 평균은 다른 평균들과 다르다는 결론을 내릴 충분한 증거가 있다. $P = .003$.

7. H_0: $\mu_1 = \mu_2 = \mu_3$. H_1: 최소한 한 평균은 다른 평균들과 다르다(주장). 임계값 = 3.55; $\alpha = 0.05$; d.f.N. = 2; d.f.D. = 18; $F = 0.04$; 귀무가설을 기각하지 않는다. 최소 하나의 평균이 다른 것들과 다르다는 주장을 지지할 충분한 증거가 없다. $P = 0.9602$.

8. H_0: $\mu_1 = \mu_2 = \mu_3$. H_1: 최소한 한 평균은 다른 평균들과 다르다(주장). 임계값 = 2.61; $\alpha = 0.10$; d.f.N. = 2; d.f.D. = 19; $F = 0.49$; 귀무가설을 기각하지 않는다. 최소 하나의 평균이 다른 것들과 다르다는 주장을 지지할 충분한 증거가 없다. $P = 0.6216$.

퀴즈

1. 거짓 **2.** 참
3. 거짓 **4.** 거짓
5. 거짓 **6.** 거짓
7. *c* **8.** *b*
9. *d* **10.** *d*
11. *a* **12.** *a*
13. 6 **14.** 독립
15. 오른쪽꼬리 **16.** 최소한 5 이상
17. ANOVA

18. H_0: 실직한 이유들은 고르게 분포되어 있다(주장). H_1: 실직한 이유들은 고르게 분포되어 있지 않다. 임계값 = 5.991; d.f. = 2; $\alpha = 0.05$; $\chi^2 = 2.333$; 귀무가설을 기각하지 않는다. 사람들이 실직한 이유가 고르게 분포되어 있다는 주장을 기각할만한 충분한 증거가 없다. 10년 전에는 다른 경제적 요인이 존재하였기 때문에 결과가 다를 수 있다. $P = 0.3115$.

19. H_0: 포장음식들의 53%가 집에서, 19%는 자동차에서, 14%는 직장에서, 나머지 14%는 기타 장소에서 소비된다(주장). H_1: 포장음식이 소비되는 장소의 분포가 귀무가설에서 명시된 것과 다르다. 임계값 = 11.345; d.f. = 3; $\alpha = 0.01$; $\chi^2 = 5.270$; 귀무가설을 기각하지 않는다. 포장음식이 소비되는 장소의 분포가 귀무가설에서 명시된 것과 같다는 주장을 기각할 충분한 증거가 없다. 패스트푸드 음식점은 포장음식을 집에서 먹는 것을 즐기는 사람들을 대상으로 광고하는 것이 좋을 것이다. $P = 0.1530$.

20. H_0: 대학생들의 홈쇼핑 방송 시청 선호도는 조사된 결과와 같다. H_1: 대학생들의 홈쇼핑 방송 시청 선호도는 조사된 결과와 다르다(주장). 임계값 = 7.815; d.f. = 3; $\alpha = 0.05$; $\chi^2 = 21.789$; 귀무가설을 기각한다. 대학생들의 홈쇼핑 방송 시청 선호도는 조사된 결과와 다르다는 주장을 지지할 충분한 증거가 있다. $P < 0.0001$.

21. H_0: 우승기 색깔과 우승기를 구입한 사람의 성별은 독립이다(주장). H_1: 우승기 색깔과 우승기를 구입한 사람의 성별에 의존한다. d.f. = 2; $\alpha = 0.10$; $\chi^2 = 5.632$; C.V. = 4.605; 귀무가설을 기각한다. 우승기 색깔과 우승기를 구입한 사람의 성별은 독립이라는 주장을 기각할만한 충분한 증거가 있다. $P = 0.0598$.

22. H_0: $p_1 = p_2 = p_3$ (주장). H_1: 최소한 한 비율은 다른 비율들과 다르다. 임계값 = 4.605; d.f. = 2; $\alpha = 0.10$; $\chi^2 = 6.711$; 귀무가설을 기각한다. 모든 비율들이 동일하다는 주장을 기각할만한 증거가 있다. 남성보다 여성이 그들의 직업에 만족하는지 또는 그렇지 않은지 확신하지 못하는 것 같다. 아마도 그들이 더 높은 연봉이나 승진의 기회를 원하기 때문일 것이다. $P = 0.0349$.

23. H_0: $\mu_1 = \mu_2 = \mu_3$. H_1: 최소한 한 평균은 다른 평균들과 다르다(주장). 임계값 = 3.68; $\alpha = 0.05$; d.f.N. = 2; d.f.D. = 15; $F = 10.49$; 귀무가설을 기각한다. 최소한 한 집단의 평균은 다른 집단들과 다르다. $P = 0.0014$.

찾아보기

ㅅ

ㅇ

ㅍ

ㅎ

역자 소개

강근석	숭실대학교 정보통계 · 보험수리학과 교수
김대경	전북대학교 통계학과 교수
변종석	한신대학교 응용통계학과 교수
유희경	강원대학교 소프트웨어미디어 · 산업공학부 교수
이승수	강원대학교 경제 · 정보통계학부 교수
이영섭	동국대학교 통계학과 교수
이은지	충남대학교 정보통계학과 교수
홍기학	동신대학교 컴퓨터공학과 교수

감수: 이승수

기초통계학 - Excel 실습 - 제8판

|저 자 Allan G. Bluman
|역 자 강근석 · 김대경 · 변종석 · 유희경
이승수 · 이영섭 · 이은지 · 홍기학
|발 행 인 김지영
|발 행 처 자유아카데미
|주 소 경기도 파주시 회동길 37-42
파주출판도시
|전 화 031-955-1321
|팩 스 031-955-1322
|전자우편 main@freeaca.com(대표)
editor@freeaca.com(편집)
crm@freeaca.com(영업)
|홈페이지 www.freeaca.com
|등 록 제406-2003-017호, 1980. 7. 12
|제8판1쇄 2020년 9월 5일 발행
|정 가 39,000원

역자와의
협의하에
인지생략

Printed in Korea
ISBN 979-11-5808-278-9 93310